KB128983

9th

행동과학을 위한

통계학

***Fundamental Statistics for the Behavioral Sciences,* 9th Edition**

David C. Howell

Original edition © 2017 Wadsworth, a part of Cengage Learning.
Fundamental Statistics for the Behavioral Sciences 9th Edition
by David C. Howell.
ISBN: 9781305652972

This edition is translated by license from Wadsworth, a part of Cengage Learning, for sale in Korea only.

ISBN-13: 978-89-6218-423-5

Cengage Learning Korea Ltd.
14F YTN Newsquare 76 Sangamsan-ro
Mapo-gu Seoul 03926 Korea
Tel: (82) 2 330 7000
Fax: (82) 2 330 7001

Cengage Learning is a leading provider of customized learning solutions with office locations around the globe, including Singapore, the United Kingdom, Australia, Mexico, Brazil, and Japan.
Locate your local office at: **www.cengage.com**

Cengage Learning products are represented in Canada by Nelson Education, Ltd.

To learn more about Cengage Learning Solutions, visit
www.cengageasia.com

Printed in Korea
Print Number: 02 Print Year: 2020

행동과학을 위한 통계학

DAVID C. HOWELL 지음
도경수 · 박태진 · 신현정 옮김

Fundamental Statistics FOR THE BEHAVIORAL SCIENCES 9th

Andover • Melbourne • Mexico City • Stamford, CT • Toronto • Hong Kong • New Delhi • Seoul • Singapore • Tokyo

옮긴이 소개

도경수
성균관대학교 심리학과 교수
미국 프린스턴대학교 박사(인지심리학)

주요 경력
한국인지과학회 학회지편집장
한국실험심리학회 회장
한국실험 및 인지심리학회 학회지편집장

박태진
전남대학교 심리학과 교수
서울대학교 심리학 박사

주요 경력
한국인지 및 생물심리학회장
대한뇌기능매핑학회장
한국연구재단 사회과학단장

신현정
부산대학교 심리학과 교수
미국 인디애나대학교 대학원 심리학과 Ph.D.

주요 경력
한국실험심리학회 회장
한국인지과학회 회장
한국심리학회 부회장

행동과학을 위한 **통계학** -제9판-

FUNDAMENTAL STATISTICS FOR THE BEHAVIORAL SCIENCES, 9th Edition

제9판 1쇄 발행 | 2018년 2월 23일
제9판 2쇄 발행 | 2020년 12월 28일

지은이 | David C. Howell
옮긴이 | 도경수, 박태진, 신현정
발행인 | 송성헌
발행처 | 센게이지러닝코리아㈜
등록번호 | 제313-2007-000074호(2007.3.19.)
이메일 | asia.infokorea@cengage.com
홈페이지 | www.cengage.co.kr

ISBN-13: 978-89-6218-423-5

공급처 | ㈜학지사
주　소 | 서울 마포구 양화로15길 20 마인드월드빌딩 5층
도서안내 및 주문 | Tel 02) 330-5114 Fax 02) 324-2345
홈페이지 | www.hakjisa.co.kr

값 30,000원

옮긴이 머리말

심리학에 대한 인식이 많이 달라졌다. 내가 심리학 교수라는 것을 알게 되면 이전에는 내 앞에서는 말조심을 해야 하겠다는 반응이 많았는데, 최근에는 어떻게 하면 행복할지, 어떻게 하면 적응을 잘 할지와 같은 질문뿐만 아니라 기억을 잘하려면 어떻게 해야 하는지 등에 대해 물어온다. 심리학이 무엇을 다루는 학문인지는 어느 정도 알려졌지만 아직도 심리학이 경험적인 과학이라는 것은 덜 알려져 있다. 심리학 지식이 사람들에게 잘 받아들여지는 것은 경험적인 연구를 통해 축적된 지식이기 때문이다. 그런데 경험적 연구를 하면 통계를 많이 다루게 된다. 그러다 보니 내 자랑 같지만 사회과학이나 행동과학 분야 중에서 심리학만큼 정교한 통계와 다양한 연구방법을 사용하는 학문이 흔치 않은 것 같다.

역설적이게도 심리학을 공부하는 학생들이 가장 두려워하는 과목이 통계와 방법론이다. 심리학과 대학원을 진학하려는 학생들에게 어떤 과목을 공부하겠느냐고 물으면 통계와 방법론이 1, 2등을 다툰다. 아마도 연구방법론이 중요하다는 것은 아는데 어려운 과목이라고 생각하기 때문인 것 같다. 저자가 미국 대학생들에게서 들은 고민도 같은 것을 보면 통계는 동서양을 막론하고 중요하지만 공포의 대상인 모양이다.

저자는 계산 과정에 신경을 쓰게 통계를 가르쳐온 관행이 학생들이 통계를 어려워하게 만드는 데 상당한 역할을 했다고 생각하는 것 같은데, 한국에서 심리학을 전공하는 우리도 그 점에 상당 부분 동의한다. 그래서 통계의 의미를 실제 예에 접목해서 설명하는 책을 찾다가 이 책을 발견하고, 이 책을 번역하자는 것에 쉽게 의견의 일치를 보았다. 우리가 그동안 느껴왔던 필요, 즉 계산 부분은 과감히 줄이고 실제 연구 예들을 중심으로 통계의 기본적인 개념들을 이해하기 쉽게 서술한 책이 있어야 한다는 필요를 이 책은 잘 채워준다고 생각해서 같이 번역하자는 데 쉽게 의견의 일치를 보았다. 역자들의 생각이 이 책으로 공부하는 분들과 일치할 것으로 기대한다.

책은 가능하면 원본 그대로 번역하려 하였으나, 원서의 부록 A. Arithmetic Review는 한국 대학생들에게는 너무 유치할 것 같아서 수록하지 않았다. 이 책으로 가르치시는 분들과 공부하시는 분들의 양해를 부탁드린다.

이 책은 세 명이 나누어 번역하고 돌려 읽었지만 잘못된 부분이 있다면 책임은 공동으로 지기로 하였다. 이 책으로 공부해나가면서 어색하거나 잘못된 부분이 있으면 우리 중의 누구에게라도 연락을 주시기 바란다.

2018년 2월 역자들

지은이 머리말

왜 통계를 배우는가?

이 과목을 가르치는 사람으로 별로 수긍하고 싶지는 않지만, 학생들이 가장 듣고 싶어 하는 과목으로 통계를 드는 경우는 거의 없다. 대부분의 학생들은 학과에서 통계를 필수과목으로 지정했기 때문에 울며 겨자 먹기로 수강한다. 이런 상황에서 학생들은 왜 내가 통계를 들어야 하는지 의문을 제기할 만하다. 통계를 수강해야 할 합당한 답이 적어도 두 가지 있다. 가장 전형적인 답은 교수들은 학생들이 계산 공식과 절차를 포함한 자료분석에 관한 일련의 기술들을 학습해서 실험 논문을 이해하고, 나아가 스스로 자료분석을 할 수 있게 되기를 바라기 때문이라는 것이다. 보다 광범위한 답변이자 더 많은 학생들에게 적용될 수 있는 답은 숫자와 자료에 관해 일반적인 능력을 갖추는 것은 평생, 그리고 직무와 관련해서 매우 중요한 기술이라는 것이다. 실험을 하는 사람뿐만 아니라 우리 모두는 업무의 일부로 숫자 자료를 접한다. 그래서 이 자료를 어떻게 처리하는지에 대해 전반적인 지식을 갖는 것은 아주 중요하며, 이 지식은 자신의 가치를 높이는 중요한 기술이 된다. 내 경험에 비추어보면, 통계를 들어본 사람은 구체적인 계산 절차 등은 잊어버릴지라도 숫자 자료를 처리하는 것에 대한 기본적인 이해를 갖고 있기 때문에 직장의 동료들에 비해 유리한 자리에 있게 된다. 자료 처리에 관한 기술은 수량화된 자료가 점점 더 중요해지기 때문에 그 수요가 점점 더 증가한다.

사실 통계는 숫자에 관한 것이 아니다. 통계는 세상을 이해하는 것에 관한 것이다. 친숙한 상황에서 코카인을 흡수하는 것보다 낯선 상황에서 코카인을 흡수할 때 코카인 효과가 더 큰가 하는 것과 같은 질문이 통계학자가 해결해야 하는 중요한 문제이긴 하다. 그러나 여기에서 우리가 다루는 문제는 약물 중독 문제, 학습과 기억에 환경이 미치는 영향과 같은 문제라는 것을 잊어서는 안 된다. 우리가 실험을 통해 얻은 결과는 인지과학이나 사회과학에만 국한된 것이 아니라 보다 전반적인 함의를 갖는다. 또한 사람들이 접하는 대부분의 수치는 엄격하게 통제된 실험실에서 얻어지는 자료가 아니라 교통영향 평가 연구가 새 상가 개발에 주는 함의라든가, 주거지의 밀집이 지역 교육청의 예산에 미치는 영향이라든가, 신상품에 대한 시장조사와 같은 것들이다. 이런 예들에는 모두 이 책에서 다루는 통계적 개념들이 내재되어 있다.

왜 이 책을 사용해야 하는가?

통계를 배워야 할 이유는 이 정도로 하면 충분할 것이다. 통계를 강의하시는 선생님들은 이 책을 읽기 전에 이미 그 이유를 충분히 알았을 것이고, 학생들도 조금은 열린 마음이 되었을 것으로 기대한다. 그럼에도 다른 많은 교재를 놔두고 왜 이 책을 사용해야 하는가 하는 질문은 남아있을 수 있다. 그 답의 일부는 책의 스타일에 있다. 나는 이 책이 학생과 선생님 모두에게 재미있고 유용하도록 노력하였다. 가능한 한 쉬운 문체로 쓰려고 했으며, 책에 든 예들은 우리가 수행할 법한 조사 상황으로 기술되었으며, 이 책에 실린 대부분의 예는 학술지에 게재된 결과들이다. 통계기법이 사용되는 상황을 예로 들지 않으면서 통계 절차를 이해하라고 요구하는 것은 어불성설이라고 생각했기 때문이다.

이 교재는 심리학, 교육학, 기타 행동과학을 처음 배우는 학생들을 염두에 두고 저술되었다. 이 책을 이해하는 데에는 고등학교 대수 이상의 수학 지식이 필요하지 않으며, 구체적인 계산 절차를 알려주는 것보다 각 통계 절차들의 논리를 설명하려 하였다.

지난 25년 동안 자료분석 방법은 아주 많이 변했다. 전에는 공식을 풀기 위해 계산기에 자료를 입력해야 했는데, 이제는 개인용 컴퓨터에서 패키지를 이용해 통계 분석을 한다. 사실 어떤 경우에는 자바나 그와 유사한 언어로 작성된 온라인 프로그램을 인터넷에서 내려 받아 사용할 수도 있다(나는 스마트폰으로 다운받은 앱을 사용하기도 했다). 통계를 하는 기계적인 절차가 변했으니, 통계 절차를 가르치는 것 또한 변해야 한다. 모든 공식이나 계산 절차를 수업에서 다 없앨 수는 없지만, 이제 그 중요성은 많이 줄어들었다. 계산 절차에 시간을 덜 쓰는 대신 통계 결과를 해석하는 데에 주안점을 두게 되었다. 이것이 이 책의 목표이다. 단지 '집단의 평균 차이가 유의하다'를 넘어서서 이 차이가 실험의 기저에 있는 목표에 대해 어떤 의미를 갖는지를 설명하는 것에 중점을 두려 한다. 나는 이런 접근을 숫자의 분석에서 자료의 분석으로 이동해가는 것이라 믿는다. 두 집단 사이에 유의한 차이가 있는지는 문제는 이 차이가 무엇을 의미하는지보다는 덜 중요하다.

계산기에서 컴퓨터로 계산 수단이 바뀌면서 나는 공식을 설명하는 방식을 바꾸었다. 이전에는 정의식을 주고 이어서 계산식을 설명했지만, 이제 계산에 대해 걱정할 필요가 없어졌으므로, 정의식 위주로 설명해나간다. 이렇게 하면 학생들이 통계를 이해하기 더 쉬울 것이라는 것이 내 지론이다. 이 외에 이번 9판에서는 컴퓨터를 이용한 통계처리를 많이 늘렸는데, 컴퓨터가 그 문제를 어떻게 해결하는지를 보는 것이 통계를 이해하는 데 도움이 된다는 이유도 있기 때문이다. 항상 그런 것은 아니지만, 통계 답을 구하기 위해 컴퓨터 프로그램을 돌릴 수 있다는 것의 중요성을 알려주는 것 자체로도 충분하다고 생각한다(그리고 프로그램의 일부를 고친 다음 다시 실행해보고 그 결과를 보는 것은 통계를 이해하는 데 도움이 된다고 생각한다).

이 책의 특징적인 부분들

이 책은 몇 가지 특징이 있다. 이미 말했듯이 한 가지 특징은 기존 연구를 예로 이용했다는 점이다. 나는 학생들이 흥미를 느낄 만한 연구들을 물색해서 예로 실었다. 환경이 헤로인 과용에 미치는 영향, 일상생활에서의 스트레스와 심리적 증상의 관계, 강의 평가에 영향을 주는 요인들, 부모의 이혼이 아동의 심리적 취약성에 미치는 영향, 연령별 기억 변화에 영향을 미치는 변인들에 관한 연구 들이 그 예이다. 나는 학생들이 예로 다루는 문제에 좀 더 개입되기를 바라고, 통계 분석이 단순히 공식을 적용하는 것 이상이라는 것을 보여주려고 한다.

대부분의 장에는 SPSS와 *R*을 이용한 자료 처리 예를 소개하는 절이 들어 있는데, 독자들이 SPSS보다 *R*에 더 집중해주기를 원했다. *R*은 통계의 표준 도구가 되어가고 있으며, 무료일 뿐만 아니라 꾸준히 개발되고 있다. SPSS는 상업용 패키지로 많은 학교가 사용허가를 갖고 있다. *R*은 배우기가 약간 어렵지만, 미래의 통계 패키지로 자리를 잡아가고 있다. 게다가 무료이다. 내 목적은 학생들이 컴퓨터 출력물에 익숙해지고 거기에 어떤 정보들이 실려 있는지 알게 하는 것이다. 나는 학생들이 통계 패키지의 전문가가 되게 하려는 것이 아니라 자기 스스로 코드를 수정하고 통계 작업을 하는 데 필요한 정보를 제공하려는 것이다. 그리고 통계 개념을 시각적으로 잘 보여주기 위해서 *R*을 사용한다.

만약 학생들이 이 통계 패키지들을 사용할 생각이라 하더라도 나는 학생들이 단지 통계 작업을 하기 위해 SPSS 사용설명서나 *R* 교재를 구입하는 것을 별로 원하지 않는다. 그래서 학생들이 이용할 수 있게 웹에 두 개의 SPSS 설명서를 탑재하였다. 물론 이 설명서는 원래 설명서만큼 완벽하지는 않다. 그러나 학생들이 SPSS를 활용하는 데는 충분할 것으로 생각한다. 두 개 중 간단한 설명서를 권하지만, 보다 자세한 정보를 원할 경우를 대비해서 긴 설명서도 올려놓았다. 마찬가지로 각 장마다 *R* 사용법에 관한 웹 문서를 제공했는데, 학생들이 이를 따라갈 수 있어야 한다. 특히 자기 작업에 맞게 코드를 수정하는 것을 시도하기 바란다.

이 책에 실린 예와 연습문제에 있는 자료들을 포함해서 학생들과 교수자들에게 필요한 보충 자료들은 이 책을 위해 내가 관리하는 웹사이트에 있다. 이 웹사이트의 URL은 www.uvm.edu/~dhowell/fundamentals9/index.html이다. 그 사이트에 있는 링크를 클릭하면 해당 자료에 접근할 수 있다. 이 파일들은 ASCII 코드로 저장되어 있으므로 어떤 통계 프로그램에서도 사용할 수 있다. (그리고 SPSS에서 사용할 수 있는 자료 파일도 같이 올려놓았다.) 변인명은 첫 번째 줄에 나타나기 때문에 여러분이 사용하는 패키지에 곧장 옮길 수 있다. 자료는 여러분이 사용하는 브라우저의 '저장' 옵션을 선택하면 여러분의 컴퓨터로 옮겨진다. 따라서 이 파일들을 이용하면 학생과 교수 모두 책과 함께 어느 패키지라도 사용할 수 있게 된다.

내 웹사이트에는 다른 사이트로 연결하는 링크들을 많이 만들어놓았는데, 이 사이트들에서 좋은 예나 통계기법에 대해 알려주는 프로그램들, 그리고 좀 더 다양한 용어집 등을 찾아볼 수 있다. 많은 사람들이 많은 시간을 들여 다양한 정보를 인터넷에서 볼 수 있게 해 주었는데, 이 자료들을 사용하는 것은 제법 가치가 있다.

새 판에 부쳐

새 판이 나온다는 것은 이전 판이 많이 팔렸다는 것을 의미하지만, 이전 판에 무슨 문제가 있었는지 물어보는 것도 필요하다. 일반적으로, 나는 그 분야에서 일어나고 있는 변화를 추가하고 더 이상 사용되지 않는 부분들은 삭제한다. 그리고 일반인들이 생각하는 것보다 훨씬 더 많은 변화들이 일어나고 있다. 그런데 이번 판에서는 다른 입장을 취했다. 새로운 내용들을 추가하긴 했지만, 그보다는 이 분야를 처음 배우는 학생의 입장에서 읽어보고 쉽게 고쳐 쓰는 데 주안점을 두었다. 즉, 개념들을 보다 명료하게 표현하고 반복하는 데 주안점을 두었다. 예를 들어 Y축은 세로축이라는 걸 나는 알지만, 대부분의 사람들은 잘 모르기 때문에 한 번만 이야기해서는 충분하지 않다. 그래서 나는 'Y축(세로축)에는……'이라는 표현을 수시로 사용했다. 그리고 책을 학생의 관점에서 읽게 되면 보다 분명하게 서술해야 될 부분이 아주 많다는 것을 알게 된다. 그리고 내 아내가 평생을 중학교 교사로 근무해서 교육에 대해 많은 것을 알다 보니 내 경우엔 더 그랬다. 실제 내 아내는 이 책을 다 읽고 아주 많은 부분들을 지적해주었다. 그리고 나는 혹시 그 개념이 무엇인지 모르면 그 중요 개념들을 다시 한 번 살펴보라는 뜻에서 각 장의 첫 머리에 그 장에서 다루는 중요 개념 목록을 실었다.

그리고 중간 중간에 중요 코멘트를 상자로 정리해서 몇 가지 점들을 묶고, 여러분이 반드시 이해해야 할 부분을 알려주거나 어려운 개념을 명료하게 하려 하였다. 아울러 중요한 통계학자들의 간략한 전기를 삽입하였다. 특히 20세기 전반부에 아주 흥미로운 연구자들이 많았는데 이런 사람들의 전기를 실었다. 그리고 각 장의 마지막에 실었던 간략한 요약을 좀 더 충실한 요약으로 대체하였다. 그 장의 내용을 몇 문단으로 압축하려는 의도에서 이런 시도를 하였는데, 여러분들도 요약을 잘 공부하면 좋을 것으로 생각한다. 얼마 전에 자바 프로그래밍에 관한 책을 읽었는데, 각 장의 마지막에 간략한 질문과 답을 넣은 책을 보았다. 간단한 질문을 통해 내가 많은 것을 배웠다는 것을 발견하고, 이번 판에 그 방법을 도입하였다. 여러분이 그 장에서 중요한 부분에 주의를 기울이게 하려고 질문들을 만들었으니 유용할 것으로 생각한다.

이번 판의 중요한 특징은 효과크기 측정치의 중요성을 강화한 것이다. 행동과학 분야의 통계학은 통계적 유의도에 전적으로 의존하던 것에서 그 연구 결과가 얼마나 크고 중요한 것인지에 대해 알려주는 측정치로 급격하게 이동하고 있다. 이런 변화는 이미 예견되었던 것으로 내 책이 수정되는 방향에서도 잘 반영된다. 이것은 이 분야의 추세에 맞을 뿐만 아니라 학생과 연구자들이 결과가 실제로 무엇을 의미하는지를 꼼꼼하게 생각하게 한다는 점에서 아주 중요하다. 효과크기 측정치를 서술할 때 나는 저자들이 독자들에게 자신들이 발견한 것이 무엇인지 전달하려 한다는 점, 그리고 이 목표를 달성하는 데에는 여러 가지 방안이 있다는 점을 전달하려 했다. 어떤 경우엔 단지 조건들 간의 평균이나 비율의 차이를 말하는 것으로 충분하다. 그러나 다른 경우엔 코언(Cohen)의 $\hat{d}$과 같은 표준화된 측정치가 필요하다. 그러나 나는 상관에 기초한 측정치들은 사람들이 알고자 하는 정보를 충분히 전달하지 못한다고 생각해서 가능한 한 사용하려 하지 않았다.

통계학에서 일어나고 있는 변화 중의 하나는 '재표집 통계학'으로의 이동이다. 개인용 컴퓨터조차도 속도가 아주 빨라지다 보니 이전에는 생각만 하고 실제로는 할 수 없었던 통계작업의 결과를 볼 수 있게 되었다. 이런 작업의 장점 중의 하나는 자료에 대한 가정들이 적어졌다는 점이다. 어떤 점에서 이 방법은 우리가 알고 있던 비모수적 통계와 유사하지만, 훨씬 더 강력하다. 나는 비모수적 통계에 관한 장에서 계산 절차에 관한 것들은 거의 다 삭제하고 그 부분을 재표집에 관한 내용으로 대체했다. 이렇게 했을 때 좋은 점은 어떤 분석을 하기 위해 재표집 기법에 대해 한 번 서술하면 학생들이 어떻게 수정하면 다른 실험설계에서 이 방법을 적용할 수 있는지 쉽게 이해할 수 있다는 점이다.

이번 판에도 '통계 보기'를 첨부하였다. 통계 보기는 콜로라도 대학교의 게리 매클렐런드(Gary McClelland)가 Java로 만든 자바 애플릿을 위주로 구성되었다. 이것은 책에서 다룬 통계 개념들을 학생들이 실제 경험할 수 있게 해준다. 해당 애플릿을 열고, 파라미터들을 바꿔가며 어떻게 달라지는지 눈으로 확인할 수 있다. 9장에서 상관을 계산할 때 이질적인 하위집단이 포함되면 어떻게 되는지를 보여주는 애플릿이 아주 좋은 예이다. 이 애플릿들은 앞서 말한 내 웹사이트(www. uvm.edu/~dhowell/fundamentals9/index.html)에서 직접 구할 수 있다.

이번 판에는 메타분석 장을 추가하였다. 메타분석은 여러 개 연구의 결과를 동시에 분석하는 것이다. 예를 들어 우울증 치료에 대해 연구가 많이 수행되었다. 우울증에 대한 메타연구는 이 연구들을 종합해서 연구 결과의 유사점과 차이점들을 토대로 결론을 내리려는 시도이다. 증거 기반 치료를 강조하는 현재의 기조는 메타 연구의 좋은 예이다. 만약 내가 암 치료를 받아야 한다면 나는 저번 주에 발표된 가장 최근 연구나 내 주치의가 선호하는 연구만이 아니라 더 많은 것에 기초한 처치를 받기를 원한다. 여기서 우리는 통계적 유의도와 함께 효과크기를 강조하는 행동과학의 변화를 본다. 많은 연구들에 대한 메타분석은 20년 전의 통계학 책에서는 볼 수 없는 새로운 변화이다.

이미 기술한 특징들 외에 출판사 홈페이지를 통해 이 책과 연결되는 웹사이트에는 학생들에게 도움이 될 만한 여러 정보들이 들어 있다. 그중에는 Statistical Tutor라는 게 있는데, 여기에는 그 장에서 다루는 중요한 주제들에 대한 선다형 문제들이 수록되어 있다. 학생들이 오답을 고를 경우 그 내용을 설명하고 그를 통해 정답이 무엇인지 알 수 있게 도와주는 상자가 나타난다. 이 질문은 내가 만든 것은 아니지만 아주 잘 만든 질문들이다. 또 다른 자료로 연결해주는 링크, 기초적인 수학 계산법, 다른 예들과 추가 자료들을 연결해주는 링크 등이 수록되어 있다.

이 책의 구성과 범위

이 부분은 이 책을 가르치는 선생님들을 위한 부분이므로 학생들은 이 부분을 건너뛰어도 무방하다.

- 1장에서 7장까지의 처음 일곱 장은 기술통계에 대해 기술하였다. 즉 자료 제시, 집중경향치와 변산성의 측정치, 정상분포와 확률 등에 대해 기술하였다.
- 가설검증과 표집분포에 관한 내용이 실린 8장에서는 곧이어 나오는 추론통계에 대해 일상적인 용어로 소개하였다. 이 장은 학생들이 공식이나 통계검증의 세세한 부분에 대해 신경 쓰지 않고 가설검증의 기본논리를 탐색할 수 있게 하려는 의도에서 기술되었다.
- 9, 10, 11장에서는 상관과 회귀, 중다회귀를 다루었다.
- 12, 13, 14장은 평균 간의 차이 검증, 특히 t 검증을 주로 다루었다.
- 15장에서는 검증력과 그 계산 방법에 대해 다루었는데, 검증력에 대해 쉽게 이해하고 활용할 수 있게 기술하였다.
- 16, 17, 18장에서는 변량분석을 다루었다. 단순 반복측정설계도 다루었지만, 부분 반복설계는 다루지 않았다. 이 장들에서는 피셔의 보호 t(Fisher's protected t)를 이용한 평균들 간의 다중비교도 다루었는데, 피셔의 보호 t는 이해하기 쉬울 뿐만 아니라 제한된 조건하에서는 검증력과 오류율에서 문제가 없기 때문에 채택하였다. 그리고 이전 판을 사용한 사람들의 조언에 따라 본페로니(Bonferroni) 검증을 추가했는데, 이 검사는 분별 있게 사용할 경우 검증력을 떨어뜨리지 않으면서 오류율을 잘 통제하는 방법이다. 아울러 효과 강도와 효과크기를 측정하는 법, 상호작용에 대한 심도 있는 설명, 단순효과를 검증하는 절차에 대해서도 기술하였다. 특히 이전 판에 비해 효과크기 부분은 크게 확장되었다.
- 19장에서는 카이제곱 검증을 다루었는데, 필요하면 19장은 순서에 상관없이 일찍 가르쳐도 무방하다.
- 20장에서는 널리 사용되는 비모수 통계 방법들에 대해 다루었는데, 재표집 통계에 대한 내용도 다루었다.
- 21장은 완전히 새로 서술된 장이다. 21장에서는 메타분석을 다룬다. 개별 연구의 효과

> 크기를 더욱 강조하는 것과 함께 메타분석은 효과크기라는 지표를 이용해서 유사한 연구들을 통합하는 방향으로 우리를 인도한다. 메타분석은 중요성이 점점 더 증가하는데, 증거 기반 의학을 강조하는 의학 연구의 추세를 따라간다. 암 치료를 받는다면 같은 유형의 암에 대한 모든 연구들에 대한 견실한 분석에 기초한 치료를 원하듯이 행동과학에서도 같은 방향의 연구를 원할 것이다.

물론 모든 강의에서 이 책을 다 가르치리라고 기대하지는 않는다. 특히 중다회귀, 검증력, 비모수 통계에 관한 부분은 생략할 수도 있고, 책의 순서를 달리해서 강의할 수 있다. 예를 들어 내 경우에는 카이제곱을 학기 초에 가르치는데, 이 책의 감수자의 권고에 따라 책의 뒷부분에 수록하였다.

감사의 말

이 책이 나오기까지 많은 사람들의 도움에 힘입었다. 개정판을 내는 데 제품 매니저 Tim Matray, 제품 보조 Adrienne McCrory, 콘텐츠 개발자 Tangelique Williams-Grayer, 루미나 프로그램 매니저 Kailash Rawat 등이 도와주었다. Diane Giombetti Clue는 원고 편집을 맡아주었는데, 내가 표준 매뉴얼에서 권장하는 것과 다른 이상한 표기법이나 전치사 위치를 고집할 때 나를 지지해주었다. 내 딸 Lynda는 교수자용 사용설명서와 학생용 설명서를 만드는 것을 도와주었고, 틀린 부분을 잡아주었다.

많은 사람들이 이전 판에 대해 검토해주었는데, 특히 Dr. Kevin J. Apple(오하이오 대학교), Eryl Bassett(캔터베리 대학교), Drake Bradley(베이츠 대학), Deborah M. Clauson(미국 가톨릭 대학교), Jose M. Cortina(미시간 주립대학교), Gary B. Forbach(워시번 대학교), Edward Johnson(노스캐롤라이나 대학교), Dennis Jowaisas(오클라호마 시립대학교), David J. Mostofsky(보스턴 대학교), Maureen Powers(밴더빌트 대학교), David R. Owen(뉴욕시립대학교 산하 브루클린 대학), Dennis Roberts(펜실베이니아 주립대학교), Steven Rogelberg(볼링그린 주립대학교), Deborah J. Runsey(캔자스 주립대학교), Robert Schutz(브리티시컬럼비아 대학교), N. Clayton Silver(네바다 대학교), Patrick

A. Vitale(사우스다코타 대학교), Bruce H. Wade(스펠만 대학), Robert Williams(갤러뎃 대학교), Eleanor Willemsen(산타클라라 대학교), Pamela Zappardino(로드아일랜드 대학교), 그리고 Dominic Zerbolio(성 루이스 미주리 대학교)에게 감사드린다. Dr. Karl Wuensch(이스트캘리포니아 대학교)는 여러 해 동안 제안점, 이견, 조언 등을 적어 보내주었다. 그는 Dr. Kathleen Bloom(워털루 대학교)과 Joan Foster(사이먼 프레이저 대학교)와 마찬가지로 특별한 인정을 받을 자격이 있다. 또 캘리포니아 대학교의 게리 매클렐런드(Gary McClelland)는 아주 감사하게도 자기의 Java 애플릿을 사용하게 해주었으며, 내 책에 맞게 몇 가지는 수정해주기도 했다.

그리고 이 책에 대해 의견과 오류를 지적해준 많은 교수들과 학생들에게도 감사한다. 이 책에서는 일일이 이름을 밝히지 않았지만 그들의 이름과 지적 사항은 'Errata'라고 이름 붙인 웹 페이지에 올라가 있다.

그리고 내 마지막 직장인 버몬트 대학교(University of Vermont)의 동료들에게도 감사를 드린다. 2002년 5월에 은퇴를 했지만 여전히 내 마음에는 내 지성의 집처럼 여겨진다. 이 책의 1판을 쓸 때 안식년을 보낸 영국 브리스톨 대학교(University of Bristol)의 동료들에게도 감사를 보낸다. 그러나 가장 큰 감사는 어디에 문제가 있고 어떻게 하면 그 문제를 고칠 수 있을지를 알려준 내 학생들에게 드린다. 그리고 나와 직접 만나지는 않았지만 인터넷을 통해 질문과 코멘트를 해준 학생들에게도 감사드린다(여러분이 보내준 의견을 다 읽었는데, 내가 모두에게 답을 해주었기 바란다).

David C. Howell

St. George, Utah

Internet: David.Howell@uvm.edu

차례

12장

평균에 적용된 가설검증: 단일표본 343

13장

평균에 적용된 가설검증: 두 상관표본 377

14장

평균에 적용된 가설검증: 두 독립표본 397

1장 도입

어느 과목을 수강하든 간에 학생들은 그 강의에서 무엇을 할지, 그리고 자신들이 얼마나 잘 해낼지 걱정하며 수업에 들어온다. 이 장에서는 우리가 앞으로 다룰 것과 다루지 않을 것을 나열한다. 이어서 통계학과 수학의 차이에 대해 이야기할 것인데, 통계학과 수학은 거의 모든 부분에서 꽤 다르다. 앞으로 여러 번 이야기하겠지만, 이 과목을 수강하는 데 필요한 계산들은 여러분이 고등학교에서 배운 것들이다(물론 그중 일부는 잊었겠지만). 이어서 왜 통계 절차가 필요한지, 그것들은 어떤 목적으로 사용되는지에 대해 이야기한 다음, 우리가 이 책에서 다룰 통계 절차들의 구조에 대해 설명할 것이다. 그리고 각 장의 마지막에는 컴퓨터로 자료들을 처리하는 예를 소개할 것이다.

지금은 은퇴했지만, 파티나 사람들이 모이는 장소에서 직업이 무엇인지 묻는 질문을 받으면 심리학자라고 대답했었다. 그러면 사람들은 내가 곧이어 실험심리학자라고 추가해도 사람들은 내 앞에서는 말이나 행동을 조심해야겠다는 등의 이야기를 한다. 그래서 나는 전략을 바꿔 통계를 가르친다고 답을 바꾸었다. 이 전략은 사람들이 더 이상 이상한 표정으로 나를 보지는 않는다는 점에서는 성공한 셈이었지만, 새로운 문제를 야기했다. 이제 사람들은 잔인하게도 평생 통계를 가르친 내 앞에서 자기가 얼마나 수학을 못했는지, 그리고 자기가 통계를 듣지 않게 된 성공담을 이야기했다. 이런 경험을 감안해서 이제는 35년 동안 심리학 연구방법론을 가르쳤다고 답하는데, 비로소 사람들은 편하게 말하는 것 같다. 연구방법론에는 통계가 포함되어 있다는 것을 모르는 것 같은데, 그 사실을 말하지 않을 참이다.

통계학이란 무엇인가에 대해 답하는 것으로 이 책을 시작하자. 어쨌든 여러분은 이제 한 학기 동안 통계 절차들에 대해 배울 것이므로, 여러분이 무엇을 배우게 될 것인지에 대해 알아두는 것이 좋을 것이다. 통계라는 용어는 적어도 세 가지 의미로 사용된다. 첫 번째 의미는 이 책의 제목에 있듯이, 많은 양의 자료를 사용하기 쉽게 줄여주고 이 자료들로부터 결론을 도출하게 해주는 일련의 절차와 규칙들을 가리키는 것이다. 물론 이 절차와 규칙이 계산 절차나 수학 규칙만을 가리키는 것은 아니다. 이것이 기본적으로 이 책이 다룰 내용이다.

두 번째 의미는 보다 일상적으로 사용되는 의미인데, '통계를 보면 실업수당을 신청하는 사람들의 수가 3개월 연속 감소하고 있다'는 문장에서 사용되는 의미이다. 이 경우 통계는 자료라는 의미로 사용된 것인데, 이 책에서 통계라는 용어를 이런 의미로는 절대 사용하지 않는다.

통계의 세 번째 의미는 이런 자료에 산수적인(혹은 대수적인) 조작을 해서 얻어진 수치를 가리키는 의미로, 통계치라는 의미이다. 그러니까 어떤 집단의 평균은 하나의 통계치이다. 통계치라는 의미로 통계를 사용하는 것은 아주 적절한데, 이 책에서는 통계라는 용어를 이런 의미로도 사용한다.

이제 우리는 통계라는 용어의 두 가지 용도를 알아보았다. 즉, (1) 일련의 절차와 규칙이라는 의미와, (2) 이런 절차와 규칙을 자료에 적용한 결과라는 두 가지 의미를 알아보았다. 여러분은 이 책을 읽어가면서 통계라는 용어를 많이 접하게 되는데, 이 두 가지 의미 중 어떤 의미로 사용되었는지는 맥락을 보고 판단할 수 있다.

많은 학생들에게 통계라는 용어는 정도의 차이는 있지만 수학 공포증을 유발시키기도 한다. 그러나 통계학을 전공하는 사람에게도 수학이나 수학적 조작은 중요한 역할을 할 필요도 없고, 실제로 중요한 역할을 하지도 않는다[행동과학에서의 통계적인 문제에 대해 아주 영향력이 있으며 가장 명쾌하게 저술하는 제이컵 코언(Jacob Cohen)은 자기가 수학 지식이 별로 없어서 통계 개념들을 다른 사람들에게 잘 설명하는지도 모른다고 말한 적이 있다]. 솔직히 말해, 수학 공식 몇 개는 알고 다른 공식들도 약간 이해할 수는 있어야 통계학 책을 이해할 수 있다. 그러나 이를 위해 여러분이 알아야 할 공식이나 개념의 수준은 대단한 것이 아니다. 여러분은 이미 고등학교에서 통계를 이해하는 데 필요한 것 이상을 배웠다. 숫자 계산에 대해 좀 더 자세한 개요는 이 책의 웹사이트인 아래 주소에 접속해서 볼 수 있는데, 기대했던 것보다 재미있을 것이다.

http://www.uvm.edu/~dhowell/fundamentals9/ArithmeticReview/review_of_arithmetic_revised.html

이 웹사이트에는 다른 내용들도 많이 있는데, 대부분의 내용은 이 책을 이해하는 데 유용하다.

대수에 대해 공부하고 공식 이용하는 법을 익히는 것보다 통계 공부에서 더 중요한 것은 통계적인 방법과 절차를 실험 결과를 실험을 도출해낸 가설과 연결시키는 방안으로 이해하는 것이다. 책을 개정하면서 나는 자료분석을 이해하는 데 확실하게 도움이 된다고 생각되지 않는 수학적인 내용들은 최대한 삭제하려고 하였다. 그리고 계산기로 자료 처리하던 시기에 사용하던 계산식은 삭제하고, 정의식을 수록해서 책에 실리는 식을 간단하게 정리하였다. 이것은 여러분이 통계의 논리에 대해 좀 더 생각해보기를 바란다는 의미이다. 단지 가설검증의 논리에 대해 생각하라는 것이 아니라 여러분이 문제를 해결하려고 접근할 때 그 기저에 깔린 논리에 대해 생각하라는 것이다. 두 집단의 평균이 차이가 나는가라는 질문은 그 차이가 여러분이 알아보고자 하는 문제와 상관없는 것이라면 별 의미가 없는 것이다. 또 그 차이가 우연에 의한 것이 아니라고 말하는 것도 그 차이가 얼마나 크며, 또 그 차이가 정말 중요한 것인지에 대해 알려주는 것이 없다면 아무 의미가 없다. 우리가 공식을 너무 강조하다 보면, 그 공식을 통해 알아보려는 것이 무엇인지 생각하지 않고 그저 기계적으로 자료에 공식을 적용하려는 경향이 있기 때문에 이런 실수를 피하려는 생각에서 이와 같이 결정하였다.

앞 문단에서 여러분이 그렇게 생각할 수 있게 내가 오도했을 수도 있는데, 학생들이 걱정하는 또 다른 문제는, 실험 연구의 결과를 분석할 수 있게 하는 것만이 통계를 배우는 목적이라고 생각하는 것이다. 물론 이 과목을 가르치시는 분들은 가능하면 보다 많은 학생들이 그렇게 되기를 바란다. 하지만 통계 절차와 그에 깔려있는 생각은 실험 결과를 분석하는 것에서 그치는 것이 아니라 그 이상의 의미와 가치를 가지고 있다. 여러분이 이 과목에서 배우는 것은 여러분이 학교를 졸업하고 사회에 나가서도 응용할 수 있는 것이다(이는 인문 교양교육이 중요하다고 생각하는 나와 같은 사람들이 주목하는 부분이다). 대기업에 근무하건 소규모의 자영업을 하건 자료를 접하지 않을 수 없다. 때로는 문제의 해결책을 구하기 위해 컴퓨터를 사용하기도 한다. 예를 들어, 도시 계획 위원회에 관계하는 사람이라면 자기들이 입안하는 도시계획이 주거나 경제에 어떤 변화를 초래할 것인지 물어야 한다. 이런 계획들이 학생 수에는 어떤 변화를 초래하는지, 그렇다면 교육 예산은 어떻게 변화하게 될 것인지 등에 대해 알아보고 물어보아야 한다. 물론 이런 사람들이 변량분석(16~18장)에 대해 알 필요는 없다. 회귀분석(9~11장)을 알면 도움이 될 것이다. 그러나 더 중요한 것은 변량분석을 할 때 필요한 논리적인 접근 방법은 도시계획을 할 때에도 필요하다는 점이다(엉망으로 도시계획을 한다면 모든 사람들이 여러분에게 화를 낼 것이다).

통계학은 여러분이 필수과목이라서 어쩔 수 없이 듣는, 그래서 학기가 끝나면 잊어버리는 그런 과목이 아니다. 물론 많은 사람들이 어쩔 수 없이 듣기도 하겠지만, 나는 단순히 성적 증명서에 이수 학점만 남기는 것을 바라지 않는다. 통계학을 잘 배운다면, 통계는 여러분이 두고두고 사용하고 여러분의 가치를 높여주는 기술이 될 것이다. 이것이 내가 통계의 수학적 기초들을 이 책에서 과감하게 빼버린 주된 이유이다. 물론 이런 수학적인 기초도 중요하다. 그러나 이런 것들이 나중에 중요하게 사용할 기술은 아니다. 여러분이 길이길이 사용할 중요한 기술은 회귀식을 도출해낼 수 있는 능력이 아니라 논리적으로 사고할 수 있고, 실험이나 자료를 해석할 수 있는 능력이다. 그래서 이 책에는 실제 사람들이 행하는 것과 관련된 내용들을 예로 많이 사용하였다. 이런 예를 이해하려면 사람들은 생각하게 된다. '여기 세 집단 A, B, C가 있다'라는 추상적인 예를 이해하는 것이 실제 실험을 이해하는 것보다 쉬울 수 있다. 그러나 추상적인 예는 따분하고 우리에게 많은 것을 알려주지 않는다. 실생활의 예가 더 재미있고 우리에게 더 많은 것을 알려준다.

1.1 이 분야의 변화

내가 통계 교과서 개정 작업을 하고 있다고 말하면 사람들은 종종 의아해한다. 사람들은 통계 절차는 시간이 지나도 같을 것이라고 가정한다. 그러나 그 생각은 틀렸다. 시간이 지나면서 우리도 새로운 것들을 더 알게 된다. 더 복잡하고 재미있는 분석을 수행하는 방법들이 개발될 뿐만 아니라 실험 연구 결과를 보는 방법도 변한다. 내가 대학원생이었을 때부터 그 몇 년 후까지 행동과학자들은 그들이 실험집단들 간에서 발견한 차이나 두 개 이상의 변인들 간에서 발견한 관계가 **신뢰할 수 있는가** 하는 문제에 주로 관심을 가졌다. 그러니까 '그 연구를 다시 수행한다면 실험 집단이 통제 집단보다 좋은 수행을 보인 결과를 다시 얻을 수 있는가?'라는 문제에 관심을 가졌다. 시간이 좀 지나자 통계학은 여기서 한 단계 나아가 '그 차이가 **의미가 있는 것인가?**' 하는 데 관심을 갖게 되었다. 두 집단이 다르지만 그 차이가 너무 작아 의미가 없을 수도 있다. 이런 생각은 중요성 혹은 **효과크기**를 알려주는 여러 가지 지표들을 개발하게 하였다. 효과크기 외에 **신뢰 한계** 혹은 신뢰구간을 알려주는 지표들도 개발되었다. 이 두 번째 유형의 지표는 전집에서 특정 측정치가 나올 가능성에 대해 얼마나 확신할 수 있는지에 관한 정보를 제공한다. 이것은 아주 중요한 발전이었다. 일부 통계학자들은 이 방법들이 단순한 통계검증을 넘어서는 중요한 발전이라는 것을 강조하기 위해 '새 통계'라고 부르기도 했다. 물론 어떤 분야는 우리보다 먼저 이런 변화를 겪었고, 또 다른 분야는 아직도 신뢰할 만한가 하는 문제에 집중하고 있다.[1]

1 뉴욕 주립대학교 제네시오 캠퍼스(SUNY Geneseo)의 학부생인 스타시 와이스(Staci Weiss)(2014)가 발표한 멋진 논의는 새 통계와 *R*의 역할과 자기가 어떻게 이것들에 숙달하게 되었는지에 대해 훌륭하게 서술하고 있

1980년대 후반에 일단의 심리학자들이 약간 다른 질문을 제기하기 시작했다. '우리가 발견한 결과가 신뢰할 수 있고 의미 있는 것이라면 다른 연구자들은 어떤 결과를 얻었는가?'라는 질문이었다. 하나의 이론적 질문에 관해 20개의 연구가 수행되었을 수 있는데, 각기 다른 결과를 얻었을 수도 있다. 또는 대부분의 연구가 큰 틀에서 볼 때는 같은 결과를 보여줄 수도 있다. 특정 주제에 관한 여러 연구들을 비교해본다는 생각은 의학에서 아주 중요한데, 이를 '증거 기반 관행'이라고 부른다. 그러니까 특정 유형의 암에 관한 연구들을 다 수집해서 어떤 처치가 가장 효과가 있는지에 대해 연구 결과들이 일치하는지를 알아본다. 이런 접근을 '메타 분석'이라 하는데, 이 책의 뒷부분에서 이에 대해 전문적이지 않은 서술로 논의하였다. 우리가 하는 연구가 그 주제에 관한 유일한 연구처럼 생각할 때는 지났다. 여러분이 보았듯이 '차이를 통계적으로 신뢰할 수 있는가?'라는 질문에서 '차이가 실제로 의미 있는 차이인가?'를 거쳐 '이 결과는 다른 사람들도 얻은 결과인가?'라는 질문으로 실험 연구 결과를 보는 방법이 변화하고 있다.

9판은 이전 판들과 많이 달라졌다. 앞서 말했듯이 이전 판들에 비해 효과크기와 신뢰구간에 대해 더 많은 시간을 들였다. 그리고 앞에서도 말했듯이 통계 공식을 강조하고, 공식들도 다른 방식으로 표현하였다. 즉, 계산기로 작업하기에는 불편하지만 우리가 하는 작업의 논리에 더 충실한 공식으로 바꾸었다. 또 9판에서는 결론을 내릴 때 컴퓨터 소프트웨어를 사용하는 부분을 늘렸다. 내가 쓴 다른 책에서 이 방법을 계속 사용해왔는데, 이 책도 그 방향으로 나아가는 게 중요하다고 판단했다. 그렇지만 논의를 따라가는 데 방해가 되지 않도록 컴퓨터 결과물들을 배치하였다. 원한다면 그 부분을 다루지 않고 진도를 나아갈 수도 있다. 나는 컴퓨터 언어를 대하기 싫다는 이유 때문에 이 책 사용을 거부하는 일이 일어나기를 바라지는 않는다. 이제 컴퓨터는 도처에 있으며, 거의 모든 사람들이 갖고 있거나 금방 사용할 수 있다. 그리고 대부분의 사람들이 소프트웨어, 음악 파일, 비디오 등을 다운받는 데 익숙해서 통계 소프트웨어를 다운받는 것은 문제가 되지 않는다. 우리가 사용할 소프트웨어는 무료이니 더 잘된 일이다. 또 우리가 필요로 하는 컴퓨터 기능 중의 일부는 무료이거나 비용을 조금 내면 휴대폰에도 다운받을 수 있다. 컴퓨터 화면에 답이 뜨면 그 문제가 더욱 의미 있게 보일 수 있다. 특히 그게 정답일 경우는 더욱 그렇다.

1.2 환경의 중요성

사회에서 중요한 함의를 가지는 예를 가지고 시작해보자. 이미 잘 아는 것일 수 있지만,

다. 이 논의는 아주 잘 쓰였으며 새로운 발전에 대해 잘 조망하고 있다. 이 글은 심리과학협회(Association of Psychological Science)에서 발간되는 월간 뉴스레터인 『옵서버(Observer)』 2014년 12월호에 실렸다.

약물 사용과 오용은 우리 사회의 심각한 문제이다. 매일 약물 과용으로 헤로인 중독자들이 죽어간다. 심리학자들도 약물중독에 대한 이해를 넓히는 데 기여해야 하고, 또 기여하고 있다. 이 장과 다음 장에서 중요한 개념을 설명할 때 약물 중독과 관련된 연구가 나올 것이기 때문에 이 연구에 대해 좀 길게 기술하기로 한다. 여러분 주위에 누군가가 헤로인을 사용하고 있을지 모르는데, 헤로인은 모르핀에서 추출된 파생물이기 때문에 이 예는 여러분에게 남다른 의미가 있을지도 모른다.

1975년에 셰퍼드 시겔(Shepard Siegel)이 수행한 모르핀 내성에 관한 아주 중요한 실험과 유사한 연구를 예로 들어보자. 모르핀은 진통제로 널리 사용되며, 모르핀을 계속해서 투여하면 내성이 생긴다. 그러니까 같은 양의 모르핀을 계속해서 투여하면 진통 효과가 점점 줄어든다(당신이 매운 음식을 자주 먹는다면 비슷한 일을 경험했을 것이다. 매운 음식을 처음 먹었을 때만큼 매운 맛을 경험하려면 점점 더 맵게 먹어야 한다). 모르핀의 내성을 보여주는 전형적인 실험 상황은 쥐를 뜨거운 바닥 위에 놓고 그 행동을 관찰하는 것이다. 바닥이 뜨거워져서 불편해지면 쥐들은 앞발을 핥는데, 앞발을 핥게 될 때까지의 시간(앞발 핥기 반응시간)이 그 쥐의 통증 민감도의 지표로 측정된다. 모르핀을 처음 맞은 쥐들은 앞발 핥기 반응시간이 긴데, 이는 모르핀이 통증을 둔감시킨다는 것을 알려준다. 반복해서 모르핀을 맞게 되면 앞발 핥기 반응시간이 점차 짧아지는 것(민감성이 증가한 것일 수도 있고, 둔감성이 줄어든 것일 수도 있다)을 통해 내성이 생겼다는 것을 알 수 있다.

시겔은 **조건화된**(학습된) 약물 반응이 조건화되지 않은(자연적인) 약물 반응과 반대인 약물들이 모르핀 외에도 많다는 것에 주목했다. 예를 들어, 아트로핀(atropine)을 투여한 동물은 일반적으로 침 분비가 급격하게 줄어든다. 그러나 여러 번 아트로핀을 투여한 다음에 갑자기 생리 식염수(생리 식염수는 아무 영향도 미칠 수 없어야 한다)를 주사하면 침 분비가 증가한다. 주사를 맞으면 예상되는 아트로핀의 효과를 동물이 보상하는 것처럼 보인다. 이러한 연구들은 시행이 반복되면서 학습된 보상 기제가 약물의 효과를 상쇄하는 것을 보여주었다(향신료를 첨가해서 먹던 음식에 향신료를 첨가하지 않고 먹을 때 당신은 이와 유사한 경험을 했을 것이다. 아침에 먹는 시리얼 맛이 원래는 덤덤하지 않은데, 향신료를 치던 음식에 향신료를 치지 않고 먹으면 같이 곁들여 먹던 시리얼이 덤덤하게 느껴질 수 있다. 그렇다고 시리얼에 향신료를 넣어 먹지는 않으리라 기대하지만).

시겔은 이런 과정이 모르핀 내성을 설명하는 데 도움이 될 수 있다고 생각했다. 어떤 동물에게 모르핀을 주사한 다음 그 동물을 따뜻한 표면에 놓는 예비 시행을 여러 번 하게 되면, 모르핀 내성이 발달하게 되어 약물이 점점 효과를 적게 보이게 될 것이라고 생각했다. 이제 다음 시행에서 그 동물에게 모르핀을 주사해보자. 그 동물은 모르핀에 대한 내성이 충분히 발달했기 때문에 모르핀의 진통 효과가 많이 줄어들었다. 그래서 그 동물은 이전에 한 번도 모르핀을 투여하지 않았던 순진한 동물처럼 통증에 대해 아주 예민하게 반응할 수 있다고 생각했다. 시겔은 이에서 한 단계 더 나아가 모르핀을 **주사하던 환경**도 조건화된 과민성을 유발할 것으로 생각했다. 즉, 늘 모르핀을 주사하던 환경에서 그 동물에게 모르핀을 주사하게 되면, 반복해서 모르핀을 투여한 결과로 얻어진 조건화된(학습된) 과민성이 모르핀의 효과를 상쇄할 것으로 생각했다. 그래서 늘 모르핀을 주사하던 환경에서 그 동물에게 아무 효과도 없는 생리 식염수를 주사하게 되면, 조건화된(학습된) 과민성이 모르핀의 효과를 상쇄하는데, 이 경우에는 모르핀이 없기 때문에 과민성이 그대로 반영돼서 앞발 핥기 반응시간이 아주 짧을 것이라고 생각했다.

여러분이 태어나지도 않은 40여 년 전에 수행된 연구라서 너무 오래되었기 때문에 재미없다고 생각할지 모른다. 그러나 여러분이 인터넷에 들어가 잠깐만 검색해보면 시겔의 연구에서 파생된 최근 연구들이 얼마나 많은지 알게 될 것이다. 맨존스 등(Mann-Jones, Ettinger, Baisden & Baisden, 2003)이 수행한 연구는 덱스트로메토판(dextromethorphan)이라는 약물이 모르핀의 내성을 상쇄하는 것을 보여주었다. 그런데 이 약물이 기침 시럽의 주요 성분이라는 것을 알게 되면 이 연구가 아주 흥미로워질 것이다. 그러니까 헤로인 중독자들은 새로운 곳에서 헤로인을 맞는 것을 싫어하는 것 이상으로 기침 시럽을 먹기 싫어할 수 있다는 것을 시사한다. 이 연구는 http://www.eou.edu/psych/re/morphinetolerance.doc에서 볼 수 있다.

그럼 뜨거운 바닥 위에 놓인 쥐는 약물 과용과 무슨 관계가 있을까? 첫째, 헤로인은 모르핀의 파생물이다. 둘째, 반복해서 투여하면 헤로인 중독자들에게서도 내성 현상이 확실하게 나타난다. 그리고 그 결과로 주사하는 양을 늘리는데, 종종 치사량으로 알려진 수준까지 양을 늘린다. 시겔의 이론에 따르면 중독자들은 늘 주사를 맞던 환경과 연합된 학습된 보상기제의 작용으로 인해 중독자가 아닌 정상인에게는 치사량에 해당하는 아주 많은 양을 주사하고도 사고가 나지 않는다. 그러나 중독자들에게 완전히 새로운 환경에서 그 전에 맞던 양을 주사하게 되면 그들을 보호해주던 보상기제가 작동하지 않기 때문에 익숙한 곳에서는 아무 탈이 없던 양이 치사량이 될 수도 있게 된다. 시겔은 약물 과용으로 인한 사고의 대부분은 중독자들이 새로운 환경에서 주사를 맞을 때 일어난다는 것을 발견하였다. 우리는 여기서 아주 심각한 문제에 대해 이야기하고 있는 것이다. 약물 과용은 종종 새로운 환경에서 일어난다.

시겔이 옳다면, 그의 이론은 약물 과용에 대해 아주 중요한 함의를 갖는다. 시겔의 이론을 검증하는 한 가지 방법은 그가 한 실험을 단순화한 것인데, 모르핀에 내성이 생겨 정상적인 양보다 많은 양을 투여해야 하는 두 집단의 쥐를 대상으로 실시하는 것이다. 한 집단의 쥐는 전에 주사를 맞던 장소에서 모르핀 주사를 맞고, 또 다른 집단의 쥐는 똑같은 양을 똑같은 방식으로 맞지만 전에 주사를 맞던 곳이 아닌 다른 곳에서 주사를 맞는다. 만약 시겔의 이론이 옳다면 새로운 환경에서 주사를 맞은 쥐들에게 모르핀이 더 큰 영향을 미칠 것이므로 이전과 같은 환경에서 주사를 맞은 쥐들보다 통증에 대한 역치가 높을 것으로 예상할 수 있다. 이 실험이 앞으로 우리가 이 책에서 자주 사용할 기본적인 연구가 된다.

약물에 대한 내성 예에서 중요한 통계 용어들이 여러 개 사용되었다. 그리고 이 예는 앞으로 이 책에서 자주 사용되게 된다. 그러니 이 실험이 무엇을 보여주려는 실험인지 잘 이해해야 한다. 여러분 혹은 여러분 주위의 사람들에게 일어난 일 중에서 어떤 일이 내성과 관련될 수 있는지 생각해보면 내용을 이해하는 데 도움이 될 수 있다. 내성이 생기면서 행동에 어떤 영향을 미치는지, 왜 부모 세대보다 젊은 세대가 성과 관련된 대화에 너그러울 수 있는지, 보통 때 무심하게 듣던 단어를 졸업식장에서 들으면 왜 이전처럼 무심하게 넘길 수 없는지 등에 대해서도 이해하게 해줄 수 있다.

1.3 기본 용어

통계 절차는 크게 기술통계(descriptive statistics)와 추론통계(inferential statistics)라는 두 가지 영역으로 나눌 수 있다. 이 책의 처음 여러 장에서는 기술통계에 대해 다루고, 나머지 장들에서는 추론통계에 대해 다룬다. 단순화한 시겔의 모르핀 실험을 이용해서 이 두 용어의 차이를 보도록 하자.

기술통계

여러분의 목적이 단지 자료를 기술(describe)하는 것이라면, 기술통계를 하는 것이다. 정상적인 쥐들이 뜨거운 바닥 위에 놓였을 때 앞발을 핥기 시작하는 시간이 평균 얼마인지, 모르핀을 주사 맞은 쥐들은 그 시간이 얼마인지에 대해 기술하는 것이 그 예이다. 마찬가지로, 정상적인 쥐들이 모르핀을 맞으면 그 시간이 얼마나 달라지는지, 그리고 쥐들 간의 시간의 변산성은 어떤지에 대한 기술도 기술통계이다. 기술통계에서는 단순히 시간의 평균이나 변산성이 얼마인지 등을 기술하는 측정치를 보고한다. 섭식억제 척도에서의 섭식 점수, 법무부 자료에서의 범죄율, 특정 과목에서 학생들 시험 점수의 평균 점수와 같은 것들이 모두 기술통계의 예다. 각각의 예는 관련된 현상에 대해 자료들이 알려주는 것들을 기술한다.

추론통계

우리 모두 한 번쯤은 아주 적은 수의 자료를 토대로 어이없게 일반화한 전력이 있을 것이다. 쥐 한 마리가 처음 모르핀을 맞았을 때보다 두 번째 모르핀을 맞고 나서 앞발 핥기 반응시간이 짧아졌다면, 우리는 모르핀의 내성을 보여주는 확실한 증거를 찾았다고 떠벌릴 수도 있다. 그러나 내성이 없거나 환경 단서가 행동에 영향을 주지 않는다 하더라도 모르핀을 두 번째 맞고 나서의 앞발 핥기 반응시간이 첫 번째 때보다 줄어들 가능성은 반반이다. 첫 번째와 두 번째 시간이 같은 경우가 없다고 가정한다면 말이다. 또는 유난히도 우아했던 키 큰 친구가 있었기 때문에 키 큰 사람이 키 작은 사람보다 더 우아하다는 말을 듣거나 읽고서 이 말은 사실이라고 결론 내릴 수도 있다. 바지를 입을 때 바지가 발에 걸리지 않은 적이 없던 건너편 집에 사는 키 큰 얼간이는 잊어버리고 말이다. 또 자기 딸은 생후 10개월에 걸었는 데 반해 아들은 생후 14개월에야 걸었다는 것 때문에 여자아이들이 남자아이들보다 운동 발달이 빠르다고 주장하는 옆집 아저씨도 같은 오류를 범하는 것이다. 하나 혹은 아주 적은 수의 관찰을 토대로 일반화하는 오류를 범한 것이다.

우리가 변산성이 거의 없는 대상에 대해 연구한다면, 하나 혹은 적은 수의 자료를 가지고 결론을 내려도 별 문제가 없다. 소의 다리가 몇 개인지 알고 싶으면 아무 소나 한 마리 찾아서 다리의 수를 세어보면 된다. 여러 마리를 세어볼 필요가 없다. 한 마리로도 족하다. 그러나 소가 하루에 생산하는 젖의 양이라든가, 새로운 환경에서 모르핀을 맞으면 앞발 핥기 반응시간이 얼마인지의 예처럼 우리가 측정하고자 하는 것이 사례마다 차이가 심한 경우에는 사정이 다르다. 소 한 마리나 쥐 한 마리만 측정해서는 안 된다. 여러 마리를 측정해보아야 한다. 이 예는 통계학에서 아주 중요한 원리인 변산성과 관계가 있다. 소의 다리 개수를 알려고 할 때와 소의 젖 생산량을 알고자 할 때 우리가 취하는 태도의 차이는 우리가 측정하려고 하는 대상의 변산성에 달려있다. 변산성이라는 개념은 여러분이 이 책을 읽는 동안 계속 따라다닐 것이다.

우리가 알고자 하는 속성이 개체마다 다르거나 측정할 때마다 다르면, 우리는 여러 번 측정해야 한다. 그렇다고 무한대로 측정할 수는 없다. 새로운 환경에서 모르핀을 맞으면 그 효과가 더 큰지, 소의 하루 젖 생산량이 얼마인지, 여자아이들은 언제쯤 걷기 시작하는지와 같은 것은 쥐 한 마리, 소 한 마리, 여자아이 한 명만 측정해서는 알 수 없다. 그렇다고 전부를 측정할 수도 없다. 무언가 절충점을 찾아야 한다. **전집**에서 **표본**을 선정해야 한다.

전집, 표본, 모수치, 통계치

전집(population)이란 여러분이 흥미를 가지고 있는 사건의 전체 집합이라고 정의할 수 있다. 모르핀을 주사 맞은 모든 쥐가 앞발을 핥기 시작하는 데 걸리는 시간, 모든 소의 1일 젖 생산량, 모든 여자아이들이 걷기 시작하는 연령 등이 전집의 예이다. 만약 여러분이 미국의 사춘기 아이들의 스트레스 수준에 대해 알고 싶다면 모든 미국 사춘기 아이들의 스트레스 점수가 전집이 된다. 이 경우 전집의 관찰수는 5000만 개를 넘는다. 반면에 여러분이 알고 싶은 것이 인구가 2300명에 불과한 조그만 소읍인 버몬트주 페어팩스에 사는 고등학교 2학년 아이들의 스트레스 수준이라면 그 전집의 크기는 60 정도가 될 것이고, 이 정도라면 아주 쉽게 전체를 다 조사할 수 있을 것이다. 만약에 쥐가 앞발을 핥기 시작하는 시간을 알고 싶다면 다른 쥐들을 조사하면 되는데, 이 경우 점수들의 전집은 무한대가 될 것이다.

이런 몇 가지 예를 통해 말하려는 것은 전집의 수는 아주 다양하다는 것이다. 한쪽 극단은 그 수가 아주 적어서 모두를 다 측정할 수 있는 경우이지만, 반대의 극단적인 경우는 그 수가 무한정이어서 도저히 전체를 다 측정할 수 없는 경우가 된다. 우리가 흥미를 갖는 것들은 대부분 그 전집의 크기가 크다. 그래서 현실적으로 전집의 자료를 다 수집할 수 있는 경우는 거의 없다. 그 대신 우리는 어쩔 수 없이 전집에서 일부 **표본**(sample)을 선정해서 그 표본을 통해 전집의 특징에 대한 정보를 얻게 된다.

우리가 표본을 통해 자료를 얻는 경우, 일상적으로 우리는 표본의 자료를 잘 요약해주는 평균과 같은 수치를 계산한다. 이와 같이 표본에 기초한 수치를 **통계치**(statistics)라고 하고, 전집에 기초한 수치를 **모수치**(parameter)라고 한다. 추론통계의 주된 목적은 표본의 특징을 보여주는 통계치에서 전집의 특성을 반영하는 모수치를 추론하는 것이다.[2]

- 기술통계(descriptive statistics): 자료들을 단순히 서술하는 통계
- 추론통계(inferential statistics): 표본의 측정치인 통계치를 이용해서 전집의 측정치인 모수치를 추론하는 통계

우리는 늘 표본이 진정한 **무선표본**(random sample)인 것처럼 행동한다. 무선표본이란 전집의 요소들이 표본으로 선택될 가능성이 같다는 의미이다. 우리가 진정한 무선표본을 사용한다면, 전집의 모수치를 추정할 수 있을 뿐만 아니라 그 추정치의 정확도에 대해 비교적 정확하게 판단할 수 있다. 그러나 표본이 무선표본이 아니라면, 그 표본은 전집을 정확하게 반영하지 못할 수가 있기 때문에 통계치로부터 추정한 모수치는 아무 의미가 없을 수도 있다. 사실 많은 경우 무선표본을 구하는 것이 실제적이지 못하기 때문에 진정한 무선표본을 구하는 경우는 거의 없다. 심리학 입문 수강생들 중 자원자를 사용하는 예에서처럼 많은 경우 편의 표본을 취하는데, 우리가 진정한 무선표본을 사용했을 때 얻을 결과를 편의표본에서도 얻을 것으로 기대한다.

한 연구자에게는 표본에 해당하는 것이 다른 연구자에게는 전집일 수도 있기 때문에 한

2 통계학자들이 사용하는 추론의 의미는 논리적 추리에 근거한 결론이라는 점에서 일상적으로 사용하는 의미와 거의 같다. 소풍에 간 사람의 3/4이 갑자기 아프다면, 어쩌면 틀린 추론이겠지만 음식에 문제가 있었을 거라고 추론한다. 5학년 아동들의 무선표본의 사회 민감도 점수가 아주 낮으면, 아마도 나는 5학년 아동들이 사회 민감도에 대해 배워야 할 것이 많다고 추론할 것이다. 통계적 추론이 일상생활에서 하는 추론보다 전반적으로 더 정확하기는 하지만, 이 둘의 기본 논리는 같다.

가지 문제가 생긴다. 예를 들어, 내가 이 책이 교재로서 얼마나 효과적인지 알아보기 위해 연구할 경우 어느 한 반의 시험 점수는 비록 무선 표본이 아니라 하더라도 이 책을 교재로 사용하거나 사용할 학생들의 점수의 전집의 표본으로 간주될 수 있다. 그러나 그 반을 가르치는 교수는 자기 반의 성적에만 관심이 있으므로 자기 반 성적이 전집이 된다. 반대로 나에게는 전집인 이 교재를 사용하는 학생들의 점수가 통계학 교육에 관심이 있는 사람에게는 통계학 교육을 받는 학생들 전집의 한 표본에 불과하다. 그러니까 전집의 정의는 여러분이 무엇에 관심이 있는가에 달려있다. 또 우리가 전집이라 할 때에는 점수들의 전집을 말하는 것이지 사람이나 물건의 전집을 말하는 것이 아니라는 점도 유념하자.

그러나 내가 여기에서 편의상 무선표본이 아닌 표본을 사용했다고 해서 무선표본이 중요하지 않다고 오해해서는 안 된다. 무선표본은 통계의 근간이다. 표본이 무선적으로 선정되는 점수들의 집합체를 특정 연구의 전집으로 정의할 수 있다.

추론

앞에서 추론통계란 표본의 특징에서 전집의 특징을 추론하는 통계의 한 부분이라고 정의했다. 그러나 이 문장 자체로는 적절한 서술이 되지 못한다. 왜냐하면 이 서술은 우리가 모르핀을 맞은 쥐가 앞발을 핥기 시작하는 데 걸리는 시간과 같이 전집의 모수치만을 결정하는 것에만 관심이 있는 것처럼 보일 수 있기 때문이다. 물론 전집의 모수치가 관심사인 경우도 있다. 예를 들어, 평균적인 고등학생들이 하루에 문자메시지를 보내는 데 놀랄 만큼 많은 시간을 사용한다는 식의 기사에서 그 시간이 그런 경우이다. 그러나 이것이 추론통계의 전부라면 통계란 정말 따분한 과목인 셈이고, 내가 통계를 가르친다고 할 때 사람들이 이상한 표정을 짓는 것은 충분히 이해할 만한 일이 된다.

쥐의 모르핀에 대한 내성 예에서 쥐들의 앞발 핥기 반응시간의 평균은 우리 관심사가 아니다. 우리 관심사는 익숙하지 않은 새로운 환경에서 모르핀을 맞은 쥐의 앞발 핥기 반응시간이 이전에도 주사를 맞아왔던 익숙한 환경에서 모르핀을 맞은 쥐의 앞발 핥기 반응시간보다 긴가, 짧은가 하는 것이다. 이러려면 그에 상응하는 전집의 평균을 추정할 필요가 있다. 많은 경우 추론통계는 둘 이상의 전집의 모수치를 추정하기 위해 사용되는 도구이고, 둘 이상의 전집의 모수치들이 다른지를 알아보기 위해 사용하는 경우가 단지 전집의 모수치를 알려고 하는 경우보다 훨씬 많다.

앞 문단에서 내 관심사는 전집의 모수치이지 표본의 통계치가 아니라고 한 점에 주목하라. 내가 다른 두 개의 쥐 표본을 구해서 검사하면 거의 예외 없이 그중 한 표본의 통계치가 다른 표본의 통계치보다 클 것이다. 두 표본의 통계치가 정확하게 일치하는 경우란 기대하기 어렵다. 중요한 문제는 두 표본에 대응하는 두 전집의 평균이 다르다고 결론 내릴 만큼 새로운 환경에서 주사를 맞은 쥐들의 평균이 익숙한 환경에서 주사를 맞은 쥐들의 평균보다 충분히 큰가 하는 것이다.

또한 우리가 쥐의 약물 중독 자체에는 별 관심이 없다는 것도 잊어서는 안 된다. 우리의 관심사는 헤로인 중독자들이다. 그러나 어떤 결과가 일어나는지 알아내기 위해 헤로인 중독자에게 새로운 환경에서 주사를 한다면 우리는 사람들에게 따돌림을 받을 것이다. 그건 윤리적이지 못한 행동이다. 그래서 우리는 추론을 위한 두 번째 도약을 하게 된다. 쥐의 표본에서 쥐의 전집으로 **통계적 추론**을 한 다음, 쥐에서 나온 결과를 헤로인 중독자에게 적용하는 두 번째 논리적 추론을 해야 한다. 우리가 헤로인 과용으로 인한 사고를 줄이기 위한 대책을 강구하려면 이 두 가지 추론은 모두 다 중요하다.

이 책에서 나는 우리가 얻은 차이가 우연에 의해 얻어진 것인지, 아닌지를 아는 것뿐만 아니라 그 차이가 의미가 있는지도 알고 싶어 한다는 점을 강조한다. 두 전집의 평균이 차이가 나긴 하지만 그 차이가 아주 작아서 실제로는 별 의미가 없을 수도 있다. 그러나 최근 들어 우리는 효과크기의 중요성을 강조하기 시작한다. 즉, 전집의 평균이 차이난다는 것이 정말 의미가 있는가 하는 문제를 강조한다. 특히 이 책의 뒷부분에서는 '효과크기'라고 부르는 것을 더 강조한다. 물론 우리가 얻은 차이가 우연에 의해 얻어지는 차이가 아니라는 것을 1차적으로 확신시키는 것은 여전히 중요하다.

나는 효과크기를 강조하는 변화는 통계학을 더 의미 있게 만들 것이라고 생각한다. 어떤 경우에는 한두 문장으로도 '의미 있음'을 보여줄 수 있다. 그러나 또 어떤 경우에는 많은 작업과 논의가 필요할 수도 있다. 그리고 여기에서 한 단계 더 나아가 이 책의 마지막 장인 21장에서는 메타분석에 대해 다루게 된다. 메타분석이란 특정 현상에 대해 수행된 유사한 모든 실험들로부터 결론을 얻는 방법이다. 효과가 신뢰할 수 있고 의미 있는지를 아는 것뿐만 아니라 같은 현상에 대해 수행된 조금씩 다른 여러 연구들이 효과에 대해 같은 결과를 보고하는지를 알고자 한다. 이런 분석은 특정한 한 연구의 결과보다 특정 현상에 대해 훨씬 더 많은 것을 우리에게 알려준다.

1.4 통계 절차 선택

지금까지 살펴보았듯이 기술통계와 추론통계는 통계에서 아주 중요한 구분이다. 이 책의 앞부분에서는 기술통계를 다루는데, 그 이유는 우리가 추론통계를 하려면 먼저 일단의 자료들을 기술해야 하기 때문이다. 추론통계를 할 때는 가장 적합한 통계 절차를 선택하는 것에 집중하는 것을 도와주기 위한 몇 가지의 중요한 구분을 해야 한다. 이 책 마지막 페이지에 **결정 나무**(decision tree) 그림이 있는데, 이는 이 책에 소개된 여러 가지 통계 절차 중에서 적절한 통계 절차를 선정하는 데 도움을 주기 위한 도구이다. 이 결정 나무는 이 책 후반부의 체제를 알려주는 그림일 뿐만 아니라 우리가 통계작업을 시작할 때 생각해야 할 몇 가지 기본적인 문제들을 보여준다. 이 문제들을 고려할 때 한 가지 유념할 것은 지금은 어떤 통계를 어떤 목적으로 사용하는지에 대해서는 다루지 않는다는 점이다. 그런 내용은 앞으로 공부해나가면서 천천히 배우게 된다. 여기서는 그것이 기술통계든 추론통계든 우리가 어떤 자료에 대해 통계작업을 할 때 고려해야 할 질문들에 대해 알아본다. 이 문제들은 결정 나무 그림의 분기점들에 적혀 있다. 여기서는 그중 처음 세 가지 질문에 대해 알아보고 나머지 질문들은 적당한 때에 알아보기로 한다.

자료 유형

수치 자료는 크게 측정 자료와 범주 자료의 두 가지로 나눌 수 있다. **측정 자료**(measurement data), 혹은 **양적 자료**(quantitative data)는 그것이 어떤 측정이든 측정의 결과를 가리키는데, 스트레스 측정치에서의 점수, 체중, 이 책 한 페이지를 읽는 데 걸리는 시간, 권위주의 척도에서의 점수 등이 그 예이다. 각각의 경우 그 무엇인가를 측정하기 위해 아주 넓은 의미의 도구가 사용된다.

범주 자료(categorical data) 혹은 **빈도 자료**(frequency data, count data)는 '78명의 학생은 편부 혹은 편모 가정 출신이고, 112명은 부모가 다 있는 가정 출신이다', '새 교과과정을 찬성하는 사람이 238명이고, 반대하는 사람이 118명이다'와 같은 자료를 가리킨다. 이 예들에서는 사람이나 물건의 수를 세는 것인데, 자료는 각 범주별 빈도로 되어있고, 그래서 범주 자료라고 불린다. 몇백 명의 교수가 새로운 교과과정에 대해 투표했지만 결과는 찬성하는 사람 수와 반대하는 사람 수라는 두 가지 숫자로 표시된다. 반면에 측정 자료는 측정 대상별로 측정치가 나온다. 예를 들어, 열두 마리 쥐의 앞발 핥기 반응시간을 기록하면 각 쥐에서 하나의 측정치가 나온다.

경우에 따라서는 하나의 변인을 측정해서 측정 자료를 산출할 수도 있고 범주 자료를 산출할 수도 있다. 쥐 예에서 쥐별로 앞발 핥기 반응시간을 잴 수도 있고(측정 자료), 쥐를 앞발 핥기 반응시간이 긴 쥐, 중간인 쥐, 짧은 쥐의 세 범주 중의 하나로 나눈 다음 각 범주에 몇 마리가 있는지 셀 수도 있다(범주 자료).

이 두 유형의 자료는 아주 다른 방식으로 처리된다. 19장에서는 범주 자료 처리를 다룬다. 예를 들어, 스트레스 수준을 셋으로 나누었는데, 주거 환경의 스트레스 수준별로 쥐에서 종양이 사라진 비율이 다른지 알아본다. 반면에 9장에서 14장, 16장에서 18장, 그리고 20장에서는 주로 측정 자료를 다룬다. 그런데 측정 자료를 다룰 때는 자료의 유형이 아닌 두 번째 중요한 구분을 해야 한다. 그것은 우리가 관심을 갖는 것이 집단 간에 차이가 있는지를 알아보는 것인지 아니면 변인들 간의 관계를 알아보는 것인지에 대한 구분이다.

차이와 관계

대부분의 통계적 질문은 차이와 관계라는 두 개의 중복되는 범주 중 하나에 속한다. 예를 들어, 한 연구자에게는 흡연자와 비흡연자가 특정 검사에서 차이가 있는지가 주 관심사일 수 있고, 또 다른 연구자에게는 하루에 피는 담배 개피 수와 특정 검사에서의 점수 간에 어떤 관계가 있는지가 주 관심사일 수 있다. 또 다른 예를 들면, 어떤 사람은 모르핀을 맞은 횟수가 늘면 통증에 대한 민감도가 줄어드는지와 같이 변인 간의 관계에 대해 궁금해 할 수 있고, 또 다른 사람은 이전에 모르핀을 맞았던 사람과 맞아보지 않은 사람 간의 통증에 대한 민감도의 차이에 관심을 가질 수 있다. 차이에 관한 질문과 관계에 관한 질문에 중복되는 부분이 틀림없이 있기는 하지만, 이 두 질문은 표면상 아주 달라 보이는 방법에 의해 검증된다. 12장에서 14장, 그리고 16장에서 18장에서는 주로 둘 혹은 그 이상의 집단이 차이가 있는지를 알아보는 통계 방법에 대해 다룬다. 반면에 9장에서 11장에서는 둘 혹은 그 이상의 변인들 간의 관계에 대한 질문을 검증하는 방법에 대해 다룬다. 아주 달라 보이는 이 통계기법들의 기본적인 절차는 같다. 다만 좀 달라 보이는 질문을 하고, 서로 다른 방식으로 답을 기술할 뿐이다.

집단 혹은 변인의 수

뒤에 통계 방법을 다루는 장들을 공부할 때 알게 되겠지만, 통계기법들 간의 또 다른 구분점은 각 기법들이 적용되는 변인의 수나 집단의 수이다. 예를 들어, 보통 독립된 t 검증이라고 불리는 기법은 두 집단의 참가자에게서 나온 자료에만 적용한다. 반면에 변량분석은 두 집단에만 국한되는 것이 아니라 집단의 수에 구애받지 않는다. 결정 나무 그림에서 집단 혹은 변인의 수에 관한 것이다.

지금까지 살펴본 세 가지 구분, 즉 자료 유형, 차이와 관계, 집단과 변인의 수는 우리가 자료를 보는 방법과 그 자료를 해석하기 위해 사용하는 통계 방법을 결정할 때 기본적인 내용이다. 다른 통계 교재들에서 통계검증의 유형을 나누고 통계 방법과 자료를 기술하고 처리하는 방법을 기술할 때 사용하는 또 다른 구분은 자료의 측정 수준이다. 측정 수준이라는 개념은 우리가 통계 종류를 결정할 때 결정적인 요인은 아니지만 그럼에도 우리가 반드시 알아야 할 중요한 개념이기 때문에 2장에서 자세히 다룬다.

1.5 컴퓨터 이용

얼마 전까지만 해도 계산기를 이용해서 대부분의 통계 분석을 했고, 그래서 통계 교재도 그에 맞게 서술되었다. 그러나 통계 방법들이 변하고, 이제 대부분의 계산은 컴퓨터가 한다. 컴퓨터는 통계 분석을 수행하는 데에만 사용되는 것이 아니라 최근에는 인터넷을 통해 아주 많은 정보에 접속할 수 있게 해준다. 이 책에서는 이러한 정보를 활용할 생각이다.

좀 전에 말한 것처럼 각 장에 컴퓨터와 관련된 내용과 사람들이 많이 사용하는 몇 가지 통계 패키지 중에서 하나의 출력물을 수록할 것이다. 컴퓨터 관련 내용의 대부분은 무료 소프트웨어 시스템인 *R*(R Core Team (2014). R: A language and environment for statistical computing. R Foundation for Statistical Computing, Vienna, Austria. URL http://www.R-project.org/)과 잘 알려진 상용 패키지인 SPSS(IBM Corp. Released 2013. IBM SPSS Statistics for Apple Macintosh, Version 22.0. Armonk, NY: IBM Corp.)를 사용한 것들이다. 지난 10년 동안 *R*은 점점 더 흔해져서 SPSS와 SAS/STAT®와 같은 유서 깊은 소프트웨어들을 밀어내었다. 이들을 유서 깊다고 표현한 것은 이들을 흠집 내려는 건 아니다. 이 소프트웨어들은 기능이 훌륭하고 인기도 많지만 비싸다. 그래서 학교가 사용허가권을 구입하고, 또 편한 장소에서 이 소프트웨어들에 쉽게 접속할 수 있도록 해주어야 할 필요가 있다. 책에서 SPSS를 많이 인용하지만 그보다는 거의 어느 컴퓨터에서나 무료로 다운받을 수 있는 *R*을 더 많이 사용한다. 처닉과 라부데(Chernick & LaBudde, 2011)는 "지난 10년 동안 *R*은 대학에서 가장 많이 선호하는 통계 환경이 되었으며, 아마도 현재는 세계에서 가장 많이 사용되는 소프트웨어일 것이다"라고 서술하였다. 이 표현은 과장일 수도 있다. *R*의 전문가가 되기 위해 여러분이 *R*을 배우는 것을 원하지는 않는다 하더라도, 내가 책에 올린 결과를 재생하고 지시를 조금 고친 다음 어떤 일이 일어나는지를 보게 되면 많은 도움을 얻을 수 있다. 그래서 *R*을 사용하는 것에 대한 내용들을 웹에 많이 올려놓았다. 그리고 이 교재의 웹사이트에는 SPSS 관련 내용을 더 많이 올려놓았다. 그래서 여러분이 둘 중 어느 것을 사용하든 별 어려움이 없을 것으로 생각한다. 물론 처음에는 약간 당혹스러울 수 있겠지만, 이 당혹함은 몇 번 하다보면 곧 사라질 것으로 생각한다. 이 교재와 관련된 웹사이트는 http://www.uvm.edu/~dhowell/fundamentals9/index.html이다.

*R*에 접근하는 방법이 여러 가지라는 것을 말해줄 필요가 있다. 이것을 설명하기 위해 SPSS에서 이야기를 시작하자. SPSS는 아주 훌륭한 그래픽 사용자 인터페이스(graphic user interface: GUI)를 가지고 있다. 이 인터페이스에서는 메뉴를 밑으로 전개시키고 탭을 클릭해서 통계 작업을 수행한다. 다양한 버튼들과 변인 이름을 클릭해서 어떤 파일을 업로드하고 어떤 통계를 수행할지 명령한다. 맥마스터(McMaster) 대학교의 존 폭스(John Fox)가 만든 *R*을 위한 GUI가 있지만, 이 책에서는 그것을 사용하지 않는다. 이 GUI도 괜찮다. 그러나 나는 통계 분석이 어떤 것인지 알게 하기 위해 프로그램의 코드를 여러분이 살펴보기를 바란다. 이 책은 통계 교재이지 *R* 교재가 아니기 때문에 여러분이 *R*에 대해 많이 배우기를 기대하지는 않는다. 그렇지만 여러분이 *R*에 첨부해서 결과가 어떻게 나오는지 실험해볼 수 있을 만큼의 코드도 수록한다. *R*에는 여러분에게 필요한 작업을 하는 기능어들이 있다. 예를 들어, 여러분이 중다회귀를 할 경우 자료를 읽으라는 명령을 한 줄

넣고, 기능어 'lm()'에 변인 이름들을 입력하면 된다. 이런 방식으로 많은 것을 알 수 있고 이렇게 하면 이 책에서 다루는 내용을 이해하는 것도 훨씬 용이해질 것으로 생각한다. *R*에 대해 더 많이 알 수 있기를 바라지만, 이 책에 수록한 코드들을 복사해서 변인 이름 등을 자료에 맞게 수정하기만 해도 많은 것을 배울 수 있을 것으로 생각한다. 그리고 코드를 조금 수정해서 돌려보면 더 많은 것을 알게 될 것이다. 이것은 무슨 일이 일어나는지 여러분이 파악할 수 있게 내가 *R*을 가르칠 필요가 없다는 것을 뜻하는 것은 아니다. 독자들이 겁먹지 않으면서 내용을 이해할 수 있게 흥미로운 수단을 이용하자는 의도이다.

교재에 수록한 내용 외에 *R*을 소개하는 웹페이지들을 만들었는데, 이것들을 읽으면 *R*이 어떤 일을 하는지 어떻게 작동하는지 등에 대해 감을 잡을 수 있을 것이다. 또 *R* 코드와 그 외 내용들을 포함하는 웹페이지들을 각 장별로 만들었다. 앞서 말한 사이트 https://www.uvm.edu/~dhowell/fundamentals9/index.html에 가면 이 웹페이지들을 볼 수 있다. 작업해야 할 통계와 관련된 페이지를 찾아서 *R* 코드를 복사해서 프로그램에 추가하면 되도록 웹페이지들을 구성했다. 원한다면 코드를 약간 수정해서 어떤 결과가 나오는지를 시험해볼 수도 있다. 또 이 페이지들에는 교재에 있는 모든 자료 파일들을 담고 있을 뿐만 아니라 공부를 해나갈 때 도움이 되는 다른 내용들로도 이끌어준다.

*R*이나 SPSS에 관한 부분을 전혀 읽지 않고도 이 책을 읽을 수 있도록 책을 쓰려고 노력했다는 점을 자료분석할 때 컴퓨터를 사용할 생각이 전혀 없는 분들에게 말씀드린다. 코드를 사용하기를 바라지만 코드를 사용하지 않는다고 큰일이 생기지는 않는다.

통계학이 사용된 이후 대부분의 기간 동안 사람들은 통계표들을 사용해서 연구에서 나온 결과를 확률로 변화시켰다. 다행스럽게도 더 이상 이 표에 의존할 필요가 없어졌다. 이 책의 부록에 통계표를 첨부하였지만, 이 계산을 금방 해주는 소프트웨어를 쉽게 다운받을 수 있다. 어떤 프로그램은 스마트폰에 다운되기도 한다. 이보다 더 손쉬울 수는 없다.

통계 프로그램은 잠시 접어두고 다른 이야기를 해보자. 지난 십 년 동안 가장 급격한 변화는 웹의 확산이다. 이것은 우리가 책에 실린 것 외에 다양한 자료를 이용할 수 있다는 것을 의미한다. 나는 교재에서 종종 인터넷 사이트를 말할 텐데, 거기에 직접 들어가서 여러분이 직접 확인해보기를 권한다. 특별히 이 책을 위해 사이트를 하나 운영하는데, 다음 사이트에 들어가 보기를 권한다.

 https://www.uvm.edu/~dhowell/fundamentals9/index.html

이 사이트에는 이 책에 실린 모든 자료, 홀수 번호 연습문제에 대한 상세한 풀이와 답, SPSS 사용 설명서 두 개, 앞서 서술한 온라인 패키지들의 사용에 관한 정보, *R*을 사용하는 것과 관련된 내용들, *R*을 사용한 모든 예들의 컴퓨터 코드, 주요 개념을 설명해주는 컴퓨터 애플릿(applet) 등이 들어있다. 심지어 이 사이트에는 이 책의 오자 목록도 있다. 물

론 그 목록에도 빠진 오자도 있겠고, 그래서 누구든 오자를 찾아내면 그 목록은 더 길어질 것이다. 그러나 이것이 웹에서 할 수 있는 모든 것은 아니다.

얼마 전만 해도 극소수의 학생들만이 어떻게 웹에 접속하는지에 대해 알고 있었다. 사실 대부분의 사람들은 웹이라는 말을 들어본 적도 없었다. 그러나 이제는 대부분의 사람들이 상당한 정도로 웹을 사용하고 정기적으로 심지어는 매일 인터넷에 접속한다. 인터넷에서 구할 수 있는 정보가 어마어마하기 때문에 인터넷 활용은 점점 더 그 중요성이 증가한다. 만약 이 책을 읽다가 모르는 게 나오면 검색 엔진을 활용하기 바란다. 질문을 입력하기만 하면 무언가 답을 얻을 것이다. 예를 들어, 'What is a standard deviation?(표준편차란 무엇인가?)'이나 'What is the difference between a parameter and a statistic?(모수치와 통계치의 차이점은 무엇인가?)'를 입력해보라. 나는 나름대로 최대한 분명하게 설명하려 하지만, 나에게는 분명해 보이는 것이 여러분에게는 아닐 수도 있다. 좀 더 좋은 설명이 있었으면 좋겠다고 느끼면 여러분이 선호하는 검색 엔진을 활용할 것을 권장한다. 예를 들어, 'Why do we divide by $n-1$ instead of n to calculate a standard deviation?(왜 표준편차를 계산할 때 n으로 나누지 않고 $n-1$로 나누는가?)'와 같은 질문을 입력하면 여러 가지 답을 알려줄 것인데, 아마도 그중 어느 것인가는 내가 한 설명보다 더 좋은 설명이라고 여러분이 느낄 수 있다(0.73초 만에 구글에서 12,400개의 참고 문헌이 검색되었는데, 처음에 나오는 것들은 아주 좋은 답이다). 여러분이 *R*로 새로운 것을 하려 할 때에도 검색 엔진을 활용하는 것을 잊지 말라. 예를 들어, 'How do I correlate two variables in *R*? r-project(두 변인의 상관을 *R*에서는 어떻게 알아보나? r-project)'라고 입력하면 된다(질문의 맨 마지막에 'r-project'를 붙였는데, 아무 단어나 'R'이 든 정보를 검색하는 것이 아니라 컴퓨터 언어 *R*과 관련된 사이트들을 검색하는 데 집중해달라는 의미이다. 이렇게 몇 번 하고 나면 여러분의 컴퓨터와 검색 엔진은 여러분이 질문에 'R'을 넣을 경우 여러분이 원하는 게 무엇인지 알아차리게 되고, 그 이후에는 이 부분을 생략해도 된다).

내가 운영한 웹페이지 외에 출판사에서도 보조 자료를 운영하고 있다. 그 주소는 복잡해서 여기 올리지는 않지만, 인터넷 검색에서 'Cengage Howell Fundamental'로 검색하면 이 책의 페이지를 찾을 수 있다. 거기서 'Student Companion Site'를 클릭하면 이 책을 이해하는 데 도움이 되는 자료들을 찾게 될 것이다.

1.6 요약

1장에서는 기술통계와 추론통계의 차이에 대해 다루었다. 기술통계는 표본에 있는 자료들의 평균이나 자료가 평균에서 얼마나 넓게 분포되어 있는지와 같은 특징들을 계산해서 자료를 서술한다. 반면에 추론통계에서는 표본 자료로부터 그 표본이 선정된 전집의 특징에 관해 추론한다. 예를 들면, 50명의 표본 자료에서 그 표본이 선정된 대학교 학생 전체의 특징을 추정하고, 심지어는 모든 대학생, 혹은 18세에서 22세의 모든 사람의 특징을 추정한다. 표본에서 나온 측정치를 통계치라 하고, 그 통계치에 상응하는 전집의 측정치를 모수치라 한다.

1장에서는 주요 용어 두 개를 더 다루었다. 하나는 무선표집이라는 개념인데, 이 개념은 적어도 이론상으로 전집의 모든 사례들이 표본에 선정될 확률이 똑같게 전집에서 무선으로 표본을 선정하는 것을 가리킨다. 이에 대해서는 2장에서 자세하게 다룬다. 또 하나의 중요한 개념은 측정 자료와 범주 자료의 구분이다. 측정 자료는 스트레스 설문지를 이용해 측정한 한 사람의 스트레스 수준과 같이 실제로 무언가를 측정해서 얻은 수량적 자료를 말하고, 범주 자료는 각 범주에 속한 관찰 수를 센 자료를 가리킨다. 이 두 가지 자료는 이후에 다시 나오게 된다. 자기들이 수강하는 과목이 수학일 거라고 생각해서 걱정하는 학생들에게 하고 싶은 말은 수학과 통계학은 아주 다르다는 점이다. 수학과 통계학 모두 숫자와 공식을 사용하긴 하지만, 통계학은 수학이 아니며, 통계학의 중요 이슈들의 대부분은 수학과 아무 상관이 없다.

주요 용어

전집population 9
표본sample 10
통계치statistics 10
모수치parameters 10
무선표본random sample 10
결정 나무decision tree 12
측정(양적) 자료measurement(quantitative) data 13
범주(빈도) 자료categorical(frequency, count) data 13

1.7 빠른 개관

얼마 전에 컴퓨터 프로그래밍에 관한 교재를 읽어 나가다가 저자가 각 장의 마지막에 그 장에서 다른 내용들에 대한 아주 기본적인 질문과 답을 첨부한 것을 발견했다. 나는 이게 아주 좋은 학습 도구라고 생각해서 그 아이디어를 따르기로 했다. 각 장의 마지막 부분에서 그 장을 개관하는 10개 정도의 질문을 보게 될 것이다. 이것들은 어려운 질문이 아니고, 그 장에서 중요한 부분들을 알려주기 위해 실은 것이다. 나는 여러분이 모든 질문에 정확하게 답할 수 있기를 바란다. 그렇지 못할 경우 답이 있으니 그것을 보기 바란다. 이것은 기본적인 내용들을 통합시켜주려는 것이다.

A 통계학 분야에서 어떤 중요한 변화가 있었는가?

답 결과가 의미가 있는지에 대한 문제를 중시하고, 여러 연구 결과들을 결합하는 연구가 출현하고, 계산기로 하는 계산에서 벗어나는 변화가 있었다.

B 통계치와 모수치의 차이는 무엇인가?

답 통계치는 표본의 자료에 기초하는 측정치(예: 평균)이고, 모수치는 전집의 자료에 기초하는 측정치이다.

C 추론통계는 전집에 관한 결론을 내리려고 할 때 사용된다. (○, ×)

답 ○

D 표본의 통계치에 기초해서 의미 있는 결론을 내리는 능력은 부분적으로는 표본의 ____에 달려있다.

답 변산성

E 이상적인 상황에서 표본은 전집의 ____표본이어야 한다.

답 무선

F 무선표본이란 무엇인가?

답 전집의 모든 사례들이 표본으로 뽑힐 확률이 같은 표본이다.

G 전집에 대한 결론을 내릴 때 우리는 추론통계를 사용한다. (○, ×)

답 ○

H 자료를 분석할 때 사용할 특정 통계 방법을 결정할 때 고려할 요인 세 가지를 적으라.

답 자료 유형, 집단이나 변인의 수, 차이 대 관계

I 통계 절차들을 구분하고 선택할 때 사용하는 도구를 무엇이라 하는가?

답 결정 나무

1.8 연습문제

1.1 우리가 사용한 모르핀 예를 더 잘 이해하기 위해, 내성과 상황(환경)이 미치는 영향을 잘 보여주는 예를 주변에서 찾아보자. 상황이 영향이 미치는지를 알아보려면 어떤 것을 할 수 있는가?

1.2 상황이나 환경의 효과를 알아보기 위해 여러분이 연습문제 1.1에서 설계한 연구에서 전집과 표본은 무엇을 가리키는가?

1.3 상황이나 환경이 행동에 영향을 미치는 사례를 주변에서 찾아보자.

[1.4~1.6] 헤로인 중독자들을 추적해서 그들이 주사를 놓는 환경과 그 후에 일어나는 반응에 대해 알아보는 연구를 설계했다고 가정하고 답하자.

1.4 이 가상 연구에서 우리의 관심의 대상이 되는 전집은 무엇인가?

1.5 이 가상 실험에서 표본은 어떻게 정의하겠는가?

1.6 이 가상 실험에서 연구자로서 여러분이 관심을 가질 만한 전집과 표본을 서술해보라.

1.7 전화번호부에서 표본을 고르는 방법은 안 좋은 무선 표집의 예로 자주 거론된다. 인터넷 사용이 급증하면서, 전화번호부를 사용해서 표본을 선정하는 방법은 종전보다도 더 나쁜 표집의 예라고 간주되는데 그 이유는 무엇인가?

1.8 인구가 적은 소도시에서 무선표본을 선정하는 방안들을 제안해보라. (통계청에서는 이런 일을 종종 해야 한다.)

1.9 전집의 평균이 얼마인지는 중요하지 않고 한 전집의 평균이 다른 전집의 평균보다 큰지를 아는 것이 중요한 연구 예를 들어보라.

1.10 이 책에서 변산성이라는 개념이 계속 나올 것이라고 말했다. 그리고 소의 다리가 몇 개인지를 알려면 한 마리만 조사해도 되지만, 소의 평균 우유 생산량을 알려면 훨씬 더 많은 수의 소를 조사해야 한다고 말했다. 변산성이 표본의 크기에 어떤 영향을 미치는지 생각해보라. 만약 어떤 종의 소는 우유를 적게 생산하고, 다른 종은 우유를 많이 생산하는 것 같다는 의심이 든다면 표본은 어떻게 선정해야 하는가?

1.11 모르핀 연구에서 상황의 역할을 잘 이해하기 위해 다음 문제를 생각해보자. 만약 부모님이 아침에 마시는 커피에 카페인이 없는 커피를 넣으면 어떤 일이 일어날 것인가?

1.12 범주 자료의 예를 세 개 들어보라.

1.13 측정 자료의 예를 세 개 들어보라.

1.14 이것은 표본을 뽑는 행위인 표집에 대한 아주 좋은 실제 예인데, Mars 캔디 회사에서는 각 봉투에 들어가는 빨강, 파랑, 노랑 M&M의 수를 기록한다.

(a) 이것은 ___ 자료의 예이다. 이 회사에서는 하나의 봉투에 들어간 색깔별 비율을 보고해오다가 더 이상은 보고하지 않는다. 그러나 2008년의 비율은 https://www.exeter.edu/documents/mandm.pdf에서 확인할 수 있다.

내 웹사이트(www. uvm.edu/~dhowell/fundamentals9/index.html)에 1장 참고자료로 복사본을 올려놓았지만, 자료를 내가 수집한 것은 아니다. M&M 사이트는 계속 바뀌기 때문에 그것을 찾으려면 여러분이 노력해야 한다.

(b) 이 링크에서 본 예에서 '전집', '표본', '모수치', '통계치'는 각기 무엇인가?

(c) 믿기 어렵겠지만, 세월이 흐르면서 M&M의 색들이 어떻게 변화했는지를 알려주는 웹페이지가 있다.

http://en.wikipedia.org/ wiki/M&M's

위의 사이트에서 그 자료를 찾을 수 있는데, 이를 이용한 질문은 만들지 않았다.

1.15 주 관심사가 변인들 간의 관계인 예를 두 개 들어보라.

1.16 집단들 간의 차이가 주관심사인 예를 두 개 들어보라.

1.17 모르핀에 대한 내성을 알아보기 위한 예에서 내성에 대해 더 많은 정보를 알아보기 위해 세 집단을 사용하는 방안을 생각해보라.

1.18 아래 웹사이트에 접속해보라.

 https://www.uvm.edu/~dhowell/fundamentals9/index.html

이 책을 공부할 때 다시 찾아볼 것 같은 자료들은 무엇이 있었는가?

1.19 인터넷 검색엔진에 접속해서 'statistics'로 검색해보라.

(a) 거기에서 발견한 사이트들의 유형을 특징지어보라.

(b) Wikipedia 외에 다른 전자 교재를 적어도 하나 이상 찾아보라. 그 주소를 적어두었다가 필요한 경우 활용해보라.

(c) 통계학과 홈페이지들에서는 통계와 관련된 다른 홈페이지와 링크해놓았다. 그 홈페이지에서 무엇을 발견했는가?

1.20 호주의 뉴캐슬 대학교에 근무했던 키스 디어(Keith Dear)가 운영하는 웹 소스에는 'SurfStat'으로 알려진 웹페이지들을 모아놓았다.

http://surfstat.anu.edu.au/surfstat-home/surfstat-main.html

이 페이지로 가서 이 책을 공부할 때 유용할 것으로 보이는 페이지들을 기록하라(내 홈페이지가 들어있지 않았는데, 틀림없이 홈페이지 관리자가 미쳐 내 홈페이지를 못 본 탓이라고 생각한다). **참고:** 내가 이 책 원고를 넘기기 직전에 이 페이지들을 다시 찾아볼 생각이지만, 주소가 자주 바뀌기 때문에 여러분이 이 책을 읽을 때에는 이 주소가 없어질 수도 있다. 그런 경우 처음 홈페이지 주소의 오른쪽 끝에서부터 하나씩 줄여가며 검색하면 정보를 얻을 수 있는 경우가 많다. 또 다른 방법은 내가 이전 주소로 이 사이트를 찾지 못했을 때 사용한 방법인데, 검색 엔진에 'surfstat'을 입력해서 처음 나온 게 이 주소였다. 마지막 방법은 여러분이 찾고자 하는 파일 이름(예: 'surfstat-main.html')을 골라서 그 파일 이름으로 검색하는 것이다. 때로는 그 사이트가 인터넷에서 영원히 사라지지만, 많은 경우 어딘가 새 주소에 들어가 있다.

2장 / 기본 개념

앞선 장에서 기억할 필요가 있는 개념

전집population 우리가 관심을 갖는 사상의 전부를 모은 것

표본sample 실제로 관찰한 관찰치나 실제로 측정한 측정치들의 집합

모수치parameters 전집에 기초한 측정치

통계치statistics 표본에 기초한 측정치

각 장의 맨 처음에 '앞선 장에서 기억할 필요가 있는 개념'이 나오는데, 그 장에서 사용될 주요 개념이다. 어떤 것은 바로 앞 장에서 다룬 것이지만, 어떤 것은 몇 장 앞에서 다룬 것일 수도 있다. 또 어떤 것은 여러 장에서 반복적으로 나오기도 할 것이다. 나는 'X축은 그래프에서 가로축인가, 세로축인가?'와 같이 혼동하기 쉬운 개념을 찾아내려고 했는데, 이런 개념은 여러 번 반복해서 알려줄 필요가 있다. 사실 'X축은 무엇인가?'와 같은 간단한 개념이 의외로 학생들에게는 혼란스러운 개념일 수도 있다.

2장은 여러 종류의 측정 척도를 살펴보는 것으로 시작한다. 사람을 단지 '크다', '작다'라고 분류하는 것보다 키가 몇 미터 몇 센티미터인지 측정하는 게 더 많은 정보를 주듯이 어떤 측정치는 다른 측정치보다 더 많은 정보를 전달한다. 그런 점에서 측정에 대한 용어를 이해하는 것이 중요하다. 우리가 측정하는 것을 '변인'(예: 앞발 핥기 반응시간)이라 부른다. 따라서 변인이 무엇인지 아는 것이 중요하다. 이어서 **종속변인**(우리가 획득한 점수나 결과)과 **독립변인**(우리가 조작하는 것)의 구분에 대해 다룬다. 예를 들어, 연령 집단(독립변인)에 따라 사람들을 나눈 다음 문자 메시지를 보내는 빈도(종속변인)를 측정한다. 이어서 표본이 어떻게 선정되었는지에 대해 다룬다. 아주 큰 전집에서 무선적으로 선정했는지, 아니면 골라서 선정한 것인지를 다룬다. 참가자들을 무선적으로 집단에 배정했는지, 아니면 되는 대로 배정했는지도 다룬다. 마지막으로 변인들을 어떻게 표기할지(예: 아래 첨자)와 합산에 관한 몇 가지 간단한 규칙들에 대해 다룬다. 특별히 어려울 것은 없다.

측정(measurement)은 **대상에 숫자를 부여하는 것**이라고 종종 정의된다. 여기서 **숫자**와 **대상**이라는 용어는 엄밀하게 정의된 것은 아니다. 이 정의는 이론가들만 좋아할 것 같아 보이지만, 사실은 우리가 의미하는 바를 아주 정확하게 서술해준다. 예를 들어, 앞발 핥기 반응시간을 통증에 대한 민감도의 측정치로 사용하는 경우, 우리는 어떤 쥐의 민감도를 평가하기 위해 대상(쥐)에 숫자(시간)를 배정하는 방법으로 그 쥐의 민감도를 측정한다. 마찬가지로, 아도르노의 권위주의 척도와 같은 권위주의 검사를 이용해서 어떤 사람의 권위주의 점수를 측정하는 경우, 우리는 대상(특정 사람)에 숫자(척도에서의 점수)를 배정하는 방법으로 권위주의라는 특성을 측정한다. 우리가 무엇을 재는지, 어떻게 재는지에 따라 우리가 얻는 숫자들은 다른 속성을 갖게 되는데, 숫자가 갖는 이런 속성들을 흔히 측정 척도라는 주제로 다룬다.

2.1 측정 척도

스패츠(Spatz, 1997)는 이 문제에 대해 논의할 때 아주 멋진 예를 사용했는데, 나도 그걸 약간 고쳐서 시작하려고 한다. 다음 세 가지 질문과 답을 읽어보자.

1. 수영대회에서 당신의 등번호는? (답 18)
2. 수영대회에서 당신의 등수는? (답 18)

3. 수영장을 한 번 도는 데 몇 초 걸렸는가? (답 18)

각 질문의 답은 18이지만, 질문별로 의미가 아주 다르고, 질적으로도 아주 다른 숫자이다. 첫 번째는 단지 번호를 배정했을 뿐이고, 두 번째는 다른 선수들과의 등수이고, 세 번째는 시간의 연속적인 측정치이다. 이 절에서는 각각의 숫자에 대해 좀 더 살펴본다.

측정 척도(scales of measurement)라는 주제를 어떤 사람들은 아주 중요하다고 생각하고, 또 다른 사람들은 별로 관련이 없는 주제라고 생각한다. 이 책에서는 후자의 입장을 취하지만, 이런 일반적인 주제에 친숙해지는 것은 중요하다(선교사들이 죄에 대해 더 많이 알지만, 그렇다고 그들이 죄를 권장하는 것은 아니듯이, 어느 것을 알 필요가 있다고 해서 반드시 그것이 중요하다는 생각에 동의해야 할 필요는 없다). 이 논의가 갖는 또 하나의 이득은 측정 척도에 대한 논의를 통해 우리는 통계학이 단지 사실들만을 모아놓은 것이 아니라 다양한 해석과 의견을 가지고 여러 사실들을 종합한 것이라는 것도 알게 된다는 점이다.

측정 척도라는 것이 어떤 통계 절차를 사용할지 선택하는 데 결정적으로 중요하다고 생각하는 사람 중에 가장 대표적인 사람이 스티븐스(S. S. Stevens)이다. 기본적으로 스티븐스는 명명 척도, 서열 척도, 간격 척도, 비율 척도라는 네 종류의 척도를 구분하였다.[1] 이 척도들은 각기 다른 값을 갖는 대상들 간의 관계에 의해 구분된다. 나중에 서술되는 척도들은 그에 앞서 서술된 척도들이 가지고 있는 속성 외에 다른 속성을 더 갖는다.

스티븐스는 누구인가?

스탠리 스미스 스티븐스(Stanley Smith Stevens. 1906~1973)는 아주 영향력 있는 심리학자였다. 유타주에서 태어나서 할아버지 집에서 성장했으며, 3년 동안 유럽에서 선교사 활동을 하였다(그 나라 말을 배우지도 않고). 유타 대학교에서 수업을 들을 때 대수 과목에서 낙제했는데, 졸업은 스탠퍼드 대학교에서 하였다. 하버드 의대를 갈 수 있었는데, 그러려면 유기화학을 들어야 했고, 그 과목이 싫어서 의대 진학을 포기하였다. 대신 하버드 교육대학원에 진학하였는데, 그것도 별로 재미가 없었다(시작은 신통치 않았다는 것을 알 수 있다). 우연히도 하버드 심리학과의 유일한 교수이자 심리학의 선구자였던 보링(E. G. Boring)과 학문적인 관계를 맺게 되어 그의 연구실에서 지각 연구를 하였고, 2년 만에 청각에 관한 연구로 박사논문을 작성하였다. 이후 청각 연구를 더 해서 논문을 발표하였는데, 이 논문은 심리음향학에서 오랫동안 아주 중

---

1 SPSS와 여러 통계 패키지에서는 명명, 서열, 척도의 세 유형만을 사용하는데, 이들 패키지에서는 간격 척도와 비율 척도를 합해서 척도라고 묶어 사용한다. *R*에서는 명명 척도, 그리고 때로는 서열 척도를 '요인'이라고 부른다.

요한 연구로 평가받았다. 1950년대 들어 정신물리학 연구를 시작해서 앞서 말한 네 가지 척도에 대한 생각을 발전시켰다. 그는 하버드를 떠나지 않고 정신물리학 교수직을 수행하였다. 그러면서 『실험심리학 핸드북(The Handbook of Experimental Psychology)』(1951)이라는 책을 저술하였는데, 이 책은 1970년대까지 모든 실험심리학자들의 필독서였다. 생전에 그는 미국에서 가장 영향력 있는 심리학자 중 한 명이었다.

줌보와 짐머맨(Zumbo & Zimmerman, 2000)은 측정 척도에 대해 장황하게 논의하면서 스티븐스의 체계는 역사적인 맥락 속에서 이해해야 한다고 환기시켰다. 1940년대와 50년대에 걸쳐 스티븐스는 측정에 대해 아주 제한된 시각을 견지하는 소위 엄격 과학자들의 비판으로부터 심리학을 방어하려 하였다. 그는 심리학을 존경받는 학문으로 만들려고 하였다. 그래서 그의 전성기를 정신물리학 척도를 개발하는 데 쏟아부었다. 그러나 정신물리학 분야를 제외한 다른 분야에서는 척도를 개발하려는 노력도 없었고 관심도 없었다. 심리학 자료가 물리학 자료보다 더 변산성이 큰 데도 불구하고 그를 위협하던 비판이 사라졌고, 그와 함께 측정 척도가 통계 절차에 아주 중요하다는 신념도 시들해졌다. 그러나 측정에 대한 논쟁이 사라진 것은 아니다. 그래서 측정 척도를 이해하는 것은 여전히 중요하다.

명명 척도

명명 척도(nominal scale)는 대상들을 어떤 차원에서 척도화하는 것이 아니라 단지 대상들에 이름을 부여하는 것이기 때문에 척도가 아니라고 볼 수도 있다. 명명 척도의 예는 수영 경기에서 당신이 달고 있던 번호이다. 다른 고전적인 예는 축구팀에서 운동선수들의 등번호이다. 많은 경우 등번호는 선수들 혹은 선수의 위치를 구분해주는 편의상의 번호일 뿐 다른 의미가 없다. 그래서 우리는 숫자 대신 글자나 동물 그림을 사용해도 이 목적을 충분히 달성할 수 있다. 비록 자료를 코딩할 때는 남성 = 1, 여성 = 2와 같이 숫자로 표시하지만, 성별은 숫자 대신 글자를 사용하는 명명 척도이다. 명명 척도는 **분류를 하기 위해** 사용된다. 1장에서 잠깐 서술했던 범주 자료는 각각의 관찰에 대해 '남성' 혹은 '여성', '동일 맥락집단' 혹은 '다른 맥락집단'과 같은 범주 이름을 부여하기 때문에 명명 척도에 의해 측정된 자료이다. 측정 자료(수량 자료)는 명명 척도가 아닌 다른 척도에 의해 측정된 자료이다.

서열 척도

가장 간단한 진정한 척도는 **서열 척도**(ordinal scale)이다. 서열 척도에서는 사람이나 물건,

사건 등을 하나의 연속선상에서 순서를 매긴다. 서열 척도의 한 예는 수영 대회에서 당신에게 주어진 등수 18이다. 여기에서는 누가 가장 빠른지, 누가 2등인지 등을 알려준다. 또 다른 예는 일상생활 스트레스 척도이다. 이 척도에서는 최근 6개월 동안 자기 생활에서 결혼, 이사, 취업과 같은 변화가 몇 가지나 일어났는지를 센다. 이 척도에서 스트레스 점수가 20인 사람은 15인 사람보다 더 많은 스트레스를 경험했고, 이 점수가 15인 사람은 10인 사람보다 더 많은 스트레스를 경험한 셈이 된다. 이 예에서는 변화가 일어난 빈도로 스트레스의 정도를 서열화하였다.

이 두 예에서 배정된 숫자의 내용이 다르다. 첫 번째 예에서는 숫자가 순위를 의미하지만, 두 번째 예에서의 숫자는 순위가 아니라 변화를 경험한 빈도를 가리킨다. 얼핏 보아 이 둘은 다른 척도인 것 같지만, 사실은 둘 다 서열 척도이다. 왜냐하면 척도상의 숫자들 간의 차이에 대해서는 아무 정보도 주지 못하기 때문이다. 이 점이 서열 척도의 중요한 점이다. 마라톤 시합에서 1등과 2등의 시간 차이는 1분일 수 있지만, 256등과 257등의 시간 차이는 0.1초일 수 있다.

간격 척도

간격 척도(interval scale)는 점수들 간의 차이에 대해 정당하게 서술할 수 있는 측정 척도이다. 가장 흔한 간격 척도는 온도이다. 온도에서는 척도의 어느 지점에서든 10°의 온도 차이는 항상 같은 의미를 갖는다. 화씨 10°와 20°의 차이나 화씨 80°와 90°의 차이는 같다. 간격 척도는 앞서 서술한 명명 척도와 서열 척도의 속성들을 다 갖는다는 점을 유념하자. 그러나 간격 척도에서는 비율에 관해서는 말을 할 수 없다. 화씨 40°는 화씨 80°의 반만큼 덥다거나 화씨 40°는 화씨 20°의 두 배로 덥다라는 말은 할 수 없다. 왜냐하면 화씨라는 온도 체계에서 0°의 의미는 온도가 없다는 것이 아니라 인위적인 기준이기 때문이다. 예를 들어, 화씨 20°와 40°는 섭씨로는 각기 영하 7°와 영상 4°에 해당하는데, 화씨에서와 섭씨에서 두 숫자의 비율은 다르고, 임의적일 뿐이다. 알다시피 절대온도는 비율 척도이다. 그러나 날씨를 서술할 때 절대온도라는 것을 사용하려고 생각해보는 사람은 거의 없다.

통증에 대한 민감도는 간격 척도로 측정될 수 있는 좋은 예이다. 앞발 핥기 반응시간에서 10초의 차이는 척도의 전체 범위에서는 아닐지 몰라도 거의 대부분의 범위에서는 같은 의미를 가질 것이라고 가정할 만하다. '전체 범위에서는 아닐지 모른다'고 한 이유는 아주 시간이 긴 것은 통증을 느끼지 못하는 경우일 수 있는데, 이럴 경우 앞발을 그저 철판 위에 올려놓고 있을 수 있기 때문이다. 앞발 핥기 반응시간 1초일 때와 11초일 때의 차이가 230초일 때와 240초일 때 간의 차이와 같다고 하기는 어려울 것이다.

앞 문단에서 나는 '간격 척도로 측정될 수 있는'이라는 표현을 썼는데, 이는 특정한 척도의 아주 명확하고 참인 예를 찾는 것은 그만큼 어렵다는 것을 시사하기 위해서이다. 앞발 핥기 반응시간이 엄밀한 의미에서의 간격 척도는 아니라고 주장할 수 있는 몇 가지 이유를 들 수도 있지만, 여기서는 그냥 간격 척도로 가정하고 넘어가기로 한다(극단적인 자극에서도 간격 척도라는 주장을 할 생각은 없지만, 우리 실험에서는 아주 뜨겁거나 실내 온도 정도의 철판을 사용하지 않을 것이기에 이 문제는 더 이상 거론하지 않겠다).

그렇지만, 나는 앞발을 핥기 시작하는 데 25초 걸린 쥐가 50초 걸린 쥐보다 두 배 민감하다고는 말하지는 않는다. 비율을 말하려면 측정 척도가 간격 척도여서는 안 되고 비율 척도여야 한다.

비율 척도

비율 척도(ratio scale)는 진정한 의미의 영점이 있는 척도이다. 섭씨 0°나 화씨 0°처럼 임의적으로 정해진 그런 영점이 아니라 진짜 영점이라는 점을 주목하라. 진짜 영점이란 측정하려고 하는 속성이나 사물이 없다는 의미이다. 섭씨나 화씨에서 0°는 전자의 운동이 없다는 의미는 아니다. 그래서 이들은 진짜 영점이 아니다. 수영 경기에서 시간이 18초 걸렸다고 했을 때의 18은 비율 척도이다. 왜냐하면 0초는 시간이 없다는 것을 의미하기 때문이다. 비율 척도의 다른 예는 길이, 부피, 무게와 같이 흔히 접하는 물리 척도들이다. 이 척도들은 앞서 서술한 척도들이 가지고 있는 속성을 가질 뿐만 아니라 비율이라는 속성도 가진다. 물리적인 의미에서 10초는 5초의 두 배가 되는 시간이고, 100kg은 300kg의 1/3의 무게이다.

그런데 척도 문제가 생각처럼 단순하지만은 않다. 우리가 사용하는 척도가 어떤 척도인지 모든 사람들에게 명백할 거라고 생각하지만 실제는 그렇게 간단하지 않다. 불행하게도 행동과학에서 수집하는 자료에서 특히 더 그러하다. 수영 기록 예를 들어보자. 22초로 들어온 사람의 기록이 당신 기록보다 1.222배 늦다. 그럼 당신이 그 사람보다 1.222배 좋은 선수라는 것인가? 얼마나 걸렸는가라는 점에서 시간은 비율 척도이다. 그러나 이것이 능력의 비를 반영하는 비율 척도는 아니라고 나는 생각한다. 이번엔 방의 온도에 대해 생각해보자. 좀 전에 여러분에게 화씨나 섭씨로 측정한 척도는 간격 척도의 좋은 예라고 말했다. 사실 온도는 간격 척도의 고전적인 예이다. 그러나 이 숫자는 간격 척도일 수도 있고, 아닐 수도 있다. 물리학자에게 62°와 64°의 차이는 72°와 74°의 차이와 같다는 것은 의문의 여지가 없다. 그러나 우리가 온도를 분자 운동의 지표로 측정하지 않고 안락함의 지표로 측정한다면 이 숫자들은 더 이상 간격 척도가 아니다. 화씨 62°인 방에 있는데 실온이 64°로 올라가면 사람들은 그 차이를 곧 느끼고 훨씬 안락하게 느낄 수 있다. 그러나 방의 온도가 82°였을 때는 84°로 올라가는 것을 느끼지 못할 수 있다. 이 예는 어떤 숫자가 간격 척도인지 아닌지의 구분은 숫자 자체에 의해 결정되는 것이 아니라 그 숫자를 통해 측정하려는 기저에 깔린 변인(이 예에서는 안락함이다)에 의해 결정된다는 점이다.

지금 사용하는 측정의 척도가 무엇인가에 대해 모두 수긍하는 합의는 잘 이루어지지 않기 때문에, 자료의 성질에 대한 최선의 결정은 연구자에게 달려있게 된다. 그렇기 때문에 나는 여러분에게 결정을 내리기 전에 문제에 대해 심사숙고해야 하며, 표준적인 답이 반드시 최선의 답이라고 가정하지 말 것을 요구한다. 문제를 여러분에게 떠넘기는 것은 공평하지 못한 것처럼 보이겠지만, 다른 방도가 없다.

복습

- 명명 척도(nominal scales): 사물 구분하기
- 서열 척도(ordinal scales): 등수 혹은 순위 매기기
- 간격 척도(interval scales): 간격이 같으면 차이가 같다.
- 명명 척도(ratio scales): '절반이야'와 같은 표현이 허용된다.

측정 척도의 역할

앞에서 측정 척도의 중요성에 대해 의견이 분분하다고 말했다. 어떤 사람들은 이 문제를 완전히 무시하고, 또 다른 사람들은 척도를 기준으로 책의 내용을 배열할 정도로 측정 척도를 중요하게 생각한다. 내 생각에는 대상이나 사건에서 수집한 숫자와 그 숫자가 가리키는 대상이나 사건을 분리하는 것이 훨씬 더 중요하다. 기억실험에서 한 참가자는 20개를 기억하고, 다른 참가자는 10개를 기억했다면 첫 번째 사람이 정확하게 기억한 문제 개수가 두 번째 사람이 기억한 문제 개수의 두 배이다. 그러나 첫 번째 사람이 두 번째 사람보다 두 배 더 잘 안다고 선뜻 말하지는 않는다. 당신이 시험에서 100점을 받고 내가 50점을 받았다고 해서 당신이 나보다 두 배 더 많이 안다고 말할 사람은 없다.

방의 온도 예에서도 마찬가지다. 이 예에서 우리가 방 온도의 물리적인 속성에 관심을 갖는지 아니면 방의 온도가 사람에게 미치는 영향에 관심을 갖는지에 따라 측정 척도가 간격 척도인지 서열 척도인지가 정해진다. 사실은 이보다 훨씬 더 복잡할 수 있다. 왜냐하면 온도가 올라감에 따라 분자의 활동은 증가하지만, 안락함은 다르다. 처음에는 온도가 올라가면 안락감이 증가하지만 그후 어느 수준에서는 안락함이 같은 정도로 유지되다가 어느 수준 이상으로 더워지면 오히려 안락함이 떨어진다. 다시 말하자면 온도와 안락함의 관계는 뒤집어진 U자 형태를 띤다.

통계검증에서는 그 숫자가 가리키는 대상이나 사건을 고려하지 않고 숫자를 사용하기 때문에, 우리는 숫자의 기저에 있는 척도에 상관없이 더하기, 곱하기 등의 표준적인 숫자 조작을 행한다. 이에 관한 아주 훌륭한 참고 문헌으로 로드(Lord, 1953)가 쓴 "축구에 관한

기록의 통계적 처리(On the Statistical Treatment of Football Numbers)"라는 재미있는 논문을 들 수 있다. 이 논문에서 로드는 당신이 원하는 대로 숫자를 다루어도 된다고 주장하였다. 이와 관련해서 그가 사용한 "숫자는 자기가 어디서 왔는지 모른다"라는 표현은 자주 인용된다. 그 숫자가 우리가 측정하는 것에 대해 무엇을 말하는지를 몰라도 통계학을 배우지 않아도 8과 15의 평균이 11.5라는 것은 안다.

문제는 통계적인 절차의 결과의 의미를 해석할 때 일어난다. 이제 우리는 통계 결과가 우리가 알고자 하는 대상이나 사건에 대해 어떤 의미를 갖는가를 물어야 한다. 여기서부터 우리는 통계적인 문제를 다루는 것이 아니라 방법론의 문제를 다루게 된다. 어떤 통계 분석도 역사 시험에서 한 집단이 다른 집단보다 시험 성적이 높았다는 것이 역사에 대한 지식 중 어떤 점에서 차이가 있는지에 대해 알려줄 수 없다. 어쩌면 성적이 좋은 집단이 사지선다 문제를 푸는 요령을 배웠는지도 모른다. 나아가 시험 점수가 정답 수에 대한 비율 척도(50문제를 맞춘 것은 25개를 맞춘 것의 두 배를 맞춘 것이니까)라는 점에서 만족한다면, 우리가 역사 지식에 대해 측정하려고 했다는 사실을 잊어버리는 우를 범하는 것이다. 왜냐하면 시험 점수가 올라가는 것에 비례해서 역사 지식이 규칙적으로 늘어나는 것은 아닐 수도 있기 때문이다. 통계적인 검증은 우리가 얻은 숫자에만 적용될 뿐이다. 우리가 측정하고 있다고 생각하는 대상이나 사건에 대한 진술의 타당도는 측정 척도에 의해 결정되는 것이 아니라 그 대상이나 사건에 대한 지식에 달려있다. 우리는 측정치가 우리가 측정하려고 했던 것과 가능한 한 밀접한 관계를 갖도록 최선의 노력을 다해야 한다. 그렇지만 우리가 통계 절차를 수행해서 얻은 결과는 대상이나 사건과 숫자 간에 내재하는 관계에 대한 믿음과 통계치, 이 두 가지뿐이다.

헤로인 과용 문제로 잠시 되돌아가 보면, 우리는 이 문제를 해결하는 데 우리가 주변에서 관찰하는 중독자들을 직접 연구하지 않았다는 점을 주목해야 한다. 실제 중독자를 대상으로 연구하기 어려우므로, 우리는 쥐를 대상으로 해서 연구했다. 이때 우리는 모르핀을 맞은 상태에서 나타나는 통증에 대한 내성이라는 현상이 약물 중독자에게서 관찰할 수 있는 헤로인에 대한 내성이라는 현상과 유사하다고 가정하는 것인데, 이는 실제로 유사할 가능성이 높다. 또 통증에 대한 내성의 지표로 통증에 대한 민감도의 변화를 측정하고, 민감도의 지표로는 앞발 핥기 반응시간을 측정했다. 마지막으로 민감도 변화의 지표로 앞발 핥기 반응시간의 변화를 사용하였다. 이 모든 가정들은 나름대로 그럴싸하지만, 어디까지나 가정일 뿐이다. 우리가 측정 척도에 대해 판단할 때에는 이런 단계들 간의 관계에 대해 따져볼 필요가 있다. 그렇다고 해서 앞발 핥기 반응시간이 중독자의 헤로인 내성에 대한 간격 척도라야 한다는 것을 뜻하는 것은 아니다. 이건 우스꽝스런 생각이다. 관계에 대해 따져보아야 한다는 것은 하나의 부분에 대해 생각하는 것이 아니라 시스템 전체를 생각해야 한다는 뜻이다.

2.2 변인

다양한 값을 가질 수 있는 대상이나 사건의 속성을 **변인**(variable)이라 한다. 예를 들어, 머리 색깔은 머리라고 하는 대상의 속성인데, 갈색, 금발, 검은색 등 여러 가지 값을 가질 수 있으므로 변인이다. 같은 이유로 길이, 높이, 속도도 변인이다. 등 번호, 수영 시합에서의 등수, 수영 시간은 모두 변인인데, 우리 예에서는 우연히도 모두 같은 숫자 값을 가졌었다. 우리는 변인을 비교적 제한된 몇 개의 가능한 값 중에서 하나의 값을 취하는 **불연속변인**(discrete variable. 예: 성별, 결혼 여부, 집에 있는 TV 수)과 적어도 이론상으로는 척도의 최솟값과 최댓값 사이의 어느 값이라도 취할 수 있는 **연속변인**(continuous variable. 예: 속도, 앞발 핥기 반응시간, 소 우유 생산량)으로 나눌 수 있다(명명 척도로 표현되는 변인은 어떤 연속선상에도 위치시킬 수 없으므로 연속변인이 될 수 없다는 점을 유념하자).

이 책을 읽어나가면서 알게 되겠지만, 불연속변인과 연속변인이라는 구분은 일부 통계 절차에 영향을 미친다. 주로 극단적인 불연속변인의 경우에 영향을 미친다. 종종 시험에서 맞춘 정답 개수처럼 그 자체로는 블연속이지만, 워낙 그 변인이 가질 수 있는 값이 다양해서 불연속이라는 말이 유명무실해지는 경우에는 연속변인처럼 취급하기도 한다. 예를 들어, 대학생의 경우 학년에 따라 1, 2, 3, 4로 점수를 부여할 수 있다. 그러나 학년은 불연속변인이기 때문에 평균을 내는 일은 하지 않는다. 대신 각 학년별로 몇 명이 있는지 그 수를 셀 뿐이다. 반면에 각 과목을 수강하는 학생 수를 측정해서 평균 수강생 수를 계산하는데 이건 합리적으로 보인다. 어떤 수업에 23.6명이 수강할 수는 없기 때문에 각 과목의 수강생 수라는 숫자 자체는 불연속이지만.

통계에서는 독립변인과 종속변인이라는 또 다른 방식으로도 변인들을 구분한다. 실험자에 의해서 조작되는 변인을 **독립변인**(independent variable)이라 하고, 실험자의 통제 하에 있지 않는 변인, 즉 결과 자료를 **종속변인**(dependent variable)이라 한다. 심리학 연구에서 실험자는 독립변인이 종속변인에 미치는 효과를 측정하려 한다. 심리학에서 흔히 사용되는 독립변인으로는 강화 계획, 심리치료 유형, 자극 전극의 위치, 처치 방법, 관찰자와 자극의 거리 등이 있다. 또 흔히 사용되는 종속변인으로는 주행 속도, 우울 점수, 참가자의 행동 반응, 공격 행동의 횟수, 지각된 크기 등이 있다.

기본적으로 연구의 중요 관심사는 독립변인에 관한 것이고, 연구의 결과 즉 자료는 종속변인 측정치이다. 예를 들어, 어떤 심리학자가 우울한 청소년과 우울하지 않은 청소년의 공격 행동의 횟수를 측정할 수 있다. 이 예에서는 우울한 상태가 독립변인이고, 공격 행동의 횟수가 종속변인이 된다. 독립변인은 질적일 수도 있고(예: 세 가지 심리치료 방법의 효과를 비교하는 연구에서 세 가지 심리치료), 양적일 수도 있지만(예: 커피 1, 3, 5잔이 미치는 효과를 보는 연구에서 커피의 양), 종속변인은 반드시 그런 것은 아니지만 일반적으로 양적이다.[2] 그렇다면 쥐의 모르핀 내성 연구에서 무엇이 독립변인이고, 무엇이 종속변인인지 생각해보자.

자료를 기록할 때 적는 숫자나 관찰이 종속변인이니까 무엇이 종속변인인지는 비교적 분명하다. 그러나 무엇이 독립변인지 찾아내는 것은 어려운 경우도 있다. 내가 참가자들을 세 집단에 배정하고 집단별로 다르게 대한다면, 독립변인은 집단이 된다. 그러나 내가 남성과 여성을 모아서 측정한다면 성별은 내가 조작한 것이 아니고 이미 있는 것을 사용한 것이지만, 내가 연구하는 것이 성별이므로 성별을 독립변인라고 부른다. 만약에 내가 문자를 하는 데 사용하는 시간과 성적을 물어보는 경우, 이 둘은 다 종속변인일 수 있다. 그러나 내가 문자 사용시간의 함수로 성적을 알고 싶어 하는 것이라면, 문자 사용시간은 독립변인이 된다. 앞서 말했듯이 독립변인과 종속변인의 구분은 때로는 모호하다.

2.3 무선표집

1장에서 전집에 있는 모든 사례들이 표본에 선정될 가능성이 같으면 그 표본은 무선표본이라고 말했었다. 또 표본에서 계산된 통계치를 가지고 전집의 모수치를 추론하는 과정에서 무선표본이라는 개념은 기본적이라는 것도 말했었다. 만약 우리가 우연한 기회에 같은 건물에 있던 몇몇 고등학교 1학년생들에게서 얻은 자료를 토대로 모든 고등학생의 평균 학력을 추정한다면 아주 멍청한 짓이라는 것을 잘 안다. 우리는 이 집단에게서 얻은 수치는 우리가 전체 고등학생 전집에서 선정한 진정한 무선표본에서 얻었을 수치보다 작을 수도 있을 것이라는 것을 잘 안다.

아주 작은 전집에서 무선 표본을 얻는 방법은 몇 가지 있다. 우리는 전집에 있는 모든 사람에게 번호를 주고 난수표(random number table)를 이용해서 표본에 선정될 사람의 번호를 고를 수 있다. 또 완전한 무선표본은 아니지만 제법 무선표본다운 표본을 뽑으려면 이름을 쓴 쪽지들을 모자에 넣고 눈을 감고 뽑는 방법도 있다. 여기서 중요한 점은 전집에 속한 모든 사례들이 표본으로 뽑힐 확률이 비교적 같아야 한다는 점이다.

무선표본을 선정할 때, 참가자들을 집단에 배정할 때, 그리고 그 밖의 다른 일을 할 때 난수표는 매우 유용하다. 그런 난수표가 부록 D.9에 있다. 그 표를 보면 알 수 있듯이 난

2 우리말에서는 적합하지 않지만, 영어에서는 종속(dependent)변인과 자료(data)라는 용어가 모두 'd'로 시작된다. 그래서 자료가 무엇인지를 보면 무엇이 종속변인인지 알 수 있다는 편법을 이용해서 독립변인과 종속변인을 구분할 수도 있다.

수표에는 숫자들이 무작위로 균일하게 배열되어 있다. 여기서 '균일(uniform)하게'라고 표현한 것은 모든 사례들이 일어날 가능성이 동등하다(균일하다)는 점을 알려주기 위해서이다. 이것은 여러분이 난수표에서 숫자 1, 5, 8이 얼마나 자주 나타나는지를 세어보면 거의 비슷하다는 것을 통해 확인할 수 있다.

표 D.9를 사용하는 방법은 아주 간단하다. 예를 들어, 여러분이 0에서 9 사이에서 무선으로 숫자를 고를 경우에는 눈을 감고 표에 손가락을 올린 다음 눈을 뜨고 그 줄을 따라 내려가면서 숫자들을 기록하면 된다. 만약 그 줄의 맨 밑에 이르렀으면 다음 줄 맨 위로 올라가서 같은 방법으로 숫자들을 기록하면 된다. 여러분이 원하는 개수만큼 숫자를 기록할 때까지 이 절차를 반복하면 된다. 만약 0에서 99 사이의 숫자를 원할 경우에는 한 줄을 읽는 것이 아니라 손이 놓여있던 줄과 그 옆줄을 같이 읽어 내려가는 점을 제외하면 똑같은 방법으로 하면 된다. 만약 1에서 65 사이의 숫자에서 무선적으로 숫자를 골라야 하는 경우에는 두 줄씩 읽어나가는데, 다만 00과 66에서 99 사이의 숫자는 무시하고 읽어 내려가면 된다.

무선적으로 숫자를 고르는 것이 아니라 참가자들을 두 집단에 배정할 때에도 난수표를 이용할 수 있다. 표의 아무데서나 읽어 내려가기 시작하면 되는데, 홀수가 나오면 집단 1에, 짝수가 나오면 집단 2에 배정하면 된다. 만약 집단이 세 개 이상일 경우 이 절차를 상식적으로 확장해서 적용하면 된다.

전집의 크기가 큰 경우에는 무선적인 선발을 담보해주는 대부분의 표준적인 절차들은 더 이상 적합하지 않다. 21세에서 30세 사이의 모든 미국 여성의 이름을 적어 모자에 넣을 수도 없고, 그 모든 여성에게 숫자를 배정한 다음 난수표를 이용해서 선발할 수도 없다. 이런 방법은 실제적이지 못하다. 자원이나 시설이 충분하지 않다면 우리가 할 수 있는 최상의 방안은 편파의 원천(예: 키 크기 교실에 등록한 몇몇 학생들만의 자료에 근거해서 전체 고등학생의 키를 추정하는 일)을 최대한 배제하고, 결론을 내릴 때 우리가 효율적으로 통제할 수 없는 편파의 원천(예: 원하는 사람만이 참가한 의견조사 자료)은 제한하고 결론을 내리는 등의 조심을 해야 한다. 이렇게 조심을 했는데도 어쩔 수 없이 영향을 미치는 편파가 있다면 우리 결과가 전집 전반에 일반화될 가능성을 제한하게 된다. 전집의 성격을 잘 반영하는 대표성 있는 표본을 담보해줄 수 있는 여러 가지 표집 방법[예: 10년 단위로 시행되는 전인구 센서스에서 사용하는 기법]에 대해 다룬 책과 논문들이 많지만, 이 책에서는 다루지 않는다.

무선적으로 선정된 숫자들이 얼핏 보기에는 무선적이 아닌 것처럼 보이기도 한다. 동전을 다섯 번 던졌을 때 앞 뒤 면이 나옴직한 순서를 한번 적어보라[예: H(앞면) T(뒷면) H H H]. 그리고 인터넷에서 『찬스 뉴스(Chance News)』 1997년 7월호를 찾아서 무선성에 관한 흥미 있는 논의(Item 13)에 대해 알아보라. 그 주소는 다음과 같은데, 수업 중 토론의 좋은 재료가 될 수 있다.

 http://www.dartmouth.edu/~chance/chance_news/recent_news/chance_news_6.07.html#randomness

시간이 있으면 이 사이트에 들어가서 훑어보라. 재미있는 것들이 많다. 내가 특별히 좋아하는 것은 공룡 바니(Barney)에 관한 페이지이다. 유방암의 유전적 근거에 대한 페이지는 옛날 내용이다. 『찬스 뉴스』는 1992년에 시작되었는데, 통계학과 실험설계에 대한 훌륭한 글들을 싣고 있다. 그러나 불행하게도 계속 주소가 바뀌고 있다.

앞에서 난수표를 이용해서 참가자들을 집단에 배정하는 것에 대해 기술했는데, 이를 **무선배정**(random assignment)이라고 한다. 나는 무선배정이 무선표집보다 더 중요하다고 생각한다. 우리가 무선표본을 원하는 이유는 표본에서 얻은 결과를 전집에 일반화할 수 있다는 확신을 주기 때문이다. 미국 대학 2학년의 전집에서 완벽한 무선표본을 얻지 않았다고 해서 그걸 탓할 사람은 없다. 그러나 두 가지 생존 방법 중 어느 것이 더 효율적인지 알려고 할 때 한 방법은 대도시 학생들에게 가르쳐주고, 다른 방법은 시골의 조그만 학교 학생들에게 가르쳐주고 나서 두 집단의 결과를 비교하고 싶지는 않을 것이다. 두 가지 방법이 얼마나 효율적인지를 떠나서, 두 집단이 이미 가지고 있는 차이가 결과에 큰 영향을 미칠 수 있는데, 집단 간의 사전 차이는 우리가 알고자 하는 것이 아니다.

무선표집은 표본의 결과를 전집에 일반화할 수 있다는 점에서 중요하다. 반면에 무선배정은 집단 간의 차이가 실험 처치에 기인하는 것이지 그 밖의 다른 이유에서 기인한 것이 아니라는 것을 보장하는 데 필수적이다. 따라서 가능한 한 무선배정을 해야 한다.

2.4 표기법

통계기법을 기술하고 설명하려면 수학적인 계산을 표현하기 위한 표기법이 필요하다. 이 점에서 보면 표준 표기법이 없다는 사실은 이해할 수 없다. 전반적인 원칙을 형식화하려는 시도가 없었던 것은 아니지만, 아직도 교재마다 표기법이 제각각이다.

현재 사용되고 있는 표기법은 아주 복잡한 것에서부터 아주 간단한 것까지 아주 다양하다. 복잡한 표기법은 정확한 대신 이해하는 것이 어렵고, 간단한 표기법은 이해하기 쉬운 반면 정확성이 떨어진다. 그러나 이해가 정확성보다 더 중요하기 때문에 이 책에서는 최대한 간단한 표기법을 사용한다.

변인 표기법

우리가 사용할 일반 원칙은 변인은 X, Y와 같이 대문자로 표기한다는 것이다. 그리고 어떤 변인의 특정 값은 대문자와 아래 첨자를 이용해서 표기한다. 예를 들어, 초등학교 3학년 학생 다섯 명이 움직이지 않고 앉아있는 시간을 초 단위로 쟀을 때 다음과 같다고 하자.

45, 42, 35, 23, 52

이 다섯 개 숫자들의 집합은 X로 표기하고, 첫 번째 값인 45는 X_1, 둘째 값인 42는 X_2로 표기한다. 그리고 몇 번째인지는 밝히지 않고 그냥 특정 값이라는 것은 X_i로 표기하는데, 여기서 i는 1에서 5 사이의 값이 된다. 통계 절차를 정확하게 기술하는 데에는 아래 첨자의 사용이 필수적이다. 그러나 실제로는 아래 첨자가 오히려 방해가 될 수도 있다. 그래서 이 책에서는 아래 첨자 없이도 뜻이 분명한 경우에는 아래 첨자를 붙이지 않는다.

합 표기법

통계학에서 가장 흔히 사용되는 기호가 합계의 표준적 표기인 그리스 대문자 시그마(sigma: Σ)이다. 이 기호는 '다음 것들을 합하다'라는 뜻으로 사용된다. 그래서 ΣX_i는 '시그마 X, 즉 X_i의 합'이라고 읽는다. 보다 정확하게 25개의 X의 값의 합을 표기하자면($N = 25$로 표기한다) 다음과 같다.

$$\sum_{1}^{N} X_i$$

그리고 그 뜻은 '$i = 1$에서 $i = N$까지 X_i의 합'이 된다. 그러나 실제 계산할 때 이렇게 자세하게 밝히지 않아도 되기 때문에, ΣX_i, 또는 ΣX로도 충분하다. 그래서 이 책에서는 대부분 X의 합을 아래 첨자를 빼고 단순히 ΣX로 표기한다.

ΣX를 확장한 표현 몇 가지는 잘 알고 있어야 한다. 그중 한 가지가 각 숫자들을 제곱한 것의 합을 가리키는 ΣX^2이다. 이것은 '시그마 X 제곱'이라고 읽는데, 위 예에서는 $45^2 + 42^2 + 35^2 + 23^2 + 52^2$을 뜻한다. 다른 하나는 ΣXY인데, 이는 '두 변인 X와 Y의 곱의 합'이라는 뜻이다. 이 표기법의 용도는 아래 예를 보면 알 수 있다.

청소년의 삶에서 중요한 사건의 발생 횟수와 행동상의 문제에 대한 측정치를 모은 간단한 실험을 생각해보자. 설명의 편의를 위해 참가자는 다섯 명으로 해보자($N = 5$). 자료와 그 자료들의 합 등이 표 2.1에 있다. 이 중 어떤 계산은 이미 설명되었지만, 나머지는 이후에 설명될 것이니까 여기서는 그냥 보기만 하자. 표 2.1을 보면 $(\Sigma X)^2$과 같이 괄호를 이용한 표기가 있다.

괄호가 들어간 계산에서의 일반 원칙은 '괄호 속의 계산을 괄호 밖의 계산보다 먼저 한다'는 것이다.

표 2.1_ 합의 표기법을 이용한 숫자 계산의 예

	생활 사건 X	행동상 문제 Y	X^2	Y^2	$X-Y$	XY
	10	3	100	9	7	30
	15	4	225	16	11	60
	12	1	144	1	11	12
	9	1	81	1	8	9
	10	3	100	9	7	30
합계	**56**	**12**	**650**	**36**	**44**	**141**

$\Sigma X = (10 + 15 + 12 + 9 + 10) = 56$

$\Sigma Y = (3 + 4 + 1 + 1 + 3) = 12$

$\Sigma X^2 = (10^2 + 15^2 + 12^2 + 9^2 + 10^2) = 650$

$\Sigma Y^2 = (3^2 + 4^2 + 1^2 + 1^2 + 3^2) = 36$

$\Sigma(X - Y) = (7 + 11 + 11 + 8 + 7) = 44$

$\Sigma XY = (10*3 + 15*4 + 12*1 + 9*1 + 10*3) = 141$

$(\Sigma X)^2 = 56^2 = 3136$

$(\Sigma Y)^2 = 12^2 = 144$

$(\Sigma(X - Y))^2 = 44^2 = 1936$

$(\Sigma X)(\Sigma Y) = 56*12 = 672$

$(\Sigma X)^2$의 경우 X의 값들을 다 합한 다음 그 합을 제곱한다는 의미이다. 이는 각 값을 제곱한 것을 더하는 ΣX^2과는 아주 다른 의미이다. 간단한 숫자 2, 3, 4를 이용해서 $(\Sigma X)^2$과 ΣX^2은 다르다는 것을 확인해보라.

가장 기본적인 통계기법을 이해하려 해도 표기법에 대한 완벽한 이해가 필요하다. 이미 알고 있는 것을 토대로 해서 합에 관한 세 가지 규칙을 추가로 알아보자. 이 규칙이 맞는지는 간단하게 몇 개의 숫자를 골라서 규칙을 직접 적용해보면 알 수 있을 것이다. 여러분이 직접 해보기 바란다.

합의 규칙

1. $\Sigma(X-Y)=\Sigma X-\Sigma Y$. 변인 간의 차이들의 합은 처음 변인의 합에서 두 번째 변인의 합을 빼는 것과 같다.
2. $\Sigma CX=C\Sigma X$. ΣCX라는 표기는 X의 모든 값에 상수 C를 곱한 다음 그 값들을 더한다는 의미이다. 상수(constant)란 그 값이 변하는 변인과는 달리 특정 상황에서는 그 값이 일정하게 유지되는 수를 말한다. 보통 상수는 C나 k로 표기되지만, 다른 문자로도 표기될 수 있다.
3. $\Sigma(X+C)=\Sigma X+NC$. 여기서 N은 합해진 사례의 수를 말하고, C는 상수를 말한다.

2.5 요약

이 장에서는 측정이라는 개념과 측정의 네 수준(척도)에 대해 간략하게 알아보았다. 명명척도는 사물들에 이름을 붙이는 것으로, 숫자나 글자, 이름을 사용할 수 있다. 서열 척도는 오름차순이나 내림차순으로 사례들을 배열하는 것으로, 그 이상의 의미는 없다. 간격척도에서는 척도상의 두 점 간의 차이에 대해 의미를 부여할 수 있다. 그러니까 20과 30의 차이는 30과 40의 차이와 같다. 마지막으로 비율 척도에서는 '어느 것이 다른 것의 두 배이다'와 같은 표현이 가능해진다.

이어서 여러 유형의 변인들에 대해 살펴보았다. 연속변인은 척도상의 최솟값과 최댓값 사이의 값은 어느 것이든 취할 수 있지만, 불연속변인은 몇 개의 제한된 값들 중 하나만 취할 수 있다. (수강생 수와 같이 어떤 변인이 기술적으로는 불연속변인이라 하더라도 아주 다양한 값을 갖는 경우 연속변인으로 처리할 수도 있다.) 또 종속변인은 우리가 측정하는 변인이고, 독립변인은 연구자가 통제하는 변인이며, 여러 가지 독서 지도법과 같이 연구자가 연구하는 변인이다.

무선표집은 측정 대상인 개인이나 사물을 어떻게 선발하는가의 문제이다. 무선배정은 참가자를 여러 처치조건에 배정하는 방식에 관한 것이다. 일반적으로 무선배정이 더 중요하다.

표기 규칙을 이해하는 것은 중요한데, 앞으로 계속 나올 것이다. 2장에서는 자료를 읽기 위해 필요한 기본적인 용어들을 소개하였다. 이제 시작하기로 하자.

주요 용어

측정measurement 24
측정 척도scale of measurement 25
명명 척도nominal scale 26
서열 척도ordinal scale 26
간격 척도interval scale 27
비율 척도ratio scale 28
변인variable 31
불연속변인discrete variable 31
연속변인continuous variable 31
독립변인independent variable 31
종속변인dependent variable 31
무선배정random assignment 34
시그마sigma: Σ 35
상수constant 37

2.6 빠른 개관

A 네 개의 측정 척도를 말하라.

답 명명 척도, 서열 척도, 간격 척도, 비율 척도

B 왜 스티븐스는 우리보다 더 측정 척도에 관심을 가졌는가?

답 심리학에서 사용하는 측정은 엉성하다고 불평하는 물리학자들에게 심리학을 존경받는 학문으로 만들려고 노력했기 때문이다. 우리는 스티븐스의 생각을 더 이상 따르지 않고 덜 정확한 측정으로 연구하는 것을 터득했다. 그러나 여전히 척도들을 스티븐스가 고안한 용어로 부른다.

C 간격 척도와 비율 척도의 차이는 무엇인가?

답 비율 척도에서는 '두 배 크다'와 같이 숫자들 간의 비율을 의미 있게 표현할 수 있다. 그러나 일반적으로 이 두 종류의 자료에 같은 통계 절차를 적용한다.

D 각기 다른 척도를 사용할 때 가장 중요한 것은 숫자 그 자체의 특성이다. (○, ×)

답 ×. 가장 중요한 것은 우리가 측정하려는 변인의 성격이다.

E 불연속변인과 연속변인의 실제적 차이는 무엇인가?

답 불연속변인은 몇 개의 제한된 값들 중 하나만 취할 수 있지만, 연속변인은 최솟값과 최댓값 사이의 값은 어느 것이든 취할 수 있다.

F 독립변인이란 무엇인가?

답 우리가 얻는 점수가 아니라 우리가 연구하려는 변인을 말한다.

G 간단하게 정리하자면, 무선표집은 _____에 좋고, 무선배정은 _____에 좋다.

답 무선표집은 표본에서 얻은 결과를 전집에 일반화할 수 있다는 확신을 주어서 좋고, 무선배정은 집단 간의 차이가 실험 처치가 아닌 다른 이유에서 기인한 것이 아니라는 것을 보장하기 때문에 좋다.

H 우리가 X_i로 표기하면, 이것은 ___을 의미한다.

답 변인 X의 특정 값

I 괄호가 들어간 수식에서의 일반원칙은 무엇인가?

답 괄호 속의 계산을 괄호 밖의 계산보다 먼저 한다.

J 부호 Σ는 ___을 의미한다.

답 '다음 것들을 합하다'를 의미한다.

2.7 연습문제

2.1 명명 척도, 서열 척도, 간격 척도, 비율 척도의 예를 하나씩 들어보라.

2.2 2장의 첫머리에서 숫자 18이 측정 척도와 관련해서 각기 다른 의미로 사용되는 세 가지 예를 들었다. 숫자 18을 비율 척도가 아니라 간격 척도로 해석해야 하는 예를 하나 들어보라. 온도는 여러 번 사용했으니까 다른 예를 들어보라.

2.3 쥐에게 음식을 강화물로 사용하여 직선 주로를 학습시키고 있는데, 갑자기 한 마리가 주로의 중간에 누워서 잠이 드는 일이 발생했다. 이 예는 속도를 학습의 지표로 사용하는 것에 대해 무엇을 알려주는가? 이 예는 속도를 동기의 지표로 사용하는 것에 대해 무엇을 알려주는가?

2.4 SPSS에 접속할 수 있으면, 이 책의 웹사이트로 들어가서, 짧은 SPSS 매뉴얼 링크를 선택해서 간단한 소개 글을 읽어보라.

https://www.uvm.edu/~dhowell/fundamentals9/

'apgar.sav' 파일을 다운로드해서 SPSS에서 그 파일을 열어라. 파일을 다운로드하려면 세 번째 문단에 있는 파일 이름에 마우스를 올려놓고 왼쪽 클릭을 하면 이 파일이 열린다. 페이지에 오른쪽 클릭을 한 다음 이 파일을 저장할 장소를 고르면 된다. 이것을 마치고 그 파일의 아이콘을 더블 클릭하면 SPSS에서 그 파일이 열린다. 자료에 대해 무엇을 알 수 있는가? 거기 있는 10개 변인들의 측정 척도를 말해보라.

2.5 연습문제 2.1에서 우리는 약물 중독자 연구를 위해 뜨거운 표면 위에 있는 쥐를 사용해서 연구하는 경우 몇 가지 가정에 대해 언급했다. 그 가정들을 나열해보라.

2.6 모르핀에 대한 내성 실험에서 독립변인과 종속변인을 말해보라.

[2.7~2.10] 플리너와 채이큰(Pliner & Chaiken, 1990)이 수행한 연구와 관련이 있다. 사회적 바람직성(social desirability)에 대한 연구에서, 이들은 남성와 여성이 같은 성별인 사람들 앞에서와 다른 성별의 사람들 앞에서 음식을 먹을 때 얼마나 먹는지를 알아보았다.

2.7 이 연구에서 독립변인은 무엇인가?

2.8 이 연구에서 종속변인은 무엇인가?

2.9 이런 연구를 할 때 연구자는 항상 어떤 가설을 염두에 두고 실험을 수행한다. 이 연구의 가설은 무엇인가?

2.10 이 연구에서 측정과 관련된 일련의 가정들에 대해 생각해보라.

2.11 불연속변인을 연속변인처럼 처리하기도 한다는 것을 말했었다. 어떤 경우에 이런 일이 가능한가?

2.12 불연속변인과 연속변인의 예를 각기 세 개씩 들어보라.

2.13 많은 사람들은 무선적으로 뽑은 숫자들이 실제보다 더 규칙적일 것이라고 가정한다. 예를 들어, 숫자를 50개 무선적으로 뽑으면 그중 짝수가 25개, 홀수가 25개거나 그와 비슷할 거라고 생각한다. 부록의 표 D.9를 사용해서 50개의 숫자를 뽑은 다음 짝수의 개수와 홀수의 개수를 세어보라. 이런 절차를 세 번 반복해서 50개 숫자 중 짝수의 수를 적어보라. 여러분이 기대하는 것처럼 짝수가 25개 정도씩 나왔는가?

2.14 동전을 다섯 번 던졌을 때 나왔을 것 같은 앞면과 뒷면의 순서를 여섯 개 적어보라(예: HTHHT). 이제 실제로 동전 다섯 번 던지기를 여섯 번 하고 그 기록을 적어보라. 이제 아래에 있는 주소를 이용해서『찬스 뉴스』에 가서 무선성에 대한 글을 읽어보라. 그 내용은 당신이 예측한 순서와 실제 얻은 순서들에 대해 무엇을 알려주는가? (그 글에서 가장 짧은 프로그램을 작성하는 법에 대한 내용에는 너무 신경 쓰지 말라. 그 내용을 나도 잘 이해하지 못한다.)

 https://www.dartmouth.edu/~chance/chance_news/recent_news/chance_news_6.07.html

2.15 이 책의 5장에서 다룰 달 착시에 관한 실험에서 카우프만과 로크(Kaufman & Rock, 1962)는 달 착시에 관한 가설을 검증하기 위해 한 번은 눈을 정상적으로 뜬 상태에서 달을 보고 그 크기를 추정하게 하고, 한 번은 눈을 치켜 뜬 상태에서 달을 보고 크기를 추정하게 하였다. 추정치가 1보다 크면 수평선의 달이 하늘 한가운데 달보다 크게 보인다는 의미인데, 눈높이에서 본 조건에서 추정한 자료는 다음과 같았다.

1.65 1.00 2.03 1.25 1.05 1.02 1.67 1.86 1.56 1.73

이 변인을 X라고 하고 다음 문제를 풀어보자.

(a) X_3, X_5, X_8은 무엇인가?

(b) ΣX를 구해보라.

(c) (b)의 합의 부호를 가장 복잡한 형태로 표기해보라.

2.16 연습문제 2.15에서 눈을 치켜 뜬 조건에서 자료는 다음과 같았다.

1.73　1.06　2.03　1.40　0.95　1.13　1.41　1.73　1.63　1.56

이 변인을 Y라 하고 다음 문제를 풀어보자.

(a) Y_1, Y_{10}은 무엇인가?

(b) ΣY를 구해보라.

2.17 연습문제 2.15에서 다음을 구하라.

(a) $(\Sigma X)^2$과 ΣX^2을 구해보라.

(b) 점수의 개수를 N이라 할 때 $\Sigma X/N$을 구해보라.

(c) (b)에서 구한 값을 무엇이라 부르는가?

2.18 연습문제 2.16의 자료에서 다음을 구하라.

(a) $(\Sigma Y)^2$과 ΣY^2을 구해보라.

(b) (a)의 답을 이용해서 다음을 계산하라.

$$\frac{\Sigma Y^2 - \frac{(\Sigma Y)^2}{N}}{N - 1}$$

(c) (b)의 답의 제곱근을 구해보라. (이 계산에 대해 5장에서 배우게 된다)

2.19 연습문제 2.15의 자료와 연습문제 2.16의 자료는 같은 사람에게서 나온 자료이다. 그러니까 눈높이 수준에서 1.65라고 답한 사람이 눈을 치켜 든 조건에서는 1.73이라고 답했다. 따라서 이 자료는 쌍으로 된 자료이다.

(a) 각 쌍별로 자료를 곱해서 XY를 구하라.

(b) ΣXY를 구해보라.

(c) $\Sigma X \Sigma Y$를 구해보라.

(d) ΣXY와 $\Sigma X \Sigma Y$는 다른가? 일반적으로 이 두 수치는 다르다고 생각하는가?

(e) 다음을 계산하라.

$$\frac{\Sigma XY - \frac{\Sigma X \Sigma Y}{N}}{N - 1}$$

(이 계산에 대해서는 9장에서 배우게 되는데, 이 계산의 결과를 공변이라 부른다. 이 책에서 이보다 더 복잡한 공식은 별로 없다.)

2.20 연습문제 2.15~2.19의 계산 결과를 이용해서 다음에 대해 답하라.

(a) $\Sigma(X + Y) = \Sigma X + \Sigma Y$

(b) $\Sigma XY \neq \Sigma X \Sigma Y$

(c) $\Sigma CX = C\Sigma X$

(d) $\Sigma X^2 \neq (\Sigma X)^2$

2.21 다섯 개의 자료를 만들어서 $\Sigma(X + C) = \Sigma X + NC$임을 나타내라. 여기서 C는 아무 상수(예:

4)라도 되고, N은 자료의 개수이다.

2.22 이전 판에서 내가 '염소의 머리카락 수'를 연속변인의 예로 사용한 것을 사람들은 비판하였다. 왜 불연속변인인가? 이것은 여러분이 자료를 다루는 것에 영향을 미치는가?

2.23 서열변인이 연속 척도로 측정될 수 있는가?

2.24 앞발 핥기 반응시간이 쥐의 통증에 대한 민감도의 간격 척도로 사용할 수 있다고 본문에서 말했다. 만약 어떤 사람이 측정된 시간의 제곱근이 더 좋은 지표라고 주장했다고 해보자. 여러분은 이 두 가지 중 어느 것을 택할지 어떻게 결정할 수 있는가?

2.25 1995년 7월 21일 『시카고 트리뷴(Chicago Tribune)』은 베스 페레스(Beth Peres)라는 초등학교 4학년 여학생의 연구를 보고하였다. 용돈을 올려달라고 주장하기 위한 증거를 얻기 위해, 이 아이는 같은 반 아이들의 용돈에 대해 알아보았다. 놀랍게도 11명의 여학생들의 평균 용돈은 주에 2.63달러였는 데 반해, 남학생들의 평균 용돈은 주당 3.18달러로 여학생들보다 21% 더 많이 받았다. 게다가 남학생들은 여학생들에 비해 집에서 잔심부름은 적게 하였다. 이 보도는 전국적으로 관심을 끌었으며, 남성과 여성의 임금 격차가 어렸을 때 이미 시작되었을 수 있다는 의문을 갖게 하였다.

(a) 이 연구에서 독립변인과 종속변인은 무엇이며, 이들은 어떻게 측정되었는가?
(b) 이 연구에서 사용한 표본은 어떤 것인가?
(c) 이 표본의 특징은 결과에 어떤 영향을 미칠 수 있었는가?
(d) 이 연구에서 무선표본은 지켜졌는가? 무선배정은 어떠한가?
(e) 만약 이 연구에서 무선배정이 불가능하다면, 이는 이 연구의 타당도에 대해 부정적인 함의를 갖는 것인가?
(f) 이 연구에서 남학생과 여학생들의 용돈의 진정한 차이 외에 이 연구의 결과에 영향을 미쳤음직한 변인들은 어떤 것이 있을 수 있는가?
(g) 이 예에서 기술통계와 추론통계의 특징들을 명확하게 구분해보라.

2.26 『공중보건 저널(Journal of Public Health)』이라는 학회지에 흡연과 건강의 관계에 대한 란트비어와 왓킨스(Landwehr & Watkins, 1987)의 논문이 실렸다. 이 논문에는 대부분이 서양의 개발국인 21개 나라의 성인들의 흡연율과 심장질환율이 보고되었다. 이 논문의 자료에서 흡연율이 높은 나라에서 심장질환에 걸린 비율이 높은 것을 분명하게 볼 수 있었다.

(a) 왜 이 연구에서는 개발국에서만 표집이 이루어졌는가?
(b) 측정 척도라는 관점에서 보면 이 연구의 두 변인은 어디에 속하는가?
(c) 만약 흡연이 건강에 미치는 영향을 알아보는 것이 우리의 목표라면, 이 연구의 결과는 이 목표와 어떻게 관계되는가?
(d) 이런 연구에서는 어떤 변인들이 추가로 고려되어야 하는가?
(e) 담배회사들이 공격적으로 아시아에서 광고를 하고 있는 것으로 보고되고 있다. 중국의 경우 남성의 흡연율은 61%인 데 반해 여성의 흡연율은 7%에 지나지 않는다. 건강심리학자라면 중국 여성의 흡연율 변화가 건강에 미치는 영향에 대해 어떤 연구를 할 수 있

을까?

(f) 구글을 이용해서 인터넷에서 간접흡연과 심장질환의 관계에 대한 기사나 논문을 검색해보라. 이 기사나 논문들은 무엇을 시사하는가?

2.27 iPod의 Shuffle 기능이 정말 무선적인지에 대해 인터넷에서 논란이 있었다. 음악 순서가 무선적인지 결정하려면 무엇을 하겠는가? 실제로 무엇이 무선성을 구성하는가? 관련된 문건을 다음 사이트에서 볼 수 있다.

http://ipodusers.tribe.net/thread/9c5fe30c-728a-44cf-9b6f-9ad426641d12

만약 이 사이트가 더 이상 작동하지 않는다면 인터넷 검색을 이용하면 비슷한 문건을 찾을 수 있을 것이다.

2.28 아래의 사이트에 가서 거기 있는 아주 간략한 사례 연구를 읽어보라. 표집에 관한 질문에 답한 다음 여러분의 답을 페이지 왼쪽 아래에 있는 'Explain'을 통해 연결되는 답과 비교해보라.

http://www.stat.ucla.edu/cases/yale/

2.29 측정 척도에 관한 다른 사람의 설명을 인터넷에서 검색해보라. (우리 책에서 사용하는 용어가 표준 용어이긴 하지만 그 사람이 우리 책에서 사용한 용어와 다른 용어를 사용하더라도 놀라지 말라.)

3장 자료 보여주기

앞선 장에서 기억할 필요가 있는 개념

연속변인 continuous variable	다양한 값을 가질 수 있는 변인
불연속변인 discrete variable	몇 가지 제한된 값을 갖는 변인
종속변인 dependent variable	여러분이 측정하는 변인
독립변인 independent variable	여러분이 통제하는 변인

자료를 그래프나 표로 그리면 숫자를 들여다보고 있는 것보다 훨씬 더 많은 것들을 드러낸다는 것을 보여주는 간단한 예를 가지고 3장을 시작하기로 한다. 가장 간단한 그림 중의 하나인 히스토그램을 알아보고 어떻게 그리는지를 살펴본다. 이 작업을 하면서 우리는 그래프를 그리고 우리가 원하는 다른 분석을 하기 위해 어떻게 컴퓨터(*R*) 환경을 조성하고 사용하는지 보게 될 것이다. 그러나 히스토그램이 자료를 그리는 유일한 방안도 아니고 어떤 상황에서는 가장 좋은 방안도 아니다. 그래서 줄기-잎 그림(stem-and-leaf display), 막대그래프, 선그래프와 같은 다른 방안들에 대해 알아본다. 이어서 분포를 기술하는 데 사용하는 대칭, 편포도와 같은 용어에 대해 알아본다. 마지막으로 SPSS와 *R*을 사용해서 쉽고 빠르게 그래프를 만들어볼 것이다.

정리되지 않은 원자료는 선거 직전에 밀려드는 귀찮은 편지나 이메일처럼 재미없고 정보도 주지 못한다. 눈금 종이에 깔끔하게 기록하건 철 지난 광고지 뒷면에 끄적거려 놓았건 간에 정리되지 않은 자료는 단순한 숫자들의 모음이지 그 이상이 아니다. 해석 가능해지려면 원자료들은 우선 어떤 형태로건 간에 논리적인 방식으로 조직화되어야 한다.

지각에 관심 있는 심리학자들은 오랫동안 사람들이 어떻게 두 개의 형태를 비교하는지를 궁금하게 생각했다. 예를 들어, 내가 방향이 다른 두 개의 시각 이미지를 여러분에게 보여주었다고 생각해보자. 그 두 이미지는 같은 이미지인데 방향이 다를 수도 있고(예: 똑바로 위치한 대문자 R과 아래로 향한 대문자 R), 서로 거울에 비친 상일 수도 있다(예: 제대로 된 R과 거울에 비친 R). 여러분이 해야 할 일은 두 이미지가 같은 것인지 아니면 거울상인지 빨리 답하는 것이다. 이건 아주 쉬운 일처럼 보인다. 그러나 반드시 그렇지는 않다. 나는 여러분 반응의 정확도와 속도를 잴 수 있다. 또 나는 여러분이 답하는 시간이 두 이미지가 회전해야 하는 각도(회전각)에 따라 달라지는지 물어볼 수도 있다.

하노버 대학의 존 크랜츠(John Krantz)가 운영하는 아주 멋진 웹사이트에서 이 문제에 대한 본인의 자료를 직접 수집할 수 있다. 크랜츠와 학생들은 아주 재미있는 실험들을 모아 놓았는데, 다음 사이트에 가면 볼 수 있다.

http://psych.hanover.edu/JavaTest/CLE/Cognition/Cognition.html

(여기에 접속하게 되면 그 학과 웹사이트에 있는 다른 재미있는 것들도 살펴보라. 대부분 학생들이 만든 것이다. 여기에 있는 실험들을 해보려면 먼저 http://www.uvm.edu/~dhowell/fundamentals9/SeeingStatisticsApplets/Applets.html에 들어가서 세 번째 문단을 읽어보라) 여기서 우리가 다룰 실험은 이상하게 생긴 형태들을 이용한 심적 회전 실험이다.

아래 있는 것은 컴퓨터 화면에 보이는 두 자극의 예이다. 화면 가운데에 있는 십자가는 여러분이 시행 중간에 응시해야 하는 응시점이다.

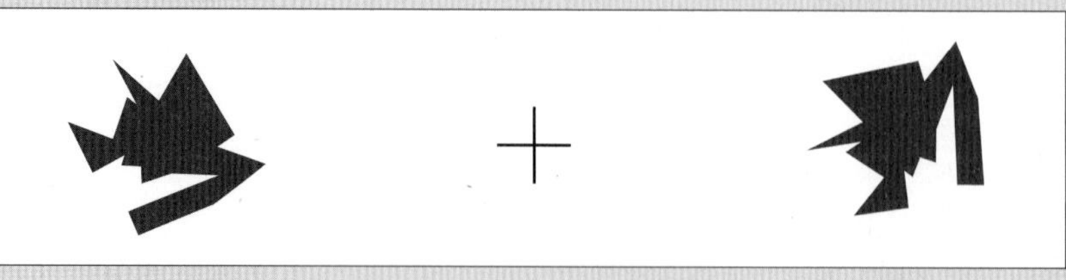

이 실험에서 참가자가 해야 할 일은 두 개의 이미지가 같은 이미지인지 거울상인지 판단해서 S나 M을 최대한 빠르게 누르는 것이다. 그러고 나면 화면에 다른 형태 쌍이 나타나게 되고 여러분은 그 두 개의 이미지가 같은 이미지인지 판단하면 된다(이 실험에 참가할 경우 여러분은 자극의 크기, 회전각 수준의 수와 같은 독립변인을 변화시킬 수 있다). 나는 20° 단위로 변화하는 10가지 회전 각도를 이용해서 직접 600회의 실험을 하였다. 이제 자료를 모았으면, 이 자료들의 의미를 알아내야 한다. 이 자료를 이용해서 재미있는 질문들을 많이 던질 수 있다. 틀린 답이 정답보다 시간이 더 걸리는지, 회전각이 더 크면 회전각이 작거나 없는 경우보다 대답하는 데 시간이 더 걸리는지 등을 물어볼 수 있다. 연구 질문을 정하기 전에 전체 자료를 한번 훑어보는 것에서 시작하자, 독립변인의 수나 반응의 정확도 여부에 신경 쓰지 말고.

우리가 사용할 자료는 원래 1000분의 1초 단위로 측정되었지만(컴퓨터가 이 수준의 정밀도로 측정할 수 있어서 그렇게 측정했다), 편의상 100분의 1초 단위로 반올림하였다. 이렇게 해도 결과는 달라지지 않는다.

표 3.1에 자료 파일의 예가 제시되었는데, 아래 웹페이지에서 자료를 다운받을 수 있다.

https://www.uvm.edu/~dhowell/fundamentals9/DataFiles/Tab3-1.dat

독립변인은 시행, 회전각, 자극(같은가, 거울상인가?)이고, 종속변인은 반응(어떤 키를 눌렀는가?), 정확도, 반응시간(초 단위)이다. 어떤 시행에서는 반응시간이 4초도 더 되는데, 틀리기까지 했다는 것을 주목하라.

표 3.1_ 심적 회전 실험에서 나온 반응시간 자료

시행	회전각	자극	반응	정확도 1=정확	반응시간
1	140	Same	Same	1	4.42
2	60	Same	Same	1	1.75
3	180	Mirror	Mirror	1	1.44
4	100	Same	Same	1	1.74
5	160	Mirror	Mirror	1	1.94
6	180	Mirror	Mirror	1	1.42
7	180	Mirror	Mirror	1	1.94
8	0	Same	Same	1	1.24
9	40	Mirror	Mirror	1	3.30
10	140	Same	Same	1	1.98
11	60	Mirror	Mirror	1	1.84
12	160	Same	Same	1	3.45
13	40	Mirror	Mirror	1	3.00
14	180	Mirror	Mirror	1	4.44
15	140	Mirror	Mirror	1	2.92
…	…	…	…	…	….
600	40	Mirror	Mirror	1	1.12

3.1 자료 그리기

600개의 반응시간 자료의 의미를 한눈에 해석할 수 없다. 자료들을 보다 이해하기 쉽게 재조직하는 가장 간단한 방법의 하나는 자료들을 그림과 같은 형태로 그려보는 방법이다. 자료를 그림과 같은 형태로 표현하는 방법은 여러 가지가 있다. 이런 것들로는 빈도분포, 히스토그램, 줄기-잎 그림과 같은 것들이 있는데, 이들에 대해 알아보자.

빈도분포와 히스토그램

자료 정리의 첫 단계로 우리는 자료를 논리적으로 서열화하는 방법의 하나인 **빈도분포**(frequency distribution)를 만들 수 있다. 반응시간 예에서 우리는 각 반응시간이 보고된 횟수를 세어볼 수 있다. 그런데 표 3.1에는 시간이 100분의 1초 단위로 기록되어 있어서 그대로 하게 되면 빈도분포표가 아주 길어지게 된다. 표 3.2에서 이 시간을 10분의 1초 단위로 묶어서 급간의 중앙점과 급간의 양쪽 경곗값을 적었다. 급간의 상하 경곗값을 **실하한계**(real lower limit)와 **실상한계**(real upper limit)라고 부른다. 이 두 한곗값 사이의 값들은 이 급간에 속하는 것으로 분류된다. 예를 들어, 1.895보다 같거나 크고 1.995보다 작은 값들은 1.90~1.99 급간으로 들어간다.[1] 급간의 가운데를 종종 급간의 **중앙점**(midpoint)이라

표 3.2_ 반응시간 빈도분포(1/10초 단위)

반응시간	중앙점	빈도	반응시간	중앙점	빈도	반응시간	중앙점	빈도
.50–.59	.55	0	2.00–2.09	2.05	21	3.50–3.59	3.55	0
.60–.69	.65	0	2.10–2.19	2.15	19	3.60–3.69	3.65	0
.70–.79	.75	7	2.20–2.29	2.25	10	3.70–3.79	3.75	1
.80–.89	.85	18	2.30–2.39	2.35	6	3.80–3.89	3.85	2
.90–.99	.95	39	2.40–2.49	2.45	11	3.90–3.99	3.95	2
1.00–1.09	1.05	45	2.50–2.59	2.55	11	4.00–4.09	4.05	0
1.10–1.19	1.15	45	2.60–2.69	2.65	7	4.10–4.19	4.15	2
1.20–1.29	1.25	43	2.70–2.79	2.75	7	4.20–4.29	4.25	1
1.30–1.39	1.35	46	2.80–2.89	2.85	4	4.30–4.39	4.35	0
1.40–1.49	1.45	45	2.90–2.99	2.95	5	4.40–4.49	4.45	2
1.50–1.59	1.55	50	3.00–3.09	3.05	5			
1.60–1.69	1.65	42	3.10–3.19	3.15	2			
1.70–1.79	1.75	34	3.20–3.29	3.25	1			
1.80–1.89	1.85	37	3.30–3.39	3.35	3			
1.90–1.99	1.95	23	3.40–3.49	3.45	4			

1 반올림에 대해 한 마디. 이 책에서는 마지막 숫자가 5인 경우 짝수가 되는 방향으로 올리거나 내린다는 규칙을 사용한다. 그러니까 1.895는 1.90이 되고, 1.885는 1.88이 된다.

고 한다. 이 자료의 빈도분포가 표 3.2에 제시되었고, 그림 3.1에 히스토그램으로 그려져 있다.

표 3.2에 있는 분포를 보면 반응시간이 최소 0.75초에서부터 최대 4.5초까지 넓게 퍼져 있는 것을 알 수 있다. 그런데 반응시간들은 1.5초 주위에 군집된 경향이 있는데, 대부분의 자료가 0.75초와 3.00초 사이에 있다. 이 추세는 조직되지 않은 자료인 표 3.1에서는 알 수 없다. 그리고 반응시간이 오른쪽으로 길게 꼬리를 그리는 것도 주목해보자. 사람들이 빠르게 반응하는 데에는 한계가 있지만, 느리게 반응하는 데에는 한계가 없다는 점을 감안하면 이는 놀랄 만한 것이 아니다.

자료를 표로 보는 것보다 그림으로 그렸을 때 전체 추세를 보기가 쉽다. 반응시간 자료의 경우 **히스토그램**(histogram)으로 그릴 수 있다. *R*을 사용해서 히스토그램을 그릴 것인데, 이어지는 *R*과 RStudio 구하기 박스에서는 어떻게 *R*을 다운로드하고 설치하는지에 대해 서술했다. *R*을 시작하는 것에 대해 더 자세한 설명은 3장의 웹사이트인 www.uvm.edu/~dhowell/fundamentals9/Supplements/DownloadingR.html에서 볼 수 있다(다음에 나오는 박스를 읽으면 더 자세한 설명이 필요하지 않을 것으로 보이지만). *R*을 다운로드하고 설치하기 전이라도 R 그래픽에 대해 잘 소개한 *R* Graphics tutorial을 http://flowingdata.com/2012/05/15/how-to-visualize-and-compare-distributions/에서 읽어보면 *R*에서 어떻게 그래픽을 사용하고 명령어들이 어떤지에 대해 감을 잡을 수 있다. 여기서 이 사이트들을 소개하는 이유는 코드가 어떻게 되어있는지, 그리고 우리가 어떤 그래픽을 만들어낼 수 있는지를 보여주기 위해서이다. 그러니까 *R*이 어떤 것인지 시각적인 경험을 하게 하려는 것이다. 그러니 거기에 있는 내용을 기억하려 한다든가 이해하려 노력할 필요는 없다. 그건 나중에 해도 된다.

이제 *R* 코드를 담은 부분들을 보게 되는데, 나는 여러분이 *R*을 설치하고 시작할 것을 강력하게 권한다. 일단 *R*을 시작하면 해당 내용을 복사해서 붙이고 작동해보라. 나는 여기서 한 걸음 더 나아가 코드를 수정하고 어떤 결과가 나오는지 확인해볼 것을 권장한다. 수정한 것이 제대로 작동하지 않는다고 해서 당신을 야단칠 사람은 없고, 그것을 통해 당신은 무언가를 배울 수 있다.

*R*과 RStudio 구하기

*R*을 사용하려면 웹에서 *R*을 다운로드해야 한다. 이 과정에 대해 그림을 곁들인 자세한 설명을 www.uvm.edu/~dhowell/fundamentals9/Supplements/DownloadingR.html에 올려놓았으니 그 페이지를 보기 바란다.

*R*을 설치하고 작동하는 것은 아주 쉽다. 브라우저를 작동시킨 후 'r-project.org'에 가서 'CRAN'을 클릭하고, 여러분의 컴퓨터 운영체계에 맞는 파일을 선택해서 다운로드하라(그러

는 중에 그 페이지에 있는 흥미 있어 보이는 링크들을 읽어볼 수 있는데, 여러분 컴퓨터 운영 체계가 'Window Vista'가 아니라면 굳이 시간을 들일 필요가 없을 수 있으며, 그중 일부는 오히려 혼란스럽게 할 수도 있다). 파일을 다운로드했으면 파일을 클릭하라. 그러면 설치된다. RStudio도 http://www.rstudio.com/products/rstudio/download/에 가서 같은 방법으로 설치할 수 있다. RStudio는 *R*과 잘 작동하는 편집기이다. RStudio에서 코드를 입력하고 'Run'을 클릭하면 결과를 볼 수 있다. 당연한 것이지만 여러분이 RStudio를 시작하면 자동적으로 *R*이 동시에 시작된다.

이 작업을 할 때 www.uvm.edu/~dhowell/fundamentals9/DataFiles/DataFiles.zip에 가서 그 파일을 StatisticsData라는 이름(아니면 여러분이 원하는 다른 이름)을 붙인 디렉터리에 다운로드할 것을 권한다. 그렇게 하면 책에 있는 사례들과 연습문제에서 사용하는 모든 자료들을 쉽게 불러올 수 있다(이렇게 해두면 자료 파일을 하드드라이브나 웹에서 다운로드할 수 있다. 일반적으로 나는 자료 파일을 웹에서 받는 것으로 서술하지만, 그건 하드드라이브에 파일이 있는지 모르기 때문에 그러는 것이다. 하드에 자료 파일이 있으면 웹 주소는 무시하고 작업하면 된다. 이럴 경우 여러분은 인터넷 접속이 안 되는 곳에서도 사례들을 실행시킬 수 있다. 즉 아무 곳에서든 과제를 할 수 있다는 것을 말한다). 여러분은 *R*이나 RStudio에서 파일 메뉴를 이용해서 여러분이 쉽게 자료를 로드할 수 있는 기본 디렉터리를 만들 수 있다. 그렇게 하면 파일을 로드하려고 할 때 'StatisticalData' 폴더가 열리게 된다. 그림 3.1의 세 번째 줄과 네 번째 줄의 코드 예를 보라. 줄 앞에 있는 '#' 표시는 그 줄에 있는 것은 코드가 아니라 코멘트라는 것을 표시한다. #를 제거하지 않으면 그 줄에 있는 내용은 실행되지 않는다.

심적 회전 실험 자료를 처리할 *R* 코드와 그 결과로 만들어지는 히스토그램이 그림 3.1에 있다. 그림으로 제시하면 표로 제시하는 것보다 얼마나 쉽게 패턴을 볼 수 있는지를 주목하라. 특히 분포가 오른쪽으로 길게 꼬리를 그리는 것을 주목하라. *R*이 무엇이고 어떻게 작동하는지 감을 잡기 위해서 코드를 읽어보기를 강력히 권한다. 그렇지만 이런 방식으로 많은 *R* 명령어들을 학습하는 것을 기대하지는 않는다.

```
### - - - - { Plotting a histogram for the reaction time data. - - - -

# setwd("C:/Users/Dave/Dropbox/Webs/Fundamentals8/DataFiles")
# An example of "set working directory."
# data1<- read.table("Tab3-1.dat", header = TRUE)
# Now you just need to give the file name.
data1 <- read.table("http://www.uvm.edu/~dhowell/fundamentals9/
DataFiles/Tab3-1.dat", header = TRUE)
names(data1)                 # Tells me the names of those variables
attach(data1)                # Make the variables available for use
```

```
par(mfrow = c(2,1))          # Just to make things pretty--uses only
                             half the screen
hist(RTsec, breaks = 40, xlim = c(0,5), xlab = "Reaction Time (in
sec.)")
# For Figure 3.1
stem(RTsec, scale = 2)       # Not used discussed in text
# More useful stuff
install.packages("psych")    # Only use this the first time you install
                             a library
library(psych)               # Assumes lpsych library has been installed
describe(data1)              # Extra stuff that we come back to later
```

그림 3.1_ 반응시간별 빈도를 계산하는 *R* 코드와 그래프

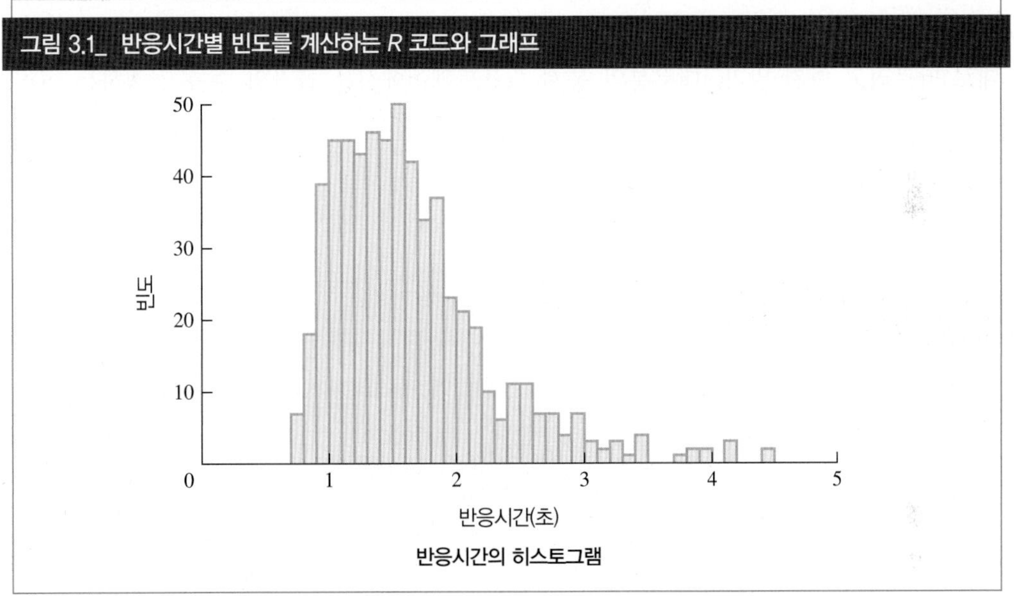

반응시간의 히스토그램

R 코드를 읽을 때 알아둘 것

1. 작업 디렉터리를 설정하면, 그 세션 동안에는 다시 설정할 필요가 없다. 작업할 파일 이름만 입력하면 된다. 처음 두 줄에 코멘트되어 있다.
2. 'data1 <- read.table...'로 시작하는 줄은 웹에서 파일을 가져올 때 흔히 사용하는 방법이다.
3. install.packages 명령어는 해당 라이브러리(psych)를 찾아서 설치한다. 'library(psych)'를 이용해서 매번 로드하지만, 한 번 설치하면 다시 설치할 필요가 없다.

일반적으로 히스토그램에서는 우리가 표 3.2에 한 것처럼 자료들을 급간으로 묶는다. 그러나 급간의 폭(예: 1.00~1.09로 하는지, 1.00~1.19로 하는지)은 그림을 만드는 컴퓨터 프로그램에서 결정하기도 한다. 이번 예에서는 표 3.2와 같은 급간을 사용하도록 명령해서 히스토그램을 작성하였다. ('breaks = 40'이라는 명령어가 이 내용을 의미한다.)

자료를 집단화할 때 급간 수를 몇 개로 해야 하는지를 결정할 때 흔히 골디락스(Goldilocks) 원칙을 따른다. 골디락스 원칙이란 너무 많지도 너무 적지도 말라는 것이다(*R*에서는 'breaks = ' 명령어를 이용해서 급간의 수를 나름대로 통제한다). 세밀한 부분은 포함시키지 않으면서 전반적인 분포 양상을 알아보는 것이 여러분의 목표이다. 일반적으로 그리고 가능하다면 숫자 체계에서 자연스러운 분기점을 급간의 분기점으로 사용하는 것(예: 0~9, 10~19 또는 100~119, 120~139)이 급간의 수에 맞추느라 억지로 자료의 범위를 급간 수로 나누어 부자연스러운 급간을 사용하는 것보다 낫다. 그러나 다른 한계가 더 자연스러운 경우에는 그 한계를 사용하는 것이 좋다. 중요한 것은 우리는 자료를 의미 있게 만들려고 한다는 점이다. 여러분의 문제를 본 적이 없는 사람이 만든 규칙을 곧이곧대로 따르려고 하지 말라. 대부분의 통계 소프트웨어에서는 급간의 수를 결정하는 여러 가지 알고리즘 중의 하나를 선정하는데, 여러분의 목적에 더 적합한 방법이 있다면 소프트웨어의 결정을 무효화시킬 수 있다.

*R*에 대한 몇 가지 코멘트

- 코드와 히스토그램은 RStudio에서 계산되었는데, RStudio는 자동으로 *R*을 시작하고 자체 윈도우에서 코드를 처리해서 결과를 올려준다. 그냥 *R*을 사용해서 코드를 *R*의 에디터에 복사할 수도 있는데, 이건 에디터라고 하기에는 좀 어설프다.
- 코드를 작동시키려면 코드를 RStudio 에디터에 입력하고 전체든지 아니면 작동시켜 보고 싶은 부분을 선택한 다음 'Run'을 클릭하면 된다. 변인 이름과 같은 출력된 결과물은 화면 왼쪽 아래에 보인다. 별 어려움 없이 그래프를 찾을 것이다.
- *R*은 대문자, 소문자를 구분한다. 그래서 만약 파일명이 data1인데 'names(Data1)'이라고 입력하면 *R*은 그 파일을 찾을 수 없다.
- 데이터 파일을 읽는 경우, 그 파일에 변인이 하나든 여러 개든 하나의 데이터 프레임으로 저장한다. 변인들에 접속하려면 'attach(data1)'의 예에서처럼 'attach' 명령어를 사용해야 한다.
- 'attach' 명령어에 대해서는 논란이 많다. 데이터를 입력하면 *R*은 이를 데이터 프레임으로 저장하는데, 마치 금고에 넣은 것과 같다. 여러분이 RTsec의 히스토그램을 요청하면 그런 변인이 없다고 반응한다. 'attach(data1)'라고 입력하면 데이터 프레임에서 해당 변인을 뽑아 사본을 만들고 여러분이 그 사본을 사용하게 해준다. 이 문제를 처리하는 다른 방법들도 있지만 'attach' 명령어가 가장 간단한 방법이어서 이 방법을 사용한다.
- 'hist'와 같은 명령어에 대해 질문이 있으면 '?hist'처럼 그 명령어 앞에 물음표를 붙이면 된다. 그 명령어가 무슨 명령어인지 모를 때는 '??hist'처럼 물음표를 두 번 붙이면 여러 가지 정보를 제공해준다.

- *R*을 작동할 때 사용하는 그래픽 인터페이스가 있다. 가장 널리 알려진 것이 RCommander (Rcmdr)이다. 교수님이 Rcmdr을 사용하기를 권하실 수도 있는데, 여러분이 어떤 작업을 하는지 명확하게 보여줄 수 있기 때문에 나는 *R*을 제공하기로 결정했다. 여러분이 원한다면 Rcmdr을 설치할 수도 있는데 DownloadingR 웹페이지에 있다. 그러나 어떻게 하는지에 대해서는 다루지 않는다. 시행착오를 하다 보면 알게 될 것이다.

3.2 줄기-잎 그림

빈도분포는 각각의 값이 몇 번 발생했는지를 알려주고, 히스토그램은 이 자료들을 시각적으로 보여준다. 각각의 개별적인 값과 이 값들의 빈도라는 두 가지 정보를 유지하는 멋진 방법 중의 하나가 존 터키(John Tukey)가 고안한 **줄기-잎 그림**(stem-and-leaf display)을 그려보는 방법이다.

존 터키는 누구인가?

존 터키는 20세기 후반에 가장 영향력이 있는 통계학자들 중 한 명이다. 1915년에 태어났는데, 세 살에 이미 신문을 읽을 수 있었다고 알려져 있다. 동료들이 하는 말에 따르면 그는 교수회의 동안 앉아서 책을 읽는데, 회의가 끝 난 다음 누가 무슨 이야기를 했는지 다 기억했다고 한다. 브라운 대학교에 진학해서 화학으로 석사학위를 취득하였다. 그리고 프린스턴 대학교 화학과 박사과정에 진학하였지만, 수학 박사학위를 취득하였다. 몇 년 뒤 통계학으로 옮겨 평생 통계학을 연구하였다. 아주 영민한 사람으로 그의 삶, 일, 다른 사람과의 관계 등에서 재미있는 일화를 많이 남겼다. 터키는 평생 프린스턴 대학교와 그 근처에 있는 벨 랩에서 일하였다. 여러 분야에서 활동했지만, 우리 책에서는 그가 '탐색적 자료분석'이라고 명명한 부분과 평균 간 비교 절차에 대해 다룬다. 평균 간 비교에서는 이 분야에서 가장 널리 알려진 통계검증 중 하나를 개발하였다. 터키의 탐색적 자료분석에서는 정해진 규칙이나 절차가 거의 없다. 그가 한 말 중에서 아주 널리 인용되는 표현은 "제대로 된 질문에 대한 엉성한 답을 가지는 게 잘못된 질문에 대한 정교한 답을 갖는 것보다 낫다"는 표현이다.

존 터키(1977)는 **탐색적 자료분석**(exploratory data analysis: EDA)이라 불리는 일반적 자료 처리법의 한 부분으로 자료를 시각적으로 의미 있게 제시하는 다양한 기법들을 개발하였다. 이 방법 중 가장 간단한 것의 하나가 줄기-잎 그림이다. 그러나 반응시간 자료는 관찰 수가 너무 많아 제법 복잡한 그림을 그려야 하기 때문에 여기서는 예로 사용하지 않는다. 대신 유방암 진단을 받은 환자가 경험한 간섭적인 사고의 출현 빈도 자료를 사용하기로 한다(Epping-Jordan, Compas, & Howell, 1994). 쉽게 예상할 수 있듯이 이들 중 상당수는 암에 관한 생각이 수시로 떠올라서 많은 방해를 받았다. 반면에 몇 사람은 그런 생각을 거의 하지 않았다고 보고했다.

자료가 그림 3.2에 제시되었다. 그림의 왼쪽에는 순서별로 정리한 원자료를, 그리고 오른쪽에는 이를 줄기-잎 그림으로 그린 결과를 실었다.

그림 3.2_ 간섭적 사고 자료의 줄기-잎 그림

원자료	줄기	잎
0 1 1 2 2 3 4 4 4 5 5 5 6 6 7 7 7 7 8 8 9 9	0|	0112234445556677778899
10 11 11 11 12 12 12 13 13 13 13 13 14 14 14 15 15 15 15 15 15 16 16 16 16 16 16 16 16 16 16 17 17 17 18 18 18 18 19 19	1|	0111222333334445555556666 666666777888899
20 20 21 21 22 22 23 23 24 24 24 24 25 25 26 26 27 28 28 29	2|	00112233444455667889
30 30 35	3|	005
	|	

그림 3.2의 원자료를 보면, 몇 개의 점수는 10 이하이고, 많은 수가 10과 20 사이에 있으며, 20대에 약간, 그리고 30대에 세 개가 있다. 여기서 10단위의 숫자를 **앞자릿수**(leading digit) 혹은 **최대유효숫자**(most significant digits)라고 하고 이 앞자릿수가 그림에서 **줄기**(stem), 즉 수직축을 형성한다(반응시간 자료에서 곧 보게 되겠지만, 줄기가 두 자리 숫자일 때도 있다). 20대에 있는 20개의 숫자에는 20이 두 개, 21이 둘, 22가 둘, 23이 둘, 24가 넷, 25가 둘, 26이 둘, 27이 하나, 28이 둘, 29가 하나인 것을 볼 수 있는데, 이 끝자리 숫자를 **뒷자릿수**(trailing digit) 혹은 **최소유효숫자**(less significant digits)라고 하고, 이들이 그림에서 **잎**(leaves), 즉 수평 요소들을 형성한다.[2]

그림 3.2의 오른쪽에서 줄기 2의 옆으로 0이 둘, 1이 둘, 2가 둘, 3이 둘, 4가 넷, 5가 둘, 6이 둘, 7이 하나, 8이 둘, 9가 하나 있는 것을 볼 수 있다. 이 잎들의 값이 원자료에서 한 자릿값에 해당한다. 마찬가지로 줄기 1의 옆에 있는 잎들은 10대에 있는 반응들에 해당한다. 줄기-잎 그림을 이용하면 그 그림에 들어있는 원자료를 다 복원할 수 있다. 예를 들

2 항상 줄기는 10단위이고, 잎은 1단위인 것은 아니다. 만약 자료가 100과 1000 사이라면 100단위가 줄기가 될 수 있고, 10단위가 잎이 되고, 1단위는 무시될 수 있다.

어, 한 명은 한 번도 간섭적인 사고를 경험하지 않았고, 두 명은 오직 한 번만 그런 일이 일어났다는 것을 알 수 있다. 나아가, 이 그림의 형태는 옆으로 누운 히스토그램처럼 보이는데, 그래서 자료들을 그래프로 그릴 때의 이점도 제공한다.

이 간단한 줄기-잎 그림 방법의 한 가지 단점은 어떤 자료에서는 각 줄기에 잎이 너무 많이 달리게 되어 집단화를 보여주기 어렵다는 점이다. 사실 이것이 내가 처음에 반응시간 자료를 사용하지 않는 이유이다. 내가 반응시간 자료를 가지고 이 방식대로 줄기-잎 그림을 그린다면 1초 줄기에는 잎이 무려 410개나 있게 되는데, 이런 그림은 멍청한 그림이다. 그러나 걱정할 필요는 없다. 왜냐하면 이미 이런 경우에 대비한 방법을 터키가 다 대비해놓았으니 말이다.

만약 50에서 59 사이에 있는 자료가 너무 많아 자료를 묶는 것이 문제가 될 경우 그 급간을 작은 급간으로 나누어야 할 때가 있다. 예를 들어, 50~54와 55~59의 급간으로 나눌 수 있다. 그러나 이 경우 줄기를 5로 할 수 없다. 따라서 두 급간을 구분할 방법을 찾아야 한다. 터키는 50~54 급간은 '5*'로, 그리고 55~59 급간은 '5.'으로 표시하는 방안을 권한다. 그러나 이 방법도 급간이 너무 성글어서 우리 문제를 해결해주지는 못한다. 그래서 터키는 또 다른 방안을 제안하였다. 즉 '5*'는 50~51, '5t'는 52~53, '5f'는 54~55, '5s'는 56~57, '5.'은 58~59를 표상하는 방안을 제안하였다. (왜 이런 글자들을 선택했는지 의아해할 수 있는데, 영어로 'two'와 'three'는 't'로 시작한다. 나머지는 생각해보면 이해할 수 있다. 내가 50년 가까이 통계를 전공하고 있지만, 이렇게 표시한 것을 본 기억이 없다. 그러나 내가 터키는 아니지 않은가.) 이 방안을 반응시간 자료에 적용하면 그림 3.3에 있는 것과 같은 결과를 얻을 수 있다. 그림 3.3에는 반응시간 자료의 완벽한 줄기-잎 그림이 그려져 있어서, 이것을 보고 완벽하게 자료를 재생해낼 수 있다.

때로는 데이터 파일의 자료 중 극단적인 값이 너무 크거나 작을 수 있다. 예를 들어, 어떤 시행에서는 반응시간이 6.8초고, 다른 한 시행에서는 8.3초일 수 있다. 이 경우 줄기의 가장 밑의 줄의 줄기에 'High'를 적고, 잎에 6.8과 8.3을 적는다. 아주 낮은 값에 대해서도 같은 방법으로 맨 위 줄의 줄기에 'Low'를 적고, 잎에 실제 점수를 적는다. 이렇게 하지 않으면 그림이 너무 커지게 된다.

심적 회전 자료를 그래프로 그리려면 약간의 작업이 필요하다. 문제가 되는 이유 중의 하나는 깔끔하게 하나의 표에 넣기에는 자료가 너무 많다는 것이다(사실 줄기-잎 그림은 자료 수가 적은 경우에 주로 사용된다). 여기서는 자료를 나누어서 두 자리 숫자를 줄기로 사용하려고 한다. 탐색적 자료분석에는 규칙이 별로 없기 때문에 이렇게 하는 것이 규칙을 위반하는 것은 아니다. 탐색적 자료분석의 목적은 자료를 가장 의미 있는 방식으로 그리는 것이다. 우리가 새로 그린 줄기-잎 그림이 그림 3.3에 제시되었다. 그림 맨 위에 있는 설명에 소수점은 줄기의 끝에서 왼쪽에서 한 자리 옆에 있다고 적어놓은 것에 주목하기 바란다. 그러니까 첫 번째 줄의 줄기는 사실은 0.7이라는 말이다.

그림 3.3_ 심적 반응 자료의 줄기-잎 그림

'|' 선의 왼쪽 한 자리 옆에 소수점이 놓인다.

줄기	잎
07	2222233
08	111113333333333333
09	2222222222222222222222222222222222224444
10	1111111111222222222222333333333333333333333333
11	2222222222222222222222222222222222222222222244
12	2222222222222222222223333333333334444444448
13	33333333333333333333333333333333333333333333344
14	22222222222222222222444444444444444444444444444
15	112222233333333333333333333333333333333333333333335
16	2222222222222222222222224444444444444444444
17	2222222333333333333444444444444458
18	33333333333333333333333344444444444489
19	24444444444444444444448
20	333333333333355555555
21	2222444444444444444
22	3333335555
23	334444
24	24444444445
25	22235555559
26	4444446
27	3555555
28	4446
29	22555
30	00555
31	79
32	7
33	004
34	5557
35	
36	
37	5
38	36
39	18
40	
41	26
42	0
43	
44	24

R 코드는

```
stem(RTsec, scale = 1)
```

이다. 한번 해보라. 그리고 scale을 .5나 2나 3으로 바꿔서 결과를 보라.

반응시간 자료를 줄기-잎 그림으로 그려본 이유는 자료에 재미있는 부분이 있기 때문이었다. 대부분의 줄기에서 값이 5가 넘는 잎이 거의 없다는 점을 주목해보자. 그림을 그리는 과정에서 실수한 것이 아니라 자료 자체가 그랬다. 내 생각엔 반응시간을 측정하는 프로그램의 시계 기능이 컴퓨터의 어떤 기능과 상호작용하게 되어 이런 이상한 결과를 만들어낸 게 아닐까 싶다. 이것이 결과를 해석하는 데 심각한 영향을 미칠 것은 아니다. 단지 줄기-잎 그림은 우리가 자료를 다른 방식으로 그릴 때는 볼 수 없었던 부분들을 볼 수 있게 한다는 점을 알려주려는 것이다.

병렬 줄기-잎 그림

수업에 꼬박 꼬박 들어가나요? 이게 중요한가요? 나는 출석이 중요하다고 생각하는데, 이 생각을 지지하는 자료는 줄기-잎 그림의 줄기 양쪽으로 두 개의 분포를 그리는 방법으로

그림 3.4_ 수업에 많이 빠진 학생과 잘 들어온 학생들의 심리학 방법론 수업 성적

수업에 많이 빠진 학생	줄기	수업에 잘 들어온 학생
8	18	
5 5	19	
	20	
	21	
8 5	22	
9 7 3 2	23	
0	24	1 3 6 9
6 6 6 0	25	0 2 4 4 5 6
8 4 4 1	26	1 2 3 4 4 4 5 7 7
7 4 4 0 0	27	0 1 2 3 6 6 7 8 8
	28	0 1 2 4 8 8
	29	0 1 1 2 3 4 6 6 7 8
8	30	
	31	0
	32	0 1 8
Code |25| 6 = 256		

가장 잘 보여줄 수 있다. 내가 최근에 가르쳤던 한 수업에서 기말에 수업 조교에게 학생들을 수업에 잘 들어온 학생, 종종 빠진 학생, 많이 빠진 학생으로 나누게 하였다.[3] 이 중 종종 빠진 학생들을 제외한 나머지 두 집단에 속한 학생들의 성적을 그림 3.4에 나타내었다. 이 자료는 내가 만들어낸 것이 아니라 실제 자료이다. 우리는 줄기를 그림의 한가운데 위치시킨 다음, 두 집단의 점수를 줄기의 양 옆에 그렸다. 수업에 잘 들어온 학생들의 성적 분포는 줄기와 그 오른쪽 잎을 보면 된다. 수업에 많이 빠진 학생들의 성적은 줄기와 그 왼쪽의 잎을 보면 된다. 그리고 그림의 아래 부분에 있는 코드는 이 표에 있는 점수를 읽는 방법을 보여준다. 이 그림에서 줄기 25, 잎 6을 가리키는 | 25 | 6이 25.6인지 256인지 아니면 2.56인지 알 수 없다. 그러나 표의 맨 아래에 있는 코드는 이것이 256이라는 것을 알려준다.

이 그림은 수업에 잘 들어온 학생들과 수업에 많이 빠진 학생들의 성적 차이를 잘 보여준다는 점에 주목하라. 물론 몇 명 예외는 있지만 수업에 많이 빠진 학생들은 성적이 바닥이었다(수업에 종종 빠진 학생들의 성적은 이 두 집단의 중간 정도에 걸쳐있다). 이 책을 공부하면서 보게 되겠지만, 우리는 집단 간 차이가 단순히 우연에 의한 것인지 아닌지를 구분해낼 뿐만 아니라 그 차이가 얼마나 크고 중요한지에 대해 감을 갖기를 바란다. 앞의 병렬 줄기-잎 그림은 두 집단의 차이가 얼마나 큰지를 잘 보여준다. *R*에서 이 작업을 하는 코드가 아래 수록되어 있다. ['file.choose()' 명령어가 윈도우를 열어서 여러분이 하드 드라이브에서 관련 파일을 찾게 해준다.] 코드가 어떻게 작동하는지 잘 읽어보고, RStudio 윈도우에 복사하기 바란다. 이 코드에는 한 가지 흥미로운 게 있다. *R*의 기본 코드에서는 병렬 줄기-잎 그림을 다루지 않는다. 그런데 누군가가 'aplpack'이라는 기능어 라이브러리를 만들었는데, 우리는 그 라이브러리를 로드해서 'stem.leaf.backback()' 기능을 사용할 수 있게 되었다.

```
data <- read.table(file.choose(), header = TRUE)
# Then select Fig3-4.dat
attach(data)poorAttend <- Points[Attend == 1]
goodAttend <- Points[Attend == 2]
install.packages("aplpack")                    # Use only the first time.
library(aplpack)
stem.leaf.backback(poorAttend,goodAttend, m = 2) # m controls bin size
```

3 수업 조교는 모든 수업에 들어와서 누가 수업에 빠졌는지를 기록하였다. 학생들에게 이를 미리 알려주었다.

3.3 그래프 읽기

최근 들어 동료 교수들로부터 학생들이 그래프를 이해하는 데 애를 먹고 있다는 말을 자주 듣는다. 학생들이 이전과 달라진 것인지 아니면 그래프 해석이 어려워진 것인지는 모르지만, 이 절은 그 문제를 해결해보려는 내 나름의 시도이다.

어려운 이유 중의 하나는 종속변인이 가로축(*X*축)에 가야 할지 세로축(*Y*축)에 가야 할지에 대해 보편적인 원리를 정하지 않았기 때문일 수 있다. 간단한 규칙이 있다면 편할 텐데, 아쉽게도 그래프 그리기에는 그런 규칙이 없다. 히스토그램을 보면 종속변인(반응시간)이 가로축에 있고, 세로축에는 각 반응시간별 빈도가 그려져 있다. 히스토그램에서는 그렇게 한다. 그렇지만 그림 3.5을 보자. 이 그래프는 평균 반응시간을 수직 막대로 그렸기 때문에 **막대그래프**(bar graph)라 불린다. 이 그래프에는 참가자가 두 이미지가 같은지, 거울상인지, 정확하게 판단했는지에 따라 평균 반응시간을 그렸다. 그래프에서 독립변인인 정확도가 가로축(*X*축)에 있고, 종속변인인 반응시간이 세로축(*Y*축)에 있다는 점을 주의하자. 참가자의 판단이 부정확했을 때보다 정확했을 때 반응이 약간 빠른 것을 볼 수 있다. 나는 이 차이가 신뢰할 수 있는지 알지 못한다. 그러나 설령 신뢰할 수 있다고 하더라도 그 차이는 작을 것으로 보인다. 신뢰할 수 있는 모든 차이가 다 중요한 것은 아니다. (https://www.uvm.edu/~dhowell/fundamentals9/Supplements/Chapter3R.html에서 3장에 있는 다른 내용들과 함께 이 작업을 하는 *R* 코드를 찾을 수 있다.)

그림 3.5_ 판단의 정확도에 따른 평균 반응시간

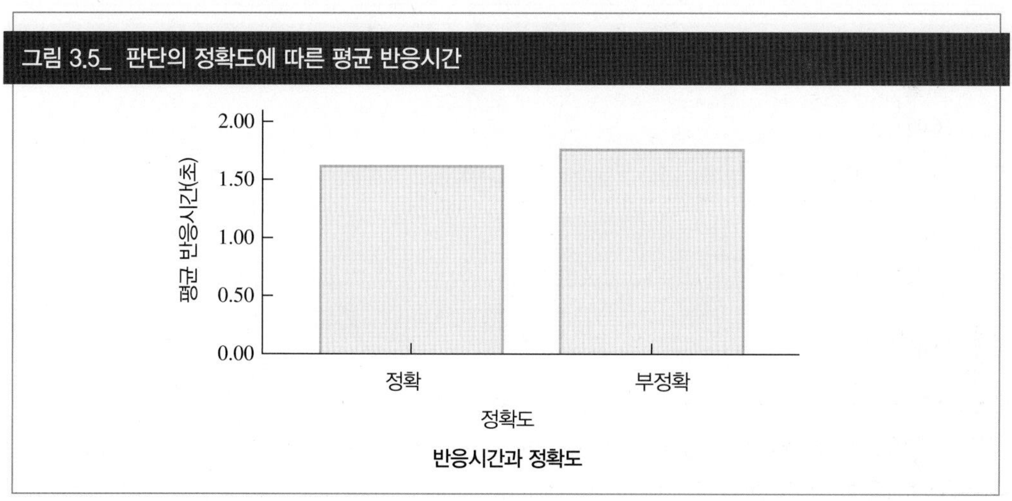

가로축이 시간인 다른 그래프가 그림 3.6에 있다. 이 그래프에서는 연령별 비디오 게임 빈도를 볼 수 있다.[4] 이 자료는 젠틸레(Gentile, 2009)로부터 가져온 것이다. *R*에서 그 코

4 종속변인이 서열 척도(0=전혀, 1=1회 미만/월, 2=1회 정도/월, ……, 7=적어도 하루 한 번 이상)인 예지만, 이 경우 이런 값들의 평균도 나름대로 의미가 있을 수 있다. 그러나 권장할 만한 것은 아니다.

드는 다음과 같다.

```
# Plotting Video Game data from Gentile(2009)

videoData <- c(4.8, 4.8, 4.9, 4.4, 5.4, 4.8, 3.6, 4.1, 3.4, 3.7, 2.9)
age <- c(8,9,10,11,12,13,14,15,16,17,18)
    ## You could also use age <- c(8:18)
plot(videoData  ~  age, type = "l", ylim = c(2,6), ylab = "Mean
  Frequency", col = "red", lwd = 3)
  #lwd = line width "~" is read as "as a function of", "l" = "line"
```

이 그래프는 SPSS에서도 그릴 수 있다. SPSS에서는 `Graphs/Legacy Dialogs/Line`을 선택해서, `Data in Chart`를 개별 사례 값을 표상하는 것으로 정해주고, `Line Represents`를 `Frequency`로, `Category Labels`를 'Age'로 세팅해주면 된다. 자료는 www.uvm.edu/~dhowell/fundamentals9/DataFiles/Fig3-6.dat(혹은 SPSS 시스템 파일인 'Fig3-6.sav')에 올라있다. 비디오 게임을 한 시간 자료도 그 파일에 있다.

이 그래프를 만들 때 나는 자룟값들을 막대로 그리지 않고 선으로 연결해서 **선그래프**(line graph)를 만들었다. 독립변인인 나이가 서열적인 속성을 가지고 있어서 그렇게 그리

그림 3.6_ 연령별 비디오 게임 빈도

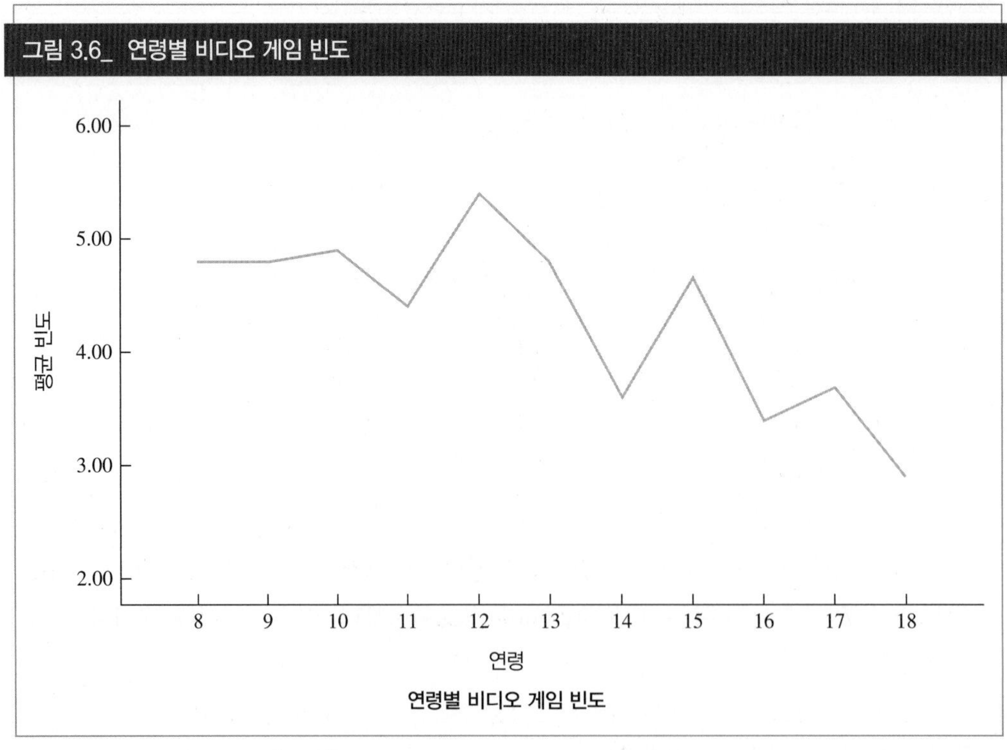

는 것이 적합해 보였다. 참가자들의 나이가 많으면 비디오 게임하는 빈도가 주는 것을 잘 보여준다는 점을 주목하라. 이 자료에서 재미있는 점은 1주일당 비디오 게임을 한 시간을 그릴 경우 선이 거의 평탄해진다는 점이다. 나이가 들면 비디오 게임을 하는 횟수는 줄어들지만, 일단 게임을 시작하면 오래하는 모양이다.

이렇게 말하면 너무 당연한 것 같지만, 그래프를 그릴 때 가장 중요한 것은 가로축과 세로축에 무엇이 그려져 있는지 확인하는 것이다. 그 다음에 독립변인과 종속변인이 무엇인지 확인하고, 자료의 패턴을 보는 것이다. 히스토그램에서는 분포의 형태를 보는데, 많은 경우 분포의 중앙에 가장 많이 집중되어 있기를 기대한다. 막대그래프(그림 3.5)와 선그래프(그림 3.6)에서는 집단 간의 차이나 추세를 보려고 한다. 막대그래프와 선그래프 중 어느 것을 사용할지는 연구자의 선호에 의해 정해지지만, 나름대로 뚜렷한 입장을 견지하는 사람들도 있다. 교수님이 그런 분이라면 그래프에 대해 어떤 말씀을 하시는지 주의 깊게 들어야 한다.

그래프에서의 축들

수직축, *Y*축, 세로축: 수직축을 가리키는 표현들
수평축, *X*축, 가로축: 수평축을 가리키는 표현들

히스토그램에서 가로축은 종속변인의 값을 알려준다.
선그래프나 막대그래프에서는 일반적으로 독립변인이 가로축에 놓인다.

3.4 그림을 그리는 그 외의 방법들

앞 절에서는 자료를 보여주는 몇 가지 방법만을 다루었다. 자료는 아주 다양한 방법으로 그려볼 수 있다. 그중에는 아주 기발하고 정보를 잘 전해주는 방법들도 있지만, 자료의 내용을 모호하게 만드는 방법도 있다.

우리가 어떻게 그림을 그리는지에 대해 두 가지 언급이 필요하다. 하나는 자료를 시각적으로 표시하는 목적은 청중과 의사소통하기 위해서라는 점이다. 따라서 더 좋은 방법이 있으면 그 방법을 이용하면 된다. 시각적인 제시에 관한 규칙은 하나의 지침일 뿐 절대적인 규칙이 아니다. 이것은 앞에서 히스토그램에 사용되는 급간 수에 대해 논의할 때 이미 나왔던 말인데, 히스토그램에만 국한된 것은 아니다. 그래서 첫 번째 규칙은 '만약 그 방법이 이해를 도와주면, 그 방법을 이용하라. 그러나 그 방법이 이해를 방해하면 그 방법을 이용하지 말라'이다. 그래프를 그리는 방법에 관한 참고문헌으로 하워드 웨이너(Howard

Wainer, 1984)의 "How to display data badly"라는 제목의 논문이 있다. 이 논문은 https://www.rci.rutgers.edu/~roos/Courses/grstat502/wainer.pdf에 있다.

두 번째 규칙은 '간단하게 하라'이다. 일반적으로 최악의 그림은 혼란만 가중시키는 관련 없는 내용들을 추가한 그림이다. 터프티(Tufte, 1983)는 이런 것을 "그림 쓰레기"라 했는데, 이는 반드시 피해야 할 것이다. 많은 사람들이 동의하는 것인데, 그림 그리기에서 가장 큰 죄는 2차원으로 더 잘 그릴 수 있는 것을 3차원으로 그리는 것이다(나는 이게 파이그래프를 그리는 것보다 더 나쁘다고 생각한다). 때로는 3차원으로 그릴 합당한 이유가 있을 수 있다. 그러나 3차원은 문제를 명료하게 해주는 것이 아니라 오히려 혼란스럽게 할 가능성이 많다. 불행스럽게도 대부분의 상용 그래픽 패키지들(흔히 '프레젠테이션 그래픽스'라고 불리는 것들)은 쓸데없이 고차원으로 그리는 것을 부추긴다. 그림은 효율적이어야 하며, 가능하면 간결하고 정리되어야 한다. 그림은 예쁠 필요가 없다. 만약 자료를 3차원으로 그려야 할 것 같다는 생각이 들면, 여러분이 그리려는 것을 독자들이 이해할 수 있겠는지 먼저 스스로에게 물어보라. 종종 세 번째 차원은 그림을 이해하기 어렵게 만들거나 많은 사람들이 감당하기 어렵게 그림을 복잡하게 만든다. 여러분이 지각심리학을 들었다면, 사람의 눈은 3차원 물체를 3차원 공간에서 잘 처리한다는 것을 배웠을 것이다. 그러나 우리 눈과 뇌는 3차원 물체를 2차원 공간에서 처리해야 하는 경우 종종 우리를 곤경에 빠뜨린다. 그림 3.7은 교정 차원의 관리를 받고 있는 사람들의 구성을 보여주려고 그린 그래프인데, 의도적으로 엉성하게 구성하였다. 가석방된 사람보다 구치소에 수용된 사람이 많은지, 적은지 알 수 있는가? 교정 관리 하에 있는 사람의 몇 %가 가석방 상태인지 알 수 있는가? 이 자료를 보다 더 명료하게 보여주는 그림 6.2(134쪽)를 찾아보기 바란다.

그림 3.7_ 교정 차원의 관리하에 있는 사람들의 구성

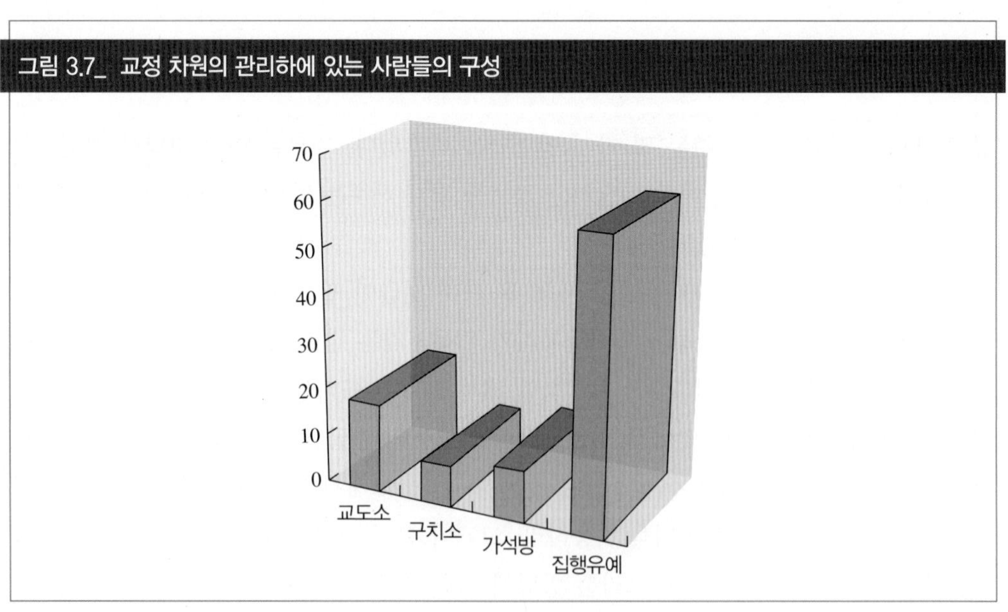

그림 3.8_ 몇 나라의 연령과 성별 인구 분포(1970년 기준)

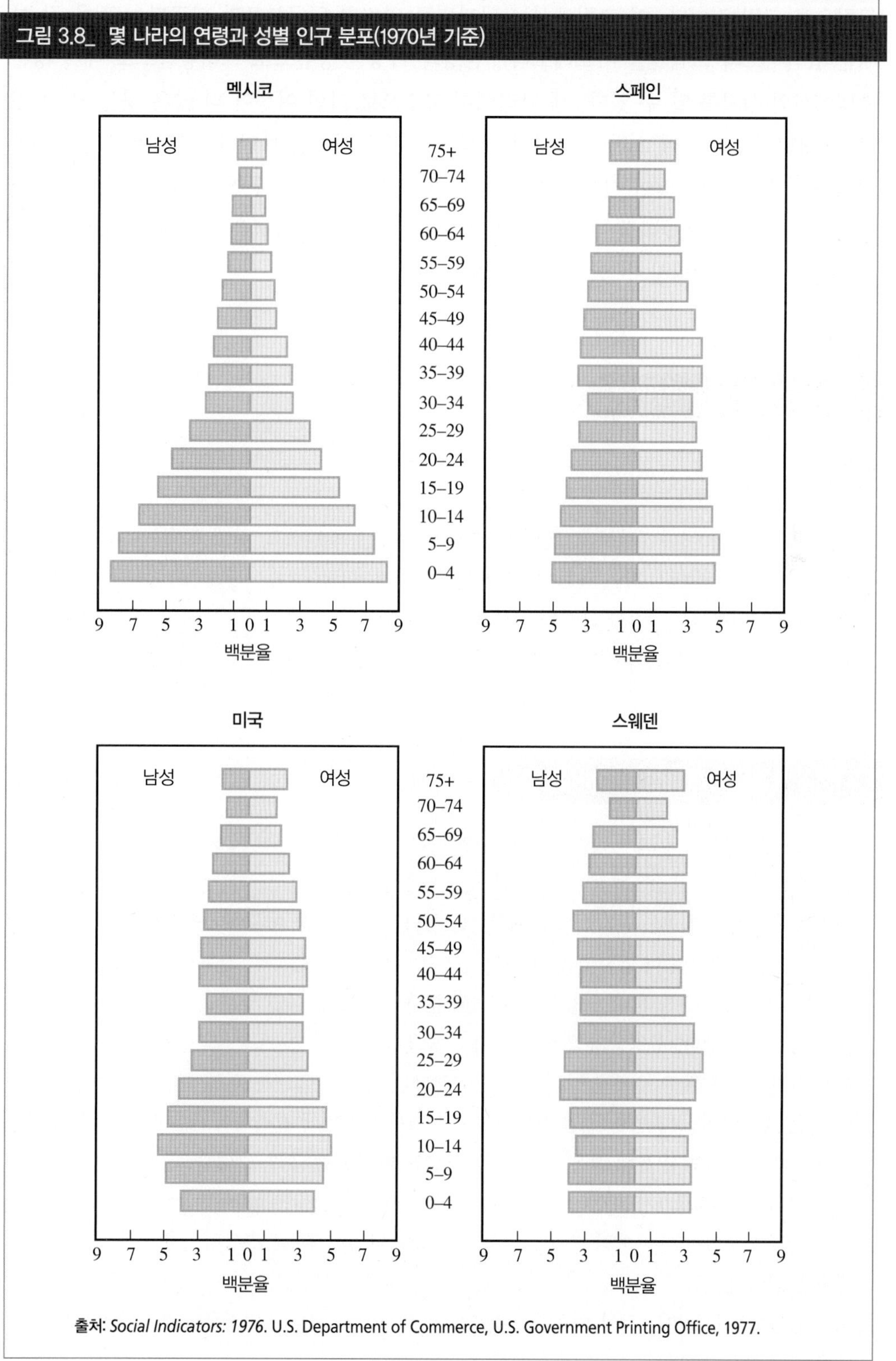

출처: *Social Indicators: 1976*. U.S. Department of Commerce, U.S. Government Printing Office, 1977.

그림 3.8은 멕시코, 스페인, 미국, 스웨덴의 성별과 연령별 인구분포를 병렬 줄기-잎 그림으로 그린 것이다. 이 그림에서는 나라별로 연령별 인구분포가 다르다는 것을 잘 보여준다(멕시코와 스웨덴을 비교해보라). 남성과 여성을 양옆으로 그려놓음으로 해서 생존수명에서의 성차를 알 수 있다. 세 나라에서 고령으로 가면 여성이 더 많은 것을 알 수 있다. 멕시코에서는 20대 초반에 남성이 여성보다 많은 것처럼 보인다. 이런 분포는 이전에 여성들이 출산 중에 많이 사망했을 때에 흔히 관찰되었는데, 우리는 거기에서 멕시코의 분포 양상의 이유를 찾아볼 수 있다. 이 그래프들을 제시한 목적은 간단한 그래프를 통해 내용을 강력하게 전달할 수 있다는 것을 보여주는 것이었다.

자료를 그릴 때 가이드라인

- 주 제목을 붙이라.
- 항상 축에 표지를 달라.
- X축과 Y축을 0에서 시작하라. 그게 곤란한 경우엔 축을 절단하고, 절단 표시(—∧∨—)를 넣어라.
- 파이 차트는 피하라. 파이 차트는 정확하게 이해하기 어렵다.
- 2차원을 넘어서는 복잡한 그림을 그리려 하지 말라.
- 필요하지 않은 것은 추가하지 말라.

나이팅게일은 간호사인 줄 알았는데!

그래프를 사용하는 데 크게 기여한 사람 중의 하나는 여러분이 전혀 예상하지 못한 사람이다. 플로렌스 나이팅게일(1820~1910)이 그래프를 사용하였는데, 그래프가 얼마나 설명력이 있는지를 보여주었고, 자료를 시각적으로 제시하는 여러 가지 방법을 이끌어내었다.

1854년에 크림 전쟁이 발발했을 때 영국 정부는 나이팅게일을 다른 간호사들과 함께 터키로 파견했다. 그녀는 위생 상태가 엉망인 데 대해 분개해서 몇 년 동안 정부를 상대로 간호시설의 질 향상을 요구했다. 통계학의 입장에서 가장 중요한 사실은 병사들의 사망 원인을 조사해서 아는 사람들을 통해 그 결과를 널리 알리려 하였다는 점이다. 그녀는 전장에서 적군의 총에 맞아 죽는 병사의 수보다 병원의 열악한 위생시설 때문에 질병에 감염되어 죽은 병사의 수와 상처를 제대로 치료받지 못해 죽은 병사의 수가 훨씬 더 많다는 것을 보여줄 수 있었다. 그녀는 각 원인의 영역의 크기가 그 원인으로 인해 사망한 병사 수에 비례하는 복잡한 그래프를 만들어서 결과를 보여주었다. 여러 가지 그래프 중에서도 나이팅게일은 평상시 일반인과 병사의 사망률을 선그래프로 그리는 방안을 창안하였다. 이 자료는 연령별로 다시 세분되었는데, 이는 오염 변인들을 통제하는 것의 중요성을 강조하는 것이었다. 그녀의 업적은 군대의 의료 서비스 질을 크게 개선시켰다.

남은 생애 동안 나이팅게일은 건강 기준을 개선하는 데 주력하여 이와 관련된 문제가 생기면 영국 정부와 맞서기를 두려워하지 않았다. 공식적으로 통계학 교육을 받지는 않았지만, 1858년 영국 왕립통계학회의 최초 여성 종신회원으로 선정되었고, 그 몇 년 후 미국 통계학회의 명예회원으로 추대되었다.

나이팅게일에 대해 하월(Howell, 2005)과 다음 사이트에서 더 많은 것을 알아볼 수 있다.

 http://www.biographyonline.net/humanitarian/florence-nightingale.html

3.5 분포 기술하기

그림 3.1과 3.2에 실린 점수들의 분포는 어떤 한 점에서 가장 높게 오르고 점진적으로 내려가는 비교적 균형 잡힌 형태를 취한다. 그러나 모든 자료들이 이런 분포를 취하는 것은 아니어서(그림 3.4의 줄기-잎 그림 참고), 여러 가지 분포들을 기술하는 용어들을 아는 것이 중요하다. 그림 3.9의 (a)와 (b)를 보자. 이 그림들은 특정한 분포 형태를 띤 전집에서 나오게 컴퓨터로 생성한 자료들을 그린 것이다. 그림 3.9에 실린 그림들은 각기 1,000

그림 3.9_ 빈도분포의 모양: (a) 정상분포, (b) 양봉분포, (c) 부적 편포, (d) 정적 편포

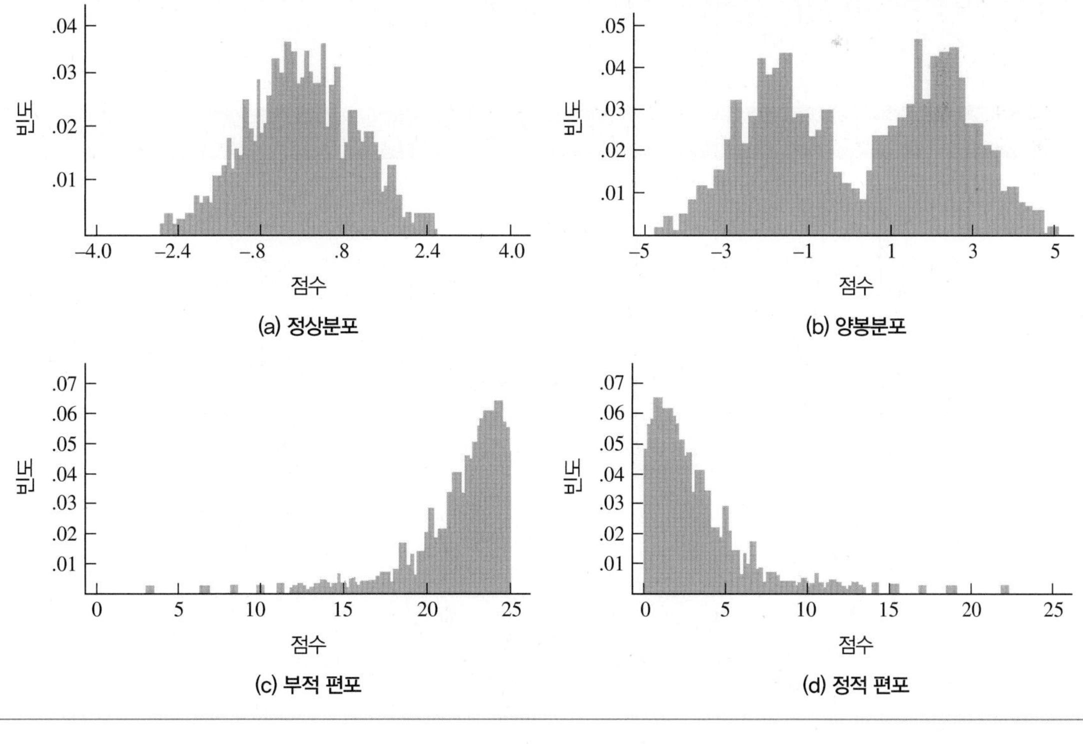

(a) 정상분포

(b) 양봉분포

(c) 부적 편포

(d) 정적 편포

개의 관찰치들의 분포를 그린 것인데, 약간 불규칙한 부분들은 무선적인 변동을 보여주는 것이다. 그림 3.9의 (a)와 (b)는 중심의 좌측과 우측이 거의 같은 형태를 띠기 때문에 **대칭적**(symmetric)이라고 불린다. 그림 3.9(a)에 있는 분포는 정상분포에서 나온 것이다. 그림 3.9(b)의 분포는 최고점이 두 개 있기 때문에 **양봉**(bimodal)분포라 불린다. '양봉'이라는 용어는 분포에서 아주 현저한 점수가 두 개 있는 분포를 가리킬 때 사용되는데, 이때 두 점수의 빈도가 반드시 같아야 할 필요는 없다. 분포에 최고점이 하나만 있는 경우에는 **단봉**(unimodal)이라 부른다. 분포에 최고점이 몇 개나 있는지를 가리키는 데 사용하는 용어가 **양상**(modality)이다.

그림 3.9(c)와 (d)를 보자. 이 두 분포는 확연하게 대칭적이지 않다. 그림 3.9(c)는 꼬리가 왼쪽으로 길게 뻗어있고, 그림 3.9(d)에서는 꼬리가 오른쪽으로 길게 뻗어있다. 전자를 **부적으로 편포**(negatively skewed)되어 있다고 하고, 후자를 **정적으로 편포**(positively skewed)되어 있다고 기술한다(**힌트**: 정적/부적을 기억하기 위한 한 방법은 부적 편포에서는 부적인 쪽, 즉 작은 쪽으로 뻗어있고, 정적 편포에서는 정적인 쪽, 즉 큰 쪽으로 뻗어있다고 기억하는 방법이 있다). 비대칭의 정도를 가리키는 통계학 용어는 **편포도**(skewness)인데, 행동과학에서는 거의 사용되지 않는다. 여러분은 그림 3.1에서 정적으로 편포된 분포를 보았다.

정적으로 편포된 양봉 분포의 실제 예가 그림 3.10에 제시되었다. 이 자료는 브래들리(Bradley, 1963)가 관찰한 것인데, 그는 참가자들에게 화면에 작은 불빛이 보이면 가능한 한 빨리 단추를 누르라고 해서 그 자료를 모았다. 대부분의 자료는 7/100~17/100초에 부

그림 3.10_ 브래들리의 반응시간 자료 빈도분포

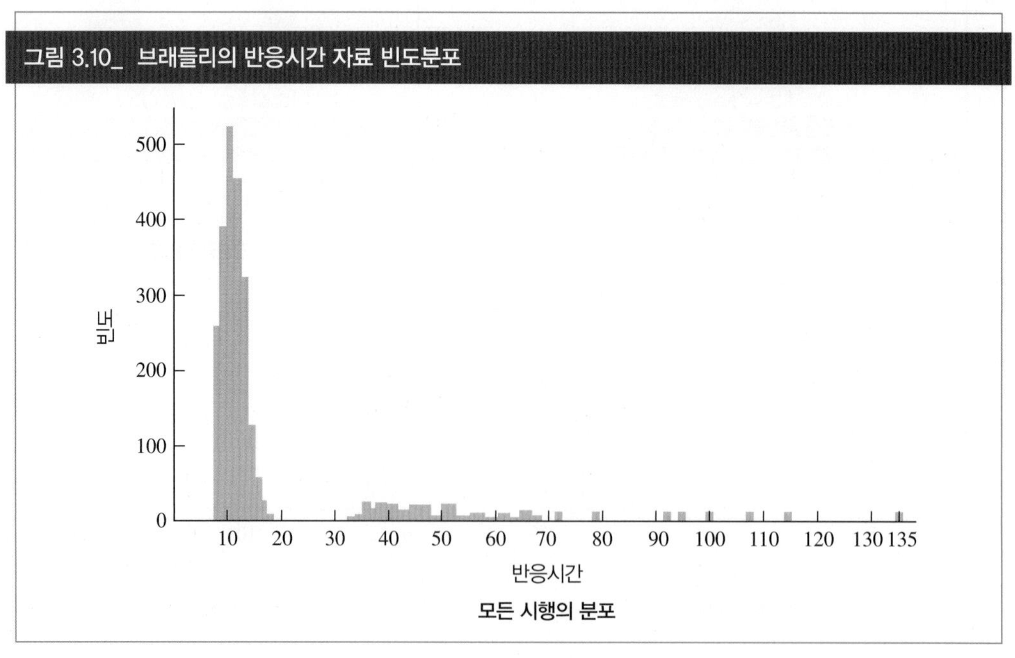

모든 시행의 분포

드럽게 분포한다. 그러나 그 수는 적지만 또 한 무리의 자료들은 30/100~70/100초에 오른쪽으로 꼬리를 형성하면서 몰려있다. 이 두 번째 군집은 주로 첫 번째 시도에서 단추 누르기를 실패해서 단추 누르는 반응을 다시 한 시행에서 얻어진 것들이다. 이 자료들을 전체 자료에 포함시키다 보니 분포의 형태가 달라졌다. 이런 자료를 수집한 연구자는 특정한 최대치 이상의 값을 기록한 반응시간들은 따로 떼어내어 처리할지를 심각하게 고려할 필요가 있다. 왜냐하면, 이 반응들은 반응**속도**를 측정했다기보다는 반응의 **정확도**를 반영하는 측면이 더 강하기 때문이다.

통계학 교과서에는 분포의 형태에 관한 또 다른 측정치로 용도(kurtosis)라는 용어를 다루지만, 이 용어의 뜻이 무엇인지 아는 사람도 많지 않고, 실제로 이것을 사용하는 사람은 거의 없다. 그래서 이 책에서는 이에 대해 다루지 않는다. 이에 대해 알고 싶은 사람은 검색엔진에서 'kurtosis Wuensch'를 입력해서 검색해보기 바란다. 칼 뷘쉬(Karl Wuensch)는 용도에 대해 내가 알고 싶어 하는 것보다 훨씬 더 많이 안다.

분포의 형태가 어떤지에 대해 알려면 상당히 많은 수의 표본 자료가 있어야 한다는 것을 인식하는 것이 중요하다. 표본 크기가 30 정도이면, 우리가 알 수 있는 것은 기껏해야 자료들이 분포의 중앙에 몰려있는지, 아니면 분포의 어느 한쪽 꼬리에 몰려있는 경향은 없는지 하는 정도다.

3.6 SPSS로 그림 그리기

한때는 간단한 자료분석은 계산기를 사용해서 직접 계산하는 것으로 생각했었다. 이 방법은 통계학을 가르치는 데는 효과적일 수 있지만(나는 동의하지 않지만), 이제는 컴퓨터 프로그램이 자료분석을 점점 더 많이 한다. 그렇기 때문에 여러분은 컴퓨터 출력물을 보고 이해할 수 있어야 한다. 우리는 이미 *R*과 SPSS를 사용해서 그래프 그리는 예들을 보았다. 이 책 대부분의 장에서는 이전에 손으로 풀었던 문제들의 컴퓨터 출력물을 싣고 있다. 나는 주로 *R*과 SPSS 결과물을 사용한다. 앞에서도 말했듯이 내가 *R*을 고른 이유는 아무 컴퓨터에나 무료로 다운받을 수 있고, 심리학과 다른 학문 분야에서도 점점 더 중요한 도구로 사용되고 있으며, 책을 읽어가며 실제 사용할 수 있는 소프트웨어이기 때문이다. SPSS를 고른 이유는 SPSS가 가장 널리 사용되고 있고 이 과목을 가르치는 분들이 요구하기 때문이다. 그러나 여기 실린 것은 여러분이 구할 수 있는 어떤 프로그램으로도 할 수 있다. *R*로 어떻게 하는지는 설명했으니 여기서는 SPSS에 초점을 맞춘다.

그림 3.11은 그림 3.2에 있는 간섭적 사고 자료를 SPSS로 처리해서 나온 히스토그램과 줄기-잎 그림이다(SPSS에서 줄기-잎 그림은 *Analyze/Descriptives/Explore*에서 찾을 수 있다). 이 그림은 앞에서 본 그림과 약간 다른데, 집단화를 한 정도가 다르기 때문이다.

그림 3.11_ 간섭적 사고 자료의 줄기-잎그림과 히스토그램

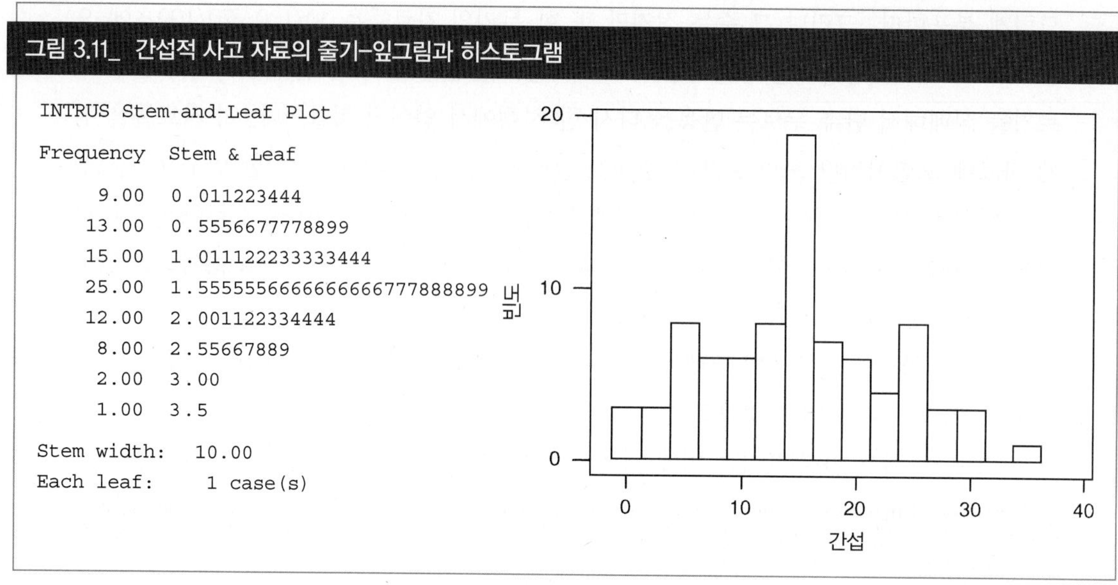

지금까지 우리는 개별 자료에 대해서는 거의 언급하지 않았다. 우리는 자료가 어떻게 조직화되어 빈도 형태로 제시될 수 있는지를 알아보았고, 분포를 특징짓는 방법들에 대해 알아보았다. 대칭과 비대칭(편포), 양상이 그 예다. 이러한 정보들이 유용한 경우도 있지만, 그렇지 않은 경우도 있다. 우리는 아직 간단한 심적 회전 반응시간의 평균이 얼마인지, 각 시행별 반응시간이 서로 비슷한지 다른지 등에 대해 알지 못한다. 그리고 내 수업에 잘 들어온 학생과 잘 들어오지 않은 학생들의 평균 점수가 어떤지도 모른다. 이런 것을 알려면 자료를 압축해서 우리가 필요한 정보를 포함하는 지표로 만들어야 한다. 즉, 자료를 얻은 척도에서 분포의 집중경향치와 변산성을 알아내야 한다. 이런 특징들의 측정치에 대해 4장과 5장에서 다룬다.

3.7 요약

이 장에서 우리는 분포를 기술하는 방법에 대해 알아보았다. 자료를 표로 옮기는 것부터 시작하였는데, 1.90~1.99와 같은 하나의 급간에 들어오는 관찰들을 합쳐서 각 급간에 속한 관찰 수를 기록하였다. 각 급간의 한계를 가리키는 하한계와 상한계(1.895와 1.995), 그리고 그 급간의 중앙인 중앙점(1.95)을 정했다. 이어서 이 자료를 가지고 히스토그램을 그렸는데, 종속변인(반응시간)의 다양한 값을 *X*축(가로축)에, 그리고 각 급간의 빈도를 Y축(세로축)에 그렸다.

이어서 줄기-잎 그림과 그 용도에 대해 살펴보았다. 줄기-잎 그림에서 최대 유효숫자(또는 최대 유효숫자 두 자리)의 값들이 줄기에 놓이고, 유효숫자 다음 자리의 숫자들이

잎을 이룬다. 그 아래 숫자들은 버려진다. 이 그림은 두 집단이나 범주의 자료들을 비교할 수 있게 해주는 병렬 줄기-잎 그림으로 그려질 때 특히 유용하다. 막대그래프와 선그래프에 대해 알아보았는데, 독립변인의 수준들이 X축에 놓이고, 집단 평균이나 다른 변인(기대수명)의 값이 Y축에 놓인다. 나는 무관한 차원이나 다른 정보들이 독자들을 혼란에 빠뜨리지 않게 하려면 그래프는 가능한 한 평범하고 단순해야 한다고 생각한다.

마지막으로 분포를 기술하는 용어들에 대해 알아보았다. 대칭적인 분포는 분포의 중심을 경계로 양쪽이 같은 형태를 띠는 것을 말하고, 편포된 분포는 비대칭적인 분포를 말한다. 정적 편포 분포는 꼬리가 오른쪽으로 길게 있고, 부적 편포 분포는 꼬리가 왼쪽으로 길게 있다.

주요 용어

빈도분포frequency distribution 48
실하한계real lower limit 48
실상한계real upper limit 48
중앙점midpoint 48
히스토그램histogram 49
줄기-잎 그림stem-and-leaf display 53
탐색적 자료분석exploratory data analysis: EDA 53
앞자릿수leading digits(최대유효숫자most significant digits) 54
줄기stem 54
뒷자릿수trailing digits(최소유효숫자least significant digits) 54
잎leaves 54
막대그래프bar graph 59
선그래프line graph 60
대칭적symmetric 66
양봉bimodal 66
단봉unimodal 66
양상modality 66
부적으로 편포negatively skewed 66
정적으로 편포positively skewed 66
편포도skewness 66

3.8 빠른 개관

A 자료를 그래프로 그리는 1차적인 이유는 자료를 _____하게 하는 것이다.

답 해석 가능

B 급간의 상하 경곗값을 _____라고 부른다.

답 실하한계와 실상한계

C 종속변인의 값들을 X축에 놓고, 빈도를 Y축에 놓은 그림을 _____라고 한다.

답 히스토그램. 혹자는 이것도 빈도분포라고 부르기도 한다.

D 히스토그램이나 줄기-잎 그림에서 최적의 급간수는 _____.

답 너무 많거나 너무 적지 않으면서 그림이 자료를 가장 유용하게 기술할 수 있게 하는 개수면 된다.

E 줄기-잎 그림에서 가장 중요한 세 가지를 적으라.

답 분포 형태와 실제 자료 값을 알려주기 위해 사용할 수 있다.
두 개의 관련된 분포를 보여주기 위해 병렬 줄기-잎 그림을 사용할 수 있다.
종속변인의 다양한 값들을 다루기 위해 줄기나 잎을 조정할 수 있다.

F 분포 형태를 기술하기 위해 사용되는 세 가지 용어를 적으라.

답 대칭, 양상, 편포도

G 정적으로 편포된 분포는 꼬리가 오른쪽으로 뻗어있다. (○, ×)

답 ○

H 좋은 그래프의 중요한 특징은 ____이다.

답 단순성

I 이어지는 4장과 5장에서는 자료에 대한 서술을 ______으로 확장한다.

답 분포의 집중경향치와 변산성을 기술하는 방법

3.9 연습문제

3.1 예문을 읽지 않고 SAT 시험을 보면 점수가 어떨지 생각해보았는가?[5] 카츠 등(Katz, Lautenschlager, Blackburn, & Harris, 1990)은 학생들에게 예문을 읽지 않고 SAT와 비슷한 유형의 문제에 대해 답하게 하였다. 이 집단을 읽지 않은 집단이라 부른다. 학생들이 받은 점수가 종속변인인데, 이 집단의 자료를 약간 변형한 것이 아래와 같다.

54 52 51 50 36 55 44 46 57 44 43 52 38 46
55 34 44 39 43 36 55 57 36 46 49 46 49 47

(a) 직접 혹은 *R*이나 SPSS를 사용하여 히스토그램을 그리라.
(b) 이 분포의 전반적인 형태는 어떠한가?

3.2 적당한 수의 급간을 이용해서 연습문제 3.1 자료의 줄기-잎 그림을 그려보라.

3.3 *R*을 사용해서 그림 3.3의 자료의 줄기-잎 그림을 그려보라. 본문 3.2절에서 코드를 찾을 수 있다.

3.4 만약 학생들이 그냥 짐작으로만 답했다면 약 20점을 맞을 것으로 기대된다. 그럼 이 학생들은 예문을 읽지 않고도 우연히 답한 것보다 잘한 것인가?

---

5 미국 이외의 곳에 있는 독자들을 위한 설명이다. SAT는 미국에 있는 대학에 진학하려는 대부분(전부는 아니다)의 사람들이 보는 시험이다. 언어와 수리로 구성되어 있는데, 각 영역별로 대부분 200에서 800점 사이의 점수가 주어지며 평균은 500점 정도이다. 이 책에서 종종 SAT 점수를 사용할 것이다.

3.5 연습문제 3.1에 속한 실험의 일환으로 예문을 읽고 문제에 대해 답한 집단(읽은 집단)의 자료는 다음과 같다.

66 75 72 71 55 56 72 93 73 72 72 73 91 66 71 56 59

(a) 이 숫자들만 보고 무엇을 말할 수 있는가? 예문을 읽으면 성적이 좋은가?

(b) 줄기-잎 그림의 한쪽에는 읽지 않은 집단의 자료를, 그리고 다른 쪽에는 읽은 집단의 자료를 그려보라.

(c) 이 줄기-잎 그림을 보면 무엇을 알 수 있는가?

(d) 이 예에 대한 논의는 다음 사이트에서 볼 수 있다. 여기에는 나중에 이 책에서 다룰 내용도 들어있다.

 https://www.uvm.edu/~dhowell/fundamentals9/Chapters/Chapter3/Katzfolder/katz.html

3.6 2장의 연습문제 2.4에서 SPSS에 접속할 수 있으면, 이 책의 웹사이트로 들어가서, 짧은 SPSS 매뉴얼 링크를 찾아서 'apgar.sav' 파일을 다운로드하라고 했다. 만약 아직 하지 않았다면 지금 가서 파일을 어떻게 다운받는지 읽고 SPSS에서 파일을 열어보라. 그 웹페이지의 소개말에서 자료를 기술하고 있는데, 아주 짧은 첫 세 챕터를 읽고 자료 기술과 그리기에 관한 4장을 읽으라. 4장은 약간 길지만 대부분 그림으로 채워져 있다. 거기 있는 빈도분포와 그래프를 그림의 간략한 정도를 달리해 가면서 다시 그려보라.

3.7 *R*이나 SPSS를 사용해서 표 3.1에 부분적으로 제시된 심적 회전 반응시간 자료를 탑재하고 그림을 그려보라. 이 자료는 이 책의 웹사이트의 자료 파일에 'Tab3_1.dat'로 저장되어 있다. 텍스트 자료를 어떻게 옮기는지에 대해서는 웹사이트에 있는 사용설명서 3장을 읽어보면 될 것이다.

3.8 http://www.uvm.edu/~dhowell/fundamentals9/Supplements/IntroducingR.html에 가서 *R*에 관한 정보를 읽고, 그 페이지 아래에 있는 'Simple Examples' 부분을 읽어보라.

[3.9~3.10] 연습문제 3.9와 3.10은 부록 C에 있는 자료에 관한 것이다. 이 자료는 다음 사이트에서 다운받을 수 있다.

 https://www.uvm.edu/~dhowell/fundamentals9/DataFiles/Add.dat

이 자료는 부록 앞부분에 서술한 하월과 휴시(Howell & Huessy, 1985)의 연구에서 나온 자료이다. 이 책에서는 이 자료를 계속 사용할 것이다.

3.9 적당한 수의 급간을 설정해서 Add.dat에 있는 GPA(학부 성적) 자료의 히스토그램을 직접 혹은 사용 가능한 소프트웨어를 이용해서 그려보라.

3.10 사용 가능한 소프트웨어를 이용해서 ADDSC(주의결핍처럼 보이는 행동 점수)에 대해 줄기-잎 그림을 그려보라.

3.11 그림 3.10의 멕시코와 스페인의 인구 분포에서 재미있는 것 세 가지를 찾아보라.

3.12 아주 작은 값이 하나나 두 개 있는 줄기-잎 그림에서는 가장 낮은 줄기는 'LOW'라고 표기한 다음, 잎 부분에 실제 값을 적기도 한다. 왜, 그리고 언제 이렇게 할 수 있는가?

3.13 그림 3.4에서 수업에 잘 들어온 학생과 잘 들어오지 않은 학생들의 성적 분포를 어떻게 기술하겠는가? 왜 자료를 보기 전에도 이런 형태의 분포를 기대할 수 있는가?

3.14 표 3.1에서 반응시간 자료는 두 이미지의 회전각의 차이에 따라 나누어졌다(이 변인을 이용해서 자료를 정렬할 수도 있다). SPSS나 다른 컴퓨터 프로그램을 사용하여 회전각에 따라 이 자료의 히스토그램을 그려보라. (*R*로도 할 수 있지만, 아직 안 가르쳐준 내용을 해야 한다. 3장의 웹페이지를 참고하라.) 자료는 다음 주소에 있다.

https://www.uvm.edu/~dhowell/fundamentals9/DataFiles/MentalRotation.dat

3.15 존 크랜츠가 표 3.1에 있는 자료를 산출한 실험을 설계할 때, 그의 관심사는 회전각이 반응시간에 영향을 미치는지였다. 연습문제 3.14의 답을 참고해서 이 질문에 대해 답해보라.

3.16 연습문제 3.15에서 회전각에 따라 반응시간을 비교한 것 외에, 사람들의 정보 처리 방식을 알아보기 위해 이 자료를 어떻게 이용할 수 있는가?

3.17 통계 분석에서 자주 요구되는 가정 중에 관찰은 상호 독립적이라는 가정이 있다(이는 어떤 하나의 반응을 안다고 해서 다른 반응에 대해 알 수 없다는 것이다). 반응시간 자료가 어떻게 수집되었는지만을 감안할 때 표 3.1의 반응시간 자료는 어떻다고 생각하는가? (독립성이 없다고 해도 이 장에서 우리가 이제까지 이 자료를 처리한 것은 영향을 받지 않는다. 그러나

그림 3.12_ 코언 등(1992)의 자료

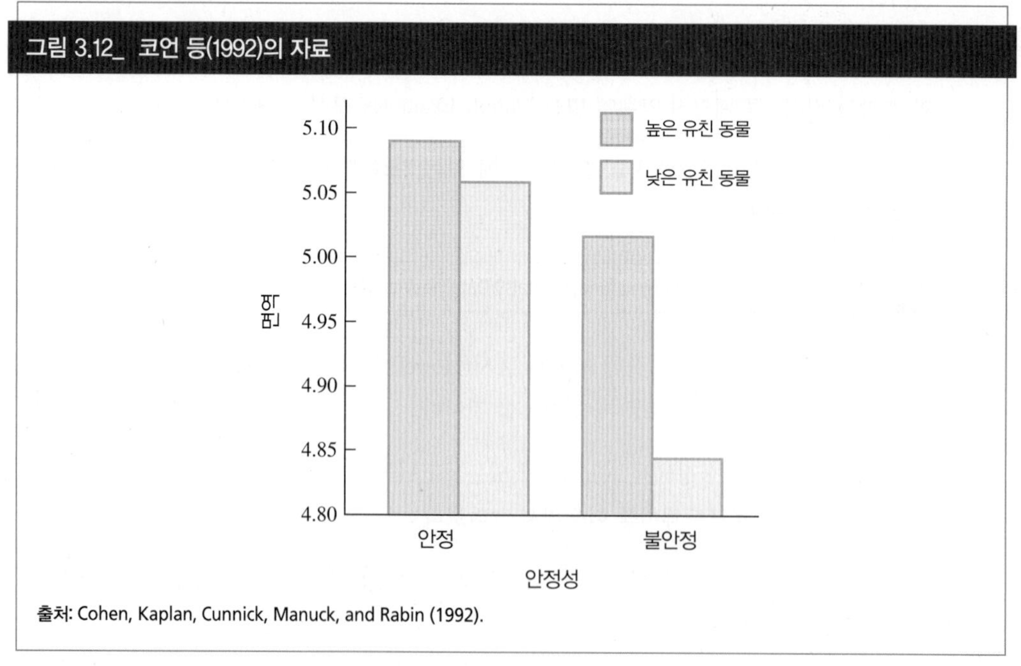

출처: Cohen, Kaplan, Cunnick, Manuck, and Rabin (1992).

좀 더 복잡한 분석에서는 영향을 줄 수 있다.)

3.18 그림 3.12는 코언 등(Cohen, Kaplan, Cunnick, Manuck, & Rabin, 1992)이 수행한 연구에서 인용한 것인데, 이 연구에서는 안정적인 사회집단과 불안정한 사회집단에서 양육된 영장류들의 면역반응을 검사하였다. 각 집단에서 동물들은 다른 동물과 가까이 지낸 시간을 토대로 높은 유친동물과 낮은 유친동물로 분류되었다. 면역 측정에서 높은 값을 받은 것은 병에 대해 면역이 높은 것을 의미한다. 이 결과가 시사하는 바를 두세 줄 정도로 기술하라.

3.19 로저스와 프렌티스던(Rogers & Prentice-Dunn, 1981)은 바이오피드백 연구의 일환이라며 96명의 백인 대학생들에게 동료 학생에게 충격을 주게 하였다. 연구자들은 참가자들이 연구자에게 모욕을 받은 경우와 모욕을 받지 않은 경우 백인 학생과 흑인 학생에게 가한 충격의 양을 기록하였다. 그 결과가 그림 3.13에 제시되었다. 결과를 해석해보라. (앞에서 각 축은 0에서 시작하고 필요하면 절단하고 표시하라는 가이드라인을 제시했는데, 왜 여기에서는 이 가이드라인이 의미가 없을까?)

그림 3.13_ 로저스와 프렌티스던(1981)의 결과

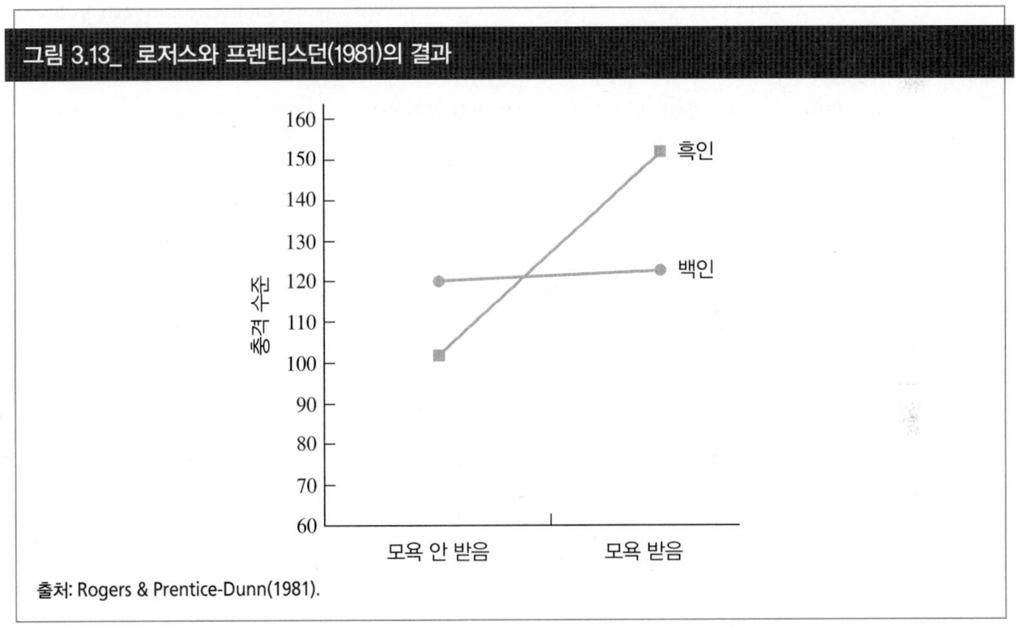

출처: Rogers & Prentice-Dunn(1981).

3.20 아래 자료는 1982년, 1991년, 2005년 인구센서스 자료를 토대로 한 미국 대학 등록 현황이다(2005년 자료는 근사치이다). 이 자료를 가지고 1982년에서 2005년 사이에 미국에서 대학생의 인종 분포의 변화를 보여줄 수 있는 그림으로 그려보라. (자료의 숫자는 단위가 1,000명이다. 1991년 자료는 정보로 제공한 것이다.)

인종 집단	1982	1991	2005
백인	9,997	10,990	11,774
흑인	1,101	1,335	2,276
미국 인디언	88	114	179

히스패닉	519	867	935
아시아	351	637	1,164
외국	331	416	591

추가 자료는 다음 사이트에서 볼 수 있다.

http://trends.collegeboard.org/education-pays/figures-tables/immediateenrollment-rates-race-ethnicity-1975-2008

3.21 『뉴욕타임스』 2009년 3월 16일자 기사를 보면 워싱턴 DC에 사는 사람의 3% 정도가 HIV/AIDS에 감염된 것으로 보도되었다. 웹을 검색해서 세계의 통계치를 구해서 이 자료를 해석해보라.

3.22 아래 자료는 1960~1990년의 미국 전체 가구 수, 여성이 가장인 가구 수, 평균 가족 수의 자료이다. 이 자료를 미국의 인구 통계학적 변화를 잘 보여줄 수 있게 그려보라. 이 자료는 사회과학자에게 미국이 직면하고 있는 문제에 대해 무엇을 알려 주는가? (가구 수의 단위는 1,000이다. 2011년까지의 보다 최근 자료는 http://www.pewsocialtrends.org/2013/05/29/breadwinner-moms/에서 볼 수 있는데, 편모 가정의 연 수입 중앙치는 23,000달러였다.)

연도	전체 가구 수	여성 가장 가구 수	가족 수
1960	52,799	4,507	3.33
1970	63,401	5,591	3.14
1975	71,120	7,242	2.94
1980	80,776	8,705	2.76
1985	86,789	10,129	2.69
1987	89,479	10,445	2.66
1988	91,066	10,608	2.64
1989	92,830	10,890	2.62
1990	92,347	10,890	2.63

3.23 그림 3.6에 수록된 *R* 코드를 수정해서 앞 문제 자료를 그림으로 그려보라.

3.24 연습문제 3.23과 같은 방법으로 가족 수의 변화를 그래프로 그려보라.

3.25 모란(Moran, 1974)은 오스트레일리아의 출생 자료에서 산모의 나이와 다운증후군(심각한 장애로서 심리학자들이 이에 대해 많은 연구를 수행했다) 간의 관계를 알아보았다. 그 자료가 아래 있는데, 이 관계를 알아보려면 약간의 계산이 필요할 수 있다. 이 결과에서 어떤 결론을 내릴 수 있는가?

산모의 나이	출산아 수	다운증후군 수
20 미만	35,555	15
20~24	207,931	128

25~29	253,450	208
30~34	170,970	194
35~39	86,046	197
40~44	24,498	240
45 이상	1,707	37

3.26 다운증후군과 산모의 나이 간의 관계에 대한 정보는 다음 사이트에서 볼 수 있다.

https://www.aafp.org/afp/20000815/825.html

3.27 출생한 달과 건강 사이에 관계가 있을까? 폼본느(Fombonne, 1989)는 파리의 정신 병원에 정신병으로 진단되어 입원한 아이들을 출생한 달별로 정리하였다(이러한 아이가 208명이었다). 이 연구에서는 다른 병으로 입원한 1,040명의 아이를 통제집단으로 보았는데, 아래에 그 자료와 함께 전체 인구에서 출생 월별 백분율이 제시되었다.

	1월	2월	3월	4월	5월	6월	7월	8월	9월	10월	11월	12월	전체
정신병	13	12	16	18	21	18	15	14	13	19	2	28	208
기타	83	71	88	114	86	93	87	70	83	80	97	88	1040
전체 출생률	8.4	7.8	8.7	8.6	9.1	8.5	8.7	8.3	8.1	8.1	7.6	8.0	100%

(a) 정신병 집단과 통제집단의 자료를 어떻게 변형시켜서(조정해서) 세 자료가 하나의 그래프에 들어가게 할 것인가?

(b) 어떻게 그래프를 그릴 것인가?

(c) 그래프를 그리라.

(d) 정신병으로 진단받은 아이들은 일반 사람들과 다른가?

(e) 통제집단은 어떤 역할을 하는가?

(f) 어떤 결론을 내릴 것인가?

3.28 흡연, 고지방식, 약물 남용과 같은 자기 손상적인 행동에 관심을 가진 심리학자들은 임신부의 흡연이 저체중아 출산에 미치는 영향에 대해 우려한다. 그런데 저체중아는 발달상으로 위험이 많은 것으로 알려져 있다. 질병통제 예방 센터에서 임신부의 흡연과 저체중아 출산의 관계에 대한 통계치를 발간하였다. 출생 시 체중이 2.5kg 미만인 신생아의 비율(%)을 보고했는데, 흡연과 저체중아 출산과의 관계를 잘 보여줄 수 있는 방법을 찾아보라. 왜 이 관계가 통계의 눈속임이 아닌가?

	1989	1990	1991	1992	1993
흡연	11.36	11.25	11.41	11.49	11.84
비흡연	6.02	6.14	6.36	6.35	6.56

3.29 스위스의 흡연과 저체중아에 관한 새로운 자료와 다른 자료는 아래 주소에서 찾을 수 있다.

이 자료들로 그래프를 그리고, 적합한 결론을 내려보라.

http://www.smw.ch/docs/pdf200x/2005/35/smw-11122.pdf

3.30 『통계교육저널(The Journal of Statistical Education)』이라는 학술지에는 다양한 주제에 대한 자료들을 보유하고 있다. 각 자료들에는 자료에 대한 설명과 그 자료가 어떻게 사용될 수 있는지에 대한 설명이 같이 있다. 이 자료들은 아래 인터넷 홈페이지에 있으니, 거기 들어가서 여러분 개인에게 흥미 있는 자료를 찾아서, 그 자료를 가장 의미 있게 그리는 방법을 생각해 보라.

http://www.amstat.org/publications/jse/jse_data_archive.htm

대부분의 자료는 컴퓨터 프로그램으로 처리할 수 있는데 한번 해보라. (지금 단계에서는 SPSS를 사용하는 것이 쉽겠지만, *R*에 대해 더 알게 되면 *R*도 잘 해결해준다.) 우리가 아직 소개하지 않은 많은 자료 처리 방법들이 있는데, 우선 자료를 그려보는 것은 재미있는 것들을 많이 보여준다.

3.31 아래 그래프는 백인 여성과 흑인 여성의 기대수명 자료를 그린 것이다. 이 그래프에서 어떤 결론을 내릴 수 있는가? (남성의 자료는 아래 링크에서 볼 수 있다.)

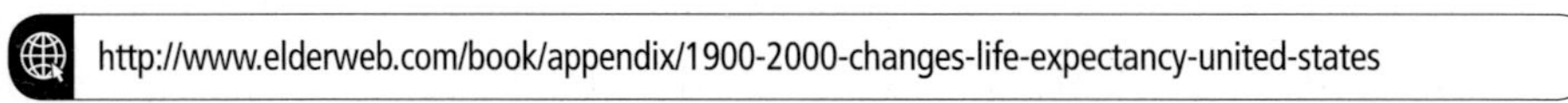

http://www.elderweb.com/book/appendix/1900-2000-changes-life-expectancy-united-states

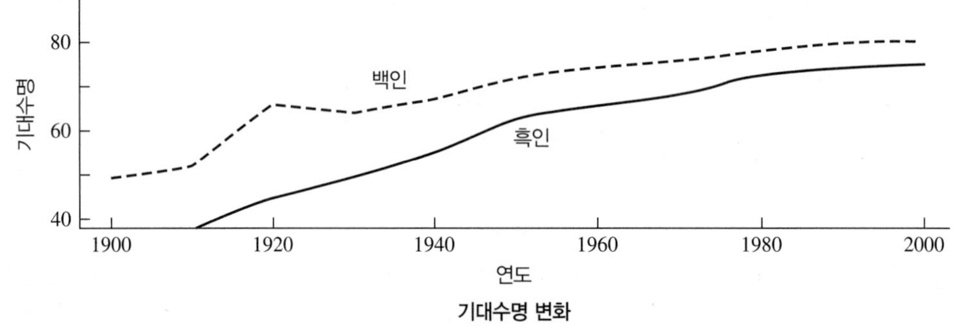

기대수명 변화

3.32 위에 알려준 웹사이트에서 얻은 남성 자료를 이용해서, *R*로 선그래프를 그려보라. 두 선을 하나의 그래프에 넣으려면 먼저 하나의 선그래프를 그린 다음 'par = new'를 입력하고 두 번째 선그래프를 그려보라.

3.33 베트남 전쟁이 한창이던 1970년 미국 정부는 누가 월남에 파병될지를 추첨으로 정하려고 하였다. 통 속에 366일을 적은 쪽지들을 넣고, 그 속에서 뽑힌 날자가 생일인 사람들을 추첨된 순서대로 징집하려고 하였다(당신 생일이 일찍 뽑힌 날짜들 중에 들어있다면 추첨순위 값이 작을 것이고, 징집될 가능성이 높다. 만약 추첨 순위 값이 크다면 징집되지 않을 가능성이 있다). 그런데 연말이 생일인 사람들이 비교적 일찍 추첨된 경향을 보였기 때문에 이 추첨에

대해 비판이 많았다(생일이 12월인 사람들의 평균 추첨 순위는 121.5인데 반해 생일이 1월인 사람들의 평균 추첨 순위는 201.2였다).

추첨 결과가 아래에 있다. 이 자료를 가지고 그래프를 그린 다음 결론을 내려보라. 사실 추첨을 진행한 사람들은 최대한 공정하게 추첨하려고 노력했다. 그러나 만약 여러분이 추첨 순위가 빠른 사람이었다면 징집될 가능성이 높은데, 결과에 승복하겠는가? 이 결과를 어떻게 설명하겠는가? 보다 자세한 자료는 아래 링크에서 볼 수 있다.

http://www.amstat.org/publications/jse/v5n2/datasets.starr.html

1월	2월	3월	4월	5월	6월	7월	8월	9월	10월	11월	12월
201.2	203.0	225.8	203.7	208.0	195.7	181.5	173.5	157.3	182.5	148.7	121.5

3.34 *R*을 사용해서 그림 3.4에 제시된 병렬 줄기-잎 그림을 상자 그림(boxplot)으로 그려보라. 명령어는 'boxplot(y~x)'인데 '~'는 '의 함수'라는 의미로 'as a function of'로 읽는다. x와 y는 관련된 변인들이다. 여러 가지로 실험해보라.

3.35 *R*을 사용해서 그림 3.4에 제시된 연결 줄기-잎 그림을 그려보라. 자료는 Fig3-4.dat으로 저장되어 있다. 약간 어려운 문제로 수수께끼를 푸는 것 같을 것이다. 다음 주소로 가보기를 권한다.

http://exploredata.wordpress.com/2012/08/28/back-to-back-stemplots/

LearnEDA는 더 이상 존재하지 않으니까 무시하라. 그 대신 명령어 'install.packages(aplpack)'와 'library(aplpack)'를 사용하라. 자료 파일은 www.uvm.edu/~dhowell/fundamentals9/DataFiles/Fig3-4.dat에 있다. 자료는 tab으로 분할되어 있으니 sep='\t' 명령을 사용하라.

(3장과 관련된 *R*에 대한 웹페이지에는 다른 자료 세트에 필요한 코드들도 수록되어 있다. 스스로 이해할 수 있는지 시도해보라. 작동이 될 때 희열을 느낄 것이다. dropbox를 사용하는 코드들도 수록되어 있다.)

4장 / 집중경향치

앞선 장에서 기억할 필요가 있는 개념

독립변인 independent variable	여러분이 통제하는 변인
종속변인 dependent variable	여러분이 측정하는 변인, 자료
양상 modality	빈도분포에서 유의미한 봉우리의 수
Σ	합의 표시
대칭적 분포 symmetric distribution	중앙을 기준으로 할 때 양쪽이 거의 같은 형태를 취하는 분포

변인들은 종종 *X*, *Y*처럼 한 글자로 표시된다.

이 장에서는 **집중경향치**(central tendency)라고 부르는 몇 가지 측정치들에 대해 알아본다. 집중경향치란 점수 분포의 중심에 관한 측정치라는 말인데, 가장 흔히 사용하는 측정치는 평균, 중앙값, 최빈치의 세 가지이다. 평균은 점수들의 합을 사례수로 나눈 값이고, 중앙값은 분포에서 가장 가운데에 위치한 점수이고, 최빈치는 가장 빈도가 높은 수치이다. 어느 측정치도 항상 다른 측정치보다 우수할 수는 없기 때문에 여기서는 각 측정치들의 장단점에 대해 알아본다. 이어서 컴퓨터 소프트웨어를 이용해서 어떻게 이 측정치들을 계산하는지 배운 다음, SPSS와 *R*의 출력물을 살펴본다. 다음 장인 5장에서는 한 단계 더 나아가 관찰치들이 이 집중경향치 주위에 어떻게 퍼져 있는지를 다루는 측정치에 대해 알아볼 것이지만, 우선 분포의 중심을 알아보는 방법에 대해 알아본다.

3장에서 우리는 그 자료가 무엇인가에 대한 결론을 내릴 수 있는 방식으로 자료를 그려보는 방법에 대해 알아보았다. 그림을 그리는 것은 분포의 전반적인 형태를 보여주고 그 분포에 들어있는 수치들의 전반적인 양에 대해 시각적인 감을 제공해준다. 3장에 있는 그래프 중 몇 개에서는 Y축(세로축)에 평균을 그렸는데, 평균은 4장에서 중심적인 역할을 맡는다.

4.1 최빈치

최빈치(mode: Mo)는 세 가지 측정치 중 가장 적게 사용되는(그리고 가장 덜 유용한) 측정치로, 가장 흔한 점수, 즉 가장 많은 참가자에게서 관찰되는 점수라고 간단히 정의될 수 있다. 따라서 최빈치는 변인 *X*의 빈도분포에서 가장 높은 점에 해당하는 값이다. 3장에서 다룬 심적 회전 과제의 반응시간 예(표 3.2 참고)에서 1.50~1.59의 관찰치가 50으로 가장 높아 이 급간이 최빈구간이 된다. (만약 최빈치로 특정 숫자 값을 원한다면 그 급간의 중앙점인 1.55가 최빈치가 된다. 이것은 그림 3.1에서 확인할 수 있다.)

인접한 두 관찰치가 같은 최고 빈도를 기록하는 경우 일반적인 관행은 두 값의 평균을 내어 그 값을 최빈치로 한다. 그러나 **인접하지 않은 두 값**이 같은(또는 거의 같은) 빈도로 최고를 기록하는 경우에는 이 분포를 양봉분포라 부르고, 두 값을 최빈치로 보고한다. 그림 3.1을 보면 좀 전에 말한 급간 외의 다른 몇 개의 급간에서도 빈도가 높은 것을 볼 수 있다. 이 자료를 보고할 경우 이런 사실을 기술하고, 1.00과 1.60(혹은 1.70) 사이에 반응이 가장 많이 위치하고 있다고 보고하는 것이 좋다. 이렇게 서술하는 것이 최빈치가 1.55라고 서술하는 것보다 더 많은 정보를 청중에게 제공한다. 우리가 분포에서 양상을 말할 때에는 분포의 중요한 특징을 말하는 것이지, 특정 표본에서의 사소한 변동을 말하는 것이 아니다.

4.2 중앙값

중앙값(median: Mdn)은 자료들을 크기 순서로 배열했을 때 가운데에 위치하는 점수를 말한다. 이 정의에 따르면, 중앙값은 50백분위 점수(percentile)에 해당하는 값이다.[1] 예를 들어, (5, 8, 3, 7, 15)라는 점수들을 생각해보자. 이 점수들을 순서대로 배열하면 (3, 5, 7, 8, 15)가 되는데, 중간에 있는 값이 7이니까, 7이 중앙값이 된다. 만약 (5, 11, 3, 7, 15, 14) 처럼 숫자들이 짝수 개수만큼 있다고 하자. 크기 순서로 재배열하면 (3, 5, 7, 11, 14, 15)가 되고 중간에 있는 숫자가 없게 된다. 그 지점은 7과 11 사이에 있게 된다. 이런 경우 가운데에 있는 두 개의 수 (7과 11)의 평균인 9가 중앙값으로 간주된다.[2]

우리가 곧 필요로 하는 용어가 **중앙값 위치**(median location)이다. 중앙값 위치란 서열화된 분포에서 중앙값이 점유하는 위치를 말한다. N개 숫자의 중앙값의 위치는 $[(N+1)/2]$로 정의된다.

$$\text{중앙값 위치} = (N+1)/2$$

그래서 전체 숫자가 5개이면 중앙값 위치는 $(5+1)/2=3$이 되는데, 이것은 순서대로 배열되었을 때 세 번째 숫자가 중앙값이 된다는 의미이다. 숫자의 개수가 12개이면 중앙값 위치는 $(12+1)/2=6.5$가 되고, 이는 여섯 번째 숫자와 일곱 번째 숫자의 평균이 중앙값이 된다는 의미이다.

표 3.1에 있는 반응시간 자료에서는 중앙값 위치가 $(600+1)/2=300.5$가 된다. 자료를 순서대로 배열하면 300.5번째 숫자는 급간 1.50~1.59에 위치한다. 그래서 우리는 그 급간의 중앙점인 1.55를 중앙값으로 간주한다. 그림 3.13에 제시된 암 환자의 간섭적 사고 자료에서는 자료가 85개이므로 중앙값 위치는 $(85+1)/2=43$이 되고, 줄기-잎 그림을 보면 43번째 숫자는 15이므로, 이 자료의 중앙값은 15가 된다.

4.3 평균

가장 많이 사용하는 집중경향치는 평균이다. **평균**(mean, 또는 일반적인 용어로는 **average**,

1 백분위 점수는 분포에서 그 점 혹은 그 점보다 작은 점수를 가지는 점수들의 백분율이라고 정의된다.

2 중앙값의 정의는 통계학자들이 토론하기 좋아하는 것 중의 하나이다. 이 책에서 사용한 중앙값의 정의, 즉 중앙값을 점수 분포 상의 한 점으로 정의하는 것이 가장 선호되는 방식이다. 그리고 이 정의는 중앙값은 50 백분위 점수라는 것과도 일치한다. 반면에 중앙값은 순서대로 배열된 수 중 중간값(만약 전체 개수가 홀수 개수라면)이거나 두 중간 수치의 평균(전체 숫자가 짝수 개수일 때)으로 정의하는 것으로도 충분하다고 보는 사람들도 있다. 이런 논쟁을 읽는 것은 실제로는 아무것도 중요한 것이 없는 회의에 참석하는 것 같다. 중요하지 않을수록, 할 말이 많은 모양이다.

기호로는 '$\overline{X}$')은 점수들의 합을 점수의 개수로 나눈 것으로, '$\overline{X}$'로 표기하고, 'X 바'라고 읽는다. (통계학에서는 거의 대부분의 사람들이 '바'라는 표기를 선호하는데, 미국심리학회는 'M'으로 표기하는 것을 선호한다. 나는 대부분의 표기에서는 미국심리학회 의견을 따르지만, 평균의 경우엔 '$\overline{X}$'라는 표기를 사용한다. 물론 나도 연구 결과를 어떻게 서술하는지에 대해 다룰 때에는 'M'을 사용한다.) 2장에서 배운 합의 표기법을 이용하면 다음과 같다.

$$\overline{X} = \frac{\Sigma X}{N}$$

ΣX는 변인 X의 모든 값의 합이고, N은 변인 X의 개수이다. 따라서 숫자 3, 5, 12, 5의 평균은 다음과 같다.

$$(3 + 5 + 12 + 5)/4 = 25/4 = 6.25$$

> 이 책을 읽으면서 '$\overline{X}$'와 '$\overline{Y}$'를 보게 되는데, 그 변인의 평균을 의미한다는 것을 기억하기 바란다. 변인의 이름 위에 바를 붙이면, 그건 그 변인의 평균이라는 의미이다.

표 3.1의 반응시간 자료에서 합은 1/10초 단위로 했을 때 975.60이다. 이를 전체 개수인 $N = 600$으로 나누면 975.60/600 = 1.626이 된다. 이 자료에서 평균값 1.626은 중앙값이자 최빈치인 1.55보다 조금 크다. 분포가 대칭적이거나 거의 대칭적이면(평균의 양쪽에서 대칭적으로 줄어들면) 평균과 중앙값은 아주 유사하다. 분포가 거의 대칭적이고 단봉분포이면 일반적으로 최빈치도 평균과 중앙값과 아주 유사하다. 그러나 분포가 비대칭적이면 평균, 중앙값, 최빈치는 각기 다른 값을 갖는다. 그림 3.1의 분포가 정적 편포이다 보니 평균이 중앙값보다 크게 나왔다.

우리는 간섭적 사고 자료에서도 그림 3.11의 줄기-잎 그림에서 원자료를 얻은 다음 이 값들을 더해서 85로 나누면 평균을 계산할 수 있다. 이 예에서 점수의 합은 1,298이고, 사례수는 85이다. 따라서 평균은 1,298/85 = 15.27이 된다. 이 장의 뒷부분에서 R과 SPSS를 사용하여 큰 자료에서 평균을 구하는 방법을 배우게 된다.

- 최빈치(mode): 가장 많이 관찰되는 관찰치. 분포에서 가장 높은 곳
- 중앙값(median): 분포 한가운데 값 혹은 한가운데 두 개 값의 평균
- 평균(mean): 우리가 'average'라고 말할 때의 의미. 점수의 합을 사례수로 나눈 값

4.4 최빈치, 중앙값, 평균의 장점과 단점

분포가 대칭적일 때에만 평균과 중앙값은 일치하며, 분포가 대칭적이고 단봉일 때에만 세 측정치가 일치한다. 그 밖의 경우, 즉 우리가 다룰 거의 대부분의 경우에는 집중경향의 대표로 어떤 한 측정치가 선정되어야 한다. 언제 특정 집중경향치를 사용할지를 정해주는 규칙이 있다면 아주 편리하겠지만, 그런 규칙은 없다. 세 가지 측정치 중 보다 좋은 측정치를 현명하게 선택하려면 각 측정치의 장점과 단점에 대해 알아야 한다.

최빈치

최빈치는 그 분포에서 가장 많이 관찰되는 점수이다. 따라서 정의상 최빈치는 실제 일어나는 점수이다. 그러나 평균과 중앙값은 자료에 없는 값일 수도 있다. 최빈치는 또한 가장 많은 사람을 대표하는 장점이 있다. 최근 월가에서 근무하는 사람들의 소득에 대해 많은 말들이 있었다. 당신이 나에게 골드만삭스 회사 종업원들의 평균 연봉을 말한다면, 그것은 나에게 별 정보를 주지 못할 것이다. 아주 많은 연봉을 받는 사람들도 있지만, 비서와 같은 많은 사람들은 일반인과 비슷한 수준의 연봉을 받기 때문이다. 비슷한 이유로 중앙값도 큰 의미를 주지 못할 것이다. 그러나 당신이 나에게 연봉의 최빈치를 알려준다면 당신은 나에게 '골드만삭스에 근무하는 대부분의 사람들은 이 정도를 번다'는 것을 말해주는 것이고, 나는 그것을 유용하다고 생각한다.

정의상 무선적으로 선정한 관찰치(X_i)가 최빈치와 일치할 확률은 그 관찰치가 다른 어떤 값과 일치할 확률보다 크다. 이것을 대수적으로 표현하면 다음과 같다.

$$p(X_i = \text{최빈치}) > p(X_i = \text{나머지 다른 값})$$

마지막으로, 최빈치는 명명 척도에도 적용할 수 있다. 그러나 평균이나 중앙값은 명명 척도에는 적용할 수 없다.

그러나 최빈치는 단점도 있다. 앞에서 보았듯이 최빈치는 자료를 어떻게 묶는지에 따라 달라질 수 있다. 나아가 최빈치는 전체 숫자의 집합에 대해서는 대표적이지 못할 수도 있다. 이것은 어떤 한 집단의 사람들이 하루에 피우는 담배 개피 수를 계산할 때처럼 최빈치가 0일 때 특히 더 심각하다. 상당수의 사람들이 담배를 피우지 않으니까 최빈치가 0일 가능성이 높은데, 이는 흡연자들의 행동에 대해서는 아무것도 알려주지 않는다. 흡연자만의 최빈치를 고려해볼 수 있는데, 이 경우 목적이 무엇인지를 명확히 할 필요가 있다. (흡연 자료 같은 경우에는 평균이나 중앙값이 훨씬 더 많은 정보를 줄 수 있지만, 이 지표들도 담배를 피우지 않는 많은 사람들에 의해 편향될 수 있다.)

중앙값

중앙값의 가장 큰 장점은 극단점인 값의 영향을 크게 받지 않는다는 점이다. 이 장점은 최빈치에도 적용된다. 그래서 분포 (5, 8, 9, 15, 16)과 분포 (0, 8, 9, 15, 206)에서 중앙값은 둘 다 9이다. 많은 실험자들은 그 자체로 특별한 의미가 없는 극단적인 점수가 얻어지는 연구에서 중앙값의 이 장점이 유용하다는 것을 발견한다. 예를 들어, 훈련된 쥐는 짧은 주로를 대략 1~2초에 달린다. 그러나 어쩌다 한 번은 주로의 중간에 서서 몸을 긁고 감지기에 코를 박고, 심지어는 누워서 자기도 한다. 이런 경우 건너편 상자까지 가는 데 걸린 시간이 30초인지 10분인지는 아무 의미가 없다. 오히려 이 쥐가 주로를 달리는 데 걸린 시간은 언제 실험자가 기다리기를 포기하고 연필로 쑤시는지에 달려있을 수 있다. 만약 하루에 주로를 세 번 달리게 하는데, 그 시간이 1.2초, 1.3초, 20초였다면, 그것은 쥐가 그 과제에 대해 아는지에 대해서는 주행시간이 1.2초, 1.3초, 136.4초인 경우와 거의 같은 정보를 준다. 이 두 경우 중앙값은 1.3초이다. 그러나 그 두 쥐의 그날 평균 주행시간은 7.5초와 46.3초로 엄청나게 다르다. 이와 같은 경우 실험자는 종종 여러 시행으로 구성된 특정 블록의 중앙값을 집중경향치로 사용한다. 비슷한 이유로 우리는 소득과 가계 지출의 중앙 집중치로 평균 대신 중앙값을 사용하는 경향이 많다. 처음에 예로 든 월가 사례는 설명을 하려고 사용한 예외적인 경우이다. 중앙값은 극단적인 값의 영향을 제거하는 이점을 갖는다.

중앙값의 큰 단점은 평균과는 달리 중앙값은 수식으로 쉽게 표현되지 않아 통계 작업을 하기가 용이하지 않다는 점이다. 아울러 다음 장에서 보겠지만, 평균과는 달리 표본에 따라 그 값이 달라지기 쉽다는 것이다. 이 점은 표본 통계치에서 전집의 모수치를 추정할 때 종종 문제가 된다.

평균

세 가지 집중경향 측정치 중에서 가장 널리 알려진 것이 평균이다. 그러다 보니 유감스럽게도 '대다수의 사람들에게 통계학은 평균에 대한 연구와 거의 동의어처럼 들린다'고 말해도 지나친 허풍이 되지 않는다.

이미 나왔듯이, 평균은 몇 가지 단점을 가지고 있다. 평균은 극단적인 점수의 영향을 받으며, 평균에 해당하는 값이 실제 자료에는 없을 수 있고, 측정되는 기저의 변인과 관련지어 해석할 때 자료가 간격 척도 이상일 것으로 가정한다는 단점이 있다. 평균이 이런 단점들을 가지고 있다는 말을 들으면, 평균이라는 측정치를 사용하지 않으면 되는 것 아닌가 하고 반문할 수 있다. 그러나 평균은 그리 호락호락하지 않다.

평균은 이런 단점들을 상쇄하고도 남을 만한 큰 장점들을 가지고 있다. 그중에서도 역사적인 관점에서 볼 때 가장 중요한 장점은 대수적으로 조작이 가능하다는 점이다. 바꿔 말하면, 평균을 정의하는 공식을 만들 수 있기 때문에 평균을 다른 공식에서 사용할 수 있고, 대수의 규칙에 따라 조작할 수 있다는 점이다. 중앙값이나 최빈치에 대해서는 표준공식을 만들 수 없기 때문에 일반 대수 규칙을 이용해서 중앙값이나 최빈치를 조작할 수 없다. 그러나 평균은 이것이 가능하기 때문에 몇 가지 단점을 가지고 있지만, 가장 널리 사용된다. 평균이 갖는 두 번째 중요한 장점은 평균은 전집 평균의 추정치로 사용하는 데 바람직한 여러 가지 속성을 가지고 있다는 점이다. 특히 우리가 한 전집에서 여러 개의 표본을 뽑아보면, 각 표본의 중앙값이나 최빈치보다 각 표본의 평균이 전집의 집중경향의 더 안정적인(덜 변동적인) 추정치를 제공한다는 것이다. 표본의 평균(통계치)이 중앙값이나 최빈치보다 일반적으로 전집 평균(모수치)의 좋은 추정치라는 사실은 평균이 널리 사용되는 주된 이유이다.

자른 평균

한동안 관심에서 멀어졌다가 다시 주목받는 주제에 대해 알아보자. 평균에 대해 논의할 때 어떤 통계치를 선정하는지를 결정할 때 중요한 기준 중의 하나는 '그 통계치가 전집의 모수치를 얼마나 잘 추정해주는가?'라고 서술했다. 일반적으로 표본 평균은 전집 평균의 좋은 추정치이다. 그렇지만 그렇지 않은 경우도 있다. 아주 심하게 편포되거나 어느 한 쪽으로 꼬리가 길게 늘어진 분포, 그러니까 예외적으로 큰 값이나 예외적으로 작은 값이 여러 개가 있는 분포를 생각해보자. 이 전집에서 반복적으로 표본을 선정해서 표본의 평균들을 구한 다음 그 표본 평균들을 보면 상당히 차이가 클 수 있다. 어떤 표본에 예외적으로 큰 값을 지닌 사례가 포함되면, 그 표본의 평균은 커진다. 그런데 그 다음 번에 선정한 표본에는 극단적인 값을 가진 사례들이 들어가지 않았다면, 이번 표본의 평균은 전체 분포의 중앙에 가까운 수치를 보이게 된다. 그러니까 이런 경우 우리는 표본에 따라 전집 평균의 추정치가 아주 달라질 수 있다. 이 문제를 해결하는 한 가지 방법은 **자른 평균**(trimmed means)을 사용하는 방법이다. 자른 평균을 계산하려면 표본에서 가장 큰 자료와 가장 작은 자료를 몇 개 택해서 제외한 다음, 나머지 자료들로 평균을 구하면 된다. 예를 들어, 10% 자른 평균을 구하려면, 관찰치 중 가장 큰 10%와 가장 작은 10%를 제외한 다음 남은 자료들의 평균을 구하면 된다(우리는 항상 분포의 양쪽에서 같은 비율을 제외시킨다).

윌콕스(Wilcox, 2003)와 같은 통계학자들은 자른 평균을 더 자주 사용해야 한다고 주장하였다. 그들은 자른 평균을 사용하면 전집의 자료가 아주 널리 분포되었을 때 나타나는 문제들을 상당수 극복할 수 있고, 그 결과 실험을 통해 우리가 내리는 결론의 질을 향상시킬 수 있다고 주장하였다(일반적인 가이드라인은 분포의 양쪽에서 10%나 20%를 제거하는 것인데, 얼마를 제거하는지는 자료가 얼마나 변동적인지에 달려있다). 이 문제에 대해

선 뒤에서 다시 다루는데, 거기서는 자른 평균을 사용할 때의 이점들도 보게 된다. 여기서는 자른 평균이 무엇인지만 알고 넘어가기로 하자.

> 자른 평균을 계산하려면 먼저 분포의 양쪽에서 같은 수만큼 점수를 제거한다. 이어서 나머지 자료의 평균을 계산한다. 이 방법은 편포가 심한 자료를 처리할 때 점점 더 널리 사용된다.

4.5 SPSS와 *R*을 사용하여 집중경향 측정치 구하기

자료 수가 적을 때에는 집중경향치를 손으로 계산하는 것도 가능하다. 그러나 표본의 크기가 크거나 변인 수가 많은 자료일 경우에는 컴퓨터 프로그램을 이용해서 계산하는 것이 훨씬 더 간단하다. 이런 용도에 SPSS가 아주 적합한데, 그 이유는 사용하기 쉽고, 여러 가지로 사용 가능하며, 많은 대학에서 사용할 수 있기 때문이다. (기술통계치와 그래프를 그리기 위해 SPSS에서 사용하는 명령어들에 대해서는 이 책의 웹사이트에 가서 짧은 SPSS 매뉴얼을 고른 다음 4장을 읽기 바란다.)

3장의 연습문제 3.1에서 학생들에게 그들이 읽어보지 않은 글에 대한 다지선다형 문제를 주고 답을 하게 한 카츠 등(1990)의 자료를 제시했다. 이 자료는 그림 4.1에 제시되었다. 평균과 중앙값은 직접 구할 수 있지만, 최빈치를 구하려면 히스토그램이나 줄기-잎 그림을 그려서 가장 빈도가 높은 급간을 찾아야 한다. SPSS 명령어는 `Analyze/Descriptive Statistics/Explore`이다. 그 다음에 해당 변인인 점수를 종속변인 상자로 이동한 다음, 여러분이 해보고 싶은 통계를 선택해서 결과를 보면 된다. 히스토그램은 `Graphs/Legacy Dialogs/Histogram`을 선택하면 된다.

그림을 보면 평균(46.6), 중앙값(46)과 최빈치(44)가 아주 유사하며, 자료들이 비교적 부드럽게 분포한 것을 볼 수 있다. 그러나 이 자료의 경우 편포 여부를 판단할 만큼 자료가 많지는 않다. 그리고 히스토그램을 보면 28명의 점수에 상당한 변산성이 있는 것을 알 수 있는데, 평균에서의 분산에 대해서는 5장에서 다룬다. 그림 4.1에는 우리가 설명하지 않은 통계치들이 여러 개 있는데, 나중에 알게 될 것이다.

집중경향치의 기본적 측정치들은 *R*로도 쉽게 얻을 수 있다. 그림 4.2에 자료를 읽는 것을 포함한 코드를 수록하였다. 히스토그램은 SPSS에서 산출한 것과 약간 다른 점이 있는데, 급간을 그릴 때 절단점을 찾는 방식이 약간 다르기 때문이다. 그리고 이 자료는 어느 집중경향치도 자료를 기술하는 데 적절하지 않은 예라는 점도 주목하자. 자료들이 어느 집중경향치로부터도 많이 흩어져 있는 경우이다.

그림 4.1_ 읽지 않은 글에 대한 점수와 SPSS 분석 예

원자료: 54 52 51 50 36 55 44 46 57 44 43 52 38 46
55 34 44 39 43 36 55 57 36 46 49 46 49 47

기술통계치

		통계치	표준오차
읽지 않은 집단의 점수	평균의 95% 신뢰구간	46.5714	1.29041
	하한계	43.9237	
	상한계	49.2191	
	5% 자른 평균	46.6587	
	중앙값	46.0000	
	변량	46.624	
	표준편차	6.82820	
	최솟값	34.00	
	최댓값	57.00	
	범위	23.00	
	사분점 간 범위	9.0000	
	편포도	–.224	.441
	용도	–.901	.858

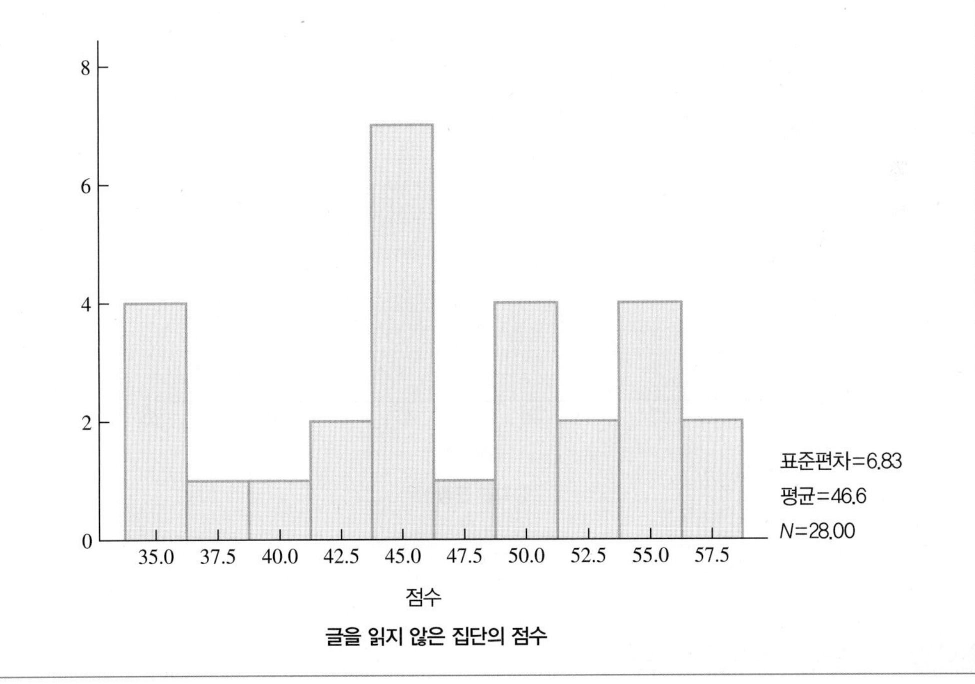

글을 읽지 않은 집단의 점수

그림 4.2_ 집중경향치 *R* 출력물

```
NumCorrect <- c(54, 52, 51, 50, 36, 55, 44, 46, 57, 44,43, 52, 38, 46, 55, 34,
                44, 39, 43, 36, 55, 57, 36, 46, 49, 46, 49, 47)
xbar <- mean(NumCorrect)
xbar.trim <- mean(Numcorrect, trim = .10)
med <- median(NumCorrect)
cat("The mean is = ", xbar,
    "\nThe 10% trimmed mean is ", xbar.trim, "\nThe median is = ", med)
hist(NumCorrect, main = "Number of Items Correct", breaks = 10, col = "green")

    # For a more complete description of a variable or data frame
install.packages("psych")      # Needed only first time
library(psych)
describe(NumCorrect)

#######################################################################
The mean is =  46.57143
The 10% trimmed mean is  46.66667
The median is =  46

>  vars n mean sd median trimmed mad min max range skew kurtosis se
   1 28 46.57 6.83 46 46.67 8.15 34 57 23 -0.2 -1.1 1.29
```

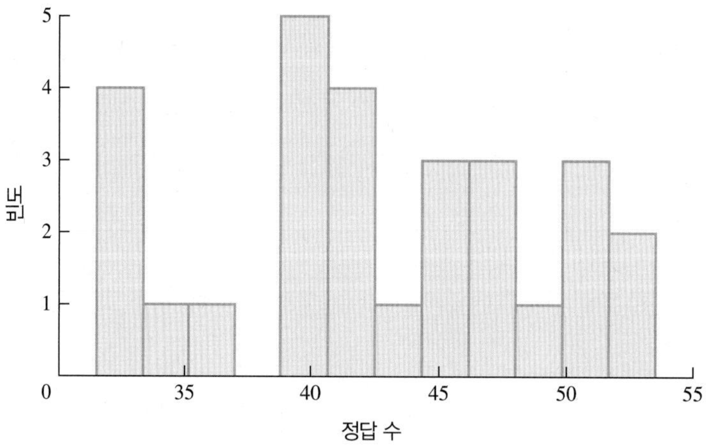

정확한 문항 수

4.6 간단한 예: 통계 보기

이 장을 마치기 전에 콜로라도 대학교의 게리 매클렐런드(Gary McClelland)가 만든 간단한 컴퓨터 프로그램(이런 것을 Java 애플릿이라고 한다)을 사용해보는 것도 재미있을 것이다. 매클렐런드는 이런 애플릿을 많이 만들어서 '통계 보기(Seeing Statistics)'라는 제목 하에 모아두었다.

http://www.seeingstatistics.com

위의 링크로 가서 훑어볼 수 있지만, 모든 애플릿을 보려면 가입해야 한다. 여기 있는 것의 상당수는 우리 책의 웹페이지에 실려 있는데, 무료로 사용할 수 있다. https://www.uvm.edu/~dhowell/fundamentals9/SeeingStatisticsApplets/Applets.html에 가면 된다. 이 책에서는 이것을 종종 사용한다. **그러나 Java가 제대로 작동하게 하려면 약간 수정할 필요가 있을 수 있다. 위에 적은 내 웹페이지의 세 번째 문단을 보기 바란다.**

애플릿을 사용하는 이유는 이 책에 실린 내용을 능동적으로 학습해나가면서 책에 실린 많은 개념들을 스스로 확인해보는 기회를 주기 위한 것이다. 예를 들어, t 검증을 다룰 때 책에서는 어떤 조건일 때 t 분포의 형태가 어떤지 설명해줄 것이다. 그러나 애플릿에서는 여러분이 조건들을 변화시켜서 그때 t 분포의 형태는 어떤지 경험하게 하는 기회를 제공해준다. 내가 말하는 것을 수동적으로 받아들이는 것보다 스스로 해봄으로 해서 더 많은 것을 배울 것이라고 나는 생각한다.

아울러 애플릿을 사용해보면 시험을 준비하는 데도 도움이 될 것으로 생각한다. 각 애플릿과 관련된 간단한 활동을 통해 기억에 저장한 정보를 인출하는 새로운 통로를 확보하게 될 것이다. 잘 알다시피 접근 경로가 많으면 인출하기가 더 용이해진다.

우리가 사용할 첫 번째 애플릿은 시지각에 대한 자료를 산출하고 시지각의 중요한 원리를 보여줄 것이다. 이 애플릿을 보려면 아래의 링크를 따라가면 된다.

https://www.uvm.edu/~dhowell/fundamentals9/SeeingStatisticsApplets/Applets.html

여러분이 사용할 애플릿의 이름은 Brightness Matching이다. Java 애플릿의 첫 페이지에 있는 소개를 읽기 바란다. 무료로 제공되는 소프트웨어를 다운받을 수도 있는데, 그럴 경우 약간 시간이 걸릴 수도 있다.

Brightness Matching 애플릿은 커다란 원 안에 들어있는 작은 회색 원의 밝기를 조작할 수 있게 해준다. 옆에 예가 하나 제시되어 있다. 여러분이 할 일은 오른쪽 큰 원의 가운데에 있는 원의 밝기를 왼편 원의 가운데에 있는 작은 원의 밝기와 같게 조정하는 것이다. 정확하게 같도록 조정하는 것은 생각보다 어렵다.

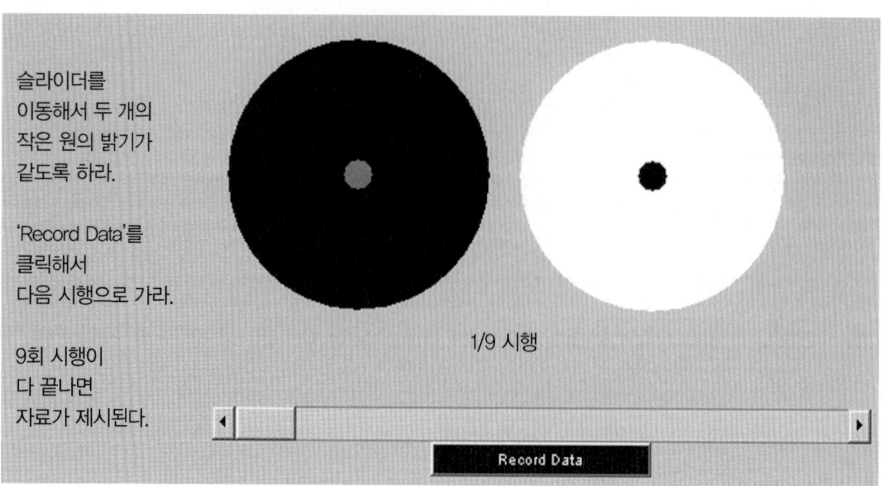
슬라이더를
이동해서 두 개의
작은 원의 밝기가
같도록 하라.
'Record Data'를
클릭해서
다음 시행으로 가라.
9회 시행이
다 끝나면
자료가 제시된다.
1/9 시행
Record Data

슬라이더를 오른쪽으로 움직이면 오른쪽 원의 가운데 작은 원이 밝아진다. 양쪽 원의 가운데 원의 밝기가 같다고 생각하면 'Record Data'라고 적힌 버튼을 클릭하기 바란다. 그러면 다른 원들이 나타나는데 이 절차를 반복하면 된다. 이런 절차를 아홉 번 하면 여러분의 수행 결과, 즉 여러분이 얼마나 정확했는지를 제시해준다. (이 자료는 이 애플릿을 나가면 사라지니까 적어두든지 출력해두기 바란다.)

내가 한 결과는 아래와 같았다.

슬라이더를 이동해서 두 개의 작은 원의 밝기가 같도록 하라.

'Record Data'를 클릭해서 다음 시행으로 가라.

9회 시행이 다 끝나면 자료가 제시된다.

시행	BG1	BG2	FG1	Match	Diff
1	1.0	0.0	0.5	0.43	0.07
2	0.25	0.75	0.4	0.7	-0.3
3	0.5	0.5	0.6	0.62	-0.02
4	0.75	0.25	0.5	0.37	0.13
5	0.0	1.0	0.6	0.78	-0.18
6	0.25	0.75	0.6	0.74	-0.14
7	0.0	0.0	0.4	0.5	-0.1
8	1.0	0.0	0.4	0.31	0.09
9	1.0	1.0	0.5	0.53	-0.03

Record Data

'BG1'과 'BG2'는 두 배경의 회색 정도(0 = 흰색, 1 = 검정색)를 의미하고, 'FG1'은 왼쪽 원의 전경(작은 원)의 회색 정도를 가리킨다. 'Match'는 내가 조정한 오른쪽 작은 원의 회색 정도이고, 'Diff'는 두 작은 원의 회색 정도의 차이다. 이 숫자가 양수이면 내가 조정한

표 4.1_ 9회 시행 색 대응 실험 결과

왼쪽 배경	시행	차이	평균	중앙값
더 밝음	2, 5, 6	–.30, –.18, –.14	–.21	–.18
더 어두움	1, 4, 8	.07, .13, .09	.10	.09
같음	3, 7, 9	–.02, –.10, –.03	–.05	–.03

것의 회색 정도가 왼쪽 원의 회색 정도보다 덜하다는 의미다.

사람의 시지각의 일반 원리 중 하나는 배경이 어두우면 그 가운데 있는 점을 실제보다 밝게 지각한다는 것이다. 그러니까 위의 예에서 오른쪽 가운데 점을 실제보다 더 밝게 조정하는 오류를 범할 것이라고 예상할 수 있다. 즉, 가운데 두 점의 밝기 차이가 양수가 될 것으로 예상한다. 시행 1, 4, 8이 이에 해당한다. 왼쪽 배경이 오른쪽 배경보다 밝은 시행 2, 5, 6에서는 결과를 반대로 예상한다. 그러니까 이들 시행에서 차이 점수는 음수가 될 것으로 예상한다. 마지막으로 시행 3, 7, 9는 두 배경의 밝기가 같은 통제 조건으로 앞의 두 경우보다 정확할 것으로 예상한다. 즉, 차이가 아주 적을 것으로 예상한다.

여러분 자료에서 이 세 가지 조건별로 차이 점수의 평균과 중앙값을 구해보라. 표 4.1과 같은 표를 만들어보라.

- 여러분의 자료는 위에 서술한 가설과 일치하는가?
- 중앙값보다 평균을 이 표에서 더 중요한 통계치라고 할 수 있는가?
- 최빈치는 왜 유용한 지표가 되지 못하는가?
- 같은 줄에 있는 세 개의 차이 점수가 왜 다르다고 생각하는가? (이것은 뒤에서 같은 상황에서 얻어진 점수들 간의 변산성을 '무선 오류'라고 부른다는 것을 다룰 때 중요하다.)

이 애플릿을 통해 여러 가지를 보여줄 수 있기 때문에 여기서 사용하였다. 첫째, 내가 적은 것을 묵묵히 공부하기보다 여러분이 능동적으로 무언가를 하게 한다. 둘째, 실제 현상에 관련되어 여러분의 자료를 직접 수집한다. 셋째, 사람의 지각에 관한 합리적인 가설의 틀에서 여러분의 자료를 해석해본다. 마지막으로 흥분을 느낄 만큼 많은 자료는 아니지만, 평균과 중앙값의 역할에 대해 흥미로운 경험을 할 수 있다. 물론 실제 관찰치는 사람들마다 다르지만.

앞으로 이 자료를 다시 사용하기 위해 나는 이 실험을 5회 더 실시하였다. 각 반복 실험마다 조건당 3회의 관찰을 하였으므로 합한 자료에는 조건당 18회의 관찰이 포함되는데, 그 자료는 표 4.2에 제시하였다.

표 4.2를 보면 평균과 중앙값이 크게 달라지지 않은 것을 볼 수 있다. 그러나 이 새로운

평균이 전집 평균의 추정치로서 더 안정적이라는 것을 앞으로 배우게 될 것이다. 이 자료를 곧 다시 사용하게 될 것이다.

표 4.2_ 54회 시행 색 대응 실험 결과

왼쪽 배경	반복	시행	차이	평균	중앙값
더 밝음	1	2, 5, 6	–.30, –.18, –.14	–.20	–.225
	2	2, 5, 6	–.27, –.22, –.28		
	3	2, 5, 6	–.22, –.12, –.25		
	4	2, 5, 6	–.27, –.25, –.10		
	5	2, 5, 6	–.27, –.19, .10		
	6	2, 5, 6	–.31, –.23, –.13		
더 어두움	1	1, 4, 8	.07, .13, .09	.09	.075
	2	1, 4, 8	.17, .03 –.02		
	3	1, 4, 8	.08, .03, .04		
	4	1, 4, 8	.05, .08, .12		
	5	1, 4, 8	.23, .06, .15		
	6	1, 4, 8	.16, .03, .07		
같음	1	3, 7, 9	–.02, –.10, –.03	–.05.	–.045
	2	3, 7, 9	–.03, .05, –.06		
	3	3, 7, 9	.00, .00, –.11		
	4	3, 7, 9	.01, –.04, –.12		
	5	3, 7, 9	.01, –.14, –.12		
	6	3, 7, 9	–.05, –.13, –.10		

4.7 요약

이 장에서는 분포의 중앙을 기술하는 데 사용하는 몇 가지 측정치에 대해 알아보았다. 가장 널리 사용되는 측정치가 평균인데, 종종 $\overline{X}$로 표기된다. 우리가 초등학교 때부터 배운 것처럼, 평균은 점수들을 합한 값을 점수의 개수로 나눈 것이다. 점수의 개수는 보통 N으로 표기한다. 또 우리는 자른 평균에 대해 알아보았다. 자른 평균이란 점수 분포의 양끝에서 일정 비율을 제거하고 남은 자료에서 구한 평균을 말한다. 양쪽에서 10%를 제거한 자른 평균을 종종 사용한다. 집중경향치의 측정치로 세 번째로 널리 사용되는 것은 중앙값이다. 중앙값은 자료를 오름차순이나 내림차순으로 정렬했을 때 한가운데에 위치한 값을 말한다(전체 사례수가 짝수 개수일 때에는 한가운데에 있는 두 개의 수치의 평균이 중앙값이 된다). 마지막으로, 결과 분포에서 가장 자주 발생하는 값 혹은 값들의 집합을 가리키는 최빈치가 있다.

평균이 집중경향치로 가장 많이 사용되지만, 극단치의 영향을 최소화시키고 싶은 경우에는 중앙값이 아주 유용하다. 예를 들어, 프로 운동선수들의 소득을 다룰 때에는 소득의 중앙값이 평균보다 훨씬 더 유용하다. 평균과 달리 중앙값은 극소수 고액 연봉 선수들의 영향을 별로 받지 않기 때문이다.

주요 용어

집중경향치central tendency 80
최빈치mode: Mo 80
중앙값median: Med 81
중앙값 위치medial location 81
평균mean 81
자른 평균trimmed mean 85

4.8 빠른 개관

A 일반 언론에서 가장 많이 언급될 것으로 생각하는 집중경향치는 무엇인가?

답 평균

B 어떤 분포에 최빈치가 두 개 있는데, 이 둘이 인접하지 않았다면 무엇을 보고하겠는가?

답 둘 다를 보고한다. 비슷한 이유로 만약 최빈치가 0인데, 0이라는 수치가 '적용되지 않는다'는 의미로 해석되는 경우에는 0이 아닌 값의 최빈치를 보고해야 하다.

C 언제 중앙값이 가장 유용한 지표인가?

답 극단치가 결과에 영향을 미치지 않게 하고 싶을 때

D 다른 측정치에 비해 평균이 더 유용한 이유를 두 가지 들라.

답 반복해서 표집했을 때 평균이 전집의 집중경향에 대해 가장 안정적인 추정치를 제공한다. 또 평균은 대수적인 조작에도 사용할 수 있다.

E 왜 자른 표본을 사용하는가?

답 극단적인 점수들의 영향을 제거하기 위해

F 표본에서 몇 %를 자르는 것이 좋은가?

답 분포의 양쪽에서 10%나 20%

G '통계 보기' 예에 나온 자료는 지각심리학이 우리가 볼 것으로 예상하는 것을 지지하는가?

답 그렇다.

4.9 연습문제

4.1 읽지 않은 예문에 대한 시험 점수를 알아본 카츠 등(1990)의 연구에서, 예문을 읽고 문제에 대해 답한 집단(읽은 집단)에게서도 자료를 얻었는데, 그 자료는 다음과 같다.

66 75 72 71 55 56 72 93 73 72 72 73 91 66 71 56 59

이 자료에서 최빈치, 중앙값, 평균을 구하라.

4.2 카츠의 연구에서 예문을 읽지 않은 집단의 집중경향치의 SPSS 출력물이 그림 4.1에 제시되었다. 이 측정치들을 연습문제 4.1의 답과 비교해보라. 질문의 근거가 되는 예문을 읽는 것의 효과에 대해 무엇을 말해주는가?

4.3 만약 카츠의 연구에 참여한 학생이 질문도 읽지 않고 무선적으로 답을 한다면 20개를 맞출 것으로 기대된다. 이를 본문 4.5절에 있는 결과와 비교하면 어떠한가? 왜 이 결과를 보고 놀라지 않았는가?

4.4 평균이 중앙값보다 큰 자료를 만들어보라.

4.5 정적으로 편포된 자료를 만들어보라. 이 경우 평균은 중앙값보다 큰가, 작은가?

4.6 표 4.2의 세 조건별로 그래프를 그려보고 결과를 서술해보라.

4.7 15마리의 쥐를 직선주로에서 학습을 시켰다. 미리 정해놓은 기준에 도달할 때까지 걸린 시행 수가 아래 빈도분포표와 같았다.

기준 도달 소요 시행 수	18	19	20	21	22	23	24
쥐의 수(빈도)	1	0	4	3	3	3	1

기준에 도달하는 데 걸린 시행 수의 평균과 중앙값을 구하라. (15개 자료를 일일이 적어놓고 계산할 수도 있고, 평균을 계산하는 공식에 빈도를 포함시키는 방안을 고안해볼 수도 있다.)

4.8 아래 자료를 이용해서, 모든 자료에서 상수(예: 5)를 빼면 모든 집중경향치의 값이 상수만큼 준다는 것을 나타내라.

8 7 12 14 3 7

4.9 아래 자료를 이용해서, 모든 자료에 상수를 곱하면 집중경향치들이 상수 배가 되는 것을 나타내라.

8 3 5 5 6 2

4.10 평균이 8.6이 되게 10개의 자료를 만들어보라. 만들 때 어떻게 했는지에 신경을 쓰라. 이것은 나중에 자유도라는 개념을 배울 때 도움이 될 것이다.

4.11 부록 C에 있는 자료에서 ADDSC와 GPA의 집중경향치를 구하라. 부록 C는 이 책의 웹사이트에 Add.dat으로 수록되어 있다.

4.12 부록 C에서 GENDER나 ENGL의 평균을 구하는 것이 왜 의미가 없는지 답해보라. 만약 GENDER의 평균을 구한다면 $(\bar{X} - 1)$은 무슨 의미인가?

4.13 표 3.1에 있는 반응시간 자료는 두 이미지가 같은 것인지, 아니면 하나가 다른 이미지의 거

울상인지에 따라 나뉘어져 있다. 자료는 이 책의 웹페이지에서 Tab3_1.dat로 표기된 자료에서 받으면 된다. SPSS나 다른 통계프로그램을 이용해서 두 조건의 평균 반응시간을 계산하라. 두 개의 이미지가 거울상일 때 반응하는 데 시간이 더 걸리는가? 이것을 하려면 조금 생각을 해야 한다. SPSS 메뉴에서 Data로 표기된 부분으로 들어가서 변인 'Stimulus'를 토대로 자료를 나누라고 한 다음 `Analyze/Descriptive Statistics/Descriptives` 분석을 하든지, 아니면 자료를 나누지 말고 곧장 `Analyze/Descriptive Statistics/Explore`로 가서 변인 'Stimulus'를 'Factor List'에 입력하면 된다.

4.14 연습문제 4.13에서 만약 사람들이 뒤집어지고 회전한 이미지를 처리하는 데 시간이 더 걸렸다면, 평균 반응시간은 비교 자극이 뒤집어졌는지 아닌지에 따라서도 달라질 수 있다. 만약 뒤집어졌는지가 정보처리의 난이도에 영향을 미치지 않는다면, 두 조건의 반응시간은 유사할 것이다. 연습문제 4.13의 답은 우리가 어떻게 정보를 처리한다는 것을 시사하는가?

4.15 왜 명명 척도에서는 최빈치가 의미 있는 측정치인가? 왜 명명 척도에서는 평균과 중앙값이 의미가 없는가?

4.16 2장의 연습문제에서 4학년 여학생이 같은 반 아이들의 용돈을 조사한 연구를 다루었다. 7명의 남학생들의 평균 용돈은 주당 3.18달러였고, 11명 여학생들의 평균은 2.63달러였다는 점을 기억하자. 이 자료는 통계학적으로 몇 가지 재미있는 문제를 제기한다. 4학년 여학생이 아주 재미있는 탐구활동을 했는데, 그와 별개로 이 자료를 좀 더 자세히 살펴보자.

신문에 보도된 바로는 남학생 중에 가장 용돈이 많은 아이는 10달러였는 데 반해, 여학생의 경우는 9달러였다. 또 가장 용돈이 적은 여학생 두 명의 경우 0.50달러와 0.51달러였는 데 반해, 남학생의 경우 3.00달러였다.

(a) 이 결과를 산출해낼 자료를 만들어보라.
(b) 이 경우 가장 적합한 집중경향 측정치는 무엇인가?
(c) 지금 주어진 정보는 두 성별의 아이들의 용돈 분포에 대해 무엇을 시사하는가?
(d) 이 자료는 남학생들의 보고의 신빙성에 대해 무엇을 알려주는가?

4.17 3장 그림 3.4에서 수업에 잘 들어오는 학생들과 수업에 잘 들어오지 않는 학생들의 자료를 보았다. 이 두 집단의 평균과 중앙값을 구하라(편의상 자료를 다시 수록하였다). 이 자료는 수업에 들어가는 것의 가치에 대해 무엇을 말해주는가?

잘 들어오는 학생	241	243	246	249	250	252	254	254	255	256
	261	262	263	264	264	264	265	267	267	270
	271	272	273	276	276	277	278	278	280	281
	282	284	288	288	290	291	291	292	293	294
	296	296	297	298	310	320	321	328		
자주 빠진 학생	188	195	195	225	228	232	233	237	239	240
	250	256	256	256	261	264	264	268	270	270
	274	274	277	308						

4.18 왜 연습문제 4.17에서 최빈치를 구하지 않게 했는가? (수업에 자주 빠진 학생들의 최빈치를 구해보면 문제가 무엇인지 알 수 있을 것이다.)

4.19 인터넷을 검색해서 집중경향치에 대해 알아보라. 이 책에서 다루지 않은 내용은 어떤 것들이 있는가?

4.20 *R*을 사용해서 연습문제 4.1의 자료에서 평균과 중앙값을 구하라. [힌트: 명령어는 '`xbar <-mean(variableName), med <- median(variableName)`'의 형태이다. 자료를 어떻게 읽는지는 3장에 수록된 *R* 코드를 보면 알 수 있다.]

4.21 인터넷은 우리가 어떻게 해야 할지 모를 때 아주 유용하다. SPSS에서 자료의 최빈치를 어떻게 구하는지 인터넷을 통해 알아보라. 어떤 검색엔진이든 접속해서 'How do I calculate the mode in SPSS?'라고 입력해도 된다.

4.22 기본 *R* 패키지에는 'a <- mode(variableName)'과 같은 명령어가 들어있지 않다. 웹을 검색해서 *R*을 사용해서 최빈치를 구하는 방법을 알아보라.

4.23 (a) 그림 4.1에 있는 검사 점수에서 10% 자른 평균을 계산하라. (10% 자른 평균은 분포의 양 극단에서 10%씩을 제거한 다음 구한 평균임을 기억하라.)

(b) 방해받은 상황에서 글을 읽는 동안 참가자들이 범한 오류 수를 수집했다고 해보자.

10 10 10 15 15 20 20 20 20 25 25 26 27 30 32 37 39 42 68 77

이 자료에서 10% 자른 평균을 계산해보라.

(c) 자른 평균은 (a)에서 보다 (b)에서 처음 계산한 평균과 차이가 더 크게 나타났다. 이유를 설명해보라.

4.24 셀리그먼 등(Seligman, Nolen-Hecksema, Thornton, & Thornton, 1990)은 대학교 수영선수들인 참가자들을 낙관주의자와 비관주의자로 나누었다. 그 다음에 최선을 다해서 수영을 하라고 지시하고 수영을 하게 한 다음, 실제 기록보다 늦은 기록을 각자 기록(기록$_1$)이라고 알려주어, 모두 실망하게 만들었다. 30분 후 다시 한 번 수영을 하도록 요청하였다(기록$_2$). 종속변인은 기록$_1$/기록$_2$였다. 이 비율값이 1.0보다 크면, 두 번째 기록이 더 빨랐다는 것을 의미한다. 자료는 아래와 같았다.

낙관주의자

0.986 1.108 1.080 0.952 0.998 1.017 1.080 1.026 1.045 0.996
0.923 1.000 1.003 0.934 1.009 1.065 1.053 1.108 0.985 1.001
0.924 0.968 1.048 1.027 1.004 0.936 1.040

비관주의자

0.983 0.947 0.932 1.078 0.914 0.955 0.962 0.944 0.941 0.831
0.936 0.995 0.872 0.997 0.983 1.105 1.116 0.997 0.960 1.045
1.095 0.944 1.069 0.927 0.988 1.015 1.045 0.864 0.982 0.915
1.047

*R*이나 SPSS를 사용해서 각 집단의 평균을 구하라. 셀리그먼 등은 낙관주의자는 실망을 하고 나면 더 분발할 것이라고 생각했다. 이들 생각이 옳은 것으로 나타났는가?

4.25 연습문제 4.24에서 여성들은 낙관주의자와 비관주의자의 차이가 적었다. 낙관주의자 자료에서 처음 17개가 남성 자료였고, 비관주의자 자료에서 처음 13개가 남성 자료였다. 남성 자료에서 무엇을 발견하였는가?

4.26 내가 책에 써놓은 것 중에 이해가 안 되는 것이 있으면, 어떤 검색엔진이든 접속해서 좀 더 좋은 것을 찾아보라고 말했다. 2장에서 종속변인을 정의하는 것은 쉽지만, 독립변인을 정의하는 것은 약간 복잡하다고 했다. 인터넷에 들어가서 'What is an independent variable'을 입력하고 검색해보라. 마음에 드는 링크 5개를 찾아 읽어보고, 가장 좋은 정의, 즉 가장 여러분에게 분명하게 전달되는 정의를 적어보라.

5장 변산성

앞선 장에서 기억할 필요가 있는 개념

독립변인independent variable	여러분이 통제하는 변인
종속변인dependent variable	여러분이 측정하는 변인. 자료
평균mean	점수의 합을 사례수로 나눈 값
자른 표본trimmed sample	분포의 양 극단에서 일정 비율의 자료를 제외한 표본
$\bar{X}$	평균의 기호
Σ	합의 기호
N	관찰 수
중앙값 위치median location	순서로 배열된 분포에서 중앙값의 위치

집중경향치에 대해 이해하는 것은 중요하다. 그러나 그 이상의 것이 필요하다. 5장에서는 점수들의 변산성이라는 주제를 다루면서, 왜 변산성이 통계 분석에서 중심적인 개념인지에 대해 설명할 것이다. 변산성을 측정하는 여러 가지 방법에 대해 알아보는데, 각 방법들은 장단점이 있다. 여기에서는 주로 두 가지 방법을 다룬다. 그런데 무엇이 한 지표가 다른 지표보다 우수하다는 것을 결정하는가? 추정이라는 관점에서 이를 설명할 것이다. 그리고 변산성을 어떻게 그림으로 표현할지에 대해서도 알아본다. 마지막으로, 변선성의 지표를 계산할 때 사례수로 나누지 않고 [사례수 − 1]로 나누는 이상야릇한 사실에 대해 알아본다.

3장에서 분포의 형태를 구분하고 그림으로 제시하는 방법에 대해 알아보았고, 4장에서는 분포의 중앙에 관한 몇 가지 지표들에 대해 알아보았다. 그러나 그것이 평균이건, 중앙값이건, 최빈치건 간에 분포의 형태와 분포의 평균을 아는 것으로 충분하지 않다. 각 자료들이 평균에서부터 얼마나 흩어져 있는지(혹은 평균 주위에 얼마나 모여 있는지) 그 정도에 대한 측정치가 필요하다. 평균이 대부분의 자료들의 일반적인 위치를 반영해줄 수도 있고, 자료들이 널리 퍼져 있어서 평균이 대부분의 자료에 대해 별로 대표적이지 못할 수도 있다. 아마 여러분은 모든 학생들이 다 비슷한 점수를 받은 시험을 본 적도 있고, 점수가 아주 다양하게 나온 시험을 본 적도 있을 것이다. 이런 두 유형의 차이를 가리키는 측정치가 우리가 평균, 중앙값, 혹은 최빈치로부터의 **분산**(dispersion) 혹은 **변산성**(variability)이라고 할 때의 의미이다. 일반적으로 변산성은 평균으로부터의 분산을 가리킨다.

집단 간에 변산성이 다를 것으로 기대하는 상황의 예로 4장에서 본 읽기 문제 예를 들 수 있다. 그 예에서 어떤 학생들은 예문을 읽지 않고 그 예문에 대한 질문에 대해 답했고, 다른 학생들은 예문을 읽고 질문에 대해 답했다. 예문을 읽지 않은 학생들은 눈감고 답하는 식으로 추측으로 답하기 때문에 학생들 간의 차이는 우연적인 차이, 즉 운이 좋은 학생은 좀 더 많이 정답을 맞히는 정도의 차이가 예상된다. 그러나 예문을 읽고 답하는 경우에는 그 차이가 더 다양할 것으로 예상된다. 운이 좋아 모르는 문제에서 정답을 많이 맞히는 정도의 차이 외에 예문의 내용을 얼마나 잘 이해했는지에 따른 차이가 있다. 여기서 두 집단의 평균은 틀림없이 다르겠지만, 그것은 이 맥락에서는 별 관련이 없다. 우리가 알아보고자 하는 것은 변산성의 차이이다. 설령 두 집단이 평균이 같아도 변산성이 아주 다를 수 있다. 내 가설은 여러분의 경험과 일치하는가? 만약 그렇지 않다면, 여러분은 어떤 차이를 기대하는가? 평균과 변산성 둘 다 다를 것으로 기대하는가, 아니면 평균이나 변산성 중 하나만 다를 것으로 기대하는가, 아니면 평균과 변산성이 다 같을 것으로 기대하는가?

또 다른 예는 랭글로이스와 로그먼(Langlois & Roggman, 1990)이 수집한 얼굴의 지각된 매력에 관한 흥미 있는 자료다. 매력과 매력의 중요성을 다룬 연구 중의 하나인 이 연구는 많은 논란을 불러 일으켰는데, 인터넷에서 'Langlois and Roggman'을 입력해보면 이 연구를 비롯해 여러 연구에 대한 논의를 볼 수 있다. 이 연구에 대한 논의는 텍사스 대학교 오스틴 캠퍼스에 있는 랭글로이스의 웹사이트에서도 볼 수 있다. 이 사이트에서는 컴퓨터를 이용한 얼굴의 평균화라는 것이 무엇인지 보여주는 예들을 볼 수 있다. 소퍼 등(Sofer et al., 2015)의 최근에 보고된 연구를 보면 얼굴의 '전형성'이 줄어들수록 매력도는 증가하였는데, 이는 랭글로이스와 로그먼이 보고했던 것과 상반되는 결과이다. 그런데 '믿음직스러움'을 평정하게 했을 때는 더 전형적인 얼굴을 더 믿음직스럽다고 평정하였다. 이 결과는 얼굴이 평균보다 더 매력적이든 덜 매력적이든 상관없이 관찰되었다.

여러분이 매력적이라고 생각하는 얼굴을 잠깐 생각해보라. 코가 크다거나 눈썹이 특이하다든가 하는 남다른 얼굴 특징을 지니고 있는가, 아니면 일상적인 얼굴 특징을 지니고 있는가? 랭글로이스와 로그먼은 무엇이 얼굴을 매력적으로 느끼게 하는지에 관심을 가졌다. 그들은 학생들에게 컴퓨터로 합성한 얼굴을 보여주었는데, 어떤 얼굴은 4명의 사진을 평균 내어 만든 합성사진이었다. 여기서는 이 얼굴들을 X 세트라고 부르기로 한다. 다른 얼굴(Y 세트)은 32명의 사진을 합성해서 만들었다. 예상할 수 있듯이 4명의 얼굴을 평균 내어 합성하면 합성한 사진들 간에 아직은 차이가 드러난다. 예를 들어, 어떤 사진에서는 얼굴이 갸름하고, 어떤 사진에서는 얼굴이 둥글고 하는 등의 차이가 있다. 그러나 32명의 사진을 평균 내어 합성하면 그 결과는 정말 평균이 되어 합성한 사진들 간에 차이를 보기 어렵다. 코는 길지도 짧지도 않고, 귀는 뾰족하지도 않고 얼굴에 바짝 붙어있지도 않다.

학생들은 이렇게 합성한 사진들을 보고 5점 척도로 매력 정도를 답하였다. 연구자들은 4명의 얼굴을 합성한 X 세트 사진의 평균 평정치가 32명의 얼굴을 합성한 Y 세트의 평균 평정치보다 낮은지

표 5.1_ 랭글로이스와 로그먼의 자료

X 세트		Y 세트	
사진	4명 얼굴 합성	사진	32명 얼굴 합성
1	1.20	21	3.13
2	1.82	22	3.17
3	1.93	23	3.19
4	2.04	24	3.19
5	2.30	25	3.20
6	2.33	26	3.20
7	2.34	27	3.22
8	2.47	28	3.23
9	2.51	29	3.25
10	2.55	30	3.26
11	2.64	31	3.27
12	2.76	32	3.29
13	2.77	33	3.29
14	2.90	34	3.30
15	2.91	35	3.31
16	3.20	36	3.31
17	3.22	37	3.34
18	3.39	38	3.34
19	3.59	39	3.36
20	4.02	40	3.38
	평균 = 2.64		평균 = 3.26

에 대해 특히 관심이 있었다. 결과는 랭글로이스와 로그먼이 예상한 대로 나왔다. 특징적인 얼굴 사진이 평균적인 얼굴 사진보다 덜 매력적으로 평가되었다. 그러나 이 장에서 우리의 관심사는 평정치의 평균보다 평정치들 간의 유사성이다. 우리는 많은 얼굴을 합성한 사진이 단지 몇 개의 얼굴을 합성한 사진보다 더 동질적이고, 따라서 사진들을 더 유사하게 평가할 것이라고 기대한다.

결과가 표 5.1에 제시되었다. 여기 있는 점수는 여러 명의 평정자들이 5점 척도에서 합의한 점수인데 가장 매력적인 것이 5점이 되는 척도이다.[1] 이 표를 보면 여러분은 X 세트 사진보다 Y 세트 사진을 더 매력적으로 평가할 것이라는 랭글로이스와 로그먼의 예상이 정확하다는 것을 알 수 있다. X 세트의 평균 평정치는 2.64이고, Y 세트의 평균 평정치는 3.26이다. 그러나 Y 세트 사진의 평정치가 X 세트 사진의 평정치보다 더 동질적이라는 점도 주목해야 한다. 우리는 이 두 세트의 자료를 그림 5.1과 같이 히스토그램으로 그릴 수 있다.

그림 5.1을 보면 32명의 얼굴을 합성한 사진의 평정치보다 4명의 얼굴을 합성한 사진의 평정치가 더 변산성이 큰 것을 알 수 있다. 이제 필요한 것은 변산성의 차이를 반영하는 지표를 찾아내는 일이다. 여러 가지 지표가 사용될 수 있는데, 가장 간단한 것에서부터 하나씩 알아보도록 한다.

그림 5.1_ 합성 사진의 매력도 평정치 분포

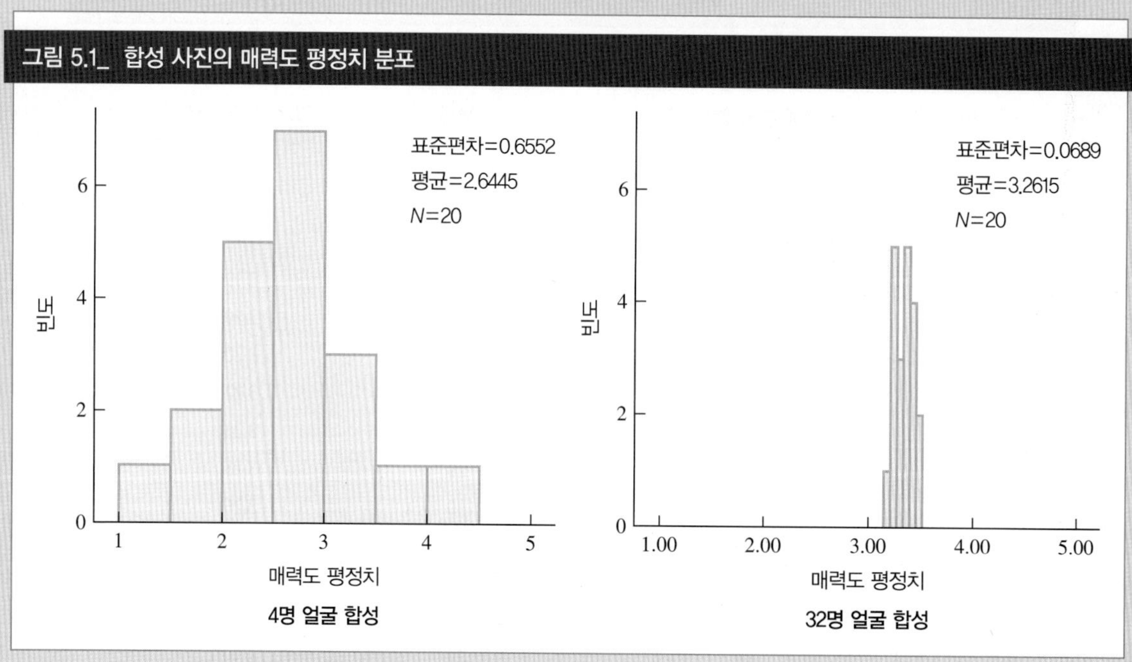

1 이 자료는 랭글로이스와 로그먼이 실제 수집한 자료는 아니지만, 원자료와 평균과 표준편차가 같게 생성된 자료이다. 랭글로이스와 로그먼은 각 세트에 6장의 사진을 사용하였지만, 우리는 이 장의 목표에 보다 더 적합하도록 사진을 20장으로 늘였다. 그렇지만 이 자료에서 여러분이 내릴 결론은 원자료에서 내릴 결론과 똑같다.

5.1 범위

범위(range)는 거리의 측정치이다. 즉, 가장 낮은 점수인 최솟값과 가장 높은 점수인 최댓값 간의 거리를 알려주는 측정치이다. 우리 자료에서 X 세트의 범위는 (4.02 − 1.20) = 2.82단위이고, Y 세트의 범위는 (3.38 − 3.13) = 0.25단위이다. 범위라는 지표는 아주 흔히 사용되는 지표로, 일상생활에서 '햄버거 가격은 1파운드에 70센트 범위에서 변동이 있어 1.29달러에서 1.99달러 사이이다'라는 식으로 표현된다. (일상생활에서는 최고치와 최저치를 다 언급하지만, 범위는 이 두 값의 차이를 말한다. 따라서 범위는 70센트이다.) 그런데 범위는 가장 낮은 점수와 가장 높은 점수라는 두 점수에만 달려있기 때문에, 극단적인 점수, 또는 이 점수가 **비정상적으로** 극단적일 경우 **예욋값**(outlier)이라고 불리는 점수에 크게 좌우될 수 있다는 단점을 가진다. 그 결과 범위는 변산성에 대해 왜곡된 정보를 제공할 수 있다. 하나의 예외적인 값이 범위를 크게 변화시킬 수 있다.

5.2 사분점 간 범위와 기타 범위 관련 지표

범위가 한두 개의 극단적인 값의 영향을 크게 받는다면, 범위를 계산하기 전에 그런 값들을 없애버리는 것도 고려할 수 있다. **사분점 간 범위**(interquartile range)는 범위가 극단적인 점수에 지나치게 영향을 받는 문제점을 해소하기 위해 나온 해결책의 하나이다. 사분점 간 범위는 전체 분포의 상위 25%와 하위 25%를 배제하고 남은 자료에서의 범위를 구하면 나온다. 분포의 양 극단에서 자료를 버린다는 것은 앞 장에서 우리가 자른 평균을 다룰 때 나왔던 내용이다. 그런 점에서 보면 사분점 간 범위는 25% 자른 표본인 셈이다. 그러기에 사분점 간 범위는 중앙 50%의 범위이며, 25 백분위 점수와 75 백분위 점수 간의 차이이다. 얼굴의 매력도에 관한 자료에서의 사분점 간 범위는 가장 낮은 다섯 개의 점수와 가장 높은 다섯 개의 점수를 제외하고 남은 점수들의 범위를 계산하면 알 수 있다. 이 예에서 X 세트의 사분점 간 범위는 0.58이고, Y 세트의 사분점 간 범위는 단지 0.11이다.

사분점 간 범위는 상자 그림이라 불리는 시각적인 제시 방법에서 아주 유용한데, 상자 그림에 대해서는 5.8절에서 다룬다.

많은 경우 사분점 간 범위는 범위가 갖는 단점의 반대되는 단점을 갖는다. 특히 전체 자료의 상당 부분을 버린다는 문제가 있다. 분포의 양 극단에서 25%를 버리면 평균에 대해서는 좋은 추정치를 얻을 수 있을 것이지만, 전체 변산성에 대해서는 좋은 추정치를 제공한다고 보기 어렵다. 한 세트의 사진이 다른 세트의 사진보다 변산성이 큰지 알고자 할 때 양쪽의 극단적인 자료, 즉 평균에서 가장 벗어난 50%의 자료를 버린다는 것은 앞뒤가 맞지 않는다.

왜 우리가 분포에서 상위 25%와 하위 25%를 제거하는지에 대한 특별한 근거가 있는 것은 아니다. 우리가 특정 비율로 제거하는 것을 본인과 다른 사람들에게 정당화할 근거만 있다면, 그 비율은 어떤 숫자라도 가능하다. 우리가 이를 통해 달성하려는 것은 자료의 변산성을 왜곡시키지 않으면서 실수나 우발적으로 얻어진 점수들을 제거하는 것이다. 자료의 양쪽에서 일정 비율(예: 10%)을 탈락시킨 표본을 **자른 표본**(trimmed sample)이라 하고, 이런 표본에서 얻은 통계치를 **자른 통계치**(trimmed statistics)라 한다(예: 자른 평균, 자른 범위). 심리학자보다 통계학자들이 자른 표본을 훨씬 더 좋아하는 경향이 있다. 자른 표본과 자른 통계치는 많은 정보를 우리에게 제공하고 분석을 보다 더 의미 있게 해줄 수 있는데, 심리학자들이 자른 통계를 별로 사용하지 않는다는 것은 안타까운 일이다. 그러나 자른 통계치들이 연구 논문에 인용되기 시작하는 것은 다행한 일이다. 통계기법들이 비록 속도는 느리지만 꾸준히 개선되고 있다는 것을 보여주니 말이다.

범위와 사분점 간 범위는 분포의 아주 극단점인 점수 혹은 25% 자른 표본의 극단점인 점수에 대해서만 서술한다. 이어서 나오는 측정치들은 자료를 전부 사용한다.

5.3 평균편차

얼핏 생각하기에 점수가 평균($\overline{X}$)에서부터 얼마나 퍼져 있는가(평균과 얼마나 벗어나는가)를 측정하려면 각 점수가 평균에서 벗어난 편차 점수($X_i - \overline{X}$)를 구한 다음, 이것의 평균을 내는 방법이 가장 논리적인 방법처럼 보인다. 평균에서 더 많이 벗어날수록 편차 점수는 크고, 따라서 편차 점수의 평균은 커질 것이라고 예상하기 쉽다. 그러나 우리의 상식적인 예측은 틀렸다. 평균에서의 편차를 구해보면, 어떤 점수는 평균보다 커서 양의 편차 점수를 보이지만, 또 다른 점수는 평균보다 작아서 음의 편차 점수를 보인다. 결국 양의 편차 점수와 음의 편차 점수는 서로 상쇄되어 편차 점수의 합 0이 되고 만다. 이것은 우리에게 아무런 정보를 주지 못한다.

점수 1, 4, 5를 이용해서 편차들이 서로 상쇄한다는 것을 알아보자. 평균은 다음과 같다.

$$\frac{\Sigma X}{N} = \frac{(1 + 4 + 5)}{3} = 3.333$$

또한 평균에서의 편차 점수의 합은 다음과 같다.

$$\frac{\Sigma(X - \overline{X})}{N} = \frac{(1 - 3.333) + (4 - 3.333) + (5 - 3.333)}{3}$$

$$= \frac{-2.333 + 0.667 + 1.667}{3} = \frac{0}{3} = 0$$

5.4 변량

양의 편차 점수와 음의 편차 점수가 서로 상쇄하는 문제를 없애는 한 가지 방법은 편차 점수의 절댓값을 이용하는 방법이다. 즉, 편차 점수의 부호를 무시하고 편차의 크기만을 합하는 방법이다. 이렇게 하면 나름대로 합당한 편차의 지표(평균절대편차)를 얻을 수 있지만, 이 방법은 거의 사용되지 않기 때문에 여기서는 다루지 않는다. 여기에서 다루는 방법은 **표본 변량**(sample variance: s^2)인데, 이것은 편차의 평균이 0이 되는 문제에 대한 새로운 접근이다. [**전집의 변량**(population variance)을 말할 때엔 σ^2(sigma squared, 시그마 제곱)으로 표기한다.] 변량의 경우 음수도 제곱을 하면 양수가 된다는 이점을 이용한 것이다. 그래서 우리는 편차 점수를 그냥 더하는 것이 아니라 편차 점수를 **제곱**한 것을 더한다.

그리고 우리는 평균을 원하기 때문에, 이렇게 얻어진 합을 점수의 개수인 N과 관련된 수치로 나누면 될 것 같다. 얼핏 생각하면 N으로 나누어야겠지만, 통계학에서는 $(N-1)$로 나눈다. 우리는 **표본의 변량**(s^2)을 계산할 때에만 $(N-1)$로 나누는데, 곧 알게 되겠지만, 이렇게 해서 얻어진 표본 변량이 전집의 변량에 대한 더 좋은 추정치가 되기 때문이다. [전집의 변량(σ^2)은 전집의 각 자료의 편차 점수를 제곱한 것을 더한 다음, $(N-1)$이 아니라 사례수인 N으로 나눈다. 그러나 우리가 전집 변량을 계산하는 일은 거의 없다. 책을 쓸 때 외에 전집의 변량을 계산해본 기억이 없다. 그러나 **표본** 변량에서 **전집** 변량을 추정해본 경우는 부지기수이다.] 만약 변량이 어떤 변인과 관련된 것인지를 밝히고 싶은 경우에는 그 변인을 가리키는 아래 첨자를 붙일 수 있다. 그래서 X 세트의 자료를 X라 한다면, 그 변량을 s_X^2으로 표기한다.

$$s_X^2 = \frac{\Sigma(X - \overline{X})^2}{N - 1}$$

우리 예에서 X 세트와 Y 세트의 표본 변량은 아래와 같이 계산된다.[2]

X 세트: X의 평균

$$\overline{X} = \frac{\Sigma X}{N} = \frac{52.89}{20} = 2.64$$

그럼 표본 변량은 다음과 같다.

2 이 예에서뿐만 아니라 이 책에서 계산을 하다 보면 내 답이 여러분이 계산한 답과 약간 다를 수 있다. 이는 계산 과정에서 반올림 등을 하다 생기는 차이로서, 여러분이 계산을 다시 했는데도 같은 답을 얻는다면 걱정할 필요는 없다.

$$s_X^2 = \frac{\Sigma(X - \overline{X})^2}{N - 1}$$
$$= \frac{(1.20 - 2.64)^2 + (1.82 - 2.64)^2 + \cdots + (4.02 - 2.64)^2}{20 - 1}$$
$$= \frac{8.1567}{19} = 0.4293$$

Y 세트: Y의 평균

$$\overline{Y} = \frac{\Sigma Y}{N} = \frac{65.\ 23}{20} = 3.\ 26$$

그럼 표본 변량은 다음과 같다.

$$s_Y^2 = \frac{\Sigma(Y - \overline{Y})^2}{N - 1}$$
$$= \frac{(3.13 - 3.26)^2 + (3.17 - 3.26)^2 + \cdots + (3.38 - 3.26)^2}{20 - 1}$$
$$= \frac{0.0902}{19} = 0.0048$$

이 계산을 통해, 우리는 변량의 차이는 분포에서 보았던 차이를 반영한다는 것을 알 수 있다. 즉, Y 세트의 변량은 X 세트의 변량보다 아주 작다.

그런데 변량이라는 개념이 통계학에서 매우 중요하고 가장 널리 사용되는 개념이지만, 우리에게 직접적이고 직관적인 해석을 제공하지는 못한다. 이는 변량은 편차 점수를 제곱한 것을 토대로 계산한 것이기 때문에, 제곱한 단위로 나오기 때문이다. X 세트에서 매력도 평정치의 평균은 2.64단위이지만 변량은 0.4293**제곱 단위**이다. 그런데 제곱 단위라는 것은 말하기도 어색하고, 자료와 관련해서 직관적인 의미도 별로 없다. 다행히도 이 문제의 해결책은 아주 간단하다. 변량의 제곱근을 구하는 것이다.

5.5 표준편차

표준편차(standard deviation. 기호로는 s 또는 σ)는 변량의 양의 제곱근이라고 정의되며, 표본의 경우 s로 표기된다(필요한 경우 변인 이름이 아래 첨자로 들어간다). 심리학 논문에서는 SD라고 표기되기도 한다. (σ라는 표기는 **전집**의 표준편차를 가리킬 때만 사용된다.) 표준편차는 다음과 같이 정의된다.

$$s_X = \sqrt{\frac{\Sigma(X - \overline{X})^2}{N - 1}}$$

우리 예에서는 편의상 반올림을 해서 각각의 표준편차를 0.66과 0.07로 한다.

$$s_X = \sqrt{s_X^2} = \sqrt{0.4293} = 0.6552$$
$$s_Y = \sqrt{s_Y^2} = \sqrt{0.0048} = 0.0689$$

공식을 보면 표준편차는 평균절대편차처럼 기본적으로 각 점수가 평균에서 벗어난 편차 점수의 평균을 알려주는 측정치라는 것을 알 수 있다. 이 편차 점수를 제곱하고 합해서 평균을 내는 등의 계산 절차는 있지만, 기본적으로 표준편차는 편차에 관한 것이다. 그리고 N 대신 $(N - 1)$로 나누지만, 이 편차들의 평균 비슷한 것을 얻는다. 그러니까 우리는 크게 자료를 왜곡하지 않으면서 X 세트의 매력 평정도는 평균적으로 평균에서 0.66단위만큼 양이나 음으로 벗어나며, Y 세트의 경우에는 평균에서 평균적으로 0.07단위만큼 벗어난다고 말할 수 있다. 이것은 네 개 얼굴의 평균으로 만든 사진의 매력도의 변산성은 32개 얼굴의 평균으로 만든 사진의 매력도의 변산성보다 10배 정도 크다는 것을 의미한다.

이렇게 표준편차를 평균적인 편차라고 느슨하게 보는 방법은 표준편차라는 개념을 크게 손상하지 않으면서 그 의미를 이해하게 해준다.

이 결과는 우리에게 매력도에 대해 흥미로운 것을 두 가지 알려준다. 여러 사람의 얼굴을 컴퓨터로 평균을 내어 합성하면 유사한 합성 사진이 나온다는 것은 Y 세트의 사진의 평정치의 변산성이 크지 않다는 것에 의해 잘 드러난다. 즉, 32장에서 만든 합성 사진들은 서로 비슷비슷하게 판단되었다. 둘째, Y 세트의 매력도 평정치의 평균이 X 세트의 평균보다 높다는 것은 더 많은 얼굴들을 평균 내는 것이 더 매력적인 합성 사진을 만들어낸다는 것을 보여준다. 이것은 여러분의 일상생활에서의 경험과 일치하는가? 나는 얼굴 특징이 두드러진 경우 더 매력적으로 보인다고 기대했는데, 아마도 내가 틀린 것 같다. 여러분이 매력적이라고 생각했던 얼굴을 한번 떠올려보라. 정말 특징적인 얼굴이었을까? 만약 그렇다면, 이 결과를 설명해줄 다른 가설을 생각할 수 있는가?

우리는 또한 얼마나 많은 점수들이 평균과 1 표준편차 이내의 차이를 갖는가라는 점에서도 표준편차를 생각해볼 수 있다. 비교적 대칭적이고, 산과 같은 형태의 분포인 경우, 대략 전체 점수의 3분의 2 정도가 평균과 1 표준편차 이내에 있다고 말할 수 있다(6장에서 다룰 정상분포에서는 거의 정확하게 3분의 2가 된다). 비록 예외가 있기는 하지만(특히 아주 심하게 편포된 분포에서는 예외가 있지만) 이 규칙은 상당히 유용하다. 만약 내가 여러분에게 2014년도에 전통적인 직장에 입사한 대학교 졸업생의 임금이 평균 연 45,445달러이고, 표준편차가 4,000달러라고 말하면, 여러분은 졸업생의 약 3분의 2 정도는 연봉이 41,500~49,500달러가 되겠다고 짐작할 것이다.

변산성 지표

- 범위(range): 최솟값과 최댓값의 차이
- 사분점 간 범위(interquartile Range): 최상위 25%와 최하위 25%를 제거하고 난 후의 범위, 즉 전체 점수 분포의 중앙 50%의 범위
- 평균절대편차(average absolute deviation): 평균으로부터의 절대편차의 합을 표본크기로 나눈 값
- 변량(variance): 평균으로부터의 편차의 제곱의 합을 [표본크기 − 1]($N - 1$)로 나눈 값

$$s_X^2 = \frac{\Sigma(X - \overline{X})^2}{N - 1}$$

- 표준편차(standard deviation): 변량의 제곱근

$$s_X^2 = \sqrt{\frac{\Sigma(X - \overline{X})^2}{N - 1}}$$

5.6 변량과 표준편차 계산 공식

앞서 인용한 변량과 표준편차에 대한 공식은 아주 정확하기는 하지만, 자료가 웬만큼 커지게 되면 손으로 계산하기엔 불편하다. 그리고 소수로 나오는 편차들을 제곱하다 보니 반올림에 따른 오차도 자주 일어난다. 앞서 본 계산 공식은 아주 훌륭한 정의식이지만, 이제는 보다 실용적인 계산 공식에 대해 알아보기로 한다. 이 계산 공식들은 앞서 본 정의식과 대수적으로는 동일하기 때문에, 정의식과 같은 값을 훨씬 쉽게 제공한다. (재미있는 것은 이전 판에서는 이제 설명하려는 계산 공식을 강조했는데, 사람들이 계산기보다 컴퓨터를 점점 더 많이 사용하기 때문에 정의식을 강조하는 쪽으로 입장이 달라졌다는 점이다. 표준편차가 무엇인지 알고 싶다면 좀 전에 보았던 식을 유념하라. 만약 계산을 해야 한다면 아래 나오는 식을 활용하라.)

표본 변량의 정의식은 다음과 같다.

$$s_X^2 = \frac{\Sigma(X - \overline{X})^2}{N - 1}$$

이 공식과 대수적으로 같지만, 보다 더 실용적인 계산 공식은 다음과 같다.

$$s_X^2 = \frac{\Sigma X^2 - \dfrac{(\Sigma X)^2}{N}}{N - 1}$$

마찬가지로 표본의 표준편차는 다음과 같다.

$$s_X = \sqrt{\frac{\Sigma(X - \overline{X})^2}{N - 1}}$$

$$= \sqrt{\frac{\Sigma X^2 - \frac{(\Sigma X)^2}{N}}{N - 1}}$$

이 계산 공식을 $N = 20$인 X 세트 자료에 적용해보면

$$s_X^2 = \frac{\Sigma X^2 - \frac{(\Sigma X)^2}{N}}{N - 1}$$

$$= \frac{1.20^2 + 1.82^2 + \cdots + 4.02^2 - \frac{52.89^2}{20}}{19}$$

$$= \frac{148.0241 - \frac{52.89^2}{20}}{19} = 0.4293$$

이 된다. 이 계산식을 이용하려면 우선 모든 점수들을 더해야 한다. 이것이 ΣX이다. 그 다음 각 점수들을 제곱해서 이것들을 더하는데, 이것이 ΣX^2이다. N은 점수의 개수이다. 계산식의 해당 부분에 이 값들을 대입해서 계산하면 답이 나온다. 이 답은 앞에서 정의식을 사용해서 계산한 답과 일치한다. 그리고 2장에서 언급했듯이 $\Sigma X^2 = 148.0241$은 $(\Sigma X)^2 = 52.89^2 = 2797.35$와 아주 다르다. 제곱한 점수들을 더한 것과 점수의 총점을 제곱한 것은 아주 다른 것이다. Y 세트의 표준 편차 계산은 여러분이 직접 해보는데, 그 답은 0.0689이다.

이 책을 공부해나가는 동안 필요한 수학은 좀 전에 계산할 때 사용한 정도라는 점에서 마음 편하게 이 책을 공부해나가기 바란다(이 책을 공부할 때 필요한 수학은 고등학교에서 다 배운 것이라고 이미 말했던 것을 기억하라).

5.7 추정치로서의 평균과 변량

1장에서 전집 분포의 특징의 추정치로 평균과 변량과 같은 측정치를 계산한다고 말했었다. 표본의 특징은 **통계치**라 불리며, 로마글자로 표기된다(예: $\overline{X}$, s_x). 반면에 전집의 특징은 **모수치**라 불리며 그리스 문자로 표기된다. 따라서 전집의 평균은 μ(소문자 뮤 mu)로,

전집의 표준편차는 σ(소문자 시그마)로 표기된다. 일반적으로 우리는 통계치를 모수치의 추정치로 사용한다.

만약 통계치를 얻는 이유가 모수치의 추정치로 사용하기 위한 것이라면 어떤 통계치를 사용하는지는 그 통계치가 모수치의 추정치로서 얼마나 적합한지에 달려있다는 것은 전혀 이상한 일이 아닐 것이다. 사실 평균이 다른 집중경향치보다 선호되는 이유는 μ의 추정치로 평균이 가장 유용하기 때문이다. 표본 변량이 정의식처럼 정의되는 이유도 표본 변량(s^2)이 전집의 변량(σ^2)의 추정치로 이용될 때 갖는 이점 때문이다.

전집 변량의 추정치로서 표본 변량

표본 변량은 추정치가 갖는 **편향**(bias)이라는 속성을 아주 잘 보여주는 예이다. 여러 번 반복해서 나온 추정치의 평균이 원래 추정하려던 전집의 모수치와 일치하지 않는 통계치를 편향된 통계치라 한다. 반면에 여러 번 반복해서 나온 추정치의 평균이 원래 추정하려던 전집의 모수치와 일치하는 통계치를 비편향된 통계치라고 한다. 비편향적인 사람이 주위에 있으면 좋은 것과 마찬가지로, 비편향된 통계가 훨씬 더 좋다. 옳은 방식으로 표본 변량을 계산하면 그 표본 변량은 비편향된 통계치가 된다.

앞에서 변량과 표준편차를 계산할 때 N 대신에 $(N-1)$을 분모로 사용한 것을 기억할 것이다. 분모 $(N-1)$을 **자유도**(degree of freedom: *df*)라 하는데, 우리가 어떤 계산을 하는 중에 표본의 값들을 사용했기 때문에 표본 크기를 조정했다는 의미이다. 조금 더 구체적인 설명을 하자면, 표본의 표준편차를 계산하려면 먼저 표본의 평균($\overline{X}$)을 계산해서 전집의 평균(μ)을 추정해야 한다. 이 계산을 했기 때문에 표본 크기를 조정해야 한다. 이제 왜 그렇게 했는지 설명하기로 한다. 미리 말해두는데 세세한 부분을 다 이해하지 않고 전반적인 의미만 이해해도 된다. 여러분이 변량이나 표준편차 계산식을 보면 분모가 $(N-1)$인 것을 보게 되는데, '그건 이상한 통계학적인 이유 때문이야'라고 맘 편하게 무시하고 넘어갈 수도 있고, 다음 부분을 읽고서 왜 $(N-1)$로 나누는 것이 합리적인지 이해할 수도 있다.

분모가 $(N-1)$인 이유를 설명하는 방법은 여러 가지가 있다. 아마도 가장 간단한 설명은 이미 말했듯이 표본의 변량(s^2)이 전집의 변량(σ^2)의 비편향된 추정치라는 것이다. 전집에서 표본의 크기가 N인 표본을 아주 많이 선정했고, 그리고 우리가 전집의 변량(σ^2)을 안다고 가정해보자. 그리고 우리가 바보처럼 표본의 변량을 $\Sigma(X-\overline{X})^2/N$으로 나누었다고 해보자. 만약 우리가 이렇게 계산한 표본 변량들의 평균을 내보면, 우리는 그 평균이 다음과 같다는 것을 알게 된다.

$$\text{평균}\left(\frac{\Sigma(X-\overline{X})^2}{N}\right) = E\left(\frac{\Sigma(X-\overline{X})^2}{N}\right) = \frac{(N-1)\sigma^2}{N}$$

여기서 $E(\ )$는 괄호 속에 있는 것의 '기댓값(expected value)'이다. 분모에 N이 들어간 경우 평균 변량은 σ^2이 되는 게 아니라, $(N-1)/N \times \sigma^2$이 된다. 제대로 한 게 아니다!

이 문제는 쉽게 해결될 수 있다.

$$평균\left(\frac{\Sigma(X-\overline{X})^2}{N}\right) = E\left(\frac{\Sigma(X-\overline{X})^2}{N}\right) = \frac{(N-1)\sigma^2}{N}$$

만약 위와 같다면, 간단한 대수 변환을 하면 다음과 같다.

$$평균\left(\frac{\Sigma(X-\overline{X})^2}{N}\right)\left(\frac{N}{N-1}\right) = E\left(\frac{\Sigma(X-\overline{X})^2}{\not{N}}\right)\left(\frac{\not{N}}{N-1}\right)$$

$$= E\left(\frac{\Sigma(X-\overline{X})^2}{N-1}\right) = \sigma^2$$

다른 말로 하면, N 대신에 $(N-1)$을 분모로 하면 σ^2의 비편향 추정치를 얻게 된다는 것이다.

자유도

이 책을 공부하다 보면 자유도라는 개념을 종종 접하게 된다. 전집의 모수치를 추정하기 위해 표본 통계치를 사용하는 경우 자유도(*df*)라는 표현이 등장하게 된다. 자유도가 $N-1$인 경우를 종종 보겠지만, 9~11장에서 보는 것처럼 경우에 따라서는 자유도가 $N-2$ 혹은 $N-3$이 되기도 한다. 구체적인 자유도가 무엇이든 간에, 자유도란 표본 크기에 적용된 조정을 의미한다. 만약 5 집단이 있거나 3 범주가 있는 경우, 집단의 자유도는 $5-1=4$가, 그리고 범주의 자유도는 $3-1=2$가 된다. 자유도란 그것이 표본 크기이든, 집단의 수든, 관찰쌍의 수든, 어떤 값에 조정을 한 것이라고 이해하면 된다. 자유도를 사용해야 할 경우에는, 어떻게 해야 하는지 자세히 말해줄 것이다.

5.8 상자 그림: 분산과 예윗값을 보여주는 방법

3장에서 줄기-잎 그림이 자료가 가진 여러 가지 의미를 한꺼번에 보여주는 것을 보았다. 줄기-잎 그림에서는 각 자료의 개별적인 값을 유지하면서 자료를 히스토그램 비슷한 형태로 결합한다. 탐색적 자료분석의 대가인 존 터키는 줄기-잎 그림 외에 다른 방법들도 제안했는데, 그중 하나가 자료의 분산을 보여주는 데 아주 탁월하다. 그 방법이 **상자 그림**(boxplot) 또는 **상자-수염 그림**(box-and-whisker plot)이라 부르는 방법이다. 터키가 제안

표 5.2_ 정상분만 영아들의 평균 입원 기간의 원자료와 줄기-잎 그림

원자료			줄기-잎 그림
2	1	7	1 | 000
1	33	2	2 | 000000000
2	3	4	3 | 00000000000
3	*	4	4 | 0000000
3	3	10	5 | 00
9	2	5	6 | 0
4	3	3	7 | 0
20	6	2	8 |
4	5	2	9 | 0
1	*	*	10 | 0
3	3	4	HI | 20, 33
2	3	4	
3	2	3	결측치 = 3
2	4		

한 상자 그림의 요소들을 계산하는 방법은 필요 이상으로 복잡한 측면이 있어서, 최근에는 보다 손쉬운 절차로 거의 유사한 그림을 그려내는 간단한 방법들을 사용한다. 이 책에서는 간단한 방법을 사용한다.

표 5.2에 제시된 원자료와 줄기-잎 그림은 출생할 때 체중이 정상인 신생아와 저체중인 신생아에 관해 버몬트 대학교에서 수행한 연구(Nurcombe et al., 1984)에 참여한 영아들의 자료의 일부로, 이 표에는 출생시 체중이 정상적인 38명의 영아들의 입원 기간에 관한 초보적인 자료이다. 그중 세 명의 영아에서는 이와 관련된 자료가 없는데, 여기서는 결측치라는 것을 별표(*)로 표시하였다(이 자료를 굳이 포함시킨 이유는 결측치를 무시해서는 안 된다는 것을 보여주기 위해서이다). 두 개를 제외한 나머지 자료들이 1에서 10 사이의 값을 갖는데 줄기-잎 그림에서 그 값들이 줄기가 되기 때문에 줄기보다 더 낮은 유효 자릿수가 없다. 그래서 잎은 0으로 표시되었다. 그러니까 히스토그램과 같은 형태의 분포를 보여주기 위해서 0이라는 잎으로 공간을 채운 것이다. 줄기-잎 그림으로 그려진 자료를 들여다보면 정적으로 편포되었으며 입원 기간의 중앙값이 3일이라는 것을 알 수 있다. 줄기의 아래 부분을 보면 'HI'라고 표기되어 있고 잎에 20과 33이 있는 것을 볼 수 있는데, 이들은 극단적인 값, 즉 예윗값들로서 자료에 이런 값들이 있다는 것을 보여주기 위해 이런 방식으로 표기했다. '정말 이 값들이 너무 커서 우리가 의심을 해야 하는 자료인가'가 상자 그림이 답해줄 것으로 기대하는 질문 중의 하나이다. 줄기-잎 그림의 가장 아래에는 결측치의 개수를 적어놓았다.

그림 5.2_ 표 5.2의 입원 기간 자료의 상자 그림

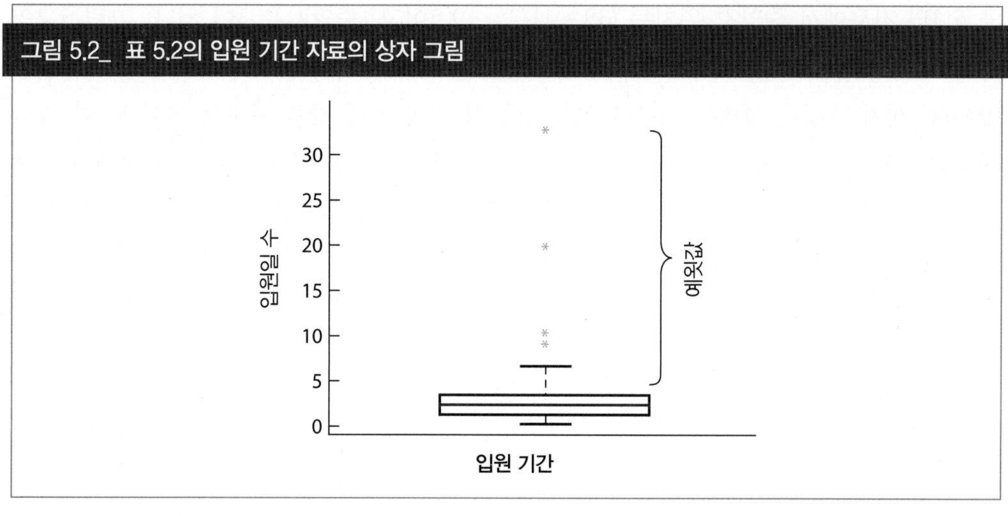

곧이어 나올 내용들을 이해하는 것을 돕기 위해 표 5.2의 원자료를 그린 상자 그림을 그림 5.2에 제시하였다. 이 상자 그림은 *R*을 사용해서 그린 것으로 코드를 수록하였다. 다른 소프트웨어를 이용하면 약간 다른 그림이 그려지지만, 그 차이는 사소하다.

```
### Boxplot of data on days of hospitalization of normal-birth weight
      infants
   days <- c(2, 1, 7, 1, 33, 2, 2, 3, 4, 3, NA, 4,
            3, 3, 10, 9, 2, 5, 4, 3, 3, 20, 6, 2,
            4, 5, 2, 1, NA, NA, 3, 3, 4, 2, 3, 4,
            3, 2, 3, 2, 4)      # NA represents missing ("not available")
                                  data
   xbar <- mean(days, na.rm = TRUE)      # na.rm tells it to first
                                           remove missing data.
   stdev <- sd(days, na.rm = TRUE)
   cat("xbar = ",xbar, "  st. dev = ", stdev)    # Print out mean and st
                                                    dev.
   boxplot(days, border = "red", boxwex = .5, col 5 "blue", main =
     "Length of Hospitalization", ylab = "Days of Hospitalization")
      ### boxwex governs width of box, col = color of box
```

상자 그림이 어떻게 만들어지는지를 이해하려면 우리가 이미 논의한 여러 개념 외에 몇 가지를 추가해야 한다. 4장에서 우리는 사례수 N인 표본에서의 중앙값 위치는 $(N+1)/2$이라고 정의하였다. N이 홀수라서 중앙값 위치가 정수일 때에는 중앙값은 자료를 크기 순서로 배열한 목록에서 중앙값 위치에 해당하는 값을 읽으면 된다. 그러나 N이 짝수여서 중앙값 위치가 정수가 아닐 때에는 중앙값 위치의 전후 두 자료의 평균이 중앙값이 된다.

표 5.3의 자료에서 중앙값 위치는 (38 + 1)/2 = 19.5이고, 중앙값은 3이 된다. 그림 5.2의 상자 그림 가운데에 있는 작은 사각형의 가운데에 수평선이 보이는데, 이 수평선이 중앙값이다. 상자 그림을 그리는 다음 단계는 상자의 위와 아래 값을 구하는 것인데, 이 값은 정렬된 분포의 양쪽 반의 중앙값이 된다. 즉 1사분점과 3사분점(quartiles. 25 백분위 점수와 75 백분위 점수)의 위치인데, 터키는 이 점을 '경첩(분기점. hinges)'이라 하였다. 사분점을 계산하려면 **사분점 위치**(quartile location)를 구해야 하는데, 사분점 위치는 다음과 같이 정의된다.

$$\text{사분점 위치} = \frac{\text{중앙값 위치} + 1}{2}$$

만약 중앙값 위치가 소수이면, 소수 이하 부분을 버린 정수 값을 사분점 위치 계산 공식의 중앙값 위치에 대입한다. 사분점 위치와 사분점의 관계는 중앙값 위치와 중앙값의 관계와 같다. 사분점 위치는 순서적으로 배열된 자료에서 사분점에 해당되는 값이 어디에 위치하는지를 알려준다. 입원일자 자료에서 사분점 위치는 (19 + 1)/2 = 10이 되고, 이는 밑에서부터 열 번째 점수와 위에서부터 열 번째 점수가 사분점의 값이라는 말이 된다. 이 값은 각기 2와 4이다. 동점이 없는 자료나 아주 큰 표본에서는 사분점이 전체 분포의 가운데 50%를 둘러싸게 된다. 그림 5.2의 상자의 위와 아래가 2와 4인데, 이는 1사분점과 3사분점에 해당한다.

상자 그림을 그리기 위해 필요한 다음 절차는 사분점 간 범위와 관련이 있다. 사분점 간 범위는 전체 분포에서 위의 4분의 1과 아래 4분의 1을 제외하고 남은 값의 범위이다. 터키는 이를 'H-범위(H-spread)'라 했지만, 이 개념은 별로 사용되지 않는다. 이 자료에서 사

표 5.3_ 용어들의 계산과 상자 그림(표 5.2 자료)

중앙값 위치	$(N + 1)/2 = (38 + 1)/2 = 19.5$
중앙값	3
사분점 위치	(중앙값 위치* + 1)/2 = (19 + 1)/2 = 10
아래 사분점(1사분점)	10번째 작은 값 = 2
위 사분점(3사분점)	10번째 큰 값 = 4
사분점 간 범위	3사분점 − 1사분점 = 4 − 2 = 2
사분점 간 범위 × 1.5	2 × 1.5 = 3
아래 수염 극단치	(1사분점 − 1.5 × 사분점 간 범위) = 2 − 3 = −1
위 수염 극단치	(3사분점 + 1.5 × 사분점 간 범위) = 4 + 3 = 7
아래 수염 끝 값	최솟값 ≥ −1 = 1
위 수염 끝 값	최댓값 ≤ 7 = 7

* 소수는 무조건 버린다.

분점 간 범위는 4 − 2 = 2가 된다. 상자 그림을 그리려면, 다음 단계로는 상자의 위와 아래에서 각기 상하로 최대 사분점 간 범위의 1.5배에 해당하는 만큼 떨어진 곳까지 **수염**(whisker)을 그리는 일이다. 자료에서 사분점 간 범위가 2이므로 수염은 상자에서 최대 3단위만큼 더 극단적인 값으로 이어진다(그 점에 해당하는 관찰이 없으면 3단위까지 가지 않는다. 그런 경우 3단위 이내로 가장 극단적인 값까지 수염을 그린다). 상자에서 3단위 아래는 2 − 3 = −1이지만, 자료에서 가장 작은 값이 1이므로 수염은 1까지만 그린다. 상자의 위로 3단위는 4 + 3 = 7인데, 자료에 7이 있으므로 위로는 7까지 수염을 그린다. 우리가 정의한 용어들의 계산 값이 표 5.3에 제시되었다.

그림 5.2를 보면 이 절차들을 잘 볼 수 있다. 남은 문제는 그림 5.2의 별표가 어디에서 나온 것인지의 문제다. 이 그림에서 별표는 수염보다 더 극단적인 값들을 가리킨다. 이 값들을 예욋값이라 하는데, 예욋값은 실제 극단적인 값일 수도 있고, 오류에서 비롯될 수도 있다. 상자 그림의 장점 중의 하나는 우리가 이런 점들에 주의를 기울이게 해준다는 점이다. 여기에 대해서는 좀 있다 다루겠다.

그림 5.2를 보면 몇 가지 중요한 점을 알 수 있다. 첫째, 분포의 중앙 부분이 비교적 대칭적이라는 점이다. 이것은 중앙값이 상자의 중앙에 있다는 것에서 알 수 있는데, 이는 줄기-잎 그림에서도 확연히 드러난다. 또 상자 위의 수염이 아래 수염보다 길다는 점에서 분포가 정적으로 편포되었다는 것을 알 수 있다. 비록 상자 그림만큼 확실하게 드러나지는 않지만, 줄기-잎 그림에서도 이것을 알 수 있다. 마지막으로, 우리는 예욋값이 네 개 있다는 것을 알 수 있는데, 예욋값은 수염보다 더 극단적인 값을 말한다. 줄기-잎 그림에서는 상자 그림만큼 예욋값의 위치를 도식적으로 보여주지는 못한다.

예욋값에 대해서는 특별히 주의를 기울일 필요가 있다. 예욋값은 측정, 기록, 또는 자료 입력 단계에서의 오류를 반영할 수도 있고, 극단적인 값이 나온 합법적인 관찰일 수도 있다. 예를 들어, 우리 자료는 입원 기간 자료인데, 미숙아가 아니라 정상적으로 출생했지만 장기간의 입원 치료를 요하는 신체적 결함을 가지고 태어난 아기가 있을 수 있다. 이 자료는 실제 자료이기 때문에, 병원 기록을 조사해서 네 개의 예욋값에 대해 자세하게 조사할 수 있다. 조사 결과 두 개는 자료를 입력할 때 실수를 한 것으로 밝혀져서 수정하였다. 나머지 두 개의 예욋값은 신생아의 신체적 문제 때문에 장기간 입원한 것으로 밝혀졌다. 이제 연구 책임자는 이 신생아들의 문제가 심각한 것이라서 자료에서 제외해야 하는지를 결정해야 한다(다행히 두 아이의 자료는 연구에 계속 사용된다). 기록 실수로 인한 두 개의 자료는 33은 3으로, 그리고 20은 5로 수정되었다. *R*을 사용한다면 정확한 값을 입력해서 코드를 수정해서 새 상자 그림을 그릴 수 있다.

지금까지 본 바와 같이 상자 그림은 자료의 분산 정도에 대해 알아볼 때 아주 유용하다. 나는 이 방법이 자료를 본격적으로 분석하기 전에 측정이나 자료 입력 등에서 오류가 없었는지, 그리고 잠재적인 문제는 없는지를 드러내는 데 특히 유용하다는 것을 안다. 이 책의 뒷부분에서도 자료를 시각적으로 제시할 때 상자 그림이 사용된다.

웹에는 상자 그림이 유용하게 사용되는 방안을 알려주거나 직접 상자 그림을 그릴 수 있게 해주는 사이트들이 많이 있다. 그중 유용한 것이 라이스 대학의 데이비드 레인(David Lane)이 만든 http://onlinestatbook.com/2/graphing_distributions/boxplots.html이다. (그가 만든 사이트들은 다 괜찮다.) 그러나 여러분 컴퓨터로 레인의 애플릿이 잘 작동되지 않으면 http://www.uvm.edu/~dhowell/fundamentals9/SeeingStatisticsApplets/Applets.html에 가서 세 번째 문단에 있는 논의를 읽어보라. 데이비드 레인의 잘못이 아니라 Sun Microsystems사가 수정했기 때문에 그런 일이 생기는 것이다. 수정하고 나서는 컴퓨터를 다시 부팅해야 한다.

아주 급한 사람들을 위해

상자 그림을 그리는 것은 별로 시간 드는 일이 아니지만, 그것을 하기에도 인내심이 부족한 사람이 있을 수 있다. 세밀한 부분은 관심이 없고 전체 자료의 분포 정도만 알고 싶으면, 중앙값과 1, 3사분점만 구한 다음, 상자를 그린다. 이어서 표본의 크기가 충분히 크다고 하면 가장 큰 2.5%와 가장 작은 2.5%를 제외한 남은 부분에서 가장 큰 값과 가장 작은 값까지 수염을 그린다. 그리고 그 극단적인 값들을 예윗값으로 그린다. 어떤 컴퓨터 프로그램은 이런 식으로 상자 그림을 그리는 것처럼 보이기도 한다.

5.9 자료 자르기

4장에서 평균을 왜곡시킬 예윗값들을 처리하는 방법의 하나로 표본을 자르는 것을 알려주었다. 즉, 분포의 양 극단에서 일정 비율의 자료를 삭제하는 방법을 알려주었다. 그리고 삭제하고 남은 자료를 이용해서 평균을 계산했다. 표본에서 변량과 표준편차를 계산할 때에도 같은 방법을 사용하면 된다고 생각할 수 있다. 그러나 우리는 이 절차를 약간 수정하려 한다.

대체 변량

20% 자른 평균의 경우 가장 큰 20%와 가장 작은 20%를 제외한 나머지 자료만을 가지고 평균을 계산하였다. 그러나 극단적인 자료들을 버리는 게 아니라 남은 자료의 가장 큰 값과 가장 작은 값으로 대체해서 평균을 구하는 **대체 평균**(Winsorized mean)이라는 것도 있다. [찰스 윈저(Charles P. Winsor)가 우리가 알고 있는 터키에게 큰 영향을 미쳤는데, 터키

가 대체를 의미하는 용어로 'Winsorizing'이라는 용어를 만들었다.] 예를 들어, 아래와 같은 자료가 있다고 하자.

12 14 19 21 21 22 24 24 26 27 27 27 28 29 30 31 32 45 50 52

전체 사례수가 20개이니까 20% 자른 평균을 구하려면 양 극단에서 4개씩 제외해서 아래와 같이 되어, 자른 평균은 316/12 = 26.33이 된다(원래 자료의 평균은 28.05이다).

21 22 24 24 26 27 27 27 28 29 30 31

이 자료를 대체 처리(Winsorize)할 경우 우리가 자른 작은 극단치들은 21(자른 표본에서 가장 작은 값)로 대체하고, 높은 극단치들은 31(자른 표본에서 가장 큰 값)로 대체한다. 그렇게 하면 아래와 같이 되고, 대체 평균은 524/20 = 26.2가 되는데, 자른 평균과 비슷한 값을 보인다.

21 21 21 21 21 22 24 24 26 27 27 27 28 29 30 31 31 31 31 31

여기서 그 이유를 설명하지는 않겠지만, 기술적인 이유 때문에 대체 평균은 거의 사용되지 않고, 자른 평균이 사용된다. 그러나 변량이나 표준편차를 계산할 때에는 대체 처리에 의존한다. 자른 평균을 가지고 작업할 경우, 자른 변량이나 자른 표준편차보다 **대체 변량**(Winsorized variance)이나 **대체 표준편차**(Winsorized standard deviation)가 더 유용하다. 그리고 대체 변량은 대체 표본을 가지고 계산한다. 그래서 이 예의 경우 다음의 자료를 가지고 계산하면 대체 변량은 16.02가 된다(자른 표본에서의 변량은 단지 9.52이다).

21 21 21 21 21 22 24 24 26 27 27 27 28 29 30 31 31 31 31 31

뒤에서 다시 대체 변량과 대체 표준편차에 대해 다룰 것인데, 여기서는 이들이 무엇인지만 알고 가자. 지금 이것의 의미를 이해했다면 여러분은 남들보다 한발 앞서 가는 셈이다.

5.10 SPSS와 *R*을 사용하여 변산성의 지표 구하기

SPSS를 사용해서 3장에서 논의했던 반응시간 자료(48쪽)의 변산성의 지표를 계산해보겠다. 그림 5.3에서 나는 `Descriptive Statistics/Explore`를 이용해서 결과를 계산했는데, 내 반응이 맞았는지, 틀렸는지에 따라 자료를 나누어 처리하였다. 그림에서 반응이 맞았던 시행에서의 기술통계치들과 반응이 틀렸던 시행에서의 기술통계치들을 볼 수 있다. 그림 오른쪽 위에 표준오차(standard error)라고 적힌 통계치가 있는데, 지금은 무시

그림 5.3a_ 반응시간 자료에서의 집중경향치와 분산의 측정치

기술통계치

		정확도	통계치	표준오차
반응시간	맞음	평균	1.6128	.02716
		평균의 95% 신뢰구간		
		하한계	1.5595	
		상한계	1.6662	
		5% 자른 평균	1.5549	
		중앙값	1.5300	
		변량	.402	
		표준편차	.63404	
		최솟값	.72	
		최댓값	4.44	
		범위	3.72	
		사분점 간 범위	.73	
		편포도	1.522	.105
		용도	3.214	.209
	틀림	평균	1.7564	.08906
		평균의 95% 신뢰구간		
		하한계	1.5778	
		상한계	1.9349	
		5% 자른 평균	1.7192	
		중앙값	1.5300	
		변량	.436	
		표준편차	.66052	
		최솟값	.72	
		최댓값	3.45	
		범위	2.73	
		사분점 간 범위	.60	
		편포도	1.045	.322
		용도	.444	.634

하고 가도 된다. 혹시 궁금하다면, 표준오차는 반복해서 표본을 선정할 경우 얻어지는 표본 **평균**들의 변산성을 알려주는 지표라는 것만 알고 가자. 반면에 표준편차는 특정 표본에서 각 관찰치들의 변산성에 대해 알려준다. 그림 5.3b에는 상자 그림이 실려 있다.

그림 5.3a에서 여러분의 선택이 잘못된 경우의 평균 반응시간이 맞은 경우보다 약간 길지만, 중앙값은 두 조건이 같은 것을 볼 수 있다. 그림 5.3b의 상자 그림을 보면 잘못된 선택일 때 분포가 정적으로 편포된 것(중앙값이 상자의 중앙이 아니다)을 보여준다. SPSS는

그림 5.3b_ 반응 정확도별 반응시간 상자 그림

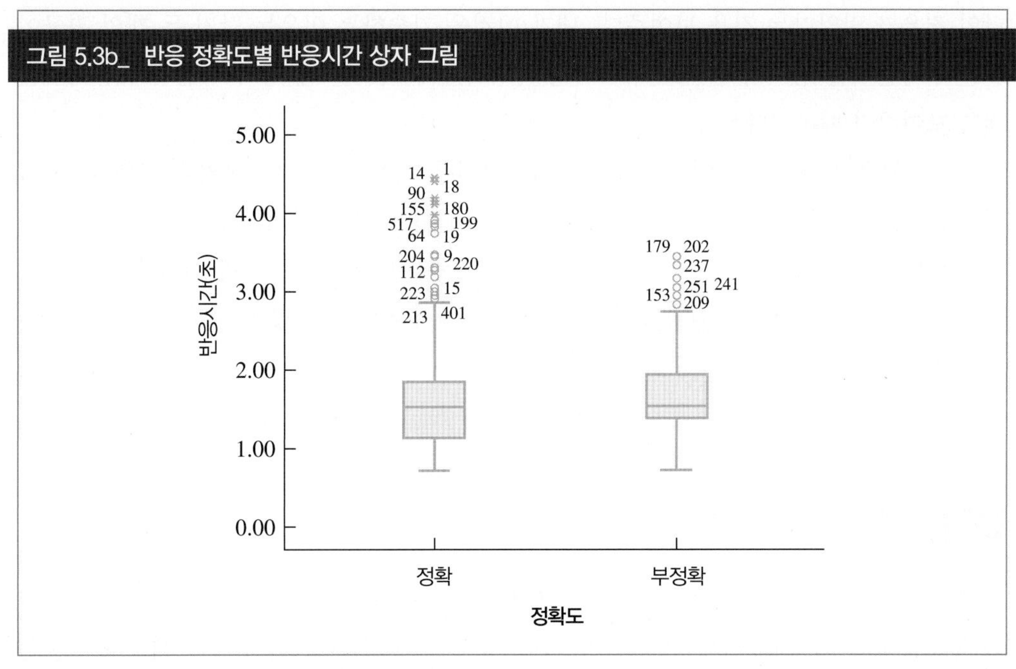

예윗값들을 자료번호로 표시해주는데, 반응 179번과 202번이 예윗값인 것을 알 수 있다. 반응이 정확했을 때 예윗값들이 더 많은 것을 볼 수 있는데, 이것은 때때로 답이 뭔지 판단하는 데 시간을 들였다는 것을 알려준다. 그리고 무엇이 답인지 파악한 경우 그것이 정

그림 5.4_ 반응시간 자료를 *R*로 분석한 결과

```
### Reaction Time Data
rxData <- read.table(file.choose(), header = TRUE) # Load Tab3-1.dat
attach(rxData)
Accuracy <- factor(Accuracy) # Convert Accuracy to a factor with levels 0 and 1
library(psych)    # Necessary because "describe" is not part of base package
correct <- RTsec[Accuracy == 1]
cat("Results for Correct trials \n")
describe(correct)
incorrect <- RTsec[Accuracy == 0]
cat("Results for Incorrect trials \n")
describe(incorrect)

Results for Correct trials
  vars  n   mean  sd   median trimmed mad  min  max  range skew kurtosis se
1    1  545 1.61 0.63   1.53    1.53  0.61 0.72 4.44  3.72 .51     3.14  0.03

Results for Incorrect trials
  vars  n   mean  sd   median trimmed mad  min  max  range skew kurtosis se
1    1   55 1.76 0.66   1.53    1.69  0.44 0.72 3.45  2.73 0.99    0.18  0.09
```

답인 경우가 많았다는 것을 보여준다. 내가 이것을 기술하는 이유는 단지 두 개의 평균이 같은지 다른지를 넘어서서 자료의 의미를 분명하게 보여주는 데 상자 그림이 유용하다는 것을 보여주기 때문이다.

*R*을 설치하고 'psych' 라이브러리를 탑재하면 *R*을 사용해서도 이 작업을 수행할 수 있다. 이 작업에 필요한 기능어는 'describe'이고 이 기능어에 필요한 정보는 여러분이 분석하려는 변인의 이름이다. 그림 5.4에 코드를 수록했는데, 먼저 반응이 정답인지에 따라 자료를 나누었다. 약간 편집한 결과를 수록하였다. 앞에서 우리는 어떻게 상자 그림을 그리는지 알아보았다.

5.11 달 착시

운전하고 가다가 지평선에 아주 큰 달이 떠있는 걸 본 적이 있을 것이다. 누가 달을 부풀려 놓았을 리는 없는데 이게 어찌된 일일까? 왜 달은 머리 바로 위에 있을 때보다 지평선에 가까이 있을 때 더 크게 보이는 것일까? 이 간단한 현상을 달 착시라 하는데 이에 대해 심리학자들은 여러 가지 이론을 제기하였고, 오랫동안 지각심리학에서 이를 다루어왔다. 카우프만과 로크(Kaufman & Rock, 1962)는 달 착시에 대해 일련의 실험을 실시하였다. 이들은 달이 머리 바로 위에 있을 때보다 지평선에 가까이 있을 때 더 멀어 보인다(**가현 거리**, apparent distance)는 것이 달 착시의 원인이라고 제안하였다('만약 그게 실제로 멀리 있는 것이라면, 그것은 커야만 해'와 같은 유형의 생각이다).[3] 우리가 12~14장에서 *t* 검증을 다룰 때 카우프만과 로크의 자료를 더 꼼꼼히 다루겠지만, 먼저 해야 할 것은 이들이 사용한 도구로도 달 착시가 일어나는지를 확인하는 일이다. 표 5.4는 카우프만과 로크가 수집한 달 착시 자료이다. 이 자료에서 1.73이라는 수치는 이 참가자에게는 달이 머리 위에 있을 때보다 지평선에 있을 때 1.73배 더 크게 보였다는 뜻이다. 그러니까 이 도구가 제대로 작동해서 착시를 경험하게 한다면 1.00보다 큰 수치가 나와야 한다고 우리는 기대한다. 1.00과 가까운 숫자는 착시를 경험하지 않았다는 의미이다. 나아가 참가자들에게 준 과제가 제대로 된 과제라면 점수의 분산이 적을 것으로 기대한다.

5장에서 다룬 내용을 복습하는 의미에서 이 자료를 이용해서 아래 통계치들을 계산할 수 있다.

---

3 카우프만 부자의 보다 최신 연구에 대해 알고 싶으면 carlkop.home.xs4all/moonillu.html에 가보라. 그 페이지의 마지막 부분에 있는 간단한 역사 이야기가 아주 재미있는데, 달 착시 현상이 얼마나 오랫동안 호기심의 대상이 되어왔는지, 그리고 가장 널리 받아들여지는 이론이 무엇인지에 대해 잘 적어놓았다.

표 5.4_ 달 착시 자료

착시(X)	X^2
1.73	2.9929
1.06	1.1236
2.03	4.1209
1.40	1.9600
0.95	0.9025
1.13	1.2769
1.41	1.9881
1.73	2.9929
1.63	2.6569
1.56	2.4336
$\Sigma X = 14.63$	$\Sigma X^2 = 22.4483$

평균:

$$\overline{X} = \frac{\Sigma X}{N} = \frac{14.63}{10} = 1.463$$

변량:

$$s^2 = \frac{\Sigma X^2 - \frac{(\Sigma X)^2}{N}}{N - 1} = \frac{22.4483 - \frac{(14.63)^2}{10}}{9} = 0.1161$$

표준편차:

$$s = \sqrt{0.1161} = 0.3407$$

그러니까 달 착시 평균이 1.46으로, 한가운데 떠있는 달보다 지평선에 있는 달이 한 배 반 정도 큰 것으로 보인다는 것이다. 표준편차가 .34라는 것에서, 우리는 전체 자료의 3분의 2 정도는 1.12와 1.97 사이, 즉 평균에서 1 표준편차 이내에 있을 것이라고 추정할 수 있다. 그래프를 통해 확인해보자.

상자 그림:

차근차근 단계를 밟아 상자 그림을 그릴 수 있다. 우리가 하는 일에는 논리적 순서가 있다는 것을 분명하게 보여주기 위해 여기서는 단계들을 세분하였다.

먼저 자료를 올림차순으로 정렬한다.

0.95 1.06 1.13 1.40 1.41 1.56 1.63 1.73 1.73 2.03

중앙값을 얻기 위해 중앙값 위치를 구한다.

중앙값 위치 = $(N+1)/2 = 11/2 = 5.5$

중앙값 = $(1.41 + 1.56)/2 = 1.485$

1사분점과 3사분점을 계산하기 위해 사분점 위치를 구한다.

사분점 위치 = (중앙값 위치 + 1)/2 = $(5+1)/2 = 3$

(필요한 경우 중앙값에서 소수점 이하는 버린다.)

사분점 = 정렬된 자료에서 위에서 세 번째 값과 아래에서 세 번째 값

= 1.13 과 1.73

이제 수염을 계산한다.

사분점 간 범위 = 1사분점과 3사분점의 거리

= $1.73 - 1.13 = 0.60$

1.5×사분점 간 범위 = $1.5 \times 0.60 = 0.90$

최대 수염 길이 = 사분점±1.5×(사분점 간 범위)

상부 수염 극단치 = $1.73 + 0.90 = 2.63$

하부 수염 극단치 = $1.13 - 0.90 = 0.23$

수염 길이를 벗어나지 않으면서 가장 근접한 값:

상부 수염 끝 점 = 2.03

하부 수염 끝 점 = 0.95

얻어진 상자 그림:

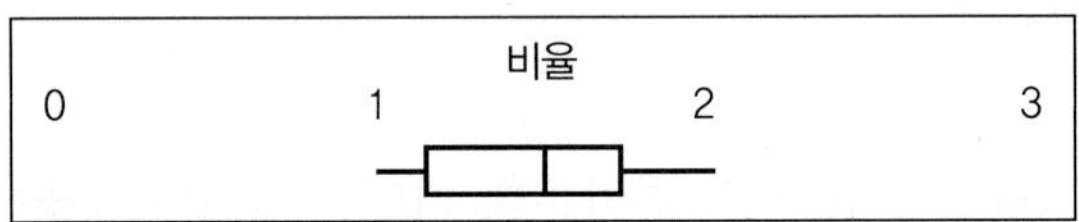

이 결과에서 평균 달 착시가 1.00보다 상당히 큰 것을 알 수 있다. 실제 단지 하나의 측정치만 1.00보다 작았다. 평균이 1.46이니까 평균적으로 지평선에 있는 달이 머리 위에 있는 달보다 거의 반 정도(46%) 더 크게 보인다고 말할 수 있다. 우리에게 더 중요한 점은 달 착시의 변산성이 상당히 작다는 점이다. 표준편차 (s) = 0.34로, 이는 측정치가 사람들 간에 비교적 비슷했고, 예욋값이 없다는 것을 뜻한다. 그러니까 카우프만과 로크의 도구가 그들의 목적에 맞게 작동하고 있는 것처럼 보인다.

5.12 통계 보기

앞에서 변량과 표준편차를 계산할 때 분모를 $N-1$로 하는 이유는 분모를 N으로 할 때보다 덜 편파된 전집 변량 추정치를 제공하기 때문이라고 했었다. 이 말이 맞는지 여러분이 직접 확인해보라고 했는데, '통계 보기(Seeing Statistics)'에 있는 매클렐런드의 애플릿을 사용하면 직접 경험해볼 수 있다. 분모를 $N-1$로 한다고 해서 항상 더 좋은 추정치를 제공하지는 않지만, 평균적으로는 그렇다.

 www.uvm.edu/~dhowell/fundamentals9/SeeingStatisticsApplets/Applets.html

위의 사이트에 가서 제목이 'Why divide by $N-1$?'인 애플릿을 실행하면 된다. 이 애플릿에서는 0에서 100 사이의 모든 숫자로 구성된 전집을 사용한다. 전집을 사용하니까 우리는 전집 평균 $\mu=50$, 전집 변량 $\sigma^2=853$, 전집 표준편차(σ) = 29.2인 것을 안다(미심쩍으면 실제 계산해볼 수 있다). 표본을 선정하기 전의 애플릿은 아래 그림과 같다.

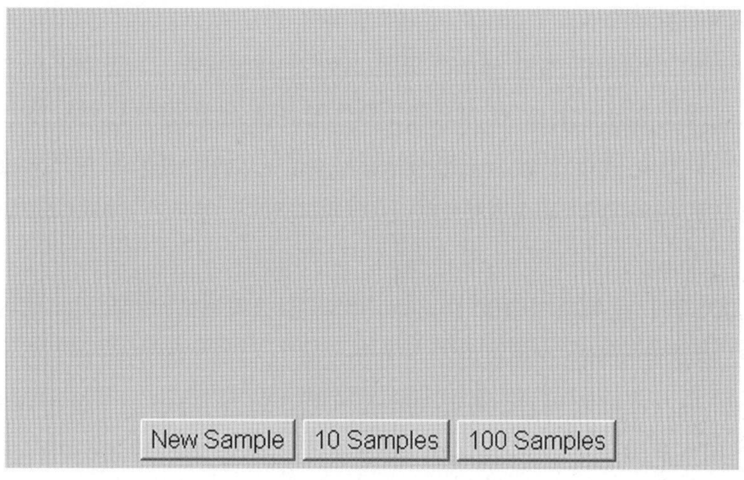

'New Sample' 버튼을 클릭하면 표본크기 3인 표본들을 선정해서 분모가 N인 경우와 $N-1$인 경우의 결과를 볼 수 있다. 먼저 표본을 하나씩 선정해서 실행해보고 그 결과들을 적어보라. 어떤 때는 N일 때 더 좋은 추정치가 나오고, 어떤 때는 $N-1$일 때 더 좋은 추정치가 나오는 것을 볼 수 있을 것이다. 이제 '10 Samples' 버튼을 클릭해보자. 표본크기 3인 표본을 10개 선정해서 10개 표본의 평균값들을 보여줄 것이다. 예는 다음과 같다.

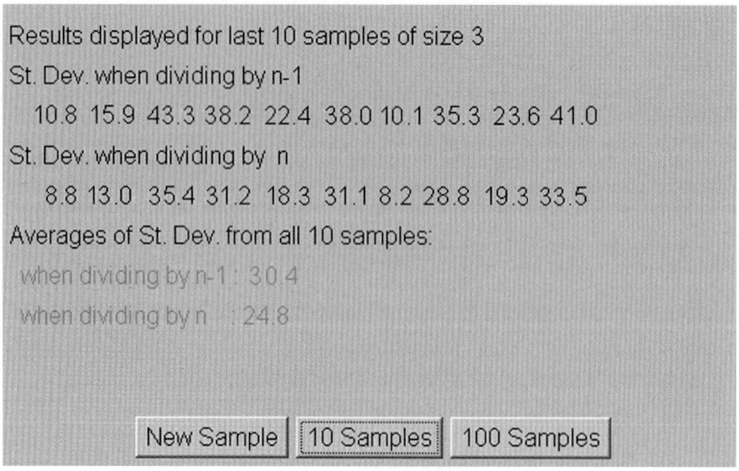

Results displayed for last 10 samples of size 3
St. Dev. when dividing by n-1
10.8 15.9 43.3 38.2 22.4 38.0 10.1 35.3 23.6 41.0
St. Dev. when dividing by n
8.8 13.0 35.4 31.2 18.3 31.1 8.2 28.8 19.3 33.5
Averages of St. Dev. from all 10 samples:
when dividing by n-1 : 30.4
when dividing by n : 24.8

New Sample | 10 Samples | 100 Samples

항상 그런 것은 아니지만, 10개 표본을 실행하면 분모가 $N-1$인 경우에 평균추정치가 더 좋다(전집 표준편차가 29.2인 것을 기억하자). 이 그림에는 내가 10개 표본을 선정했을 때 분모가 N인 경우와 $N-1$인 경우 각 표본의 표준편차 추정치, 그리고 10개 표본 추정치의 평균이 제시되었다.

이 버튼을 계속 클릭하면 매번 새로운 표본 10개가 생성된다. 그 옆 버튼을 클릭하면 한 번에 100개 표본이 생성된다. 이런 식으로 500개 표본을 생성했더니, 분모가 $(N-1)$일 때 평균추정치가 31.8로 나와 전집 표준편차보다 2.6단위 컸다. 분모를 N으로 했더니 평균추정치가 26으로 나와 전집 표준편차보다 3.2단위 작았다. 분모가 $(N-1)$일 때 결과가 더 좋았다.

표본이 5,000개가 될 때까지 '100 Samples' 버튼을 클릭해보라. 두 가지 분모를 사용했을 때 각각의 평균 추정치는 어떠한가?

개별 표본의 크기인 N이 커질수록 분모가 N인 경우와 $N-1$인 경우의 상대적인 차이는 줄어드는데, 이것은 표본 크기가 커지면 두 추정치 사이의 차이가 작아진다는 것을 보여준다. 아울러 표본 크기가 커지면 표본 표준편차의 평균이 전집 표준편차와 점점 더 유사해진다. 화면의 두 번째 애플릿에서는 표본 크기 15로 위 절차를 반복할 수 있게 해준다. 이 변화는 결과에 어떤 영향을 미치는가?

5.13 요약

3, 4, 5장에서 자료를 그림으로 그리기, 분포의 집중경향치 계산하기, 변산성 지표 계산하기에 대해 배웠다. 이 책의 뒷부분에서 그림 그리기에 대해 더 배우겠지만, 이제 평균과 표준편차와 같은 기술통계치에 대해 필요한 정보는 기본적으로 갖추게 되었다.

이 장은 변산성의 가장 간단한 지표인 범위에서 시작하였다. 범위는 가장 작은 값과 가장 큰 값의 차이이다. 이를 토대로 상하 25%를 제외한 범위인 사분점 간 범위에 대해 알아보았다. 상하위 25%씩을 제거했으니까 사분점 간 범위는 25% 자른 표본의 범위로도 볼 수 있는데, 사분점 간 범위가 특별히 중요한 것은 없으니까 그냥 일정 비율이 제거된 표본의 범위라는 것만 알면 되겠다.

변산성의 지표로 가장 널리 사용되는 것이 표본 변량(s^2)과 표본 표준편차(s)이다. 변량은 기본적으로는 각 관찰치와 표본의 평균과의 차이의 제곱의 평균이다. 변량을 계산하려면 편차의 제곱의 합을 표본 크기인 N으로 나누지 않고 [표본 크기 − 1]인 ($N-1$)로 나누어 평균을 계산한다. 이렇게 해서 전집 변량(σ^2)의 비편향된 추정치를 얻는다. 표본의 표준편차(s)는 표본 변량의 제곱근이다. 비편향된 추정치란 반복해서 얻은 통계치의 평균이 추정하려는 전집의 모수치와 같은 것을 말한다. 자른 표본을 가지고 작업할 경우, 표본의 변량과 표준편차는 대체 표본을 이용해서 계산한다는 것을 보았다. 대체 표본이란 자른 표본에서 제거되는 극단적 관찰치들을 제거하는 대신 그 값을 나머지 분포에서 가장 크거나 작은 값으로 대체한 표본을 말한다.

변량과 표준편차의 계산식도 알아보았다. 이전에 직접 계산할 때 계산식을 사용하면 시간을 줄여주고 오류를 줄여 주어서 유용했지만, 계산기를 사용해서 직접 계산해야 하는 게 아니라면 계산식이 중요할 이유가 없다.

자료를 시각적으로 제시하는 아주 유용한 방안으로 상자 그림을 소개하였다. 중앙값에 수평선을 그리고, 1사분점과 3사분점을 둘러싸는 상자를 그린 다음, 상자의 양 극단에서 더 극단적인 방향으로 수염을 그린다. 수염은 사분점 간 범위의 1.5배를 넘어서면 안 되는데, 가장 극단적인 관찰치가 이 값보다 덜 극단적이면 그 관찰치까지만 그린다. 이 범위를 넘어서는 것은 예외값으로 간주되며 특별한 주의가 필요하다.

주요 용어

분산dispersion 100
변산성variability 100
범위range 103
예욋값outlier 103
사분점 간 범위interquartile range 103
자른 표본trimmed sample 104
자른 통계치trimmed statistics 104
표본 변량sample variance: s^2 105
전집 변량population variance: σ^2 105
표준편차standard deviation: s, σ 106
편향bias 110
자유도degree of freedom: df 110
기댓값expected value 111
상자 그림boxplot 111
상자-수염 그림box-and-whisker plot 111
사분점 위치quartile location 114
수염whisker 115
대체 평균Winsorized mean 116
대체 변량Winsorized variance 117
대체 표준편차Winsorized standard deviation 117

5.14 빠른 개관

A 예욋값이란?

답 아주 극단적인 점수

B 사분점 간 범위의 가장 큰 문제점은 무엇인가?

답 많은 관찰치들을 제거하기 때문에 단순한 극단적인 값들이 아닌 다른 이유에서 비롯된 변산성의 상당 부분을 알 수 없게 한다.

C 사분점 간 범위를 자른 표본으로는 어떻게 서술할 수 있는가?

답 25% 자른 표본

D 평균으로부터의 편차의 평균은 어떤 점에서 문제가 되는가?

답 편차 평균은 0일 수밖에 없다.

E 왜 표준편차가 변량보다 자료를 기술할 때 더 좋은 측정치인가?

답 변량은 제곱으로 표현된 측정치인 데 반해 표준편차는 측정치들의 단위와 같은 단위로 표현되기 때문에 더 좋은 측정치가 된다.

F 왜 변량과 표준편차를 계산할 때 N이 아니라 $N-1$로 나누는가?

답 $N-1$로 나누는 것이 전집의 변량과 표준편차의 비편향된 추정치를 제공하기 때문이다.

G 모수치의 '비편향된' 추정치란 무슨 의미인가?

답 여러 번 반복해서 나온 추정치의 평균이 원래 추정하려던 전집의 모수치와 일치하는 추정치

H $N-1$과 같은 정보를 무엇이라 하는가?

답 자유도

I '사분점 위치'란 무엇인가?

답 1사분점과 3사분점에 해당하는 위치

J 상자 그림에서 수염의 끝점은 어떻게 결정하는가?

답 상자의 위와 아래로부터 사분점 간 범위의 1.5배 이상 떨어지지 않은 점수로 자료 중 가장 크거나 작은 값

K 대체 표본이란 무엇인가?

답 잘려진 점수를 남은 자료 중 가장 크거나 가장 작은 점수로 대체한 표본

5.15 연습문제

5.1 카츠 등(1990)의 자료 중 예문을 읽지 않은 참가자들의 SAT 점수의 범위, 변량, 표준편차를 계산하라.

54 52 51 50 36 55 44 46 57 44 43 52
38 46 55 34 44 39 43 36 55 57 36 46
49 46 49 47

5.2 카츠 등의 자료 중 예문을 읽은 참가자들의 SAT 점수의 범위, 변량, 표준편차를 계산하라.

66 75 72 71 55 56 72 93 73 72 72 73
91 66 71 56 59

5.3 *R*을 사용해서 연습문제 5.1과 5.2를 풀어보라. ('psych' 라이브러리에서 'describe' 명령어를 사용하면 쉽다.)

5.4 연습문제 5.1에서 몇 %의 점수가 평균에서 2 표준편차 이내에 들어있는가?

5.5 연습문제 5.2에서 몇 %의 점수가 평균에서 2 표준편차 이내에 들어있는가?

5.6 일곱 개의 점수로 구성된 작은 자료 세트를 만들어서, 각 점수에 상수를 더하거나 빼는 것은 표준편차를 변화시키지 않는다는 것을 예시해보라. 각 점수에 상수를 더하거나 빼면 평균은 어떻게 되는가?

5.7 연습문제 5.6에서 만든 자료 세트를 가지고, 각 점수에 상수를 곱하거나 나누는 것은 표준편차를 상수의 절댓값만큼 곱하거나 나누는 만큼 변화시킨다는 것을 예시해보라. 각 점수에 상수를 곱하거나 나누면 평균은 어떻게 되는가?

5.8 연습문제 5.6과 5.7에서 터득한 것을 이용해서 표준편차가 1.00이 되게 아래 자료를 변형해보라.

5 8 3 8 6 9 9 7

5.9 연습문제 5.6과 5.7의 답을 이용해서 연습문제 5.8의 자료가 평균이 0, 표준편차가 1.00이 되게 자료를 변형해보라.(주: 연습문제 5.8과 5.9의 해답은 6장에서 중요하게 다루어진다.)

5.10 범위는 같지만 변량은 다르게 점수 세트를 두 개 만들어보라.

5.11 연습문제 5.1의 자료로 상자 그림을 그려보라.

5.12 *R*이나 SPSS를 사용해서 연습문제 5.2의 자료로 상자 그림을 그려보라.

5.13 부록 C의 ADDSC 변인을 가지고 상자 그림을 그려보라. 자료는 다음 사이트에 있다.

https://www.uvm.edu/~dhowell/fundamentals9/DataFiles/Add.dat

5.14 부록 C의 ENGG 자료를 이용하여 다음 물음에 답하라.

(a) ENGG의 변량과 표준편차를 구하라.

(b) 이 값들은 GPA의 변량과 표준편차보다 커야 된다. 왜 커야 되는지 설명할 수 있는가? (이에 대해서는 12장에서 다루는데, 그 이유를 알겠는지 한번 시험해보라.)

5.15 연습문제 5.1에 주어진 자료의 평균은 46.57이다. 이제 46.57점을 받은 한 명이 추가되었다고 가정해보자. 이 추가된 자료를 가지고 변량을 구해보라. (연습문제 5.1에서 사용한 중간 단계들을 이용해서 계산할 수 있다.) 추가된 점수는 연습문제 5.1의 답에 비해 어떤 변화를 일으켰는가?

5.16 평균과 같은 값을 가진 자료를 하나 추가한 연습문제 5.15와는 달리 연습문제 5.1의 자료에 40을 하나 추가해서 연습문제 5.1을 다시 계산해보라. 무엇이 달라졌는가?

5.17 SPSS, *R*, 또는 기타 통계 프로그램을 이용해서 심적 회전 자료에서 회전각의 증가의 영향을 보여주는 상자 그림을 그려보라(그림 5.3b 참고). 자료는 https://www.uvm.edu/~dhowell/fundamentals9/DataFiles/MentalRotation.dat에 있다. (확장자가 'sav'인 파일은 SPSS 파일이다. SPSS를 사용하려면 이 파일을 다운받을 수 있다.)

5.18 아래 자료를 가지고 질문에 답하라.

1 3 3 5 8 8 9 12 13 16 17 17 18 20 21 30

(a) 상자 그림을 그리라.

(b) 표준편차를 계산하고, 각 점수를 표준편차로 나누라.

(c) (b)의 답을 가지고 상자 그림을 그리라.

(d) 두 상자 그림을 비교하라.

5.19 아래 그림은 입원 기간에 관한 표 5.3의 자료를 JMP 통계 패키지로 처리한 결과이다. 상자 그림이 수록되어 있는데, 이 상자 그림을 우리가 사용해온 상자 그림과 비교해보라. (힌트: 평균이 4.66이다.)

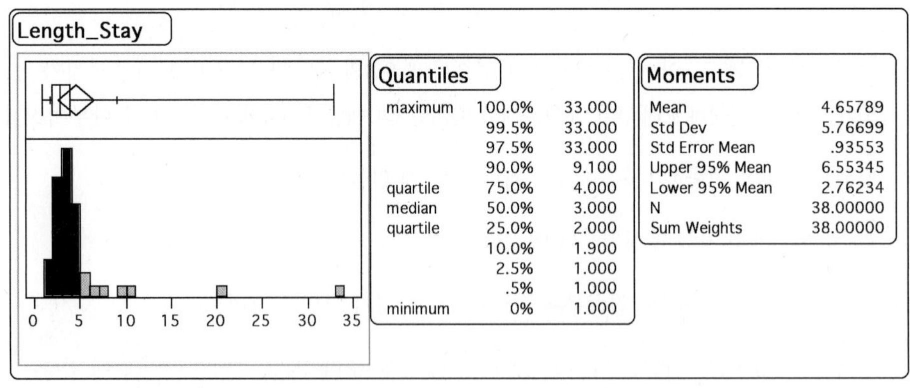

5.20 본문 5.10절에서는 3장의 반응시간 자료를 이용해서 통계치들을 계산하였다. 이 자료를 보고 정확성과 반응시간의 관계에 대해 결론을 내려보라.

5.21 핸드 등(Hand et al.1994)이 보고한 것을 보면, 에버릿(Everitt)은 세 가지 처치 조건에 배정된 절식증을 보이는 72명의 소녀들의 체중 증가 자료를 아래와 같이 보고하였다. 이 세 집단은 인지행동치료 집단, 가족 치료 집단, 아무 처치도 받지 않은 통제집단이다. 자료는 아래와 같은데, 웹에 Ex5.21.dat으로 수록되어 있다.

인지행동	1.7	0.7	−0.1	−0.7	−3.5	14.9	3.5	17.1	−7.6	1.6	11.7	6.1	1.1	−4.0
치료	20.9	−9.1	2.1	−1.4	1.4	−0.3	−3.7	−0.8	2.4	12.6	1.9	3.9	0.1	15.4
	−0.7													
가족치료	11.4	11.0	5.5	9.4	13.6	−2.9	−0.1	7.4	21.5	−5.3	−3.8	13.4	13.1	9.0
	3.9	5.7	10.7											
통제집단	−0.5	−9.3	−5.4	12.3	−2.0	−10.2	−12.2	11.6	−7.1	6.2	−0.2	−9.2	8.3	3.3
	11.3	0.0	−1.0	−10.6	−4.6	−6.7	2.8	0.3	1.8	3.7	15.9	−10.2		

(a) 집중경향과 변량에 대해 어떤 가설을 세우겠는가?

(b) 각 집단별로 관련된 기술통계와 그래프를 그려보라.

(c) 어떤 결론을 내릴 수 있으며, 왜 그런 결론을 내리는가?(아직 가설검증에 대해 다루지 않았지만, 여러분은 초보적인 가설검증을 해볼 수 있다. 어떻게 할 것인지를 찬찬히 생각해보라. 이 경험은 8장에서 도움이 될 것이다.)

5.22 연습문제 5.1의 평균, 표준편차와 변량을 자른 표본과 대체 표본에서 계산한 통계치들과 비교해보라.

5.23 연습문제 5.21의 인지행동치료 집단의 평균, 표준편차, 변량을 20% 자른 표본과 대체 표본을 이용해서 계산한 통계치들과 비교해보라. 왜 대체 변량이 원래 변량보다 두드러지게 작은지 설명해보라. ('psych' 라이브러리를 탑재하고 'describe' 명령어를 사용하면 *R*로 할 수 있다.)

6장 / 정상분포

앞선 장에서 기억할 필요가 있는 개념

독립변인 independent variable　여러분이 통제하는 변인

종속변인 dependent variable　여러분이 측정하는 변인. 자료

***X*축** X axis　가로축, 수평축

***Y*축** Y axis　세로축, 수직축

히스토그램 histogram　종속변인의 값을 *X*축에 놓고, 그 값이 관찰된 빈도를 *Y*축에 그리는 그림

막대그래프 bar chart　독립변인을 *X*축에 놓고, 평균이나 다른 측정치를 *Y*축에 그리는 그림

$\bar{X}$　평균의 기호

s^2　변량의 기호

Σ　합의 기호

N　관찰 수

이 장에서는 통계학자들에게 아주 중요한 분포인 정상분포에 대해 알아본다. 내 생각에 이 분포가 아주 흔하고, 체중, 지능, 자신감 등 다양한 측정 자료에 적용되기 때문에 이 분포를 정상분포라고 부른 것 같다. 각기 평균과 변량이 다른 정상분포들이 무수히 많기 때문에 이것들을 공통적으로 기술하는 틀을 만드는 방법에 대해 알아본다. 이어서 정상분포를 이용해서 확률을 계산할 수 있다는 것을 알아보고 그 방법에 대해 살펴본다. 그리고 정상분포와 유사한 여러 가지 분포들과 그 활용에 대해 알아본다. 마지막으로 애플릿을 이용해서 실습해본다.

앞장들에서 보았듯이 우리는 분포에 대해 관심이 많다. 자료 분포, 전집의 가상적인 분포, 표집분포 등에 대해 아주 관심이 많다. 분포가 취할 수 있는 가능한 형태들 중에서 **정상분포**(normal distribution)가 특히 우리 목적에 잘 들어맞는다.

정상분포에 대해 자세히 살펴보기 전에 왜 우리가 분포에 관심이 많은지에 대해 잠시 생각해보자. 분포에 대해 관심을 기울이는 결정적인 요인은 분포와 확률 간에 밀접한 관계가 있다는 사실 때문이다. 우리가 사건이나 표본 통계치들의 분포에 대해 알면, 이 사건이나 표본 통계치가 일어날 확률을 알 수 있다. 이 말이 무슨 말인지 아래 파이그래프를 보도록 하자. (이 책에서 파이그래프는 이번 한 번만 사용된다. 파이그래프는 정확하게 해석하는 것이 어렵고, 다른 좋은 방안들이 있기 때문에 나는 파이그래프를 별로 사용하지 않는다. 의미가 분명하게 전달되지 않는 그래프를 사용해서는 안 된다.)

그림 6.1에 있는 파이그래프는 집행유예와 가석방에 관한 미국 법무부의 보고서에서 가져온 것인데, 형사범들의 상태에 관해 보여준다. 이 그림에서 형사범의 9%가 구치소에 있고, 19%는 교도소에 있으며, 61%는 집행유예 상태이고, 11%는 가석방 상태라는 것을 알 수 있다. 그리고 각 범주의 %는 파이그래프에서 그 범주가 차지하는 영역으로 반영된다는 것을 알 수 있다. 각 부분이 차지하는 넓이는 그 부분에 속한 사람의 비율에 비례한다. 아울러 우리가 전체 영역을 1.00으로 가정하면, 각 부분의 넓이는 그 부분에 속한 관찰의 비율과 일치한다.[1]

그림 6.1_ 교정 처분을 받은 사람들의 자료(1982년 자료)를 그린 파이그래프[2]

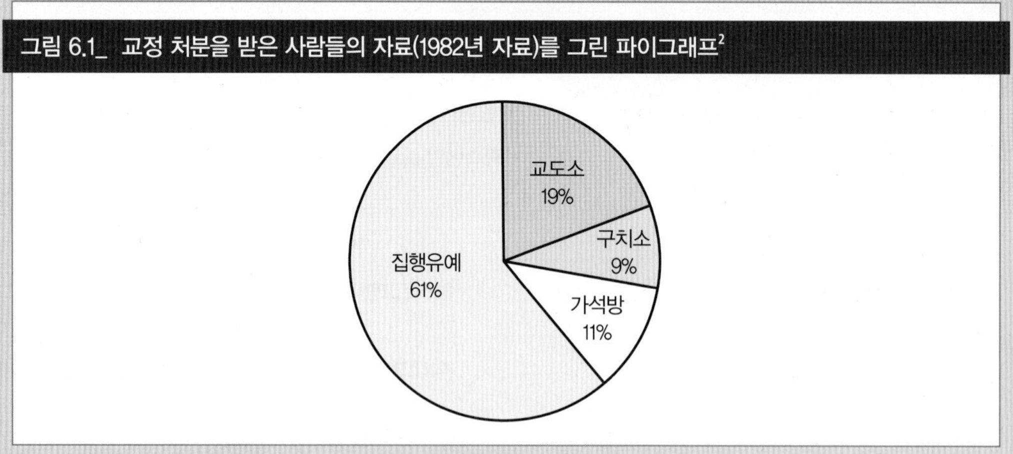

1 파이의 면적이 1.0단위라는 것이 어색하게 느껴질 수 있다. 그럴 경우 파이그래프를 전체 면적이 1제곱인치가 되게 고쳐 그렸다고 생각하자. 그 경우 전체 면적의 25%를 차지하는 부분의 면적은 실제 0.25제곱인치가 된다.

넓이를 이용해서 확률을 설명하는 것은 아주 쉽다. 확률에 대해서는 7장에서 자세히 다룬다. 그러나 확률에 대해 정확한 정의를 내리지 않아도 파이그래프에서의 면적에 대해서는 쉽게 이해할 수 있다. 당장은 확률을 어떤 사건이 일어날 가능성이라는 일상적인 용어로 이해하자. 이 관점에서 보면 형사범으로 기소된 사람들의 19%가 교도소에 있으니까, 만약 우리가 기소된 사람들 명단에서 무선적으로 한 사람의 이름을 뽑으면, 그 사람이 교도소에 있을 확률은 .19라고 결론 내리는 것은 논리적으로 문제가 없다. 다른 말로 표현하자면, 파이 전체 면적의 19%가 교도소에 할당되었다면, 무선적으로 뽑힌 사람이 그 부분에 있을 확률은 .19이다.

파이그래프에서는 영역들을 더하는 것도 가능하다. 만약 19%가 교도소에 있고, 9%가 구치소에 있다면, 이 둘을 합쳐서 28%가 격리되어 있다는 것이 명확하다. 다른 말로 하면, 몇 가지 유목에 속한 사람들의 비율은 각 유목에 속한 사람들의 비율을 더하면 된다는 것이다. 넓이에서도 마찬가지이다. 파이그래프에서 구치소의 넓이와 교도소의 넓이를 합하면 격리되어 있는 사람의 비율을 구할 수 있다. 마지막으로, 각 유목이 차지하는 넓이를 더해 비율을 알 수 있다면, 넓이들을 더해 확률을 알 수 있다. 따라서 격리되어 있을 확률은 격리에 속하는 두 유목 중의 하나에 속할 확률인데, 이는 두 유목의 넓이(혹은 두 유목의 확률)를 더하면 알 수 있다. 내가 말한 것 중에 여러분이 몰랐던 것은 없었을 것으로 생각하는데, 그럼에도 장황하게 설명한 것은 다음에 설명할 것들의 기초를 닦기 위해서이다.

자료를 제시하는 방법은 파이그래프 외에도 여러 가지가 있다. 가장 간단한 방법 중의 하나는 막대그래프이다. 막대그래프에서 막대의 높이는 그 범주에 해당하는 사례들의 비율과 비례한다. 이미 그림 3.5에서 가로축에 반응의 정확성을, 세로축에 평균 반응시간을 그린 막대그래프를 본 적이 있다. 그림 6.2는 그림 6.1의 자료를 막대그래프로 그린 것이다. 막대그래프는 파이그래프에 없는 새로운 정보를 주지는 않지만 파이그래프에 비해 두 가지 장점을 갖는다. 첫 번째 장점은 파이그래프에 비해 유목들을 비교하는 것이 쉽다는 것이다. 파이그래프에서는 방향이 다른 호(arc)들의 길이를 비교해야 하지만, 막대그래프에서는 막대들의 높이만을 보면 된다. 두 번째 장점은 막대그래프는 앞으로 우리가 다룰 여러 가지 분포들과 시각적인 특징들을 공유한다는 점이다. 즉 각각의 유목들이 가로축에 놓여지고, 각 유목의 비율이 세로축에 그려진다는 특징들을 공유한다. 여기서도 각 유목의 넓이는 그 유목의 확률과 관계가 있다. 나아가 파이그래프와 마찬가지로 유목들이 차

---

2 2004년 통계자료에서는 구치소 10%, 교도소 20%, 집행유예 60%, 가석방 10%인데, 이 자료는 기소자들을 처리하는 방식에 어떤 변화가 있다는 것을 알려주는가? 교정 감독(correctional supervision)이라는 단어로 인터넷을 검색해보면, 재미있는 통계 자료들을 접할 수 있는데, 보고서를 작성한 사람의 정치적 입장에 따라 차이가 나는 경향이 보인다. 특히 http://www.ojp.usdoj.gov/bjs/glance/corr2.html에 들어가서 그림을 더블클릭하면 원자료를 볼 수 있다. 걱정스러운 점은 백분율은 별로 달라지지 않았는데, 전체 숫자가 급격히 늘었다는 점이다.

그림 6.2_ 교정 관리를 받고 있는 사람들의 판결 유형별 비율을 보여주는 막대그래프[3]

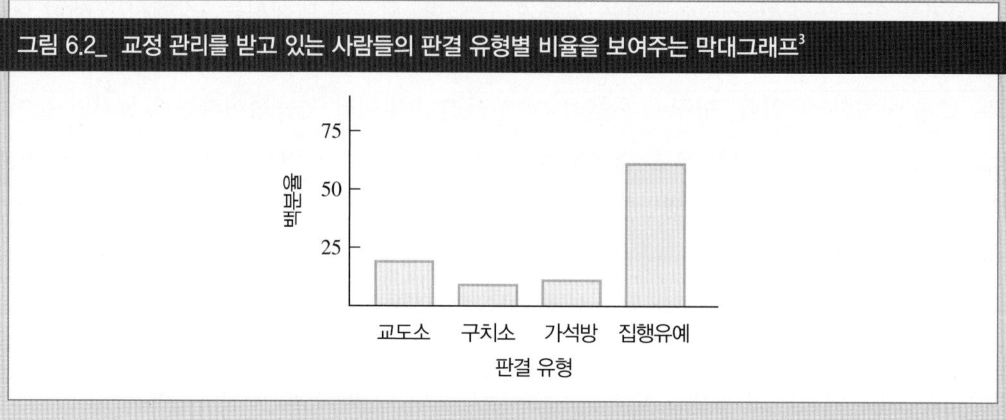

지하는 넓이를 더해 유목을 합한 새 유목의 확률을 구할 수 있다. 넓이, 백분율, 확률, 넓이나 확률을 더하는 원리는 우리가 좀 더 일반적인 분포, 특히 정상분포를 다룰 때에도 그대로 적용된다.

6.1 정상분포

이제 정상분포에 대해 알아보도록 하자. 정상분포는 앞으로 계속 사용하게 될 가장 중요한 분포 중의 하나라고 기술했다. 우리가 이런 주장을 하는 데는 몇 가지 근거가 있다.

1. 우리가 다룰 종속변인의 대부분은 전집이 정상분포라고 가정한다. 만약 우리가 전집을 다 관찰한다면, 그 관찰치들로 만든 분포는 정상분포와 아주 유사하다는 것을 가정한다는 말이다. 이 가정은 우리가 자료를 이용해서 확률값을 계산하는 것을 정당화하는 데 자주 필요하다.
2. 만약 우리가 어떤 변인이 적어도 정상분포에 근접했다고 한다면, 이 장에서 논의되

3 이 막대그래프는 아래 *R* 코드로 그릴 수 있다.

```
# Bar chart for correctional supervision
areas <- c(.61, .19, .09, .11)
name <- names(areas) <- c("Probation", "Prison", "Jail", "Parole")
barplot(height=areas, ylab="Percentage", main="Form of Supervision",
density=10, col="darkgreen")
```

그림 6.3_ 전체 행동문제 점수 분포를 보여주는 히스토그램

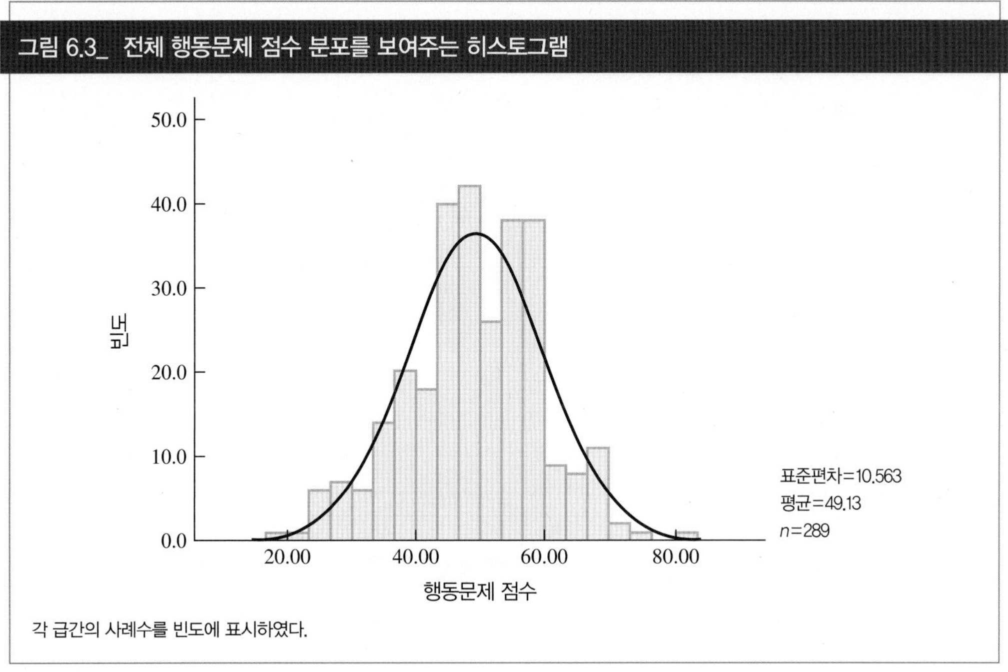

각 급간의 사례수를 빈도에 표시하였다.

는 방법들을 이용해서 그 변인의 값에 대해 정확한 것이든 대충 계산하는 것이든 여러 가지 추론을 할 수 있다는 것을 뜻한다.

3. 특정한 전집에서 뽑은 표본들의 평균을 무한대로 모아 만든 가상적인 집합의 이론적 분포는 아주 다양한 조건하에서 정상분포에 근접한 형태로 보인다. 이런 분포를 평균의 표집분포라 하는데, 이에 대해서는 이 책에서 자세하게 다루게 된다.
4. 우리가 사용하는 대부분의 통계 절차에서는 그 도출 과정 중에 관찰치들이 정상분포라는 가정을 한다.

정상분포를 설명하기 위해 상당히 정상분포 형태를 취하는(우리가 더 많은 수의 관찰을 했다면 더 확실히 정상분포가 되었을) 자극 세트를 하나 더 보기로 하자. 우리가 보려는 자료는 아헨바흐(Achenbach)의 청소년 자기보고(Youth Self-Report: YSR) 양식(Achenbach, 1991)을 이용하여 얻은 자료이다.[4] 이 양식은 행동상의 문제를 측정하는 도구 중 가장 널리 사용되는 것의 하나인데, 여러 차원에서 점수를 산출해준다. 지금 여기서 사용하려는 것은 전체 행동문제(total behavior problems) 차원인데, 어린이의 부모가 보고한 행동문제 총점수와 관련되어 있다(행동상 문제의 예로는 말다툼, 충동적 행동, 과시, 약 올리기 등이 있는데, 심각성에 따라 문제마다 가중치를 준 점수이다). 그림 6.3은 289

4 톰 아헨바흐(Tom Achenbach)는 아동의 행동문제를 알아보는 아주 중요한 척도들을 여러 개 개발했는데, 이 척도들은 아동을 대상으로 하는 임상 장면에서 널리 사용된다.

그림 6.4_ 전체 행동문제 점수의 분포를 보여주는 빈도 다각형

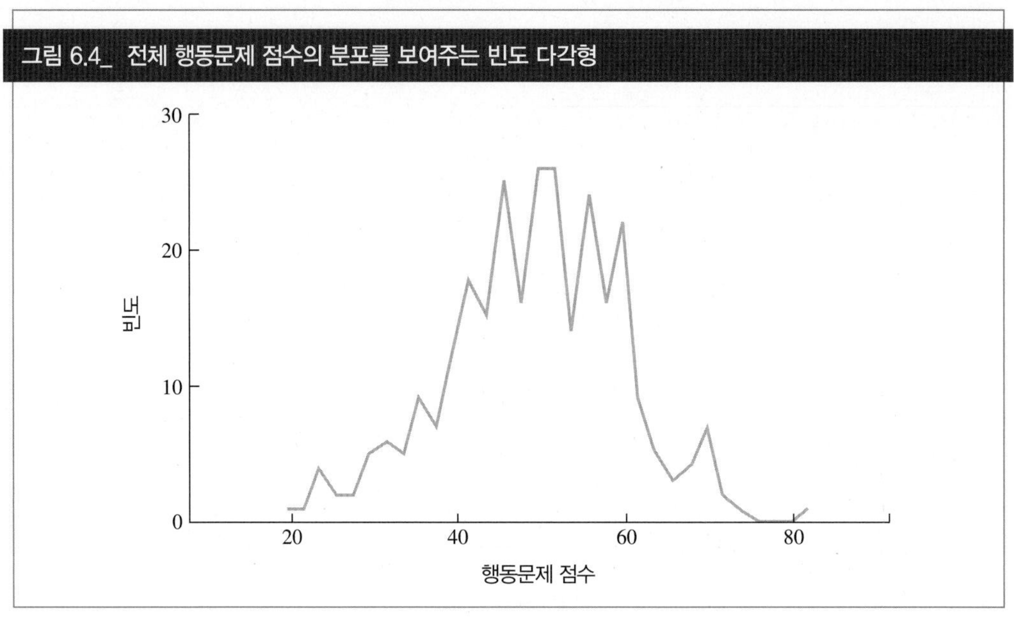

명의 중학생에게서 얻은 자료를 히스토그램으로 그린 것이다. 높은 점수는 행동문제가 많다는 것을 뜻한다. (당분간 히스토그램 위에 그려진 곡선은 무시하자.) 이 그림을 보면 이 분포는 50 근처에 중앙이 있으며, 이 값의 좌우로 비교적 대칭적인 분포를 보이는데, 대략 25에서 75 사이의 점수 범위에 대부분이 있다. 이 분포의 표준편차는 대략 10 정도 된다. 이 분포는 갑자기 올라가는 부분도 있고, 푹 꺼지는 부분도 있어 완벽하게 부드럽지는 않다. 그러나 가운데에서 올라가고 양끝 쪽으로 점차 낮아지는 형태를 보여 전반적으로 부드럽게 변한다. 이 분포의 정확한 평균과 표준편차는 각기 49.13과 10.56이다.[5]

이 분포에서 52~53, 54~55, 56~57 급간에 놓인 응답자의 수를 더해보면, 64명의 학생이 52점에서 57점 사이의 점수를 받은 것을 알 수 있다. 이 표본에 289명이 있으니까, 전체 관찰의 22%(64/289 = 22%)가 이 급간에 있다. 앞에서 영역을 더할 수 있다고 하였는데, 이 예는 그것을 잘 보여준다.

이 자료를 히스토그램이 아니라 선그래프로 그리면 그림 6.4가 나온다. 이 그래프에는 그림 6.3이 주지 못하는 정보가 없다. 이 그래프는 단순히 그림 6.3의 히스토그램에서 막대의 꼭지부분을 연결하고 막대를 지워버린 것이다. 그럼 새로운 정보를 주지 않는데, 왜 이런 일로 시간을 허비하는 것일까? 그 이유는 우리가 신문이나 잡지에서 흔히 보는 히스토그램에서 자연스럽게 선그래프로 넘어가는 것을 보여주기 위해서이다. 이어서 선그래프를 앞으로 이 책에서 여러분이 자주 보게 될 부드러운 곡선으로 변환한다. 이 그림의 예가 그림 6.3에 있는데, 이 그림은 히스토그램 위에 최적 정상분포 곡선을 겹쳐 그리게 SPSS

5 히스토그램에 정상분포 곡선을 겹쳐 그리는 *R* 코드는 6장 웹페이지에 있다.

그림 6.5_ X의 값이 가로축에 있고, 밀도가 세로축에 그려진 전형적인 정상분포곡선

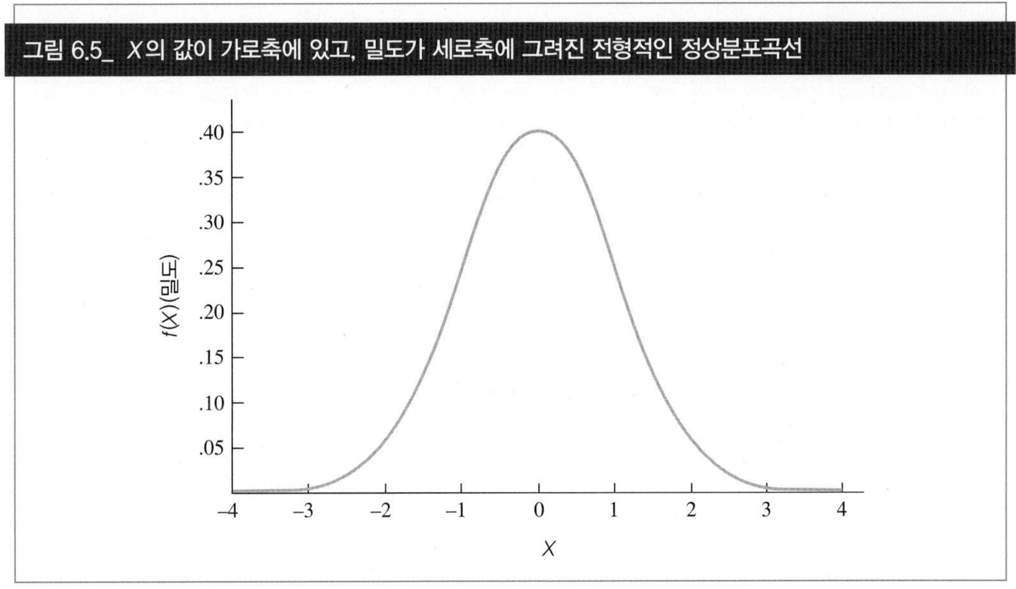

로 작업한 결과이다. 선그래프(빈도 다각형)와 이 부드러운 곡선과의 중요한 차이는 선그래프에서 갑자기 올라가고 갑자기 꺼지는 부분들을 없애 버린 그림이라는 점이다. 여러분이 원한다면, 아주 가는 막대로 만들어진 눈에 보이지 않는 히스토그램 위에 이 곡선이 있는 것으로 생각해도 된다.

이제 정상분포에 대해 설명할 준비가 다 되었다. 먼저, 우리는 정상분포에 대해 추상적으로 설명한 다음, 그림 6.3과 6.4에서 본 아헨바흐 청소년 자기보고(YSR) 전체 행동문제 점수를 이용해서 구체적인 사례를 다루게 될 것이다.

그림 6.5에 있는 분포는 전형적인 정상분포이다. 이 분포는 대칭적인 단봉 분포로 종종 '종 모양'을 띠었다고 기술되며, 그 극한이 무한대(∞)이다. **가로축**(abscissa)은 X의 다양한 값들을 가리키며, **세로축**(ordinate)은 종종 $f(x)$로 표기되는데, **밀도**(density)라 불리며 X의 발생 빈도 혹은 발생 확률과 관련이 있다. (밀도가 X의 발생빈도 혹은 확률과 일치하는 것은 아니다.) 밀도에 대해서는 7장에서 자세히 다룬다.

정상분포의 역사는 길다. 이에 대해 드 므와브르(DeMoivre. 1667~1754)가 처음 연구했는데, 그는 이 개념을 사용해서 우연 게임, 즉 도박의 결과를 기술하는 데 관심을 가졌다. 정상분포는 피에르 시몽 라플라스(Pierre-Simon Laplace. 1749~1827)에 의해 정밀하게 정의되었으며, 카를 프리드리히 가우스(Karl Friedrich Gauss. 1777~1855)가 이를 보다 일상적인 형태로 표현하였는데, 이 두 사람은 천체 관측에서의 오류 분포에 관심이 있었다. 정상분포는 종종 가우스 분포 혹은 '오류의 정상 법칙'이라고도 불린다. 벨기에의 천문학자인 아돌프 케틀레(Adolphe Quételet. 1796~1874)가 처음으로 정상분포를 사회적인 자료와 생물학 자료에 사용하기 시작

하였다. 그는 스코틀랜드 군인의 가슴둘레 자료와 프랑스 군인의 키 자료를 수집해서 이 두 측정치가 비교적 정상분포의 형태를 띠고 있다는 것을 발견하였다. 케틀레는 이 분포의 평균은 자연환경에 가장 적합한 수치, 즉 이상적인 수치이고, 이 평균보다 크거나 작은 관찰치들은 오류, 즉 이상적인 수치로부터의 일탈을 보여주는 것이라고 이 자료를 해석하였다. 누구도 평균이 자연의 이상적 수치라고는 생각하지 않지만, 이 방법은 평균에서의 변산이라는 것을 개념화하는 데에는 유용하다. 사실 우리는 아직도 평균에서의 일탈을 '오류'라고 부른다. 프랜시스 골턴(Francis Galton. 1822~1911)은 케틀레의 생각을 발전시켜 정상분포가 심리학 이론, 특히 정신 능력에 관한 이론에서 중심적인 역할을 하게 하였다. 어떤 사람들은 골턴이 이를 너무 확장했다고도 하는데, 우리는 실제로 그렇지 않을 때에도 측정치들이 정상적으로 분포되었다고 가정하는 경향이 있다. 여기서는 이 문제를 더 이상 다루지 않지만, 이 문제는 통계학자들의 논쟁거리 중의 하나이다.

수학적으로 정상분포는 다음과 같이 정의된다.

$$f(X) = \frac{1}{\sigma\sqrt{2\pi}}(e)^{-\frac{(X-\mu)^2}{2\sigma^2}}$$

이 공식에서 π와 e는 상수이며($\pi = 3.1416,\ e = 2.7183$), μ와 σ는 각기 분포의 평균과 표준편차를 가리킨다. μ와 σ가 알려져 있으면 어떤 값 X의 세로축, 즉 $f(X)$는 이 공식에 μ, σ, X의 값을 대입하면 구해진다. 이것은 생각하는 것만큼 어렵지 않지만, 여러분이 이 계산을 할 일은 거의 없다. 이 분포의 누적적인 형태는 표로 만들어져 있어서 우리는 이 표에서 필요한 정보를 그냥 읽으면 된다.

대부분의 사람들은 이 공식을 사용할 일이 없으니까 그냥 받아들이기만 하면 된다. 그러나 공식을 좋아하거나 쉽게 남의 말을 믿지 않는 사람이라면, 평균(μ)이 0이고 표준편차(σ)가 1인 전집이 있다고 가정하고, $X = 1$일 때 곡선의 높이를 알아보도록 하자.

$$f(X) = \frac{1}{\sigma\sqrt{2\pi}}(e)^{-\frac{(X-\mu)^2}{2\sigma^2}} = \frac{1}{1\sqrt{2\pi}}e^{-\frac{(X-0)^2}{2(1)}}$$

$$= \frac{1}{\sqrt{2(3.1416)}}e^{-\frac{X^2}{2}} = \frac{1}{2.5066}e^{-\frac{1}{2}} = 0.3989 * (2.7183)^{-.5} = .2420$$

수학을 들어본 학생은 이 곡선에서 X의 두 값(X_1과 X_2) 사이의 면적, 즉 무선적으로 고른 점수가 이 두 점수 사이에 있을 확률은 X_1과 X_2 사이의 범위의 함수를 적분하면 알 수 있다는 것이 기억날 것이다. 그러나 수학을 들어보지 않은 학생도 전혀 걱정할 필요가 없다. 이 계산을 하는 데 필요한 표가 이미 누군가에 의해 만들어져 있거나, 간단하게 그 표를 이용해서 계산만 하면 되기 때문이다. 이 표는 부록 D에 표 D.10으로 올라 있고, 이를 간략하게 줄인 것이 표 6.1에 있다. 종이와 표는 스마트 폰이 사용되기 이전의 구시대의 유물이라고 생각하면, 웹에 가서 이런 계산을 해주는 사이트를 찾으면 된다. 좋은 사이트 중 하나가 http://www.danielsoper.com/statcalc3/인데, 종종 광고가 튀어나온다. 그래서 나는 vassarstats.net에 있는 계산기나 이것보다 불완전하지만 단순한 http://statpages.org/pdfs.html에 있는 것들을 선호한다.

*R*을 사용한다면 아래 명령어를 작동하면 된다.

```
dnorm(x=1, mean=0, sd=1)
```

도대체 누가 왜 이런 분포에 관한 표를 애초에 만들었을까 궁금할 수 있는데, 어떤 분포가 일반적이라고 해서(혹은 늘 가정된다고 해서) 왜 그런 것이 처음에 만들어졌는지를 알 필요는 없다. 그러나 이 경우엔 그럴 만한 이유가 있다. 표 D.10을 이용하면 어떤 전집에서 무선적으로 고른 점수가 두 개의 특정한 값(X_1과 X_2) 사이에 놓일 확률을 쉽게 계산할 수 있다. 따라서 이런 통계표를 이용함으로 해서 우리는 다양한 질문들에 대해 확률로 답할 수 있게 된다. 이 장의 나머지 부분과 이후의 여러 장들에서 이러한 질문의 예들을 보게 된다. 물론 앞에 소개한 다니엘 소퍼(Daniel Soper)의 사이트 등을 이용해서 손쉽게 계산할 수도 있다.

6.2 표준정상분포

전집의 평균(μ)과 표준편차(σ)에 따라 분포가 달라지기 때문에 정상분포 표를 만드는 것은 문제가 있다. 제대로 된 표를 만들려면 모든 가능한 μ와 σ의 조합별로 표를 만들어야 하는데, 이것은 현실적이지 못하다. 이 문제의 해결책은 아주 간단하다. 부록의 표 D.10에 올라 있는 것은 **표준정상분포**(standard normal distribution)인데, 이 분포는 평균이 0이고 표준편차가 1이다. 이 분포는 종종 $N(0, 1)$로 표기되는데, 여기서 N은 이 분포가 정상분포라는 뜻이고, 첫 번째 숫자 0은 μ 값을 뜻하고, 두 번째 숫자 1은 σ^2을 뜻한다. 이 표기법의 보다 일반적인 표기는 $N(\mu, \sigma^2)$이다. 표준정상분포 표가 있고, 정상분포를 표준정상분포로 바꾸거나 반대로 표준정상분포를 정상분포로 바꾸는 몇 가지 규칙을 알면, 우리는 부록의 표 D.10이나 통계 계산기를 이용해서 정상분포에서의 면적을 구할 수 있다.

그림 6.6_ 여러 가지 변형된 수치들이 가로축에 그려진 정상분포곡선

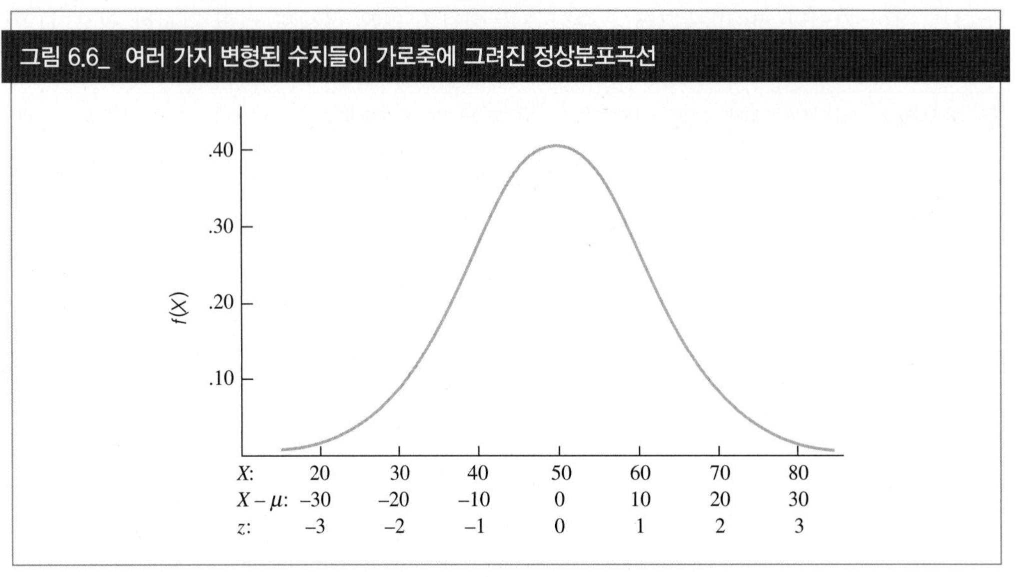

점수를 표준정상분포 상의 점수 z로 전환하는 것은 여러분이 시험 점수에서 학점을 매기는 것과 비슷하다. 100문제에서 90문제를 맞추거나, 50문제에서 45문제를 맞추거나, 10문제에서 9문제를 맞출 수 있는데, 시험마다 맞춘 개수는 달라도 아마도 모두 A 학점을 받을 수 있다. 우리가 z나 학점을 매길 때 하는 일은 각 점수가 얻어진 척도들을 조정하는 일이다.

그림 6.6에 있는 평균이 50이고 표준편차가 10(변산이 100)인 분포를 생각해보자. 이 분포는 아헨바흐 청소년 자기보고 양식에서 전체 문제행동의 **전체 전집**에 대한 이상적인 분포를 보여주는데, 그림 6.3과 6.4의 자료는 이 전집에서 나온 표본이다. 만약 그림 6.6의 곡선 아래 부분의 면적을 안다면, 우리는 문제행동의 여러 값들의 확률을 알 수 있고, 또 전집의 5%나 10%만이 얻을 수 있는 높은 점수가 몇 점인지 밝혀낼 수도 있다.

정상분포 표 중에서 우리가 쉽게 구할 수 있는 것은 **표준정상분포** 표뿐이다. 그래서 우리가 한 개인이 특정 점수보다 높은 점수를 받을 확률을 계산하려면, 우선 그림 6.6의 분포(또는 곡선 상의 한 점)를 표준정상분포로 변환해야 한다. 다시 말하자면, $N(50, 100)$으로 표기되는 평균이 50이고 변산이 100인 분포에서 X_i라는 점수는 평균이 0이고 변산과 표준편차가 1인 분포, 즉 $N(0, 1)$인 분포에서 z_i인 점수에 상응한다는 것이다. z_i에 사실인 것은 X_i에도 사실이 되며, z와 X는 서로 상응한다.

연습문제 5.6에서 우리는 각 점수에서 상수를 빼면, 그 점수 집합의 평균이 상수만큼 감소되는 것을 보았다. 따라서 우리가 X의 모든 값에서 평균인 50을 빼면, 새 평균은 $50 - 50 = 0$이 된다. [보다 일반적으로 표현하면, $(X - \mu)$의 분포는 평균이 0이다.] 그림 6.6의 가로축의 두 번째 줄에 있는 일련의 점수들이 이런 변환의 예이다. 평균은 0이지만,

표준편차는 아직도 10이므로 우리가 할 일의 반만 끝났다. 우리는 또 연습문제 5.7에서 어떤 변인의 모든 값을 10과 같은 상수로 나누면 표준편차도 그 상수의 절댓값으로 나눈 것으로 변한다는 것을 보았다. 이제 원점수를 10으로 나누면 우리가 바라던 대로 표준편차도 10/10 = 1이 된다. 우리는 이렇게 변환된 분포를 z라 하고 우리가 지금까지 한 것을 이용해서 다음과 같이 정의한다.

$$z = \frac{X - \mu}{\sigma}$$

여기서 주목할 점은 표준편차로 나누기 전에 평균을 뺀다는 점이다.

우리 예에서 $\mu = 50$, $\sigma = 10$이니까 z는 다음과 같다.

$$z = \frac{X - \mu}{\sigma} = \frac{X - 50}{10}$$

그림 6.6 가로축의 세 번째 줄에 있는 z로 표기된 점수가 이 변환의 예이다. 숫자 값들이 **선형 변환**(linear transformation)[6]된 것 외에 달라진 것은 아무것도 없다. 분포의 형태는 여전하며, 관찰치들 간의 관계는 변환 전과 마찬가지이다. 측정의 단위를 바꾸는 것이 분포의 형태나 관찰치들 간의 상대적 순위 등을 변화시키지 않는다는 것은 전혀 놀랄 일이 아니다. 일주일에 마시는 술의 양을 밀리리터 단위로 재건 온스 단위로 재건 사람들 간의 술 먹는 양의 순위를 변화시키지는 않는다. 단지 가로축의 숫자 값만 변화시킨다. (동네 고주망태는 술 마신 양을 병으로 세건 주전자로 세건 여전히 고주망태이다.)

만약 43이라는 점수가 있다면, z 점수는 다음과 같다.

$$z = \frac{(X - \mu)}{\sigma} = \frac{(43 - 50)}{10} = \frac{-7}{10} = -.70$$

X를 z로 변환시키면 정확하게 무엇이 일어나는지를 아는 것이 중요하다. 60이었던 점수는 이제 1이 된다. 즉 이전에 평균보다 1 표준편차(10)만큼 컸던 점수가 이제 1이라는 값을 갖게 되었다. 그리고 평균보다 0.7 표준편차만큼 작았던 43이라는 점수는 이제 −0.7이 되었다. 다른 말로 하면, **z 점수**(z score)는 X_i가 평균에서 몇 표준편차 떨어져있는지를 보

6 선형 변환은 X에 상수를 곱하거나 나누고 X에 상수를 더하거나 빼는 것만을 포함한다. 이런 변환은 변인들의 값들 간의 관계를 변화시키지 않는다. 다른 말로 하자면, 이 변환은 분포의 한 부분을 다른 부분보다 더 왜곡시키지 않는다. 단위를 센티미터에서 인치로 바꾸는 것이 선형 변환의 좋은 예이다.

여준다. 이 점수가 양수이면 평균보다 크다는 뜻이고, 이 점수가 음수이면 평균보다 작다는 뜻이다.

z 공식은 아주 일반적이다. 우리는 어떤 분포라도 이 공식을 이용해서 z 분포로 변환시킬 수 있다. 그러나 좀 전에 강조했던 점, 즉 분포의 **형태**는 변환을 통해서 달라지지 않는다는 점을 명심해야 한다. 그래서 **변환 전에 정상분포가 아니었으면, 변환을 해도 정상분포가 되지 못한다.** 혹자는 자료를 z 점수로 변환하면 분포가 '정상화'된다고(정상분포를 만들어낸다고) 생각하는데, 이는 잘못된 생각이다.

> 표준정상분포는 평균이 0이고 표준편차가 1인 정상분포이다. 이는 앞으로 나올 많은 논의에서 사용되는데, 이 분포에서 점수는 z 점수라고 불린다. z 점수는 어떤 대상이 평균에서 몇 표준편차 떨어져있는지를 보여준다.

표준정상분포 표 이용하기

앞에서도 말했듯이, 표준정상분포는 표가 자세하게 만들어져있다. 대부분의 학생들이 확률을 계산할 때 소프트웨어를 사용할 것이라는 걸 알지만, 표 사용법을 기술하는 것은 그 과정을 좀 더 분명하게 이해하게 해준다. 부록 D.10에 그 표가 제시되어 있고, 표 6.1에 그중 일부를 제시하였다.[7] 그림 6.7에 있는 정상분포를 이용해서 이 표를 어떻게 사용하는지 알아보도록 하자. 이 그림은 그림 6.6에 있는 행동문제 점수의 표준화된 분포일 수도 있다. 곡선 밑에 있는 전체 면적을 1.00이라 할 때 평균보다 1 표준편차 이상 큰 부분의 면적이 얼마나 되는지 알고 싶다고 해보자(우리가 면적에 대해 관심을 갖는 이유는 면적이 확률과 직결되기 때문이다). 앞에서 z는 평균에서의 거리를 표준편차 단위로 나타낸 것이라는 것을 보았으므로, 이 문제는 z가 1보다 큰 부위의 면적을 알아내는 것이라는 것을 알 수 있다.

표에는 정상분포에서 양의 부분만 들어있다. 정상분포는 대칭이기 때문에 z의 양수 값에 적용된 값은 그에 상응하는 음의 값에 그대로 적용되기 때문에 이렇게 한다. 표 6.1이나 표 D.10에서 $z = 1.00$의 줄을 보면, 평균에서 $z = 1.00$까지의 면적이 0.3413, 더 큰 부분(larger portion)의 면적이 0.8413, 작은 부분(smaller portion)의 면적이 0.1587임을 알 수 있다. [$z = 1.00$보다 아랫부분(그림 6.7에서 밝은 부분)과 $z = 1.00$ 보다 윗부분(그림 6.7에서 어두운 부분)으로 분포가 나뉜 것으로 시각화하면, 더 큰 부분과 더 작은 부분의 의

---

7 이 장의 뒷부분에서 매클렌런드의 '통계 보기(Seeing Statistics)' 애플릿을 이용해서 정상분포에 대해 더 알아보기로 한다.

표 6.1_ 정상분포 표(부록 표 D.10의 약식 버전)

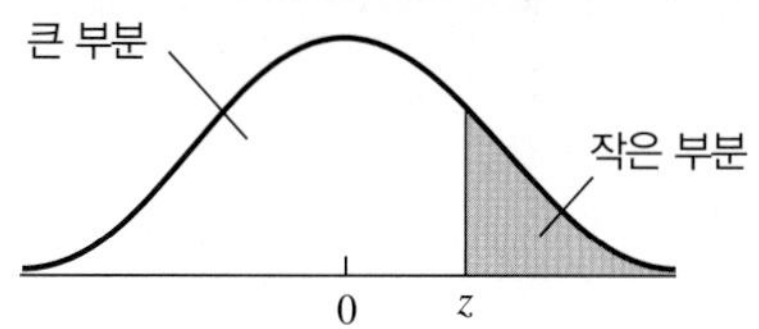

z	평균에서 z까지	큰 부분	작은 부분	z	평균에서 z까지	큰 부분	작은 부분
0.00	0.0000	0.5000	0.5000	0.45	0.1736	0.6736	0.3264
0.01	0.0040	0.5040	0.4960	0.46	0.1772	0.6772	0.3228
0.02	0.0060	0.5080	0.4920	0.47	0.1808	0.6808	0.3192
0.03	0.0120	0.5120	0.4880	0.48	0.1844	0.6844	0.3156
0.04	0.0160	0.5160	0.4840	0.49	0.1879	0.6879	0.3121
0.05	0.0199	0.5199	0.4801	0.50	0.1915	0.6915	0.3085
...	...	...	...	...	...	...	...
0.97	0.3340	0.8340	0.1660	1.42	0.4222	0.9222	0.0778
0.98	0.3365	0.8365	0.1635	1.43	0.4236	0.9236	0.0764
0.99	0.3389	0.8389	0.1611	1.44	0.4251	0.9251	0.0749
1.00	0.3413	0.8413	0.1587	1.45	0.4265	0.9265	0,0735
1.01	0.3438	0.8438	0.1562	1.46	0.4279	0.9279	0.0721
1.02	0.3461	0.8461	0.1539	I.47	0.4292	0.9292	0.0708
1.03	0.3485	0.8485	0.1515	1.48	0.4306	0.9306	0.0694
1.04	0.3508	0.8508	0.1492	1.49	0.4319	0.9319	0.0681
1.05	0.3531	0.8531	0.1469	1.50	0.4332	0.9332	0.0668
...	...	...	...	...	...	...	...
1,95	0.4744	0.9744	0.0256	2.40	0.4918	0.9918	0.0082
1.96	0.4750	0.9750	0.0250	2.41	0.4920	0.9920	0.0080
1.97	0.4756	0.9756	0.0244	2.42	0.4922	0.9922	0.0078
1.98	0.4761	0.9761	0.0239	2.43	0.4925	0.9925	0.0075
1.99	0.4767	0.9767	0.0233	2.44	0.4927	0.9927	0.0073
2.00	0.4772	0.9772	0,0228	2.45	0.4929	0.9929	0.0071
2.01	0.4778	0.9778	0,0222	2.46	0.4931	0.9931	0.0069
2.02	0.4783	0.9783	0.0217	2.47	0.4932	0.9932	0.0068
2.03	0.4788	0.9788	0.0212	2.48	0.4934	0.9934	0.0066
2.04	0.4793	0.9793	0.0207	2.49	0,4936	0.9936	0.0064
2.05	0.4798	0.9798	0.0202	2.50	0.4938	0.9938	0.0062

미가 명확하게 드러난다.] 따라서 원래 우리 질문에 대한 답은 0.1587이 된다. 3장에서 면적과 확률이 같다는 것을 보았으므로, 우리는 만약 행동문제 점수가 평균이 50이고 표준편차가 10인 정상분포를 취하고 우리가 아이들 전집에서 무선적으로 한 아이를 고른다면,

그림 6.7_ 정상분포에서 예시 영역

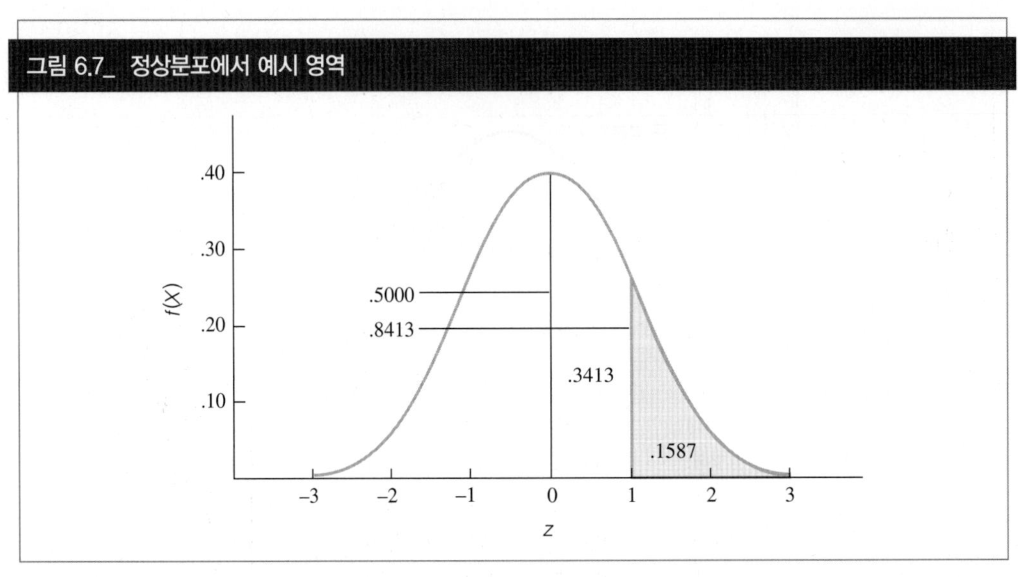

그림 6.8_ 평균보다 1 표준편차에서 2 표준편차가 적은 영역

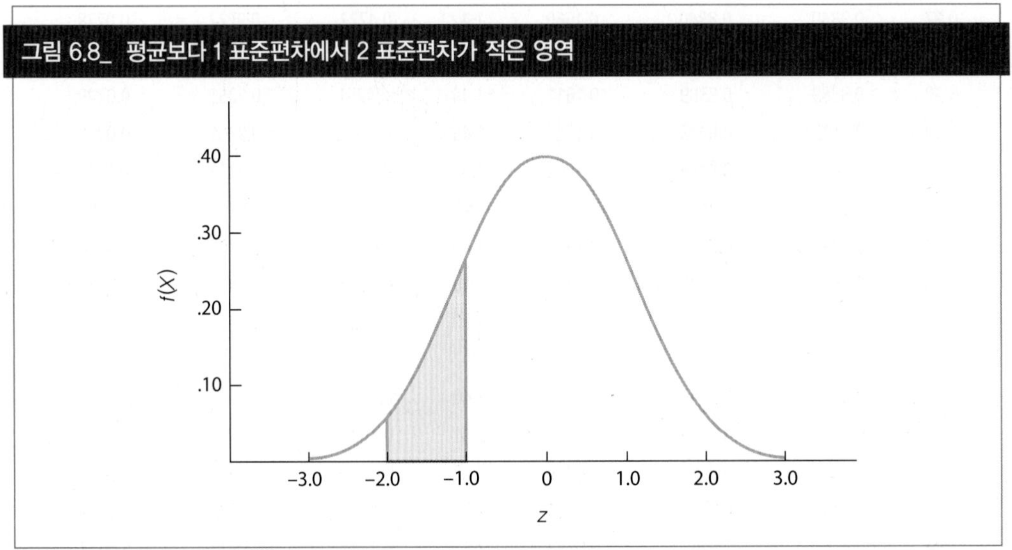

그 아이가 전집의 평균보다 1 표준편차 이상 더 높은 점수, 즉 60점 이상의 점수를 받을 확률은 .1587이라고 말할 수 있다. 그리고 분포가 대칭이므로, 그 아이가 전집의 평균보다 1 표준편차 이상 더 낮은 점수를 받을 가능성도 .1587이라는 것도 안다.

이제 이 아이가 어느 방향으로든 평균보다 1 표준편차 이상(10점 이상) 차이가 날 확률을 알고 싶다고 해보자. 이것은 두 영역을 합하면 되는 간단한 문제이다. 우리는 정상분포가 대칭이기 때문에 z가 -1보다 작은 면적은 z가 1보다 큰 면적과 같다는 것을 안다. 이게 왜 표에 z가 음수인 경우가 없는지를 설명해준다. 필요 없기 때문이다. 그리고 우리가 궁금해하는 면적은 각기 0.1587이라는 것도 안다. 따라서 z가 1보다 크거나 -1보다 작은 확률은 0.1587 + 0.1587 = 0.3174가 된다. 물론 그 반대도 사실이 된다. 즉 z가 1보다 크거나 −1보다 작은 면적이 0.3174이면, z가 −1과 1 사이인 면적은 1 − 0.3174 = 0.6826이 된다. 따라서 이 아이의 점수가 40점과 60점 사이일 확률은 .6826이다. 앞에서 대부분의 분포에서는 평균에서 1 표준편차 이내에 전체 점수의 2/3가량이 있다고 말한 근거이다.

이제 좀 더 확장해보자. 점수가 30점과 40점 사이일 확률이 얼마인지 알고 싶다고 해보자. 간단한 산수를 해보면 이 확률은 점수가 평균보다 1 표준편차 작은 점과 평균보다 2 표준편차 적은 점 사이에 놓일 확률이라는 것을 알 수 있다. 이 상황이 그림 6.8에 그려져 있다.

> 그림 6.8과 같은 간단한 그림을 그리는 것이 도움이 된다. 이렇게 하면 많은 오류를 피할 수 있고, 여러분이 구하고자 하는 영역이 무엇인지 분명하게 알 수 있다.

부록 표 D.10을 보면 평균에서부터 $z = -2.0$ 사이의 면적이 0.4772이고, 평균에서 $z = -1.0$ 사이의 면적이 0.3413이라는 것을 알 수 있다. 이 두 영역의 차이가 $z = -2.0$과 $z = -1.0$ 사이의 영역을 반영해야 하므로, 그 면적은 0.4772 − 0.3413 = 0.1359가 된다. 그러니까 정상분포인 전집에서 무선적으로 고른 행동문제 점수가 30점과 40점 사이일 확률은 .1359가 된다.

표 대신 온라인 계산기로 계산하기

지난여름 길에서 한 고등학생이 나를 붙잡고 통계에 대해 자문을 구하였다. 필요한 계산을 마친 다음 표를 보면 답을 알 수 있다고 말해주었다. 그 학생은 이상한 사람 보듯이 나를 쳐다보고는 계산기로 확률을 알 수 있다고 배웠다고 말하는 것이었다. 나는 바보가 된 기분으로 “물론 나도 더 이상 표를 보지 않아. 나는 *R*을 사용해서 확률을 계산해”라고 말했다. 고등학생이 더 좋은 방법을 알고 있을 때 그 어른이 바보로 안 보이면 그게 더 이상하겠지.

앞에서 말한 대로 http://www.danielsoper.com/statcalc3과 같은 사이트에 가서 온라인 계산기로 확률을 계산할 수 있다. 메뉴에서 ‘Normal Distribution’을 고른 다음 거기 있는 선택지들에 있는 여러 계산기들을 시도해보라. 예를 들어, z 점수 계산기를 골랐다면 정상분포에서 그보다 적은 점수의 백분율(예: 0.85)을 입력하면 계산기는 분기점에 해당하는 z 점수(1.0364)를 알려준다. 그림 6.9의 예를 보라. [*R*에서는 ‘z = qnorm(0.85, 0, 1)’ 명령어를 이용해서 같은 결과를 얻을 수 있다.]

그림 6.9_ 온라인 계산기로 z를 구하기

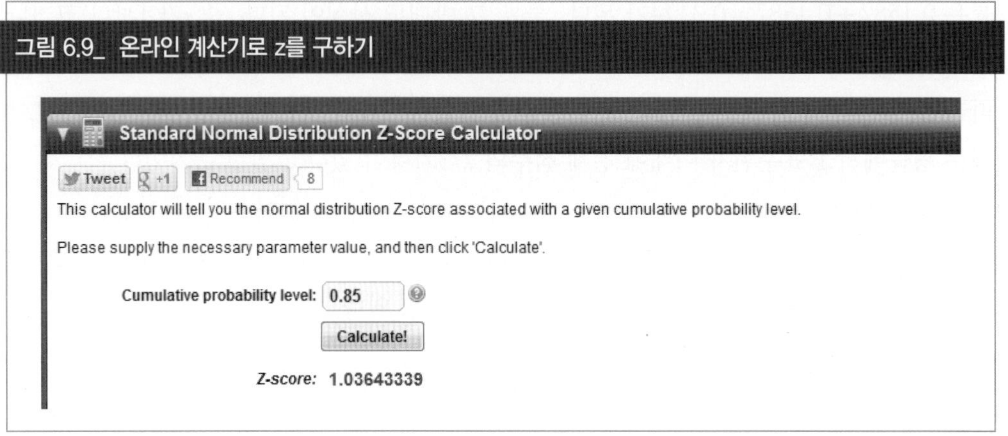

6.3 관찰치에 가능한 한계 설정하기

마지막 예로 특정 신뢰 수준에서 무선적으로 선정된 아이의 점수가 위치할 범위에 대해 알아보고 싶은 경우를 생각해보자. 바꿔 말하자면, '전집에서 무선적으로 한 아이를 선정했을 때, 100명 중 95명은 그 점수가 몇 점에서 몇 점 사이이다'라는 진술을 하고 싶은 경우 어떻게 하는가? 그림 6.10에서 우리가 원하는 한곗값, 즉 전집의 점수들의 95%가 들어 있는 한곗값을 볼 수 있다.

만약 전체 점수의 95%가 들어가는 한계를 구하는 것이라면, 전체 점수의 5%가 그 범위를 넘어서는 한계를 구하는 셈이다. 나머지 5%를 제하려면 분포의 양쪽(꼬리)으로 각기 점수의 2.5%가 놓이는 z 값을 알아야 한다. (대칭적인 한계를 사용해야 할 필요는 없지만, 전형적으로 그렇게 하는데, 그 이유는 이것이 가장 쉽게 이해가 되기도 하고 범위가 가장

그림 6.10_ 행동문제 점수의 95%를 포함하는 z 값

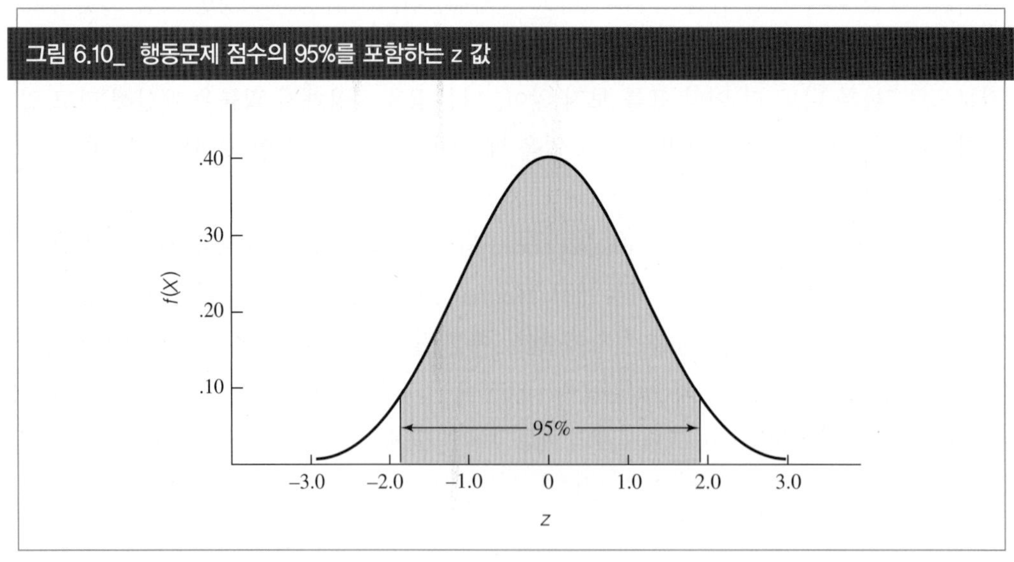

작게 나오기 때문이다.) 표 D.10을 보면 이 값이 $z = 1.96$임을 알 수 있다. 따라서 우리는 95%의 경우에 무선적으로 선정된 아이의 점수가 평균보다 1.96 표준편차 적은 점수와 평균보다 1.96 표준편차 큰 점수 사이에 있을 것이라고 말할 수 있다. (온라인 계산기를 이용해서 분기점을 알려면 'Standard Normal Distribution Z-score Calculator'를 골라 0.025나 0.975를 입력하면 된다.)

그런데 점수의 범위를 말할 때 z 점수보다는 행동문제 점수에서의 원점수로 표현하기를 원하므로, 약간의 작업이 필요하다. 한계 점수를 원점수로 얻으려면 z 공식을 역으로 적용하면 된다. 즉 X에서 z를 구하는 것이 아니라 반대로 z에서 X를 구하면 된다. 그러니까 전집의 95%가 들어가는 한계를 알려면, 전집의 평균보다 1.96 표준편차만큼 크거나 작은 점수를 구하면 된다. 이것은 다음과 같이 표기된다.

$$z = \frac{X - \mu}{\sigma}$$

$$\pm 1.96 = \frac{X - \mu}{\sigma}$$

$$X - \mu = \pm 1.96\sigma$$

$$X = \mu \pm 1.96\sigma$$

$(\mu + 1.96\sigma)$와 $(\mu - 1.96\sigma)$에 해당하는 X 값이 우리가 찾는 한계 원점수가 된다. 이 예에서 한곗값은 다음과 같다.

$$\text{한곗값} = 50 \pm (1.96)(10) = 50 \pm 19.6 = 30.4\text{와 } 69.6$$

따라서 무선적으로 선정된 아이의 점수(X)가 30.4와 69.6 사이일 확률은 .95이다. 그런데 우리는 평균보다 낮은 점수는 문제가 아니기 때문에, 평균보다 낮은 점수에는 관심이 없을 수 있다. 그러나 점수가 69.6 혹은 그 이상인 경우는 문제가 된다. 그런데 이렇게 높은 점수를 받는 아이는 2.5%에 지나지 않는다.

'가능한 한계'라는 말을 자주 사용하지는 않았지만, 뒤에서 우리가 배울 '신뢰한계'에 대한 맛보기가 되기에 여기에서 잠시 소개한 것이다. 가능한 한계라고 할 때에는 전집의 평균과 표준편차를 알고 특정 관찰치가 어떤 값을 가질지 추정하는 것이다. 신뢰한계를 다룰 때에는 개별 점수를 가지고 전집 평균의 가능한 값에 대해 똑똑한 추측을 하려고 한다. 아직은 신뢰한계에 대해 알 필요는 없다. 다만 이 내용을 우리가 12장을 배울 때 상기해주면 된다.

6.4 z와 관련된 측정치들

z 공식을 이용하면 평균과 변량이 어떻든 상관없이 분포를 평균이 0이고 표준편차(그리고 변량)가 1인 분포로 전환시킬 수 있다는 것을 앞에서 기술하였다. 이와 같이 변환된 점수를 종종 **표준점수**(standard score)라 하고, 표준점수를 계산하는 과정을 **표준화**(standardization)라고 한다. 일상생활에서 사람들은 그 의미가 무엇인지 모르면서도 표준점수 외에도 특정한 성질을 가진 변환 점수들을 사용한다.

이런 점수의 대표적인 예가 흔히 사용하는 지능지수(IQ)이다. 지능검사의 원점수는 평균이 100이고 표준편차가 15(단, 비네 검사의 경우 16)인 분포로 변환된다. 이 사실을 알면 여러분은 손쉽게 지능지수를 가지고 그 사람이 평균에서 몇 표준편차나 떨어져 있는지 위치를 계산할 수 있다. 즉 z 점수를 계산할 수 있다. 그리고 지능지수는 비교적 정상분포이므로, 표 D.10을 이용해서 z 점수에서 백분율로 전환할 수 있다. 예를 들어, 지능지수가 120이면 평균보다 1.33 표준편차 크니까 약 91%의 점수가 이보다 작다는 것을 말한다. 즉 지능지수 120은 91**백분위**(percentile)에 해당한다.

또 다른 예는 미국에서 전국적으로 실시되는 시험인 SAT 성적이다. 시험 원점수를 검사 주관 기관에서 평균이 500이고 표준편차가 100인 분포(적어도 이 시험이 처음 개발되었을 때는 그랬다)로 변환해서 변환한 점수를 응시자들에게 통보한다. 이런 채점 체계를 고안하는 것은 아주 쉽다. 먼저 원점수의 평균과 표준편차를 이용해서 원점수를 z 점수로 변환한다. 그 다음에 우리가 생각하는 채점체계에 맞게 z 점수를 다시 변환한다. 따라서 새 점수는 다음 공식에 의해 만들어진다.

$$\text{새 점수} = \text{새 표준편차} \times (z\ \text{점수}) + \text{새 평균}$$

여기서 z 점수는 원점수에서의 z 점수를 가리킨다. SAT의 경우 변환 공식은 다음과 같다.

$$\text{새 점수} = 100 \times (z\ \text{점수}) + 500$$

아헨바흐 청소년 자기보고 점검 목록에서 사용된 것과 같은 채점 체계, 즉 평균이 50이고 표준편차가 10인 채점 체계를 ***T* 점수**(*T* scores)라고 한다(참고로 이 *T*는 대문자이다). 이런 검사는 검사가 달라도 참조 체계가 같기 때문에 심리학적 측정치로 아주 유용하다. 예를 들어, 사람들은 상위 10%를 고르는 기준점으로 63점을 사용하는 것에 익숙해져있다(엄밀하게 계산하면 기준점은 62.8이지만, 정수로 보고하므로 63이 된다).

그림 6.11_ 정상분포와 표준점수의 다양한 측면을 보여주는 애플릿 화면

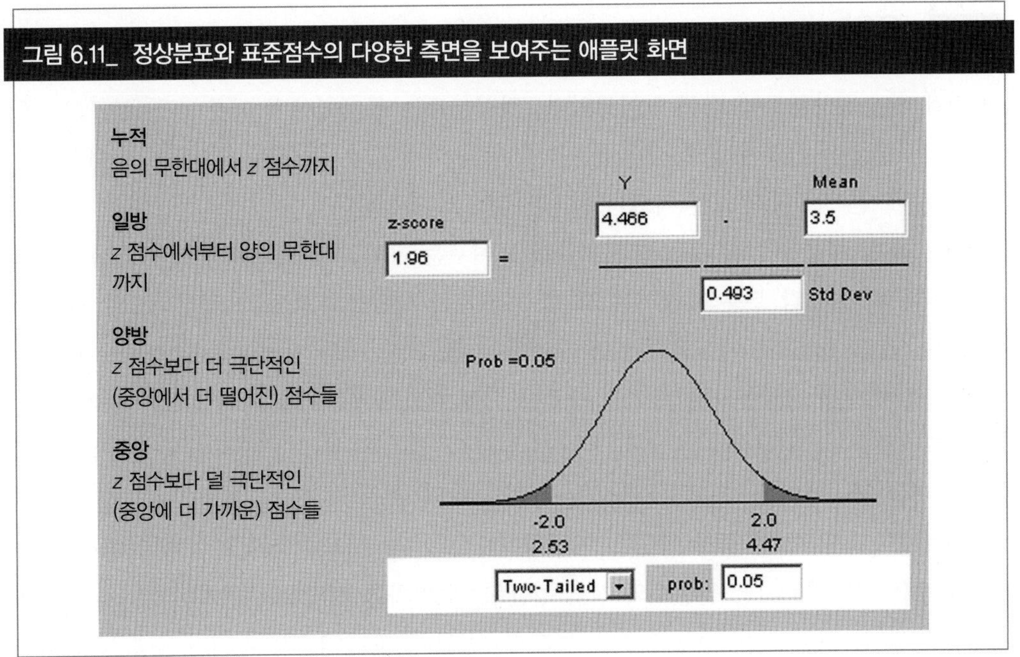

6.5 통계 보기

www.uvm.edu/~dhowell/fundamentals9/SeeingStatisticsApplets/Applets.html에 가서 제목이 'Norman Distribution'인 애플릿을 열고 6장의 애플릿을 클릭하면 그림 6.11에 있는 것과 같은 그림을 보게 된다.

이 애플릿은 평균, 표준편차, 관찰치, 혹은 표준점수를 변화시켜가며 곡선 아래 부분의 면적을 조사하게 해서 여러분이 정상분포를 탐색하게 해준다. 어떤 값이든 변경하면 반드시 'Enter'(또는 'Return') 키를 눌러서 그 값이 계산에 사용되게 하라.

화면 왼쪽에는 그림에 나올 수 있는 분포의 여러 꼬리들의 정의가 적혀 있다. 'Two-Tailed'라고 나와 있는 박스에서 꼬리들을 선택하면 해당 꼬리의 모양을 볼 수 있다.

이제 'prob:'이라고 되어있는 박스의 값을 0.01로 바꿔보자. 그러면 '*z*' 박스의 값이 자동으로 바뀌고, 양방 임계치의 값이 분포의 극단 1%로 바뀐다.

'Graduate Record Exam'의 평균이 489이고, 표준편차가 126이었던 어떤 해의 예를 생각해보자. 이 애플릿을 이용해서 GRE 점수가 500점 혹은 그 이상일 확률을 계산해보라. (각 값들을 입력하고 나면 반드시 'Return' 키를 누르는 것을 잊지 말라.) 700점 혹은 그 이상일 확률은 얼마인가?(이 계산을 할 때 분포의 꼬리를 정확하게 선택해야 한다.)

6.6 요약

이 장에서는 정상분포에 대해 알아보았다. 정상분포는 통계학에서 아주 흔한 분포로, 종속변인의 값들이 어떻게 분포되어 있는지에 대한 아주 좋은 기술로 간주되고 있다. 우리는 정상분포인 전집에서 표본 자료가 선정된 것으로 가정한다.

6장은 교정 처분을 받은 사람들의 비율을 보여주는 파이그래프를 설명하는 것으로 시작하였는데, 파이의 각 부분의 넓이는 그 범주에 속한 사람들의 비율과 직접적으로 관련되어있다는 것을 보았다. 이어서 자료를 보여주는 조금 더 나은 방법인 막대그래프에 대해 알아보고, 비교적 정상분포를 보이는 자료를 그린 히스토그램을 살펴보았다. 이렇게 여러 가지 그래프를 소개한 이유는 곡선의 아래 부분의 넓이가 확률과 관련되어 있다는 것을 보여주려는 것이었다.

정상분포는 최빈치가 중앙에 있는 대칭적인 분포이다. 사실 정상분포인 변인에서 최빈치, 중앙값, 평균은 같다. 원점수와 전집 평균(μ)의 편차를 전집 표준편차(σ)로 나누면 정상분포의 원점수를 표준점수(z 점수)로 변환할 수 있다. 표준점수는 우리가 종종 $N(\mu, \sigma^2)$으로 표기되는 표준정상분포 표를 이용할 수 있게 하기 때문에 통계학에서 아주 중요하다. 원점수를 표준점수로 변환하면 우리는 표준정상분포 표를 이용해서 관찰치가 특정 구간에 속할 확률을 계산할 수 있다.

우리는 표준점수와 직접적으로 관련된 여러 가지 측정치들에 대해서도 알아보았다. 예를 들어, 성격 검사의 경우 평균이 50이고 표준편차가 10인 전집에서 나온 것처럼 보고된다. IQ 지수는 평균이 100이고 표준편차가 15인 전집에서 나온 것으로 보이는 수치로 보고되고, 맨 처음 시작될 때의 SAT 점수는 평균이 500이고 표준편차가 100인 전집에서 나온 수치로 보고되었다.

주요 용어

정상분포normal distribution 132
가로축abscissa 137
세로축ordinate 137
밀도density 137
표준정상분포standard normal distribution 139
선형 변환linear transformation 141
z 점수z score 141
표준점수standard scores 148
표준화standardization 148
백분위percentile 148
T 점수T score 148

6.7 빠른 개관

A '세로축'은 흔히 ___축이라 불리는 축이다.

답 Y

B 표준정상분포는 어떤 점이 특별한가?

답 평균이 0이고 표준편차가 1이다.

C $N(\mu, \sigma^2)$는 무엇을 의미하는가?

답 평균이 μ이고 변량이 σ^2인 정상분포

D 선형 변형이란 _________.

답 상수로 곱하거나 나누고, 상수를 더하거나 빼는 변형. 이런 변형은 분포의 형태를 조금도 변화시키지 않는다.

E _______는 평균으로부터 몇 표준편차나 벗어났는지를 알려준다.

답 z 점수

F 가능한 한계는 _______에 사용된다.

답 무선적으로 고른 점수가 그 범위에 들 확률이 특정 확률인 한계를 알려주는 데

G 어떻게 z 점수를 그에 해당되는 원점수 X로 전환하는가?

답 $z = (X - \mu)/\sigma$이므로 $X = \mu + z^*\sigma$가 된다.

H '표준화'란 무엇인가?

답 원점수를 특정한 평균과 표준편차(일반적으로 각기 0과 1)인 척도로 변환하는 작업

I 32백분위란 무슨 의미인가?

답 이 점수보다 낮은 점수가 분포의 32%가 되는 점수

J T 점수의 평균과 표준편차는 각기 얼마인가?

답 평균 50, 표준편차 10

6.8 연습문제

6.1 다음 자료가 평균(μ)이 4이고, 표준편차(σ)가 1.58인 X의 전집이라고 가정해보자.

$$X = 1\ 2\ 2\ 3\ 3\ 3\ 4\ 4\ 4\ 4\ 5\ 5\ 5\ 6\ 6\ 7$$

(a) 분포를 그려보라.

(b) (a)의 분포를 $X - \mu$의 분포로 전환해보라.

(c) (b)의 분포를 z의 분포로 전환해보라.

6.2 연습문제 6.1의 분포를 이용해서 X가 2.5, 6.2, 9일 때의 z 점수를 구해보라. 그리고 그 결과를 해석해보라.

6.3 시험점수가 변환되어 담당교수가 분포 곡선에 따라 학점을 주는 경우를 경험해본 적이 있을 것이다. 수강생이 많은 심리학 개론 수업에서 사지선다 문제 300개로 된 시험을 쳤다고 해보자. 아울러 점수 평균이 195이고 표준편차가 30인 정상분포라고 가정해보자. 소퍼의 http://www.danielsoper.com/statcalc3/과 같은 사이트에 있는 소프트웨어를 이용해서 답을 계산해보라.

(a) 165점과 225점 사이에는 몇 %가 몰려있는가?

(b) 195점 이하인 점수는 몇 %나 되는가?

(c) 225점 이하인 점수는 몇 %나 되는가?

6.4 연습문제 6.3의 예를 이용해서 다음에 답하라.

(a) 몇 점과 몇 점 사이에 전체 점수의 가운데 50%가 들어가는가?

(b) 전체 점수의 75%는 몇 점 이하인가?

(c) 전체 점수의 95%는 몇 점과 몇 점 사이에 있는가?

6.5 예문을 읽지 않고 질문에 답하게 했던 카츠 등(1990)의 연구를 기억해보라(연습문제 3.1과 4.1). 만약 우리가 실수로 학생들에게 연습문제 6.3에서 언급한 심리학 개론 시험을 문제를 주지 않고 답지만 주었다고 해보자. 학생들이 무작위로 답을 한다면 평균이 75이고 표준편차가 7.5일 것으로 기대된다. 100명이 이 시험을 치렀다고 해보자.

(a) 학생들이 무작위로 답을 했다고 하면, 상위 10 %의 기준점은 몇 점인가?

(b) 상위 25%의 기준점은 몇 점인가?

(c) 5%의 학생들만이 그 점수 이하를 받을 것으로 기대되는 점수는 몇 점인가?

(d) 만약 25%의 학생들이 225점 이상을 받았다면, 우리는 어떤 생각을 할 수 있는가?

6.6 사지선다형 시험을 볼 때 완전히 무작위로 답하는 학생은 거의 없다. 상식이 있는 학생이라면 어떤 답지는 터무니없고, 어떤 답지는 정답일 가능성이 높다는 것을 안다. 아울러 심리학 개론을 수강하지 않은 학생들도 파블로프(Pavlov)가 누구인지, 형제간 시샘(sibling rivalry)이 무엇인지 등은 안다. 만약 그 시험이 사지선다로만 주어진 있는 심리학 시험이었다고 해보자.

(a) 어떤 학생이 70점을 받았다면, 뭐라고 하겠는가?

(b) 어떤 학생이 무작위로 답한 것이 아니라는 것에 대해 여러분이 95% 확신하려면 그 학생은 몇 점 이상을 맞아야 하는가?

6.7 초등학교 4학년 아이들의 독서시험 점수가 평균이 25이고 표준편차가 5이다. 중학교 3학년 학생들의 독서 시험 점수는 평균이 30이고, 표준편차가 10이다. 분포가 정상이라고 가정하고 다음 문제에 대해 답하라.

(a) 한 장의 그림에 두 집단을 같이 넣어 이 자료들을 대충 그려보라.

(b) 4학년 학생의 몇 %가 중3의 평균보다 높은 점수를 받았는가?

(c) 중3 학생의 몇 %가 평균적인 4학년보다 낮은 점수를 받았는가? (이 계산의 근저에 깔린 생각은 15장에서 검증력에 대해 다룰 때 다시 보게 된다.)

6.8 어떤 경우에 연습문제 6.7의 (b)와 (c)의 답이 같을까?

6.9 진단 검사의 상당수에서는 그 검사에서 상위 10%(90 백분위 혹은 그 이상)에 해당하는 점수를 받은 경우에만 문제가 있다는 것을 알려준다. 이런 검사의 대부분은 평균이 50이고 표준편차가 10인 T 점수로 채점되는데, 이런 검사에서 진단적으로 의미 있는 기준점은 몇 점이 되는가?

6.10 부장은 부원들의 내년도 임금인상분을 배분해야 하는데, 인상액의 평균은 2,000달러, 표준편차는 400달러이며 인상액의 분포는 정상분포를 취하기로 정하였다. 그리고 인상액은 실적에 따라 배분하기로 정하였다. 즉 실적이 좋은 사람에게 더 많이 인상해주기로 하였다.

(a) 실적이 좋은 상위 10%의 인상액은 최저 얼마인가?

(b) 실적이 나쁜 하위 5%의 부원들에게는 최대 얼마가 인상되는가?

6.11 심리학개론을 수강하는 학생들에게 사람들이 안전벨트를 매는지 알아오도록 하였다. 각 학생에게 차 100대 중에 몇 대에서 안전벨트를 매었는지 조사하도록 하였다. 학생들이 답한 수를 그 학생의 점수로 간주했는데, 평균이 44이고, 표준편차가 7이었다.

(a) 점수가 정상분포라 가정하고 분포를 그려보라.

(b) 학기 동안 제대로 숙제를 하지 않았던 학생이 100대 중 62대에서 안전벨트를 매었다고 답했다. 이 학생이 실제로 조사하지 않고 그냥 적당히 답한 것이라고 의심할 만한 근거가 있는가?

6.12 몇 년 전에 신문방송학과에 있는 내 동료가 언어문제 진단 검사를 개발하였다. 그 척도에서는 검사자의 구체적인 질문에 대해 아이들이 정확하게 산출한 언어 구성(예: 복수, 부정, 수동 등)의 숫자를 단순히 합한 방법으로 점수를 매겼다. 평균이 48이고, 표준편차가 7이었다. 그런데 부모들이 그 점수의 의미를 이해할 수 없다는 고충을 호소하기에, 내 동료는 평균이 80이고 표준편차가 10인 점수로 전환하려고 한다(그래야 엄마들이 좋아하는 점수가 되니까). 내 동료는 어떻게 이 일을 했을까?

6.13 불행하게도 세상의 모든 일이 정상분포 원리에 의해 되는 것은 아니다. 연습문제 6.12에서 실제 분포는 아주 심하게 편포되어 있었다. 왜냐하면 대부분의 아이들은 언어 장애가 없어서 모든 문제에 대해 제대로 답했기 때문에 편포될 수밖에 없었다.

(a) 실제 분포가 어떨 것 같은지 그려보라.

(b) 만약 원래 분포가 정상분포가 아니라면 어떻게 하위 10%의 기준점을 잡을지 답해보라.

6.14 심적 회전 반응시간 자료를 여러 번 사용해왔다. 이 자료는 이 책의 웹사이트에 Ex6-14.dat 이름으로 올라있다. SPSS를 사용해서 자료를 읽고 초 단위로 히스토그램을 그려보라. 적당한 box를 찾아 클릭해서 그래프에 정상분포 곡선을 그 위에 겹쳐 그려보라. 이 자료가 정상분포인지에 대해 무엇을 알려주는지 판단하고, 왜 이 자료가 정상분포가 아닐 것이라고 예상했는지 이유를 설명하라.

6.15 웹페이지의 6장 부분에 실린 *R* 코드를 이용해서 3장에서 보았던 심적 회전 자료의 그림을 그려보라.

6.16 부록 C에 있는 자료는 고등학생들에게서 얻은 자료로, www.uvm.edu/~dhowell/fundamentals9/DataFiles/Add.dat에도 수록되어 있다. 이 자료에서 GPA의 75백분위에 해당하는 점수는 몇 점인가? 즉 전체 학생의 75%가 이보다 낮은 점수를 받을 점수는 몇 점인가?

6.17 이 장에서 다룬 행동문제 점수는 평균이 50이고 표준편차가 10인 전집에서 나온 것이라고 하자. 우리가 상위 2%에 해당하는 학생들을 선별하기 위한 기준점을 알고자 한다면, 그 기준점은 몇 점인가? (이와 같은 진단 기준을 잡을 필요성 때문에 원점수를 *T* 점수로 변환한다.)

6.18 본문 6.4절에서 *T* 점수는 평균이 50이고, 표준편차가 10이 되게 고안된 점수라고 하였고, 아헨바흐 청년 자기보고 측정치는 *T* 점수로 보고된다고 하였다. 그런데 그림 6.3을 보면 평균과 표준편차가 정확하게 50과 10은 아니다. 왜 그런지에 대해 생각해보라.

6.19 2001년 12월 31일 AP 통신은 "미국 어린이들이 우려할 만한 속도로 비만이 되고 있다"라는 제목의 기사를 타전했다. 그 기사의 전문은 다음과 같다.

> 1998년에 4세에서 12세 사이의 아동 중 흑인은 22% 정도, 히스패닉은 22%, 백인은 12% 정도가 과체중이었다. …… 1986년, 같은 연령층을 대상으로 한 조사에서는 흑인의 8%, 히스패닉의 10%, 백인의 8%가 과체중이었다. …… 과체중이란 체질량 지수(body-mass index: BMI)가 1960년대에서 1980년까지의 성장표에서 같은 성별의 같은 연령층의 아동들의 95% 이상이 되는 경우를 말한다. …… 같은 또래의 85% 이상의 체질량 지수를 보이는 아동을 조사한 경우에도 같은 추세를 보였다. 1986년에 흑인, 히스패닉, 백인 아동 모두 20% 정도가 이 범주에 속했다. 1998년에는 흑인과 히스패닉 아동의 38%, 백인 아동의 29%가 이 범주에 속했다.

이 자료는 통계학자들에게 인기 있는 통계 리스트서버에서 많은 주목을 끌었다. 왜 그 많은 통계학자들이 관심을 보이며 동시에 그들이 읽은 기사를 보고 언짢아했을지 생각해보라. 이 자료들은 합리적으로 보이는가?

6.20 SPSS를 사용해서 정상분포인 변인을 만들어낼 수 있다(다른 형태를 띤 변인도 만들어낼 수 있다). SPSS를 시작해서 `Data/Go To Cases`에 가서, 사례 1000으로 가라고 명령한 후 아무 숫자나 그 칸에 입력하라. (이렇게 하면 자료 세트의 크기가 1000으로 정해진다.) `Transform/Compute`를 클릭하고, 공식[rv.normal(15, 3)]을 이용해서 변인명이 *X*인 변인을 만든다. 이렇게 입력하면 평균이 15이고 표준편차가 3인 정상분포 전집에서 표본을 만들어낸다. 그 다음 히스토그램을 그린 후 정상분포 곡선을 위에 겹쳐 그리라고 명령하라. 평균과 표준편차를 달리해서 실험해보라. 이어서 `Transform/Compute` 대화상자에서

Function 메뉴를 이용해 다른 분포를 만들어보라.

6.21 *R*에서 아래 명령어를 이용하면 정상분포인 변인을 생성할 수 있다.

```
X <- rnorm(1000, 15, 3)
```

여기서 1000이 사례수이고, 15가 평균, 3이 표준편차이다. 이렇게 하면 연습문제 6.20과 같은 결과를 그리게 된다. 이 자료에 다음 명령어로 그래프를 그려보라.

```
hist(X, main = "Normally Distributed Data",
    xlab = "Score", ylab = "Frequency")
```

6.22 성인들의 정서적 반응성에 대해 대량의 자료를 수집하고 있다고 상상해보자. 대부분의 성인의 정서적 반응성은 평균이 100이고 표준편차가 10인 정상분포를 취하고 있다고 가정하자. 그러나 양극성 장애로 진단받은 사람들의 자료는 넓게 퍼져있다. 어떤 사람은 일시적으로 우울해져서 반응성 점수가 아주 낮고, 다른 사람은 일시적으로 조증 상태에 놓여서 점수가 아주 높다. 그러나 이 장애 집단 전체를 보면 평균이 100이고 표준편차는 30이다. 전체 성인 중 10%가 양극성 장애라 해보자(실제는 1% 정도지만, 10%로 하면 자료를 보기가 더 편하다). 이 예는 혼합 정상분포라 부르는 경우이다. 이 분포가 어떨지 한번 그려보라. 만약 두 집단의 평균을 아주 다르게 하면 분포는 어떻게 달라지는가?

6.23 인터넷 검색엔진을 이용해서 정상분포에서 해당 영역의 비율을 계산하는 프로그램이나 'app'을 찾아보라(교재에서 나온 것은 제외하고).

7장 확률의 기본 개념

앞선 장에서 기억할 필요가 있는 개념

불연속변인 discrete variable 몇 가지 제한된 값을 갖는 변인

연속변인 continuous variable 최댓값과 최솟값 사이의 어떤 값이나 가질 수 있는 변인

X축 *X* axis 가로축, 수평축

Y축 *Y* axis 세로축, 수직축

빈도분포 frequency distribution 종속변인의 값을 가로축에, 그 값이 보고된 빈도를 세로축에 그린 그림

막대그래프 bar chart 독립변인을 *X*축에 놓고, 평균이나 다른 측정치를 *Y*축에 그리는 그림

$\overline{X}$ 평균의 기호

s 표준편차 기호

Σ 합의 기호

N 관찰 수

7장에서는 확률이론의 몇 가지 측면을 살펴볼 것이다. 맘에 내키는 말은 아니지만, 확률이론은 학생들이 좋아하는 주제는 아니다. 그러나 이 책을 이해하려면 확률의 기본적인 내용들은 확실하게 알아두어야 한다. 반드시 알아야 하는 것이 많지는 않지만 몇 가지 있는데, 불연속변인의 확률 이론과 연속변인의 확률 이론은 다르다는 것이 그중 하나이다. 이해하기 어려운 것은 아니지만 신경을 써야 한다.

6장에서 우리는 확률이라는 개념을 사용하기 시작했다. 예를 들어, 약 68%의 아이들의 행동문제 점수가 40점에서 60점 사이에 있으며, 따라서 우리가 무선적으로 한 아이를 고르면 그 아이의 점수가 40점에서 60점 사이일 확률은 .68이라고 결론지었다. 8장에서부터 추론통계를 다루는데, 추론통계에서는 확률에 더 의존하게 된다. 추론통계에서는 '만약 가설이 참이라면, 우리가 얻은 점수만큼 극단적인 점수를 얻을 확률은 단지 0.015이다'와 같은 진술을 하게 된다. 이 예에서와 같이 우리가 확률에 관한 진술에 의존하려면 확률이란 무엇인지를 이해하고, 확률을 계산하고 조작하는 데 관련된 기본적인 규칙들을 이해하는 것은 중요하다. 이 장에서는 이런 내용을 다룬다.

내가 이런 말을 하면 통계학을 전공하는 내 동료들은 뭐라고 하겠지만, 확률이란 과목이 학생들이 공부하고 싶어 하는 과목 중의 하나는 아니다. 많은 학생들에게 확률은 피하고 싶은 과목이고, 더 많은 학생들에게 확률은 헛갈리게 하는 과목이다. 게다가 상당수의 교수들이 확률에 대해 깊이 있게 배우지 않았기 때문에 학생들에게 상황은 더 절망적일 수 있다. 그러나 사람들이 확률에 대해 불안해한다고 해서 확률에 대해 언급하는 것을 피해야 하는 것은 아니다. 여러분이 원하건 원하지 않건 간에 반드시 알아야만 하는 것도 있다. 식당에서 수프를 훌쩍거리지 않고 먹는 것, 확률 등이 그 좋은 예이다. 차이는 수프는 예의바르게 먹어도 맛이 있을 수 있는 것이고, 확률은 고등학교 때 싫어했어도 대학에서 배우면 다룰 수 있다는 점이다.

이 장에서 다룰 내용은 두 가지 이유에서 선정되었다. 첫째, 이 책의 나머지 부분에서 다룰 내용들을 이해하는 것과 직접적으로 관련이 있기 때문이다. 그리고 둘째, 여러분에게 유용할 것으로 기대되는 확률에 관한 간단한 계산을 할 수 있게 해줄 것이기 때문이다. 이 두 가지 조건 중 하나라도 충족시키지 못하는 내용들은 제외시켰다. 예를 들어, 네 장의 하트를 포함해서 14장의 카드를 가지고 있을 때, 하트 퀸이 있을 확률이라든가, 책상의 스탠드 전구가 이미 250시간 사용된 전구일 때 이 전구가 25시간(사용중) 이내에 수명이 다할 확률과 같은 것들은 상황에 따라선 유용할 수 있다. 하지만 이런 확률을 계산하는 방법을 몰라도 심리학을 비롯한 행동과학에서 사용될 통계를 이해하는 데 아무런 문제가 없으므로, 이런 것들은 책에 포함시키지 않았다.

7.1 확률

확률이라는 개념은 여러 가지 방법으로 정의될 수 있다. 사실 확률이라는 용어의 의미에 대해 일반적인 합의도 없다. 확률에 대해 가장 오래되고 가장 일반적인 정의가 분석적 견

표 7.1_ M&M 봉지에 들어있는 색 분포

색	백분율
갈색	13
빨강	13
노랑	14
초록	16
주황	20
파랑	24
합계	**100**

해(analytic view)이다. 확률에 대해 논의할 때 내가 오랫동안 써온 예는 M&M 캔디이다. M&M은 친숙하고, 손에 끈적끈적하게 달라붙지 않아 수업하면서 예로 보여주기 쉽고, 수업이 끝나면 먹을 수도 있어서 예로 사용하는 데 안성맞춤이다. 이 캔디를 만드는 회사는 자기네 제품이 예로 사용되는 것을 좋아해서 봉지마다 들어있는 색별 백분율을 적어놓았다. 단지 자료를 올려놓은 사이트를 계속 바꾸기 때문에 사이트를 찾는 데 애를 먹는다. 밀크 초콜릿 예가 표 7.1에 제시되었다.

앞에 있는 M&M 봉지를 하나 잡아서 안에 들어있는 캔디들을 꺼내 놓았다고 해보자. 문제를 간단하게 하기 위해 봉지에 캔디가 100개 들어있다고 해보자. 파랑 캔디를 뽑을 확률은 얼마인가? 확률에 대해 아는 게 없어도 답을 알 것이다. 전체의 24%가 파랑색이고, 여러분이 무선적으로 골랐으니 파랑 캔디를 뽑을 확률은 .24이다. 이 예가 확률에 대한 분석적 정의를 보여준다.

확률의 분석적 견해

만약 어떤 사건이 일어날 수 있는 방법이 A가지이고, 일어나지 않을 수 있는 방법이 B가지이며, 모든 가능한 방법들이 일어날 가능성이 같다면(예: 모든 캔디가 손에 잡힐 가능성이 같다면), 그 사건이 일어날 확률은 $A/(A+B)$이고, 그 사건이 일어나지 않을 확률은 $B/(A+B)$이다.

봉지에서 파랑 캔디를 고를 방법이 24가지 있고(100개 중에 24개의 파랑 각각을 더하면), 다른 색 캔디를 고를 방법이 76가지가 있으니까, $A=24$, $B=76$이고, $p(A)=24/(24+76)=.24$가 된다.

확률을 보는 또 다른 관점은 **빈도 견해**(frequency view)이다. 봉지에서 캔디를 집는 일을 반복하면서 그때마다 어떤 색을 집었는지 기록한다고 가정해보자. 이 표집연구를 할 때 캔디를 한 번 집으면, 다음 캔디를 집기 전에 다시 봉지에 넣는 **충원표본**(sample with replacement)을 한다. 충원표본을 상당히 여러 번 한다면, 대략 24%가량 파랑 캔디를 집었다는 것을 알게 될 수 있다. 따라서 우리는 확률을 우리가 많은 수를 반복할 때 우리가 원하는 사건을 고를 상대적 빈도의 극한값[1]이라고 정의할 수 있다.

확률의 빈도 견해

이 견해에서는 과거 수행으로 확률이 정의된다. 1000회 중에 초록 캔디를 160회 집었으면, 초록 캔디를 집을 확률은 160/1000 = .16이 된다.

일부 학자들이 주장하는 세 번째 정의는 **주관적 확률**(subjective probability)이라는 개념이다. 이 정의에 따르면, 확률이란 어떤 사건이 일어날 가능성에 대한 그 사람의 주관적 믿음이다. 우리는 어떤 사건이 발생할 주관적 신념에 기초해서 온갖 결정을 내린다. 종종 우리는 확률을 결정할 다른 방안이 없는 수가 있다. 주관적 확률은 그것을 뒷받침할 수학적인 근거가 없을 수도 있다. 우리는 '밥과 메리가 이혼할 확률은 얼마인가?'와 같은 질문을 할 수 있다. 물론 통계적으로 이혼율이 얼마인지 알 수는 있다. 그러나 밥과 메리 사이에만 있는 독특한 요인들 때문에 통계치를 그대로 사용할 수는 없다. 만약 두 사람이 늘 싸운다면 통계치에 10%를 올려서 추정할 수도 있다. 이것이 주관적 확률이다. 그러나 이것은 주관적 확률이 아무런 정당성도 없다는 것을 의미하는 것은 아니다. 주관적 확률은 인간의 의사결정에서 매우 중요한 역할을 하며, 우리 행동의 모든 측면을 지배하고 있다. 앞으로 우리는 베이즈 정리(Bayes' theorem)를 다루게 되는데, 이 정리는 주관적 확률을 사용할 때 아주 중요하다. 우리가 이 책에서 다룰 통계적 결정은 일반적으로 분석적 접근이나 빈도 접근을 따른다. 그러나 그 경우에서조차 확률에 대한 해석을 할 때에는 주관적인 요소가 강하다.

여러분이나 내가 선호하는 특정한 정의가 각자에게는 중요할 수 있지만, 어떤 정의를 택하건 앞으로 이 책에서 계속 다루게 될 가설검증, 효과크기, 신뢰구간 등에서는 같은 결과를 산출해준다. (참고로, 주관적 확률을 선호하는 사람은 가설검증 자체에 대해 동

---

1 극한이라는 용어는 우리가 캔디를 여러 번 집을수록 파랑 캔디를 집은 비율이 특정 값에 가까워지는 것을 가리킨다. 100회를 시도하면 그 비율이 .23이고, 1,000회를 시도하면 .242, 10,000회를 시도하면 .2398이 되는 식이다. 여기서 중요한 점은 비율이 점점 더 p=.240000……에 접근한다는 사실이다. 점점 더 접근하는 값이 극한 또는 극한값이다.

의하지 않는 수도 있다.) 사실 대부분의 사람들은 확률에 대한 여러 가지 접근법들을 서로 바꿔 가며 사용한다. 러시안 룰렛 게임에서 질 확률이 1/6이라고 할 때는 권총의 여섯 개 탄창 중에 하나에만 총알이 들어있다는 사실을 가리킨다. 『컨슈머 리포트(Consumer Report)』라는 잡지에서 고장이 적다고 적혀 있기 때문에 특정 차를 사는 경우, 우리는 이 차의 대부분은 비교적 고장이 없었다는 사실에 근거해 결정을 내린 것이다. 또 콜로라도 로키스 팀이 금년에 우승할 확률이 높다고 말할 때에는 그 사건의 가능성에 대한 주관적 믿음(또는 소망충족적 사고)을 진술한 것이다. 그러나 '가설이 참이라면 그런 자료를 얻을 확률이 작다'라고 판단했기 때문에 가설을 기각할 경우, 우리가 어떤 의미의 확률을 사용했는지는 중요하지 않을 수 있다.

7.2 기본적인 용어와 규칙

이제 확률에 대해 배우기로 하자. 별로 배울 것도 없고, 어렵거나 고통스러운 것도 아니다. 단지 배우면 된다.

확률 이론의 기본적인 자료는 **사상**(event)이라고 불린다. 사상이라는 용어는 통계학자들이 그 어느 것인지를 지칭할 때 사용하는 용어다. 한 벌의 카드를 돌릴 때 킹 카드가 나오는 것일 수도 있고, 호감도 척도에서 얻은 36점일 수도 있고, 다음 대법관으로 여성이 지명되는 것일 수도 있고, 표본의 평균일 수도 있다. 우리가 무언가의 확률을 말할 때, 그 무언가가 사상이다. 동전 던지기와 같은 간단한 과정을 다룰 때에 동전 던지기의 결과, 즉 앞면 아니면 뒷면이 사상이다. 봉지에서 캔디를 꺼낼 때 가능한 사상은 여러 가지 색이다. 수강한 과목의 학점에서의 가능한 사상은 A, B, C, D, F이다.

한 사상의 발생 여부가 다른 사상의 발생 여부에 아무런 영향을 미치지 못할 때 두 사상은 **독립적인 사상**(independent events)이다. 각기 다른 지역에서 무선적으로 선정된 두 사람의 투표 행동은 일반적으로 독립적이다. 특히 비밀투표에서 더 그런데, 한 사람이 누구를 찍었는지가 다른 사람이 누구를 찍는지에 영향을 미치지 않을 것이기 때문에 독립적이다. 그러나 한 가족에 속한 두 사람은 같은 신념과 태도를 공유할 수 있기 때문에, 이 두 사람의 투표는 독립적이지 않을 수 있다. 이것은 두 사람이 서로 상대에게 누구를 찍었는지 알려주지 않으려고 노력하는 경우에서도 그럴 수 있다.

한 사상의 발생이 다른 사상의 발생을 배제하는 경우 이 두 사상은 **상호배타적**(mutually exclusive)이다. 예를 들어, 한 학생이 동시에 두 학년일 수 없기 때문에 대학교의 1학년, 2학년, 3학년, 4학년은 상호배타적이다. 그리고 한 집합의 사상들이 가능한 모든 사상을 다 포함하는 경우 이 사상의 집합은 **전집적**(exhaustive)이다. 앞에 든 예에서 정상적으로 대학에 다니는 학생이라면 이 네 학년 중 한 학년에 속해야 하기 때문에 이 집합은 전집적이다. 그러나 이 집합은 대학 등록생 전체에 대해서는 전집적이지 못하다. 왜냐하면, 대학 등록생에는 대학원생, 유급생, 휴학생 등 다른 여러 집단이 있기 때문이다.

중요한 확률 개념

- 독립적인 사상(independent events): 한 사상의 결과는 다른 사상의 결과에 의존하지 않는다.
- 종속적인 사상(dependent events): 한 사상의 결과는 다른 사상의 결과와 관련이 있다.
- 상호배타적(mutually exclusive): 어떤 사건이 한쪽으로 일어나면 다른 쪽으로는 일어날 수 없다. 동전을 한 번 던지면 앞면이거나 뒷면이 나오지 두 면이 동시에 나올 수는 없다.
- 전집적(exhaustive): 모든 가능한 사상을 다 포함하는 사상의 집합. 동전 던지기에서는 앞면 아니면 뒷면이다. 그러나 동전이 바로 서는 것도 가능하다면 그때는 세 가지 사상이 전집적이 된다.

이미 알고 있을 수도 있고, 아니면 확률에 대한 정의에서 연역할 수도 있는데, 확률은 .00과 1.00 사이의 값을 갖는다. 어떤 사상의 확률이 1.00이라면, 그 사상은 반드시 일어나야 한다(확률이 1.00인 사상은 거의 없다). 만약 어떤 사상의 확률이 .00이라면, 그 사상이 발생하지 않는다는 것이 확실하다. 확률이 이 두 극단적인 값에 가까우면 가까울수록, 그 사상이 발생하거나 발생하지 않을 가능성은 더 높다.

확률의 기본 법칙

가산법칙을 보여주기 위해 앞에서 들었던 M&M 캔디 문제에서 여섯 가지 색을 생각해보자. 확률의 분석적 정의에 따르면 표 7.1에서 p(파랑) = 24/100 = .24, p(초록) = 16/100 = .16 등이 된다. 그런데 내가 다른 색이 아니라 파랑이나 초록 캔디를 집을 확률은 얼마일까? 이 확률을 계산하려면 **확률의 가산법칙**(additive law of probability)이 필요하다.

확률의 가산법칙: 상호배타적인 사상들의 집합이 있을 때, 한 사상이나 다른 사상이 일어날 확률은 각 확률을 더한 합과 같다.

따라서 p(파랑이나 초록색) = p(파랑) + p(초록) = .24 + .16 = .40이다. 여기에서 주목할 점은 사상들이 상호배타적이어야 한다는 제약이 있다는 점이다. 즉 한 사상의 발생은 다른 사상의 발생을 배제한다는 제약이 있다. 내가 집은 캔디가 파랑이면, 그것은 초록일 수 없다. 이 요구조건은 아주 중요하다. 우리나라 인구의 약 절반은 여성이고, 인구의 약 절반은 그 이름이 전통적으로 여성적인 이름이다. 그러나 우리가 무선적으로 고른 한 사람이 여성이거나 그 이름이 여성적인 이름일 확률이 .50 + .50 = 1.00이 아닌 것은 명확하다. 여기서 두 사상은 상호배타적이지 않다. 그러나 2005년에 미국에서 태어난 여자아이의 이름이 그해에 지어진 여자아이 이름 중 가장 흔한 에밀리(Emily)나 매디슨(Madison)일 확률은 p(에밀리) + p(매디슨) = .013 + .011 = .024이다. 한 사람이 에밀리와 매디슨이라는 두 개의 이름을 가질 수 없으므로, 이 예에서 이 두 이름은 상호배타적이다(그 부모가 이름 두 개를 하이픈으로 연결해서 신고하지 않는 조건하에서).

곱셈법칙

p(파랑) = .24, p(초록) = .16인 M&M 예를 좀 더 사용하자. 만약에 내가 캔디를 하나 집은 다음 다시 봉지에 넣고 새로 캔디를 집었다고 해보자. 내가 처음에 파랑 캔디를 집고, 두 번째에 파랑을 집었을 확률은 얼마일까? 이 확률을 계산하려면 **확률의 곱셈법칙**(multiplicative law of probability)을 알아야 한다.

> **확률의 곱셈법칙:** 둘 이상의 독립적인 사상들이 같이 일어날 확률은 각 사상들의 확률을 곱한 것과 같다.

그러니까 다음과 같다.

$$p(\text{파랑, 파랑}) = p(\text{파랑}) \times p(\text{파랑}) = .24 \times .24 = .0576$$

마찬가지로 파랑 다음에 초록을 집을 확률은 다음과 같다.

$$p(\text{파랑, 초록}) = p(\text{파랑}) \times p(\text{초록}) = .24 \times .16 = .0384$$

여기에서 주목할 점은 두 사상이 서로 독립적이라고 제한했다는 점, 즉 한 사상의 발생이 다른 사상의 발생에 아무런 영향을 미칠 수 없는 경우로 제한했다는 점이다. 성별과 이름은 독립적이지 않기 때문에 p(여성, 여성적인 이름) = .50 × .50 = .25라는 계산은 옳지 않다. 그러나 성별이 출생한 달에 의존적이라는 것을 시사하는 자료가 없으므로, p(여성, 1월생) = .50 × 1/12 = .50 × .083 = .042라는 계산은 사실일 가능성이 높다. (출생월과 성별이 연관이 있다면 내 계산은 틀릴 수 있다.)

19장에서 곱셈법칙을 이용해서 두 변인이 독립적인지에 대한 문제를 푸는 것을 보게 된다. 19장에 있는 예는 곱셈법칙이 구체적으로 사용되는 용도를 잘 보여준다. 19장에서 다룰 연구에서, 겔러 등(Geller, Witmer, & Orebaugh, 1976)은 광고지에 아무 데나 버리지 말아 달라는 부탁이 들어있는지 없는지에 따라 사람들이 슈퍼마켓 광고지를 어떻게 하는지가 다르다는 가설을 검증하고자 하였다. 겔러 등은 사람들이 슈퍼마켓에 들어올 때 광고지를 나누어주었는데, 그중 약 절반에는 아무 데나 버리지 말아 달라는 부탁 문구를 포함시켰고, 나머지에는 부탁 문구를 넣지 않았다. 그날 영업이 끝나고 나서 어디에 광고지를 남겨두었는지 조사하였다. 가설을 검증하는 절차 중에는 광고지에 부탁 문구가 들어있으며 휴지통에서 발견된 확률을 계산하는 것도 포함되어 있었다. 부탁 문구가 들어있는 것과 휴지통에서 발견되는 두 사상이 독립적이라면 이 확률이 얼마일지 계산할 필요가 있다. 이 두 사상이 독립적이라고 가정한다면(사람들이 부탁 문구에 주의를 기울이지 않는다면), 곱셈법칙을 이용하여 p(부탁, 휴지통) = p(부탁) × p(휴지통)임을 알 수 있다. 그들의 연구에서 광고지의 49%에 부탁 문구가 들어있었으므로, 무선적으로 고른 광고지에 부탁이 들어있을 확률은 .49이다. 마찬가지로 6.8%의 광고지가 휴지통에서 발견되었으므로, p(휴지통) = .068이 된다. 따라서 이 두 사상이 독립적이라면 다음과 같다.

$$p(\text{부탁, 휴지통}) = .49 \times .068 = .033$$

따라서 전체 광고지의 3.3%가 부탁 문구가 들어있으며 휴지통에서 발견될 것으로 기대한다. 실제 부탁 문구가 있으며 휴지통에서 발견된 것은 전체 광고지의 4.5%였다. (이는 광고지를 버리는 것이 부탁 문구와 독립적이라고 할 때 기대할 수 있는 3.3%보다 약간 더 높은 수치이다. 만약 3.3%와 4.5%라는 이 적은 차이가 신뢰할 수 있는 차이라면, 이는 부탁의 효과에 대해 무엇을 알려주는 것일까?)

마지막으로, 가산법칙과 곱셈법칙을 다 필요로 하는 예를 들어보자. 충원표본으로 캔디를 두 번 집을 경우 순서에 상관없이 파랑 캔디 하나와 초록 캔디 하나를 집을 확률은 얼마일까? 먼저, 곱셈법칙을 이용해서 계산하면 다음과 같다.

$$p(\text{파랑, 초록}) = .24 \times .16 = .0384$$
$$p(\text{초록, 파랑}) = .16 \times .24 = .0384$$

이 두 결과가 문제의 조건을 충족시키므로(그리고 문제의 조건을 충족시키는 모든 경우이므로), 이 두 결과 중 어느 하나가 일어날 확률을 계산할 필요가 있다. 이제 가산법칙을 적용하면 다음과 같다.

$$p(\text{파랑, 초록}) + p(\text{초록, 파랑}) = .0384 + .0384 = .0768$$

그러니까 두 번 집을 때 이 두 색을 집을 확률은 약 .08이다. 즉, 전체의 10분의 1보다도 적은 경우에 이런 결과를 얻을 수 있다.

그런데 이 두 법칙은 대충 읽으면 같은 것처럼 보이기 때문에 학생들은 자주 가산법칙과 곱셈법칙을 혼동한다. 혼동을 피하는 한 가지 유용한 방법은 이 법칙들이 적용되는 상황의 차이를 이해하는 것이다. 가산법칙을 적용하는 경우에는 한 가지 결과에 대해 알고자 한다. 여러분이 집는 캔디는 파랑이거나 초록이지만, 여러분이 집는 것은 그중 한 가지이다. 곱셈법칙이 적용되는 경우에는 적어도 두 개의 결과(예: 파랑 캔디 하나와 초록 캔디 하나)에 대해 알고자 한다. 간략하게 정리하자면, 하나의 결과에 대해 알고자 하는 경우에는 확률을 더하고, 복수의 독립적인 결과에 대해 알려고 하는 경우에는 확률을 곱한다.

연접확률과 조건확률

연접확률과 조건확률이라는 두 종류의 확률이 확률에 관한 논의에서 중요하다.

연접확률(joint probability)이란 둘 이상의 사상이 같이 일어나는 확률이라고 간단하게 정의할 수 있다. 예를 들어, 겔러 등(1976)의 슈퍼마켓 광고지 연구에서 광고지에 부탁 문구가 들어있고 휴지통에서 발견될 확률은 연접확률이다. 또 다른 예는 부탁 문구가 들어있고, 레이즌 브랜(Raisin Bran) 상품 뒤에 구겨져서 발견될 확률이다. 두 사상이 있을 때 연접확률은 p(파랑, 초록), p(부탁, 휴지통) 예에서와 같이 p(A, B)로 표기된다. **만약 두 사상이 독립적이면**, 두 사상이 같이 일어날 확률은 우리가 좀 전에 보았듯이 곱셈법칙을 이용해서 구할 수 있다. 만약 두 사상이 독립적이지 않으면, 두 사상이 같이 일어날 확률을 계산하는 절차는 약간 복잡해진다. 여기서 그 확률을 계산하지는 않는다.

조건확률(conditional probability)이란 한 사상이 일어났을 때 다른 사상이 일어날 확률을 가리킨다. 어떤 사람이 정맥주사로 마약을 사용하는 사람일 때 그 사람이 AIDS에 걸릴 확률이 조건확률의 예이다. 광고지에 부탁하는 문구가 들어있을 때 광고지가 휴지통에 버려질 확률이 또 다른 예이다. 조건확률의 세 번째 예는 이 책에서 반복적으로 사용되는 문구인 '만약 영가설이 참이라면, 이런 결과를 얻을 확률은 ……이다'라는 표현이다. 이 문장에서는 '……일 때'라는 표현을 '만약 …… 이라면'이라는 표현으로 바꾸었지만 그 의미는 같다. (영가설에 대해서는 8장에서 다룬다.)

A, B 두 사상에서, B가 일어났을 때 A가 일어날 조건확률은 수직선을 사용해서 $p(A|B)$로 표기한다. 예를 들어, 처음 두 예는 p(AIDS|약물 사용)과 p(휴지통|부탁)으로 표기된다.

우리는 종종 자녀가 있으면 책임감이 생긴다는 말을 한다. 이전에는 무주의하고 비합리적인 행동을 하던 사람이 어쩐 일인지 부모가 되고 나서는 완전히 다른 사람처럼 되어 행동의 많은 부분이 바뀌기도 한다. 어떤 라디오 방송국에서 100명을 선정해서 알아보았더니 그중 20명이 자녀가 있었다. 100명 중 30명이 안전벨트를 착용했으며, 그중 15명은 자녀가 있는 사람이었다. 결과를 표 7.2에 제시하였다.

표 7.2_ 자녀 유무와 안전벨트 착용 간의 관계

자녀 유무	벨트 착용	벨트 미착용	전체
자녀 있음	15	5	20
자녀 없음	15	65	80
전체	**30**	**70**	**100**

표 7.2에 있는 정보로 단순확률, 연접확률, 조건확률을 계산할 수 있다. 무선적으로 선정된 사람이 안전벨트를 착용할 단순확률은 30/100 = .30이다. 자녀가 있으며 안전벨트를 착용할 연접확률은 15/100 = .15이다. 자녀가 있는 경우에 벨트를 할 조건확률은 15/20 = .75이다. 여기서 연접확률과 조건확률을 혼동하지 않도록 조심하기 바란다. 이 둘은 아주 다르다. 여기서 여러분은 연접확률을 구할 때 왜 단순확률들을 곱하면 안 되는지 의아해할 수 있다. 곱셈법칙에서는 자녀 있음과 안전벨트 착용이 독립적이기를 요구한다. 그러나 이 자료에서는 두 사건이 독립적이지 않았다. 이 자료에서는 안전벨트를 착용하는지가 자녀가 있는지 없는지에 따라 아주 달랐다. (만약 이 자료에서 두 사상이 독립적이라고 가정한다면 연접사상의 확률은 .30 × .20 = .06이 되어 6명이 되는데, 이것은 실제 관찰된 값인 15명의 반에도 못 미치는 값이다.)

또 다른 예로, 술을 마시고 교통사고가 일어날 확률은 연접확률이다. 이 확률은 그리 높지 않다. 왜냐하면 어느 한 시점에 술을 마시는 사람은 비교적 적은 수이고, 또 교통사고를 일으키는 사람도 소수이기 때문이다. 그러나 여러분이 술을 마셨을 때 교통사고를 일으킬 확률, 또는 교통사고를 일으켰을 때 술을 마셨을 확률은 꽤 높다. 밤에 교통사고가 났을 때 술을 마셨을 조건확률인 p(음주|사고)는 .50을 넘는다. 왜냐하면 미국에서 밤에 일어나는 자동차 사고의 절반 이상에서 운전자가 음주를 했기 때문이다. 나는 술을 마셨을 때 교통사고가 날 조건확률인 p(사고|음주)는 알지 못한다. 그러나 이 조건확률이 교통사고가 일어날 **무조건확률**(unconditional probability)인 p(사고)보다는 아주 높다는 것을 확신한다.

연접확률: 당신의 친구 중 두 사람이 서로 앙숙이다. 당신이 파티를 열려고 하는데, 당신은 그 둘을 다 초대해야 한다고 느낀다. 그러면서 그 둘이 다 파티에 나타날 연접확률에 대해 걱정한다.

조건확률: 당신이 파티에 초대한 두 사람이 있다. 그 둘은 같이 다니기 시작했다. 그래서 메리가 오면 밥이 올 가능성이 높다고 당신은 안다. 이 경우 당신은 메리가 올 경우 밥이 올 확률이라는 조건확률에 대해 이야기한 것이다.

표 7.3_ 피고의 인종과 사형선고와의 관계

피고의 인종	사형선고: 예	사형선고: 아니요	전체
흑인	95	425	520
행 %	18.3%	81.7%	78.0%
열 %	83.3%	76.8%	
칸 %	14.2%	63.7%	
비흑인	19	128	147
행 %	12.9%	87.1%	22.0%
열 %	16.7%	23.1%	
칸 %	2.8%	19.2%	
전체	**114**	**553**	**667**
열 %	17.1%	82.9%	

7.3 논쟁거리에 확률 적용해보기

여러 연구에서 피고와 희생자의 인종에 따라 미국에서의 사형선고 자료를 분석하였다(희생자의 인종의 역할을 보여주는 자료는 연습문제에 수록되어 있다). 디터(Dieter, 1998)가 수행한 피고의 인종이 미치는 영향에 대한 보고서는 다음 사이트에 있다.

http://www.deathpenaltyinfo.org/article.php?scid=45&did=539

결과를 왜곡시키지는 않지만, 문제를 간단하게 하기 위해 사형선고 자료를 피고의 인종별로 나눈 자료를 보자. 표 7.3에 자료를 제시하였다.

행 백분율은 '예'나 '아니요'의 빈도를 그 행의 합으로 나누면 된다. 열 백분율은 흑인이나 비흑인의 수를 그 열의 합으로 나누면 된다. 칸 백분율은 그 칸의 사례수를 전체 표본 크기인 667로 나누면 된다.

표 7.3의 정보로 단순확률, 연접확률, 조건확률을 계산할 수 있다. 피고가 사형선고를 받을 단순확률은 다음과 같다.

$$114/667 = .171$$

이는 전체 사례 중 사형선고를 받은 비율이다. 피고가 흑인일 확률은 다음과 같다.

$$520/667 = .780$$

피고가 흑인이며 사형선고를 받을 연접확률은 다음과 같다.

$$95/667 = .142$$

이는 전체 사례 중 흑인/예 칸의 비율이다.

만약 선고가 인종과 아무 관련이 없다면, 이 두 사상은 독립적이고, 그럴 경우 흑인이며 사형선고를 받을 확률은 p(흑인)×p(사형) = .780×.171 = .134가 된다. 여러분 생각에 두 사건은 독립적인가?

이 표에서 가장 관심을 끄는 부분은 조건확률이다. 피고가 흑인일 경우 사형선고를 받을 조건확률은 다음과 같다.

$$95/520 = .183$$

피고가 비흑인일 경우 사형선고를 받을 조건확률은 다음과 같다.

$$19/147 = .129$$

흑인 피고와 비흑인 피고의 사형선고율은 상당한 차이가 있다. 흑인의 사형선고율이 비흑인의 사형선고율보다 50%가량 높았다.

승산과 위험도

알아둘 필요가 있고 알아두면 앞으로 유용하게 사용할 새로운 용어 몇 개를 배워보자. 이 용어를 통계학에서는 사용하지 않더라도 일상생활에서는 종종 사용할 것이다. 그런데 사람들은 이 두 용어를 종종 혼동하며 부정확하게 사용한다.

위험도(risk)부터 살펴보자. 위험도는 어떤 사건이 일어날 확률이다. 앞의 예에서 흑인 피고가 사형선고를 받을 위험도는 95/520 = .183이고, 비흑인 피고가 사형선고를 받을 위험도는 19/147 = .129였다. 여기서 한 발 더 나아가 **위험도 비**(risk ratio)를 구할 수 있는데, 이것은 두 위험도의 비율을 가리킨다. 이 경우 위험도 비는 .183/.129 = 1.42가 된다. 이것은 사형선고를 받을 위험도는 흑인 피고가 비흑인 피고보다 1.42배 높다는 것을 말한다. 그것은 큰 차이이다.

이제 **승산**(odds)에 대해 알아보자. 얼핏 보면 승산은 위험도와 같은 것처럼 보인다. 그러나 위험도와 달리 흑인의 승산은 사형선고를 받은 흑인 피고의 수를 사형선고를 받지 않은 흑인 피고의 수로 나눈다. 위험도에서는 전체 흑인 피고의 수가 분모였는데, 승산에서는 사형선고를 받지 않은 흑인 피고의 수로 분모가 바뀐 점을 주목하라. 이 예에서는 95/425 = .224가 된다. 비흑인인 경우 승산은 19/128 = .148이 된다. 위험도 비를 계산하듯이 두 승산의 비율인 **승산 비**(odds ratio)를 구할 수 있다. 이 예에서 승산 비는 .224/.148 = 1.51이 되는데, 이것은 위험도 비보다는 약간 높다. 이것은 피고가 사형선고를 받을 승산은 비흑인일 때보다 흑인일 때 1.51배 높다는 것을 말한다.

왜 위험도와 승산이라는 용어가 필요한가? 두 개 중 하나만 사용하면 혼동도 없고 충분하지 않을까? 그 이유는 어떤 사람은 위험도, 위험도 비로 표현하는 것보다 승산, 승산 비로 표현하는 것을 더 편하게 느낀다는 것이다. 물론 다른 사람은 특정 사상이 특정 범주에 속할 확률을 직접 표현하기 때문에 위험도라는 용어를 더 편하게 느낀다. 그러나 비율에 대해 말할 때는 승산 비를 사용하는 것이 기술적인 측면에서 더 적절한 경우도 있다. 연구를 하다 보면 위험도 비를 계산할 수 없는 경우도 있게 된다. 그러나 승산 비는 언제나 계산할 수 있다. 그리고 폐결핵 진단을 받는 것과 같이 발생 가능성이 아주 낮은 사상인 경우 승산 비는 위험도 비의 아주 좋은 추정치가 된다.

위험도를 계산하려면, 특정 사상의 발생 빈도를 행의 전체 빈도로 나눈다. 그에 반해 승산은 특정 사상의 발생 빈도를 행의 나머지 사상의 빈도로 나눈다. 위험도 비와 승산 비는 같은 질문에 대한 답처럼 보이지만, 기술적인 이유 때문에 위험도 비를 구할 수 없는 경우가 있다. 발생률이 아주 낮은 사상의 경우, 위험도 비를 계산하기 어려운데, 승산 비는 위험도 비의 아주 좋은 추정치가 된다.

확률이 아주 낮은 사상의 경우, 승산 비가 위험도 비의 아주 좋은 추정치가 되지만, 그렇다고 해서 승산 비를 사용하는 것을 권장하지는 않는다. 많은 사람들, 특히 의학 분야에서는 승산 비가 사람들을 오도할 수 있다고 주장한다. 마크 리버만(Mark Liberman)이 만든 '승산 비를 사용하면 안 되느니(Thou shalt not report odds ratio)'라는 제목의 아주 재미있는 웹페이지는 http://itre.cis.upenn.edu/~myl/languagelog/archives/004767.html에서 볼 수 있다. 이 웹페이지는 이 논쟁에 관한 아주 좋은 예이다. 승산 비는 반드시 피해야 한다는 주장을 하는 것은 아니고, 확률이 낮은 사상에만 한정해서 승산 비를 사용하는 것이 그나마 좋다는 주장을 한다.

7.4 결과 기술하기

이 책의 뒷장들에는 통계 분석 결과를 기술하는 방법에 대한 절이 포함될 것이다. 이런 서술은 간결해야 하고, 학술지들이 요구하는 기준을 따를 필요는 없다. 여러분이 보고하려는 것이 무엇인지 알려주면 된다. 이 장에서 우리가 다룬 것은 통계 분석을 행한 완벽한 실험은 아니었다. 그렇지만 사형 선고에 관한 연구에 대해 그 결과가 통계적으로 신뢰롭다는 것을 입증한 것처럼(사실 신뢰로웠다) 기사를 작성할 수 있다.

이런 보고서에 들어가야 할 내용들을 먼저 정리해보자. 문제가 무엇인지 서술해야 하고, 그 문제에 어떻게 접근했는지, 언제 또는 어떻게 자료를 수집했는지 밝혀야 한다. 사례수가 얼마인지 잊지 말고 보고해야 한다. 이어서 사형선고를 받은 전체 수와 같은 중요한 무조건확률을 보고해야 한다. 그리고 인종별 비율도 보고할 수 있다. 조건확률이나 승산을 포함시키는 것은 중요하며, 위험도 비나 승산 비를 계산해서 보고할 수도 있다. 확률이 아주 낮지는 않았으니, 여기서는 위험도 비를 적는다. 마지막으로, 결론을 적어야 하며, 이 주제와 관련해서 수행된 다른 연구들의 맥락에 이 연구를 위치시켜야 한다. 이런 것들을 다 포함시키면 다음과 같은 기사를 만들어볼 수 있다.

> 사형선고 정보 센터에서는 사형선고가 인종에 따른 함수인지에 관해 디터(Dieter, 1998)가 편집한 보고서를 발간하였다. 이 보고서에서는 1983년에서 1993년 사이에 필라델피아에서 일어난 사건들의 재판 결과에 대해 조사하였다. 조사의 주요 관심사는 인종에 상관없이 공평하게 사형선고가 내려졌는지였다. 연구자들은 피고가 사형선고를 받을 가능성이 있는 667건의 사례를 대상으로, 피고의 인종과 선고 결과로 나누어보았다.
>
> 전체 사례의 17.1%에서 사형이 선고되었다. 그러나 선고는 인종과 관련이 있었다. 피고가 흑인인 경우 사형선고를 받은 위험도는 .183이었는데, 피고가 흑인이 아닌 경우 그 위험도는 단지 .129에 불과했다. 이것은 사형선고 확률이 인종에 따라 조건적이었다는 것으로, 우리가 다루는 문제에 직접적인 자료이다. 조건확률의 위험도 비는 1.42로 나왔다. 이는 피고가 흑인일 경우 흑인이 아닐 때보다 사형선고를 받을 가능성이 40% 높다는 것을 의미한다. 이 격차는 사건의 심각성별로 나누어 분석할 때에도 여전히 나타났다. 사형선고를 내릴 때 인종 편향이 있는 것으로 보인다.

이 조사는 1983~1993년 자료를 토대로 수행한 것이기 때문에 최신 자료를 사용하면 결과가 달라질 수도 있다. 그러나 그 문제는 따로 연구해볼 필요가 있는 문제이다. 이 결과는 레이드릿과 피어스(Radelet & Pierce, 1991)의 결과를 다시 한 번 확인한 것이다. 이에 대한 논의는 일반 언론과 학계에서 계속되고 있다. 최근인 2008년에도 존 폴 스티븐스(John Paul Stevens) 대법관과 클래런스 토머스(Clarence Thomas) 대법관은 조지아 사건에서 인종이 미친 영향에 대해 이견을 강하게 표출했다.[2]

---

2 『워싱턴포스트(Washington Post)』 2008년 10월 21일자를 보라. 이 연구는 http://www.washingtonpost.com/wp-dyn/content/article/2008/10/20/AR2008102003133.html에서 볼 수 있다.

7.5 불연속변인과 연속변인

확률에서 사용되는 여러 가지 용어들을 살펴보았고, 아주 사실적이고 흔한 상황에서 확률을 계산할 수 있게 해주는 단순한 두 가지 규칙에 대해 알아보았다. 이제 한 단계 나아가 이 확률들이 적용되는 변인들에 대해 살펴볼 필요가 있다. 그런데 우리가 사용하는 변인이 어떤 것인지에 따라 계산 방법 등이 다르다는 것이 밝혀졌다.

2장에서 우리는 불연속변인과 연속변인을 구분했었다. 수학자들에 따르면, 제한된 값들 중에서 하나를 취하는 변인이 불연속변인이고, 무한한 값 중에서 값을 취하는 변인이 연속변인이다. 예를 들어, 대인 공간에 관한 실험에 참여한 참가자의 수는 그 실험에 참여한 사람의 수를 우리가 셀 수 있고, 또 사람의 수에는 분수가 없기 때문에 불연속변인이다. 그러나 대인 공간연구에서 두 사람 간의 거리는 2피트, 2.8피트, 2.871357피트 등과 같이 다양하므로 연속변인이다. 이 구분은 기술적으로는 정확하다. 그러나 실제에서는 이와 조금 다르게 적용되기도 한다.

실제에서 우리가 불연속변인이라 할 때에는 아주 적은 수의 가능한 값 중에서 하나의 값을 갖는 변인을 가리킨다(예: 5점 척도로 재는 사회경제적 지위, 혹은 좋아한다, 그저 그렇다, 싫어한다와 같이 3점 척도로 재는 선호도). 반면에 많은 가능한 값 중에서 하나의 값을 갖고, 그 값들이 적어도 서열 척도 이상인 변인을 연속변인이라 한다. 그래서 우리는 비록 지능지수가 정수로 주어져서 어떤 사람이 지능지수가 105.317이라는 말은 들어본 적은 없지만 지능지수를 연속변인으로 간주한다.

여기에서 다시 불연속변인과 연속변인의 구분을 거론하는 이유는 확률 이론에서는 이 두 유형의 분포가 다르게 취급되기 때문이다. 불연속변인에 대해서는 특정한 결과에 대한 확률을 다룬다. 반면에 연속변인에 대해서는 특정한 **구간**에 포함되는 값을 얻을 확률에 대해 다룬다.

7.6 불연속변인의 확률분포

불연속 확률분포의 재미있는 예가 그림 7.1에 제시되었다. 이 그림에 실린 자료는 2009년 스코틀랜드 정부가 수집한 환경에 대한 태도 서베이에서 나온 것이다. 그들은 환경 문제가 주관심사였지만, 일리노이 대학교의 에드워드 디너(Edward Diener) 교수가 개발한 삶의 만족도 척도(Satisfaction With Life Scale: SWLS)를 이용해서 전반적 만족도 자료도 수집하였다.[3] 그림 7.1에는 '전반적으로 내 삶은 이상에 근접해 있다'라는 문항에 대해 응

---

3 http://internal.psychology.illinois.edu/~ediener/SWLS.html에 가면 이 척도에 대해 더 많은 정보를 얻을 수 있다. 다른 과목에서도 이 척도를 사용할 수 있을 것이다. http://www.scotland.gov.uk/Publications/2009/03/25155151/0에 가면 교재에서 언급하는 연구에 대해 알아볼 수 있다.

그림 7.1_ 삶의 세 가지 측면에 대한 중요도 평정치의 분포

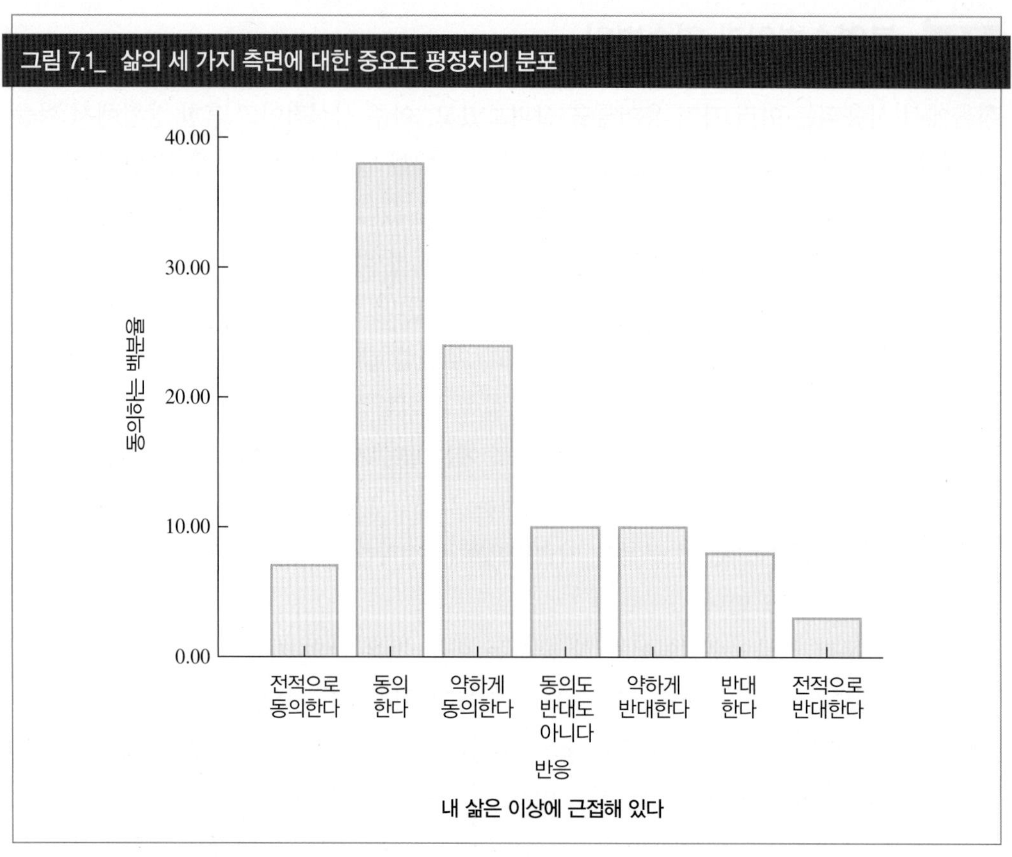

답자들이 한 반응의 분포이다. 평정치(X)의 가능한 값들이 가로축(X축)에, 그리고 그 응답지를 선택한 응답자의 상대빈도(비율)를 세로축(Y축)에 그려넣었다. 이 자료를 보면 사람들이 자기 삶에 대해 얼마나 많이 만족하는지 알게 된다. 비율은 확률로 곧바로 변환된다. 무선적으로 고른 응답자가 자기 삶이 이상에 근접해 있다는 질문에 대해 '동의한다'에 답할 확률이 .38이다. 이전에 교정 자료에서 한 것처럼 긍정적인 세 범주의 자료를 합하면, 표본이 속한 전집의 69%가 자기 삶이 이상에 근접해 있다는 질문에 적어도 '약하게 동의한다'라고 답했다.

7.7 연속변인의 확률분포

연속변인의 경우 문제는 좀 복잡해진다. 6장에서 정상분포를 고려할 때 연속적인 분포를 다루었는데, 분포의 세로축을 '밀도'라고 부른 것을 기억할 수 있을 것이다. 그리고 특정한 결과가 아니라 급간을 단위로 논했었다. 이런 점을 좀 더 알아보자.

그림 7.2는 초산 때 어머니 나이의 분포를 대략적으로 그린 것으로 마틴 등(Martin et al., 2012)이 제공한 자료를 토대로 그려진 것인데, 이는 미국 질병통제예방센터(Centers

그림 7.2_ 초산 때 어머니 나이

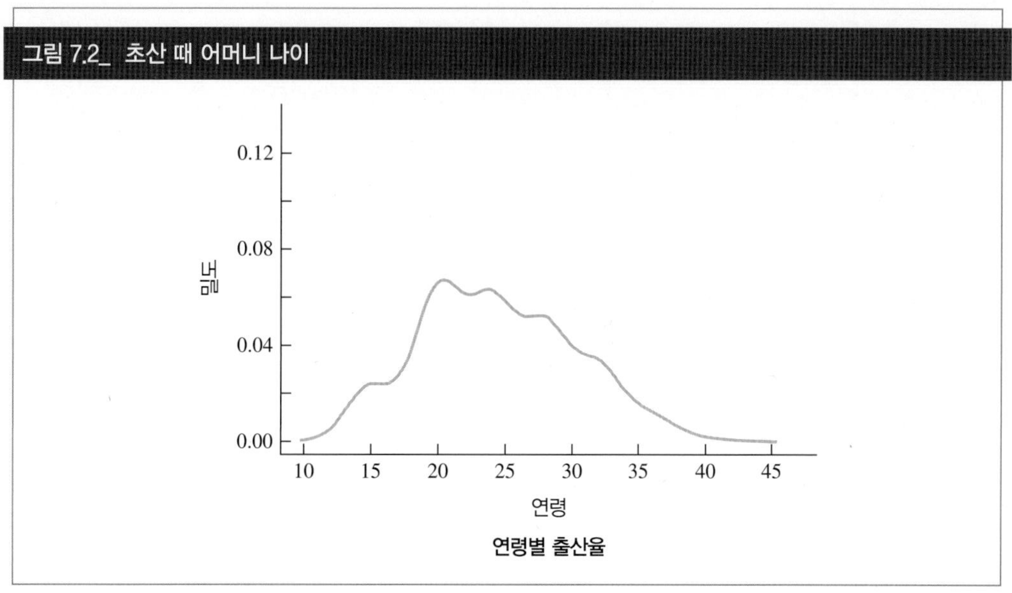

연령별 출산율

for Disease Control and Prevention: CDC, 2013)에서 발간한『국가인구통계보고서(National Vital Statistics Reports)』(Vol., 62, No. 9, December 30, 2013)에 실려 있다. 자세한 자료는 http://www.cdc.gov/nchs/data/nvsr/nvsr62/nvsr62_09.pdf에 있다. 연령 집단 간의 자료를 내삽하기 위해 조정하였다. 그래프에 그려진 곡선은 커널 밀도 곡선인데, 자료에 가장 적합한 최적선의 추정치이다. (2002년 자료는 http://www.cdc.gov/nchs/data/nvsr/nvsr52/nvsr52_10.pdf에 있다.)

평균이 대략 25세이고, 표준편차는 약 5년이며, 분포는 놀라울 정도로 대칭적이다. 자료에 적합하게 맞춘 곡선이 연속적인 분포이기 때문에 세로축을 '밀도(density)'라 한다. 밀도는 확률과 동의어가 아니다. X의 각기 다른 값에 대한 곡선의 높이라고 보는 것이 아마도 밀도에 대한 가장 좋은 정의일 것이다. 그리고 15세보다 25세에서 이 곡선이 더 높다는 사실은 어머니가 10대 중반일 때보다 20대 중반일 때 아이를 출산할 가능성이 더 높다는 것을 말해준다. 놀랄 게 없는 결과이다. 세로축의 표기가 달라진 이유는 불연속적인 분포가 아니라 연속적인 분포를 다루기 때문이다. 여러분이 조금만 생각해보면, 곡선이 최고점은 20세이지만, 무작위로 고른 한 어머니가 **정확하게** 20세(20.000000세)에 출산할 가능성은 아주 희박하다는 것을 알 수 있다(통계학자들은 이 확률은 0이라고도 말한다). 마찬가지로 20.00001세에 출산할 확률도 희박하다. 이는 불연속변인에서는 특정한 결과의 확률에 대해 말하지만, 연속변인의 경우에는 **특정한** 결과의 확률에 대해 말하는 것이 별 의미가 없다는 것을 시사한다. 반면에, 우리는 많은 어머니들이 20세 **무렵에** 출산하며, 특정 **급간** 사이에 놓인 점수를 받을 가능성에 대해 말하는 것은 일리가 있다는 것을 안다. 예를 들어, 우리는 24.5세와 25.5세 사이에 출산할 확률에 대해서 궁금해할 수 있다. 그림 7.3

그림 7.3_ 15세와 25세에 출산할 확률

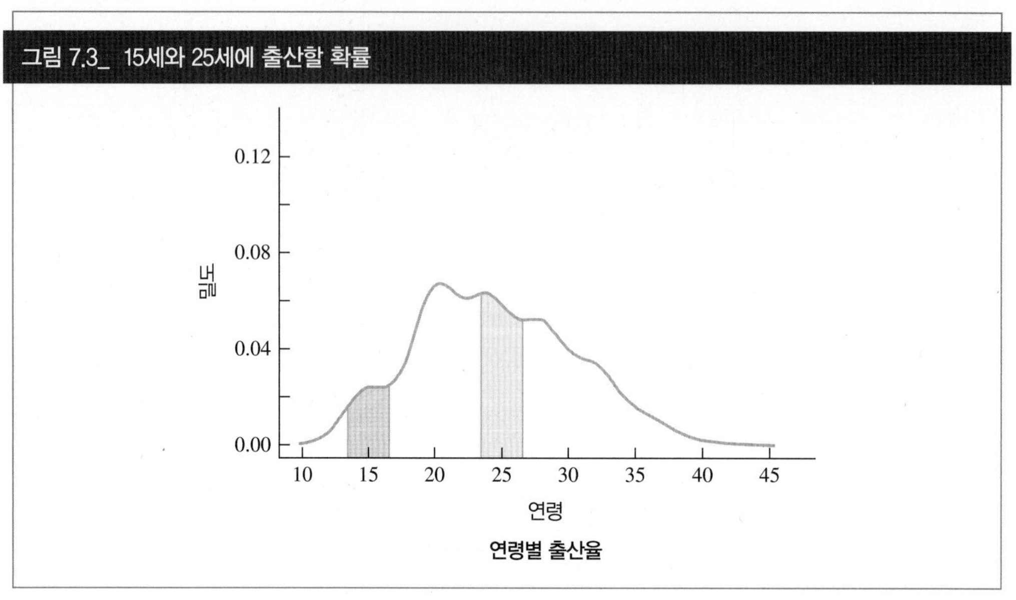

에 그 급간이 그려져 있다. 만약 우리가 곡선 밑에 있는 전체 영역을 1.00이라 한다면, 그림 7.3에서 24.5세와 25.5세 사이의 회색으로 칠해진 부분의 면적은 어머니가 25세에 출산할 확률과 같다. 수학 수업을 들어본 사람은 우리가 분포를 기술하는 공식(곡선의 공식)을 안다면 24.5세와 25.5세 사이의 급간을 적분하면 된다는 것을 알 것이다. 그러나 이걸 여러분이 계산할 필요는 없다. 왜냐하면 우리가 다루는 분포는 이미 표로 만들어진 다른 분포에 의해 아주 비슷하게 추정할 수 있기 때문이다. 이 책에서 우리는 적분은 전혀 하지 않는다. 대신 분포표를 종종 이용할 것이다. 우리는 정상분포를 다룰 때 표를 이용하는 것을 6장에서 배웠다.

그림 7.3에서 평균 주위에 위치한 24.5세와 25.5세 사이의 면적에 대해 알아보았는데, 이 방법은 다른 급간에서도 그대로 적용된다. 그림 7.3에는 15세에서 반년 이내, 즉 14.5세와 15.5세 사이도 회색으로 칠해져 있다. 이 예에는 확률을 계산하는 데 필요한 정보들이 충분히 주어지지 않았기 때문에 실제 확률을 계산할 수는 없지만, 그림 7.3을 보면 25세를 둘러싼 급간의 확률이 15세를 둘러싼 급간의 확률보다 높다는 것을 분명하게 볼 수 있다.

곡선 밑의 면적에 대해 감을 잡는 좋은 방법의 하나는 투명한 모눈종이를 곡선 위에 올려놓거나 모눈종이를 곡선 위에 올려놓고 두 장을 겹쳐 들고 불빛을 보는 방법이다. 특정 급간 사이에 있는 정사각형의 수를 세어 전체 곡선 밑에 있는 정사각형의 수로 나누면, 무작위로 선정한 점수가 그 급간에 있을 확률을 대충 어림할 수 있다. 당연한 말이지만 모눈종이의 사각형이 작으면 작을수록 어림은 정확해진다.

7.8 요약

이 장에서는 **확률**에 대한 여러 가지 정의에 대해 알아보았다. 확률은 문제에 대한 논리적 분석(분석적 확률), 과거 경험의 역사(빈도적 확률), 또는 특정 사건이 일어날 가능성에 대한 주관적 믿음(주관적 확률)에 기초할 수 있다. 독립적인 사상과 종속적인 사상의 차이에 대해 알아보았고, '상호배타적'이란 한 사상의 발생은 다른 사상의 발생을 배제하는 상황을 말하고, '전집적'이란 어떤 결과 사상의 집합에 모든 가능한 결과가 다 포함된 경우를 말한다는 것을 배웠다.

가산법칙과 곱셈법칙이라는 확률의 두 가지 기본적인 법칙에 대해 알아보았다. 가산법칙은 특정 결과의 발생이 주관심사인 상황에 적용되는 것으로, '또는'이라는 표현이 사용된다. 예를 들어, 학점이 A 또는 B인 확률을 알고자 할 때 가산법칙이 적용된다. 곱셈법칙은 '처음 시험에서 A를 받고, 두 번째 시험에서 B를 받을 확률'과 같이 두 개 이상의 결과의 발생 확률을 계산할 때 적용된다.

이어서 연접확률과 조건확률에 대해 알아보았다. 연접확률은 처음 시험에서 A를 받고, 두 번째 시험에서 B를 받는 것과 같이 두 개 사상이 같이 발생하는 확률을 의미한다. 조건확률은 처음 시험에서 A를 받았을 때 두 번째 시험에서 B를 받을 확률처럼 특정 사상이 발생한 상태에서 다른 특정 사상이 발생할 확률을 가리킨다.

다음으로 '위험도'와 '승산'에 대해 알아보았다. 위험도는 본질적으로 확률을 말한다. 즉 '하교 길에 교통사고가 날 위험도는?'에서 위험도는 교통사고가 난 사람 수를 전체 수로 나누면 되기 때문에 확률과 같은 의미이다. 그러나 승산은 조금 다르다. 위 질문에서 교통사고가 난 사람 수를 교통사고가 나지 않은 사람 수로 나눈 값이 승산이 된다. 위험도와 승산이라는 용어는 어떤 사건이 일어날 가능성을 표현하는 방법인데, 특히 승산은 경마나 다른 도박에서 가장 널리 사용되지만, 의학 연구 분야에서는 승산이 아주 낮아서 승산 비가 위험도 비의 좋은 추정치가 되는 경우가 아닌 다른 경우에 승산을 사용하는 것에 대해서는 부정적이다.

위험도와 승산에서 비율을 계산할 수 있다. 본문에서 든 예에서 위험도 비는 흑인 피고가 사형선고를 받을 위험도를 백인 피고가 사형선고를 받을 위험도로 나누면 된다. 승산비도 계산 방식은 같은데, 위험도 대신 승산 간의 비율을 계산하는 점이 다르다. 승산 비의 장점은 연구설계에 상관없이 계산할 수 있다는 점이다. 이에 반해 위험도 비는 특정 실험조건에서만 계산이 가능하다. 아울러 사건 발생 확률이 아주 낮은 경우에는 승산 비가 위험도 비의 추정치로 유용하다. 그러나 아주 확률이 낮은 사상을 다루는 것이 아니라면 승산 비는 위험도 비보다 높은 값을 산출해서 사람들을 오도할 수 있다.

마지막으로, 불연속변인과 연속변인의 중요한 차이에 대해 알아보고, 연속변인에서는 밀도라는 용어를 사용한다는 것을 살펴보았다. 이 책을 통해 우리는 연속변인과 불연속변인은 각기 다른 방식으로 다루어진다는 것을 보게 된다.

주요 용어

분석적 견해analytic view 158
빈도 견해frequentist view 159
충원표본sample with replacement 160
주관적 확률subjective probability 160
사상event 161
독립적인 사상independent event 161
상호배타적mutually exclusive 161
전집적exhaustive 161
확률의 가산법칙additive law of probability 162
확률의 곱셈법칙multiplicative law of probability 163
연접확률joint probability 165
조건확률conditional probability 165
무조건확률unconditional probability 166
위험도risk 168
위험도 비risk ratio 168
승산odds 168
승산 비odds ratio 168
밀도density 172

7.9 빠른 개관

A 확률의 세 가지 정의는 무엇인가?

답 분석적, 빈도, 주관적 정의

B '충원표본'이란 무엇인가?

답 하나의 관찰치를 고르고 난 다음 그 사례를 다시 넣고 나서 다음 관찰치를 고르는 방법

C 왜 충원표본을 하는가?

답 이렇게 하면 시행들 간에 확률이 일정하게 유지된다.

D 상호배타적 사상이란 무엇인가?

답 어떤 한 사상의 발생이 다른 사상의 발생을 배제시키는 것. 그러니까 결과는 이것 아니면 저것이지 둘 다일 수는 없다.

E 확률의 곱셈법칙이란 무엇인가?

답 사상들이 독립적이라고 가정할 경우, 한 사상이 발생하고 이어서 다음 사상이 발생할 확률은 첫 번째 사상의 확률에 두 번째 사상의 확률을 곱한 것이라는 법칙

F 확률의 가산법칙이란 무엇인가?

답 두 사상이 상호배타적일 경우 두 사상 중 적어도 한 사상이 발생할 확률은 두 사상의 확률을 더한 것이라는 법칙

G 조건확률의 예를 들어보라.

답 기온이 화씨 32도 이하일 때 눈이 올 확률은 .20이다.

H 조건확률은 어떻게 표기하는가?

답 두 사상 사이에 수직선을 그려서 표기한다. 예를 들어, 위의 G는 p(눈|32도 이하)로 표기된다.

I　'상대적 위험'이라고도 알려진 위험도 비란 무엇인가?

답 한 위험도와 다른 위험도의 비율을 가리킨다. 예를 들어, 여성이 우울증인 확률을 남성이 우울증인 확률로 나누면 성별 간 우울증의 위험도 비가 된다.

J　위험도와 승산은 어떻게 다른가?

답 승산은 한 사상이 발생한 빈도를 다른 사상이 발생한 빈도로 나눈 것이다. 위험도는 한 사상이 발생한 빈도를 모든 사상이 발생한 빈도로 나눈 것이다.

K　밀도란 무엇인가?

답 연속변인인 어떤 사상의 분포를 표상하는 곡선에서의 높이

7.10 연습문제

7.1 확률의 분석적 견해, 상대적 빈도 견해, 주관적 견해의 예를 하나씩 들어보라.

7.2 이웃에 사는 축구 선수가 동네 슈퍼마켓의 상품 50만 원어치를 건 경품 추첨권을 파는데, 당신도 1000원짜리 추첨권을 하나는 당신 몫으로, 또 하나는 어머니 몫으로 샀다. 그 아이는 추첨권을 무려 1000장이나 팔았다.

(a) 당신이 당첨될 확률은 얼마인가?

(b) 당신 어머니가 당첨될 확률은 얼마인가?

(c) 당신이나 당신의 어머니가 당첨될 확률은 얼마인가?

7.3 추첨권이 너무 많이 팔려서 추가로 25만 원어치 경품이 2등으로 추가되었다고 하자.

(a) 당신이 1등에 당첨되지 않았다고 했을 때 당신이 2등에 당첨될 확률은 얼마인가? (1등에 당첨된 추첨권은 다시 통에 넣지 않았다.)

(b) 당신 어머니가 1등에 당첨되고, 당신이 2등에 당첨될 확률은 얼마인가?

(c) 당신이 1등에 당첨되고, 당신 어머니가 2등에 당첨될 확률은 얼마인가?

(d) 당신과 당신 어머니가 1등과 2등에 당첨될 확률은 얼마인가?

7.4 연습문제 7.3에서 어떤 문제가 연접확률 문제인가?

7.5 연습문제 7.3에서 어떤 문제가 조건확률 문제인가?

7.6 연접확률에 흥미가 있는 상황의 예를 하나 들어보라.

7.7 조건확률에 흥미가 있는 상황의 예를 하나 들어보라. 문제를 연구가설처럼 표현해보라.

7.8 엄마의 행동과 아기의 행동이 서로 독립적인 것처럼 보이는 집도 있다. 만약 엄마가 아기를 하루에 2시간 동안 들여다보고, 아기는 엄마를 하루에 3시간 동안 들여다보는데, 정말 엄마

와 아기가 독립적으로 행동한다면, 두 사람이 동시에 서로 들여다보는 확률은 얼마나 되는가?

7.9 연습문제 7.8에서 엄마와 아기가 모두 오후 8시에서 오전 7시까지 잔다면, 이제 두 사람이 서로 보는 확률은 얼마나 되는가?

7.10 밤에 사고가 났을 때 운전자가 술을 마신 확률이 대충 .50 정도 되지만, 음주를 했을 때 사고가 날 확률은 알 수 없다고 본문에서 이미 말했다. 만약 당신이 모든 가능한 수단을 다 사용할 수 있다면, 그 답을 알기 위해 어떤 일을 하겠는가?

7.11 광고지에 '아무 데나 버리지 마시오'라는 문구가 있는 것이 효과가 있는지 알아본 연구에서 겔러 등(1976)은 사람들이 광고지를 어떻게 처리하는지와 광고지에 '아무 데나 버리지 마시오'라는 문구가 있는 것이 독립적이라면 부탁 문구가 적힌 광고지가 휴지통에 있을 확률은 .033이라는 것을 앞에서 말했다. 또 실제 휴지통에 있는 부탁 문구가 든 광고지는 4.5%였다고 말했다. 이 사실은 부탁 문구의 효과에 대해 무엇을 말해주는가?

7.12 특정 구간에 관찰치가 있을 확률에 관심이 있을 연속적 분포의 일상적인 예를 하나 들어보라.

7.13 연속변인인데 불연속분포인 것처럼 취급하는 변인을 하나 들어보라.

7.14 불연속변인의 예를 두 개 들어보라.

7.15 대학원생 선발 위원회에서는 우수한 지원자들 간에 우열을 가리기 어렵다는 판단을 하게 되었다. 그래서 이 위원회에서는 전체 500명의 지원자를 서열을 매긴 다음 80 백분위 점수 이상(80 백분위 점수는 전체 지원자의 80%가 그보다 낮은 점수를 받는 점수를 가리킨다)인 지원자 가운데서 무작위로 10명을 선발하기로 결정하였다. 어떤 특정한 지원자가 합격될 확률은 얼마인가? (그 지원자가 몇 등인지 전혀 모른다고 가정하자.)

7.16 연습문제 7.15에서 다음 조건이 있을 경우 합격될 확률은 얼마인가?
(a) 그 지원자가 1등이다.
(b) 그 지원자가 꼴등이다.

7.17 부록 C(혹은 웹사이트에 잇는 Add.dat)에서 무작위로 뽑힌 사람이 ADDSC 점수가 50점 이상일 확률은 얼마인가?

7.18 부록 C에서 어떤 남성이 ADDSC 점수가 50점 이상일 확률은 얼마인가?

7.19 부록 C에서 어떤 사람이 ADDSC 점수가 60점 이상일 때 그 사람이 학교를 중퇴할 확률은 얼마인가?

7.20 부록 C에서 ADDSC 점수 66점을 기준점으로 하는 것이 그 사람이 학교를 중퇴할지 예측할 수 있는지 알아보려면 어떻게 조건확률을 사용하겠는가?

7.21 연습문제 7.20에서의 조건확률을 학교를 중퇴할 무조건확률과 비교하라.

7.22 차를 파는 사람들이 남성 고객과 여성 고객을 차별 대우한다는 비난을 종종 듣는다. 이와 관련해서 단순확률, 연접확률, 조건확률을 포함하는 진술문을 만들어보라. 이 비난이 사실인지 알려면 어떻게 하겠는가?

7.23 당신이 인권단체의 지부에서 일한다고 가정해보자. 임대주택 사업 등에서 차별(예: 성별, 인종)이 있는지 알려면 확률에 관한 지식을 어떻게 이용하겠는가?

7.24 펠(Fell, 1995)의 논문에는 미국에서 음주, 약물과 교통사고 간의 관계에 대한 재미있는 통계치들이 많이 들어있다. 그 자료를 아래 사이트에서 볼 수 있다.

http://raru.adelaide.edu.au/T95/paper/s14p1.html

그리고 저자의 허락을 받아 원 논문을 아래 인터넷 주소에서 받을 수 있다.

http://www.uvm.edu/~dhowell/StatPages/More_Stuff/Fell.html

이 논문에 실린 통계치를 근거로 해서 이 장에서 다룬 원리들을 잘 보여주는 질문들을 만들어보라.

7.25 2000년 미국 법무부는 1995년부터 2000년 사이의 사형선고에 관한 연구결과를 공표하였다. 이 기간은 검사들이 사형을 구형한 모든 사례를 법무부에 제출하게 해서 법무부가 검토해보고 사형 구형을 허락하도록 하는 제도를 시행한 기간이다(이 보고서는 http://www.usdoj.gov/dag/pubdoc/_dp_survey_final.pdf에서 볼 수 있다). 이 자료를 사형선고가 권고되었는지와 희생자(피고가 아님)의 인종으로 나누어 정리한 자료가 표로 그려졌다. 이 표를 보고 어떤 결론을 내리겠는가?

희생자 인종	사형 구형 권고		전체
	예	아니요	
비백인	388	228	616
행 비율	.630	.370	1.000
백인	202	76	278
행 비율	.726	.274	1.000
전체	**590**	**304**	**894**
열 비율	**.660**	**.340**	

7.26 연습문제 7.25의 자료에서 인종에 따라 사형선고의 위험도 비와 승산 비를 계산해 보라.

7.27 최근에 버몬트주에서 변호사로 있는 친구가 나에게 전화를 했다. 친구는 배심원 선정의 공평성에 대해 재판을 청구한 한 흑인에게서 변론을 부탁받았다. 내 친구의 관심은 배심원이 선정되는 전체 풀에 흑인이 인구 비율보다 적게 포함되어 있다는 것이다. 버몬트주의 흑인 성인의 비율은 0.43%이고, 배심원 후보자 풀에는 2,124명이 등재되어 있는데, 그중 흑인은

단지 4명이다. 만약 배심원 풀이 공정하게 선정되었다면 흑인이 4명 혹은 그 이하가 될 확률은 거의 정확하게 .05이다. (어떻게 이것을 계산하는지는 아직 다루지 않았다.) 내 친구가 나한테 부탁한 것은 '전문가들이 얘기하는 가설검증이라는 것'이 무엇인지 설명해달라는 것이다. 이 질문에 대해 답해보라.

7.28 웹페이지의 7장에 있는 *R* 코드를 이용해서 2002년에서 2012년 사이의 연령별 출생률을 비교해보라. 나는 여성들이 상당 기간 동안 출산을 미루어왔기 때문에 나이가 많은 산모들이 낳은 아이의 수가 2012년에 더 많을 것으로 기대하였다. 내 기대는 자료에서 확인되었는가?

8장 표집분포와 가설검증

앞선 장에서 기억할 필요가 있는 개념

표본 통계치sample statistics 주로 표본에서 계산된 평균($\overline{X}$)과 표준편차(s)

전집 통계치population statistics 주로 전집의 평균(μ)과 표준편차(σ)

N 표본의 관찰 수

조건확률conditional probability 어떤 다른 사상이 일어난 조건하에서 특정 사상이 일어날 확률

8장은 연결고리 역할을 하는 장이다. 앞의 장들에서는 여러 가지 통계치들이 각기 어떤 것인지, 그리고 이 통계치들이 일련의 자료들을 기술하거나 어떤 사상이 일어날 확률을 제시할 때 어떻게 사용되는지를 알아보았다. 이제 여러분은 통계학자들이 물어보는 재미있는 질문들의 토대가 되는 기초 작업을 마친 셈이다. 다음 장인 9장에서부터는 특정 통계기법과 그 기법의 적용에 대해 알아본다. 자료를 기술하는 것이 중요하고 어떤 분석에서든 기본적인 것이긴 하지만, 우리가 접하는 많은 재미있는 문제들을 답하는 데 기술통계로는 부족하다. 그리고 다양한 통계검증들을 수행할 줄 아는 것은 멋진 일이지만 계산을 마치고 나면 그 결과를 어떻게 이용할지 알아야 한다. 8장에서는 표본의 통계치에서 전집의 모수치에 대한 결론을 이끌어내는 일반적인 절차에 대해 알아본다.

8.1 표집분포와 표준오차

문헌을 보면 키가 큰 사람들이 키가 작은 사람들보다 권력이 있는 경향이 있다는 증거들을 제법 볼 수 있다. 키 큰 사람들이 연봉을 더 많이 받으며, 더 높은 직급에 있으며, 지도자가 되는 가능성이 높다 등이다. 두구드와 곤콜라(Duguid & Goncola, 2012)는 이 질문을 역으로 만들어보았다. 그들은 지각된 힘이 사람들로 하여금 자기 키를 과대추정하거나 과소추정하게 하는 것은 아닌지 궁금해했다. 그들은 두 명을 쌍으로 해서 무작위로 그중 한 명은 매니저 역할에, 다른 한 명은 종업원 역할에 배정하였다. 여기서 주목할 점은 참가자들이 실제로 그 역할을 하지는 않았다는 점이다. 그들은 단순히 어떤 역할을 할 것이라는 말만 들었다. 역할을 배정받고 곧이어 참가자들에게 자기 키를 적게 하였다. 두 집단의 참가자들의 실제 키는 차이가 없었지만(표본의 평균은 3/8인치보다 약간 적게 차이가 있었다), 매니저 역할, 즉 권력이 있는 역할을 배정받은 참가자들은 실제 키보다 0.66인치 과대추정하였고, 권력이 없는 역할을 배정받은 참가자들은 실제 키보다 평균 0.21인치 과소추정하였다. 그러니까 보고된 키에서 두 집단은 0.87인치 차이가 났다. 사소한 조작이었지만 여하튼 두 집단은 평균 추정치에서 차이가 났다는 것에 동의할 것이다. 작은 차이이기는 해도 말이다. 어쩌면 단순하게 힘센 역할에 배정되었다는 것이 키를 과대추정하게 한 것인지, 아니면 평균의 차이는 우연히 얻어진 것인지 알고 싶을 수 있다. 3/4인치보다 조금 더 큰 두 집단 간의 차이는 단지 우연으로 돌려도 될 만큼 작은 차이일까?

이 사례는 앞으로 우리가 다루게 될 일반적인 질문이 어떤 것인지 보여준다. 우리는 하나의 평균, 혹은 평균들 간의 차이, 혹은 상관계수(변인들 간의 관련성 정도를 알려주는 측정치)가 우연한 것으로 돌려도 될 만큼 작은 것인지, 아니면 충분히 커서 집단들 간의 기저에 깔린 진정한 차이나 변인들 간에 기저하는 진정한 관계를 반영하는지를 묻게 된다. 그리고 이어지는 장들에서는 차이나 관계가 실제하는 것인지를 넘어서서 그 차이나 관계가 의미 있는 것인지, 다룰 만한 가치가 있는 것인지도 묻게 된다.

가설검증을 이해하려면 **표집분포**(sampling distribution)와 **표집오차**(sampling error)라는 개념을 이해할 필요가 있다. 표집분포란 특정 전집에서 선정한 여러 개의 표본에서 계산한 통계치(예: 평균)들의 분포를 의미한다. 표집오차는 표본에서 얻어진 표본 통계치들의 변산성을 가리킨다. 표집오차가 생기는 이유는 각 표본에 포함되는 관찰치들이 매번 다르기 때문에 특정 표본에서 얻어지는 통계치는 그 통계치가 추정하려는 전집의 모수치와 다를 수 있기 때문이다. 여기서 '오차'라는 단어의 의미는 부주의하다거나 틀렸다는 의미가 아니다. 우리가 행동문제를 연구할 경우 어떤 표본에는 예외적으로 이상한 아이가 포함될 수 있고, 또 다른 표본에는 비교적 정상적인 아동들이 상대적으로 많이 선정될 수도 있다. 키를 추정하는 실험에서도 어떤 표본에는 자신들의 키를 과대추정하는 사람들이 많이 포함될 수도 있다. 통계에서 '오차'라는 단어는 일상생활에서 사용하는 의미와는 다르다는 점을 유념하자. 통계에서 오차는 무선적인 변산성을 의미한다.

두구드와 곤콜라의 연구를 이용해서 표집오차를 설명해볼 수 있다. 매니저 역할을 하게 될 것이라는 말을 들은 참가자들만 생각해보자. (뒤에서 두 집단을 비교하게 될 것이다.) 자기 키를 0.66인치 과대추정한 사람들의 가상적인 전집에서 얻어진 키 자료를 상정해보자. 그 자료에서 표준편차는 0.88인치로 추정되었다(이 수치는 실제 키가 아니라 키를 과대추정한 추정치들의 전집이라는 점을 유념하자. 즉 이 수치는 실제 키와 키 추정치 간의 차이를 가리킨다). 이 수치는 두구드와 곤콜라가 그들 연구의 '권력 집단' 표본에서 얻은 평균과 표준편차와 유사하다. 그 연구에서 각 집단이 50명씩이었으니까 나도 이 가상적인

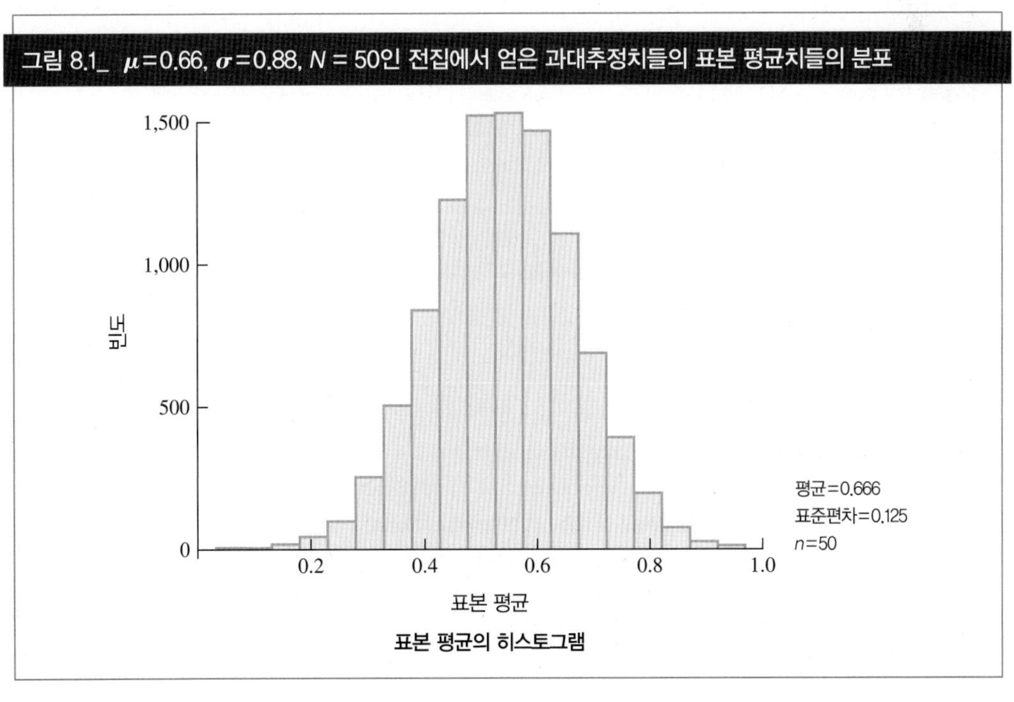

그림 8.1_ μ=0.66, σ=0.88, N = 50인 전집에서 얻은 과대추정치들의 표본 평균치들의 분포

접집에서 무작위로 50명을 선정해서 이 50명의 평균을 계산한 다음 그 평균을 기록한다. 이 절차를 10,000회 반복하고 그때마다의 평균을 기록하면 표본 평균들이 흩어진 정도를 알 수 있다. 내가 이 과정을 수행한 결과가 그림 8.1에 제시되었다. (이런 결과를 산출해내는 *R* 코드가 각주에 있다. 표본 크기나 평균값을 변화시키면 어떤 결과가 나오는지 시도해 보라.[1] 각주에 있는 *R* 코드를 실행했을 때 책에 있는 것과 약간 다른 결과를 얻을 수 있는데, 이는 무선 표집이라는 점과 *R*에서는 막대의 폭을 자율적으로 정하기 때문에 비롯되는 것이다.) 곧이어 이 분포에 대해 더 다루겠지만, 여기서는 표집오차는 한 표본에서 나온 통계치(예: 평균)와 다른 표본에서 나온 통계치들 간의 차이를 보여주는 것이라는 점만 알고 넘어가자. 그리고 그림에서 0.40보다 작은 과대추정치나 1.00보다 큰 과대추정치는 거의 없다는 점도 주목하자. 대부분의 평균은 이 두 값 사이에 몰려있다. 권력 집단의 전집에 있는 사람들이 우리가 50명을 선정한 표본들에서 얻은 것과 비슷하다면, 그 전집에서 50명을 선정한 표본들의 대부분에서는 평균이 0.40과 1.00 사이에 있을 것이다(보다 더 정확한 수치를 제시할 수도 있지만, 이 정도 수치가 더 이해하기 쉽고 내가 주장하려는 점을 잘 보여준다).

이 분포는 표집오차가 무엇인지를 보여줄 뿐만 아니라 **평균의 표준오차**(standard error of the mean)라 부르는 것도 보여준다. 표준오차는 표집분포의 표준편차를 가리킨다. 이 예에서 평균의 표준오차는 0.125이다.

어쩌면 여러분은 단지 평균들이 어떻게 분포하는지를 알기 위해 이 절차를 10,000회 반

1
```
 # Sampling distribution of the mean
par(mfrow = (c(1,1)))
nreps = 10000; n = 50  # Semicolons allow you to save space by putting
                         several lines on one line.
xbar <- numeric(nreps)
for (i in 1:nreps) {
 x <- rnorm(n = 50, mean = .667, sd = 0.88)
 xbar[i] <- mean(x)
}
meanxbar <- round(mean(xbar), digits = 3); semean <- round(sd(xbar), digits
= 3)
cat("The mean of the sampling distribution is ",meanxbar, "\n")
cat("The standard error of the mean is ", semean, "\n")
hist(xbar, col = "#22748A", xlab = "Sample Mean",
   main = "Histogram of Sample Means" )
legend(0.85, 800, paste("Mean = ", meanxbar, "\nSt. Dev = ",
   semean,"\nn = ", n), bty = "n")
```

복하는 것에 반대할 수도 있다. 그러나 그건 문제가 되지 않는다. 곧 보게 되겠지만, 우리는 하나의 표본으로도 10,000회 표본을 했을 때 얻을 결과를 예측할 수 있다. 여기서는 그렇게 할 경우 어떤 결과가 나올지를 보여주려는 것이다.

8.2 두 가지 예: 강의 평가와 인간의 의사결정

이야기를 더 진행시키기 전에 예를 두 가지 더 살펴보자. 우리가 9장 끝부분에서 조사할 예는 학생들의 강의 평가와 그 학생들이 받을 것으로 기대하는 학점과의 관계에 관한 것이다. 이 주제는 강의를 하는 사람들이 상당히 심각하게 받아들이는 주제이다. 왜냐하면 학생들이 성적표를 받기 전에 느끼는 불안만큼 아주 뛰어난 강사도 1년에 두 번씩 받는 강의 평가 결과에 대해 많이 걱정하기 때문이다. 어떤 교수들은 학생들이 그 과목에서 받는 학점과 그 과목에 대한 평가는 독립적이라고 생각하지만, 다른 교수들은 수업에 잘 들어오지 않고 그래서 학점이 나쁜 학생들은 강의가 형편없다고(불공평하게) 평가한다고 생각한다. 그리고 어떤 교수들은 학점을 잘 받는 학생들은 그 과목에서 학점을 잘 받을 뿐만 아니라 그 과목을 통해 무엇인가 배운 게 있다고 생각하기 때문에 강의가 좋았다고 평가한다고 주장하기도 한다. 그러나 강의 평가와 학생 성적과의 관계는 실증적인 질문이기 때문에 관계된 자료를 보고 판단해야 하는 문제이다. (나는 이 예가 평균들 간의 차이를 측정하는 것이 아니라 변인들 간의 관계를 측정하는 것이라서 이 예를 골랐다.)

예를 들어, 무선적으로 고른 50개 강좌에서 일반적인 상승 추세를 발견했다고 해보자. 자기들이 좋은 학점을 받을 것으로 기대하는 과목에서는 강의가 좋았다고 평가하고, 성적이 나쁠 것으로 기대하는 과목에서는 강의의 전반적인 질이 낮다고 평가하는 경향이 있다고 해보자. 우리가 사용한 소규모 표본에서 드러난 추세가 학생들 사이에서 일반적인 추세인지 아니면 우리가 다시 조사하면 나타나지 않는 우연한 현상인지 어떻게 판단할 수 있을까? 이 예에서 통계치는 상관계수인데, 상관계수는 두 변인이 관련된 정도를 0과 1.0 사이의 숫자로 알려준다.

두 번째 예는 스트로 등(Strough, Mehta, McFall & Schuller, 2008)의 연구에서 나온 것이다. 이들은 '매몰비용 오류'에 대해 알아보았다. 이들은 매몰비용 오류를 "자기들이 투자하지 않았던 유사한 상황에서보다 자기가 투자했던 상황에서 미래의 자원을 그 상황에 더 많이 투자하려는 경향을 반영하는 의사결정에서의 편향"이라고 정의하였다. 예를 들어, 유료 TV에서 영화를 보려고 10,000원을 지불했다고 하자. 그런데 그 영화를 몇 분 보니 형편없다는 것을 알게 되었다. 그 영화가 무료일 때보다 당신이 이미 10,000원을 지불했으니 그 영화를 더 계속 볼 것 같은가? (계속 본다는 것은 시간이라는 점 외에도 지루함 내지는 불편함이라는 점에서 비용이 많이 드는 행동이다.) '매몰비용'이라는 말의 뜻은 일단 한 번 지불하고 나면 되돌릴 수 없다는 의미이다. 그러니까 영화를 계속 보든 그만두든 10,000원은 이미 지불되었다는 것이다. 스트로 등은 나이 많은 사람들이 젊은 사람들보다 이 영화를 더 오래 볼지 아니면 덜 오래 볼지 알아보고자 했다. 이들의 측정치는 참가자들의 행동에서 계산해 낸 매몰비용 오류 점수이었다. 점수가 크면 이 영화를 계속 볼 가능성이 높다는 뜻이다. 대학생인 75명의 젊은 참가자들의 표본 평균($\overline{X}_Y$)은 약 1.39이었고, 58세에서 91세에 걸친 73명의 노인 참가자들의 평균($\overline{X}_O$)은 0.75였다. (아래 첨자 'Y'와 'O'는 각기 'young'과 'old'를 의미한다.) 두 집단 모두 표준편차는 약 0.50으로 추정되었다. 이 결과는 아래 서술된 둘 중 하나로 설명될 수 있다.

- 한 표본의 평균 1.39와 다른 표본의 평균 0.75의 차이는 표본들 간의 무선적인 변산성을 의미하는 표집오차일 뿐이다. 따라서 우리는 연령이 매몰비용 오류에 영향을 준다는 결론을 내릴 수 없다.
- 1.39와 0.75의 차이는 크다. 이 차이는 단순한 표집오차가 아니다. 따라서 매몰비용 오류에 빠져서 영화를 계속 볼 가능성은 노인들이 더 낮다고 결론을 내릴 수 있다.

강의 평가 예에서는 두 변인 간의 관계를 다룬 데 반해 의사결정 예에서는 평균의 차이를 다루기 때문에, 의사결정 예에서 필요한 통계적 계산은 강의 평가 예에서 필요한 계산과는 다르다. 그러나 두 예의 기저에 있는 논리는 기본적으로 같다.

모든 통계검증의 기저에 깔린 가장 기본적인 개념은 통계치의 표집분포라는 개념이다. 표집분포가 없다면, 어떤 통계검증도 할 수 없다는 말은 절대 과장이 아니다. 간단하게 말하자면, 표집분포는 사전에 정의된 조건하에서 우리가 기대할 수 있는(또는 기대할 수 없는) 특정 통계치의 값이 무엇인지를 알려준다. 예를 들어, 아이들이 속한 전집의 평균이 50이라면, 표집분포는 표본에 선정된 다섯 아이들의 평균은 얼마일 수 있는지를 알려준다. 중요한 것은 여기서 우리가 다루는 것은 **조건확률**이라는 점이다. 즉, 어떤 것이 **참이라면** 특정 사건이 일어날 확률은 얼마인지를 다룬다는 점이다. 이미 우리는 그림 8.1에서 표집분포를 보았다. 그 예에서 우리는 '권력 집단'에 배정된 참가자들이 키를 과대추정한 과대추정치 평균들의 분포를 보았다.

(1) 권력, (2) 학점과 강의 평가의 관계, (3) 매몰비용 오류 예는 **가설검증**(hypothesis testing)에서 다루는 질문 유형들의 예이다. 8장에서는 특정한 가설검증의 구체적인 기법이나 속성 등에 대해 다루지 않고, 가능한 한 일반적인 방식으로 가설검증 이론에 대해 설명하고자 한다. 변인들 간의 관계를 다루는 상황보다는 집단 간 차이를 다루는 상황에 초점을 맞춰 진행할 계획이지만, 두 종류의 가설검증의 논리는 기본적으로 같다. 변인들 간의 관계에 관한 내용은 9장에서 보게 된다.

가설검증 이론은 앞으로 나올 모든 부분에서 아주 중요하기 때문에 이에 대해 철저하게 이해하는 것이 아주 필수적이다. 8장에서는 실제 통계검증을 할 때 필요한 기술적인 부분들과 가설검증의 논리를 분리해서 설명하려고 한다. 구체적인 계산 공식은 왜 여러분이 그런 계산을 하려는지 이해한 다음에 배워도 된다. 통계학자들은 이런 식의 느슨한 정의를 싫어할 수 있지만, 이런 느슨한 부분들은 이후에 나올 장에서 보다 엄밀하게 정의될 것이다. 8장에서 다루는 내용들은 모든 통계검증에 적용되는 것으로 특정한 통계 방법에 얽매이지 않고 논의될 수 있다. 이렇게 계산 절차와 내용을 분리시킴으로써 여러분은 계산 절차의 기계적인 부분에 신경 쓰지 않고 가설검증의 기저에 있는 원리를 이해하는 데 집중할 수 있다.

가설검증에서 중요한 이슈는 매몰비용 예를 들자면 두 연령 집단의 평균의 차이를 단지 우연에서 비롯된 사소한 차이라고 보아야 하는지, 아니면 나이 많은 사람들이 젊은 사람들보다 멍청한 결정에 계속 투자하는 경향이 덜하다고 볼 만큼 충분히 큰 차이라고 보아야 하는지 판단하는 방법을 찾는 것이다.

매몰비용에 관한 질문에 답하려면, 우리는 매몰비용 오류 점수의 평균이 얼마인지 알아야 할 뿐만 아니라, 우리가 이 실험을 많이 한다면 그 평균 점수들의 변산성이 어느 정도인지도 알아야 한다. 평균이 한 개밖에 없지만, 이 실험을 다시 할 경우 그 평균은 지금 평균과는 조금 다를 것이라는 것을 우리는 안다. 우리는 그게 얼마나 다를지 알아야 한다. 우리는 표본의 표준편차에서 평균들의 변산성이 어느 정도일지의 추정치를 유도할 수 있다. 우리는 표본의 표준편차를 **표준오차**(standard error), 즉 평균들의 표준편차의 추정치로 전환할 수 있다. 키 과대추정 예에서 표준오차가 그림 8.1에 제시되었는데, 평균들의 표준편차가 0.125였다. 표집분포는 미리 정해진 조건들이 충족될 경우 우리가 얻은 표본의 통계치를 얻을 가능성을 평가할 기회를 제공해준다. 그리고 표준오차는 그 표집분포의 변산성이 얼마인지를 알려준다. 일반적으로 표집분포는 수학적으로 도출되지만, 간단한 표집 실험에서 그것이 어떻게 도출될 수 있는지를 보게 된다면 그것이 의미하는 바를 보다 쉽게 알 수 있다.

그림 8.2를 보자. 그림 8.1과 같은 전집에서 표본을 선정했지만, 이번에는 50명이 아니라 10명을 선정하였다. [이 그림을 얻기 위해 10,000개의 무선 자료 표본을 생성하였다. 각 표본은 $N(0.667,\ 0.88^2 = 0.774)$인 전집에서 무작위로 선정한 10개 관찰의 평균이다. 그림 8.1에 비해 그림 8.2의 분포가 더 퍼져있는 점에 주목하자. 두 개의 평균분포 그림에서 평균은 소수 셋째자리까지 같다. 그러나 표준편차는 0.125에서 0.278로 증가했다. 적은 수의 점수들의 평균은 일관성이 덜하기 때문에 일어나는 것으로 전혀 놀랄 일이 아니다.] 이 책에서 계속 보게 되겠지만, 표본의 크기는 큰 영향을 미친다.

그림 8.2에서 우리는 무작위로 10개의 관찰치만 선정할 경우 표본의 평균은 0.25와 1.40 사이에 있을 가능성이 아주 높다는 것을 볼 수 있다. 그리고 이 전집에서 10개의 관찰치를 선정한 표본의 평균이 −0.25 혹은 그보다 더 작을 가능성이 전혀 없는 것은 아니지만 아

그림 8.2_ n=10인 표본에서 얻은 키 과대추정치들의 표본 평균치들의 분포

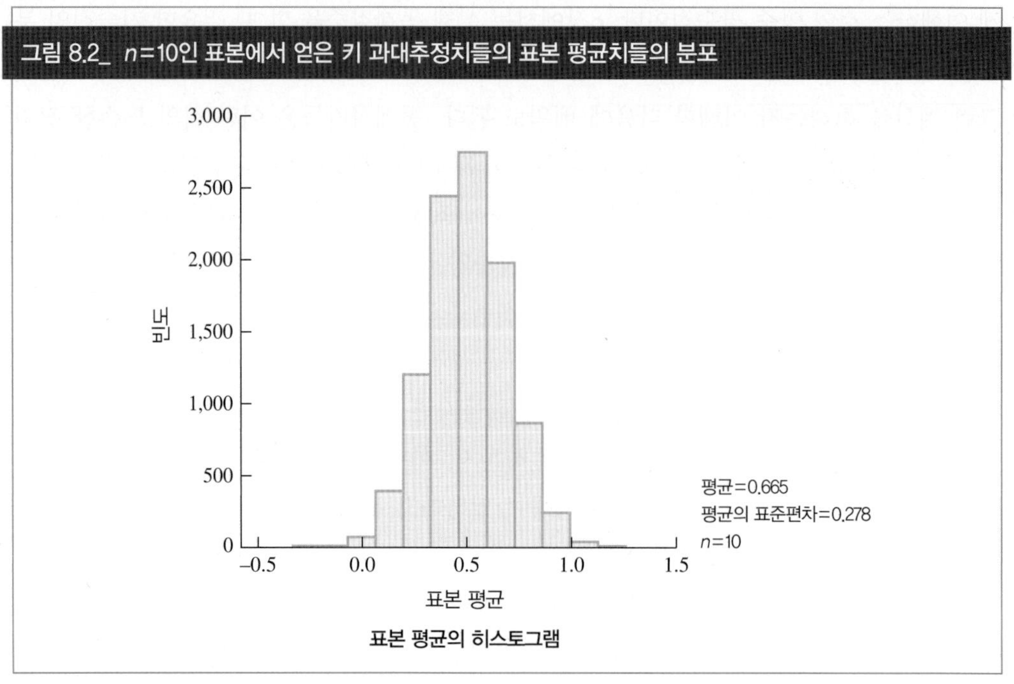

표본 평균의 히스토그램

주 낮다는 것도 볼 수 있다. 이 전집에서 선정하는 표본의 평균이 어느 정도의 값을 가질 것이라는 것을 안다는 것은 처음에 우리가 던진 질문을 다음 질문으로 변환시킨다. 즉, 우리가 얻은 표본의 평균은 우리가 실제로 이 전집에서 표본을 뽑은 것이라는 가설의 증거로 사용할 수 있는가라는 질문으로 변환시킨다.

앞으로 공부할 때 유념해야 할 게 두 가지 있다. 표집분포는 통계치의 분포라는 점이다. 예를 들어, **평균의 표집분포**(sampling distribution)는 우리가 하나의 전집에서 반복적으로 표본을 선정해서 얻은 표본의 평균들의 분포이다. 변량의 표집분포는 표본들에서 얻은 변량의 분포를 가리킨다. 또 우리가 자주 사용할 또 하나의 용어인 표준오차는 표집분포의 표준편차를 가리킨다. 그러니까 평균의 표준오차는 반복표집에서 나온 평균들의 표준편차라는 말이다. 표본 크기가 10일 때 평균의 표준오차는 0.278인데, 이 결과가 그림 8.2에 제시되었다.

8.3 가설검증

6장에서 우리는 아헨바흐 청소년 자기보고(YSR) 양식을 이용한 전체 행동문제 점수의 분포에 대해 다룬 적이 있다. 문항을 개발할 때 결과가 그런 분포를 갖게 고안되었기 때문에 전체 행동문제 점수는 전집이 대략적으로 정상분포를 보인다. 즉 전집 평균(μ)이 50이

고 전집 표준편차(σ)는 10인 정상분포를 띠고 있다. 그러나 우리는 아동들마다 각기 다른 수준의 문제행동을 가지고 있어서 아동들마다 점수가 다르다는 것을 안다. 마찬가지로 아이들의 표본이 달라지면 표본의 평균은 달라질 것이라는 것도 안다. 어떤 표본은 평균이 49.1이고, 또 다른 표본은 평균이 53.3일 수 있다. 특정 표본의 평균은 그 표본에 어떤 아동들이 선정되었는지에 따라 달라진다. 우리가 표본마다 달라질 것으로 기대하는 변산성이 '우연에 의한 차이'라는 표현의 뜻이다. 이는 어떤 표본에서 얻는 통계치(이 경우에는 평균)는 표본에 따라 달라진다는 사실을 가리킨다. 이것은 키와 권력에 관한 연구에서도 마찬가지다. 우리는 매니저와 종업원이라는 두 집단에 배정된 사람들이 다르기 때문에 두 처치 조건의 평균은 다를 것이라고 생각한다. 그러나 우리는 우리가 얻은 두 처치 조건의 평균의 차이가 우리가 우연히 얻을 것으로 기대하는 작은 차이보다 큰지를 알고 싶어 한다.

우리는 단지 재미있다는 이유만으로 수학적으로나 실증적으로 표집분포를 얻는 것이 아니다. 우리가 표집분포를 얻는 데에는 중요한 이유가 있다. 가장 일반적인 이유는 우리는 가설을 검증하고 싶다는 것이다. 문제행동 점수에서 무선적으로 선정된 스트레스를 많이 받은 다섯 아이들의 예(평균이 56점으로 나온)를 생각해보자. 이 예에서 우리가 검증하고자 하는 가설은 $\mu = 50$이고 $\sigma = 10$인 전집에서 표본을 무선적으로 선정했을 때 이 표본 평균이 나올 가능성이 있다는 가설이다. 이것은 스트레스를 받은 아이들의 평균이 정상적인 아이들의 평균과 다른지 알고 싶다는 말을 달리 표현한 셈이다. 이 가설을 검증할 수 있는 유일한 방법은 우리가 $\mu = 50$인 정상아들의 전집에서 다섯 아이를 무선적으로 선정하였을 때 그 표본의 평균이 56 혹은 그보다 더 극단적일 확률이 얼마나 될지를 알아보는 방법이다. 표집분포가 제공하려는 것이 바로 이 질문에 대한 답이다.

우리가 평균(μ)이 50이고 $\sigma = 10$인 전집에서 다섯 아이의 표본을 무수히 선정해 각 표본의 평균의 표집분포를 구했다고 해보자. (앞에서 나는 특정 전집에서 10,000회의 관찰을 한 예를 들었다. 이번 예는 각주 (1)에 수록한 *R* 코드를 조금만 수정하면 된다.) 그 분포가 그림 8.3이다. 그리고 이 표집분포에서 표본의 평균이 56 이상이 될 확률을 알 수 있다고 해보자. 편의상 그 확률이 .094라고 해보자. 이 경우 우리의 추리는 다음과 같이 진행된다.

'$\mu = 50$인 전집에서 표본을 무선적으로 선정했다면, 표본 평균이 56 혹은 그 이상일 확률은 .094이다. 이 사상은 자주 일어나는 것은 아니지만 드물게 일어나는 것도 아니다. 평균이 50인 전집에서 표본을 선정할 때 약 9% 정도의 경우에 평균이 이 정도 될 것이므로, 이 표본이 그와 같은 전집에서 선정되었다는 것을 의심할 충분한 근거가 없다.'

반면에 표본의 평균이 62이었고, 전집의 평균이 50일 때 이 표집분포에서 표본 평균이 62 혹은 그 이상일 확률이 단지 .0038이었다고 가정해보자. 이 경우 우리의 사고는 다음과 같이 진행된다. '$\mu = 50$이고 $\sigma = 10$인 전집에서 표본을 무선적으로 선정했다면, 표본 평균이 62 혹은 그 이상일 확률은 겨우 .0038이다. 즉 이 사상은 가능성이 낮다. 평균이 50인

그림 8.3_ n=5인 표본에서 얻은 행동문제 점수들의 표본 평균치들의 분포

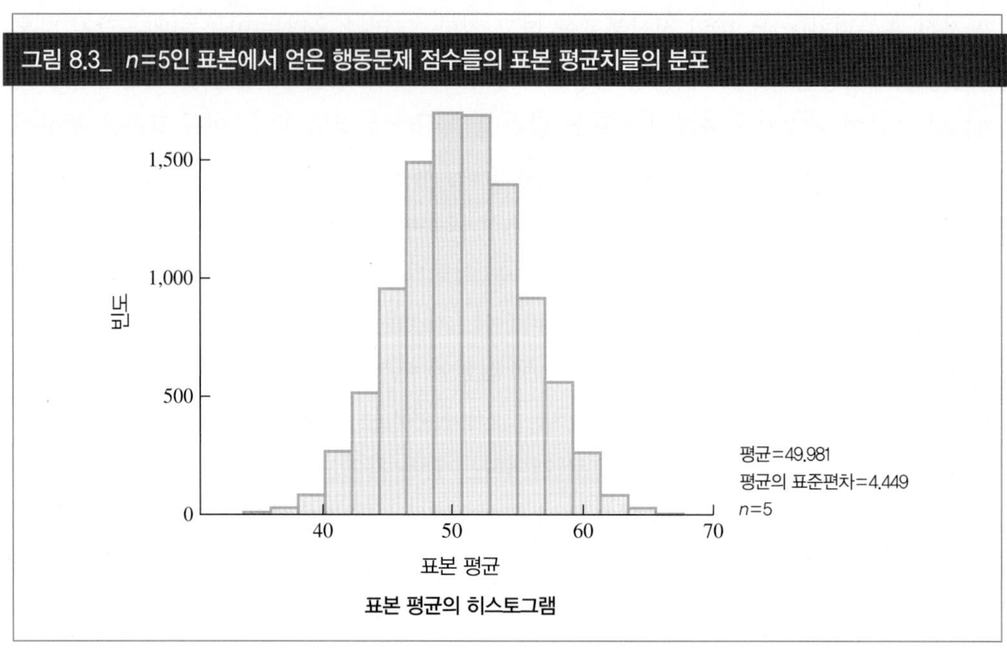

표본 평균의 히스토그램

전집에서 표본을 선정할 때 평균이 이 정도 될 가능성은 희박하므로, 우리는 이 표본이 다른 전집(평균이 50보다 높은 전집)에서 선정되었다고 결론짓는 것은 나름 합리적이다.'

이 예에서 사용한 논리는 대부분의 가설검증에서 사용하는 전형적인 논리니까, 우리가 이 예에서 무엇을 했는지를 이해하는 것이 중요하다. 가설검증은 다음과 같은 단계들로 구성되어 있다.

1. 우리는 부모의 이혼이라는 스트레스를 받은 아이들이 정상적인 아이들보다 행동문제를 보일 가능성이 높다는 가설을 검증하고자 한다. 연구에서 검증하고자 하는 이런 가설을 흔히 **연구가설**(research hypothesis: H_1)이라 부른다.
2. 이 표본이 전집 평균(종종 μ_0라고 표기된다)이 50인 전집에서 선정되었다는 가설을 설정한다. 이런 가설을 **영가설**(null hypothesis: H_0)이라고 부른다. 이는 스트레스를 받은 아이들이 정상적인 아이들과 행동문제에 있어서 다르지 않다는 가설이다.
3. 스트레스를 받은 아이들 가운데서 무선적으로 표본을 선정한다.
4. 영가설(H_0)이 사실이라고 가정했을 때의 표집분포를 구한다. 즉, $\mu_0 = 50$이고 $\sigma = 10$인 전집에서 구한 평균의 표집분포를 구한다.
5. 이 표집분포를 토대로, 표본의 평균이 우리가 얻은 실제 표본의 평균 혹은 그 이상의 값을 가질 확률을 계산한다.
6. 이 확률을 토대로, H_0를 기각할지 아니면 기각하지 못하는지에 대한 결정을 내린다. $\mu = 50$이 H_0이므로, H_0를 기각한다는 것은 구체적인 μ가 얼마인지는 모르지만 $\mu > 50$이라는 믿음을 뜻한다.

이 책에서 단 한 가지를 기억해야 한다면, 지금 이 상자에 서술된 절차들의 논리를 이해하는 것이다. 왜냐하면 가설검증 통계들이 얼마나 복잡해 보이든 이것이 통계적인 가설검증들에 기저하는 기본원칙이기 때문이다.

이 논의는 여러 가지 점에서 지나치게 단순화한 점이 있다. 첫째, 우리가 실제로 컴퓨터를 이용해서 10,000개의 표본을 무선적으로 선정해서 표집분포를 계산하지는 않는다(실제 표본을 선정해서 계산하는 방법은 제대로 작동할 것이고, 컴퓨터 성능이 아주 좋아졌기 때문에 실현 가능한 방법이고 미래에는 가장 흔한 방법이 될 가능성도 높지만). 표집분포를 계산하는 간편한 방법들이 있다. 둘째, 우리는 스트레스를 받은 아이들의 행동문제 점수는 그렇지 않은 정상적인 아이들의 행동문제 점수**보다 높다**는 가설보다 정상적인 아이들의 점수와 **다르다**는 연구가설을 일반적으로 선호한다. 그렇기 때문에 이 기술은 지나치게 단순화한 기술이다. 이 점에 대해서는 곧 다시 언급하게 될 것이다. 셋째, 우리는 전집의 변량인 σ^2의 값과 표본의 크기인 N도 고려할 필요가 있다는 점에서도 이 기술은 지나치게 단순화한 기술이다. 이런 세부적인 부분들은 때가 되면 자세히 설명하게 된다. 그렇지만 이 사례에 적용된 논리는 전부는 아닐지라도 대부분의 가설검증에 사용되는 논리를 잘 대표한다. 가설검증에서 우리는 다음과 같은 단계를 따른다. (1) 연구가설(H_1)을 명확히 한다, (2) 영가설(H_0)을 설정한다, (3) 자료를 수집한다, (4) 영가설이 사실이라는 가정 하에서 특정한 통계치의 표집분포를 구한다, (5) 표본의 통계치를 표집분포와 비교해서 실제 얻은 표본의 통계치 값보다 더 극단적인 값을 얻을 확률을 구한다, (6) 영가설(H_0)이 사실이라고 가정할 때 실제 얻은 표본 통계치보다 더 극단적인 값을 얻을 확률을 토대로 영가설(H_0)을 기각하거나 기각하지 않는다.

8.4 영가설

앞에서 살펴본 것과 같이 영가설은 가설검증에서 아주 중요한 역할을 담당한다. 사람들은 우리가 보여주고자 하는 것과 반대가 되는 가설을 설정한다는 사실에 대해 혼란을 느낀다. 예를 들어, 자기 자신감 점수의 평균이 100인 전집에서는 대학생이 나오지 않는다는 연구가설을 보여주고 싶으면, 그런 전집에서 대학생이 나온다는 영가설을 설정한다. 또는 두 표본이 선정된 두 전집의 평균인 μ_1과 μ_2가 다르다는 연구가설의 타당성을 보여주려면, 두 전집의 평균이 같다는 영가설(또는 $\mu_1 - \mu_2 = 0$)을 설정한다. ['영가설'이라는 용어의 의미는 두 번째 예에서 더 쉽게 이해될 수 있는데, 왜냐하면 두 전집의 평균의 차이가 0 혹은 **없다**(null)라는 것이기 때문이다. 어떤 사람들은 영가설을 'nil null' 가설이라고 표기하기도 하는데, 나는 이 표기법은 아무 장점도 없다고 생각한다.] 우리는 몇 가지 이유 때문에 영가설을 사용한다. 피셔(Fisher)가 통계적 영가설이라는 개념을 소개할 때 제안한 철학적

논증은 우리가 어떤 것이 참이라는 것은 결코 증명할 수 없지만, 어떤 것이 거짓이라는 것은 증명할 수 있다는 것이다. 머리가 하나뿐인 소 3,000마리를 관찰해도 '모든 소는 머리가 하나다'라는 진술을 증명할 수는 없다. 그러나 머리가 두 개인 소를 단 한 마리만 관찰해도 의심할 여지없이 위의 진술이 틀렸다는 것을 증명한다. 비록 많은 사람들이 피셔의 기본 입장에 대해 의문을 제기하지만, 영가설은 통계학에서 여전히 중요한 위치를 차지한다. 아마도 영가설의 논리와 법적 판단의 근간 중의 하나인 '유죄라고 밝혀지기 전까지는 무죄'라는 법의 논리 간에 유사한 점을 발견할 수 있을 것이다. 영미법 체제하에서는 피의자가 무죄라는 영가설에서 시작해서 얻어진 증거들이 이 영가설과 충분히 상치되는 경우에만 피의자를 기소한다. 이 생각을 무조건 밀어붙일 수는 없지만, 이 방식은 우리가 가설을 검증하는 논리와 아주 유사하다.

두 번째이자 보다 실용적인 이유는 영가설이 통계검증의 출발점을 제공한다는 점이다. 이제 대학생의 평균 자기 자신감 점수가 100보다 크다고 가정해보자. 그리고 여러분이 가설을 증명할 자격이 있다고 해보자. 여러분은 어떤 가설을 검증하겠는가? $\mu = 101$이라는 가설을 검증하겠는가, 아니면 $\mu = 112$ 또는 $\mu = 113$이라는 가설을 검증하겠는가? 중요한 것은 여러분 마음에 **특정한** 대립(연구)가설이 없다는 점이고(내 기억에 그런 실험은 없다), 특정한 가설이 없으면 여러분은 필요한 표집분포를 구성할 수 없다는 점이다. 그러나 여러분이 $H_0 : \mu = 100$이라는 영가설을 가정하고 시작한다면, $\mu = 100$인 표집분포를 쉽게 구성할 수 있고, 운이 좋으면 그 영가설을 기각해서 여러분이 보여주고자 했던 '대학생의 평균 점수는 100 이상이다'라는 결론을 내릴 수도 있다.

로널드 에일머 피셔 경(Sir Ronald Alymer Fisher, 1890~1962)

통계적 가설검증이라는 맥락에서 피셔를 거론했으니, 그에 대해 몇 마디 해야겠다. 통계학에는 기인들이 많지만, 그중에서도 피셔는 군계일학이다. 그뿐만 아니라 그의 라이벌인 칼 피어슨(Karl Pearson)을 제외한다면 통계학에 가장 크게 기여한 사람이라고 볼 수도 있다.

피셔는 어려서부터 시력이 아주 안 좋아서 특별 교습을 받아야했다. 캠브리지 대학교에 장학금을 받고 들어가서 수학과 물리학을 공부했는데 가장 뛰어난 학생이었다. 그러나 시력 때문에 문제들을 종이에 연필로 그려가며 풀지 못하고 머릿속으로 상상하며 풀었다. 이것이 통계학을 접근하는 방법에도 영향을 미쳤고, 종종 그를 동료들과 차별화시켰다. 또 유전과 우생학에도 관심을 가져 캠브리지 우생학 모임(Cambridge Eugenics Society) 창설에 참여하였다. 제1차 세계대전 동안 시력 때문에 군 복무를 하지 않고 여기저기서 일을 하였다. 전쟁이 끝나고 로댐스테드(Rothamsted)라는 조그만 농업실험 연구소에 자리를 얻었다. 피셔가 거기서 일하지 않았다면 아무도 그 연구소에 대해 기억하지 못할 것이었다. 거기 있는 동안 수집만 하고 분석하지 않은 어마어마한 양의 농업 관련 자료를 다루었는데, 이때 작업을 기초로 해서 통계학에 많은 기여를 하는 업적들을 낳게 되었다. 현재 통계 분석에서 가장 중요한 기법 중의 하나인 변량분석 개념을 개발하였고, 최대우도(maximum likelihood) 이론을 개발하였는데, 이 이론이 없으면 통계학의 어떤 분야는 존립 근거가 흔들릴 정도이다. 영가설이라는 아이디어도 제안하였는데, "모든 실험은 자기가 발견한 사실이 영가설을 기각하는 기회를 갖기 위해 존재하는 것일 수도 있다"라는 말을 한 것으로도 유명하다.

후반기에는 예지 네이만(Jerzy Neyman)과 에곤 피어슨(Egon Pearson. 유명한 통계학자인 칼 피어슨의 아들)과 10년여에 걸쳐 가설검증 방법에 대해 논쟁을 벌였다. 현재 우리가 가르치는 '가설검증'은 이 두 입장의 절충안이어서, 각 입장을 지지하는 사람들에게는 만족하지 못할 방안이다. 현대 과학자들은 이 두 집단 사이에 오갔던 표현들을 사용하지 않고는 논문을 저술할 수 없을 정도이다. 이들이 아주 치열하게 논쟁을 벌여서 20세기 전반부의 영국 통계학계는 정말 흥미로웠다[굿(Good, 2001)에 따르면 피셔의 발표에 이어 발표한 사람이 피셔의 발표를 최악이라고 평했다고 한다. 아마 피셔도 그에 대해 비슷하게 반박하지 않았을까?]. 그러나 이런 적대적인 분위기에서도 그 당시 영국 통계학계는 아주 생산적이었다.

피셔는 우생학에도 아주 활동적이어서 세계 최고의 명문대학인 런던 대학교의 골턴(Galton) 우생학 석좌교수와 캠브리지 대학교의 아서 밸푸어(Arthur Balfour) 유전학 석좌교수를 역임했다. 이 두 학과 모두 통계학과는 아니지만, 통계학적 연구를 많이 수행했으며, 피셔 또한 그의 통계학 업적으로 널리 알려져 있다.

8.5 검증 통계치와 검증 통계치의 표집분포

평균의 표집분포에 대해 기술했지만, 평균 대신 중앙값, 변량, 범위, 상관계수(강의 평가 예), 비율, 그 밖의 어떤 통계치든 여러분이 고려하고자 하는 통계치에 대해서도 기본적으로 같은 논리가 적용된다. (기술적으로는, 이 분포들의 형태는 다르다. 그러나 8장에서는 의도적으로 이 문제는 무시하기로 한다.) 좀 전에 나열한 통계치들은 표본에 관해 기술하는 것들이기 때문에 **표본 통계치**(sample statistics)라 한다. 그러나 이와는 달리 **검증 통계치**(test statistics)라는 유형의 통계치가 있는데, 이 통계치들은 특정 통계검증과 관련되어 있으며, 통계치별로 고유한 형태의 분포를 갖는다. 이런 검증 통계치로는 t, F, χ^2 등이 있는데, 아마도 이전에 본 적이 있을 것이다. 이 책의 뒷부분에서 각각에 대해 자세히 다를 것이므로, 이 검증 통계치에 익숙하지 않아도 걱정할 필요는 없다. 8장은 특정한 검증 통계치에 대해 구체적으로 설명하지 않는다(사실 8장을 여기에 둔 이유는 여러분이 기술적인 문제에 대해 걱정하지 않게 하기 위해서이다). 8장에서는 이들 검증 통계치들의 표집분포도 평균의 표집분포를 얻고 이용하는 것과 같은 방법으로 얻고 사용한다는 점을 알려주려 한다.

검증 통계치의 표집분포를 보여주는 예로 우리가 12장에서 14장에 걸쳐 다룰 t라는 검증 통계치의 표집분포에 대해 알아보자. t 검증은 여러 가지 용도로 사용되지만, 두 표본이 평균이 같은 전집에서 선정되었는지를 결정하는 데 자주 사용된다는 것만 알아도 여기서 다룰 내용을 이해하는 데 충분하다. 예를 들어, 매니저 역할을 할 것이라고 들은 참가자들의 키 과대추정치와 종업원 역할을 할 것이라고 들은 참가자들의 키 과대추정치가 같은지를 알아볼 때 사용된다. 두 개의 표본이 선정된 전집의 평균을 μ_1과 μ_2라고 가정해보자. 영가설은 두 전집의 평균은 같다는 것이다. 즉 H_0: $\mu_1 = \mu_2$ (또는 $\mu_1 - \mu_2 = 0$)이다. 만약 우리가 아주 끈기가 있다면, 하나의 전집에서 무한히 많은 표본 쌍들을 고른 다음 뒤에서 기술한 절차에 따라 각 쌍에서 t를 구해서 t 값을 그리는 방법으로 영가설이 참일 때 t의 표집분포를 실증적으로 구할 수 있다. 그 경우 한 전집에서 표본 쌍을 골랐으므로, 영가설은 참이며, 이렇게 그린 분포는 **영가설이 참인 경우**의 t의 표집분포가 된다. 우리가 특정한 t 값을 갖는 두 표본을 가지면, 우리는 이 표본의 t를 t의 표집분포와 비교해서 영가설을 검증할 수 있다. 우리가 얻은 t 값이 영가설이 참이라고 할 때 기대하는 표집분포의 t 값과 같아 보이지 않으면, 우리는 영가설을 기각하게 된다.

위 문단에서 t를 χ^2이나 F와 같이 다른 검증 통계치로 대체할 수 있다. 그럴 경우 그 통계치가 어떻게 계산되는가 하는 부분만 약간 조정하면 된다. 그러니까 여러분은 모든 표집분포는 기본적으로 같은 방법에 의해 구해진다는 것을 알 수 있다. 즉, 우리가 그 속성을 아는 전집에서 무한대로 표집해서 각 표본의 통계치를 구한 다음, 그 통계치들을 그리면 해당 통계치의 표집분포를 그리게 된다. 이 사실을 여러분이 잘 이해하면, 이 책의 뒷부분은 거저먹기다. 내가 원하는 통계치를 계산하는 방법에 대해 좀 더 자세히 기술하고, 그 통계치의 표집분포가 어떤 특징을 가지고 있는지를 기술하는 것에 지나지 않는다. 그리고 걱정하지 말라. 그 많은 수의 표본들을 직접 선정하지 않고도 각 검증 통계치의 표집분포가 어떤 값을 가질지 알려주는 간단한 기법들이 있다.

법 체계를 설명할 때 사용한 비유를 유념해주기 바란다. 영가설은 유죄라는 증거가 충분하지 않는 한 피의자가 무죄라고 가정하는 것과 같다. 그리고 영가설을 기각하는 것은 '의심할 여지없이' 피의자가 유죄라고 확신할 때 피의자를 기소하는 것과 유사하다. 피의자가 무죄라고 증명할 필요는 없다. 단지 '의심할 여지없이'라는 검사를 통과했는지만 보고 결정하면 된다. 이것을 피셔는 "어느 실험이든 이 가설을 '영가설'이라 할 수 있다. 그리고 실험을 통해서 영가설은 검증되거나 입증되지는 않는다. 다만 반증될 수는 있다" (Fisher, 1935)라고 서술하였다. 나는 이 점을 종종 환기시킬 것인데, 왜냐하면 무엇이 유의도 검증인지를 이해하는 데 이 점이 아주 결정적이기 때문이다.

8.6 정상분포를 이용한 가설검증

이제까지 논의한 것의 상당 부분은 통계적 절차에 관한 것이었는데, 그 통계 절차를 어떻게 사용하는지에 대해서는 알려주지 않은 채 논의가 진행되었다. 통계검증의 논리와 계산 절차는 별개라는 점을 부각시키기 위해서 의도적으로 이렇게 진행했다. 이제 여러분은 구체적인 산술적 계산 절차에 대해서는 알지 못하지만 가설검증이 어떻게 수행되는지에 대해서는 제법 알게 되었다. 그러니 여러분이 정상분포에 대해 알고 있는 지식을 이용해서 간단한 가설을 검증해보자. 이 과정 중에 우리는 몇 가지 기본적인 문제들에 대해 다루게 되는데, 구체적인 예를 이용하면 보다 쉽게 이해할 수 있다.

정상분포의 중요한 사용처의 하나는 개별적인 관찰치나 평균과 같은 표본 통계치에 관한 가설을 검증하는 것이다. 8장에서는 개별 관찰치에 대한 가설검증만을 다루고, 표본 통계치에 관한 가설검증은 다른 장에서 다룬다. 그렇지만 일반적으로 우리는 개별 관찰치에 관한 가설검증보다 평균과 같은 표본 통계치에 관한 가설검증을 수행한다는 점은 유념하자. 8장에서는 개별 관찰치에 관한 가설검증에서부터 설명하는데, 그 이유는 개별 관찰치에 관한 가설검증을 설명하는 것이 보다 분명한 설명이 되기 때문이다. 개별 관찰치에 대한 가설검증에서는 하나의 관찰치에 대해 다루기 때문에 여기서의 표집분포는 평균의 분포가 아니라 개별 점수의 분포가 된다. 검증 대상이 개별 점수이든 평균과 같은 표본 통계치이든 통계검증의 기본적인 논리는 같지만, 개별 점수들이 설명이 간단하고 여러분이 직접 경험했을 가능성이 높기 때문에 개별 관찰치를 예로 사용한다. 신경과학이나 임상심리학에서는 개별 검사점수를 사용하는 일이 흔하다. 예를 들어, 신경과학에서는 장애를 진단하기 위해 2점 민감도(2점역이라고도 한다)[2]와 같은 간단한 측정치를 종종 사용한다. 그러니까 어떤 사람이 정상적으로 반응하는 사람들보다 2점 민감도나 시각 반응시간이 유의하게 크면 특정 장애를 가진 것으로 분류될 수 있다.

간단한 예로 손가락 두드리는 빈도에 대해 관심을 가졌다고 해보자. 좀 이상하게 보일 수도 있지만, 신경심리학자와 신경과 의사들은 이 과제를 진단에 사용한다. 크리스천슨과 레덤(Christianson & Leathem, 2004)은 컴퓨터용 손가락 두드리기 검사를 개발하였는데, 정상적인 참가자는 10초에 평균 59회를 두드리고, 표준편차는 7이었다. 알츠하이머 환자들과 신경학적 장애를 가진 사람들은 속도가 느렸다. (재미있는 것은 높은 에베레스트산을 오른 등산가들에게 이 검사를 했더니 손가락 두드리는 속도가 느려졌는데, 등산을 마친 지 1년이 지나서 검사했을 때도 속도가 느렸다.)

정상 성인이 10초 동안 두드린 빈도의 분포는 평균 59회, 표준편차 7인 정상분포를 취

---

2 내가 바늘 한 개나 두 개로 찌를 때 바늘이 하나가 아니라 두 개라고 답하게 되는 두 점 간의 거리를 2점 민감도라 한다.

그림 8.4_ 신경학적으로 정상인 사람들의 손가락 두드리기 점수 분포에서 의뢰된 사람의 위치

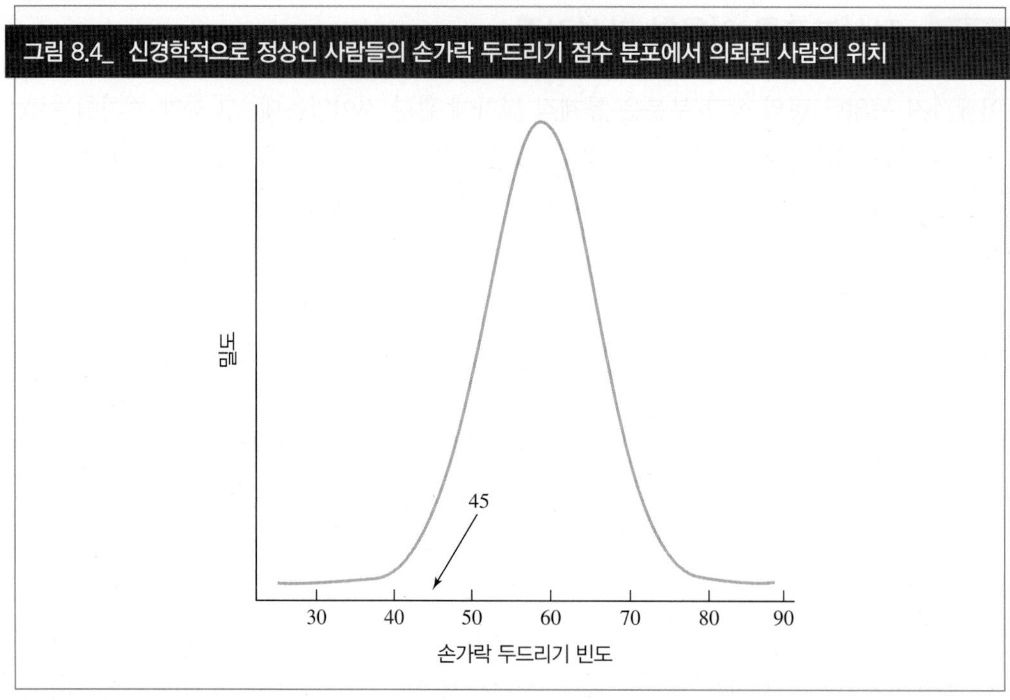

한다고 가정하자. 아울러 특정한 신경과적 문제가 있는 사람들은 두드리는 빈도가 낮다고 가정해보자. 아주 극단적인 예로 당신 할아버지에게 크리스천슨과 레덤의 검사를 시행했는데, 20점을 받았다고 해보자. 아마 당신은 "이런, 할아버지가 정상이 아니네"라고 말할 것이다. 만약 할아버지 점수가 52점이라면 당신은 "조금 낮군. 신경을 써야겠네. 그렇지만 당장은 괜찮아"라고 말할 것이다.[3] 마지막으로 좀 더 그럴싸한 예를 생각해보자. 어떤 사람을 검사했는데, 10초에 45회의 빈도로 두드렸다고 가정해보자. 이 사람이 두드린 빈도는 이 사람이 신경학적으로 정상인 사람들의 전집에서 나왔다고 가정하기 어려울 정도로 평균보다 적은 것일까? 이 상황이 그림 8.4에 그려져 있는데, 그림에서 화살표는 우리 자료에서 이 사람의 점수의 위치를 보여준다.

이 문제 해결책의 논리는 일반적인 가설검증의 논리와 같다. 우리는 이 사람의 점수가 정상적인 사람들의 점수의 전집에서 나왔다고 가정한다. 이것이 영가설(H_0)이다. 만약 영가설이 참이면 우리는 이 사람이 선정된 전집의 평균과 표준편차(각기 59와 7)를 자동적으로 알게 된다. 이것을 알면 우리는 이 전집에서 이 사람의 점수만큼 낮은 점수를 얻을 확률을 계산할 수 있게 된다. 만약 이 확률이 아주 낮으면, 우리는 영가설을 기각해서 이 사람이 정상적인 전집에서 나오지 않았다는 결론을 내릴 수 있다. 반대로 이 확률이 아주 낮지 않으면, 이 자료는 영가설이 참인 상태에서 나올 수 있는 결과라는 것을 뜻하며, 따라

3 실제 내가 이 검사를 했는데 52점을 받았다. 그리고 나는 건강하다. 그렇지 않나?

서 영가설의 타당성을 의심할 수 없게 된다. 즉, 그 사람이 건강하다는 것을 의심할 근거가 없게 된다. 여기서 유의해야 할 것은 우리가 알고자 하는 것은 점수가 정확히 45점일 확률(분포가 연속적이기 때문에 이 확률은 아주 희박하다)이 아니라 점수가 45점 혹은 그 이하일 확률이라는 점이다.

이 사람의 점수는 45점이다. 이때 우리가 알고 싶은 것은 영가설이 참일 때 점수가 45점 혹은 그 이하일 확률인데, 우리는 이것을 구하는 방법을 알고 있다. 그림 8.4에서 45점 이하의 면적을 구하면 된다. 이 계산을 하는 데 필요한 것은 45를 z 점수로 변환해서 부록 D의 표 D.10을 찾아보는 것이다. 아니면 http://www.danielsoper.com/statcalc3/에 가서 직접 계산할 수 있다.[4]

$$z = \frac{X - \mu}{\sigma} = \frac{45 - 59}{7} = \frac{-14}{7} = -2.00$$

표 D.10에서 z 점수가 -2.00 이하일 확률이 .0228이라는 것을 알 수 있다(표에서 $z = 2.00$을 찾은 다음, 적은 영역 'Smaller Portion'이라는 줄을 읽으면 된다. 분포는 대칭적이므로 z가 -2.00보다 작거나 같을 확률은 z가 2.00이거나 그보다 클 확률과 같다는 점을 상기하자).

이제 가설검증 과정에서 **의사결정**(decision making)을 할 시점에 이르렀다. 확률이 .0228인 사건이 우리가 영가설을 기각할 만큼 충분히 가능성이 작은 것인가를 결정해야 한다. 이 단계에서 우리는 오랫동안 확립되어온 관행을 따르게 된다. 이런 관행의 이유에 대해서는 이 책을 읽어나가면서 점점 더 분명해지지만, 여기서는 단순히 관행이라고만 알아두자. 대표적인 관행이 두 가지인데, 하나는 확률이 .05이거나 그 보다 작다면($p \leq .05$) 영가설을 기각한다는 것이고, 다른 하나는 영가설에서 그런 사건이 일어날 확률이 .01이거나 그 이하이면($p \leq .01$) 영가설을 기각한다는 것이다.[5] 물론 후자가 영가설을 기각할 확률이 낮으므로 보다 보수적인 기준이다. .05와 .01이라는 기준은 종종 검사의 **기각 수준**(rejection level) 혹은 **유의도 수준**(significance level)이라고 불린다. 영가설에서 그런 사건이 일어날 확률이 미리 정한 유의도 수준과 같거나 유의도 수준보다 낮으면 우리는 영가설을 기각한다.

다른 말로 표현하면 영가설에서 확률이 유의도 수준과 같거나 그보다 작은('충분히 의심할 만하다'는 것을 알려주는) 결과 사건은 영가설을 기각하게 하니까 **기각 영역**(rejection

---

4 그 웹사이트에 가서 z=2.00을 입력하면 답인 .9772를 얻게 된다. 이 수치는 2.00보다 작은 모든 결과의 확률을 알려주기 때문이다. 여러분이 알고 싶은 것은 -2.00보다 적은 값을 얻을 확률이니까 그 답은 .0228이 된다. 종종 여러분이 원하는 것이 분포의 어느 쪽 꼬리 부분인지 생각해보고 그에 맞게 행동해야 한다. 그러니까 이 경우 1에서 .9772를 빼야 한다. 소퍼의 계산기를 사용할 때에는 -2.00을 입력할 수 있지만, 책에 있는 표를 사용할 때에는 먼저 양수로 작업한 다음 음수인 경우 확률을 변환해야 한다.

region)에 속한다고 말할 수 있다. 이 책에서 우리는 .05 유의도 수준을 사용하는데, 이 수준은 너무 너그러운 수준이라고 하는 사람도 있다는 것은 유념해야 한다. 우리 예에서는 확률이 .0228이고, 이는 .05보다 작다. 영가설에서 확률이 .05보다 작을 때에는 영가설을 기각하겠다고 정해놓았으므로, 이 사람이 건강한 사람의 전집에서 나오지 않았다고 결론을 내려야 한다. 보다 구체적으로 표현하자면, 45회 두드리는 속도는 평균이 59이고 표준편차가 7인 비임상 전집의 결과와는 일관되지 않는다고 우리는 결론을 내린다. 여기서 중요한 것은 우리가 이 사람이 건강하지 않다는 것을 보여준 것이 아니라, 그 사람이 건강하다고 보기 어렵다는 것을 보여주었다는 점이다. 반면에 어떤 사람이 10초에 52회의 속도로 두드렸다면, 52회 혹은 그 이하일 확률은 .1587이 되어 영가설을 기각할 수 없게 된다. 이것은 우리가 이 사람이 건강하다는 것을 보여준 것이 아니라, 그 사람이 건강하지 않다고 믿을 충분한 근거가 없다는 것을 보여주었다는 것이다. 그 사람에게 신경학적 질병이 최근에 발생해서 아직 정상인과 충분히 차이가 나지 않았을 수도 있다. 아니면 그 사람이 그 질병을 가진 지는 오래되지만 우연찮게도 두드리는 속도가 남달리 빠른 사람이었을 수도 있다. 우리가 영가설을 증명했다고 말할 수 없다는 점을 기억해야 한다. 우리는 이 사람이 질병이 있다고 통계적으로 탐지할 만큼 두드리는 속도가 충분히 느리지는 않았다는 것만 결론지을 수 있다.[5]

기각 수준(.05 혹은 .01)은 확률이라는 점을 유념하기 바란다. 그러니까 특정 관찰이 기각 영역에 들어갈 확률이라는 것이다. 기각 영역은 영가설이 사실일 때 그런 결과가 나올 가능성이 아주 낮은 영역을 보여주는 것으로, 영가설이 사실일 경우 그런 결과가 나올 것으로 합리적으로는 기대되지 않는다는 추론을 토대로 영가설을 기각하게 된다.

좀 전에 간단하게 설명한 유의도 검증 이론은 20세기 초 피셔에 의해 널리 보급되었다. 이 이론은 피셔의 강한 반대에도 불구하고 1928년과 1938년 사이에 네이만과 피어슨(Jerzy Neyman & Egon Pearson)에 의해 확장되어 의사결정의 틀로 기술되게 되었다. 현재 통계학에서는 네이만-피어슨 접근을 더 많이 따르는데, 이 접근에서는 영가설에 반대되는 **대립가설**(alternative hypothesis: H_1)이 있다는 점을 피셔의 접근보다 더 강조한다. (보다 최근에 존스와 터키가 제안한 제3의 접근법이 있는데, 이 내용은 뒤에서 다루어진다) 만약

5 여기에서 우리가 사용한 접근법은 '정상적인' 표본 통계치의 기본이 되는 '전집'이 충분히 커서 우리가 사용하는 평균과 표준편차의 값을 충분히 신뢰할 만한 상황에 맞게 고안된 방법이다. 크로퍼드와 하월(Crawford & Howell, 1998)은 많은 경우, 특히 신경심리학 연구 경우, 규준의 토대가 되는 표본이 아주 작다는 점에 주목해서 대안적인 접근법을 제안하였다. 자세한 내용은 크로퍼드 등(Crawford, Garthwaite, & Howell, 2009)을 참고하기 바란다.

영가설이 다음과 같다면

$$H_0: \mu = 100$$

대립가설은

$$H_1: \mu \neq 100$$

이거나

$$H_1: \mu > 100$$

이거나

$$H_1: \mu < 100$$

이 될 수 있다. 대립가설에 대해서는 곧 자세히 다루게 된다.

유의도 수준을 어떻게 보고하는지에 대해 논란이 있다. 과거에는 정확한 확률을 보고하지 않고 확률이 .05(혹은 .01)보다 작다고만 보고하였다. 그러나 이제 미국 심리학회에서는 정확한 확률을 보고하도록 요구한다. 비록 모든 학술지가 이 기준을 따르지는 않지만. 그에 반해 부스와 스테판스키(Boos & Stefanski, 2011)는 정확한 확률의 정밀도와 재생 가능성에 의심을 표하면서 "우리가 발견한 것들은 정확한 확률과 확률 근사치의 상대적인 가치에 정보를 제공했는데, 통계 추정치의 반올림에 관해 일반적으로 수용되는 기준에 입각해 판단해보면 학술지에서 유의도 수준 0.05, 0.01, 0.001을 알려주기 위해 *, **, ***를 사용하는 것은 정확한 확률을 보고하는 것과 정밀성에서 별 차이가 없다는 것을 보여준다"라고 결론 내렸다. 내가 추천하는 방안은 미국심리학회에서 요구하는 것이니 확률을 소수 셋째자리까지 보고는 하되, 그 확률의 정확성을 너무 믿지는 말라는 것이다. 앞으로 이 책에서는 그렇게 한다.

유의도 수준을 '$p < .05$'와 같은 방식으로 하는지 '$p = .032$'로 하는지에 대한 논쟁은 내가 이 책을 어떻게 서술하고 사용하는지에 영향을 주기 때문에 나와 여러분에게는 중요하다. 통계학이 시작되고부터 통계학자들은 통계 분포표를 사용해왔다. 또 오랫동안 이 방식으로 통계 교재가 서술되고 수업이 진행되었다. 예를 들어, 내가 자료에서 어떤 통계치를 계산했다고 하자. 표본 수 25인 자료에서 $t = 2.53$로 계산되었다고 하자. 그리고 이 t 값의 확률이 .05보다 작으면 영가설을 기각하려고 한다. 이전에는 이 책 뒤에 있는 것과 같은 통계 분포표를 보고 내 연구의 표본수라면 2.06보다 큰 t 값이 나올 확률은 5%가 되지 않는다는 것을 알게 된다. 그런데 $2.53 > 2.06$이니까 나는 영가설을 기각한다.

그러나 영가설을 기각해도, 나는 $t = 2.53$일 확률이 .05보다 작다는 것 외에 실제 확률은 모른다. 오랫동안 이것으로 충분했다. 정확한 확률을 알 필요도 없었고, 계산을 하는 것은 너무 노력이 들기 때문에 그냥 표를 보고 근사치의 답으로 만족하는 게 쉬웠다.

마침내 확률 표기법에 대한 생각이 변했다. 대부분의 통계검증이 *R*, SPSS, SAS, SYSTAT과 같은 통계 패키지를 사용해서 이루어지고, 이 패키지들이 정확한 확률을 곧장 출력해줄 수 있기 때문에 '$p < .05$'와 같은 방식 대신에 '$p = .032$'로 보고할 수 있게 되었다. 그렇지만 정확한 확률을 제공해주는 소프트웨어를 당장 사용할 수 없을지도 모르는 학생들이 보는 교재를 저술하는 나는 어떻게 해야 하는가? 최신의 방법을 채택해서 책을 저술하면서 소프트웨어가 없는 학생들에게 안되었다고 해야 하는가? 아니면 통계표에 전적으로 의존하는 이제는 사용하는 사람도 별로 없는 옛날 방식으로 책을 서술해야 하는가? 두 가지 대안을 놓고 선택해야 하는 대부분의 사람과 마찬가지로 나는 두 가지 방법을 다 하기로 마음먹었다. 그래서 나는 구체적인 예를 이용해서 통계표를 어떻게 사용하는지를 서술한 다음, 여러분이 할 수 있다면 정확한 확률을 계산해서 보고하라고 요구할 생각이다. 그런데 이것은 생각하는 것처럼 어렵지 않다. 흔히 사용하는 통계 소프트웨어를 이용하면 자동적으로 답을 얻을 수 있다. 만약 직접 계산한다면 http://www.danielsoper.com/statcalc3/나 http://www.statpages.org/pdfs.html과 같은 사이트에 들어가서 여러분이 알고자 하는 확률을 쉽게 계산할 수 있다. 소퍼의 사이트가 더 완벽하지만, 두 번째 사이트가 사용하기에는 더 편하다(나는 내 아이폰에서 0.99달러에 구입한 89-in-1 Statistics Calculator라는 앱을 이용해서 확률을 계산했는데 만족스러웠다). SPSS를 사용하여 계산할 경우 이스트캐롤라이나 대학교의 칼 원시(Karl Wuensch)가 운영하는 사이트에 들어가 보라. 주소는 http://core.ecu.edu/psyc/wuenschk/SPSS/P-SPSS.docx이다. 인터넷에 접속할 수 없는 곳에 있다면, 정확한 확률은 모르겠지만 표를 사용해서 확률이 .05보다 작은지를 보고하면 된다.

인터넷을 이용해서 확률을 계산하는 것이 얼마나 쉬운지는 PC나 매킨토시를 부팅한 다음 내가 알려준 두 곳 중의 하나에 접속해보면 알 수 있다. 여러분이 할 일은 '여러분이 계산한 검증 통계치'라는 이름이 붙은 버튼을 클릭한 다음, 계산해서 얻은 수치를 입력하는 것이다. 그러면 컴퓨터가 알아서 계산해준다. 소퍼의 사이트에서는 Cumulative Area under the Standard Normal Curve Calculator를 선택한 다음 '$z = 2$'를 입력하고 'Calculate!'를 클릭하면 z가 2보다 적을 확률인 0.97725라는 답을 알려준다. z가 2보다 클 확률을 알고 싶다면 1에서 0.97725를 빼면 된다. 'statpages' 사이트에서는 '$z = 2$'를 입력한 다음 'Calc p.'를 클릭하면 된다. 그러면 0.0455라는 답을 알려주는데, 이는 z가 ± 2보다 더 극단적일 확률이다. 이것을 둘로 나누면 0.0228이 되는데, 이것은 각 방향으로 z가 더 극단적일 확률이 된다. 그러니까 $1.00 - 0.0228 = 0.97725$는 z가 2.0보다 작을 확률이 된다. '89-in-1'에서는 $\mu = 0$과 $sd = 1$이 기본값이다. 마지막으로 *R* 코드는 'pnorm(2,0,1)'이다. 그런데 0과 1은 기본값이니까 더 간단하게 'pnorm(2)'만 입력해도 충분하다.

8.7 1종 오류와 2종 오류

통계검증에서 결정을 내릴 때 잘못된 결정을 내릴 가능성은 항상 있다. 통계적인 의사결정이든 아니든 이것은 거의 모든 의사결정에서 사실인데, 통계학자들은 다른 의사결정자들이 갖지 못한 한 가지 이점을 갖고 있다. 통계학자들은 합리적인 과정에 의해 결정을 내릴 뿐만 아니라 자기의 결정이 오류를 범할 조건확률을 명시할 수 있다. 일상생활에서 의사결정을 할 때에는 무엇이 옳은 결정인지에 대한 주관적인 느낌만 있을 뿐이다. 그러나 통계학자는 자기가 영가설을 기각하고 대립가설을 수용하는 오류를 범할 확률을 정확하게 밝힐 수 있다. 오류를 범할 확률을 밝힐 수 있는 능력은 가설검증의 논리에서 직접 도출된다.

개인 점수는 무시하고 손가락 두드리기 예를 생각해보자. 그 상황이 그림 8.5에 그려져 있는데, 분포는 건강한 사람들에게서 나온 점수들의 분포이고, 회색으로 칠해진 부분은 분포의 하위 5%를 가리킨다. 하위 5%를 갈라주는 실제 점수를 **임계치**(critical value)라고 한다. 임계치란 기각 영역의 경계나 경계를 기술하는 변인의 값이나 통계치의 값이다. 이 예에서 임계치는 47.48이다.

47.48이란 값은 어떻게 구해진 것일까?

어떤 사람의 속도가 정상인의 두드리기 속도 분포의 최하위 5%에 속하는 영역에 들어가면 그 사람은 정상적인 속도로 두드렸다는 가설을 기각하려고 한다. z 점수 -1.645가 최하위 5%를 갈라주는 경계점이다. 이제 z 점수 -1.645에 해당하는 원점수를 계산하면 된다.

$$z = \frac{X - \mu}{\sigma} = \frac{X - 59}{7} = -1.645$$

$$X - 59 = -1.645 \times 7 = -11.515$$

$$X = -11.515 + 59 = 47.48$$

그림 8.5_ 임상적으로 건강한 사람들의 점수분포에서 하위 5%

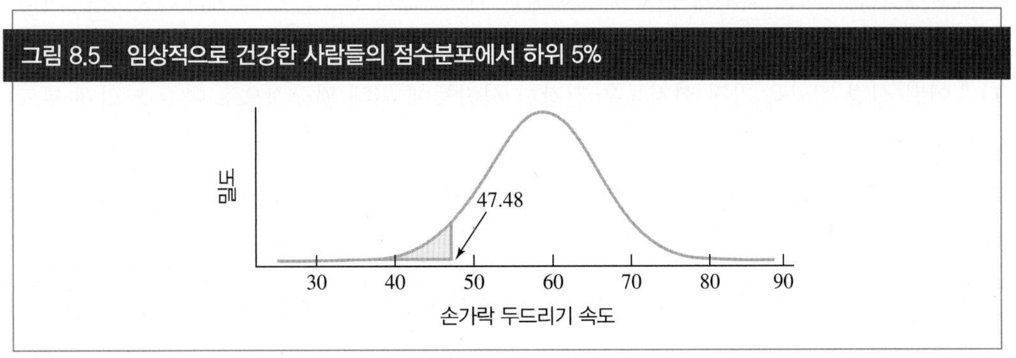

결과가 분포의 하위 5%에 해당하면 영가설을 기각하라는 것이 결정 규칙이라면, 어떤 개인의 점수가 회색 영역에 들어가면 영가설을 기각한다. 즉 건강한 사람의 전집에서 그 사람이 얻은 점수보다 낮은 점수가 얻어질 확률이 .05 이하이면 우리는 영가설을 기각한다. 그러나 우리가 사용하는 절차의 본질 때문에 건강한 사람에게서 나온 점수의 5%는 회색 영역에 들어가게 된다. 그러니까 우리가 건강한 사람 한 명을 표본으로 선정해도, 그 사람의 점수가 분포의 끝부분인 회색 부분에 들어갈 확률이 5%이며, 이럴 경우 우리는 영가설을 기각하는 오류를 범하게 된다. 사실은 영가설이 참인데 영가설을 기각하는 이런 유형의 오류를 **1종 오류**(Type I error)라 하며, 이 조건확률(영가설이 사실인 조건에서 영가설을 기각하는 확률)은 **알파**(alpha: α), 즉 기각 영역의 크기로 표기된다. 앞으로 우리가 확률을 α로 표기하는 경우, 이는 1종 오류를 범할 확률을 가리키는 것이다.

1종 오류 확률이 본질적으로 '조건적'이라는 사실을 기억해야 한다. 이 문장은 전문적인 표현처럼 들린다. 그럼에도 이 표현을 사용한 이유는 1종 오류란 영가설이 참인데도 영가설을 기각하는 확률이라는 의미라는 것을 여러분이 확실하게 이해해야 한다는 것을 강조하기 위해서이다. 이것은 우리가 검증하는 가설의 5%에서 가설을 기각한다는 말이 아니다. 우리는 중요하고 의미 있는 변인에 대해 실험하기를 바라며, 따라서 가능한 한 자주 영가설을 기각하기를 바란다. 우리가 1종 오류를 말할 때 우리는 영가설이 참인 상황에서 영가설을 기각하는 오류를 범하는 가능성을 말한다.

아마도 여러분은 오류를 범할 가능성이 5%나 되는 것은 너무나 큰 모험이므로 결정 기준을 더욱 엄격하게 해야 한다고 생각할 수 있다. 예를 들어, 결정 기준을 강화해서 분포의 하위 1%만을 기각하자는 생각을 할 수 있다. 이는 아주 합당한 주장이지만, 결정 기준을 엄격하게 하면 할수록 우리는 또 다른 오류, 즉 영가설이 거짓이고 대립가설이 참인데 영가설을 기각하지 못하는 오류를 범할 가능성이 많아진다는 것을 알아야 한다. 이런 유형의 결정 오류를 **2종 오류**(Type II error)라 하며, 2종 오류를 범할 확률은 **베타**(beta: β)로 표기한다.

2종 오류에서 부딪히는 가장 큰 문제는 영가설이 거짓일 때 우리는 우리가 자료를 얻은 전집의 진정한 분포(대립가설이 가정하는 분포)를 알 수 없다는 점에서 비롯된다. 우리는 영가설에서 얻어지는 점수의 분포에 대해서만 안다. 손가락 두드리기 예에서 건강한 사람들의 점수 분포에 대해서는 알지만, 건강하지 않은 사람들의 점수 분포에 대해서는 모른다.[6] 어떤 신경 질환을 가진 환자들은 건강한 사람들에 비해 평균적으로 아주 느리게 두드

---

6 아마도 여러분은 '그러면 나가서 아픈 사람들을 구해서 손가락 두드리기를 시켜보자'라고 할 수 있다. 얼마나 아픈 사람이라야 할까? 아주 아픈 사람, 그래서 속도가 아주 느린 사람들을 구할까, 아니면 조금 아파서 속도가 약간 느린 사람을 구할까? 우리는 그 사람이 아주 아픈지, 아니면 조금 아픈지를 구분하는 것에는 별 관심이 없다. 우리는 그 사람이 건강한지 건강하지 않는지에 관심이 있고, 이 경우 우리가 할 수 있는 것은 환자들을 건강한 사람들과 비교하는 것이다.

그림 8.6_ 손가락 두드리기 속도 자료에서 알파(α)와 베타(β)에 해당하는 영역

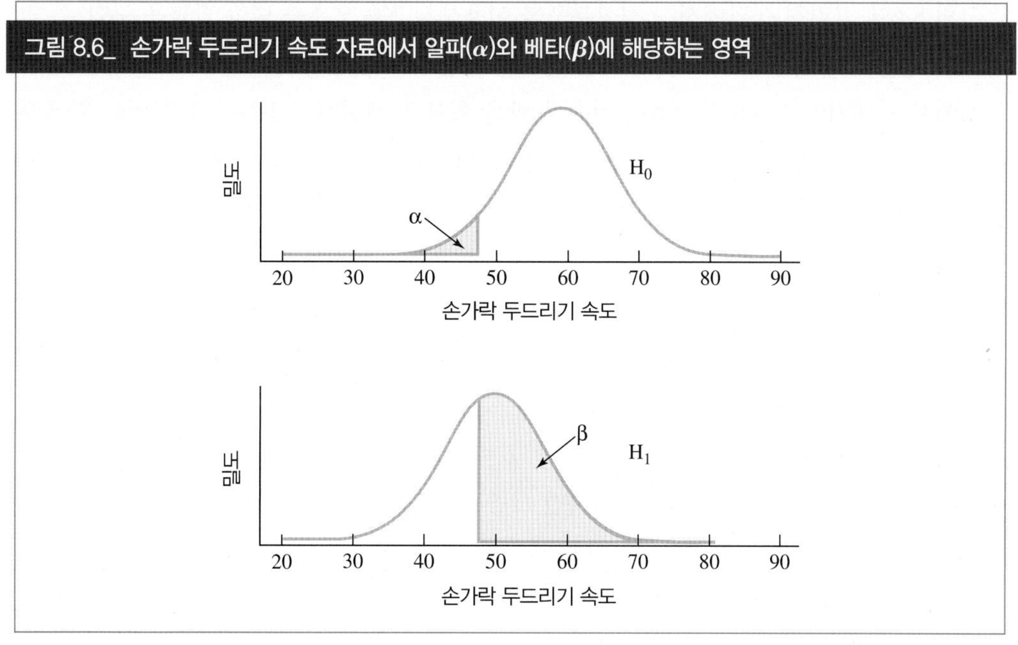

리기를 할 수도 있고, 어떤 신경 질환을 가진 환자들은 약간만 느리게 두드리기를 할 수도 있다. 이 상황이 그림 8.6에 그려져 있다. 그림에서 H_0로 붙여진 분포는 건강한 사람들의 점수 분포(영가설에서 기대되는 관찰치들의 조합)이고, H_1로 붙여진 분포는 건강하지 않은 사람들의 가설적인 분포(H_1에서의 분포)이다. 여기서 주목할 점은 H_1로 붙여진 분포는 가설적인 분포라는 점이다. 우리는 건강하지 않은 사람들의 위치에 대해서는 알지 못한다. 나는 건강하지 못한 사람들의 분포를 정상인의 분포보다 왼쪽으로 이동시켰는데, 건강하지 못한 사람들이 느리게 두드린다는 것은 알기 때문이다. 그러나 얼마나 느린지는 알지 못한다. (그림 8.6에서는 임의적으로 평균이 50이고 표준편차가 7인 분포를 그려 넣었다.)

그림 8.6의 위에 그려진 분포에서 어둡게 칠해진 부분은 기각 영역을 보여준다. 이 영역(47.48보다 왼쪽 부분)에 속하는 점수들은 영가설을 기각하게 된다. 만약 영가설이 참이라면 우리가 얻은 관찰치의 5%가 이 영역에 들어갈 것이라는 것을 안다. 따라서 우리는 5%의 경우에 1종 오류를 범하게 된다.

그림 8.6의 아래에 그려진 분포에서 옅게 칠해진 부분은 2종 오류를 범할 확률(β)을 보여준다. 대립가설이 참일 경우 평균을 59가 아닌 50으로 가정했기 때문에 분포가 전체적으로 왼쪽으로 이동되었다는 점을 기억하자. 이 그림에서 옅게 칠해진 부분은 사실은 건강하지 않은 집단에 속한 사람인데 두드리기 점수가 영가설(H_0)을 기각하게 할 만큼 충분히 낮지 않은 경우이다. 영가설이 사실일 때의 임계치인 47.48보다 점수가 낮을 때에만 영가설을 기각할 수 있기 때문에 이 오류를 범한 것이다.

그림 8.6에 그려진 상황에서는 정상분포를 이용해서 2종 오류를 범할 확률을 구할 수 있다. 즉, 건강하지 않은 환자의 가상적인 전집의 평균과 표준편차인 $\mu = 50$과 $\sigma = 7$인 정상분포에서 임계치인 47.48보다 높은 점수를 받을 확률을 계산하면 2종 오류를 범할 확률을 구할 수 있다. 구체적인 계산 절차는 여러분이 2종 오류의 개념을 이해하는 데 중요하지 않다. 8장에서는 가능한 한 계산 과정에 대해 다루지 않을 것이기 때문에 여기서는 이 경우 2종 오류를 범할 확률(그림 8.6의 아래 분포에서 β로 표시된 부분)이 .64라는 것만 알기로 하자. 이는 우리가 건강하지 않은 사람들(대립가설이 참인 경우)에서 한 명을 골랐을 때 그중 64%의 경우에 사실은 영가설이 거짓인데도 영가설을 기각하지 못하는 2종 오류를 범한다는 것을 뜻한다.[7]

그림 8.6에서 기각 영역을 왼쪽으로 옮겨 α 수준(1종 오류를 범할 확률)을 .05에서 .01로 낮추면, 1종 오류의 확률은 낮아지지만, 2종 오류의 확률은 높아진다는 것을 알 수 있다. α를 .01로 낮추면 경계선은 42.72로 바뀌게 되고, β는 .85로 높아진다. 유의도 수준을 얼마로 해야 하는지에 대해서는 논쟁의 여지가 분명히 있다. 그러나 그 결정은 현재 수행하고 있는 연구에서 1종 오류와 2종 오류 중 어느 것이 상대적으로 더 심각하다고 연구자가 생각하는지에 달려 있다. 질병이 없는데도 질병이 있다고 말해주는 것과 같은 1종 오류를 피하는 것이 더 중요하다고 생각하면, α를 보다 엄격한(보다 작은) 수준으로 잡을 것이다. 반대로 당장 치료를 받아야 할 사람에게 집에 가서 아스피린이나 먹으라고 하는 것과 같은 2종 오류를 피하는 것이 더 중요하다고 생각하면, α를 높은 수준으로 잡을 수 있다. (이 예에서 α를 .20으로 잡으면, β는 .33으로 낮아진다.) 그러나 불행하게도 대부분의 연구에서는 α를 임의적으로 .05 혹은 .01로 잡고, β에 대해서는 신경을 쓰지 않는다. 많은 경우 여러분도 이렇게 한다(어쩌면 단지 담당교수가 추천하기 때문에 α를 특정 수준으로 잡았다는 것이 더 솔직할지도 모른다). 2종 오류를 알아보는 여러 가지 방법에 대해서는 15장에서 다시 알아보게 된다.

여기서 다시 한 번 강조할 것은 그림 8.6은 완전히 가상적인 경우라는 점이다. 나는 건강하지 않은 사람들의 속도가 평균이 50이고 표준편차가 7인 정상분포일 것이라 가정하고 그림을 그린 것뿐이다. 일상적으로 겪는 대부분의 경우에는 분포의 평균이나 표준편차를 모르는 채 여러 가지 정보를 토대로 분포에 대해 그럴싸한 추측을 할 뿐이고, 그 결과 어림짐작으로 β를 추정한다. 연구에서 우리는 대립가설에 해당하는 μ로 우리가 탐지할 수

---

7 이 작업을 수행하는 *R* 코드는

```
beta <- 1-pnorm(x = 47.48, mean = 50, sd = 7)
Print(beta) #Subtract from 1.00 because pnorm(47.48, 50, 7) gives the probability
below 47.48.
[1]0.6405764
# To get cutoff at 1%
qnorm(.01, 50, 7)
```

표 8.1_ 의사결정 과정에서 나올 수 있는 결과

결정	실제: 영가설(H_0)이 참임	실제: 영가설(H_0)이 거짓임
영가설(H_0) 기각함	1종 오류 $p = \alpha$	정확한 결정 $p = 1 - \beta$(검증력)
영가설(H_0) 기각 못함	정확한 결정 $p = 1 - \alpha$	2종 오류 $p = \beta$

있는 최소한의 차이를 채택할 수 있다. 최소한의 차이를 채택하는 이유는 평균 차이가 클수록 β는 작아지기 때문이다.

이제까지 1종 오류와 2종 오류에 대해 논의된 것을 토대로, 우리는 의사결정 과정을 간단한 표로 요약할 수 있다. 표 8.1은 실험에서 얻을 수 있는 네 가지 가능한 결과를 보여준다. 이 표에 있는 내용들은 **검증력**(power)이라는 것만 제외하면 쉽게 이해할 수 있다. 검사의 검증력이란 영가설이 거짓일 때 영가설을 기각하는 확률을 말한다. 거짓인 영가설을 기각하지 못하는 확률이 β이므로, 검증력은 $1 - \beta$가 된다. 검사의 검증력과 그 계산 절차에 관심이 있는 사람은 15장에서 자세한 내용을 보면 된다.

8.8 일방검증과 양방검증

결정 오류에 대한 논의는 일방검증과 양방검증에 대한 논의로 이어진다. 건강하지 못한 사람들이 건강한 사람들보다 속도가 느리다는 것을 알았기 때문에 우리는 손가락 두드리기 예에서는 어떤 사람이 아주 느리게 두들길 때에만 영가설을 기각하기로 정하였다. 그런데 만약 어떤 참가자가 10초 동안 180회를 두드렸다고 해보자. 건강한 사람에게서 이런 일을 관찰하기란 결코 쉽지는 않지만, 기각 영역이 느린 속도들로만 구성되었기 때문에 기각 영역에 들어가지는 않는다. 그 결과 우리는 아주 가능성은 낮지만 기대한 것과는 반대 방향인 자료를 접할 때 영가설을 기각하지 못하는 낭패스러운 일을 겪게 된다(그런 일이 일어날 확률이 아주 낮아 *R*에서는 0이라는 답을 내놓는다).

따라서 우리가 생각해봐야 하는 다음 질문은 이런 상황에서 우리를 보호할 방도가 있는가이다(만약 보호할 필요가 있다고 생각한다면). 해답은 실험을 하기 전에 아주 극단적인 결과, 즉 아주 높은 점수와 아주 낮은 점수의 몇 %(예: 5%)를 기각할지 정한다는 것이다. 그런데 우리가 가장 낮은 5%와 가장 높은 5%를 기각한다면 영가설이 참인데 영가설을 기각하는 경우는 10%가 되게 된다. 즉 $\alpha = .10$이 되게 된다. 그러나 우리는 α가 .10이나 되는 경우는 거의 원하지 않는다. 그리고 우리는 α가 .05 이하인 것을 선호한다. 이 목적을 달성하는 유일한 방법은 가장 낮은 2.5%와 가장 높은 2.5%를 기각해서 합계 5%를 기각하는 방안이다.

두드리는 속도가 낮은 경우(혹은 높은 경우)에만 영가설을 기각하는 상황을 **일방검증**(one-tailed test) 혹은 **방향적 검증**(directional test)이라고 한다. 우리는 한 개인이 전체 평균에서 벗어나는 방향에 대해 예상을 하게 되는데, 일방검증의 경우 기각 영역은 분포의 한쪽 끝에만 위치한다. 분포의 양쪽 끝 부분을 기각하는 경우 우리는 **양방검증**(two-tailed test) 혹은 **비방향적 검증**(nondirectional test)을 한다. 이 경우 우리는 양쪽 방향의 극단적인 값들에 대해 영가설을 기각할 수 있게 되지만 잃는 것도 있다. 양방검증에서는 양쪽으로 2.5%씩 기각하기 때문에, 일방검증에서 5% 기각 영역에 들던 점수들이 양방검증에서는 기각 영역에 들지 않을 수 있다.

손가락 두드리기 예에서는 일방검증과 양방검증 중에 어느 것을 택할까 결정하는 것이 비교적 분명해 보인다. 특정 질병을 가지고 있는 사람들은 두드리는 속도가 느려진다는 것을 알기 때문에 낮은 점수일 때에만 영가설을 기각하면 된다. 높은 점수는 그 질병에 대한 진단에서는 아무런 상관이 없다. 그러나 다른 경우에는 어느 쪽의 극단적인 점수가 더 중요한지, 아니면 양쪽 다 중요한지 알지 못해서 양쪽 끝의 극단적인 점수에 대해 다 대비해야 한다. 청소년들에게 금연을 호소하는 캠페인을 벌이는 경우에 이런 상황이 일어날 수 있다. 금연 캠페인의 결과로 흡연율이 줄어들 수도 있지만, 금연 캠페인이 청소년들에게 도전으로 받아들여져서 오히려 흡연을 덜 매력적인 것이 아니라 더 매력적인 것으로 보이게 만들 수도 있다(실제로 이런 일이 일어나기도 했다). 이 경우에는 양쪽 극단에서 영가설을 기각해야 한다.

일반적으로 여러 가지 이유 때문에 일방검증보다 양방검증이 훨씬 더 많이 사용된다. 한 가지 이유는 자료가 어떤 형태를 취할지 연구자가 알지 못해서 어떤 결과에든 대비해야 하는 일이 있기 때문이다. 이런 경우가 많지는 않지만, 탐색적인 연구에서는 이런 경우가 있을 수 있다.

양방검증을 선호하는 또 다른 흔한 이유는 연구자들이 결과가 어떤 방향으로 나올지 확신하기는 하지만 자기 생각이 틀릴 경우를 대비하려는 생각 때문이다. 이런 경우는 여러분이 상상하는 것보다는 자주 일어난다(아주 잘 만들어진 가설도 반대 방향으로 표현되는 이상한 경향이 있는데, 그 이유는 일이 터진 다음에야 드러난다). 결과가 예상과 반대되는 방향으로 나오는 경우 흔히 나오는 질문은 '일방검증을 계획한 다음, 결과가 반대 방향으로 나오면 그때 가서 양방검증을 하면 안 되는가?' 하는 것이다. 이 방법은 문제가 있다. 만약 처음에 분포 왼쪽의 극단적인 5%를 기각 영역으로 잡은 실험을 시작했다가 방향을 돌려 분포의 오른쪽 극단의 2.5%에 해당하는 결과도 기각한다면, 여러분은 7.5% 수준으로 결정한 것이 된다. 이 경우 한쪽 방향으로 나오는 결과의 5%를 기각하고(결과가 예상한 방향으로 나온다면), 또 반대 방향으로 나온 결과 중 2.5%를 기각하게 된다(결과가 예상과 반대 방향으로 나오는 경우). 즉 5% + 2.5% = 7.5%가 된다. 달리 말하자면, 동전 던지기에서 앞면이 나오면 내가 아이스크림을 먹지만, 동시에 동전의 어느 면이 나왔는지 본 다음 '뒷면'에 거는 권리도 내가 갖는 그런 내기를 하겠는가 하는 것이다. 아니면 동전을 던져서 여러분이 이기는 쪽으로 나온 다음에 내가 '삼판양승'이라고 뒤늦게 외치고 나오면 내 말을 들어주겠는가 하는 것이다. 아마 이 두 가지 다 받아들이지 않을 것이고, 또 그래야 한다. 같은 이유로 일방검증을 할 것인지, 아니면 양방검증을 할 것인지는 자료를 수집하기 **전에** 정해야 한다. 이것이 양방검증이 주로 사용되는 이유 중의 하나이다.

지금까지 양방검증을 선호하는 방향으로 논의가 진행되어왔고, 이 책에서는 양방검증 절차에 대해 서술하고 있지만, 일방검증과 양방검증 중 어느 것이 더 좋은지에 대해 명확하고 단호한 규칙은 없다. 최종 결정은 오류들의 상대적인 심각성에 대한 여러분의 지식에 달려있다. 한 가지 유념해야 할 것은 분포의 한쪽 끝에서의 기각 영역에 국한시켜 비교해보면 일방검증과 양방검증에서의 기각 영역의 분기점이 다르다는 점이다. 유의도 수준 .05의 양방검증이 유의도 수준 .01의 일방검증보다 기각 영역의 분기점이 덜 극단적이다.

이제까지 이야기한 내용이 많으니까, 그 내용을 한두 문단으로 정리해보는 것도 도움이 된다. 우리는 두 가지 가설 중 어느 가설이 맞는지 결정해야 하는 의사결정을 하는 중이다. 첫 번째 가설은 영가설(H_0)로, 특정인이 특정 전집에서 나왔다거나, 여러 사람의 평균이 특정 전집에서 나왔다거나, 두 표본이 평균이 같은 전집에서 나왔다거나, 두 변인이 상관이 없다와 같은 가설들이다. 이 가설들은 간추려 말하자면 '차이가 없다'는 가설이다. 두 번째 가설은 대립가설(H_1)인데, 특정인이 특정 전집에서 나오지 않았다거나, 여러 사람의 평균이 특정 전집에서 나오지 않았다거나, 두 표본이 평균이 같은 전집에서 나오지 않았다거나, 두 변인의 상관이 0이 아니라는 식의 가설들이다. 결정할 때 우리는 특정한 기각 수준(예: 5%)을 정하고, 영가설이 사실일 때 우리가 얻은 관찰치가 나올 확률이 기각 수준보다 낮으면 영가설을 기각한다. 기각 수준과 연계된 개념이 임계치인데, 이는 기각 수준을 넘어서는 검증 통계치의 값을 말한다. 이런 의사결정을 하는 동안 두 종류의 오류를 범한다. 영가설이 사실인데 기각하는 오류가 1종 오류인데, 1종 오류를 범할 가능성을 α로 표기한다. 또 다른 오류가 2종 오류인데, 영가설을 기각해야 하는데 기각하지 않는 오류이다. 이 오류의 가능성은 β로 표기한다.

마지막으로 일방검증과 양방검증에 대해 알아보았다. 가장 널리 사용되는 것은 결과가 아주 높거나 아주 낮을 때, 즉 분포의 양 극단에 놓일 때 영가설을 기각하는 것이다. 기각 수준을 5%로 잡을 경우 영가설이 사실일 때 얻어질 분포에서 관찰치가 상위 2.5%와 하위 2.5%에 놓일 경우 영가설을 기각한다. 이것이 양방검증이다. 대안적인 방법은 결과가 아주 낮거나 아주 높은 경우에만 영가설을 기각한다고 명시하는 것이다. 이 경우 방향이 예상한 방향이고 결과가 얻어질 확률이 5% 이내이면 영가설을 기각한다.

존스와 터키(Jones & Tukey, 2000)의 대안

이제 일이 재미있어진다. 지금까지 내가 서술한 것은 영가설을 이용한 검증의 표준적인 방법이고, 여러분은 이걸 잘 알아두어야 한다. 그리고 나는 양방검증을 강력하게 지지한다고도 밝혔다. 그런데 2000년에 존스와 터키(앞에서 언급했던 그 터키이다)가 새로운 제안을 하고 나섰다. 먼저 그들은 자료를 꼼꼼히 들여다보면 알 수 있듯이 영가설은 거의 확실하게 거짓이라고 주장했다. (미시시피강의 서쪽에 사는 사람들과 동쪽에 사는 사람들의 키가 같을 것이라고 믿는 사람이 있을까? 어느 쪽이 큰지는 모르지만 다를 것이라고 나는 생각한다.) 그래서 존스와 터키는 영가설을 신경쓰지 말자고 제안하였다. 이럴 경우 우리가 범할 오류는 서쪽 사람들이 더 큰데 동쪽 사람들이 더 크다고 말하거나 그 반대인 경우가 된다. 그들은 유의미한 차이를 얻지 못하는 건 유감스러운 일이기는 하나 오류는 아니라고 주장한다. 그래서 어느 쪽일지는 미리 밝히지 말고 일방검증을 하자고 권장한다.

간단한 예로, 애덤스 등(Adams, Wright, & Lohr, 1996)은 동성애를 혐오하는 남성 이성애자들($Group_h$)과 동성애를 혐오하지 않는 남성 이성애자들($Group_{nh}$)에게 동성애 장면을 보여주고 성적 각성 수준을 측정하였다. 두 집단에 차이가 있는지 알아보고자 했다. 존스와 터키(2000), 해리스(Harris, 2005)는 가능한 결과 사상은 세 가지지만($\mu_h < \mu_{nh}$, $\mu_h = \mu_{nh}$, $\mu_h > \mu_{nh}$), 두 번째 사상은 의미가 없으므로, 실제는 두 가지 선택지만 있는 셈이라고 주장하였다. 만약에 ($\mu_h < \mu_{nh}$)인데, ($\mu_h > \mu_{nh}$)라고 틀리게 결론을 내리면 오류를 범한 것이다. 그러나 이 오류를 범할 가능성은 기껏해야 .025이다(.05 수준에서 양방검증을 한다고 가정할 경우). 반대인 경우에도 마찬가지이다. 이 두 가지 중 한 가지만 사실일 것이므로, 오류를 범할 가능성은 .05가 아니라 .025가 된다. 만약 이 두 가지 가설 중 어느 것도 기각하지 못할 경우 자료가 충분하지 못해 결론을 내릴 수 없다고 선언하면 되고, 이것은 오류가 아니라는 것이다.

그래서 존스와 터키는 항상 일방검증을 할 것, 미리 방향을 밝히지 말 것, 그리고 각 방향으로 5% 유의도를 둘 것을 제안하였다. 만약 존스와 터키가 아닌 다른 사람들이 이 주장을 했다며 그냥 묻혀버렸을 것인데, 그 유명한 터키가 주장한 것이라서 생각 있는 사람들이 관심을 보였다. 그러나 앞에서 말했듯이, 처음에 내가 서술한 방법이 대부분의 사람들이 따르는 전통적인 방법이니까 잘 익혀두어야 한다. 존스와 터키의 생각은 가설검증 장면에서 실제 가능한 문제니까 생각해보는 것도 좋다.

불행하게도 제법 합리적인 사람들도 터키의 생각에 별로 주의를 기울이는 것 같지 않은데, 이는 놀랄 만한 일이다. 적어도 심리학 문헌들에서는 아직도 종래의 관행을 따른다. 그래서 이 부분을 삭제할까 하는 생각도 했으나 그러기에는 이 문제가 너무 중요하다고 생각했다. 여러분이 관행을 따른다 할지라도 그들이 주장하는 바를 알아둘 가치는 있다. 그래서 이 내용을 그대로 두었다. 이 부분을 삭제하지 않은 두 번째 이유는 이 책에서 내가 반복해서 이야기하는 것인데 '새 통계'라 불리는 움직임은 직접적인 가설검증에만 집중하는 것을 넘어서서 가설검증과 신뢰구간을 종합하는 것을 강조하는 방향으로 변화하고 있다는 것을 알려주기 위해서이다. 전통적인 통계학에서는 '영가설이 기각되었다'와 같은 진술을 하지만, 새 통계에서는 '합리적인 진정한 μ 값은 39.6과 48.8 사이이다'와 같은 진술을 한다. 신뢰구간의 방향으로 발전하고 있기 때문에 존스와 터키가 주장한 것이 핵심적인 것은 아니지만 알아둘 가치는 있다.

어쩌면 존스와 터키가 제안한 것을 로빈슨과 웨이너(Robinson & Wainer, 2001)가 표현한 것을 인용해서 다음처럼 표현할 수 있다.

"만약 p가 0.05보다 작으면, 연구자들은 차이가 어느 방향인지 결정되었다고 결론 내릴 수 있다. …… p가 0.05보다 크면, 차이가 어느 방향인지 알 수 없다고 결론지을 수 있다. 차이의 방향에 대한 세 가지 결정 접근($\mu_1 > \mu_2$, $\mu_2 > \mu_1$, 아직 모른다)은 연구는 진행형이라는 점을 강조한다는 점과 사실일 것 같지 않은 영가설을 '수용'하는 일을 할 필요가 없다는 점에서 이점을 갖는다."

이 표현은 존스와 터키의 표현보다는 덜 구체적이다. 그러나 같은 접근법을 가리킨다.

여기서 많은 내용을 다루었지만, 여러분이 표집분포를 이용해서 가설검증을 하는 논리를 이해했다면, 이 수업의 나머지 부분은 비교적 쉽게 이해할 것이다. 새로운 통계를 배울 때 다음 두 가지 기본적인 질문만 하면 된다.

1. 그 통계치는 어떤 가정하에 어떻게 계산되는가?
2. 영가설이 참일 때 그 통계치의 표집분포는 어떤 형태를 취하는가?

만약 이 두 질문의 답을 안다면, 가지고 있는 자료에 적합한 해당 통계치를 계산한 다음 이 통계치를 표집분포와 비교하는 것으로 여러분의 검사는 완료된다. 그 자료에 적합한 표집분포는 인터넷에서 쉽게 구할 수 있고, 또 부록 D에 수록되어 있으니까, 여러분은 특정 상황에 적합한 통계치가 무엇인지와 그 통계치는 어떻게 계산하는지만 알면 된다. (그러나 통계에는 특정 통계치를 어떻게 계산하고 평가하는지 외에도 이해해야 할 것이 아주 많다는 것을 기억해야 한다.)

이 주제를 마무리하기 전에 우리는 문제의 반만 다루었다는 점을 지적해야겠다. 물론 가설검증은 중요하다. 그렇기에 내가 8장을 가설검증에만 할애했다. 그러나 앞으로 보게 되겠지만, 신뢰구간, 효과크기와 같은 측정치들도 아주 중요하다. 어떤 사람은 이런 측정치가 전통적인 가설검증보다 더 중요하다고 말하기도 한다. 지금까지 우리가 다루어온 것을 토대로 이에 대한 논의가 진행되었고, 앞으로도 이런 유형의 측정치들에 대해 더 다루게 된다. 나는 여러분들이 가설검증이 통계의 전부라는 종래의 생각을 넘어서기를 바란다. 통계에서는 그 외의 다른 부분도 많이 다룬다.

8.9 통계 보기

아래의 주소로 가서 '통계 보기(Seeing Statistics)' 애플릿을 연 다음 8장의 애플릿에 가면 확률 조작, 일방검증과 양방검증, 영가설을 쉽게 연습해볼 수 있다.

https://www.uvm.edu/~dhowell/fundamentals9/SeeingStatisticsApplets/Applets.html

이 애플릿에서는 문제 내에서 값들을 바꿔볼 수 있고, 일방검증과 양방검증을 선택할 수 있으니까 8.6에 있는 손가락 두드리기를 논의할 때 나왔던 통계들을 직접 해볼 수 있다. 애플릿의 결과가 아래 제시되었다.

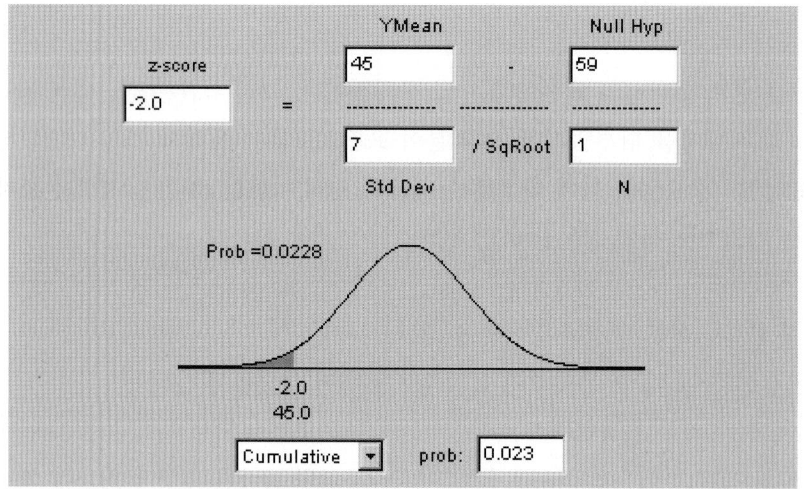

표본의 평균이 아니라 한 사람의 관찰치를 가지고 작업하는 것이니, 'Y Mean' 박스에 45를 입력하자. 영가설에서의 평균은 59이고, 표준편차는 7이다. 어느 칸이든지 값을 바꾼 다음 'Enter'나 'Return'을 누르면 해당하는 z 값이 새로 계산된다. 앞에서 이 점수는 낮은 쪽 꼬리의 5% 경계점보다 낮았다. 영가설과 표준편차는 문제에서 주어졌고, 표본 크기는 한 사람의 관찰치이니까 1이 된다.

이 예에서 확률이 0.0228로 나와서, 정상적으로 두드린 전집에서 나왔다는 영가설을 기각하였다. 이제 다른 값을 관찰치로 입력하고, 확률과 그림에서 색칠되는 부분이 어떻게 달라지는지 관찰해보라. 왼쪽 아래 박스에서 'two-tailed'를 선택해서 클릭해서 양방검증을 실행해볼 수 있다. 그 박스에서 'one-tailed'를 선택하면 어떤 일이 일어나는지 관찰해보라. 왜 왼쪽이 아니라 오른쪽에 색깔이 칠해질까?[8] 마지막으로 8.10을 읽고 이 애플릿을 이용

8 그것은 그 애플릿이 일방검증을 할 때는 반대쪽으로 하게 작성되었기 때문이다.

해서 실습해보라. 다시 말하지만, 평균 대신에 관찰치 하나만을 입력하는 것이니까 표본 크기를 1로 해야 한다.

8.10 마지막 예

한 조건에서는 매니저 역할을 하고, 다른 조건에서는 종업원 역할을 하게 될 것이라는 말을 들은 두 집단이 보고한 키가 다른지 알아본 두구드와 곤콜라(Duguid & Goncola, 2012)의 연구를 인용하면서 8장을 시작했다. 참가자들이 실제 그 역할을 하지는 않았다. 종속변인은 각 참가자별로 실제 키와 보고한 키의 차이 점수였다. '지배인' 집단은 평균 0.66인치 과대추정하였고, '종업원' 집단은 평균 0.21인치 과소추정하였다. 따라서 두 집단은 과대추정 값에서 0.87인치 차이를 보였다. 그러나 두 집단은 무슨 역할을 할 것이라고 들었는지가 달랐지 실제로 다른 역할을 한 것은 아니었다.

그 연구에서 알아보려던 질문은 실제로 수행하지는 않았지만 수행할 것이라고 배정받은 역할이 키를 추정하는 데 영향을 주었는가 하는 것이었다. 존스와 터키(2000)의 논리에 따르면 세 가지 대안이 있다. 권력 있는 역할을 배정받은 사람들이 다른 사람보다 키를 더 과대추정한다고 결론 짓든지, 키를 과소추정한다고 결론 짓든지, 아니면 둘 중 어느 것이 맞는지 판단할 수 없다고 결정 짓든지 셋 중 하나가 된다. 보다 전통적인 용어로 표현하자면 $\mu_m < \mu_e$든지 $\mu_m > \mu_e$든지 영가설을 기각하지 못하든지 셋 중 하나이다.

전통적인 모형에 따르면 우리는 일방검증과 양방검증 중에 선택을 해야 한다. 차이가 어느 방향으로도 가능하니까 양방검증을 해야 하고, 차이의 절댓값이 우연에 의해 얻어질 값보다 크면 영가설을 기각해야 한다. 통계검증 절차를 시작하기 전에 한 가지 더 결정해야 할 것이 있다. 우리가 사용할 유의도 수준을 정해야 한다. 이 책에서 $\alpha = .05$를 표준으로 사용하니까 5%를 유의도 수준으로 정한다.

이런 상황(독립적인 두 집단의 차이)에서는 어떤 검증통계가 필요한지 아직 논의하지 않았지만 일단 우리가 해야 할 통계검증을 컴퓨터가 하게 해보자. 우리는 키를 물었을 때 사람들이 정확한 답을 하지는 않는다는 것을 안다. 그리고 두구드와 곤콜라의 자료에서 **처치조건들을 합해서 평균을 내보면** 사람들은 0.225인치 과대추정한다는 것도 안다. 일리 있는 것으로 보인다. 그리고 그 논문에 보고된 것을 토대로 판단하면 실제 키와 추정한 키 간의 차이 점수의 표준편차는 대략 0.88인치이다.

그렇다면 실제 키와 추정한 키의 차이에 대해 두 점수 집단(하나는 지배인, 다른 하나는 종업원 집단)에서 추출하는 표집분포는 어떤 형태를 취할까? 우리는 두 집단의 표본들을 차이의 평균이 0.225인치이고, 표준편차는 0.88인치인 전집에서 선정하게 된다. 두 표본이 같은 전집에서 선정된다는 점을 주목하라. 즉, 정의상 영가설이 사실이라는 가정에서

그림 8.7_ 영가설이 사실일 때 표본 평균의 차이 점수의 분포

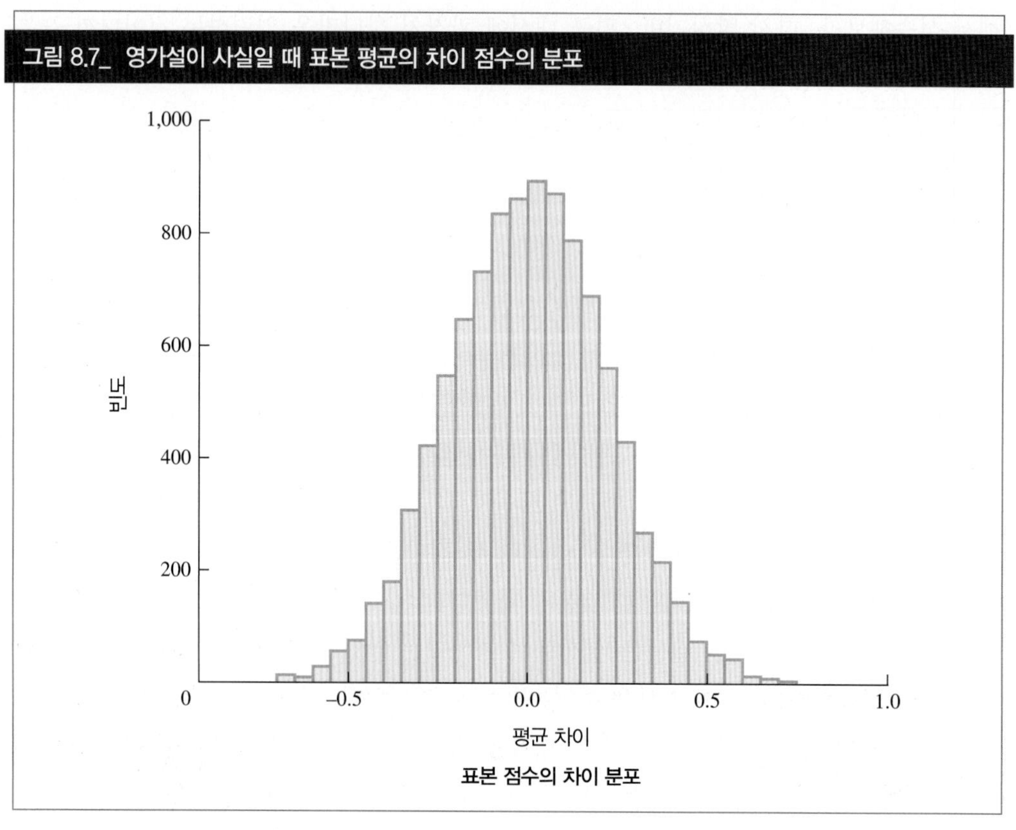

표본 점수의 차이 분포

표본을 선정한다. 그리고 이 두 집단의 평균의 차이를 계산하는데, 이런 절차, 차이를 계산하는 절차를 10,000회 반복한다. 이렇게 해서 얻은 평균 차이 10,000개의 분포가 두 집단이 같은 정도로 키를 과대추정한다는 영가설이 참일 경우 우리가 얻게 되는 분포이다. 그 분포는 그림 8.7과 같은 형태를 갖게 된다. 이 그림에서 우리는 영가설이 참일 경우 평균의 차이의 분포는 중앙이 0.00이며, 거의 대부분의 점수가 −0.5와 0.5 사이에 있다는 것을 알 수 있다. 그러나 두구드와 곤콜라가 얻은 자료에서 두 집단의 평균의 차이는 0.87이었다. 이 값은 영가설이 참일 경우에는 아주 일어나기 힘든 차이이다. 확률을 계산하면 $p = .0003$이다. 우리가 아주 자신 있게 영가설을 기각할 수 있는 확률이다. 단지 사람들에게 그들이 권력 있는/권력 없는 집단이라고 말하는 것이 자기들의 키를 추정하는 데 영향을 준다. 두구드와 곤콜라(2012)에서 이 결과가 일반적이라는 것을 확인하는 두 개의 추가 실험을 볼 수 있다.

이 예를 시작할 때 말한 것처럼 여기서 서술한 절차는 우리가 14장에서 t 검증을 할 때 수행하는 절차와는 다르다. 그러나 이 절차는 거의 대부분의 학술지에서 적합한 방법이라고 평가받을 수 있는 정당한 접근법이며 몇 년 후에는 t 검증을 대체할 새로운 방법이 될지도 모르는 접근이다. 내가 여기서 이 절차를 서술한 이유는 우리가 가설검증을 할 때 수행하는 의사결정과 절차들을 명확하게 보여주기 위해서였다. 얼핏 보아 전혀 다른 종류의

검증처럼 보이는 통계검증을 할 때에도 이 생각을 유념해주기 바란다. 앞으로 우리가 배울 통계검증들의 산술적인 절차와 다르기는 하지만, 전집에서 표본을 반복해서 선정해서 그 결과를 조사한다는 기본적인 생각은 통계검증의 일반적인 개념들의 밑에 깔려있다.

8.11 강의 평가와 의사결정 예로 돌아가서

학생이 강의를 평가한 것과 그 학생이 그 과목에서 받을 것으로 기대하는 학점 간의 관계에 대해 논의하는 것으로 이 장을 시작하였다. 또 우리는 매몰비용 오류를 인정하는 경향에서 연령의 차이가 있는지를 보여주는 예에 대해서도 생각해보았다. 다음 장인 9장에서 보게 되겠지만, 첫 번째 예에서는 상관계수를 이용해서 변인들 간의 관계를 표현한다. 두 번째 예에서는 단순히 두 집단의 평균을 비교하면 된다. 이 두 예는 8장에서 다룬 방법을 이용해서 처리할 수 있다. 첫 번째 예에서 두 변인이 아무런 관계가 없다면 학생들 전집에서 두 변인의 진정한 상관계수는 0.00이라고 기대할 수 있다. 우리는 전집의 상관계수가 0.00이라는 영가설을 세운 다음 15개의 관찰치로 구성된 표본의 상관계수가 우리가 얻은 상관계수나 그 이상의 값을 가질 확률을 알아보면 된다. 두 번째 예에서는 젊은 참가자와 나이 든 참가자의 전집에서 매몰비용 오류 점수의 평균은 차이가 없을 것이라는 영가설을 세운다. 이어서 만약 영가설이 참이라면 우리가 얻은 차이(0.64)나 그 이상의 차이가 표본에서 얻어질 확률을 알아내면 된다. 여러분이 지금 당장 이 통계검증을 하리라고 기대하지는 않는다. 그러나 우리가 문제들을 설정하는 방법에 대한 전반적인 감은 가져야 한다고 생각한다.

8.12 요약

이 장의 목적은 구체적인 계산 절차는 실행하지 않으면서 가설검증에 대한 이론을 알아보는 것이었다. 내 주장에 동의하지 않는 사람도 있지만, 가설검증과 이와 관련된 계산 절차는 대부분의 실험에서 얻은 자료를 분석하는 과정에서 핵심적인 내용이다. 먼저 통계치의 표집분포에 대해 알아보았는데, 표집분포란 우리가 특정한 조건에서 일정한 크기의 표본을 무한대로 선정해서 각 표본에서 구한 특정 통계치의 분포를 가리킨다(통계치는 평균, 중앙값, 변량, 상관계수 등 여러분이 알고 싶은 어느 것이든 가능하다). 표집분포는 이 표집분포가 얻어진 조건이 충족되는 경우 특정 통계치가 어떤 값을 가질 것으로 기대하면 되는지에 대해 알려준다.

그 다음 우리는 영가설의 의미와 가설검증 과정에서 영가설의 역할에 대해 알아보았다.

일반적으로 영가설은 둘 혹은 그 이상의 집단 간에 차이가 없다든가 둘 혹은 그 이상의 변인들 간에 상관이 없다는 가설이다. 우리는 영가설이 참이라면 관련 통계치들의 표집분포가 어떠한지 알아낸 다음 우리가 특정 표본에서 얻은 통계치를 그 표집분포와 비교해서 영가설을 검증할 수 있다는 것을 살펴보았다. 이어서 우리는 정상분포를 이용해서 실제로 가설검증이 어떻게 이루어지는지를 알아보았다.

마지막으로 1종 오류와 2종 오류, 그리고 일방검증과 양방검증에 대해 알아보았다. 1종 오류는 영가설이 사실인데 영가설을 기각하는 결정을 오류이고, 2종 오류는 영가설이 사실이 아닌데 기각하지 못하는 오류를 말한다. 일방검증은 관찰치가 우리가 얻은 관찰치가 우리가 지정한 방향에서 극단적인 값을 보일 때 영가설을 기각한다. 양방검증은 분포의 어느 쪽에서든 임계치보다 더 극단적인 값을 보일 때 영가설을 기각한다.

일방검증과 양방검증에 대해 알아본 다음 존스와 터키의 제안을 잠깐 살펴보았다. 이들은 영가설이 사실일 가능성은 거의 없으니까 영가설을 무시하고, 두 집단 중 어느 집단의 평균이 다른 집단의 평균보다 큰지 결정할 수 있는지에 집중할 것을 제안하였다. 이들은 어느 방향인지 미리 밝힐 필요 없이 일방검증을 실시할 것을 제안하였다.

주요 용어

표집오차sampling error 183
평균의 표준오차standard error of the mean 184
가설검증hypothesis testing 186
평균의 표집분포sampling distribution of the mean 188
연구가설research hypothesis 190
영가설null hypothesis: H_0 190
표본 통계치sample statistics 193
검증 통계치test statistics 193
의사결정decision making 197
기각 수준rejection level(유의도 수준significance level) 197
기각 영역rejection region 197
대립가설alternative hypothesis: H_1 198
임계치critical value 201
1종 오류Type I error 202
알파alpha: α 202
2종 오류Type II error 202
베타beta: β 202
검증력power 205
일방검증one-tailed test(방향적 검증directional test) 206
양방검증two-tailed test(비방향적 검증nondirectional test) 206

8.13 빠른 개관

A 표집분포란 무엇인가?

답 반복적인 표본들에서 얻어진 통계치의 분포

B 표집오차란 무엇인가?

답 평균과 같은 통계치의 표본 추정치들의 변산성

C 평균의 표준오차란 무엇인가?

답 평균의 표집분포에서의 표준편차

D 가설검증이란 무엇인가?

답 전집 모수치들 간의 관계에 대한 가설을 검증하는 것

E 연구가설이란 무엇인가?

답 조건들 간에 차이가 있다거나 변인들 간에 관계가 있다는 가설

F 영가설이란 무엇인가?

답 조건들 간의 차이나 변인들 간의 관계는 단지 우연에 의한 것이라는 가설

G 왜 대립가설 대신 영가설을 검증하는가?

답 대립가설은 모호한 데 반해 영가설은 구체적이고, 또 영가설을 기각할 수 있다면 대립가설이 참일 수 있다고 논증할 수 있기 때문에 영가설을 검증한다.

H '기각 수준'의 다른 표현은?

답 '유의도 수준'

I 1종 오류란 무엇인가?

답 사실은 영가설이 참인데 영가설을 기각하는 결정을 내리는 오류

J 임계치란 무엇인가?

답 검증 통계치가 그보다 큰 값을 취하면 영가설을 기각하게 하는 값

K 영가설이 참일 때 특정 자료가 나올 확률이 .05보다 작으면 영가설을 기각한다. .05를 표현할 때 흔히 사용하는 기호는 무엇인가?

답 그리스 철자 알파(α)

L 집단 간의 차이가 양수로 클 때만 영가설을 기각한다면, 우리는 _____검증을 한 것이다.

답 일방

8.14 연습문제

8.1 만약 내가 어젯밤 아이스하키 게임의 점수가 26 대 13이었다고 말했다고 가정해보자. 그럼 아마 내가 신문을 잘못 읽어서 아이스하키 점수가 아니라 다른 것을 말하고 있는 것이라고 여러분은 생각할 수 있다. 이런 말을 하는 것은 여러분이 영가설을 검증해서 기각했다는 것을 뜻한다.

(a) 여러분이 세운 영가설은 무엇인가?

(b) 여러분이 행한 가설검증 절차의 개요를 말해보라.

8.2 작년 한 해 동안 나는 점심값으로 25센트 정도 들쑥날쑥하기는 했지만 매일 약 4달러 정도를 사용했다.

(a) 점심값의 분포를 어림잡아 그려보라.

(b) 만약 계산서를 자세히 보지 않고 지갑에서 5달러를 꺼내 지불하고 거스름돈으로 75센트를 받았다면, 점심값을 너무 많이 낸 것이 아닌가 하고 걱정해야 하나?

(c) 여러분이 (b) 문제에 답할 때 사용한 논리를 기술해보라.

8.3 연습문제 8.2에서 어떤 것이 1종 오류인가?

8.4 연습문제 8.2에서 어떤 것이 2종 오류인가?

8.5 연습문제 8.2를 이용해서 기각 영역과 임계치란 무엇인지 기술해보라.

8.6 연습문제 8.2에서 왜 내가 일방검증을 하려고 했는지 답해보라. 그리고 그 경우 어느 쪽의 극단을 고려해야 하는지 답해보라. 만약 반대편 극단을 고려한다면 어떤 일이 일어나는가?

8.7 그림 8.1에 수록된 *R* 코드를 사용하여 최대한 비슷하게 그림 8.2를 그려보라.

8.8 연습문제 8.7에서 표준편차의 크기를 두 배로 하면 어떤 일이 일어나는가?

(a) 표본 크기를 10에서 100으로 바꾸면 어떤 일이 일어나는가?

8.9 사람들에게 '학교 성당 건물의 높이가 얼마나 될까?'와 같이 어떤 값을 추정하게 하면 한 사람의 추정치보다 여러 사람으로 된 집단의 평균 추정치가 더 정확하다는 것이 알려져 있다. 벌과 패쉴러(Vul & Pashler, 2008)는 한 사람에게 여러 번 물어보아도 같은 결과가 나오는지 알아보고자 했다. 그들은 '전 세계의 공항 중 몇 %가 미국에 있는가?'와 같이 답이 알려진 일반적 사실들에 대해 답을 추측하게 하였다. 3주 후에 같은 사람에게 같은 질문을 해서 얻고 두 개의 답의 평균을 계산했다. 이 평균치가 처음 추측치보다 더 정확한지가 그들이 알아보려는 것이었다. 이 책의 뒷부분에서 이 예를 다룰 것이다.

(a) 영가설과 대립가설은 무엇인가?

(b) 이 경우 무엇이 1종 오류이고, 무엇이 2종 오류인가?

(c) 이 경우 일방검증을 하겠는가, 아니면 양방검증을 하겠는가?

8.10 '표집오차'를 정의하라.

8.11 '분포'와 '표집분포'의 차이를 말하라.

8.12 α를 줄이면 표 8.1의 확률들은 어떻게 달라지겠는가?

8.13 마겐 등(Magen, Dweck, & Gross, 2008)은 사람들에게 지금 5달러를 받을지 아니면 일주일 후에 7달러를 받을지 고르게 하였다. 한 조건에서는 두 대안이 이대로 서술되었다. 두 번째 조건에서는 '오늘 5달러이고 다음주 0달러이거나 오늘 0달러이고 다음주 7달러'라고 두 대안을 기술하였다. 이 기술은 첫 번째 조건에서 기술한 것과 같은 내용이다. 각 참가자의 점수는 액수는 적지만 곧바로 받을 수 있는 대안을 선택한 개수였다. 첫 번째 집단의 평균은 9.24였고, 두 번째 집단의 평균은 6.10이었다.

(a) 영가설과 대립가설을 말해보라.

(b) 이 질문에 답하려면 어떤 통계치들을 비교하겠는가? (어떻게 하는지는 아직 배우지 않았다.)

(c) 양방검증에서 차이가 유의하다면, 어떤 결론을 내릴 것인가?

8.14 그림 8.6에 있는 분포에서 나는 2종 오류를 범할 확률(β)이 .64라고 하였는데, 어떻게 이 값을 얻었는지 서술해보라.

8.15 α를 .01로 바꾸어서 연습문제 8.14의 계산을 새로 해보라.

8.16 본문 8.10절에 있는 예에서 양방검증을 한다면 무엇이 달라졌을까?

8.17 강의 평가에 관한 검증 절차를 한번 생각해보라. 환언하자면 학점과 강의 평가 사이에 정말 관계가 있는지 알아보려면 어떤 절차를 밟을지에 대해 생각해보라.

8.18 영화를 보기 위해 돈을 지불한 경우 영화를 더 오래 본다는 가설을 검증하는 절차에 대해 생각해보라.

8.19 2장에서 초등학교 4학년 아동들의 용돈에 대해 논의하였다. 그리고 4장에서는 이에 관해 우리가 얻음직한 자료를 구성하였다.

(a) 남학생들이 여학생들보다 용돈을 더 받는다는 연구가설을 어떻게 검증할지에 대해 생각해보라. 영가설은 무엇인가?

(b) 일방검증을 하는 것이 좋을지, 아니면 양방검증을 하는 것이 좋을지 판단해보라.

(c) 어떤 결과가 영가설을 기각하게 하는가? 어떤 결과를 얻으면 영가설을 유지하는가?

(d) 이 연구를 보다 더 신뢰할 수 있게 하려면 무엇을 하겠는가?

8.20 '재표집 통계(resampling statistics)'라고 불리는 대안적인 통계 방법을 예시하는 논문에서, 사이먼과 브루스(Simon & Bruce, 1991)는 술 판매 제도와 술값에 대해 다음과 같은 영가설을 검증하였다. 즉, 주 정부가 주류 판매를 독점하는 16개 주(독점 주라 부름)의 술값(1961년 자료)이 주류 가게를 개인들이 소유하게 하는 26개 주(사유 주라 부름)의 평균 술값과 다르다는 영가설을 검증하였다. (1961년 가격으로 독점 주의 평균가격이 4.35달러였고, 사유주의 평균가격이 4.84달러였다.) 기술적인 문제 때문에 몇 개 주는 이 기준을 적용할 수 없어서 분석대상에 포함되지 않았다.

(a) 우리가 실제로 검증하는 영가설은 무엇인가?

(b) 4.35달러와 4.84달러에 무슨 이름을 붙일 것인가?

(c) 이 연구에 포함된 주들만이 우리가 정한 기준을 충족시키는 것이라면, 우리는 전집을 아는 것인데 왜 영가설을 검증해야 하는가?

(d) 영가설을 검증하는 것이 일리가 있는 상황을 생각해볼 수 있는가?

8.21 이 장에서 여러 번 영가설과 영미법 체계 간에 유사한 점이 있다고 말했다. 법정에서 일어나는 일들을 1종 오류와 2종 오류, 검증력이라는 통계 용어를 사용해서 기술해보라.

9장 상관

앞선 장에서 기억할 필요가 있는 개념

독립변인 independent variable	조작하거나 연구하는 변인
종속변인 dependent variable	측정하는 변인–데이터
X축 X axis	수평축
Y축 Y axis	수직축
$\overline{X}$, $\overline{Y}$, s_X, s_Y	X와 Y라고 명명된 두 변인의 평균과 표준편차

이 장에서는 두 변인들 간 관계성을 살펴볼 것이다. 먼저 데이터를 이해할 수 있는 방식으로 그림을 그리는 방식을 살펴보겠다. 그다음 관계성을 숫자로 측정할 수 있는 **공변량** 개념을 살펴본 후, 공변량을 **상관계수**로 변환하고, 그것이 더 나은 측정치인 이유를 살펴보겠다. 원자료의 상관계수를 구할 때 이 자료가 서열의 형태인 경우 일어나는 문제를 살펴보겠다. 여러분은 별다른 문제가 일어나지 않는다는 것으로 알면 즐거울 것이다. 상관계수는 수많은 요인들의 영향을 받을 수 있는데, 이러한 요인들이 무엇인지 살펴보겠다. 그 후 상관이 0과 충분히 다른지를 밝히는 통계적 검증을 살펴볼 터인데, 이 검증을 통해 두 변인들 간에 진정한 관계성이 존재하는지에 대해 결론을 내릴 수 있을 것이다. 이는 앞서 8장에서 다루었던 것을 직접 확장한 것이다. 그다음 몇 가지 다른 상관계수를 간략하게 살펴본 후 소프트웨어를 이용하여 상관을 계산해보겠다.

앞 장에서는 단일변인상의 데이터를 한 가지 또는 다른 방식으로 기술하였다. 우리는 변인의 분포 그리고 평균과 표준편차를 구하는 방식을 논의하였다. 그러나 어떤 연구들은 한 개의 종속변인이 아니라 두 개 이상의 종속변인을 다루게끔 설계된다. 그러한 경우 종종 각 변인의 독자적 특성보다는 두 변인 간 관계성을 알아내는 데 관심을 둔다. 두 변인(X와 Y로 표시)을 포함하는 연구의 예를 들기 위해 다음과 같은 연구 질문을 고려해보자.

- 유방암 발병률(Y)이 특정 지역의 일조량(X)에 따라 달라지는가?
- 각국의 기대수명(Y)이 일인당 알코올 소모량(X)에 따라 달라지는가?
- 개인의 '호감도(Y)' 평정이 신체적 매력(X)과 관계가 있는가?
- 햄스터의 비축 행동 정도(Y)가 성장 도중의 결핍 수준(X)에 따라 달라지는가?
- 반응속도(X)가 증가함에 따라 수행 정확도(Y)가 감소하는가?
- 특정 국가의 평균수명(Y)이 그 국가의 일인당 건강 비용(X) 증가에 따라 증가하는가?

이상의 경우에서, 우리는 한 변인(Y)이 다른 변인(X)과 관련되는지 여부를 묻고 있다. 두 변인 간 관계성을 다룰 때 우리는 **상관**(correlation)에 관심을 두고 있으며, 이러한 관계성의 정도나 강도의 측정치를 **상관계수**(correlation coefficient)로 표시한다. 일차적으로 측정의 기저 본질에 따라 수많은 상이한 상관계수들을 사용할 수 있지만, 나중에 살펴보듯이 많은 경우 이처럼 상이한 계수들은 겉보기에만 구분될 뿐이다. 먼저 가장 일반적인 상관계수, 즉 **피어슨 적률상관계수**(Pearson product-moment correlation coefficient: r)를 살펴보겠다.

9.1 산포도

두 변인들 간 관계성을 조사하기 위한 목적으로 두 변인에 대한 측정치를 수집할 때, 이러한 관계성을 통찰할 수 있는 가장 유용한 기법 가운데 하나는 **산포도**(scatterplot, scatter

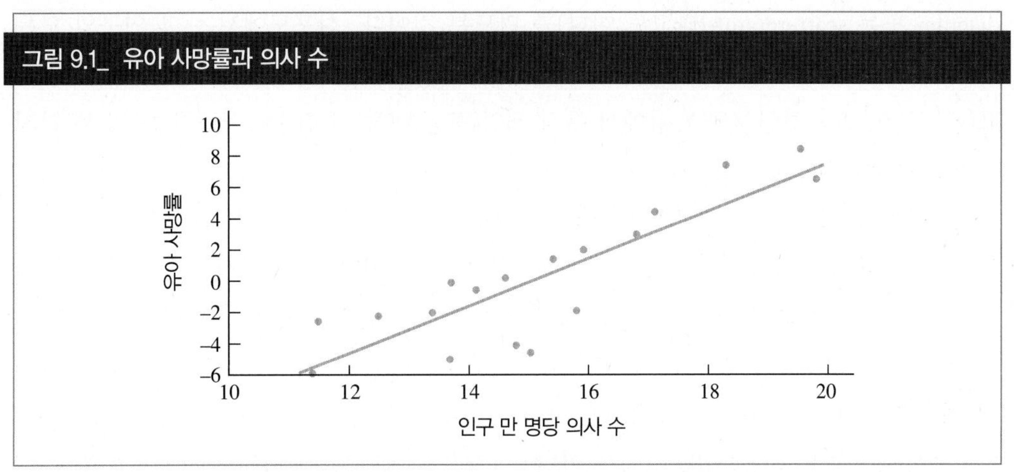

그림 9.1_ 유아 사망률과 의사 수

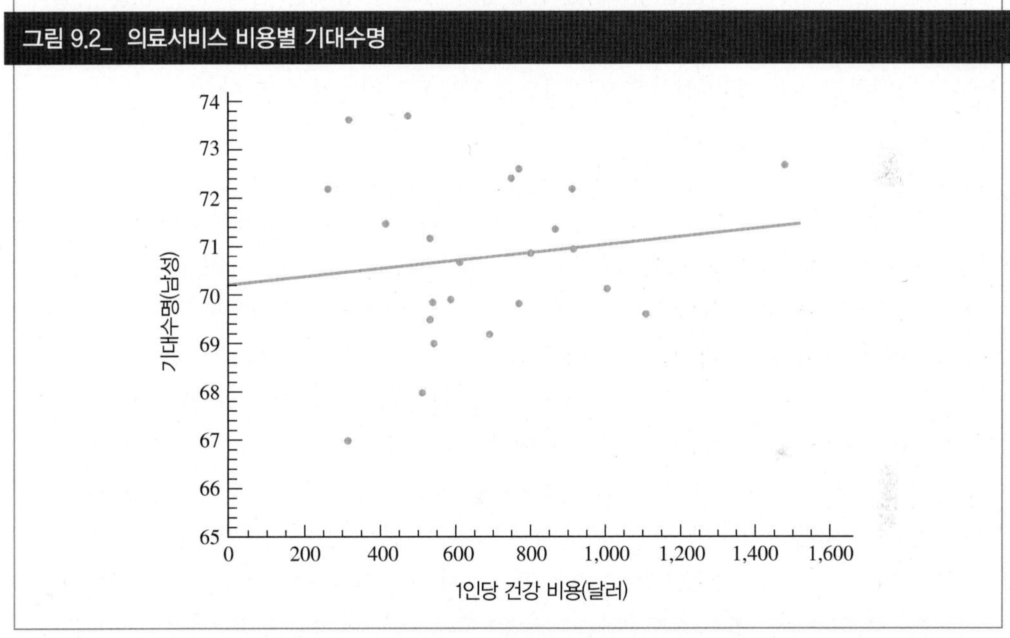

그림 9.2_ 의료서비스 비용별 기대수명

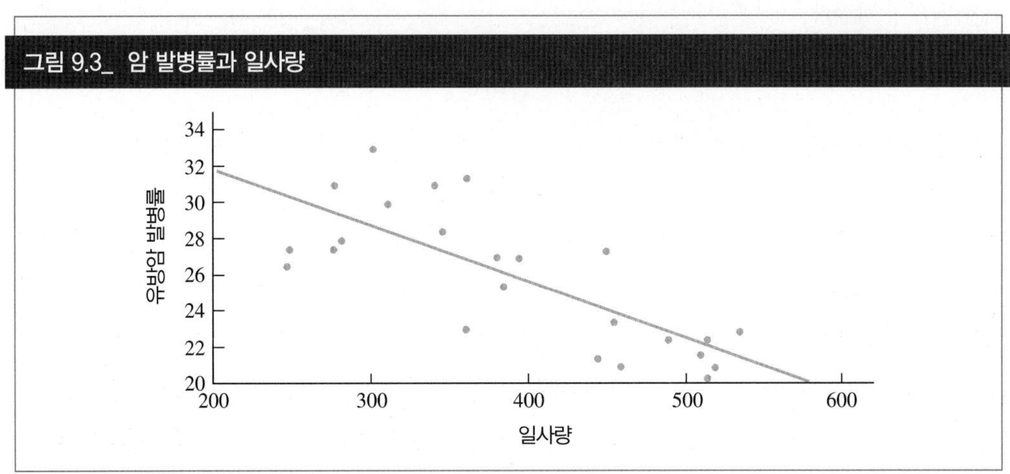

그림 9.3_ 암 발병률과 일사량

diagram 또는 scattergram이라고도 한다)를 만드는 것이다. 산포도에서는 그 연구의 모든 실험 참가자 또는 단위 또는 관찰을 각각 2차원 공간에서 한 점으로 표시한다. 이 점의 좌표(X_i, Y_i)가 각각 변인 X와 Y 상에서 특정 개인(또는 대상)의 점수이다. 산포도의 세 가지 예가 그림 9.1~9.3에 나와 있다.

산포도를 준비할 때 전통적으로 **예측변인**(predictor variable) 또는 독립변인은 X축(가로축)에, **기준변인**(criterion variable) 또는 종속변인은 Y축(세로축)에 표시한다. 만약 연구의 궁극적 목적이 한 변인에 관한 지식으로부터 다른 변인을 예측하는 것이라면 이 구분은 명확하다. 즉, 기준변인은 예측될 변인인 반면, 예측변인은 이것으로부터 예측을 할 변인이다. 만약 문제가 단순히 상관계수를 구하는 것이라면 이러한 구분은 명확할 것이다(암 발병률은 흡연량에 의존하며 그 역은 아니고, 따라서 발병률은 세로축에 나타날 것이다). 반면, 이 구분이 명확하지 않을 수도 있다[달리기 속도나 정확한 선택의 수(동물 학습 연구에서 흔한 종속변인)는 그 어느 것도 상호에게 명백하게 종속적 위치에 있지 않다]. 이 구분이 명백하지 않을 때 변인들은 임의적으로 X와 Y로 명명될 수 있다.

여기서 용어가 다소 혼동될 수 있다. 만약 내가 한 집단의 사람들을 조사해서 우울과 스트레스를 측정할 예정이라고 여러분에게 말한다면, 이 두 변인들은 내가 수집할 데이터이므로 우리는 이 두 변인들을 종속변인이라고 생각할 것이다. 그러나 우울이 스트레스에 따라 변화하는지를 알아보고자 원한다면 스트레스를 독립변인으로, 우울을 종속변인으로 생각할 터이다. 이는 우울이 스트레스에 의존하는지 여부를 알아보려는 것이기 때문이다. 따라서 독립변인과 종속변인이라는 용어의 사용은 다소 엉성하다. 예측변인과 기준변인이라는 용어를 기술적 용어로 사용하는 것이 더 나을지도 모른다. 그러나 이 용어들도 다소 엉성한데, 만약 신장과 체중 간 관계성을 알아보고자 한다면 이 변인들 어느 것도 명백하게 예측변인이 아니거나 둘 다 예측변인일 수 있기 때문이다. 이를 언급하는 이유는 우리가 사용하는 용어에 대해 여러분이 다소 인내심을 가져야 하기 때문이다. 어떤 변인을 독립변인이라고 불러야 하는지 판단하려고 너무 고심하지 말기 바란다.

그림 9.1~9.3에 나온 세 개의 산포도를 검토해보자. 이들은 모두 실제 데이터이며, 꾸며낸 것이 아니다. 그림 9.1은 국민총생산에 따라 교정된 유아 사망률, 인구 만 명당 의사 수 간의 관계성에 관해 리거 경 등(St. Leger, Cochrane, & Moore, 1978)이 보고한 데이터에서 그린 것이다(국민총생산에 대한 조정 결과 어떤 유아 사망률은 부적인 결과가 나오는데 이는 문제가 되지 않는다). 이 결과는 매우 흥미로운데, 의사 수가 증가함에 따라 유아 사망률이 증가한다. 이는 분명히 예상치 못한 결과지만 우연에 기인한 것은 확실히 아니다(이 데이터를 보고서 이 장의 나머지 부분을 읽을 때, 이처럼 놀라운 결과에 대해

가능한 설명들을 생각해볼 수 있다.[1] 31개 선진국 또는 개발도상국 표본에서 미국은 유아 사망률에 있어 30등을 기록하였는데, 이는 슬로바키아 바로 앞이다.)

이 그림들에 덧붙여진 선들은 '데이터에 가장 잘 들어맞는' 직선들을 나타낸다. 이 선을 어떻게 결정하는가 하는 문제는 10장의 많은 부분에서 주제가 될 것이다. 이 그림들은 관계성을 밝히는 데 도움이 되므로 그림마다 이 선들을 포함시켰다. 이 선들을 X 상에서 예측된 Y('X 상의 Y')의 **회귀선**(regression line)이라고 부르며, X_i의 특정 값에 대해 가장 잘 예측된 Y_i를 나타내는데, 여기서 i는 X 또는 Y의 i번째 값을 나타낸다. X의 특정 값이 주어진다면 회귀선에서 상응하는 높이는 Y의 최적 예측값($\hat{Y}$으로 표시하며 'Y hat'이라고 한다)을 나타낸다. 바꾸어 말하면, X_i로부터 회귀선을 향해 수직선을 그린 후 Y축을 향해 수평 방향으로 옮겨가서 $\hat{Y}_i$를 읽을 수 있다. 회귀는 다음 장에서 다시 다룰 것이다.

회귀선을 중심으로 점들이 모인 정도(Y의 실제 값이 예측된 값에 일치하는 정도)는 X와 Y 간 상관(r)과 관련된다. 상관계수의 범위는 1부터 −1까지이다. 그림 9.1에서 점들은 선에 매우 밀접하게 군집하는데, 이는 두 변인 간에 강한 선형적 관계성이 존재함을 보여준다. 만약 점들이 선상에 정확하게 떨어진다면 상관은 +1.00이 될 것이다. 실제 상관은 .81인데, 이는 실제 변인들의 관계성 정도가 높다는 것을 나타낸다. 그림 9.1의 완전한 데이터 파일을 다음 사이트에서 찾을 수 있다.

https://www.uvm.edu/~dhowell/fundamentals9/DataFiles/Fig9-1.dat

그림 9.2는 23개 선진국(대부분 유럽 국가)의 기대수명(남성의 경우)과 일인당 의료서비스 비용 간 관계성에 대한 데이터를 도표로 나타낸 것이다. 이 데이터는 코크런 등(Cochrane, St. Leger, & Moore, 1978)에서 나온 것이다. 의료서비스 비용에 관해 국가적으로 상당한 논란이 있는 시기에 이 데이터는 잠시 생각거리를 제공해준다. 기대수명으로 국가의 건강을 측정하고자 한다면(기대수명이 분명히 유일하거나 최상의 측정치는 아니다), 의료서비스에 지출하는 돈의 전체 액수는 결과적인 건강의 질과 아무런 관계성이 없는 것처럼 보인다(나라마다 유사한 방식으로 비용을 배분한다고 가정한다면). 인간 외 영장류의 장기를 57세 남성에게 이식하는 데 지출된 수십만 달러는 그의 기대수명을 몇 년간은 증가시키겠지만 국가의 기대수명을 약간이라도 늘리지는 않을 것이다. 그러나 유사한 액수의 돈이 사하라 이남 아프리카의 어린이들에게 말라리아 예방을 위해 지출된다면 매우 커다란 효과가 있을 것이다. 그림 9.2에서 기대수명이 가장 긴 두 나라(아이슬란드와 일본)가 기대수명이 가장 짧은 나라(포르투갈)와 거의 동일한 액수의 돈을 의료서비스에 지출한다는 사실에 주목하라. 미국은 비용에 있어 두 번째로 높지만 기대수명은 거의 바닥에 있다. 그림 9.2는 고려 대상인 두 변인 간에 눈에 띄는 아무런 관계성도 존재하지 않

1 이 현상에 대한 합리적인 설명을 Young(2001)에서 찾아보라.

는 상황을 보여준다. 변인들 간 관계성이 전혀 없다면 상관은 0.0이 될 것이다. 실제로 상관은 0.14에 불과하며, 그조차도 0.0과 신뢰할 만큼 상이하지 않다. 그림 9.2의 완전한 데이터 파일은 다음 사이트에서 찾아볼 수 있다.

https://www.uvm.edu/~dhowell/fundamentals9/DataFiles/Fig9-2.dat

마지막으로, 유방암과 햇볕 간 관계성에 관해 『뉴스위크(Newsweek)』(1991)에 실린 논문의 데이터를 그림 9.3에 제시하였다. 햇볕을 더 쬐면 최소한 얼마라도 이득이 있다는 사실을 발견하는 것은, 비록 이 해석이 데이터에 대한 근시안적 해석일 가능성이 있다 할지라도 나처럼 태양을 사랑하는 사람들에게는 고무적이다. 태양광선 양이 증가함에 따라 유방암에 기인한 사망률이 감소한다는 점에 주목하라[최근 이 주제에 대해 상당한 연구가 이루어졌는데, 특정 유형의 암 발병률 감소는 햇볕에 의해 증진되는 신체의 비타민 D 생산과 관련된 것으로 짐작된다. 이 데이터를 다른 방식으로 해석한 탁월한 논문을 갈런드 등(Garland et al., 2006)의 연구에서 찾아볼 수 있다]. 이는 **부적 관계성**(negative relationship)의 좋은 예로, 여기서 상관은 −0.76이다. 그림 9.3의 완전한 데이터 파일은 다음 사이트에서 찾아볼 수 있다.

https://www.uvm.edu/~dhowell/fundamentals9/DataFiles/Fig9-3.dat

상관계수의 기호가 관계성의 방향을 나타내는 것 외에는 아무 의미도 없다는 사실을 아는 것이 중요하다. 0.75와 −0.75 상관은 정확하게 동일한 **정도**의 관계성을 의미하며, 단지 관계성의 **방향**만 상이할 뿐이다. 이 때문에 그림 9.1과 9.3에 나온 관계성은 비록 기호는 반대지만 거의 동등하게 강한 것이다.

한 가지 사례를 더 조사함으로써 무엇이 높은 상관 혹은 낮은 상관을 일으키는지 약간 더 자세히 살펴보겠다. 행동과학 연구자들은 흔히 행동 변화와 건강의 문제를 다룬다. 적포도주 소비와 관상동맥질환(또는 심장병) 간 관계성에 관해 흥미로운 데이터가 있다. 이 사례가 그림 9.4에 제시되었는데, 많은 유럽 국가에서 심근경색에 기인한 사망률과 포도주 소비 간 관계성을 보여준다. 이 데이터는 리거 경 등(St. Leger, Cochrane, & Moore, 1979)의 논문에서 발췌한 것이다.

이 사례에서 상관과 회귀를 이해하는 데 중요한 몇 가지 사항들은 다음과 같다.

- X축 위에 소비량 자체가 아니라 소비량의 로그값을 표시한 것에 주목하라. 그 이유는 소비량이 우측으로 심하게 편포되어 있는데 로그값을 취함으로써 이를 교정할 수 있기 때문이다(웹상의 데이터 파일은 포도주와 로그값 포도주 양자를 포함하고 있으므로 여러분은 어떤 방식으로든 그림을 그려볼 수 있다).
- 이 사례에서 심장병에 기인한 사망이 실제로는 포도주 소비의 증가에 따라 감소한다는 사실

그림 9.4_ 심장병에 기인한 사망률과 포도주 소비량(로그값) 간 관계. 점선들은 $\overline{X}$와 $\overline{Y}$이다.

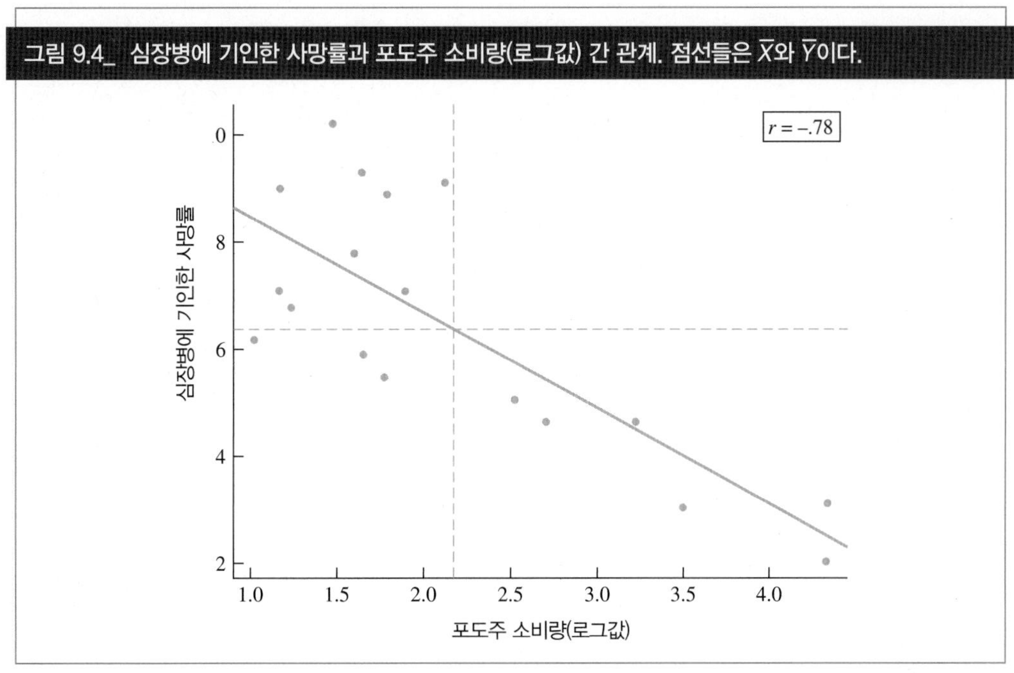

에 주목하라. 이는 원래 논란거리가 된 발견이었지만 이젠 진짜(반드시 인과적인 것은 아닐지라도) 효과가 있다는 데 일반적인 합의가 이루어졌다. 어떤 사람들은 이러한 사실을 대학생들이 술을 더 많이 마실 수 있게 해주는 면허처럼 받아들였을 것이다. 그러나 심장병은 젊은 사람들에게는 드문 문제로 아무런 예방책도 필요하지 않다. 게다가 알코올은 여기서 다루지 않은 많은 부정적 효과를 갖고 있다. 거의 일어날 가능성이 없는 문제를 막기 위해 알코올 남용이라는 매우 현실적인 위험을 증가시키는 것은 분별 있어 보이지 않는다. 나무를 향해 운전하거나 간 문제를 일으킴으로써 자신을 죽이는 것은 심장병으로 인한 사망의 위험을 감소시키는, 아주 나쁘지만 효과적인 방법일 것이다.

- 이 그림과 이전 그림에서 데이터 값들은 개인보다 국가를 나타낸다는 점에 주목하라. 바로 이러한 특성 때문에 내가 이 데이터를 선택하였다. 이론상 커다란 사람 표본을 선택하여 각 사람의 사망 연령(심장병 발생률과 동일하지 않다)을 기록한 후, 각 사람의 포도주 소비 수준에 따른 사망 연령을 그림으로 그릴 수 있다. 수행하기 쉽지는 않지만(각 사람에게 매달 전화해서 '아직 돌아가시지 않았습니까?'라고 물어봐야 할 것이다) 할 수는 있을 것이다. 그러나 개인 사망 연령은 포도주 소비량과 같이 매우 다양할 것이다. 하지만 한 국가의 평균 사망 연령과 그 국가의 평균 포도주 소비량은 매우 안정적이다. 따라서 각 점이 사람을 참조하는 경우보다 국가를 참조하는 경우 훨씬 더 적은 수의 점들이 필요하다(지난 장에서 평균의 표집분포의 표준오차가 표본크기가 증가할수록 더 작아진다는 사실을 살펴볼 때, 집단화된 데이터의 안정성에 관한 것을 파악하였다).
- 그림 9.4에서 $\overline{Y}$와 $\overline{X}$에 상응하는 수평선과 수직선(점선)을 그렸다. 상단 좌측 4분면에는 $\overline{X}$보다 작은 X 값과 $\overline{Y}$보다 큰 Y 값을 가진 9개 관찰값이 있다는 점에 주목하라. 마찬가지로 하단 우측 4분면에는 $\overline{X}$보다 크고 $\overline{Y}$보다 작은 값을 가진 6개 사례가 있다. 두 변인 모두에서 평균

표 9.1_ 평균에 따라 4분면으로 분할하여 산포도 검토하기

		심장병	
		이상	이하
포도주 소비량	이상	0	6
	이하	9	3

이상이거나 또는 평균 이하에 있음으로써 앞서의 패턴에 어긋나는 사례는 3개밖에 없다.

- 포도주 소비량과 심장병의 관계를 다룬 연구에 대한 흥미 있는 논의를 『찬스 뉴스』 사이트에서 찾아볼 수 있는데, 이 사이트는 항상 즐겁게 시간을 보내는 방식을 제공해주고 무엇인가 자주 가르쳐준다. (불운하게도 사이트를 주기적으로 옮기지만, 인터넷 검색을 통해 그 사이트를 항상 찾을 수 있다.) 가장 최근의 링크는 다음과 같다.

 http://test.causeweb.org/wiki/chance/index.php/Chance_News_16#Does_a_glass_of_wine_a_day_keep_the_doctor_away.3F

만약 포도주 마시기와 심장병 간에 강한 부적 관계성이 존재했다면 한 변인상의 값이 평균 이상으로 높았던 국가는 다른 변인상의 값은 낮았을 것으로 예상할 수 있다. 이러한 생각을 간단한 표로 나타낼 수 있는데, 이 표에서 두 변인상에서 평균 이상인 관찰값의 수, 두 변인상에서 평균 이하의 수, 그리고 한 변인상에서는 평균 이상이고 다른 변인상에서는 평균 이하인 수를 세어보라. 그러한 표가 표 9.1로서, 이는 그림 9.4의 데이터를 도표로 만든 것이다.

두 변인 간에 강한 부적 관계성이 있을 경우 표 9.1의 데이터 값들 대부분이 '이상–이하'와 '이하–이상' 칸에 속하며 극히 일부만이 '이상–이상'과 '이하–이하' 칸에 속할 것으로 예상할 수 있다. 거꾸로, 두 변인이 서로 관련되어 있지 않다면 표의 4개 칸(또는 산포도의 4분면)에서 동등한 수의 데이터 값들을 볼 수 있을 것으로 예상된다. 커다란 정적 관계성의 경우 '이상–이상'과 '이하–이하' 칸에 속하는 관찰의 수가 더 많을 것으로 예상된다. 표 9.1에서 포도주 소비량과 심장병 간 관계의 경우 참가자 18명 가운데 15명이 변인들 간 부적 관계성과 관련된 칸에 속한다는 것을 알 수 있다. 바꾸어 말하면, 어떤 국가가 한 변인상에서 평균 이하라면 다른 변인상에서는 평균 이상일 가능성이 매우 크며, 그 역도 마찬가지이다. 단지 3개국만이 이 패턴에서 벗어났다. 따라서 이 사례는 산포도와 변인들 간 관계성에 대한 해석을 단순한 방식으로 보여준다.[2] 그림 9.4에서 상관은 −0.78이다.

2 컴퓨터와 전자계산기가 발명되기 전에는 많은 교재들에서 산포도를 사각형의 칸들로 나누고 각 칸에 있는 관찰값들의 수를 세는 식으로 상관계수를 추정하는 방법을 보여주었다. 이것은 여기에 사용된 사분면보다 더 정교하나 그 기본 생각은 동일하였다. 비록 그 접근이 교육적이기는 하지만 다행히도 이제는 더 이상 그런 식으로 상관을 계산할 필요가 없다.

다른 변인들이 결과에 영향을 미칠 수 있다

하지만 사정이 항상 단순하지는 않다. 다른 변인들이 결과에 영향을 미칠 수 있다. 왕(Wong, 2008)은 유럽 국가마다 포도주 소비량이 다르듯이 일사량 역시 다르다는 것에 주목하였다. 그는 관상동맥 심장병 발병률의 차이를 설명하는 것이 포도주 소비량과 지중해식 식습관뿐만 아니라 일사량일 수도 있다는 것을 주장하는 데이터를 제시하였는데, 이는 유방암에 대해 그림 9.3에서 보았던 것과 마찬가지이다.

9.2 예: 생활 속도와 심장병 간 관계성

앞서 살펴본 사례들은 매우 강한 관계성(정적 또는 부적)을 가진 사례이거나 서로 거의 독립적인 변인들의 사례이다. 이제는 상관이 매우 높지는 않지만 여전히 0보다 유의미하게 큰 사례를 살펴볼 것이다. 이는 행동과학자들이 흔히 수행하는 연구 유형에 더 유사하다.

생활 속도가 더 빠른 사람들이 심장병 그리고 다른 형태의 치명적 질병에 걸릴 가능성이 더 크다고 흔히들 생각한다('A 유형' 성격에 관한 논의가 생각날 것이다). 러바인(Levine, 1990)은 '생활 속도' 그리고 허혈성 심장병에 기인한 연령-교정 사망률에 관한 데이터를 출간했다. 그는 36개 도시에서 데이터를 수집하였는데, 도시의 크기와 지리적 위치가 다양하였다. 그는 기발하게 생활 속도를 측정하였다. 그는 은밀하게 스톱워치를 사용하여 은행 직원이 20달러 지폐의 거스름돈을 내주는 데 소요된 시간, 일반인이 60피트(18.288미터)를 걷는 데 소요되는 시간, 그리고 사람들이 말하는 속도를 측정하였다. 러바인은 또한 각 도시마다 허혈성 심장병에 기인한 연령-교정 사망률을 기록하였다. 데이터에서 '속도'는 세 개 측정치들의 평균이었다(측정 단위는 임의적이었다. 모든 속도변인들이 웹상의 데이터세트에 포함되어 있다). 두 개의 종속 측정치 사례를 제시하였는데, 여기서 한 측정치는 명백하게 예측변인이다(속도는 수평축인 X축에, 심장병은 수직축인 Y축에 표시되었다).

그림 9.5에 데이터의 그림이 제시되었다.

이 그림에서 알 수 있겠지만 생활 속도가 빠른 도시, 즉 사람들이 더 급하게 말하고, 더 빨리 걸으며, 단순한 과제를 더 빠른 속도로 수행하는 도시에서 연령-교정 심장병 발병률이 더 높은 경향이 있다. 이러한 패턴은 앞서의 사례들만큼은 뚜렷하지 않지만, 많은 심리학적 변인들에서 발견하는 패턴들과 유사하다.[3]

3 러바인과 노렌자얀(Levine & Norenzayan, 1999)은 이 관계성을 31개국에서 조사했을 때 매우 유사한 결과를 발견하였는데, 상관은 $r=.35$였다.

그림 9.5_ 생활 속도와 연령-교정 심장병 발병률 간 관계

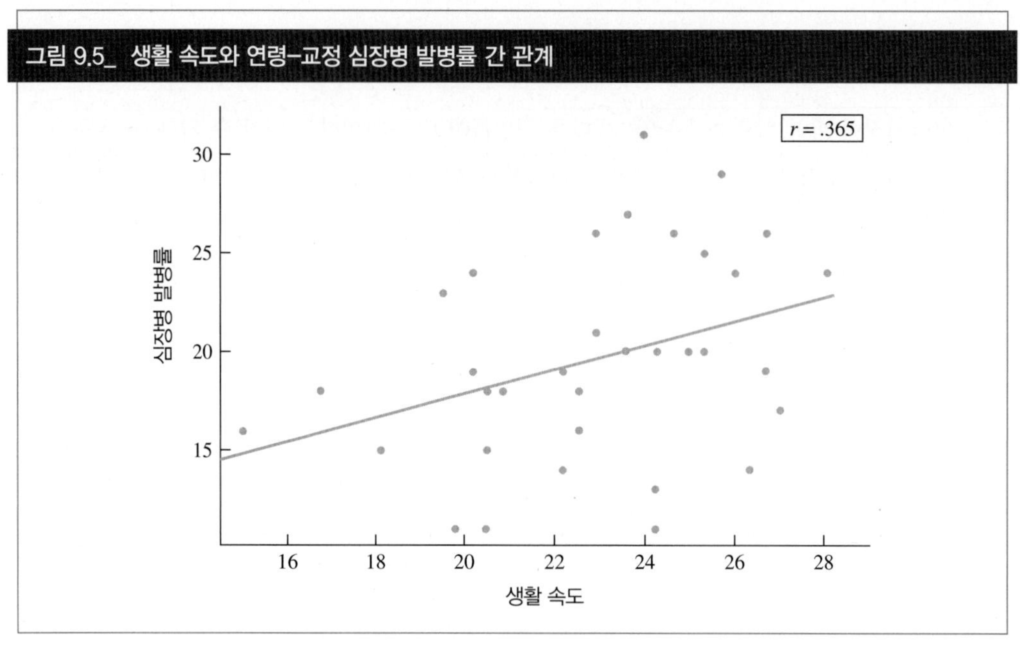

그림 9.5를 점검하면 생활 속도와 심장병 간에 강한 정적 관계성을 알 수 있는데, 속도가 증가할수록 심장병에 기인한 사망 역시 증가하며, 역도 마찬가지이다. 이는 **선형적 관계**(linear relationship)인데, 최적-부합 선이 직선적이기 때문이다[데이터에 대해 최적으로(또는 거의 최적으로) 부합되는 것이 직선일 때 관계성이 직선적이라고 말한다. 만약 최적-부합 선이 직선적이 아닐 때에는 **비선형적 관계**(curvilinear relationship)라고 부를 것이다]. 나는 관계성이 더 명료하게 드러나도록 이 선을 그렸다. 그림 9.5의 산포도를 보라. 생활 속도 점수가 가장 높은 사람과 가장 낮은 사람을 보면 전자의 경우 사망률이 거의 두 배만큼 높다는 것을 알 수 있을 것이다.

9.3 공변량

이 데이터에 대해 계산하고자 하는 상관계수 자체는 **공변량**(covariance)이라고 부르는 통계치에 근거한다. 공변량은 기본적으로 두 변인이 함께 변화하는 정도를 반영한다. 예를 들어, 한 변인상에서 높은 점수가 다른 변인상에서 높은 점수와 짝지어지는 경향이 있다면 공변량은 크고 정적일 것이다. 한 변인상의 높은 점수가 다른 변인상의 높은 점수와 낮은 점수 양자와 동등한 빈도로 짝지어져 있다면 공변량은 0에 가까울 것이다. 한 변인상의 높은 점수가 일반적으로 다른 변인상의 낮은 점수와 짝지어져 있다면 공변량은 부적일 것이다.

수학적으로 공변량을 정의한다면 다음과 같이 쓸 수 있다.

$$\text{cov}_{XY} = \frac{\Sigma(X - \overline{X})(Y - \overline{Y})}{N - 1}$$

이 공식에서 공변량은 변량과 형태가 유사하다. 공식에서 각각의 Y를 X로 바꾼다면 s_X^2를 구하는 셈이다.

X와 Y가 완벽하게 정적으로 상관되었을 때($r = +1.00$) 공변량이 정적 최대치에 이르며, 완벽하게 부적으로 상관되었을 때($r = -1.00$) 부적 최대치에 이른다는 사실을 보여줄 수 있다. 아무런 관계도 없을 때($r = 0$) 공변량은 0이 될 것이다.

9.4 피어슨 적률상관계수(r)

두 변인 간 관계성 정도의 측정치로 공변량을 사용할 수 있을 것이라고 예상할 것이다. 그러나 cov_{XY}의 절댓값이 또한 X와 Y의 표준편차의 함수이기 때문에 바로 어려운 문제가 야기된다. 예를 들어, $\text{cov}_{XY} = 20$은 각 변인의 변산성이 작을 때에는 높은 상관 정도를 반영하지만 표준편차가 크고 점수들의 변화가 클 때에는 낮은 상관 정도를 반영한다. 이러한 난점을 해결하기 위해 공변량을 표준편차로 나누고 그 결과를 상관의 추정치로 삼는다(기술적으로, 이는 표준편차에 의한 공변량의 **척도 조정**이라고 하는데, 측정된 척도를 기본적으로 변화시켰기 때문이다). **피어슨 적률상관계수**(Pearson product-moment correlation coefficient: r)로 알려진 것은 다음과 같이 정의된다.[4]

$$r = \frac{\text{cov}_{XY}}{s_X s_Y}$$

cov_{XY}의 최대치는 $\pm s_X s_Y$이다(이를 수학적으로 보여줄 수 있지만 지금은 나를 믿기 바란다). cov_{XY}의 최대치가 $\pm s_X s_Y$이므로 r의 한곗값은 ± 1.00이 된다. 따라서 r의 한 가지 해석은, 이것이 공변량이 최댓값에 접근해가는 정도의 측정치라는 것이다. 앞서의 공식에서 변량과 공변량을 그 계산 공식으로 대체한 뒤 약분함으로써 공식을 단순하게 할 수 있다. 이렇게 하면 다음 공식이 나오게 된다.

$$r = \frac{N\Sigma XY - \Sigma X \Sigma Y}{\sqrt{[N\Sigma X^2 - (\Sigma X)^2][N\Sigma Y^2 - (\Sigma Y)^2]}}$$

---

4 이 계수는 이를 만든 칼 피어슨의 이름을 따서 명명되었다. $(X-\overline{X})$와 $(Y-\overline{Y})$의 편차는 'moments'라고 불리며 이에 따라서 'product-moment'라는 구가 만들어진다.

표 9.2_ 미국 36개 도시에서 심장병에 기인한 사망률과 생활 속도

생활 속도(X)	27.67	25.33	23.67	26.33	26.33	25.00	26.67	26.33	24.33	25.67
심장병(Y)	24	29	31	26	26	20	17	19	26	24
생활 속도(X)	22.67	25.00	26.00	24.00	26.33	20.00	24.67	24.00	24.00	20.67
심장병(Y)	26	25	14	11	19	24	20	13	20	18
생활 속도(X)	22.33	22.00	19.33	19.67	23.33	22.33	20.33	23.33	20.33	22.67
심장병(Y)	16	19	23	11	27	18	15	20	18	21
생활 속도(X)	20.33	22.00	20.00	18.00	16.67	15.00				
심장병(Y)	11	14	19	15	18	16				

$\Sigma X = 822.333$　　$\Sigma Y = 713$　　$\Sigma XY = 16{,}487.67$

$\Sigma X^2 = 19{,}102.33$　　$\Sigma Y^2 = 15{,}073$　　$N = 36$

$\bar{X} = 22.84$　　$\bar{Y} = 19.81$　　$\text{cov}_{XY} = 5.74$

$s_X = 3.015$　　$s_Y = 5.214$

손으로 상관을 계산한다면 이 공식이 유용하며, 여러 학생 검토자들이 그렇게 하도록 요구했기 때문에 이 공식을 포함시켰다. 엑셀과 같은 스프레드시트를 담고 있는 컴퓨터 소프트웨어를 이용할 수 있는 학생들은 그 소프트웨어를 사용하여 계산하고자 할 것이다(많은 손 계산기 역시 상관을 계산해준다). 대부분의 계산기들이 필요한 통계치들을 상당히 또는 모두 생성해주기 때문에 편차 점수를 갖고 이 절의 첫 번째 공식을 사용하는 것이 통상 더 간편하다. 최소한 이 공식은 무슨 일이 일어나는지를 명료하게 진술해준다는 이점을 가지고 있다. r에 관한 두 공식은 동일한 답을 내주는데, 선택은 여러분에게 달려있다. 나는 공변량과 표준편차에 따른 표현을 선호하지만, 역사적으로 두 번째 공식이 대부분의 교과서에 나와 있다.

표 9.2에 생활 속도 데이터의 공변량과 두 개 표준편차가 제시되었다. 표 9.2 데이터에 첫 번째 공식을 적용하면 다음과 같다.

$$r = \frac{\text{cov}_{XY}}{s_X s_y} = \frac{5.74}{(3.015)(5.214)} = .365$$

두 번째 공식을 사용한 계산은 여러분이 해보기 바란다. 여러분은 이 공식이 동일한 결과를 내놓는다는 것을 알게 될 것이다.

*R*을 사용하여 상관을 계산하는 코드가 다음에 나와 있다. 코드의 아래 부분은 'reg'라는 이름의 회귀선 부합을 포함하는데, 이는 다음 장에서 다룰 것이다. 이 부분이 여기 있는 이유는 다음 명령어에서 선을 그리기 위한 계산이 필요하기 때문인데, 원한다면 여기서는 무시할 수 있다.

```
#  Pace of Life
Pace.life <- read.table("https://www.uvm.edu/~dhowell/fundamentals9/
DataFiles/Fig9-5.dat", header = TRUE)
attach(Pace.life)
head(Pace.life)      # Just to find the variable names
correl <- cor(Heart, Pace)
correl <- round(correl, 3)
plot(Pace, Heart, xlab = "Pace of Life", ylab = "Incidence of Heart
Disease")
reg <- lm(Heart~Pace)
abline(reg = reg)
legend(16, 28, paste("r = ",correl), bty = "n")
```

상관계수는 조심스럽게 해석되어야 한다. 특히, $r = .36$을 생활 속도와 심장병 간에 36%의 관계가 존재한다는 의미로 해석해서는 **안 된다**. 상관계수는 단순히 +1.00과 −1.00 사이의 척도상에 있는 한 점이며, 한곗값 가운데 하나에 가까울수록 두 변인 간 관계는 더 강하다. 보다 구체적인 해석을 위해 r^2에 관해 10장에서 논의할 것이다.

칼 피어슨(Karl Pearson. 1857~1936)

칼 피어슨은 20세기 초 통계학에서 가장 영향력 있는 인물 가운데 한 사람이다. 그는 '피어슨 적률상관계수'를 개발하였는데 이는 이 장의 주제이다. 그는 또한 카이제곱 검증을 개발하였는데 이는 19장의 주제이다(불행히도 그는 카이제곱 검증 부분에서 다소 잘못을 범했는데 피셔가 이를 바로 잡았고, 이후 둘은 매우 앙숙이 되었다). 그는 또한 수많은 다른 통계적 기법을 개발하였는데, 우리는 이를 다루지 않을 것이다.

칼 피어슨은 1857년에 태어났고 무척 박식한 사람이었다. 그는 매우 많은 것들에 대해 엄청나게 많은 것을 알고 있었다. 그는 역사가였고, 예수 수난극과 종교에 관한 글을 썼으며, 응용수학 분야에서 학회장을 맡았으며, 런던 대학교에서 세계 최초의 통계학부를 창설하였다. 그는 또한 반물질, 시간의 주름, 4차원에 관한 글을 통해 아인슈타인에게 직접적인 영향을 미쳤다. 그가 은퇴할 때 그의 통계학부는 두 개 학부로 쪼개졌는데, 그의 아들인 에곤(Egon)은 통계학 교수로, 피셔(R. A. Fisher)는 유전학 교수로 갈렸다. 그가 대단한 성취를 이룬 인물이라는 것을 인정해야 한다. 그 당시 학술지 『바이오메트리카(Biometrika)』는 아마도 그 분야에서 가장 명망 있는 학술지였는데, 여러분은 그가 죽을 때까지 그 학술지의 편집자였다는 것을 짐작할 수 있을 것이다. 그가 피셔의 논문 출간을 거부했던 사실은 그들의 경쟁을 더욱 부채질하였다.

피어슨의 상관계수는 대단히 영향력이 있었는데, 피셔가 1930년대에 변량분석에 관한 연구를 출간할 때까지 다음 장에서 다룰 선형회귀와 함께 가장 인기 있는 데이터 분석기법의 하나였다. 이는 여전히 가장 많이 사용되는 통계기법 가운데 하나이다.

9.5 서열 데이터의 상관

앞의 예에서 각 참가자의 데이터는 세 개 과제의 수행에 걸린 시간과 같은 일상적 단위 그리고 심장병에 기인한 사망률로 기록되었다. 그러나 우리는 때때로 판단자에게 2차원 상에서 항목들을 서열화하도록 요구한다. 그 후 두 개 서열 집합의 상관을 구하고자 한다. 예를 들어, 한 판단자에게는 대학원 지원서 열 장에 있는 '목표 진술문'의 질을 명료성, 구체성 그리고 진지성에 따라 서열화하도록 요구할 수 있다. 가장 열등한 것에는 1, 그다음 열등한 것에는 2, 이런 식으로 서열을 부여할 수 있다. 다른 판단자는 이 동일한 열 개 지원서의 전반적인 수용 가능성을 모든 가용한 정보에 근거해서 서열화하는데, 우리는 잘 쓴 목표 진술문이 입학 가능성이 높은 지원자와 연합되는 정도에 관심을 가질 수 있다. 이러한 서열 데이터를 가지고 있을 때 **서열 데이터에 관한 스피어먼(Spearman)의 상관계수(r_S)**로 알려진 것을 흔히 사용한다(이는 서열 데이터로부터 계산될 수 있는 유일한 계수도 아니고 최선의 계수도 아니지만 가장 단순하고 가장 흔한 것이다[5]).

과거에 상관을 손으로 구할 때에는 특정 공식을 사용함으로써 시간을 절약할 수 있었다. 예를 들어, 데이터가 대상의 서열이라면 모든 서열을 더해가거나 아니면 $\Sigma X = N(N+1)/2$을 계산할 수 있다. 답은 동일할 것이다. 연필과 종이를 사용하여 계산해야 할 때에는 그렇게 하는 것이 좋았겠지만, 이제는 그렇게 해서 구해야 할 것이 거의 없다. 하지만 그러한 종류의 공식이야말로 바로 스피어먼의 공식의 출처이다. 그는 피어슨의 공식에서 몇 가지를 대체하였다. 예를 들어, ΣX를 $N(N-1)/2$로 바꾸었다. 하지만 이러한 서열에 스피어먼의 공식 대신 지금까지 우리가 사용해온 피어슨의 공식을 적용한다면 다른 공식을 기억할 필요 없이 동일한 답을 구할 수 있다. 사실상, 어떻게 계산하든지 간에 스피어먼의 r_S는 분명히 기존의 피어슨 적률상관계수에 불과하며, 단지 측정된 변인이 아니라 서열에 대해 계산될 뿐이다. 그러나 그 해석은 통상적인 피어슨 상관계수와 동일하지는 않다.

서열이란?

데이터가 자연히 서열의 형태로 발생할 때에는 스피어먼의 r_S를 생각하기 마련이다(예: 참가자에게 '이 쿠키들을 선호도에 따라 순서를 매기시오'라고 요구할 때). 그러나 연속적인 변인상의 값들을 서열화하려는 이유는 무엇일까? 서열화하는 주된 이유는 기저 척도의 속성을 신뢰하지 않거나 극단적 점수의 비중을 낮추고자 하기 때문이다. 전자의 예를 들면, 어떤 사람이 갖고 있다고 주장하는 친구의 수로 그의 사회적 고립을 측정하고, 독립적인

5 켄들(Kendall)의 타우 계수(tau coefficient)는 많은 경우에 더 나은 장점을 갖고 있지만 여기서는 이 통계치를 다루지 않겠다.

판단자로 하여금 10점 척도상에서 점수를 부여하게 함으로써 그의 신체적 매력을 측정할 수 있다. 두 척도의 기저 속성에 대해 거의 아무런 신뢰감을 가지고 있지 않다면 각 변인상의 원자료를 서열로 단순히 전환시키고(예: 가장 적은 수의 친구를 보고한 사람에는 사회적 고립 서열 1을 부여하는 식이다) 이 서열을 갖고 상관을 구할 수 있다. 하지만 한곗값의 비중을 낮추고자 하는 경우는 어떠한가? 연습문제 9.10에서 산모 연령별 다운증후군 발병률에 관한 데이터를 볼 것이다. 연령에 기인한 발병률 차이가 젊은 산모에게서는 상당히 작지만, 나이가 많은 산모들에게서는 발병률이 급속하게 증가한다. 서열화를 하면 후자의 증가에 제한이 가해져서 젊은 연령의 산모와 동일한 일반적 수준의 양만큼 증가하게 될 것이다. 이렇게 하는 것이 좋은 것인지는 또 다른 문제로서 여러분이 고려해볼 필요가 있다.

r_S의 해석

서열 데이터에 관해 계산된 스피어먼의 r_S와 다른 계수들은 부분적으로는 데이터의 본질 때문에 피어슨의 r보다 해석이 약간 더 어렵다. 목표 진술문의 서열화에 관해 앞서 기술했던 사례에서 데이터는 자연히 서열의 형태를 취했는데, 판단자들에게 그런 과제를 요구했기 때문이다. 이러한 상황에서 r_S는 한 서열집합과 다른 서열집합 간의 선형적(직선) 관계의 측정치이다.

획득한 데이터를 서열집합으로 변환시키는 경우 r_S는 서열 간 관계성의 직선성에 대한 측정치이지만, 원래 변인들 간의 **단조관계**(monotonic relationship)만의 측정치이다(단조관계는 계속 증가하거나 계속 감소하는 관계성으로서, 선이 반드시 직선적일 필요는 없다. 일시적으로 상승한 후 평평해져서 변동이 없어지고 그 후 다시 상승할 수도 있다. 이는 방향이 역전되어 하강할 수는 없다). 이러한 관계성에 대해 놀라서는 안 된다. 피어슨 상관이든 스피어먼 상관이든 관계없이 상관계수는 상관이 계산된 변인에 관해서만 직접 알려줄 뿐이다. 상관이 계산되지 않은 변인들에 관해 매우 정확한 정보를 제공해줄 것으로 기대해서는 안 된다. 2장에서 논의했듯이, 실제로 측정한 변인(예: 친구의 수)과 조사하고자 하는 기저 속성(예: 사회적 고립) 간의 구분을 반드시 염두에 두어야 한다.

9.6 상관에 영향을 미치는 요인

상관계수는 표본의 특성으로부터 중요한 영향을 받을 수 있다. 세 가지 특성으로서 X와 Y의 범위(또는 변량)의 제한, 관계의 비선형성, 그리고 이질적인 하위표본의 사용을 들 수 있다.

그림 9.6_ 1인당 건강 비용별 기대수명

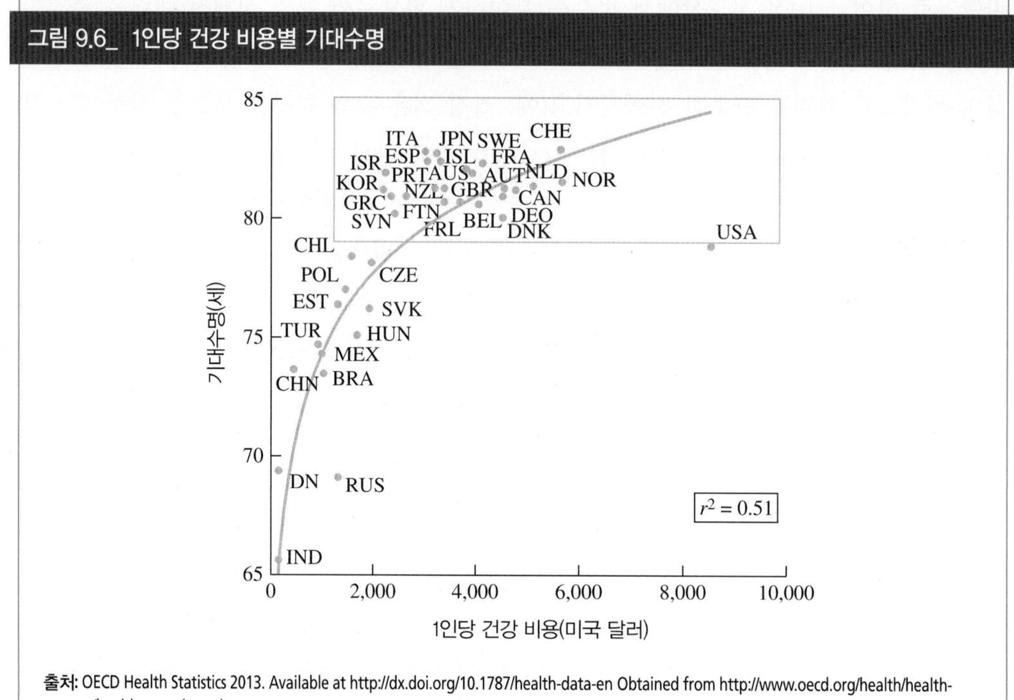

출처: OECD Health Statistics 2013. Available at http://dx.doi.org/10.1787/health-data-en Obtained from http://www.oecd.org/health/health-systems/health-at-a-glance.htm

범위 제한과 비선형성의 효과

많은 사례에서 일어나는 공통적인 문제로 X와 Y가 변화하는 범위의 제한을 들 수 있다. 이러한 **범위 제한**(range restriction)의 효과는, X와 Y 간의 상관이 범위가 그처럼 제한되지 않은 경우와는 다르다는 점이다. 데이터의 본질에 따라, 그러한 제한의 결과로서 상관은 증가하거나 감소할 수 있는데, 대부분의 경우 r은 감소된다.

매우 특이한 경우는 예외로 하고, X의 범위를 제한시키면 그러한 제한이 비선형적 관계를 제거시킬 때에만 r이 증가한다. 예를 들어, 연령이 0세에서 70세까지일 때 독서 능력과 연령 간의 상관을 구하면 데이터는 틀림없이 비선형적이며(대략 17세까지는 증가한 후 평평해지거나 감소하기조차 한다), 선형적 관계를 측정하는 상관은 꽤 낮을 것이다. 그러나 연령 범위를 4세에서 17세까지 제한하면 상관은 꽤 높을 터인데, 그 이유는 X와 선형적으로 변화하지 않는 Y의 값을 제거했기 때문이다.

비선형적 관계의 탁월한 예가 그림 9.6에 나와 있는데, 이는 의료서비스 비용과 기대수명을 다시 그린 것으로서, 한눈에 보아도 그림 9.2와 대조되는 것처럼 보일 것이다. 이 관계성이 뚜렷이 비선형적이라는 것을 알 수 있을 것인데, 비용 증가에 따라 급증하고 있다. 그러나 여러분이 1인당 약 2000달러 이상을 소비하는 국가들의 데이터 값들만을 살펴본다면 아무런 뚜렷한 관계성도 존재하지 않는다(사각형 내의 영역을 보라). 최적-부합 선은 본질적으로 납작할 것이다. 비직선성이 데이터의 조그만 부분에만 의존할 가능성이 있고,

그림 9.7_ 제한된 범위의 효과를 보여주는 가상 데이터

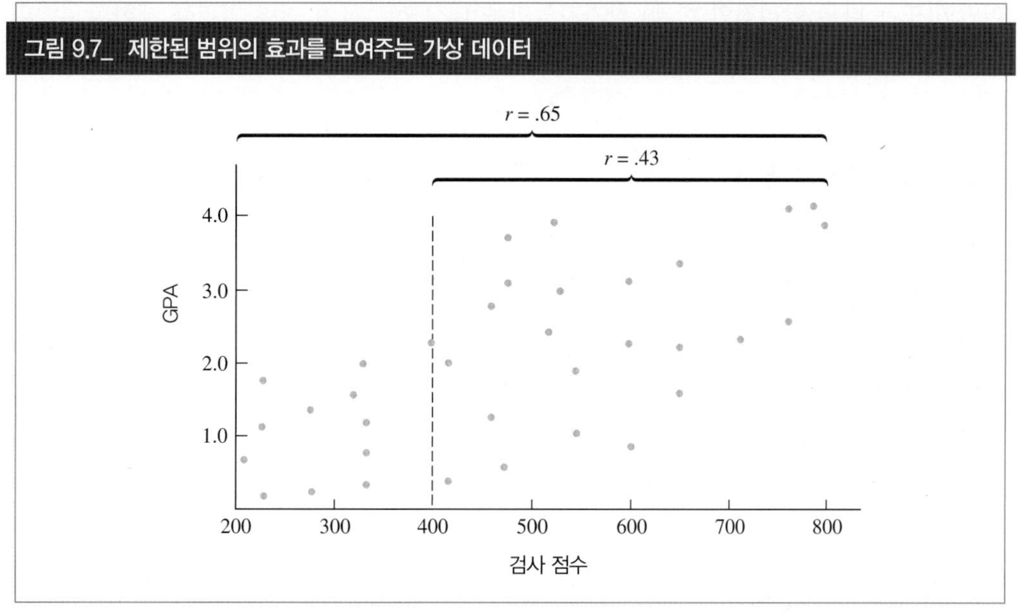

정확하기는 하지만 오도하는 명칭일 가능성이 있다는 사실을 보여주기 위해 이 그림을 제시하였다.

X나 Y 범위 제한의 가장 통상적인 효과는 상관을 감소시키는 것이다. 이러한 문제는 검사 구성 영역에서 특히 중요한데, 이 영역에서는 준거 측정치(Y)를 X의 높은 값에서만 이용할 수 있기 때문이다. 그림 9.7의 가상 데이터를 생각해보자.

이 그림은 한 학생 표본에서 대학 학점 평균과 표준 성취 검사(예: SAT) 점수 간 관계를 보여준다. 이상적인 검사 구성의 세계에서는 시험을 치르는 모든 사람이 대학으로 보내지고 학점 평균을 받을 것이며, 검사 점수와 학점 평균 간 상관이 계산될 수 있다. 그림 9.7에서 볼 수 있듯이 이 상관은 꽤 높을 것이다($r = .65$).

그러나 실세계에서는 모든 사람이 대학에 입학하지는 않는다. 대학은 보다 유능하다고 생각한 학생들만을 받아들이는데, 이러한 능력은 성취 검사 점수, 고교 성적 등으로 측정된다. 이것이 뜻하는 바는 주로 표준화된 검사에서 비교적 높은 점수를 받는 학생들에서만 대학 학점 평균이 이용 가능하다는 것이다. 이 때문에 400보다 더 큰 X 값에 대해서만 X와 Y 간의 관계성을 평가하게 된다.

제한된 표본에 근거한 계수에 대해서는 항상 범위 제한의 효과를 고려해야 한다. 이 계수가 당면한 문제에 꽤 부적합할 가능성이 있다. 본질적으로 우리가 해온 작업은 표준화된 검사가 대학에 대한 개인의 적합성을 얼마나 잘 예측해주는가를 묻는 것이지만, 실제로는 대학에 입학한 사람들만을 대상으로 하여 이 질문의 답을 구한 것이다. 동시에 때로는 변인들 가운데 한 변인의 범위를 정교하게 제한하는 것이 유용하다. 예를 들어, 독서 능력이 연령에 따라 선형적으로 증가하는 방식을 알고 싶다면, 최소한 4세 이상이고 20세

미만인(또는 다른 합리적인 한계) 참가자들만을 대상으로 하여 연령 범위를 제한할 수 있을 것이다. 우리는 독서 능력이 무한정 계속 상승하리라고는 결코 예상하지 않을 것이다.

이질적 하위표본의 효과

상관분석 결과를 평가하는 데 있어 고려해야 할 또 다른 중요한 사항은 **이질적 하위표본**(heterogeneous subsamples)을 다루는 문제이다. 이에 관한 예로 남성 참가자와 여성 참가자의 신장과 체중 간 관계를 다루는 단순한 사례를 들 수 있다. 이 변인들은 심리학과 아무런 관계가 없는 것처럼 보이지만, 이 두 변인이 사람들의 자아상 발달에 중요한 역할을 한다는 점을 생각한다면 이 사례가 여러분의 예상과 그다지 동떨어진 것은 아니다. 게다가 이러한 관계성은 식습관과 건강에 관한 많은 연구들에서 사용되는 체질량 지수(BMI)

그림 9.8_ 남성과 여성에서 신장(인치)과 몸무게(파운드) 사이의 관계성

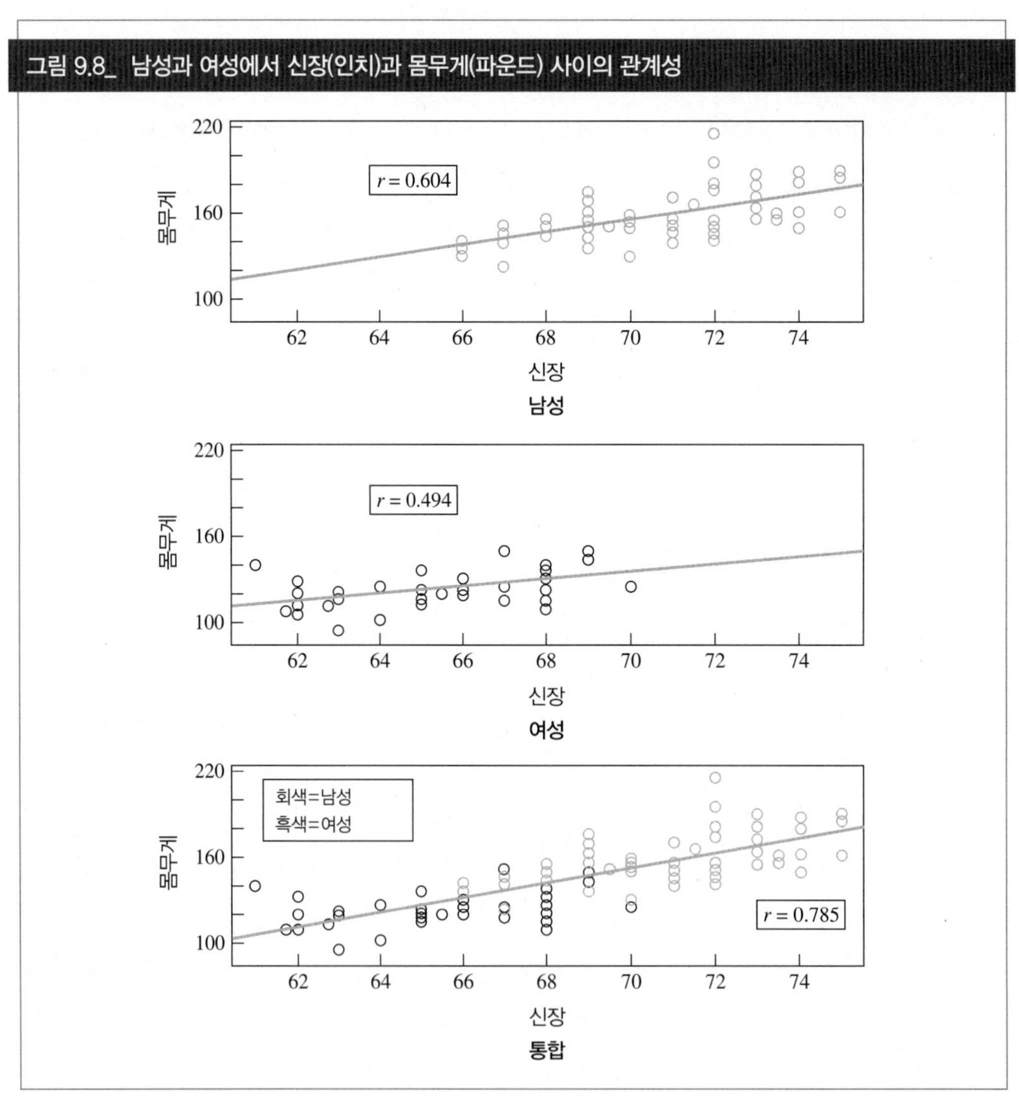

의 적절성에 관한 논란에서 역할을 담당한다. 그림 9.8에 그려진 데이터는 Minitab 매뉴얼의 표본 데이터에서 나온 것이다(Ryan et al., 1985). 이는 92명의 대학생에게서 나온 실제 데이터로 그들은 신장, 체중, 성 그리고 여러 다른 변인을 보고하도록 요구받았다(이것이 자기 보고 데이터이며, 체계적 보고 편향이 있을 수 있다는 점을 유념하라). 완전한 데이터 파일은 다음 사이트에서 찾을 수 있다.

https://www.uvm.edu/~dhowell/fundamentals9/DataFiles/Fig9-8.dat

남성과 여성 양자에서 나온 데이터를 합할 때, 관계성은 매우 좋은데 0.78의 상관을 보인다. 그러나 두 성의 데이터를 구분해보면, 상관은 남성의 경우 0.60, 여성은 0.49로 떨어진다(남성과 여성은 상이한 상징을 사용해 그려졌는데, 여성의 데이터는 주로 좌측 하단에 있다). 중요한 점은 성을 합했을 때 구해진 높은 상관이 순전히 신장과 체중 간 관계에 기인하는 것은 아니라는 점이다. 이는 또한 남성이 평균적으로 여성보다 더 키가 크고 무겁다는 사실에 주로 기인한다. 실제로 종이 위에 조금만 끄적거리면, 각 성 내에서는 체중이 신장과 부적으로 관련되지만 성을 합하면 관계가 정적이 되는 인위적이고 있을 수 없는 데이터를 만들어낼 수 있다(연습문제 9.25에 이러한 종류의 관계성 사례가 있다). 여기서 강조하는 바는 여러 원천에서 나온 데이터를 합할 때 조심해야 한다는 점이다. 두 변인 간 관계성은 제3의 변인의 존재에 의해 희미해질 수도 있고 고양될 수도 있다. 이러한 발견은 그 자체로 중요하다.

이질적 하위표본의 두 번째 사례로 남성과 여성의 콜레스테롤 수준과 심장혈관 질환 간 관계를 들 수 있다. 두 성의 데이터를 합하면 관계성은 인상적이지 않다. 그러나 남녀별로 데이터를 분리하면, 콜레스테롤 수준의 증가에 따라 심장혈관 질환이 증가하는 뚜렷한 경향이 존재한다. 이러한 관계성은 결합된 데이터에서는 희미해지는데, 이는 콜레스테롤 수준에 관계없이 남성이 여성에 비해 높은 수준의 심장혈관 질환을 갖기 때문이다.

9.7 극단적 관찰값을 조심하라

흡연과 음주 간 관계에 관해 흥미 있는 데이터 집합을 'Data and Story Library(DASL)' 웹사이트에서 찾아볼 수 있다. 이 데이터는 영국 가구를 대상으로 담배 제품과 알코올의 가구당 소비에 관한 영국 정부의 조사에서 나온 것이다. 영국의 11개 지역에 대한 데이터가 표 9.3에 나와 있는데, 각 항목에 소비한 가구당 수입의 평균 액수를 기록하였다.

나는 통상적인 관찰에 근거하여 이 두 변인이 관련될 가능성이 있다고 예상하였다. 하지만 실제로 상관을 계산해본다면 단지 .224에 불과하며 p 값은 .509인데, 이는 영가설이 참일 때조차도 11개 관찰값 쌍으로부터 최소한 그만큼 높은 상관이 구해질 수 있다는 것

표 9.3_ 영국에서 담배와 알코올 제품의 가구당 소비

지역	알코올	담배
북부(North)	6.47	4.03
요크셔(Yorkshire)	6.13	3.76
북동부(Northeast)	6.19	3.77
이스트미들랜즈(East Midlands)	4.89	3.34
웨스트미들랜즈(West Midlands)	5.63	3.47
이스트 앵글리아(East Anglia)	4.52	2.92
남동부(Southeast)	5.89	3.20
남서부(Southwest)	4.79	2.71
웨일스(Wales)	5.27	3.53
스코틀랜드(Scotland)	6.08	4.51
북아일랜드(Northern Ireland)	4.02	4.56

을 의미한다. 아마도 직관이 잘못되었거나 다른 설명이 있을 수 있다.

상관을 덥석 계산하기 전에 모든 데이터에 대해 해야 할 첫 번째 일은 분포를 살펴보는 것이다. 그렇게 하면 어떤 변인에서도 특히 유별난 영역이 없다는 것을 알게 된다. 북아일랜드에서 알코올 소비는 다른 지역보다 더 낮지만 뚜렷하게 유별나지는 않다. 마찬가지로 북아일랜드 주민은 다른 지역보다 담배를 약간 더 소비하지만 유별나지는 않다. 그러나 이 데이터의 산포도를 그려보면 문제점을 알게 된다. 산포도가 그림 9.9에 나와 있다.

그림 9.9_ 알코올과 담배 소비에 대한 산포도

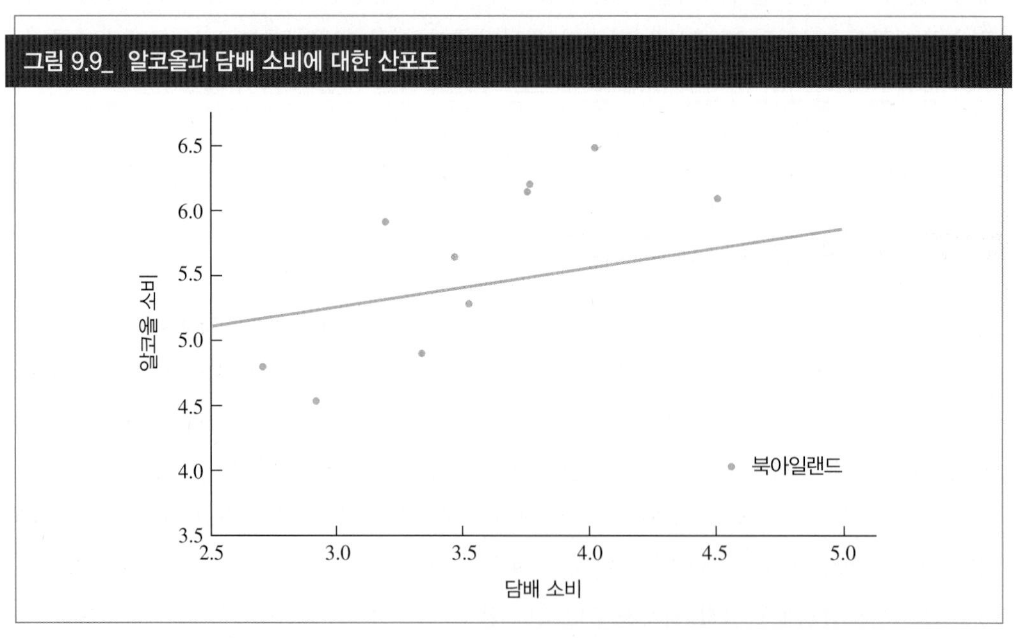

북아일랜드의 데이터 값을 제외하고는 모든 것이 괜찮아 보인다는 점에 주목하라. 어떤 변인이든 한 변인상에서만 보면 유별나게 극단적이지 않음에도 불구하고 이 두 변인의 조합은 매우 극단적인데, 그 이유는 한 변인상에서는 매우 높으면서 다른 변인상에서는 매우 낮은 관찰값이 유별나기 때문이다. 데이터에서 북아일랜드를 제거한다면 남은 값들이 .784의 상관을 보인다는 것을 알 수 있는데, 그 양방검증 p 값은 .007이다. 이것은 내가 예상했던 것과 더 유사하다.

그렇다면 우리가 좋아하지 않는 관찰값을 던져버릴 수 있는가? 그렇지 않다. 그러한 관찰값이 존재하지 않는 것처럼 속여서는 안 된다. 북아일랜드를 제외시키려면 그렇게 한 사실을 밝히고 그 데이터 값을 생략한 타당한 이유를 대거나 아니면 그 값이 알 수 없는 이유로 비정상적이라는 점을 독자에게 밝혀야 하며, 아울러 그 값을 포함시킨 결과를 보고해야 한다.

9.8 상관과 인과

상관에 대한 사실상 모든 논의에서 여러분이 발견하는 말은 상관이 인과를 뜻하지 않는다는 것이다. 두 변인이 상관되어 있다고 해서 한 변인이 다른 변인을 야기했다는 것을 뜻하지 않는다. 사실상 내 짐작에는 대부분의 경우 그렇지는 않다. 교재 저자들은 항상 이렇게 말하면서 극단적 사례를 들고 나서는 넘어가 버린다. 하지만 내 생각에는 이 문제를 좀 더 숙고해볼 필요가 있다.

나는 여러분에게 이 장에서 상관된 변인들의 여러 사례들을 보여주었다. 우리는 유아 사망과 지역 의사 수의 사례에서 시작하였는데, 나는 어느 모로 보나 의사가 더 많다고 해서 사망률 증가가 초래되는 것은 아니라는 데 모든 사람들이 기꺼이 동의할 것으로 전제하였다. 의사들은 사람들을 죽이지 않도록 매우 열심히 노력한다. 그 후 기대수명과 의료 서비스 비용의 사례를 다루었는데, 분명히 아무런 관계성도 없었으므로 우리는 실제로 인과를 고려할 필요가 없었다(하지만 우리가 다른 변인들이 그처럼 완벽하게 무관하게끔 보이도록 한 것이 무엇인지 의아하게 생각했다). 그 후 햇볕과 유방암 간 관계성, 그리고 포도주 소비와 심장병 간 관계성을 살펴보았다. 여기서 우리는 훨씬 더 조심해야만 했다. 두 경우 인과 측면에서 생각하기 쉬웠는데, 실제로 인과가 논리적인 설명일 가능성이 있었다. 햇볕은 비타민 D의 생산을 증가시키는데, 이 비타민은 심장병을 막는 역할을 할 수 있다. 마찬가지로 포도주의 합성물은 심장병을 일으키는 신체 과정을 실제로 감소시킬 수 있다. 우리가 인과에 관해 말하는지 아니면 다른 것을 말하는지 어떻게 알 수 있을까?

어츠(Utts, 2005)는 두 변인들 간 유의미한 상관에 대해 가능한 설명 목록을 탁월하게 제시하였는데, 나는 염치없이 그녀 이야기를 인용하겠다. 그녀는 두 변인들이 상관될 수 있는 가능한 이유 일곱 개를 제안하였는데, 그 가운데 단지 하나만이 인과적이다.

1. 관계성이 실제로 인과적일 수 있다. 햇볕은 비타민 D의 생산을 증가시키는데, 비타민 D는 유방암으로부터 신체를 잘 방어할 수 있다.
2. 관계성이 역행적일 수 있는데, 반응변인이 실제로는 설명변인을 야기할 수 있다. 행복이 좋은 사회적 관계성을 야기하는 것처럼 보이지만, 좋은 사회적 관계성 덕분에 사람들이 자신의 삶에 대해 더 행복감을 느낀다는 것 역시 그럴듯하다.
3. 관계성이 단지 부분적으로만 인과적일 수 있다. 예측변인이 필요한 원인일 수 있지만, 종속변인의 변화가 다른 변인이 존재할 때만 일어나거나 강해질 수 있다. 재산이 행복 증진을 야기할 수 있지만 다른 조건들(예: 지원하는 가족, 좋은 친구 등)이 존재하는 경우에만 그럴 수 있다.
4. 제3의 혼입변인이 존재할 수 있다. 미국 인구의 변화 크기는 유아 사망률의 변화와 상관되지만, 주변에 사람들을 더 많이 모이도록 한다고 해서 사망하는 유아 수를 줄일 수 있다고 믿는 사람은 없다. 이 두 변인은 시간 그리고 시간상에서 일어났던 의료 서비스의 변화와 관련된다. 마찬가지로, 앞서 살펴보았듯이 왕(Wong, 2008)이 지적한 사실에 따르면 적포도주를 많이 마시는 유럽 지역들은 햇볕도 역시 더 많은데, 햇볕 역시 심장병 감소와 관련된 것으로 알려졌다. 따라서 심장병 감소의 원인은 햇볕인가, 아니면 포도주인가, 아니면 둘 다인가, 아니면 둘 다 아닌가?
5. 두 변인들이 제3의 인과변인과 관련되어 있을 수 있다. 가족 안정성과 신체 질환은 상관될 수 있는데, 그 이유는 두 변인 모두 개인에 대한 외부 스트레스의 함수이기 때문이다.
6. 변인들은 시간이 지날수록 변화할 수 있다. 어츠(Utts, 2005)는 이혼율과 마약 범죄율 간의 높은 상관을 보여준 멋진 사례를 제시하였다. 이 변인들이 상관된 주된 이유는 양자가 시간이 지날수록 증가하기 때문이다.
7. 상관은 동시발생에 기인할 수 있다. 여러분의 양아버지가 개입으로 여러분의 결혼이 수포로 돌아갔다. 양아버지가 파괴적 영향을 미쳤을 수도 있지만 이 두 사건이 동시에 우연히 발생했을 수도 있다. 우리는 흔히 아무런 원인도 존재하지 않을 때에도 인과적 관계성을 짐작한다.

인과적 관계성을 수립하는 것은 매우 어려우며, 원인에 관한 어떤 언명에 대해서도 조심할 필요가 있다. 한 가지 중요하게 고려해야 할 점은, A가 B를 야기하려면 A가 먼저 발생해야 하거나 A가 B와 동시에 발생해야 한다는 것이다. 인과는 시간의 흐름에 거슬러서 작용할 수 없다. 둘째, 다른 변인들을 배제할 필요가 있다. 만약 다른 가능한 인과적 요인들이 존재하는 경우 그리고 존재하지 않는 경우 모두에서 A가 B를 야기한다는 것을 보여줄 수 있다면 우리의 주장은 힘을 얻을 것이다. 과학이 무선화, 특히 무선배정에 그다지도 많은 관심을 갖는 이유가 바로 여기에 있다. 만약 우리가 커다란 사람 집단을 구하고, 그들을 **무선적으로** 세 개 집단으로 나누며, 세 개 집단에 상이한 조건들을 노출시키고, 그 후 세 개 집단이 신뢰할 수 있게 상이하게 행동한다는 것을 밝히면, 우리의 인과적 주장은 훌륭할 것이다. 무선배정을 하면, 집단 간에 어떤 차이가 발생하든 그 차이의 원인이 될 만한 집단 간의 체계적 차이가 존재할 가능성이 거의 없어진다. 마지막으로 한 변인이 다른 변인을 야기한다고 주장하기 전에 어떻게 그럴 수 있는지에 대한 합리적인 설명을 제안해야 한다. 우리가 왜 이런 발견을 했는지를 설명할 수 없다면 우리가 할 수 있는 최선의 말은, 이것이 상관에 대한 설명을 찾을 수 있는지 알아보기 위해 앞으로 더 탐색할 가치가 있는 관계성이라는 것이다. 이는 바로 다음 절로 연결된다.

9.9 너무 모양이 좋아서 사실이 아닌 것처럼 보이는 것은 아마도 사실이 아니다

모든 통계적 결과가 그것이 의미하는 것처럼 보이는 것을 의미하지는 않는다. 사실상 모든 결과가 의미 있는 것은 아니다. 이는 이 책 전반에 걸쳐 반복해서 강조한 점인데, 특히 상관과 회귀에 해당되는 사항이라고 하겠다.

코크런 등(Cochrane, St. Leger, & Moore, 1978)이 한 국가의 유아 사망률과 인구 만 명당 의사 수 간의 관계에 관해 수집한 데이터의 그림을 그림 9.1에서 보았다. 이러한 상관($r = 0.88$)은 매우 높을 뿐만 아니라 정적이다. 이 데이터는 의사 수가 증가할수록 유아 사망률 역시 증가한다는 것을 보여준다. 이 데이터를 어떻게 생각해야 하는가? 모든 의사는 진정 아동의 사망에 대해 책임이 있는가? 앞 절에서 그 관계성이 인과적이라는 것을 나는 매우 강하게 의심한다고 했는데, 모든 사람들이 이 생각에 동의하기를 바란다.

아무도 의사가 실제로 아동에게 해를 끼친다고는 생각하지 않으며, 이 두 변인 간에 인과적 고리가 존재할 가능성은 거의 없다. 우리의 목적상, 이 데이터는 유아 사망에 관한 것보다는 상관과 회귀와 관련하여 더 연구할 만한 가치가 있는데, 가능한 해석들을 고려해볼 필요가 있다. 이때 몇 가지 사실을 염두에 두어야 한다. 첫째, 이 데이터는 모두 선진국에서 나온 것으로, 전부는 아니지만 주로 서유럽에서 나온 것이다. 달리 말하면 의료서비스 수준이 높은 나라의 것이다. 이 국가들 간에 유아 사망률(그리고 의사의 수)에 있어 뚜렷한 차이가 틀림없이 존재하지만, 그 차이는 모든 국가들로부터 무선표본을 구했을 때 예상할 수 있는 것만큼은 결코 크지 않다. 이것이 뜻하는 바는 우리가 설명하고자 하는 유아 사망률 변산성의 최소한 어느 정도는 아마도 의미 있는 변산성이라기보다는 시스템 내의 무의미한 무선적 변동일 것이라는 점이다.

두 번째로 염두에 두어야 할 사항은 이 데이터가 선택적이라는 점이다. 코크런 등은 단순히 선진국의 무선표본을 취한 것은 아니며, 어떤 데이터를 포함시킬 것인지를 두 변인의 관련성과는 거의 관계없는 이유에서 신중하게 선택하였다. 우리가 보다 포괄적인 선진국 집단을 살펴본다면 틀림없이 다소 덜 극적인 관계성을 구했을 것이다. 세 번째 고려 사항은 코크런 등이 조사한 많은 관계성 가운데 이 특정한 관계성이 놀라운 발견이기 때문에 그들이 이것을 선택했다는 점이다(여러분이 골몰히 살펴본다면, 실제로는 중요한 것이 전혀 없는 데이터에서조차도 흥미 있는 것을 발견할 가능성이 있다). 그들은 사망률의 예측변인을 탐색하였는데, 이 관계성은 보다 예상에 부합되는 다른 관계성들 가운데에서 튀어나왔다. 그들은 논문에서 가능한 설명들을 제시하였는데, 이 논문은 숫자의 배후를 보아야 할 필요성을 알려주는 좋은 사례이다.

그림 9.1에 드러난 발견에 대해 몇 가지 가능한(비록 확실히 좋은 것은 아니지만) 설명을 고려해보자. 첫째, 보고상의 문제가 있다고 주장할 수 있다. 의사 수가 증가함에 따라 보고된 사망의 수가 증가하게 되어, 의사가 많을수록 유아 사망이 보고될 기회가 더 크다. 이러한 설명은 저개발 국가의 경우에는 그럴듯한 설명이 되겠지만 이 데이터에는 해당되지 않는다. 서유럽이나 북미에서 의사가 그렇게 많지 않더라도 보고되지 않는 사망이 많을 가능성은 거의 없다. 다른 가능성은 건강 문제가 있는 곳으로 의사들이 간다는 점이다. 이러한 주장은 인과관계를 뜻하지만, 그 방향은 반대이다. 높은 유아 사망 때문에 의사 수가 많아진다. 세 번째 가능성은 높은 인구밀도가 높은 유아 사망률을 야기하는 경향이 있고 아울러 의사를 끌어모으는 경향이 있다는 것이다. 미국에서 도시 빈곤층과 의사는 함께 도심지에 모이는 경향이 있다(이러한 가설을 어떻게 검증할 수 있을까?). 흥미롭게도, 우리가 '의사들'을 훨씬 더 직접적 영향을 미칠 가능성이 있는 소아과 의사와 산부인과 의사에 국한시키면 이 관계성이 여전히 정적이기는 하지만 훨씬 더 약해진다.

9.10 상관계수의 유의도 검증

표본의 상관계수가 정확하게 0이 아니라는 사실이, 이 변인들이 전집에서 진정으로 상관되어 있다는 것을 반드시 의미하는 것은 아니다. 예를 들어, 나는 방금 무선숫자 생성기로부터 25개 숫자들을 만들어내는 단순한 프로그램을 작성하고 임의로 이 변인을 수입이라고 명명하였다. 그 후 나는 다른 25개 무선숫자들 집합을 만들어서 그 변인을 음악성이라고 명명하였다. 각 집합의 첫 번째 숫자를 다른 집합의 첫 번째 숫자와 짝짓고, 두 번째끼리 짝짓고, 이런 식으로 계속 짝지은 후 두 변인 간 상관을 계산했을 때 0.278의 상관을 구하였다. 이것은 그럴듯하게 보인다. 보다 음악적인 사람일수록 수입이 더 높다는 것을(그리고 그 역도 성립하는 것으로) 보여주는 것 같다. 그러나 이 데이터는 단순히 무선적인

그림 9.10_ 참 상관이 0일 때 전집으로부터 표집된 상관의 표집분포

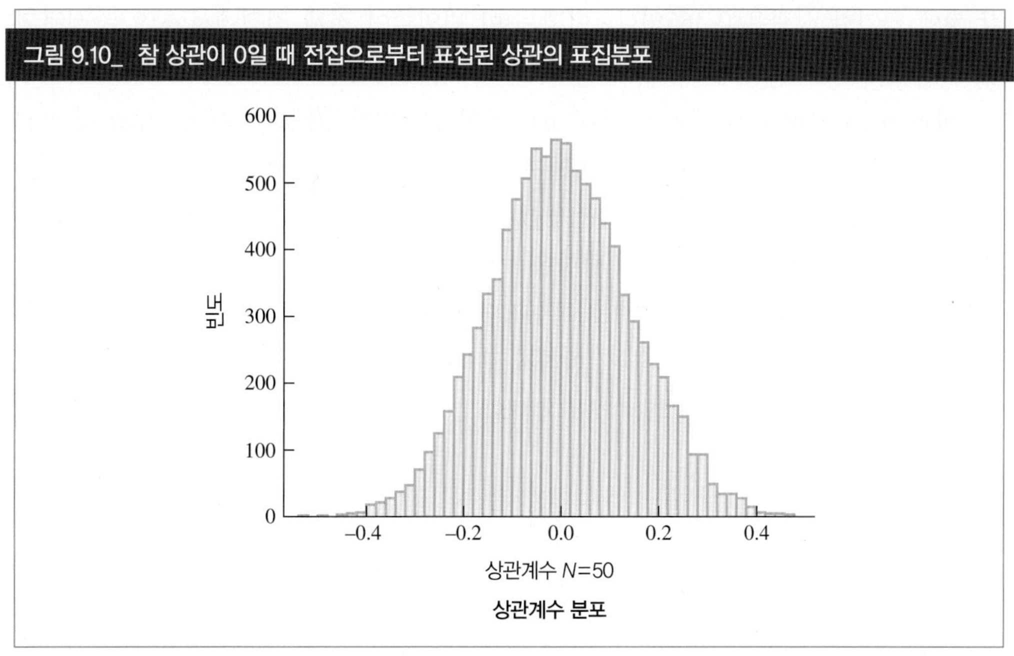

숫자이며, 두 집합의 무선숫자들 간에 아무런 진정한 상관도 실제로는 존재하지 않는다는 것을 우리는 알고 있다. 상당히 큰 r 값을 우연히 구했을 뿐이다.

이 사례의 요점은 통계학이 거짓말을 한다는 것을 보여주는 데 있지 않다(나는 이미 그러한 효과에 대한 많은 언급을 들었다). 요점은 다른 모든 통계치와 마찬가지로 상관계수가 표집오차의 영향을 받는다는 것이다. 상관계수는 전집의 진정한 상관(이 경우, 0)으로부터 상당 정도 이탈되어 있다. 때로는 너무 높고 때로는 너무 낮으며, 드물지만 때로는 정확하다. 앞서의 사례에서 새로운 데이터 집합을 구한다면 $r=.15$ 또는 $r=.03$, 또는 심지어는 $r=-.30$을 구할 수도 있다. 그러나 $r=.95$ 또는 $r=-.87$을 구할 가능성은 없을 것이다. 0이라는 참값으로부터 약간의 이탈은 예상할 수 있지만 커다란 이탈은 예상하기 어렵다.

그러나 얼마나 커야 크다고 할 수 있는가? 우리가 구한 상관계수가 0에서 충분히 멀어서 전집의 참 상관이 0일 가능성을 더 이상 믿을 수 없다고 언제 판단하는가? 이는 8장에서 다룬 가설검증에 해당된다.

첫째, 각 표본이 X와 Y의 50개 쌍으로 이루어진 1,000개 표본들에 근거한 상관계수의 경험적 표집분포를 살펴보자. 이 경우 데이터는 무선숫자들이므로 전집의 참 상관[ρ로 표기하고 '로(rho)'라고 읽는다]은 0이다. 이 분포가 그림 9.10에 나와 있다.

우리가 구한 값들의 범위에 주목하라. 50개 쌍 또는 무선숫자들의 경우조차도 때로는 상당히 커다란 상관을 구할 수 있다.

이 장의 앞부분에서 생활 속도와 심장병 발병 사이의 관계성을 언급하였다. 36개 관

찰 쌍에 근거한 상관은 0.365였다. 이제는 이 변인들이 전체 전집에서 참으로 상관되어 있는지 여부를 알아보고자 한다. 이 질문에 대한 판단을 내리기 위해 **전집 상관계수 로**(population correlation coefficient rho: ρ)가 0이라는 영가설(H_0: $\rho = 0$)을 세울 것이다. H_0를 기각할 수 있다면 어떤 도시의 생활 속도가 동일한 그 도시의 심장병 비율에 영향을 미친다고 결론 내릴 수 있을 것이다. 만약 H_0를 기각할 수 없다면 이러한 변인들이 관련되어 있는지 여부 그리고 그 관계성의 방향을 보여주기에는 증거가 불충분하다고 결론 내려야 할 것이며, 이 변인들을 선형적으로 독립적인 것으로 간주할 것이다.

나는 양방검증을 사용하고자 하며, 따라서 구해진 상관이 정적 또는 부적 방향 어느 쪽으로든 너무 크다면 H_0를 기각하는 것을 선택할 것이다. 바꾸어 말하면, 나는 다음 가설을 검증한다.

$$H_0: \rho = 0$$
$$H_1: \rho \neq 0$$

그러나 여전히 문제가 남아 있는데, '얼마나 커야 너무 큰 것인가?' 하는 것이다.

앞에서는 흔히 상관표를 사용하여 상관계수의 통계적 유의도를 평가하였다. 그러나 더 이상 그럴 필요가 없는데, 그 이유는 다른 통계치를 쉽게 계산하고 그 통계치의 유의도를 평가할 수 있기 때문이다. 우리가 계산할 통계치가 스튜던트(Student) t인데, 그것은 다음과 같이 매우 쉽게 계산할 수 있다.

$$t = \frac{r\sqrt{N-2}}{\sqrt{1-r^2}}$$

앞선 예에서 다음과 같은 값을 구할 수 있다.

$$t = \frac{r\sqrt{N-2}}{\sqrt{1-r^2}}$$
$$= \frac{.365\sqrt{36-2}}{\sqrt{1-.365^2}}$$
$$= \frac{.365 * \sqrt{34}}{\sqrt{.8667}} = 2.286$$

한 변인으로부터 다른 변인을 예측할 때 자유도는 $N-2$인데, 여기서 N은 표본(쌍의 수이며 개개 데이터 값의 수가 아니다. 데이터 값의 수는 N의 2배다)의 크기이다. 앞선 사례에서 $N = 36$이므로, 이 통계치를 평가하기 위한 자유도는 $36 - 2 = 34$이다. 웹에서 사용해온 확률 계산기를 이용하여 34 자유도에서 t 확률을 평가할 수 있다. 나는 vassarstats.net의

그림 9.11_ Vassarstats를 사용한 상관계수의 확률 계산

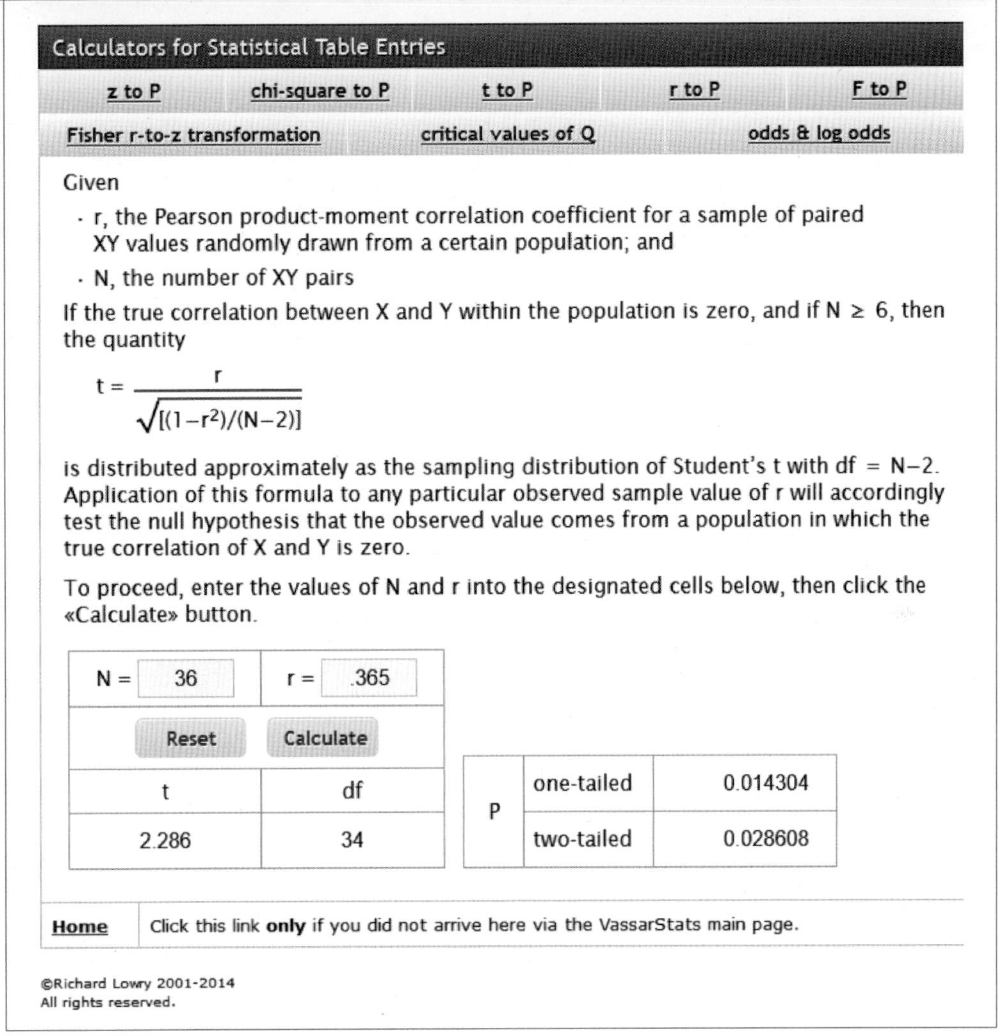
Calculators for Statistical Table Entries
z to P
chi-square to P
t to P
r to P
F to P
Fisher r-to-z transformation
critical values of Q
odds & log odds
Given
· r, the Pearson product-moment correlation coefficient for a sample of paired XY values randomly drawn from a certain population; and
· N, the number of XY pairs
If the true correlation between X and Y within the population is zero, and if N ≥ 6, then the quantity
t = r / √[(1−r²)/(N−2)]
is distributed approximately as the sampling distribution of Student's t with df = N−2. Application of this formula to any particular observed sample value of r will accordingly test the null hypothesis that the observed value comes from a population in which the true correlation of X and Y is zero.
To proceed, enter the values of N and r into the designated cells below, then click the «Calculate» button.
N = 36
r = .365
Reset
Calculate
t
df
2.286
34
P
one-tailed
0.014304
two-tailed
0.028608
Home
Click this link only if you did not arrive here via the VassarStats main page.
©Richard Lowry 2001-2014
All rights reserved.

계산기를 사용하여 이 문제를 풀었다. 나는 '*utilities/Statistical Tables Calculator/r to P*'를 선택하였다. 그 계산이 포함된 결과 화면이 그림 9.11의 아래에 나와 있다.

이 모든 것을 하나의 규칙에 따라 진술할 수 있다. 첫째, 표본상관과 $df = N-2$를 계산하라. 여기서 N은 관찰 쌍의 수이다. 그다음, t를 계산하고 확률 계산기를 사용하여 영가설의 그(양방) 확률을 계산하라. N과 r이 주어지면 Vassarstats는 t를 계산한다. 그다음 그 확률이 .05 미만일 때마다 우리는 H_0: $\rho = 0$을 기각한다. 이는, H_0가 참이라면 최소한 구해진 표본상관만큼 큰(정적 또는 부적) 표본상관을 구할 확률이 .029라는 것을 뜻한다.

다른 예로서 표 9.3을 보면, 동일한 문제에 대한 SPSS 출력을 볼 수 있다. 출력을 구하기 위해 그림 9.5의 데이터를 탑재하고, *Analyze/Correlate*를 선택하고, 적합한 변인들을 채운 후 'OK'를 클릭하였다.

여러분은 *R*에서 그 데이터를 탑재하고 cor.test(Heart, Pace)를 타이핑하기만 함으로써 동일한 분석을 수행할 수 있다. 그렇게 하면 마찬가지로 ρ에 대한 95% 신뢰구간을 다음과 같이 제공해준다.

```
cor.test(Heart, Pace, alternative = two.sided)
  # We are using Pearson's product-moment correlation

data:  Heart and Pace
t = 2.2869, df = 34, p-value = 0.02855
alternative hypothesis: true correlation is not equal to 0
95 percent confidence interval:
 0.04158114      0.61936671
sample estimates:
   cor
0.3651289
```

이 결과는 구하고자 하는 것보다 약간 더 클 수 있는데, 이 낯선 부분들이 어디에서 온 것인지 곧 알게 될 것이다. 여기서 중요한 결과는 $p = 0.02855$를 제공하는 행이다.

9.11 변인 간 상관 행렬표

지금까지 주로 두 변인 간 관계성을 다루었다. 그러나 전체 변인들 집합을 갖고 쌍 형식으로 서로 어떻게 관련되어 있는지를 알고자 하는 경우가 많다. 그림 9.12의 한 표에는 주 단위의 교육 비용, SAT와 ACT(미국 대학에서 학생 선발에 흔히 사용되는 두 검사)로 측정된 학업 성취도 등과 관련된 여러 변인들 간 상관이 나와 있다. 원자료는 다음 사이트에서 찾아볼 수 있다.

 http://www.uvm.edu/~dhowell/fundamentals9/DataFiles/SchoolExpend.dat

그림 9.12의 위쪽에 **변인 간 상관 행렬표**(intercorrelation matrix)로 알려진 그림이 있다. 이는 단순한 행렬표로서, 각 칸에는 행과 열에 있는 변인들 간의 상관, 그리고 관련 정보가 들어있다. 이 데이터는 구버(Guber, 1999)의 논문에 있는 것을 수정한 것인데, 그는 학업 성취도가 주 교육 예산과 정적으로 상관되어 있는지에 관심을 가졌다.

또한 산포도 행렬표라고 부르는 것을 그렸는데, 이는 각 칸 안에 행과 열 변인들의 산포도가 있는 행렬표이다. 변인들은 지출(주 단위), 학생-교사 비율(PT ratio), 봉급, SAT, ACT 합산 점수(ACT comp), SAT 또는 ACT에 응시한 각 주의 학생 비율(Pct ACT/Pct

그림 9.12_ 강의 평가 변인들 간의 변인 간 상관 행렬표와 산포도 행렬표

상관

		지출	학생–교사 비	봉급	SAT	ACT 총점	ACT 백분율	SAT 백분율
지출	피어슨 상관	1	–.371**	.870**	–.381**	.380**	–.512**	.593**
	Sig. (양방)		.008	.000	.006	.007	.000	.000
	N	50	50	50	50	50	50	50
학생–교사 비	피어슨 상관	–.371**	1	–.001	.081	–.004	.120	–.213
	Sig. (양방)	.008		.994	.575	.977	.406	.137
	N	50	50	50	50	50	50	50
봉급	피어슨 상관	.870**	–.001	1	–.440**	.355**	–.566	.617**
	Sig. (양방)	.000	. 994		.001	.012	.000	.000
	N	50	50	50	50	50	50	50
SAT	피어슨 상관	–.381**	.081	–.440**	1	.169	.877**	–.887**
	Sig. (양방)	.006	.575	.001		.240	.000	.000
	N	50	50	50	50	50	50	50
ACT 총점	피어슨 상관	.380**	–.004	.355*	.169	1	–.143	.106
	Sig. (양방)	.007	.977	.012	.240		.323	.465
	N	50	50	50	50	50	50	50
ACT 백분율	피어슨 상관	–.512**	.120	–.566**	877**	–.143	1	–.959**
	Sig. (양방)	.000	.406	.000	.000	.323		.000
	N	50	50	50	50	50	50	50
SAT 백분율	피어슨 상관	.593**	–.213	.617**	–.887**	.106	–959**	1
	Sig. (양방)	.000	.137	.000	.000	.465	.000	
	N	50	50	50	50	50	50	50

** 상관은 0.01수준(양방)에서 유의미하다.　* 상관은 0.05수준(양방)에서 유의미하다.

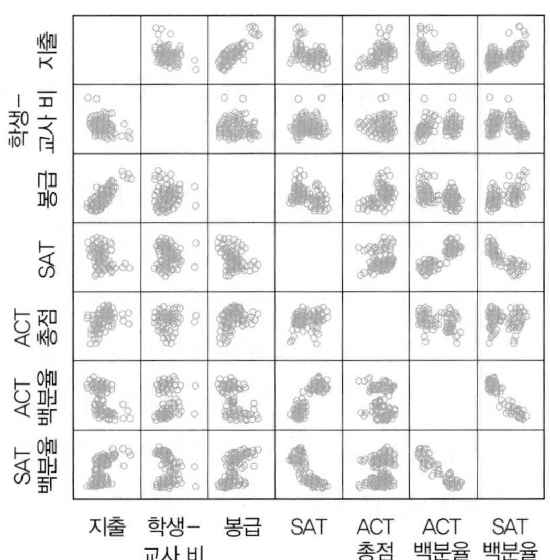

SAT)의 순서로 제시된다.

이 변인들에 관해 11장에서 더 이야기하겠지만, 여기서는 SAT 점수가 비용과 부적으로 상관되어 있다는 흥미로운 변칙을 지적해야겠다. 이는 교육 지출이 많을수록 학생들이 공부를 더 못한다고 시사하는 것처럼 보인다. 11장에서 보겠지만 이는 처음 생각했던 것과는 다르다.

9.12 그 외의 상관계수

표준적인 상관계수는 피어슨의 r인데, 이는 주로 등간척도나 비율 척도상에 분포된 변인에 적용된다. 우리는 또한, 변인들이 서열의 형태일 때 동일한 공식이 스피어먼의 r_S라고 부르는 통계치를 만들어낸다는 것을 알았다. 여러분은 두 개의 다른 상관계수를 익혀야 하는데, 이 역시 새로운 것은 거의 없다.

한 변인은 연속적 척도상에서 측정되었고 다른 변인은 이분법적으로(변인이 단지 두 수준만을 가지고 있다) 측정되었을 때, 우리가 만든 상관계수를 **점 이연상관**(point biserial correlation: r_{pb})이라고 부른다. 예를 들어, 검사의 전체 점수(X)와 특정 항목(Y)상의 '정정(正)/오(誤)' 간 상관을 구함으로써 검사 항목을 분석할 수 있다(그 특정 항목이, 최종 학점으로 미루어볼 때 그 자료를 정말로 아는 것처럼 보이는 학생들과 그렇게 보이지 않는 학생들을 얼마나 잘 변별해내는지 알아보기 위해 이런 일을 할 수 있다. 그러한 상관이 매우 낮을 때 무엇을 하도록 제안하겠는가?). 이 경우, X 값은 대략 60~100 사이에 있지만, Y 값은 0(오) 또는 1(정)이 된다. r_{pb}를 계산하는 특별한 공식이 있지만, 동일한 작업을 r을 계산함으로써 쉽게 할 수 있다. 유일한 차이는, 계산된 데이터의 본질을 지적하기 위해 답을 r 대신 r_{pb}라고 부른다는 점이다. r_{pb} 계산에 관한 요점을 너무 빨리 간과하지 않도록 하자. 나는 통계학 및 계산을 다루는 몇 개 전자메일 토론 집단에 속해 있는데, 몇 주에 한 번씩 특정 통계 패키지가 점 이연상관을 계산할 수 있는지 묻는 사람이 있다. 그리고 항상 그 답은 '예, 그렇습니다. 표준적인 피어슨 r 절차를 사용하시오'라는 것이다. 사실상 이는 매우 흔한 질문으로서 내가 답변하는 데 참을성이 점점 적어지기 시작하고 있다.

이제는 **2가 변인**(dichotomous variables)을 다룰 차례이다. 앞서의 사례에서 손 계산기로 작업하는 사람을 위해 수학을 단순하게 할 수 있도록 '오'를 '0'으로, '정'을 '1'로 점수 매겼다. 모든 '정' 점수가 동일한 숫자를 부여받고 모든 '오' 점수가 동일한(하지만 '정'과는 상이한) 숫자를 부여받는다면, 1과 2 또는 심지어 87과 213과 같은 점수를 매길 수도 있다. 우리가 사용하는 숫자 쌍이 무엇이든 상관계수 자체는 정확하게 동일할 것이다.

약간 상이한 상관계수, **파이**(phi: ϕ)는 두 변인 모두 이분법적으로 측정될 때 적용된다. 예를 들어, 성과 종교적 독실성 간 관계를 연구하는 데 있어 성(남성 = 1, 여성 = 2로 부호

표 9.4_ 생활 속도와 심장병 간 상관에 대한 SPSS 출력물

상관

		생활 속도	심장병
생활 속도	피어슨 상관	1	.365*
	Sig. (양방)		.029
	N	36	36
심장병	피어슨 상관	.365*	1
	Sig. (양방)	.029	
	N	36	36

** 상관은 0.05수준(양방)에서 유의미하다.

표 9.5_ 다양한 상관계수

		X 변인		
		연속변인	2가 변인	서열변인
Y 변인	연속변인	피어슨	점 이연	
	2가 변인	점 이연	파이	
	서열변인			스피어먼

화)과 정규적인 교회 출석(아니요 = 0, 예 = 1) 간 상관을 구할 수 있다. 마찬가지로, 2가 변인을 부호화하는 데 어떤 두 값을 사용하든 차이가 없다. 파이가 특별한 공식을 갖기는 하지만, 피어슨 공식을 사용하고 단지 답을 파이라고 명명하는 것이 쉽고 정확하다.

그 외 다양한 상관계수들이 있지만 여기 제시된 것들이 가장 흔한 것이다. 교과서의 모든 상관계수는 피어슨 r의 특별한 경우이며, 모두 이 장에서 논의된 공식을 사용하여 구할 수 있다. 이 계수들은 큰 데이터 집합을 컴퓨터 데이터 파일에 입력하여 상관이나 회귀 프로그램을 돌리면 통상 생성되는 것들이다. 표 9.5는 이 계수들 간 관계의 예를 보여준다. 표의 빈 공간은 한 개의 서열변인과 한 개의 연속변인 또는 2가 변인을 갖고 있을 때 사용할 만한 좋은 상관계수가 없다는 사실을 반영한다. 각 경우에 표준적인 피어슨 상관계수를 사용할 수 있지만, 그 결과를 해석하게 될 때 그 변인들의 종류를 기억해야 한다. 이 표에 나온 모든 상관이 표준적인 피어슨 공식을 사용하여 구할 수 있다는 점을 명심하라.

9.13 SPSS를 사용하여 상관계수 구하기

그림 9.13의 출력물은 생활 속도와 심장병 발병률 간 관계성에 관한 표 9.2의 데이터를 되

그림 9.13_ 생활 속도와 심장병 간 관계에 관한 SPSS 분석

기술통계치

	평균	표준편차	*N*
생활 속도	22.8422	3.01462	36
심장병	19.8056	5.21437	36

상관

		생활 속도	심장병
생활 속도	피어슨 상관	1.000	.365*
	Sig.(양방)		.029
	N	36.000	36
심장병	피어슨 상관	.365*	1.000
	Sig.(양방)	.029	
	N	36	36.000

* 상관은 0.05수준(양방)에서 유의미하다.

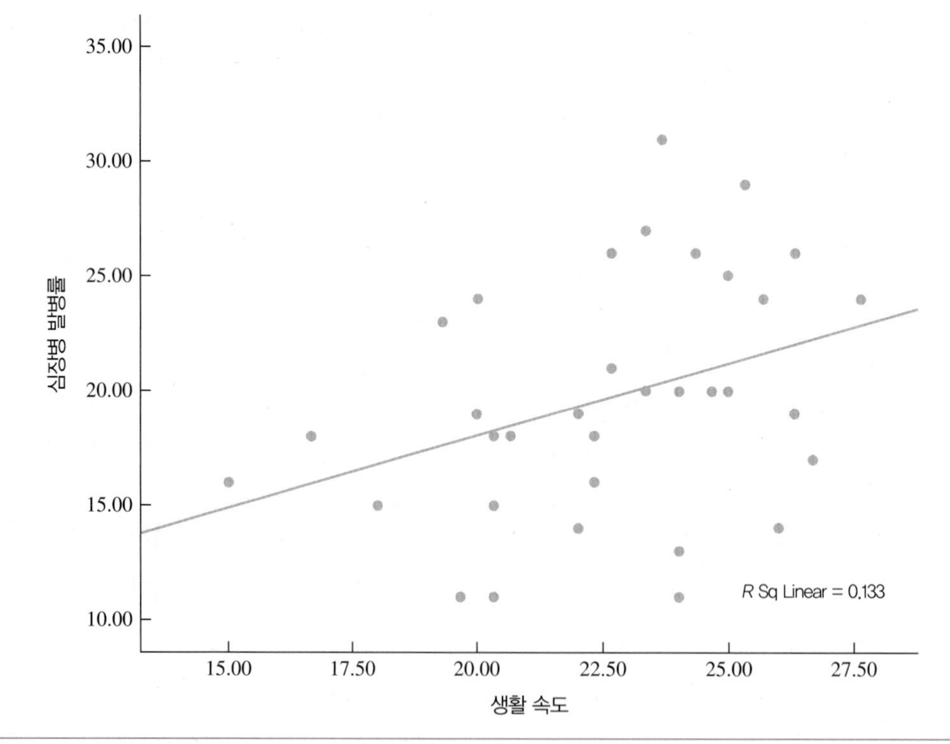

돌아본 것이다. SPSS를 사용해 이 결과를 만들었다(상관 계산을 위한 SPSS 설명을 이 책의 웹사이트에 있는 Short SPSS Manual의 6장에서 찾아볼 수 있다). 주목할 점은 그림의 두 번째 부분에서 SPSS가 전집의 참 상관이 0일 때 이러한 상관을 구할 확률을 출력해준다는 점이다. 이 경우 확률은 .029인데, 이 값이 .05보다 작으므로 영가설을 기각하게 된다.

9.14 통계 보기

많은 애플릿들이 이 장에서 다룬 중요한 개념들을 살펴보는 데 도움이 될 것이다. 이것들을 다음과 같이 책의 웹사이트에서 찾아볼 수 있다.

https://www.uvm.edu/~dhowell/fundamentals9/SeeingStatisticsApplets/Applets.html

첫 번째 애플릿은 마우스를 클릭함으로써 개개 데이터 값을 입력하고 상관 결과를 볼 수 있게 해준다. 다음 그림은 표본 출력을 보여준다.

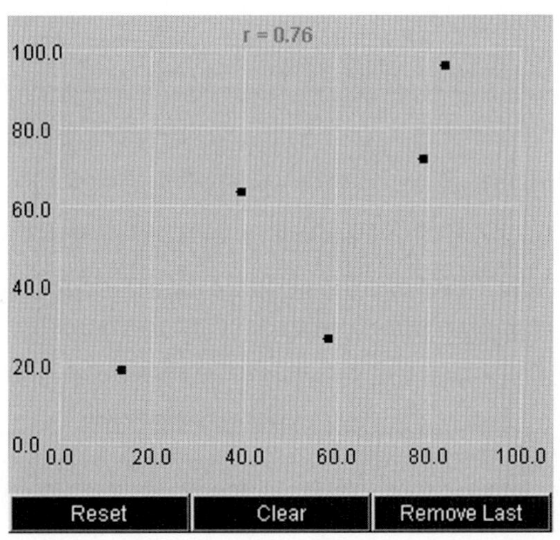

웹사이트에서 '통계 보기(Seeing Statistics)' 애플릿을 시작하고 'Correlation Points'라고 명명된 9장의 첫 번째 애플릿을 클릭하라. 상관에 무슨 일이 일어나는지 알아보기 위해 소구획에 값들을 넣어보라. 매우 낮은, 낮은, 중간의, 높은 상관을 가진 데이터를 만들어보고, 그 후 부적 상관이 나오도록 반대로 해보라.

다음 애플릿은 데이터 집합의 산포도를 그리고, 데이터 값을 제거하거나 대체해보면서 상관을 조사할 수 있게 해준다. 그 예가 다음 출력물에 나와 있는데, 이는 표 9.3에서 보았던 영국의 알코올과 담배 소비에 관한 데이터를 사용한 것이다.

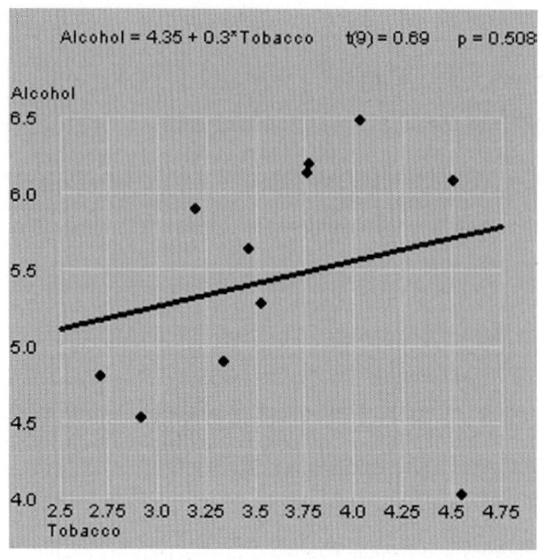

표 9.3에 나온 데이터는 단일 데이터 값이 미칠 수 있는 극적 영향의 예를 보여주는 데 그 목적이 있다. 우측 하단에 있는 '북아일랜드'의 값을 클릭해보면, 계산에서 그 값을 제거할 수 있고 아울러 상관계수의 극적 변화를 볼 수 있다. 그다음 다른 값들을 클릭해보고 어떤 효과가 일어나는지 살펴보라.

산포도와 상관 간 관계의 예를 알아보는 다른 방법이 'Correlation Picture'라고 명명된 애플릿에 나와 있다. 이 애플릿에서 슬라이더를 움직여 상관계수를 변화시킬 수 있고 그 다음 산포도에서 관련된 변화를 볼 수 있다. 두 개의 산포도가 나와 있는데, 하나에는 회귀선(10장 참고)이 첨가되어 있다. 이 선은 흔히 변인 간 관계성을 알아보기 쉽게 해주는데, 특히 낮은 상관의 경우 그러하다. 애플릿 출력의 사례는 다음과 같다.

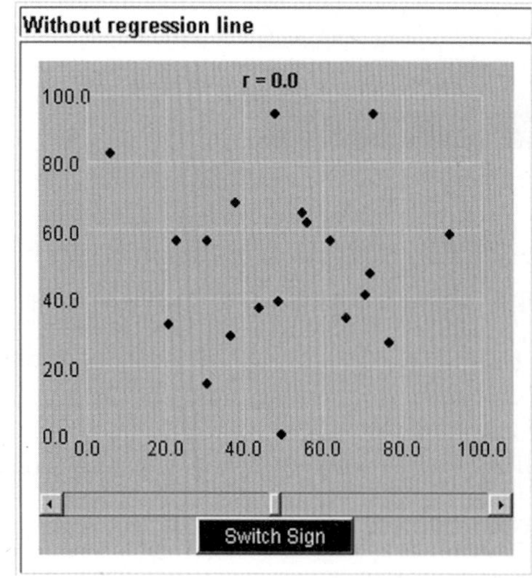

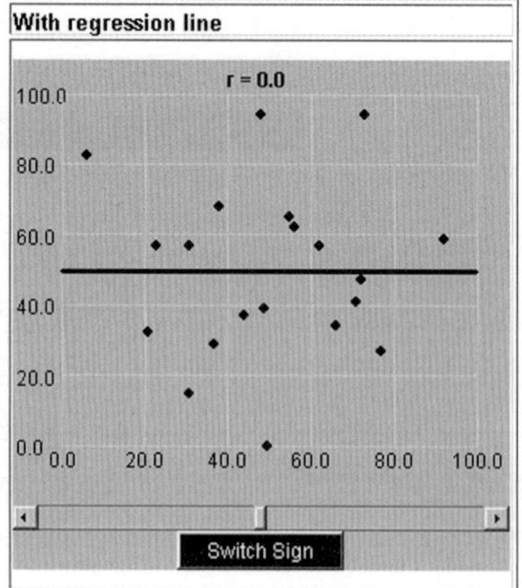

슬라이더를 움직여서 상관계수를 변화시키는 연습을 해보라. 그러고 나서 'Switch Sign'이라고 명명된 버튼을 클릭하여 부적 관계이면서 크기가 동일한 상관을 살펴보라.

이 절에서 한 가지 중요한 사항은 상관계수에 대한 값 범위의 영향이다. 'RangeRestrict'라고 명명된 애플릿에서는 슬라이더를 움직여서 어느 한 변인의 범위를 제한할 수 있고, 이것이 상관계수에 미치는 효과를 알아볼 수 있다. 그 예가 아래에 있다.

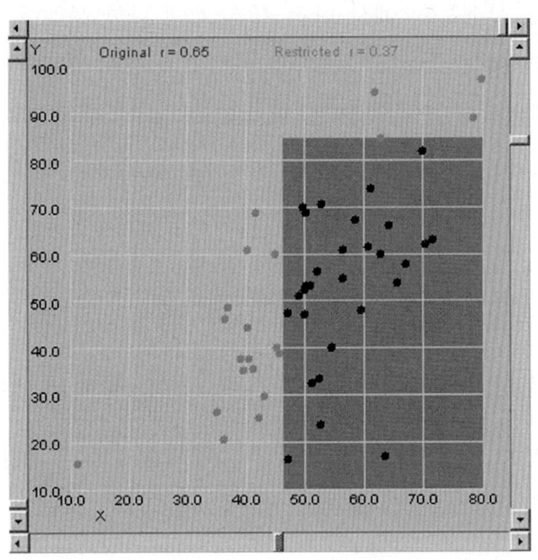

마지막 애플릿인 'Heterogeneous Samples'는 이질적 하위표본 데이터에서 볼 수 있는 극적 효과의 예를 보여준다. 그 예는 다음과 같다.

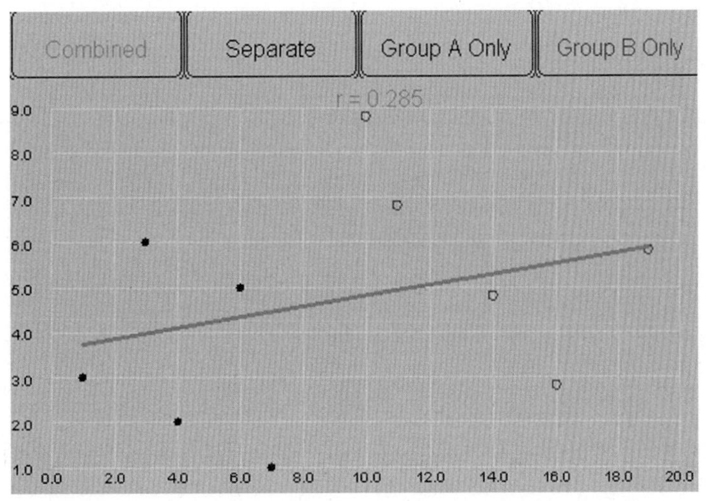

화면 상단의 버튼을 클릭하면 모든 사례를 합친 데이터의 그림, 합쳐졌지만 서로 회귀

선이 다른 데이터의 그림, 또는 집단 각각의 데이터의 그림을 그릴 수 있다. 웹사이트에 있는 애플릿을 가지고서 그림 9.7에 그려진 데이터를 비슷한 방식으로 탐구할 수 있다.

9.15 평가된 강의 질이 예상 학점과 관련되는가?

이 장에서 강의 평가와 학생들의 예상 학점 간 관계에 관한 사례를 사용하였지만, 데이터나 상관 계산을 실제로 본 것은 아니다. 다음 관찰값 집합은 수백 개 강의 평가에 관한 큰 데이터 집합으로부터 뽑은 50개 강의의 실제 데이터이다(지면을 절약하기 위해 처음 15개 사례만을 보여주지만, 50개 사례 모두에 대해 계산된 값을 제시하였다). 원자료는 다음 사이트에서 이용 가능하다.

 http://www.uvm.edu/~dhowell/fundamentals9/DataFiles/albatros.dat

6개 변인 모두가 나와 있는데, 전체, 교수, 시험, 지식, 학점, 등록의 순서이다.

예상 학점(X)	전반적 질(Y)	예상 학점(X)	전반적 질(Y)
3.5	3.4	3.0	3.8
3.2	2.9	3.1	3.4
2.8	2.6	3.0	2.8
3.3	3.8	3.3	2.9
3.2	3.0	3.2	4.1
3.2	2.5	3.4	2.7
3.6	3.9	3.7	3.9
4.0	4.3		

50개 사례 모두에 기초한 결과는 다음과 같다.

$$\Sigma X = 174.3$$
$$\Sigma X^2 = 613.65$$
$$\Sigma Y = 177.5$$
$$\Sigma X^2 = 648.57$$
$$\Sigma XY = 621.94$$

첫 번째 단계는 각 변인의 평균과 표준편차를 다음과 같이 계산하는 것이다.

$$\overline{X} = \frac{174.3}{50} = 3.486$$

$$s_X = \sqrt{\frac{613.65 - \frac{174.3^2}{50}}{49}} = 0.3511$$

$$\overline{Y} = \frac{177.5}{50} = 3.550$$

$$s_Y = \sqrt{\frac{648.57 - \frac{177.5^2}{50}}{49}} = 0.6135$$

공변량을 다음과 같이 구한다.

$$\text{cov}_{XY} = \frac{621.94 - \frac{(174.3)(177.5)}{50}}{49} = 0.0648$$

마지막으로 상관을 다음과 같이 구한다.

$$r = \frac{\text{cov}_{XY}}{s_X s_Y} = \frac{0.0648}{(0.3511)(0.6135)} = .3008$$

이는 중간 정도의 상관인데, 평균 학점이 높은 강의일수록 평균 평점이 높다는 명제를 지지해준다. 9.9절에서 보았듯이 이 상관은 유의미하다. 이 상관은 높은 학점이 높은 평점의 원인이라는 것을 의미하지는 않음을 알아야 한다. 보다 상급의 강의일수록 높은 평점을 받는데, 이러한 강의에서 학생들이 최선을 다한다고 보는 것이 그럴듯하다.

추가 사례

추가적 사례들과 유용한 자료를 다음 사이트에 넣어두었다.

 https://www.uvm.edu/~dhowell/StatPages/More_Stuff/CorrReg.html

이 사례들은 지금까지 살펴본 것보다 더 복잡한 사례들인데, 각 데이터 집합마다 여러 상이한 통계 절차를 포함하고 있다. 그러나 이 사례들을 살펴봄으로써 실제로 상관이 어떻게 사용되고 있는지 알 수 있을 것이며, 여러분이 알지 못하는 다른 자료를 무시할 수 있다. 단순한 상관 자료를 다루는 경우에서조차도, 여기서는 언급하지 않았지만 데이터를 다루는 보다 진전된 방법들이 있다는 점을 명심하라. 하지만 우리가 알아본 것이 수많은 질문의 답을 제공해줄 수 있다.

상관연구 결과 기술하기

강의 평가에 관한 연구에 대해 압축적이지만 정확하게 쓰도록 요구받으면 어떻게 해야 할까? 아마도 여러분은 검증 중인 연구가설, 데이터 수집 방법, 통계적 결과, 도출하고자 하는 결론에 관한 것들을 말하고 싶을 것이다. 다음 두 문단은 이러한 보고서의 요약 형태이다. 정식 보고서는 배경 문헌에 관한 개관 그리고 데이터 수집에 관해 훨씬 더 많은 정보를 포함할 것이다. 또한 결과에 대한 광범위한 논의와 미래의 연구에 대한 추측까지 포함할 것이다.

요약된 보고서

강의를 담당하는 강사는 학생들이 강의를 평가하는 방식이 부분적으로는 강의에서 받은 학점과 관련될 것이라고 흔히 생각한다. 이 가설을 검증하기 위한 시도로 북동부에 소재한 큰 주립대학의 50개 강의에 대한 데이터를 수집하였는데, 학생들로 하여금 강의의 전반적 질(5점 척도), 예상 학점(A = 4, B = 3 등)을 평정하게끔 하였다. 50개 강의 각각에서 전반적 평점 평균치와 예상 학점의 평균치를 계산하였다. 이 평균치들이 분석에서 관찰값으로 사용되었다.

평점 평균과 예상 학점 평균 간 피어슨 상관을 구한 결과, $r = .30$이었으며, 이 상관은 $\alpha = .05$, $p = .034$에서 유의미하였다. 이 결과로부터 강의 평점이 예상 학점에 따라 달라지는데, 학점을 높게 주는 강의일수록 전반적 평점이 높다고 결론 내릴 수 있다. 이 효과의 해석은 불분명하다. 좋은 학점을 받을 것으로 예상하는 학생들이 높은 점수로 강사를 '보상하는' 경향이 있을 가능성이 있다. 그러나 학생들이 좋은 강의일수록 더 많이 배우고 이에 따라 그 강의를 더 좋게 평가할 가능성 역시 마찬가지로 존재한다.

9.16 요약

이 장에서 두 변인 간 관계성의 측정치로서 상관계수를 다루었다. 맨 처음 뚜렷하게 상이한 세 개 데이터 산포도들을 살펴보았다. 모든 관계성은 선형적이었는데, 이는 각 변인의 값이 증가함에 따라 관계성이 형태상 변화하지 않았다는 것을 뜻한다. 이 장에서 공변량 개념을 간략하게 소개했는데, 관계성이 증가할수록 절댓값이 증가한다는 것을 지적하였다. 그 후 공변량과 두 표준편차를 사용하여 상관계수를 정의하였는데, 통상 피어슨 적률상관이라고 부르는 것이었다. 또한 스피어먼 서열상관이라고 부르는 서열 데이터 간 상관을 살펴보았다. 그 후 점 이연상관과 파이를 살펴보았는데, 이들은 한 변인 또는 두 변인이 이분법적인 사례에 근거한 피어슨 상관이다.

우리는 두 변인 간 기저에 있는 참된 관계성 외에 상관의 크기에 영향을 미치는 여러 사항들을 살펴보았는데, 범위의 제한, 두 이질적 표본을 결합한 표본의 사용, 예욋값의 포함을 들 수 있다. 상관과 인과에 관해 중요한 논의를 다루었으며, 관계성 설명에 관한 어츠의 목록을 살펴보았다.

마지막으로, 표본상관이 전집의 참된 관계성을 의미할 만큼 충분히 큰지 여부에 관한 검증을 다루었다. 이를 위해 책의 뒷부분에 있는 표를 사용하거나 컴퓨터 출력물의 확률값을 이용할 수 있다. 추후 이러한 관계성을 검증하기 위해 t 분포라고 부르는 다른 방법을 살펴보겠다. 이는 컴퓨터가 여러분에게 확률을 제공할 때 수행중인 바로 그것이다.

주요 용어

상관correlation 220
상관계수correlation coefficient 220
피어슨 적률상관계수pearson product-moment correlation coefficient: r 220
산포도scatterplot(scatter diagram, scattergram) 220
예측변인predictor variable 222
기준변인criterion variable 222
회귀선regression lines 223
부적 관계성negative relationship 224
선형적 관계linear relationship 228
비선형적 관계curvilinear relationship 228
공변량covariance 228
서열 데이터에 대한 스피어먼의 상관계수Spearman's correlation coefficient for ranked data: r_s 232
단조관계monotonic relationship 233
범위 제한range restrictions 234
이질적 하위표본heterogeneous subsamples 236
전집 상관계수 로population correlation coefficient rho: ρ 244
변인 간 상관 행렬표intercorrelation matrix 246
점 이연상관point biserial correlation: r_{pb} 248
2가 변인dichotomous variables 248
파이phi: ϕ 248

9.17 빠른 개관

A 산포도에서 가로축(X축)에 표시하는 변인은?

답 독립변인이 명백한 경우 이 변인을 그곳에 표시한다. 그렇지 않으면 선택은 훨씬 더 임의적이다.

B $\hat{Y}$이 나타내는 것은?

답 Y의 예측값

C 회귀선은 어떻게 해석되어야 하는가?

답 X의 특정 값에 대해 Y의 최적 예측값을 제공하는 선

D −.81 상관은 +.81 상관보다 유의미하게 더 낮다. (○, ×)

답 ×. 기호는 관계성의 방향을 알려줄 뿐이다.

E 개별 관찰값이 아닌, 평균을 나타내는 수치들로 산포도를 만드는 것은 어떤 선을 제공할 것이라 생각하는가?

답 수치들에 더 잘 부합하는 선

F 공변량은 그 자체로는 변인들 간 관계성 정도를 제시하는 만족스런 통계치가 아닌데, 그 이유는 무엇인가?

답 관계성의 정도뿐만 아니라 기저 변인들의 변량과 함께 변화한다.

G 단순히 서열에 적용되는 스피어먼의 상관계수는?

답 피어슨 상관계수

H 두 변인들 간 관계성에 영향을 미칠 수 있는 세 가지 사항은 무엇인가?

답 범위 제한, 이질적 하위표본들, 비선형적 관계성

I A와 B의 관계성이 인과적이 아님에도 불구하고 서로 관련될 수 있는 데 대한 설명 세 가지는 무엇인가?

답 A와 B 양자가 시간 경과에 따라 변화한다. A와 B 양자가 제3의 공통 변인에 의해 야기된다. 관계성을 반대 방향으로 볼 수 있다.

J r의 양방검증을 어느 경우에 사용하는가?

답 표본상관이 너무 크거나 너무 부적인 경우 영가설을 기각하고자 한다.

K 점 이연상관은 어떤 데이터에 적용되는가?

답 한 변인은 2가 변인이고 다른 변인은 연속변인인 경우

9.18 연습문제

9.1 사하라 이남 아프리카에서 절반 이상의 어머니들이 아기가 돌이 되기 전에 아이를 잃는다. 아래 제시된 데이터는 36개국에서 구한 것으로 국가, 유아 사망률, 1인당 소득(미국 달러), 20세 미만의 산모 출산 백분율, 40세 이상의 산모 출산 백분율, 터울이 2년 미만인 출산 백분율, 피임하는 결혼 여성의 백분율, 가족계획이 필요한 여성 백분율이 제시되었다(http://www.guttmacher.org/pubs/ib_2-02.html).

(a) 유아 사망률과 소득의 산포도를 그려보라.

(b) 데이터에 가장 부합되는 것으로 (눈에) 보이는 선을 그려보라.

(c) 예윗값이 소득에 어떤 영향을 미친다고 생각하는가?

국가	유아 사망률	1인당 소득	20세 미만의 산모 출산율	40세 이상의 산모 출산율	터울이 2년 미만인 출산율	피임하는 결혼 여성의 백분율	가족계획이 필요한 여성 백분율
베냉	104	933	16	5	17	3	26
부르키나파소	109	965	17	5	17	5	26
카메룬	80	1,573	21	4	25	7	20
중앙아프리카공화국	102	1,166	22	5	26	3	16
차드 공화국	110	850	21	3	24	1	결측치
코트디부아르	91	1,654	21	6	16	4	28
에리트레아	76	880	15	7	26	4	28
에티오피아	113	628	14	6	20	6	23
가봉	61	6,024	22	4	22	12	28
가나	61	1,881	15	5	13	13	23
기니	107	1,934	22	5	17	4	24
케냐	71	1,022	18	3	23	32	24
마다가스카르	99	799	21	5	31	10	26
말라위	113	586	21	6	17	26	30
말리	134	753	21	4	26	5	26
모잠비크	147	861	24	6	19	5	7
나미비아	62	5,468	15	7	22	26	22
니제르	136	753	23	5	25	5	17
나이지리아	71	853	17	5	27	9	18
르완다	90	885	9	7	21	13	36
세네갈	69	1,419	14	7	18	8	35
탄자니아	108	501	19	5	17	17	22
토고	80	1,410	13	6	14	7	32
우간다	86	650	23	4	28	8	35
잠비아	108	756	30	4	19	14	27
짐바브웨	60	2,876	32	4	12	50	13

9.2 SPSS나 *R*을 사용하여 연습문제 9.1에서 모든 숫자 변인들 간 상관을 계산하라. *R*에서 데이터는 'data.frame(theData)'을 사용하여 읽는다. 그 후 'cor(theData)'를 통하여 상관을 구할 수 있다. 'attach' 명령어는 필요치 않다. 또한 'plot(theData)'도 사용할 수 있다.

9.3 연습문제 9.2에 나온 관계가 유의미하려면 얼마나 큰 상관이 필요한가?

9.4 연습문제 9.2에서 유아 사망률에 대해 가장 강력한 예측변인은 무엇인가?

9.5 유아 사망률에 관한 데이터로부터 어떤 결론을 내릴 수 있는가?

9.6 연습문제 9.1에서 40세 이상 산모의 백분율이 중요하지 않은 것으로 보이지만, 다른 사회에서는 여전히 위험 요인이다. 왜 그렇다고 생각하는가?

9.7 유아 사망률의 두 예측변인들이 중요한 것으로 보인다. 두 개를 동시에 예측변인으로 사용하는 방법을 찾을 수 있다면, 무엇을 발견할 것으로 생각하는가?

9.8 앞선 문제에서 낮은 소득이 유아 사망을 유발한다는 결론을 내릴 수 있다고 생각하는가?

9.9 유아 사망률은 사회적으로 매우 심각한 문제이다. 다른 직업의 사람들보다 심리학자들이 이 문제에 더 관심을 갖는 이유는 무엇인가?

9.10 다운증후군은 심리학자들이 다루는 또 다른 문제이다. 어머니의 출산 연령이 높을수록 아동이 다운증후군에 걸릴 확률도 높아진다. 연령과 발병률의 관계를 다룬 아래 데이터를 그려 보라. 이 데이터는 가이어(Geyer, 1991)에서 구한 것이다.

연령	17.5	18.5	19.5	20.2	21.5	22.5	23.5	24.5	25.5
출산	13,555	13,675	18,752	22,005	23,796	24,667	24,807	23,986	22,860
다운증후군	16	15	16	22	16	12	17	22	15
연령	26.5	27.5	28.5	29.5	30.5	31.5	32.5	33.5	34.5
출산	21,450	19,202	17,450	15,685	13,954	11,987	10,983	9,825	8,483
다운증후군	15	27	14	9	12	12	18	13	11
연령	35.5	36.5	37.5	38.5	39.5	40.5	41.5	42.5	43.5
출산	7,448	6,628	5,780	4,834	3,961	2,952	2,276	1,589	1,018
다운증후군	23	13	17	15	30	31	33	20	16
연령	44.5	45.5	46.5						
출산	596	327	249						
다운증후군	22	11	7						

연령별 다운증후군 사례의 백분율(다운증후군/연령)에 대한 산포도를 그려 보라.

9.11 앞서 제시된 *R*용 코드를 사용하여 이 그림을 그려보라. 명령어는 'plot(percent ~ age)'이다.

9.12 연습문제 9.10의 데이터에 대해 피어슨 상관을 계산할 때 마음이 편하지 않은 이유는 무엇인가?

9.13 연습문제 9.12의 문제를 해결하는 한 가지 방법은 다운증후군 사례를 서열 데이터로 변환시키는 것이다. 발병률 서열을 사용하여 데이터를 다시 그리고 상관을 계산하라. 이는 스피어먼의 상관인가?

9.14 *R*을 사용하여 연습문제 9.13을 풀어보라. 데이터를 서열화할 때 'ranked.data = rank (percent)'를 사용하라.

9.15 앞서 언급했던 카츠 등(Katz et al., 1990)의 연구에서는 학생들이 그들이 이전에 읽어보지 못했던 글에 관한 질문에 대답하도록 했는데, 이 검사의 수행 방식과 대학에 응시할 때의 SAT 언어 검사(SAT–V) 수행 방식 간에 관계가 있는지 여부에 관한 질문이 제기되었다. 이것이

왜 관련성 있는 질문인가?

9.16 연습문제 9.15와 관련된 데이터는 그 글을 읽지 않았던 집단의 28명의 검사 점수와 SAT-V 점수이다. 이 데이터는 다음과 같다.

점수	58	48	48	41	34	43	38	53	41	60	55	44	43	49
SAT-V	590	590	580	490	550	580	550	700	560	690	800	600	650	580
점수	47	33	47	40	46	53	40	45	39	47	50	53	46	53
SAT-V	660	590	600	540	610	580	620	600	560	560	570	630	510	620

이 데이터의 산포도를 만들고, 점들을 관통하는 최적-부합 선을 그려보라.

9.17 연습문제 9.16의 데이터에 대해 상관계수를 계산하라. 이 상관이 유의미한가? 그리고 유의미하다고(또는 유의미하지 않다고) 말할 때 그 의미는 무엇인가?

9.18 연습문제 9.12~9.15의 결과를 해석하라.

9.19 카츠 등(1990)의 연구에서, 그 글을 읽었던 집단의 참가자 17명에서 점수와 SAT-V 간 상관은 .68이었다. 이 상관은 비록 0.00과는 유의미하게 상이하지만, 연습문제 9.15에서 계산했던 상관과는 유의미하게 상이하지 않다. 두 상관이 유의미하게 상이하지 않다고 말할 때 그 의미는 무엇인가?

9.20 연습문제 9.19에서 상관이 유의미하게 상이하지 않다는 결론을 해석하라.

9.21 카츠 등(1990) 연구의 결과가 여러분의 예상과 부합되는가? 그 이유는 무엇인가?

9.22 부록 C의 데이터에서 ADDSC와 GPA 간 관계성에 대한 상관을 도표로 그려보고 계산하라. 이러한 관계성이 유의미한가? *R*과 SPSS를 사용해보라.

9.23 어떤 데이터 집합에서 *X*와 *Y* 간에 약간의 비선형적 관계가 있다고(최적-부합 선이 약간 곡선화되어 있다고) 가정하라. 이 데이터에 대해 *r*을 계산하는 것이 적합한가?

9.24 작은 표본에 근거한 상관은 신뢰할 수 없다고 이 장에서 여러 차례 언급하였다.
(a) 이 맥락에서 '신뢰할 수 있음'이 의미하는 것은 무엇인가?
(b) 작은 표본에 근거한 상관이 신뢰할 수 없는 이유가 무엇인가?

9.25 한 국가가 의료서비스에 소비하는 돈의 액수가 기대수명과 상관이 없다는 발견에 대해 어떤 이유가 있을 수 있는가?

9.26 그림 9.8에서 신장을 체중에 관련 짓는 데이터를 보라. 남성과 여성의 체계적 보고 편향이 우리의 결론에 대해 어떤 영향을 미칠 수 있는가?

9.27 각 성 내에서는 체중과 신장 간에 부적 관계가 있지만 전체적으로는 여전히 정적 관계가 있을 수 있다는 주장을 예증할 수 있도록, 적은 수의 데이터 값을 사용하여 그림을 그려보라.

9.28 이질적 하위표본을 다룬 절에서 남성과 여성의 콜레스테롤 수준과 심혈관 질환 간 관계에 관해 언급한 요점을 예증할 수 있도록 대략적인 그림을 그려보라.

9.29 이 장에서는 심장병 발병률이 일사량에 따라 변화한다는 왕(Wong, 2008)의 연구를 언급하였다. 적포도주 소비와 낮은 심장병 발병률 간 관계에서 우리가 추론할 수 있는 인과적 관계에 관해 무엇을 말해야 하는가?

9.30 라이스 대학교(Rice University)의 데이비드 레인(David Lane)은 상관을 포함한 연구의 흥미로운 사례를 갖고 있는데, 이를 다음 사이트에서 찾아볼 수 있다.

http://www.ruf.rice.edu/~lane/case_studies/physical_strength/index.html

이 사례를 분석하여 데이터로부터 여러분 자신의 결론을 도출하라. (아직은 회귀에 관한 자료는 무시하라.)

9.31 이 장에서 다룬 한 사례는 비타민 D와 암 간 관계를 다루었다. 간단한 인터넷 탐색을 통해 그 질문에 관해 추가적인 데이터를 찾아보라.

9.32 *R*, SPSS 또는 다른 프로그램을 사용하여 그림 9.5에 나온 결과를 다시 생성해보라. 9장의 본문 9.4절에 제시된 *R* 코드를 수정할 수 있다.

10장 회귀

앞선 장에서 기억할 필요가 있는 개념

독립변인 independent variable	조작하거나 연구하는 변인
종속변인 dependent variable	측정하는 변인—데이터
산포도 scatterplot	짝지은 데이터 값을 2차원 공간에 그린 그림
상관계수 correlation coefficient	변인들 간 관계성의 측정치
회귀선 regression line	산포도에서 값들에 가장 부합되는 직선
표준오차 standard error	통계치의 표집분포의 표준편차
표준화 standardization	원점수를 z 점수로 전환시키는 것. 평균($\overline{X}$)이 0이고 표준편차(s)가 1임

상관과 회귀는 매우 밀접하여 통상 연이어서 언급된다. 이 장에서는 이들이 어떻게 상이하며, 상관과 달리 회귀만이 알려주는 것이 무엇인지 살펴볼 것이다. 회귀선 공식을 어떻게 구하는지 살펴볼 것인데, 회귀선은 데이터의 산포도에 가장 잘 부합되는 선이다. 그리고 그 선이 얼마나 잘 부합되는가를 어떻게 알아내는지 배울 것이다. 그 후 회귀를 갖고서 가설검증에 착수하여, 검증하는 가설을 살펴볼 것이다. 회귀는 한 사람의 종속변인 점수가 무엇인지를 예측하는 한 방법이다. 그러나 일반적으로 '예측'은 우리의 목적이 아니다. 그보다는 예측에 사용된 변인들 사이의 관계를 이해하는 것이 목적인 경우가 더 많다. 마지막으로 SPSS와 *R*을 사용하여 우리의 데이터를 완벽하게 분석할 것이다.

여러분이 알고 있는 모든 사람들을 생각해보면 사람들의 정신건강에 있어 개인차가 존재한다는 것을 알 것이다. 어떤 사람들은 명랑하고 활달하며, 어떤 사람들은 우울하고 위축되어 있고, 어떤 사람들은 공격적이고 불쾌하기조차 하며, 어떤 사람들은 수면에 곤란을 갖고 있고 자신이 통제할 수 없는 일에 대해 밤을 새워 걱정한다. 어떤 특정 개인이 어떤 유형의 사람과 유사한지 어떻게 예측하는가?

이 질문은 정말로 대단히 방대하고 일반적인 것이므로 좁혀보도록 하자. 표준적인 체크 목록을 갖고 많은 학생들에게 그들이 지난달 다양한 심리적 증상을 경험했는지 여부를 표시하도록 한다고 하자. 각 사람의 점수는 보고된 증상의 가중된 합이 될 것이다. 점수가 높을수록 경험한 증상은 더 많으며, 거꾸로 점수가 낮을수록 정신건강 상태는 양호하다. 하지만 다시 물어보건대, 한 사람의 점수를 어떻게 예측하는가?

우리가 가진 것이 증상 점수 집합이라면 어느 한 개인에 대해 우리가 할 수 있는 최선의 예측은 집단 평균이다. 여러분을 만난 적이 없고 여러분에 대해 아무것도 모르기 때문에, 표본 평균($\overline{X}$) 외에 다른 어떤 값을 예측하기보다는 평균을 예측하는 것이 평균적으로 오류가 덜할 것이다. 분명히, 항상 정확한 것은 아니지만 이것이 할 수 있는 최선이다.

그러나 좀 더 구체적으로 남성 또는 여성인지 여부를 알고 있다고 가정해보자. 이제 예측을 하는데 사용할 수 있는 다른 변인을 가지고 있는 셈이다. 바꾸어 말하면 한 변인을 다른 변인을 예측하는 데 사용할 수 있다. 이 경우 어떤 예측을 해야 한다고 생각하는가? 만약 남성에 관한 예측을 하는 데 있어 남성의 평균($\overline{X}_M$)을 사용하고 여성에 관한 예측을 하는 데 있어 여성의 평균($\overline{X}_F$)을 사용해야 한다고 대답한다면 정확한 답변이 된다. 평균적으로 전체 평균을 사용하는 것보다 예측을 더 잘할 것이다. 내 예측이 성에 대해 조건적이라는 것을 주목하라. 나의 예측은 다음 형태가 될 것이다. '당신이 여성이라면 ……라고 예측한다.' 이 말이 조건확률을 다룰 때 사용했던 '조건적'이라는 단어와 동일하다는 것에 주목하라.

한 단계 더 나아가 성과 같은 2가 변인을 사용하는 대신 스트레스와 같은 연속변인을 사용해보자. 우리는 심리적 건강이 스트레스에 따라 달라진다는 것을 알고 있는데, 스트레스를 많이 경험하는 사람은 그렇지 않은 사람보다 많은 증상을 갖는 경향이 있다. 따라서 증상에 대한 예측을 정확하게 하기 위해 사람의 스트레스 수준을 사용할 수 있다. 이 과정은 성과 같은 2가 변인을 사용하는 것보다 복잡하고 어렵지만, 기저 아이디어는 유사하다. 우리는 한 변인에 서의 차이가 다른 변인에서의 차이와 어떻게 관련되는지를 설명해주고 한 개인의 한 변인상 점수를 그의 다른 변인상 점수에 관한 지식으로부터 예측할 수 있도록 해주는 공식을 작성하고자 한다. 하나 또는 그 이상의 변인으로부터 한 변인을 예측할 수 있는 공식을 도출하는 데 관심이 있을 때 우리는 **회귀**(regression)를 다루는 셈인데, 이것이 바로 이 장의 주제이다.

상관에 관한 논의에서 다루었듯이 산포도를 관통하는 최적-부합 선이 직선인 사례에 국한하여 회귀를 다룰 것이다. 이는 우리가 단지 선형회귀(linear regression)만을 다룬다는 것을 뜻한다. 이러한 제한은 여러분이 생각하듯 그다지 심각한 것은 아닌데, 그 이유는 놀라울 만큼 높은 비율의 데이터 집합이 기본적으로 선형적인 것으로 판명되었기 때문이다. 관계가 비선형적인 사례의 경우(최적-부합 선이 곡선인 경우)에서조차 직선은 흔히 매우 우수한 어림값을 제공해주는데, 특히 하나 또는 두 변인 모두의 분포에서 한곗값을 제거했을 때 그러하다.

10.1 스트레스와 건강의 관계

와그너 등(Wagner, Compas, & Howell, 1988)은 1학년 대학생의 스트레스와 정신건강 간 관계를 연구하였다. 그들은 빈도, 지각된 중요성, 최근 생활 사건의 바람직성을 측정하기 위해 개발된 척도를 사용하여, 각 사건의 보고된 빈도 그리고 그 영향에 대한 반응자의 주관적 추정치에 따라 가중치를 준 부적 생활 사건의 측정치를 만들었다. 바꾸어 말하면, 자주 발생한 사건 그리고/또는 학생이 느끼기에 중요한 영향을 미친 사건에 더 큰 가중치가 주어졌다. 이는 참가자의 지각된 사회적 · 환경적 스트레스의 측정치가 되었다. 또한 연구자들은 학생들에게 홉킨스 증상 체크리스트(Hopkins Symptom Checklist)를 완성하도록 하였는데, 이는 57개 심리적 증상의 존재 여부를 측정한다. 스트레스와 증상에 대한 줄기-잎 그림 그리고 상자 그림이 표 10.1에 나와 있다.

이 변인들 간 관계를 고려하기 전에 변인들을 각각 조사해야 한다. 두 변인 모두에 대한 줄기-잎 그림은 분포가 단봉적이지만 약간 정적으로 편포되어 있음을 보여준다. 앞으로 짤막하게 다룰 약간의 한곗값을 예외로 하고는 극단적인 편포나 양봉성과 같이 혼란을 초래하는 것이 어느 변인에도 없다. 각 변인에는 상당량의 변산성이 존재한다. 이 변산성은 중요한데, 그 이유는 스트레스 점수에 따라 증상이 달라진다는 것을 보여주고자 한다면 설명해야 할 차이가 우선 있어야 하기 때문이다.

표 10.1의 상자 그림은 두 변인 양자에서 예윗값들의 존재를 보여준다. (두 개가 붙어있는 작은 원은 두 개의 중첩된 데이터 값의 존재를 알려준다.) 예윗값들의 존재는 이 점수들 이 유발하는 **잠재적** 문제에 대한 경각심을 일깨워 준다. 우리가 할 수 있는 첫 번째 일은, 이 소수의 참가자들이 비합리적 방식으로 반응했는지 여부를 알아낼 수 있도록 데이터를 점검하는 일이다. 예를 들어, 그들이 온갖 종류의 있음직하지 않은 사건이나 증상의 발생을 보고함으로써 그들 반응의 적합성을 의심하게 하는가? (믿기 어렵겠지만, 어떤 참

표 10.1_ 스트레스와 정신건강의 관계에 관한 줄기-잎 그림

스트레스에 대한 줄기-잎		증상에 대한 줄기-잎	
0*	1123334	5.	8
0.	5567788899999	6*	112234
1*	011222233333444	6.	55668
1.	555555566667778889	7*	00012334444
2*	0000011222223333444	7.	57788899
2.	56777899	8*	00011122233344
3*	0013334444	8.	5666677888899
3.	66778889	9*	0111223344
4*	334	9.	556679999
4.	5555	10*	0001112224
		10.	567799
HI	58, 74	11*	112
		11.	78
		12*	11
		12.	57
		13*	1
		HI	135, 135, 147, 186

Code: 2.|5 = 25

Code: 5.|8 = 58

0 10 20 30 40 50 60 70

스트레스에 대한 상자 그림

50 60 70 80 90 100 110 120 130 140 150 180

증상에 대한 상자 그림

가자들은 심리학자들이 기대하는 것보다는 존경심을 덜 가지고 심리학 실험을 대하는 것으로 알려져 왔다.) 두 번째 점검해야 할 사항은 동일한 참가자가 양 변인상에서 동떨어진 데이터 값을 생성했는지 여부이다. 그렇다면 참가자의 데이터는 비록 적합하다 할지라도 결과적인 상관에 불균형적 영향을 미칠 수 있다. 세 번째 할 일은 데이터의 산포도를 만들어서 다시 특정한 극단적 데이터 값의 과도한 영향을 살펴보는 일이다(그림 10.1에 그러한 산포도가 나온다). 마지막으로 예윗값들을 포함시키기도 하고 배제시키기도 하여 분석을 수행해봄으로써 결과에 어떤 차이가 나타나는지를 볼 수 있다. 데이터에 대해 이 네 단계 각각을 수행해본다면, 우리가 식별해낸 예윗값들이 상관이나 회귀식 결과에 어떤 중요한 방식으로 영향을 미쳤다고 시사할 만한 것이 전혀 없을 것이다. 이러한 단계들은 어떠한 좋은 분석보다도 먼저 해야 할 중요한 일인데, 이 단계들이 최종 결과에 더 큰 확신을 주기 때문이다.

예비 단계

1. 줄기-잎 그림 디스플레이와 상자 그림을 사용하여 데이터의 특이한 속성을 조사한다.
2. 개개 참가자들이 결과에 과도한 영향을 미치게끔 두 변인상에서 극단적 점수를 보였는지 검토한다.
3. 데이터의 산포도를 만든다.
4. 의심스런 데이터를 포함한 분석과 포함하지 않은 분석을 수행하여 그 결과가 상이한지 살펴본다.

10.2 기초 데이터

스트레스와 증상에 관한 데이터의 일부가 표 10.2에 나와 있다. 다운로드받을 수 있는 전체 데이터 집합은 다음 사이트에서 이용 가능하다.

https://www.uvm.edu/~dhowell/fundamentals9/DataFiles/Tab10-2.dat

이 데이터로부터 상관계수를 계산할 수 있다(9장 참고).

$$r = \frac{cov_{xy}}{s_x s_y}$$

이 데이터의 경우 그 결과는 다음과 같다.

$$r = \frac{134.301}{(13.096)(20.266)} = .506$$

이 상관은 이와 같은 심리적 변인들에 관한 실제 데이터에서는 꽤 큰 것이다. vassarstats.net에서 계산기를 사용하면('Correlation and Regression'을 선택한 다음 'The Significance of an Observed Value of *r*'로 스크롤 다운하라) 자유도 105에서 상관이 .506일 확률이 소수점 이하 세 자리까지 하면 .000이다(실제 확률은 .00000003으로서 매우 작다). 따라서 H_0: $\rho = 0$을 기각할 수 있으며 스트레스와 증상 간에 유의미한 관계가 존재한다고 결론 내릴 수 있다. 앞 장에서 살펴보았듯이 이는 비록 가능성은 있지만 스트레스가 증상을 야기한다고 말해주지는 않는다.

표 10.2_ 와그너 등(1988)의 데이터

ID	스트레스	증상	ID	스트레스	증상	ID	스트레스	증상
1	30	99	37	15	66			
2	27	94	38	22	85	73	37	86
3	9	80	39	14	92	74	13	83
4	20	70	40	13	74	75	12	111
5	3	100	41	37	88	76	9	72
6	15	109	42	23	62	77	20	86
7	5	62	43	22	91	78	29	101
8	10	81	44	15	99	79	13	80
9	23	74	45	43	121	80	36	111
10	34	121	46	27	96	81	33	77
11	20	100	47	21	95	82	23	84
12	17	73	48	36	101	83	22	83
13	26	88	49	38	87	84	1	65
14	16	87	50	12	79	85	3	100
15	17	73	51	1	68	86	15	92
16	15	65	52	25	102	87	13	106
17	38	89	53	20	95	88	44	70
18	16	86	54	11	78	89	11	90
19	38	186	55	74	117	90	20	91
20	15	107	56	39	96	91	28	99
21	5	58	57	24	93	92	14	118
22	18	89	58	2	61	93	7	66
23	8	74	59	3	61	94	8	77
24	33	147	60	16	80	95	9	84
25	12	82	61	45	81	96	33	101
26	22	91	62	24	79	97	4	64
27	23	93	63	12	82	98	22	88
28	45	131	64	34	112	99	7	83
29	8	88	65	43	102	100	14	105
30	45	107	66	18	94	101	24	127
31	9	63	67	18	99	102	13	78
32	45	135	68	34	75	103	30	70
33	21	74	69	29	135	104	19	109
34	16	82	70	15	81	105	34	104
35	17	71	71	6	78	106	9	86
36	31	125	72	58	102	107	27	97

기술통계치

	스트레스		증상
평균	21.467		90.701
표준편차	13.096		20.266
공변량		134.301	
N		107	

'$\alpha = .05$, 양방검증'이라는 표현은, 영가설이 참일 때 r 표집분포의 5%를 기각 영역에 두는 양방 유의도 검증을 뜻한다는 것을 기억하라. 상관의 자유도가 $N-2$와 같고, 여기서 N은 관찰값 쌍의 수이므로 자유도는 105가 된다. 영가설을 기각하면서 내린 결론은, 구해진 상관이 매우 극단적이어서 그것이 전집 상관(ρ)이 0인 점수 쌍의 전집에서 나온 것으로 생각할 수 없다는 것이다.

10.3 회귀선

스트레스와 심리적 증상 간에 유의미한 관계가 존재한다는 것을 방금 알았다. 두 변인의 산포도 그리고 스트레스(X)를 근거로 증상(Y)을 예측하기 위한 회귀선을 살펴봄으로써 이 관계가 어떤 것인지를 더 잘 알 수 있다. 산포도는 그림 10.1에 나와 있는데, 여기에 X를 근거로 Y를 예측하기 위한 최적-부합 선이 덧붙여져 있다. 이 선이 어디서 나온 것인지 곧 알게 되겠지만, 먼저 증상 점수가 스트레스 점수의 증가에 따라 선형적으로 증가하는 방식에 주목하라. 상관계수는 그러한 관계가 존재함을 알려주지만, 그래프로 제시되었을 때 그 의미를 더 쉽게 파악할 수 있다. 비록 .50의 상관의 경우 꽤 넓게 산포되어 있음에도 불구하고, 낮은 스트레스 값에서 높은 스트레스 값으로 움직여감에 따라 회귀선 주위에

그림 10.1_ 스트레스에 따른 증상의 산포도

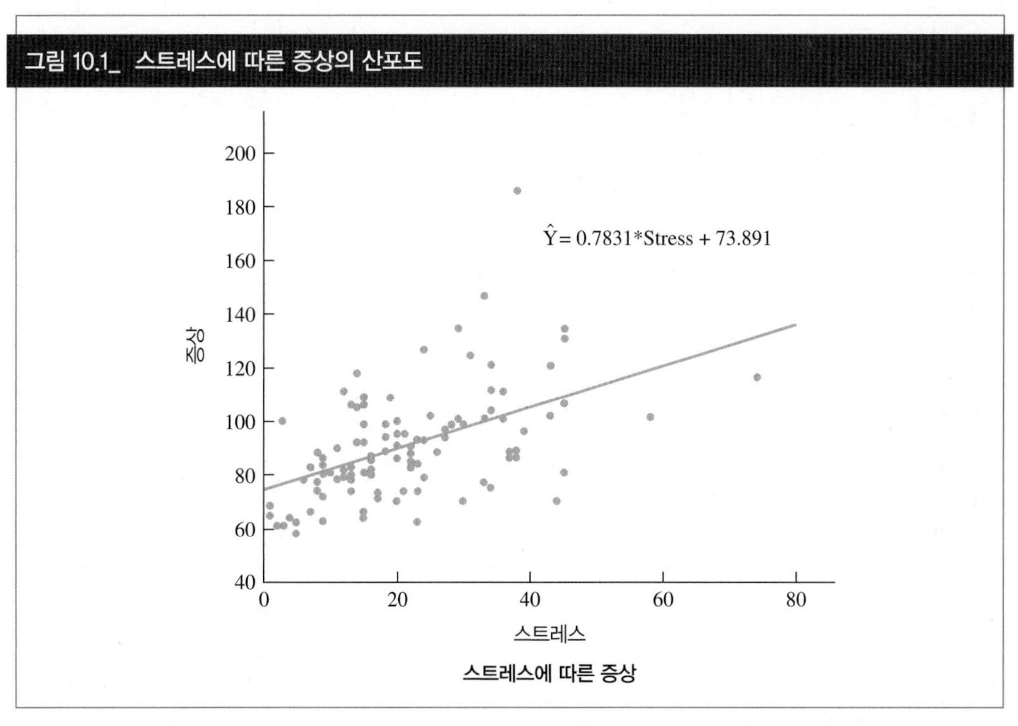

스트레스에 따른 증상

있는 값들의 산포 정도가 거의 동일하다는 사실에 주목하라. 이 절차의 근거가 되는 전제들을 고려할 때 산포를 보다 자세하게 다시 논의할 것이다. 그 회귀선의 공식을 범례로 제시하고 그것을 계산하는 방식을 곧 살펴볼 것이다. 이 그림에 대한 *R* 코드가 아래에 나와 있는데, 여러분이 아직 보지 않았던 자료를 포함하고 있다.

이 회귀선을 SPSS를 사용하여 계산하고 싶다면 먼저 여러분의 자료를 탑재한 후 *Analyze/Regression/Linear*를 선택하라. 그 다음 변인을 선택하고 'run'을 클릭하라. ('Statistics' 탭을 클릭하여 신뢰구간을 구하는 것이 언제나 좋은 생각이다.) 데이터의 그림을 그리기 위해 *Graphs/Legacy/Scatter/Simple*을 선택하라. *Y*축을 NPI로, *X*축을 연도로 설정하라. 원한다면 *Titles*를 예쁘게 꾸밀 수 있다. 그러나 선에 중첩시키려면 노력이 다소 필요하다.

```
stress.data <- read.table("https://www.uvm.edu/~dhowell/fundamentals9/
DataFiles/Tab10-1.dat", header = TRUE)
attach(stress.data)
head(stress.data)
model1 <- lm(Symptoms ~ Stress) # "lm" represents "linear model."
summary(model1) print out the results
plot(Symptoms ~ Stress, main = "Symptoms as a Function of Stress", xlab
  = "Stress", ylab = "Symptoms")
abline(model1, col = "red")
legend(35,160, expression(hat(Y) == 0.7831*Stress + 73.891), bty = "n")
regress <- lm(Symptoms ~ Stress) # To be discussed later
summary(regress)
```

```
Call:
lm(formula = Symptoms ~ Stress)

Residuals:
  Min      1Q    Median   3Q     Max
-38.347 -13.197 -1.070 6.755 82.352

Coefficients:
            Estimate Std. Error t value   Pr(>|t|)
(Intercept) 73.8896   3.2714   22.587   < 2e-16 ***
Stress        0.7831   0.1303   6.012   2.69e-08 ***
---
Signif. codes: 0 '***' 0.001 '**' 0.01 '*' 0.05 '.' 0.1 ' ' 1

Residual standard error: 17.56 on 105 degrees of freedom
Multiple R-squared: 0.2561, Adjusted R-squared: 0.249[1]
F-statistic: 36.14 on 1 and 105 DF, p-value: 2.692e-08
```

1 *R* 및 기타 소프트웨어에 '교정 R^2'이 포함되어 있음을 알 수 있다. 이에 대해서는 논의하지 않을 것이며 사실상 누구도 이에 대한 참고자료를 언급하지 않는다. 교정은 어쨌든 사소하고 논쟁의 여지가 있다.

고등학교에서 배웠겠지만, 직선의 공식은 $Y = bX + a$ 형태를 취한다(a와 b 대신에 다른 글자를 사용할 수 있지만, 이는 통계학자들 대부분이 사용하는 것들이다). 목적상, 이 공식을 다음과 같이 쓰겠다.

$$\hat{Y} = bX + a$$

여기서

$\hat{Y}$ = Y의 **예측된 값**(y-hat)
b = 회귀선의 **기울기**(X에서 1 단위 차이와 관련된 Y에서의 차이 양)
a = **절편**($X = 0$일 때 Y의 예측된 값)

X는 단순히 예측변인의 값으로서, 이 경우 스트레스이다. 우리의 과제는 최적-부합 선형 함수를 생성해주는 a와 b 값을 계산해내는 데 있다. 바꾸어 말하면, 기존 데이터를 사용하여 선(X의 여러 값들에 대한 $\hat{Y}$ 값들)이 실제로 구한 Y 값들에 가능한 한 가깝도록 a와 b값을 계산하고자 한다.

직선에 관한 공식을 Y에 따라 정의할 때, 이 공식에서 Y 대신 $\hat{Y}$ 기호를 사용하는 이유를 물어볼 수 있다. $\hat{Y}$을 사용하는 이유는 우리가 구하고자 하는 값들이 **예측된** 값들이라는 것을 표시하기 위해서이다. 이 경우, Y 기호는 '증상'에 대해 실제로 **구한** 값들이다. 이는 107명의 참가자들이 보고한 값들이다. 우리가 찾고자 하는 것은 실제로 구한 Y 값들과 가능한 한 가까운 예측된 값들($\hat{Y}$)로서, 이 때문에 상이한 기호를 사용하는 것이다.

최적-부합 선을 찾는다고 말했는데, '최적'이 의미하는 바를 정의해야 한다. **예측오차**(errors of prediction), 즉 $(Y - \hat{Y})$ 편차에 따르는 것이 논리적인 방식일 것이다. 일정 수준의 스트레스에 관해 우리 공식이 예측하고자 하는 증상변인의 값이 Y인데 Y는 실제로 구한 값이므로, $(Y - \hat{Y})$는 예측오차로서 통상 **잔여**(residual)라고 부른다. 이러한 오차를 최소화하는 선($\hat{Y}$들의 집합)을 찾아내고자 한다. 그러나 오차의 합을 바로 최소화할 수는 없는데, 그 이유는 값($\bar{X}$, $\bar{Y}$)을 관통하는 모든 선에서 그 합이 0이 되기 때문이다. 대신 오차제곱의 합을 최소화하는 선, 즉 $\Sigma(Y - \hat{Y})^2$을 최소화하는 선을 찾을 것이다. [5장에서 변량을 논의할 때 동일한 사항을 언급하였다. 거기서 평균으로부터의 이탈을 다루었는데, 여기서는 회귀선(일종의 변화하는 평균)으로부터의 이탈을 다룬다. 이 두 개념들, 즉 예측오차와 변량은 많은 공통점을 갖고 있다.] 잔여제곱을 최소화한다는 사실 때문에 이 접근의 이름을 '**최소제곱 회귀**(least squares regression)'라고 부른다.

a와 b의 최적값을 구하는 공식을 도출하는 것은 어렵지 않지만, 여기서는 그렇게 하지 않을 것이다. Y를 예측하는 데 있어 오차제곱을 최소화하기 위한 방식으로 이들이 도출된다는 것을 염두에 두는 한, 단순히 다음을 언급하는 것으로 충분하다.

$$b = \frac{cov_{xy}}{s_x^2}$$

그리고

$$a = \overline{Y} - b\overline{X} = \frac{\Sigma Y - b\Sigma X}{N}$$

a에 관한 공식이 b 값을 포함하므로 b를 먼저 풀 필요가 있다는 점에 주목하라.

표 10.2에 이 공식들을 (공변량과 변량을 사용하여) 적용하면 다음을 구하게 된다.

$$b = \frac{cov_{xy}}{s_x^2} = \frac{134.301}{13.096^2} = \frac{134.301}{171.505} = 0.7831$$

그리고

$$a = \hat{Y} - b\overline{X} = 90.701 - (0.7831)(21.467) = 73.891$$

이제 다음과 같이 쓸 수 있다.

$$\hat{Y} = 0.7831X + 73.891$$

이 공식이 **회귀식**(regression equation)이며, a와 b 값을 **회귀계수**(regression coefficient)라고 부른다. 이 공식의 해석은 간단하다. 절편(a)을 먼저 생각해보자. 만약 $X = 0$이라면 (참가자가 지난달에 아무런 스트레스 사건도 보고하지 않았다면) Y(증상)의 예측된 값은 73.891로, 홉킨스 증상 체크리스트(hopkins symptom checklist) 상에서 꽤 낮은 점수이다. 바꾸어 말하면, 절편은 예측변인(스트레스)이 0.0일 때 예측된 증상 수준이다. 다음 기울기(b)를 생각해보자. 기울기는 흔히 **변화율**을 지칭한다 이 예에서 $b = 0.7831$이다. 이는 '스트레스'에서 1점 차이가 '증상'에서 0.7831점 차이를 예측한다는 것을 뜻한다. 이는 '스트레스' 점수의 변화에 따라 '증상' 점수가 변화하는 정도이다. 대부분의 사람들은 기울기를 수학 공식에서 상수에 불과한 것으로 생각하는데, X에서 1 단위 차이에 대해 Y가 얼마만큼 달라지는지를 예측하는 것으로 생각하는 것이 더 이해하기 쉬울 것이다.

데이터를 표준화하면 어떻게 되는가?

이제 증상과 스트레스에 관한 데이터로 되돌아가 보자. 각 변인을 각각 표준점수(z)로 변화시키면 평균이 0이고 표준편차가 1인 **표준화된** 데이터가 생성된다는 것을 6장에서 기억해내기 바란다. 평균과 표준편차가 바뀐 것을 제외하고는 데이터는 영향을 받지 않을 것이다. 비록 표준화된 데이터를 갖고 작업하는 일이 드물기는 하지만, 각 변인에 관한 데이터가 별도로 표준화되었을 때 b가 무엇을 나타내는지를 고려해볼 만하다. 이러한 경우 X 또는 Y에서 1 단위의 차이는 1 표준편차의 차이를 나타낸다. 따라서 **표준화된** 데이터의 경우 기울기가 0.75라면 X에서 1 표준편차의 증가는 Y에서 1 표준편차의 4분의 3만큼의 증가로 반영될 것이다. 표준화된 데이터에서 기울기 계수를 언급할 때, 흔히 비표준화된 데이터의 계수(b)와 구분하기 위해 **표준화된 회귀계수**(standardized regression coefficient)를 '베타(beta: β)'라고 부른다. 다행히 각 데이터 값을 z 점수로 변환시키는 것과 같은 추가적 계산을 할 필요가 없는데, 그 이유는 표준화했을 때 어떤 일이 일어나는지를 알 수 있는 다른 방식이 있기 때문이다.

표준화된 기울기(β)에 관해 흥미로운 점은 **예측변인이 한 개일 때는** β가 상관계수 r과 동일하다는 점이다. 따라서 $r = .506$일 때 '스트레스' 점수에서 두 학생 간 1 표준편차의 차이는 '증상'에서 약 1/2 표준편차 단위만큼의 예측된 차이와 관련된다고 말할 수 있다. 이는 우리가 다루고 있는 관계성의 종류를 파악하게 해준다. 다음 장에서 중다회귀를 다룰 때 β의 다른 용도를 알게 될 것이다. β 자체가 어떤 효과크기의 측정치라는 사실을 고려하는 것이 중요하다. 만약 β가 0.04에 불과하다면 전체 표준편차로 스트레스 수준을 변화시키는 것이 예측된 증상 수준을 .04 표준편차만큼 변화시킬 뿐이라는 점을 알게 될 것이다. 그러나 $\beta = .506$의 경우에는 1 표준편차와 동등한 차이는 증상에서 표준편차의 절반과 연합될 것이며 이는 의미 있게 보일 것이다.

이제 회귀선을 실제로 그리는 것에 관해 언급할 차례가 되었다. 선을 그리기 위해 단순히 X의 두 값(척도의 반대 끝에 있는 값들이 좋다)을 잡고, 각각에 대해 $\hat{Y}$을 계산하며, 그림 위에 좌표를 표시하고, 직선으로 값들을 연결한다. 나는 일반적으로 세 값들을 사용하는데, 이는 단순히 정확성을 점검하기 위해서이다. 스트레스와 증상에 관한 데이터에서 다음을 구하였다.

$$\hat{Y} = 0.7831X + 73.891$$

$X = 0$일 때,

$$\hat{Y} = 0.7831 \times 0 + 73.891 = 73.891$$

$X = 50$일 때,

$$\hat{Y} = 0.7831 \times 50 + 73.891 = 113.046$$

이 선은 값($X = 0$, $Y = 73.891$)과 값($X = 50$, $Y = 113.046$)을 관통하는데, 그림 10.1에 나와 있다.

스트레스로부터 증상을 예측하기 위해 선을 그린 것이지 다른 목적을 위해서가 아니라는 것을 지적하고자 한다. 이 선은 실제 증상으로부터 예측된 증상의 편차제곱의 합을 최소화한다. 상황을 바꾸어, 증상으로부터 스트레스 평점을 예측하고자 한다면 이 선을 사용할 수 없는데, 이 선은 그런 목적으로 도출된 것은 아니다. 대신 실제 스트레스로부터 예측된 스트레스의 편차제곱을 최소화하는 선을 찾아야 한다. 이를 가장 간단하게 하는 방식은 a와 b에 관한 공식으로 되돌아가서 X와 Y 변인 명칭을 서로 바꾸고 a와 b의 새 값을 계산하는 것이다. 이때 이미 사용했던 것과 동일한 공식을 사용할 수 있다.

평균으로의 회귀

프랜시스 골턴 경(Sir Francis Galton)은 19세 중반에 흥미로운 현상을 발견했다. 그는 키가 큰 부모의 자손은 부모보다 키가 더 작은 반면, 키가 작은 부모의 자손은 부모보다 키가 더 큰 경향이 있다는 사실에 주목하였다(그는 또한 다른 많은 변인들에서도 유사한 패턴을 확인했다). 그는 수년 동안 이 문제를 연구하였지만 초점은 일반적으로 특성의 유전에 있었다. 그는 처음에는 이 현상을 '반전'이라고 불렀다가 나중에는 '회귀(regression)'라고 불렀는데, 바로 이것이 이 장 이름의 연원이며 상관계수의 상징이 r인 이유이다. 그 당시 그는 이를 '평범으로의 회귀'라고 불렀는데, 그 후 이 과정은 **'평균으로의 회귀**(regression to the mean)'라고 알려지게 되었고 이것이 훨씬 더 근사하게 들린다.

골턴의 관점에 따르면 이 문제, 그리고 그 설명은 통계학에서 많은 것을 요구하지 않는다. 여러분이 영어 문법시험을 치른다고 생각해보자. 여러분의 점수는 두 개 성분으로 구성될 것인데, 하나는 여러분의 진짜 문법 지식일 것이고 다른 하나는 운수(좋거나 나쁜)일 것이다. 여러분이 98점, 즉 학급에서 가장 높은 점수를 받았다고 생각해보라. 다음 주 여러분이 유사한 시험을 치른다면 아마도 여러분은 더 못할 것이다. 여러분은 여전히 진짜 지식 성분을 갖고 있겠지만 운수가 여러분의 편을 들어주지 않을 가능성이 크다(여러분은 처음 시험에서 운수가 매우 좋았다. 확률에 관한 지식으로 미루어볼 때 두 시험 모두에서 운수가 매우 좋을 가능성은 별로 없을 것이라는 것을 여러분은 알아야 한다). 이는 신장에 관한 골턴의 관찰과 유사한데, 그는 유전 성분에 관한 것이 '운수'와 유사하다는 것을 밝히는 데 많은 시간을 보냈다. 골턴에게 이는 최소제곱 회귀에 관한 문제가 아니라 단순히 유전 그리고 관찰에 대한 부합 이론에 관한 질문이었다.

다른 방식, 즉 통계학 관점에서 이 문제를 살펴보자. 여러분이 학급 검사 점수들을 시험일마다 별도로 표준화한다면 그들 간 상관계수에 대해 아무런 영향을 미치지 않을 것이다. 그러나 앞서 논의에서 보았듯이 표준화된 데이터의 경우 기울기는 상관과 동일할 것이다. 그러나 대부분의 표본에서 상관계수는 1 미만이게 마련이다. 두 검사 간 상관이 .80이고 여러분의 점수가 98로서 Z 점수 2.3에 해당한다고 가정하자. 그렇다면 표준화된 회귀계수 역시 .80이고 표준화된 데이터의 회귀선은 다음과 같다.

$$\hat{Y} = .80 \times 2.3 + 0$$

절편은 표준화된 데이터의 경우 항상 0이다.) 따라서 첫 번째 검사에서 여러분 점수가 평균보다 2.3 표준편차만큼 더 높다면, 두 번째 검사의 점수에 대한 최선의 예측은 평균보다 .80×2.3=1.84 표준편차만큼 더 높다. 하지만 학급에서 매우 낮은 점수를 받은 다른 사람이 있고 동일한 유형의 추론을 그에게 거꾸로 적용한다면, 그의 점수는 두 번째 검사에서 더 높아질 것이다. 이것이 '평균에 대한 회귀'가 의미하는 것이다. 두 번째 검사에서 **예측된** 점수는 첫 번째 검사의 점수보다 평균에 더 근접할 것이다. 우리가 실제 점수를 다루는 것이 아니라 점수의 예측을 다룬다는 점에 주목하라. 그런 의미에서 이는 평균에 대한 회귀의 통계적 측면이라 할 것이다.

스포츠에서 평균으로의 회귀 사례들을 흔히 본다. '올해의 신인상'을 올해 받은 선수, 그리고 많은 사람들로부터 내년에 큰 기대를 받은 선수가 두 번째 해에 실망을 일으킬 가능성이 상당히 있다. 이를 '2년생 슬럼프'라고 부르는데, 이는 그 선수가 다음해에 열심히 하지 않는 다거나 녹슬었다거나 하는 사실과는 무관하다. 이는 발생하리라고 합리적으로 예상할 수 있는 것이다.

평균으로의 회귀가 시간이 흐름에 따라 모든 변인들이 공통의 평균을 향해 회귀하는 일반적 경향을 의미한다고 흔히들 생각한다. 따라서 내 자손이 우리의 키 큰 부모보다는 더 키가 작고 우리의 키 작은 부모보다는 더 키가 클 것으로 예상한다면, 내 아이의 자손은 내 자손 가운데 키 큰 사람보다는 더 키가 작고 내 자손 가운데 키 작은 부모보다는 더 키가 클 가능성이 있다. 만약 이것이 맞다면 150년 후에는 모든 사람의 키가 약 147센티미터가 될 것으로 예상되는데, 그런 일이 일어나지 않을 것이라는 것을 우리는 알고 있다. **평균으로의 회귀는 개개 데이터 값의 현상이지 집단 특성의 현상은 아니다.** 비록 점수가 높은 사례의 경우 다음에는 점수가 낮아질 것으로 예상되지만, 변산성은 여전히 존재하고 이처럼 점수가 높은 집단 가운데 많은 사례의 수행은 예상보다 높을 것이다. 다음번에는 여러분의 문법 점수가 좋지 않을 가능성이 있지만, 경험상 검사 점수들이(전체적으로 볼 때) 이번 점수와 꽤 비슷할 것이라는 것을 여러분은 알고 있다(평균으로의 회귀 역시 시간상 역행적으로도 작용한다. 어린이의 신장에서 부모의 신장을 예측해보면 동일한 현상을 알게 될 것이다).

평균으로의 회귀를 직접 다룬 흥미로운 연구를 그람시(Grambsch, 2008)가 수행하였다. 그녀는 총기 등록과 살인율에 관한 데이터 설명을 위해 평균으로의 회귀에 주목하고서, 평균으로의 회귀를 통제했을 때 데이터가 '강제 발부 법안(요건만 갖추면 권총 소지 허가를 발부해야 하도록 한 법안–옮긴이 주)이 살인율 감소에 좋은 효과가 있다는 가설을 전혀 지지하지 않는다'는 것을 발견하였다. '강제 발부' 법안은 더 많은 사람에게 총기 소지를 허용하는데, 이것이 범죄를 감소시킨다고 주장되어왔다.

마지막으로 이 모든 것은 무선배정 개념과 중요한 방식으로 관련되어 있다. 여러분이 대학생의 수학 지식 수준을 증진시키고자 한다고 가정해보자. 여러분은 검사를 실시하고, **점수가 가장 나쁜 학생들을 별도로 특별 교육시킨 후,** 다시 학급으로 불러들여서 모든 학생들을 다시 검사한다. 여러분은 수행이 향상되었다고 확신할 것이다. 학생의 기저 지식은 전혀 향상되지 않았을 가능성이 있다. 만약 그 학생들이 첫 번째 날에 우연히 운이 나빠서 바닥 성적을 보였다면, 무선적인 운수 성분은 재검사 시에는 그다지 나쁘지 않았을 가능성이 있으며, 특별 교육이 전혀 쓸모가 없었다 할지라도 점수는 향상될 것이다. 이는 가능한 한 참가자들을 집단에 무선 배정할 것을 주장하는 매우 중요한 이유이다.

10.4 예측의 정확성

데이터 집합에 회귀선을 부합시킬 수 있다는 사실이 문제가 해결되었다는 것을 의미하는 것은 아니다. 거꾸로, 문제는 이제부터 시작이다. 중요한 점은 직선이 데이터를 관통하여 그려질 수 있는지(여러분은 항상 그렇게 할 수 있다) 여부가 아니라 선이 데이터에 대한 합리적 부합을 나타내는지 여부로서, 바꾸어 말하면, 이러한 노력이 가치 있는지 여부이다.

그러나 예측오차를 논의하기 전에 *X* 값에 대해 아무런 지식도 없이 *Y*를 예측하고자 하는 상황으로 되돌아가 보는 것이 도움이 될 것인데, 이는 이 장의 첫머리 부분에서 다루었다.

오차 측정치로서 표준편차

표 10.2에 예시된 완전한 데이터 집합을 가지고서, 지난달의 스트레스에 관해 특정인이 보고한 것을 들어보지 않고 그의 증상 수준(Y)을 예측하도록 요구받았다고 가정해보자. 이러한 경우 최선의 예측은 평균 '증상' 점수($\overline{Y}$)가 될 것이다. 여러분이 평균을 예측하는 이유는 이것이 평균적으로 다른 어떤 예측보다 모든 다른 점수들에 더 가깝기 때문이다. 그렇게 하지 않고 여러분의 예측이 최소 점수나 최대 점수라면 일반적으로 얼마나 잘못한 것인지를 생각해보라. 어쩌다 정확하게 맞을 수도 있지만, 대부분의 경우 터무니없이 틀리게 될 것이다. 평균을 가지고서는 훨씬 더 자주 정확하게 맞을 가능성이 높으며(더 많은 사람들이 실제로 분포의 중앙에 떨어질 것이기 때문이다), 틀리다 하더라도 극단적 예측을 하는 것만큼 틀리지는 않을 것이다. 예측과 관련된 오차가 Y의 표본 표준편차(s_Y)일 것이다. 그 이유는 여러분의 예측이 평균이기 때문이며, s_Y가 평균을 중심으로 한 편차를 다루기 때문이다. s_Y를 조사하는 데 있어 표준편차가 다음과 같이 정의됨을 알고 있다.

$$s_Y = \sqrt{\frac{\Sigma(Y - \overline{Y})^2}{N - 1}}$$

그리고 그 변량은 다음과 같이 정의된다.

$$s_Y^2 = \frac{\Sigma(Y - \overline{Y})^2}{N - 1}$$

분자는 $\bar{Y}$(이 특정 사례에서 예측된 값)으로부터 편차제곱의 합이다.

추정치의 표준오차

이제 한 사람이 보고한 스트레스 수준을 우리가 알고서, 이 사람이 경험할 가능성이 있는 심리적 스트레스(증상으로 측정된) 수준에 관해 예측하고자 한다고 가정해보자. 이 사람의 X 값(스트레스)이 15라고 가정하자. X의 관련값과 회귀식을 알고 있는 상황에서 최선의 예측은 $\hat{Y}$일 것이다. 이 경우, $X = 15$이며 $\hat{Y} = 0.7831 \times 15 + 73.891 = 85.64$이다. 앞서의 오차 측정치(표준편차)와 마찬가지로 이 예측과 관련된 오차는 예측된 값에 관한 Y의 편차의 함수가 다시 될 것이다. 그러나 이 경우, 예측된 값은 $\bar{Y}$가 아니라 $\hat{Y}$이다. 구체적으로, 오차 측정치는 이제 다음과 같이 정의될 수 있다.

$$s_{Y-\hat{Y}} = \sqrt{\frac{\Sigma(Y-\hat{Y})^2}{N-2}}$$

그리고 다시 그 합은 예측($\hat{Y}$)에 관한 편차제곱을 $N-2$로 나눈 것인데, N은 쌍의 수이다. 통계치 $s_{Y-\hat{Y}}$을 **추정치의 표준오차**(standard error of estimate)라고 부르며, X로부터 **예측된** Y의 표준편차라는 것을 나타내기 위해 흔히 $s_{Y.X}$라고 쓴다. 이는 예측오차에 대한 가장 흔한(비록 최선은 아니지만) 측정치이다. 그 제곱, $s_{Y-\hat{Y}}$을 **잔여 변량**(residual variance) 또는 **오차 변량**(error variance)이라고 부른다.

표 10.3은 추정치의 표준오차를 직접 계산하는 방식을 보여준다. 처음 10개 사례에서 원자료는 2행과 3행에 있으며, Y의 예측된 값($\hat{Y} = 0.7831X + 73.891$에서 구한)이 4행에 있다. 5행은 각 관찰에 대한 $Y-\hat{Y}$ 값을 담고 있다. 예측에 관한 편차의 합이 항상 0이기 때문에 5행의 합[$\Sigma(Y-\hat{Y})$]이 0이라는 것에 주목하라. 편차를 제곱하고 합하면 $\Sigma(Y-\hat{Y})^2 = 32,386.048$을 구하게 된다. 이 합으로부터 다음을 계산할 수 있다.

$$s_{Y-\hat{Y}} = \sqrt{\frac{\Sigma(Y-\hat{Y})^2}{N-2}} = \sqrt{\frac{32,386.048}{105}} = \sqrt{308.439} = 17.562$$

이런 방식으로 표준오차를 구하는 것은 전혀 재미가 없으며 이렇게 하기를 권하지 않는다. 이것을 제시한 이유는 이것이 용어가 뜻하는 바를 명료하게 나타내주기 때문이다. 다행히 훨씬 단순한 계산 절차가 있는데, 이는 추정치의 표준오차를 구하는 방식을 나타내줄 뿐만 아니라 보다 중요한 문제에 직결된다. 하지만 방금 사용한 공식은 측정하는 것을 가장 잘 정의해주기 때문에 잊지 말아야 한다.

표 10.3_ 와그너 등(1988)의 자료에서 $\hat{Y}$과 잔여를 포함한 처음 10개 사례들

참가자	스트레스(X)	증상(Y)	$\hat{Y}$	$(Y-\hat{Y})$
1	30	99	97.383	1.617
2	27	94	95.034	−1.034
3	9	80	80.938	−0.938
4	20	70	89.552	−19.552
5	3	100	76.239	23.761
6	15	109	85.636	23.364
7	5	62	77.806	−15.806
8	10	81	81.721	−0.721
9	24	74	91.901	−17.901
10	34	121	100.515	20.485
완전한 데이터 집합에서 구한 기술통계치				
평균	21.467	90.701	$\Sigma(Y-\hat{Y}) = 0.000$	
표준편차	13.096	20.266	$\Sigma(Y-\hat{Y})^2 = 32{,}386.048$	
공변량	134.301			

r^2과 추정치의 표준오차

추정치의 표준오차를 다음과 같이 정의하였다.

$$s_{Y-\hat{Y}} = \sqrt{\frac{\Sigma(Y-\hat{Y})^2}{N-2}}$$

여기서, 약간의 대수적 치환과 조작(생략)을 하면 다음 공식이 도출된다.

$$s_{Y-\hat{Y}} = s_Y\sqrt{(1-r^2)\left(\frac{N-1}{N-2}\right)}$$

우리 데이터에서 이제 두 가지 다른 방식으로 $s_{Y-\hat{Y}}$을 계산할 수 있는데, 그 답은 동일하다.

1. $s_{Y-\hat{Y}} = \sqrt{\frac{\Sigma(Y-\hat{Y})^2}{N-2}} = \sqrt{\frac{32{,}386.048}{105}} = 17.562$

2. $s_{Y-\hat{Y}} = s_Y\sqrt{(1-r^2)\left(\frac{N-1}{N-2}\right)} = 20.266\sqrt{(1-.506^2)\left(\frac{106}{105}\right)} = 17.562$

추정치의 표준오차를 계산했으므로 이를 표준편차의 형태로 해석할 수 있다. 따라서 회귀선에 관한 값들의 표준편차가 17.562라고 말하는 것이 합당하다. 이를 달리 말하면, $s_{Y-\hat{Y}}$

은 회귀 공식을 사용할 때 범하는 오차의 표준편차이다. 이것은 가능한 한 작을수록 좋을 것이다.

예측 가능한 변산성의 측정치로서 r^2

상관계수 제곱(r^2)은 두 변인 간 관계성의 강도를 설명하는 데 매우 중요한 통계치이다. 이제부터 나는 용어를 다소 대충 사용할 것이다. 완벽하게 정확한 방식으로 설명하려면 여러 공식들과 개념들을 제시해야 하는데, 이것들은 사실상 알 필요가 없는 것들이다. '변량' 단어를 사용하여 여러 용어들을 지칭하고 싶지만 이 용어들이 실제로 변량은 아니다. 따라서 '변화'와 '변산성'과 같이 모호한 용어를 사용할 것인데, 이는 그것이 무엇이든 그리고 그것을 어떻게 측정하든 변산성을 뜻한다.

두 변인들(X와 Y)을 갖고 시작할 때 아마도 종속변인 또는 기준변인 Y에서 커다란 변산성이 존재할 것이다. 이 변산성의 어느 부분은 예측변인(X)과 직접 관련되어 있고, 또 다른 부분은 단순한 잡음으로써 오차라고 부르는 것이다. 만약 증상을 예측하는 스트레스 사례처럼 X가 Y의 좋은 예측변인이라면 스트레스의 변산성 가운데 커다란 부분은 증상의 변산성과 연합되어 있고, 이 변산성은 $\hat{Y}$의 변산성으로 측정될 수 있을 것이다. 이것이 의미하는 바는 '증상' 수준에서 여러분과 내가 상이한 이유의 많은 부분은 우리가 '스트레스' 수준에서 상이하기 때문이라는 것이다. 만약 우리의 '스트레스' 수준이 동일하다면 우리의 **예측된** '증상' 수준이 동일할 것이다. 만약 '스트레스' 수준이 상이하다면 **예측된** '증상' 수준이 상이할 것이다.

따라서 다음과 같은 형태의 다소 모호한 공식을 가정해보자.

$$r^2 = \frac{\text{스트레스로 설명되는 증상의 변산성}}{\text{증상의 전체 변산성}}$$

만약 계산을 한다면 결과는 백분율로 나타날 것이다. 달리 말하면 r^2은 '증상'의 변산성 가운데 '스트레스'가 예측하거나 설명할 수 있는 백분율과 동일할 것이다. 우리의 경우 .506의 r을 발견했고 따라서 '스트레스'의 차이가 '증상'의 차이 가운데 25%를 예측한다고 말할 수 있다.[2] 다른 방식으로 말하면, 한 집단의 사람을 구하여 그들의 '증상' 수준을 측정한다면 사람들 간 커다란 차이가 존재할 것이다. 어떤 사람들은 마음이 느긋하고 어떤 사람들은 틀림없이 제정신이 아니다. 그러나 이제 우리는 사람들 간 이러한 차이의 25%가 그들

---

2 r^2의 개념은 그다지 직관적이지 않다. 대학 캠퍼스마다 범죄율에 있어 커다란 차이가 있는 듯하다고 내가 언급했다고 가정해보라. 여러분은 그 상당 부분이 상이한 보고 기준에 기인한다고 제안할 수 있다. 통계치 r^2은 여러분이 '상당 부분'이라고 부른 것에 단순히 숫자 값을 부여한 것이다. 우리가 범죄율 자체가 아니라 그것의 차이에 초점을 맞추고 있다는 점에 주목하라.

이 경험하는 '스트레스' 수준이 상이하다는 사실과 관련된다는 것을 알고 있다. 그리고 행동과학에서 어떤 변인의 변산성 가운데 25%를 설명할 수 있다는 것은 인상적이다.

이제는 자기도취증 사례를 살펴보자. 만약 사람들이 시간의 흐름에 따라 더 자기도취적이 된다는 말이 사실이라면, 시간은 평균 자기도취증 수준의 변화 가운데 많은 양을 설명해야 한다. 그러나 우리가 구한 상관은 −.29였는데, 제곱하면 이는 자기도취증의 차이 가운데 약 9%만을 설명할 수 있다는 것을 뜻한다. 더 나아가, 상관(그리고 회귀계수 *b*)은 부적인데, 비록 그 상관이 유의미하지는 않지만, 이는 자기도취증이 일반적으로 감소한다는 것을 뜻한다.

이 개념은 중요하므로 다른 방식으로 설명할 가치가 있다. 흡연(*X*)과 수명(*Y*) 간 관계를 연구하는 데 관심이 있다고 가정해보자. 시간이 경과함에 따라 사람들이 사망하는 것을 지켜보면서 몇 가지 사항을 알게 된다. 첫째, 모든 사망자가 정확하게 동일한 연령에 사망하는 것은 아니라는 것을 안다. 흡연 행동에 관계없이(무시하고) 수명에 있어 변산성이 존재한다. 또한 어떤 사람은 다른 사람보다 더 많이 흡연한다는 명백한 사실을 알게 된다. 이는 사망 연령과 무관한 흡연 행동의 변산성이다. 더 나아가 흡연자가 비흡연자보다 먼저 사망하며, 심한 흡연자가 경미한 흡연자보다 먼저 사망한다는 것을 발견한다. 따라서 *X*(흡연)로부터 *Y*(사망 연령)를 예측할 수 있는 회귀식을 작성한다. 사람들이 흡연 행동에 있어 다르기 때문에 **예측된** 기대수명($\hat{Y}$)에서도 다를 것인데, 이는 $\hat{Y}$의 변산성으로서 $\hat{Y}$은 *X*가 변화하지 않으면 변화하지 않는다.

변산성의 마지막 한 가지 원천이 있는데, 이는 흡연을 정확하게 동일한 양만큼 하는 사람들의 기대수명의 변산성이다. 이는 오차 변산성으로서 *X*의 변산성에 의해 설명될 수 없는 *Y*의 변산성인데, 그 이유는 이 사람들이 흡연량에 있어 차이가 없기 때문이다. 이러한 여러 변산성의 원천(제곱합)을 간략하게 요약할 수 있다.

회귀에서 변산성의 원천
- 흡연량의 변산성
- 기대수명의 변산성
- 흡연 행동의 변산성에 직접 귀인시킬 수 있는 기대수명의 변산성
- 흡연 행동의 변산성에 귀인시킬 수 없는 기대수명의 변산성

모든 비흡연자가 정확하게 72세에 사망하고 모든 흡연자가 정확하게 동일한 양만큼 흡연하며 정확하게 68세에 사망하는 터무니없이 극단적인 상황을 고려해본다면, 기대수명의 모든 변산성은 흡연 행동의 변산성으로부터 직접 예측 가능하다. 당신이 흡연을 한다면 당신은 68세에 사망할 것이며, 흡연하지 않는다면 72세에 사망할 것이다. 이러한 경우 상관은 1이 될 것이며 흡연은 사망 연령 변산성의 100%를 예측할 것이다.

보다 현실적인 사례로, 흡연자들은 비흡연자들보다 먼저 사망하는 경향이 있지만, 각 집단내에서는 기대수명의 변산성이 일정량 있을 것이다. 이러한 상황에서 사망 연령의 변산성 일부는

흡연에 귀인될 수 있으며 다른 변산성 부분은 그렇지 않다. 우리는 흡연 행동의 변산성에 귀인시킬 수 있는 기대수명의 전반적 변산성 백분율을 나타낼 수 있기를 원한다. 바꾸어 말하면, 다음을 나타내는 측정치를 원한다.

$$\frac{\text{예측된 변산성}}{\text{전체 변산성}}$$

앞서 살펴보았듯이 이 측정치는 r^2이다.

r^2에 대한 이러한 해석은 매우 유용하다. 예를 들어, 흡연량과 기대수명 간 상관이 0.80만큼 비현실적으로 높다면, 기대수명의 변산성 가운데 $0.80^2 = 64\%$가 흡연 행동의 변산성으로부터 직접 예측 가능하다고 말할 수 있다. 분명히 이는 현실 세계를 크게 과장한 것이다. 만약 상관이 보다 그럴듯하게 $r = 0.20$이라면, 기대수명의 변산성 가운데 $0.20^2 = 4\%$가 흡연 행동과 관련되어 있으며 나머지 96%는 다른 요인들과 관련되어 있다고 말할 수 있다(비록 4%는 여러분에게 대단히 작은 것으로 여겨질지 모르지만, 사람들이 얼마나 살 것인지를 우리가 언급할 때 이는 전혀 사소한 것이 아니며, 특히 당사자들에게 그러하다).

상관계수 제곱에 초점을 둘 때 한 가지 문제는 적절한 균형 감각을 유지하는 것이다. 만약 기대수명의 변산성 가운데 4%를 흡연이 설명한다는 것이 사실이라면, 흡연이 기대수명에 별로 기여하지 않는다고 이를 가볍게 넘기는 경향이 있을 것이다. 그러나 자동차 사고, 살인, 암, 심장 병, 뇌졸중 등을 포함하여 기대수명에 수많은 변인들이 기여한다는 사실을 염두에 두어야 한다. 이 가운데 어떤 것은 흡연과 관련되고 다른 것은 관련되지 않은데, 변산성의 4%, 심지어는 1%만을 설명하는 것이라 할지라도 상당히 강력한 예측변인인 것이다. 한 강의에서 여러분의 학점과 같은 것을 4% 설명하는 변인은 아마도 사소한 것일 것이다. 그러나 여러분의 기대수명의 변산성 가운데 4%를 설명하는 것은 그다지 쉽게 넘겨버릴 수 없는 것이다.

로젠탈 등(Rosenthal, Rosnow, & Rubin, 2000)은 제곱한 통계치(r^2)보다는 단순히 제곱하지 않은 통계치, r을 사용하는 것이 더 좋다고 제안하였다. 그들이 특히 우려한 것은, 상관을 제곱하는 것이 처음 시작한 것보다 더 작은 값을 생성하고 이 때문에 어떤 효과를 실제보다 더 작은 것으로 간주하게 될 수 있다는 것이다. 그렇다, 측정치를 논리적 참조물, 즉 특정 변인과 연합된 변산성의 비율에 결부시킨다는 점에서 r^2는 훌륭하다. 하지만 r을 옹호할 수도 있다. 이 장의 앞부분에서 표준화된 측정치라는 측면에서 생각한다면 r이 β와 동일하다는 것을 살펴보았다. 즉, r은 한 변인이 다른 변인과 함께 변화하는 정도를 나타내는 측정치로 간주될 수 있다. 따라서 만약 $r = .75$라면 예측변인상에서 1 표준편차만큼 상이한 두 사례들은 종속변인상에서 표준편차의 4분의 3만큼 상이하다고 예측될 수 있을 것이다. 이는 의미 있는 통계치라는 느낌을 준다.

어느 것이 더 나은지에 대해 충분한 안내 없이 이래라 저래라 말하는 것은 이 수준에서는 적절치 않다. 하지만 변하지 않는 것이 있다. 15년 전 통상적인 제언은 효과크기의 측정치로서 상관의 제곱이 적절하다는 것이었다. 세월이 흐르면서 그러한 입장에서 조금씩 벗어나게 되었고 제곱하지 않은 r을 점차 사용하게 되었다. 이는 내 생각에는 더 나은 입장이지만, 변량분석을 다룰 때 알게 되겠지만 내가 항상 일관된 것은 아니다. 이 이슈에 관해 보다 광범위한 논의는 그리솜과 김(Grissom & Kim, 2012, p. 140)을 참고하라.

'설명할 수 있는', '귀인시킬 수 있는', '예측될 수 있는' 그리고 '관련된'과 같은 구절이 원인과 결과에 관한 진술로 해석되어서는 안 된다는 것을 주목하는 것이 중요하다. 여러분 어깨의 통증이 날씨 변산성의 10%를 설명할 수 있다고 말할 수 있지만, 그렇다고 해서 이 말이 아픈 어깨가 비의 원인이랄지 심지어는 비 자체가 아픈 어깨의 원인이라는 것을 뜻하는 것은 아니다. 예를 들어, 우산을 드는 것이 여러분의 점액낭염을 악화시켰기 때문에 비가 올 때 어깨가 아플 수는 있다.

10.5 한곗값의 영향

표 9.3에서 영국의 11개 지역에서 알코올과 담배의 소비 간 관계에 관한 실제 데이터 집합을 살펴보았다. 또한 북아일랜드의 비정상적인 유별난 데이터 값을 포함시키면 이 관찰값

표 10.4_ 북아일랜드의 관찰값을 포함/배제한 SPSS 회귀 해법

(a) 북아일랜드 포함

계수[a]					
	비표준화된 계수		표준화된 계수		
모형	B	표준오차	β	t	Sig.
1 (상수)	4.351	1.607		2.708	.024
담배	.302	.439	.224	.688	.509

[a] 종속변인: 알코올

(b) 북아일랜드 배제

계수[a]					
	비표준화된 계수		표준화된 계수		
모형	B	표준오차	β	t	Sig.
1 (상수)	2.041	1.001		2.038	.076
담배	1.006	.281	.784	3.576	.007

[a] 종속변인: 알코올

이 없는 경우에 비해 상관이 극적으로 달라진다는 것을 살펴보았다(이 관찰값을 포함시키면 상관이 .784에서 .224로 뚝 떨어진다). 이 값이 회귀 공식에 어떤 영향을 미치는지 알아보자.

표 10.4에 두 가지 해법 결과가 나와 있는데, 첫 번째는 일탈 관찰값을 포함한 것이고 두 번째는 일탈 관찰값을 배제한 것이다. 회귀선들은 그림 10.2의 (a)와 (b) 부분에 나와 있다.

회귀선의 극적 변화에 주목하라. 기울기는 .302에서 1.006으로 바뀌는데, 이 기울기들과 관련된 *p* 값은 해당 상관들의 *p* 값을 정확하게 반영해준다. 이는 한 개의 유별난 값이

그림 10.2_ 알코올과 담배 소비에 대한 산포도

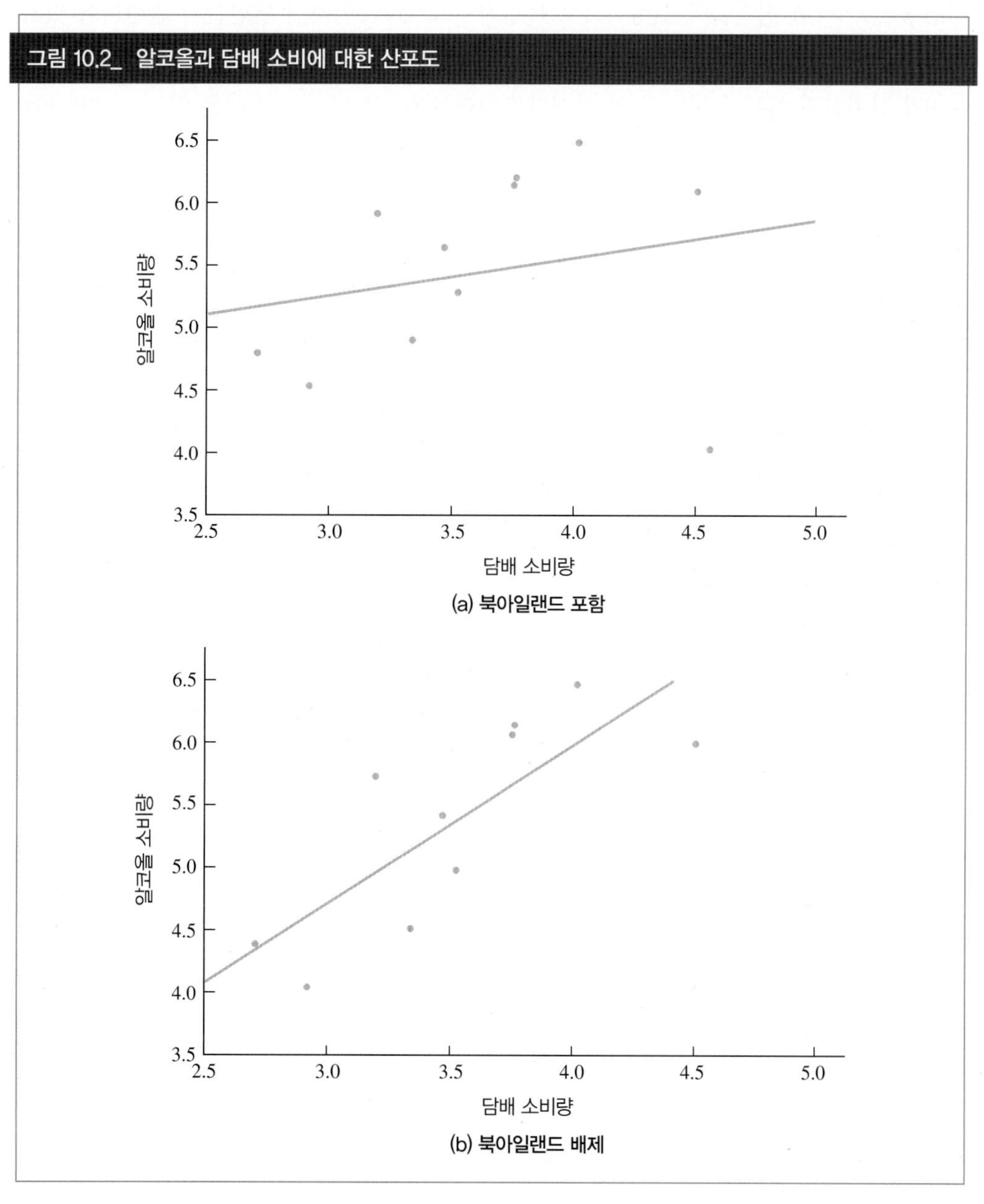

(a) 북아일랜드 포함

(b) 북아일랜드 배제

그쪽 방향으로 회귀선을 잡아당기는 데 있어 커다란 효과를 미칠 수 있다는 것을 보여준다. 한 번에 한 변인에만 주목할 때에는 문제의 관찰값이 그다지 유별나지 않기 때문에 이는 매우 좋은 예가 된다. 더욱이 이는 실제 데이터 값으로서 자료 수집 과정에서의 오류가 아니다.

10.6 회귀에서 가설검증

앞 장에서 상관계수의 유의도 검증을 살펴보았다. 우리는 H_0: $\rho = 0$을 검증하였는데, 왜냐하면 $\rho = 0$이라면 변인들이 선형적으로 독립적이고, $\rho \neq 0$이라면 변인들이 관련되어 있기 때문이다. 회귀 문제를 접할 때 우리는 상관계수와 기울기 양자를 갖고 있으며, 어느 것이든 0과 상이한지 여부를 물어야 할 것이다.[3] 여러분은 r을 다루는 방식은 알고 있지만 b는 어떠한가?

기울기를 검증하는 가장 간단한 접근은 단지 한 개의 예측변인만을 가지고 있을 때 b에 관해 별도의 검증을 할 필요가 없다고 말하는 것이다. 예를 들어, 스트레스와 증상 간 **상관**이 유의미하다면, 이는 증상이 스트레스와 관련 있다는 것을 뜻한다. 만약 기울기가 유의미하다면, 이는 스트레스 양에 따라 예측된 증상의 수가 증가한다(또는 감소한다)는 것을 뜻한다. 그러나 이는 똑같은 말이다! 잠시 후 보겠지만 기울기에 관한 검증은 상관계수에 관한 검증과 숫자상 동일하다. 그렇다면 쉬운 답은 상관을 검증하는 것이다. 그 검증이 유의미하다면 전집의 상관과 전집의 기울기 양자는 0이 아닌 것이다. 그러나 이는 예측변인이 한 개인 경우에만 적용된다는 것을 유념하라. 다음 장에서 중다예측변인들을 접하면 이는 더 이상 적용되지 않는다.

대안적 접근은 아직 다루지 않은 검증 통계치를 사용하는 것이다. 여러분이 이 두 문단을 지금은 대충 훑어보고 12장에서 t 검증에 관한 것을 읽은 후 다시 읽어볼 것을 권한다. t라고 부르는 통계치(기울기 b를 사용하여)를 계산하고 표에서 그것을 찾아볼 예정이다. 계산한 t가 표에 나온 t보다 더 크다면 H_0를 기각할 것이다. 이는 r을 검증할 때 거쳤던 절차와 동일한 유형이라는 것을 주목하라. t 공식은 다음과 같다.

$$t = \frac{b}{\frac{s_{Y-\hat{Y}}}{s_X\sqrt{N-1}}} = \frac{b(s_X)\sqrt{N-1}}{s_Y\sqrt{(1-r^2)\frac{N-1}{N-2}}}$$

그렇다면

3 절편 역시 검증할 수 있는데, 그러한 검증은 통상 그다지 흥미롭지는 않다.

$$t = \frac{b(s_X)\sqrt{N-1}}{s_Y\sqrt{(1-r^2)\frac{N-1}{N-2}}} = \frac{(0.7831)(13.096)\sqrt{106}}{20.266\sqrt{(1-.506)\frac{106}{105}}} = \frac{105.587}{17.563} = 6.01$$

여기서 t 검증을 자세히는 언급하지 않는데, 이는 동일한 t가 다음 절에서 컴퓨터 출력물에 나오는 것을 보게 될 것이기 때문이다(또한 앞서의 *R* 출력물에도 있다). 뒤에 나오는 그림 10.3을 보면, 마지막 몇 줄에 기울기('스트레스'라고 적힌 행)와 절편('상수'라고 적힌 행)의 값들이 나와 있다. 그 오른쪽에는 '*t*'라고 적힌 칸과 'Sig'라고 적힌 칸이 있다. '*t*' 아래에 적힌 것은 방금 언급했던 t 검증이다(절편에 대한 검증은 다소 다르기는 하지만, 여전히 t 검증이다). 'Sig' 아래 기입된 것은 H_0하에서 t 값들과 관련된 확률이다. 이 사례에서 SPSS가 제시한 관련 확률은 .000이다(정확한 확률은 소수점 이하 여덟 번째 숫자 이전까지는 모두 0이다). 확률이 .05 미만이라면 H_0를 기각할 수 있다. 여기서 H_0를 기각하고 증상을 스트레스에 관련시키는 기울기가 0이 아니라고 결론을 내린다. 스트레스 점수가 높은 사람들은 증상을 더 많이 가지고 있다고 예측된다.

10.7 SPSS를 사용한 컴퓨터 해법

앞서 회귀식을 찾기 위해 SPSS의 사용 단계들을 개관하였다. 여기서는 실제 출력물을 보여주고자 다시 되돌아가겠다. 그림 10.3에 '증상'과 '스트레스' 데이터에 대한 SPSS 분석에서 나온 출력물이 나와 있다. 이 분석 방법의 개요를 이 책의 웹사이트의 Short Manual에서 간략하게 제시하였다. 그것은 그 매뉴얼의 6장에 있다. 기본 연결은 *Analyze/regression/linear*이다. 독립변인으로 '스트레스'를 선택하고 종속변인으로 '증상'을 선택하라. '통계치' 버튼 아래에서 신뢰구간을 요구하고 적절한 플롯을 요청할 것을 제안한다. 출력은 처음에는 평균, 표준편차, 그리고 모든 사례의 표본크기를 제시하고, 그 다음에는 상관계수 행렬을 제시한다. 여기서 0.506 상관이 우리의 계산과 일치한다는 사실을 알 수 있다. 어떤 이유에선가 SPSS는 다른 절차에서는 보다 전통적인 양방 유의도 확률을 보고하지 않고 일방 유의도 확률을 보고한다. 단순히 p 값을 두 배로 하면 양방검증을 할 수 있다. 다음 부분에는 다시 상관계수가 제시되었다. 이 부분에는 또한 상관제곱(0.256)과 우리가 다루지 않을 교정 R^2이 나와 있으며, 추정치의 표준오차($s_{Y-\hat{Y}}$)가 나와 있다. 이 값들은 우리가 계산한 값들과 일치한다. 'ANOVA'라는 제목의 부분은 단순히 상관계수의 유의도 검증이다. 'Sig.' 기입은 H_0에서 상관이 0.506만큼 클 확률이다. 이 확률이 .000으로 주어지므로 H_0를 기각하고, '증상'과 '스트레스' 간에 유의미한 관계가 존재한다고 결론을 내린다. 마지막으로, '계수'라는 제목의 부분에서 기울기('스트레스' 단어 다음의 B 아래에 위치) 그

그림 10.3_ 증상과 스트레스의 관계에 대한 회귀분석

상관

		증상	스트레스
피어슨 상관	증상	1.000	.506
	스트레스	.506	1.000
Sig.(일방)	증상	.	.000
	스트레스	.000	.
N	증상	107	107
	스트레스	107	107

모형 요약

모형	R	R^2	교정 R^2	추정치의 표준오차
1	.506[a]	.256	.506	17.56242

[a] 예측변인: (상수), 스트레스

ANOVA[b]

모형		제곱합	*df*	평균제곱	*F*	Sig.
1	회귀	11,148.382	1	11,148.382	36.145	.000[a]
	잔여	32,386.048	105	308.439		
	합계	43,534,430	105			

[a] 예측변인: (상수), 스트레스
[b] 종속변인: 증상

계수[a]

모형		비표준화된 계수		표준화된 계수		
		B	표준오차	β	*t*	Sig.
1	(상수)	73.890	3.271		22.587	.000
	스트레스	.783	.130	.506	6.012	.000

[a] 종속변인: 증상

리고 기울기 바로 위에 있는 절편을 볼 수 있다. 다음 두 행을 건너서 이 계수들에 대한 t 검증과 이 t 값들의 확률을 보자. 앞서 기울기에 대한 t 검증을 다루었다. 이는 10.6절에 제시된 공식을 사용하여 계산한 것과 동일한 값이다. 절편에 대한 t 검증은 참 절편이 0인지에 관한 검증에 불과하다. 절편이 0일 것이라고 예상하는 경우는 거의 없으며, 따라서 이 검증은 대부분의 목적을 위해서는 그다지 유용하지 않다.

결과 기술하기

회귀분석에 관한 기술에 들어가는 데 있어 아직 우리가 다루지 않은 몇 가지 정보가 있다. 나는 어떻게든 이들을 포함시켜 빈틈이 없도록 하겠지만, 이들 의미에 대해 너무 자세히 다루지는 않겠다. 결과를 다음과 같이 기술할 수 있다.

> 와그너 등(Wagner, Compas, & Howell, 1988)은 대학생의 스트레스와 정신건강 간 관계를 조사하는 연구를 수행하였다. 그들은 107명 대학생들에게 그들이 최근 경험했던 부적 생활 사건의 수와 심각성을 측정하는 체크리스트를 완성하도록 하였다. 또한 동일한 참가자들에게 지난달에 경험했던 심리적 증상의 체크리스트를 완성하도록 하였다. 이 두 변인 간 관계는 스트레스와 정신건강의 문제를 다루며, 문헌에 따르면 스트레스 사건의 수와 심각성의 증가는 학생들이 보고한 증상 수의 증가와 관련된다.
>
> 이 데이터를 분석한 결과 예측이 확증되었고, 두 변인 간에 0.506의 상관($r^2 = 0.256$)이 나왔는데, 이는 $\alpha = .05$에서 유의미하였다[$F(1, 105) = 36.14$, $p = .000$]. 회귀식은 0.78의 기울기를 가진다[$t\ (105) = 6.012$, $p = .000$]. 높은 수준의 스트레스는 높은 수준의 심리적 증상과 관련된다(여기서 절편은 언급하지 않았는데, 절편이 아무런 의미도 없기 때문이다).

10.8 통계 보기

웹사이트에 있는 애플릿은 학습했던 것을 개관하는 데 탁월한 방법을 제공해준다. 그리고 능동적으로 그것을 갖고 작업할 것이기 때문에 시험에서 그 자료를 쉽게 기억해낼 수 있도록 해줄 것이다. 게다가 t 검증과 관련된 애플릿은 12~14장에서 한 발 앞서게 해줄 것이다.

회귀선을 가진 산포도를 이해하는 중요한 한 가지 개념은 회귀선의 도움을 받아 Y를 예측하는 방식이다. 'Predict Y'라는 제목의 애플릿이 아래 나와 있는데, 이는 이 단순한 원리의 예를 보여준다. X축을 따라 슬라이더를 움직이면 X 값을 바꿀 수 있고 이에 상응하는 $\hat{Y}$ 값을 읽을 수 있다. 이 사례에서 $X = 2$일 때 $\hat{Y} = 2.2$가 된다. 게다가 왼쪽과 오른쪽의 슬라이더를 움직이면 절편과 기울기를 각각 바꿀 수 있고 예측이 변화하는 방식을 관찰할 수 있다.

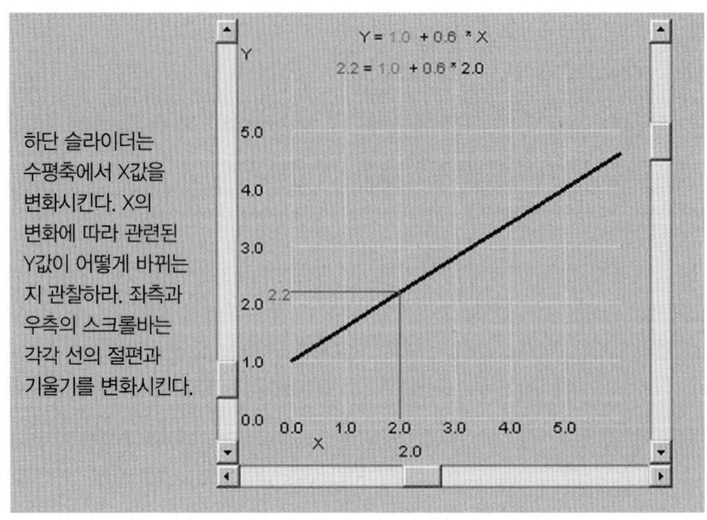

Y = 1.0 + 0.6 * X
2.2 = 1.0 + 0.6 * 2.0
Y
5.0
4.0
3.0
2.0
1.0
0.0
2.2
0.0 1.0 2.0 3.0 4.0 5.0
X
2.0
하단 슬라이더는 수평축에서 X값을 변화시킨다. X의 변화에 따라 관련된 Y값이 어떻게 바뀌는지 관찰하라. 좌측과 우측의 스크롤바는 각각 선의 절편과 기울기를 변화시킨다.

$X=2,\ 3,\ 4$일 때 $\hat{Y}$ 값을 계산하라. 그 다음 오른쪽 슬라이더를 위로 움직여서 기울기의 경사를 더 가파르게 한 후 다시 $X=2,\ 3,\ 4$일 때 $\hat{Y}$을 계산하라. 무엇이 달라졌는가?

이제는 절편을 변화시키지 말고 동일한 일을 해보라. X를 변화시킴에 따라 $\hat{Y}$ 값이 어떻게 변화하는가?

앞서 언급하였듯이 회귀선은 데이터 값들을 관통하는 '최적–부합' 선이다. 'Finding the best-fitting line'이라는 이름이 붙은 다음 애플릿에서는 회귀선을 수직 방향으로(절편을 변화시킨다) 움직이고 그것을 회전시킬 수(기울기를 변화시킨다) 있다. 다음 그림의 데이터는 매클렐런드의 원본 애플릿에서 구한 것인데, 학생들이 그의 통계 강의를 이수하기 전과 후에 통계지식 문제(Statistical Knowledge Quiz: SKQ)상의 점수를 보여준다. 이미 여러 곳에서 절편에 대해 사실상 고려할 필요가 없다는 점을 언급하였다. 자, 그것을 고려할 필요가 없다면 왜 성가시게 그것을 계산하는가? 이 애플릿은 그 질문에 대한 답을 구하는 데 도움이 된다. 이 애플릿을 사용하여 데이터의 기울기를 구하게 되면 작은 사각형을 사용하여 선을 위아래로 움직일 수 있다. 매우 높게 또는 매우 낮게 움직이면 부합이 끔찍하게 될 것이다. 절편의 실제 값을 여러분이 개의치 않더라도 최적–부합 선을 식별하는 데에는 그것이 중요하다.

여러분 생각에 '최적–부합'일 때까지 선을 조정해보라. 나는 최적–부합 선의 절편이 10.9이고 기울기가 0.42라는 것을 알게 되었다. 여러분이 부합시킨 선은 이에 비해 어떠한가?

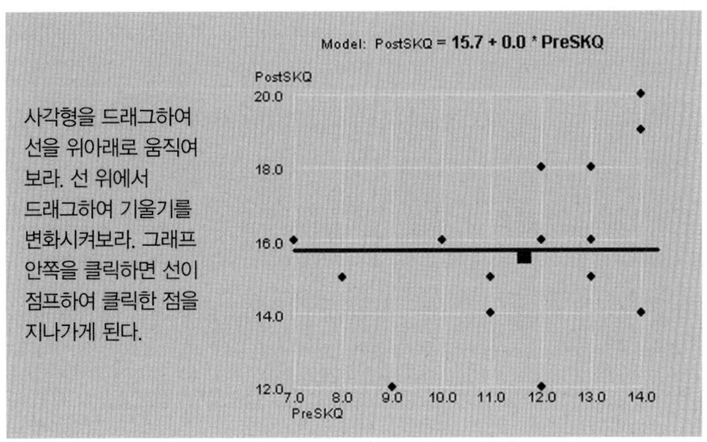

9장의 한 애플릿에 대해 개개 데이터 값을 제거해보고 이것이 두 변인 간 상관에 미치는 효과를 관찰해볼 수 있다. 그 애플릿을 가지고서 이번에는 한곗값이 회귀선에 미치는 영향에 초점을 둘 것이다. 아래에 나온 애플릿은 그림 9.3의 데이터에서 구한 것이다.

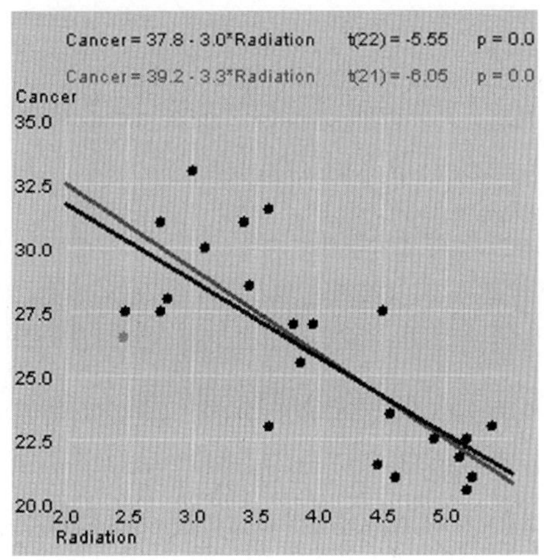

대략 (2.5, 26.5)에 있는 값을 클릭해서 회귀선의 기울기를 −3.0에서 −3.3으로 바꾸었다. 이 그림에서 덜 가파른 선은 24개 관찰값 모두에 대한 선인 반면, 더 가파른 선은 내가 클릭한 값을 생략한 데이터에 부합되는 것이다.

여러분은 각 데이터 값을 클릭하여 기울기와 절편에 미치는 효과를 알아볼 수 있다.

이 장에서 중요한 사항 한 가지는 전집의 참 기울기가 0.00이라는 영가설(X와 Y 간에 아무런 직선적 관계도 존재하지 않는다는 가설)을 검증하기 위해 스튜던트 t 검증을 사용한다는 것이다. 'SlopeTest'라고 명명된 애플릿은 영가설을 지지하는 전집 데이터를 갖고서 이 검증의 의미를 예시해준다. 표본 창의 예가 다음에 나와 있다.

이 애플릿에 5개 점수 쌍의 100개 표본을 그려놓았다. 이 표본은 참 기울기, 즉 참 상관이 0.00인 전집에서 뽑은 것인데, 그래서 변인들이 선형적으로 관련되지 않는다는 것을 나는 알고 있다. 내가 구한 100개의 기울기에 대해 10.6절에 제시된 t 공식을 사용하여 t 검증을 하였다. 10개 t 값이 화면 맨 위쪽에 나와 있는데, 그 값의 범위는 −2.098에서 5.683까지이다. 이 100개 값들의 분포가 오른쪽에 나와 있으며, 100번째 세트의 5개 관찰값의 도면이 왼쪽에 나와 있다. (왼쪽의 가로선은 항상 0의 기울기를 가지며 영가설이 참인 큰 표본을 사용할 때 나타날 법한 선을 반영한다.) '10 Sets' 버튼을 클릭할 때마다 10개의 새로운 관찰값 세트를 뽑아내고, 그 기울기 그리고 관련된 t 값을 계산하며, 이들을 오른쪽 도면에 추가할 수 있다. '100 Sets' 버튼을 클릭하면 한 번에 100개의 t 값을 누적시킬 수 있다.

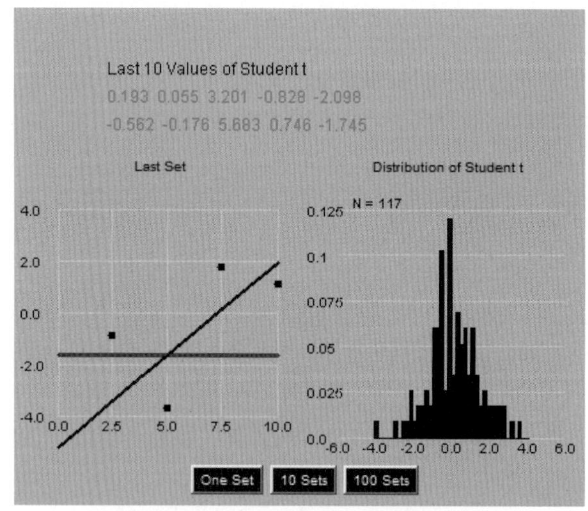

이 애플릿을 실행하라. 맨 먼저 한 번에 한 세트를 생성해서 결과적인 t의 변산성 그리고 각 표본마다 회귀선이 어떻게 달라지는지 주목하라. 그 후 한 번에 100개 세트를 누적하여 t 분포가 어떻게 매끄러워지는지 주목하라. t 값이 ±3.00을 초과하는 경우가 거의 없다는 점에 주목하라(사실상 3 df 상에서 t의 임계치는 ±3.18이다).

이제 그쪽의 하단 애플릿으로 옮겨가라. 여기서는 표본당 15개 쌍을 표집할 것이다. 표본크기가 커짐에 따라 t 분포가 어떻게 약간씩 좁아지는지 주목하라.

마지막 애플릿을 사용하여 기울기에 대한 t 검증의 사용 예를 살펴보겠다. 9장과 10장에서 영국에서 알코올과 담배 사용 간 관계를 보여주는 데이터 세트 그리고 극단적인 데이터 값의 영향에 여러 번 초점을 맞추었다. 그림 10.3에서 기울기(비표준화된)와 그 표준오차를 보여주는 SPSS 출력물을 제시하였다. 이것이 표본크기(N)와 함께 t를 계산하는 데 필요한 모든 것이다.

완전한 데이터 세트(북아일랜드 포함)로부터 통계를 구하기 위한 애플릿 'CalcT'가 그 다음에 나와 있다. 기울기에 0.302를, 검증할 영가설(참 기울기가 0이라는 가설)에 0.0을, 표준오차에 0.439를 입력하였다. 또한 자유도에 $N-2=9$를 입력하였다. 숫자를 입력할 때마다 'Enter'를 눌렀다(**'Enter'를 누르지 않고 다른 상자로 마우스를 옮기지 말라**). t의 결괏값이 0.688이고 아래 있는 그림이 양방검증 확률이 .509라는 것을 보여준다는 것을 알 수 있다.

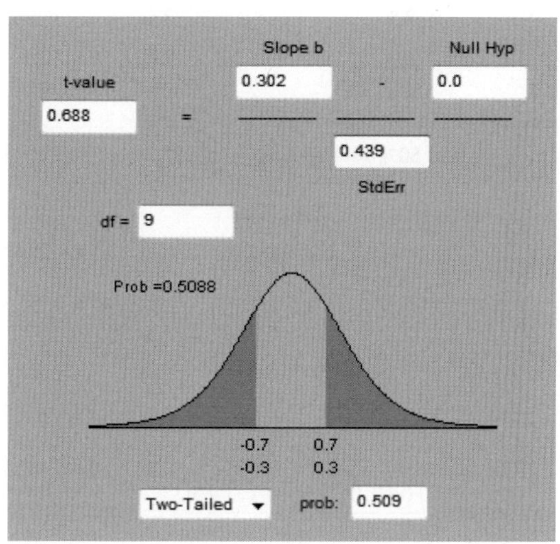

여기서 기울기가 0과 유의미하게 다르지 않다는 것을 알게 된다. 이제는 표 10.4의 (b) 부분의 데이터를 입력하여 예욋값을 제거했을 때 그 관계가 유의미한지 여부를 검증하라.

10.9 복습을 위한 마지막 예

9장에서 강의의 평정된 질과 그 강의의 난이도(강의를 수강한 학생들의 예상 학점 평균에 반영된다) 간 관계의 상관계수를 구하였다. 이 데이터는 표 10.5에 다시 나와 있는데, 공간을 절약하기 위해 단지 처음 15개 사례만을 보여주었지만, 계산은 이 표본의 50개 사례 모두에 근거한다. 평정된 '전체 질(Y)'을 '예상 학점(X)'으로부터 예측하기 위해 회귀식을 풀 것이다. 그 후 그 공식에서 계수의 해석을 고려할 것이다.

1. 첫 번째 단계는 각 변인의 평균과 표준편차를 다음과 같이 계산하는 것이다.

$$\overline{Y} = 177.7/50 = 3.550$$

표 10.5_ 학점으로부터 강의 질을 예측하는 작업 사례

예상 학점(X)	전체 질(Y)	예상 학점(X)	전체 질(Y)
3.5	3.4	3.0	3.8
3.2	2.9	3.1	3.4
2.8	2.6	3.0	2.8
3.3	3.8	3.3	2.9
3.2	3.0	3.2	4.1
3.2	2.5	3.4	2.7
3.6	3.9	3.7	3.9
4.0	4.3		

50개 사례 모두에 근거한 결과

$\Sigma X = 174.3$

$\Sigma X^2 = 613.65$

$\Sigma Y = 177.5$

$\Sigma Y^2 = 648.57$

$\Sigma XY = 621.94$

$$s_Y = \sqrt{\frac{648.57 - 177.5^2/50}{49}} = 0.6135$$

$$\overline{X} = 174.3/50 = 3.486$$

$$s_X = \sqrt{\frac{613.65 - 174.3^2/50}{49}} = 0.3511$$

2. 공변량은 다음과 같이 계산된다.

$$cov_{XY} = \frac{\Sigma XY - \frac{\Sigma X \Sigma Y}{N}}{N - 1} = \frac{621.94 - \frac{(174.3)(177.5)}{50}}{49} = .0648$$

3. 기울기는 다음과 같다.

$$b = \frac{cov_{XY}}{s_X^2} = \frac{0.0648}{0.3511^2} = 0.5257$$

4. 절편을 다음과 같이 계산한다.

$$a = \overline{Y} - b(\overline{X}) = 3.55 - 0.5257(3.486) = 1.7174$$

5. 따라서 공식은 다음과 같다.

표 10.6_ 표 10.5의 데이터에 대한 SPSS 결과

기술통계치

	평균	표준편차	*N*
전체	3.550	.6135	50
학점	3.486	.3511	50

상관

		전체	학점
피어슨 상관	전체	1.000	.301
	학점	.301	1.000
Sig.(일방)	전체	.	.017
	학점	.017	.
N	전체	50	50
	학점	50	50

입력되거나 제거된 변인[a]

모형	입력된 변인	제거된 변인	방법
1	학점[b]	.	입력

[a] 종속변인: 전체

[b] 요청된 모든 변인이 입력되었다.

모형 요약

모형	R	R^2	교정 R^2	추정치의 표준오차
1	.301[a]	.090	.072	.5912

[a] 예측변인: (상수), 학점

ANOVA[a]

모형		제곱합	*df*	평균제곱	*F*	Sig.
1	회귀	1.669	1	1.669	4.775	.034[b]
	잔여	16.776	48	.350		
	합계	18.445	49			

[a] 종속변인: 전체

[a] 예측변인: (상수), 학점

계수[a]

모형		비표준화된 계수		표준화된 계수			B의 95.0% 신뢰구간	
		B	표준오차	β	*t*	Sig.	하한	상한
1	(상수)	1.718	.843		2.038	.047	.023	3.412
	학점	.526	.241	.301	2.185	.034	.042	1.009

[a] 종속변인: 전체

$$\hat{Y} = 0.5257(X) + 1.7174$$

6. 이 결과를 다음과 같이 해석할 수 있다. 만약 학생들이 학점 0을 예상하는 강의가 있다면 예상된 강의 평점은 1.7174라는 것이 최선의 추측이다. 이는 해석상 특별히 의미 있는 통계치는 아닌데, 그 이유는 모든 사람이 실패할 것으로 예상하는 강의를 상

상하기가 어렵기 때문이다. 이러한 경우 절편은 단지 회귀식의 닻 노릇을 할 뿐이다.

7. 기울기 0.5257이 의미하는 것은 만약 두 강의가 예상 학점에서 1점만큼 차이가 난다면 전체 평점은 1/2보다 약간 더 큰 점수만큼 다를 것으로 예측된다는 것이다. 그러므로 학생들이 C학점(2.0)을 예상하는 강의와 학생들이 B학점(3.0)을 예상하는 강의 간에 그만한 차이가 있을 것으로 예상된다. 그러나 여기서 인과적 진술을 하는 것은 아니라고 앞서 언급했다는 점을 유념하라. 비록 낮은 예상 학점이 낮은 평점과 관련되기는 하지만, 낮은 예상 학점이 낮은 평점의 원인이라고 결론 내릴 특별한 이유가 없다. 빈약한 교육이 양자를 쉽게 유발할 수 있다.

   여러분이 SPSS를 사용한다면 '*Analyze/regression/linear*'를 선택하여 종속변인과 독립변인을 확인하고 그다음 '*Statistics*' 버튼을 눌러 '(*Estimates, Confidence Intervals, Model Fit, Descriptives*)'를 선택함으로써 이 결과를 다시 만들 수 있다. 결과는 표 10.6과 같다.

*R*을 사용하면 다음 코드가 여러분이 원하는 것을 제공해줄 것이다.

```
read.table("https://www.uvm.edu/~dhowell/fundamentals9/DataFiles/
  albatros.dat",
header = TRUE)
attach(rating.data)
print(cor(Overall, Grade))
regress <- lm(Overall ~ Grade)
summary(regress)
********************************
>print(cor(Overall, Grade))
[1] 0.3008006
> regress <- lm(Overall ~ Grade)
> summary(regress)
Call:
lm(formula = Overall ~ Grade)
Residuals:
   Min       1Q   Median       3Q      Max
-1.27787  -0.49838  0.04008  0.48367  1.15803
Coefficients:
            Estimate Std. Error t value Pr(>|t|)
(Intercept)  1.7176      0.8427    2.038    0.0471 *
Grade        0.5256      0.2405    2.185    0.0338 *
---
Signif. codes: 0 '***' 0.001 '**' 0.01 '*' 0.05 '.' 0.1 ' ' 1
Residual standard error: 0.5912 on 48 degrees of freedom
Multiple R-squared: 0.09048,     Adjusted R-squared: 0.07153
F-statistic: 4.775 on 1 and 48 DF, p-value: 0.03379
```

10.10 회귀 대 상관

9장에서 상관을 논한 후, 이 장으로 넘어와서 회귀에 관해 상당 부분 동일한 것을 얘기했다. 왜 양자가 필요한지 의문을 가져도 좋다. 그러한 질문에 대해 최소한 두 가지로 대답할 수 있다. 이 두 장들에서 그러했듯이 단지 한 개의 예측변인만을 가지고 있을 때, 이 두 접근은 동일한 부분이 많다. 상관계수의 이점은, 이것이 단일한 숫자여서 두 변인이 관련된 **정도**의 특성을 빨리 알아차리게 해준다는 것이다. 어떤 손 기술 검사가 직업 수행과 .85로 상관되어 있다고 말할 때, 무엇인가 중요한 것을 말하는 셈이다. 그 사례에서 검사상 10점 증가가 직업 수행상 5점 차이와 연합된다고 말하면 훨씬 유용하지 못한 것을 말하는 셈이다. 한편 변화량에 관해 말하는 데 관심이 있을 때 회귀계수가 유용하다. 만약 일년 이상 생존하지 못할 아이를 출산하는 큰 위험에 빠진 여성 전집에서 추가적으로 10%에게 이용 가능한 출산 조절 정보를 만들면 9.7%만큼 유아 사망률을 감소시킬 것이라고 말할 수 있다면, 이는 사하라 이남의 아프리카에서 피임과 유아 사망 간 상관이 .44라고 말하는 것보다 훨씬 더 유용할 것이다. 두 통계치 모두 유용한데 여러분은 필요에 따라 어느 하나를 선택할 수 있다.

다음 장에서 중다회귀를 다룰 때 상관과 회귀가 그다지 잘 중첩되지 않는다는 것을 알게 될 것이다. 우리는 두 예측변인 간에 매우 높은 상관, 그리고 한 개의 결과변인을 구할 수 있지만, 그 결과변인은 예측변인들 가운데 어느 하나 또는 양자에 기인할 수 있다. 어떤 변인이 중요한지 알아내는 데 유익한 방법은 회귀계수를 살펴보는 것이다. 실제로 전반적인 중다상관이 거의 확실하게 유의미하다는 것을 알고 있는 상황에서 흔히 중다회귀를 적용하지만, 우리는 예측변인들 각각의 역할을 파악하고자 한다.

10.11 요약

하나 또는 여러 다른 변인들에 관한 지식으로부터 어떤 변인을 예측하는 것이라고 회귀를 정의함으로써 이 장을 시작했고, 회귀선이 두 변인들 간 관계성을 가장 잘 나타내는 직선이라고 말했다. 회귀선은 $\hat{Y} = bX + a$ 형태의 직선인데, 여기서 $\hat{Y}$은 X의 값으로부터 예측된 Y의 값이다. 계수 b는 회귀선의 기울기이며 a는 절편이다. 기울기는 X의 한 단위 변화마다 Y의 예측된 값이 변화하는 비율이다. 절편은 X가 0일 때 Y의 예측된 값이다. 절편은 선에 위치하지만(그것은 선의 기울기가 아니라 높이를 결정한다) 흔히 실질적인 의미가 없는데, 그 이유는 $X = 0$이 흔히 데이터에서 의미 없는 값이기 때문이다.

그다음 평균으로의 회귀 개념을 다루었다. 이는 한 검사에서 높은 점수를 받은 사람이 다음 검사에서 더 낮은 점수를 받을 가능성이 있다는 사실을 말하는데, 유별나게 낮은 점수를 받은 사람의 경우 그 역도 사실이다. 이는 또한 회귀 공식이 동일한 현상을 예측한다는 사실을 말한다. 이 개념이 개개 관찰값에 관한 것이고 시간의 흐름에 따라 변산성의 감소를 보여주는 집단 점수들에 관한 것은 아니라는 것을 명심하는 것이 중요하다.

또한 예측오차를 다루었는데, 이는 구해진 Y 값과 예측된 $\hat{Y}$ 값 간 편차이다. 이 오차를 흔히 '잔여'라고 부르는데, 그 이유는 X가 Y를 예측하는 데 최선을 다한 후 남겨진 차이가 오차이기 때문이다. 이 편차의 제곱을 최소화하도록 회귀선을 그리는데, 이 때문에 '최소제곱 회귀' 기법이라고 부른다.

마지막으로 추정치의 표준오차를 잠시 다루었는데, 이는 기본적으로 잔여의 표준편차이거나 Y와 $\hat{Y}$ 간 편차이다. 예측오차가 크다면 추정치의 표준오차는 클 것이다. 추정치의 표준오차, 즉 회귀선에 대한 표준편차와 정상적 표준편차, 즉 평균에 대한 편차 간의 비교를 다루었다. 여기에서 r의 제곱(r^2)으로 넘어가서, 이것이 Y와 X 간 관계성으로부터 예측될 수 있는 Y 변산성의 백분율로 해석될 수 있다고 말했다. 이것은 항상 해석하기 쉬운 측정치는 아닌데, 그 이유는 어떤 특정 상황에서 r^2 값 가운데 무엇이 높은 값이고 무엇이 낮은 값인지 알아내는 데 좋은 방법이 없기 때문이다.

두 변인들의 경우 r에 대한 유의도 검증은 b에 대한 유의도 검증과 동등하다. 그러나 b에 대해 t 검증을 역시 제시했는데, 이는 r에 대한 검증과 동일한 결과를 보여주며, 이 t 검증은 모든 컴퓨터 출력물에서 인쇄된다.

이 장에서 예측변인이 한 개인 경우만을 살펴보았다. 다음 장에서는 한 개 기준변인을 예측하기 위해 여러 개 예측변인들을 갖고 있는 상황을 다룰 것이다. 이는 '중다회귀'라고 알려져 있는데, 예측변인이 한 개인 경우를 흔히 '단순회귀'라고 부른다.

주요 용어

기울기slope 271
절편intercept 271
잔여residual 271
예측오차errors of prediction 271
최소제곱 회귀least squares regression 271
회귀계수regression coefficients 272
회귀식regression equation 272
표준화된 회귀계수, 베타standardized regression coefficient, beta: β 273
평균으로의 회귀regression to the mean 274
추정치의 표준오차standard error of estimate 277
잔여 변량residual variance, (오차 변량error variance) 277

10.12 빠른 개관

A 회귀란 무엇인가?

답 한 개(또는 더 많은) 변인들과 다른 변인 간 직선적 관계성을 계산한 것

B 선형회귀란 무엇인가?

답 최적-부합 선이 직선인 경우

C 직선적 회귀에서 기호 b는 절편을 나타낸다. (○, ×)

답 ×. 그것은 경사를 나타낸다.

D '예측오차'를 대수적으로 표시하라.

답 $(Y - \overline{Y})$

E '최소제곱 회귀' 구절을 종종 사용하는 이유는 무엇인가?

답 예측오차 제곱을 최소화한다.

F 절편은 선에 닻을 내리기 때문에 절편의 값을 계산할 필요가 항상 있지만 그 값에 항상 주의를 기울일 필요가 있는가?

답 아니요. 그 이유는 때때로 그 값이 너무 극단적이어서 관련된 예측 점수를 거의 신뢰할 수 없기 때문이다.

G 데이터를 표준화하고서 기울기(베타라고 부른다)를 계산하면 베타가 무엇을 알려주는가?

답 X에서 1 표준편차만큼의 변화에 대해 Y의 예측된 값의 변화(표준편차 단위로)를 알려줄 것이다.

H 회귀에서 사용하는 오차의 측정치를 무엇이라 부르는가?

답 추정치의 표준오차 그리고 회귀선을 둘러싼 표준편차라고 생각할 수 있다.

I 회귀에서 효과크기의 두 중요한 측정치는 무엇인가?

답 r^2과 r

10.13 연습문제

여러분은 이 장 문제들의 답을 구하기 위해 R이나 SPSS, 또는 다른 가용한 프로그램을 사용할 것으로 짐작된다. 그러나 손으로 계산해서 답을 구하는 것도 그다지 어렵지 않다.

10.1 다음은 버몬트주의 10개 건강계획 구역에서 구한 데이터이다. Y는 체중이 2,500그램 이하인 유아의 출산 백분율이다. X_1은 17세 이하나 35세 이상인 여성의 출산율로서, '고위험 출산율'로 알려져 있다. X_2는 미혼 여성의 출산 백분율이다. 고위험 출산율(X_1)을 기반으로 하여 체중이 2,500그램 이하인 유아의 출산 백분율(Y)을 예측하는 회귀식을 계산하라.

구역	Y	X_1	X_2
1	6.1	43.0	9.2
2	7.1	55.3	12.0
3	7.4	48.5	10.4

4	6.3	38.8	9.8
5	6.5	46.2	9.8
6	5.7	39.9	7.7
7	6.6	43.1	10.9
8	8.1	48.5	9.5
9	6.3	40.0	11.6
10	6.9	56.7	11.6

10.2 연습문제 10.1의 회귀식에서 추정치의 표준오차를 계산하라.

10.3 사회에서 여성 역할의 지속적인 변화의 결과로써, 연습문제 9.1에서 임신 가능 연령이 변화하여 고위험 출산율이 70%까지 뛰어오른 것을 알았다면, 신생아 체중이 2,500그램 미만인 사례에 대해 무엇을 예측할 수 있는가?

10.4 연습문제 10.3에서 70%에 관한 예측을 하는 것이 거북한 이유는 무엇인가?

10.5 연습문제 9.1에서 유아 사망률과 위험 요인에 관한 데이터를 살펴보았다. 에티오피아나 나미비아보다 세네갈의 경우에 '수입'을 기반으로 예측하는 것이 더 편안하게 느껴지는 이유는 무엇일까?

10.6 연습문제 9.1에서 회귀에 관해 알고 있는 것이 개발도상국의 유아 건강을 이해하는 데 어떻게 기여하는가?

10.7 표 10.2의 데이터를 사용하여 '스트레스' 수준 45에 대한 '증상' 점수를 예측하라.

10.8 표 10.2의 평균 '스트레스' 점수는 21.467이다. '스트레스' 점수 21.467에 대한 예측은 어떠한가? 이것이 평균 '증상' 점수와 어떻게 비교되는가?

10.9 X와 Y라고 명명된 두 변인 간 상관이 .56이라는 것을 알고 있다고 가정하자. 모든 X 점수로부터 10점을 뺏을 때 **상관**에 무슨 일이 일어날 것으로 예상하는가?

10.10 연습문제 10.9에서 X의 평균이 15.6이고 Y의 평균이 23.8이라고 가정하자. 모든 Y로부터 10점을 뺀다면 **기울기**와 **절편**에 무슨 일이 일어나는가?

10.11 연습문제 10.10을 예증해주는 그림을 그려보라.

10.12 절편이 0이고 기울기가 1인 5개 데이터 값(점수 쌍) 집합을 만들어보라(이 문제를 해결할 수 있는 여러 가지 방법들이 있으니 잠시 생각해보라).

10.13 연습문제 10.12에서 방금 만들었던 데이터를 갖고서 Y 값 각각에 2.5를 더하라. 원자료와 새 데이터의 그림을 그려보라. 동일한 그림 위에 회귀선들을 덧붙여보라.
(a) 기울기와 절편에 무슨 일이 일어났는가?
(b) 상관에 무슨 일이 일어났는가?

10.14 표 10.2의 데이터에서 처음 5개 사례들에 대한 $\hat{Y}$과 $(Y-\hat{Y})$을 계산하라.

10.15 부록 C에 있는 데이터를 사용하여 ADDSC로부터 GPA를 예측하기 위한 회귀식을 계산하라. 이 데이터들을 다음 사이트에서 찾을 수 있다.

https://www.uvm.edu/~dhowell/fundamtnals9/DataFiles/Add.dat

10.16 이 장에서 시간 경과에 따른 자기도취증 점수의 경향에 관한 체스네프스키 등(Trzesniewski et al., 2008)의 연구를 살펴보았다. 그들은 또한 자기 고양(self-enhancement: SelfEn)에 관한 데이터를 보고했는데, 이는 자신에 대해 비현실적으로 긍정적인 관점을 유지하는 경향이다. 자기 고양 측정치를 구하기 위해 학생들에게 타인과 비교한 자신의 상대적인 지능을 1~10 척도상에서 평정 반응하도록 요구하였다. 그 후 연구자는 SAT 점수로부터 예측된 평정과 학생이 수행한 평정 사이의 차이를 계산하였다. 그 데이터가 아래에 제시되었다. 정적 점수는 자기 고양을 나타낸다.

연도	1976	1977	1978	1979	1980	1981	1982	1983	1984	1985	1986	1987	1988	1989	1990	1991
자기 고양	−.06	−.03	.00	−.01	.07	.06	.04	.03	.03	.03	.03	.07	.06	.03	.03	.04

연도	1992	1993	1994	1995	1996	1997	1998	1999	2000	2001	2002	2003	2004	2005	2006
자기 고양	.01	−.01	−.02	.02	.05	.00	.01	−.01	−.02	−.06	−.08	−.10	−.11	−.08	−.08

(a) 이 데이터에서 해가 바뀜에 따라 대학생의 자기 고양 점수상 일어난 변화에 대해 말할 수 있는 것은 무엇인가?

(b) 결합된 표본에서 수십만 명의 학생에 대해 원래 연구의 저자들은 실제로 연간 평균보다 개인 점수에 근거하여 그들의 분석을 수행하였다. 그들은 −.03의 상관을 발견하였는데 이는 여러분이 구한 결과와 매우 상이한 것이다. 이런 일이 놀랍지 않은 이유는 무엇인가?

(c) 이 문제에서 정확한 상관은 무엇인가? (여러분 또는 저자?) 아니면 둘 다 정확한가?

10.17 연습문제 10.16에서 제시된 자기 고양 데이터를 사용하여, 매년 평균이 변화하지 않게끔 하면서 매년 두 개 점수를 추가하라(예: 1982년 평균 자기 고양 점수가 0.40이라면, 0.40에서 .03을 더하고 뺌으로써 그 해에 두 개의 다른 점수들을 만들 수 있다). 이렇게 함으로써 $31 \times 3 = 93$개 점수 쌍이 주어진다. 이제 연도로부터 예측되는 자기 고양의 상관과 회귀를 계산하라. 그 상관이 연습문제 10.16에서 계산된 $r = .57$과 상이한 이유는 무엇인가? 기울기에 무슨 일이 일어났으며, 그 이유는 무엇인가?

10.18 기울기가 0과 유의미하게 다를 때 왜 관심을 갖는가?

10.19 다음 데이터는 9장에서 언급한 남자 대학생들의 실제 신장과 체중을 나타낸다.

신장(인치)	체중(파운드)	신장(인치)	체중(파운드)
70	150	73	170
67	140	74	180
72	180	66	135

75	190	71	170
68	145	70	157
69	150	70	130
71.5	164	75	185
71	140	74	190
72	142	71	155
69	136	69	170
67	123	70	155
68	155	72	215
66	140	67	150
72	145	69	145
73.5	160	73	155
73	190	73	155
69	155	71	150
73	165	68	155
72	150	69.5	150
74	190	73	180
72	195	75	160
71	138	66	135
74	160	69	160
72	155	66	130
70	153	73	155
67	145	68	150
71	170	74	148
72	175	73.5	155
69	175		

(a) 데이터의 산포도를 그려라.

(b) 이 데이터에서 신장으로부터 체중을 예측할 수 있는 회귀식을 계산하라. 기울기와 절편을 해석하라.

(c) 이 데이터에서 상관계수는 얼마인가?

(d) 상관계수와 기울기가 0과 유의미하게 다른가?

10.20 다음 데이터는 9장에 언급되었던 여자 대학생들의 실제 신장과 체중이다.

신장(인치)	체중(파운드)	신장(인치)	체중(파운드)
61	140	65	135
66	120	66	125
68	130	65	118
68	138	65	122
63	121	65	115
70	125	64	102

68	116	67	115
69	145	69	150
69	150	68	110
67	150	63	116
68	125	62	108
66	130	63	95
65.5	120	64	125
66	130	68	133
62	131	62	110
62	120	61.75	108
63	118	62.75	112
67	125		

(a) 데이터의 산포도를 만들라.

(b) 이 데이터의 회귀계수를 계산하라. 기울기와 절편을 해석하라.

(c) 이 데이터의 상관계수는 얼마인가?

(d) 상관과 기울기는 0과 유의미하게 다른가?

10.21 연습문제 10.19와 10.20의 적절한 회귀식과 여러분 자신의 신장을 사용하여 자신의 체중을 예측해보라(만약 자신의 체중을 보고하는 것이 불편하다면 나의 체중을 예측해보라. 내 신장은 5피트 8인치이며 체중은 156파운드이다. 최소한 나는 그렇게 생각하고 싶다).

(a) 여러분의 실제 체중은 여러분의 예측된 체중에 비해 얼마나 크거나 작은가? (여러분은 방금 잔여를 계산한 것이다.)

(b) 데이터를 제공한 학생들이 편향된 보고를 하였다면 이것이 여러분 자신의 체중을 예측하는 데 어떤 효과를 미칠 것인가?

10.22 여러분과 성이 같은 학생들의 데이터 산포도를 사용하여 잔여의 크기를 관찰하라. (**힌트**: 값들이 선으로부터 떨어진 수직 거리에서 잔여를 알 수 있다) 산포도에서 가장 큰 잔여는 얼마인가? **힌트**: *R*에서 'print(regress$residuals)'를 타이핑함으로써 잔여를 프린트할 수 있다. SPSS에서는 주 회귀 메뉴에서 'Save'를 선택하고 'unstandardized residuals'를 체크함으로써 똑같은 작업을 할 수 있다.

10.23 신장이 둘 다 5피트 6인치인 남학생과 여학생이 있을 때, 이들은 체중에서 얼마나 차이가 날 것으로 예상되는가? (**힌트**: 이들 각자의 성에 고유한 회귀식을 사용하여 각자의 예측된 체중을 계산하라.)

10.24 남성의 신장으로부터 체중을 예측하는 데 사용되는 기울기(b)는 여성의 기울기보다 더 크다. 이 사실이 여성 체중에 상대적으로 남성 체중에 관해 무엇을 알려주는가?

10.25 3장에서, 잠깐 제시된 이미지가 그 왼쪽에 제시된 것과 동일한 것인지 또는 역전된 이미지인지를 판단하는 속도 데이터가 제시되었다. 하지만 나는 그 시행들이 독립적이지 않다고 걱정하는데, 그 이유는 내가 유일한 참가자이며 모든 반응을 했기 때문이다. 웹사이트에 있

는 데이터(Ex10-25.dat)를 사용하여 반응시간이 시행 수와 관련되는지 알아보라. 시행이 거듭됨에 따라 수행이 향상되었는가? 시간의 흐름에 따라 체계적인 선형적 경향이 없다고 가정할 수 있는가? 이 데이터는 다음 사이트에서 다운로드할 수 있다.

https://www.uvm.edu/~dhowell/fundamentals9/DataFiles/Tab3-1.dat

10.26 상관분석 결과를 기술한 9.15절(평가된 강의 질이 예상 학점과 관련되는가?)의 글 중에 '요약된 보고서'처럼 표 10.6의 결과를 요약하는 글을 쓰라.

10.27 웨이너(Wainer, 1997)는 TV 시청 시간(매일) 그리고 8학년 수학 평가를 위한 1990년 국가 교육과정 평가(National Assessment of Educational Progress: NAEP)상의 평균 점수 간 관계에 관한 데이터를 제시하였다. 이 데이터는 남녀별로 다음과 같다.

TV 시청 시간	0	1	2	3	4	5	6
여학생 NAEP	258	269	267	261	259	253	239
남학생 NAEP	276	273	292	269	266	259	249

(a) 남학생과 여학생 각각에 대해 시청 시간과 NAEP 수학 점수 간 관계를 그래프로 그려보라. (이때 동일한 그래프에 그려보라.)

(b) 다시 남학생과 여학생 각각의 경우에 이 데이터의 기울기와 절편을 구하고 해석해보라.

(c) TV 시청에 여학생보다 남학생이 더 많은 시간을 보낸다는 것을 다른 데이터로부터 알고 있다. 이 사실이 남학생과 여학생 간 수행 차이를 설명하는 데 사용될 수 있는가?

10.28 연습문제 10.27에서 매우 깨끗한 관계를 보고서 아마도 매우 놀랐을 것이다. 회귀선에 관해 거의 아무런 변산성도 존재하지 않았다. 처음에는 TV 시청 시간과 표준화된 검사 수행 간 관계가 대략 스트레스와 증상 간 관계만큼 산포되어 있을 것이라고 추측했지만, 이 데이터는 그림 10.1의 데이터보다 훨씬 더 깨끗하다. 그 원인이 무엇이겠는가?

```
TV <- c(0,1,2,3,4,5,6)
GirlsNAEP <- c(258, 269, 267, 261, 259, 253, 239)
BoysNAEP <- c(276, 273, 292, 269, 266, 259, 249)
plot(GirlsNAEP ~ TV, type = "p", col = "red", ylim = c(240, 300),
ylab = "NAEP Score" ,xlab = "Hours Watching TV" )
regG <- lm(GirlsNAEP ~ TV)
abline(reg = regG, col = "red")
par(new = TRUE)
plot (BoysNAEP ~ TV, type = "p", col = "blue", ylim = c(240, 300),
ylab = "NAEP Score" ,xlab = "Hours Watching TV" )
regB <- lm(BoysNAEP ~ TV)
abline(reg = regB, col = "blue")
```

10.29 종이 위에 변인 간 상관이 중간 정도로 정적임을 나타내는 산포도(10개 값)를 그려보라. 이 산포도 위에 무선적으로 연필을 떨어뜨려보라.

(a) 연필을 회귀선이라고 생각한다면, 종이 위에서 수직 방향으로 연필을 움직임에 따라 회귀선의 어떤 양상이 변화하는가?

(b) 연필의 방향을 바꾸거나 회전시킴에 따라 회귀선의 어떤 양상이 변화하는가?

(c) 기울기와 절편에 관한 공식을 전혀 기억하지 못한다면, 연필이 최적 회귀선을 형성하는지 여부를 어떻게 알 수 있는가?

10.30 오스트레일리아의 뉴캐슬 대학에 회귀에 관해 훌륭한 자료가 있다. 주소는 다음과 같다.

https://surfstat.anu.edu.au/surfstat-home/surfstat-main.html

이 사이트에 가서 'Statistical Inference' 링크와 'Hotlist for Java Applets' 링크 양자를 검토해보라.

Java 애플릿은 특히 근사한데, 스크린상에서 데이터를 조작할 수 있고 그러한 조작이 어떤 차이를 만들어내는지 볼 수 있게 해주기 때문이다. 거기서 발견한 자료에 대해 간단하게 기술해보라.

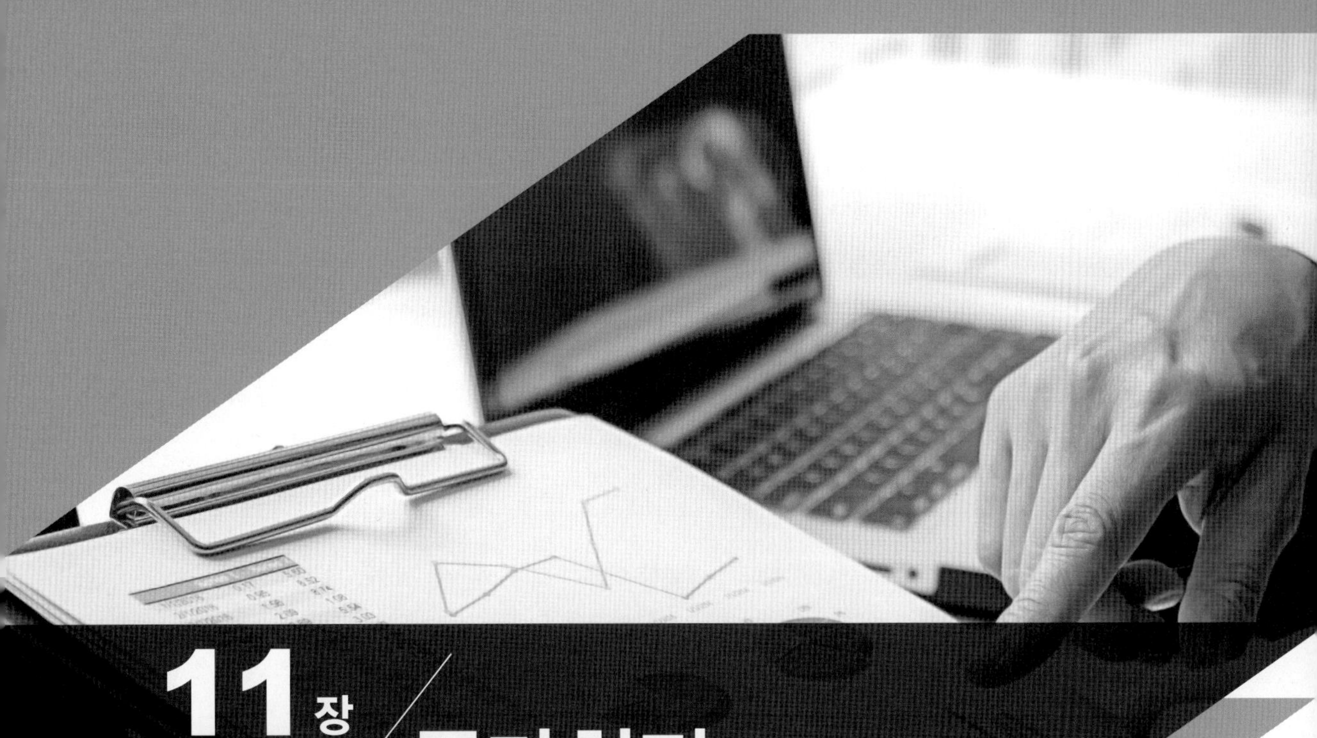

11장 중다회귀

앞선 장에서 기억할 필요가 있는 개념

상관계수 correlation coefficient　변인들 간 관계성의 측정치

기울기 slope(b)　예측변인의 한 단위 변화에 대해 예측된 값의 변화

절편 intercept(a)　예측변인들이 모두 0일 때 예측된 값

회귀선 regression line　산포도에서 점들에 가장 잘 부합되는 직선으로서 흔히 $\hat{Y}=bX+a$라고 씀

표준오차 standard error　통계치의 표집분포의 표준편차

표준화된 회귀계수 standardized regression coefficient　변인들이 표준화되었을 때, 즉 Z 점수로 변환되었을 때 기울기

잔여 변량 residual variance　회귀선에 대한 편차제곱의 평균의 제곱

이 장에서는 한 번에 한 개 이상의 예측변인들을 사용하는 사례를 고려하고, 첫 번째 또는 첫 번째와 두 번째 예측변인에 의해서는 설명되지 않는 것을 두 번째 또는 세 번째 예측변인이 설명할 수 있는 것을 살펴보겠다. 그 후 유의도 검증을 살펴볼 것인데, 이는 대부분 10장에서 살펴본 것을 확장한 것이다. 여러 사례들을 사용할 것인데, 그 이유는 우리가 다루는 자료를 보강해주고 중다회귀에 대해 새로운 통찰을 제공해주기 때문이다.

9장과 10장에서는 한 변인과 다른 변인의 관계를 알아보는 사례를 다루었다. 우리는 두 변인들이 상관된 정도를 판단하거나, 한 예측(독립)변인으로부터 한 기준(종속)변인을 예측하고자 하였다. 그 상황에서 상관계수(r)와 다음 형태의 회귀식이 있었다.

$$\hat{Y} = bX + a$$

그러나 단지 하나의 예측변인만 갖도록 제한할 이유는 없다. 두 개, 세 개, 네 개, 혹은 그 이상의 예측변인들의 선형적 조합이 기준을 얼마나 잘 예측할 수 있는지를 묻는 것은 매우 적합하다. 아주 단순한 사례를 들면, 여러분이 지난달 경험한 것으로 보고한 스트레스 사건들의 수, 친한 친구의 수, 그리고 생활 속 사건에 대해 여러분이 가지고 있다고 느끼는 통제력을 측정하는 척도상의 점수를 단순히 합한 후, 이 총점 또는 합성 점수를 이용하여 심리적 증상 수준을 얼마나 잘 예측할 수 있는지 물을 수 있다. 물론 세 개의 스트레스 사건, 다섯 명의 친구들, 그리고 50이라는 점수를 합하여 58이라는 답을 구하고, 이 58이 무엇인가 의미 있는 것이라고 생각하는 것이 전혀 이치에 맞지 않다고 여러분은 당연히 주장할 수 있다. 그 변인들은 전혀 상이한 척도상에서 측정되었다.

하지만 각 변인에 상이한 가중치를 준다면 상이한 척도의 측정이라는 반박을 피할 수 있다. 검사 점수와 친한 친구의 수에 동일한 가중치를 주어야 할 이유가 전혀 없다. 다른 변인들보다 어떤 특정 변인들에 더 주의를 기울이는 것이 훨씬 더 타당할 수 있다. 심리적 스트레스를 예측하는 데 있어 사건에 대한 개인적 '통제'감은 '스트레스' 사건들의 수에 비해 두 배나 더 중요할 수도 있고 이 두 변인은 아마도 '친구'의 수보다 더 중요할 것이다. 게다가, 예측 평균 이 '증상' 점수 평균과 동일하게 나오도록 어떤 상수를 더하거나 뺄 수도 있다.

'스트레스', '친구', '통제'를 각각 S, F, C 글자로 나타낸다면, 다음 회귀식을 구할 수 있다.

$$\hat{Y} = 2 \times S + 1 \times F + 4 \times C + 12$$

이 식의 일반적 형태는 다음과 같이 쓸 수 있다.

$$\hat{Y} = b_1 S + b_2 F + b_3 C + b_0$$

여기서 b_1, b_2, b_3는 예측변인 S, F, C에 대한 가중치들이다. 바꾸어 말하면, 그것들은 기울기, 또는 **회귀계수**(regression coefficient)이다. 계수 b_0는 단순히 절편인데, 회귀에 대한 논의에서 다루어왔던 것과 의미가 동일하다(비록 단순회귀에서는 이를 통상 a로 표시하기는 한다.

중다회귀식은 흔히 손으로 계산하기가 상당히 성가신데, 특히 예측변인이 두 개 이상인 경우에 그러하다. 하지만 널리 사용되고 있는 통계 프로그램을 통해 쉽게 계산할 수 있다. 이 장에서는 컴퓨터 소프트웨어로 생성된 해법에만 초점을 맞출 것이다.

11.1 개관

중다회귀의 다양한 양상에 대한 개관을 보여주는 사례를 가지고 시작하는 것이 도움이 될 것이다. 그 후 거꾸로 직접 실제 데이터를 가지고서 이러한 양상 각각을 상세하게 살펴보겠다. 나는 수많은 근거들을 꽤 빨리 다루겠지만, 주요 목적은 여러분에게 수많은 기술적 정보를 전하는 데 있는 것이 아니라 우리가 나아가는 곳을 전반적으로 이해하도록 하는 데 있다.

대학원 입학 허가를 누구에게 줄 것인지를 교수들이 어떻게 판단할 수 있을까? 몇 년 전 나는 한 대학원 입학 프로그램에 관한 자료를 모았다. 그 학부의 교수진 전체가 수백 장의 대학원 응시 원서에 대해 1점에서 7점까지의 척도에서 평가했는데, 여기서 1은 '즉시 기각'을 의미하였고, 7은 '즉시 수락'을 의미하였다. 100명 응시자의 무선 표본에서 각 응시 원서에 대한 평균 평점('평점', 이용 가능한 모든 정보에 기초한 판단의 평균)을 예측하고자 하였는데, 언어영역 대학원 입학자격 시험 점수인 'GREV(Graduate Record Exam Verbal score)' 점수, 추천서들의 합에 대한 수량 평가인 '추천서', 목적 진술에 대한 수량 평가인 '목적' 등을 근거로 하였다(내 목적은 사람들이 어떻게 판단하는지를 알아보는 데 있으며, 누가 입학 허가를 받을 것인지를 예측하는 데 있지 않다). 구해진 회귀식은 다음과 같다.

$$\hat{Y} = 0.009 \times \text{GREV} + 0.51 \times \text{추천서} + 0.43 \times \text{목적} + 1.87$$

또한, '평점' 그리고 동시에 고려된 세 개 예측변인들 간의 상관인 **'중다상관계수**(multiple correlation coefficient: *R*)'는 .775였다.[1]

중다상관 제곱

예측변인이 한 개인 경우에서 했던 것과 마찬가지로 중다상관계수를 제곱하여 비슷한 해석을 할 수 있다. **상관계수 제곱**(squared correlation coefficient: R^2)은 .60이다. R^2의 해석은 예측변인이 하나인 r^2의 경우와 동일하다. 바꾸어 말하면 평점의 변산성 가운데 60%가, **함께 고려된** 세 예측변인들의 변산성으로 설명될 수 있다. 약간 달리 말하면, 'GREV', '추천서', '목적'을 **동시에** 예측변인들로 사용함으로써 입학 가능성 평점의 변산성 가운데 60%를 설명할 수 있다는 것이다. 두 명의 교수들이 40세 이상의 학생에 대한 입학 허가를 유별나게 싫어한다고 가정해보자(아마도 연령 차별과 관련된 법을 무시하고서). 이는 그들

---

1 내가 예측하는 것이 교수진이 제공할 평점이지 대학원에서 개인의 실제 성공이 아니라는 점에 주목하라. 비록 합성 점수가 일단 입학 허가를 받은 사람의 후속 수행과 높게 상관되어 있다는 것을 발견하면 매우 놀라운 것으로 생각하겠지만, 평점이 GRE 점수 그리고 후보자에 관한 추천자의 말과 관련될 것이라는 점은 그다지 놀라운 것이 아니다.

의 평정에 영향을 미치겠지만 내가 구한 측정치들에는 들어있지 않다. 따라서 연령 차별과 관련된 변산성은 나의 공식으로는 예측될 수 없으며 따라서 내가 예측할 수 없는 40% 변산성에 들어갈 것이다. 이는 오차 변산성의 한 부분이다.

해석

중다회귀에서 회귀식은 단 하나의 예측변인만을 갖고 있는 단순회귀에서 해석된 것과 똑같은 방식으로 해석된다. 예측을 하기 위해 학생들의 'GREV' 점수에 0.009, 추천서 평점에 0.51, 목적 진술 평점에 0.43을 곱한다. 그런 다음 이 결과들을 합하고 1.87(절편)을 뺀다. 추천서와 목적이 변하지 않은 채 남아 있다고 가정할 경우 'GREV'에서 1단위만큼 변할 때마다 예측된 평점은 0.009단위씩 증가할 것이다. 마찬가지로, 다른 두 예측변인이 일정하다고 가정할 경우 추천서 평점이 1단위만큼 변할 때마다 평점은 0.51단위씩 변할 것이다. 방금 마지막 문장에서 가장 중요한 말은 '다른 두 예측변인이 일정하다고 가정할 경우'이다. 이전에 여러 번 보았던 '조건부'라는 말로 되돌아가 보자. 우리는 다른 변인(들)의 값들이 고정되었다는 조건부로 한 변인을 다루고 있다. 추후 이를 더 깊이 있게 다루겠지만, 현재로서는 다른 변인들의 효과를 통제하고서 한 변인을 살펴본다는 점을 명심하라.

표준화된 회귀계수

10장에서 표준화된 회귀계수(β)를 언급하였는데, 이는 변인들을 표준화했을 때, 즉 변인들을 (각각) z 점수로 변환하였을 때 구하게 되는 회귀계수를 나타낸다. 여기서 β에 관해 의미 있는 이야기를 하는 것이 좋겠다. 'GREV', '추천서', '목적'으로부터 평점을 예측하기 위한 식에서, 여러분은 처음에는 (비표준화된) 'GREV'의 회귀계수(0.009)가 작기 때문에 'GREV'가 그다지 중요한 예측변인이 아닐 것이라고 생각했을지 모른다. 반면 '추천서'의 회귀계수는 0.51로서 5,000배나 더 크다. 방금 보았듯이, 이 회귀식은 'GREV'에서의 1점 차이가 예측에 있어서 (단지) 0.009 차이를 일으킨다는 것을 말해준다. 반면 '추천서' 평점에서의 1점 차이는 예측에서 대략 0.5점의 차이를 일으킨다. 그러나 'GREV'의 변산성은 '추천서' 평점의 변산성보다 상당히 크다는 것을 염두에 두어야 한다. 'GREV'에서 1점이 많고 적고는 사소한 것이다(당신이 어휘 점수에서 553점이 아니라 552점을 얻는 것이 얼마나 대수로운 일이겠는가? 채점 방식에서 값들을 가장 가까운 10으로 반올림한다는 사실조차도 무시할 것이다). 그러나 '추천서'는 7점 척도에서 평가되었으므로, 여기서 1점 차이는 큰 것이다. 두 측정치의 변량들 간의 이러한 차이는, 통상적인(비표준화된) 회귀계수들을 의미 있게 비교할 수 없는 주된 이유 중 하나이다.

만일 'GREV'의 표준화된 회귀계수(β)가 0.72인 반면 '추천서'의 β는 0.61이라고 내가 말해주면, 변인들의 표준편차의 차이를 고려한 후에는 이 변인들의 가중치가 대략 동일하다는 것을 알게 될 것이다. 다른 방식으로 말하면, '두 변인을 표준화하여 대등하게 만든다면 그것들의 기여는 대략 같을 것이다.' 'GREV'에서 한 표준편차만큼의 차이는 예측에서 0.72 표준편차 차이를 일으키는 반면, '추천서'에서 한 표준편차 차이는 예측에서 0.61 표준편차 차이를 일으킨다. 이런 의미에서 두 변인들은 거의 똑같이 예측에 기여한다. 그러나 내가 말한 것을 확대 해석해서는 안 된다. 표준화된 가중치(β)를 사용함으로써 더 쉽게 변인들의 기여가 균형 잡히도록 할 수 있다. 그러나 이 도식이 아주 간단한 것은 아니다. 예측변인들의 변인 간 상관을 다루기 때문에 β 가중치는 각 변인들의 예측에 대한 기여와 완벽하게 관련된 것은 아니다. 그것들은 대략의 가이드로서는 좋지만, 0.72라는 값이 0.61보다 단지 크다는 이유로 'GREV'가 '추천서'보다 더 중요하다고 결론 내려서는 안 된다. 우선, 여기서 '보다 더 중요한 것이 의미하는 바가 명확하지 않다. 또한 각 변인의 기여도를 다른 측정치로 계산하면 'GREV'보다 '추천서'가 더 유리할 수도 있다. 예측변인들의 상대적 중요성을 판단하는 일은 어려운 일이다(왜냐하면 그 자체로 높게 상관되어 있는 예측변인들은 심지어는 의미 없는 것일 수도 있기 때문이다). 이 문제에 관한 보다 광범위한 논의는 하월(Howell, 2012)에서 찾아볼 수 있다.

예측변인들 간 중복성

중다회귀에서 예측변인들 간의 상관문제는 중요한 문제로서 논의할 만한 가치가 있다. 두 개의 예측변인들이 각각 기준변인 또는 종속변인과는 상관되어 있지만 상호간에는 상관되어 있지 않은 가상적 상황을 상상해보라. 이러한 경우 예측변인들은 공통적인 것을 아무것도 갖고 있지 않으며, 중다상관계수의 제곱(R^2)은 각 예측변인과 종속변인 간 상관제곱의 합과 동일하다. 각 예측변인은 예측에 대해 새롭고 독특한 어떤 것을 제공해준다. 이는 이상적 경우이지만 예측변인들이 상호 상관되어 있지 않은 세계에서 작업하는 경우는 거의 없다.

대학원 입학을 위한 평가를 예측하는 사례를 고려해보자. 여러분이 보다 우수한 'GREV' 점수를 받았다면 더 좋은 평가를 받을 가능성이 있다는 것은 틀림없이 조리에 맞는 듯하다. 마찬가지로 보다 강력한 추천서를 받았다면 더 좋은 평가를 받을 것이라는 것은 조리에 맞을 것이다. 하지만 'GREV' 점수와 '추천서'는 서로 높게 상관되어 있을 가능성이 있다. 여러분이 강좌에서 잘한다면 여러분은 GRE 점수도 아마 좋을 것이다. 실제로 내가 여러분의 추천서를 쓸 때에는 GRE의 수행을 참고할 것이다. 다른 편에서 읽는 사람이 여러분의 GRE 점수를 보고 나서 나의 추천서를 읽는다면, 나의 추천서는 그가 이미 알고 있는 것, 즉 이 학생이 많은 지식을 가지고 있다는 것을 말하는 셈이다. 마찬가지로 읽는 사람이 나의 추천서를 읽고 여러분이 뛰어난 학생이라는 것을 알게 되면, 그 뒤 GRE 점수가 높다는 사실을 알아도 별로 놀라지 않을 것이다. 바꾸어 말하면 두 변인들은 어느 정도 중복되어 있다. 달리 말하면 이 두 예측변인들 안에 들어있는 전체 정보는 부분들의 합이 아니며 부분들의 합보다 더 적다. 중다회귀를 생각할 때 이러한 중복성을 염두에 두는 것이 중요하다.

예측변인들이 다른 예측변인들과 높게 상관되어 있을 때[**다중공선성**(multi-collinearity)으로 알려진 상태], 데이터의 표본들마다 회귀식은 매우 불안정하다. 바꾸어 말하면, 동일한 전집에서 나온 두 개의 무선 표본은 서로 전혀 다르게 보일 수 있는 회귀식을 산출할 수 있다. 높게 상관된 예측변인들, 심지어는 중간 정도의 변인 간 상관조차도 가능하다면 (항상 가능한 것은 아니지만) 사용하지 않을 것을 강력하게 추천하는 바이다.

11.2 학교에 대한 재정 지원

미국에서는 일차 교육과 이차 교육의 질을 향상시키기 위해 무엇을 할 수 있는지에 관한 논쟁이 진행되어왔다. 교육에 더 많은 돈을 투자하면 더 잘 준비된 학생들을 배출할 것이라고 일반적으로 가정하지만 이것은 가정에 불과하다. 거버(Guber, 1999)는 미국 50개 주 각각에서 데이터를 수집함으로써 그 질문의 답을 구했다. 그녀는 교육에 투자한 돈(지출), 학생-교사 비, 교사 봉급의 평균(봉급), SAT 시험을 그 주에서 치른 학생들의 백분율(SAT 백분율), SAT 언어 점수(언어), SAT 수학 점수(수학), 그리고 SAT 점수의 합(총점)을 기록했다. 그 데이터는 표 11.1에 나와 있고, 이 책의 웹사이트에서 이용 가능하다.[2] 우리는 단지 세 개의 변인들만을 사용하겠지만, 여러분은 마음대로 다른 변인들을 가지고 작업할 수 있다.

이 특정 데이터 집합을 선택한 이유는 이것이 여러 가지 측면을 보여주기 때문이다. 첫

표 11.1_ 수행 대 교육 지출에 관한 데이터

주	지출	학생-교사 비	봉급	SAT 백분율	언어	수학	총점
앨라배마	4.405	17.2	31.144	8	491	538	1029
알래스카	8.963	17.6	47.951	47	445	489	934
애리조나	4.778	19.3	32.175	27	448	496	944
아칸서스	4.459	7.1	28.934	6	482	523	1005
캘리포니아	4.992	24.0	41.078	45	417	485	902
콜로라도	5.443	18.4	34.571	29	462	518	980
코네티컷	8.817	14.4	50.045	81	431	477	908

2 이 논문의 개요 및 전체 사본은 다음 사이트에서 찾아볼 수 있다. https://www.amstat.org/publications/jse/v7n2_abstracts.html

델라웨어	7.030	16.6	39.076	68	429	468	897
플로리다	5.718	19.1	32.588	48	420	469	889
조지아	5.193	16.3	32.291	65	406	448	854
하와이	6.078	17.9	38.518	57	407	482	889
아이다호	4.210	19.1	29.783	15	468	511	979
일리노이	6.136	17.3	39.431	13	488	560	1048
인디아나	5.826	17.5	36.785	58	415	467	882
아이오와	5.483	15.8	31.511	5	516	583	1099
캔자스	5.817	15.1	34.652	9	503	557	1060
켄터키	5.217	17.0	32.257	11	477	522	999
루이지애나	4.761	16.8	26.461	9	486	535	1021
메인	6.428	13.8	31.972	68	427	469	896
메릴랜드	7.245	17.0	40.661	64	430	479	909
매사추세츠	7.287	14.8	40.795	80	430	477	907
미시간	6.994	20.1	41.895	11	484	549	1033
미네소타	6.000	17.5	35.948	9	506	579	1085
미시시피	4.080	17.5	26.818	4	496	540	1036
미주리	5.383	15.5	31.189	9	495	550	1045
몬태나	5.692	16.3	28.785	21	473	536	1009
네브래스카	5.935	14.5	30.922	9	494	556	1050
네바다	5.160	18.7	34.836	30	434	483	917
뉴햄프셔	5.859	15.6	34.720	70	444	491	935
뉴저지	9.774	13.8	46.087	70	420	478	898
뉴멕시코	4.586	17.2	28.493	11	485	530	1015
뉴욕	9.623	15.2	47.612	74	419	473	892
노스캐롤라이나	5.077	16.2	30.793	60	411	454	865
노스다코타	4.775	15.3	26.327	5	515	592	1107
오하이오	6.162	16.6	36.802	23	460	515	975
오클라호마	4.845	15.5	28.172	9	491	536	1027
오리건	6.436	19.9	38.555	51	448	499	947
펜실베이니아	7.109	17.1	44.510	70	419	461	880
로드아일랜드	7.469	14.7	40.729	70	425	463	888
사우스캐롤라이나	4.797	16.4	30.279	58	401	443	844
사우스다코타	4.775	14.4	25.994	5	505	563	1068
테네시	4.388	18.6	32.477	12	497	543	1040
텍사스	5.222	15.7	31.223	47	419	474	893
유타	3.656	24.3	29.082	4	513	563	1076
버몬트	6.750	13.8	35.406	68	429	472	901
버지니아	5.327	14.6	33.987	65	428	468	896
워싱턴	5.906	20.2	36.151	48	443	494	937
웨스트버지니아	6.107	14.8	31.944	17	448	484	932
위스콘신	6.930	15.9	37.746	9	501	572	1073
와이오밍	6.160	14.9	31.285	10	476	525	1001

표 11.2_ 표 11.1의 데이터에서 중요한 변인에 대한 줄기-잎 그림

지출	SAT 총점	SAT를 치른 백분율
The decimal point is at the |	The decimal point is two digit(s) to the right of the |	The decimal point is one digit(s) to the right of the |
3 | 7	8 | 4	0 | 44555689999999
4 | 124456888888	8 | 578899999	1 | 01112357
5 | 01222234457788999	9 | 000000111233444	2 | 1379
6 | 0111224489	9 | 5888	3 | 0
7 | 001235	10 | 00112233344	4 | 57788
8 | 8	10 | 55567789	5 | 1788
8 | 068	11 | 01	6 | 0455888
		7 | 00004
		8 | 01

째, 이것은 현재의 관심사와 관련된 실제 데이터 집합이다. 게다가 그 데이터는 처음 보기에는 매우 까다로운 결과를 보여주지만, 우리가 그 결과를 탐색하고 이해할 수 있게 해준다. 한 예측변인을 갖고 보는 것과 두 예측변인을 갖고 보는 것 사이의 차이는 매우 극적이며 중다회귀의 유용성을 보여준다. 마지막으로, 이 데이터는 여러분의 측정치에 대해 조심스럽게 생각해야 할 필요성, 그리고 그것들이 여러분이 생각하는 것을 측정한다고 단순히 가정해서는 안 될 필요성을 잘 보여준다.

표 11.2의 줄기-잎 그림에서 지출변인이 약간 정적으로 편포되어 있는 반면, 합산된 SAT 점수는 거의 정상이라는 것을 알 수 있다. SAT를 치른 학생들의 백분율은 거의 양봉 변인인데 이것을 간략하게 다룰 것이다.

두 변인 관계성

이 데이터를 가지고 할 수 있는 가장 뚜렷한 일은 지출과 결과 간 관계성에 관해 묻는 것이다. 흔히들 교육에 지출한 돈이 많을수록 학생들이 더 잘할 것이라고 생각하는 경향이 있다. 표 11.3은 우리가 택한 몇몇 변인들 간 피어슨 상관을 보여준다. '지출'과 'SAT 백분율' 간 관계성이 그림 11.1의 산포도에 나와 있고, 이 동일 변인들 간 관계성을 보여주는 산포도가 그림 11.1에 나와 있다.

SPSS의 경우 여러분은 데이터를 탑재한 후 `Graphs/Legacy Dialogs/Matrix Scatter`를 사용하여 그림을 만들 수 있으며 `Analyze/Correlate/Bivariate`를 사용하여 상관 행렬표를 만들 수 있다.

그림 11.1은 변인들 간 관계성에 관해 일반적인 생각을 제공해주지만 SAT 총점과 지출

표 11.3_ 선택된 변인들 간의 상관

		상관			
		지출	봉급	SAT 백분율	총점
지출	피어슨 상관	1	.870**	.593**	−.381**
	Sig. (양방)	.	.000	.000	.006
	N	50	50	50	50
봉급	피어슨 상관	.870**	1	.617**	−.440**
	Sig. (양방)	.000	.	.000	.001
	N	50	50	50	50
SAT 백분율	피어슨 상관	.593**	.617**	1	−.887**
	Sig. (양방)	.000	.000	.	.000
	N	50	50	50	50
총점	피어슨 상관	−.381**	−.440**	−.887**	1
	Sig. (양방)	.006	.001	.000	.
	N	50	50	50	50

** 상관이 0.01수준(양방)에서 유의미하다.

간 관계성을 보다 상세하게 알고자 한다면 그 관계성만을 그리지 말고 회귀선을 덧붙이는 것이 좋다. 이를 그림 11.2에서 볼 수 있다. 이 그림은 상당히 놀라운데, 그 이유는 아동 교육에 투자하는 돈이 많을수록 그들이 더 못한다는 것을 시사하기 때문이다. 회귀선은 명백하게 감소하며 상관은 −.38이다. 비록 그 상관이 매우 큰 것은 아니지만, 그것은 통계적으로 유의미하고 무시될 수 없다. 더 부유한 학교 출신의 학생들이 더 못하는 경향이 있다. 도대체 그 이유가 무엇일까?

이 퍼즐에 대한 대답은 SAT 시험 자체에 관한 약간의 지식에서 나온다. 모든 대학이 학생들로 하여금 입학 허가를 받기 위해 SAT를 치르도록 요구하는 것은 아니며, 그것을 요구하는 대학은 오직 최상위 학생들만을 받아들이는 매우 명망 있는 대학들인 경향이 있다. 게다가 SAT를 치르는 학생의 백분율은 주마다 크게 다른데 코네티컷주 학생들 가운데 81%, 그리고 유타주 학생들의 단지 4%만이 그 시험을 치른다. 가장 낮은 백분율의 주들은 주로 중서부에 있으며 가장 높은 것은 북동부에 있다. 작은 백분율의 학생들이 시험을 치르는 주에서는 시험을 치르는 학생들이 프린스턴 대학, 하버드 대학, 버클리 대학과 같은 대학에 눈높이를 맞춘 가장 우수한 학생들일 가능성이 매우 크다. 이들은 공부를 잘할 가능성이 있는 학생들이다. 매사추세츠주와 코네티컷주에서는 대부분의 학생들이(보다 능력 있는 학생들뿐만 아니라 능력이 떨어지는 학생들까지도) SAT를 치르는데 열등한 학생들이 주 평균을 중앙 방향으로 밀어내기 마련이다. 만약 이것이 사실이라면, 시험을 치르는 학생의 백분율과 주의 평균 점수 간에 부적 관계성을 예상할 수 있다. 이것이 바로

그림 11.1_ '지출'과 'SAT 백분율' 간 관계성

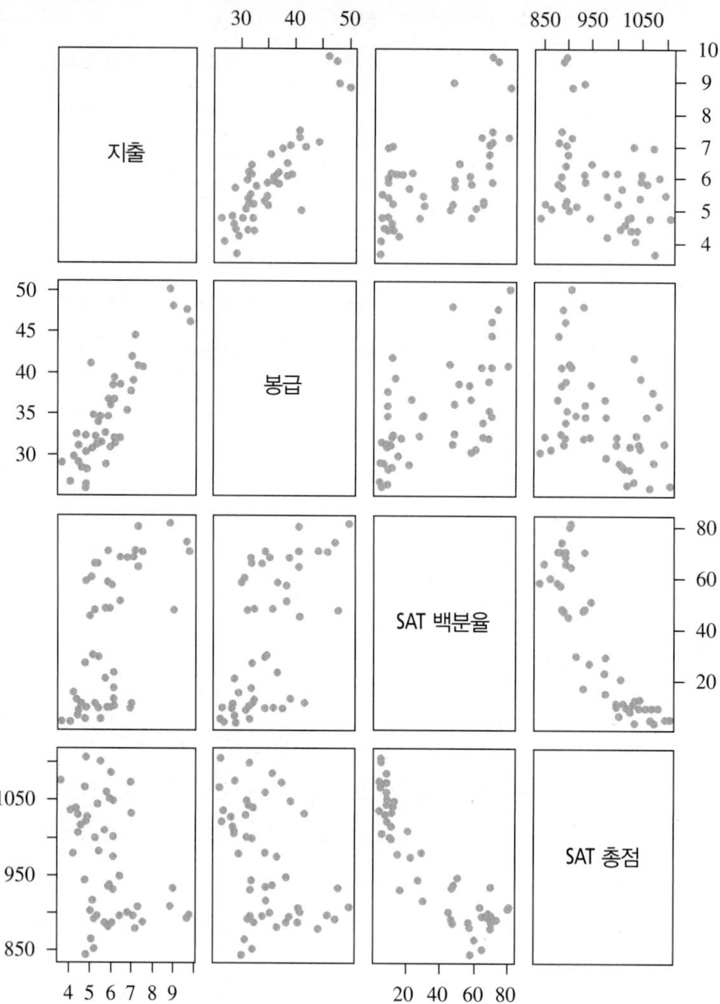

R 코드는 다음과 같다.

```
schoolData <- read.table("http://www.uvm.edu/~dhowell/
fundamentals9/DataFiles/Tab11-1.dat", header = TRUE)
attach(schoolData)
schoolData <- schoolData[-2]     #Remove string variable "State" for future
                                  analyses
smallData <- as.data.frame(cbind(Expend, Salary, PctSAT, SATcombined))
## Create a new data frame with only the variables of interest.
cor(smallData)                   #Produces Table 11.1
plot(smallData)                  #Produces Figure 11.3
```

그림 11.2_ 교육 지출별 SAT 총점

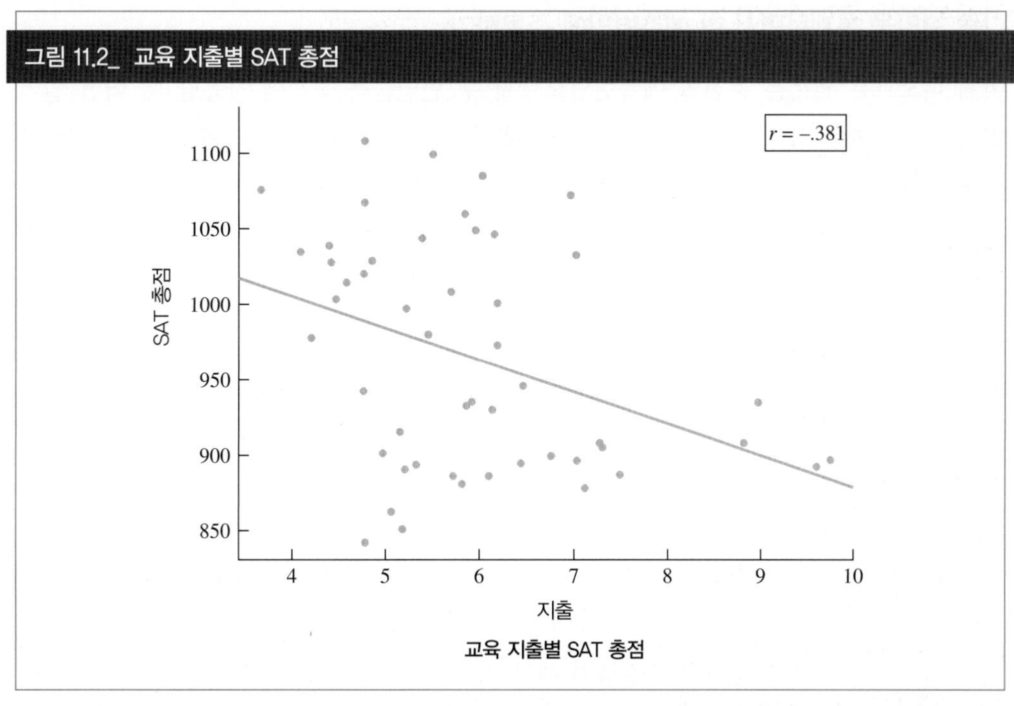

그림 11.3_ SAT 시험을 치른 학생들의 백분율에 따른 SAT 총점

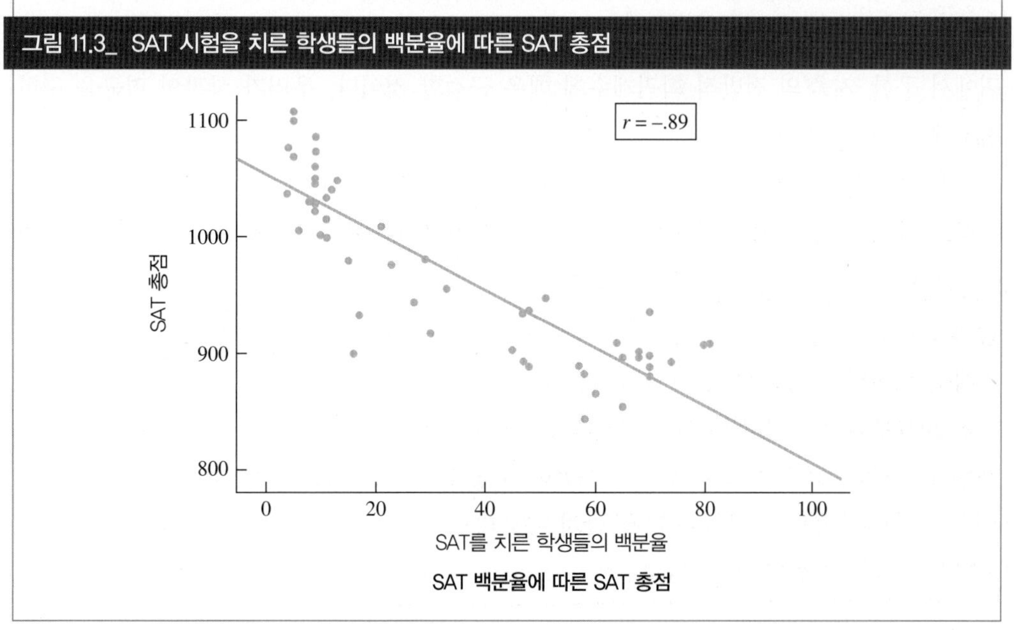

우리가 발견한 것으로서 그림 11.3에서 볼 수 있다.

그림 11.3에서 극적인 효과에 주목하라. 상관계수는 −.89인데, 값들이 회귀선에 매우 밀접하게 군집되어 있다. *X*축의 양 극단에 군집된 값들의 덩어리를 가진 'SAT 백분율'의 양봉분포의 효과에 주목하라.

다른 변인을 통제하면서 한 예측변인에 주목하기

이제 떠오르는 의문은 총점의 예측변인으로써 두 변인들을 동시에 사용할 때 어떤 일이 일어나는가 하는 점이다. 우리는 **'SAT 백분율'을 통제하면서** '지출'과 '총점' 간 관계성을 살펴볼 것이다. 'SAT 백분율'을 통제한다는 것은 'SAT 백분율'을 일정하게 유지하면서 '지출'과 '총점' 간 관계성을 살펴본다는 뜻이다. 단지 50개의 주 대신 수천 개의 주를 가지고 있다고 가정하라. 또한 SAT를 치르는 학생들의 백분율(예: 60%)이 정확하게 동일한 주들 집합을 추출할 수 있다고 가정하라. 그러면 우리는 그 주들의 학생들에만 국한하여 '지출'로부터 '총점'을 예측하기 위한 상관과 회귀계수를 계산할 수 있다. 이 계수들은 'SAT 백분율'과 완벽하게 독립적인데, 그 이유는 그 주들 모두가 그 변인상에서 정확하게 동일한 점수를 갖기 때문이다. 그다음 다른 주 표본, 아마도 40%의 학생들이 시험을 치른 주들의 표본을 추출할 수 있다. 다시 우리는 그 주들에 국한하여 '지출'과 '총점'의 상관을 구하고 회귀계수를 계산할 수 있다. 각각 'SAT 백분율'을 특정한 값(40% 또는 60%)에서 일정하게 유지하고서 두 개의 상관과 두 개의 회귀계수를 계산하였다는 점에 주목하라. 우리가 수천 개의 주들을 가지고 있다고 가정했기 때문에, 'SAT 백분율'을 매번 특정 값으로 유지한 채 이러한 과정을 많은 횟수로 반복했다고 가정할 수 있다. 이러한 분석 각각에서 '지출'과 '총점' 간 관계성에 대한 회귀계수를 구한다면, 그러한 많은 회귀계수들의 평균은 중다회귀에서 구한 '지출'의 전반적 회귀계수에 매우 근접할 것이다. 우리가 상관의 평균을 구한 경우에도 마찬가지이다.

앞서의 가상적 연습에서 각각의 상관은 'SAT 백분율' 값이 고정된 표본에 근거하므로 각각의 상관은 'SAT 백분율'과 독립적이다. 바꾸어 말하면, 우리의 상관에 포함된 모든 주에서 SAT를 치른 학생들이 35%라면 'SAT 백분율'은 변화하지 않으며 '지출'과 '총점' 간 관계성에 영향을 미칠 수 없다. 이것이 뜻하는 바는 이 주들에서 두 변인들 간 상관과 회귀계수가 'SAT 백분율'에 있어 **통제되었다는** 것이다.

실제로 우리는 수천 개의 주를 갖지 않고 단지 50개만을 갖고 있으며 이 숫자는 더 커질 가능성이 없다. 그러나 그렇다고 해서 방금 설명했던 가상연습을 수행했을 때 구할 수 있는 것을 수학적으로 추정하는 것을 막지 못한다. 그리고 바로 그것이 중다회귀가 다루는 것이다.

11.3 중다회귀식

한 개 또는 그 이상의 변인들 수준을 고정시키지 않고 중다회귀를 설명하는 방식들이 있지만, 그렇게 하기 전에 MYSTAT(http://www.systat.com/Downloads에서 찾아볼 수 있다)라고 부르는 프로그램을 사용하여 수행했던 중다회귀를 보여주고자 하는데, 그 결과가 표

표 11.4_ '지출'과 'SAT 백분율'로부터 '총점'을 예측하는 중다회귀

기술통계치

	SAT 총점	지출	SAT 백분율
사례 수	50	50	50
최솟값	844.000	3.656	4.000
최댓값	1,107.000	9.774	81.000
산술평균	965.920	5.905	35.240
표준편차	74.821	1.363	26.762
변량	5,598.116	1.857	716.227

OLS 회귀

종속변인	SAT 총점
H	50
중다회귀 R	0.905
중다회귀 제곱 R	0.819
교정된 중다회귀 제곱 R	0.812
추정치의 표준오차	32.459

회귀계수 B

효과	계수	표준오차	표준 계수	허용오차	*t*	*p* 값
상수	993.832	21.833	0.000		45.519	0.000
지출	12.287	4.224	0.224	0.649	2.909	0.006
SAT 백분율	−2.851	0.215	−1.020	0.649	−13.253	0.000

변량분석

변산원	제곱합	*df*	평균제곱	*F* 비	p 값
회귀	224,787.621	2	112,393.810	106.674	0.000
잔여	49,520.059	47	1,053.618		

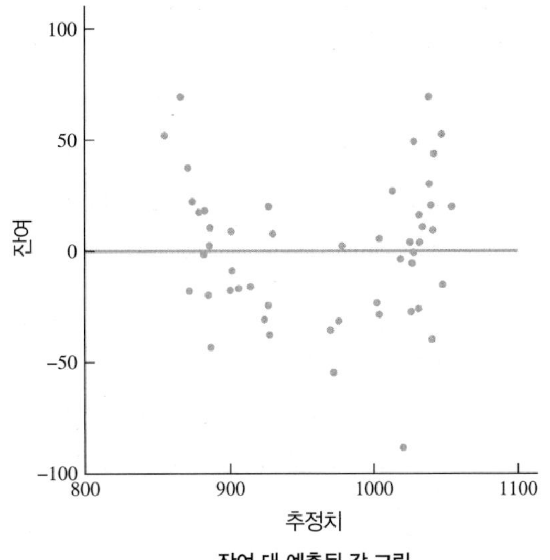

잔여 대 예측된 값 그림

11.4에 나와 있다. 공간을 절약하기 위해 출력물의 일부를 생략하였다. MYSTAT를 사용함으로써 여러분이 약간 다른 방식의 결과 출력을 볼 수 있도록 하였다.

첫 번째 표는 변인들 각각에 대한 기초 통계치를 제시한다. 그 다음 다음 '중다회귀' (*R*=.905)', '중다회귀 제곱 R', '교정된 중다회귀 제곱 R'이라고 부르는 통계치를 제시하는 표가 나온다. ('OLS 회귀' 구절은 'Ordinary Least Squares Regression'을 나타낸다. 우리는 잔여제곱을 '최소'로 하고자 한다.) 중다회귀에서 상관은 항상 정적인 반면, 피어슨 상관은 정적이거나 부적일 수 있다. 분명한 이유가 있지만 여기서는 자세히 다루지 않겠다(만약 상관이 항상 정적이라면 관계성이 부적일 때를 어떻게 알 수 있을까? 회귀계수의 기호에 대해 잠시 후 다루겠다). 중다회귀에서 상관제곱은 단순회귀에서와 동일한 의미를 갖고 있다. '지출'만을 사용해서 SAT '총점'(표에는 나오지 않았다) 변산성의 $(-.381)^2 = .145 = 14.5\%$를 설명할 수 있다. '지출'과 'SAT 백분율' 양자를 사용해서 '총점' 변산성의 $.905^2 = .819 = 81.9\%$를 설명할 수 있다. 이 값의 아래에서 '교정된 중다회귀 제곱 R'이라고 명명된 열을 볼 수 있다. 여러분은 그 열을 무시할 수 있다. 교정 R^2은 실제로 전집의 참된 상관제곱에 대해 덜 편향된 추정치이지만 그것을 보고하는 법이 없다. 단순히 R을 사용하고 교정 R은 사용하지 않는다.

그림 11.3에서 'SAT 백분율'과 '총점' 간 단순 상관이 −.89였는데, 따라서 두 번째 예측변인을 추가함으로써 아마도 .905만큼 큰 값을 구할 수 있었다. 이 점 역시 잠시 후에 살펴보겠다.

표 11.4에서 네 번째 작은 표 다음에 '변량분석' 제목이 붙은 표가 있다. 이 책의 뒷부분에서 변량분석에 대해 많은 시간을 할애할 것인데 여기서는 이 표의 두 개 부분만을 언급하겠다. *F*와 *p* 값이라고 명명된 열이 있다. *F*는 중다상관계수가 0과 유의미하게 상이한지 여부에 대한 검증이다. 9장과 10장에서 상관계수의 유의도에 관한 검증을 살펴보았는데, 주로 이 책의 뒷부분에 있는 통계표를 가지고 작업했다. 그 검증은 비록 상이한 통계치를 사용하지만 동일한 종류의 검증이다. 표 11.3에서 보았듯이 단지 한 개의 예측변인('지출') 만을 가지고 있을 때 상관은 −.38이며, 영가설이 참일 때 그러한 크기의 상관을 구할 확률은 .006이다. 이는 .05보다 훨씬 작으며, 따라서 우리는 그 상관이 0과 유의미하게 상이하다고 말할 수 있다. 중다회귀로 옮겨가서 '지출'과 함께 'SAT 백분율' 예측변인을 포함시킬 때 두 가지 의문을 갖게 된다. 첫 번째는 두 예측변인을 함께 사용하는 중다상관이 0.00과 유의미하게 상이한지 여부이며, 두 번째는 공식에서 예측변인 각각이 그 관계성에 대해 우연 수준보다 더 큰 수준으로 기여하는지 여부이다. '변량분석' 표에서 $F = 106.674$, 관련 확률은 .000이라는 것을 알 수 있다. 이것이 알려주는 바는 두 예측변인을 사용했을 때 상관이 0보다 유의미하게 더 크다는 것이다.

*R*로 이 분석을 하기 위하여, 다음 코드를 사용할 것이다. 결과는 제시하지 않을 것인데, 이미 봤던 것과 매우 유사하기 때문이다. 사용하게 될 함수인 'lm'은 선형 모형

(linear model)을 계산해주는데, 중다회귀가 바로 선형 모형이다. 분석 결과 전체를 보기 위해서는 'summary(model1)'가 필요하다. 그렇지 않고 model1 자체를 출력한다면('print(model1)'), 많은 정보를 얻지는 못할 것이다.

```
schoolData <- read.table("https://www.uvm.edu/~dhowell/
      fundamentals9/DataFiles/Tab11-1.dat", header = TRUE)
attach(schoolData)

model1 <- lm(SATcombined ~ Expend + PctSAT)
print(summary(model1))
plot(model1)      # The first plot is the residuals versus predicted

pred <- model1$fitted.values    # Extract predicted values
model2 <- lm(SATcombined~pred)    # Needed to draw line
plot(SATcombined~pred)    # Produces R's equivalent of Figure 11.3
abline(model2)
```

이제는 결과의 가장 흥미로운 부분을 살펴보겠다. '회귀계수'라고 명명된 작은 표에서 두 예측변인들을 동시에 사용했을 때 회귀계수들을 모두 볼 수 있다. 두 번째 열에서 다음과 같은 회귀식을 볼 수 있다.

$$\hat{Y} = 993.832 + 12.287(\text{지출}) - 2.851(\text{SAT 백분율})$$

993.832 값은 절편으로 흔히 b_0라고 표기하는데, 여기서는 '상수'라고 간단하게 표기했다. 이것은 '지출'과 'SAT 백분율' 양자가 0.00일 때(이러한 경우는 결코 없지만) '총점'의 예측된 값이다. 절편이 필요한데, 그 이유는 우리 예측의 평균이 획득된 값의 평균과 동일해야 하기 때문이다. 하지만 그것에 실제로 주의를 기울이는 일은 거의 없다.

단순회귀의 형식은 다음과 같다.

$$\hat{Y} = bX + a$$

이상과 마찬가지로 중다회귀는 다음과 같이 표시된다.

$$\boxed{\hat{Y} = b_1X_1 + b_2X_2 + b_0}$$

여기서 X_1과 X_2는 예측변인이며 b_0는 절편이다. 표에서 '지출'(b_1이라고 부른다)의 계수는 12.287이고 'SAT 백분율'의 계수(b_2)는 −2.851이라는 것을 알 수 있다. 이 계수의 기호에서 관계성이 정적인지 부적인지를 알 수 있다. 지출의 정적 계수로부터 알 수 있는 것은

'SAT 백분율'을 통제했을 때 지출과 수행 간 관계성이 정적이라는 것인데, 주의 지출이 많을수록 그 주의 (교정된) SAT 점수는 더 높다. 이것이 훨씬 더 낫다는 생각이 든다. 또한 '지출'을 통제했을 때 'SAT 백분율'과 '총점' 간 관계성이 부적이라는 것을 알 수 있는데, 이것이 이치에 맞다. 앞서 주에서 SAT를 치른 학생의 비율이 증가함에 따라 그 주의 전반적인 평균이 더 낮아질 것으로 예상되는 이유를 설명했다.

그러나 여러분은 'SAT 백분율' 자체가 '총점'과 −.89 상관을 갖고 있으며, 아마도 '지출'은 그 관계성에 중요한 것을 추가하지 않는다는 것(상관이 단지 .905로 증가했을 뿐이다)을 알아차릴 수 있다. 계수 표를 살펴보면 t와 p 값이라고 명명된 두 개 열을 오른쪽에서 볼 수 있을 것이다. 이는 회귀계수에 대한 유의도 검증과 관련된다. 여러분은 10장에서 유사한 t 검증을 보았다. p 열에서 세 개 계수 모두 $p < .05$에서 유의미하다는 것을 알 수 있다. 절편은 아무런 의미가 없는데, 그 이유는 그것이 주가 교육에 전혀 아무것도 지출하지 않고 SAT를 치르는 그 주의 학생이 0%인 경우를 나타내기 때문이다. '지출'의 계수는 의미 있는데, 그 이유는 시험을 치르는 학생의 비율을 통제했을 때 지출의 증가가 높은 점수와 상관된다는 것을 그 계수가 보여주기 때문이다. 마찬가지로 지출을 통제했을 때, SAT 점수는 그 검사를 치른 학생들이 더 적은(아마도 가장 우수한 학생) 주에서 더 높다. 따라서 비록 '지출'을 예측변인으로 'SAT 백분율'에 추가하는 것이 상관을 그다지 높이지는 않지만, 이는 통계적으로 유의미하게 기여한다. 보다 중요한 것은, 'SAT 백분율'을 공식에 추가함으로써 데이터가 보여줘야 하는 것이 크게 변하였다. 교육에 더 많은 돈을 지출할수록 학생들의 수행이 감소한다고 지적하는 대신, **각 주에서 시험을 치르는 학생들의 백분율을 조정한 후에는** 지출이 학생들의 수행을 증가시킨다는 것을 이제 알 수 있다. R의 매우 조그만 증가만을 초래했음에도 불구하고 이는 매우 다른 스토리가 된다.

표 11.4 아래에 지금까지 여러분이 보지 못했던 유형의 그림을 포함시켰다. 이 그림은 수행의 예측된 값과 잔여$(Y_i - \hat{Y}_i)$ 간 관계성을 보여준다. 후자는 공식이 예측하는 것과 주의 실제 평균 점수 간 차이이다. 그림은 그다지 흥미롭지 않은데, 바로 그 점이 요점이다. 이 그림은 우리가 구한 회귀에 관해 체계적인 독특성이 전혀 없다는 것을 기본적으로 알려준다. 만약 흥미로운 패턴을 볼 수 있었다면 이는 우리가 고려하지 못한 것이 데이터 내에 있다는 것을 뜻할 것이다.

앞서 중다회귀를 해석하는 한 가지 방식을 언급하였다. 어떤 예측변인의 경우든 그 기울기는 다른 모든 변인들을 일정하게 유지할 수 있을 때 그 변인과 기준변인 간 관계성이다. '일정하게 유지하는 것'이 의미하는 것은 일단의 참가자들이 다른 변인들 각각에서 모두 동일한 점수를 갖도록 한다는 것이다. 하지만 회귀에 관해 다른 두 가지 유용한 사고방식이 있다.

중다회귀에 대한 다른 해석

'지출'과 '총점' 간의 상관을 구하고 'SAT 백분율'을 완전히 무시할 때 '총점' 점수의 변산성 가운데 일정량은 'SAT 백분율'의 변산성과 직접 관련되며, 이것이 기묘한 부적 결과를 일으키는 것이다. '지출'과 '총점' 점수 양자가 'SAT 백분율'의 영향에서 자유롭도록 교정될 때 양자 간 상관을 조사하는 것이 우리가 하고자 하는 것이다. 다른 방식으로 표현하면 '총점'의 차이 가운데 상당 부분은 '지출'의 차이에 기인하며 또 다른 상당 부분은 'SAT 백분율' 차이에 기인한다. 두 변인에서 'SAT 백분율'에 기인할 수 있는 차이를 제거한 후 교정된 변인들의 상관을 구하고자 한다. 이는 듣기보다는 실제로 훨씬 더 단순하다. 다음 방식으로 중다회귀를 일부러 수행하려는 사람은 없겠지만 이는 진행 과정을 잘 보여준다.

'SAT 백분율'로부터 '총점'을 예측하는 단순회귀를 수행한다면, 그 결과 구해진 예측된 점수는 'SAT 백분율'로부터 예측 가능한 '총점'의 그 부분을 나타낼 것이라는 것을 우리는 알고 있다. 실제 점수에서 예측된 점수를 뺌으로써 구해진 '잔여총점'이라고 부르는 결과값은 'SAT 백분율'로부터 예측될 수 없는(독립적인) '총점'의 부분이 될 것이다(이 새로운 점수들을 '잔여'라고 부르는데 이에 관해 짤막하게 더 다룰 것이다). 이제는 'SAT 백분율'로부터 '지출'을 예측하는 동일한 일을 할 수 있다. 획득된 점수로부터 예측된 점수를 뺌으로써 새로운 점수(이를 '잔여지출'이라고 부른다)를 갖게 되는데, 이는 역시 'SAT 백분율'과 독립적이다. 따라서 이제는 두 개의 잔여 점수('잔여총점'과 '잔여지출')를 갖게 되는데 둘 다 'SAT 백분율'과 독립적이다. 따라서 'SAT 백분율'은 그들 간 관계성에 아무런 역할도 할 수 없다.

교정된 '지출' 점수('잔여지출')로부터 교정된 '총점' 점수('잔여총점')를 예측하기 위해 회귀를 수행한다면 다음과 같은 결과가 구해진다.

계수*

모형		비표준화된 계수 B	비표준화된 계수 표준오차	표준화된 계수 β	t	Sig.
1	(상수)	2.547E-14	4.542		.000	1.000
	비표준화된 잔여	12.287	4.180	.391	2.939	.005

* 종속변인: 비표준화된 잔여

교정된 지출 점수로부터 교정된 총점을 예측하는 회귀계수는 12.287인데, 이는 정상적인 방식으로 수행했을 때 '지출'에 대해 구했던 것과 똑같다는 점에 주목하라. 또한 다음 표를 보면 이 두 교정된 변인들 간 상관이 .391이라는 것을 알 수 있는데, 이는 'SAT 백분율'에 기인될 수 있는 모든 효과를 제거한 후 구해진 '지출'과 '총점' 간 상관이라는 점에 주목하라.

모형 요약**

모형	R	R^2	교정 R^2	추정치의 표준오차
1	.391*	.153	.135	32.11958743

* 예측변인: (상수) 비표준화된 잔여
** 종속변인: 비표준화된 잔여

이런 방식으로 회귀를 실제로 계산해야 한다고 생각하는 사람이 아무도 없기를 바란다. 내가 이렇게 한 이유는 중다예측변인을 갖고 있을 때 공식 내의 모든 다른 예측변인들에 대해 각각의 예측변인을 교정한다는 것을 강조하기 위해서이다. '~에 대해 교정된', '통제하기', '일정하게 유지하기'와 같은 구절들은 모두 동일한 의미로 사용된다.

중다회귀에 대한 마지막 사고방식

중다회귀에 대해 또 다른 사고방식이 있는데, 어떤 점에서는 이것이 가장 유용하다고 나는 생각한다. 중다회귀에서 다음 형식의 공식을 다룬다.

$$\hat{Y} = b_1X_1 + b_2X_2 + b_0$$

또는 우리가 지금까지 사용했던 변인들에 따르면 다음과 같다.

$$\widehat{\text{총점}} = b_1\ \text{지출} + b_2\ \text{SAT 백분율} + b_0$$

예측된 점수를 다음과 같이 구했다.

$$\widehat{\text{총점}} = 12.287 \times \text{지출} - 2.851 \times \text{SAT 백분율} + 993.832$$

그리고 예측된 점수를 '예측총점'으로 저장했다(SPSS에서 '회귀' 아래의 첫 번째 대화상자에 있는 '저장' 버튼을 사용하여 이 일을 할 수 있다. *R*은 이것을 자동적으로 해주는데, 예측된 점수는 'model$fitted.values'를 입력하여 얻을 수 있다. 여기서 'model'은 결과의 이름이다). 실제의 '총점'과 '예측총점' 간 상관을 구한다면, 그 결과 구해진 상관은 .905인데, 이는 중다상관이다(이 관계성의 산포도를 그림 11.4에서 볼 수 있는데, 여기서 중다상관의 제곱은 .8195, 중다상관의 제곱근은 .905이다).

이 마지막 접근의 요점은 중다상관계수를 기준변인('총점') 그리고 예측변인들의 최적 선형 조합 사이의 단순 피어슨 상관으로 볼 수 있다는 점이다. '최적 선형 조합'이라는 말은 주의 총점을 예측변인들로부터 예측하는 일을 더 잘할 수 있는 가중치(회귀계수)가 없다는 것을 뜻한다. 이는 실제로 매우 중요한 요점이다. 통계학에는 이 책에서 다루지 않는 많은 고급기법들이 있는데, 이 기법들은 다른 변인들의 최적 가중합인 새로운 변인을 만들어서, 분석의 주요 부분에서 이 변인을 사용한다. 이 접근은 또한, 두 변인 간 관계성이

그림 11.4_ 예측변인들의 최적 선형 조합과 '총점' 간 관계를 보여주는 산포도

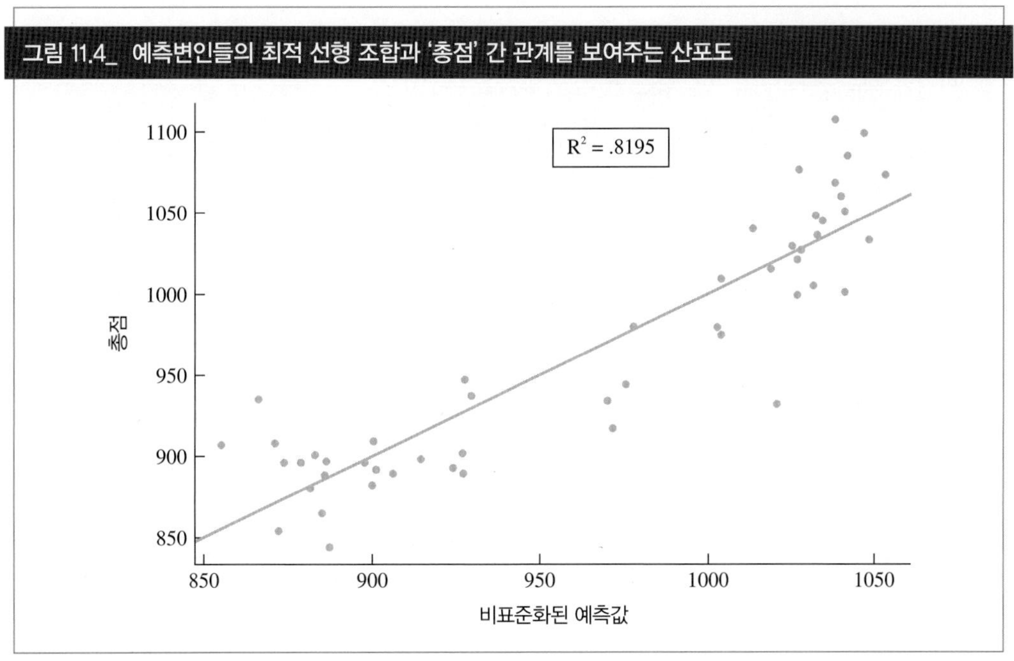

부적인 경우조차도 중다상관이 항상 정적인 이유를 설명해준다. 여러분은 예측된 값이 기준변인과 정적으로 상관되어 있다는 것을 확신을 갖고 이 값을 예상할 수 있다.

개관

지금까지 많은 정보를 다루었으므로, 되돌아가서 주요 사항을 요약해보겠다.

중다회귀식의 기본 형태는 다음과 같다.

$$\hat{Y} = b_1X + b_2Z + b_0$$

그리고 중다상관계수를 R로 표시한다. 단순회귀에서와 똑같이, R의 제곱, R^2는 예측변인(X, Z)의 최적 선형 조합에 의해 설명되는 종속변인(Y) 변량의 %로 해석될 수 있다. 또한 표준화된 회귀계수(βi)가 변인들을 비교 가능하게 만들기 때문에 각 변인의 중요성을 이해하는 데 유용하다는 것을 살펴보았다.

두 개의 예측변인들 자체가 상관되어 있다면 이들은 Y 변산성의 중복된 부분을 설명하며, 따라서 결과적으로 중다회귀는 그 부분들의 합과 동일하지 않다는 사실을 다루었다. 이는 예측변인들이 높게 상관되어 있을 때 일어나는 특수한 문제인데, 그 이유는 매우 상이하게 보이는 여러 회귀식들이 매우 유사한 결과를 내놓을 수 있기 때문이다.

교육 재정 지원에 대한 구버의 데이터를 살펴보았고, 지출이 수행과 매우 큰 부적 관계성을 갖는다는 것을 알았다. 하지만 그 관계성은 각 주에서 SAT를 치른 학생의 비율을 통제했을 때

크기와 기호 모두에서 변화한다는 것을 살펴보았다.

마지막으로 중다회귀를 이해하는 세 가지 방식을 다루었다.

- 회귀계수를 고려 대상인 예측변인을 제외하고 다른 모든 예측변인들에서 상이하지 않은 전체 주 집단을 갖고 있을 때 구할 수 있는 계수로 볼 수 있다. 바꾸어 말하면, 한 개 이외의 모든 예측변인들을 일정하게 유지하고서 그 한 개 예측변인이 무엇을 변화시키는지 알아본다.
- 중다회귀에서 회귀계수를 우리가 통제하고자 하는 모든 변인들에 대해 두 개 변인들을 교정했을 때 단순회귀에서 구할 수 있는 것과 동일한 것으로 간주할 수 있다. 앞서의 예에서 이는 'SAT 백분율'에 대해 '총점'과 '지출' 양자를 교정하는 것을 뜻하는데, 이는 그 변인의 참 점수 그리고 '잡음변인'(또는 '통제해야 할 변인')으로부터 예측되는 점수 사이의 차이를 계산함으로써 수행된다. 우리가 구한 계수(기울기)는 중다회귀 해결에서 구한 계수와 동일하다.
- 중다상관을 기준변인(Y)과 다른 변인($\hat{Y}$) 간의 단순 피어슨 상관으로 볼 수 있는데, 후자는 예측변인들의 최적 선형 조합이다.

SAT를 만드는 교육 검사 서비스(Educational Testing Service: ETS) 기관은, SAT가 상이한 주들의 수행을 비교하는 데 공정하지 않다고 주장하는 주들에 의해서 파기된 결과에 대해 사람들이 이의를 제기하도록 노력해왔다. 이 사례를 살펴봄으로써 알 수 있는 것은 주마다 상이한 특성을 가진 학생 집단들이 시험을 치르며, 이 때문에 이 검사가 개인의 수행을 판단하는 데 좋은 방법인지 아닌지와는 관계없이 어떤 주의 수행을 판단하는 방법으로는 부적절하다는 것이다.

11.4 잔여

데이터 집합으로부터 예측할 때, 그것이 항상 정확할 것이라고는 예상하지 않는다. 예측이 조금 높을 때도 있고 조금 낮을 때도 있다. 때때로 실제 데이터 값이 예측했던 것과 매우 다를 수도 있다. 예측과 예측오차(**잔여**라고 부른다)가 중다회귀에 대해 알려주는 바가 있으므로 이를 잠시 살펴볼 필요가 있다. 표 11.5에 우리가 앞서 살펴보았던 데이터의 표본이 있다. 두 행을 추가하였는데 하나는 예측된 값을, 다른 하나는 잔여 값을 담고 있다. 그 표에서 어떤 예측들은 매우 정확하지만(잔여가 작다) 다른 예측들은 좋지 않다는 것을(잔여가 크다) 알 수 있다. 그림 11.3에서 총점과 그 점수의 최적 선형 예측 간의 관계성에 관한 산포도를 보았다. 그 그림에서 두 개의 작은 숫자들(34와 48)이 있다는 점에 주목하라. 이 숫자들은 그러한 관찰값을 생산한 주를 뜻한다. 주 34는 노스다코타이며 주 48은

표 11.5_ 선택된 주들에서 예측된 값과 잔여

주	지출	SAT 백분율	총점	예측	잔여
앨라배마	4.405	8	1029	1025.146	3.854
알래스카	8.963	47	934	969.962	−35.962
애리조나	4.778	27	944	975.562	−31.562
아칸소	4.459	6	1005	1031.512	−26.512
캘리포니아	4.992	45	902	926.874	−24.874
콜로라도	5.443	29	980	978.030	1.970
아이오와	5.483	5	1099	1046.944	52.056
……	...	...	...	...	...
미시시피	4.080	4	1036	032.557	3.443
미주리	5.383	9	1045	034.311	10.688
몬태나	5.692	21	1009	003.897	5.103
……	...	...	...	...	...
뉴햄프셔	5.859	70	935	866.253	68.747
뉴저지	9.774	70	898	914.355	−16.355
뉴멕시코	4.586	11	1015	1018.817	−3.817
뉴욕	9.623	74	892	901.096	−9.096
노스캐롤라이나	5.077	60	865	885.156	−20.155
노스다코타	4.775	5	1107	1038.245	68.755
오하이오	6.162	23	975	1003.970	−28.970
……	...	...	...	...	...
워싱턴	5.906	48	937	929.551	7.4489
웨스트버지니아	6.107	17	932	1020.400	−88.400
위스콘신	6.930	9	1073	1053.319	19.681
와이오밍	6.160	10	1001	1041.007	−40.007

웨스트버지니아이다. 두 주가 거의 동일하게 예측된 결과(약 1,050)를 가지고 있지만 노스다코타는 그 예측을 훨씬 초과한 반면(1,107) 웨스트버지니아는 비슷한 양만큼 더 적다(932).

예측된 것과 획득된 것 간의 차이, 즉 잔여는 무선적 잡음일 수도 있고 의미 있는 것일 수도 있다. 거의 200점의 차이에 대해 나는 이것을 심각한 것으로 간주하고 싶다. 학생 교육에 대해 웨스트버지니아는 모르지만 노스다코타는 알고 있는 것이 무엇인지 묻고 싶다. 그들이 교육에 뚜렷하게 더 많이 지출하거나 SAT를 치르는 학생 수가 더 적은 것은 아니다. 나는 이러한 가능성을 배제할 수 있는데, 그 이유는 'SAT 백분율'과 '지출'을 통제한 후 잔여를 살펴보았기 때문이다. 그러나 이 주들을 면밀히 조사해보면 다른 어떤 것이 중요한지에 대해 중요한 가설을 끌어낼 수 있을 것이다. 잔여에 대한 구체적 분석까지는 다루

지 않을 것이다. 그러나 지금까지 본 것은 극단적 잔여들을 식별하는 것이 중요할 수 있음을 시사한다.[3]

11.5 가설검증

10장에서 회귀계수가 0과 유의미하게 다른지 여부를 질문할 수 있다는 것을 살펴보았다. 다시 말하면, 어떤 변인에서의 차이가 다른 변인에서의 차이와 관련되는지 여부를 질문할 수 있다. 만일 기울기가 0과 유의미하게 다르지 않다면, 기준변인이 예측변인과 관련된다고 믿을 이유가 없다. 이는 하나의 예측변인만을 갖고 있을 때는 매우 분명하다. 실제로 예측변인이 하나일 때에는 상관계수에 관한 검증과 회귀계수에 관한 검증이 동일하다고 말했다. 하지만 예측변인이 한 개보다 더 많은 경우에는 상황이 매우 다르다.

한 개보다 많은 예측변인들에 대해서 그 계수들 각각이 0과 유의미하게 상이한지 여부에 대해 물어볼 수 있다. 'SAT 백분율'상에서 동일한 주들의 경우에 '지출'의 차이가 '총점'에서 유의미한 차이를 일으키는가? '지출'에서는 동등하지만 'SAT 백분율'에서는 상이한 주들이 '총점'에서 유의미하게 상이한 것으로 예측되는가? 보다 직접적으로 말하면 우리는 다음과 같은 영가설을 검증하고자 한다.

$$H_0\colon \beta_1 = 0$$
$$H_0\colon \beta_2 = 0$$

다음 대안가설에 대하여

$$H_0\colon \beta_1 \neq 0$$
$$H_0\colon \beta_2 \neq 0$$

이 가설들에 대한 검증은 표 11.4에 t라고 명명된 열에 제시되어 있고, 다음 열에는 관련된 양방 확률이 제시되어 있다. 이들은 이전 장에서 보았던 것과 같은 종류의 검증인데, 한 개 대신 두 개의 기울기들을 검증한다는 것만 다르다. 이 사례에서 '지출'의 기울기에 대한 검증은 그 확률값($p = .006$)이 .05 미만이기 때문에 0과 유의미하게 다르다는 것을 알 수 있을 것이다. 유사하게 'SAT 백분율'의 기울기 역시 유의미하다($t = -13.253$, $p < .000$). 따라서 주에서 SAT를 치른 학생 비율의 차이를 통제한다 할지라도 교육에 대한 지출은 차이가 나며, 이는 정적 효과를 갖고 있다. 이 책의 다음 장들에서 t 검증과 F 검증을 자세히 살펴볼 것인데 이 검증들은 가설검증에 흔히 사용된다. 지금 여러분은 표준적인 유의도 검증

3 잔여의 크기를 평가하는 방식에 관한 논의는 하월(Howell, 2012)에서 찾아보라.

이 존재하며 유의도에 대한 판단이 확률값을 참조하여 이루어질 수 있다는 것만 알면 된다.

보다 중요한 한 가지 정보가 표 11.4의 '변량분석' 부분이다. 이 부분은 함께 고려된 예측변인들의 집합(지출, SAT 백분율)과 기준변인 간에 상관이 없다는 영가설에 대한 검증이다. 여기서 유의미한 효과가 뜻하는 바는 전집의 중다상관이 0이라는 영가설을 기각한다는 것이다. 표를 보면 $F = 106.674$의 확률이 .000이다. 이 확률은 $\alpha = .05$ 미만이기 때문에 H_0를 기각하고 '총점'은 함께 고려된 두 예측변인에 의해 우연 수준보다 더 잘 예측될 수 있다고 결론 내린다. 바꾸어 말하면, 전집에서 참 상관이 0이 아니라고 결론을 내릴 수 있다.

이 두 종류의 유의도 검증(기울기에 대한 검증과 중다상관에 대한 검증)은 실제로 모든 회귀분석에서 제시된다. 나는 그것들을 출력물에서 제시되는 순서대로 다루었지만, 만일 관계성에 관한 변량분석이 유의미하지 않다면, 개별 예측변인들의 유의도 문제는 별다른 의미를 갖지 못한다. 다행히 우리가 살펴본 대부분의 회귀 문제에서는 전반적 관계성이 유의미하고, 개별 예측변인들의 역할이 중요한 문제가 된다.

11.6 상세하게 회귀식 다루기

표 11.4에서 '지출'과 'SAT 백분율'이 '총점'의 유의미한 예측변인이라는 것을 알았다. 또한 표 11.3의 상관에서 교사 '봉급'이 '총점'과 유의미하게 관련되어 있다는 것을 알았다. 아마도 우리는 중다회귀에 '봉급'을 추가해야 할 것이다. 하지만 그렇게 하기 전에 변인들 간 관계성에 대해 생각해볼 필요가 있다. 우리는 '지출', 'SAT 백분율', '봉급'이 '총점'과 각각 유의미하게 상관되어 있다는 것을 알고 있다. 그러나 그들은 또한 서로 간에 상관되어 있

표 11.6_ '지출', 'SAT 백분율', '봉급'으로부터 '총점'을 예측하는 중다상관

계수*

모형		비표준화된 계수 B	비표준화된 계수 표준오차	표준화된 계수 β	t	Sig.
1	(상수)	998.029	31.493		31.690	.000
	지출	13.333	7.042	.243	1.893	.065
	SAT 백분율	−2.840	.225	−1.016	−12.635	.000
	봉급	2.309	1.653	−.025	−.187	.853

* 종속변인: 총점

으며, 이러한 상관은 사소하지 않다(표 11.4 참고).

'봉급'이 다른 예측변인들 양자와 상관되어 있기 때문에 '총점'의 예측에 독립적으로 기여할 가능성이 없다. 그러나 이것은 경험적인 질문으로서, 회귀를 실제로 수행해보아야만 정확한 답을 구할 수 있다. 그 결과가 표 11.6에 제시되어 있는데, 여기에는 계수 표만이 포함된다(세 예측변인들에 대한 전반적 ANOVA는 유의미하였다).

표 11.6에서 'SAT 백분율'이 유의미한 예측변인으로 남아있다는 사실을 알았지만, '지출'의 계수는 .05보다 약간 더 상승하여 그 변인에 대한 영가설(H_0: 전집의 기울기 = 0)을 기각할 수 없다. 또한 '봉급'이 유의도($p = .853$)에 근접하지조차 않는다는 것을 알고 있다. '봉급'이 단독적으로 처리되었을 때에는 '총점'과 훌륭하게 상관되어 있지만 여기서는 매우 빈약하게 상관되어 있는 이유를 여러분은 당연히 의아하게 생각할 것이다. 이와 관련된 것이 중다회귀에서 '지출'이 왜 더 이상 유의미하지 않은지에 대한 의문이다. 우리가 다른 변인들에 대해 생각해본다면 지출 측면에서 주들 간에 존재하는 커다란 차이가 직접적으로 교사의 봉급과 관련되어 있다는 것을 알 수 있다. 따라서 한 주의 교사들이 다른 주의 교사들보다 더 많은 돈을 번다고 말하는 것은 첫 번째 주가 '지출'에서 점수가 더 높다고 말하는 것과 거의 마찬가지이다. 여러분은 사실상 새로운 정보를 그다지 추가하지 못한 셈이다. 따라서 나는 '봉급'이 별다른 기여를 하지 못한다는 것에 대해 별로 놀라지 않는데, 사실상 '봉급'은 '지출'의 효과를 희석시켰다(어떤 의미에서 그것은 지출의 효과를 두 변인들 상에 분산시켰는데, 따라서 이 두 변인들은 어느 것도 유의미하지 않았다).

이 사례에서 우리는 기준변인을 가장 잘 예측할 수 있는 회귀식(데이터에 대한 모형)을 탐색하였다. 하지만 우리가 다소 상이한 목적을 생각했다는 것을 상기하라. 우리는 교육에 대한 지출이 차이를 일으키는지 여부를 알고자 하였다. 바꾸어 말하면, 우리는 '총점'을 예측할 수 있는 낡은 공식에 관심이 없었고 '지출'의 역할을 구체적으로 다루고자 하였다. 우리는 이 일을 '지출'을 가지고 시작했으며 이것이 실제로는 결과와 부적으로 관련되어 있다는 것을 알았다. 그 후 우리는 'SAT 백분율'을 포함시켰는데, 그 이유는 결과 측정치의 변량 가운데 많은 부분이 시험을 치르는 사람들의 수와 관련되어 있다는 사실을 알았기 때문이다. 'SAT 백분율' 점수가 주들 간에 상이하기 때문에 통제되어야 할 필요가 있는 것처럼 보이는 변인이라는 점을 제외하고는 이것은 '지출'에 관한 질문과는 구분되는 질문이다. 마지막으로 '봉급'을 추가하는 것을 고려했는데, 그렇게 했을 때 그것이 기여하는 바가 전혀 없다는 것(사실상 해를 미친 듯하다)을 발견하였다. 나는 '봉급'과 '지출'이 밀접하게 관련되어 있고 '봉급'이 추가로 제안할 만한 것이 거의 없다는 사실에 주목함으로써 이러한 발견을 설명하였다. 보다 종종, 중다회귀의 목적은 실제 예측을 다루는 것보다는 그러한 결과들에 대한 설명을 제공하는 데 있다. 우리 데이터에 더 큰 상관을 생성할 수 있는 다른 변인들이 있을 가능성이 있지만, 우리가 밝힌 관계성은 맨 처음 데이터를 수집한 동기에 관해 가장 많이 알려준다.

최적의 회귀식을 선택하는 주제를 다룬 문헌들이 많이 있다. 그 기법들 중 많은 것이 **단계적 절차**(stepwise procedure)로 알려져 있다. 이러한 문헌과 부수적인 참고문헌에 관한 소개는 하월(Howell, 2012)에서 찾아볼 수 있다. 여기서 한 가지 지적할 점은 회귀 모형을 확인하기 위한 자동적 계산 절차들이 매력적이라는 점이다. 이들은 보기 좋은 모형을 산출하지만, 데이터에 있는 우연적인 차이를 역시 이용한다. 이 절차는 현재의 데이터에는 잘 부합되지만, 새로운 데이터 집합에는 현재의 데이터만큼은 잘 부합되지 않는 모형을 생성한다. 최적 모형을 구성하는 데 있어서 해당 분야의 변인들과 이론적 구성개념들에 관해 알고 있는 것이 데이터 집합들에 대해 통계적으로 별난 짓을 하는 것보다 훨씬 더 중요하다는 것을 인식하는 것이 중요하다. 상당히 조심스럽게 단계적 회귀를 다루어야 한다. 사실상 그것은 때때로 통계학 문헌에서 '아둔한 회귀'라고 언급된다.

11.7 중다회귀 문제를 해결하기 위하여 *R* 사용하기

이 책 전체에서 나는 계산을 하고 중요한 요점들을 보여주기 위하여 *R*을 사용했다. 그러나 지금까지 중다회귀 문제를 해결하기 위해 *R*을 사용하는 방법에 대해서는 다루지 않았다. 내가 *R*을 좋아하고 이 장에서 내가 수행한 많은 계산들에 *R*을 사용해왔음에도 불구하고, 주제에서 약간 벗어나 중다회귀에(그리고 이후 변량분석에) *R*을 사용하는 방법에 대해 더 설명할 필요가 있다. 이는 *R*이 수행하는 것의 기저 구조에 대해 설명할 기회이기도 하다.

가장 단순한 *R* 명령문은 다음 형태를 가진다.

```
Model1 <- lm(SATcombined ~ Expend + PctSAT)
```

낱자 'lm'은 '선형 모형(linear model)'을 나타내는데, 명령문의 나머지 부분은 분명하게 해석할 수 있을 것이다. 그러나 'model'을 출력하라고 요구한다면, 얻을 수 있는 것은 다음과 같을 것이다.

```
call :
lm(formula = SATcombined ~ Expend + PctSAT)

coefficients:
(Intercept)        Expend       PctSAT
    993.832        12.287       -2.851
```

이는 다소 휑해 보인다. 상관계수나 계수에 관한 검증 같은 것들은 어디에 있을까?

만약 내가 이 소프트웨어를 만들었다면 그러한 것을 당신에게 제공했겠지만, *R*은 그렇게 하지 않는다. 이상 명령어가 실행될 때, *R*은 하나의 객체(object)를 생성한다. 이 객체는 SPSS 혹은 다른 어떤 프로그램이 만들어내는 모든 것을 담고 있다. *R*의 저자들은 계수들이 가장 중요한 결과라고 가정했는데, 'Model1'을 출력했을 때 *R*이 출력하는 것이 바로 계수들이다. 그러나 짧은 코드 섹션들에서 알아차렸을 수도 있겠지만, 'summary(model1)'를 입력한다면, 다음과 같이 더 많은 정보를 얻을 것이다.

```
Call:
lm(formula = SATcombined ~ Expend + PctSAT)
Residuals:
    Min       1Q       Median       3Q       Max
-88.400   -22.884      1.968    19.142    68.755
Coefficients:
             Estimate Std.   Error   t value   Pr(>|t|)
(Intercept)  993.8317      21.8332    45.519    < 2e-16 ***
Expend        12.2865       4.2243     2.909    0.00553 **
PctSAT        -2.8509       0.2151   -13.253    < 2e-16 ***
---
Signif. codes: 0 '***' 0.001 '**' 0.01 '*' 0.05 '.' 0.1 ' ' 1

Residual standard error: 32.46 on 47 degrees of freedom
Multiple R-squared: 0.8195,       Adjusted R-squared: 0.8118
F-statistic: 106.7 on 2 and 47 DF, p-value: < 2.2e-16
```

이것이 조금 더 낫기는 하지만 여전히 많은 것을 생략하고 있다. 아마도 이것들이 당신이 원하는 모든 것이겠지만, 'names(model1)'를 입력한다면, 'names'는 Model1 객체에 첨부되어 있는 내용 목록을 만들어줄 것이다.

```
Names(model1)
[1] "coefficients"    "residuals"     "effects"
"rank"           "fitted.values"
[6] "assign"          "qr"            "df.residual"
"xlevels"        "call"
[11] "terms"          "model"
```

'model1$coefficients'는 회귀계수를, 'model1$residuals'는 50개의 잔여들을, 그리고 'model1$fitted.values'는 예측된 값들을 줄 것이다. 일반적으로 'summary(model1)'를 입력하여 이것들을 얻을 수 있지만, 가끔은 더 깊이 파고들 필요가 있다. 지금까지는 summary(model1)로도 충분하겠지만, 만약 당신이 상관행렬을 원한다면, 더 이른 시기에 'cor(smallDataDF)' 명령어를 사용할 수 있다. 베타 값들을 얻을 때는 약간의 작업이 필요하지만 이 책의 관련 웹 페이지는 이 명령어들을 제공한다. 무엇보다도, 당신이 중다회귀를 위해 *R*을 사용하는 데 어떤 문제가 있다면, 구글을 잊지 말라. 훌륭한 웹페이지들이 많이 있는데, 그것들을 적극 추천한다.

11.8 예: 무엇이 신뢰할 만한 어머니를 만드는가?

러크스와 크로켄버그(Leerkes & Crockenberg, 1999)는 어머니의 돌봄 수준이 아동에 미치는 영향 및 아동이 나중에 어머니가 되었을 때 모성적 자기 확신 사이의 관계성을 연구하

그림 11.5_ 모성 돌봄, 자기 존중감, 자기 확신 사이의 관계성

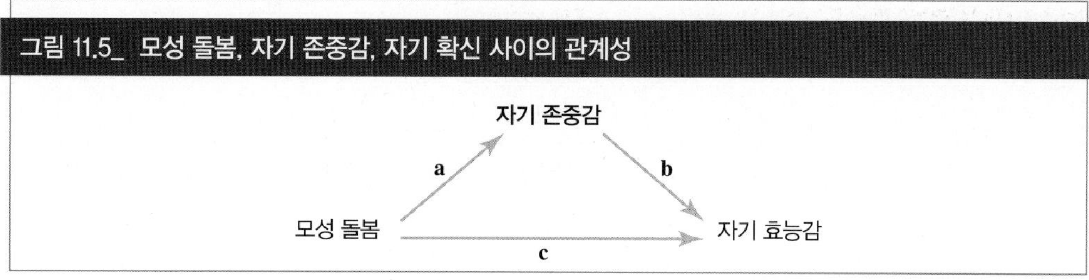

는 데 관심이 있었다. 그들의 표본은 5개월 된 유아를 키우는 92명 어머니로 구성되었다. 러크스와 크로켄버그는 어머니가 아동이었을 때 받았던 높은 수준의 모성 돌봄이 그 아동이 나중에 어머니가 되었을 때 높은 수준의 자기 확신으로 전이된다는 것을 발견할 것으로 예상하였다. 더 나아가 연구자들은 자기 존중감 역시 역할을 수행할 것으로 가정하였다. 그들은 주장하기를, 높은 수준의 모성 돌봄이 아동에게서 높은 수준의 자기 존중감을 일으키고, 이렇게 높은 자기 존중감은 추후 어머니로서 높은 수준의 자기 효능감(여러분 생각에 여러분이 어머니로서 얼마나 능력이 있는가)으로 전이된다. 유사하게 낮은 수준의 모성 돌봄은 낮은 수준의 자기 효능감을 일으킬 것으로 예상되며, 따라서 낮은 수준의 자기 효능감을 일으키게 된다. 이러한 관계성의 그림이 아래에 있다.

러크스와 크로켄버그는 자기 존중감의 매개 역할에 관심이 있었지만, 우리는 그 이슈를 무시하고 단순히 자기 존중감과 모성 돌봄 양자로부터 자기 확신을 예측하는 것에 주목할 것이다. 그 관계성 패턴이 그림 11.5에 나와 있으며 변인 간 상관 행렬표가 표 11.7에 제시되었다. 그 데이터는 Tab11.7.dat에 있는 웹사이트에 있다.

표 11.7_ 모성 돌봄, 자기 존중감, 자기 확신 사이의 상관

		상관		
		모성 돌봄	자기 존중감	자기 확신
모성 돌봄	피어슨 상관	1.000	.403**	.272**
	Sig. (양방)		.000	.009
	N	92.000	92	92
자기 존중감	피어슨 상관	.403**	1.000	.380**
	Sig. (양방)	.000		.000
	N	92	92.000	92
자기 확신	피어슨 상관	.272**	.380**	1.000
	Sig. (양방)	.009	.000	
	N	92	92	92.000

** 상관이 0.01수준(양방)으로 유의미하다.

표 11.8_ SPSS에 따른 중다회귀 출력

모형 요약

모형	R	R^2	교정 R^2	추정치의 표준오차
1	.272[a]	.074	.063	.24023
2	.401[b]	.161	.142	.22992

a. 예측변인: (상수), 모성 돌봄
b. 예측변인: (상수), 모성 돌봄, 자기 존중감

ANOVA(변량분석)[c]

모형		제곱합	*df*	평균제곱	*F*	Sig.
1	회귀	.414	1	.414	7.168	.009[a]
	잔여	5.194	90	.058		
	총합	5.607	91			
2	회귀	.903	2	.451	8.537	.000[b]
	잔여		4.705	89	.053	
	총합	5.607	91			

a. 예측변인: (상수), 모성 돌봄
b. 예측변인(상수), 모성 돌봄, 자기 존중감
c. 종속변인: 자기 확신

계수[a]

		비표준화된 계수		표준화된 계수		
모형		B	표준오차	β	*t*	Sig.
1	(상수)	3.260	.141		23.199	.000
	모성 돌봄	.112	.042	.272	2.677	.009
2	(상수)	2.929	.173		16.918	.000
	모성 돌봄	.058	.044	.142	1.334	.185
	자기 존중감	.147	.048	.323	3.041	.003

a. 종속변인: 자기 확신

여기서 우리가 알 수 있는 것은 모성 돌봄이 자기 존중감과 자기 확신 양자와 상관되어 있으며 자기 존중감이 자기 확신과 유의미하게 상관되어 있다는 것이다. 다음 단계는 자기 존중감과 모성 돌봄 양자를 자기 확신의 예측변인으로 사용하는 것이다. 예를 들어, SPSS에서 처음에는 모성 돌봄을 유일한 예측변인으로 사용하고 그다음 모성 돌봄과 자기 존중감 양자를 예측변인으로 사용하였다. 이것이 표 11.8 의 출력 상단 부분에 나와 있다. 이 표에서 자기 확신과 모성 돌봄의 상관 결과(모형 1) 그 후 자기 존중감을 예측변인으로 추가한 결과(모형 2) 양자를 볼 수 있다.

출력물의 첫 번째 부분에 따르면 모성 본능이 단독적으로 예측변인으로 사용되었을 때 그 상관('R' 제목이 붙은 열에 제시된다)은 .272이다. 이는 그다지 높은 상관은 아니지만, 우리가 20년 전에 발생했을 모성 행동의 효과를 언급하고 있는 것이다. 자기 존중감을 예측변인으로 추가하였을 때 상당히 상이한 패턴을 보게 된다. 중다상관계수는 한 개의 예측변인의 경우에는 .272이지만 두 개 예측변인의 경우에는 .401로 증가한다.

중앙에 있는 ANOVA 표에 따르면 단순상관 그리고 두 개 예측변인의 중다상관 양자가 유의미하다. 마지막으로 표 11.8의 하단 부분에는 두 개 해결책에 대한 계수가 나와 있다. 모성 본능만을 취했을 때 베타(β), 즉 표준화된 회귀계수는 .272인데, 이에 따르면 모성 본능에서 1 표준편차 차이가 자기 존중감에서 약 1/4 표준편차 증가와 관련된다. 흥미로운 점은 자기 존중감을 모성 돌봄과 함께 예측변인으로 추가할 때 모성 돌봄의 표준화된 계수는 .142로 뚝 떨어져서 마지막 두 열에서 볼 수 있듯이 유의미하지 않다. 그러나 자기 존중감은 유의미한 예측변인인데, $\beta = .323$이다. 자기 존중감을 추가했을 때 모성 돌봄이 더 이상 유의미한 예측변인이 아니라는 사실은 모성 돌봄의 어떤 효과가 자기 존중감을 통해 일어난다는 것을 시사한다. 바꾸어 말하면, 훌륭한 모성 돌봄은 더 높은 수준의 자기 존중감을 유발하며, 이처럼 고양된 자기 존중감은 수십 년 후에 딸이 어머니가 되었을 때 자기 확신을 유발한다. 이것이 러크스와 크로겐버그가 실제로 찾던 매개효과이다.

11.9 예: 암 환자의 심리적 증상들

암 진단이 고통스러운 사건이라는 것은 의심할 나위가 없고, 모두는 아닐지라도 많은 암 환자들은 그러한 진단에 대해 높은 수준의 심리적 증상들을 보인다. 심리적 고통과 관련된 변인들을 이해할 수 있다면, 그 고통을 막아줄 수 있는 중재 프로그램을 개발할 수 있을 것이다. 그것이 이 예의 주제이다.

맬케언 등(Malcarne, Compas, Epping, & Howell, 1995)은 암 환자 126명을 암 진단을 받은 직후에 그리고 4개월 후에 조사하였다. 최초의 면담, 즉 '시기 1(Time 1)'에서 그들은 환자의 당시 고통 수준, 즉 '고통 1(Distress 1)', 환자들이 암의 원인을 자신의 유형에 귀인시키는 정도, 즉 '사람 비난(BlamPer)', 그들이 암의 원인을 흡연이나 고지방 식사와 같이 자신이 행했던 행동에 귀인시키는 정도, 즉 '행동 비난(BlamBeh)'에 관한 데이터를 수집했다. 연구자들은 4개월 후, 즉 '시기 2(Time 2)'에 환자들이 보고한 심리적 고통 수준에 관한 데이터를 다시 수집했다(그들은 또한 많은 다른 변인들에 관한 데이터를 수집했지만 여기서는 관심사가 아니다).

이 연구의 주된 목적은 추후의 심리적 고통, 즉 '고통 2(Distress 2)'이 환자들이 암을 자신의 유형 탓으로 돌리는 정도와 관련된다는 가설을 검증하는 데 있었다. (자기의 행동보다는) 자신을 비난한 사람들은 더 큰 고통을 보일 것이라고 가설을 세웠는데, 부분적으로 그 이유는 우리가 자신의 유형을 쉽게 변화시킬 수 없고, 따라서 질병의 진행과정이나 재발에 대해 거의 통제력을 갖고 있지 않기 때문이다. 한편 우리는 자신의 행동에 대해 통제력을 갖고 있는데, 자신의 과거 행동을 비난하는 것은 최소한 우리에게 어떤 통제감을 준다.

추수 조사에서 고통을 예측하고자 한다면, 가장 중요한 예측변인 중 하나는 첫 면담에서의 고통 수준일 것이다. 초기의 자신에 대한 비난 수준('사람 비난')과 함께 '시기 1'의 고통 측정치('고통 1')를 예측에 포함시키는 것이 타당한데, 그 이유는 초기의 고통 수준을 통제한 후 자기 비난이 고통에 기여하는지 여부를 알고자 하기 때문이다. 여기서 주목할 만한 중요한 사항이 있다. 예측의 정확도를 최대화하고자 하는 이유 때문에 '고통 1'을 포함시킨 것은 아니다(포함시킴으로써 예측 정확도가 최대화되겠지만). '고통 1'을 포함시킨 이유는 '고통 1'을 일정하게 유지(또는 통제)한 후조차도 '사람 비난'이 '고통 2'를 설명하는 데 기여할 수 있는지 여부를 알아보고자 하기 때문이다. 바꾸어 말하면, 나는 중다회귀를 이론을 개발하거나 검증하기 위해 사용하는 것이지, 개개 결과에 대해 구체적인 예측을 하기 위해 사용하는 것은 아니다. 종속변인은 추수 조사에서의 고통('고통 2')이다. 74명의

표 11.9_ 진단 시 고통과 자기 비난에 따른 추수 조사에서의 고통

```
### Table 11.9 Analysis
distress.data ,<- read.table("http://www.uvm.edu/~dhowell/fundamentals9/
DataFiles/Tab11-9.dat", header = TRUE)
attach(distress.data)
model4 ,<- lm(DISTRES2 ~ DISTRES1 + BLAMPER)
summary(model4)

Call:
lm(formula = DISTRES2 ~ DISTRES1 + BLAMPER)

Residuals:
     Min        1Q   Median       3Q      Max
-18.4965  -5.2708   0.6127   4.5273  17.5763

Coefficients:
Estimate Std. Error t value Pr(>|t|)
(Intercept)  14.2090     5.7161    2.486  0.01528 *
DISTRES1      0.6424     0.1024    6.275 2.43e-08 ***
BLAMPER      2.5980     0.8959   2.900  0.00496 **
---
Signif. codes:  0 '***' 0.001 '**' 0.01 '*' 0.05 '.' 0.1 ' ' 1

Residual standard error: 7.61 on 71 degrees of freedom
Multiple R-squared:  0.4343,  Adjusted R-squared:  0.4184
F-statistic: 27.25 on 2 and 71 DF,  p-value: 1.647e-09
```

참가자만이 추수 조사에서 측정치를 완성하였기 때문에 결과 분석은 표본크기 74에 기초한 것이다(초기의 126명 가운데 4개월 치료 후 연구에 잔류한 74명 참가자에 대해서만 결론을 이끌어내는 데 있어 무엇이 잘못될 수 있을까?). 이 분석 결과가 표 11.9에 나와 있다.

출력물의 주요 부분이 표 중앙에 제시되어 있다. 세 개 계수 모두에 대하여 *t* 검증을 하였고, 세 개 *t* 값은 모두 0.00과 유의미하게 다르다는 점에 주목하라. 이는 '시기 2'에서의 높은 고통이 '시기 1'에서의 높은 고통, 그리고 환자들이 암을 탓할 때 자신의 유형을 비난하는 높은 경향성과 관련됨을 알려준다. 절편은 또한 0.00과 유의미하게 다르지만, 이는 관심사가 아니다.

표의 다음 부분에서 중다상관 제곱이 0.434('고통 2'의 변산성의 43.4%를 설명한다)임을 알 수 있다. 교정 R^2 값은 무시할 것이다.

변량분석 표에서 *F* 통계치는 전집에서의 참 중다상관계수가 0이라는 영가설에 대한 검증을 나타낸다. *F* 값이 크고 *p* 값이 매우 작기 때문에 영가설을 기각하고, '고통 2' 그리고 '고통 1'과 '사람 비난'의 조합 사이에 참 상관이 있다는 가설을 지지할 수 있다.

여러분은 추가적인 예측변인이 회귀 해결책을 증진시킬 수 있는지 여부를 묻고 싶을 것이다. 예를 들면, 환자들이 암을 탓하면서 자신의 행동을 비난('행동 비난')하는 정도에 관한 데이터를 우리가 갖고 있고, 이것을 우리가 이미 사용한 예측변인들에 추가하고자 한다. 여러분이 단지 그것을 갖고 있다는 이유 때문에 변인들을 추가하는 데 대해 나는 강

표 11.10_ '고통 1', '사람 비난', '행동 비난'에 따른 '고통 2'에 대한 예측

Regression Analysis: Distress2 predicted from Distress1, BlamPer, and BlamBeh

```
Call:
lm(formula = DISTRES2 ~ DISTRES1 + BLAMPER + BLAMBEH)

Residuals:
    Min      1Q  Median      3Q     Max
-18.599  -5.265   0.669   4.413  17.482

Coefficients:
            Estimate Std. Error t value Pr(>|t|)
(Intercept)  14.0516     5.7822   2.430   0.0177 *
DISTRES1      0.6399     0.1035   6.184 3.69e-08 ***
BLAMPER       2.4511     1.0483   2.338   0.0222 *
BLAMBEH       0.2720     0.9900   0.275   0.7843
---
Signif. codes:  0 '***' 0.001 '**' 0.01 '*' 0.05 '.' 0.1 ' ' 1

Residual standard error: 7.66 on 70 degrees of freedom
Multiple R-squared:  0.4349,  Adjusted R-squared:  0.4107
F-statistic: 17.96 on 3 and 70 DF,  p-value: 9.547e-09
```

력하게 경고하지만(예측변인들은 선험적 근거 위에서 논리적 의미를 가져야만 한다) 어떤 일이 벌어지는지 알 수 있도록 회귀에 '행동 비난'을 추가하였다. 이 결과는 표 11.10에 제시되어 있는데, 여기서 '행동 비난'이 우리의 예측을 유의미하게 증진시키지 않았다는 것을 알 수 있다.

이 표는 본질적으로 앞서의 표와 동일하기 때문에 상세히 논의하지는 않을 것이다. R^2의 크기(.435) 그리고 '행동 비난'에 대한 검사와 관련된 확률값(.784)를 강조하겠다. '행동 비난'을 추가했을 때 R^2이 0.434에서 0.435로 바뀌어 실제로는 변화하지 않은 점에 주목하라. 이는 '행동 비난'이 '고통 2'를 예측하는 데 있어 **이미 공식에 있는 예측변인들 이상으로** 두드러진 기여를 하지 않는다는 것을 가리킨다. 이는 '행동 비난'이 '고통 2'와 관련이 없다는 것을 의미하는 것이 아니라, 다른 두 예측변인들로부터 알 수 있는 것 이상으로 추가할 것이 전혀 없음을 의미할 따름이다.

'사람 비난' 예측변인과 관련된 확률값(그리고 관련된 회귀계수)이 약간 변한 것에 주목하라. 이는 '사람 비난'과 유사한 변인('행동 비난')이 모형에 추가되는 경우, '사람 비난'의 기여도가 비록 많지는 않지만 약간 감소한다는 것을 말하는 것에 지나지 않는다. 이러한 일은 매우 흔하고, '사람 비난'과 '행동 비난'이 상관되어 있다($r = .521$)는 사실을 반영하며, '고통 2'의 변산성의 중복된 부분을 어느 정도 설명해주고 있다.

유방암 연구에 대한 기술

다음은 어떤 연구에 대한 간략한 기술 및 결과의 요약이다. 다양한 통계치들을 보고하는 방식에 주목하라.

> 맬케언 등(1995)은 126명의 유방암 환자들을 대상으로 유방암으로 진단된 직후와 4개월 후의 데이터를 수집했다. 데이터에는 다른 변인들과 함께 각 인터뷰 시점에서의 고통 수준, 환자들이 암을 '자신의 유형' 탓을 하며 비난하는 정도의 추정치가 포함되었다. 완전한 데이터는 74명 참가자에서만 이용 가능하였고, 그 74명 참가자들이 추후 분석의 근거가 되었다.
>
> 4개월 후 추수 조사에서 고통 수준은 진단 직후의 고통 수준과 '사람 비난' 변인에 대해 회귀되었다. 전체적인 회귀는 유의미했다[$F(2, 71) = 27.25$, $R^2 = 0.434$]. '시기 1'에서의 고통 수준($b = 0.642$)과 사람 비난 정도는 모두 '시기 2'(b=2.598)의 고통에 대해 유의미한 예측변인이었다(각각 $t = 6.27$, $p = .000$, $t = 2.90$, $p = .005$).
>
> 환자들이 자신의 행동(자신의 유형이 아니라)을 비난하는 정도가 공식에 추가되었을 때, 그것은 예측에 유의미한 기여를 하지 않았다($t = 0.27$, $p = .784$). 우리는 참가자들이 자신의 암에 대해서 그들의 행동보다는 자기 자신을 비난하는 정도가 미래의 고통에 대해 중요한 예측변인이라고 결론 내렸으며, 이러한 자기 지각을 변화시키는 데 초점을 둔 중재가 유방암 환자들의 고통을 낮추는 데 기여할 수 있다고 제안한다.

11.10 요약

이미 앞에서 기술한 '개관'에서 이 장의 전반부 절반의 요약이 제시되었다. 그 개관으로 돌아가서 다시 신중하게 읽어보기를 권한다. 그 개관에 뒤이어 잔여를 살펴보았는데, 이는 예측하려는 Y의 값($\hat{Y}$)과 실제로 구한 Y의 값 사이의 차이이다. 큰 잔여는 조심해야 하는데, 그러한 경우가 비정상적으로 특수한 경우인지 알아보기 위해 조사해야 한다.

그다음 가설검증을 살펴보았는데, 비록 그렇게 명명하지는 않았지만 이 검증들은 '조건적' 검증이라는 점을 나는 강조하였다. 모성 행동에 관한 연구를 예로 들어서, '모성 돌봄'을 유일한 예측변인으로 삼았을 때에는 그것이 유의미하지만 '자기 존중감'을 예측변인으로 추가하였을 때에는 '모성 돌봄'의 유의도가 뚝 떨어진다는 것을 밝혔다. 여기서 요점은 첫 번째 검증에서는 '모성 돌봄'만을 다루었지만 두 번째 검증에서는 '자기 존중감'의 변산성이 존재할 때 모성 돌봄을 검증했다는 점이다. '자기 존중감'을 일정하게 유지한다면 '모성 돌봄'은 유의미한 예측변인이 아닐 수 있다. 따라서 우리가 자기 존중감을 통제할 때 '자기 존중감'과 '모성 돌봄' 사이의 상관을 또한 통제하는 셈이다.

나는 모형이나 중다회귀 해법을 상세히 다루기 위한 자료를 제시하였다. 여기서 두 가지 중요한 사항이 있다. 첫째, 어떤 변인들은 분석에서 우선권을 갖는데, 그 이유는 이 변인들이 여러분이 가장 관심을 갖고 연구하는 변인이기 때문이다. 그러한 경우 변인들의 회귀계수가 유의미하지 않을지라도 분석에서 그것들을 배제해서는 안 된다. 또한 여러분은 단지 무슨 일이 일어나는지 알아보기 위해 모든 변인들을 마구잡이로 포함시키려고 해서는 안 된다. 만약 그렇게 한다면 비논리적인 관계성이 나타날 수 있고 실제로 그러하다. 단계적 회귀는 점진적으로 변인들을 추가하는 기법인데, 바로 이러한 이유 때문에 흔히 '아둔한 회귀'라고 불린다.

주요 용어

중다상관계수 **multiple correlation coefficient: *R*** **307**
상관계수 제곱 **squared correlation coefficient: R^2** **307**
다중공선성 **multicollinearity** **310**
잔여 **residuals** **324**
단계적 절차 **stepwise procedures** **329**

11.11 빠른 개관

A 단순회귀에서 절편을 'a'로 표기한다. 중다회귀에서는 그것을 어떻게 표기하는가?

답 b_0

B 기준측정치와 여러 예측변인들 간 중다상관이 .48이라고 가정하라. 이를 어떻게 해석하는가?

답 $.48^2 = .23$. 동시에 채택한 예측변인들의 변산성에 의해 종속변인 변산성의 23%를 설명할 수 있다.

C 1.3이라는 회귀계수를 어떻게 해석하는가?

답 다른 모든 예측변인들이 일정하게 유지된다고 가정할 때 특정 예측변인에서 1단위만큼 증가할 때마다 종속변인은 1.3점만큼 증가할 것으로 예상된다.

D '다중공선성'의 의미는 무엇인가?

답 예측변인들이 서로 높게 상관되어 있다는 사실을 뜻한다.

E 일반적인 컴퓨터 출력물에서 상수(constant)가 나타내는 것은?

답 절편

F 중다회귀에 대해 두 가지 상이한 사고방식을 나열하라.

답 (1) 중다상관은 변인들의 최적 직선 조합과 종속변인 간 상관이다. (2) 회귀계수는 특정 변인을 제외하고 다른 모든 변인들을 일정하게 유지할 때 그 변인과 종속변인 간 관계성의 기울기이다.

G 잔여란 무엇인가?

답 Y의 구한 값과 Y의 예측된 값 사이의 차이이다.

H '단계적 회귀'가 뜻하는 것은 무엇인가? 그것을 조심해야 하는 이유는 무엇인가?

답 단계적 회귀는 모형에 순차적으로 변인을 추가하여 가능한 최고의 예측을 찾는 것이다. 이는 우연을 활용하는 것이며, 종종 이해를 위해 가장 신경써야 할 변인을 배제시키기도 한다.

I '매개된' 관계성이란 무슨 뜻인가?

답 두 변인들 간 관계성이 세 번째 변인에 의해 매개되는데, 이는 첫 번째 변인이 세 번째 변인에 영향을 미치고 다시 세 번째 변인이 두 번째 변인에 영향을 미친다는 의미이다.

J 큰 잔여에 관심을 두는 이유는 무엇인가?

답 잔여는 빈약한 예측을 하고 있다는 것을 알려주며 데이터에 특이한 점이 있다는 것을 시사한다.

11.12 연습문제

11.1 많은 수의 도시($N = 150$)에서 지각된 '삶의 질'을 연구하는 한 심리학자가 평균 기온(Temp)과 1,000달러 단위의 소득 중앙치(Income), 사회보장에 대한 일인당 지출(SocSer), 인구밀도(Popul)를 예측변인으로 사용하여 다음과 같은 회귀식을 얻었다.

$$\hat{Y} = 5.37 - 0.01\text{Temp} + 0.05\text{Income} + 0.003\text{SocSer} - 0.01\text{Popul}$$

(a) 계수에 따라 회귀식을 해석하라.

(b) 한 도시에서 평균 기온이 화씨 55도이고, 소득 중앙치가 12,000달러이며, 사회보장 비용이 1인당 500달러이고, 구역당 인구밀도가 200명이라고 가정하라. 예측된 '삶의 질' 점수는 얼마인가?

(c) 다른 한 도시가 사회보장 비용으로 1인당 100달러를 지출하는 것 외에는 모두 똑같다면, 그 도시에 대해 무엇을 예측할 수 있는가?

11.2 세티와 셀리그먼(Sethi & Seligman, 1993)은 다양한 종교 조직으로부터 600명을 인터뷰하여 낙천주의와 종교적 보수주의의 관계를 조사하였다. 우리는 신앙심을 다루는 세 변인에 대해 '낙천주의'를 회귀시킬 수 있다. 이들은 일상생활에 종교가 미치는 영향(RelInf), 종교에 대한 관여 정도(RelInvol), 종교적 소망 정도(사후에 대한 믿음, Relhope)이다. 결과는 다음과 같다.

모형 요약

모형	R	R^2	교정 R	추정치의 표준오차
1	.321[a]	.103	.099	3.0432

a 예측변인: (상수), RelInf, RelInvol, Relhope

ANOVA[b]

모형		제곱합	*df*	평균제곱	*F*	Sig.
1	회귀	634.240	3	211.413	22.828	.000[a]
	잔여	5519.754	596	9.261		
	총합	6153.993	599			

a. 예측변인: (상수), RelInf, RelInvol, Relhope
b. 종속변인: 낙천주의

계수[a]

모형		비표준화된 계수		표준화된 계수			
		B	표준오차	*β*	*t*	Sig.	허용오차
1	(상수)	−1.895	.512		−3.702	.000	
	Relhope	.428	.102	.199	4.183	.000	.666
	RelInf	.490	.107	.204	4.571	.000	.755
	RelInvol	−.079	.116	2.033	−.682	.495	.645

a. 종속변인: 낙천주의

(a) 신뢰할 수 있는 관계를 볼 수 있는가? 어떻게 알아낼 수 있는가?

(b) '낙천주의'와 세 예측변인들 간 관계의 정도는 어떠한가?

(c) 참가자 수가 적다면, 문제 (a)에 대한 답과 문제 (b)에 대한 답에서 무엇이 가장 달라지겠는가?

11.3 연습문제 11.2에서 기울기 검증으로 판단해볼 때 '낙천주의'에 대한 예측에 대해 유의미한 기여를 한 변인은 무엇인가?

11.4 연습문제 11.2에서 '허용오차' 제목이 붙은 열(이것은 여러분이 전에 보지 못한 것이다)은 그 예측변인과 다른 모든 **예측변인**들 간의 중다상관 제곱을 1에서 뺀 값이다. 예측변인들 간의 관계에 관해 무엇을 말할 수 있겠는가?

11.5 연습문제 11.4에 대한 답을 근거로 '종교적 영향력'이 낙천주의의 중요한 예측변인이 될 수 있는 반면, '종교적 관여도'는 왜 그렇지 않은지 추측할 수 있는가?

11.6 다음 데이터(무선)를 사용하여, 데이터 집합으로부터 사례들을 탈락시킬 때(예: 15개 사례를 사용한 후 10개, 6개, 5개, 4개 사례를 사용한다) 중다상관에 무슨 일이 생기는지 밝히라.

Y	5	0	5	9	4	8	3	7	0	4	7	1	4	7	9
X_1	3	8	1	5	8	2	4	7	9	1	3	5	6	8	9
X_2	7	6	4	3	1	9	7	5	3	1	8	6	0	3	7
X_3	1	7	4	1	8	8	6	8	3	6	1	9	7	7	7
X_4	3	6	0	5	1	3	5	9	1	1	7	4	2	0	9

11.7 연습문제 11.6에서 15개 사례의 경우 교정 R^2을 계산하라. 이 장에서 교정 R^2이 완벽하게 적법한 통계치임에도 불구하고 이를 무시하겠다고 두 번이나 말했었다. 무엇에 대해 '교정된' 것인지 알 수 있는가?

11.8 버몬트주는 10개의 건강계획 지구로 나뉘어 있는데, 그것은 대략 카운티에 상응한다. 다음 자료는 신생아의 체중이 2,500그램 미만에 해당되는 비율(Y), 17세나 그 미만 여성들의 출산율(X_1), 17세 이하의 여성이나 35세 이상인 여성들 전체의 고위험 출산율(X_2), 교육 연한이 12년 미만인 어머니의 비율(X_3), 미혼모의 출산율(X_4), 세 번째 3개월이 될 때까지 의료적 도움을 찾지 않은 어머니들의 비율(X_5)이다(관찰값들이 너무 적어서 의미 있는 분석을 할 수 없고, 따라서 결과를 신뢰해서는 안 된다).

Y	X_1	X_2	X_3	X_4	X_5
6.1	22.8	43.0	23.8	9.2	6
7.1	28.7	55.3	24.8	12.0	10
7.4	29.7	48.5	23.9	10.4	5
6.3	18.3	38.8	16.6	9.8	4
6.5	21.1	46.2	19.6	9.8	5
5.7	21.2	39.9	21.4	7.7	6
6.6	22.2	43.1	20.7	10.9	7
8.1	22.3	48.5	21.8	9.5	5
6.3	21.8	40.0	20.6	11.6	7
6.9	31.2	56.7	25.2	11.6	9

아무 회귀 프로그램이나 이용하여 2,500그램 미만의 출생률을 예측할 수 있는 중다회귀를

계산하라.

11.9 연습문제 11.8에서 나온 결과를 이용하여 마치 그것들이 유의미한 것처럼 결과를 해석하라(설령 그러한 관계가 모집단에서 신뢰할 수 있다고 하더라도, 이 현재의 분석이 유의미하지 않은 이유는 무엇인가?).

11.10 미로(Mireault, 1990)는 세 집단의 학생, 즉 아동기에 한쪽 부모가 사망한 집단, 부모가 이혼한 집단, 그리고 문제가 없는 가족을 가진 집단을 연구하였다. 여러 사항 가운데 그녀는 학생들이 현재 지각하고 있는 미래 상실에 대한 취약성(PVLoss), 사회적 지지 수준(SuppTotl), 아동기에 부모를 잃은 연령(AgeAtLos)에 관한 데이터를 수집하였다. 다음 사이트에서 자료를 찾아볼 수 있다.

http://www.uvm.edu/~dhowell/fundamentals9/DataFiles/Mireault.dat

Mireault.dat 데이터세트 그리고 어떤 것이든 이용 가능한 회귀 프로그램을 이용하여 우울증(DepressT)이 이상 세 변인들의 함수라는 모형을 평가해보라(Group 1에 있는 참가자들만 부모를 잃은 것이기 때문에 분석을 그 사례들에만 한정해야 할 것이다).

11.11 연습문제 11.10의 분석 결과를 해석하라.

11.12 Harass.dat 데이터세트가 이 책의 웹사이트에 들어있는데, 여기에는 브룩스와 페로(Brooks & Perot, 1991)의 성희롱 연구결과를 복제하여 만든 343명의 사례에 관한 데이터가 담겨있다. 변인들은 순서대로 '연령', '혼인 상태'(1 = 결혼, 2 = 미혼), '페미니스트 이데올로기', '행동 빈도', '행동의 공격성'이며, 종속변인은 참가자가 성희롱 사건 여부를 '보고'했는지 여부이다(0 = 아니다, 1 = 그렇다). 각 변인에서 높은 수는 그 속성이 많다는 것을 나타낸다. 기술적으로 이것은 로지스틱 회귀라고 부르는 것에 대한 문제인데, 왜냐하면 종속변인이 2가 변인이기 때문이다. 그러나 우리는 대신에 평범하고 오래된 선형 중다회귀를 사용함으로써 최적 해결책에 가까운 결과를 얻어낼 수 있다. 여기 주어진 변인들에 기초하여 중다회귀를 사용하여 성희롱이 보고될지의 여부를 예측하라. 유의미하지 않은 예측변인을 별로 갖지 않은 모형을 찾아보라.

11.13 앞 문제에서 행동 빈도가 보고 가능성과 관련되지 않은 것에 놀랐다. 그 이유를 제시해보라.

11.14 이 장에서 나는 중다회귀에 대해 단계적 절차를 사용하지 말 것을 추천하였는데, 단계적 절차에서는 최적 공식을 예측하기 위해 변인들을 체계적으로 추적한다.

(a) 왜 그러한 추천을 했는지 설명하라.

(b) 그렇다면, 문제 11.12에서 그렇게 해보라고 한 이유는 무엇인가?

11.15 난수표(부록에 있는 표 D.9)를 이용하여 6개 변인에 10개 사례가 있는 데이터를 만들라. 첫 번째 변인을 Y, 다음 변인들을 X_1, X_2, X_3, X_4, X_5라고 명명하라. 아무 회귀 프로그램이나 이용하여, 10개 사례의 완전한 데이터를 사용하여 5개 예측변인 모두로부터 Y를 예측해보라. R의 크기에 놀랐는가?

11.16 연습문제 11.15에 있는 데이터를 8개 사례로, 그 다음에는 6개 사례로, 그 다음에는 5개 사례로 줄이고, R 값의 변화를 기록하라. 이것이 단지 무선 데이터라는 것을 기억하라.

11.17 다음 사이트에 있는 파일에는 표 9.1과 함께 다루었던 리안의 신장과 체중 데이터가 들어있다.

https://www.uvm.edu/~dhowell/fundamentals9/DataFiles/Fig9-7.dat

성은 1 = 남성, 2 = 여성으로 부호화되어 있다. 신장으로부터 예측된 체중의 단순회귀를 신장과 성 양자로부터 예측된 체중의 중다상관과 비교하라.

11.18 연습문제 11.17에서 예측변인으로 성을 갖고 중다회귀를 수행하였다. 이제는 남성과 여성을 구분하여 별도로 회귀를 수행하라.

11.19 연습문제 11.18에서 각각의 성에서 신장으로부터 예측된 체중 기울기들의 가중 평균을 계산하라. 논리적 가중치는 두 개의 표본크기일 것이다[가중 평균은 단순히 $(N_M \times b_M + N_F \times b_F)/(N_M + N_F)$이다]. 그 평균은 연습문제 11.17에서 구한 체중의 기울기에 비해 어떠한가?

11.20 카네기멜론 대학이 운영하는 DASL(Data and Story Library)이라고 부르는 인터넷 사이트는 방대한 데이터 및 관련 설명을 제공한다. 그 사이트에 가서 뇌 크기와 지능 간의 관계에 대한 사례를 조사하라. 중다회귀를 사용하여 뇌 크기(MRI 카운트)와 성별로부터 전체 IQ를 예측하라. 주소는 다음과 같다.

https://lib.stat.cmu.edu/DASL/Datafiles/Brainsize.html

(나는 데이터에서 누락된 세 개 부분들을 대체했으며 '여성'을 2로, '남성'을 1로 변환하였다. 개정된 데이터는 다음 URL에서 이용할 수 있다. https://www.uvm.edu/~dhowell/fundamentals9/DataFiles/BrainSize.dat)

11.21 연습문제 11.20에서 회귀에 Gender를 포함시키는 것이 왜 현명하다고 생각하는가?

11.22 뇌 크기에 관한 DASL 데이터가 신장과 체중변인도 포함하고 있다는 데 주목하라. 신장과 성으로부터 체중을 예측하고, 그 결과를 연습문제 11.17의 답과 비교해보라.

11.23 교육 재정지원에 관한 구버(Guber) 연구와 같은 사례에서 흔히 'SAT 백분율'과 같은 변인들을 '잡음변인'이라고 말한다. 그러한 표현이 여기서는 어떤 의미에서 타당하고, 어떤 의미에서 잘못되었는가?

11.24 이 장의 여러 곳에서 절편을 고려할 필요가 없다고 말함으로써 절편을 제쳐두었다. 만약 고려할 필요가 없다면 그것을 포함시키는 이유는 무엇인가?

12장 평균에 적용된 가설검증: 단일표본

앞선 장에서 기억할 필요가 있는 개념

표집분포 sampling distribution 반복된 표집을 통해 구해진 어떤 통계치의 분포

표준오차 standard error 어떤 통계치의 표집분포의 표준편차

자유도 degrees of freedom 표본크기의 교정값, 흔히 $N-1$ 또는 $N-2$

영가설 null hypothesis(H_0) 어떤 통계적 검증에 의해 검증된 가설

연구가설 research hypothesis(H_1) 연구가 검증하고자 한 가설

$\boldsymbol{\mu}, \boldsymbol{\sigma}, \overline{X}, s$ 각각 전집과 표본의 평균과 표준편차

이 장에서는 먼저 t 검증, 특히 단일표본에 대한 t 검증을 다룰 것이다. 한 전집에서 많은 표본을 추출할 때 표본 평균들의 형태에 대해 예상할 수 있는 것을 먼저 살펴볼 것이다. 그 후 전집의 변량을 알고 있을 때 평균에 대한 영가설을 검증하는 방식을 알아보기 위한 사례를 간략하게 다룰 것이다. 전집 변량을 알고 있는 경우가 드물기 때문에 전집 변량을 모르는 사례에 적용되는 t 검증을 다루겠다. 그러한 경우 무엇을 해야 하는지 그리고 t 값에 영향을 미치는 것들을 살펴보겠다. 그 다음, 신뢰구간을 살펴볼 터인데, 이는 참 전집 평균에 합리적으로 가능한 값들을 이해하게 해준다. 효과크기 측정치를 살펴볼 것인데 이는 결과의 의미를 다룰 수 있게 해준다. 마지막으로 단일표본의 사례를 살펴볼 것인데, 여기서는 통계적 유의도 검증을 강조하지 않는다. 이는 신뢰구간이 표준적 t 검증보다 훨씬 더 많은 것을 알려주는 사례이다.

8장에서 우리는 가설검증의 일반 논리를 살펴보았고 이에 포함된 구체적 계산들은 무시했다. 9, 10, 11장에서 변인들 간 관계를 나타내는 측정치들을 살펴보았고, 전집(표본이 아니라) 내의 변인들 간에 신뢰할 수 있게 0이 아닌 상관이 존재하는지 그리고 회귀계수(기울기와 절편)가 신뢰할 수 있게 0과 상이한지를 묻는 방법으로 가설검증을 다루었다. 이 장에서는 평균에 대한 가설검증을 다룰 것이다. 특히 전집 평균값에 대한 영가설검증에 초점을 둘 것이다.

우리는 윌리엄슨(Williamson, 2008)의 학위논문에 기초한 사례를 갖고 시작할 것인데, 그는 우울증 부모의 아이에서 대처 행동을 연구하였다. 그의 연구는 우리가 다룰 내용보다 훨씬 더 나아갔지만, 단일표본의 평균을 사용한 영가설의 검증을 이해하는 데 좋은 예시가 된다.

아동 삶의 스트레스가 추후 행동문제를 야기할 수 있다는 증거가 심리학 문헌들에 있기 때문에, 윌리엄슨은 우울증 부모의 아이 표본이 비정상적으로 높은 수준의 행동문제를 보일 것으로 예상하였다. 이것이 시사하는 바는, 우리가 아헨바흐의 청소년 자기보고(YSR) 목록의 불안/우울 하위척도와 같은 행동 체크리스트를 사용한다면, 우울증을 겪고 있는 부모의 아이 표본에서 높은 점수를 예상할 것이라는 점이다. [YSR은 매우 광범위하게 사용되고 있으며, 평균은 50으로 알려져 있다. 이후 50을 참 전집 평균(μ)으로 사용할 것이다.] 그들이 감소된 수준의 우울을 보일 가능성은 없는 듯하지만, 그러한 가능성에 대비하기 위해 우리는 이 아이들의 불안/우울 점수가 정상표본의 점수와는 **상이하다**는 양방 **실험가설**(experimental hypothesis)을 검증할 것이다. 그러나 우리는 실험가설을 직접적으로 검증할 수 없다. 대신 우리는 스트레스 받는 아이들의 점수가 정상 아이들의 점수 전집과 동일한 평균을 갖는 점수 전집에서 나왔다는 영가설(H_0)을 검증할 것인데, 이 영가설의 기각은 실험가설을 지지할 것이다. 보다 구체적으로, 우리는 다음 두 가설 가운데 판단을 내리고자 한다.

$$H_0: \mu = 50$$
$$H_1: \mu \neq 50$$

$\mu > 50$이거나 $\mu < 50$일 때 H_0를 기각하고자 하므로 양방적 대안 형태의 H_1을 선택했다.

간단하게 하기 위하여 우선 윌리엄슨의 166개 데이터에서, 5명의 아이들 표본을 뽑았다. 그 아이들에게 청소년 자기보고(YSR) 양식을 작성해줄 것을 요청하여 다음과 같은 점수를 얻었다고 가정해보자.

48 62 53 66 51

이 다섯 관찰값들 표본의 평균은 56.0이고 표준편차는 7.65이다. 그래서 이 아이들의 평균 점수는 정상 아이들 전집의 평균보다 6점이 더 높다. 하지만 이 결과는 겨우 5명의 아이들 표본에 근거하고 있기 때문에, 50으로부터의 편차가 우연(달리 표현한다면 표집오차에 기인한 편차)에 기인한 것일 수도 있다. H_0: $\mu = 50$이 참일지라도 우리는 이 표본 평균이 정확히 50.000이라고 기대하지는 않을 것임에 분명하다. 우리는 평균이 49나 51이라는 것을 알게 된다고 해도 아마 그리 놀라지 않을 것이다. 그러나 56이라면 어떨까? 놀랄 만큼 큰 수인가? 만약 그렇다면, 아마 우리는 $\mu = 50$이고 이 아이들이 정상 전집에서 나온 무선 표본처럼 보인다는 생각을 계속 유지하려 하지는 않을 것이다. 그러나 결론을 내리기 전에, 정말로 정상 아이들의 전집에서 표집했다면 표본 평균이 가질 수 있다고 합리적으로 기대할 수 있는 값이 무엇인지 알아야 할 것이다.

12.1 평균의 표집분포

8장을 돌이켜볼 때 통계치의 표집분포는 그 전집으로부터 무한한 수의 표본들을 추출해서 각 표본에 대한 통계치를 계산했을 때, 그 통계치에 대해 구할 것으로 기대되는 값들의 분포이다. 우리는 여기서 표본 평균들을 다루고 있기 때문에 평균의 표집분포에 대해 알 필요가 있다. 다행히 평균의 표집분포에 대한 모든 중요한 정보들은 하나의 매우 중요한 정리, 즉 **중심극한정리**(central limit theorem)로 요약될 수 있다. 중심극한정리는 평균분포에 대한 사실적 진술로서 여러 개념들을 포함한다.

> 평균 μ와 변량 σ^2을 갖는 전집에서, 평균의 표집분포(표본 평균들의 분포)는 μ와 동일한 평균($\mu_{\bar{X}} = \mu$) 그리고 σ^2/N과 동일한 변량($\sigma^2_{\bar{X}}$)을 갖는다(표준편차, $\sigma_{\bar{X}} = \sigma/\sqrt{N}$). 그 분포는 표본크기 N이 증가할수록 정상분포에 접근할 것이다.

중심극한정리는 통계학에서 가장 중요한 정리들 중 하나인데, 그 이유는 이 정리가 특정 표본크기에서 표본 평균의 표집분포의 평균과 변량이 무엇인지를 알려줄 뿐만 아니라, N이 증가할수록 이 표집분포의 형태가 원래 전집의 형태에 상관없이 정상에 접근한다는 것을 알려주기 때문이다. 이러한 사실들의 중요성은 곧 명확해질 것이다.

평균의 표집분포가 정상에 접근하는 정도는 원래 전집 형태의 함수이다. 전집 자체가 정상이라면 평균의 표집분포는 N에 상관없이 정확히 정상일 것이다. 전집이 대칭이지만 비정상이라면, 평균의 표집분포는 표본크기가 꽤 작은 경우에도 거의 정상이 될 것인데, 이는 특히 전집이 단봉일 때 그러하다. 전집이 뚜렷이 편포되어 있다면, 표본크기가 30 또

그림 12.1_ μ=50, σ=7.65인 정상분포

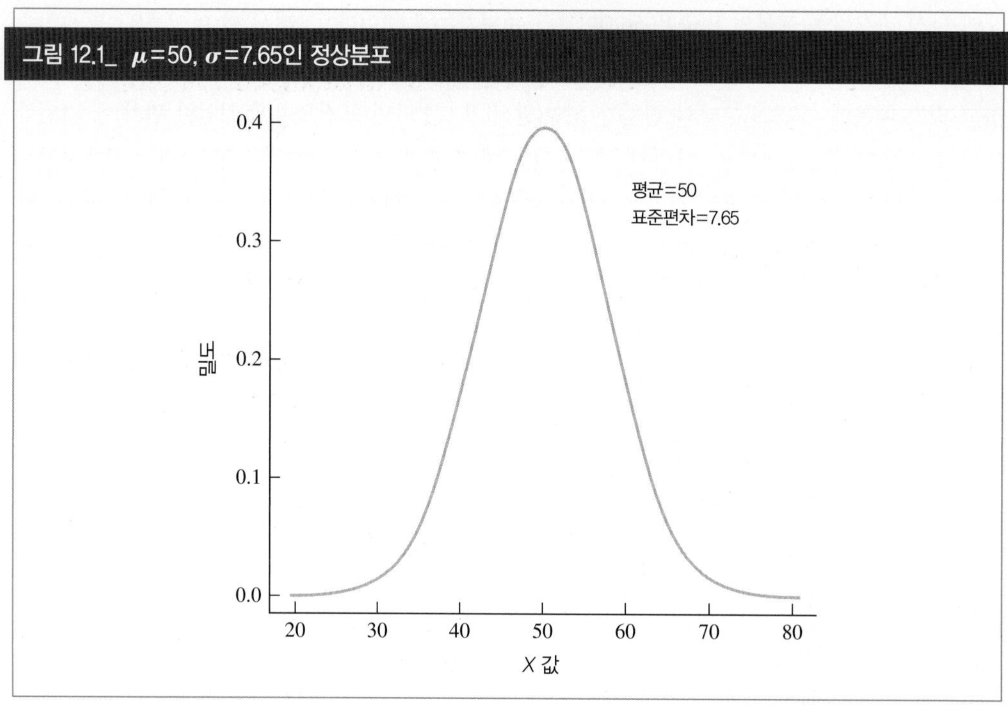

는 그 이상이어야만 평균들이 정상분포에 밀접하게 접근한다.

다섯 명 아이들의 표본을 갖고서 중심극한정리를 설명할 수 있다. 전집 평균이 50이고 전집 표준편차가 7.65인 정상분포에서 나온 난수들의 무한히 큰 전집을 갖고 있다고 가정해보자. (내가 전집 평균이 영가설의 평균과 동일하도록, 그리고 전집 표준편차가 표본 표준편차와 동일하도록 설정한 점에 주목하라.) 이 전집의 그림이 그림 12.1에 나와 있다.

그림 12.1에 나온 전집에서 크기가 5($N=5$)인 10,000개 표본들을 복원 추출해서 그 표본 평균들 10,000개를 도표화했다고 생각해보자[N은 각 표본의 크기를 뜻하며 표본들의 수(매우 큰데, 여기서는 10,000이다)를 뜻하는 것이 아니라는 점에 주목하라]. 이러한 표집은 랩톱 컴퓨터를 사용하여 쉽게 할 수 있는데, 그러한 절차의 결과들이 그림 12.2(a)에 제시되어 있다. 그림 12.2(a)에서 평균들의 분포가 거의 정상분포를 이루는데, 이는 그림 위에 덧붙인 매끄러운 곡선에 부합되는 것을 통해 알 수 있다. 이 분포의 평균과 표준편차를 계산한다면, $\mu=50$ 그리고 $\sigma_{\overline{X}}=\sigma/\sqrt{N}=7.65/\sqrt{5}=3.42$에 매우 근접해 있음을 알 것이다($\mu$와 $\sigma_{\overline{X}}$는 평균들 분포의 평균과 표준편차를 뜻함을 기억하라).

전체 절차를 반복하되, 이번에는 $N=30$인 10,000개 표본들을 추출한다고 가정해보자. 그 결과가 그림 12.2(b)에 나와 있다. 중심극한정리가 예측한 바와 같이 분포가 거의 정상이며 평균(μ)은 다시 50에 매우 근접하고 표준편차는 $28.87/\sqrt{30}=1.42$까지 감소한 것을 확인할 수 있다(수년 전, 내가 이 사례를 처음 수행했을 때, 이러한 표본을 추출하는 데 약 5분이 걸렸다. 오늘은 1.5초 걸렸다. 컴퓨터 시뮬레이션은 그다지 큰 일이 아니다.)

그림 12.2a_ N=5인 경우, 컴퓨터가 생성한 평균의 표집분포

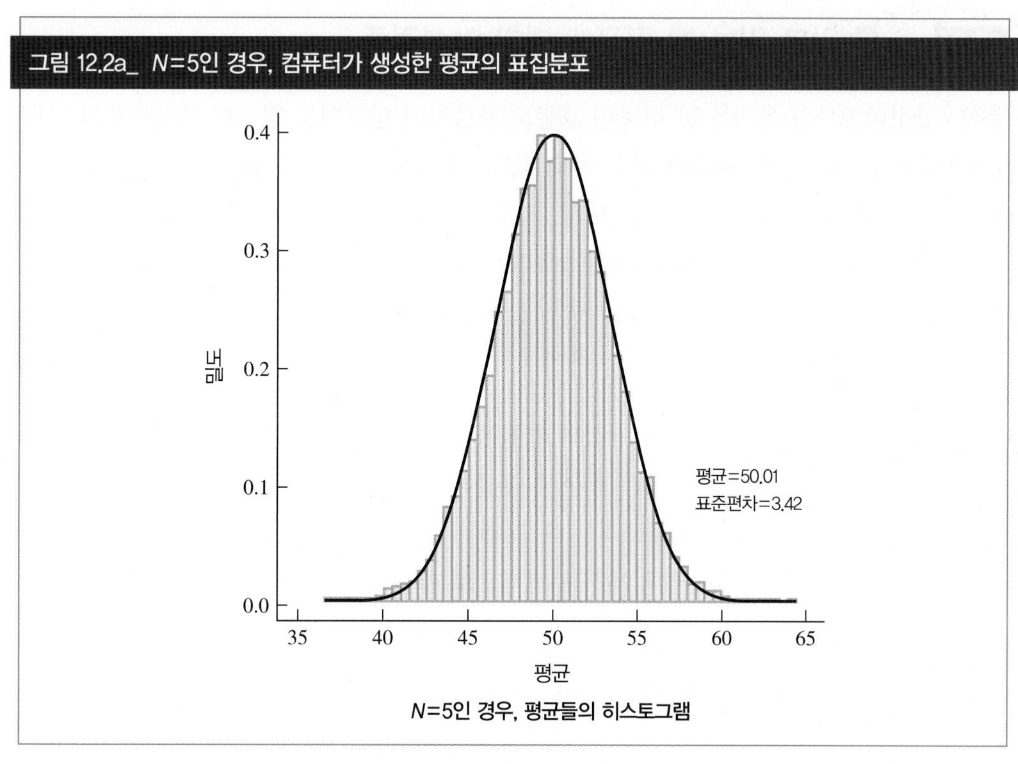

N=5인 경우, 평균들의 히스토그램

그림 12.2b_ N=30인 경우, 컴퓨터가 생성한 평균의 표집분포

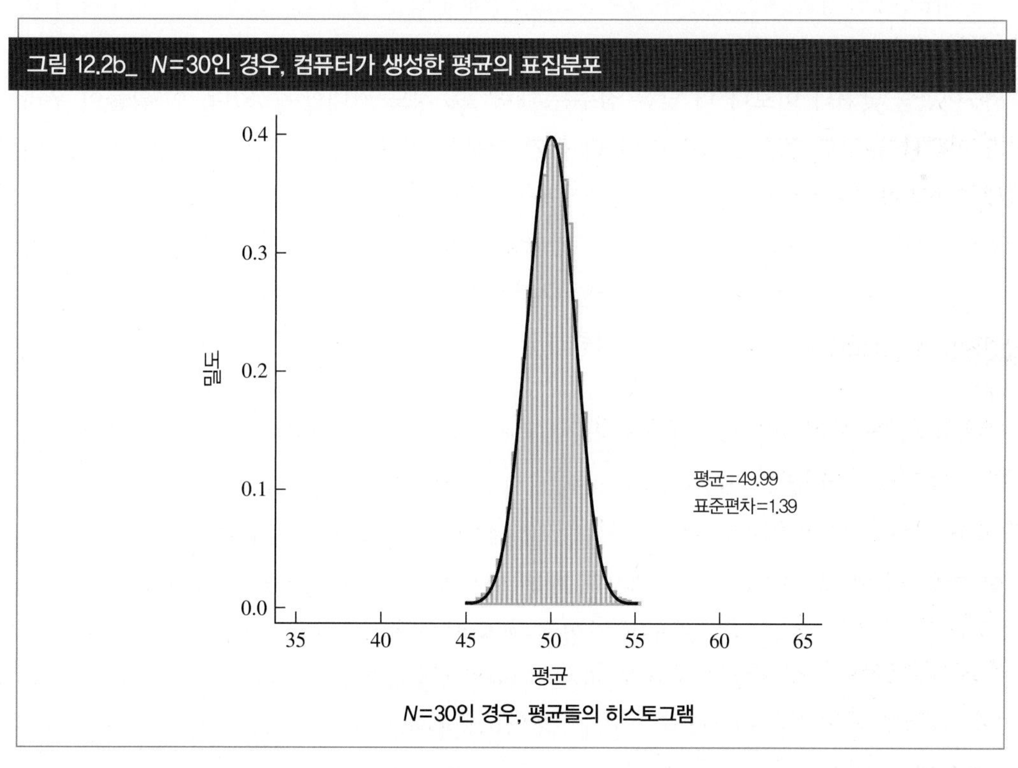

N=30인 경우, 평균들의 히스토그램

12.2 σ를 알고 있을 때 평균에 대한 가설검증

중심극한정리로부터 우리는 단 하나의 표본도 추출하지 않고서도 평균의 표집분포의 모든 중요한 특성(형태, 평균, 표준편차)을 알고 있다. 이 정보에 근거해 우리는 평균에 대한 가설검증을 시작할 수 있다. 연속성을 위해, 정상분포에 관해 우리가 이야기했던 것으로 다시 돌아가는 것이 좋을 것 같다. 8장에서 우리는 다음을 계산하였다.

$$z = \frac{X - \mu}{\sigma}$$

그리고 그다음 구해진 값 이하의 z 값의 확률을 표준정상분포 표를 이용하여 구함으로써 단일 점수(이 경우 손가락 두드리기 점수)가 추출된 전집에 대한 가설을 검증할 수 있음을 살펴보았다. 그래서 한 개인의 두드리는 속도(45)가 평균 59, 표준편차 7의 건강한 사람들의 두드리는 속도의 정상분포 전집에서 무선적으로 추출되었다는 가설에 대해 일방검증을 수행하였다.

$$z = \frac{X - \mu}{\sigma} = \frac{45 - 59}{7} = \frac{-14}{7} = -2.00$$

우리는 위 공식을 계산해낸 후, $z = -2.00$ 아래에 있는 영역을 알아보기 위해 부록의 표 D.10을 사용하여 가설검증을 하였다. 이 값은 .0228이다. 즉 건강한 전집에서 표집한다면, 이만큼 **낮거나 이보다 더 낮은** 점수는 대략 2% 정도 기대할 수 있다. 이 확률이 우리가 선택한 유의도 수준 $\alpha = .05$보다 더 작기 때문에 영가설을 기각할 수 있다. 우리는 이 개인의 반응률이 비정상이라고 진단하기에 충분한 증거가 있다고 결론을 내린다. 우리가 조사한 사람의 손가락 두드리는 속도는 건강한 참가자들에게 있어서 비정상적인 속도였다(그러나 그 확률이 .064로 계산되었다면 우리는 어떤 결론을 내릴 수 있었을까?). 이 사례에서는 단일 **관찰값**에 대한 가설을 검증하였지만, 정확하게 동일한 논리가 표본 **평균**들에 대한 가설검증에 적용된다.

전집 평균에 대한 가설을 검증하는 대부분의 상황에서, 우리는 그 전집의 변량에 대해 어떤 정보도 갖고 있지 않다(이는 이 장에서의 주 관심사인 t 검증을 하는 주된 이유이다). 그러나 제한된 상황들에서 우리는 어떤 이유에선가 σ를 알고 있고, σ를 알고 있는 경우의 가설검증에 대한 논의는 정상분포에 대해 이미 알고 있는 것으로부터 t 검증에 대해 알고자 하는 것으로 훌륭하게 넘어갈 수 있게 해준다. 아헨바흐의 청소년 자기보고(YSR) 목록의 불안/우울 하위척도 사례는 이러한 목적에 유용한데, 왜냐하면 우리는 아헨바흐의 청소년 자기보고에서 그 척도의 전집에 대한 평균과 표준편차 양자를 알고 있기 때문이다($\mu = 50$, $\sigma = 10$). 우리는 또한 스트레스를 받고 있는 다섯 아이의 무선표본의 평균 점수가 56.0이라는 것도 알고 있으며, 이 다섯 명의 아이들이 정상 아이(그들의 행동문제가 일

그림 12.3_ μ=50, σ=10인 전집에서 추출한 N=5의 표본에 대한 평균의 표집분포

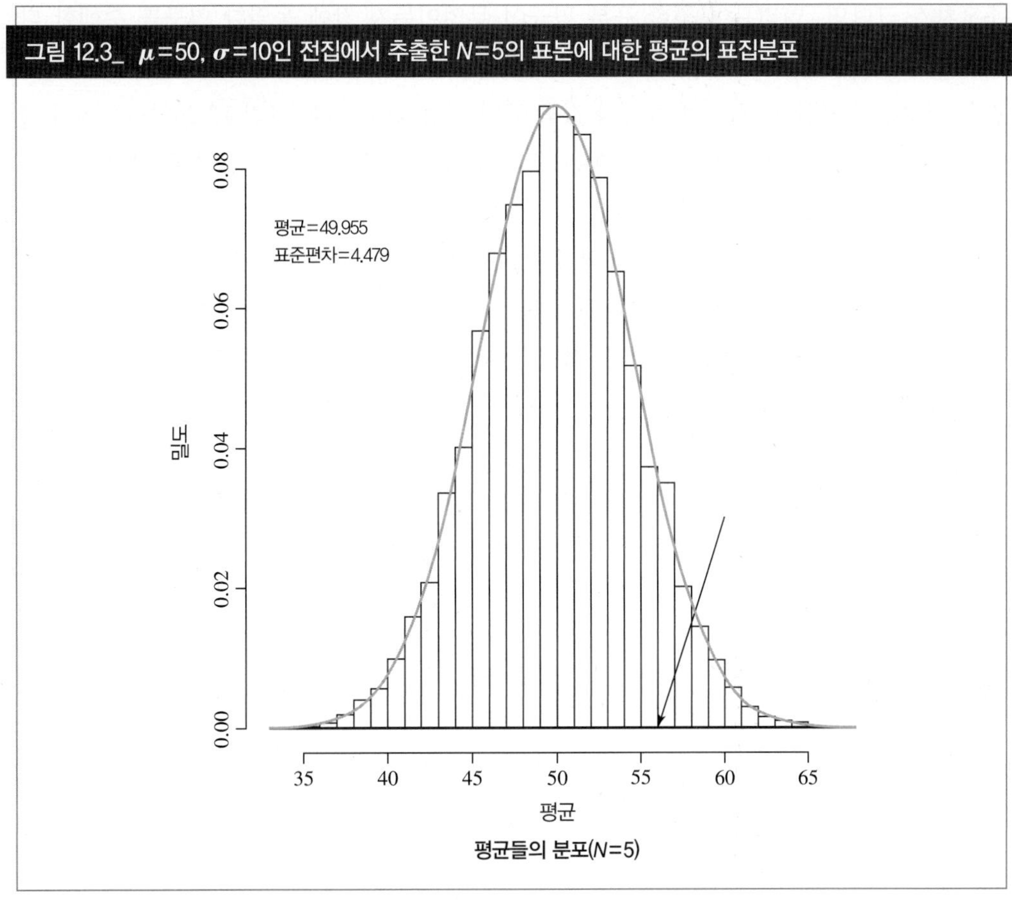

반적 수준이라는 관점에서 정상인 아이)들 전집에서 무선표집된 표본이라는 영가설을 검증하고자 한다. 다시 말하면, H_1: $\mu \neq 50$에 대해 H_0: $\mu = 50$이라는 것을 검증하고자 하는데, 여기서 μ는 이 아이들이 실제로 추출된 전집의 평균을 나타낸다.

일반 행동문제 점수 전집의 평균과 표준편차를 알고 있기 때문에, 영가설이 참일 때 평균의 표집분포를 구하기 위해 모든 종류의 컴퓨터 표집을 할 필요가 없이 '중심극한정리'를 사용할 수 있다. '중심극한정리'에 따르면, 이 전집에서 평균의 표집분포를 구한다면 이 분포는 평균은 50, 변량은 $\sigma^2/N = 10^2/5 = 100/5 = 20$, 그리고 표준편차(보통 표준오차라고 한다)는 $\sigma/\sqrt{N} = 4.47$일 것이다. 이 분포가 그림 12.3에 제시되었다. 그림에서 화살표는 표본 평균의 위치를 나타낸다.

표준오차는 통계학 전반에 적용되는 개념이므로 여기서 잠깐 이에 대해 언급하고자 한다. **어떤 표집분포의 표준편차를 통상 그 분포의 표준오차라고 부른다.** 그래서 평균들의 표준편차는 평균의 표준오차($\sigma_{\overline{X}}$)라고 부르는 반면, 14장에서 다룰 평균들 간 차이의 표준편차는 평균들 간 차이의 표준오차라고 부르며 $\sigma_{\overline{X}_1 - \overline{X}_2}$라고 표기한다. 표준오차는 평균과 같은 통계치들이 표본들 간에 얼마나 다른지를 알려주기 때문에 매우 중요하다. 만약 표

준오차가 크다면, 여러분이 구한 표본 평균이 무엇이든지 간에 동일한 연구를 수행한 다른 사람은 꽤 상이한 표본 평균을 구할 가능성이 있다. 반면 표준오차가 작다면, 다른 사람은 여러분이 구한 평균과 꽤 유사한 값을 구할 가능성이 있다. 그림 12.2a와 12.2b의 표준오차들 간 차이에 주목하라. 이 차이는 후자의 경우 표본크기가 훨씬 더 큰 데에서 비롯된다.

아헨바흐 청소년 자기보고(YSR)상의 5개 점수들 평균의 표집분포가 평균 50, 표준오차 $(\sigma/\sqrt{N})$ 4.47을 가진 정상분포를 이루고 있음을 알고 있기 때문에, 표준정상분포 표를 이용해 분포 아래 영역을 구할 수 있다. 예를 들어, 표준오차의 두 배는 $2(4.47) = 8.94$이므로, $\overline{X} = 58.94$의 오른쪽 영역은 단순히 평균보다 두 배 표준편차만큼 더 큰 정상분포 아래 영역이다.

이 특별한 상황에서 먼저 표본 평균이 56 이상인 확률을 알 필요가 있는데, 따라서 $\overline{X} = 56$보다 큰 영역을 구할 필요가 있다. 개개 관찰값을 갖고 했던 것과 동일한 방식으로 이를 계산할 수 있는데, 이 경우 z 공식에 약간의 변화가 필요하다.

$$z = \frac{X - \mu}{\sigma}$$

이상 공식이 다음 공식이 된다.

$$z = \frac{\overline{X} - \mu}{\sigma_{\overline{X}}}$$

이 공식은 또한 다음과 같이 쓸 수 있다.

$$\boxed{z = \frac{\overline{X} - \mu}{\frac{\sigma}{\sqrt{N}}}}$$

우리 데이터에 적용해보면 다음과 같다.

$$z = \frac{\overline{X} - \mu}{\frac{\sigma}{\sqrt{N}}} = \frac{56 - 50}{\frac{10}{\sqrt{5}}} = \frac{56 - 50}{4.47} = \frac{6}{4.47} = 1.34$$

여기서 사용된 z 공식이 이전의 z 공식과 동일한 형태임을 주목하라. 유일한 차이는 X가 표본 평균$(\overline{X})$으로, σ가 평균의 표준오차$(\sigma_{\overline{X}})$로 대체되었다는 것이다. 이 차이는 우리가 지금 평균들의 분포를 다루고 있기 때문에 생기는 것으로서, 이제는 데이터 값들이 평균들이고, 해당 표준편차는 평균의 표준오차(평균들의 표준편차)이다. z 공식은 여전히 (1)

분포상의 한 값, 빼기 (2) 그 분포의 평균, 나누기 (3) 분포의 표준편차임을 나타내고 있다. $\overline{X}$의 분포에 특별한 관심을 갖기보다는, 이제는 표본 평균을 z 점수로 환산하여 표준정상 분포의 관점에서 문제의 답을 구할 수 있다.

부록의 표 D.10에서, 1.34 크기의 z 확률이 .0901임을 알 수 있다. H_0에 대한 양방검증을 원하므로, 평균으로부터 어느 방향으로든 1.34 표준오차 크기만큼의 편차확률을 구하기 위해 그 확률을 두 배로 해야 한다. 즉, 2(.0901) = .1802이다. .05 유의도 수준의 양방검증(스트레스를 받은 아이들은 정상 아이들과는 어느 방향으로든 평균 행동문제 점수가 상이하다)에서, 영가설이 참일 때 그러한 값을 구할 확률이 .05보다 크기 때문에 영가설을 기각할 수 없다. 우리는 스트레스를 받는 아이들이 다른 아이들보다 더 많거나 적은 행동문제를 보인다는 결론을 내리기에는 다섯 명 아이들의 작은 표본에 있는 증거가 불충분하다고 결론 내릴 것이다. 스트레스를 받는 아이들이 정말로 행동문제를 보일 가능성이 있지만 우리의 데이터는 그 점수상 충분히 확신적이지 않는데, 이는 우리가 갖고 있는 데이터의 수가 너무 적기 때문임을 명심해야 한다[거실을 체육관처럼 사용하는 동안 여러분이 장식품을 깼다고 여러분의 어머니가 확신했던 때를 기억해보라. 실제로 여러분이 깼지만 그녀는 그것을 증명할 만한 충분한 증거가 없지 않은가. 여러분의 어머니는 2종 오류를 범할 수밖에 없었는데, 영가설(여러분의 결백하다)이 실제로 틀렸을 때 영가설을 기각하는 데 실패하였다. 우리의 사례에서 스트레스를 받는 아이들의 참 전집 평균이 50보다 클지라도 우리는 확신할 만한 충분한 증거를 갖고 있지 않다].

앞서 언급했던 연구들로 되돌아가 보면, 윌리엄슨(Williamson, 2008)은 최소한 부모 중 한 사람이 우울증 병력을 가진 가정에서 166명 아이를 포함시켰다. 이 아이들은 모두 청소년 자기보고(YSR)를 완성하였는데, 표본 평균은 55.71, 표준편차는 7.35였다. 우리는 평균이 50이고 표준편차가 10인 정상전집에서 이 아이들이 나왔다는 영가설을 검증하고자 한다. 따라서

$$z = \frac{\overline{X} - \mu}{\frac{\sigma}{\sqrt{N}}} = \frac{55.71 - 50}{\frac{10}{\sqrt{166}}} = \frac{5.71}{0.776} = 7.36$$

우리는 정상분포 표를 이용할 수 없는데, 그 이유는 그 표가 그렇게 높은 값을 갖고 있지 않기 때문이다(표에서 z의 가장 큰 값은 4.00이다). 그러나 우리가 구한 결과가 4.00이라 할지라도 그것은 소수점 세 자리까지 .000보다 더 작은 확률에서 유의미하므로, 우리는 영가설을 기각할 수 있다(양방검증에서 정확한 확률은 .00000000000018인데, 이는 분명히 유의미한 결과이다). 따라서 윌리엄슨은 그 연구의 아이들이 아헨바흐 청소년 자기보고(YSR)의 불안/우울 하위척도로부터 나온 무선적인 점수 표본을 나타내지 않는다고 믿을 만한 충분한 이유를 갖고 있다. 그들은 정상보다 더 큰 평균을 가진(문제가 더 많은) 전

집에서 나왔다.

알려진 전집 평균에 대한 단일표본 평균의 검증을 방금 해보았는데, 이 검증은 표본 평균들이 정상분포를 이루거나, 최소한 그 분포가 충분히 정상적이어서 표준정상분포 표를 참조할 때 무시해도 좋을 만큼의 오차를 범하게 될 것이라는 가정에 근거한다. 여러 교재들에서는 정상 전집에서 표집했다는 가정을 하지만(행동문제 점수 자체가 정상분포를 이룬다), 이것이 실제적으로 꼭 필요한 것은 아니다. 가장 중요한 것은 **평균**의 표집분포(그림 12.3)가 거의 정상이라고 가정할 수 있어야 한다는 점이다. 이 가정은 두 가지 방법으로 충족될 수 있다. (1) 표본을 추출한 전집이 정상이거나 (2) 중심극한정리에 의해 최소한 정상성에 근접할 수 있을 만큼 표본의 크기가 충분히 크다. 이것이 중심극한정리의 커다란 장점 중 하나인데, 원 전집이 정상이 아니더라도 N이 충분히 크기만 하다면 가설검증이 가능하다. 윌리엄슨 역시 그의 표본의 표준편차를 알고 있었다. 우리는 왜 이것을 사용하지 않았는가?

이 질문에 대한 단순한 답은 우리가 더 많은 것을 갖고 있다는 것이다. 우리는 전집 표준편차를 알고 있다. 아헨바흐 청소년 자기보고(YSR)와 그 점수 체계는 수십 년 동안 세심하게 발전되어 왔으며, 우리는 정상 아이 전체 전집의 점수의 표준편차가 10이라는 것을 확실히 알고 있다. 그리고 우리는 우리의 표본이 정상 아이의 전집에서 나왔다는 것을 검증하고자 한다. 전집 표준편차를 알고 있지 않는 경우가 많으며 그러한 경우에는 표본 표준편차로부터 그것을 추정해야 하지만, 우리가 전집 표준편차를 알고 있을 때에는 그것을 이용해야만 한다. 만약 이 아이들이 실제로 더 높은 점수를 기록한다면 그들의 표본 표준편차는 σ를 과소추정할 것으로 예상된다. 그 이유는 분포의 한 극단을 향해 편포된 사람들의 표준편차는 보다 중심 쪽으로 위치한 점수들의 표준편차보다 더 작을 가능성이 매우 크기 때문이다.

12.3 σ를 알지 못할 때 표본 평균의 검증(단일표본 t 검증)

앞서의 사례는 전집 표준편차(σ)를 알고 있는 상당히 제한된 수의 상황에서 일부러 선택된 것이다. 일반적으로 우리는 σ 값을 알지 못하며, 보통 표본 표준편차(s)를 이용해 그것을 추정해야 한다. 그러나 공식에서 σ 대신 s를 넣는다면 검증의 성격이 변하게 된다. 우리는 더 이상 해답이 z 점수라고 주장할 수 없고 z 표를 참조하여 평가할 수 없다. 대신 우리는 t로 답을 나타내고 t 표에 따라 평가하는데, 이것이 다소 다른 점이다. z를 t로 바꾸는 논리는 사실상 간단한데, 이처럼 t로 바꿔야 하는 기본적인 문제는 표본 변량의 표집분포와 관련되어 있다. 이제는 어렵더라도 약간의 이론을 살펴볼 차례인데, 이는 (1) 여러분이

그림 12.4_ $\mu=50$, $\sigma^2=138.89$, $N=5$인 정상분포 전집으로부터 s^2의 표집분포

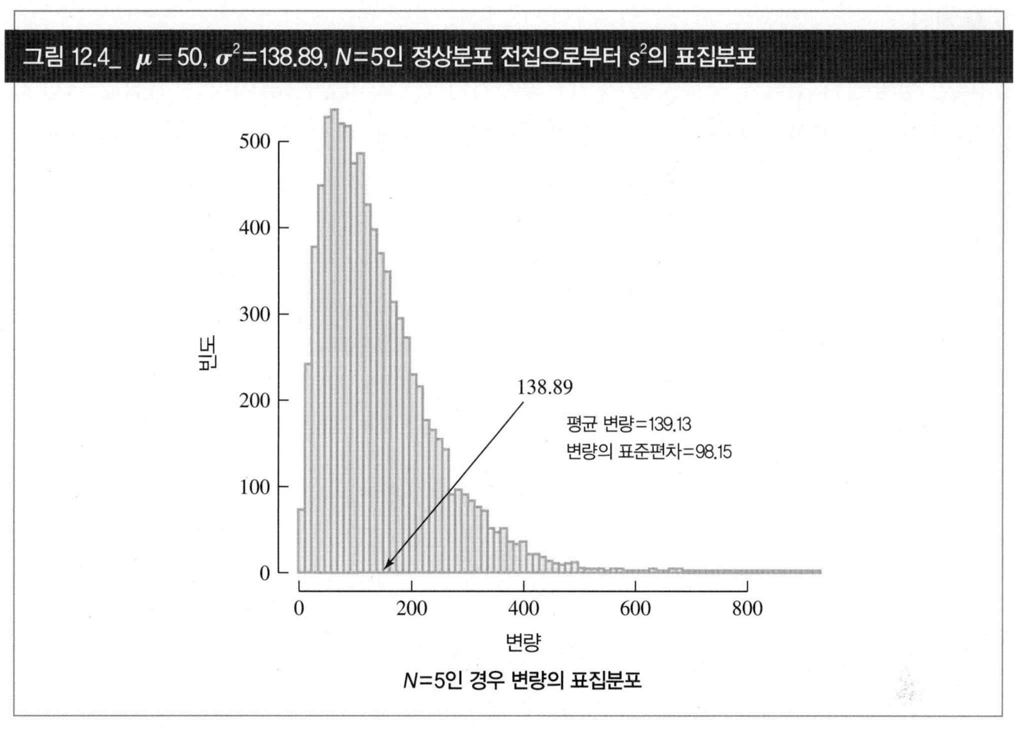

하고 있는 것을 이해하는 데 도움이 되고, (2) 여러분의 영혼에도 좋기 때문이다.

s^2의 표집분포

t 검증은 σ^2의 추정치로 s^2을 이용하기 때문에 먼저 s^2의 표집분포를 살펴보는 것이 중요하다. 표집을 할 때, 특히 표집의 크기가 작을 때, 어떤 표집 변량을 예상할 수 있는지에 대해 아이디어를 얻기를 원할 것인데, 이 표집분포는 앞으로 부딪히게 될 문제들에 대한 통찰을 줄 것이다. 여러분은 5장에서 s^2이 σ^2의 **비편향** 추정치, 즉 반복 표집했을 때 s^2의 평균값이 σ^2과 같게 된다는 것을 알았다. 비편향 추정치가 좋긴 하지만, 전부는 아니다. 문제는 s^2의 표집분포의 형태가 특히 표본의 크기가 작을 경우, 꽤 정적으로 편포되어 있다는 점이다. 컴퓨터로 만들어낸 s^2의 표집분포($\sigma^2=138.89$)의 예가 그림 12.4에 나와 있다. 이 분포의 편포도 때문에, 특히 표본의 크기가 작을 때 개개 s^2의 값이 σ^2을 과대추정하기보다는 과소추정할 가능성이 더 크다(s^2이 σ^2을 과대추정할 경우, 수는 더 많지만 덜 극단적인 과소추정치들과 균형을 맞추지 못할 정도로만 과대추정하기 때문에 s^2은 비편향된 채로 남게 된다). 단순히 표본 추정치(s^2)를 취해서 미지의 σ^2을 그것으로 대신하고 아무것도 변화하지 않은 것처럼 가정할 때 어떤 문제가 생길지 알 수 있는가? 변량의 표집분포의 편포도 때문에, σ^2을 알고서 구할 수 있는 z 값보다 t 값이 더 커지는 경향이 있다. 이는 어떤 단일표본 변량(s^2)도 전집 변량(σ^2)을 과소추정할 확률이 50:50보다 더 크기 때문이다.

t 통계치

이러한 상황에서 우리를 구해주는 것이 t 통계치인데, 그 이유는 σ^2이라는 전집값 대신 s^2이라는 표본 추정치를 사용한다는 사실을 설명하기 위해 이 통계치가 고안되었기 때문이다. z에 사용했던 공식을 적용하면 다음과 같다.

$$z = \frac{\overline{X} - \mu}{\sigma_{\overline{X}}} = \frac{\overline{X} - \mu}{\frac{\sigma}{\sqrt{N}}} = \frac{\overline{X} - \mu}{\sqrt{\frac{\sigma^2}{N}}}$$

s로 바꾸면 다음과 같다.

$$t = \frac{\overline{X} - \mu}{s_{\overline{X}}} = \frac{\overline{X} - \mu}{\frac{s}{\sqrt{N}}} = \frac{\overline{X} - \mu}{\sqrt{\frac{s^2}{N}}}$$

어떤 표본에서도 s^2이 σ^2 값보다 더 작을 가능성이 크고 따라서 분모가 매우 작을 가능성이 크기 때문에, t 공식이 내놓는 답이 σ^2 자체를 이용하여 z를 구했을 때 얻게 될 답보다 더 클 가능성이 크다. 따라서 t 점수를 z 점수처럼 취급하여 z 표를 이용하는 것은 매우 적절하지 못하다. 그렇게 하면 너무 많은 '유의미한' 결과들이 나올 것이다. 즉, 유의도 수준 $\alpha = .05$에서 영가설을 검증할 때, 우리는 5% 이상의 1종 오류를 범할 것이다(예: z 점수를 계산할 때 z가 ± 1.96 한계 바깥에 놓이게 될 때마다 유의도 수준 .05에서 영가설을 기각한다. 만약 영가설이 참이라는 상황을 설정하고 $N = 5$인 표본을 반복적으로 추출하여 σ^2 대신 s^2을 사용해 t를 계산한다면, 우리는 ± 1.96 또는 그 이상의 값을 약 10% 이상의 경우에 얻게 될 것이다. 절단점은 실제로 2.776인데, 이는 1.96보다 꽤 더 큰 값이다).

윌리엄 고셋(William Gosset)은 이 문제에 대한 해결책을 제시했다. 고셋은 σ^2 대신 s^2을 사용하는 것이 특별한 표집분포를 만들어낼 수 있음을 밝혔는데, 이 분포는 오늘날 일반적으로 **스튜던트 t 분포**(Student's t distribution)[1]라고 알려져 있다. 고셋의 업적 덕분에, 우리가 모르는 σ^2 대신 우리가 아는 표본 변량(s^2)을 사용하고, 답을 t로 표시하며, z를 정상분포에 따라 평가했던 것처럼 t를 그 자체의 분포에 따라 평가하면 되게 되었다. t 분포는 표 D.6에 나와 있고, 다양한 크기의 표본에 대한 실제 t 분포의 사례들은 그림 12.5에 나와 있다.

---

1 '스튜던트 t(Student's t)'라고 부르는 이유는, 고셋이 Guinness Brewing Company에서 일하고 있을 때 그가 자신의 이름으로 그 결과를 발표하는 것을 회사가 허락하지 않았기 때문이다. 그는 'Student'라는 필명으로 발표하였고, 이 때문에 오늘날 그것은 '스튜던트 t'라고 불리고 있다. 나는 윌리엄 실리 고셋(William Sealy Gosset)과 같이 중요한 인물의 이름은 정확하게 표기되어야 한다고 생각한다. 그러나 내 자신의 책 초기 판들을 포함하여 내가 검토한 책들의 절반 정도에서 'Gossett'으로 표기되었다.

그림 12.5_ 자유도가 1, 30, ∞인 t 분포

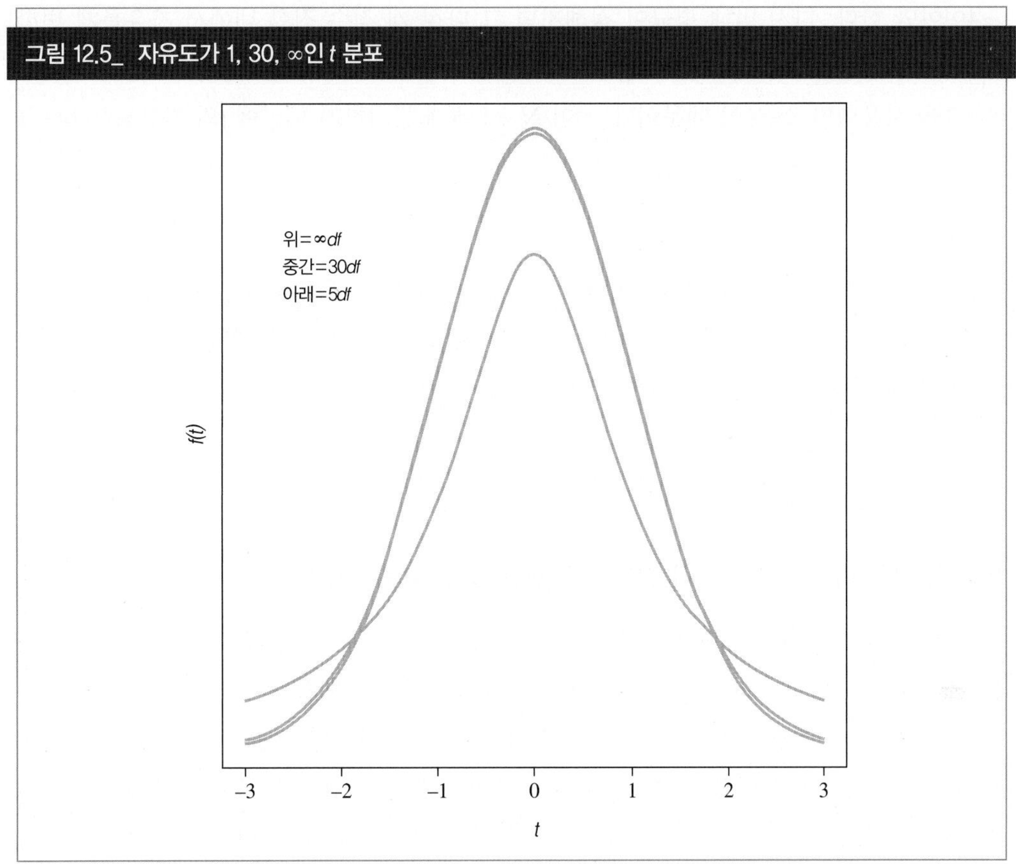

그림 12.5를 보면, t 분포는 **자유도**(degrees of freedom: *df*)에 따라 변화하는데, 우선 자유도를 표본의 관찰값들의 수보다 1만큼 더 작은 수로 정의하겠다. s^2의 표집분포의 편포도는 자유도 수가 증가할수록 사라지기 때문에 s가 σ를 과소추정하는 경향 역시 사라질 것이다. 따라서 자유도가 무한대인 경우, t는 정상분포를 이루며 z와 같아질 것이다.

자유도

나는 t 분포가 표본크기(N)의 함수인 자유도에 의존한다고 언급하였다. 단일 표본의 경우 $df = N - 1$. 우리는 s^2을 계산하는 데 표본 평균을 이용하기 때문에 자유도 1을 상실한다. 더 정확히 말하자면, 우리는 전집 평균($X - \mu$)보다는 관찰값들의 평균($X - \overline{X}$)에서 편차를 계산해 변량(s^2)을 구한다. 평균에 대한 편차들의 합 $\Sigma(X - \overline{X})$는 언제나 0이기 때문에 편차들 가운데 $N - 1$만이 자유롭게 변할 수 있다(편차들의 합이 0이 된다면, N번째는 정해져 있다). 이 점을 실증하기 위해 평균이 10인 다섯 개 점수들의 경우를 고려해보자. 이 점수들 중 네 개는 여러분이 원하는 어떠한 것(예: 18, 18, 16, 2)도 될 수 있지만, 다섯 번째 점수는 자유롭게 선택될 수 없다. 여기서 평균이 10이 되어야 한다면 그것은 반드시

−4여야만 한다. 다시 말해 평균이 정해지면 그 다섯 개 점수 집합 내에서 자유롭게 변할 수 있는 수는 네 개뿐이며, 따라서 자유도 4를 갖는다. s^2에 관한 공식(5장 참고)이 분모로 $N-1$을 사용했던 것은 이 때문이다. s^2이 $N-1$ df에 근거하기 때문에 t의 자유도는 $N-1$이다.

지금부터 이 책의 끝까지 여러분은 계속 자유도에 대한 언급을 볼 것이다. 많은 경우 자유도는 $N-1$ 또는 $N-2$이지만, 때로는 집단 수−1, 범주 수−1 등과 같다. 각각의 경우에 표본 통계치를 사용하여 한 개 또는 그 이상의 모수를 추정하기 때문에 한 개 또는 그 이상의 자유도를 상실하게 된다.

*t*의 사용 예: 아이들은 언제나 그들이 느끼는 것을 말하는가?

이 책을 통틀어 여러 경우에서, 나는 스트레스 상황에 놓인 아이들과 어른들에 관한 연구를 언급하였다. 종종 우리는 스트레스가 우울, 불안, 행동문제 등의 형태로 부정적 반응을 야기한다는 것을 발견한다. 그러나 암 환자의 가족들에 대한 연구에서 콤파 등(Compas et al., 1994)은 아이들이 비정상적일 만큼의 우울이나 불안 증상을 보고하지 않는다는 것을 관찰했다. 실제로 그들은 평균보다 조금 더 좋아 보이기까지 한다. 아이들이 이런 종류의 가족 스트레스원의 부정적 결과를 어떻게 해서든지 회피하려고 하는 것이 사실일까? 이러한 결과를 설명해줄 만한 대립가설을 생각할 수 있는가?

아이들의 불안을 측정하기 위해 흔히 사용되는 것 중 하나가 '아동 표출불안 척도(Children's Manifest Anxiety Scale: CMAS)'이다(Reynolds & Richmond, 1978). 이 척도의 9개 문항은 '거짓말 척도'이다. 이것은 정직하게 답하기보다는 사회적으로 바람직한 반응을 보이는 아이들을 구별하기 위한 것이다(그것을 '거짓말' 척도라고 부르는 것은 아이들에게 그리 공정한 것은 아니다. 그들은 단지 여러분에게 여러분이 듣기 원한다고 생각하는 것을 말하려고 노력하는 것뿐이다). 스트레스를 받는 아이들이 낮은 불안 점수를 받은 이유는 매우 적은 불안을 가지고 있기 때문이 아니라 사회적으로 적절한 답을 하려는 시도 때문이 아닐까? 이 질문에 답하는 한 가지 방법은 이 아이들이 '거짓말 척도'에서 유난히 높은 점수를 받았는지 확인하는 것이다. 만약 그렇다면 아이들이 불안감을 갖지 않아서가 아니라 단지 우리에게 자신의 불안을 말하지 않았을 뿐이라는 주장을 옹호하기가 더 쉬워질 것이다.

콤파 등(1994)은 한쪽 부모가 최근 암으로 진단받은 가족의 아이들 36명에 대한 데이터를 수집했다. 각 아이들은 CMAS를 작성했고, '거짓말 척도'의 점수가 계산되었다. 이 집단의 아이들 경우 '거짓말 척도' 점수의 평균은 4.39, 표준편차는 2.61이었다. 레이놀즈와

리치몬드(Reynolds & Richmond)는 초등학교 아이들 전집 평균이 3.87이라고 보고했지만, 그들의 데이터로부터 이 연령대 아이들의 전집 변량을 결정하는 것은 불가능하다. 그러므로 우리는 표본 변량에서 그 변량을 추정해 내고 t 검증을 해야 한다.

우리는 '거짓말 척도' 점수가 평균(μ)이 3.87인 전집의 무선표본이라는 영가설을 검증하고자 한다. 따라서 우리는 5% 유의도 수준에서 양방검증을 할 것이다.

$$H_0: \mu = 3.87$$
$$H_1: \mu \neq 3.87$$

앞서의 논의에서 다음 수식이 나왔다.

$$t = \frac{\overline{X} - \mu}{s_{\overline{X}}} = \frac{\overline{X} - \mu}{\frac{s}{\sqrt{N}}}$$

t 공식의 분자는 표본 평균 그리고 H_0에 의해 주어진 전집 평균 간 차이를 나타낸다. 분모는 표본 평균분포의 표준편차, 즉 표준오차의 추정치를 나타낸다. 이것은 z를 가지고 했던 것과 동일한데, 표본 변량(또는 표준편차)이 전집 변량(또는 표준편차) 대신 쓰였다는 것이 다를 뿐이다. 우리의 데이터에서 t는 다음과 같다.

$$t = \frac{\overline{X} - \mu}{s_{\overline{X}}} = \frac{4.39 - 3.87}{\frac{2.61}{\sqrt{36}}} = \frac{0.52}{0.435} = 1.20$$

t 값 1.20 자체는, 만약 우리가 H_0가 참일 때 그 값이 흔히 예상되는 값인지 여부를 판단하기 위해 t 표집분포에 대해 그 값을 평가할 수 없다면, 그다지 유의미한 것이 아니다. 이러한 목적을 위해 t 임계치를 표 D.6에 제시하였는데, 그 일부가 표 12.1에 나와 있다. 이 표는 정상분포(z) 표와는 형식상 다르다. 특정 t 값 각각의 위와 아래에 있는 영역은 너무 많은 공간을 요구하므로 이 영역을 제시하는 대신 표는 .05, .025, .01 유의도 수준과 같은 특정 임계 영역을 절단하는 t 값들을 제공한다. 또한 z와는 달리, t 분포들은 각각 가능한 자유도 수에 따라 정의되어 있다. 우리는 .05 수준의 양방검증을 하고자 한다. 임계치는 보통 t 또는 이 경우, $t_{.05}$라고 표시한다.[2]

---

2 이는 혼란을 일으킬 수 있다. 이 책처럼 어떤 교재에서는 양방검증의 임계치를 나타내는 데 t_α를 사용하는데, 이는 α의 절반이 각 꼬리에 위치한다는 것을 전제로 한다. 다른 교재에서는 α의 절반이 각 꼬리에 있다는 것을 분명히 하려고 $t_{\frac{\alpha}{2}}$를 사용한다. 우리의 사례에서 임계치는 +2.03이다. 따라서 여기서 사용된 표기방식은 $t_\alpha = t_{.05} = \pm 2.03$인 데 반해, 다른 책들은 $t_{\frac{\alpha}{2}} = t_{.025} = 2.03$이라고 표기하는데 이 역시 똑같이 타당하다. 이 책을 통틀어 나는 항상 양방 .05수준에서 검증을 수행하였다는 점을 유의하라[내가 사용하는 ±(더하기와 빼기)는 양방검증을 사용한다는 것을 나타낸다].

표 12.1_ 표 D.6의 축약판, t 분포의 백분율 값

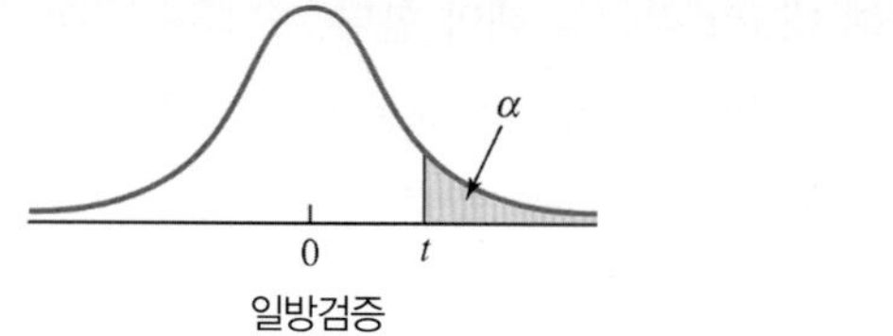

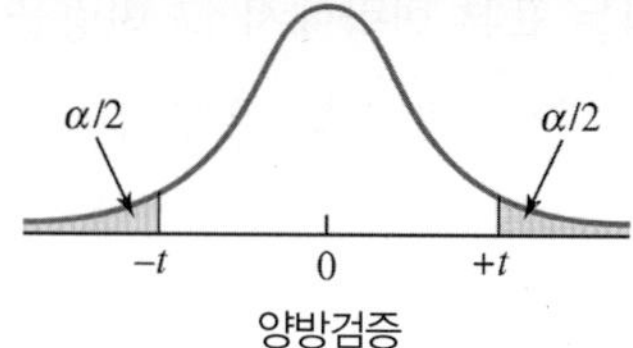

	일방검증의 유의도 수준								
	.25	.20	.15	.10	.05	.025	.01	.005	.0005
	양방검증의 유의도 수준								
df	.50	.40	.30	.20	.10	.05	.02	.01	.001
1	1.000	1.376	1.963	3.078	6.314	12.706	31.821	63.657	63.662
2	.816	1.061	1.386	1.886	2.920	4.303	6.965	9.925	31.599
3	.765	.978	1.250	1.638	2.353	3.182	4.541	5.841	12.924
4	.741	.941	1.190	1.533	2.132	2.776	3.747	4.604	8.610
5	.727	.920	1.156	1.476	2.015	2.571	3.365	4.032	6.869
6	.718	.906	1.134	1.440	1.943	2.447	3.143	3.707	5.959
7	.711	.896	1.119	1.415	1.895	2.365	2.998	3.499	5.408
8	.706	.889	1.108	1.397	1.860	2.306	2.896	3.355	5.041
9	.703	.883	1.100	1.383	1.833	2.262	2.821	3.250	4.781
10	.700	.879	1.093	1.372	1.812	2.228	2.764	3.169	4.587
...	...	...	...	...	...	...	...	...	...
30	.683	.854	1.055	1.310	1.697	2.042	2.457	2.750	3.646
40	.681	.851	1.050	1.303	1.684	2.021	2.423	2.704	3.551
50	.679	.849	1.047	1.299	1.676	**2.009**	2.403	2.678	3.496
100	.677	.845	1.042	1.290	1.660	1.984	2.364	2.626	3.390
∞	.674	.842	1.036	1.282	1.645	1.960	2.326	2.576	3.291

출처: 이 표의 숫자 값들은 저자가 계산한 것이다.

t 표를 이용하기 위해서는 적절한 자유도가 필요하다. 예를 들어, 우리의 데이터에는 36개 관찰값들이 있으므로 자유도는 $N-1=36-1=35$이다. 표 D.6(또는 표 12.1)에서 $t_{.05}(35)$의 임계치는 ±2.03이다(표에 35 *df*에 대한 값이 나와 있지 않기 때문에, 나는 30 *df*와 40 *df*에 대한 임계치의 평균을 취해 이 값을 구했다).

$t_{.05}(35)$처럼 $t_{.05}$ 뒤의 괄호 안에 있는 수가 자유도이다. 이 결과는 H_0가 참이라면 36개 사례의 표본에서 계산된 t가 ±2.03 바깥에 놓일 확률이 단지 5%에 불과하다는 것을 알려준다. 우리가 계산한 값(1.20)이 2.03보다 작기 때문에 우리는 H_0를 기각하지 않을 것이다. 우리는 스트레스를 받은 어린아이들이 정상 아이들의 무선 표본과 '거짓말 척도'상에서 다르게 수행한다는 결론을 내리기에 충분한 증거를 갖고 있지 않다. 우리는 이 아이들의 낮은 불안 점수를 설명하기 위해 다른 것들을 알아보아야 할 것이다(이 아이들의 불안 점수가 정말로 전집 평균보다 낮은지 알아보려면 연습문제 12.17을 보라). 책 뒤에 있는 표들로 가는 것보다 http://www.statpages.org/pdfs.html에서 자유도(35)와 t 값(1.20)을 기입하면 양방 확률이 .2382라는 것을 알 수 있다. 비슷한 답을 *R*에서 다음 부호를 사용하여 구할

그림 12.6_ 일방과 양방 t 분포의 영역들

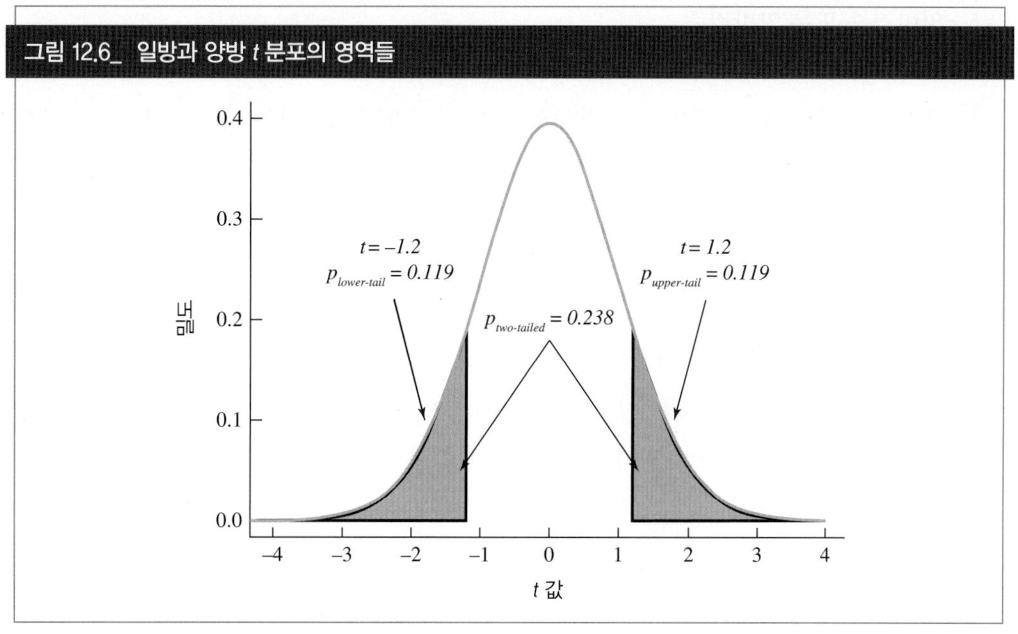

수 있다.

```
# Two-tailed t probability for t51.20 on 35 df.
2*(1-pt(1 .20, 35))
[1] 0.2381992
```

적절한 꼬리 확률을 구하기 위해 1.00에서 $t<1.20$인 확률을 감산한 후 양방 확률을 구하고자 2를 곱하였다. 그래프 코드와 예시를 이 장의 웹페이지에서 찾아보라. 그림 12.6에 일방 영역과 양방 영역을 가진 t 분포를 그렸다.

12.4 t의 크기에 영향을 미치는 요인들과 H_0에 대한 결정

몇 가지 요인들이 t 통계치의 크기와 H_0의 기각 가능성에 영향을 미친다.

1. 실제로 얻어지는 차이($\overline{X}-\mu$)
2. 표본 변량의 크기(s^2)
3. 표본크기(N)
4. 유의도 수준(α)

5. 일방검증 또는 양방검증

$\overline{X}$ 그리고 H_0에서 주어진 평균(μ) 간에서 구한 차이가 중요하다는 것은 명백하다. 이것은 분자가 클수록 t 값이 더 커진다는 사실에서 바로 알 수 있다. 하지만 $\overline{X}$ 값이 많은 부분에 있어 표본이 추출된 전집 평균의 함수라는 것을 기억하는 것 역시 중요하다. 이 평균을 μ_1으로 표기하고, 영가설에 의해 주어진 평균을 μ_0로 표기한다면, $\mu_1 - \mu_0$가 커질수록 유의미한 결과를 얻을 가능성도 커질 것이다.

t 공식을 보면, s^2이 감소하거나 N이 증가할수록 분모($s/\sqrt{N}$) 자체가 감소하고 그 결과 t 값이 증가한다는 것은 자명하다. 실험 상황 자체에 의해 야기된 변산성(애매한 지시문, 형편없이 기록된 데이터, 산만한 검사 조건들 등에 의해 야기된다)은 참가자들 간에 존재하는 모든 변산성에 더해지기 때문에, 우리는 가능한 한 많은 변산성의 원천을 통제함으로써 s를 줄이고자 노력한다. 가능한 한 많은 참가자들을 구함으로써, 우리는 N을 증가시키면 $s_{\overline{X}}$가 감소된다는 사실을 이용할 수 있다. 끝으로 H_0를 기각할 가능성은 기각 영역의 크기에 달려 있는데, 기각 영역은 다시 α와 그 영역의 위치(일방 혹은 양방검증 가운데 어떤 검증을 사용하는가 하는 것)에 달려 있다.

12.5 두 번째 예: 달 착시

카우프만과 로크(Kaufman & Rock, 1962)의 고전적 연구 가운데 하나인 달 착시를 두 번째 예로 고려해보는 것이 유용할 것이다. 여러분이 알다시피, 지평선 부근의 달이 중천 부근의 달보다 더 커 보인다. 하지만 달이 확장하거나 수축하는 것이 아님이 명백한데, 그렇게 보이는 이유는 무엇일까? (우리는 이미 5장에서 이 연구를 살펴보았다.) 카우프만과 로크는 달이 지평선에 있을 때 달까지 거리가 더 멀어 보이는 것에 근거하여 달 착시를 설명할 수 있다고 결론 내렸다. 완벽한 일련의 실험들에서 그들은 처음에 참가자들에게 지평선 상에 있는 것처럼 보이는 변인 '달'을 중천에 있는 것처럼 보이는 표준 '달'의 크기와 짝짓도록, 또는 그 반대로 하도록 요구함으로써 달 착시를 추정하고자 하였다(이 측정에서 그들은 실제 달을 사용하지 않고 특별한 장치로 만든 인공 달을 사용하였다). 우리의 첫 번째 질문들 가운데 하나는, 이 장치를 사용한 달 착시가 실제로 존재하는가, 즉 지평선 상의 달을 짝짓는 데 중천의 달을 짝짓는 데보다 더 큰 설정이 필요한가 하는 것이다. 만약 착시를 만들어내지 못한다면 연구를 위해 다른 장치가 필요할 것이다. 카우프만과 로크의 논문에서 다룬 다음 열 명의 참가자 데이터는 변인 달과 표준 달의 지름 비율을 나타낸다. 비율 1.00은 착시 없음을 뜻하고 1.00이 아닌 비율은 착시가 있음을 뜻한다. 예를 들어, 비율 1.5는 지평선 달이 중천 달의 지름보다 1.5배 더 크게 보인다는 뜻이다. 우리가 H_0:

$\mu = 1.00$을 기각하고 H_1: $\mu \neq 1.00$을 받아들인다면 착시를 지지하는 증거가 될 것이다. 데이터는 아래와 같다.

구한 비율: 1.73 1.06 2.03 1.40 0.95 1.13 1.41 1.73 1.63 1.56

이 데이터에서 $N = 10$, $\overline{X} = 1.463$, $s = 0.341$이다. H_0: $\mu = 1.00$에 대한 t 검증은 다음과 같다.

$$t = \frac{\overline{X} - \mu}{s_{\overline{X}}} = \frac{\overline{X} - \mu}{\frac{s}{\sqrt{N}}} = \frac{1.463 - 1.000}{\frac{0.341}{\sqrt{10}}} = \frac{0.463}{0.108} = 4.29$$

부록의 표 D.6에서, $\alpha = .05$이며 양방검증의 경우 자유도가 $10 - 1 = 9df$일 때 임계치가 $t_{.05}(9) = \pm 2.262$임을 알 수 있다. 구해진 t 값(obtained t value. 흔히 t_{obt}라고 표기한다)은 4.29이다. 4.29>2.262이므로 우리는 H_0를 $\alpha = .05$ 수준에서 기각할 수 있고 이 조건 하에서 실제 평균 비율은 1.00이 아니라고 결론 내릴 수 있다. 실제로 그 비율은 1.00보다 더 큰데, 이는 우리의 경험에 비추어 예상할 만한 것이다(우리가 어렸을 때부터 알아왔던 것들을 과학이 확인시켜준다고 생각하는 것은 언제나 위안을 주기는 하지만, 이 결과들은 또한 카우프만과 로크의 실험장치의 수행이 잘 되었다는 뜻이기도 하다). 9 df상의 $t = 4.29$의 정확한 양방 확률을 http://www.danielsoper.com/statcalc3/를 사용하여 구하면 .002이다. 만약 t가 −4.29라면 어떤 결론을 내릴 수 있을까?

12.6 효과가 얼마나 큰가?

데이터를 분석하는 데 통계적 기법을 사용해온 심리학자들과 여타 학자들은 유의미한 차이를 발견했다고 선언하고, 그러고 나서 자신의 작업이 끝났다고 선언하는 것에 오랫동안 만족해왔다. 사람들은 이것이 적절치 못하다고 말했지만 이러한 불만은 비교적 최근까지는 대부분 주목받지 못했다. 사람들은 실험자의 진술이 차이가 유의미하다는 것뿐만 아니라 의미 있는 것인지 여부까지 나타내야 한다고 주장하였다. 충분한 수의 참가자를 대상으로 하면, 무의미한 차이조차도 유의미한 것으로 거의 항상 밝혀진다.

이 논쟁에 가장 관여한 사람이 제이컵 코언(Jacob Cohen)인데, 그는 **효과크기**(effect size) 측정치라고 명명한 것을 보고해야 한다고 주장하였다. 그는 평균이 얼마나 큰지, 또는 두 평균이 얼마나 상이한지를 의미 있게 나타내주는 통계치를 찾고자 하였다. 표본이 매우 큰 경우에는 아무도 관심을 갖지 않을 정도로 매우 작은 차이조차도 통계적으로 유의미할 수 있다. 유의도가 모든 것은 아닌 것이다.

차이크기에 관한 정보를 제시할 수 있는 여러 방법들이 있다. 다음 절에서 신뢰구간 개념을 다룰 것이다. 또한 효과크기 개념을 다음 여러 장에서 더 많이 다루겠지만, 여기서는 일반적인 개념에만 초점을 두고자 하는데, 달 착시 데이터가 이러한 목적에 이상적이다. 유의미한 차이를 발견했지만 이러한 차이를 보고할 때 독자가 이 효과에 관심을 갖도록 독자를 설득할 수 있기를 우리는 원한다. 달이 지평선에서 근소하게 약간 더 크게 보일 뿐이라면 이는 그다지 언급할 만한 가치가 없을 것이다.

종속변인의 속성을 상기해보라. 참가자들은 하늘 높이 뜬 달을 바라보고 실제 달과 동일한 크기로 보이도록 '유사–달'의 크기를 조절하였다. 그 후 그들은 지평선 바로 위에 있는 달을 바라보고 유사하게 조절하였다. 만약 달 착시가 없다면 두 설정은 거의 동일하며 그 비율은 대략 1.00이 될 것이다. 그러나 실제로는 지평선 달에 대한 설정이 중천 달에 대한 설정보다 훨씬 더 컸으며, 이 두 설정의 평균 비율은 1.463이었다. 이는 평균적으로 지평선 상의 달이 중천에 있는 달보다 1.463배(또는 46.3%)만큼 더 크게 보인다는 것을 뜻한다. 이것은 커다란 차이인데, 최소한 나에게는 그렇게 여겨진다.

이는 효과의 크기에 관해 의미 있는 것을 독자에게 전달할 수 있는 사례라 할 수 있다. 여러분이 독자에게 지평선에 있는 달이 중천에 있는 달보다 거의 절반만큼은 더 크게 보인다고 말할 때, 여러분은 단순히 지평선 달이 유의미하게 더 크다는 것보다는 더 많은 것을 말해주는 것이다. 지평선 달의 평균 설정이 5.23센티미터라고 말하는 것보다는 분명히 더 많은 것을 말해주는 것이다.

이 사례에서는 단순히 독자에게 평균 비율이 얼마인지를 말함으로써 중요한 정보를 표현할 수 있었다. 다음 몇몇 장에서는 평균의 크기가 특별히 도움 되지는 않는 사례들을 살펴볼 터인데(예: 참가자들은 자신의 자기존중감 점수를 2.63점만큼 증진시켰다), 더 나은 측정치들을 발전시킬 필요가 있다.

12.7 평균의 신뢰한계

달 착시는 참 μ값, 이 경우에는 중천 달의 지각된 크기에 대한 지평선 달의 지각된 크기의 실제 비율을 추정하는 데 특히 관심이 있는 경우의 훌륭한 사례이다. '사람들은 중천에 있는 달의 겉보기 크기보다 지평선 상의 달을 1.5배만큼 더 크게 지각한다'라고 말하는 것이 맞을 것이다. 표본 평균($\overline{X}$)은 μ의 비편향 추정치다. 모수치의 한 특정 추정치를 가지고 있을 때, 그것을 **점 추정값**(point estimate)이라고 부른다. **구간 추정값**(interval estimate)은 참 (전집) 평균값(전체 관찰값 전집의 평균: μ)을 포함할 확률이 높은 절차를 통해 한계를 설정한다. 그 다음 우리가 원하는 것은 μ에 대한 **신뢰한계**(confidence limits)이다. 이 한계는 소위 **신뢰구간**(confidence interval)을 포함한다. 6장에서 우리는 관찰값에 대해 소위 '있음직한 한계'를 설정하는 방법을 알았다. 9장에서는 상관계수에 신뢰한계를 설정하는 것을 다루었다. 유사한 논리가 여기서도 적용된다.

어떤 데이터에서 μ의 한계를 설정하고자 한다면, 구해진 표본 평균에 대한 t 검증을 했을 때 H_0를 기각하게 하지 않고서 μ가 얼마나 크거나 작을 수 있는지를 묻고자 한다. 다시 말해서 μ(착시의 실제 크기)가 실제로 매우 작다면 우리는 그러한 표본 데이터를 구할 가능성이 없었을 것이다. μ가 매우 클 경우 역시 마찬가지일 것이다. 다른 극단에서 우리가 구한 1.46 비율은 참 평균 비율이 1.45 또는 1.50인 경우 예상되는 합리적 수일 것이다. 실제로 우리가 구했던 것과 같은 데이터가 유난히 비정상적이지는 않은 μ값 전체 범위가 존재한다. 우리는 그러한 μ값들을 계산하고자 한다. 바꾸어 말하면 우리는 분포의 각 꼬리에서 유의도 수준에 근접한 t의 값을 제공해주는 μ의 그러한 값을 찾아내고자 한다.

더 나아가기 전에 우리의 목표를 명백하게 하자. 신뢰한계의 논리는 대부분의 사람들에게는 다소 황당하게 보일 것이다. 예를 들어, 내가 약간의 계산을 해서 μ가 틀림없이 1.22와 1.71 사이에 있다고 여러분에게 말해주면 여러분은 아마도 좋아할 것이다. 하지만 나는 그렇게 할 수 없다. μ가 1.22보다 작았다면 카우프만과 로크는 그들이 구했던 그 결과를 얻을 가능성이 없었을 것이라고 나는 말할 수 있다. 나는 또한 μ가 1.71보다 컸다면 그러한 결과를 구할 가능성이 거의 없었을 것이라고 말할 수 있다. 따라서 이 결과는 μ가 1.22와 1.71 사이의 어디엔가 있다는 생각과 일치한다.

우리가 하고 있는 것을 이해하는 쉬운 방법은 t 공식을 가지고 시작하여 고등학교 초기에 배웠던 단순한 대수학을 적용하는 것이다.

$$t = \frac{\overline{X} - \mu}{s_{\overline{X}}} = \frac{\overline{X} - \mu}{\frac{s}{\sqrt{N}}}$$

우리가 그 데이터를 수집했기 때문에 우리는 이미 $\overline{X}$, s, $\sqrt{N}$을 알고 있다. 우리는 또한 $\alpha = .05$ 수준에서 t의 양방 임계치가 $t_{.05}(9) = \pm 2.262$라는 것을 알고 있다. 우리는 t 공식에 이 값들을 집어넣어 μ를 구할 것이다.

$$t = \frac{\overline{X} - \mu}{s_{\overline{X}}} = \frac{\overline{X} - \mu}{\frac{s}{\sqrt{N}}}$$

$$\pm 2.262 = \frac{1.463 - \mu}{\frac{0.341}{\sqrt{10}}} = \frac{1.463 - \mu}{0.108}$$

μ를 구하기 위해 식을 다시 배열하면 다음과 같이 나온다.

$$\mu = \pm 2.262(0.108) + 1.463 = \pm 0.244 + 1.462$$

+0.244와 −0.244를 각각 사용하여 μ에 대한 상한계와 하한계를 구하면 다음과 같다.

$$\mu_{\text{상한}} = +0.244 + 1.463 = 1.707$$
$$\mu_{\text{하한}} = -0.244 + 1.463 = 1.219$$

따라서 우리는 95% 신뢰한계를 1.219와 1.707로 쓸 수 있고 신뢰구간은 다음과 같다.

$$CI_{.95} = 1.219 \leq \mu \leq 1.707$$

즉, 일반적인 표현으로 다음과 같다.

$$CI_{.95} = \overline{X} \pm t_{.05} s_{\overline{X}} = \overline{X} \pm t_{.05} s/\sqrt{N}$$

하지만 95% 숫자는 어디에서 온 것일까? 우리가 $\alpha = .05$ 수준에서 t의 양방 임계치(각 꼬리에서 2.5%씩 자른다)를 사용했기 때문에 95% 신뢰구간을 갖는다. 구해진 값은 95%의 경우에 그 한계들 내에 떨어질 것이라고 말하는 셈이다. 99%의 한계를 위해 우리는 $t_{.01} = \pm 3.250$을 취할 수 있다. 따라서 99% 신뢰구간은 다음과 같다.

$$CI_{.99} = \overline{X} \pm t_{.01} s_{\overline{X}} = 1.463 \pm 3.250(0.108) = 1.112 \leq \mu \leq 1.814$$

이제 1.219~1.707과 같은 구간이 달 착시의 실제 평균 비율을 포함할 가능성이 .95, 반면에 1.112~1.814 구간이 μ를 포함할 확률이 .99라고 말할 수 있다. 어느 구간도 착시 없음을 나타내는 1.00을 포함하고 있지 않음을 주목하라. 95% 신뢰구간에서 t 검증을 했을 때 영가설을 기각했기 때문에 우리는 이를 이미 알고 있다.

그림 12.7_ μ=5, σ=1인 전집에서 추출한 25개 표본들에 대해 계산된 신뢰한계

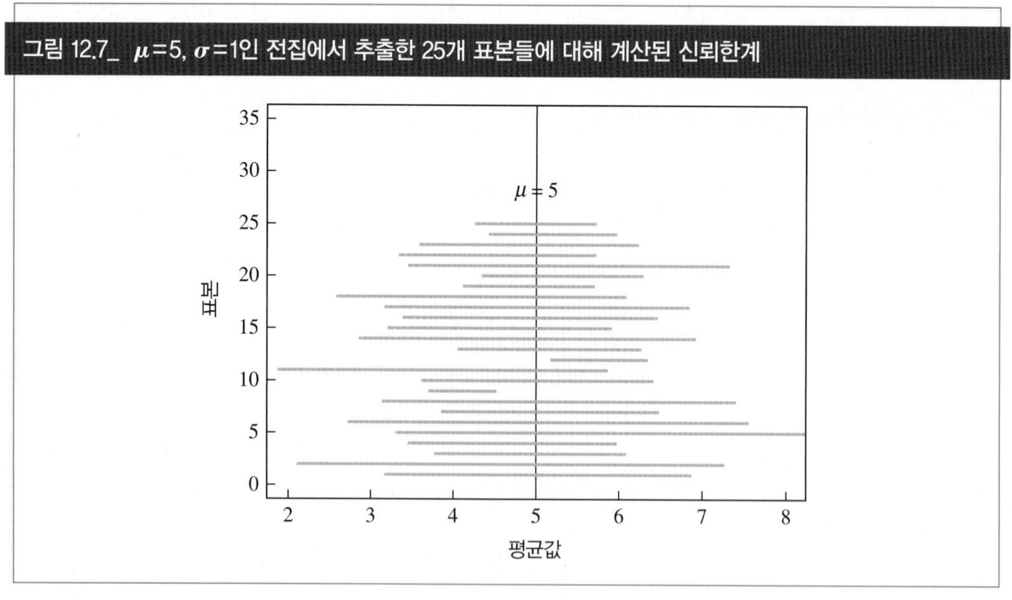

이는 대통령에 대한 대중의 지지가 59%이고 그 오차한계는 3%라는 것을 신문에서 읽는 것과 유사하다. '오차한계'는 기본적으로 신뢰한계이며, 달리 말하지 않는 한 그것은 95% 신뢰구간과 거의 유사하다. 여론 조사원이 여러분에게 말하고자 하는 것은 표본의 크기와 지지 수준이 주어지면 그 숫자가 무엇이건 정확한 값의 3% 값 이내에 있을 가능성이 매우 크다는 것이다.

신뢰한계가 그림 12.7에 나와 있다. 이 그림을 만들기 위해, 평균(μ)이 5인 전집에서 $N=4$인 25개 표본을 추출했다. 각 표본에서 μ에 대한 95% 신뢰구간을 계산하고 도표로 그렸다. 예를 들어, 첫 번째 표본에서 구해진 한계는 대략 3.16과 6.88이지만, 두 번째 표본에서의 한계는 4.26과 5.74이다. 이 경우 우리는 μ가 5임을 알고 있기 때문에 그 지점에 세로선을 그렸다. 표본 9와 12의 한계는 $\mu=5$를 포함하고 있지 않음을 주목하라. 우리는 95% 신뢰한계가 100에 95번은 μ를 포함할 것으로 예상한다. 그러므로 25개 가운데 2개가 μ를 포함하고 있지 않음은 합리적이라고 보인다. 신뢰구간이 폭에 있어서도 다름을 주목하라. 이 변산성은 구간의 폭이 표본의 표준편차의 함수이며 어떤 표본들은 다른 것들보다 더 큰 표준편차를 가지고 있다는 사실로 설명될 수 있다.

신뢰한계의 해석에 관해 앞서 강조한 점을 반복해야겠다. $p(1.219 \le \mu \le 1.707) = .95$라는 형식의 진술은 보통의 방법으로는 해석되지 않는다. 모수치 μ는 변수가 아니다. 그것은 실험에 따라 바뀌지 않는다. 오히려 μ는 상수이고, 구간이 실험에 따라 변하는 것이다. 모수치를 고정된 막대로, 신뢰한계를 계산하는 실험자를 그 막대(모수치)에 고리를 던지는 것으로 생각해보라. 특정 폭의 고리가 95% 확률로 그 막대에 걸릴 것이고 5%는 걸리지 않을 것이다. 신뢰 진술은 그 고리가 막대에 걸릴 확률에 대한 진술(즉, 구간이 모수치를 포함한다)이지 막대(모수치)가 고리(구간) 안에 들어갈 확률에 대한 진술은 **아니다**. 한편, 앞서 마지막 진술이 참이기는 하지만, 참 μ 값이 1.219와 1.707 사이에 있을 확률이 .95라고 말하는 학생을 내 강좌에서 낙제시키지는 않을 것이다.

12.8 SPSS와 *R*을 사용하여 단일표본 *t* 검증 수행하기

그림 12.7은 달 착시 데이터에 대해 단일표본 t 검증과 신뢰한계를 구하기 위해 SPSS를 사용한 예이다. 이 책의 웹사이트에 있는 *Shorter SPSS Manual*의 7장에서 SPSS를 사용하여 이 분석을 어떻게 수행하는지 알 수 있다. SPSS 결과가 반올림 오차 범위 내에서 우리가 손으로 구한 값과 같다는 것을 알 수 있다. 또한 SPSS가 t를 표에 있는 값에 비교하기보다는 1종 오류의 정확한 확률(p 값)을 계산하고 있음을 주목하라. 1종 오류의 확률이 .05보다 작다고 결론 내릴지라도 SPSS는 실제 양방확률이 .002라는 것을 알려준다. 대부분의 컴퓨터 프로그램들은 이러한 방식으로 작동한다.

그림 12.8_ 단일표본 t 검증과 신뢰한계를 위한 SPSS 분석

t 검증

단일표본 통계치

	N	평균	표준편차	표준오차 평균
비율	10	1.4630	.34069	.10773

단일표본 검증

	검증 값 = 1					
					차이의 95% 신뢰구간	
	t	*df*	Sig.(양방)	평균 차이	하한	상한
비율	4.298	9	.002	.4630	.2193	.7067

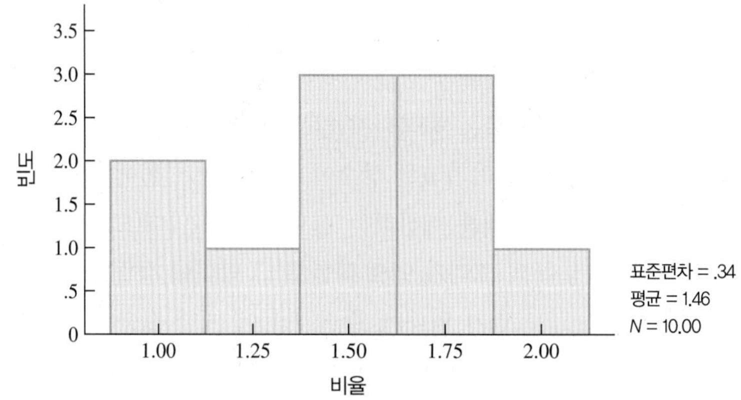

지평선/중천 달의 비

그림 12.8의 출력에서, 10명의 참가자에 근거하여 달 착시에 대한 평균 비율 설정이 실제로 아무런 달 착시가 없을 때 기대되는 1.00보다 유의미하게 크다고 결론 내릴 수 있다. 이 결과는 $t(9) = 4.30$, $p = .002$라고 쓸 수 있다.

*R*에서 이 분석을 위한 코드는 꽤 단순하다. 그 코드가 다음에 나와 있는데, 이 코드가 SPSS 코드와 기본적으로 동일하기 때문에 출력물을 제시하지는 않았다. 그러나 여러분이 이것을 돌려볼 때, 비록 내가 SPSS에서 나온 히스토그램을 반복하고자 범위를 다섯개로 나누도록 'break = 5'를 요청했으나, *R*은 무엇이 적합한지에 대해 스스로 파악한다는 점에 주목하라. 또한 비(ratio) 1.00이 착시 없음을 나타내기 때문에 $\mu = 1$이라는 영가설에 대해 검증한다고 명시했음을 주목하라.

#달 착시 분석

```
ratio < - c(1.73, 1.06, 2.03, 1.40, 0.95, 1.13, 1.41, 1.73, 1.63,
1.56)
cat( "The mean of the ratio scores is," mean(ratio),"\n")
cat("The standard deviation of ratio scores is," sd(ratio), "\n")
t.test(ratio, conf.int = .95, mu = 1)
hist(ratio, col = "red," breaks = 5, main = "Histogram of Ratio of
Horizon to Zenith," xlab = "Ratio")
```

12.9 공백으로 남겨두기보다는 좋은 짐작이 더 낫다

이제 평균에 대한 t 검증으로 다시 돌아와 단일전집 평균(μ)에 대한 영가설을 t 검증하는 사례를 계속 살펴보겠다. 이 책 여러 곳에서, SAT 같은 시험을 치룰 때 문제의 근거가 되는 지문을 보지 않은 어떤 학생들의 시험 수행에 대한 카츠 등(Katz et al., 1990)의 연구를 다루었다. 이 집단에서 28명 학생의 데이터가 아래에 제시되어 있다.

ID	10	20	30	40	50	60	70	80	90	10	11	12	13	14
점수	58	48	48	41	34	43	38	53	41	60	55	44	43	49
ID	15	16	17	18	19	20	21	22	23	24	25	26	27	28
점수	47	33	47	40	46	53	40	45	39	47	50	53	46	53

100개 문항마다 다섯 개의 선택지가 있으므로, 학생들이 답을 찾아보지도 않고 그냥 찍었다면 우연히 20개를 맞출 것이라고 기대할 수 있다. 그러나 한편으로는 주어진 선택지를 잘 살펴보고서 지능적으로 찍었다면 그들은 우연보다 더 나은 수행을 할 것이다. 그래서 우리는 H_0: $\mu = 20$에 대해 H_1: $\mu \neq 20$을 검증하고자 한다.

t를 계산하려면 평균, 표준편차, 표본의 크기를 알 필요가 있다.

$$\overline{X} = 46.2143,\ s = 6.7295,\ N = 28$$

우리는 $\overline{X}$, s_X, N을 알고 있고 영가설 $\mu = 20$을 검증하고자 하므로, 간단한 t 검증을 실시할 수 있다.

$$t = \frac{\overline{X} - \mu}{\frac{s}{\sqrt{N}}} = \frac{46.21 - 20}{\frac{6.73}{\sqrt{28}}}$$

$$= \frac{26.21}{1.27} = 20.61$$

t 값이 20.61처럼 너무 크므로 그 확률을 찾을 필요도 없다. 만약 확률을 찾아본다면, 우리는 $\alpha = .05$, 27 *df*에 대한 양방 t 임계치가 2.052라는 것을 알게 될 것이다. 분명히 우리는 영가설을 기각할 수 있고 학생들이 우연 수준보다 더 잘 수행한다고 결론 내릴 수 있다.

우리는 표본 데이터에 근거하여 95% 신뢰구간을 계산할 수 있다.

$$CI_{.95} = \overline{X} \pm t_{.05}(s_{\overline{X}})$$

$$= 46.21 \pm 2.052(1.27)$$

$$= 46.21 \pm 2.61$$

$$43.6 \leq \mu \leq 48.82$$

따라서 전집의 정확한 숫자에 대해 우리가 구한 신뢰한계는 43.60과 48.82이다.

단일표본 *t* 검증 결과 기술하기

다음은 내가 이 연구를 기술하려고 했다면 작성했을 내용의 요약판이다.

> 카츠 등(Katz et al., 1990)은 학생들에게 SAT와 유사한 시험문제들을 제시하였는데, 그들이 읽었을 것으로 짐작되는 지문에 대한 오지선다의 100개 문항에 답하도록 요구하였다. 한 집단($N = 28$)에게는 지문 없이 질문을 주고서 이에 어떻게든 답하게 하였다. 두 번째 집단은 지문을 읽게 하였지만 이 집단은 여기서 우리의 관심사가 아니다.
>
> 만약 참가자들이 순전히 무선적으로 수행하였다면 '지문 없음' 조건에서는 순전히 우연하게 20개 항목을 맞출 것으로 예상된다. 그러나 학생들이 검사 항목을 주의 깊게 읽는다면, 어떤 지문에 관한 것이든 상관없이, 틀린 것처럼 보이는 답은 기각할 수 있을 것이다. H_0: $\mu = 20$에 대한 t 검증은 $t(27) = 20.61$을 산출해냈는데, 이는 영가설 관련 확률이 .05보다 작으므로 H_0를 기각하도록 하고, 지문을 보지 않고서도 학생들은 우연 수준보다 더 나은 수행을 할 수 있다고 결론 내린다.

12.10 통계 보기

이 장에서는 표본이 특정 평균을 가진 전집에서 나왔다는 가설을 검증하기 위해 스튜던트

t 검증을 사용하였으며, 전집 표준편차를 모르는 상황 맥락에서 이 검증을 하였다. 전집 표준편차를 모르기 때문에 특히 t를 사용해야 했다. 이 책의 웹사이트에 있는 매클렐런드(McClelland)의 애플릿은 여기서 일어난 것을 정확하게 잘 예시해주며, 우리의 질문에 답하는 데 t 분포가 정상(z)분포보다 더 적합한 이유를 잘 보여준다.

t의 표집분포

첫 번째 애플릿의 이름은 'Sampling Distribution of t'이다. 이 애플릿은 알려진 평균($\mu = 0$)을 가진 전집으로부터 표본을 추출하고, 각 표본의 평균, 표준편차, 그리고 t를 계산하며, 결과의 그림을 그릴 수 있게끔 고안되어 있다. 각 표본에 대해 전집 평균이 0이라는 영가설을 검증 중이며, 이것이 참이라는 것을 알고 있기 때문에 영가설이 참일 때 t의 표집분포를 알 수 있다. 이 분포를 흔히 **중앙 t 분포**(central t distribution)라고 부른다.

아무런 표집도 하기 전 초기 화면은 다음과 같다.

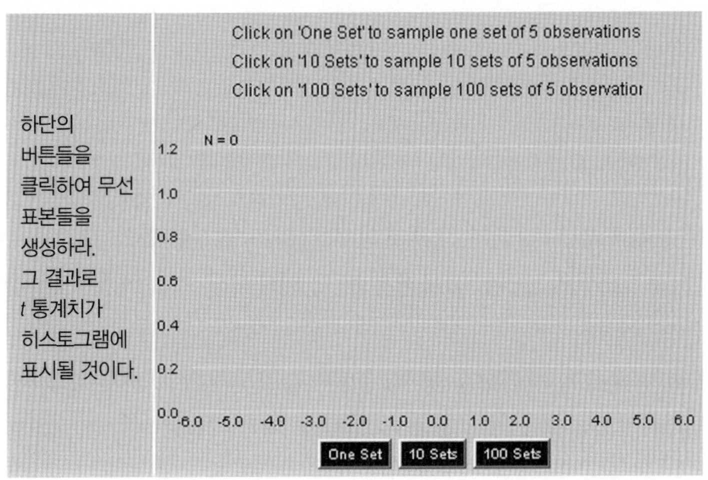

여러분이 한 개, 열 개, 또는 백 개의 표본을 한꺼번에 그릴 수 있으며, 버튼 한 개를 클릭할 때마다 앞서 그렸던 표본들에 이 표본들을 덧붙일 수 있다는 점에 주목하라.

처음에는 수많은 개개 표본들을 그려보고, t 값 결과가 표본마다 다르다는 것에 주목하라. 수많은 개개 표본들을 그린 후에 '100 sets'라고 명명된 버튼을 클릭해보라. t 값 결과들 가운데 어느 것은 아마도 놀라우리만큼 크거나 작을 것이다(내가 처음 해보았을 때 약 4.5의 t가 나왔고 그 다음에는 -4.0이 나왔다). 이러한 한곗값들은 영가설을 기각하게끔 하는 사례들을 나타낼 것이다. 그 다음 '100 sets' 버튼을 반복적으로 클릭하여 1,000개 표본을 추출해보라. 분포가 곡선화되기 시작한다는 점에 주목하라. 10,000개 표본을 추출할 때까지 계속해보고 분포가 얼마나 곡선화되었는지 주목하라.

z와 t의 비교

여러분은 방금 그렸던 t의 분포를 정상분포라고 생각하기 쉬울 것이다. 그것은 정상분포와 매우 유사하지만, 실제로는 약간 더 넓다. 정상분포에서는 5%의 값들이 ±1.96을 초과할 것으로 예상하지만, 단지 4 *df*만을 가진 우리의 경우에는 12.15% 결과들이 ±1.96을 초과한다. 따라서 여러분이 ±1.96을 절단점으로 사용한다면 너무 자주 영가설을 기각하게 될 것이다. 실제의 5% 절단점(양방)은 +2.776이다.

방금 생각을 조금 더 살펴보겠다. (우리는 그림 12.5를 다소 재생성하고 있다). 여러분의 브라우저에서 '*t* versus *z*'라는 애플릿을 열면 다음과 거의 유사한 것을 보게 될 것이다.

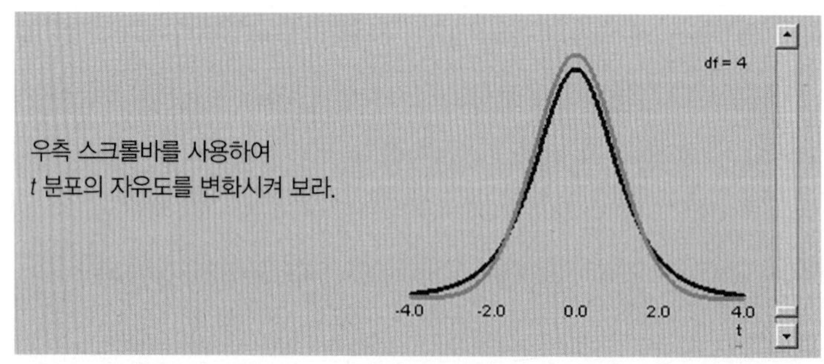

적색(여기서는 회색이지만 모니터 상에서는 적색이다) 선은 z의 분포(정상분포)를 나타낸다. 흑색 선은 t 분포를 나타낸다. t 분포의 꼬리들이 정상분포의 꼬리들보다 얼마나 더 높은지에 주목하라. 그것은, 2.5% 절단점을 찾기 위해서는 각각의 꼬리 방향으로 더 나가야 한다는 것을 의미한다.

이 그림의 우측면에서 슬라이더를 볼 수 있다. 슬라이더를 상하로 움직이면 t의 자유도가 변화하고, *df*가 증가함에 따라 t 분포가 어떻게 정상분포에 접근하는지를 알 수 있다. 어떤 지점에서 두 분포가 '충분히 근접하다'고 결론 내릴 수 있는가?

신뢰구간

매클렐런드의 애플릿을 보는 동안 그가 신뢰한계를 예시하면서 썼던 애플릿을 보게 될 것이다. 그림 12.6에 나온 것은, 25개 표본을 추출한 경우 영가설($\mu = 5.0$)이 참일 때 계산된 신뢰한계이다. 그 경우 $\mu = 5.0$을 두 개 신뢰구간은 포함하지 않았지만 나머지 신뢰구간들은 포함하였다. 영가설이 실제로 틀리다면 무엇을 보게 될까?

'Confidence Limits'라는 제목의 애플릿은 이러한 상황을 보여준다. 그것은 전집 평균이 100이라고 가정하는데, 실제로 표본들은 $\mu = 110$인 전집에서 추출되었다. 각 표본에 대해 애플릿은 95% 신뢰한계를 계산하고 그려준다. 여러분이 바라고 예상하듯이 이 구간들 가운데 상당수가 $\mu = 100$을 포함하지만 다른 많은 것들은 포함하지 않는다(μ가 실제로 110이라는 것을 기억하라). 아래(다음 쪽 상단)에 한 가지 결과를 제시하였는데, 이는 한 표본에서 도출한 것이다.

수직 방향의 점선은 영가설 $\mu = 100$을 나타낸다. 실선은 참 평균 110을 나타낸다. 첫 번째 표본에서 한계가 101.0~120.0으로서, 가설적 평균인 100을 포함하지 않는다는 점에 주목하라. 여러분이 선택한 한 개 표본 사례는 아마 상이할 것이다.

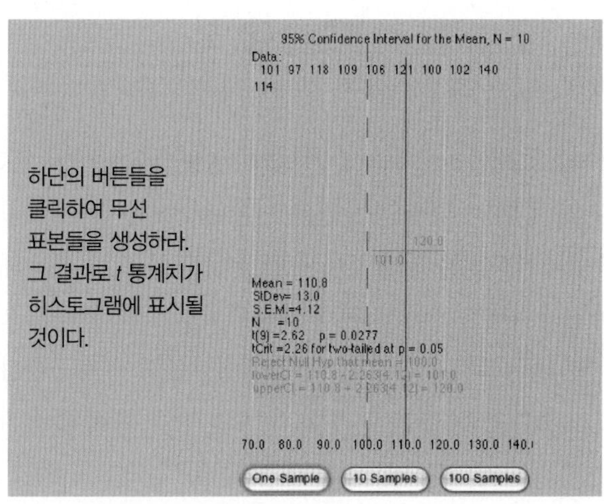

먼저 애플릿을 시작하고 한 개 표본을 그려라. 이를 반복해보고 구간이 어떻게 변하는지 주목하라. 그 후 버튼을 눌러서 10개 표본을 추출하라. 여기서 어떤 구간들은 110, 즉 참 평균을 포함하지만 다른 구간들은 그렇지 않다는 것이 명백해질 것이다. 마지막으로 100개 표본을 추출하라. 내가 해본 결과는 다음과 같다.

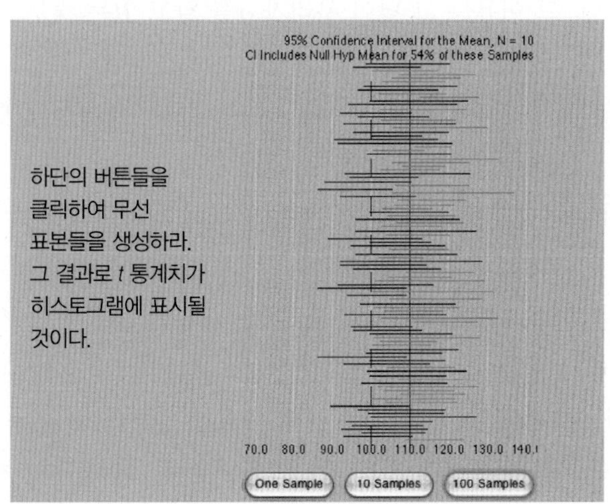

여기서 그림 상단 제목의 두 번째 줄을 보면 영가설을 포함하는 구간의 백분율이 얼마인지 알 수 있을 것이다(이 경우에는 54%이다). 이를 여러 번 반복해보고 답이 어떻게 변하는지 주목하라. 여기서 다루기 시작하는 것이 '검증력'이다. 검증력은 틀린 영가설을 정확하게 기각할 확률이다. 이 경우 신뢰구간이 100을 54%의 경우에 포함한다면, 영가설을 기각하는 데 54% 경우에 실패할 것이다. 이는 $1 - .54 = 46\%$ 경우에 정확하게 영가설을 기각하므로 검증력 = .46이다. 이를 추후 더 많이 언급하게 될 것이다.

12.11 요약

평균의 표집분포 그리고 그것이 제공하는 정보가 가설검증에 어떻게 유용한지를 살펴보는 것으로 이 장을 시작하였다. 평균의 표집분포는 단순히 반복된 표집을 통해 구해진 평균들의 분포이다. 중심극한정리는 통계학에서 가장 중요한 정리 가운데 하나인데, 표집분포가 전집 평균과 동일한 평균, 그리고 전집 표준편차를 N의 제곱근으로 나눈 것과 동일한 표준편차를 가지며, 표본크기가 증가함에 따라 정상분포에 접근한다는 것을 알려준다. 이 정리를 통해 우리는 반복된 표집을 할 필요가 없이 반복 표집의 결과가 어떠할지 알 수 있다.

그 후 전집 표준편차를 알고 있을 때 단일평균에 대한 영가설의 검증을 다루었는데, 여기에는 단순히 표본 평균에서 가설적 전집 평균을 빼고 중심극한정리에 의해 주어진 평균의 표준오차로 나눔으로써 z 점수를 계산하는 것이 포함된다. 우리가 전집 표준편차(σ)를 모를 때(우리는 일반적으로 모른다) 단순히 전집 표준편차를 표본 표준편차로 대체하여 그 결과를 스튜던트 t라고 부른다. 그러나 t의 경우 자유도를 고려할 필요가 있는데, 단일 표본 사례에서는 자유도가 표본크기보다 1만큼 작다. t를 계산할 때 그것을 t 분포에 대해 비교할 필요가 있는데, 그 이유는 그 답이 우리가 σ를 알고 있는 경우보다 더 클 가능성이 있기 때문이다.

여러 요인들이 t의 크기에 영향을 미치는데, 표본 평균과 영가설의 평균 간 실제 차이, 표본 변량의 크기, 표본크기(N)를 들 수 있다. 일방검증과 양방검증의 선택은 t의 크기에 영향을 미치지 않지만, 이는 임계치를 결정하며 따라서 영가설의 기각 확률에 영향을 미칠 수 있다.

효과크기의 추정을 간략하게 살펴보았는데, 이를 다음 장들에서 더 자세히 살펴볼 것이다. '효과크기'는 우리가 구한 차이가 얼마나 큰지를 나타내는 측정치이다. 달 착시의 경우 평균 교정이 효과가 얼마나 큰지를 이해하는 데 필요한 전부라고 나는 주장했다. 다른 상황에서는 표준편차의 크기에 따라 결과를 척도화함으로써, '이 평균이 가설적 전집 평균보다 1.5 표준편차만큼 더 크다'와 같이 말할 수 있다.

마지막으로 신뢰한계를 다루었는데, 이는 참 전집 평균상의 한계에 관한 최선의 짐작을 나타낸다. 이러한 계산을 수행할 때 95% 경우에 참 전집 평균을 포함하는 한계들을 가질 것이라고 말할 수 있기를 원한다. 다음 장들에서 신뢰한계에 대해 더 다룰 것이다.

주요 용어

실험가설experimental hypothesis 344
중심극한정리central limit theorem 345
스튜던트 t 분포student's t distribution 354
자유도degrees of freedom: *df* 355
효과크기effect size 361
점 추정값point estimate 362
구간 추정값interval estimate 362
신뢰한계confidence limits 362
신뢰구간confidence interval 362
p 값*p* value 365
중앙 t 분포central t distribution 369

12.12 빠른 개관

A 중심극한정리가 알려주는 세 가지를 나열하라.

답 평균은 전집 평균과 동일하고, 표준편차(표준오차)는 전집 표준편차를 N의 제곱근으로 나눈 것과 동일하며, N이 증가함에 따라 분포가 정상분포에 접근한다.

B 통계치의 표준오차에 관심을 두는 이유는?

답 반복 표집을 거칠수록 통계치가 얼마나 변하는지를 알려준다.

C t 공식은 z의 표준 공식과 어떻게 다른가?

답 X를 $\overline{X}$로 대체하고, μ를 영가설의 평균으로 대체하며, σ를 평균의 표준오차의 표본 추정치로 대체한다.

D 변량의 표집분포가 t 검증의 사용과 관련된 이유는?

답 표집분포는 특히 작은 표본의 경우 정적으로 편포되어 있으며, 따라서 특정 표본 표준편차는 σ를 과대추정하기보다는 과소추정할 가능성이 더 크다.

E 한 세트의 점수들을 다룰 때 t의 자유도는?

답 $N-1$

F t의 크기에 영향을 미치는 세 가지를 들라.

답 차이의 크기, 변량의 크기, 표본크기

G '효과크기 측정치'란?

답 통계적으로 유의미한지 여부가 아니라 차이가 얼마나 큰지를 알려주는 측정치

H 신뢰구간이란?

답 어떤 전집 모수치(흔히 전집 평균)의 참값을 포함하는 확률(흔히 .95)을 가진 구간

I t의 표집분포는?

답 영가설이 참일 때 반복된 표본에서 구한 t 통계치의 분포

12.13 연습문제

12.1 다음은 평균이 4.5, 표준편차가 2.6인 직사각형 전집에서 추출한 100개의 난수들이다. 이 숫자들의 분포를 그림으로 나타내라. (이들은 웹의 데이터 파일에 있는 텍스트 파일에서 이용 가능하다.)

6	4	1	5	8	7	0	8	2	1	5	7	4	0	2	6	9	0	9	6
4	9	0	4	9	3	4	9	8	2	0	4	1	4	9	4	1	7	5	2
3	1	5	2	1	7	9	7	3	5	4	7	3	1	5	1	1	0	5	2
7	6	2	1	0	6	2	3	3	6	5	4	1	5	9	1	0	2	6	0
8	3	9	3	3	8	5	5	7	0	8	4	2	0	6	3	7	3	5	1

12.2 연습문제 12.1의 데이터가 나온 것과 동일한 전집으로부터 각각 5개 점수들로 구성된 표본 50개를 추출하여 각 표본의 평균을 계산하였다. 평균들은 다음과 같다. 이 평균들의 분포를 그림으로 나타내라.

2.8	6.2	4.4	5.0	1.0	4.6	3.8	2.6	4.0	4.8
6.6	4.6	6.2	4.6	5.6	6.4	3.4	5.4	5.2	7.2
5.4	2.6	4.4	4.2	4.4	5.2	4.0	2.6	5.2	4.0
3.6	4.6	4.4	5.0	5.6	3.4	3.2	4.4	4.8	3.8
4.4	2.8	3.8	4.6	5.4	4.6	2.4	5.8	4.6	4.8

12.3 연습문제 12.1의 숫자들 표본에 대한 평균과 표준편차, 그리고 연습문제 12.2의 평균의 표집분포를 비교하라.

(a) 이 상황에서 중심극한정리를 통해 무엇을 예상할 수 있는가?

(b) 데이터가 여러분이 예상한 것과 일치하는가?

12.4 연습문제 12.1과 12.2를 *R*을 사용하여 답해보라. (이 연습문제의 코드를 이 장의 웹페이지에서 다른 코드와 함께 찾아볼 수 있다. 이 코드는 100개 무선 관찰값들 세트와 5개 관찰값 평균들의 세트를 생성할 것이다.)

12.5 크기가 15인 표본을 50개 추출한다면, 연습문제 12.2의 결과는 어떻게 달라지겠는가? (여러분이 연습문제 12.4의 답을 구한다면 그것을 수정해서 이 질문의 답을 쉽게 구할 수 있다.)

12.6 11장의 표 11.1에서 SAT 시험을 치른 학생들의 주 평균 데이터를 보았다. 노스다코타의 언

어 SAT 평균은 515였다. 표준편차는 보고되지 않았다. 238명이 그 시험을 치룬 것으로 짐작된다.

(a) 이 결과는 노스다코타의 학생들이 평균 500, 표준편차 100인 학생 전집에서 추출된 무선표본이라는 생각과 일치하는가?

(b) 11장에서 SAT 점수 및 주에 따라 점수들이 다른 방식과 이유에 대해 배웠던 것으로부터 노스다코타 사람들이 다른 지역의 사람들보다 더 똑똑하다고 안심하고 결론 내릴 수 있는가?

12.7 노스다코타의 교육이 일반적으로 우수한지 여부에 관한 이슈에 대해 연습문제 12.6의 데이터가 실제로 말해주는 바가 없는 이유는?

12.8 표 11.1의 데이터를 사용하여 50개 주에 걸쳐 학생–교사 비에 대한 95% 신뢰한계를 계산하라.

12.9 표 11.1의 데이터로부터 미국 SAT 총점 평균에 대해 전집 추정치와 신뢰구간을 추론하는 것은 아마 어려울 것이다. 하지만 연습문제 12.8에서 학생–교사 비에 대한 신뢰한계에 대해서는 어려움이 훨씬 덜할 것이다. 그 이유는?

12.10 연습문제 5.21에서 우리는 인지행동치료를 받은 29명의 거식증 소녀들 각각의 체중 증가량을 알아보았다. 이 상황에서 검증할 만한 영가설은 무엇인가?

12.11 연습문제 12.10(체중 증가량)에서 언급된 데이터가 다음에 제시되었다. 적절한 t 검증을 하고 결론을 도출하라.

ID	1	2	3	4	5	6	7	8	9	10
증가량	1.7	0.7	−0.1	−0.7	−3.5	14.9	3.5	17.1	−7.6	1.6
ID	11	12	13	14	15	16	17	18	19	20
증가량	11.7	6.1	1.1	−4.0	20.9	−9.1	2.1	−1.4	1.4	−0.3
ID	21	22	23	24	25	26	27	28	29	
증가량	−3.7	−0.8	2.4	12.6	1.9	3.9	0.1	15.4	−0.7	

12.12 연습문제 12.11의 데이터에 대해 μ의 95% 신뢰한계를 계산하라.

12.13 연습문제 12.11에서 데이터를 R 파일로 입력할 때 그 의미를 다소 우려하게 된다. 이러한 우려의 이유는?

12.14 지금까지 사용해온 무료 통계 프로그램들 가운데 하나를 사용하여 연습문제 12.11과 12.12의 결과를 다시 도출해보라. 데이터를 손으로 입력하는 것이 아마도 더 쉬운 사례이다. ('http://vassarstats.net/'가 사용하기에 좋은 프로그램이다. 't = Tests & Procedures'를 선택한 후 지시문을 조심스럽게 읽어보라. 가설적 전집 평균을 입력한 후 리턴 키를 누르지 말라.)

12.15 연습문제 12.11의 데이터에 대해 효과크기의 측정치를 계산하라.

12.16 웹사이트의 Add.dat 데이터세트에 있는 여성의 IQ 데이터에 대해 $\mu_{여성} = 100$이라는 영가설을 검증하라. SPSS 또는 *R*을 사용하거나 다른 프로그램을 사용할 수 있다.

12.17 연습문제 12.16에서 아마도 z 대신 t를 이용해 풀었을 것이다. 왜 그래야 했는가?

12.18 그림 12.4의 결과를 재생하기 위해 해야 할 절차를 기술하라.

12.19 본문 12.3절에서 스트레스를 받는 어린아이들이 정상 아이들보다 불안 측정치에서 사회적으로 더 바람직한 답을 한다는 가설을 검증하기 위해 t 검증을 실시했다. 우리는 그 아이들이 더 낮은 불안 수준을 보고한다는 가설은 검증하지 않았다. 이 아이들에 대한 데이터에서 평균 불안 점수는 11.00, 표준편차는 6.085였다. 이 측정치상에서 초등학생들의 전집 평균 불안 점수는 14.55로 보고되었다. 우리 아이들이 일반 전집의 아이들보다 유의미하게 더 낮은 불안 수준을 보이는가?

12.20 연습문제 12.19의 데이터에 대해 평균 불안에 대한 95% 신뢰한계를 계산하라.

12.21 연습문제 12.20에서 계산했던 신뢰한계는 연습문제 12.19의 t 검증 결과와 일치하는가?

12.22 연습문제 12.19의 연구 프로젝트와 그 결과를 간략하게 한 단락으로 기술하라.

13장 평균에 적용된 가설검증: 두 상관표본

앞선 장에서 기억할 필요가 있는 개념

t 분포 t **distribution** 영가설이 참일 때 t 통계치의 표집분포. 흔히 '중앙 t 분포'라고 부름

표준오차 **standard error** 통계치의 표집분포의 표준편차

자유도 **degrees of freedom** 표본크기의 교정값, 흔히 $N-1$ 또는 $N-2$

영가설 **null hypothesis**(H_0) 통계적 검증에 의해 검증받는 가설

연구가설 **research hypothesis**(H_1) 연구가 검증하고자 하는 가설

μ, σ, $\bar{X}$, s 각각 전집과 표본의 평균과 표준편차

이 장에서는 단일표본 사례에서 두 표본 사례로 옮겨가는데, 여기서는 두 표본의 데이터가 동일한 참가자에 의해 제공되었다고 가정할 것이다. 처음 보기에는 이 상황이 문제를 일으킬 것 같지만, 그런 문제를 쉽게 풀어갈 수 있다는 것을 알게 될 것이다. 또한 관련된 표본들을 사용하고자 하는 경우와 사용하지 않고자 하는 경우의 문제를 다룰 것이다.

12장에서 단일표본 평균($\overline{X}$)을 가진 상황을 다루었다. 어떤 특정 전집 평균(μ_0라고 표기한다)을 가진 전집에서 표본을 추출했을 때 그러한 표본 평균이 나올 것이라고 믿는 것이 합리적인지 여부를 검증하고자 하였다. 이를 달리 표현하면, 표본을 표집한 전집의 평균(μ_1)이 영가설에 의해 주어진 특정 값(μ_0)과 동일한지 여부를 판단하기 위해 검증을 실시했다.

이 장에서는 단일표본 데이터의 평균에 대한 검증에서 벗어날 것이다. 대신 두 개의 **상관표본**(related samples)을 갖는 경우를 고려할 것이고 그 두 평균들 간의 차이에 대한 검증을 실시하고자 한다[**반복측정**(repeated measures), **대응표본**(matched samples), 짝진 표본, 상관 표본, 비독립적 표본, 무선구획, 분할소구획 등 연구자의 배경에 따라 다양하게 부른다]. 앞으로 살펴보게 되겠지만, 이 검증은 앞 장에서 언급한 검증과 유사하다.

13.1 상관표본

이 장에서 논의할 t 검증의 형태를 사용하는 많은(하지만 전부는 아니다) 상황들에서, 동일한 참가자로부터 두 가지 데이터를 얻는다. 예를 들어, 20명의 사람들에게 헌혈하기 전과 후에 불안 수준을 평가해달라고 부탁할 수 있다. 또는 두 가지 다른 평정체계를 사용하여, 한 평정체계가 다른 평정체계보다 일반적으로 더 낮은 측정 결과를 내놓는지를 알아보기 위해 20명의 장애인들에게서 장애 수준 평정을 기록할 수 있다. 두 사례에서 우리는 한 사람당 두 개의 수를, 그래서 총 20쌍의 수를 얻을 수 있고, 이 두 수(변인)가 서로 상관되었다고 예상할 수 있다. t 검증을 계획하는 데 있어 이 상관을 고려할 필요가 있다. 헌혈에 대한 불안의 사례에서, 사람들은 불안 수준이 매우 다르다. 어떤 사람들은 무슨 일이 일어나든지 항상 불안할 수 있고, 어떤 사람들은 일어나는 일을 그 자체로 받아들여 아무 걱정도 하지 않을 수 있다. 그래서 헌혈 전 개인의 불안 수준과 헌혈 후 불안 수준은 관련되어 있다. 만약 우리가 헌혈 전 개인의 불안 점수를 안다면, 헌혈 후 불안 점수가 어떻게 바뀔지 합리적인 추측을 할 수 있다. 마찬가지로, 어떤 사람들은 장애가 심한 반면, 어떤 사람들은 장애가 덜하다. 만약 특정 개인이 한 체계에서 높은 점수를 받았다는 것을 알면, 그 사람은 다른 체계를 사용했을 때 역시 상대적으로 높은 점수를 받을 수 있다. 데이터 집합 간 관계가 완벽할 필요는 없으며, 사실 결코 그러하지도 않을 것이다. 우연보다 나은 예측을 할 수 있다는 사실은 두 벌의 데이터를 관련된 혹은 대응된 것으로 분류하기에 충분하다(다시 말해, 두 세트의 불안 점수와 같이 두 변인이 유의미하게 상관될 때마다 관련된 혹은 짝지어진 표본을 갖게 된다. 전적으로 실용적 목적에서 그 상관은 정적일 것이다).

앞선 두 사례에서, 각 개인으로부터 두 개 점수를 구한 상황을 선택했다. 이것은 상관표본을 구하는 가장 흔한 방법이긴 하지만 유일한 방법은 아니다. 예를 들어, 결혼관계 연구에서, 평균적으로 아내들이 남편들보다 더 또는 덜 만족하는지 알아보기 위해 부부들에게 그들의 결혼생활에 대한 만족도를 물어볼 수 있다. 여기서 각 개인은 하나의 점수를 내지만 한 단위로서 부부는 한 쌍의 점수를 낸다. 만약 아내가 결혼생활이 매우 불만족스럽다면 그녀의 남편 역시 매우 행복하지는 않을 것이며, 그 역도 마찬가지이다. 이것이 **대응** 또는 **대응된 쌍**의 고전적 사례이다.

상관표본을 포함한 실험설계의 사례는 많은데 여기에는 한 가지 공통점이 있다. 그것은 한 개 점수 쌍에서 한 구성원을 아는 것이 다른 구성원에 대해 그리 많지는 않겠지만 무엇인가를 알려준다는 것이다. 이러한 경우 우리는 그 표본들이 관련되었다고 말한다. 이 장에서는 두 상관표본의 평균 간 차이에 대한 t 검증을 다룰 것이다. 대응표본에 관한 요점은 앞서 사례에서 예시되었다. 지난 장에서 t를 계산하기 위해 차이를 변량(특히 표준오차)의 함수로 나눈다는 사실을 알고 있다. 변량이 클수록 t는 작아지며, 차이가 유의미할 가능성이 작아진다. 헌혈 사례에서 한 측정 시기와 다른 측정 시기 간 차이와는 무관한 변량이 그 데이터에 많이 존재한다. 이런 가외 변량(참가자 간 변량)을 제거할 수 있다면 영가설을 기각할 가능성이 더 클 것이다. 대응 또는 짝진 표본들은 이러한 일, 즉 가외의 오차 변량을 제거할 수 있도록 해준다.

13.2 예: 차이 점수에 적용되는 스튜던트 *t*

1994년 에버릿 등(Everitt, in Hand, et al.)은 거식증에 대한 치료로 가족치료에 대해 보고하였다. 이 실험에는 17명 소녀들이 치료 전과 후에 체중을 쟀다. 소녀들의 체중은 파운드 단위[1]로 표 13.1에 제시되어 있다. 차이 점수 열은 '치료 후' 점수에서 '치료 전' 점수를 빼서 구한 것이다. 부적 차이는 체중이 감소한 것을, 정적 차이는 증가한 것을 나타낸다.

먼저 해야 할 것 중 하나는, t 검증과는 동떨어진 것이기는 하지만, '치료 전'과 '치료 후'의 체중 간에 관계가 있는지, 그 관계가 얼마나 직선적인지를 알아보기 위해 그림을 그리는 것이다. 그것이 그림 13.1에 나와 있다. 그 관계는 기울기가 거의 1.0으로서, 기본적으로 선형적 관계임을 주목하라. 1.00이라는 기울기는 치료 후기의 소녀의 체중 증감이 치료

---

1 에버릿은 이 체중이 킬로그램 단위라고 보고하였는데, 만약 그렇다면 거식증 소녀들의 평균 체중이 약 185파운드가 될 것이며 이는 납득하기 어렵다. 그러나 이 사례는 체중을 기록한 단위의 영향을 전혀 받지 않는다.

표 13.1_ 체중 증가에 대한 에버릿의 데이터

ID	1	2	3	4	5	6	7	8	9	10
치료 전	83.8	83.3	86.0	82.5	86.7	79.6	76.9	94.2	73.4	80.5
치료 후	95.2	94.3	91.5	91.9	100.3	76.7	76.8	101.6	94.9	75.2
차이	11.4	11.0	5.5	9.4	13.6	−2.9	−.1	7.4	21.5	−5.3

ID	11	12	13	14	15	16	17	평균	표준편차
치료 전	81.6	82.1	77.6	83.5	89.9	86.0	87.3	83.23	5.02
치료 후	77.8	95.5	90.7	92.5	93.8	91.7	98.0	90.49	8.48
차이	−3.8	13.4	13.1	9.0	3.9	5.7	10.7	7.26	7.16

초기 소녀의 체중의 함수가 아니라는 것을 보여준다. 바꾸어 말하면, 무거운 소녀나 가벼운 소녀 각각 거의 동일한 양의 체중 증가를 보였다.

여기서 기본적 질문은 치료 회기에 따라 참가자의 체중이 증가했는지 여부인데, 달리 말하면, 가족치료가 거식증에 효과적인 치료인가 하는 점이다. 여기 실험적 문제가 있는데, 이는 체중 증가가 단순히 시간 경과에 기인할 뿐 치료와는 아무 상관이 없을 수 있기 때문이다. 그러나 에버릿은 치료를 받지 않은 **통제집단**(control group)을 역시 포함시켰다. 이들의 체중은 같은 기간에 증가하지 않았는데, 이는 단순한 시간 경과가 중요한 변인이 아님을 강하게 시사한다(이 통제집단에 대해 14장에서 다룰 것이다). 치료 전과 후 이 소

그림 13.1_ 17명 거식증 소녀 집단에 대한 가족치료 전과 후의 체중 관계

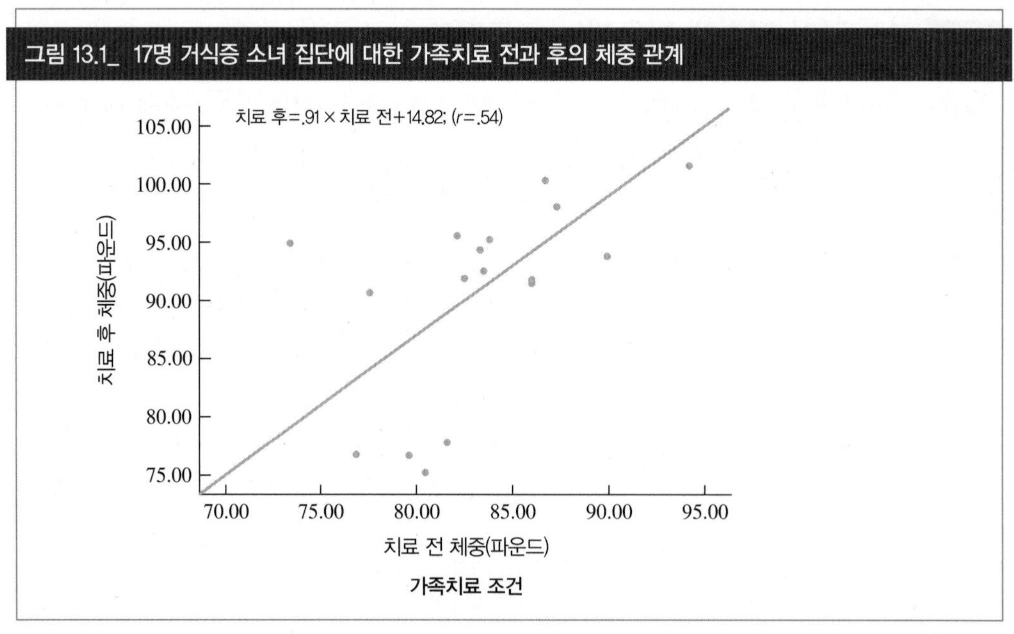

녀들의 체중을 계산한다면, 평균은 각각 83.23과 90.49파운드로 약 7파운드가 늘었다. 그러나 여전히 이 차이가 전집 평균들의 실제 차이인지 아니면 우연에 의한 차이인지 알아보기 위한 검증을 해야 한다. 이는 '치료 전' 점수의 **전집** 평균이 '치료 후' 점수의 **전집** 평균과 동일하다는 영가설을 검증할 필요가 있다는 뜻이다. 다시 말해, 우리는 H_0: $\mu_A = \mu_B$를 검증하고자 한다.

앞서 언급했듯이 '치료 전'과 '치료 후'의 점수가 독립적이지 않을 때 문제가 발생하는데, 그림 13.1을 보면 그러한 관계성이 존재한다. 이 그림에서 두 측정치 간 상관은 .54이다. 치료 후 소녀의 체중이 얼마나 증가했는지는 치료 전 체중과 분명히 관련되어 있고, 확실히 납득할 만하다. 이러한 독립성의 결여는 만약 우리가 적절한 방법을 찾지 못한다면 t 검증을 왜곡시킬 것이지만, 다행히 우리는 방법을 갖고 있어서 계속 진행이 가능하다.

차이 점수

앞서의 데이터가 두 개 점수 표본, 즉 치료 프로그램 전에 구한 한 세트와 후에 구한 다른 세트를 나타내는 것으로 보는 것이 자명하다고 할지라도, 그 데이터를 한 개 점수 세트, 즉 각 소녀마다 X_1과 X_2 간 차이로 보는 것이 가능할 뿐만 아니라 매우 유용하기도 하다. 이 차이를 **차이 점수**(difference scores) 또는 **증가 점수**(gain scores)라고 부르는데, 표 13.1의 세 번째 행에 나와 있다. 그 점수들은 한 측정 회기와 다음 회기 사이의 체중 증가를 나타낸다. 실제로 그 치료 프로그램이 아무런 효과가 없다면(H_0가 참이라면), 평균 체중은 회기 사이에서 변하지 않을 것이다. 우연히 어떤 소녀들은 X_1보다 X_2에서 더 체중이 나갈 수도 있고 덜 나갈 수도 있으나, **평균적으로는** 아무런 차이가 없을 것이고, 평균 차이는 0이 될 것이다.

이제 데이터를 차이 점수 세트로 간주하면, 영가설은 차이 점수 전집의 평균(μ_D)이 0이라는 가설이 된다. $\mu_D = \mu_A - \mu_B$이므로 H_0: $\mu_D = \mu_A - \mu_B = 0$이라고 쓸 수 있다. 하지만 이제는 단일한 데이터 표본(차이 점수의 표본)을 이용해 가설을 검증할 수 있게 되었는데, 우리는 이미 12장에서 어떻게 하는지를 알고 있다. 12장의 연습문제 12.11을 풀어본 사람들은 비록 처치조건이 상이하기는 하지만 이를 이미 해본 적이 있지 않은가 하고 의심할 것이다. 그렇다, 여러분은 해본 적이 있다. 12장에서는 데이터가 증가 점수로만 구성된 것처럼 보였지만 이 장에서는 사전 · 사후 데이터를 갖고 출발한 후 증가 점수로 넘어갔다. 이는 동일한 목적을 가진 두 접근에 불과하다. 유일한 차이를 든다면, 12장에서는 한 세트의 데이터에 적용되는 검사를 다루었는데, 이 데이터는 각 사람마다 두 개 점수 간 차이이든 아니면 달 착시 사례의 경우처럼 단순히 한 세트의 데이터이든 상관이 없다.

t 통계치

이제 우리는 앞 장에서 데이터 표본과 영가설($\mu=0$)을 가지고 있었던 바로 그 위치에 있다. 다른 점이 있다면 이 경우 데이터가 차이 점수라는 것, 그리고 평균과 표준편차가 이 차이 점수에 근거하고 있다는 것이다. t가 표본 평균과 전집 평균의 차이를 평균의 표준오차로 나눈 것으로 정의되었다는 것을 기억하라. 여기서 t는 다음과 같다.

$$t = \frac{\overline{D} - 0}{s_{\overline{D}}} = \frac{\overline{D} - 0}{\frac{s_D}{\sqrt{N}}}$$

여기서 $\overline{D}$와 s_D는 차이 점수의 평균과 표준편차이고 N은 차이 점수의 개수이다(원점수의 수가 아니라 쌍의 수). 표 13.1에서 우리는 차이 점수 평균이 7.26, 차이의 표준편차가 7.16임을 알 수 있다. 이 데이터에서 t는 다음과 같다.

$$t = \frac{\overline{D} - 0}{s_{\overline{D}}} = \frac{\overline{D} - 0}{\frac{s_D}{\sqrt{N}}} = \frac{7.26 - 0}{\frac{7.16}{\sqrt{17}}} = \frac{7.26}{1.74} = 4.18$$

자유도

대응표본의 자유도는 단일표본의 경우와 동일하다. 차이 점수이기 때문에 N은 차이의 수와 동일할 것이다(또는 관찰 쌍의 수, 또는 독립적 관찰의 수, 양자는 동일하다). 이 차이 점수의 변량(s_D^2)을 차이 점수 전집의 변량(σ_D^2) 추정치로 사용하기 때문에, 그리고 이 표본 변량이 표본 평균($\overline{D}$)을 이용하여 구해졌기 때문에, 우리는 한 개의 df를 상실하여 $N-1$ 자유도를 갖게 될 것이다. 다시 말해 $df=$ 쌍의 수 -1.

이 사례에서 17개 차이 점수가 있으므로 자유도는 16이 된다. 부록의 표 D.6에서 유의도 수준 .05에서 양방검증을 위한 t 값을 구할 수 있는데, $t_{.05}(16) = \pm 2.12$이다. 구해진 t 값(4.18)이 2.12보다 크기 때문에 우리는 H_0를 기각하고 차이 점수가 $\mu_D=0$인 차이 점수 전집에서 표집되지 않았다고 결론 내린다. 이는 참가자의 체중이 중재 프로그램 전보다 후에 유의미하게 더 나간다는 뜻이다. 이것이 프로그램이 성공적이었다는 것을 뜻한다고 생각하고 싶겠지만, 정상적인 증가였을 수도 있다는 것을 유념해야 한다. 그러나 어떤 이유에서든 두 번째 경우에서 H_0: $\mu_D = \mu_A - \mu_B = 0$을 기각할 수 있을 만큼 충분히 체중이 더 나간다는 것은 사실이다.

SPSS를 사용하여 이 분석을 수행하기 위해서는 *Analyze/Compare Means/One-Sample t Test*를 사용하면 된다. 95% 신뢰구간이 자동적으로 출력될 터인데, 옵션 버튼을 클릭하여 신뢰구간을 99%나 다른 원하는 것으로 바꿀 수 있다. *R*을 사용한다면, 유일한 차이는 'GAIN'(증가)을 종속변인으로 명시하는 것이다. 그렇게 하지 않고 원래의 사전 점수와 사후 점수를 사용할 수도 있는데, 이 경우 *R*에 이 점수들이 짝진 측정치라는 사실을 알려주면 된다. 그 명령어는 *t.test(Before, After, paired = TRUE)*이다. 이 명령어를 사용하면 다음과 같은 출력이 나온다.

```
t.test(Before, After, paired = TRUE)

  Paired t-test

data:  Before and After
t = -4.1849, df = 16, p-value = 0.0007003
alternative hypothesis: true difference in means is not equal to 0
95 percent confidence interval:
 -10.94471  -3.58470
sample estimates:
mean of the differences
             -7.264706

### You would have the same result if you typed t.test(Gain)
```

13.3 군중 안은 군중 바깥과 유사하다

이 절의 유별난 제목은 벌과 패쉴러(Vul & Pashler, 2008)의 연구에서 따온 것이다. 저자들은 집단의 판단이 흔히 개인의 판단보다 우수하다는 것을 지적하였다. 예를 들어, 그들은 참가자들에게 '세계 공항의 몇 %가 미국에 있는가?'라는 질문을 하였다. 정답은 약 30%이다. 여러분이 답을 정확하게 알고 있었는지 의심스럽지만 아마도 여러분은 그럴듯한 짐작을 할 수 있을 것인데, 최소한 답은 10% 이상 그리고 50% 미만이었을 것이다. 여러분이 25%를 짐작하고 내가 37%를 짐작했다고 가정하자. 여러분은 5% 빗나가고 나는 7% 빗나갔는데, 따라서 평균하면 여러분과 나는 6% 빗나갔다(오류의 크기가 절대수라는 것을 기억하라. 우리는 기호를 누락시켰다). 하지만 여러분의 짐작과 나의 짐작을 취해서 평균을 구하면 $(25+37)/2=31$이 되며, 따라서 우리의 평균 짐작은 단지 1만큼만 빗나갔다. 항상 우리의 평균 짐작에 유리하게끔 일이 돌아가지는 않겠지만 흔히 그럴 가능성이 있다.[2]

2 이 질문은 최소한 1907년 골턴(Galton)까지 거슬러 올라갈 수 있다. 그는 거의 800명의 마을 사람들이 황소의 체중을 짐작하는 것을 관찰하였다. 아무도 정확하게 짐작하지 못했지만, 그들 짐작의 평균은 1,197파운드였다. 황소의 실제 체중은 1,198파운드였다.

표 13.2_ 15명의 참가자들 각각 두 번씩 짐작을 한 짐작 행동

정답	첫 번째 짐작	두 번째 짐작	짐작 평균	짐작 평균의 오류	첫 번째 오류	두 번째 오류	오류 평균	차이
100	95	110	102.5	2.5	5	10	7.5	−5
100	105	112	108.5	8.5	5	12	8.5	0
100	101	90	95.5	4.5	1	10	5.5	−1
100	92	99	95.5	4.5	8	1	4.5	0
100	115	108	111.5	11.5	15	8	11.5	0
100	103	112	107.5	7.5	7	12	9.5	−2
100	97	95	96	4	3	5	4	0
100	90	98	94	6	10	2	6	0
100	96	90	93	7	4	10	7	0
100	110	95	102.5	2.5	10	5	7.5	−5
100	106	109	107.5	7.5	6	9	7.5	0
100	93	87	90	10	7	13	10	0
100	102	97	99.5	0.5	2	3	2.5	−2
100	108	110	109	9	8	10	9	0
100	95	107	101	1	5	7	6	−5
			평균	5.767	6.4	7.8	7.1	
			차이 평균					−1.33
			표준편차					2.024

벌과 패쉴러는 흥미로운 질문을 던졌다. 집단에서 많이 짐작한 것이 통상 개인의 짐작보다 더 나은 추정치라는 것이 참이라면, 동일한 개인이 여러 번 짐작한 것은 어떨까? 바꾸어 말하면, 여러분의 25% 짐작을 기록하고서 얼마 후 다시 돌아와서 또 질문을 던지면, 아마도 여러분의 두 짐작들의 평균은 어느 것이든 한 짐작보다는 더 우수할 것이다. 사실상 짐작들 간 정적 상관이 존재할 때마다 이는 사실임에 틀림없다.

벌과 패쉴러의 연구와 유사한 실험을 수행한다고 가정하자. 편의상 정답은 항상 100이라고 하자. 15명의 참가자들을 대상으로 했는데, 각자는 우리 질문에 대해 3주 간격으로 두 번 답을 했다. 표 13.2에 나온 데이터를 갖고 있다고 가정하자. 다섯 번째 열(5열)이 보여주는 것은 참가자들의 두 짐작들의 평균을 구해 100이라는 참값과 비교했을 때 참가자들이 얼마나 빗나갔는가 하는 것이다. 다음 두 열이 보여주는 것은 각 참가자마다 첫 번째 짐작과 두 번째 짐작 각각에서 범한 오류이며, 이 두 오류의 평균이 여덟 번째 열(8열)에 나와 있다. 벌과 패쉴러에 따르면 5열의 숫자는 일반적으로 8열의 숫자보다 더 작으며, 따라서 이 두 열의 평균들은 서로 달라야 한다.

검증할 수 있는 영가설이 여러 개 있지만, 우리는 5열과 8열의 평균들을 비교하는 데 초점을 둘 것이다. 이를 위해 차이 점수가 평균(μ) = 0인 전집으로부터 나왔다는 영가설에 대한 t 검증을 수행한다. 우리는 짝진 t 검증을 사용하는데, 그 이유는 동일한 사람들에게서 나온 점수들이 독립적이 아닐 것이기 때문이다. 이 경우 두 짐작들은 .76이라는 상관을 갖는다.

$$t = \frac{\overline{D} - \mu_D}{s_{\overline{D}}} = \frac{\overline{D} - 0}{\frac{s_D}{\sqrt{N}}} = \frac{-1.33}{\frac{2.024}{\sqrt{15}}} = \frac{-1.33}{0.52} = -2.54$$

우리가 15개 쌍의 짐작들을 갖고 있으므로 자유도는 15 − 1 = 14이다. 부록을 보면 α = .05에서 양방검증의 경우 14 df의 임계치는 2.145이다. 우리가 구한 t 값이 임계치를 초과하므로 영가설을 기각할 수 있다. (정확한 양방 p 값은 .023이다.) 따라서 사람들의 두 개 짐작의 평균이 통상, 그의 두 짐작을 별도로 다루었을 때의 전형적 오류보다 더 우수하다고 결론지을 수 있다.

벌과 패쉴러(2008)는 이 질문을 더 추적하였는데 그 논문은 읽을 만한 가치가 있다. 사실상 그 논문이 출간되자마자 여러 논평들이 인터넷 탐색에 나타났다. 연구자들은 또한, 비록 사람들의 두 짐작의 평균이 각각의 짐작보다 더 우수하기는 하지만 첫 번째 짐작이 두 번째 짐작보다 오류가 더 적다는 것을 밝혔다.

13.4 상관표본 사용의 장점과 단점

다음 장에서 우리는 동일 참가자를 두 번 검사하는 것(혹은 상관된 데이터 표본을 갖는 다른 방법)보다 두 독립된 참가자 집단을 사용하는 실험설계를 알아볼 것이다. 많은 경우 독립표본은 유용하나 그 주제를 다루기 전에 상관표본의 장점과 단점을 이해하는 것이 중요하다.

상관표본을 중심으로 실험을 설계하는 것의 가장 중요한 장점은 아마도 그러한 절차를 통해 참가자 간 변산성과 관련된 문제들을 피할 수 있다는 것이다. 잠시 표 13.1에 있는 거식증 소녀들의 체중 데이터를 다시 보자. 어떤 참가자(예: 9번 참가자)는 다른 참가자들보다 처음부터 체중이 상당히 덜 나갔음에 주목하라. 한편 8번 참가자는 다른 사람들보다 처음부터 체중이 더 많이 나갔다. 상관표본설계의 장점은 참가자 간의 이러한 차이가 우리가 분석하는 데이터, 즉 차이 점수에 반영되지 않는다는 것이다. 73파운드에서 75파운드로의 변화는 93파운드에서 95파운드로의 변화와 똑같이 취급된다. 커다란 표본 변량을 만들어냄으로써 데이터에 영향을 미치는 참가자 간 초기 체중의 변산성을 허용하지 않으므로, 상관표본설계는 틀린 영가설을 기각할 수 있는 능력(검증력) 면에서 독립표본보다 상당한 이점을 지닌다.

두 개의 독립표본에 비해 상관표본이 갖는 두 번째 이점은 가외변인에 대한 통제를 할 수 있다는 사실이다. 한 참가자 집단을 치료 전에 측정하고 다른 집단을 치료 후에 측정한다면, 우리의 중재와는 무관하면서도 결과에 영향을 미칠 수 있는 집단 간 차이가 존재할 것이다. 우리의 연구에서는 이것이 문제되지 않는데, 왜냐하면 양 측정에 동일한 참가자를 사용했기 때문이다.

상관측정설계의 세 번째 이점은 동일한 검증력을 위해 독립표본설계의 경우보다 더 적은 수의 참가자를 필요로 한다는 점이다. 이것은 실질적인 이점인데, 참가자를 모집해본 적이 있는 사람이라면 이에 공감할 것이다. 실험을 하기 위해 20명이 두 번 하는 것이 40명이 한 번씩 하는 것보다 보통 훨씬 더 쉬운 법이다.

상관측정설계의 중요한 단점은 **순서효과**(order effect)나 한 회기에서 다음으로 넘어갈 때 **이월효과**(carry-over effect)가 있을 수 있다는 것이다. 또는 처음의 측정이 민감화와 같은 과정을 통해 처치 자체에 영향을 줄 수 있다는 것이다. 예를 들어, 시사 문제에 대한 집중 강좌 후 이에 대한 지식을 검사하고, 그러고 나서 다시 동일한 검사를 사용해 재검사하는 계획을 세울 수 있다. 참가자들이 두 번째에는 그 항목들에 더 익숙해지고, 두 검사 사이의 간격 동안 답을 찾아볼 수도 있을 것이라고 결론 내리는 것이 합리적이다. 유사하게, 약물 연구에서 처음 약물의 효과가 다음 검사 회기 때까지 사라지지 않을 수도 있다. 상관측정설계에서 흔한 문제는 사전 검사가 참가자들에게 중재의 목적에 대한 힌트를 줄 때 발생한다. 예를 들어, 모유 먹이기 태도에 관한 사전 검사를 받은 다음날, 낯선 사람이 참가자 옆에 앉아 모유 먹이는 것의 장점에 대해 이야기를 꺼낼 때 여러분은 조금이나마 의심을 가질 것이다. 이월효과가 연구를 오염시키거나 처치효과가 처치 전 측정에 의해 영향받는 것을 걱정한다면, 상관측정설계는 추천되지 않는다. 순서효과와 이월효과를 제거하지는 못하지만 통제할 수 있는 기법들이 있다. 그러나 여기서 다루지는 않을 것이다. 여러분은 이 효과들이 달 착시 혹은 거식증 데이터에 영향을 미쳤다고 보는가? 만약 그렇다면, 그러한 효과들을 어떻게 통제할 수 있겠는가?

13.5 발견한 효과가 얼마나 큰가?

12장과 더 앞선 장들에서 다룬 바에 따르면, 심리학과 다른 학문 영역에서 차이가 유의미하다는 사실뿐만 아니라 그것이 의미 있는 것인지 여부를 실험자가 진술하는 경향이 있다. 그때 말했지만 충분한 수의 참가자를 대상으로 한다면 우리는 거의 항상 의미 없는 차이조차도 의미 있는 것이라고 밝힐 수 있다. 나는 제이컵 코언(Jacob Cohen)의 효과크기 개념을 소개하였는데, 이는 평균이 얼마나 큰지 또는 두 평균이 얼마나 상이한지를 의미 있게 나타내주는 통계치이다. 내가 연습문제 12.15에 대해 이 책의 웹사이트에 제시한 답을 여러분이 본다면, 증가 점수의 표준편차를 사용하는 것이 비록 여러 종류의 산출변인들을 일정 비율로 만드는 데에는 좋은 방법이지만 매우 의미 있는 측정치를 만드는 것은 아니라고 내가 언급한 것을 알게 될 것이다. 우리가 다루는 사례는 연습문제 12.15의 연구와 매우 유사한데, 단지 증가뿐만 아니라 사전 점수와 사후 점수를 갖고 있다는 점이 상이하다. 처치 전 점수가 있기 때문에 우리는 한 개 이상의 유용한 측정치를 찾아낼 기회를 갖게 된다.

거식증 치료에 관한 데이터는 사람들이 이해할 수 있게끔 차이에 관해 다양한 방식으로 보고할 수 있는 좋은 사례이다. 누구나 종종 어떤 척도를 다루게 되는데, 5파운드 또는 10파운드가 늘거나 주는 것이 무엇을 의미하는지 우리는 잘 알고 있다. 따라서 에버릿의 데이터에 있어 차이가 유의미하며($t = 4.18$, $p < .001$) 소녀들이 평균 7.26파운드만큼 체중이 늘었다고 단순히 보고할 수 있다. 체중이 늘기 시작한 소녀의 경우 평균 체중이 83파운드였으므로, 이는 상당한 증가이다. 실제로, 증가된 파운드를 %로 바꾸면 이해하기 더 쉬운데, 이 경우 소녀는 7.26/83.23 = 9%만큼 체중이 증가하였다.

다른 측정치는 표준편차 단위로 체중 증가를 보고하는 것이다(그러한 측정치를 흔히 '표준화된 평균' 또는 '표준화 평균 차이'라고 부른다). 이는 코언이 제안한 것인데, 그는 원래 모수치(d)에 따라 문제를 정립했다. 여기서 아래 공식에서 분자는 두 전집 평균 간 차이이며 분모는 어느 한 전집의 표준편차이다.

$$d = \frac{\mu_1 - \mu_2}{\sigma}$$

이를 약간 수정하여 분자를 평균 증가($\mu_{\text{치료 후}} - \mu_{\text{치료 전}}$)로, 분모를 치료 전 체중의 전집 표준편차로 할 수 있다. 여기서 모수치가 아니라 통계치를 사용하기 위해 전집값들을 표본 평균과 표준편차로 대치할 수 있다. 이렇게 하면 다음과 같은 결과가 나온다.

$$\hat{d} = \frac{\overline{X}_1 - \overline{X}_2}{s_{X_1}} = \frac{90.49 - 83.23}{5.02} = \frac{7.26}{5.02} = 1.45$$

d 위에 '고깔(∧)'을 씌움으로써 d의 추정치를 계산하고 있음을 표시하였으며, 분모에 치료 전 점수의 표준편차를 사용하였다. 이 추정치는 가족치료에 참여한 소녀들이 치료과정을 거침으로써 치료 전 체중의 표준편차보다 거의 1.5배만큼 체중이 평균적으로 증가하였음을 알려준다. 흔히 차이 점수의 표준편차는 별다른 의미를 담고 있지 않으므로 별로 유용하지 않다. 하지만 사전 검사 점수의 표준편차는 원 측정치의 단위를 사용하므로 의미가 있다. 사전 검사 점수(83.23의 평균을 가진다)의 분포를 상상하고 그다음 평균보다 1.45 표준편차만큼 더 큰 지점을 마음속에 표시할 수 있다. 이는 사후 검사 점수에서 평균이 우뚝 선 지점으로서, 꽤 큰 차이이다. 이러한 상황이 그림 13.2에 나와 있다. 이 사례에

그림 13.2_ 치료 전에서 치료 후로 체중의 변화량과 *d* 추정치를 보여주는 그림

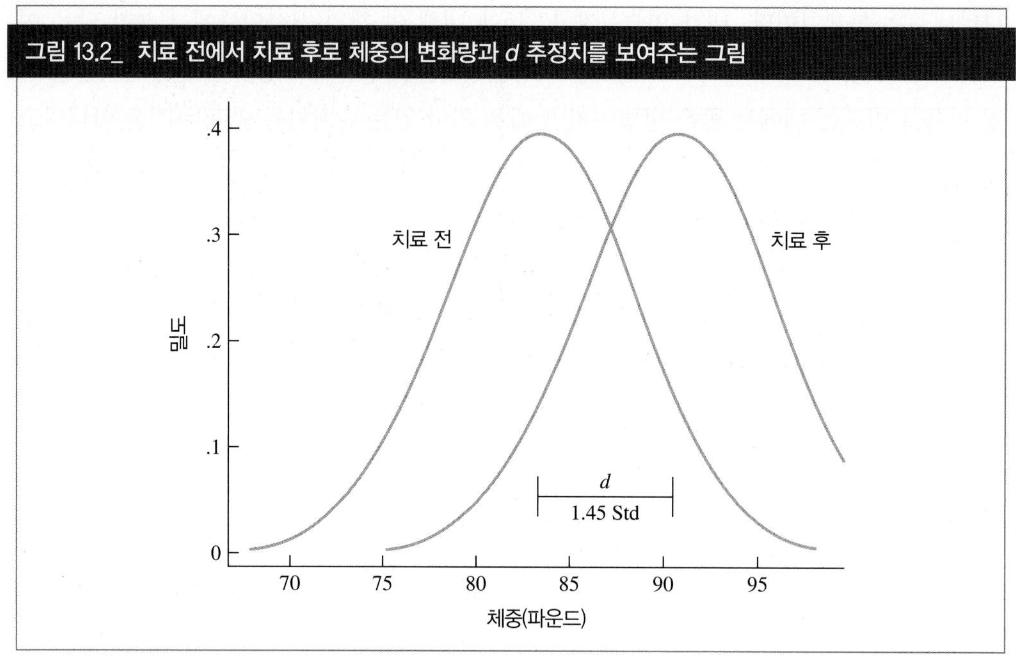

서는 단순히 체중 증가를 보고하는 것이 적합하겠지만, 대부분의 사례에서 원점수 단위는 별다른 의미가 없으며 표준편차 단위에서의 차이(*d*)를 기술하는 것이 더 나은 접근이다.

이 사례에서는 *d*보다 평균 체중 증가를 다루는 것이 더 쉬운데, 이는 단순히 체중에 대해 의미 있는 어떤 것을 우리가 알고 있기 때문이다. 그러나 이 실험자가 소녀들의 체중이 아니라 자기 존중감을 측정하였다면, 이 소녀들이 7.26만큼 자기 존중감 점수가 증가하였다고 말할 때 이것이 무엇을 의미하는지 모를 것인데, 이는 이 척도의 의미를 우리가 전혀 모르기 때문이다. 하지만 자기 존중감에 있어 1.5 표준편차만큼 증가하였다고 말한다면 뜻이 자명할 것이다.

여러분은 앞서의 글에서 무엇인가 불만족을 느낄 것인데, 이는 '이러한 상황에서는 이 통계치를 사용하라'고 말해주는 단순한 규칙을 배우는 것이 더 편안하기 때문이다. 반면, 여기서 제안된 것은 '어떤 것이든 독자가 의미를 파악하기 쉬운 통계치를 사용하라'는 것이다. 이 정도의 유연성은 나름대로 편안함을 갖고 있다. 차이가 아닌 점수 집합을 갖고 있다면 이 점수들의 표준편차가 적절한 분모가 되겠지만, 증가나 차이 점수 집합을 갖고 있다면 처치 전 데이터의 표준편차가 더 의미 있는 분모일 가능성이 크다. 하지만 1열에 여성의 점수가, 2열에 그 남편의 점수가 있다고 가정해보라. 아내와 남편의 표준편차 어느 것도 분모로 선택되지 않는 것이 분명하다. 그러한 경우 두 변량의 평균을 구하여 그 값의 제곱근을 구해서 그 값을 분자로 사용할 것이다.

13.6 변화에 대한 신뢰한계

두 개의 상관표본에 대한 신뢰한계의 사용을 다룸으로써 상황이 더 혼동될지 모르겠다. 여러분이 기억하는 것과 같이 평균의 신뢰구간은 일반적으로 다음과 같이 쓸 수 있다.

$$CI_{.95} = \overline{X} \pm t_{.05}(s_{\overline{X}}) = \overline{X} \pm t_{.05}(s/\sqrt{N})$$

상관표본을 다루기 위해 이 공식에 삽입하는 평균과 표준편차에 관해 의문이 생길 수 있다. 일반적으로 답한다면 평균은 두 상관된 평균들 간 차이(흔히 사전 검사 평균과 사후 검사 평균 간 차이)이다. 표준편차는 차이 점수의 표준편차이다. 여러분은 이것이 d를 추정하는 데 사용했던 것이 아니라고 불평할지 모르겠지만, 여기서는 d를 추정하지 않고 신뢰구간을 도출하는데, 이는 꽤 상이한 것이다. 전자의 경우 이 연구의 소녀들이 체중을 얼마나 많이 증가시켰는지에 대한 표시를 제공해준다. 신뢰구간의 경우에는 일정한 확률로 참 체중 증가 평균의 한계를 정하는 구간을 수립하고자 한다.

거식증 사례의 경우 평균 체중 증가는 7.26파운드였다. 증가 점수의 표준편차는 7.16이었다. 따라서 전집의 평균 증가에 대한 신뢰한계는 다음과 같다.

$$CI_{.95} = \overline{X} \pm t_{.05}(s/\sqrt{N}) = 7.26 \pm 2.11(7.16/\sqrt{17}) = 7.26 \pm 3.66$$
$$3.6 \le \mu \le 10.92$$

이런 방식으로 계산된 구간이 전집 평균 증가를 포함할 확률은 .95이다. 이 결과는 0을 포함하지 않으므로, 따라서 앞서 계산했던 통계적으로 유의미한 t 검증과 나란한 것이다.

13.7 SPSS와 *R*을 사용하여 상관표본에 대한 *t* 검증 수행하기

그림 13.3은 두 상관표본에 대한 t 검증의 SPSS 계산의 출력물이다. 이 사례의 데이터는 체중 증가에 대한 가족치료의 효과 연구에서 이미 살펴본 것들이다. '치료 전' 조건과 '치료 후' 조건에서 수집된 데이터가 두 개의 상이한 변인으로 입력되어 있으며, 짝진 t 검증이 요구된다. 출력물의 첫 부분은 기초적인 기술통계치를 제시한다. 그 다음에 두 변인 간 상관, 그리고 상관의 유의도에 대한 t 검증이 나와 있다. 그다음 평균 간 차이에 대한 상관표본 t 검증이 나와 있다. t 값(−4.185)은 손으로 계산한 결과와 일치하는데, 단지 SPSS는 '치료 전'에서 '치료 후'를 뺐으므로 차이가 부적이었고 따라서 부적 t가 나왔다. 여기서 기호는 중요하지 않은데, 단순히 차이 점수를 계산하기 위해 어떻게 선택했는지에 달려 있다.

그림 13.3_ 상관표본에 대한 SPSS의 t 검증 분석(데이터를 점수 쌍으로 두 열에 기입하였다)

짝진 표본 통계치

		평균	*N*	표준편차	표준오차
쌍 1	치료 전	83.2294	17	5.01669	1.21673
	치료 후	90.4941	17	8.47507	2.05551

짝진 표본상관

		N	상관	Sig.
쌍 1	치료 전과 치료 후	17	.538	.026

짝진 표본 검증

	짝진 차이					*t*	*df*	Sig.(양방)
				차이의 95% 신뢰구간				
	평균	표준편차	표준오차 평균	하한	상한			
쌍 1 치료 전–치료 후	−7.2647	7.15742	1.73593	−10.9447	−3.5847	−4.185	16	.001

앞서 밝힌 바와 같이, *R*에서 짝진 차이에 대한 t 검증은 다음과 같다.

```
t.test(Before, After, paired = TRUE)
or
Gain <- After - Before
t.test(Gain)
```

13.8 결과 기술하기

에버릿의 거식증에 대한 가족치료 연구 결과를 기술하기 위해 맥락을 알려주는 절차를 간략하게 기술할 필요가 있다. 그 후 치료 전과 후의 평균과 t 검증 결과를 언급해야 한다. 또한 효과크기의 측정치(아마도 하나 이상)를 포함하고 결과를 도출할 필요가 있다.

에버릿(in Hand, 1994)은 17명의 거식증 소녀에 대한 가족치료의 효과연구를 보고했다. 소녀들은 가족치료를 시작하기 전 그리고 시작한 지 여러 주 후에 체중을 측정하였다. 치료 전 평균 체중은 83.23파운드였고 치료 후 평균 체중은 90.49파운드였는데, 평균 증가는 7.26파운드였다. 이 차이는 통계적으로 유의미하였다[$t(16) = 4.18$, $p < .001$]. 이 연구의 다른 데이터는 증가를 단순히 시간 경과에 따른 정상적 성장으로 귀인시킬 수 없음을 시사한다. 치료 전 표준편차에 기초한 효과크기 추정치($\hat{d}$)는 1.45였는데, 이는 치료 전 체중으로부터 거의 1.5 표준편차만큼의 증가를 나타낸다. 게다가, 체중 증가의 95% 신뢰구간은 $3.6 \leq \mu \leq 10.92$였는데, 이는 가족치료가 체중의 뚜렷한 변화를 야기하는 잠재력을 갖고 있음을 보여준다.

13.9 요약

이 장은 데이터의 한 열의 평균을 전집 평균(통상 $\mu = 0$)과 비교하는 것으로 끝맺었다는 점에서 앞 장과 매우 유사하다. 비록 벌과 패설러의 사례에서 짐작 1과 짐작 2와 같이 두 세트의 데이터를 갖고 시작했지만, 데이터가 동일한 개인들에서 나왔기 때문에 상관되어 있다는 사실은 우리가 그 상관을 고려할 필요가 있다는 것을 의미한다. 가장 단순한 방법은 차이 점수의 열을 생성해서 그 점수들이 평균이 0인 전집에서 나왔을 가능성이 있는지를 검증하는 것이다.

우리는 짝진 점수들을 사용하여 두 가지 상이한 사례들을 살펴보았는데, 둘 다 유의미한 결과가 나왔다. 그 후 반복측정의 이점을 다루었다. 여기에는 참가자들 간 변산성이 분석에서 아무런 역할도 하지 않는다는 사실이 포함된다. 이는 수행에서 광범위한 개인차가 있을 수 있지만 이러한 차이가 결과에 영향을 미치지 않는다는 것을 의미한다. 다른 이점은 짝진 점수의 사용이 가외변인을 크게 통제한다는 점이다. 동일한 사람이 두 조건에 참여한다는 사실은 그 사람이 거의 동일한 것을 두 측정에서 초래한다는 것을 의미한다. 마지막으로 지적한 것은 다른 모든 것들이 동일할 때 반복측정설계는 독립집단을 가진 설계보다 더 강력하다는 점이다. 반복측정의 큰 문제는 한 시행에서 다른 시행으로의 이월효과가 존재하거나 첫 번째 시행이 두 번째 시행에서의 반응 방식에 영향을 미칠 수 있다는 점이다.

효과크기에 대한 여러 측정치들을 살펴보았다. 어떤 경우에는 단순히 평균들 차이를 보고하는 것이 연구 목적에 충분하다. 그러나 특히 변인들이 별다른 직관적 의미를 갖지 않을 때 코언이 제안한 측정치와 다른 사람들이 약간 수정한 측정치에 의지할 필요가 종종 있다. 이 경우 표준편차 단위로 답을 제시하기 위해 단순히 차이를 표준편차의 크기로 나눈다. 이렇게 하는 대부분의 경우 차이의 표준편차가 아니라 첫 번째 측정치의 표준편차를 사용하고자 한다는 점을 지적했다.

마지막으로 신뢰한계를 살펴보았다. 이는 단순히 앞서 살펴본 것을 연장한 것이다. 신뢰한계를 계산하기 위해 평균의 표준오차를 해당 자유도의 t 임계치와 곱하여 이를 평균에서 더하거나 뺀다. 신뢰한계의 목적은 관심 대상인 모수치의 가능한 값 범위를 파악할 수 있도록 하는 데 있다.

주요 용어

상관표본related samples 378
반복측정repeated measures 378
대응표본matched samples 378
통제집단control group 380
차이 점수(증가 점수)difference scores (gain scores) 381
순서효과order effect 386
이월효과carry-over effect 386

13.10 빠른 개관

A 상징 μ_0가 나타내는 것은 무엇인가?

답 영가설의 전집 평균

B '대응표본'이 뜻하는 것은 무엇인가?

답 관찰이 쌍으로 이루어져서, 데이터의 첫 번째 행에 있는 두 항목들이 동일한 사람에게서 나오거나 다른 방식으로 관련된다.

C 대응표본의 주된 장점은 무엇인가?

답 t를 계산하기 전에 가외 변량을 제거할 수 있도록 해준다.

D 대응표본에서 통상적인 영가설은 무엇인가?

답 영가설은 한 측정과 다른 측정 간 전집 평균 차이가 동일한 사람의 경우 0이라는 것이다.

E 대응표본 연구가 독립집단 연구에 비해 갖는 두 가지 장점을 들면?

답 대응표본은 개인차를 통제하므로 가외변인의 영향을 감소시킨다.

F $\hat{d} = .95$의 값은 무엇을 알려주는가?

답 두 평균 간에 .95 표준편차 단위만큼의 차이가 있다.

G 질문 'F'에서 $\hat{d}$을 계산하기 위해 분모에 사용하는 것은 무엇인가?

답 기준 점수 세트의 표준편차, 흔히 사전 검사 점수의 표준편차

H $\hat{d}$을 계산하는 데 사용되는 표준편차와 신뢰구간을 계산하는 데 사용되는 표준편차의 차이는 무엇인가?

답 전자의 경우 사전 검사 평균들의 표준편차를 사용하며, 후자의 경우 차이 점수의 표준편차를 사용한다.

I 이월효과란?

답 첫 번째 측정에 관한 것이 두 번째 측정에 영향을 미치는 상황을 말한다. 예를 들어, 한 과제의 학습은 두 번째 과제의 학습을 간섭한다.

13.11 연습문제

13.1 하우트 등(Hout, Duncan & Sobel, 1987)은 결혼한 부부들의 상대적 성적 만족감에 대해 보고하였다. 결혼한 91쌍의 각자에게 '성생활은 나와 내 배우자에게는 즐거운 것이다'라는 말에 동의하는 정도를 '절대로 또는 대체로 그렇지 않다'에서 '거의 항상 그렇다'까지 4점 척도에서 평가하도록 했다. 데이터는 다음과 같다(데이터가 많기는 하지만, 이것은 흥미로운 질문이다. 이 데이터는 이 책의 웹사이트에서 언제나 다운로드받을 수 있다).

남편	1	1	1	1	1	1	1	1	1	1	1	1	1	1	1
아내	1	1	1	1	1	1	1	2	2	2	2	2	2	2	3

남편	1	1	1	1	2	2	2	2	2	2	2	2	2	2	2
아내	3	4	4	4	1	1	2	2	2	2	2	2	2	2	3

남편	2	2	2	2	2	2	2	2	2	3	3	3	3	3	3
아내	3	3	4	4	4	4	4	4	4	1	2	2	2	2	2

남편	3	3	3	3	3	3	3	3	3	3	3	3	3	4	4
아내	3	3	3	3	4	4	4	4	4	4	4	4	4	1	1

남편	4	4	4	4	4	4	4	4	4	4	4	4	4	4	4
아내	2	2	2	2	2	2	2	2	3	3	3	3	3	3	3

남편	4	4	4	4	4	4	4	4	4	4	4	4	4	4	4	4
아내	3	3	4	4	4	4	4	4	4	4	4	4	4	4	4	4

이 데이터에 대해 대응표본 t 검증을 수행하라. 왜 대응표본 검증이 적절한가?

13.2 연습문제 13.1의 연구에서, 위 질문에 대한 여러분의 답은 부부들이 성적으로 잘 맞는지에 대해 우리에게 무엇을 알려주는가? 이 분석에서 우리가 아는 것과 모르는 것은 무엇인가?

13.3 연습문제 13.1의 데이터에서 산포도를 그리고 남편과 아내의 성적 만족 간 상관을 계산하라. 이것은 연습문제 13.1의 분석에서 알게 된 것을 어떻게 확대시키는가? 예를 들어, *R*에서 명령어는 'plot(wife~Husband)' 그리고 'cor(Wife, Husband)'이다.

13.4 12장에서 소개된 기법을 사용하여 연습문제 13.1의 '성적 만족도' 점수 간 참 평균 차이에 대한 95% 신뢰한계를 설정하라.

13.5 어떤 사람들은 연습문제 13.1의 데이터가 서열 척도가 아니라면 분명히 비연속적이고, 따라

서 t 검증을 수행하는 것이 부적합하다고 이의를 제기할 것이다. 반대 의견을 생각할 수 있겠는가? (쉬운 질문은 아니지만, 여기에 논란이 있을 수 있다는 점을 지적하고자 이 질문을 던지는 것이다.)

13.6 호글린 등(Hoaglin, Mosteller, & Tukey, 1983)은 스트레스에 따른, 혈액의 베타 엔도르핀 수준에 대한 데이터를 제시했다. 그들은 19명의 환자에게서 베타 엔도르핀 수준을 수술 12시간 전, 그리고 다시 수술 10분 전에 측정하였다. 그 데이터가 fmol/ml 단위로 다음에 제시되어 있다.

참가자	12시간 전	10분 전
1	10.0	6.5
2	6.5	14.0
3	8.0	13.5
4	12.0	18.0
5	5.0	14.5
6	11.5	9.0
7	5.0	18.0
8	3.5	42.0
9	7.5	7.5
10	5.8	6.0
11	4.7	25.0
12	8.0	12.0
13	7.0	52.0
14	17.0	20.0
15	8.8	16.0
16	17.0	15.0
17	15.0	11.5
18	4.4	2.5
19	2.0	2.0

이 데이터에 근거했을 때, 증가된 스트레스가 엔도르핀 수준에 어떤 영향을 미치는가?

13.7 연습문제 13.6에서 짝진 t 검증을 사용하는 이유는?

13.8 연습문제 13.6의 데이터에 대해 산포도를 그리고 두 점수 세트 간 상관을 계산하라. 이것은 연습문제 13.7의 답과 관련해 무엇을 말해주는가?

13.9 항상 데이터를 자세히 살펴보아야 한다. 때때로 설명하기 힘든 것들을 발견할 때도 있다. 연습문제 13.6의 데이터를 자세히 살펴보라. 주의를 끄는 것이 무엇인가?

13.10 연습문제 13.6의 데이터에 대해 효과크기의 측정치를 계산하고, 이 측정치가 무엇을 나타내는지 말하라.

13.11 이월효과 때문에 상관표본을 사용하는 것이 좋지 못한 실험의 사례를 들어보라.

13.12 표 13.2의 데이터를 사용하여 사람들의 첫 번째 짐작이 흔히 두 번째 짐작보다 더 나은지 여부를 알아보라(이는 흔히 시험에 대해 여러분이 받은 충고와 같은 것인데, 새로 생각난 답이 정확하다는 확신 없이는 뒤돌아가서 짐작으로 쓴 답을 고쳐서는 안 된다. 벌과 패쉴러는 유의미한 차이를 발견했지만 그들은 훨씬 많은 참가자를 대상으로 하였다).

13.13 연습문제 13.6에서 참가자를 추가해도 차이 점수의 평균과 표준편차가 동일하다고 가정하라. $\alpha = .01$(양방검증)에서 유의미한 t 값을 구하기 위해 몇 명의 참가자가 필요하겠는가? (이 문제를 15장에서 다시 다룰 것이다.)

13.14 연습문제 13.6의 데이터에서 두 변인 간 관계성을 증가시킬 수 있도록 '12시간' 열의 숫자들을 옮겨서 데이터를 수정하라. 수정된 데이터에 대해 t 검증을 하고 t에 대한 효과를 알아보라(실제 데이터를 갖고 이렇게 하지는 못할 것인데, 짝지어진 점수는 항상 함께 있어야 하기 때문이다. 그러나 여기서 이렇게 하는 것은 변인 간 관계성이 수행하는 중요한 역할을 확인하기 위해서이다).

13.15 연습문제 13.14의 답과 상관에 관한 지식을 이용해서, 두 변인(데이터 세트) 간 상관 정도가 그들 간 t 검증의 크기에 어떻게 영향을 미칠지 예상해보라.

13.16 본문 13.4절에서, 상관표본설계가 데이터로부터 참가자 간 변산성을 제거함으로써, t 검증을 수행하는 데이터에 이 변산성이 영향을 미치는 것을 방지한다고 설명했다. 이것은 틀린 영가설을 기각할 수 있는 능력을 증가시킨다. 그 이유를 설명하라.

13.17 연습문제 13.13에서 여러분이 유의미한 차이를 발견했는지 여부에 관계없이 벌과 패쉴러는 유의미한 차이를 발견했다. 하지만 첫 번째 짐작이 두 개 짐작의 평균보다 더 나았는가?

13.18 짐작 행동 데이터에 이월효과가 영향을 미쳤다고 생각되는 이유가 있다면, 그러한 효과를 어떻게 통제할 수 있는가?

13.19 본문 13.2절의 거식증 사례에서, '치료 전' 점수에서 '치료 후' 점수를 뺐다. 반대로 했다면 어떤 일이 일어나겠는가?

13.20 표 13.1의 거식증 사례 데이터에서 파운드 대신 kg 단위로 종속변인을 다시 표시했다면 어떤 일이 발생하겠는가?

13.21 많은 어머니들이 출산 직후 우울감, 즉 산후 우울증(postpartum depression: PPD)을 경험한다. '산후 우울증'을 조사하기 위한 연구를 설계하고, 우울증의 평균 증가를 추정하는 방법에 대해 설명하라.

14장 평균에 적용된 가설검증: 두 독립표본

앞선 장에서 기억할 필요가 있는 개념

표집분포 sampling distribution 반복된 표집에 의해 구해진 통계치의 분포

표준오차 standard error 통계치의 표집분포의 표준편차

t 분포 t distribution 영가설이 참일 때 t 통계치의 표집분포. 흔히 '중앙 t 분포'라고 불림

자유도 degrees of freedom 표본크기의 교정된 값, 흔히 $N-1$ 또는 $N-2$

효과크기 effect size($\hat{d}$) 독자에 대한 의미 측면에서 처치효과의 크기를 표현하고자 한 측정치

신뢰구간 confidence interval 고정된 확률(흔히 95%)로 참 전집 모수치(예: 평균 차이)를 포함하는 구간

표본들이 독립적인 경우로 넘어가면서, 독립표본들을 갖는 것이 왜 다른지 그 이유를 먼저 살펴보겠다. 이전과는 달리 t 검증에는 중요한 어떤 가정을 할 필요가 있다는 것을 살펴볼 것이다. 그다음, 지난 두 장에서 사용했던 t 검증과 여기서 사용할 t 검증의 차이를 논하고, 그 후 독립표본의 경우 신뢰한계, 그리고 효과크기를 어떻게 구하는지 살펴볼 것이다. 마지막으로 SPSS와 *R*을 사용하여 계산하는 방식을 알아볼 것이다.

13장에서 거식증 소녀로부터 가족치료 중재 전과 후의 체중 데이터를 구한 연구를 고찰하였다. 그 사례에서 동일한 참가자들을 중재 전과 후에 관찰하였다. 이것이 중재 프로그램 효과를 평가하는 최선의 방법이라 할지라도, 많은 실험에서 동일한 참가자를 반복 측정해서 데이터를 얻는 것이 불가능하거나 적절하지 못하다. 예를 들어, 남성들이 여성들보다 더 사회적으로 서투른지 알고자 할 때, 동일한 사람을 남성으로 측정한 뒤 다시 여성으로 측정하는 것은 불가능하다. 대신 우리는 남성 표본 그리고 이와 **독립적인** 여성 표본이 필요할 것이다.

t 검증의 가장 흔한 용도 중 하나는 두 독립집단의 평균 차이를 검증하는 것이다. 우리는 두 쥐 집단(정상 조건에서 길러진 집단과 감각 박탈 조건에서 길러진 집단)에 대해 단순 시각변별 과제에서 규준에 도달하는 데 요구되는 평균 시행수를 비교하고 싶을지도 모른다. 또는 기억 연구에서, 능동 서술문을 회상하도록 요구받은 대학생 집단과 수동 부정문을 회상하도록 요구받은 집단의 기억 수준을 비교하고 싶을 수도 있다. 마지막 예로서 다른 사람이 도움을 필요로 하는 상황에 참가자를 처하게 할 수 있다. 참가자가 혼자 있을 때와 집단 내에 있을 때 도움 행동의 지연을 비교할 수 있을 것이다.

두 독립집단을 가지고 실험을 할 때, 거의 항상 두 표본 평균이 어느 정도 다르다는 것을 발견하게 될 것이다. 그러나 중요한 것은 그 차이가 두 표본이 다른 전집에서 추출된 것이라는 결론을 정당화시킬 수 있을 만큼 충분히 큰가 하는 것이다. 예를 들어, 도움 행동의 경우 혼자 검사받은 참가자에게서 측정한 지연기간의 전집 평균이 집단적으로 검사받은 참가자에게서 측정한 지연기간의 전집 평균과 다른가? 구체적인 예를 생각하기 전에 우리는 평균 간 차이의 표집분포와 그 표집분포의 결과인 t 값을 살펴보아야 한다. 여기서 우리가 하는 것은 단일표본의 평균을 다룰 때 12장에서 했던 것과 유사하다.

14.1 평균 간 차이의 분포

한 전집의 평균(μ_1)과 다른 전집의 평균(μ_2)을 비교하는 데 흥미가 있을 때, H_0: $\mu_1 - \mu_2 = 0$, 즉 $\mu_1 = \mu_2$라는 영가설을 검증할 것이다. 이 영가설의 검증은 독립표본 평균 간 차이에 관한 것이므로, **평균 간 차이의 표집분포**(sampling distribution of differences between means)를 알아보는 것이 중요하다.

평균이 μ_1과 μ_2이고 변량이 σ_1^2과 σ_2^2이면서 X_1과 X_2라고 불리는 두 개 전집이 있다고 가

그림 14.1_ 두 전집에서 표집하였을 때 가설적인 평균 세트 그리고 평균 간 차이

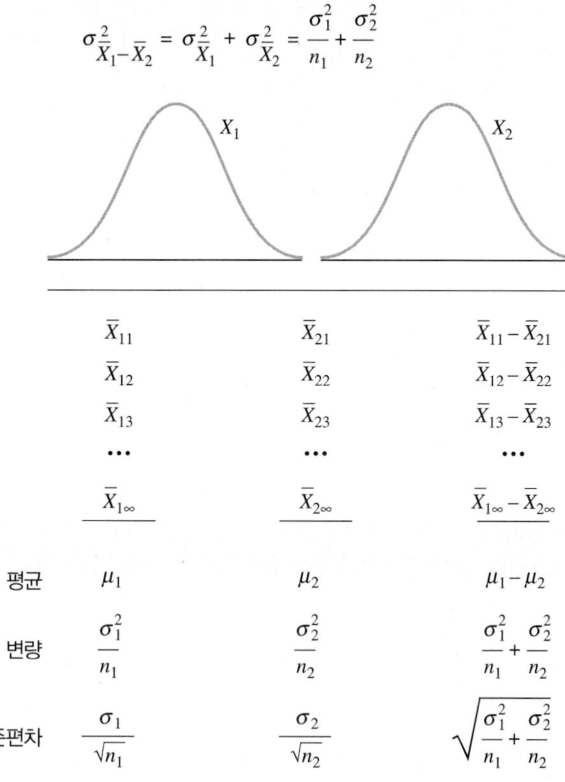

	$\overline{X}_{11}$	$\overline{X}_{21}$	$\overline{X}_{11} - \overline{X}_{21}$
	$\overline{X}_{12}$	$\overline{X}_{22}$	$\overline{X}_{12} - \overline{X}_{22}$
	$\overline{X}_{13}$	$\overline{X}_{23}$	$\overline{X}_{13} - \overline{X}_{23}$
	…	…	…
	$\overline{X}_{1\infty}$	$\overline{X}_{2\infty}$	$\overline{X}_{1\infty} - \overline{X}_{2\infty}$
평균	μ_1	μ_2	$\mu_1 - \mu_2$
변량	$\frac{\sigma_1^2}{n_1}$	$\frac{\sigma_2^2}{n_2}$	$\frac{\sigma_1^2}{n_1} + \frac{\sigma_2^2}{n_2}$
표준편차	$\frac{\sigma_1}{\sqrt{n_1}}$	$\frac{\sigma_2}{\sqrt{n_2}}$	$\sqrt{\frac{\sigma_1^2}{n_1} + \frac{\sigma_2^2}{n_2}}$

정해보자. 이제 우리는 전집 X_1에서 크기가 n_1인 표본들 그리고 전집 X_2에서 크기가 n_2인 표본들을 추출해서 그 평균들 그리고 각 표본 쌍의 평균 간 차이를 기록한다(표본들이 여러 개 있을 때, N은 모든 표본들의 전체 점수 수를, n은 한 집단이나 표본의 관찰 수를 나타낸다). 각 전집에서 독립적으로 표집했으므로 표본 평균들은 독립적이다(평균들은 동시에 추출되었다는 사소하고도 무관한 의미에서만 짝지어져 있을 뿐이다). 이런 과정을 무한히 계속한다고 생각해보자. 그 결과가 그림 14.1에 도식적으로 나와 있다. 이 그림의 아래 부분에서 처음 두 열은 $\overline{X}_1$과 $\overline{X}_2$의 표집분포를 나타내고, 세 번째 열은 평균 차이 $(\overline{X}_1 - \overline{X}_2)$의 표집분포를 나타낸다. 평균 간 차이 검증에 관심이 있기 때문에 가장 관심 있는 부분은 세 번째 열이다. 이 분포의 평균이 $\mu_1 - \mu_2$와 동일함을 보여줄 수 있다. 이 분포의 변량을 흔히 **변량 합 법칙**(variance sum law)이라고 부르는 것으로 나타내는데, 이 법칙을 요약하면 다음과 같다.

독립적인 두 개 변인의 합 또는 차이의 변량은 변인 변량들의 합과 동일하다.[1]

'중심극한정리'로부터 $\overline{X}_1$ 분포의 변량은 σ_1^2/n_1이고 $\overline{X}_2$ 분포의 변량은 σ_2^2/n_2라는 것을 알고 있다. 변인들(표본 평균들)이 독립적이기 때문에, 이 두 변인들 차이의 변량은 그들 변량의 합이다.

$$\sigma^2_{\overline{X}_1 \pm \overline{X}_2} = \sigma^2_{\overline{X}_1} + \sigma^2_{\overline{X}_2} = \frac{\sigma_1^2}{n_1} + \frac{\sigma_2^2}{n_2}$$

따라서 위와 같이 평균 그리고 평균 간 차이의 변량을 구했다면, 평균 간 차이에 대한 가설검증을 위해 알아야 할 것을 대부분 안 것이다. 평균 차이들의 표집분포의 일반적 형태

그림 14.2_ 평균 간 차이의 표집분포

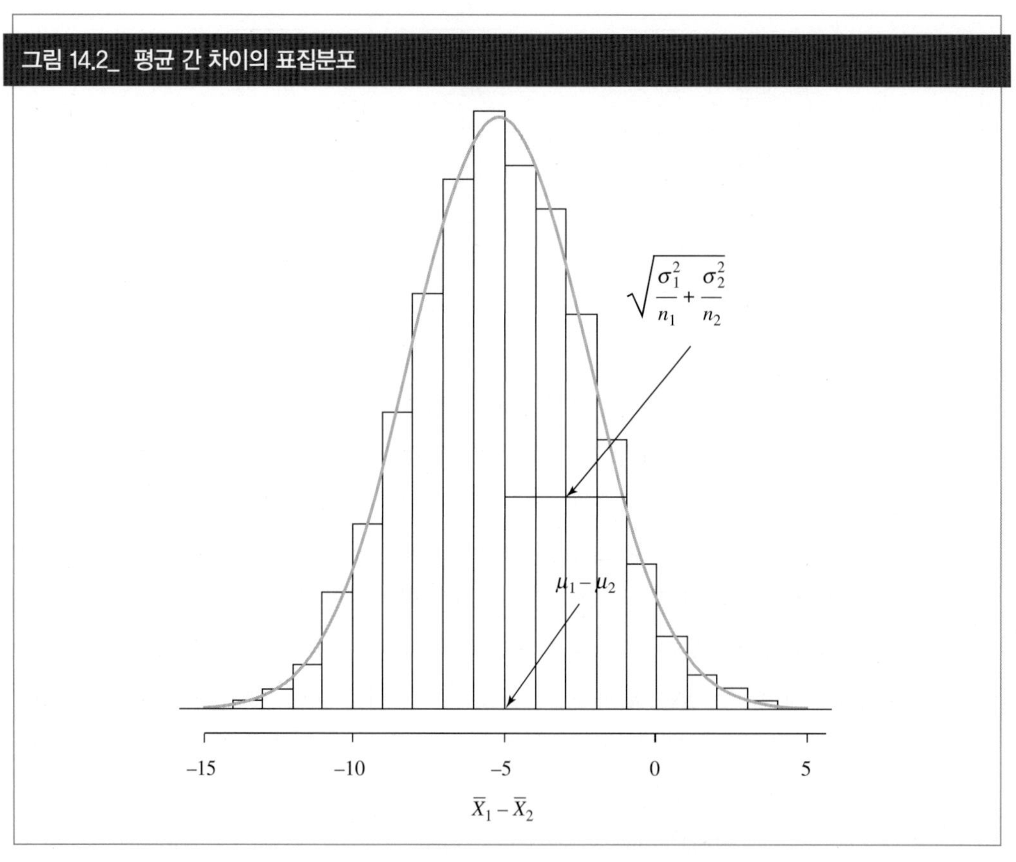

1 완전한 형태의 법칙은 변인이 반드시 독립적이어야 한다는 제한점을 생략하고, 변인들의 합 또는 차이 변량을 다음과 같이 진술한다. $\sigma^2_{X_1 \pm X_2} = \sigma^2_{X_1} + \sigma^2_{X_2} \pm 2\rho\sigma_{X_1}\sigma_{X_2}$ 여기서, ρ는 전집에서 X_1과 X_2 간 상관계수이다. 음의 부호는 차이를 고려할 때 적용된다.

가 그림 14.2에 제시되어 있다.

이 분포에 대해 마지막으로 지적할 것은 그것의 형태이다. 통계학의 중요한 정리에 따르면, 두 개의 독립적이고 정상적으로 분포된 변인들의 합이나 차이는 그 자체로 정상적으로 분포한다. 그림 14.2가 두 개 평균 표집분포들 간 차이를 나타내며, 표본크기가 충분한 경우 평균 표집분포가 최소한 거의 정상적이라는 것을 알기 때문에, 그림 14.2의 분포는 그 자체로 최소한 거의 정상적일 것이다.

t 통계치

평균 간 차이의 표집분포에 대한 정보를 이제는 알고 있기 때문에 적절한 검증 절차를 따를 수 있게 되었다. 잠시 전집 변량(σ_1^2과 σ_2^2)을 알고 있다고 가정해보자. 앞서 z를, 통계치(분포상의 한 값)에서 분포의 평균을 빼고 이것을 다시 분포의 표준오차로 나눈 것으로 정의했었다. 현재의 경우 통계치는 $(\overline{X}_1 - \overline{X}_2)$로서 표본 평균 간에 관찰된 차이이다. 표집분포의 평균은 $(\mu_1 - \mu_2)$이고, **평균 간 차이의 표준오차**(standard error of differences between means)는 전집 변량(σ^2)이 주어졌을 때 다음과 같다.

$$\sigma_{\overline{X}_1 \pm \overline{X}_2} = \sqrt{\frac{\sigma_1^2}{n_1} + \frac{\sigma_2^2}{n_2}}$$

> 모든 통계치(이 경우, 두 표본 평균 간 차이)의 표준오차는 그 통계치의 표집분포의 표준편차라는 점을 상기하라. 이는 통계치가 얼마나 안정적일 것으로 예상하는지에 관한 측정치이다.

우리가 알고 있는 것에 따라 다음과 같이 쓸 수 있다.

$$\begin{aligned} z &= \frac{(\overline{X}_1 - \overline{X}_2) - (\mu_1 - \mu_2)}{\sigma_{\overline{X}_1 - \overline{X}_2}} \\ &= \frac{(\overline{X}_1 - \overline{X}_2) - (\mu_1 - \mu_2)}{\sqrt{\dfrac{\sigma_1^2}{n_1} + \dfrac{\sigma_2^2}{n_2}}} \end{aligned}$$

$\alpha = .05$의 임계치는 $z = \pm 1.96$으로서, 12장에서 논의되었던 단일표본 검증에서와 같다.

필요한 전집 변량을 아는 경우가 거의 없으므로, 앞의 공식은 적절한 t 검증의 기원을 보여주기 위한 목적 외에는 그다지 유용하지 않다(전집 변량을 아는 경우가 약간 있기는 하지만 매우 드물기 때문에 그러한 경우는 상상할 가치조차 없다). 그러나 단일표본의 경우에 그랬던 것처럼, 전집 변량의 추정치로 표본 변량을 사용함으로써 이 문제를 해결할 수 있다. 단일표본 t에 대해 앞서 논의했던 것과 동일한 이유 때문에, 결과는 z보다는 t에 따라 분포될 것이다.

$$t = \frac{(\overline{X}_1 - \overline{X}_2) - (\mu_1 - \mu_2)}{s_{\overline{X}_1 - \overline{X}_2}} = \frac{(\overline{X}_1 - \overline{X}_2) - (\mu_1 - \mu_2)}{\sqrt{\dfrac{s_1^2}{n_1} + \dfrac{s_2^2}{n_2}}}$$

영가설이 일반적으로 $\mu_1 - \mu_2 = 0$이므로, 보통 방정식에서 그 부분을 빼고 다음과 같이 쓴다.

$$t = \frac{(\overline{X}_1 - \overline{X}_2)}{s_{\overline{X}_1 - \overline{X}_2}} = \frac{(\overline{X}_1 - \overline{X}_2)}{\sqrt{\dfrac{s_1^2}{n_1} + \dfrac{s_2^2}{n_2}}}$$

변량 통합하기

이제는 약간 더 정교하게 살펴볼 필요가 있다. 앞서의 t 방정식은 표본크기가 동일한 경우에는 매우 적합하지만, 표본크기가 다를 때는 약간의 변경이 필요하다. 이 변경은 전집 변량에 대해 더 나은 추정치를 제공하기 위해 계획된 것이다. 두 개 독립표본에 대해 t를 사용하는 데 요구되는 가정 중 하나는 H_0의 진위에 상관없이 $\sigma_1^2 = \sigma_2^2$(즉, 표본들이 동일한 변량을 지닌 전집에서 나왔다)이라는 것이다. 그러한 가정은 대체로 정당하며 **변량의 동질성**(homogeneity of variance) 가정이라고 불린다. 우리는 흔히 동등한 두 참가자들 집단을 가지고 실험을 시작하며, 한 집단(또는 두 집단)에 그 집단 참가자들의 점수를 올리거나 낮추는 처치를 가한다(거식증 소녀들의 체중을 증가시킨 에버릿의 연구가 좋은 예시이다). 그러한 경우, 변량은 여전히 영향 받지 않을 것이라고 가정하는 것은 대체로 타당하다(점수에 상수를 더하거나 빼는 것은 그것의 변량에 아무런 영향을 미치지 않는다는 것을 기억하라). 전집 변량이 동일하다고 가정되었기 때문에, 이 공통 변량은 다른 첨자 없이 σ^2이라고 표기될 수 있다.

데이터에서 σ^2의 두 개 추정치, 즉 s_1^2과 s_2^2을 갖고 있다. s_1^2과 s_2^2의 평균을 구하는 것이 적절해 보이는데, 왜냐하면 이 평균은 두 개의 분리된 추정치 가운데 어느 하나보다는 σ^2의 더 나은 추정치가 되기 때문이다. 그러나 단순 산술 평균을 취하지는 않고자 하는데, 그렇게 하면 한 표본의 크기가 훨씬 더 큰 경우에서조차 두 추정치에 동일한 가중치를 두기 때문이다. 우리가 원하는 것은 **가중 평균**(weighted average)인데, 여기서는 표본 변량이 자유도($n_i - 1$)에 의해 가중되어 있다. 이 새로운 추정치를 s_p^2이라고 부른다면 다음과 같이 계산된다.

$$s_p^2 = \frac{(n_1 - 1)s_1^2 + (n_2 - 1)s_2^2}{n_1 + n_2 - 2}$$

분자는 변량의 합을 나타내는데, 변량들은 각각의 자유도에 의해 가중되어 있고, 분모는 가중치의 합, 즉 s_p^2의 자유도를 나타낸다.

두 표본 변량의 가중 평균을 보통 **통합 변량**(pooled variance) 추정치라고 한다. 통합 변량 추정치(s_p^2)를 정의하였으므로, 이제 s_i^2을 s_p^2으로 대체하여 다음과 같이 t를 구할 수 있다.

$$t = \frac{\overline{X}_1 - \overline{X}_2}{s_{\overline{X}_1 - \overline{X}_2}} = \frac{\overline{X}_1 - \overline{X}_2}{\sqrt{\dfrac{s_p^2}{n_1} + \dfrac{s_p^2}{n_2}}} = \frac{\overline{X}_1 - \overline{X}_2}{\sqrt{s_p^2\left(\dfrac{1}{n_1} + \dfrac{1}{n_2}\right)}}$$

이 t 공식과 앞 절에서 사용했던 공식 모두, 표본 평균 간 차이를 평균 간 차이의 표준오차 추정치로 나눈 것임을 주목하라. 유일한 차이점은 이 표준오차를 추정하는 방법이다. 표본크기가 동일할 때, 변량의 통합 여부에 관계없이 전혀 아무런 차이가 없고 결과로 구해지는 t도 동일할 것이다. 그러나 표본의 크기가 같지 않을 때, 통합하는 것은 중요한 차이를 일으킬 수 있다.

t의 자유도

두 표본 변량(s_1^2과 s_2^2)이 t의 계산에 사용된다는 것을 알고 있다. 이 변량들 각각은 대응하는 표본 평균에 대한 편차제곱에 근거하며, 따라서 각 표본 변량은 $n_i - 1$ df를 갖는다. 그러므로 두 표본에 걸쳐 우리는 $(n_1 - 1) + (n_2 - 1) = n_1 + n_2 - 2$ df를 갖게 될 것이다. 그러므로 두 개 독립표본에서 t는 $n_1 + n_2 - 2$ 자유도에 근거하게 될 것이다.

복습하기

앞서 이 책에서 보았던 것보다 훨씬 더 많은 공식들을 다루었고 그 유도 과정에 더 많은 중점을 두었다. 잠시 멈추고서 이 모든 것들이 무엇을 위한 것인지 이야기하는 것이 좋겠다. 보기보다는 그렇게 산만하고 귀찮은 것이 아니다.

두 개 독립표본의 평균이 유의미하게 다른지 알고자 한다면, 두 평균 간 차이가 어떻게 보이는지를 알 필요가 있다. 다시 말해, 평균 간 차이의 표집분포를 알 필요가 있다. 그 분포는 평균이 전집 평균 간 차이와 동일하고, 표준오차는 상응하는 표본크기로 각각 나눈 전집 변량의 합의 제곱근과 동일할 것이다. 그 표본은 최소한 거의 정상적일 것이다.

이제 평균 간 차이의 표집분포에 대해 평균, 표준오차, 그리고 형태를 알고 있다. 전집 변량을 알고 있다면, 표본 평균 간 차이에서 전집 평균 간 차이를 빼고, 이것을 표준오차로 나누어 z 값을 계산할 수 있다. 이는 지금까지 다룬 z 값과 동일한 것이다.

하지만 우리는 전집 변량을 알지 못한다. 그래서 앞서 t 검증에서 했던 것과 동일하게, 전집 변량을 표본 변량으로 대체하여 그 결과를 t라고 부른다. 전집 변량을 표본 변량으로 대체할 때마다 그랬던 것처럼 자유도를 다룰 필요가 있다. 표본 평균을 이에 상응하는 전집 평균의 추정치로 사용하여 각 표본 변량을 구했기 때문에 자유도 한 개를 상실하게 되고, 따라서 분모는 각 변량 추정치마다 n에서 $n-1$로 바뀐다.

마지막으로, 두 표본 변량을 가지고 있을 때, 보통 전집 변량에 대해 더 나은 추정치를 얻기 위해 그것들의 평균을 구하고자 한다. 이러한 평균 구하기를 '통합하기'라고 한다. 표본 변량이 대체로 동일하고 특히 표본크기가 거의 동일할 때 통합 변량을 사용한다.

잠시 멈추고, 이러한 재검토가 이 장에서 지금까지 다룬 공식들에 얼마나 잘 들어맞는지 알아보기 위해 마지막 몇 페이지를 다시 살펴보라.

예: 거식증 재검토

두 독립 평균 간 차이에 대한 검증으로 t를 사용하는 것을 설명하기 위해, 에버릿(Everitt in Hand et al., 1994)의 거식증 치료에 관한 데이터에 대해 다른 분석을 해보자. 13장에서 평균의 변화는 그 차이가 반드시 가족치료 중재에 기인함을 뜻하지는 않는다는 것을 지적하였다. 아마 그 소녀들은 나이가 들고 신장이 커졌기 때문에 체중이 증가했을지도 모른다. 이를 통제할 수 있는 한 가지 방법은 '가족치료' 집단의 체중 증가량을 아무 치료도 받지 않았던 '통제' 집단 소녀들의 체중 증가량과 비교해보는 것이다. 소녀들의 체중 증가가 단지 그들이 나이가 들고 신장이 커졌기 때문이라면, 이 원인은 양쪽 집단에 똑같이 영향을 미쳐야 한다. 만약 체중 증가가 치료로 인한 것이라면, 치료집단의 체중만이 증가할 것이다. 다행히 에버릿은 그러한 데이터도 제공해주었다. 표 14.1에 이 데이터가 나와 있는데, 여기서는 치료 전과 후의 체중은 제시하지 않고 체중 증가량만 제시하였다.

통계적 검증을 고려하기 전(이상적으로는 데이터가 수집되기도 전)에 우리는 검증의 몇 가지 세부 사항들을 명세해야 한다. 먼저, 영가설과 대립가설을 세워야 한다. 'FT'와 'C'를 각각 '가족치료'와 '통제'를 나타내는 약자로 사용할 것이다.

표 14.1_ 가족치료 집단과 통제집단에서 체중 증가량

통제집단	통제집단	가족치료 집단	가족치료 집단
−0.5	3.3	11.4	9.0
−9.3	11.3	11.0	3.9
−5.4	0.0	5.5	5.7
12.3	−1.0	9.4	10.7
−2.0	−10.6	13.6	
−10.2	−4.6	−2.9	
−12.2	−6.7	−0.1	
11.6	2.8	7.4	
−7.1	0.3	21.5	
6.2	1.8	−5.3	
−0.2	3.7	−3.8	
−9.2	15.9	13.4	
8.3	−10.2	13.1	
평균	−0.45		7.26
표준편차	7.99		7.16
변량	63.82		51.23
n	26		17

$$H_0: \mu_{FT} = \mu_C$$
$$H_1: \mu_{FT} \neq \mu_C$$

대립가설은 양방향적이다(만약 $\mu_{FT} < \mu_C$ 또는 $\mu_{FT} > \mu_C$라면 H_0를 기각할 것이다. 따라서 양방검증을 사용하고 있다). 이 책의 다른 사례들과의 일관성을 위해 1종 오류의 확률을 .05로 둘 것이다. 즉 $\alpha = .05$이다(이 두 결정에 대해 특별히 아무것도 희생되는 것이 없다는 것을 명심하라).[2] 영가설이 앞서와 같이 진술되면 이제 t를 계산할 수 있다.

$$t = \frac{\overline{X}_1 - \overline{X}_2}{s_{\overline{X}_1 - \overline{X}_2}} = \frac{\overline{X}_1 - \overline{X}_2}{\sqrt{\dfrac{s_1^2}{n_1} + \dfrac{s_2^2}{n_2}}}$$

H_0: $\mu_{FT} - \mu_C = 0$을 검증하고 있기 때문에, $\mu_{FT} - \mu_C$ 항은 방정식에서 탈락되었다. 변량

2 예를 들어, μ_{FT}가 μ_C보다 5점 더 높다는 가설을 검증할 만한 타당한 이유가 있다면, 매우 드문 경우이긴 하지만 영가설을 H_0: $\mu_{FT} - \mu_C = 5$라고 한다. 유사하게 우리는 .01, .001, 심지어는 .10(이 값은 대부분의 사람들이 수용하는 것보다 더 크기는 하지만)에서 α를 설정할 수 있다.

을 통합하면 다음을 구하게 된다.

$$s_p^2 = \frac{(n_1 - 1)s_1^2 + (n_2 - 1)s_2^2}{n_1 + n_2 - 2}$$

$$= \frac{25(63.82) + 16(51.23)}{26 + 17 - 2} = \frac{1595.50 + 819.68}{41} = \frac{2415.18}{41} = 58.907$$

통합 변량의 값은 s_2^2과 보다 s_1^2에 더 가까운데, 그 이유는 s_1의 경우 표본크기가 더 크므로 더 큰 가중치가 주어졌기 때문이다. 그러면 각 변량을 이 공통 변량으로 대체하여 다음을 구하게 된다.

$$t = \frac{\overline{X}_1 - \overline{X}_2}{\sqrt{\frac{s_p^2}{n_1} + \frac{s_p^2}{n_2}}} = \frac{\overline{X}_1 - \overline{X}_2}{\sqrt{s_p^2\left(\frac{1}{n_1} + \frac{1}{n_2}\right)}} = \frac{-0.45 - 7.26}{\sqrt{58.907\left(\frac{1}{26} + \frac{1}{17}\right)}}$$

$$= \frac{-7.71}{\sqrt{5.731}} = \frac{-7.71}{2.394} = -3.22$$

이 사례에서, 집단 C는 $n_1 - 1 = 25$ df를, 집단 FT는 $n_2 - 1 = 16$ df를, 도합 $(n_1 - 1) + (n_2 - 1) = 41$ df를 갖는다. 부록의 표 D.6에 있는 t의 표집분포로부터 $t_{.05}(41) = \pm 2.021$(추정치)을 얻는다. 구해진 t 값(t 관찰값)이 t_α를 훨씬 초과하기 때문에, 우리는 H_0를 기각하고($\alpha = .05$, 양방검증) 관찰값들을 추출한 전집의 평균 간 차이가 있다고 결론 내릴 것이다. 다시 말해, 우리는 (통계적으로) $\mu_{FT} \neq \mu_C$, 그리고 (실제적으로) $\mu_{FT} > \mu_C$라고 결론 내릴 것이다. 실험변인의 관점에서, 가족치료를 받았던 거식증 소녀들은 아무 치료도 받지 않았던 통제집단보다 체중이 유의미하게 더 증가한다.[3]

*R*을 사용하여 분석한다면 결과는 다음과 같을 것이다. 이 분석의 코드는 이 장의 웹페이지에서 찾아볼 수 있다. 이 경우 나는 *R*이 변량들을 합하도록 지시하였다. 이 때문에 두 분석들은 완벽하게 일치한다. 코드의 핵심 줄은 단순히 다음과 같다.

```
result1 <- t.test(Gain ~ Trtment, var.equal = TRUE)
```

이 출력물 역시 차이에 대해 95% 신뢰구간을 제공한다는 점을 주목하라. 이 한계들은 둘 다 0.00에 대해 동일 측면에 있는데, 이는 유의미한 t 확률을 확증해준다.

3 가족치료 집단이 치료 여부에 의해서만 통제집단과 다르다고 가정하기 때문에, 치료의 효과 측면에서 결론을 내릴 수 있는 것이다. 만약 그 집단들이 참가자의 사전 체중 등과 같이 다른 차원에서도 서로 다르다면 결과가 불명확해질 수 있고, 치료는 사전 체중과 혼입(confounded)될 것이다.

2 표본 t 검증

데이터: 치료에 의해 얻어진다.

$$t = -3.2227,\ df = 41,\ p\ 값 = 0.002491$$

대립가설 : 평균 실제 차이가 0이 아니다.
95 % 신뢰구간 :

$$-12.549248\ \ -2.880164$$

표본 추정치 :

집단 1 평균	집단 2 평균
−0.450000	7.264706

14.2 변량의 이질성

두 개 독립표본에 대한 t 검증 배후에 있는 한 가지 가정이 변량의 동질성 가정이다 ($\sigma_1^2 = \sigma_2^2$). 이 가정이 유지되지 않는 것(예: $\sigma_1^2 \neq \sigma_2^2$)을 **변량의 이질성**(heterogeneity of variance)이라고 부른다. t 검증에서 변량 이질성의 실제 효과를 알아보기 위한 중요한 연구가 행해졌다. 이 연구 결과 우리는 이질적인 변량에 대한 적절한 분석에 관해 몇 가지 일반적인 결론을 내릴 수 있다.

첫 번째로 명심할 것은 동질성 가정이 표본 변량이 아니라 전집 변량에 관한 것이라는 점인데, 우리는 전집 변량들이 동일한 경우조차도 표본 변량들은 동일한 경우가 매우 드물 것이라고 예상한다. 수행된 표집연구에 기초했을 때, 일반적으로 한 표본 변량이 다른 표본 변량의 4배[4] 이하이면서 **동시에** 표본들의 크기가 같거나 거의 같다면, 통상적인 방식으로 t 값을 계산한다. 이러한 조건에서는 변량의 이질성이 결과에 심각한 영향을 미치지는 않을 것이다. 그러나 변량들이 상당히 다르고 표본크기들 역시 상당히 다르다면, 대안적 절차가 필요할 것이다.

변량이 이질적일 때 변량들을 통합하지 않고 각각 공식에 별도로 기입한다. 그리고 변량을 통합하지 않는데 덧붙여서 자유도를 조정하여 이질성을 고려한다. 이 접근은 흔히 웰치(Welch)의 해법으로 알려져 있다.

그러나 이 절차는 적용하기 쉽다. 단순히 별도의 변량 추정치를 이용하여(통합하지 말

4 여기서 숫자 4를 사용하는 것은 아마도 보수적일 것이다. 어떤 사람들은 표본크기가 거의 같은 한, 변량이 이보다 훨씬 상이할 때에도 표준적인 접근의 사용에 찬성할 것이다.

고) t를 계산하라. 그 다음 아래 공식을 이용하여 자유도를 조정하라. 마지막으로, 영가설의 t 확률을 계산하라. 이렇게 수행한 결과는 흔히 '웰치의 2 표본 t 검증'이라는 명칭으로 통계 소프트웨어에서 보고된다.

에버릿의 연구에서 다음을 구할 수 있다.

$$\overline{X}_1 = -0.45 \quad \overline{X}_2 = 7.26$$
$$s_1^2 = 63.82 \quad s_2^2 = 51.23$$
$$n_1 = 26 \quad n_2 = 18$$

$$t = \frac{\overline{X}_1 - \overline{X}_2}{\sqrt{\frac{s_1^2}{n_1} + \frac{s_2^2}{n_2}}} = \frac{-0.45 - 7.26}{\sqrt{\frac{63.82}{26} + \frac{51.23}{17}}} = \frac{7.71}{2.338} = 3.297$$

변량이 매우 다르기 때문에(하나가 다른 것의 6배 이상) 그것들을 통합하지 않았다. 그 다음 조정된 *df*를 계산할 필요가 있는데, 이를 *df*"으로 표기한다.

$$df'' = \frac{\left(\frac{s_1^2}{n_1} + \frac{s_2^2}{n_2}\right)^2}{\frac{\left(\frac{s_1^2}{n_1}\right)^2}{n_1 - 1} + \frac{\left(\frac{s_2^2}{n_2}\right)^2}{n_2 - 1}}$$

$$= \frac{\left(\frac{63.82}{26} + \frac{51.23}{17}\right)^2}{\frac{\left(\frac{63.82}{26}\right)^2}{25} + \frac{\left(\frac{51.23}{17}\right)^2}{16}}$$

$$= \frac{29.9003}{.2410 + .5676} = 36.978$$

작업이 많아 보이지만 대부분의 소프트웨어들이 이 일을 해줄 것이다. 예를 들어 *R*에서 다음과 같이 쓸 수 있다.

```
result1 <- t.test(GAIN ~TRTMENT, var.equal = FALSE)
```

이 코드를 실행시키면 조정된 *df*"가 단지 .001만큼만 앞서와 차이가 난다는 것을 알 수 있을 터인데, 이는 단순히 반올림 오차에 불과한 것이다.

SPSS에서 이 분석을 실행하기 위해서는 먼저 한 열에 집단을 나타내고(통상 1과 2로 부호화한다) 두 번째 열에 종속변인을 포함시킨다. 그 다음 *Analyze/Compare Means/Independent Samples T test*를 선택한다. 그 다음 종속변인(dependent variable)에 'Test Variable'을, 집단변인(Group variable)에 'Group Variable'을 배정하고 집단변인의 부호(통상 1과 2)를 정의한다. SPSS는 정규 해법과 웰치의 해법 양자를 생성하는데, 후자는 '동변량을 가정하지 않음(equal variances not assumed)'이라고 표시된다.

[변량의 이질성 문제에 관해 보다 완벽한 논의는 하월(Howell, 2012)에서 찾을 수 있다.]

변량이 이질적인 원인은 무엇인가?

'가족치료' 집단의 변량이 '통제' 집단의 변량보다 훨씬 더 컸다면 어떻게 해야 할까? 우리는 자유도 조정을 사용하고 계속 작업해나갈 수 있다. 하지만 실제로는 중지하고 '이유'를 물어야 한다. 이 집단의 변량이 그처럼 큰 이유는 무엇일까? 한 가지 매우 뚜렷한 가능성은 가족치료가 어떤 소녀들에게는 매우 효과적이지만 다른 소녀들에게는 전반적으로 효과가 없는 반면, 통제 집단에서는 그러한 효과가 전혀 없었을 가능성이다. 이 때문에 변량에 있어 커다란 차이가 일어났을 수 있다. 그러한 발견은 중요한 것으로서 우리의 연구 관심사를 옮기도록 할 수 있다. 우리는 가족치료를 더 상세히 살펴보고 그러한 차별적 효과를 일으키는 것이 무엇인지 물을 수 있다. 사실상 그것은 맨 처음 질문했던 것보다 훨씬 더 중요한 질문일 수 있다. 변량의 이질성이 항상 잡음에 불과한 것은 아니다. 때로는 무엇인가 중요한 것을 우리에게 알려준다. 연구는 평균들에 관한 연구에 국한된 것은 아니다. 우리가 통계적 유의도에만 전적으로 초점을 맞추지 않아야 하는 것과 마찬가지로 신뢰한계와 효과크기 역시 주목해야 하고, 마찬가지로 집단 차이가 상이한 방식에 기인할 가능성을 잊지 말아야 한다.

14.3 분포의 비정상성

t 검증의 정확한 사용을 위해 요구되는 또 다른 가정이, 데이터가 표집된 전집이 정상적으로 분포한다는(또는 최소한 평균 간 차이의 표집분포가 정상적이다) 가정이라는 것을 앞서 살펴보았다. 일반적으로 표본 데이터의 분포가 대략 산 모양(중앙이 높고 양 끝으로 갈수록 낮아지는 모양)이라면, 검증은 타당할 것이다. 이것은 특히 큰 표본에서 그러한데(n_1과 n_2가 30보다 더 큰 경우), 그러한 경우 평균 간 차이의 표집분포의 정상성을 중심극한정리가 거의 보장하기 때문이다.

14.4 두 개 독립표본의 두 번째 예

애덤스 등(Adams, Wright, & Lohr, 1996)은 동성애 혐오(동성애에 대한 비이성적 공포나 혐오)가 현재 동성애자이거나 장차 동성애자가 될 가능성에 대한 불안과 무의식적으로 관

표 14.2_ 동성애 혐오 남성과 비혐오 남성의 성적 각성 수준에 대한 애덤스 등(1996)의 데이터

동성애 혐오						동성애 비혐오					
39.1	38.0	14.9	20.7	19.5	32.2	24.0	17.0	35.8	18.0	−1.7	11.1
11.0	20.7	26.4	35.7	26.4	28.8	10.1	16.1	−0.7	14.1	25.9	23.0
33.4	13.7	46.1	13.7	23.0	20.7	20.0	14.1	−1.7	19.0	20.0	30.9
19.5	11.4	24.1	17.2	38.0	10.3	30.9	22.0	6.2	27.9	14.1	33.8
35.7	41.5	18.4	36.8	54.1	11.4	26.9	5.2	13.1	19.0	−15.5	
8.7	23.0	14.3	5.3	6.3							
평균	24.00					평균	16.50				
변량	148.87					변량	139.16				
n	35					*n*	35				

련된다는 기초 정신분석이론에 관심을 두었다.[5] 그들은 64명 이성애자 남성에게 동성애 혐오 설문(index of homophobia)을 실시하고서 그 점수를 바탕으로 참가자들을 동성애 혐오자 또는 비혐오자로 분류하였다. 그러고 나서 참가자들에게 이성애와 동성애를 노골적으로 묘사하는 성적인 비디오테이프를 보여주고서 그들의 성적 각성 수준을 기록하였다. 애덤스 등의 추론에 따르면, 동성애 혐오가 자신의 성적 관심에 대한 불안과 무의식적으로 관련된다면, 동성애 혐오자는 비혐오자에 비해 동성애 비디오에 대해 더 큰 각성을 보일 것이다.

이 사례에서는 단지 동성애 비디오의 데이터만 조사할 것이다(이성애 비디오에서는 집단 차이가 없었다). 애덤스가 수집한 데이터와 평균 및 통합 변량이 동일하도록 표 14.2의 데이터가 만들어졌기 때문에 우리의 결론은 애덤스의 결론과 동일할 것이다.[6] 종속변인은 4분 비디오가 끝났을 때 각성 정도인데, 값이 클수록 큰 각성을 나타낸다.

통계적 검증을 고려하기 전에, 그리고 이상적으로는 데이터를 수집하기 전에 검사의 여러 특성들을 명세해야 한다. 첫째, 영가설과 대립가설을 명세해야 한다.

$$H_0: \mu_1 = \mu_2$$
$$H_1: \mu_1 \neq \mu_2$$

대립가설은 양방적이며(만약 $\mu_1 < \mu_2$, 또는 $\mu_1 > \mu_2$라면 H_0를 기각할 것이다), 따라서 양방

---

5 지지하는 견해로서 와인슈타인 등(Weinstein, Ryan, DeHaan et al., 2012)을, 반대 견해로서 마이어 등(Meier, Robinson, Gaither, & Heinert, 2006)을 참고하라.

6 실제로는 각 평균에 12점을 더했는데, 이는 많은 부적 점수를 피하기 위해서이다. 하지만 이는 결과나 계산에 조금도 변화를 일으키지 않는다.

검증을 사용할 것이다. 이 책의 다른 사례와의 일관성을 위해 $\alpha = .05$를 적용할 것이다. 앞서 진술한 영가설에서 t를 다음과 같이 계산할 수 있다.

$$t = \frac{\overline{X}_1 - \overline{X}_2}{s_{\overline{X}_1 - \overline{X}_2}} = \frac{\overline{X}_1 - \overline{X}_2}{\sqrt{\dfrac{s_p^2}{n_1} + \dfrac{s_p^2}{n_2}}}$$

H_0: $\mu_1 - \mu_2 = 0$을 검증하고 있기 때문에 $\mu_1 - \mu_2$ 항은 방정식에서 탈락된다. 표본 변량이 매우 유사하므로 변량의 이질성을 염려할 필요가 없기 때문에 표본 변량을 통합해야 한다. 그렇게 하여 다음을 구하였다.

$$s_p^2 = \frac{(n_1 - 1)s_1^2 + (n_2 - 1)s_2^2}{n_1 + n_2 - 2}$$
$$= \frac{34(148.87) + 28(139.16)}{35 + 29 - 2} = 144.48$$

통합 변량이 값에 있어 s_1^2보다는 s_2^2에 약간 더 가까운데, 이는 표본크기가 더 커서 s_1^2에 더 큰 가중치를 주었기 때문이다.

$$t = \frac{\overline{X}_1 - \overline{X}_2}{\sqrt{\dfrac{s_p^2}{n_1} + \dfrac{s_p^2}{n_2}}} = \frac{24.00 - 16.50}{\sqrt{\dfrac{144.48}{35} + \dfrac{144.48}{29}}} = \frac{7.50}{\sqrt{9.11}} = 2.48$$

따라서 위 사례에서 동성애 혐오집단의 경우 $n_1 - 1 = 34\,df$이며 동성애 비혐오집단의 경우 $n_2 - 1 = 28\,df$이고, 전체는 $n_1 - 1 + n_2 - 1 = 62\,df$이다. 부록 D.6의 t 표집분포에서 $t_{.025}(62) = \pm 2.003$(선형적 보간을 적용한다)이다. 구한 t 값이 t_α를 훨씬 초과하므로, H_0를 기각하고($\alpha = .05$에서) 관찰값이 추출된 전집들의 평균들 간 차이가 존재한다고 결론 내린다. 바꾸어 말하면 (통계적으로) $\mu_1 \neq \mu_2$이고 (실제적으로) $\mu_1 > \mu_2$라고 결론 내릴 것이다. 실험변인의 관점에서, 동성애 혐오 참가자들은 동성애 비혐오 참가자보다 동성애 비디오에 대해 더 큰 각성을 보인다.[7] (정확한 확률은 http://www.danielsoper.com/statcalc3/calc.aspx?id=8 또는 http://statpages.org/pdfs.html에서 $p = .0159$라는 것을 알 수 있다. 후자 출력물의 스크린샷은 그림 14.3에 제시되어 있다.)

7 이는 고립된 결과가 아니다. 다른 실험들 역시 유사한 결과를 구했다. 밀접하게 관련된 주제에 대한 매우 흥미로운 사례가 윌러 등(Willer, Rogalin, Conlon, & Wojnowicz, 2013)의 연구이다.

그림 14.3_ http://www.statpages.org/pdfs.html에서 확률 계산기

스튜던트 t

t	d.f.	p
2.48	62	0.0159
Calc t		Calc p

주: p는 분포의 양방 영역이다.
출처: John C. Pezzullo

SPSS와 *R*

SPSS와 *R* 모두 매우 유사한 결과를 내놓는다. SPSS 출력물과 *R*의 출력물이 아래에 차례대로 제시되었다.

SPSS

T-Test

```
[DataSet1] C:\Users\Dave\Dropbox\Webs\fundamentals9\DataFiles\Tab14-2.sav
```

집단 통계치

동성애 혐오		*N*	평균	표준편차	표준오차 평균
각성	y	35	24.000	12.2013	2.0624
	n	29	16.503	11.7966	2.1906

독립 표본 검증

	변량의 동질성을 위한 Levene 검증		평균의 등가성을 위한 t 검증						
								차이의 95% 신뢰구간	
	F	Sig.	*t*	*df*	Sig. (양방)	평균 차이	표준오차 차이	하한	상한
각성 동변량을 가정함	.391	.534	2.484	62	.016	7.4966	3.0183	1.4630	13.5301
동변량을 가정하지 않음			2.492	60.495	.015	7.4966	3.0087	1.4794	13.5138

R

```
# Adams et al. data on homophobia
data <- read.table("http://www.uvm.edu/~dhowell/
fundamentals9/DataFiles/Tab14-2.dat", header = TRUE)names(data)
attach(data)
t.test(Arousal ~ Homophobic, var.equal = TRUE)

       Two Sample t-test

data: Arousal by Homophobic
t = -2.4837, df = 62, p-value = 0.01572
alternative hypothesis: true difference in means is not equal to 0
95 percent confidence interval:
-13.53012 -1.46298
sample estimates:
mean in group n mean in group y
    16.50345 24.00000
```

14.5 다시 효과크기

집단 간 차이가 통계적으로 유의미하다는 진술에 추가하여, 집단 간 차이의 크기에 관한 정보를 독자에게 제공하는 문제를 다시 다루게 되었다. 애덤스 등의 사례는 평균 간 차이의 실제 값이 유용하지 않은 상황이므로 이러한 목적에 적합하다. 우리 누구도 성적 각성에 있어 7.5점 차이가 큰 차이인지 아니면 작은 차이인지 알지 못한다. 더 나은 측정치가 필요한 것이다.

12장과 13장에서 평균(원점수 단위) 간 차이의 크기를 표준편차 크기로 척도화하여 나타내는 통계치($\hat{d}$)를 사용했다. 그러나 이 경우 우리가 사용한 표준편차는 전집 가운데 어느 하나의 추정된 표준편차이다. 한 벌의 관찰값을 갖고 있을 때에는 그 관찰값의 표준편차를 사용했다. 차이 점수를 갖고 있을 때에는 일반적으로 사전 검사 점수의 표준편차를 사용했다. 여기서 우리는 두 개의 표준편차(각 집단마다 한 개씩)를 갖고 있으며, 따라서 선택 범위가 둘이다. 어느 한 표준편차가 두드러지게 보이는 상황에서는 그것을 사용하라. 예를 들어, 참 통제집단이 있다면 그 표준편차가 논리적인 선택이 될 것이다. 명백한 통제집단이 없다면 두 집단의 변량을 통합해서 그 제곱근을 구한다(s_p). (만약 눈에 띄게 변량들이 상이하다면, 우리는 한 표본의 표준편차를 사용할 가능성이 큰데, 독자에게 그 사실을 알리도록 할 것이다.)

동성애 혐오에 대한 데이터에서 통합 변량은 144.48이므로 단순히 그 제곱근을 구할 필요가 있다. 이제 다음을 구한다.

$$\hat{d} = \frac{\overline{X}_1 - \overline{X}_2}{s_p} = \frac{24.00 - 16.50}{\sqrt{144.48}} = \frac{24.00 - 16.50}{12.02} = 0.62$$

이 결과는 두 집단 간 차이를 표준편차 단위로 표시하는데, 동성애 혐오 참가자의 평균 각성이 동성애 비혐오 참가자의 각성보다 표준편차의 거의 2/3만큼 더 높다는 것을 알려준다. 이는 매우 큰 차이이다.

주의해야 할 사항이 있다. 동성애 혐오의 사례에서 측정 단위는 매우 임의적이므로 7.5 차이는 본질적 의미가 전혀 없다. 따라서 이를 표준편차에 따라 표시하는 것이 더 의미가 있는데, 이렇게 하면 그 의미를 어느 정도는 이해할 수 있기 때문이다. 그러나 체중 증가와 같이 원 단위들이 의미 있는 사례들이 많은데, 이러한 경우에는 측정치를 표준화하는 것(표준편차 단위로 보고하는 것)이 별다른 의미가 없다. 우리는 평균 간 차이 또는 평균의 비율 또는 유사한 통계치를 명시하는 것을 선호한다. 앞서 달 착시에 관한 사례가 적절한 경우이다. 지평선 달이 중천의 달보다 거의 절반 정도 더 크게 보인다고 말하는 것이 훨씬 더 의미 있으며, 표준화된 단위로 변환하면 혼란만 일어날 뿐 아무런 이점이 없다. 독자가 차이크기를 올바르게 이해할 수 있도록 하는 것이 중요한 목표이므로, 이 차이를 가장 잘 표시해주는 측정치를 선택해야 한다. 어떤 경우에는 $\hat{d}$과 같이 표준화된 측정치가 최선이며 다른 경우에는 평균 간 거리와 같은 측정치가 더 낫다. 양자 모두 사용하는 것을 금하는 것은 전혀 없다.

14.6 $\mu_1 - \mu_2$에 대한 신뢰한계

전집 평균에 대한 영가설($\mu_1 - \mu_2 = 0$) 검증과 효과크기 진술에 덧붙여, μ_1과 μ_2 간 차이에 대한 신뢰한계를 조사해볼 것이다. 이러한 신뢰한계의 설정 논리는 12장의 단일표본 경우와 동일하다. 그 계산은 평균 그리고 평균의 표준오차 대신 평균 간 차이 그리고 평균 간 차이의 표준오차를 사용한다는 것을 제외하고는 동일하다. 따라서 $\mu_1 - \mu_2$에 대한 95% 신뢰한계는 다음과 같다.

$$CI_{.95} = (\overline{X}_1 - \overline{X}_2) \pm t_{.05}s_{\overline{X}_1 - \overline{X}_2}$$

동성애 혐오증 연구에서 다음을 구한다.

$$CI_{.95} = (\overline{X}_1 - \overline{X}_2) \pm t_{.05}s_{\overline{X}_1 - \overline{X}_2} = (24.00 - 16.5) \pm 2.00\sqrt{\frac{144.48}{35} + \frac{144.48}{29}}$$
$$= 7.50 \pm 2.00(3.018) = 7.5 \pm 6.04$$
$$1.46 \leq (\mu_1 - \mu_2) \leq 13.54$$

(*R*과 SPSS는 동일한 결과를 내놓는다. 단지 *R*의 해답은 부적인데, 그 이유는 동성애 비혐오 집단의 평균에서 동성애 혐오집단의 평균을 빼기 때문으로서, 우리와 SPSS는 반대로 한다.) 이렇게 계산된 구간(1.46, 13.54)이, 동성애 혐오 참가자와 비혐오 참가자의 동성애 비디오에 대한 각성의 차이를 포함할 확률은 .95이다. 이 구간이 넓기는 하지만 0을 포함하지는 않는다. 이는 영가설의 기각과 일치하며, 동성애 혐오자가 사실상 동성애 비혐오자보다 동성애 비디오에 의해 더 성적으로 각성된다고 말할 수 있게 해준다. 한편, 이처럼 구간이 크면 주의해야 하는데, 비록 통계적으로 유의미한 효과를 구하고 꽤 커다란 효과크기(0.62)가 존재한다 할지라도, 평균들 간 차이의 크기에 대해 충분히 의심해야 한다.

14.7 결과를 그래프로 나타내기

동성애 혐오 연구결과를 쉽게 이해할 수 있도록 그래프로 나타내는 데 있어 많은 방법이 있다. 아마도 가장 흔한 것은 표준적인 막대그래프일 것이다. 막대그래프에서 *X*축 위의

그림 14.4_ 동성애 혐오 참가자와 동성애 비혐오 참가자의 각성 크기

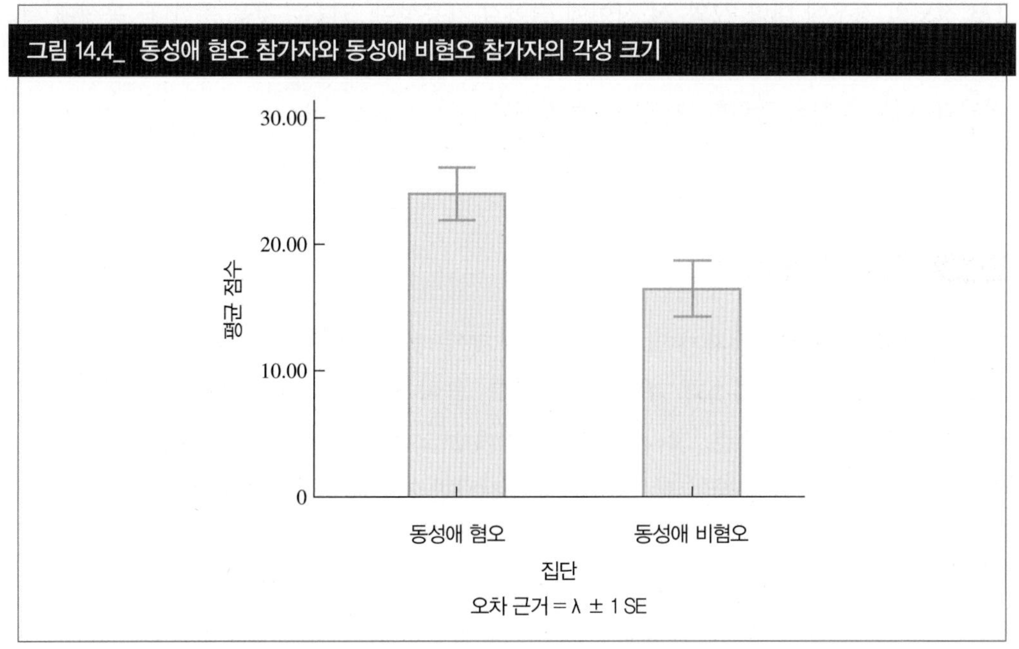

막대 높이는 표본 평균을 나타내며, 각 집단마다 한 개의 막대가 있다. 출간된 많은 연구 논문들에서 여러분은 또한 '오차 막대(error bar)'라고 부르는 것을 볼 것이다. 오차 막대의 문제는 이 막대가 무엇을 나타내는지 알기가 항상 쉽지는 않다는 것이다. 그림 14.4의 오차 막대는 I자형 들보처럼 생겼는데, 평균으로부터 위쪽과 아래쪽으로 1 표준오차를 나타낸다. 바꾸어 말하면 $\overline{X} \pm s/\sqrt{n}$이다. 그러나 어떤 저자들은 평균의 양쪽 방향으로 2 표준오차를 그리고, 어떤 저자들은 신뢰한계나 표준편차를 나타내는 데 사용하기도 한다. 여러분은 저자가 무엇을 나타내는지 조심스럽게 살펴봐야 한다.

이상 데이터에서 통합 변량은 144.48이고 통합된 표준편차는 $\sqrt{144.48} = 12.02$이다. 동성애 혐오집단의 35명 참가자들과 동성애 비혐오집단의 29명의 경우 각각의 표준오차는 다음과 같다.

$$se_H = \frac{s_H}{\sqrt{n_H}} = \frac{12.02}{\sqrt{35}} = 2.03$$

그리고

$$se_{NH} = \frac{s_{NH}}{\sqrt{n_{NH}}} = \frac{12.02}{\sqrt{29}} = 2.23$$

따라서 오차 막대의 끝은 동성애 혐오집단의 경우 $24.00 \pm 2.03 = 21.97$과 24.03, 동성애 비혐오집단의 경우 $16.50 \pm 2.23 = 14.27$과 18.73이다. 이 연구에서 오차 막대가 꽤 짧다는 점에 주목하라. 이는 이 연구를 여러 번 반복한다면 동성애 혐오집단의 평균들이 약

2/3 정도의 경우에 대략 22와 24 사이에 떨어질 가능성이 크다는 것을 뜻한다. 동성애 혐오집단의 평균이 동성애 비혐오집단의 영역으로 내려갈 가능성이 매우 희박할 것으로 예상된다. 이는 분명히 강력한 효과라고 여겨진다.

14.8 결과 기술하기

앞 장에서처럼 맨 먼저 독자가 알 필요가 있는 것에 대해 개요를 쓸 필요가 있다. 즉, 매우 간략한 용어로 연구의 목적과 절차를 기술하고, 글이나 표를 통해 평균과 표준편차를 보고하며, t를 df와 확률 수준, 그리고 결론과 함께 보고하고, 효과크기에 관해 진술해야 한다. 그 후 결론을 맺는 문장이 필요하다. 매우 간략한 기술의 사례를 들어보자.

> 애덤스 등(Adams, Wright, & 1996)은 동성애 혐오 참가자와 동성애 비혐오 참가자에게서 동성애 혐오와 성적 각성 간 관계를 조사했다. 그들은 동성애 혐오가 자신의 성적 관심에 관한 불안과 직접 관련되어 있으며 동성애 혐오 남성은 동성애 비혐오 남성보다 동성애 비디오에 의해 더 각성될 것이라고 이론을 세웠다.
>
> 연구자들은 64명의 참가자들을 조사했는데, 35명은 동성애 혐오 척도에서 높은 점수를 기록했고 29명은 동성애 혐오로 분류되지 않았다. 각 참가자는 성적으로 뚜렷한 동성애 행동 비디오를 보았고 성적 각성 수준을 측정 받았다. 결과에 따르면, 동성애 혐오 참가자의 평균 성적 각성은 24.00(SD = 12.20)인 반면, 동성애 비혐오 참가자의 평균 각성 수준은 16.50(SD = 11.80)이었다. 평균 간 차이에 관한 t 검증은 통계적으로 유의미하였다[$t(62) = 2.48$, $p = .016$]. 조건 간의 7.50단위 차이는 $\hat{d} = 0.62$로 변환되었는데, 이는 집단 평균들이 거의 2/3 표준편차만큼 상이하다는 것을 나타낸다. 저자들은 동성애 혐오가 자신의 성적 관심에 대한 공포에 기인한다는 자신들의 이론이 유의미하게 지지받았다고 결론을 내렸다.

14.9 행운의 마스코트가 효과가 있는가?

데미쉬 등(Damisch, Stoberock, & Mussweiler, 2010)은 미신이 실제로 행동을 향상시키는지 여부를 조사하는 흥미로운 일련의 네 개 연구들을 수행했다. 네 연구 모두 일관된 결과를 보고하였는데, 효과의 존재에 관해서뿐만 아니라 그 효과의 가능한 이유들에 관해서도 그러하였다. 여기서는 세 번째 연구에 초점을 맞추겠다.

데미쉬 등은 대학생 41명에게 행운의 마스코트를 실험에 가져오도록 요구하였다. 이 학생들 가운데 무선적으로 선발된 절반 학생들은 행운의 마스코트가 있을 때 기억 과제를 수행하도록 요구받았다. 다른 학생들은 다른 방에 행운의 마스코트를 두고서 행운의 마

표 14.3_ 데미쉬 등(2010)의 데이터

행운의 마스코트가 있는 경우					행운의 마스코트가 없는 경우				
0.15	−1.07	−0.81	0.42	−1.06	0.47	1.48	−0.99	−0.22	−1.34
−0.42	−1.44	0.83	0.39	0.66	1.17	0.82	0.17	0.69	−0.13
0.76	−0.80	−0.84	−1.02	−0.03	1.62	0.51	−1.00	0.98	−2.02
0.03	−0.53	−0.71	0.11	−0.29	0.66	0.23	0.64	1.19	0.66
0.00									
$\Sigma X_1 = -5.66$					$\Sigma X_2 = 5.59$				
$\Sigma X_1^2 = 10.48$					$\Sigma X_2^2 = 19.47$				

스코트 없이 과제를 수행하였다. 종속변인은 기억 과제를 성공적으로 완성하는 데 필요한 시간과 시행수의 결합 측정치였다. 이 경우 낮은 점수는 더 우수한 수행을 나타낸다. 표 14.3 아래의 데이터는 데미쉬 등이 수집한 데이터와 평균 및 변량에 있어 동일하다.

이번에는 이 장에서 다루었던 자료를 개관하는 데 도움이 되도록 일련의 단계에 따라 문제를 풀어나갈 것이다.

1. 무엇을 검증하는가? 먼저 영가설과 유의도 수준, 그리고 일방 혹은 양방검증 가운데 어떤 검증을 할 것인지를 결정해야 한다. 두 집단이 과제를 수행할 때 행운의 마스코트가 있는지 여부에 관계없이 동일한 평균 점수를 보인다는 영가설, 즉 H_0: $\mu_1 = \mu_2$를 검증하고자 한다. 지금까지 사용해왔던 그대로 $\alpha = .05$에서 알파를 설정할 것이다. 마지막으로 행운의 마스코트의 존재가 방해되어 더 빈약한 수행이 초래될 수도 있기 때문에 양방검증을 선택할 것이다.
2. 표본 통계치를 계산한다. 평균과 변량은 다음과 같다.

$$\overline{X}_1 = \frac{-5.66}{21} = -\ 0.27 \qquad \overline{X}_2 = \frac{5.59}{20} = 0.28$$

$$s_1^2 = \frac{10.48 - \frac{-5.66^2}{21}}{20} = 0.448 \qquad s_2^2 = \frac{19.47 - \frac{5.59^2}{20}}{19} = 0.943$$

3. 변량을 통합한다.

$$s_p^2 = \frac{(n_1 - 1)s_1^2 + (n_2 - 1)s_2^2}{n_1 + n_2 - 2}$$

$$= \frac{(20)0.448 + (19)0.943}{21 + 20 - 2} = 0.689$$

4. t를 계산한다.

$$t = \frac{\overline{X}_1 - \overline{X}_2}{\sqrt{\frac{s_p^2}{n_1} + \frac{s_p^2}{n_2}}} = \frac{-0.27 - 0.28}{\sqrt{\frac{0.689}{21} + \frac{0.689}{20}}} = \frac{-0.55}{0.259} = -2.12$$

5. 결론을 도출한다. 이 사례에서 자유도는 $n_1 + n_2 - 2 = 39$ df이다. 부록의 표 D.6에서 $t_{.05} = 2.021$을 알 수 있다. $2.021 < \pm 2.12$이므로 영가설을 기각할 것이다. 행운의 마스코트 존재가 이 과제의 보다 우수한 평균 수행과 관련된다고 결론 내릴 것이다(이 결과는 데미쉬 등이 보고한 다른 세 연구와 일치한다).
6. 효과크기 측정치를 계산한다. 이 사례에서 효과크기는 코언의 $\hat{d}$을 사용하여 계산하는 것이 최선이다. 이때 표준편차로서 통합 변량 추정치의 제곱근을 사용하는데, 그 이유는 어느 한 집단만의 표준편차를 사용할 뚜렷한 이유가 없기 때문이다.

$$\hat{d} = \frac{\overline{X}_1 - \overline{X}_2}{\sqrt{0.689}} = \frac{-0.27 - 0.28}{0.830} = \frac{-0.55}{0.830} = -0.66$$

이는 행운의 마스코트와 함께 있은 집단이 그렇지 않은 집단보다 2/3 표준편차만큼 낮은 점수를 기록했다는 것을 보여준다. 낮은 점수가 우수한 수행을 나타내므로, 미신적 행동이 수행 향상을 초래할 수 있는 것으로 보인다.

7. $\hat{d}$에서 신뢰구간을 계산한다. 앞서 사용했던 *R*에서 ci.smd 함수를 사용하는 것이 가장 쉽다.

```
Library(MBESS)
ci.smd (smd = -0.66, n.1 = 21, n.2 = 20)
$Lower.Conf.Limit.smd
[1] -1.285536
$smd
[1] -0.66
$Upper.Conf.Limit.smd
[1] -0.02646733
```

신뢰구간의 폭이 매우 넓지만, 0을 포함하고 있지는 않다. 평균 차이에서 신뢰구간 역시 매우 넓다는 것을 알게 될 것이다. 그러나 이 저자들이 수행한 네 개 실험 모두가 매우 유사한 결론에 도달했다는 점에 주목하는 것이 중요하다.

8. 평균 차이에서 신뢰한계를 계산한다. 신뢰한계는 다음과 같다.

$$\begin{aligned} CI_{.95} &= (\overline{X}_1 - \overline{X}_2) \pm t_{(.05)}(s_{\overline{X}_1 - \overline{X}_2}) \\ &= (-0.27 - 0.28) \pm 2.021(0.259) = (-0.55) \pm 0.523 \\ &= -1.07 \le (\mu_1 - \mu_2) \le -.027 \end{aligned}$$

평균 차이에서 신뢰구간의 문제는, 이 경우 알려주는 바가 별로 없다는 것이다. 여러분이나 나나 저자들이 만든 종속변인에 친숙하지 않으므로 여기서 값들이 실제로 얼마나 큰지 알지 못한다. 효과크기가 더 나을 것이다.

9. 결과 기술하기:

   미신 행동이 수행에 영향을 미칠 수 있는지 여부를 조사하기 위해 설계된 연구에서 데미쉬 등(2010)은 참가자들로 하여금 그들이 실험에 가져온 행운의 마스코트와 함께한 상황 또는 함께하지 않은 상황에서 기억 과제를 수행하도록 하였다. 그 결과, 행운의 마스코트와 함께한 집단($\overline{X} = -0.27$, sd = .67)은 그렇지 않은 집단($\overline{X} = 0.28$, sd = .97)보다 수행이 더 우수하였다[$t(39) = 2.12$, $p = .04$, 코언의 $\hat{d} = 0.66$]. 이 연구에서 다른 실험들은 마스코트 집단이 더 큰 자기 효능감을 보고하였다는 것을 밝혔는데, 저자들은 마스코트 효과를 자기 효능감으로 설명할 수 있다고 제안하였다.

14.10 통계 보기

평균 간 차이의 표집분포를 살펴봄으로써 이 장을 시작했다. 이 분포가 어떤 형태인지, 그리고 그것이 평균 간 참 차이, 표본크기, 전집 표준편차와 어떻게 관련되는지를 'Sampling Distribution of Mean Differences'라는 이름의 애플릿에서 볼 수 있는데, 이는 이 책의 웹사이트에 있다. 초기 화면의 예시는 다음과 같다.

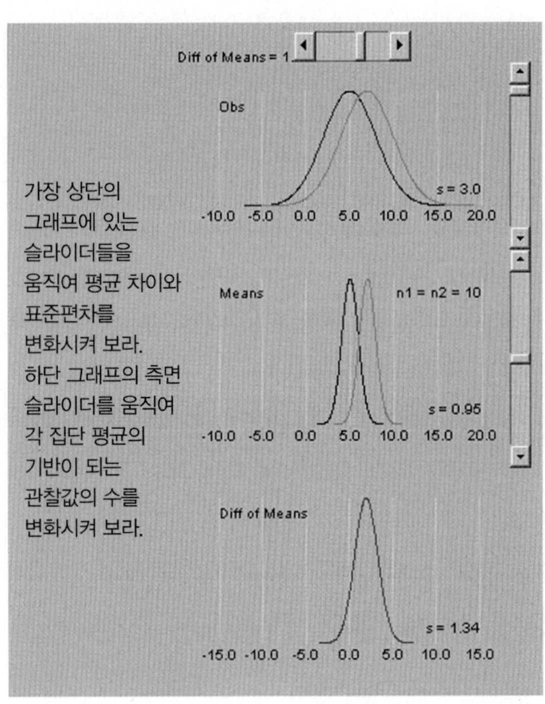

세 개 분포가 나와 있다. 맨 위에 있는 쌍은 표집 대상인 전집을 나타내고, 중앙의 분포는 각 전집으로부터 추출된 평균들의 분포이다. 맨 아래에 있는 분포는 평균 차이들의 표집분포이다. 화면 맨 위에 전집 평균들 간 차이를 바꿀 수 있는 슬라이더가 있다. 상단 우측에는 전집의 표준편차를 바꿀 수 있는 슬라이더가 있고, 그 아래에는 표본크기를 바꿀 수 있는 슬라이더가 있다.

맨 위의 슬라이더를 움직여서 전집 평균들 간 차이를 증가시켜 보라. 또한 평균들의 표집분포의 위치를 변화시켜 보라. 가장 중요한 것은 평균들 간 차이의 표집분포의 평균을 변화시켜 보는 것이다.

추가적인 애플릿[제목이 '평균들 간 차이에 대한 *t* 검증(*t*-test on differences between means)'이다]에서 평균들, 표준편차들, 또는 표본크기들을 지정하고 이것이 *t* 그리고 관련 확률 양자에 미치는 영향을 알아볼 수 있다. 이 애플릿은 *t* 값 그리고 두 평균들의 비교를 위한 확률을 계산해준다. 초기 화면은 다음과 같다. 그 사용 방식은 자기 설명적인데, 각 값을 입력한 후 'Enter' 키나 'Return' 키를 반드시 눌러야 한다.

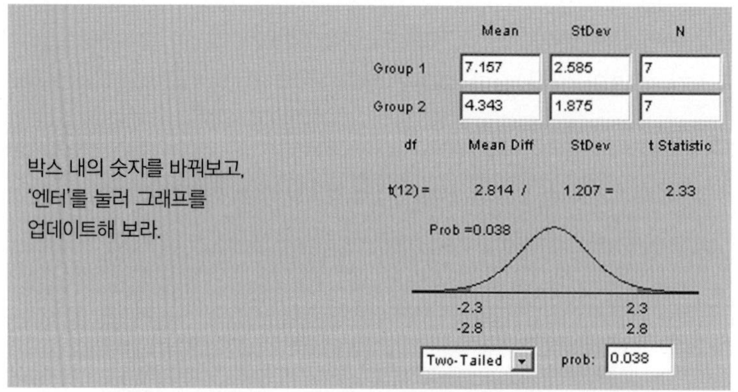

표 14.2에 있는 동성애 혐오 연구의 데이터를 갖고서 해당되는 통계치를 입력해보라. 그 답이 우리가 구했던 것과 일치하는가?

동일한 사례를 이용하여 각 집단에 단지 10명의 참가자만 있다고 가정하라. 그 결과가 여전히 유의미한가? 이는 표본크기의 중요성에 대해 무엇을 알려주는가? (이는 다음 장에서 중요한 주제이다.)

14.11 요약

이 장은 두 개 표본 평균들의 비교에 초점을 두었기 때문에, 평균 차이들의 표준오차, 즉 두 표본의 평균들 간 차이들의 이론적 세트의 표준편차를 살펴보는 데에서 시작하였다. 독립표본의 경우 이는 단순히 표본크기로 나눈 각 변량의 합의 제곱근이 된다.

그 후 중심극한정리에 의거하여 차이들의 분포가 광범위한 조건하에서 정상적으로 분포함을 살펴보았다.

t를 계산하기 위해 단순히 표본 평균들 간 차이를 구하고 차이의 표준오차의 추정치로 나누었다. 이 추정치를 계산하기 위해 흔히 두 변량들을 통합하는데, 이는 두 변량의 가중 평균을 구해서 이것으로 각 변량을 대체한다는 것을 뜻한다. 이 t의 자유도는 각 표본의 자유도의 합인데, $n_1 + n_2 - 2$가 된다.

변량의 이질성을 다루었는데, 이는 두 표본 변량들이 크게 상이한 경우이다. 통합 변량 대신 개개 변량들을 사용하여 t를 계산할 수 있음을 살펴보았다. 이질적 변량의 경우 조정된 자유도를 계산하여 보상한다. 이 검증은 컴퓨터 출력물에서 통상 웰치 검사라는 명칭 아래 볼 수 있다.

코언의 $\hat{d}$을 사용하여 효과크기를 살펴보았다. 이는 단순히 평균 차이를 표준편차로 나눈 것이다. 여기서 표준편차는 통제집단의 표준편차이거나 논리적으로 선택된 집단의 표준편차이거나 통합 변량의 제곱근일 수 있다. 또한 앞선 사례에서 신뢰한계의 계산방식 두 가지를 살펴보았다. 한 방법은 평균들 간 차이에서 신뢰한계이다. 다른 하나는 효과크기 $\hat{d}$에서 신뢰구간이다. 후자가 소프트웨어를 사용하여 더 쉽게 계산되는데, 이에 관한 두 접근을 다루었다. 그런 방식으로 신뢰한계를 계산하는 95% 경우에 전집 평균들의 차이를 포함할 것이다.

마지막으로, 막대그래프를 갖고서 데이터의 그림 그리는 것을 살펴보았다. 그래프상에 오차 막대를 포함시켰는데, 오차 막대의 단위에 대해 보편적 합의가 없음을 지적하였다. 가장 흔한 것은 양과 음의 표준오차이지만, 양과 음의 2 표준오차일 수도 있고 신뢰한계일 수도 있다. 오차 막대가 무엇을 나타내는지 독자에게 분명히 알리는 것이 중요하다.

주요 용어

평균 간 차이의 표집분포 sampling distribution of differences between means 398
변량 합 법칙 variance sum law 399
평균 간 차이의 표준오차 standard error of differences between means 401
변량의 동질성 homogeneity of variance 402
가중 평균 weighted average 403
통합 변량 pooled variance 403
혼입 confounded 406
변량의 이질성 heterogeneity of variance 407

14.12 빠른 개관

A 독립적인 점수 집단들을 갖고 실험을 수행하는 두 가지 이유를 제시하라.

답 동일한 대상을 다른 조건(예: 남성 대 여성)하에서 측정할 수 없는 경우들이 있으며, 첫 번째 처치 효과가 두 번째 처치 효과에 매우 큰 영향을 미치는 경우들이 있다.

B *N*과 *n*의 차이는 무엇인가?

답 전자는 전체 표본크기를 지칭하며 후자는 개개 집단의 표본크기를 지칭한다.

C '통합 변량'이란?

답 각 표본의 변량에 해당 표본의 크기를 가중치로 주고서 두 변량의 평균을 구한다.

D '변량의 동질성' 가정은 무엇을 의미하는가?

답 두 표본이 전집 평균들의 값에 무관하게 변량이 동일한 전집들에서 나왔다는 가정

E 두 효과들이 '혼입되었다'고 말할 때 그 의미는 무엇인가?

답 두 집단 간 차이를 깔끔하게 설명할 수 없다는 의미이다. 예를 들어, 집단들이 조작된 처치 이외의 방식으로 상이할 가능성이 있다.

F '양방향' 가설은 무엇을 의미하는가?

답 '양방검증'이라고 달리 말할 수 있다. 커다란 편차의 경우 어느 방향으로든 영가설을 기각할 것이다.

G 두 평균 간 차이에서 신뢰한계의 계산은 평균이 한 개일 때의 계산과 어떻게 다른가?

답 유일한 차이는 전자의 경우 평균 간 차이와 평균 차이의 표준오차를 사용한다는 점이다.

H 오차 막대란 무엇인가?

답 오차 막대는 막대그래프에서 변산성 평균에 관한 것을 보여주기 위해 그린 선이다. 흔히 평균으로부터 위쪽과 아래쪽으로 1 표준오차를 나타내지만 때로는 다른 단위들(예: 표준편차)이 사용된다.

14.13 연습문제

14.1 연습문제 13.1에서 결혼한 부부 양쪽 배우자에게서 반응을 얻었기 때문에 짝진 데이터를 갖고 있었다. 결혼한 부부를 이용하는 대신, 이제는 커다란 집단을 취해 그들에게 '성생활은 나와 파트너에게 즐겁다'라는 진술에 대해 '결코 또는 거의 그렇지 않다'에서 '거의 항상 그렇다'까지 4점 척도상에 기입하도록 요구했다고 가정해보자. 그 후 그 데이터를 응답자의 성별에 따라 분류하였다. 짝짓기를 하지 않았지만 연습문제 13.1과 같은 데이터를 갖게 되었다고 생각할 수 있다.

연습문제 13.1의 데이터가 독립집단들에서 수집된 것처럼 분석하라. 어떤 결론을 내리겠는가?

14.2 연습문제 14.1에서 구한 t 값은 연습문제 13.1의 t 값보다 다소 작을 것이다. 이러한 결과를 예상해야 하는 이유는 무엇인가?

14.3 연습문제 13.1과 연습문제 14.1의 결과 간 차이가 실제보다 더 크지 않은 이유는?

14.4 거식증 치료에 대한 이 장의 사례에서, 두 집단의 최종 체중(체중 증가량이 아니라)을 비교한다면 어떤 기본적 가정을 해야 하는가?

14.5 거식증 연구에서 무선배정의 역할은 무엇인가?

14.6 거식증 연구에서 무선표집의 역할은 무엇인가?

14.7 동성애 혐오증에 관한 연구에서 무선배정을 사용할 수 없는 이유는 무엇인가? 이는 도출 가능한 결론에 대해 어떤 영향을 미치는가?

14.8 주제통각검사(Thematic Apperception Test: TAT)는 참가자들에게 애매한 그림을 제시하고 그것에 대해 이야기하도록 요구한다. 이 이야기들에 대해 여러 방법으로 점수를 매길 수 있다. 베르너 등(Werner, Stabenau, & Pollin, 1970)은 20명의 정상 아동과 20명의 조현병 아동의 어머니들에게 TAT를 완성하도록 요구하고서, 긍정적 부모 · 자식 관계를 보여주는 이야기의 수(10개 중에서)로 점수를 매겼다. 데이터는 다음과 같다.

정상	8	4	6	3	1	4	4	6	4	2
조현병	2	1	1	3	2	7	2	1	3	1
정상	2	1	1	4	3	3	2	6	3	4
조현병	0	2	4	2	3	3	0	1	2	2

(a) 이 연구의 배후에 있는 실험적 가설은 무엇인가?

(b) 이 가설과 관련하여 어떤 결론을 내릴 수 있는가?

14.9 연습문제 14.8에서, 두 집단의 변량을 살펴보는 것이 현명한 이유는 무엇인가?

14.10 연습문제 14.8에서, 유의미한 차이 때문에 빈약한 부모 · 자식 관계가 조현병의 원인이라는 제안을 할 수도 있을 것이다. 이 결론이 문제가 되는 이유는 무엇인가?

14.11 실험자 편견 개념에 대해 많은 연구가 이루어져왔는데, 이는 가장 신중한 실험자조차도 원하는 방향으로 데이터가 나오게끔 하는 경향이 있다는 사실을 말한다. 학생을 실험자로 쓴다고 가정해보자. 모든 실험자들은 참가자들이 실험 전에 카페인을 받을 것이라는 이야기를 들었는데, 절반의 실험자들에게는 카페인이 수행을 향상시킬 것으로 예상된다고 말해주고, 다른 절반의 실험자들에게는 카페인이 수행을 방해할 것으로 예상된다고 말해주었다. 종속변인은 참가자가 2분 이내에 풀 수 있는 단순한 산술문제의 수였다. 구해진 데이터는 다음과 같다.

우수한 수행 예상	19	15	22	13	18	15	20	25	22
빈약한 수행 예상	14	18	17	12	21	21	24	14	

이러한 결과로부터 어떤 결론을 내릴 수 있는가?

14.12 연습문제 14.11의 데이터에서 $\mu_1 - \mu_2$에 대한 95% 신뢰한계를 계산하라.

14.13 연습문제 14.11의 데이터에서 효과크기의 측정치를 계산하라.

14.14 연습문제 14.13의 결과에서 신뢰한계는?

14.15 웹에서 Add.dat 파일의 데이터를 이용하여, ADDSC 점수를 65점 이하로 맞은 사람들의 학점 평균과 66점 이상을 맞은 사람들의 학점 평균을 비교하라.

14.16 연습문제 14.15의 데이터에 대해 코언의 $\hat{d}$을 계산하라.

14.17 연습문제 14.15와 14.16에 대한 답은 ADDSC 점수의 예측적 유용성에 대해 무엇을 알려주는가?

14.18 브레스콜 등(Brescoll & Uhlman, 2008)은, 관찰자가 슬픔이나 분노를 표현하는 남성의 비디오테이프를 볼 때 슬픔 조건의 남성보다 분노 조건의 남성에게 더 높은 지위를 부여한다는 가설을 조사하였다. 분노 조건의 19명 남성에서 분노 조건의 평균과 표준편차(괄호 안)는 6.47(2.25)이었다. 슬픔 조건의 29명 남성에서 평균과 표준편차는 4.05(1.61)였다. 이 차이는 유의미한가?

14.19 브레스콜 등(Brescoll & Uhlman, 2008)은 연습문제 14.18에 기술된 연구에서 여성의 경우 반대 효과를 발견하였다. 연구자들은 이 후자의 결과가 남성에 비해 여성에게서 분노가 판단되는 방식과 관련된 것으로 생각하였다. 분노의 원천에 대한 귀인 없이 분노를 표현한 41명 여성 집단의 비디오 판단을 비교했을 때, 여성의 지각된 지위의 평균과 표준편차는 3.40(1.44)이었다. 비디오의 여성이 자신의 분노에 대해 외적 귀인을 했을 때(피고용자가 무엇인가를 훔쳤다) 그들의 지각된 지위의 평균과 표준편차는 5.02(1.66)였다.

(a) 이 차이는 유의미한가? 이 차이에서 신뢰구간은?

(b) 효과크기와 그 신뢰구간은?

(c) 남성의 경우 평균과 표준편차(괄호 안)는 무(無)귀인 조건에서 5.42(1.63), 외적 귀인조건에서 4.14(2.46)이었다. 남성과 여성에 대해 이중 잣대의 증거가 있는가?

14.20 가중 평균치의 정의가 주어졌을 때, 두 표본의 크기가 동일한 경우 통합 변량 추정치(s_p^2)를 나타내라. (힌트: n_1과 n_2를 n으로 대체한다.)

14.21 앞서의 문제와 관련하여, $s_1^2 = s_2^2$이라면 n_i에 상관없이 어떤 일이 일어나겠는가?

14.22 표본크기가 동일하기 때문에, 변량을 통합하지 않는 경우 비록 자유도는 상이할지라도 본문 14.9절에서와 동일한 답을 구하게 된다는 것을 증명하라.

14.23 R이나 다른 소프트웨어를 사용하여 연습문제 14.8을 다시 해보라.

14.24 R이나 다른 소프트웨어를 사용하여 연습문제 14.11을 다시 해보라.

15장 검증력

앞선 장에서 기억할 필요가 있는 개념

α H_0를 잘못 기각할 확률

β H_1을 기각하는 데 실패하도록 하는 2종 오류의 확률

효과크기 effect size($\hat{d}$) 독자에 대한 의미 측면에서 처치효과의 크기를 표현하고자 한 측정치

통합 변량 추정치 pooled variance estimate 두 표본 변량들의 가중 평균

표집분포 sampling distribution 반복된 표집에 의해 구해진 통계치의 분포

이 장에서 검증력(power)을 다루는데, 이는 전집 평균들이 실제로 상이할 때 유의미한 차이를 발견할 확률이다. 적절한 검증력 수준 설정의 중요성, 잘 설계된 연구조차 유의미한 결과를 항상 생성하지는 않는 이유를 살펴볼 것이다. 검증력은 중요한 개념이며, 보통은 꽤 단순하게 계산된다. 검증력을 계산하기 위해, 전집 평균들의 차이를 측정하는 방법, 그 차이를 검증력의 추정치로 전환시키는 방법을 알아볼 필요가 있다. 이 추정치는 검증력의 추정치를 계산하는 데 사용된다.

나는 스포츠면의 사례들을 들지 않으려고 매우 노력했지만, 이 장은 그러한 사례를 들기에 매우 좋은 곳이다. 집필 당시 뉴욕 양키즈는 66게임 중 41게임(62%)에서 승리를 거둔 반면, 보스턴 레드삭스는 66게임 중 33게임(50%)에서 승리를 거두었다. 만일 여러분이 오늘 그 두 팀의 경기에 대해 내기를 해야 한다면, 그리고 여러분이 영국의 캔터베리나 호주의 멜버른에 살고 있고 두 팀 중 어느 팀의 열성 팬도 아니라면, 양키즈가 더 우수한 팀처럼 보이기 때문에 아마 양키즈에 걸라는 충고를 받을 것이다. 하지만 여러분은 양키즈가 확실하다고 예상하지는 않을 것이다. 확률은 양키즈에게 유리하지만, 만일 그들이 졌다는 소식을 들었다고 해서 깜짝 놀라지는 않을 것이다. 실험에서도 마찬가지이다. 여러분의 난독증 치료가 내 치료보다 더 좋을 수도 있지만, 그렇다고 해서 여러분의 환자들이 내 환자들보다 항상 더 잘 낫는다는 것을 의미하는 것은 아니다. 또한 통제집단과 비교했을 때 여러분의 치료가 항상 통계적으로 유의미한 차이를 보이는 것을 의미하는 것도 아니다. 어떤 팀이나 치료가 다른 것보다 더 낫다고 해서 그것이 항상 이길 것이라는 것을 의미하지는 않는다는 점을 염두에 두어야 한다. 그것은 단지 지는 경우보다는 이기는 경우가 더 많을 것이라는 뜻에 불과하다. 이는 21장에서 메타분석을 언급할 때 다시 다루게 될 중요한 사항이다. 어떤 특정 주제에 관한 수많은 연구들을 종합할 때 이 연구들 모두가 유의미할 것으로 기대하는 않는다. 그렇다고 해도 평균 차이가 올바른 방향일 때 현상에 대한 우리의 확신은 실제로 증가한다.

연구자들은 모두 다음과 같은 일반적 신념을 가지고 있는 듯하다. 즉, 어떤 이론을 검증하기 위해 실험을 수행한다면 그 실험은 항상 이론과 부합되는 결과를 낼 것인데, 만약 이론이 옳다면 결과는 통계적으로 유의미할 것이고, 만약 이론이 틀리다면 그렇지 않을 것이다. 그러나 세상이 그런 식으로 돌아가지는 않는데, 이는 양키즈가 항상 이기지는 않는 것과 마찬가지이다. 양키즈가 게임에 진다고 해서 아무도 양키즈를 포기하지는 않지만, 이론이 예측한 방식과 다르게 실험 결과가 나오면 우리는 이론을 포기하는 경향이 있다. 어쩌면 여러분은 필요한 만큼 충분히 관찰하지 않았을지도 모른다(아니면, 여러분이 충분히 관찰했지만 운이 없었을 수도 있다).

대부분의 응용통계 작업은 주로 1종 오류(α) 확률을 최소화(혹은 적어도 통제)하는 데 관심이 있다. 우리는 참 영가설을 필요 이상으로 자주 잘못 기각하고 싶지는 않다. 실험을 설계할 때 사람들은 대개 또 다른 종류의 오류 확률(β), 즉 2종 오류를 무시하는 경향이 있다. 1종 오류는 존재하지 않는 차이를 발견하는 문제와 관련된 반면, 2종 오류는 존재하는 차이를 발견하지 못하는 문제와 관련되어 있는데, 이 역시 심각한 문제이다(야구 사례로 본다면, 그것은 양키즈가 실제로는 더 나은 팀일 때, 양키즈가 레드삭스를 이기지 못할 확률과 유사하다). 전형적인 실험에 소요되는 시간과 돈의 커다란 비용을 고려한다면, 비록 실험자가 찾고자 하는 효과가 실제로 전집에 존재하고 발견할 만한 가치가 있는 사소하지 않은 효과일지라도, 자신이 찾고 있는 효과의 발견 가능성이 처음부터 매우 작을 수 있다는 것을 인식하지 못하는 실험자는 심각한 근시안을 갖고 있는 것이다. 그리고 자신이 수행한 첫 번째 연구가 단순히 통계적으로 유의미하지 않다는 이유 때문에 연구를 포기한다면 마찬가지로 근시안이라 할 수 있다. 훌륭한 실험자들이 흔히 실험설계를 올바르게 하고자 일련의 예비연구들을 수행하는 이유가 여기에 있다.

역사적으로 연구자들은 2종 오류에 대해 염려하지 않는 경향이 있다. 흥미롭게도, 경마에 돈을 거는 사람들은 가장 좋은 말도 때로는 진다는 것을 무시하려는 생각은 하지 않는다고 한다. 그러나 우리는 가장 우수한 실험자조차도 때로는 유의미한 차이를 생산해내지 못한다는 사실을 자주 무시한다. 최근까지 많은 교재들은 이 문제를 전적으로 무시했다. 그 문제를 다룬 책들은 이해하기 어려운 방식으로 그것을 다루었다. 그러나 지난 30년 동안 심리학자인 제이컵 코언은 몇몇 출판물에서 그 문제를 명쾌하고 알기 쉽게 다루었다. 그는, 통계적 검증력이라는 것이 있으며, 이것이 정말로 중요하다는 것을 심리학자들이 인식하도록 거의 혼자서 힘써왔다. 코언(1988)은 철저하고 엄격하게 자료를 다루는 방법을 제시했다. 벨코비츠 등(Welkowitz, Cohen, & Ewen, 2006)은 근사치 기법(approximation technique)을 사용하여 자료를 보다 단순하게 다루었는데, 이것이 이 장에서 채택된 접근법이다. 이 근사치는 정상분포 사용에 바탕을 두고 있고, 이 방법으로 계산한 검증력 수준과 보다 정확한 접근법으로 계산한 검증력 수준 간 차이는 대체로 무시할 만하다. 코언(1992)은 매우 이해하기 쉬운 5쪽 분량의 훌륭한 논문을 썼는데, 나는 통계적 검증력에 관해 질문하는 모든 사람들에게 그것을 건네주고 있다. 이 주제에 관심이 있거나 이 장에서 다루는 것보다 더 심층적으로 검증력을 다룰 필요가 있다면, 앞서 언급한 자료나 코언이 다양한 주제들에 대해 출판했던 많은 훌륭한 논문들을 어렵지 않게 이용할 수 있을 것이다.

제이컵 코언

여러 장에서 인물 전기를 다루지 않았지만 이 장에서는 통계학적 이슈의 중요성을 심리학 공동체에 전달하는 데 가장 기여했다고 생각되는 인물에 대해 기술할 기회를 갖겠다. 나는 비록 이 사람을 만날 기회가 전혀 없었지만, 나의 직업 활동 중에 줄곧 그를 찬양해왔다.

제이컵 코언(Jacob Cohen)은 1923년에 출생하여 15세 나이에 뉴욕 시립대학에 입학했다. 겉보기에 그는 대학 다닐 준비가 거의 되지 않았는데, 그의 아내이자 공동 저자인 퍼트리샤 코언(Patricia Cohen)은 "2년간의 비참한 성취(탁구를 제외하고는) 후에 그는 전쟁 관련 직업에 종사하였다"라고 기록하였다(Cohen, 2005). 그 후 그는 군에 입대하였다. 제2차 세계대전 후 그는 뉴욕 시립대학을 졸업하고 뉴욕 대학에서 박사학위를 받았다. 그 후 보훈병원에서 일했고 그 기간 동안 'Cohen's Kappa'를 개발하였는데, 이는 여전히 사용되는 정정 기회 동의 측정치(chance-corrected measure of agreement)이다. 1959년 뉴욕 대학으로 옮겼고 1993년 은퇴할 때까지 그곳에 머물렀다. 그리고 1998년 그가 사망할 때까지 심리학 분야에서 수많은 상을 받았다.

코언의 가장 중요한 출간물은 1968년 논문인데, 여기서 선형회귀와 변량분석(다음 몇 장의 주제이다)을 심리학자들이 이전에는 전혀 이해하지 못했던 방식으로 통합하였다. 그는 이 논문이

성공적이었던 이유가, 본인이 어려운 통계학과 수학 수준으로는 도저히 쓸 수 없었기 때문이라고 주장했다. 즉 그는 사람들이 실제로 이해할 수 있는 논문을 썼던 것이다! 이 논문에서 그가 제시했던 자료는 매우 영향력이 있었고 이는 수많은 다른 논문들의 출발점이 되었다.

1969년 코언은 『행동과학에서 통계적 검증력 분석(Statistical Power Analysis for the Behavioral Sciences)』이라는 매우 영향력 있는 책을 출간했다. 이 책은 검증력이 무엇이고, 이를 어떻게 계산하며, 보다 검증력 있는 실험을 어떻게 설계하고, 수행한 실험들 대부분이 실제로 얼마나 작은 검증력을 갖고 있는지를 심리학자들에게 보여주었다. 이는 많은 사람들로 하여금 심리학 연구의 검증력에 대해 의문을 갖게 하고, 마침내 통계적 가설검증의 전반적 개념에 대해 다양한 방식으로 의문을 갖게 하였다. 1990년대까지 코언은 가설검증에 대한 우리의 생각에 의문을 제기하였는데, 이러한 관점을 탁월하게 요약한 것이 1990년 발간된 『내가 (지금까지) 배웠던 것들[Things I have learned (so far)]』이라는 제목의 논문이다. '지금까지'라는 말에 주목하라. 코언은 배우는 것을 결코 멈추지 않았는데, 이는 심리학을 위해 매우 다행이었다.

2종 오류에 관해 말하는 것은 실수에 초점을 맞추는 것이므로, 문제에 부적 방식으로 접근하는 것이다. 보다 정적 접근은 검증력에 관해 이야기하는 것인데, 그것은 **틀린** H_0를 **정확히** 기각할 확률로 정의된다. 달리 말하면, 검증력은 $1 - \beta$와 같다. 특정 실험설계의 검증력이 .65라고 할 때 이것이 의미하는 것은, 만일 **예상한 정도만큼** 영가설이 틀리다면, 실험 결과가 H_0를 기각하도록 할 확률이 .65라는 것이다. 검증력이 작은 실험에 비해 검증력이 큰 실험일수록 틀린 H_0를 기각할 확률이 더 높다.

15.1 검증력의 기본 개념

검증력 추정치의 계산을 설명하기 전에 반복표집을 사용하여 직접 검증력을 살펴봄으로써 기저 개념을 검토할 수 있다. 이 사례에서 $\mu_1 = \mu_2$ 영가설을 검증하고자 두 독립집단들을 포함한 연구를 살펴볼 것이다. 이는 분명히 흥미 있는 연구이다.

조슈아 애런슨(Joshua Aronson)은 '고정관념 위협'으로 알려진 것에 관해 광범위한 연구를 수행했는데, 이에 따르면 "고정관념의 대상 집단에 속한 구성원들은 자신의 집단이 가치 있는 능력을 결여하고 있다는 부정적 평판을 확증할 가능성이 있는 상황에서 흔히 추가적 압력을 느낀다"(Aronson, Lustina, Good, Keough, Steele, & Brown, 1998). 이러한 고정관념 위협 느낌은 수행에 영향을 미치는 것으로 가정되는데, 일반적으로 개인이 위협을 느끼지 않았더라면 일어났음직한 수행 수준을 저하시키게끔 영향을 미친다. 고정관념상 어떤 영역에서 저조하다는 평판을 가진 인종 집단들에 대해 상당한 연구들이 수행되었는데, 애런슨 등은 한걸음 더 나아가 고정관념 위협이 통상 고정관념 위협과 연합되지 않은 백인 남성들의 수행을 저하시킬 수 있는지를 조사하였다.

애런슨 등(1998)은 수학에서 뛰어난 것으로 알려진 대학생들의 두 독립집단을 조사하였는데, 이들은 수학을 잘하는 것이 중요한 것으로 여겼다. 그들은 11명의 대학생들을 '통제집단'에 무선배정하였는데, 이 집단에게 단순히 어려운 수학 시험을 치르도록 요구하였다. 그들은 12명 대학생들을 '위협집단'에 배정하였는데, 이 집단에게는 아시아계 학생들이 수학 시험에서 다른 대학생들보다 더 잘하는데 이 시험의 목적은 이러한 차이의 원인을 파악하는 데 있다고 말했다. 애런슨은, 아시아계 학생들이 수학 시험에서 우수하다고 백인 학생들에게 단순히 말하는 것만으로도 고정관념 위협 느낌을 고양시키고 학생들의 수행을 약화시킬 것이라고 추론하였다.

이 연구에서 종속변인은 정해진 시간 내에 정확하게 해결한 수학 문제의 수였다. 연구 결과, '통제집단'에 속하는 11명의 대학생들의 경우 평균과 표준편차는 각각 9.64와 3.17이었으며, '위협집단'에 속하는 12명의 대학생들의 경우 평균과 표준편차는 각각 6.58과 3.03이었다. 이 데이터에 t 검증을 적용한 결과 $t = 2.37$이었는데, 이는 $p = .027$에서 유의미하였다. 이는 중요한 발견이었고 많은 반복검증이 이루어졌다. 우리가 반복검증을 수행할 계획을 세웠는데, 통제집단과 위협집단 각각 20명의 대학생들을 대상으로 하고자 한다고 가정해보라. 그러나 반복검증에 돈과 에너지를 소비하기 전에 성공적인 반복검증 확률을 고려해볼 필요가 있다. 이것이 바로 검증력이다.

반복검증을 위한 검증력을 계산하기 위해 통제집단과 위협집단의 전집들 평균과 표준

그림 15.1_ 반복표집 연구에서 구한 t 값의 분포

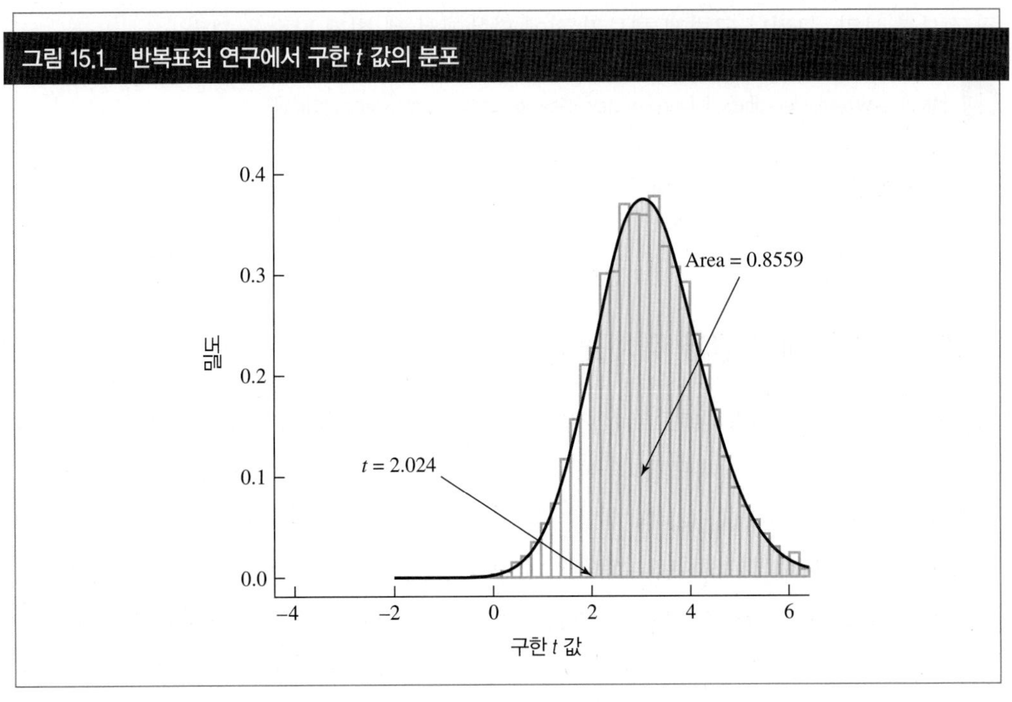

편차를 고려할 필요가 있다. 이 모수치에 대한 최선의 추측은 애런슨 등이 그들 표본에서 발견한 평균과 표준편차이다. 이들이 정확한 모수치일 가능성은 별로 없지만 우리가 할 수 있는 최선의 추측이다. 따라서 '통제전집'은 평균이 9.64이고 표준편차가 3.17이며, '위협전집'은 평균이 6.58이고 표준편차가 3.03이라고 가정할 것이다. 또한 전집들이 정상분포라고 가정할 것이다. 앞서 말한 것과 같이 각 집단에 20명의 참가자들을 대상으로 하려고 계획을 세웠다.

이 상황을 모델링하는 쉬운 방법은 평균 및 표준편차가 통제조건과 동일한 점수들의 전집으로부터 20개의 관찰값을 추출하는 것이다. 마찬가지로 평균 및 표준편차가 실험집단과 동일한 점수들의 전집으로부터 20개의 관찰값을 추출할 것이다. 그다음 이 데이터에 대해 t 통계치를 계산하고, 그 t를 저장하며, 그다음 이 과정을 9,999회 반복한다. 그럼으로써 10,000개의 t 값을 구할 수 있다. 또한 38 df의 경우 임계치는 $t_{\alpha}(38) = \pm 2.024$이므로 10,000개의 t 값들 가운데 통계적으로 유의미한 t 값들이 얼마나 많은지 알 수 있다($\pm$ 2.024 이상인 t 값).

그러한 표집 연구의 결과가 그림 15.1에 제시되어 있는데, 해당되는 t 분포가 겹쳐져 있다. 비록 결과의 86%가 $t = \pm 2.024$보다 더 컸음에도 불구하고 결과의 14%는 임계치 미만이었다. 따라서 이 실험의 검증력은, 앞서 정해진 모수 추정치와 표본크기하에서 .86으로서, 이는 임계치를 초과할 결과의 비율이다. 이는 대부분 실용적 연구에서 실제로 괜찮은 수준의 검증력이다. 이는 또한 http://www.math.uiowa.edu/~rlenth/Power/와 같은 온라인 프로그램에서 보고된 거의 정확한 검증력 수준이다. [여러분은 이 프로그램을 다운로드 받아서 여러분의 데스크톱 컴퓨터에서 직접 실행해볼 수 있다. 관련 웹페이지에 제시된 정보를 보라. 그러나 그렇게 해보기 전에 다음에서 세 번째 단락을 보라.

 http://www.uvm.edu/~dhowell/fundamentals9/SeeingStatisticsApplets/Applets.html

Java 애플릿을 실행할 때 문제가 있는데, 이는 랜스(Lenth)의 잘못은 분명 아니다.]

15.2 검증력에 영향을 미치는 요인

실제로 반복 표본을 추출해봄으로써 경험적 관점에서 검증력을 살펴보았는데, 이제는 약간 더 이론적으로 이를 살펴보겠다. 예상한 것과 같이 검증력은 여러 변인들의 함수이다. 이는 (1) α, 1종 오류 확률, (2) 참 대안가설(H_1), (3) 표본크기, (4) 채택된 특정 검증의 함수이다. 독립표본 대 대응표본의 상대적 검증력은 예외로 하고서 마지막 관련성(채택된 특정 검증의 함수)은 다루지 않을 것인데, 그 근거는, 검증 전제들이 충족될 때 이 책에서 다룬 대부분의 검증 절차들은 목전의 질문의 답을 구하는 데 이용 가능한 검증들 가운데

그림 15.2_ H_0와 H_1에서 $\overline{X}$의 표집분포

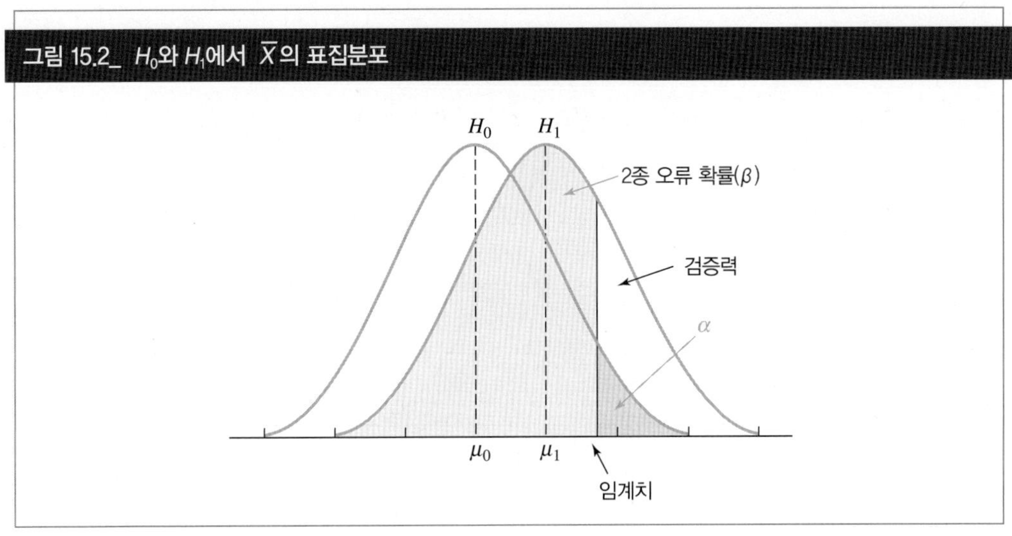

한결같이 가장 검증력이 큰 검증으로 볼 수 있기 때문이다.

짧은 개관

먼저 앞서 다룬 자료를 잠시 개관할 필요가 있다. 그림 15.2의 두 분포를 살펴보자. 왼쪽에 있는 분포(H_0)는 영가설이 참이고 $\mu = \mu_0$일 때 평균의 표집분포를 나타낸다. 오른쪽에 있는 분포는 H_0가 거짓이고 참 전집 평균이 μ_1일 때 평균의 표집분포를 나타낸다. 이 분포의 배치는 전적으로 μ_1 값이 어떠한지에 달려있다.

H_0 분포에서 짙게 색칠된 우측 꼬리 부분은 일방검증을 사용한다고 가정하는 경우의 α, 즉 1종 오류 확률을 나타내며, 양방검증을 사용하는 경우에는 $\alpha/2$를 나타낸다. 이 영역은 유의미한 t 값 결과를 내놓는 표본 평균들을 포함한다. 두 번째 분포(H_1)는 H_0가 거짓이고 실제 평균이 μ_1일 때 평균의 표집분포를 나타낸다. 설령 H_0가 거짓이라고 하더라도 많은 표본 평균들이(따라서 상응하는 t 값이) 임계치의 좌측에 떨어져서 틀린 H_0를 기각하지 못해서 2종 오류를 범할 것이라는 점을 쉽게 알 수 있다. 앞서의 데모에서 이를 살펴보았다. 그림 15.2에서 더 옅게 칠해진 부분이 이 오류 확률을 나타내고, β라고 명명되어있다. H_0가 거짓이고 검증 통계치가 임계치의 우측에 떨어질 때, 틀린 H_0를 정확하게 기각할 것이다. 이렇게 하는 확률이 바로 검증력을 뜻하는데, H_1 분포에서 칠해지지 않은 부분에 나타나 있다.

α에 따른 검증력

그림 15.2를 보면 검증력이 왜 α의 함수인지 쉽게 알 수 있다. α를 증가시키면 절단점은 왼쪽으로 이동하고, 동시에 β는 감소하며 검증력은 증가한다. 불행하게도 이것은 1종 오

그림 15.3_ $\mu_0 - \mu_1$의 증가가 β에 미치는 효과

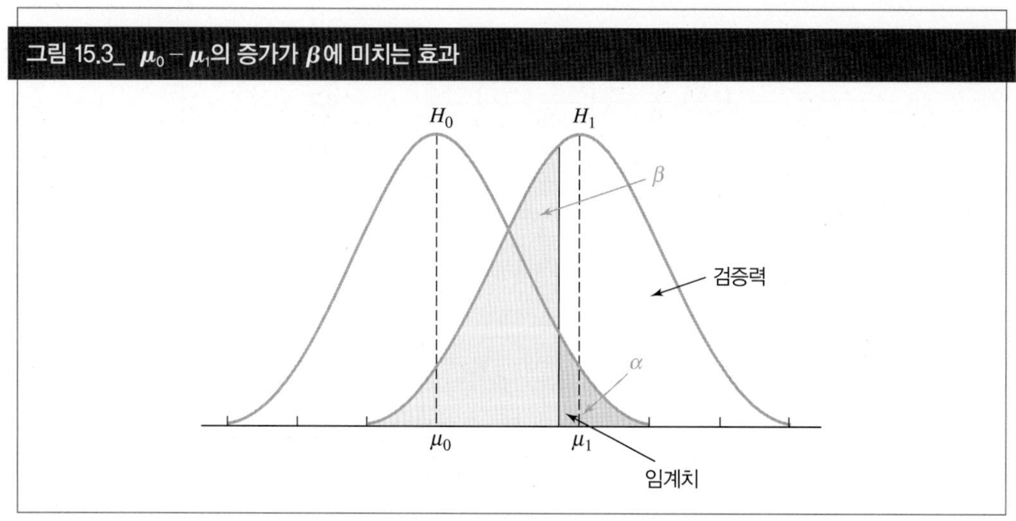

류 확률의 상응하는 증가를 수반한다.

H_1에 따른 검증력

검증력이 참 대립가설의 함수라는 사실[더 정확히 말하자면 $(\mu_0 - \mu_1)$, μ_0(H_0에서 평균)과 μ_1(H_1에서 평균) 간 차이]이 그림 15.2와 15.3의 비교를 통해 예시되어 있다. 그림 15.3에서 μ_0와 μ_1 간 거리가 증가하면 2종 오류 확률이 여전히 큼에도 불구하고 검증력의 상당한 증가가 초래되었다. 이는 그다지 놀라운 것이 아닌데, 왜냐하면 어떤 차이를 발견할 가능성은 그 차이가 얼마나 큰지에 달려있기 때문이다.

n과 σ^2에 따른 검증력

검증력과 표본크기(그리고 검증력과 σ^2) 간의 관계는 조금 더 미묘할 뿐이다. 우리는 평균들 혹은 평균들 간의 차이에 관심이 있기 때문에 직접적이든 간접적이든 평균의 표집분포에 관심이 있다. 우리는 $\sigma^2_{\bar{X}} = \sigma^2/n$이므로 평균의 표집분포의 변량은 n이 증가하거나 σ^2이 줄어듦에 따라 감소한다는 것을 알고 있다. 그림 15.3과 비교하여 그림 15.4는, n을 증가시키거나 σ^2을 감소시킴에 따라 두 표집분포(H_0와 H_1)에 어떤 일이 벌어지는지를 보여준다. 또한 그림 15.4에서 $\sigma^2_{\bar{X}}$가 감소함에 따라 두 분포 간 중첩 부분은 줄어들고 검증력은 증가된다는 것을 알 수 있다. 그림 15.3에서 두 평균들$(\mu_0 - \mu_1)$이 변화하지 않고 그대로인 점을 주목하라.

검증력에 관심이 있는 실험자는 검증력에 영향을 미치는 변인들 가운데 쉽게 조작할 수 있는 변인들에 관심이 많을 것이다. n은 σ^2이나 차이$(\mu_0 - \mu_1)$에 비해 쉽게 조작할 수 있고, σ를 함부로 변경하면 1종 오류 확률의 증가와 관련하여 좋지 않은 부작용을 일으키기

그림 15.4_ 평균의 표준오차의 감소가 β에 미치는 영향

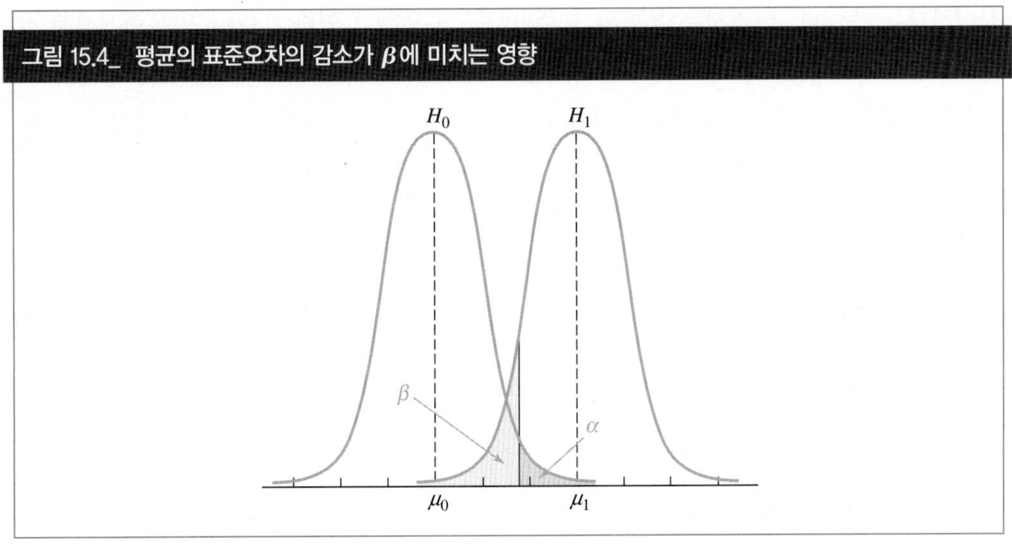

때문에, 검증력에 대한 논의는 주로 표본크기를 변화시킬 때의 효과를 다루고 있다. 하지만 매클렐런드(1997)의 지적에 따르면 실험설계의 단순한 변화 역시 실험 검증력을 증가시킬 수 있다.

15.3 전통적 방식으로 검증력 계산하기

그림 15.2부터 15.4까지 보았듯이 검증력은 H_0와 H_1에서 표집분포들 간 중첩 정도에 달려 있다. 더욱이 이 중첩은 μ_0와 μ_1(H_0가 참일 때 전집 평균 그리고 H_1이 참일 때 전집 평균) 간 거리 그리고 평균의 표준오차(이 표집분포들 가운데 어느 한 분포의 표준편차) 양자의 함수이다. 그러므로 H_0가 거짓인 정도에 대한 한 가지 측정치는 H_0와 H_1에서 전집 평균들의 차이, 즉 $(\mu_0 - \mu_1)$일 것인데, 이는 표준오차의 수에 따라 표현된다. 그러나 이 측정치의 문제는 표준오차를 계산할 때 표본크기를 포함한다는 점인데, 특정 n 값과 관련된 검증력을 구하거나 특정 검증력 수준에 필요한 n 값을 구하고자 할 때 사실상 그러하다. 이 때문에 우리는 거리 측정치, 즉 **효과크기**(effect size: d)로서 다음을 사용한다.

$$d = \frac{\mu_1 - \mu_0}{\sigma}$$

우리는 d의 기호를 무시하고 n을 나중에 포함시킬 것이다. (이는 사용 목적은 약간 다르지만 코언의 d라고 언급했던 d와 기본적으로 동일하다.) 따라서 d는 μ_1과 μ_0가 상이한 정도를 원 전집의 표준편차 단위로 환산한 측정치이다. (예를 들어, 변량들을 통합하면 $d = (9.64 - 6.58)/3.10 = .987$인데, 이는 단순히 H_1하에서 평균들이 거의 1 표준편차만큼

상이하다는 뜻이다. 여기서는 통합된 표준편차를 사용하고 있다.) d는 n과 독립적으로 추정되고 단지 μ_1, μ_0, 그리고 σ를 추정하기만 하면 된다는 것을 알 수 있다. 14장에서 두 평균들 간 표준화된 차이로서 효과크기를 다루었다. 여기서 동일한 측정치를 갖고 있는데, 비록 이 평균들 가운데 하나가 영가설의 평균일지라도 그러하다. 두 전집들의 평균들을 비교하게 될 때 이를 다시 언급하겠다.

효과크기 추정

첫 번째 과제는 d를 추정하는 것인데, 그것이 이후 계산의 기초가 되기 때문이다. 이것은 세 방식 중 하나로 할 수 있다.

1. **선행 연구.** 과거 연구들을 기반으로 하여 d의 대략적인 근삿값을 구할 수 있다. 따라서 우리는 다른 연구들에서 표본의 평균들과 변량을 알아볼 수 있고, $\mu_1 - \mu_0$와 σ에 대해 예상할 수 있는 값에 대해 정보에 입각한 추측을 할 수 있다. 실상 이 일은 보기보다 그다지 어렵지 않고, 특히 개략적인 추측이라도 추측을 전혀 하지 않는 것보다는 훨씬 낫다.
2. **얼마나 큰 차이가 중요한지에 관한 개인적 평가.** 많은 경우, 연구자는 '나는 μ_1과 μ_0 간 최소한 10점 차이가 나는 것을 찾는 데 관심이 있다'고 말할 수 있다. 이 연구자는 실상, 더 작은 차이는 중요하거나 유용한 의미를 갖고 있지 않은 반면 10점 이상의 차이는 중요하다고 말하는 셈이다. (이는 특히 생의학 연구에서 일반적인데, 예를 들어, 이 영역에서는 콜레스테롤을 일정 양만큼 감소시키는 데 관심이 있으며 더 작은 변화에는 관심이 없다. 유사한 상황으로서 약물 비교를 들 수 있는데, 신약이 기존 약에 비해 미리 결정된 양만큼 더 우수하지 않으면 신약에 관심이 없다.) 여기서는 μ_1과 μ_0의 특정 값을 알 필요없이 $\mu_1 - \mu_0$ 값이 직접 제시되었다. 남은 것은 다른 데이터들에서 σ를 추정하는 것이다. 예를 들면, 연구자가 'Graduate Record Exam' 점수를 평균보다 40점 올려주는 절차를 찾는 데 관심이 있다고 하자. 이 검사의 표준편차가 대략 100이라는 것을 이미 알고 있다. 따라서 $d = 40/100 = .40$이다. 앞서의 실험자가 표준편차의 4/10만큼 점수를 올리고자 한다면 그는 d를 직접 제시하는 셈이다.
3. **특정 관습을 이용하기.** 필요한 모수치를 추정할 수 있는 방법이 없을 경우 코언(1988)이 제시한 관습에 의존할 수 있다. 코언은 다소 임의적으로 d의 세 수준을 정의하였다.

효과크기	*d*	중첩 백분율
작음	.20	92
중간	.50	80
큼	.80	69

따라서 다른 방도가 없을 경우, 실험자는 그 효과들이 작은지, 중간인지, 큰지를 결정할 수 있고, 이에 따라 *d*를 설정할 수 있다. 하지만 이러한 해결책은 다른 대안이 불가능할 때에만 선택되어야 한다. 표의 우측 열의 명칭은 중첩 백분율이며, 이는 그림 15.2에 나온 두 분포의 중첩 정도를 나타낸다. 따라서 예를 들어, $d = .50$일 때 두 분포의 80%가 중첩된다(Cohen, 1988). 이는 어떤 처치가 얼마나 큰 차이를 일으키는지에 관한 또 다른 사고방식이다.

코언은 총명한 관찰자에게 명백하게 보이는 효과를 중간 효과로, 존재하지만 시각적으로 탐지하기 어려운 효과를 작은 효과로, 중간 효과와 작은 효과의 거리만큼 중간 효과보다 큰 효과를 큰 효과로 선택하였다. 코언(Cohen, 1969)은 원래 효과크기를 추정할 방법이 없는 연구자만을 위해 이 지침을 개발했다. 하지만 시간이 흘러가면서 많은 연구자들이 검증력 분석을 매우 어렵게 생각하고서 이 분석을 수행하지 않고 코언의 관습을 더 많이 사용한 데 대해 코언은 실망하게 되었다(Cohen, 1992a). 그러나 텍사스 A&M의 브루스 톰슨(Bruce Thompson)은 이 점에 관해 탁월한 지적을 하였다. 그는 검사 통계치의 확률값에 초점을 맞추는 대신 구해진 차이를 *d*에 따라 표현할 것을 주장했다. 그의 주장에 따르면, "마침내, .05와 .01과 같은 *p* 값 절단점을 별 생각 없이 참조하는 대신, 코언의 **강한 경고에도 불구하고** 그의 주먹구구식 규칙에 별 생각 없이 따른다면, 우리는 단순히 새로운 계산법을 무심코 선택하는(강조를 덧붙여서) 셈이다"(Thompson, 2000). 이러한 지적은 *d*를 임의적인 관습에 따라 사용하는 데 적용되는데, 이는 검증력 계산을 위한 목적이든 여러분이 구한 차이의 커다란 크기에 대해 독자에게 깊은 인상을 주기 위한 목적이든 상관없다. 랜스(Lenth, 2001)는 코언의 관습과 같은 것을 사용하는 것이 위험하다는 것을 설득력 있게 주장하였다. 우리는 *d*에서 그 비율만이 아니라 분자의 값과 분모의 값 양자에 주목해야 한다. 랜스의 주장은 연구자로 하여금 자신의 결정에 대해 보다 책임감을 갖도록 하는 데 의도가 있는데, 이 점에 대해 코언이 진심으로 동의할 것이라고 나는 생각한다.

실험이 수행되기도 전에 찾아내려는 차이를 정의하라고 요구받는 것이 기묘하다고 생각할 수도 있다. 실험 결과가 어떻게 나올지를 알고 있다면 애초부터 실험할 필요가 없는 것이 아니냐고 주장하는 사람들이 더러 있을지 모르겠다. 비록 많은 실험자들이 이렇게 생각하더라도 여러분은 그러한 생각의 타당성에 의문을 가져야 한다. 우리는 최소한 막연하게나마 우리 실험에서 무슨 일이 일어날지 정말로 모르는가? 만일 전혀 모른다면 왜 실험을 수행하는 것일까? '나는 이 경우 무슨 일이 일어날지 궁금하다'는 것은 때로는 정당한 실험이지만, '나는 모른다'는 대개 '나는 저렇게 먼 앞을 생각한 적이 없다'와 마찬가지이다. 대부분의 실험들이 특정 이론이 정확하다는 것을 밝히기 위해 수행되며, 그 이론은 예상되는 결과가 무엇인지를 흔히 알려준다는 것을 기억하라.

효과크기와 *n*을 결합하기

앞서 효과크기로부터 표본크기를 분리함으로써 n을 별도로 다루기 쉽도록 하였다. 이제는 효과크기를 표본크기와 결합하는 방법이 필요하다. 이 조합을 나타내기 위해 통계치 델타(delta: δ) $= d[f(n)]^2$을 사용하는데, 이 조합에서는 개별 검증마다 n, 즉 $f(n)$[1]의 함수가 상이하게 규정될 것이다. 이 체계의 편리한 점은, 고려되는 모든 통계 절차에서 검증력 계산을 위해 동일한 δ표를 사용할 수 있다는 것이다.

15.4 단일표본 *t* 검증에 대한 검증력 계산

처음 사례에 대해 단일표본 t 검증에 대한 검증력을 계산해볼 것이다. 앞 절에서 δ는 d 그리고 n의 어떤 함수에 기초하고 있음을 알았다. 단일표본 t 검증에서는 그 함수가 $\sqrt{n}$이 되고, 따라서 δ는 다음과 같이 정의된다.

$$\delta = \hat{d}\sqrt{n}$$

이 상황에서 δ를 **비중심성 모수치**(noncentrality parameter)라고 부른다. 5장(연습문제 5.21)에서, 거식증에 대해 인지행동치료를 사용한 에버릿의 연구에서 나온 데이터를 보았다. 이제 어떤 임상심리학자가 그 연구를 반복하고자 한다고 가정해보자. 출발점이 필요했기 때문에 그녀는 에버릿의 데이터가 문제의 전집 모수치를 잘 나타내준다고 가정한다. 바꾸어 말하면 그녀는 인지행동치료에 따른 전집 평균 체중 증가량은 $\mu_1 = 3.00$파운드이며 표준편차(σ)가 7.31이라고 가정한다. 영가설은 인지행동치료의 결과, 참가자의 체중 증가가 없다는 것이며, 따라서 $\mu_0 = 0.00$이다.

$$\hat{d} = \frac{3.00 - 0.00}{7.31} = 0.41$$

만약 에버릿이 했던 것과 동일한 수의 참가자를 그녀가 사용하고자 한다면 $n = 29$, 그리고 델타는 다음과 같다.

$$\delta = \hat{d}\sqrt{n} = 0.41\sqrt{29} = 0.41(5.39) = 2.21$$

비록 실험자는 표본 평균이 일반 전집 평균보다 높을 것이라고 예상했지만, 예상치 못한 사건을 방지하기 위해 $\alpha = .05$에서 양방검증을 사용하였다. δ가 정해졌으므로, 부록

1 $f(n)$은, δ가 아직 규정되지 않은 방식으로 n에 의존한다는 뜻이다.

표 15.1_ 표 D.5의 축약판, δ와 유의도 수준에 따른 검증력

δ	양방검증의 α .10	.05	.02	.01
1.00	0.26	0.17	0.09	0.06
1.10	0.29	0.20	0.11	0.07
1.20	0.33	0.22	0.13	0.08
1.30	0.37	0.26	0.15	0.10
1.40	0.40	0.29	0.18	0.12
1.50	0.44	0.32	0.20	0.14
1.60	0.48	0.36	0.23	0.17
1.70	0.52	0.40	0.27	0.19
1.80	0.56	0.44	0.30	0.22
1.90	0.60	0.48	0.34	0.25
2.00	0.64	0.52	0.37	0.28
2.10	0.68	0.56	0.41	0.32
2.20	0.71	**0.60**	0.45	0.35
2.30	0.74	**0.63**	0.49	0.39
2.40	0.78	0.67	0.53	0.43
2.50	0.80	0.71	0.57	0.47
2.60	0.83	0.74	0.61	0.51
2.70	0.85	0.77	0.65	0.55
2.80	0.88	0.80	0.68	0.59
2.90	0.90	0.83	0.72	0.65
3.00	0.91	0.85	0.75	0.66

의 표 D.5에서 검증력을 바로 판단할 수 있다. 이 표의 일부를 표 15.1에 다시 제시하였다. 이 표를 사용하려면 $\delta = 2.21$ 값에 이를 때까지 왼쪽 끝 줄을 쭉 따라 내려가면 되고, 그 다음 제목이 .05인 열로 가로질러 가서 읽는다. 그곳에 기재된 것이 검증력이다. 표에는 $\delta = 2.21$ 항목이 없지만, $\delta = 2.20$과 $\delta = 2.30$ 항목은 있다. 이는, $\alpha = .05$의 경우, 검증력이 0.60과 0.63 사이라는 것을 의미한다. 선형보간법을 사용하여 $\delta = 2.21$에 대해 검증력은 0.60으로 반올림된다. 이는 만일 H_0가 실제로 거짓이고 $\mu_1 = 3$파운드라면, 표본 평균 그리고 H_0에 의해 규정된 평균 간 차이 검증을 할 경우, 유의미한 t 값을 산출해줄 데이터를 그 임상가가 구할 확률이 60%밖에 되지 않는다는 것을 뜻한다. 이는 다소 실망스러운 결과인데, 인지행동치료에 따른 참 평균 증가량이 실제로 3.00파운드라면, 설계된 연구가 유의미한 결과를 구하지 못할 확률이 100% − 60% = 40%라는 것을 뜻하기 때문이다. 이 실험의 정확한 검증력은 다음에서 계산되었다.

http://www.math.uiowa.edu/~rlenth/Power/

또는 R 또는 G*Power라고 불리는 독립형 프로그램을 사용하면 .568이 구해진다. 여러분은 그 근삿값이 꽤 받아들일 만하다는 것을 알 수 있다.

R의 경우 코드는 다음과 같다.

```
library(pwr)
pwr.t.test(n = 29, d = 0.41, sig.level = .05, type = "one.sample")
One-sample t test power calculation
_______________________________________________________________
              n = 29
              d = 0.41
      sig.level = 0.05
          power = 0.5682491
    alternative = two.sided
```

실험자는 실험에 들어가기 전 검증력에 관한 질문들을 고찰할 만큼 충분히 총명하였기 때문에 검증력을 높일 수 있도록 바꿀 기회를 여전히 가지고 있었다. 예를 들면, 실험자는 α를 .10 수준으로 설정할 수 있고, 따라서 검증력을 약 0.71까지 높일 수 있다. 하지만 이것은 아마 만족스럽지 못할 것이다(예: 일반적으로 학술지 심사자는 α가 .05보다 큰 값으로 설정된 것을 싫어한다). 대안적으로, 실험자는 n을 증가시킴으로써 검증력을 높일 수 있다는 사실을 이용할 수 있다.

필요한 표본크기 추정

사려 깊은 실험자가 n을 증가시킴으로써 검증력을 높일 수 있다고 말하는 것은 괜찮다. 하지만 얼마나 큰 n이 필요한가? 이 질문에 대한 답은 단순히 수용 가능한 검증력의 수준에 달려있다는 것이다. 앞의 사례에서 검증력을 0.80으로 바꾸고 싶어 한다고 가정해보자. 처음 해야 할 일은 표 D.5를 거꾸로 읽어서 정해진 검증력의 정도와 관련된 δ 값을 찾는 것이다. 그 표에서 검증력이 0.80이려면 δ가 2.80이어야 한다는 것을 알 수 있다. 따라서 δ를 가지고 간단히 대수학적 조작을 통해 n을 구할 수 있다.

$$\delta = d\sqrt{n}$$

$$n = \left(\frac{\delta}{d}\right)^2$$

$$= \left(\frac{2.80}{0.41}\right)^2 = 6.83^2 = 46.64$$

의뢰인들은 개체 단위로 오기 때문에 47로 반올림한다. 따라서 만일 실험자가 $\hat{d}=0.41$(예: $\mu_1=3.00$ 또는 -3.00)일 때 H_0를 기각할 수 있는 확률을 80% 갖고자 한다면, 47명 의뢰인에게 치료를 제공해야 할 것이다. 비록 이 의뢰인 수가 많다고 생각할지라도, 낮은 수준의 검증력을 감수하고 아무것도 발견하지 못할 가능성을 증가시키는 것 외에는 다른 대안이 없다.

여러분은 앞의 사례에서 검증력을 0.80으로 택한 이유가 무엇인지 궁금할 것이다. 이 정도의 검증력으로도 2종 오류를 범할 가능성이 20%나 된다. 답은 실용성 문제에 있다. 예를 들어, 앞서의 실험자가 0.95의 검증력을 원한다고 가정해보자. 간단히 계산해보아도 이렇게 되려면 $n=77$의 표본이 필요하며, 검증력이 0.99라면 약 105명의 참가자가 필요하다. 이것은 특정 실험 상황이나 실험자 자원을 고려해본다면 터무니없는 표본크기라고 할 수 있다. 물론 n을 증가시킴으로써 검증력을 높일 수 있지만, 아주 높은 수준의 검증력은 매우 많은 비용을 초래할 수 있다. 게다가 그것은 수확 체감의 경우가 되는데, 왜냐하면 δ는 n의 제곱근의 함수로 증가하기 때문이다. 만일 여러분이 미국 통계국(U.S. Census Bureau)이 제공하는 파일에서 데이터를 구한다면, 그렇게 할 수 있다. 여러분이 따로 떨어져서 양육된 일란성 쌍생아를 연구한다면 문제는 전혀 다르다. 인간과 동물을 다루는 대부분의 연구에 대한 승인 업무를 담당하고 있는 IRB(Institutional Review Boards)는 과도하게 보이는 표본크기를 흔히 꺼린다는 점을 지적해야겠다.

15.5 독립적인 두 평균 간 차이에 대한 검증력 계산

두 개 독립적 평균 간 차이를 검증하고자 할 때의 검증력을 다루는 것은 한 개 평균을 갖고 할 때와 매우 유사하다. 15.4절에서는 H_1에서 μ(즉, μ_1)와 H_0에서의 μ(즉, μ_0) 간 차이를 구하고 전집 표준편차(σ)로 나누어서 d를 구했다. 이 절에서도 이와 유사한 것을 하겠지만, 이번에는 평균들 간 차이를 갖고 작업할 것이다. 이 경우 H_1에서 두 전집 평균 간 차이($\mu_1-\mu_0$)로부터 H_0에서 두 전집 평균 간 차이($\mu_1-\mu_0$)를 뺀 후 σ로 나눈다($\sigma_1^2=\sigma_2^2=\sigma^2$이라고 가정했음을 상기하라). 그러나 대부분의 경우 H_0에서 ($\mu_1-\mu_0$)는 0이므로 그 항을 공식에서 뺄 수 있다.

$$d=\frac{(\mu_1-\mu_2)-0}{\sigma}=\frac{\mu_1-\mu_2}{\sigma}$$

따라서 분자는 H_1에서 예상된 차이이고, 분모는 전집들의 공통 표준편차이다. 여러분은 이것이 14장에서 다룬 코언의 d, 혹은 헤지스(Hedges)의 g와 동일한 d라는 것을 알 수 있을 것이다. 유일한 차이는, 여기서는 표본 평균들이 아니라 전집 평균들에 따라 기술되었다는 점이다.

두 개 표본의 경우 n이 동일한 경우와 그렇지 않은 경우를 구분해야 한다. 이 두 경우를 별도로 다룰 것이다.

동일한 표본크기

두 처치 간 차이를 검증하고 전집 평균들의 차이가 대략 5점이거나 아니면 최소한 5점의 차이를 발견하는 데에만 관심을 두고 있다고 가정하라. 또한 과거 데이터로부터 σ가 대략 10이라는 것을 알았다고 가정하라. 그렇다면

$$d = \frac{\mu_1 - \mu_2}{\sigma} = \frac{5}{10} = 0.50$$

따라서 우리는 두 평균들 간에 1/2 표준편차만큼의 차이를 예상할 수 있는데, 이는 코언(Cohen, 1988)의 어림법에 따르면 중간 크기의 효과이다.

먼저, 두 집단 각각에서 25개 관찰값을 가진 실험의 검증력을 조사할 것이다. 두 개 표본 사례에서 비중심성 모수치 δ를 다음과 같이 정의할 수 있다.

$$\boxed{\delta = d\sqrt{\frac{n}{2}}}$$

여기서 n은 어느 **한 표본**에 있는 사례의 수이다(전체적으로 $2n$ 사례가 있다). 따라서

$$\delta = (0.50)\sqrt{\frac{25}{2}} = 0.50\sqrt{12.5} = 0.50(3.54)$$
$$= 1.77$$

부록의 검증력에서 $\delta = 1.77$에 대해 보간법을 사용하면, $\alpha = .05$에서 양방검증의 경우 검증력 = .43이다. 따라서 각 집단의 참가자가 25명인 실험을 실제로 행하고 δ 추정치가 정확하다면, 실제로 H_0를 기각할 확률은 .43이고 2종 오류를 범할 확률은 .57이다. (검증력의 참값은 .43이 아니라 .41이지만, 그 차이는 검증력 표가 추정치에 근거한다는 사실에 기인할 뿐이다. .02만큼의 차이는 결코 특별한 문제는 아니다.)

이제는 검증력 = .80을 위해 얼마나 많은 참가자들이 필요한가라는 문제를 다룰 것이다. 부록의 검증력 표를 보면 여기에는 $\delta = 2.80$이 필요하다.

$$\delta = d\sqrt{\frac{n}{2}}$$

$$\frac{\delta}{d} = \sqrt{\frac{n}{2}}$$

$$\left(\frac{\delta}{d}\right)^2 = \frac{n}{2}$$

$$n = 2\left(\frac{\delta}{d}\right)^2$$

$$= 2\left(\frac{2.80}{0.50}\right)^2 = 2(5.6)^2 = 62.72$$

n은 표본당 참가자 수를 지칭하므로 검증력 = .80이 되려면 표본당 63명, 총 126명 참가자들이 필요하다.

상이한 표본크기

방금 표본크기가 동일한 경우를 다루었는데 표본크기가 상이한 경우들도 많다. 이러한 경우 δ를 구하고자 할 때 어려움이 있는데, n의 단일 값이 필요하기 때문이다. 어떤 값을 사용할 수 있을까?

표본크기가 충분히 크고 거의 동일한 경우 n_1과 n_2 가운데 더 작은 것을 n으로 택함으로써 보수적 근삿값을 구할 수 있다. 그러나 이는 표본크기가 작거나 두 n들이 상당히 상이할 때에는 만족스럽지 않다. 그러한 경우 보다 정확한 해결책을 필요로 한다.

한 가지 그럴듯하게(그렇지만 부정확한) 보이는 절차는 n을 n_1과 n_2의 산술평균으로 구하는 것이다. 그러나 14장에서 살펴보았듯이 이 방법은 두 표본에 동등한 가중치를 주는데, 사실상 평균들의 변량은 n이 아니라 $1/n$에 비례한다는 것을 알고 있다. 이러한 관계를 고려하는 측정치는 산술평균이 아니라 **조화평균**(harmonic mean)으로서, $\bar{n}_h$로 표시한다. (n_1과 n_2) 관찰값들을 가진 두 표본의 경우

$$\bar{n}_h = \frac{2}{\frac{1}{n_1} + \frac{1}{n_2}} = \frac{2n_1n_2}{n_1 + n_2}$$

이제 δ를 계산할 때 $\bar{n}_h$를 사용할 수 있다.

이 장의 서두에서 애런슨 등(Aronson et al., 1998)의 고정관념 위협에 관한 연구를 살펴보았다. 여기서 그 연구로 되돌아가되 직접적인 계산에 초점을 둘 것이다. 애런슨이 실제로 발견한 것은 내가 14장에서 생성했던 표본 데이터와 약간 상이한데, '통제집단'과 '위협집단'의 평균이 각각 9.58과 6.55였다. 이들의 통합된 편차는 약 3.10이었다. 전집 평균과 표준편차에 대한 애런슨의 추정치는 본질적으로 정확하다고 가정할 것이다. (그들은 거의 틀림없이 무선 오차의 어려움을 겪었지만, 그 모수치에 대해 우리가 가진 최선의 추측이

다.) 다음과 같이 계산된다.

$$d = \frac{\mu_1 - \mu_2}{\sigma} = \frac{9.58 - 6.55}{3.10} = \frac{3.03}{3.10} = 0.98$$

내 연구방법론 강좌에서 이 연구를 반복 검증하고자 하지만 바보처럼 실패할 위험을 무릅쓰고 싶지는 않다. 내 강좌에는 많은 학생들이 있지만 단지 약 30명만이 남성이며, 그들은 실습 섹션에 균등하게 분포되어 있지 않다. 실험 수행 방식 때문에 18명의 남성이 '통제집단'에, 12명이 '위협 집단'에 배정된다고 가정하자. 그다음 효과적 표본크기(δ를 계산하는 데 사용되는 표본크기)를 다음과 같이 계산한다.

$$\bar{n}_h = \frac{2(18)(12)}{18 + 12} = \frac{432}{30} = 14.40$$

효과적 표본크기(effective sample size)가 두 표본크기의 산술 평균보다 더 작다는 것을 알 수 있다. 바꾸어 말하면, 이 연구는 총 28.8명의 참가자들에 대해 집단당 14.4명의 참가자를 갖고서 실험을 수행했을 때와 동일한 검증력을 가진다. 달리 표현하면, 표본크기가 동일한 실험에서 28.8명의 참가자들이 가진 검증력과 동일한 검증력을 표본크기가 상이한 실험이 갖기 위해서는 30명의 참가자들이 필요하다.

계속하면

$$\delta = d\sqrt{\frac{\bar{n}_h}{2}} = 0.98\sqrt{\frac{14.4}{2}} = 0.98\sqrt{7.2}$$
$$= 2.63$$

여기서 $\delta = 2.63$, $\alpha = .05$(양방검증)에서 검증력 $= .75$이다.

이 경우 검증력이 다소 낮아서 이 연구를 실험실습으로 채택하는 데 대한 확신을 갖기 어렵다. 내가 운에 맡기고 연구를 실행할 수도 있지만 실험이 실패하면 매우 우스꽝스러울 것이다.

대안은 더 많은 학생들을 모집하는 것이다. 내 강좌에 30명 남성이 있는데, 다른 강좌에서 참여를 원하는 20명을 추가로 찾을 수도 있을 것이다. 상이한 두 강좌를 결합함으로써 학생들에게 형편없는 실험설계를 가르치는 위험을 무릅쓰고 이 학생들을 추가함으로써 28명과 22명의 표본크기를 구할 수 있을 것이다.

이 표본크기에서 $\bar{n}_h = 24.64$이다. 그렇다면

$$\delta = d\sqrt{\frac{\bar{n}_h}{2}} = 0.98\sqrt{\frac{24.64}{2}} = 0.98\sqrt{12.32}$$
$$= 3.44$$

부록의 검증력에서 검증력이 이제는 거의 .93이라는 것을 알 수 있는데, 이는 우리 목적에 충분하다. (G*Power에 따르면 정확한 검증력 추정치는 .921인데, 이는 우리가 계산한 것에 매우 가깝다.)

앞선 사례에서 표본크기가 동등하지는 않지만 심각하게 차이 나지는 않는다. 상당히 차이가 나는 표본크기들이 불가피할 때, 더 작은 집단은 더 큰 집단에 상대적으로 가능한 한 커야 한다. 표본크기를 동일하게 만들기 위해 참가자들을 버려서는 결코 안 된다. 이는 바로 검증력을 버리는 셈이다.

15.6 상관표본의 *t* 검증에 대한 검증력 계산

두 개 대응표본들 간 차이를 검증하고자 하는 상황에서는 문제가 좀 더 복잡해지는데, 두 개 관찰값 세트들 간 상관을 고려해야만 한다. 이 책의 이전 판에서는 이러한 상황에서 검증력을 계산하는 방식을 자세히 다루었지만, 되돌아 보건대 이렇게 해서 여러분이 얻을 것이 거의 없다고 생각한다.

기본적으로는 앞서의 두 검증과 동일하다. d를 다음과 같이 정의할 수 있다.

$$d = \frac{\mu_1 - \mu_2}{\sigma_D} = \frac{\mu_D}{\sigma_D}$$

그리고 모수치를 표본 통계치로 대체한다. 필요한 통계치를 제공해주는 데이터를 선행 연구에서 갖고 있다면 d를 즉시 계산할 수 있다. 그리고 이는 사실상 한 개 표본 평균(차이 점수들의 평균)에 대한 검증이므로 δ를 다음과 같이 계산할 수 있다.

$$\delta = d\sqrt{N}$$

그 후 δ 값에 대해 표 D.5를 참조한다.

만약 필요한 모수치에 대해 좋은 추정치를 갖고 있지 않다면, 이들이 두 개의 분리된 점수집단인 것처럼 검증력을 계산할 수 있다. 그럼으로써 검증력의 하한 경계 추정치를 구할 수 있다. 참 검증력은 아마도 훨씬 더 클 것이다.

실제 사례를 이용하기 위해, 거식증 치료를 위해 가족치료를 사용한 13.2절의 데이터로 돌아가 보자. 우리는 치료를 시작할 때와 마칠 때의 체중 자료를 갖고 있는데, 대응표본에 대한 t를 계산하였다. 그 결론을 검증하기 위해 이 연구를 반복하고자 하지만, 유의미한 결과를 발견할 수 있는 적당한 확률을 알아내고자 한다고 가정해보자. 원 연구를 알고 있기 때문에 예상되는 것에 관해 몇 가지 타당한 추측을 해볼 수 있다. 에버릿의 데이터에서는 치료 전과 후 사이에 7.26 파운드의 차이가 나타났다. 또한 차이 점수의 표준편차가

7.16이라는 것을 알고 있으며, 따라서 그것을 추정할 필요가 없다. 이 정보와 에버릿의 표본크기 $N = 17$을 갖고서, 그가 보고한 통계치들이 실제 전집 모수치와 같다는 가정하에서 검증력을 계산할 수 있다.

$$d = \frac{\mu_1 - \mu_2}{\sigma_D} = \frac{7.26}{7.16} = 1.01$$

$$\delta = d\sqrt{n}$$

$$= 1.01\sqrt{17} = 4.162$$

부록 D에서 $\alpha = .05$의 양방검증의 경우 검증력이 대략 .99라는 것을 알 수 있다. 이처럼 매우 높은 검증력 때문에 나는 놀랐지만, 에버릿이 보고한 효과크기가 1.00을 약간 넘는다는 것을 기억해야 한다. 그것은 분명 매우 큰 효과로서, 가장 탁월한 치료라고 하더라도 그만한 효과를 낼 수 있다는 것에 대해 나는 솔직히 매우 놀랐다(이것은 내가 그 데이터를 믿지 않는다고 말하는 것이 아니라 단지 매우 놀랐다는 것뿐이다). 만일 에버릿의 데이터가 제시하는 것만큼 그 치료의 효과가 좋다면, 17명의 참가자들로 반복연구를 했을 때 거의 틀림없이 유의미한 차이를 찾아낼 수 있을 것이다.

15.7 표본크기에 따른 검증력 고려

검증력에 대한 논의는, H_0가 틀릴 때 그것을 기각할 확률이 큰 실험을 수행하기 위해서는, 특히 그 효과가 작다면 일반적으로 충분히 큰 표본크기가 필요하다는 것을 보여주었다. 만일 .80의 검증력을 원한다면, 그리고 작은 효과, 중간 효과, 큰 효과에 대한 코언의 정의를 채택한다면, 몇 분만 계산해도 표본이 꽤 커야 한다는 것을 알 수 있다. 표 15.2는 작은 효과, 중간 효과, 큰 효과에 요구되는(검증력 = .80, $\alpha = .05$에서 양방검증) 전체 표본크기를 제시한다. 이 수치들은 검증력(최소한 상당량의 검증력)이 매우 비싼 상품이며, 특히 효과가 작은 경우 그러하다는 것을 보여 준다. 물론 이것이 실제로 좋은 것인지에 관해 논쟁할 수도 있지만, 만약 그렇지 않다면 문헌들은 이미 갖고 있는 것보다 사소한 결과들을

표 15.2_ 검증력 = .80, α = .05에서 양방검증의 경우 필요한 전체 표본크기

효과크기	d	단일표본 t	두 개 표본 t
작음	.20	196	784
중간	.50	32	126
큼	.80	13	49

훨씬 더 담고 있을 것이기 때문에 대부분의 실험자에게 이는 별다른 위안이 되지 않을 것이다. 일반적인 규칙은 큰 효과를 찾는 것, 큰 표본들을 사용하는 것, 동일 참가자에 대해 반복된 측정치들을 사용하는 등의 민감한 실험설계를 채택하는 것이다. 그럼으로써 실험 오차를 감소시키고, 그래서 작은 차이를 큰 효과크기로 전환시키는 것이다.

15.8 손으로 계산할 필요가 없다

검증력을 공부하는 데 도움이 되는 많은 자료의 출처가 웹에 있다. 이미 언급한 것과 같이 아이오와 대학의 러스 랜스(Russ Lenth)가 작성한 단순한 Java 프로그램은 키보드를 사용하여 표본크기, 효과크기, 추정된 표준편차를 입력할 수 있는데, 다음 사이트에서 이용할 수 있다.

http://www.stat.uiowa.edu/~rlenth/Power/index.html

이 웹페이지에서 'download'를 클릭하면 'pitface.jar'를 다운로드받을 수 있다. 이를 실행하면 여러분이 원하는 것을 구할 것이다. 'If you're blocked by a security setting.'이라는 제목의 절을 반드시 읽어보라. Java 애플릿을 사용할 때 다른 곳에서 제시했던 제안을 반복한다.

이 프로그램의 사용 예시로서 앞서 사용했던 애런슨 등(Aronson et al., 1998)의 사례를 들 수 있다. 그 사례에서 집단당 20명 참가자들을 가진 연구를 반복할 예정이라고 가정했다. 그 연구의 통계치가 표 15.3에 제시되었는데, 이를 관련된 전집 모수치의 추정치로 사용할 것이다.

여러분이 웹에서 소프트웨어를 실행하거나 'piface.jar'를 다운로드하고 오픈할 때 분석 유형을 선택하도록 요구받을 것이다. 첫 번째 화면에서 두 표본 t 검증을 선택하고 'Run' 대화상자를 클릭하라. 그림 15.5에 보이는 디스플레이가 제시될 것이다. 화면이 처음 나올 때 각 상자마다 슬라이더가 들어있어서 윈도우에서 값들을 변화시킬 수 있다. 하지만 값들을 타이핑하여 입력하는 것이 더 쉬운데, 각 항목마다 'OK' 단어로 채워져 있는 것 위

표 15.3_ 애런슨 등(1998)의 연구 결과

처치	평균	표준편차	n
통제	9.64	3.17	11
위협	6.58	3.03	12

에 있는 작은 버튼을 클릭하여 그렇게 할 수 있다. 나는 관련 항목을 채워넣었다. 변량들이 거의 동등하므로 변량들을 통합하고 α의 개개 추정치에 대해 그 값의 제곱근을 사용했다. 또한 프로그램이 '교정된' 수의 자유도를 계산하지 않게끔 'Equal sigmas' 명칭의 상자를 클릭하였다. 총 자유도를 $n_1 + n_2 - 2 = 38$로 계산한다는 점을 주목하라. 검증력은 .8603으로 나왔는데, 이는 그림 15.1에 나온 추정치 .8559와 잘 일치한다.

G*Power

이용 가능한 검증력 계산 프로그램 가운데 내가 특히 좋아하는 소프트웨어는 G*Power인데, 그것은 PC와 Mac에서 이용할 수 있고 무료이다(Faul, Erdfelder, Lang, & Buchner, A., 2009). 프로그램이 너무 좋다고 불평하는 것이 이상하게 여겨지겠지만 G*Power는 오랜 세월에 걸쳐 많이 개선되어왔는데, 다소 사용하기 어렵다는 문제가 있다. 다소 시행착오가 있겠지만 여러분에게 시도해볼 것을 권한다.

그 주소는 다음과 같다.

http://www.gpower.hhu.de/en.html

여기서 3판과 메뉴얼을 다운로드할 수 있다.

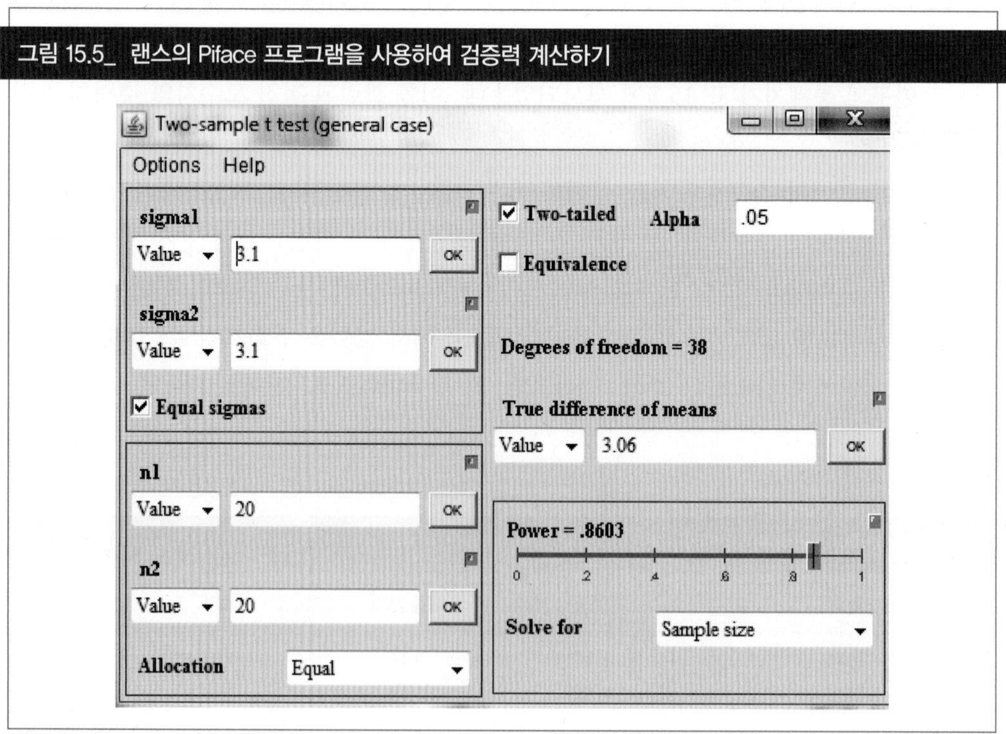

그림 15.5_ 랜스의 Piface 프로그램을 사용하여 검증력 계산하기

그림 15.6_ G*Power를 사용한 통계적 검증력 계산

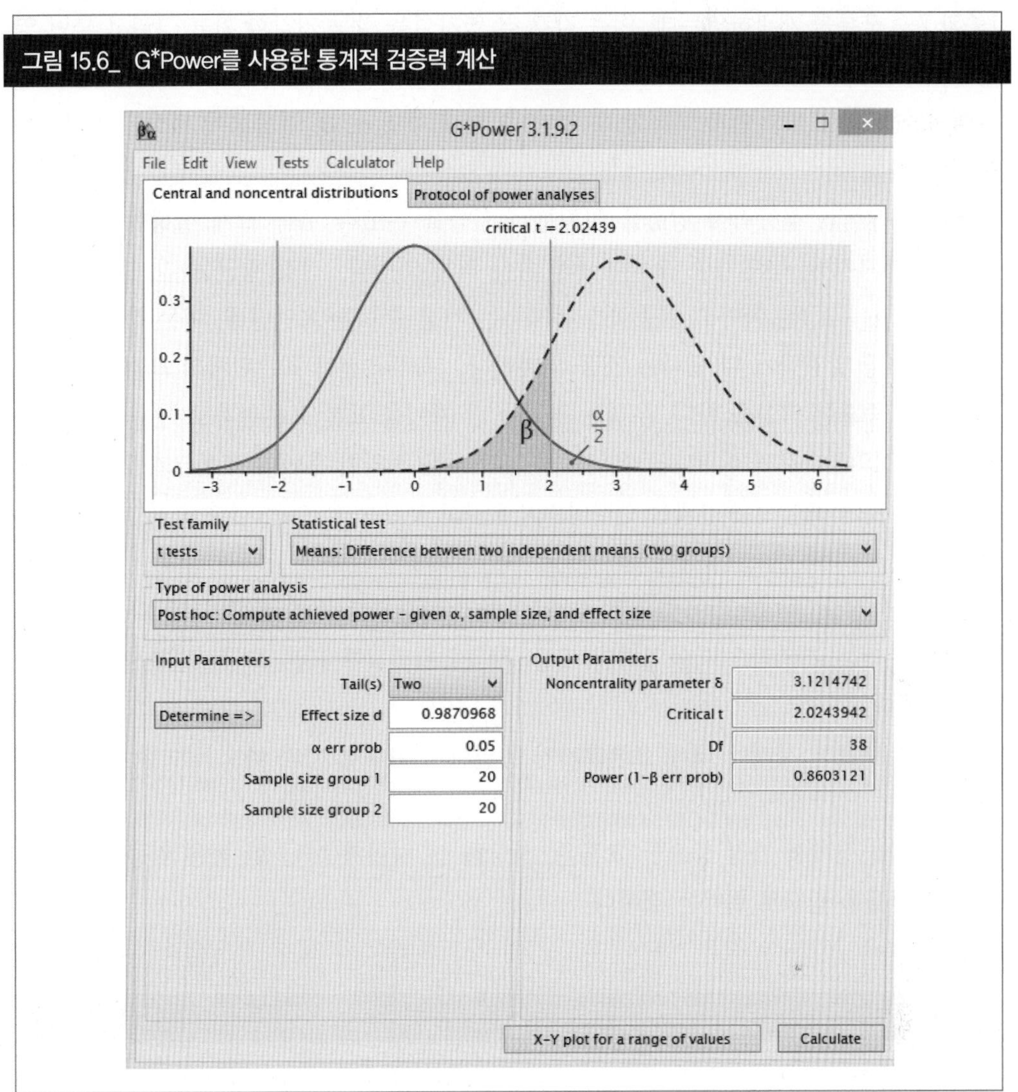

그림 15.6은 그림 15.5의 것과 동일한 사례에 대해 G*Power를 사용한 결과의 예시이다. 계산 결과가 랜스의 프로그램에서 제시된 것과 동일한 검증력 값을 제시한다는 것을 알 수 있다. 또한 두 분포가 어떻게 중첩될 것으로 예상되는지를 보여준다. 또한 'X−Y plot for a range of values'이라는 이름의 버튼을 클릭하면 표본크기에 따라 검증력이 어떻게 변화하는지 보여주는 그림을 구할 수 있을 것이다.

15.9 요약

이 장의 첫머리에서 검증력을 영가설이 틀릴 때 그것을 기각하는 확률이라고 정의하였다.

1종과 2종 오류를 개관하였는데, 이는 각각 참 영가설을 잘못 기각할 확률 그리고 틀린 영가설을 기각하는 데 실패할 확률이다. 이 개념은 H_0와 특정 H_1의 점수들 분포의 중복된 그래프들을 통해 가장 쉽게 이해할 수 있다. 이렇게 하면 α, β, 검증력에 배정된 영역들을 볼 수 있다.

우리는 실험의 검증력에 영향을 미치는 요인들을 논했다. α를 크게 설정할수록 검증력은 더 커지지만, 반면 1종 오류에서의 손실 역시 커진다. 전집 평균들 간 참 차이(예: $\mu_1 - \mu_0$와 $\mu_2 - \mu_1$)는 아마도 검증력을 통제하는 가장 중요한 요인인데, 이는 작은 차이보다 큰 차이를 발견하기 더 쉽다는 것을 의미한다. 그러나 전집 표준편차의 크기와 표본의 크기 역시 중요한 역할을 한다. 우리는 평균들 간 차이를 표본 표준편차로 나눈 것으로 코언의 d를 정의함으로써 이 효과들을 결합하였다. d를 정의한 후에야 표본크기를 고려하였다. 표본크기를 포함시킨 결과를 델타(delta: δ)라고 부르는데, 이는 검증력 표에서 사용하는 것이다.

단일표본 검증, 두 개의 독립표본 검증, 그리고 상관표본 검증을 살펴보았다. 이 세 경우 모두 논리는 기본적으로 동일하며, δ를 구하기 위해 d에 표본크기를 결부시키는 함수에 의존한다.

두 개 독립표본 사례에 대해 표본크기가 동일한지 여부에 따라 다소 상이한 두 접근을 사용했다.

아마도 이 장에서 가장 중요한 교훈은, 상당히 큰 차이가 아닌 한 높은 검증력 수준은 꽤 큰 표본들을 필요로 한다는 점이다.

주요 용어

검증력power 426

델타delta: δ 436

비중심성 모수치noncentrality parameter 436

조화평균harmonic mean 441

15.10 빠른 개관

A 검증력이 무엇인가?

답 틀린 영가설을 기각할 확률

B 검증력에 영향을 미치는 세 가지를 나열하라.

답 알파 수준, 표본크기, 평균 간 차이의 크기

C 검증력이 표본크기에 의존하는 이유는 무엇인가?

답 표준편차가 일정할 때 표본크기가 증가함에 따라 표준오차는 감소하고 이에 따라 검증력은 증가한다.

D 대략 추정치로서 중간 효과크기의 d는?

답 0.50

E δ(delta) = $d[f(n)]$은 무엇을 의미하는가?

답 델타는 규정하기를 원하지 않는 n의 어떤 함수이다. 이 함수는 실험설계에 따라 변할 수 있는데, 단일집단 사례의 경우에는 다음과 같다.

$$\delta = \hat{d}\sqrt{n}$$

F 상당히 상이한 표본크기를 가진 두 집단 실험의 검증력을 계산하기 위한 특별한 공식이 있는 이유는?

답 더 큰 표본의 추정치에는 더 큰 가중치를 주기 위해서

G 상이한 n들을 가진 교정된 표본크기를 무엇이라 부르는가?

답 효과적 표본크기

15.11 연습문제

15.1 G*Power나 랜스(2011)의 Java 프로그램을 사용하여 표 14.2의 동성애 혐오에 관한 애덤스 등(Adams et al., 1996)의 데이터에 대해 검증력을 계산하라.

15.2 뉴욕 양키즈가 내년 월드시리즈에서 이길 확률을 어떻게 보는가? 검증력과 관련된 것은 무엇인가?

15.3 본문 12.3절에서, 부모의 이혼 때문에 스트레스를 받는 아동들이 실제로 느끼는 것보다는 우리가 듣고 싶다고 생각하는 것을 말하는 경향이 있는지 여부에 대한 데이터를 살펴보았다. 그 데이터의 경우 표본크기가 36이었음에도 불구하고 H_0에 대한 검증은 유의미하지 않았다. 실험자가 실제로 스트레스 받는 아동 전집의 평균과 표준편차를 정확히 추정했다고 가정해보자.

(a) 문제의 효과크기는 얼마인가?

(b) 표본크기 36에 대한 δ값은 얼마인가?

(c) 검증력은 얼마인가?

15.4 연습문제 15.3에서 기술된 상황을 그림 15.2의 선들을 따라 그려보라.

15.5 연습문제 15.3에서 검증력을 .70, .80, .90으로 높이기 위해 요구되는 표본크기는 얼마인가?

15.6 연습문제 15.3에 뒤이어, 아동들로 하여금 우리가 듣고 싶어 한다고 그들이 생각하는 것을 말하게 하는 것에 싫증난 내 동료들이, 아동들에게 정확한 보고의 필요성에 대해 마음에서

우러난 이야기를 해주었다고 가정하자. 이것이 그들의 평균 '거짓말' 점수를 4.39에서 2.75로 줄일 수 있었으며 표준편차는 2.61이었다고 가정하자. 이 분석에 36명의 아동이 있다면, 일반 전집에 비해 이 아동들의 보고에서 왜곡이 유의미하게 더 적다는 것을 발견할 수 있는 검증력은 얼마인가? 정상 아동 전집의 전집 평균은 여전히 3.87이다.

15.7 연습문제 15.6에서 설명한 상황을 그림 15.2의 선들을 따라 그려보라.

15.8 연습문제 15.6에서 검증력 = .80이기 위해 필요한 참가자의 수는?

15.9 내 친구가 신경과학 실험실에서 토끼의 회피 행동을 수년간 연구하고서 그 주제에 관해 방대한 분량의 논문을 출간했다. 이 연구를 통해 특정 과제에 대한 평균 반응잠재기는 5.8초, 표준편차는 2초(많은 수의 토끼를 기초로 한다)라는 사실이 밝혀졌다. 이제 다른 연구자가 편도체의 특정 영역에 손상을 일으켰을 때 이 동물들에서 회피 조건 형성이 빈약해진다는 것을 입증하고자 한다(편도체는 정서와 관련되는데, 정서 반응을 감소시키면 회피 행동을 감소시킬 것으로 예상할 수 있다). 그녀는 잠재기가 약 1초 정도 감소할 것으로 예상하고(즉 토끼들은 처벌받은 반응을 더 일찍 반복할 것이다), 단일표본 t 검증을 실시할 것을 계획했다(H_0: $\mu_0 = 5.8$).

(a) 최소한 50:50의 성공 확률을 갖기 위해 필요한 토끼의 수는?

(b) 최소한 80:20의 성공 확률을 갖기 위해 필요한 토끼의 수는?

15.10 연습문제 15.9에서 언급된 연구자가 한 집단을 실험해서 $\mu_0 = 5.8$과 비교하지 않고 두 집단을 실험한다고 가정해보자(한 집단은 손상을 시키고 다른 집단은 손상시키지 않음). 하지만 그녀는 여전히 동일한 정도의 차이를 예상할 수 있다.

(a) .60의 검증력을 갖고 싶다면, (전체적으로) 필요한 토끼의 수는?

(b) .90의 검증력을 갖고 싶다면, (전체적으로) 필요한 토끼의 수는?

15.11 한 연구보조원이 연습문제 15.10에서 기술된 실험을 아무 검증력도 계산하지 않은 채 막 끝마쳤다. 그는 집단별로 20마리씩 실험하려고 하였지만, 우연히도 우리를 뒤집는 바람에 실험집단의 토끼 5마리가 빠져버렸다. 이 실험의 검증력은 얼마인가?

15.12 생후 한 살 된 저체중아(조산아)와 정상 출생아의 인지발달을 비교하는 연구를 방금 수행했다고 가정하자. 자신이 고안한 점수를 이용하여 두 집단의 표본 평균이 각각 25와 30이고, 통합 표준편차가 8이라는 결과를 얻었다. 각 집단마다 20명의 참가자가 있었다. 참 평균과 표준편차가 정확하게 추정되었다고 가정한다면, 이 연구가 유의미한 차이를 발견할 수 있는 선험적 확률(실험이 수행되기 전의 확률)은 얼마인가?

15.13 연습문제 15.12를 수정하여 표본 평균이 25와 28, 통합 표준편차가 8, 표본크기가 20과 20이라고 하자.

(a) 이 실험의 선험적 검증력은 얼마인가?

(b) 이 데이터에 대해 t 검증을 실시하라.

(c) (a)의 답은 (b)의 답에 대해 무엇을 말해주는가?

15.14 연습문제 15.13의 답을 그림으로 그려보라.

15.15 두 명의 대학원생이 최근 학위논문을 완성하였다. 이들은 각기 두 독립집단에 대해 t 검증을 사용하였다. 한 사람은 집단당 10명의 참가자를 사용하여 유의도 수준에 근접한 결과를 구했다. 다른 사람은 집단당 45명의 참가자를 사용하여 유의도 수준에 근접한 결과를 구했다. 어느 결과가 더 인상적인가?

15.16 전체 참가자 수가 30일 때 표본크기들이 비슷해질수록 검증력이 증가하는 것을 보여주기 위해 간단한 두 집단 사례를 만들어보라.

15.17 심사를 받고 있는 한 박사학위 후보자는 자신의 학위논문을 성공적으로 방어하기 위해서는 반드시 유의미한 결과를 구해야 한다는 생각을 갖고 있다. 그는 자신이 만든 척도를 사용해서 정상적인 학생 집단과 전에 비행청소년이었던 집단 간에 사회적 자각에 있어 차이가 있다는 것을 보여주고자 한다. 그러나 그에게 한 가지 문제가 있다. 그는 정상 집단의 참 평균이 38이라는 것을 시사하는 데이터를 갖고 있고, 그 참가자의 수는 50명이었다. 다른 집단의 경우, 그는 과거 비행청소년으로 분류되었던 대학생 100명 또는 비행 이력을 가진 고등학교 중퇴자 25명을 이용할 수 있다. 그는 대학생 집단의 점수가 평균이 대략 35점인 전집에서 나온 반면, 중퇴 집단의 점수는 평균이 대략 30점인 전집에서 나왔다고 생각한다. 그는 이 집단 들 가운데 한 집단만을 사용할 수 있다. 어느 집단을 사용해야 하는가?

15.18 검증력이 .80, $\alpha = .01$, 양방인 경우에 대해 표 15.2와 유사한 표를 만들라.

15.19 검증력이 .60, $\alpha = .05$, 양방인 경우에 대해 표 15.2와 유사한 표를 만들라.

15.20 $\alpha = .05$이며 일방일 때 단일 평균에 대한 영가설을 검증하고자 한다고 가정하라. 또한 모든 필요한 가정들이 충족된다고 가정하라. 틀린 H_0를 기각할 확률보다 참인 H_0를 기각할 확률이 더 큰 경우가 있는가? (바꾸어 말하면, 검증력이 α보다 더 작은 경우가 있을 수 있는가?)

15.21 만일 $\sigma = 15$, $n = 25$이고, H_0: $\mu = 100$ 대 H_1: $\mu > 100$을 검증한다면, H_1에서 검증력이 2종 오류 확률과 동일하게 되는 평균의 값은 얼마인가? (힌트: 두 분포를 스케치해보면 아주 쉽게 풀 수 있다. 어떤 영역을 동일하게 하려고 하는가?)

15.22 14.1절에 있는 거식증 실험의 검증력을 계산하라. 모수치는 정확하게 추정되었다고 가정하라.

15.23 G*Power나 랜스(2011)의 Piface 프로그램을 사용하여 연습문제 14.8의 조현병 참가자와 정상 참가자의 부모들로부터 나온 주제통각검사(TAT) 점수의 비교에 관한 검증력을 계산하라.

15.24 연습문제 15.22와 15.23처럼 실험이 이미 행해진 후에 검증력을 계산하고자 하는 이유가 무엇인가?

15.25 이 장의 R 코드용 웹페이지는 검증력을 계산할 수 있는 코드를 포함하고 있다. 이 소프트웨어를 사용하여 앞서의 연습문제에서 구한 결과들을 다시 구하라.

16장 / 일원변량분석*

앞선 장에서 기억할 필요가 있는 개념

자유도degrees of freedom(df) 하나 이상의 모수치를 추정한 후에 남는 독립적인 정보의 수

F* 통계치F* statistic t와 마찬가지로 표본 평균들을 비교하는 데 사용할 수 있는 검증 통계치

효과크기effect size($\hat{d}$) 처치효과의 크기를 독자들에게 의미 있는 방식으로 표현하기 위한 측정치

통합 변량 추정치pooled variance estimate 두 표본 변량의 가중 평균치

표집분포sampling distribution 표집을 반복함에 따라 평균과 같은 통계치가 이루게 되는 분포

변량 비동질성(이질성)heterogeneity of variance 표본 변량 추정치들이 상당히 차이나는 상황

---

* 통계학에서는 ANOVA를 분산분석이라고 부른다. 심리학에서는 전통적으로 변량분석이라고 불러왔기 때문에 이 책에서도 변량분석이라는 용어를 사용한다.—옮긴이 주.

변량분석과 관련된 세 개의 장(章)을 시작하고자 한다. 우선 **변량분석**이 무엇이며 어떤 일을 하는 것인지를 묻는 것으로 시작한 후에, 실제로는 평균들을 비교함에도 불구하고 변량분석이라고 부르는 이유를 살펴볼 것이다. 계산은 지극히 간단하며, 계산과정의 논리를 살펴본 후에 실제 계산 사례를 간략하게 다룰 것이다. 표본크기가 상이한 집단의 경우로 넘어가서 크기가 동일하지 않은 표본들을 어떻게 다루는 것인지를 보게 될 것이다. 다소 복잡하지만, 그렇게 어려운 것은 아니다. 일단 기본 분석을 다루고 난 후에는 개별 집단들을 상호간에 비교하는 절차로 넘어가게 된다. 그렇지만 차이가 유의하더라도 항상 중요한 것은 아니기 때문에, 여러 가지 효과크기 측정치들을 살펴볼 것이다. 마지막으로 *R*과 SPSS를 사용하여 분석하는 방법을 보게 될 것이다.

오늘날 **변량분석**(analysis of variance: ANOVA)은 심리학 연구에서 가장 많이 사용하는 통계기법의 지위를 누리고 있으며, 중다회귀(multiple regression)가 간발의 차이로 그 뒤를 잇고 있다. 이 기법의 인기와 유용성은 두 가지 사실에 근거한다. 무엇보다도 변량분석은 t 검증과 마찬가지로 표본 평균들 간의 차이를 다루고 있기는 하지만, t 검증과는 달리 평균들의 수에 제한을 받지 않는다. 단지 두 평균 사이에 차이가 있는지를 묻는 것이 아니라, 둘, 셋, 넷, 다섯 등 k개 평균들이 차이가 있는지 여부를 따져볼 수 있다. 둘째, 변량분석은 두 개 이상의 독립변인들을 동시에 다룰 수 있게 해줌으로써, 각 변인의 개별 효과뿐만 아니라 둘 이상 변인들 간의 상호작용 효과도 알아볼 수 있다.

이 장에서는 변량분석의 기저 논리 그리고 단지 하나의 독립변인만을 사용한 실험의 결과분석을 다룬다. 나아가서 단일변인 분석, 즉 **일원변량분석**(one-way ANOVA)의 맥락에서 쉽게 이해할 수 있는 몇 가지 관련 주제들을 다룬다. 후속 장들에서는 둘 이상의 독립변인을 수반하는 실험의 분석, 그리고 각 실험 참가자에 대해서 반복측정이 이루어진 실험설계를 다루게 될 것이다.

16.1 일반적 접근

변량분석의 여러 특징들은 간단한 사례를 통해서 잘 설명할 수 있기 때문에, 지안콜라와 코르먼(Giancola & Corman, 2007)의 연구로 시작하고자 한다. 이들은 방해 과제가 상당한 양의 술을 마신 참가자의 공격 행동에 미치는 효과를 연구하는 데 관심이 있었다. 술이 공격 행동으로 이끌어가기 십상이라는 사실은 잘 알고 있지만, 그렇게 되는 이유는 무엇인가? 지안콜라와 코르먼은 현저하지 않은 억제 단서보다는 현저한 도발 단서에 주의를 집중함으로써, 술이 공격성을 촉진시킨다고 가정하는 것으로부터 출발하였다. 이들이 추론한 내용은 다음과 같다. 만일 참가자에게 방해 과제를 제시하게 되면, 도발 단서보다는 과제에 주의를 집중함으로써 공격성을 제한할 것이다. 그렇지만 만일 과제가 너무 복잡하면, 방해효과는 사라지고 공격성이 다시 나타날 것이다(실제로 과제가 너무 복잡하면 혼란과 좌절을 생성하게 되고, 이것이 다시 공격성으로 이끌어갈 수 있다).

표 16.1_ 과제 난이도별 쇼크의 수준

	D0	D2	D4	D6	D8	전체
	1.28	−1.18	−0.41	−0.85	2.01	
	1.35	0.15	−1.25	0.14	0.40	
	3.31	1.36	−1.33	−1.38	2.34	
	3.06	2.61	−0.47	1.28	−1.80	
	2.59	0.66	−0.60	1.85	5.00	
	3.25	1.32	−1.72	−0.59	2.27	
	2.98	0.73	−1.74	−1.30	6.47	
	1.53	−1.06	−0.77	0.38	2.94	
	−2.68	0.24	−0.41	−0.35	0.47	
	2.64	0.27	−1.20	2.29	3.22	
	1.26	0.72	−0.31	−0.25	0.01	
	1.06	2.28	−0.74	0.51	−0.66	
평균	1.802	0.675	−0.912	0.544	1.889	0.800
표준편차	1.656	1.140	0.515	1.180	2.370	1.800
변량	2.741	1.299	0.265	1.394	5.616	3.168

지안콜라와 코르먼은 참가자들에게 혈중 알코올 농도가 대략 .10%까지 올라갈 만큼 술을 마시도록 요구하였다(미국 대부분의 주에서는 이 정도의 알코올 농도로 운전하게 되면, 음주운전으로 간주한다[1]). 그런 다음에 참가자들은 3×3 행렬에서 각 칸에 불이 들어오는 순서를 기억해야 하는 과제에 참여하였다. 참가자가 기억해야 할 칸 수를 다르게 함으로써 과제의 주의 요구량을 변화시켰다. 참가자는 가상의 상대와 경쟁을 벌였는데, 짐짓 과제 수행 성과에 근거하여 약한 쇼크를 상대방이 참가자에게 가하기도 하고 참가자가 상대방에게 가하기도 하였다(실제로 상대방이 있었던 것은 아니며, 참가자가 받았던 쇼크도 이들의 수행과는 아무 관계가 없었다). 종속변인(공격성)은 참가자가 상대방에게 가하는 쇼크의 강도와 지속시간이었다(술을 마시지 않은 통제조건이 있었지만, 이 사례에서는 통제조건을 무시하기로 한다. 이 조건에서는 과제 난이도에 따른 차이가 없었다).

이 연구에는 과제 난이도가 차이를 보이는 다섯 집단이 있었다. 참가자는 0, 2, 4, 6, 8

---

1 우리나라도 2016년 4월부터 음주운전 기준을 대폭 강화하였다. 예를 들어, 1회 위반의 경우, 0.05~0.1% 미만은 형사입건, 100일 면허정지, 6개월 이하의 징역 또는 300만 원 이하의 벌금을, 0.1~0.2%는 형사입건, 면허 취소, 6개월~1년의 징역 또는 300만~500만 원의 벌금을, 0.2% 이상은 1~3년의 징역 또는 500만~1,000만 원의 벌금을 물어야 한다. 3회 이상 위반하는 경우는 무조건 차량 압수, 1~3년의 징역 또는 500만~1,000만 원의 벌금을 물어야 한다. 측정 거부 시에도 0.2% 이상의 경우와 같은 처벌을 받는다. 아무튼 음주운전을 해서는 결코 안 된다.—옮긴이 주.

개 칸의 패턴을 기억해야 했으며, 집단을 D0, D2, D4, D6, D8로 표기하였다. 이 표기는 방해 과제에서 참가자가 기억해야 하는 칸의 수를 지칭하는 것이다. 각 집단에는 12명의 참가자가 있었으며, 평균과 표준편차를 표 16.1에 제시하였다(이 데이터는 실제 연구가 보고한 평균과 표준편차에 근거한 것이다).

영가설

알고 있는 것과 같이, 지안콜라와 코르먼은 공격성 수준이 기억 과제가 제공하는 방해 수준에 따라 차이를 보인다는 **연구가설**을 검증하는 데 관심이 있었다. 그러한 가설의 지지는 다음과 같은 표준 영가설을 부정하는 것에 근거한다.

$$H_0: \mu_1 = \mu_2 = \mu_3 = \mu_4 = \mu_5$$

영가설은 여러 가지 방법으로 거짓일 수 있지만(예: 모든 평균이 상호간에 다르거나, 처음 두 평균은 동일하지만 나머지 세 평균과 차이를 보일 수 있다), 지금은 영가설이 완벽하게 참이거나 거짓인지만을 다루고자 한다. 이것을 흔히 전체 영가설이라고 부른다. 대립가설은 **적어도** 하나의 평균이 다른 평균들과 다르다는 가설이다. 공격성 점수에 대한 가상적인 다섯 전집이 그림 16.1에 예시되어 있다. 전집들이 왼쪽에서 오른쪽으로 배치되었다고 해서 오른쪽에 위치한 전집 평균이 왼쪽의 전집 평균보다 크다는 사실을 나타내는 것은 결코 아니다. 지금 전집 평균들의 상대적 크기에 대해서 언급하고 있는 것이 아니다.

변량분석은 표본 평균들 간의 차이를 사용하여 전집 평균들 간의 차이 유무를 추론해내는 기법이다. 이 장의 뒷부분에 가서 어떤 평균들이 동일한지 여부의 문제를 다루기로 한다. 이 시점에서 혹시 많은 독자들이 전체 영가설은 결코 참일 수 없다고 확신하고 있지 않을까 의심스럽다(여러분은 정말로 최소한의 방해를 받은 사람들이 적당한 정도의 방해를 받은 사람들 못지않게 과제를 잘 수행할 것이라고 기대하는가?). 아무튼 영가설로부터 시작한 다음에 계속 진행해보자.

그림 16.1_ 공격성 점수 전집에 대한 도식적 그림

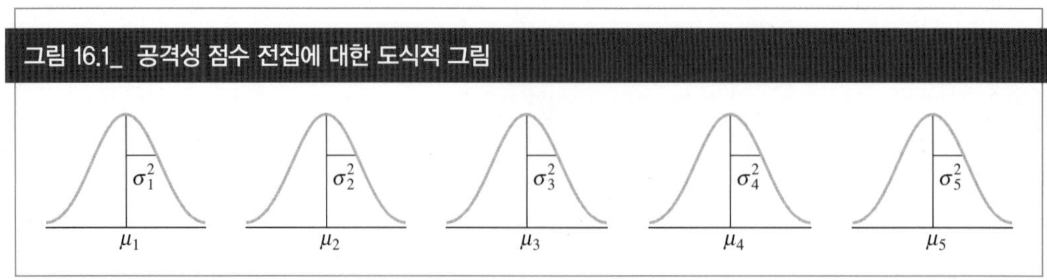

전집

사람들이 통계학을 공부하면서 자주 직면하게 되는 문제 중의 하나가 **전집**(모집단, population)이라는 단어의 의미이다. 1장에서 언급한 것과 같이, 전집은 숫자의 집합이지, 쥐나 사람이나 다른 어떤 것들의 집합이 아니다. 엄밀하게 말해서, 한 조건에서 목록을 학습한 사람들의 전집이 다른 조건에서 학습한 사람들의 전집과 동일한 전집이라고 말하려는 것이 아니다. 그들이 동일하지 않다는 것은 자명하다. 오히려 한 조건에서 얻은 **점수**들의 전집이 다른 조건에서 얻은 **점수**들의 전집 평균보다 크거나 작은 평균을 가지고 있다고 말할 수 있게 되기를 원하는 것이다. 이 말이 다소 사소한 문제를 지적하고 있는 것처럼 보일 수도 있지만, 실제로는 그렇지 않다. 예를 들어, 연령이 상이한 사람들의 회상 점수를 비교하고자 한다면, 그 사람들의 전집은 여러 가지 면에서 차이가 있게 된다. 그렇기는 하지만 회상 점수가 전집들 간에 차이가 있을 것인지는 확실하지 않다.

정상성 가정

각 전집에서 공격성 점수는 전집 평균(μ_j)을 중심으로 정상분포를 나타낸다고 가정한다. 그림 16.1의 관찰값들이 정상분포를 나타내고 있다는 가정이 바로 그것이다. 독립집단 t 검증에서도 동일한 가정을 하였지만, 그 경우에는 단지 두 전집만이 있었다. t 검증에서와 마찬가지로, 정상성 가정은 일차적으로 평균 표집분포의 정상성을 말하는 것이지, 개별 관찰값 분포의 정상성을 말하는 것이 아니다. 또한 특정한 조건에서는 정상성에서 상당히 위배되더라도 최종 결과에는 놀랄 만큼 거의 영향을 미치지 않을 수도 있다.

변량 동질성 가정

두 번째 중요한 가정은 각 전집이 동일한 변량을 가지고 있다는 것이다.

$$\sigma_1^2 = \sigma_2^2 = \sigma_3^2 = \sigma_4^2 = \sigma_5^2 = \sigma_e^2$$

여기서 σ_e^2는 다섯 개의 변량이 공유하는 값을 나타낸다. 아래 첨자 '*e*'는 오차(error)의 약자이다. 이 변량이 오차 변량이기 때문이다. 즉, 집단 간 차이와는 무관한 변량이다.[2] 뒤에서 보게 되겠지만, 특정 조건에서는 이 가정을 위배하더라도 최종 결과에 그렇게 심각한 손상을 초래하지 않을 수도 있다. 다시 말해서 변량분석은 정상성과 변량 동질성 가정의 위배라는 측면에서 막강한(robust) 기법이다.

---

2 10장에서의 논의에 따르면, 어느 집단에 속해 있는지에 대한 정보를 가지고는 예측할 수 없는 변화라는 의미에서 오차 변량이다. 동일한 집단(전집)에 속한 사람들은 처치변인에서 차이가 없기 때문이다.

관찰 독립성 가정

세 번째 중요한 가정은 관찰이 상호간에 모두 독립적이라는 것이다. 실험 처치를 받은 두 관찰에 있어서, 한 관찰값이 처치(또는 전집) 평균으로부터 상대적으로 어디에 위치하는지를 아는 것이 다른 관찰값에 대해서 아무것도 알려주는 것이 없다는 가정이다(만일 참가자가 속임수를 써서 다른 참가자 것을 베끼거나 서로 답을 주고받는다면, 이 가정을 위배할 수 있다). 이 가정은 참가자들을 집단에 무선 할당해야 하는 중요한 한 가지 이유가 된다. 관찰 독립성 가정의 위배는 분석에 치명적인 결과를 초래할 수 있다.

가정의 개관

변량분석에는 세 가지 가정이 있다. 표본을 표집하는 전집들은 모두 서로 간에 아무리 차이가 많더라도 정상분포를 나타낸다고 가정한다. 이 전집들은 비록 평균은 서로 간에 다르더라도 모두 동일한 변량을 가지고 있다고 가정하며, 관찰들은 독립적이라고 가정한다. 예를 들어, 한 사람이 평균보다 높은 점수를 받았다고 해서 다른 사람이 평균보다 높거나 낮은 점수를 받을 것인지에 대해서 아무것도 알려주는 것이 없다.

16.2 변량분석의 논리

변량분석에 깔려있는 논리는 복잡하지 않다. 일단 그 논리를 이해하게 되면, 나머지 논의는 상당히 이해하기 쉽다(모든 학생이 이 절을 한 번 읽은 후에 그 논리를 꿰뚫게 될 것이라고 기대하지는 않지만, 그래도 보편적인 생각은 갖게 될 것이다. 이 장 전체를 다 읽은 후에 다시 이 절로 되돌아오기를 권하며, 다음 날에 다시 읽어보는 것도 좋을 것이다). 이 절에서는 모든 집단이 동일한 수의 관찰값을 가지고 있다고 가정함으로써 설명을 다소 단순화할 것이다. 물론 이것이 변량분석의 필수요건은 아니다. 잠시 세 가지 주요 가정, 즉 정상성, 변량 동질성, 관찰 독립성의 효과를 생각해보자. 처음 두 가정에 따라서 그림 16.1에 나타낸 다섯 전집이 동일한 분포 형태와 동일한 변산을 갖는다고 말하였다. 따라서 전집들 간에 차이가 날 수 있는 유일한 방법은 평균에서의 차이다.

H_0에 대해서는 아무런 가정도 하지 않은 채 시작하겠다. 영가설은 참이거나 거짓일 수 있다. 어느 처치에서든 그 집단에 들어있는 10개 점수의 변량은 그 점수를 선택한 전집 변량의 추정치가 된다. 모든 전집은 동일한 변량을 가지고 있다고 가정하였기 때문에, 공통적인 전집 변량(σ_e^2)의 한 추정치도 된다. 원한다면 다음과 같이 생각할 수 있다.

$$\sigma_1^2 \doteq s_1^2 \qquad \sigma_2^2 \doteq s_2^2 \qquad \cdots \qquad \sigma_5^2 \doteq s_5^2$$

여기서 ≐는 '추정한다'라는 의미다. 변량 동질성 가정에 따라서 이것들은 모두 σ_e^2의 추정치들이다. 만일 $n_1 = n_2 = \cdots\cdots = n_5 = n$이라면, 신뢰도를 높이기 위해서 다음과 같이 다섯 추정치들을 합하여 평균을 낼 수 있다.

$$\hat{\sigma}_e^2 \doteq \bar{s}_j^2 = \frac{s_1^2 + s_2^2 + s_3^2 + s_4^2 + s_5^2}{5}$$

이것이 σ_e^2에 관한 최선의 추정치이다. 변량의 통합은 t 검증에서 변량들을 통합할 때 하였던 바로 그것이다(물론 여기서는 변량이 셋 이상이다). 다섯 표본 변량(s_j^2)의 이러한 평균값은 전집 변량(σ_e^2)의 한 가지 추정치이며, 뒤에 가서 $MS_{집단\ 내}$ 또는 $MS_{오차}$(각각 '집단 내 평균제곱합' 또는 '오차 평균제곱합'이라고 한다)를 나타내게 될 것이다. 이 추정치는 H_0의 진위에 의존하지 않는다는 사실에 주목할 필요가 있다. 왜냐하면 s_j^2는 각 표본에서 개별적으로 계산하기 때문이다. 지안콜라와 코르먼 연구의 데이터에서 σ_e^2의 통합 추정치는 다음과 같다.

$$s_j^2 = \frac{2.741 + 1.299 + 0.265 + 1.394 + 5.616}{5} = 2.263$$

이제 H_0가 참이라고 가정해보자. 만일 그렇다면, 각 12개의 사례를 갖는 다섯 표본은 동일한 전집에서 나온 다섯 개의 독립표본이라고 생각할 수 있다. 평균들의 변량을 들여다봄으로써 σ_e^2의 또 다른 추정치를 얻을 수 있다. 앞선 논의에서 평균들은 개별 관찰값들처럼 그렇게 많이 변하지 않는다는 사실을 기억하기 바란다(왜 그렇게 되는 것인가?). 실제로 중심극한정리(central limit theorem)에 따르면 동일 전집에서 얻은 평균들의 변량은 전집의 변량을 표본크기로 나눈 값과 같게 된다. 만일 H_0가 참이라면, 표본 평균들은 동일한 전집에서(아니면 동등한 특성을 갖는 전집들에서) 얻어진 것들이기 때문에, 다음과 같게 된다.

$$\frac{\sigma_e^2}{n} \doteq s_{\bar{X}}^2$$

여기서 n은 각 표본의 크기다. 모든 표본은 동일한 표본크기를 갖는다. 이 계산 절차를 역으로 수행할 수 있는데, 이렇게 하면 전집 변량으로부터 평균들의 변량을 추정하는 대신에 표본 평균들의 변량($s_{\bar{X}}^2$)으로부터 전집 변량을 추정할 수 있다. 앞의 등식에서 분모를 없애면, 다음과 같이 된다.

$$\sigma_e^2 \doteq n s_{\bar{X}}^2$$

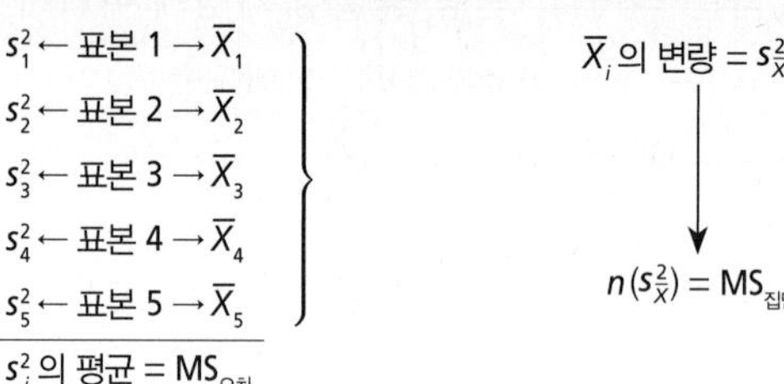

그림 16.2_ 표본크기가 동일할 때 $MS_{오차}$와 $MS_{집단}$의 의미 예시

일반적으로 이 용어를 $MS_{집단\ 간}$ 또는 보다 간단하게 $MS_{집단}$이나 $MS_{처치}$라고 부른다. 앞 절에서는 개별 표본 변량들로부터 추정하는 공통 전집 변량의 사례를 보았다. 여기서는 영가설이 참인 한에 있어서, 평균들의 변량을 가지고 공통 전집 변량을 추정하는 사례를 보았다. 따라서 동일한 변량을 추정하는 두 가지 상이한 방법이 있는데, 이것은 오직 영가설이 참일 때에만 가능한 것이다. 만일 영가설이 거짓이라면, 평균들의 변량은 공통 전집 변량을 과대추정하게 된다.

이 단계들은 쉽게 예시할 수 있는데, 그림 16.2는 표본크기가 같은 다섯 집단을 가지고 예시한 것이다. 이 그림은 표본 변량의 평균이 $MS_{오차}$며 표본 평균의 변량에 **표본크기를 곱한 것**이 $MS_{집단}$이라는 사실을 강조하고 있다.

이제 전집 변량(σ_e^2)에 대한 두 개의 추정치를 갖게 되었다. 추정치의 하나인 $MS_{오차}$는 H_0의 진위와는 무관하다. 이것은 항상 전집 변량 σ_e^2의 한 가지 추정치이다. 다른 추정치인 $MS_{집단}$은 H_0가 참일 때에만 σ_e^2의 추정치가 된다(중심극한정리가 가정하는 조건, 즉 표본들을 동일한 전집에서 얻은 것이라는 조건을 만족하는 한에 있어서만 그렇다). 만일 그렇지 않다면 $MS_{집단}$은 σ_e^2에다가 집단 평균들 간의 변산을 첨가한 것을 추정하는 것이 된다. 만일 두 추정치($MS_{오차}$와 $MS_{집단}$)가 대체로 일치한다면, H_0가 참이라는 사실을 지지하게 된다. 그리고 만일 둘이 상당한 차이를 보이게 된다면, H_0가 거짓이라는 사실을 지지하게 된다. 아주 간단한 두 가지 예를 가지고 방금 기술한 논리를 예시할 것인데, 이 예들은 H_0가 참이거나 거짓인 조건에서 상당히 이상적인 결과를 나타내도록 고의적으로 구성한 것이다. 실제에 있어서는 이 예가 보여주는 것처럼 데이터가 깔끔하게 나타나는 경우는 결코 없다.

사례: H_0가 참인 경우

세 집단을 포함한 실험을 한다고 가정하자. 앞서 본 것과 같이 H_0가 참일 때는, $\mu_1 = \mu_2 = \mu_3$이며, 세 전집에서 뽑은 모든 표본들은 단지 하나의 전집에서 나온 것들이라고 생각할

표 16.2_ H_0가 참인 경우의 대표적인 데이터

집단 1	집단 2	집단 3
3	1	5
6	4	2
9	7	8
6	4	8
3	1	2
12	10	8
6	4	5
3	1	2
9	7	8
$\bar{X}$ = 6.3333	4.3333	5.3333
s_j^2 = 10.0000	10.0000	7.7500

전체 평균($\bar{X}_{gm}$) = 5.3333

$$s_{\bar{X}}^2 = \frac{\Sigma(\bar{X}_j - \bar{X}_{gm})^2}{k-1} = 1.000$$

$$\bar{s}_j^2 = \frac{10.00 + 10.00 + 7.75}{3} = 9.250$$

$$MS_{오차} = \bar{s}_j^2 = 9.25$$

$$MS_{집단} = ns_{\bar{X}}^2 = 9(1.000) = 9$$

수 있다. 첫 번째 예는 평균이 5이고 변량이 10인 하나의 정상분포 전집에서 뽑은 데이터를 닮게 선정한 $n = 9$인 세 표본 자료이다. 예를 들어, 이 데이터는 사회화 훈련 실험을 시작하기 전에 세 집단 각각에 들어있는 9명의 실험 참가자들이 발언한 정보추구에 관하여 언급한 횟수를 나타낸다. 아직 실험을 시작하지 않았기 때문에, 집단 간에 차이가 없을 것이라고 기대할 수 있다. 세 집단($k = 3$)의 데이터가 표 16.2에 나와 있다. 이 표로부터 각 집단의 평균 변량이 9.250임을 알 수 있는데, 이 값은 $\sigma_e^2 = 10$에 근사한 추정치이다. 집단 평균의 변량은 1.000이다. H_0가 참이기 때문에 다음과 같게 된다.

$$s_{\bar{X}}^2 \doteq \frac{\sigma_e^2}{n}$$

$$\sigma_e^2 \doteq ns_{\bar{X}}^2 = 9(1.000) = 9$$

이것은 $MS_{집단}$에 대한 추정치이다. 이 값은 σ_e^2과 상당히 일치하며, 처치 내에서 나타나는 변산에 근거한 다른 추정치와도 상당히 일치하고 있다. 두 추정치가 일치하기 때문에, H_0의 참을 부정할 아무런 이유가 없다고 결론 내리게 된다. 다시 말해서 세 개의 표본 평균들은 H_0가 참일 때 예상할 수 있는 것 이상으로 차이를 보이지 않고 있다.

사례: H_0가 거짓인 경우

이제 H_0가 거짓이 되도록 만들어서 거짓임을 알고 있는 사례를 보도록 하자. 표 16.3의 데이터는 표 16.2의 데이터에 일정한 값을 더하거나 빼서 만든 것이다. 이 데이터는 사회화 훈련이 끝난 후에 서로 다른 세 집단의 참가자들이 정보추구에 대해 발언한 횟수를 나타내는 것으로 볼 수 있다. 이제 세 개의 정상분포 전집에서 표집하여 얻은 데이터를 가지고 있는 셈이며, 전집들의 변량은 모두 10으로 같다. 그러나 집단 1의 점수는 $\mu = 8$인 전집에서 나온 반면, 집단 2와 3의 점수는 $\mu = 4$인 전집에서 나온 것으로 볼 수 있다. 이것은 모든 전집 평균이 서로 같다는 H_0로부터 상당히 이탈된 데이터를 나타낸다.

표 16.3에서 각 처치 내의 변량은 변하지 않은 채 남아있다. 상수를 더하거나 빼는 것은 집단 내 변량에 아무런 영향을 미치지 않기 때문이다. 이것은 집단 내 변량($MS_{오차}$)이 영가설의 진위와는 무관하다는 앞의 진술을 다시 한 번 예시해준다. 그렇지만 집단 간 변

표 16.3_ H_0가 거짓인 경우의 대표적인 데이터

집단 1	집단 2	집단 3
5	0	5
8	3	2
11	6	8
8	3	8
5	0	2
14	9	8
8	3	5
5	0	2
11	6	8
$\bar{X} = 8.3333$	3.3333	5.3333
$s_j^2 = 10.0000$	10.0000	7.7500

$$전체\ 평균(\bar{X}_{gm}) = 5.6667$$

$$s_{\bar{X}}^2 = \frac{\Sigma(\bar{X}_{ij} - \bar{X}_{gm})^2}{k-1} = 6.333$$

$$\bar{s}_j^2 = \frac{10.00 + 10.00 + 7.75}{3} = 9.250$$

$$MS_{오차} = \bar{s}_j^2 = 9.25$$

$$MS_{집단} = ns_{\bar{X}}^2 = 9(6.333) = 57$$

량은 상당히 증가하고 있는데, 이것은 전집 평균 간의 차이를 반영하는 것이다. 이 경우에 표본 평균에 근거한 σ_e^2의 추정치는 $s_{\bar{X}}^2 = 9(6.333) = 57$이 되는데, 이 값은 집단 내 변량($MS_{오차}$)에 근거한 추정치 9.25와는 상당한 차이를 보인다. 가장 논리적인 결론은 $ns_{\bar{X}}^2$가 단순히 전집 변량(σ_e^2)을 추정하는 것이 아니라 σ_e^2뿐만 아니라 전집 평균들 간의 변량도 **포함한** 변량을 추정하고 있다는 것이다. 다시 말해서 점수가 차이나는 이유는 무선오차뿐만 아니라 실험 참가자들에게 정보 추구 질문 던지기를 가르치는 데 성공하였기 때문이다.

변량분석 논리의 요약

앞의 논의에 근거하여 변량분석의 논리를 간명하게 진술할 수 있다. H_0를 검증하기 위하여 전집 변량의 두 추정치를 계산한다. 하나($MS_{오차}$)는 H_0의 진위와 독립적인 반면, 다른 하나($MS_{집단}$)는 H_0에 의존적이다. 만일 둘이 대체로 일치한다면, H_0를 부정할 근거가 없다. H_0가 참일 때 평균들은 평균의 표집분포가 예상할 수 있게 해주는 정도에서만 차이를 보인다. 만일 $MS_{집단}$이 $MS_{오차}$보다 훨씬 크다면 처치 평균들 간에 기저하는 차이가 두 번째 추정치($MS_{집단}$)에 공헌하였음에 틀림없다. 즉, 이 추정치를 크게 만들어서 첫 번째 추정치와 차이나도록 만들었다고 결론 내린다. 따라서 H_0를 기각한다. 이것은 어떻게 **변량분석**이 **평균**들에 대해서 추론할 수 있게 만들어주는 것인지를 예시하고 있는 것이다.

> **평균들을 검증하고 있는 것이라면, 변량분석이라고 부르는 까닭은 무엇인가?**
>
> 이것은 매우 좋은 질문이며, 종종 제기하는 것이다. 잠시 이 문제를 생각해보자. 실제로 계산하고 있는 것은 두 개의 상이한 변량, 보다 정확하게 표현한다면 변량 추정치들이다. 집단 내 변량에 근거한 추정치($MS_{집단\ 내}$)는 평균과 아무런 상관이 없다. 그렇지만 평균들의 변량에 근거한 추정치는 단순 평균들과 명백하게 관련되어 있다. 만일 두 개의 추정치가 대체로 근사하다면, 평균들 간에 차이가 없다고 결론 내린다. 만일 두 추정치가 전혀 다르다면, 평균들은 다르다고 결론 내린다. 따라서 변량의 추정치를 계산하는 것이라고 할지라도, 그 추정치 중의 하나는 평균들 간의 차이를 직접적으로 반영하고 있으며, 이것이 바로 우리가 밝혀내고자 하는 것이다.

16.3 변량분석의 계산

변량분석에서 계산이 어려운 것은 아니지만, 대부분의 사람들은 컴퓨터 소프트웨어를 사용하여 계산을 하려고 한다. (만일 *R*이나 SPSS와 같은 프로그램을 가지고 있지 않다면, 일반적인 스프레드시트 프로그램을 사용할 수도 있다.) 그렇다면 결코 사용하지 않을 수도 있는 일련의 공식을 알아야만 하는 이유는 무엇인가? 그 답은 계산을 실제로 해보는 것이야말로 여러분이 무엇을 하고 있는 것인지를 명백하게 보여주기 때문이다. 각 공식을 계산 공식이 아니라 정의 공식으로 표현하고 있으며, 앞에서 설명하였던 논리를 반영하고 있다. 여기서 보다 전통적인 계산 공식을 제외시킨 이유는 그 공식들이 별로 알려주는 것이 없기 때문이다.

제곱합

변량분석에서 대부분의 계산은 **제곱합**(sum of squares)을 다루는데, 이 맥락에서 제곱합이란 단지 평균에 대한 편차제곱의 합 $\Sigma(X-\overline{X}_{gm})^2$이거나 아니면 그 합의 어떤 배수일 뿐이다. 제곱합의 장점이며, 우리가 제곱합을 계산하는 것으로 시작하는 이유는 일반적으로 평균제곱합(mean square)은 더하거나 뺄 수 없는 반면에, 제곱합은 더하거나 뺄 수 있기 때문이다. 우선 전체 변산($SS_{전체}$)을 구한 다음에, 집단 간의 변산에 의한 부분($SS_{집단}$)과 집단 내의 변산에 의한 부분($SS_{오차}$)으로 분할하게 된다. 제곱합의 가산적 특성이 이것을 가능하게 만들어준다.

계산

지안콜라와 코르먼 연구의 데이터를 표 16.4에 필요한 계산과 함께 다시 제시하였는데, 그 계산을 자세하게 논의하도록 하겠다. 또한 그림 16.3은 각 평균을 중심으로 표준오차 막대를 표시한 데이터 그래프를 보여주고 있다. (여기서 표준편차나 신뢰한계 대신에 표준오차를 사용하였다는 사실에 주목하라. 이것이 매우 중요한 까닭은 저자들이 독자들로 하여금 그 막대가 반영하고 있는 것을 궁금해 하도록 만들기 십상이기 때문이다.)

표 16.4에서 개별 관찰값(X_{ij}), 개별 집단 평균($\overline{X}_j$), 전체 평균($\overline{X}_{gm}$)을 볼 수 있다. 변량분석의 논의를 통해서 j번째 집단의 평균을 나타내기 위해서 기호 $\overline{X}_j$를 사용하기로 하겠다. 독립변인(요인)이 둘 이상인 분석에서는 표기법의 혼란을 피하기 위해서 $\overline{X}_j$를 $\overline{X}_{열i}$와 $\overline{X}_{행j}$로 확장할 수 있다. 개별 관찰값, 즉 집단 j의 i번째 사람의 점수를 나타내기 위해서 X_{ij}를 사용한다.

표 16.5는 일원변량분석을 실시하는 데 필요한 계산을 보여주고 있다. 이 계산에는 어느 정도의 정교함이 필요하다.

평균과 변량은 지안콜라와 코르먼이 얻은 값들과 동일하지만, 개별 관찰값들은 임의적인 것이기 때문에 개별 집단 내에서 관찰값들의 분포를 들여다보아서는 얻을 것이 없다. 실제로 데이터는 정상분포 전집에서 뽑은 다음에 소수점 두 자리로 반올림한 것이다. 실제 데이터의 경우에는 분포들이 심각하게 편포되거나 양봉 분포를 이루거나 또는 보다 중요하게는 서로 다른 방향으로 편포되지 않았다는 것을 확인하기 위하여 우선적으로 그 분

표 16.4_ 과제 난이도별 쇼크의 수준

	D0	D2	D4	D6	D8	전체
	1.28	−1.18	−0.41	−0.45	2.01	
	1.35	0.15	−1.25	0.54	0.40	
	3.31	1.36	−1.33	−0.98	2.34	
	3.06	2.61	−0.47	1.68	−1.80	
	2.59	0.66	−0.60	2.25	5.00	
	3.25	1.32	−1.72	−0.19	2.27	
	2.98	0.73	−1.74	−0.90	6.47	
	1.53	−1.06	−0.77	0.78	2.94	
	−2.68	0.24	−0.41	0.05	0.47	
	2.64	0.27	−1.20	2.69	3.22	
	1.26	0.72	−0.31	0.15	0.01	
	1.06	2.28	−0.74	0.91	−0.66	
평균	1.802	0.675	−0.912	0.544	1.889	0.800
표준편차	1.656	1.140	0.515	1.180	2.370	1.800
변량	2.741	1.299	0.265	1.394	5.616	3.168

그림 16.3_ 방해 수준별 공격성에 대한 지안콜라와 코르먼 데이터 그래프. 막대는 ±1 표준오차를 나타낸다.

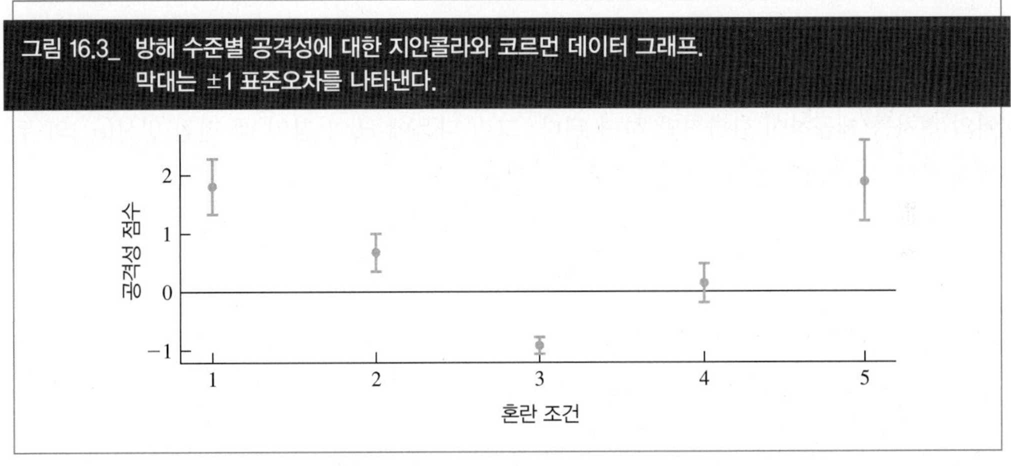

포들을 살펴보는 것이 중요하다. 이 예에서도 변량 동질성 가정을 확인하기 위하여 개별 집단의 변량을 살펴보는 것이 도움이 된다. 변량들이 만족스러울 만큼 유사하지는 않더라도(D8 집단의 변량이 다른 집단의 변량에 비해 눈에 띌 정도로 크다), 걱정할 만큼 심각하게 차이가 나는 것은 아닌 것으로 보인다. 나중에 보게 되겠지만, 변량분석은 기본 가정의 위반에 대해서 저항력이 크다. 특히 각 집단에서 관찰의 수가 동일할 때 그렇다.

$SS_{전체}$ $SS_{전체}$('전체 제곱합'이라고 한다)는 각 관찰값에 어떤 처치를 가하였는지 관계없이

표 16.5_ 표 16.4 데이터에 대한 계산

$SS_{전체} = \Sigma(X_{ij} - \overline{X}_{gm})^2 = (1.28 - 0.80)^2 + (1.35 - 0.80)^2 + \ldots + (-0.66 - 0.80)^2$

$= 186.918$

$SS_{처치} = n\Sigma(\overline{X}_j - \overline{X}_{gm})^2 = 12((1.80 - 0.80)^2 + (0.675 - 0.80)^2 + \ldots + (1.889 - 0.80)^2)$

$= 12(5.205) = 62.460$

$SS_{오차} = SS_{전체} - SS_{처치} = 186.918 - 62.640 = 124.485$

요약표

변산원	*df*	SS	MS	*F*	*p*
처치	4	62.460	15.615	6.90	.000
오차	55	124.458	2.263		
전체	59	186.918			

모든 관찰값과 전체 평균 사이의 편차 제곱합을 나타낸다.

$$SS_{전체} = \Sigma(X_{ij} - \overline{X}_{gm})^2$$

$SS_{집단}$ $SS_{집단}$은 집단에 따른 차이 측정치(실제로는 집단 평균들 간의 차이)이며 집단 평균들의 변산과 직접적으로 관련된다. $SS_{집단}$을 계산하기 위해서는 집단 평균과 전체 평균 사이의 편차를 제곱하여 합하기만 하면 된다. 그런 다음에 H_0가 참일 때 전집 변산(σ_e^2)의 두 번째 추정치를 얻기 위하여 표본크기를 곱하게 된다.

$$SS_{집단} = n\Sigma(\overline{X}_j - \overline{X}_{gm})^2$$

(변량분석에서 한 집단의 관찰 개수를 나타내기 위하여 소문자 n을 사용하며, 전체 관찰 개수를 나타내기 위하여 대문자 N을 사용한다는 사실을 기억하기 바란다.)

$SS_{오차}$ 일반적으로 $SS_{오차}$는 빼기 방식으로 구하게 된다. 전체 제곱합은 집단 제곱합과 오차 제곱합의 합이라는 사실은 쉽게 알 수 있다.

$$SS_{전체} = SS_{집단} + SS_{오차}$$

따라서 다음도 참일 수밖에 없다.

$$SS_{오차} = SS_{전체} - SS_{집단}$$

표 16.5에서 제시한 절차가 바로 $SS_{오차}$의 계산이다.

요약표

표 16.5 아래쪽에 변량분석 요약표가 나와 있다. 이것을 요약표라고 부르는 이유는 지극히 명백하다. 즉, 일련의 계산을 요약하여 데이터가 알려주는 것을 일목요연하게 알아볼 수 있게 해준다.

변산원 요약표에서 '변산원(source)'이라는 표지가 적혀있는 첫 번째 행이 변산의 출처를 나타낸다. 여기서는 '변산(variation)'이라는 단어를 '제곱합(sum of square)'과 동의어로 사용한다. (이것을 변량이라고 부를 수 없는 까닭은 단지 변량이 아니기 때문이다. 그렇지만 변산의 측정치이기 때문에 그렇게 부르는 것이다.) 요약표에서 볼 수 있는 것과 같이, 세 가지 변산원, 즉 전체 변산, 집단에 따른 변산(집단 평균 간의 변산), 오차에 따른 변산(집단 내의 변산)이 있다. 이러한 변산원들은 전체 제곱합을 두 부분, 즉 여러 집단 사이의 변산을 나타내는 부분과 개별 집단 내에서의 변산을 나타내는 부분으로 분할하였다는 사실을 반영한다.

자유도 자유도 행은 두 변산원에 할당하는 자유도를 보여준다. 자유도(degree of freedom: *df*)의 계산은 아마도 이 과제에서 가장 쉬운 부분이겠다. 전체 자유도($df_{전체}$)는 항상 $N-1$인데, 여기서 N은 전체 관찰수를 나타낸다. 집단 자유도($df_{집단}$)는 항상 $k-1$이 되는데, 여기서 k는 집단의 수다. 오차 자유도($df_{오차}$)는 각 처치 내 자유도의 합으로 보다 직접적으로 계산할 수도 있지만, 가장 쉽게는 남아있는 자유도라고 생각하면 된다. 위의 예에서 $df_{전체} = 50 - 1 = 49$이다. 49개의 자유도 중에서 4개는 다섯 집단 사이의 차이와 관련된 것이고 나머지 45개는 집단 내 변산과 관련된 것이다.

자유도를 생각하는 한 가지 유용한 방법은 제곱한 변산의 수에 따라서 생각하는 방법이다. $SS_{전체}$는 한 점, 즉 전체 평균을 기준으로 N개 편차의 제곱합이다. 바로 이 점(추정한)을 기준으로 편차를 취하였다는 사실이 자유도 하나를 대가로 치르게 만들어서는 $N-1$의 자유도가 남게 된다. $SS_{집단}$은 한 점(여기서도 전체 평균이다)을 기준으로 k개 집단 평균의 편차 제곱합이며, 여기서도 이 점을 추정함으로써 자유도 하나를 상실하게 되어서 $k-1$의 자유도가 남게 된다. $SS_{오차}$는 한 점(관련된 집단의 평균)을 기준으로 하는 n개 편차의 k개 집합을 나타내며, 각 집단에 대해서 자유도 하나씩을 상실함으로써 $k(n-1) = N-k$의 자유도가 남게 된다.

제곱합 SS로 명명된 행에 대해서는 언급할 것이 없다. 이 행은 단지 표 16.5에서 얻은 제곱합을 나타내고 있다.

평균제곱합 평균제곱합 행은 σ_e^2의 두 추정치를 표현하고 있다. 이 값들은 제곱합을 그에 상응하는 자유도로 나누어 얻는다. 따라서 각각 $62.640/4 = 15.615$와 $124.458/55 = 2.263$

이 된다. 전형적으로 $MS_{전체}$는 계산하지 않는데, 쓸 데가 없기 때문이다. 만일 계산을 한다면, 모든 N개 관찰값의 변량을 나타내게 된다.

평균제곱합이 변량인 것은 사실이라고 하더라도, 이 항이 무엇의 변량인지를 명심하는 것이 중요하다. 그러니까 $MS_{오차}$는 각 처치 내에서 관찰값들의 (평균) 변량이다. 그러나 $MS_{집단}$은 단순히 집단 평균의 변량이 아니다. $MS_{집단}$은 전집 변량의 추정치(σ_e^2)를 구하기 위해서 n으로 수정을 가한 집단 평균들 간의 변량이 된다. 다시 말해서 집단 평균들의 변량에 근거한 σ_e^2의 추정치인 것이다.

F 통계치 F라고 표현한 행은 영가설을 검증한다는 점에서 가장 중요한 행이다. **F 통계치**(*F* statistic)는 $MS_{집단}$을 $MS_{오차}$로 나눔으로써 얻는다. 앞에서 언급한 것처럼, $MS_{오차}$는 전집 변량(σ_e^2)의 추정치이다. $MS_{집단}$도 H_0가 참일 때는 전집 변량(σ_e^2)의 추정치이지만, H_0가 거짓일 때는 추정치가 되지 못한다. 만일 H_0가 참이라면, $MS_{오차}$와 $MS_{집단}$ 모두가 동일한 변량을 추정하고 있는 것이며, 그렇기 때문에 대체로 같은 값을 가져야만 한다. 만일 그렇다면, 둘 사이의 비(比)는 표집오차에 따른 약간의 가감을 고려하더라도 대략 1.0에 가깝게 된다. 해야 할 일은 그 비를 계산하여서 그 값이 영가설을 지지할 만큼 1.0에 가까운지 여부를 결정하는 것이다.

t 검증을 논의할 때, 일방검증이 무엇을 의미하는 것인지가 꽤나 명확하였다. 일방검증이란 평균 간의 차이가 예측한 방향으로 나타날 때 H_0를 부정하는 것을 의미하였다. 또한 t 값이 올바른 음양 부호를 가질 때 H_0를 부정하는 것을 의미하기도 하였는데, 어느 경우이든 그 차이(또는 t 값)가 충분히 크다는 것을 전제로 한다. 반면에 셋 이상의 여러 집단이 있을 경우에는 '일방검증'이라는 표지의 사용이 그렇게 명확하지 않게 된다. 어떤 의미에서는 계산한 F 값이 1.0보다 유의하게 클 때에만 H_0를 기각하기 때문에 일방검증을 수행한다고 할 수 있다. 반면에 여러 가지 이유로 큰 F 값을 얻을 수도 있다. 변량분석에서는 어느 평균이(또는 평균들이) 다른 평균들보다 큰지에 관계없이 평균들이 충분한 차이를 보이고 있을 때 H_0를 기각한다. 따라서 비방향적인 H_0를 일방검증하는 것이 된다.

전집 평균들 간에 차이가 있어서 H_0를 기각하기로 결정하려면 F가 1.0보다 얼마나 커야 하는 것인지에 관한 물음이 남는다.[3] 이 물음에 대한 답은 다음과 같은 사실에 근거한다. 만일 H_0가 참이라면 다음의 비는 부록 표 D.3에 나와 있는 F 분포와 같이 분포한다.

$$F = \frac{MS_{집단}}{MS_{오차}}$$

3 만일 H_0가 참이라고 하더라도, F의 기댓값은 정확하게 1.00이 아니다. 그렇지만 1.00에 아주 가까워서 여기서 내리고자 하는 결론에 아무런 차이를 초래하지 않는다. 또한 1.00보다 작은 F 값에는 일반적으로 아무런 의미도 부여하지 않게 된다. 물론 어째서 집단 평균들이 상호간에 예상한 것보다 더 가까운 값을 가지게 되었는지를 궁금해할 수는 있겠다.

표 16.6_ 표 D.3의 축약판. α=.05일 때 F 분포의 임계치

분모의 자유도	분자의 자유도 1	2	3	4	5	6	7	8	9	10
1	161.40	199.50	215.80	224.80	230.00	233.80	236.50	238.60	240.10	242.10
2	18.51	19.00	19.16	19.25	19.30	19.33	19.35	19.37	19.38	19.40
3	10.13	9.55	9.28	9.12	9.01	8.94	8.89	8.85	8.81	8.79
4	7.71	6.94	6.59	6.39	6.26	6.16	6.09	6.04	6.00	5.96
5	6.61	5.79	5.41	5.19	5.05	4.95	4.88	4.82	4.77	4.74
6	5.99	5.14	4.76	4.53	4.39	4.28	4.21	4.15	4.10	4.06
7	5.59	4.74	4.35	4.12	3.97	3.87	3.79	3.73	3.68	3.64
8	5.32	4.46	4.07	3.84	3.69	3.58	3.50	3.44	3.39	3.35
9	5.12	4.26	3.86	3.63	3.48	3.37	3.29	3.23	3.18	3.14
10	4.96	4.10	3.71	3.48	3.33	3.22	3.14	3.07	3.02	2.98
11	4.84	3.98	3.59	3.36	3.20	3.09	3.01	2.95	2.90	2.85
12	4.75	3.89	3.49	3.26	3.11	3.00	2.91	2.85	2.80	2.75
13	4.67	3.81	3.41	3.18	3.03	2.92	2.83	2.77	2.71	2.67
14	4.60	3.74	3.34	3.11	2.96	2.85	2.76	2.70	2.65	2.60
15	4.54	3.68	3.29	3.06	2.90	2.79	2.71	2.64	2.59	2.54
16	4.49	3.63	3.24	3.01	2.85	2.74	2.66	2.59	2.54	2.49
17	4.45	3.59	3.20	2.96	2.81	2.70	2.61	2.55	2.49	2.45
18	4.41	3.55	3.16	2.93	2.77	2.66	2.58	2.51	2.46	2.41
19	4.38	3.52	3.13	2.90	2.74	2.63	2.54	2.48	2.42	2.38
20	4.35	3.49	3.10	2.87	2.71	2.60	2.51	2.45	2.39	2.35
22	4.30	3.44	3.05	2.82	2.66	2.55	2.46	2.40	2.34	2.30
24	4.26	3.40	3.01	2.78	2.62	2.51	2.42	2.36	2.30	2.25
26	4.23	3.37	2.98	2.74	2.59	2.47	2.39	2.32	2.27	2.22
28	4.20	3.34	2.95	2.71	2.56	2.45	2.36	2.29	2.24	2.19
30	4.17	3.32	2.92	2.69	2.53	2.42	2.33	2.27	2.21	2.16
40	4.08	3.23	2.84	2.61	2.45	2.34	2.25	2.18	2.12	2.08
50	4.03	3.18	2.79	**2.56**	2.40	2.29	2.20	2.13	2.07	2.03
60	4.00	3.15	2.76	**2.53**	2.37	2.25	2.17	2.10	2.04	1.99
120	3.92	3.07	2.68	2.45	2.29	2.18	2.09	2.02	1.96	1.91
200	3.89	3.04	2.65	2.42	2.26	2.14	2.06	1.98	1.93	1.88
500	3.86	3.01	2.62	2.39	2.23	2.12	2.03	1.96	1.90	1.85
1000	3.85	3.01	2.61	2.38	2.22	2.11	2.02	1.95	1.89	1.84

이 비는 $df_{집단}$과 $df_{오차}$의 자유도를 갖는다. 표 D.3의 한 부분이 표 16.6에 나와 있다. F 분포의 모양 그리고 그 분포가 이루는 면적은 두 평균제곱합의 자유도에 달려있기 때문에, 이 표는 여러분이 보았던 다른 표들과 다르게 보일 수도 있다. 여기서는 F의 분자에 해당

하는 평균제곱합의 자유도$(k-1)$에 해당하는 행과 분모에 해당하는 평균제곱합의 자유도 $[N-k$ 또는 $k(n-1)]$에 해당하는 열을 선택한 것이다. 행과 열의 교차 지점 값이 표 상단에 표시된 α 수준에서 F의 임계치를 나타낸다. 다음 사이트에서 F 값 확률 계산기를 찾아볼 수 있다.

 http://www.statpages.org/pdfs.html.

http://www.danielsoper.com/statcalc3/

위 사이트에서는 평균, 변량, 표본크기를 가지고 F 값을 계산하는 프로그램 그리고 확률을 계산하는 프로그램을 찾아볼 수 있다. 통계 패키지 R이라면, 그 코드는 간단하게 `prob<-1-pf(q=6.90, df1=4, df2=55)=.00014`가 된다.

F 분포의 임계치를 포함한 표를 사용하려면, 우선 α 수준에 해당하는 특정 표를 선택해야 한다(표 D.3에서는 $\alpha=.05$이며, 표 D.4에서는 $\alpha=.01$이다). 그런 다음에 분자($MS_{집단}$)의 자유도가 4이고 분모($MS_{오차}$)의 자유도가 55이기 때문에, 네 번째 행에서 55라고 표시한 열까지 내려가게 된다. 그런데 정확하게 자유도 55에 해당하는 열이 없다. 따라서 자유도 50과 60에 해당하는 열의 두 값을 평균한다. 두 열과 네 번째 행의 교차점에는 2.56과 2.53의 값이 들어있으며, 둘의 평균은 대략 2.54가 된다. 이 값이 F의 임계치다. 만일 H_0가 참이라면, 단지 5%에서만 F가 2.54보다 클 것이라고 예상할 수 있다. 여기서 얻은 $F=6.90$이 $F_{.05}=2.54$를 넘어서기 때문에, 우리는 H_0를 기각하고 집단들은 상이한 평균값을 가지고 있는 전집들에서 표집한 것이라고 결론 내리게 된다. 자유도 4와 55에서의 실제 확률은 .0001이다. 만일 우리가 $\alpha=.01$에서 분석하기로 결정하였더라면, 부록 표 D.4에서 $F_{.01}(4, 55)=3.68$임을 알 수 있으며, 여전히 H_0를 기각하게 되었을 것이다(앞의 문장에서 유의도 수준과 F의 자유도를 보고하는 형식에 주목하라. 그것이 F를 기술하는 표준적인 방식이다). 통계 패키지 R을 사용한다면, `Fcrit<- qf(p=0.95, df1=4, df2=55)`를 입력함으로써 $\alpha=.05$에서 임계치를 찾을 수 있다. 그렇지만 위에서 보았던 것처럼 F 값을 입력하고 확률을 요구하는 것이 더 적절하겠다($p=.00014$).

결론

유의한 F 값에 근거하여, 전집에서 처치 평균들이 동일하다는 영가설을 기각하였다. 엄밀하게 말한다면, 이 결론은 적어도 하나의 전집 평균이 적어도 다른 하나의 전집 평균과 다르다는 것을 나타내는 것이지만, 어느 평균이 다른 어느 평균과 차이나는 것인지는 알지 못한다. 뒤에서 다른 사례를 가지고 이 문제를 다루게 될 것이다. 그렇지만 그림 16.3의 그래프를 보면, 어느 수준까지는 방해 수준이 증가할수록 공격 행동의 수준이 감소한다는 사실이 명백하다. 그렇지만 그 수준을 넘어서게 되면, 방해 수준의 효과가 역전된다. 이 사실은 공격 행동에서 알코올의 역할에 관하여 무엇인가를 알려주고 있는 것이다.

계산에 대한 최소주의적 접근

이 책을 개정할 때마다 나는 계속해서 계산을 축소하는 방향을 택하고 있다. 내가 계산을 싫어하기 때문이 아니라(실제로 나는 계산을 좋아한다) 계산이 이해를 방해하는 경우가 많기 때문이다. 그렇다면 얼마나 최소한의 공식을 가지고 내용을 다룰 수 있는지를 보도록 하자.

이 장의 첫머리에서 두 가지 변량 추정치를 취한다고 말했다. 하나는 각 집단이나 조건 내에서의 변량이고, 다른 하나는 표본크기를 곱한 평균의 변량이다.

1. 표 16.4에서 보면, 다섯 집단의 변량은 2.741, 1.299, 0.265, 1.394, 5.616이다. 평균이 2.263이고, 이것이 $MS_{오차}$다. 다섯 변량 각각은 자유도가 11이기 때문에, $MS_{오차}$는 $5 \times 11 = 55$의 자유도를 갖는다.
2. $MS_{집단}$은 각 집단의 크기를 곱한 표본 평균들의 변량이다. 그 평균들은 1.802, 0.675, −0.912, 0.544, 1.889이며, 다섯 평균의 변량은 1.300이다. 이 값에 12를 곱하면 15.615가 되는데, 이것이 $MS_{집단}$이다. 다섯 평균의 변량을 계산하였기 때문에 $MS_{집단}$은 $5-1=4$의 자유도를 갖는다.
3. 이제 F 값을 구하기 위하여 $MS_{집단}$을 $MS_{오차}$로 나눈다. 즉, $15.61/2.263 = 6.90$이며, 이 값은 4와 55의 자유도에 근거한다.

여러분이 개수를 어떻게 세는지에 따라서 서너 개의 계산만이 있을 뿐이다.

결과 기술하기

변량분석 결과를 기술하는 것은 t 검증 결과를 기술하는 것보다 조금은 복잡하다. 전체 F 값이 유의한지를 지적하는 것뿐만 아니라 개별 평균들 간의 차이에 관해서도 진술하고자 하기 때문이다. 이 장의 뒷부분에 가서야 개별 평균들에 대한 검증을 논의할 것이기 때문에 다음의 예는 불완전할 수밖에 없다. 결과에 관한 진술의 요약본은 다음과 같다.

> 지안콜라와 코르먼은 알코올이 현저하지 않은 억제 단서보다는 현저한 도발 단서에 주의를 기울이게 만든다는 가설을 검증하기 위하여, 공격 행동에 대한 방해 자극의 효과를 살펴보았다. 집단들은 경쟁 과제가 제공하는 방해 수준에서 차이가 있었다. 참가자들은 술을 마신 후에 3×3 행렬의 여러 칸에 나타나는 0, 2, 4, 6, 8개의 자극을 반복적으로 보았으며, 자극이 출현한 순서를 보고했다. 참가자에게는 만일 가상의 상대보다 빠르게 반응하면 그 상대에게 쇼크를 가하게 되

며, 느리게 반응하면 상대방이 자신에게 쇼크를 가하게 된다고 알려주었다. 참가자에게 방해 자극을 전혀 제시하지 않았을 때는 낮은 방해 수준을 경험했을 때보다 강도가 더 크고 지속시간이 더 긴 쇼크를 상대방에게 가했다. 이에 덧붙여서 방해 과제의 복잡성이 중간 수준을 넘어 증가함에 따라서 쇼크 강도와 지속시간이 역전되어 감소하였다. 일원변량분석을 실시한 결과, 다섯 집단의 평균 간에 유의한 차이가 있었다[$F(4, 55) = 6.90$, $p = .000$]. 집단 평균들을 살펴보면, 이론이 예측한 것과 같이, 상대에게 가한 쇼크 수준은 방해 수준이 증가함에 따라 감소했지만, 방해 과제가 더욱 복잡해짐에 따라서 다시 증가하는 것으로 나타났다(주: 여기에 데이터를 제시하지는 않았지만, 술을 마시지 않은 통제 조건의 행동은 방해 수준에 따라서 유의한 차이를 보이지 않았다). (결과를 제대로 요약하려면, '차이는 유의했다'라고 말하는 것으로 그쳐서는 안 된다. 최소한 효과의 크기에 관하여 무엇인지를 진술해야 하는데, 잠시 후에 보게 될 것이다.)

*R*을 사용한 변량분석

변량분석을 실시하려면 'anova()'라고 부르는 함수를 사용해야 할 것이라고 예상할지 모르겠으나, 특별한 라이브러리의 경우가 아니라면, 실제로는 그 함수를 'lm()'라고 부르며, 이것은 '선형 모형(linear model)'을 지칭한다.

*R*을 사용하기 위한 명령 코드는 아래와 같다. (이 장 뒷부분에서 SPSS 사용방법을 보게 된다.) 우선 계산에 관하여 한 마디 하고자 한다. 앞에서 변량분석을 수작업으로 계산하는 방법을 보았으며, 그 공식들은 꽤나 명확하다고 생각한다. 여러분은 자신이 하고 있는 것의 논리를 이해할 수 있을 것이다. 그렇지만 컴퓨터 소프트웨어는 거의 항상 동일한 계산을 상이한 방식으로 수행한다. 만일 '조건'이 한 요인이라면, 즉 몇 개의 수준을 가지고 있는 분절적 변인이라면, '조건'변인으로부터 종속변인을 예측하는 중다회귀법을 사용하여 문제를 해결할 수도 있다. 다시 말해서 독립변인이 하나의 요인인 표준 중다회귀법을 사용하며, 다음 장에서는 다중 요인을 사용하는 중다회귀법을 사용한다. 이 사실을 언급하는 까닭은 *R*의 명령 코드가 여러분이 예상하는 것과는 다르게 보이기 때문이다. 그렇지만 이 코드는 앞에서 사용했던 공식을 가지고 얻게 되는 것과 동일한 결과를 내놓게 된다.

R 코드

```
data<- read.table("https://www.uvm.edu/~dhowell/fundamentals9/
  DataFiles/Tab16-1.dat", header = TRUE)
attach(data)
group<- factor(group)          # IMPORTANT! Specify that group is a
  factor
model1<- lm(dv ~ group)        # Calculate the linear model of dv
  predicted from group
anova(model1)
library(car)
```

```
Anova(model1)
_______________________________________________________________
anova(model1)
- - - - - - - -
Analysis of Variance Table


Response: dv
          Df     Sum Sq        Mean Sq      F value         Pr(>F)
group      4      62.46        15.6151       6.9005         0.0001415 ***
Residuals 55 124.46   2.2629


Signif. codes:  0 '***' 0.001 '**' 0.01 '*' 0.05 '.' 0.1 ' ' 1


library(car)
Anova(model1)
- - - - - - - - - -
Response: dv
             Df        Sum Sq        Mean Sq        F value        Pr(>F)
group         4         62.46        15.6151         6.9005        0.0001415***
Residuals    55         24.46         2.2629


Signif. codes:  0 '***' 0.001 '**' 0.01 '*' 0.05 '.' 0.1 ' ' 1
```

명령 코드와 출력에서 여러분은 동일한 문제를 두 번 계산하여 동일한 결과를 얻었다는 사실을 보게 된다. 처음에는 출력을 얻기 위하여 기본 *R* 패키지에 들어있는 'anova' 함수를 사용한 반면, 두 번째에서는 존 폭스(John Fox)가 작성한 'car' 라이브러리를 탑재한 다음에 'Anova' 명령을 사용하였다(대문자 'A'에 주목하라). 일원변량분석의 경우에 둘은 동일한 답을 내놓게 된다. 그렇지만 다음 장에서 다룰 요인변량분석에서는 항상 동일한 답을 내놓는 것이 아니다. 여기서는 단지 'car' 라이브러리의 사용을 소개하려는 것이었다. 두 가지 계산 결과가 모두 'Signif. codes'라고 부르는 줄을 가지고 있다는 사실에도 주목하라. 이것은 효과의 유의도 수준을 나타내기 위해서 사용하는 것인데, 하나의 *는 F가 $p<.05$에서 유의했다는 사실을 의미하며, 두 개의 **는 $p<.01$에서 유의했다는 것을 의미하는 방식으로 사용한다. 대부분의 소프트웨어는 이러한 방식을 사용하지만, 많은 통계학자는 이것이 때때로 오해를 불러일으킬 수 있으며 결과의 이해에 아무것도 보태주는 것이 없다고 주장한다.

16.4 동일하지 않은 표본크기

처음에는 각 처치 조건에서 동일한 수의 관찰을 하겠다는 생각을 가지고 대부분의 실험을 설계한다. 그러나 실험은 그렇게 진행되지 않기 십상이다. 실험 참가자들은 놀라울 정도로 신뢰할 수 없는 경우가 많으며, 많은 참가자들이 약속시간에 실험실에 나타나지 않거나 지시를 따르지 않아서 제외할 수밖에 없다. 내가 즐겨 인용하는 사례는 대학원생일 때 읽었던 문헌에 나와 있는 보고다. 스그로와 웨인스톡(Sgro & Weinstock, 1963)은 실험동물이 실험자를 자꾸 무는 바람에 실험에서 제외시켰다고 보고하였다. 게다가 학급과 같이 이미 구성된 집단을 대상으로 수행하는 연구에서는, 실험과는 아무 관계도 없는 이유로 인해서 집단크기가 거의 항상 동일하지 않게 된다.

만일 표본크기가 동일하지 않다면, 앞에서 논의한 분석 방법을 수정하지 않고는 적절하게 사용할 수 없다. 그러나 독립변인이 하나인 경우에는 수정이 비교적 간단하다.

표본크기가 동일한 경우에는 집단 제곱합을 다음과 같이 정의하였다.

$$SS_{\text{전체}} = n\Sigma(\overline{X}_j - \overline{X}_{gm})^2$$

여기서 n은 각 집단에서의 관찰수를 말한다. 편차 제곱합에다가 n을 곱할 수 있었던 것은 모든 처치 조건에서 n이 동일했기 때문이다. 그러나 만일 표본크기가 다르다면, 그리고 j번째 처치집단에서 참가자의 수를 n_j로 정의한다면($\Sigma n_j = N$), 집단 제곱합을 다음과 같이 표현할 수 있다.

$$SS_{\text{집단}} = \Sigma n_j(\overline{X}_j - \overline{X}_{gm})^2$$

모든 n_j가 동일할 때는 원래의 등식 형태로 되돌아간다. 여기서 해야 할 일이란 각각의 편차제곱에 자신의 표본크기를 계속해서 곱해서는 합하는 것이다.

부가적 사례: 어머니 역할에의 적응

일원변량분석에 대한 부가적 사례 하나가 동일하지 않은 표본크기의 처리방식을 예시하고 있다. 저체중 신생아(low birth weight: LBW)의 발달에 관한 연구(Nurcombe, Howell, Rauh, Teti, Ruoff, & Brennan, 1984)에서 세 집단 신생아들은 출생 시 체중 그리고 어머니가 저체중 신생아의 요구에 대처하기 위한 특별훈련 프로그램에 참가하였는지 여부에서 차이가 있었다. 유아가 생후 6개월이 되었을 때 어머니들을 면담하였다. 실험에는 LBW 실험집단, LBW 통제집단, 정상아 통제집단 등 세 집단이 있었다. 두 통제집단은 특별히 훈련받지 않았기 때문에 훈련집단(실험집단)의 성과와 비교하기 위한 참조점이 되었다. LBW 실험집단은 개입 프로그램의 일환이었으며, 그 어머니들이 정상아 어머니 못지않게 자신들의 새로운 역할에 적응한다는 것을 보여주려는 희망을 가지고 있었다. 반면

표 16.7_ 세 산모 집단에서 어머니 역할에의 적응. 점수가 낮을수록 우수한 적응을 나타낸다.

(a) 데이터

	집단 1 LBW 실험집단			집단 2 LBW 통제집단			집단 3 정상아 통제집단		
	24	10	16	21	17	13	12	12	12
	13	11	15	19	18	25	25	17	20
	29	13	12	10	18	16	14	18	14
	12	19	16	24	13	18	16	18	14
	14	11	12	17	21	11	13	18	12
	11	11	12	25	27	16	10	15	20
	12	27	22	16	29	11	13	13	12
	13	13	16	26	14	21	11	15	17
	13	13	17	19	17	13	20	13	15
	13	14					23	13	11
							16	10	13
							20	12	11
							11		
n_j	29			27			37	$N = 93$	
평균$_j$	14.97			18.33			14.84	$\bar{X}_{gm} = 15.89$	

(b) 계산

$$SS_{전체} = \Sigma(X_{ij} - \bar{X}_{gm})^2$$
$$= (24-15.89)^2 + (13-15.89)^2 + \ldots + (11-15.89)^2$$
$$= 2072.925$$

$$SS_{집단} = \Sigma n(\bar{X}_j - \bar{X}_{gm})^2$$
$$= 29(14.97-15.89)^2 + 27(18.33-15.89)^2 + 37(14.84-15.89)^2$$
$$= 226.932$$

$$SS_{오차} = SS_{전체} - SS_{집단} = 2072.925 - 226.932 = 1845.993$$

(c) 요약표

변산원	*df*	SS	MS	*F*	*p*
집단	2	226.932	113.466	5.53	.05
오차	90	1845.993	20.511		
전체	92	2072.925			

에 개입 프로그램에 참가하지 않은 저체중 신생아의 어머니들은 적응에 어려움을 보일 것이라고 예상했다. [저체중 신생아의 부모 역할은 쉬운 것이 아니다. 특히 생후 몇 달은 더욱 그렇다. 이러한 아동들을 9년 동안 추적한, 상당히 극적인 결과를 보려면, 아헨바흐 등

(Achenbach, Howell, C., Aoki, & Rauh, 1993)을 참조하라.]

이 연구의 실제 데이터가 표 16.7의 (a)에 나와 있다. 표에서 (b)는 변량분석의 계산을 보여주고 있으며, (c)에는 요약표가 나와 있다. 종속변인은 어머니 적응척도에서의 점수이다. $SS_{집단}$을 제외하고는 표본크기가 동일한 경우에 하였던 것과 동일하게 계산을 진행한다는 사실에 주목하기 바란다. $SS_{집단}$을 계산하기 위해서 각 $(\overline{X}_j - \overline{X}_{gm})^2$의 값에다 그에 해당하는 표본크기를 계속해서 곱해가고 있다.

요약표에서 F 값은 5.53이며, 이 값은 2와 90의 자유도에 근거한다는 사실을 볼 수 있다. 부록 표 D.3에서 $F_{.05}(2,\ 90) = 3.11$이다(여기서 자유도 90은 60과 120의 중간값이기 때문에, 3.15와 3.07의 중간값인 3.11을 임계치로 취한다). $5.53 > 3.11$이기 때문에, H_0를 기각하고 모든 점수를 평균값이 동일한 전집에서 얻은 것이 아니라고 결론 내린다. 실제로 첫 번째와 세 번째 집단이 대략 동일한 반면, 두 번째 집단(LBW 통제집단)이 높은 평균값(적응의 어려움)을 가지고 있는 것으로 보인다. 그렇지만 F는 단지 H_0: $\mu_1 = \mu_2 = \mu_3$을 기각할 수 있다는 사실만을 알려준다. F는 어느 집단이 다른 어느 집단과 다른 것인지를 알려주지는 않는다. 이러한 유형의 결론을 내리려면 다중비교 절차라고 알려진 특별 기법을 사용할 필요가 있다.

16.5 다중비교 절차

변량분석을 실시하여 유의한 F 값을 얻는 것은 전체 영가설이 거짓이라는 사실만을 보여준다. 가능한 수많은 대립가설(예: H_1: $\mu_1 \neq \mu_2 \neq \mu_3 \neq \mu_4 \neq \mu_5$, H_2: $\mu_1 \neq \mu_2 = \mu_3 = \mu_4 = \mu_5$ 등) 중에서 어느 것이 참인지는 알 수 없다. **다중비교법**(multiple comparison technique)은 개별 집단들 또는 집단 집합의 평균을 수반한 가설들을 검증할 수 있게 해준다. 예를 들어, 집단 1이 집단 2와 다른지 아니면 집단 1과 집단 2의 결합이 집단 3과 다른지에 관심을 가질 수 있다.

집단들을 비교할 때 직면하는 중대한 문제의 하나는 이러한 비교를 무제한적으로 사용함으로써 1종 오류의 확률이 지나치게 높아질 수 있다는 점이다. 예를 들어, 만일 10개의 집단이 있고 전체 영가설이 참이라면(H_0: $\mu_1 = \mu_2 = \mu_3 = \cdots\cdots = \mu_{10}$), 평균들의 모든 쌍, 즉 45개 쌍에 대한 t 검증이 적어도 한 번은 1종 오류를 범하게 될 가능성이 57.8%나 되도록 만들어버린다고 예상할 수 있다. 다시 말해서 $\alpha = .05$의 유의도 수준에서 분석하고 있다고 생각하는 실험자가 실제로는 $\alpha = .578$ 수준에서 분석하고 있는 것이다. 그림 16.4는 평균 쌍들 간에 실시하는 독자적인 t 검증의 수가 증가함에 따라서 적어도 한 번의 1종 오류를 범할 확률이 어떻게 증가하는 것인지를 보여주고 있다. 유의한 차이를 찾아내는 것이 아무리 멋진 일이라고 하더라도, 실제로 존재하지도 않는 차이를 찾아내는 것은 바람

그림 16.4_ 각각의 비교가 α=.05인 독립적 쌍비교의 수에 따른 1종 오류의 확률

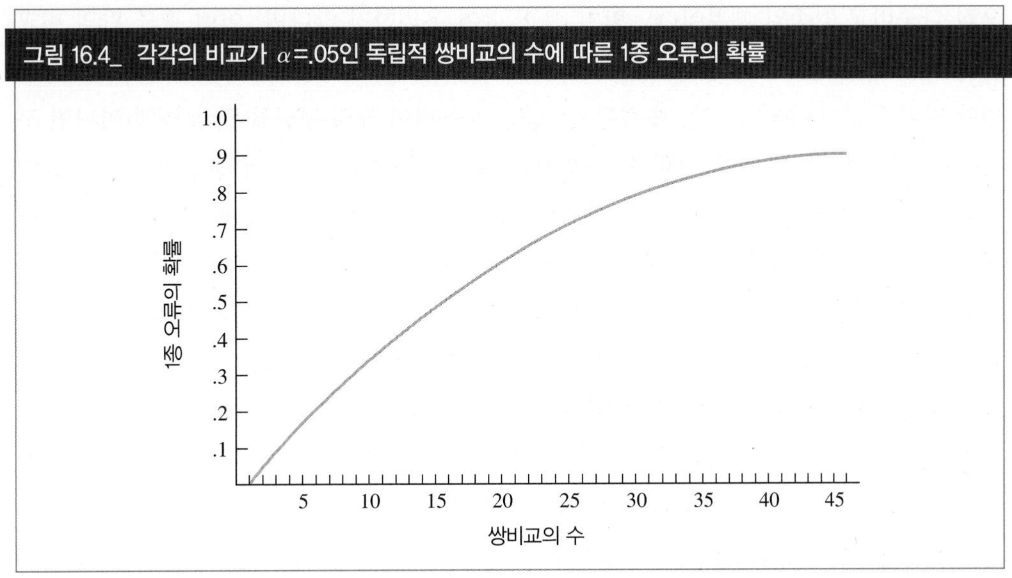

직하지 않다. 심리학자들은 지금까지 찾아낸 실제 차이를 설명하기 위해서 충분히 골머리를 썩고 있으며, 엉터리 차이에 대해서까지 걱정할 여유가 없다. 필요한 비교를 할 수 있는 방법을 찾아야만 하며, H_0를 잘못 기각할 확률을 제어할 수 있어야만 한다.

1종 오류의 가능성을 제어하기 위하여 통계학자들은 개별 평균들을 비교하는 수많은 절차들을 개발해왔다[이러한 기법들의 논의를 보려면, 하웰(Howell, 2012)을 참조하라]. 다행스럽게도 두 가지 비교적 간단한 기법이 1종 오류의 확률을 합리적으로 제어할 수 있게 해주며 여러분들이 직면할 가능성이 큰 여러 가지 다중비교 문제에 이 기법을 적용할 수 있다. 이러한 기법 외에 다음과 같은 매우 유용한 주먹구구식 규칙이 있다. '여러분이 하고 있는 일에서 실제로 의미 있는 것이 아니라면 비교하지 말라. 단지 할 수 있다는 이유로 비교해서는 안 된다.'

피셔의 최소유의차이 검증

첫 번째 절차는 흔히 **보호** t(protected t) 또는 **피셔의 최소유의차이 검증**(Fisher's least Significant Difference test: **LSD 검증**)이라고 부른다. (만일 담당 교수가 피셔의 LSD 검증을 사용하도록 제안하면서 다소 찜찜해한다면, 잠시 기다리기 바란다. 내가 그 제안을 방어할 것이다. 이 검증이 비록 역사적으로는 나쁜 평판을 받아왔지만 일반적으로 생각하는 것처럼 그렇게 극단적인 것은 아니다.) 피셔의 절차는 우리가 사용하는 가장 관대한 다중비교 검증의 하나다.

보호 t 또는 LSD 검증을 사용하는 절차는 실제로 매우 간단하다. 보호 t의 첫 번째 요구조건은 **전체 변량분석의 F 값이 유의해야만 한다**는 것이다(이 요구조건을 부과하는 것은

오직 다중비교 검증일 때뿐이다). 만일 그 F 값이 유의하지 않다면, 어떤 평균 간의 비교도 해서는 안 된다. 단지 집단 간 차이가 없다고 선언하고는 거기에서 멈추어야 한다. 반면에 만일 F 값이 유의하다면, 수정된 t 검증을 사용하여 개별 평균들 간의 몇몇(아니면 모든) 비교를 해나갈 수 있다. 여기서 수정이란 표준 t 공식에서 통합 변량추정치(s_p^2)를 변량분석에서 얻은 $MS_{오차}$로 대치하는 것뿐이다(일반적으로 집단 변량이 상호간에 상당히 다르다면, 이러한 대치를 하지 않는다). 이러한 대치는 완벽하게 합리적인 조치이다. $MS_{오차}$를 각 집단 변량들의 평균으로 정의하기 때문에, 실험에 단지 두 집단만이 있다면 변량분석에서 얻은 $MS_{오차}$가 두 집단 평균에 대한 두 표본 t 검증에서 얻은 s_p^2와 동일하게 된다. 여러 집단 간의 비교에서는 s_p^2 대신에 $MS_{오차}$를 사용하는데, 그 이유는 $MS_{오차}$가 지금 비교하려는 두 집단이 아니라 모든 집단의 변산에 근거한 것이기 때문이다. 그렇기 때문에 $MS_{오차}$가 σ_e^2에 대한 보다 우수한 추정치가 되는 것이다. 이 오차항을 사용하여 얻은 t 값은, 이 오차항을 사용하지 않았을 때 사용하는 자유도 $n_1 + n_2 - 2$ 대신에, 오차의 자유도, 즉 $df_{오차}$를 사용하는 장점을 갖게 된다.

s_p^2를 $MS_{오차}$로 대치하게 되면, t 공식은 다음과 같게 된다.

$$t = \frac{\overline{X}_i - \overline{X}_j}{\sqrt{\dfrac{MS_{오차}}{n_i} + \dfrac{MS_{오차}}{n_j}}} = \frac{\overline{X}_i - \overline{X}_j}{\sqrt{MS_{오차}\left(\dfrac{1}{n_i} + \dfrac{1}{n_j}\right)}}$$

보호 t 사용을 예시하기 위해서 앞에서 보았던 어머니 적응에 대한 데이터를 보도록 하자. 이 예에서 유의한 F 값을 얻었기 때문에 계속해서 분석을 해나갈 수 있다. 이 연구의 본질을 고려해볼 때, 다음과 같은 두 가지 물음이 관심을 끈다.

1. LBW 통제집단과 정상아 통제집단의 어머니들 간에 차이가 있는가?
2. LBW 통제집단 어머니들의 평균과 LBW 실험집단 어머니들의 평균 간에 차이가 있는가?

첫 번째 물음은 저체중 신생아 어머니가 정상 신생아 어머니보다 적응에서 더 많은 어려움을 겪는지를 묻는 것이다. 어느 집단도 개입 프로그램을 받지 않았기 때문에 개입은 혼입변인이 아니다. 두 번째 물음은 개입 프로그램이 저체중 신생아 어머니들의 적응에서 어떤 차이를 초래하는지를 묻는 것이다. 여기서 두 집단은 모두 저체중 출산아 어머니들이기 때문에, 출산 체중은 혼입변인이 아니다. LBW 실험집단과 정상아 집단을 비교하는 것은 아무 의미가 없다는 사실에 주목하기 바란다. 만일 두 집단 간에 차이가 있다면, 그 차이가 개입 프로그램 효과 때문인지 아니면 출생체중 효과 때문인지를 알 수 없기 때문

표 16.8_ 저체중 집단과 정상아 집단에 적용된 피셔의 LSD 검증

	집단 1 LBW 실험집단	집단 2 LBW 통제집단	집단 3 정상아 통제집단
$\bar{X}_j =$	14.97	18.33	14.84
$n_j =$	29	27	37
$MS_{오차} =$	20.511		
$df_{오차} =$	90		

(a) μ_1 대 μ_2

$$t = \frac{\bar{X}_1 - \bar{X}_2}{\sqrt{MS_{오차}\left(\frac{1}{n_1} + \frac{1}{n_2}\right)}}$$

$$= \frac{14.97 - 18.33}{\sqrt{20.511\left(\frac{1}{29} + \frac{1}{27}\right)}}$$

$$= \frac{-3.36}{\sqrt{1.467}} = \frac{-3.36}{1.21} = -2.77$$

(b) μ_2 대 μ_3

$$t = \frac{\bar{X}_2 - \bar{X}_3}{\sqrt{MS_{오차}\left(\frac{1}{n_2} + \frac{1}{n_3}\right)}}$$

$$= \frac{18.33 - 14.84}{\sqrt{20.511\left(\frac{1}{27} + \frac{1}{37}\right)}}$$

$$= \frac{3.49}{\sqrt{1.314}} = \frac{3.49}{1.15} = 3.04$$

이다. 이 비교에서는 개입과 출생체중이 혼입되었다.

어머니 적응 결과가 표 16.8에 나와 있다. 여기서 얻은 t 값은 두 비교 각각에서 −2.77과 3.04이다. 우리는 $\alpha = .05$에서 양방검증을 사용할 것이며 오차항 자유도는 90이다. 표 D.3에서 보간법을 사용하여 $t_{.05}(90) = \pm 1.99$를 확인한다. 따라서 두 비교 모두에서 영가설을 기각할 수 있다. 왜냐하면 얻은 t 값이 모두 ±1.99보다 더 극단적인(0.00에서 더 멀리 떨어진) 값들이기 때문이다. 따라서 저체중 신생아 어머니와 정상아 어머니 사이에 적응에서 차이가 있으며, 정상아 어머니가 더 우수한 적응을 보인다고 결론 내리게 된다. 또한 개입 프로그램이 저체중 신생아 어머니에게 효과적이라고 결론 내린다. 정확한 확률은 각각 .007과 .003이다.

여러분은 어째서 이렇게 특정한 다중비교 절차를 '보호 t'라고 부르는 것인지 궁금할지도 모르겠다. 아니면 어디선가 평균들의 모든 쌍들에 대한 t 검증을 실시하는 것은 좋지 않

은 생각이라는 사실을 들었을 수도 있겠는데, 정말로도 그렇다. 지금이 이러한 문제들을 동시에 다룰 좋은 시점이다.

일련의 다중비교를 실시할 때 일차적으로 고려해야 하는 것 중의 하나는 **적어도 하나**의 1종 오류를 범할 확률을 유지하는 것이다. 다시 말해서 만일 변량분석을 실시한 후 세 가지 비교를 했다면, 우리는 원래의 F에서든 아니면 세 비교 **어디에서든** 1종 오류를 범할 확률이 낮다는 사실을 확신하고자 한다. 그러한 오류를 범할 확률을 **가족 단위 오류율**(familywise error rate)이라고 부른다. 이 오류율은 한 가족을 이루는 비교들이 **적어도 하나의** 1종 오류를 포함하고 있을 확률을 다루고 있기 때문이다. 가족 단위 오류율에서는 10개의 1종 오류를 범하는 것이나 하나의 오류를 범하는 것이나 마찬가지다(아니면 다른 표현으로는, 하나의 오류도 10개의 오류만큼 좋지 않은 것이다). 만일 비교해야 할 평균들이 많으며 평균들의 모든 쌍들 간에 t 검증을 실시한다면, 가족 단위 오류율은 감당할 수 없을 만큼 높아질 수 있다. 그러한 불상사가 일어나는 것을 막기 위해서 어떤 조건을 부과해야만 하는데, 보호 t 검증은 만일 변량분석에서 얻은 F 값이 유의하지 않다면 어떤 비교도 실시해서는 안 된다는 제약을 가함으로써 그 일을 해내는 것이다. 이렇게 단순한 작업이 어떻게 작동하는 것인지를 알기 위해서 다음의 예들을 보도록 하자.

단지 2개의 평균이 있고 **영가설이 참**이라고 가정해보자. 1종 오류를 범할 확률은 원래의 F가 우연히 유의했을 확률, 예를 들어 .05가 될 것이다. 만일 그 F가 유의하다면, 우리는 이미 1종 오류를 범한 것이며, 계속해서 t 검증을 실시한다고 하더라도 사태가 더 악화되는 것은 아니다. 만일 그 F가 유의하지 않다면, 보호 t 검증을 실시할 수 없기 때문에 오류율을 증가시키지 않는다. 따라서 두 개의 평균에서 가족 단위 오류율은 .05이다.

이제 3개의 평균이 있다고 해보자. 우선 전체 영가설이 참이라고 가정하자. 즉, $\mu_1 = \mu_2 = \mu_3$라고 가정하자. 우선 전체 F를 구한다. 유의한 차이를 얻을 확률(H_0가 참이기 때문에 이것은 1종 오류가 된다)은 .05이며, 만일 유의한 차이를 보고했다면 이 값은 가족 단위 오류율이 차단하고자 하는 '적어도 하나'의 첫 번째 1종 오류를 나타낸다. 만일 F가 유의하지 않다면, 여기서 중지하게 되며 1종 오류를 또다시 범할 더 이상의 가능성은 없게 된다. 다시 말해서 **전체** 영가설이 참일 때, 우리의 규칙은 **적어도 하나**의 1종 오류를 범할 확률을 .05로 제한하는데, 바로 이것이 우리가 원하는 것이다. 이제 영가설이 거짓이며 평균 하나가 다른 두 평균과 다르다고(예: $\mu_1 = \mu_2 \neq \mu_3$) 가정해보자. 그러면 전체 영가설이 참이 아니기 때문에, 전체 F 검증에서 1종 오류를 범할 가능성은 없다. 만일 우리가 희망한 대로 유의한 F를 얻었다면, 계속해서 평균들의 각 쌍, 즉 집단 1 대 집단 2, 집단 1 대 집단 3, 집단 2 대 집단 3을 검증할 수 있다. 그러나 세 검증 중에서 단 하나의 검증에서만 영가설이 참($\mu_1 = \mu_2$)이기 때문에, 1종 오류를 범할 기회는 단 한 번밖에 없다. 여기서도 다시 적어도 한 번의 1종 오류를 범할 확률은 그저 .05가 된다. 마지막으로 모든 평균들이 서로 다르다고 가정해보자. 이 경우에는 1종 오류를 범할 가능성이 없다. 왜냐하면 잘못하여 거짓이라고 천명할 참인 영가설이 없기 때문이다. 이러한 가능성들을 고찰해본 후에, 우리는 세 개의 평균에 대해서 가족 단위 오류율이 기껏해야 .05라고 결론 내릴 수 있게 된다.

지금까지 둘 또는 세 집단의 경우에 피셔 LSD 검증은 적어도 한 번의 1종 오류를 범할 확률이 .05를 넘지 않는다는 것을 보장한다는 사실을 보았다. 이것이야말로 우리가 원하는 바로 그것이다. 그런데 네 집단이라고 가정해보자. 이 경우에는 둘 이상의 영가설이 참일 가능성이 있다. 예를 들어, 집단 1과 집단 2가 같고 집단 3과 집단 4가 같을 수 있다. 만일 $\mu_1 = \mu_2$이고 $\mu_3 = \mu_4$라면, 1종 오류를 범할 기회가 두 번 있게 되고, 가족 단위 오류율은 거의 .10이 된다. 그렇지만 나는 평균이 4개나 되는 경우에 이 값이 터무니없는 오류율은 아니라고 제안하며, 비록 이 검증이 내가 선호하는 것은 아니라고 하더라도 이 검증을 사용하는 데 주저하지 않는다. 이제 만일 여러분이 10개의 평균에 대해서 논의하고 싶다면, 전혀 다른 이야기가 된다. 1종 오류를 범할 확률은 엄청나게 높아진다. 10개의 집단을 대상으로 피셔 검증을 사용하려는 사람이 있다면 낭패를 자초하는 것이다. 이것이 피셔 검증에 대해서 흔히 제기되는 불만이지만, 그러한 불만이 그렇게 공정한 것은 아니다. 심리학 문헌을 뒤져보면(나는 모든 행동과학에서도 참이라고 생각한다) 4개 이상의 집단을 대상으로 수행한 실험을 찾기가 매우 어렵다. 10개 집단 실험이라고는 거의 찾아볼 수 없는데, 어째서 10개 집단에서 제대로 작동하지 않는다는 사실에 근거하여 이 검증을 부정하겠는가? 단지 소수 집단만을 가지고 있을 때는, 다중비교를 실시하기 전에 유의한 전체 *F*를 요구하는 것만으로도(보호가 이루어지는 곳이 바로 여기인 것이다) 가족 단위 오류율을 놀라울 정도로 효과적으로 제어할 수 있다. 이 장에서 내가 보호 *t*를 강조한 이유가 바로 이것이다. 비교적 소수 집단을 가지고 있는 경우에는 이 검증이 가족 단위 오류율을 훌륭하게 제어하고 있으며, 동시에 쉽게 적용할 수 있는 검증이며 꽤 높은 검증력을 가지고 있기도 하다.

전체 *F*가 유의해야만 한다는 요구조건

개별 검증을 실시하려면 전체 *F*가 유의해야만 한다는 생각에 매몰되지 않기를 바란다. 피셔의 LSD 검증은 이러한 제약을 가하는 유일한 대표적인 검증법이다. 다음에 논의할 검증 그리고 많은 다른 검증에서는 개별 검증을 실시하기 위해서는 전체 *F*가 유의해야만 한다는 것이 절대적인 요구조건은 아니다. 실제로 이러한 요구조건을 부과하는 것은 이러한 검증법들의 검증력을 약화시키게 된다.

본페로니 보정

간단하게 적용할 수 있으며 계속해서 명성을 쌓아가고 있는 두 번째 절차가 **본페로니 보정**(Bonferroni correction)으로 알려져 있는데, 이 절차가 기반하고 있는 비등가성을 발견한 수학자의 이름을 딴 것이다. (이 절차를 흔히 '본페로니 검증'이라고 부르지만, 보정한 형태의 p 값을 나타내고 있기 때문에 나는 '보정'이라는 용어를 선호한다.) 이 절차에 내재하는 기본 생각은 다음과 같다. 만일 α'의 유의도 수준에서 여러 검증(예: c개의 검증)을 실시한다면, 적어도 한 번의 1종 오류를 범할 확률은 $c\alpha'$를 결코 넘을 수 없다. 따라서 예를 들어, 각각 $\alpha' = .05$에서 다섯 개의 검증을 실시한다면, 가족 단위 오류율은 최대 $5(.05) = .25$가 된다. 그렇지만 이 오류율은 너무나 높아서 어느 누구에게도 만족감을 가져다주지 못한다. 그런데 다섯 검증 각각을 $\alpha' = .01$에서 실시하였다고 가정해보자. 그렇게 되면, 최대 가족 단위 오류율은 $5(.01) = .05$가 되는데, 이 정도의 오류율은 충분히 받아들일 수 있다. 이 표현을 우리에게 조금 더 유용한 방식으로 표현해보자. 만일 전체 가족 단위 오류율이 .05가 되기를 원하고 세 개의 검증을 실시한다면, 각각의 검증을 $\alpha' = .05/3 = .0167$ 수준에서 실시하라. 검증을 이러한 방식으로 실시한다면, 전체 F에 대한 어떤 요구조건을 무시한다고 하더라도, 피셔 LSD 검증에서 했던 것과 동일한 작업을 하는 것이 된다. 유일한 차이는 각 검증의 유의도 수준을 α에서 α/c로 바꾸는 것뿐인데, 여기서 c는 비교 숫자이다.

이 접근의 근원적 문제점은, 예를 들어 .0167 유의도 수준의 표를 가지고 있지 못하다는 점이다. 그렇기는 하지만 오늘날 대부분의 사람들은 통계 분석을 위한 표준화된 컴퓨터 소프트웨어를 사용하고 있으며, 내가 보아온 모든 패키지 프로그램은 t 또는 F 값뿐만 아니라 이와 연합된 확률 수준도 함께 제시해준다. 예를 들어, 만일 저체중 신생아 데이터에 피셔 검증을 실시했던 것과 동일한 비교를 하는 데 SPSS를 사용한다면, 두 가지 선택이 가능하다. 변량들이 명백하게 동일하지 않은 경우에는, 그저 집단 1과 집단 2 간에 그리고 집단 2와 집단 3 간에 t 검증을 실시하는 것이겠다. 이 방식이 이상적이지 않은 까닭은 이 검증이 세 집단에 걸친 변량을 통합하지 못하기 때문이지만, 변량이 동일하지 않다면 변량을 통합하는 것이 무의미하다. 아무튼 이렇게 한다면 표 16.9에 나와 있는 것과 같은 결과를 얻게 된다.

다음은 LSD 검증을 사용하여 어머니 적응 데이터에 대한 분석을 요약한 것이다. SPSS에서 분석하려면, *Analyze/General Linear Model/Univariate*(분석/일반 선형 모형/단변량)를 선택한 다음에 적절한 변인을 할당하고 *Post Hoc tests*(사후 검증)를 클릭한다. 그런 다음에 검증방법으로 *LSD*를 선택한다(본페로니가 아니라 LSD이다). 그런데 집단 1과 집단 2 간의 비교 그리고 집단 2와 집단 3 간의 비교만을 고려하고 있다는 사실을 명심하라. 유의한 차이를 위한 확률은 $.05/2 = .025$보다 작아야 한다.

표 16.9_ 어머니 적응 데이터에 대한 SPSS 분석

일원변량분석

```
[DataSet2] c:\Users\Dave\Dropbox\Webs\fundamentals9\DataFiles\Tab16-6.sav
```

참가자 간 요인

		N
집단	1	29
	2	27
	3	37

참가자 간 효과 검증

종속변인: 적응

변산원	제3유형의 제곱합	*df*	평균제곱합	*F*	Sig.
수정 모형	226.932[a]	2	113.466	5.532	.005
절편	23513.095	1	23513.095	1146.364	.000
집단	226.932	2	113.466	5.532	.005
오차	1845.993	90	20.511		
전체	25562.000	93			
수정 모형 전체	2072.925	92			

[a] R^2=.109(교정 R^2=.090)

사후 검증 집단

다중비교

종속변인: 적응
LSD

(I) 집단	(J) 집단	평균 차 (I-J)	표준오차	Sig.	95% 신뢰구간	
					하한	상한
1	2	−3.37*	1.211	.007	−5.77	−.96
	3	.13	1.123	.910	−2.10	2.36
2	1	3.37*	1.211	.007	.96	5.77
	3	3.50*	1.146	.003	1.22	5.77
3	1	−.13	1.123	.910	−2.36	2.10
	2	−3.50*	1.146	.003	−5.77	−1.22

*관찰한 평균에 근거한다.
$MS_{오차}$ = 20.511.

우리는 .05의 전반적 가족 단위 오류율을 유지하면서 이러한 검증들을 수행하고자 하는데, 이것이 의미하는 것은 두 가지 검증을 하는 경우에 각 검증은 $\alpha = .05/2 = .025$보다 낮은 확률에서 유의하다고 선언해야 한다는 것이다. 두 t 검증 모두가 각각 $p = .015$와 .002에서 이 기준을 만족시키고 있음을 확인하기 바란다. 집단 1과 집단 3 간의 비교에는 관심이 없기 때문에, 그 결과에는 신경 쓰지 않는다.

모든 본페로니 검증을 이러한 방식으로 수행할 수 있다. 즉, LSD 절차를 사용하고 특정 비교만을 살펴보는 것이다. 간단하게 얼마나 많은 검증을 실시하려는 것인지를 결정하고, 원하는 가족 단위 오류율(일반적으로 $\alpha = .05$)을 그 수로 나누어, 검증 통계치의 확률이 임계치보다 작을 때마다 영가설을 기각하면 된다. 그렇지만 결과를 분석하기 위하여 소프트웨어를 사용하고 있다면 다음을 유의하기 바란다. 대부분의 소프트웨어 프로그램은 본페로니 검증을 위한 선택지를 가지고 있지만, 그 프로그램은 모든 가능한 평균들의 쌍을 검증한다고 가정하고 있을 수 있다. 그래서 때로는 당신은 잘못된 확률을 볼 수도 있게 된다. 때로는 많은 평균들이 존재할 수 있기 때문에, 이 접근은 매우 보수적인 것이 될 수 있다. 그 대신 여러분이 진정으로 관심을 기울이고 있는 비교들만을 LSD로 검증하라. 그리고 평균들을 살펴보고 나서 가장 큰 차이를 선택하여 그 차이를 검증하겠다고 결정해서는 안 된다는 사실을 강조해야겠다. 이렇게 하면 운 좋게 차이를 발견할 수도 있다. 이론이나 논리적 절차에 근거하여 수행할 검증을 결정해야만 한다. 속임수는 허용되지 않는다.

*R*을 사용하여 동일한 분석을 하고자 한다면, 다음 명령코드를 사용하면 된다.

```
data<- read.table("https://www.uvm.edu/~dhowell/fundamentals9/
  DataFiles/Tab16-6.dat", header = TRUE)
attach(data)
group<- factor(group) # Specify that group is a factor
model1<- lm(adapt ~ group)
anova(model1)
pairwise.t.test(adapt, group, p.adj = "none", pool.sd = true) # "none"
gives us the LSD test
Analysis of Variance Table
Response: adapt
             Df      Sum Sq     Mean Sq     F value     Pr(>F)
group         2      226.93     113.466     5.532       0.005421 **
Residuals    90      1845.99    20.511

            Pairwise comparisons using t tests with pooled SD

data:  adapt and group
       1         2
2    0.0066      -
3    0.9098    0.0030

P value adjustment method: none
```

표현 방식은 전혀 다르지만, 이 결과가 SPSS를 사용하여 얻은 결과와 동일하다는 사실에 주목하기 바란다.

그 외의 다중비교 절차

집단 간의 차이를 찾아내기 위한 다른 많은 절차들을 개발해왔다. 흥미를 끄는 사실은 모든 절차들이 대체로 피셔의 LSD 검증과 본페로니 절차에서 보았던 것과 동일한 유형의 고려사항들에 근거하고 있다는 점이다. 이 절차들은 가족 단위 오류율을 일정한 최대 수준(일반적으로 .05)으로 고정시키고자 하며, 집단 수(또는 집단 간의 비교 수)를 고려하여 그렇게 하고 있다. 가장 널리 알려진 절차가 **터키 절차**(Tukey procedure)이다.[4] 여기서는 더 이상 자세하게 다루지 않을 것인데, 그 이유는 이 절차가 우리에게 익숙하지 않은 약간 다른 검증 통계치에 근거하기 때문이다. 그렇기는 하지만 이 절차가 모든 평균을 다른 모든 평균들과 비교하며, 최대 가족 단위 오류율을 .05(아니면 연구자가 선호하는 다른 값)로 유지하는 방식으로 비교하고 있다는 점을 언급하고자 한다. 거의 모든 통계 소프트웨어들은 사용자가 요구하면 터키 검증의 결과를 내놓는다.

부가적 언급

데이터의 중요한 자질을 찾아내기 위하여 다중비교 검증을 사용한다는 사실을 명심하는 것이 중요하다. 어떤 일이 일어나는지를 알아보기 위하여 검증을 실시하기보다는 먼저 중요한 물음을 던져야만 한다. 터키 절차와 같은 검증에 대해서 내가 가지고 있는 유일한 불만은 대부분의 비교가 우리의 관심사가 아님에도 불구하고, 가능한 모든 것을 비교하면서 그에 따라 확률을 조정한다는 점이다. 내가 하고 싶은 충고는 여러분에게 유용하며 연구에 기초한 물음에 답하는 비교만 하라는 것이다. 그렇게 해서 가족 단위 오류율이 $\alpha = .10$으로 상승한다면, 그에 맞게 대처하라. 그렇게 한다고 해서 세상의 종말이 오는 것도 아니다. 이 충고는 지난 30년에 걸쳐 행동과학 통계처리에서 일어났던 여러 가지 변화와 일맥상통하는 것이다. 의미 있는 차이를 발견하고 사람들이 그 의미를 이해할 수 있는 방식으로 보고하는 것을 더욱 강조하고 있다. 이러한 강조점은 일련의 엄격한 규칙에 근거하여 구축한 통계학 분야와는 꽤나 다르다.

---

4 이 책에서 이미 여러 차례 접했던 바로 그 존 터키(John Tukey)이다. 터키는 통계학의 거의 모든 분야에서 공헌했다.

16.6 가정의 위배

앞에서 보았던 것처럼, 변량분석은 정상성과 변량 동질성 가정에 근거를 두고 있다. 그러나 실제에 있어서는 변량분석이 막강한 통계 절차이다. 종종 이 가정들이 위배되는데 그 경우에도 비교적 미약한 영향만을 미치기 십상이다.

만일 전집들의 분포가 대칭적이거나 아니면 적어도 비슷한 모양(예: 모두 부적으로 편포되어 있다)을 하고 있다고 가정할 수 있으며 가장 큰 변량이 가장 작은 변량보다 4~5배 이상 크지 않다면, 일반적으로 변량분석은 타당한 것일 가능성이 크다(혹자는 변량들 사이에 더 큰 차이가 있더라도 변량분석은 타당한 분석이라고 주장하기도 한다). 그렇기는 하지만 심각할 정도의 변량 이질성과 동일하지 않은 표본크기가 공존할 수는 없다는 사실에 유념하는 것이 중요하다. 눈에 뜨일 정도로 동일하지 않는 변량을 예상할 만한 어떤 이유가 있다면, 표본크기는 가능한 한 동일하도록 모든 노력을 기울여야만 한다. 만일 여러분이 일련의 다중비교를 실시할 계획을 가지고 있다면 특히 그렇다. 또한 만일 집단들이 현저하게 차이 나는 변량을 가지고 있다면, 평균 간 차이가 아니라 변량이 다르다는 그 사실 자체가 중요한 결과일 수 있다는 사실도 명심해야 한다.

변량분석에 바탕을 둔 가정을 심각하게 위배하는 상황에서 분석하기 위한 대안적 절차들이 존재한다. 몇몇 절차에서는 데이터를 변환하여[예: X를 log(X)로 변환시킴] 변환 데이터에 표준 통계검증을 실시하게 된다. 다른 절차에서는 전혀 다른 검증을 사용하게 되는데, 이들 중에서 몇몇을 이 책 뒷부분에서 논의한다. [하월(Howell, 2012)에서 베렌스-피셔(Behrens-Fisher) 문제에 대한 논의와 자른 평균과 대체 변량 사용에 대한 부분을 참조하라.]

16.7 효과크기

처치 평균들 사이에서 유의한 차이를 얻었다고 해서 그 차이가 크거나 중요하다는 사실을 의미하는 것은 아니다. 실제로 차이가 있지만 그 차이는 지극히 미미한 경우가 많이 있다. 어떤 통계치도 그 차이가, 비록 아무리 크다고 하더라도, 실세계에서 현실적인 중요성을 갖는 것인지를 알려주지는 못한다. 그렇기는 하지만 이러한 측면에서 도움을 주는 절차들이 있다.

로젠탈(Rosenthal, 1994)은 *d*-가족 **측정치**(d-family measures)와 *r*-가족 **측정치**(r-family measures)를 구분하였다. 전자는 평균 간 차이에 근거하는 반면에, 후자는 종속변인과 독립변인 수준들 간의 상관에 근거한다. 지금까지 r-가족 측정치들에 대한 언급을 회피했던 이유는 두 집단만이 있을 때는 효과크기에 관한 우리의 이해에 첨가해주는 것이 아무것도 없다고 생각하기 때문이었다. 한편 d–가족 측정치들(예: 코언의 d)은 여러 집단이 있을 때 그 측정치를 두 집단 간 또는 일련의 집단 간 차이로 제한하지 않는 한에 있어서는 해석하기가 어렵다. 우선 r–가족 측정치부터 시작하도록 한다.

r–가족(상관) 측정치

효과 강도(magnitude of effect)에 관한 가장 단순한 측정치 중의 하나가 $\boldsymbol{\eta^2}$, 즉 **에타제곱**(eta squared)이다. η^2이 편향 측정치이기는 하지만(전집의 모든 값들을 측정할 수 있다고 가정할 때 얻은 값을 과대추정하는 경향이 있다는 의미에서 그렇다), 그 계산이 단순하며 일차적 근사치로서 유용하기 때문에 논의할 가치가 있다. 이 책에서는 여러 집단 간의 효과 측정을 η^2 그리고 이에 수반되는 ω^2으로 논의를 국한한다. 어떤 변량분석에서든 $SS_{전체}$는 데이터에 얼마나 많은 변산이 들어있는 것인지를 알려준다. 그 변산의 일부분은 서로 다른 참가자 집단에 서로 다른 처치를 가했기 때문에 상이한 점수를 갖는다는 사실에 근거한 것이며, 또 다른 일부분은 단지 무선 오차, 즉 동일한 처치를 받은 참가자들 간의 우연한 차이에 의한 것이다. 중요한 차이는 처치효과 또는 집단효과에 귀인할 수 있는 점수 차이이며, 이 차이는 $SS_{집단}$을 가지고 측정할 수 있다. 다음과 같은 비를 구성하게 되면, 관찰값들 사이에 존재하는 변산의 어느 정도를 집단효과에 귀인할 수 있는지를 알 수 있다.

$$\eta^2 = \frac{SS_{집단}}{SS_{전체}}$$

앞에서 본 어머니 적응 데이터에 대입하면 다음과 같다.

$$\eta^2 = \frac{SS_{집단}}{SS_{전체}} = \frac{226.932}{2072.925} = .11$$

따라서 우리는 적응 점수 변산의 11%를 집단에 귀인할 수 있다고 결론 내릴 수 있다. 얼핏 보면 낮은 비율인 것처럼 보일 수도 있지만, 잠시 멈추고 여러분이 알고 있는 어머니들 사이의 엄청난 변산을 생각해본다면, 11%나 설명한다는 것은 주목할 만한 성과인 것이다.

비록 η^2이 빠르고 쉽게 계산할 수 있는 측정치이며 연구보고서를 읽을 때 머리 속에서 간단하게 추정해볼 수 있는 측정치이기는 하지만, 이것은 편향 통계치이다. 전집의 참값을 과대추정하는 경향이 있다. 또 다른 통계치인 $\boldsymbol{\omega^2}$, 즉 **오메가제곱**(omega squared)이 덜 편파적인 추정치를 제공해준다. 이 장에서 논의하고 있는 변량분석에서 ω^2은 다음과 같이 정의한다.

$$\omega^2 = \frac{SS_{집단} - (k-1)MS_{오차}}{SS_{전체} + MS_{오차}}$$

여기서 k는 집단 수를 나타낸다. 우리의 예에 적용하면 다음과 같다.

$$\omega^2 = \frac{SS_{집단} - (k-1)MS_{오차}}{SS_{전체} + MS_{오차}} = \frac{226.932 - (3-1)20.511}{2072.925 + 20.511} = 0.089$$

이 값은 우리가 얻었던 η^2 값보다 다소 작다. 그렇기는 하지만, 이 값은 변산의 대략 9%를 설명하고 있다는 사실을 시사하고 있다.

d-가족 측정치(효과크기)

점점 보편화되고 있는 효과 강도에 관한 대안적 측정치가 코언의 d(Cohen's d)에 근거한 효과크기 측정치이다. 앞선 장들에서 효과크기 측정치를 보았으며, 여기서 가장 유용한 것이 될 측정치는 두 독립집단에 대해서 사용하였던 측정치이다. 두 집단이 있을 때 d의 추정치는 다음과 같이 정의한다.

$$\hat{d} = \frac{\overline{X}_1 - \overline{X}_2}{s}$$

여기서 s는 전체 변량 추정치의 제곱근이며, 표본크기가 동일한 경우에는 두 변량 평균의 제곱근이다(때로는 통제집단의 표준편차가 된다).

대수학적으로는 이 생각을 셋 이상의 집단에도 확장하여 집단들 간의 여러 차이들에 대한 측정치를 구할 수 있기는 하지만, 그러한 결과를 어떻게 해석해야 할 것인지를 알기는 쉽지 않다. 많은 상황에서 모든 집단 간 차이에 대해 동시에 총체적으로 진술하기보다는 두 집단 비교에 국한하여 집단 간 차이에 대해서만 언급하는 것이 적절하다고 생각한다.

저체중 신생아를 낳은 어머니의 적응에 관한 데이터는 이 생각의 의미에 대한 훌륭한 사례를 제공해준다. 집단 평균들을 다음 표에 다시 제시한다.

	저체중-실험	저체중-통제	정상분만	전체
평균	14.966	18.333	14.838	15.892
$MS_{오차}$				20.511

앞선 분석에서 우리는 집단 간 차이가 통계적으로 유의하다는 사실을 보았다[$F(2, 90) = 5.53$, $p < .05$]. 그렇지만 우리는 논의하고 있는 차이의 강도에 대해 진술해야 하며, 그 진술을 독자들에게 의미 있는 방식으로 표현해야 한다. 앞에서 저체중 통제집단과 정상 분만 집단을 비교하고, 또다시 두 저체중 집단(저체중-통제 대 저체중-실험)을 비교할 때 수행하였던 것과 마찬가지로, 여기서도 특정한 비교에만 의존하는 것이 적절하다. 본

페로니 보정을 사용했을 때 두 차이가 모두 유의미했다는 사실을 회상하기 바란다.

만일 원자료 단위가 특정한 의미를 가지고 있다면, 다시 말해서 종속변인이 체중, 지능지수, 연령, 또는 보편적으로 이해할 수 있는 다른 변인 등과 같은 것이어서 특정한 의미를 가질 수 있다면, 그 차이를 원자료의 단위로 보고하면서 표준편차의 추정치를 참조틀로 제공하는 것이 적절할 것이다. 그렇지만 우리가 사용한 종속변인은 어머니 적응 측정치 점수이기 때문에, 두 저체중 집단이 3.367점의 차이를 보이고 있다고만 보고하는 것은 정보를 제대로 전달하지 못하는 것이 된다. 어느 누구도 이것이 큰 차이인지 아니면 작은 차이인지를 이해하기 어렵다. 그렇지만 효과크기 측정치인 $\hat{d}$으로 표현할 수 있는데, 이 $\hat{d}$은 차이에 대한 표준화된 측정치인 것이다.

저체중 통제집단이든 정상 분만 집단이든 어느 집단도 특별 개입 훈련을 받지 않았기 때문에, 둘 간의 차이는 출산 체중에 의한 차이를 반영하는 것이 된다. 이 경우에는 다음과 같다.

$$\hat{d} = \frac{\overline{X}_{\text{저체중 통제}} - \overline{X}_{\text{정상}}}{s} = \frac{18.333 - 14.838}{\sqrt{20.511}} = \frac{3.495}{4.523} = 0.77$$

여기서 우리는 두 집단이 0.77 표준편차만큼 차이를 보이고 있다는 사실을 알 수 있는데, 이것은 상당한 차이가 된다. 출산 체중에 따른 현저한 효과가 있는 것이 확실하다. (위에 제시한 표준편차는 단지 $MS_{\text{오차}}$의 제곱근이며 집단 내 표준편차의 평균이다.)

만일 두 저체중 집단을 비교한다면, 다음의 결과를 얻는다.

$$\hat{d} = \frac{\overline{X}_{\text{저체중 통제}} - \overline{X}_{\text{저체중 실험}}}{s} = \frac{18.333 - 14.966}{4.523} = \frac{3.367}{4.523} = 0.74$$

이것도 상당한 효과이다. 따라서 우리는 저체중 통제집단의 점수가 정상 분만 집단이나 특별훈련을 받은 저체중 집단에 비해서 대략 3/4 표준편차만큼 높은 점수를 보인다고(적응을 제대로 못한다고) 결론 내릴 수 있다. 이 측정치는 이 실험의 결과에서 중요한 효과가 있었다는 사실을 알려주고 있다.

16.8 결과 기술하기

알코올의 영향을 받는 수행에 관한 지안콜라와 코르먼 연구의 결과를 보고하는 방법을 기술할 때는 중다비교와 효과크기 측정치를 아직 다루지 않았기 때문에 그 기술 내용에 이것들을 포함시킬 수 없었다. 그렇지만 저체중 신생아에 대한 어머니의 적응에 관한 누르캄 등(Nurcombe et al., 1984)의 연구에서 이러한 결과를 보았다. 이 데이터를 기술하는 간략한 방법은 다음과 같다.

누르캄 등(1984)은 저체중 출산아의 어머니를 위한 개입 프로그램의 효과에 대해 연구하였다. 정상 출산아 어머니 37명이 통제집단으로 연구에 참여하였다. 저체중 출산아 어머니 27명으로 구성한 두 번째 통제집단도 평가를 받았으며, 두 집단 간의 차이는 저체중 출산이 어머니의 적응에 미치는 효과를 나타낸다. 마지막으로 저체중 출산아 어머니 29명으로 구성한 세 번째 집단은 아이들이 내놓는 미약한 행동 신호를 보다 잘 자각할 수 있도록 설계한 개입 프로그램에 참여하였다.

전반적인 변량분석 결과를 보면, 집단들이 적응에서 유의한 차이를 나타냈다[$F(2, 90) = 5.53$, $p < .05$]. 상관에 근거한 효과 측정치로 ω^2을 사용한 결과를 보면, 집단 간 차이가 종속변인 변산성의 8.9%를 설명하고 있다. 집단 간 개별 비교를 보면, 두 저체중 출산 집단이 유의한 차이를 보이고 있는데[$t(90) = -2.77$], 개입 프로그램을 받았던 집단($\overline{X} = 14.97$)이 그렇지 않은 집단($\overline{X} = 18.33$)보다 어머니 적응 측정치에서 우수한 점수를 받았다. 이 차이에 적용한 코언의 $\hat{d}$은 .74로, 개입 집단 평균은 비개입 집단 평균보다 거의 3/4 표준편차만큼 낮다는(우수하다는) 사실을 나타낸다. 저체중 출산 통제집단과 정상 출산 통제집단 간의 비교도 유의한 차이를 나타냈다 [$t(90) = 3.04$, $p < .05$]. 이 경우에 $\hat{d}$은 .77이었으며, 저체중아 출산이 어머니 적응 점수에 있어서 정상아 출산보다 3/4 표준편차만큼 높은(열등한) 결과를 초래할 수 있다는 사실을 나타내는 것이다.

16.9 마지막 예

다음 예는 동일하지 않은 표본크기의 일원변량분석을 예시하고 있다. 또한 본페로니 보정 절차의 사용도 예시하고 있다.

마리화나의 기능은 무엇이며, 어떻게 작동하는 것인가? 보다 잘 알려진 효과는 접어놓고라도, 마리화나는 이동(걷기) 행동을 증가시키거나 감소시킨다. 측핵은 쥐의 이동 행위에 관여하는 것으로 알려진 전뇌 구조이다(또한 이 구조는 쾌감을 제어하는 것으로 보인다). 테트라하이드로칸나비놀(tetrahydrocannabinol: 이하 THC. 마리화나에서 가장 활동적인 성분이다)을 소량 투여하면 이동 행위가 증가하는 반면, 다량 투여하면 행위가 감소하는 것으로 알려져 있다. THC가 측핵에 작용하여 행위에 대한 이러한 효과를 초래하는 것인지를 알아보기 위해서 콘티와 머스티(Conti & Musty, 1984)는 쥐의 측핵에 위약(가짜약) 또는 THC 0.1, 0.5, 1.0, 2.0마이크로그램(μg)을 양쪽 반구 모두에 직접 주사하였다. 연구자들은 약물 주사 후에 쥐의 활동 수준 **변화**를 기록했다. 약물을 다량 주사했을 때보다는 소량 주사했을 때 활동이 증가할 것이라고 예측했다. 표 16.10의 데이터는 각 동물에서의 변화량(감소량)을 나타낸다.[5]

---

5 THC가 행위를 증가시킬 것이라고 예상했지만, 종속변인은 전반적 행위의 감소로 측정했다. 동물들이 새로운 환경에 적응하여 탐색 행위를 덜했기 때문이다. 실제로 우리는 행위의 증가가 아니라 적게 감소하는 정도를 기록했다. 정말로 혼란스럽지 않은가!

표 16.10_ 콘티와 머스티(1984)의 데이터

위약	0.1μg	0.5μg	1μg	2μg	전체
30	60	71	33	36	
27	42	50	78	27	
52	48	38	71	60	
38	52	59	58	51	
20	28	65	35	29	
26	93	58	35	34	
8	32	74	46	24	
41	46	67	32	17	
49	63	61		50	
49	44			53	
Σ 340	508	543	388	381	2160
평균 34.00	50.80	60.33	48.50	38.1	
n 10	10	9	8	10	47

그림 16.5_ 콘티와 머스티(1984) 연구에서 평균 활동 수준

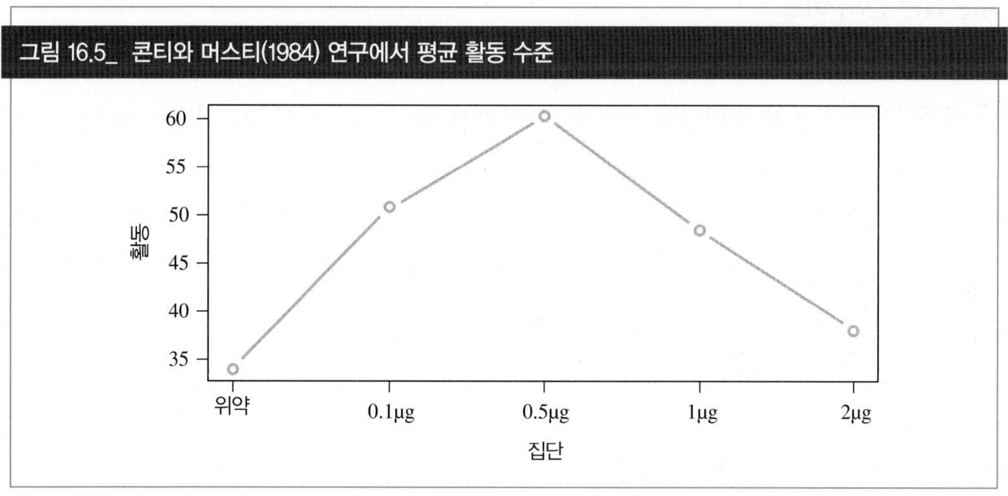

그림 16.5에 데이터가 나와 있다.

우선, 영가설을 설정해야 하는데, 영가설은 모든 표본이 동일한 평균을 가지고 있는 전집에서 나온 것이라는 가정이다. 다시 말해서 H_0: $\mu_1 = \mu_2 = \mu_3 = \mu_4 = \mu_5$. 일관성을 위해서 이 영가설을 $\alpha = .05$의 유의도 수준에서 검증할 것이다.

다음으로 제곱합을 계산하는 것으로 시작하여 전반적 변량분석을 실시한다.

$$SS_{전체} = \Sigma(X_{ij} - \overline{X}_{gm})^2 = (30 - 45.96)^2 + (27 - 45.96)^2 + \cdots + (53 - 45.96)^2$$
$$= 14,287.91$$

$$SS_{집단} = \Sigma n_j(\overline{X}_j - \overline{X}_{gm})^2 = 10(34 - 45.96)^2 + \cdots + 10(38.10 - 45.96)^2$$

$$= 4{,}193.41$$

$$SS_{오차} = SS_{전체} - SS_{집단} = 14{,}287.91 - 4{,}193.41 = 10{,}094.50$$

이제 이 항들을 요약표에 적어 넣을 수 있다.

변산원	*df*	SS	MS	*F*	*p*
집단	4	4,193.41	1,048.35	4.36	.05
오차	42	10,094.50	240.35		
전체	46	14,287.91			

집단 자유도는 4이고 오차 자유도는 42이다. 영가설에서 이 결과의 확률은 $p = .05$이기에, 영가설을 기각하고 다섯 약물 집단 간에 활동 수준에서 차이가 있다고 결론 내린다. 이 결과는 주입한 THC의 양에 의한 차이를 반영한 것이라고 볼 수 있다.

개별집단 간의 비교

실험가설은 위약 집단이 중간 수준의 실험집단에 비해서 행위의 보다 적은 증가(또는 보다 많은 감소)를 보일 것이라고 예측했다. 따라서 위약 집단을 0.5μg 집단과 비교하고자 할 수 있다. 2.0μg 집단을 0.5μg 집단과 비교하여 중간 수준의 주사량이 다량 주사보다 더 큰 효과를 보인다는 사실을 보여주는 것도 흥미를 끈다. 본페로니 검증을 사용하여 이러한 비교를 모두 시도한다. 본문에서 논의한 것과 같이, 보호 t 검증에서 했던 것과 마찬가지로 우선 집단 간 t 검증을 실시하는 것으로 본페로니 검증을 실시하게 된다. 그렇지만 여기서는 분석을 예시하면서 변량을 통합하지 않았다.

집단 3과 집단 1의 비교(0.5μg 대 위약):

$$t = \frac{\overline{X}_3 - \overline{X}_1}{\sqrt{MS_{오차}\left(\frac{1}{n_3} + \frac{1}{n_1}\right)}}$$

$$= \frac{60.33 - 34.00}{\sqrt{240.35\left(\frac{1}{9} + \frac{1}{10}\right)}}$$

$$= \frac{26.33}{\sqrt{240.35(0.2111)}} = \frac{26.33}{\sqrt{50.74}} = \frac{26.33}{7.12} = 3.70$$

집단 3과 집단 5의 비교(0.5μg 대 2.0μg):

$$t = \frac{\overline{X}_3 - \overline{X}_5}{\sqrt{MS_{\text{오차}}\left(\frac{1}{n_3} + \frac{1}{n_5}\right)}}$$

$$= \frac{60.33 - 38.10}{\sqrt{240.35\left(\frac{1}{9} + \frac{1}{10}\right)}}$$

$$= \frac{22.23}{\sqrt{240.35(0.211)}} = \frac{22.23}{\sqrt{50.74}} = \frac{22.23}{7.12} = 3.12$$

단지 두 개의 검증만을 실시하였기 때문에 이 t 값들을 $\alpha = .05/2 = .025$의 임계치를 가지고 평가할 수 있다. 실제 확률을 계산하기 위해서는 http://statpages.org/pdfs.html에 나와 있는 것과 같은 프로그램을 사용할 수 있다(각각 .0018과 .0065이다). 두 차이 모두 명백하게 유의하다. 실험가설은 중간 수준의 THC 주사가 위약이나 다량 주사보다 활동의 보다 큰 증가(또는 보다 적은 감소)를 보일 것이라고 예측했다. 실험 결과는 두 가설 모두를 지지하였다.

효과 강도와 효과크기 측정치

앞에서 했던 것처럼, η^2이나 ω^2을 가지고 처치변인 효과의 강도를 평가하거나, 아니면 특정 집단의 비교를 위해서는 $\hat{d}$을 계산할 수 있다.

$$\eta^2 = \frac{SS_{\text{집단}}}{SS_{\text{전체}}} = \frac{4,193.41}{14,287.91} = .29$$

$$\omega^2 = \frac{SS_{\text{집단}} - (k-1)MS_{\text{오차}}}{SS_{\text{전체}} + MS_{\text{오차}}} = \frac{4,193.41 - (5-1)240.35}{14,287.91 + 240.35} = .22$$

두 측정치는 집단 효과가 이 연구에서 나타난 변산의 대략 1/4을 설명할 수 있다는 사실을 보여준다.

특정 집단 간의 차이에 대한 효과크기 측정치가 THC 효과의 강도를 알아볼 수 있는 또 다른 방법이 된다. 콘티와 머스티(Conti & Musty, 1984)는 중간 수준의 THC 투여가 가장 높은 수준의 활동을 초래할 것이라고 기대했기 때문에, 통제집단(THC를 투여하지 않은 집단)과 0.5μg 집단(중간 수준 투여 집단)의 평균 차이를 보고하는 것이 적절하다.

$$\hat{d} = \frac{\overline{X}_{.5\mu g} - \overline{X}_{\text{통제}}}{s} = \frac{60.33 - 34.00}{\sqrt{240.35}} = \frac{26.33}{15.503} = 1.70$$

이 값은 상당한 차이를 나타내며(거의 1.70 표준편차만큼의 차이다), THC가 쥐의 활동에 상당한 영향을 미친다는 사실을 반영하고 있다.[6]

16.10 통계 보기

16.3절에서 F 분포를 논의하였으며, 이 분포는 (1) 집단의 수(집단 df), (2) 각 집단에서의 관찰수(오차항 df), (3) F의 크기(F 값이 클수록 그 확률은 작아짐)에 달려있다는 사실을 보았다. 이러한 특징을 예시하는 응용 프로그램은 F 확률이라고 이름 붙인 웹사이트에서 찾아볼 수 있다. 한 예가 아래에 나와 있다.

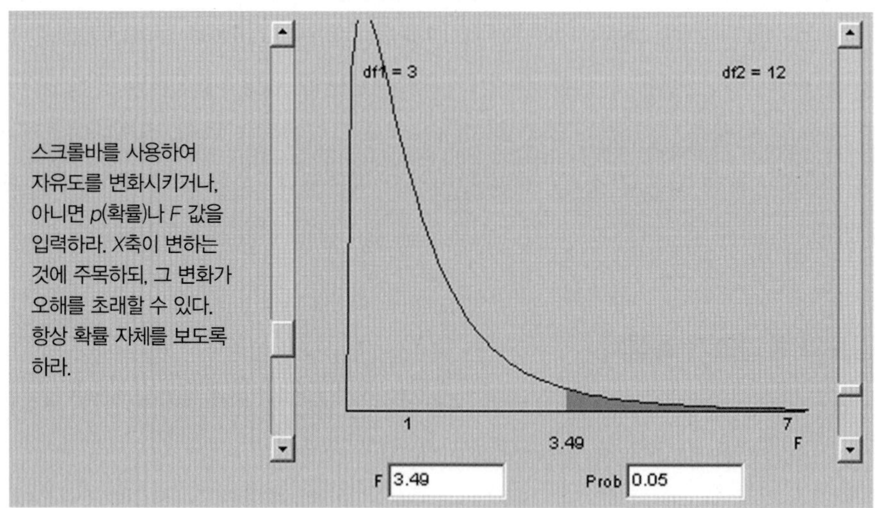

화면 아래에서 F 값과 확률을 볼 수 있다. 어느 값이든 변경시키면 다른 것도 그에 따라서 변한다. 예를 들어, 자유도가 3과 12인데, 확률 칸에 .01을 입력하면, F 값이 5.94로 변하게 되며, 이 값은 $\alpha = .01$ 수준에서의 임계치이다.

화면 좌우에는 스크롤바가 있다. 왼쪽 것을 움직이면, 집단 자유도가 변한다. 마찬가지로 오른쪽 것을 움직이면 오차항 자유도가 변한다.

- 오차항의 자유도를 증가시키면 F 임계치의 크기에는 어떤 일이 일어나는가? (여러분은 분포 자체가 아니라 임계치를 보도록 유념해야 한다. 그래프의 값들을 나타내기 위

6 혹자는 0.0μg이 진정한 통제집단이기 때문에, d를 추정하는 데 이 집단의 표준편차를 사용하는 것이 좋다고 제안한다. 지금의 경우에는 별다른 차이를 초래하지 않으며, 나는 합친 변량의 제곱근을 사용하였다.

해서 X축의 척도가 변하기 때문에 분포가 점차 넓어지게 되기 때문이다.)

- 집단의 수가 늘어나서 집단 자유도가 증가하면 어떤 일이 일어나는가? (여기서도 X축의 척도가 변한다는 사실에 주목하라.)
- 표 16.7의 어머니 적응 예에서 $\alpha = .05$일 때 F의 임계치는 얼마인가?

16.11 요약

변량분석은 가장 강력한 통계기법 중의 하나다. 이 장에서는 집단들이 한 차원에서만 차이를 보이는 일원설계에 국한하여 논의하였다. 모든 전집 평균들이 동일하다는 영가설 그리고 **적어도** 하나의 전집 평균이 적어도 다른 하나의 전집 평균과 차이를 보인다는 대립가설을 다루었다. 또한 변량분석에서 요구하는 가정들을 다루었다. 즉, 데이터가 정상분포를 이루며, 전집들은 동일한 변량을 가지고 있으며, 관찰들은 독립적이라는 가정이다.

변량분석의 논리는 다음과 같은 생각으로 요약할 수 있다. 만일 영가설이 참이라면, 집단 내 변산성에 근거한 공통 전집 변량 추정치와 집단 평균 변산성에 근거한 추정치가 합리적인 범위 내에서 일치해야 한다. 만일 집단 간 차이가 정말로 존재한다면, 그 차이는 집단 평균에 근거한 변량 추정치를 증가시키게 되어 두 가지 변량 추정치 간의 차이를 크게 만들게 된다. 변량 추정치 간 차이의 크기를 F 분포표를 참조하여 판단한다. 변량분석을 실시하는 데 내재하는 계산은 두 변량 추정치를 생성하는 논리에 상응한다.

계산을 한 후에는 그 결과를 요약표에 집어넣게 되는데, 요약표는 변산원, 자유도, 제곱합, 변량 추정치에 해당하는 평균제곱합, F 통계치로 구성한다.

일원변량분석의 경우에는 동일하지 않은 표본크기를 쉽게 다룰 수 있다. 계산의 마지막 부분에서 동일한 사례수 값 n 대신에 서로 다른 사례수 값 n_i를 사용하면 된다. 그렇지만 보다 복잡한 설계를 사용하는 경우에는 적용할 수 없다.

다중비교 절차를 살펴보았으며, 이 절차는 특정 평균들 간 차이를 들여다볼 수 있게 해준다. 소수의 평균들만을 가지고 있을 때에는 피셔의 LSD 검증을, 여러 가지 비교를 수행하고자 할 때는 본페로니 보정을 실시하는 것이 좋다. 본페로니 보정에서는 원하는 가족단위 오류율을 비교의 숫자로 나누는 방식으로 각 비교에서의 α 수준을 낮추게 된다. 다중비교를 하는 경우에 가능한 모든 비교를 들여다볼 것이 아니라 중요한 물음에 답을 해주는 비교만을 실시할 것을 권한다.

마지막으로 효과크기에 관한 두 가지 서로 다른 측정치를 살펴보았다. 상관계수에 근거한 측정치들(η^2과 ω^2)이 유용한 이유는 여러 집단들을 동시에 다룰 수 있게 해주기 때문이다. 반면에 코언의 d에 근거한 측정치들은, 비록 평균들을 쌍으로만 비교할 수 있다는 제약이 있기는 하지만, 일반적으로 더욱 해석하기 쉽다는 특징을 갖는다.

주요 용어

변량분석ANOVA 454
일원변량분석One-way ANOVA 454
$MS_{집단 내}$($MS_{오차}$) 459
$MS_{집단 간}$($MS_{집단}$, $MS_{처치}$) 460
제곱합sum of square: SS 464
$SS_{전체}$ 466
$SS_{집단}$ 466
$SS_{오차}$ 466
$df_{전체}$ 467
$df_{집단}$ 467
$df_{오차}$ 467
F 통계치*F* statistic 468
다중비교법multiple regression technique 476
보호 *t*protected *t* 477
피셔의 최소유의 차이Fisher's least significant(LSD) 477
가족 단위 오류율familywise error rate 480
본페로니 절차Bonferroni procedure 481
터키 절차Tukey procedure 485
d－가족 측정치*d*-family measures 486
r－가족 측정치*r*-family measures 486
효과 강도magnitude of effect 487
η^2(에타제곱) 487
ω^2(오메가제곱) 487

16.12 빠른 개관

A 변량분석에 기저하는 세 가지 핵심 가정은 무엇인가?

답 정상성, 변량 동질성, 관찰 독립성

B $MS_{오차}$란 무엇인가?

답 오차 변량

C $MS_{집단}$이란 무엇인가?

답 집단 평균들의 변산성

D 실제로 평균에 대한 검증임에도 변량분석이라고 부르는 이유는 무엇인가?

답 변량분석은 영가설이 참일 때 집단 간 변량을 추정하기 위하여 집단 내 변량을 사용한다. 만일 두 변량 추정치가 서로 일치하지 않는다면, 집단 평균 간 변량은 오차 변량 이외의 다른 요인 때문이라고 결론 내린다.

E 자유도에 관한 일반 규칙은 무엇인가?

답 효과에 대한 자유도는 그 효과를 계산하는 데 포함시킨 편차제곱의 수보다 하나가 작다.

F 변량분석은 일방검증인가, 아니면 양방검증인가?

답 비방향적 H_0에 대한 일방검증이다.

G '다중비교 절차'가 의미하는 것은 무엇인가?

답 개별 평균들 또는 평균의 집합들을 상호 비교하는 통계검증이다.

H 다중비교 검증을 실시하려면 우선 전체 *F*가 유의할 필요가 있는가?

답 유의한 전체 *F*가 검증 논리의 부분인 피셔의 LSD 검증을 제외하고는 그렇지 않다.

I 다중비교 절차 대신에 기존 t 검증을 사용하지 않는 이유는 무엇인가?

답 가족 단위 오류율을 제어하지 않으면, 오류율이 과도하게 증가하게 된다.

J 세 가지 다중비교 검증의 이름을 대보라.

답 피셔의 LSD, 본페로니 보정, 터키 검증

K 통계검증이 '막강하다(robust)'고 말할 때의 의미는 무엇인가?

답 기저 가정의 위반에 비교적 영향을 받지 않는다는 것을 의미한다.

L η^2은 효과크기의 ________측정치이며, 기본적으로 _______의 백분율에 해당한다.

답 r-가족, 집단 간 변산성에 귀인할 수 있는 전체 변산성

16.13 연습문제

16.1 기억 문헌에서 중요한 연구 중의 하나가 아이젱크(Eysenck, 1974)의 연구인데, 그는 다섯 가지 처리 수준에서 나이 든 참가자의 회상을 비교하였다. 아이젱크 연구의 또 다른 측면은 나중에 회상해내기 위해서 언어자료를 기억해야 한다는 지시를 주었을 때 젊은 참가자와 나이 든 참가자의 회상 능력을 비교하는 것이었다(아마도 이 과제는 높은 수준의 처리를 요구할 것인데, 나이 든 참가자는 잘 해내지 못할 것이다). 아래에 각각 10명인 두 집단의 데이터를 제시하였으며, 종속변인은 회상한 항목 수이다.

젊은 참가자	21	19	17	15	22	16	22	22	18	21
나이 든 참가자	10	19	14	5	10	11	14	15	11	11

(a) 두 집단 평균을 비교하는 변량분석을 실시하라.

(b) 독립집단 t 검증을 실시하고 그 결과를 (a)에서 얻은 결과와 비교해보라. 여러분이 얻은 t 값은 F 값의 제곱근이어야만 한다.

16.2 연습문제 16.1에서 언급한 아이젱크 연구를 들여다보는 또 다른 방법은 네 집단의 참가자들을 비교하는 것이다. 한 집단은 젊은 참가자로 구성되었는데, 이들에게는 낮은 수준의 처리를 유발하는 조건에서 회상할 단어들을 제시하였다. 두 번째 집단도 젊은 참가자인데, 이들에게는 높은 수준의 처리를 요구하는 과제가 주어졌다(연습문제 16.1에서처럼). 다른 두 집단은 나이 든 참가자인데, 이들에게도 낮은 수준 또는 높은 수준의 처리를 요구하는 과제가 주어졌다. 데이터는 다음과 같다.

젊은 참가자/낮은 처리	8	6	4	6	7	6	5	7	9	7
젊은 참가자/높은 처리	21	19	17	15	22	16	22	22	18	21
나이 든 참가자/낮은 처리	9	8	6	8	10	4	6	5	7	7
나이 든 참가자/높은 처리	10	19	14	5	10	11	14	15	11	11

이 데이터에 일원변량분석을 실시하라.

16.3 이제 연습문제 16.2의 분석을 확장하려고 한다.

(a) 처치 1과 3의 결합($n = 20$)과 처치 2와 4의 결합에 대한 일원변량분석을 실시하라. 여러분이 답하고 있는 물음은 무엇이 되는가?

(b) (a)에 대한 여러분의 답을 해석하기 어려운 이유는 무엇인가?

(c) 다음 장에서 이 설계에 더 적절한 변량분석을 보게 된다.

16.4 연습문제 16.1을 다시 보자. 젊은 참가자 집단에서 두 명의 데이터를 더 수집했는데, 그 점수가 각각 13과 15라고 가정하자.

(a) 변량분석을 다시 실시하라.

(b) 변량을 통합하지 않은 채 독립집단 t 검증을 실시하라.

(c) 변량을 통합하고 나서 독립집단 t 검증을 실시하라.

(d) (b)와 (c)에서 어느 t 값이(제곱하였을 때) (a)의 F 값에 상응하고 있는가?

16.5 연습문제 16.1 데이터에 대한 η^2과 ω^2을 구하고 그 결과를 해석해보라.

16.6 연습문제 16.2 데이터에 대한 η^2과 ω^2을 구하고 그 결과를 해석해보라.

16.7 포아 등(Foa, Rothbaum, Riggs, & Murdock, 1991)은 강간 희생자를 위한 네 가지 상이한 유형의 치료를 평가하는 연구를 수행하였다. 스트레스 예방 치료(Stress Inoculation Therapy: SIT) 집단은 스트레스에 대처하는 교육을 받았다. 지속적 노출(Prolonged Exposure: PE) 집단은 마음속에서 그 사건들을 되뇌었다. 지지적 상담(Supportive Counseling: SC) 집단은 일반적인 문제해결 기법을 훈련받았다. 마지막으로 대기자 명단(Waiting List: WL) 통제집단은 아무런 치료도 받지 않았다. 이들의 결과와 동일한 특성을 나타내는 데이터는 다음과 같으며, 종속변인은 일련의 징후가 나타내는 심각성 평정치이다.

집단	n	평균	표준편차
SIT	14	11.07	3.95
PE	10	15.40	11.12
SC	11	18.09	7.13
WL	10	19.50	7.11

(a) 변량 이질성 문제는 무시하고 변량분석을 실시하고, 확신할 수 있는 결론을 내려보라. (주의: 여기서 $MS_{오차}$를 구하기 위해서는 어느 정도 창의성을 발휘해야만 한다. 그렇지만, 이것이 그렇게 어려운 과제는 아니다.)

(b) 네 집단 평균을 나타내는 그래프를 그려보라.

(c) 영가설 기각이 의미하는 것은 무엇인가?

16.8 연습문제 16.7 데이터에 대해서 η^2과 ω^2을 구하고 그 의미를 해석해보라.

16.9 이 장의 웹페이지에 있는 R 코드를 사용하여 연습문제 16.7의 결과에 바탕이 될 수 있는 데이터를 생성한 다음에 변량분석을 실시해보라.

16.10 연습문제 16.9의 결과를 연습문제 16.7에서 얻은 결과와 어떻게 비교하겠는가? (일치해야 하지만, 아주 똑같지는 않을 것이다.)

16.11 연습문제 16.7에서 표본크기가 실제보다 두 배 크다면 무슨 일이 일어나겠는가?

16.12 연습문제 16.7이나 16.9의 데이터에 대해 보호 t 검증을 사용하여 유의한 F의 의미를 명확하게 제시해보라.

16.13 16.3절에 있는 *R* 코드를 사용하여 연습문제 16.2의 데이터를 분석하라.

16.14 16.10절의 분석에 대해서 본페로니 보정을 실시해보라. 어떤 비교가 여러분에게 의미 있는 것인가?

16.15 연습문제 16.12에서 수행한 비교에 대한 $\hat{d}$을 계산하고, 각각의 의미를 해석해보라.

16.16 연습문제 16.7과 16.11의 데이터는 모두 유의한 F 값을 내놓는다. 여러분은 그 효과를 어느 정도 자신할 수 있겠는가? 그 이유는 무엇인가?

16.17 부록 C의 데이터에서 세 집단을 구성하라. (이 데이터는 www.uvm.edu/~dhowell/fundamentals9/DataFiles/Add.dat에서 찾아볼 수 있다.) 집단 1은 ADDSC 점수가 40점 이하이고, 집단 2는 ADDSC 점수가 41점에서 59점이며, 집단 3은 ADDSC 점수가 60점 이상이다. 이 세 집단에 대해서 GPA 점수에 대한 변량분석을 실시하라. 다음과 같은 명령을 통해서 이 분석에 *R*을 사용할 수 있다.

```
add.dat<- read.table(http://www.uvm.edu/~dhowell/fundamentals9/
  DataFiles/Add.dat", header = TRUE)
attach(add.dat)
N <- length(ADDSC)
grp<- numeric(N)
for (i in 1:N) {
if (ADDSC[i] < 41)
  {grp[i] <- 1}
else if (ADDSC[i] < 60)
  {grp[i] <- 2
}
else
  {grp[i] <- 3}
}
grp<- factor(grp)
means<- tapply(ADDSC, grp, mean)
cat("The group means are = ",means)
model3<- lm(ADDSC ~ grp)
anova(model3)
```

16.18 연습문제 16.17의 결과에서 η^2과 ω^2을 계산하라.

16.19 달리와 라타네(Darley & Latané, 1968)는 실험 참가자들이 곤란에 처한 사람을 도와주기 시작하는 속도를 측정하였다. 집단 1의 참가자는 자신이 도와주어야 할 사람과 혼자 있다고 생

각하였으며($n = 13$), 집단 2의 참가자는 다른 한 사람과 함께 있다고 생각하였으며($n = 26$), 집단 3의 참가자는 다른 네 명의 사람들과 함께 있다고 생각하였다($n = 13$). 종속변인은 도움을 요청하기 위해서 다른 사람을 찾아나서는 속도(1/시간×100)였다. 세 집단의 평균 속도 점수는 각각 0.87, 0.72, 0.51점이었다. $MS_{오차}$는 0.053이었다. 변량분석을 재구성하라. 여러분은 무슨 결론을 내리겠는가?

16.20 연습문제 16.2 데이터를 사용하여, $SS_{오차}$를 빼기 방법이 아니라 직접적인 방법으로 계산하라. 그리고 그 답이 연습문제 16.2에서 얻었던 값과 동일하다는 사실을 나타내라.

16.21 연습문제 16.2 데이터에 대해서 본페로니 검증을 사용하여 젊은 참가자/낮은 처리 집단과 나이 든 참가자/낮은 처리 집단을 비교하고, 젊은 참가자/높은 처리 집단과 나이 든 참가자/높은 처리 집단을 비교하라.

16.22 연습문제 16.7 데이터에 대해서 본페로니 보정을 사용하여 WL 집단을 다른 세 집단 각각과 비교하라. 어떤 결론을 내리겠는가? 이 결과는 연습문제 16.10의 답과 어떻게 비교할 수 있는 것인가?

16.23 연습문제 16.22에서 WL을 SIT와 비교하기 위한 $\hat{d}$을 계산하되, 그 차이를 표준화하는 데 통제집단의 표준편차를 사용하라.

16.24 흡연이 수행 성과에 미치는 효과는 무엇인가? 스필리크 등(Spilich, June, & Renner, 1992)은 비흡연자(NS), 흡연을 3시간 동안 참았던 흡연자(DS), 계속 담배를 피운 적극적 흡연자(AS)에게 스크린에 나타나는 표적의 위치를 찾아내는 패턴 재인 과제를 수행하도록 요구하였다. 종속변인은 지연시간(단위: 초)이었다. 데이터가 아래에 제시되어 있다. 평균의 그래프를 그리고 변량분석을 실시하라. 이 데이터에 근거할 때, 흡연이 수행 성과에 영향을 미친다는 가설을 지지하고 있는가?

비흡연자(NS)	지연 흡연자(DS)	적극적 흡연자(AS)
9	12	8
8	7	8
12	14	9
10	4	1
7	8	9
10	11	7
9	16	16
11	17	19
8	5	1
10	6	1
8	9	22
10	6	12
8	6	18
11	7	8
10	16	10

16.25 연습문제 16.24에서 제시한 연구에서 스필리크 등(1992)은 참가자들이 이야기를 읽고 나중

에 회상해야 하는 인지과제에서의 수행도 알아보았다. 이 과제는 패턴 재인 과제보다 훨씬 많은 정보처리를 요구하는 것이다. 독립변인은 연습문제 16.24에서 언급한 세 흡연 집단이었다. 종속변인은 이야기에서 회상한 명제의 수였다. 데이터는 다음과 같다.

비흡연자(NS)	지연 흡연자(DS)	적극적 흡연자(AS)
27	48	34
34	29	65
19	34	55
20	6	33
56	18	42
35	63	54
23	9	21
37	54	44
4	28	61
30	71	38
4	60	75
42	54	61
34	51	51
16	25	32
49	49	47

이 데이터에 변량분석을 실시하고, 적절한 결론을 내려보라.

16.26 연습문제 16.25 데이터에 대해서 피셔 LSD 검증을 사용하여 적극적 흡연자와 비흡연자를 비교하라. 이 데이터가 여러분이 시험공부를 하고 있을 때 그리고 시험을 치기 바로 직전에 담배를 피우는 것에 대해서 무엇을 충고할 수 있는 것인지에 관해 시사하고 있는 것은 무엇인가?

16.27 스필리크 등(1992)은 세 집단의 흡연자들이 운전 시뮬레이션 비디오게임을 하는 세 번째 실험을 실시하였다. 적극적 흡연자 집단은 게임 직전에 담배를 피웠지만, 게임 중에는 피우지 않았다. 데이터는 다음과 같다. 종속변인은 충돌 횟수와 관련된 점수이다. 변량분석을 실시하고 적절한 결론을 내려보라.

비흡연자(NS)	지연 흡연자(DS)	적극적 흡연자(AS)
15	7	3
2	0	2
2	6	0
14	0	0
5	12	6
0	17	2
16	1	0
14	11	6
9	4	4
17	4	1
15	3	0
9	5	0
3	16	6
15	5	2
13	11	3

16.28 수행 성과에 미치는 흡연의 효과에 관한 스필리크 등(1992)의 세 실험은 서로 갈등적인 결과를 보이고 있다. 왜 결과들이 다른 것인지 그 이유를 제안해볼 수 있겠는가?

16.29 랭글로이스와 로그먼(Langlois & Roggman, 1990)은 남성과 여성의 얼굴 사진을 찍었다. 그런 다음에 컴퓨터를 이용하여 얼굴들을 평균한 합성 사진 다섯 세트를 만들었다. 한 세트는 무선 선택한 32명의 동성 얼굴 합성 사진들이었으며, 이 사진은 평균 넓이, 높이, 눈, 코의 길이 등을 사용하여 쉽게 알아볼 수 있는 것이었다. 다른 세트들은 각각 2, 4, 8, 또는 16명의 동성 얼굴을 합성한 사진들이었다. 각 참가자 집단은 각 세트에 들어있는 6장의 사진을 보았다. 랭글로이스와 로그먼은 참가자들에게 얼굴의 매력도를 5점 척도에서 평정하도록 요청했는데, 점수가 높을수록 매력적인 얼굴이 되도록 하였다. 다음의 데이터는 이들이 보고한 것과 동일한 평균과 변량을 갖도록 재구성한 것이다.

매력도 평정점수 데이터

	집단 1	집단 2	집단 3	집단 4	집단 5
	2.201	1.893	2.906	3.233	3.200
	2.411	3.102	2.118	3.505	3.253
	2.407	2.355	3.226	3.192	3.357
	2.403	3.644	2.811	3.209	3.169
	2.826	2.767	2.857	2.860	3.291
	3.380	2.109	3.422	3.111	3.290
평균	2.6047	2.6450	2.8900	3.1850	3.2600

(a) 이 연구의 연구가설을 제시하라.

(b) 적절한 변량분석을 실시하라.

(c) 사람들이 매력도를 판단하는 방식에 대해서 이 데이터는 무엇을 알려주는가?

16.30 연습문제 16.29의 데이터를 사용하여,

(a) η^2과 ω^2을 계산하라.

(b) 효과 강도에 대한 위의 두 추정치가 차이 나는 이유는 무엇인가?

(c) 가장 적절한 집단을 사용하여 $\hat{d}$ 측정치를 계산하라.

16.31 *R*이나 SPSS를 사용하여 연습문제 16.27의 분석을 다시 해보라.

16.32 렌스(Lenth)의 Piface 프로그램 아니면 다음 웹사이트에 들어있는 프로그램을 사용하여 연습문제 16.31에서 제시한 확률을 다시 계산해보라.

17장 요인변량분석

앞선 장에서 기억할 필요가 있는 개념

$SS_{전체}$, $SS_{집단}$, $SS_{오차}$	모든 점수의 제곱합, 집단 평균의 제곱합, 집단 내 제곱합
$MS_{집단}$, $MS_{오차}$	집단 평균의 평균제곱합, 집단 내 평균제곱합
F 통계치 F statistic	$MS_{오차}$에 대한 $MS_{집단}$의 비
자유도 degrees of freedom(df)	하나 이상의 모수치를 추정한 후에 남는 독립적인 정보의 수
효과크기 effect size($\hat{d}$)	처치 효과를 나타내기 위한 측정치
에타제곱(η^2), 오메가제곱(ω^2)	상관에 기반을 둔 효과크기 측정치
다중비교 multiple comparisons	특정 집단 평균들 간의 차이에 대한 검증

이 장에서는 조금 더 복잡한 변량분석을 들여다볼 것이며, 동시에 둘 이상의 독립변인을 가지고 있을 때 어떻게 해야 하는 것인지의 문제를 다룬다. 분석이 특별히 어려운 것은 아니지만 주효과와 단순효과 간의 차이에 대해서 살펴보고 상호작용을 자세하게 들여다볼 것이다. 그런 다음에 동일하지 않은 표본크기 사례를 보게 될 것인데, 그 해결책이 단순하지 않다는 사실을 보게 될 것이다. 마지막으로 상이한 유형의 효과크기를 살펴보고 각각을 언제 어떻게 사용하는 것인지를 다룰 것이다.

16장에서는 일원변량분석을 다루었는데, 이 기법은 단지 하나의 독립변인만을 대상으로 하는 실험설계이다. 이 장에서는 변량분석을 확장하여 둘 이상의 독립변인을 수반한 실험설계를 다룬다. 설명의 편의상 두 개의 독립변인을 수반한 실험만을 고려할 것이지만, 보다 복잡한 설계로의 확장도 어렵지 않다(Howell, 2012 참조).

어째서 나이 든 사람은 젊은이처럼 대상들을 잘 기억해내지 못하는 것인가? 주의를 기울이지 않는가? 대상들을 철저하게 처리하지 않는가? 덜 생각하는가? 아니면 실제로는 잘 기억하는데, 젊은이가 망각하는 시점보다는 나이 든 사람이 망각하는 시점을 우리가 보다 잘 알아차리게 되는 것인가? 16장 연습문제에서는 아이젱크(1974)의 연구를 고찰하였는데, 그는 실험 참가자들에게 차이 나는 여러 조건에서 제시받았던 단어 목록을 회상하도록 요구하였다. 그 예에서는 회상이 그 자료를 처음에 처리했던 수준과 관련되어 있는 것인지를 알아내는 데 관심이 있었다. 실제로 아이젱크의 연구는 이것보다 더 복잡하다. 그는 나이 든 참가자와 젊은 참가자 간 회상에서의 차이를 처리 수준 개념으로 설명할 수 있는 것인지에 관심이 있었다. 만일 나이 든 참가자가 정보를 그렇게 깊게 처리하지 않는다면, 젊은 참가자보다 적은 수의 항목을 회상할 것이라고 예상할 수 있다. 특히 깊은 처리를 수반하는 조건에서 그럴 것이라고 예상할 수 있다. 이제 이 연구는 두 개의 독립변인(연령 그리고 회상 조건)을 가지고 있으며, 우리는 이 변인을 **요인**(factor)이라고 지칭할 것이다. 이 실험은 소위 **이원요인설계**(two-way factorial design)의 예이다.

이 실험을 더욱 확장하려면, 참가자를 부가적으로 남성과 여성으로 분류할 수 있다. 그렇게 하면 연령, 조건, 성별을 요인으로 하는 **삼원요인설계**를 갖게 된다. 이 장에서는 삼원설계를 논의하지 않겠지만, 그것은 단지 이원설계를 확장한 것에 불과하다.

17.1 요인설계

모든 요인의 모든 수준이 다른 모든 요인의 모든 수준과 쌍을 이루는 실험설계를 **요인설계**(factorial design)라고 부른다. 다시 말해서 요인설계는 독립변인들의 수준 간에 존재하는 모든 조합을 포함하는 설계이다. 표 17.1은 아이젱크 연구의 이원요인설계를 예시하고 있다. 이 장에서 논의하는 요인설계에서는 각각의 처치 조합에 각기 다른 참가자들이 참가하는 사례만을 다룬다. 예를 들어, 한 젊은 참가자 집단은 낱자 세기 조건에만 참가하며,

표 17.1_ 아이젱크의 이원요인 연구에 대한 도식적 표현

	낱자 세기	운율	형용사	심상	의도
젊은 참가자					
나이 든 참가자					

다른 젊은 참가자 집단은 운율 조건에만 참가하는 식이다. 두 요인에 의한 10개의 조합이 존재하기 때문에(5 회상 조건×2 연령), 10개의 각기 다른 참가자 집단이 있게 된다. 연구 계획이 둘 이상의 처치조합에 **동일한** 참가자를 포함시키도록 요구할 때는 반복측정설계(repeated-measures design)라고 부른다. 반복측정설계는 18장에서 논의할 것이다.

요인설계는 일원설계에 비해서 여러 가지 중요한 장점을 가지고 있다. 첫째, 결과에 상당한 일반화 가능성을 제공한다. 잠시 아이젱크 연구를 보도록 하자. 만일 16장에서 제시한 것처럼 나이 든 참가자만을 대상으로 다섯 수준의 회상 조건을 사용한 일원변량분석을 실시했다면, 그 결과는 오직 나이 든 참가자에게만 적용할 수 있다. 나이 든 참가자와 젊은 참가자 모두를 대상으로 한 요인설계를 사용하면, 회상 조건 간의 차이를 나이 든 참가자뿐만 아니라 젊은 참가자에게도 적용할 수 있는 것인지를 알아낼 수 있다. 또한 회상에서 연령 차이가 모든 과제에 적용되는지 아니면 젊은(또는 나이 든) 참가자가 특정 유형의 과제에서만 더 우수한 것인지를 알아낼 수도 있다. 따라서 요인설계는 결과를 훨씬 광의적으로 해석할 수 있게 해준다. 나아가서 요인설계는 각 독립변인에 관한 결과에 대해서 의미 있는 해석을 할 수 있는 여건을 부여해준다.

요인설계의 두 번째 중요한 특성은 변인들 간의 **상호작용**(interaction)을 들여다볼 수 있게 해준다는 점이다. 회상 조건의 효과가 연령과 독립적인지 아니면 회상 조건과 연령 간에 어떤 상호작용이 있는지를 물을 수 있다. 나는 아이젱크가 정보를 보다 깊은 수준에서 처리할 때 회상이 더 우수한지 여부를 알아보는 데 특별히 관심이 있었다고 생각하지 않는다. 아마도 그는 선행 연구들을 통해서 이 사실을 이미 알고 있었을 것이다. 그리고 젊은 참가자가 나이 든 참가자보다 회상을 더 잘 한다는 사실에 별로 놀라지도 않았을 것이다. 마찬가지로 독자들도 놀라지 않았을 것이라고 확신한다. 아이젱크가 정말로 관심을 두었던 것은 회상에 있어서 두 집단 간 차이가 처리 수준에 따라 달라지는 것인지의 여부였을 것이다. 만일 그렇다면, 그는 연령에 따른 기억의 쇠퇴가 각 개인이 수행하는 처리의 정도와 관련된다는 증거를 얻은 것이며, 이것은 중요하고도 흥미진진한 결과인 것이다. 이와 같은 상호작용 효과는 우리가 얻게 되는 가장 흥미진진한 결과이기 십상이다.

요인설계의 세 번째 장점은 그 경제성에 있다. 한 변인의 효과를 다른 변인의 여러 수준에 걸쳐서 평균을 구하기 때문에, 이원요인설계는 동일한 검증력을 갖는 두 번의 일원설계에 비해서 적은 수의 참가자를 필요로 한다. 본질적으로 무에서 유를 창조하는 것이다. 연령과 회상 조건 간에 상호작용을 기대할 이유가 없다고 가정해보자. 그렇다면 각 회상 조건에서 10명의 나이 든 참가자와 10명의 젊은 참가자를 대상으로 다섯 수준의 회상 조건 각각에 대해 20개의 점수를 얻게 된다. 반면에 만일 젊은 참가자를 대상으로 일원변량분석을 실시하고 나서 나이 든 참가자를 대상으로 또 다른 일원변량분석을 실시한다면, 각 실험에 조건당 20명의 참가자를 포함시키기 위해서 두 배나 많은 참가자가 필요하게 되며, 두 개의 실험을 하게 되는 것이다.

앞에서 언급한 것과 같이, 요인설계는 수반하는 요인의 수에 따라서 이름을 붙인다. 두 개의 독립변인 또는 요인을 갖는 요인설계를 이원요인설계라 부르며, 세 요인이 있을 때는 삼원요인설계라고 부른다. 설계에 이름을 붙이는 대안적 방법은 각 요인의 수준 수에 따르는 것이다. 아이젱크 연구에는 두 수준의 연령 그리고 다섯 수준의 회상 조건이 있었다. 따라서 2×5 **요인설계**(factorial)가 된다. 두 요인은 세 수준을 갖고 한 요인은 네 수준을 갖는 세 요인을 수반하는 연구는 3×3×4 요인설계라 부르게 된다. '이원'과 '2×5'와 같은 용어의 사용은 설계를 표현하는 상용적인 방법이며, 이 책에서는 두 가지를 모두 사용할 것이다.

후속 설명은 대부분 주로 이원 분석을 다루게 될 것이다. 일단 이원분석을 이해하게 되면, 고차분석은 비교적 쉽게 수행할 수 있게 되며, 앞으로 논의할 많은 관련 문제들을 두 요인에 근거하여 가장 간단하게 설명할 수 있다.

표기법

불필요한 혼란을 피하기 위하여 표기법을 가능한 한 단순하게 유지할 것이다. 일원설계에 관해 다룬 16장에서는 표기법을 명확하게 유지하는 것이 용이했다. 여기서는 조금 더 상세하게 할 필요가 있다. 일반적으로 요인 이름을 그 이름의 첫 번째 문자(대문자)로 표기하며, 각 요인의 개별 수준은 적절한 아래 첨자가 붙은 대문자로 나타낸다(예: 회상 조건에서 낱자 세기는 C_1, 운율은 C_2, 의도 학습은 C_5로 나타낸다. 여기서 C는 조건을 뜻하는 Condition의 첫 문자이다). 요인이 가지고 있는 수준의 수는 그 요인에 대응하는 소문자로 표기한다. 따라서 회상 조건(C)은 $c = 5$ 수준을 갖는 반면, 연령(A)은 $a = 2$ 수준을 갖는다. 한 요인의 한 수준과 다른 요인의 한 수준과의 특정 조합(예: 운율 조건에서 나이 든 참가자)을 **칸**(cell)이라고 부른다. 칸별로 관찰 수는 n으로 표기한다. 전체 관찰 수는 N이며, 우리 예에서 $N = acn = 2 \times 5 \times 10 = 100$이 된다. 왜냐하면 $a \times c = 10$칸이 있으며, 각 칸에는 10명의 참가자가 있기 때문이다. 표 17.2는 아이젱크 연구의 요인설계를 나타낸다.

아래 첨자 i와 j는 행(row)과 열(column)의 수준에 대한 일반적(비특수적) 표기로 사용한다. 따라서 칸$_{ij}$는 i번째 행과 j번째 열의 칸이 된다. 예를 들어, 표 17.2에서 칸$_{22}$는 나이 든

표 17.2_ 아이젱크 연구의 요인설계

	조건					
연령	낱자 세기	운율	형용사	심상	의도	전체
젊은 참가자	$\bar{X}_{11}$	$\bar{X}_{12}$	$\bar{X}_{13}$	$\bar{X}_{14}$	$\bar{X}_{15}$	$\bar{X}_{A1}$
나이 든 참가자	$\bar{X}_{21}$	$\bar{X}_{22}$	$\bar{X}_{23}$	$\bar{X}_{24}$	$\bar{X}_{25}$	$\bar{X}_{A2}$
전체	$\bar{X}_{C1}$	$\bar{X}_{C2}$	$\bar{X}_{C3}$	$\bar{X}_{C4}$	$\bar{X}_{C5}$	$\bar{X}_{gm}$

참가자(두 번째 행)에서 운율 조건(두 번째 열)이다. 연령의 각 수준에 대한 평균은 $\bar{X}_{Ai}$로 나타내며, 회상 조건의 각 수준에 대한 평균은 $\bar{X}_{Cj}$로 나타낸다. 아래 첨자 A와 C는 변인 이름을 지칭한다. 칸 평균은 $\bar{X}_{ij}$로 나타내며, **전체 평균**(grand mean. 모든 *N* 칸의 평균)은 $\bar{X}_{gm}$으로 나타낸다.

변량분석에 대한 논의 전반에 걸쳐서 여기서 기술한 표기법을 사용할 것이며, 진도를 계속 나가기 전에 이 표기법을 철저하게 숙지하는 것이 중요하다. 이 시스템의 장점은 다른 예에 쉽게 일반화할 수 있다는 점이다. 예를 들어, 약물(Drug)×성별(Gender) 요인설계를 한다면, $\bar{X}_{D1}$과 $\bar{X}_{G2}$는 각각 약물 변인 첫 번째 수준의 평균과 성별 변인 두 번째 수준의 평균을 지칭한다는 사실이 명백하게 된다.

17.2 아이젱크 연구

우리가 논의해온 것처럼, 아이젱크는 실제로 회상 조건뿐만 아니라 연령도 변화시킨 연구를 수행하였다. 이 연구에는 50명의 18~30세 젊은 참가자와 50명의 55~65세 나이 든 참가자가 참가하였다. 표 17.3의 데이터는 아이젱크가 보고한 것과 동일한 평균과 표준편차를 갖도록 만든 것이다. 표는 표준변량분석을 위한 모든 계산을 포함하고 있으며, 각각을 순서대로 논의할 것이다. 분석을 시작하기 전에 데이터 자체가 대체로 정상분포이며 어느 정도 동질적 변량을 가지고 있다는 사실을 확인하는 것이 중요하다. 표에는 상자 그림(boxplot)을 제시하지 않았는데, 개별 데이터 값들이 인위적인 것이기 때문이다. 실제 데이터라면, 계산을 하여 상자 그림을 그리는 데 노력을 기울일 만한 가치가 있겠다. 칸 평균과 요인 수준별 평균에 근거해서 볼 때 회상은 처리가 깊을수록 증가하는 것으로 보이며 젊은 참가자가 나이 든 참가자보다 많은 항목을 회상하는 것으로 보인다고 말할 수 있다. 또한 젊은 참가자와 나이 든 참가자 간의 차이가 과제 의존적이며, 깊은 처리를 수반하는 과제에서 더 큰 차이를 보이는 것을 볼 수 있다. 우리는 분석 자체를 고찰한 후에 이

표 17.3_ 아이젱크(1974) 연구의 데이터와 계산

(a) 데이터

	회상 조건					
	낱자 세기	운율	형용사	심상	의도	평균$_i$
나이 든 참가자	9	7	11	12	10	
	8	9	13	11	19	
	6	6	8	16	14	
	8	6	6	11	5	
	10	6	14	9	10	
	4	11	11	23	11	
	6	6	13	12	14	
	5	3	13	10	15	
	7	8	10	19	11	
	7	7	11	11	11	
평균$_{1j}$	7.0	6.9	11.0	13.4	12.0	10.06
젊은 참가자	8	10	14	20	21	
	6	7	11	16	19	
	4	8	18	16	17	
	6	10	14	15	15	
	7	4	13	18	22	
	6	7	22	16	16	
	5	10	17	20	22	
	7	6	16	22	22	
	9	7	12	14	18	
	7	7	11	19	21	
평균$_{2j}$	6.5	7.6	14.8	17.6	19.3	13.16
평균$_j$	6.75	7.25	12.9	15.5	15.65	11.61

(b) 계산

$$SS_{전체} = (X - \overline{X}_{gm})^2 = \Sigma X^2 - \frac{(\Sigma X)^2}{N}$$

$$= 16{,}147 - \frac{1{,}161^2}{100} = 16{,}147 - 13{,}479.21$$

$$= 2{,}667.79$$

$$SS_A = nc\Sigma(\overline{X}_A - \overline{X}_{gm})^2$$

$$= 10 \times 5[(10.06 - 11.61)^2 + (13.16 - 11.61)^2]$$

$$= 240.25$$

$$SS_C = na\Sigma(\overline{X}_C - \overline{X}_{gm})^2$$

$$= 1{,}514.94$$

$$= 10 \times 2[(6.75 - 11.61)^2 + (7.25 - 11.61)^2 + \ldots + (15.65 - 11.61)^2]$$

$$= 1{,}514.94$$

표 17.3_ 아이젱크(1974) 연구의 데이터와 계산(계속)

$$SS_{칸} = n\Sigma(\bar{X}_{AC} - \bar{X}_{gm})^2$$
$$= 10[(7.0 - 11.61)^2 + (6.9 - 11.61)^2 + \ldots + (19.3 - 11.61)^2]$$
$$= 1{,}945.49$$

$$SS_{AC} = SS_{칸} - SS_A - SS_C = 1{,}945.49 - 240.25 - 1{,}514.94 = 190.30$$
$$SS_{오차} = SS_{전체} - SS_{칸} = 2{,}667.79 - 1{,}945.49 = 722.30$$

(c) 요약표

변산원	*df*	SS	MS	*F*	*P*
A(연령)	1	240.25	240.250	29.94**	.0000
C(조건)	4	1514.94	378.735	47.19**	.0000
AC	4	190.30	47.575	5.93**	.0003
오차	90	722.30	8.026		
전체	99	2667.79			

* $P<.05$, ** $P<.01$

러한 결과들을 더 자세하게 다루게 될 것이다.

여기서 두 가지 중요한 용어를 정의하는 데 시간을 할애함으로써 나중에 혼란을 피할 수 있겠다. 이미 언급한 것과 같이, 이 실험에는 연령과 회상 조건이라는 두 요인이 있다. 만일 **특정 회상 조건을 무시하고** 나이 든 참가자와 젊은 참가자 간의 차이를 들여다본다면, 소위 연령의 **주효과**(main effect)를 다루고 있는 것이다. 마찬가지로 만일 **참가자 연령을 무시하고** 다섯 수준의 회상 조건 간의 차이를 들여다본다면, 회상 조건의 주효과를 다루고 있는 것이다.

데이터를 들여다보는 대안적 방법은 단지 나이 든 참가자만을 대상으로 다섯 수준의 회상 조건의 평균들을 비교하는 것이다(16장에서 한 것이 바로 이것이다). 아니면 낱자 세기 과제 데이터에서만 나이 든 참가자와 젊은 참가자를 비교하거나, 의도학습 과제 데이터에서만 두 연령 집단을 비교하는 것이다. 이러한 세 가지 예에서는 한 요인의 한 수준에서만 다른 요인의 효과를 들여다보는 것이다. 이것은 **단순효과**(simple effect), 즉 한 요인의 한 수준에서 다른 요인의 효과를 다루는 것이다. 한편 주효과는 다른 요인을 **무시한** 상태에서 한 요인의 효과를 말한다. 보다 깊은 처리를 수반한 과제가 보다 우수한 회상을 초래한다고 말한다면, 바로 주효과에 대해서 언급하고 있는 것이다. 만일 **젊은 참가자**에게 있어서 보다 깊은 처리를 수반하는 과제가 보다 우수한 회상을 초래한다고 결론 내린다면, 단순효과에 대해서 언급하고 있는 것이다. 잠시 후에 단순효과와 그 계산을 논의할 것이다. 지금은 용어들을 이해하는 것만이 중요하다.

계산

제곱합 계산이 표 17.3(b)에 나와 있다. 일원설계에서 사용했던 절차와 닮았기 때문에 많은 계산들이 친숙할 것이다. 예를 들어, $SS_{전체}$는 16장에서와 똑같이 계산하며, 계산은 항상 동일한 방식으로 진행한다. 관찰치를 제곱한 값을 모두 더한 후 $(\Sigma X)^2/N$을 빼면 된다.

연령 요인의 제곱합(SS_A)은 회상 조건 요인 없이 일원변량분석을 실시하였을 때 얻는 $SS_{집단}$에 해당한다. 다시 말해서 전체 평균과 연령 평균의 편차제곱들을 모두 더한 후에 각 평균의 관찰 수를 곱하기만 하면 된다. 여기서 nc를 곱하는 이유는 각 연령별 c개의 수준 각각에 n명의 참가자가 있기 때문이다. 연령 변인의 존재를 무시한다는 점을 제외하고는 SS_C의 계산에서도 동일한 절차를 따르게 된다.

여러분은 $\Sigma(\overline{X}_A - \overline{X}_{gm})^2$에는 nc를 곱하고 $\Sigma(\overline{X}_C - \overline{X}_{gm})^2$에는 na를 곱한다는 사실을 알아차렸을 것인데, 여기서 A와 C는 각각 연령과 회상 조건을 나타낸다. 이러한 곱수들을 공식으로 암기하려고 애쓰지 말기 바란다. 시간 낭비일 뿐이다. 이것들은 평균당 점수의 수를 나타낼 뿐이다. 이것은 일원변량분석에서 평균의 변량을 전집 변량(σ_e^2)의 추정치로 전환시키고자 할 때 사용했던 곱수(n)에 정확하게 유추할 수 있는 것이다. 유일한 차이는 일원변량분석에서 n은 처치당 관찰 수를 나타내며, 여기서는 칸당 관찰 수를 나타낸다는 점이다. 연령의 각 수준에는 c개의 칸이 있기 때문에 각 연령 평균($\overline{X}_A$)에는 nc개의 관찰이 있는 것이다.

$SS_{전체}$, SS_A, SS_C를 구하고 나면, 이제 친숙하지 않은 용어 $SS_{칸}$(SS_{cells})을 만나게 된다. 이 용어는 각 칸 평균의 변산을 나타내며, 실제에 있어서는 단지 명목 항일 뿐이며 요약표에는 나타나지 않는다. $SS_{칸}$은 다른 제곱합처럼 계산한다. 전체 평균과 칸 평균 간의 편차를 제곱하여 모두 더하고, 그 합에다가 평균당 관찰한 참가자 수 n을 곱한다. 왜 이 항이 필요한지는 아직 분명하지 않을지도 모르겠지만, 연령과 회상 조건의 상호작용을 위한 제곱합을 계산할 때 그 유용성은 명백하게 된다. ($SS_{칸}$을 10개 '집단'을 갖는 연구에서 $SS_{집단}$을 계산할 때 얻는 것으로 생각한다면 그 계산을 보다 쉽게 이해할 수 있겠다.)

$SS_{칸}$은 칸 평균들의 차이에 대한 측정치이다. 두 칸의 평균은 표집오차 이외에 다음과 같은 세 가지 이유로 인해서 차이를 보일 수 있다. (1) A(age, 연령)의 각기 다른 수준에서 나온 것이다, (2) C(condition, 조건)의 각기 다른 수준에서 나온 것이다, (3) A와 C 간에 상호작용이 있다. $SS_{칸}$을 알았기 때문에 우리는 이미 칸들이 서로 얼마나 다른지에 대한 측정치를 가지고 있는 것이다. SS_A는 이 차이의 얼마만큼이 연령 차이 때문인지를 알려주며, SS_C는 이 차이의 얼마만큼이 회상 조건 때문인지를 알려준다. 연령이나 회상 조건에 귀인시킬 수 없는 것은 연령과 회상 조건 간의 상호작용(SS_{AC})에 귀인시킬 수밖에 없다. 따라서 $SS_{칸}$은 SS_A, SS_C, SS_{AC}라는 세 가지 성분으로 분할할 수 있다. SS_{AC}를 얻기 위해서는 $SS_{칸}$으로부터 SS_A와 SS_C를 빼기만 하면 된다. 그렇게 남은 것이 SS_{AC}이다. 우리 예에

적용하면 다음과 같다.

$$SS_{AC} = SS_{칸} - SS_A - SS_C$$
$$= 1945.49 - 240.25 - 1514.94 = 190.30$$

이제 남은 것은 오차에 의한 제곱합을 계산하는 것이다. 일원변량분석에서와 마찬가지로 빼기 방식으로 이 값을 얻을 수 있다. 전체 변산은 $SS_{전체}$로 나타낸다. 이 전체변산 중에서 얼마만큼을 A, C, AC에 귀인시킬 수 있는지를 알게 되었다. 남은 것은 설명할 수 없는 변산 또는 오차변산을 나타낸다.

$$SS_{오차} = SS_{전체} - (SS_A + SS_C + SS_{AC})$$

이 등식은 오차의 제곱합을 제공해주며, 이제 분석을 위해 필요한 모든 제곱합을 갖게 되었다.

상호작용 항을 제외하면, 이원요인설계는 단지 두 개의 일원요인설계와 동일하게 취급한다는 사실에 주목하기 바란다. 마치 별도의 회상 조건이 없는 것처럼 연령 효과를 계산하며, 별도의 연령 변인이 없는 것처럼 회상 조건 효과를 계산한다. 그리고 오차항은 단지 각 칸에 들어있는 사람들의 변산성이다

표 17.3(c)는 변량분석 요약표이다. 변산원 열과 제곱합 열은 이미 언급했던 것처럼 꽤나 자명하다. 자유도 열도 일원변량분석에 대해서 알고 있듯이 친숙한 것일 수밖에 없다. 전체 자유도($df_{전체}$)는 항상 $N-1$이다. 연령과 회상 조건의 자유도는 각 변인의 수준 수에서 1을 뺀 값이 된다. 따라서 $df_A = a - 1 = 1$이고 $df_C = c - 1 = 4$이다. 상호작용의 자유도는 그 상호작용에 관여하는 성분들의 자유도를 곱한 것이다. 따라서 $df_{AC} = df_A \times df_C = (a-1)(c-1) = 1 \times 4 = 4$이다. 마지막으로 오차의 자유도는 빼기 방식으로 구할 수 있다. 따라서 $df_{오차} = df_{전체} - df_A - df_C - df_{AC}$이다. 대안으로는 $MS_{오차}$가 AC 칸 변량의 평균이며, 각 칸 변량은 $n-1$의 자유도를 가지고 있기 때문에 $MS_{오차}$는 $ac(n-1)$의 자유도를 갖는다. 자유도에 대한 이러한 규칙들은 아무리 복잡한 것이라고 하더라도 모든 요인변량분석에 적용할 수 있다.

일원변량분석에서와 마찬가지로, 평균제곱합은 제곱합을 해당 자유도로 나누어줌으로써 얻는다. 이 절차는 앞으로 사용할 어떤 분석에서도 동일하다.

마지막으로 *F*를 구하려면, 각 MS을 $MS_{오차}$로 나누면 된다. 즉, 연령에서는 $F_A = MS_A/MS_{오차}$, 회상 조건에서는 $F_C = MS_C/MS_{오차}$, AC에서는 $F_{AC} = MS_{AC}/MS_{오차}$가 된다. 각 *F*는 해당 항에 대한 자유도와 오차항의 자유도에 근거한다. 따라서 연령의 *F*는 자유도 1과 90

에 근거하며, 회상 조건의 F와 연령×회상 조건 상호작용의 F는 자유도 4와 90에 근거한다. 부록 표 D.3에서 F의 임계치, 즉 $F_{.05}(1, 90) = 3.96$(보간법을 이용하여 얻는다) 그리고 $F_{.05}(4, 90) = 2.49$(역시 보간법을 이용하여 얻는다)를 찾는다. 관례적으로 별표 하나(*)는 $p < .05$에서 유의한 F 값 옆에 사용하며, $p < .01$에서 유의한 F 값 옆에는 별표 둘(**)을 사용한다는 사실에 유념하라. 다음 사례에서는 별표 대신에 정확한 p 값을 사용할 것인데, 이 방법이 결과를 보고하는 보다 현대적인 방식이다. 그렇지만 여기서는 두 가지 방식을 모두 사용하였다.

해석

표 17.3(c)의 요약표에서 연령, 회상 조건, 상호작용의 유의한 효과가 있다는 사실을 볼 수 있다. 칸 평균과 함께 고려할 때, 젊은 참가자가 나이 든 참가자보다 전반적으로 보다 많은 항목을 회상하는 것이 명백하다. 또한 깊은 처리를 수반하는 과제가 전반적으로 얕은 처리를 수반하는 과제보다 우수한 회상을 초래하는 것도 명백하며, 이 결과는 16장에서 얻었던 결과와 일치한다. 유의한 상호작용은 한 변인의 효과가 다른 변인의 수준에 달려 있다는 사실을 알려준다. 예를 들어, 낱자 세기와 운율과 같이 쉬운 과제에서 나이 든 참가자와 젊은 참가자 간의 차이는 심상과 의도 학습과 같이 깊은 처리를 수반하는 과제에서의 차이에 비해서 적게 나타난다. 또 다른 측면에서 보면, 다섯 수준의 회상 조건 간의 차이가 젊은 참가자보다는 나이 든 참가자에서 덜 극단적이다.

결과는 높은 수준 처리를 수반하는 과제에서는 나이 든 참가자가 젊은 참가자만큼 잘 수행할 수 없는 반면에, 과제가 처리를 많이 요구하지 않을 때는 젊은 참가자만큼 수행할 것이라는 아이젱크의 가설을 지지하고 있다. 그렇다고 해서 이 결과가 나이 든 참가자는 정보를 깊이 있게 처리할 수 없다는 사실을 의미하는 것은 아니다. 나이 든 참가자들은 단지 젊은 참가자만큼 노력을 기울이지 않는 것일 수도 있다. 이유가 무엇이든지 간에 나이 든 참가자는 그러한 과제를 잘 수행하지 못한다.

17.3 상호작용

요인설계의 일차적 이점은 변인들 간의 상호작용을 밝혀볼 수 있게 해준다는 점이다. 실제로 많은 경우에 상호작용 항이 주효과(개별적으로 취한 요인 효과)보다 더 큰 관심거리이다. 아이젱크(1974) 연구를 다시 보자. 그림 17.1에서는 각 연령 집단에서 평균들을 분리하여 그래프로 그려보았다. 이러한 그래프를 흔히 '상호작용 그래프'라고 부르며, 이 그래프를 위한 R 코드가 아래 그림에 나와 있다. 앞에서 결과를 해석할 때 회상 조건에 따른 차이가 나이 든 참가자보다 젊은 참가자에서 크다고 진술한 내용을 그림 17.1에서 명확

그림 17.1_ 표 17.3 데이터에 대한 칸 평균

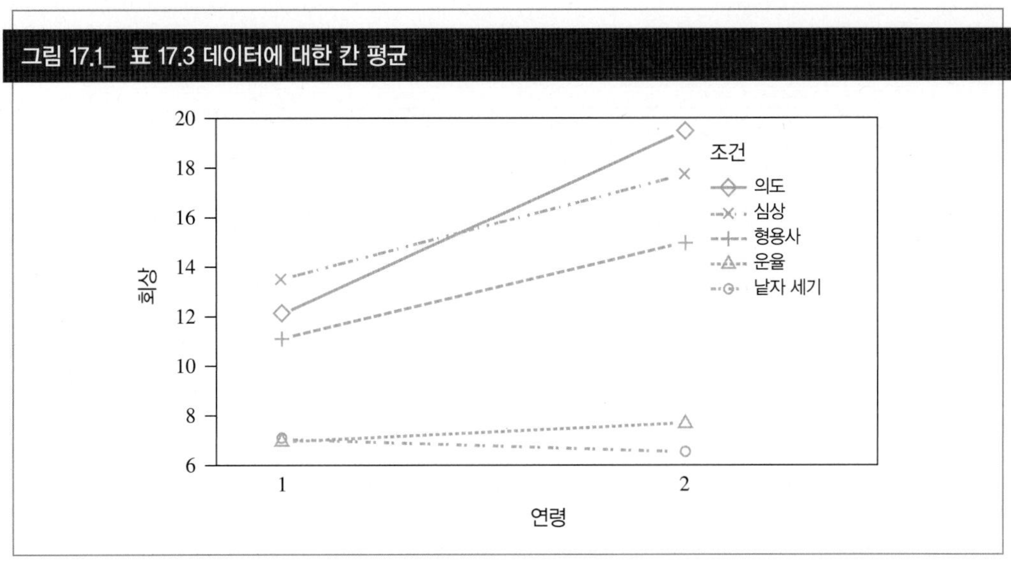

하게 볼 수 있다. 두 선이 평행하지 않다는 사실이 상호작용이라고 말하는 것의 의미이다. 만일 회상 조건 차이가 두 연령 집단에서 동일하다면, 그 선은 평행할 것이다. 즉, 젊은 참가자에서 존재하는 회상 조건 간의 차이는 어떤 것이든지 나이 든 참가자에게도 동일하게 나타날 것이다. 이 사실은 젊은 참가자가 전반적으로 나이 든 참가자보다 우수한지 아니면 두 집단이 동등한지에 관계없이 참이다. 젊은 참가자에게 해당하는 선을 전체적으로 상향시키거나 하향시키는 것은 연령의 주효과를 변화시키겠지만, 상호작용에는 아무런 영향을 미치지 않는다.

그림 17.1에 대한 R 코드

```
Eysenck.data <-
read.table("http://www.uvm.edu/~dhowell/fundamentals9/DataFiles/
  Tab17-3.dat", header = TRUE)
names(Eysenck.data)  # Prints out the names of the variables
attach(Eysenck.data)
Condition <-  factor(Condition); Age <- factor(Age)
levels(Condition) <-  c("Counting", "Rhyming", "Adjective","Imagery",
  "Intentional")
interaction.plot(x.factor = Age, trace.factor = Condition, response =
  Recall, fun = mean, type = "b", xlab = "Age", ylab = "Recall",
  col = "blue", pch = 1:5)
```

상호작용의 존재 또는 부재를 나타내는 칸 평균들의 여러 그래프를 보게 되면, 상황은 더욱 명확해진다. 그림 17.2에서 처음 세 그래프는 상호작용이 없는 경우를 나타낸다. 세

그림 17.2_ 상호작용의 존재와 부재의 예시

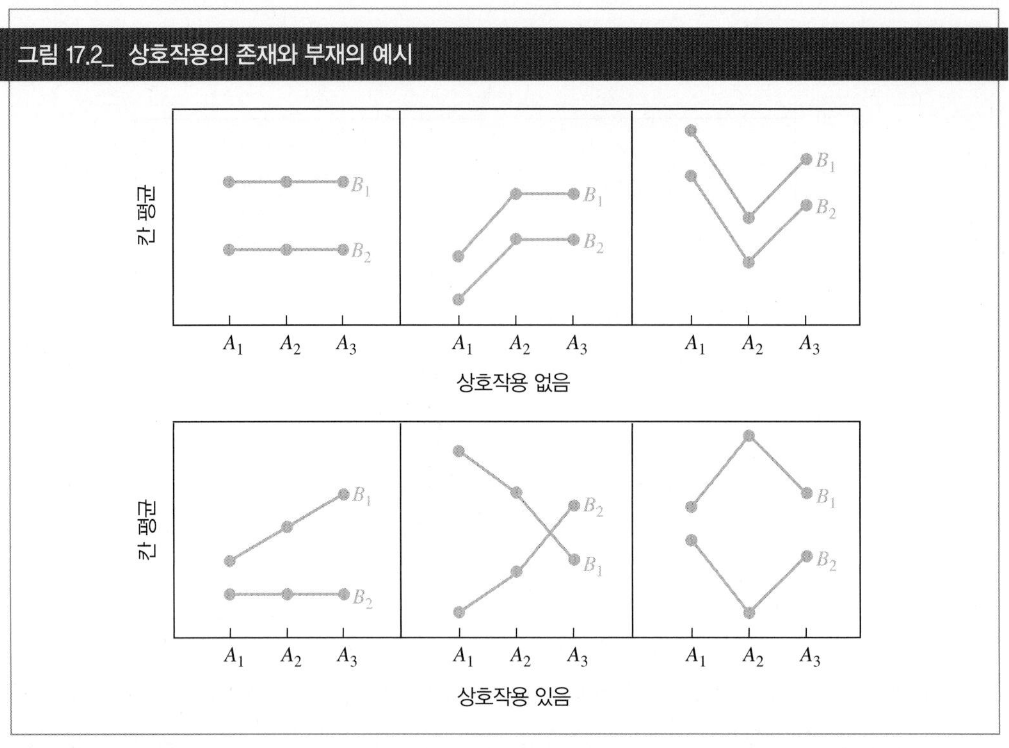

경우 모두에서 선들은 비록 직선적이지는 않지만 평행하다. 이 사실을 들여다보는 또 다른 방법은 A_1에서 B_1과 B_2 간의 차이(요인 B의 효과)는 A_2나 A_3에서의 차이와 동일하다고 말하는 것이다. 아래쪽의 세 그래프에서는 선들이 결코 평행하지 않다. 첫 번째 그래프에서 한 선은 수평적인데 다른 선은 상승하고 있다. 두 번째 그래프에서는 선들이 실제로 교차하고 있다. 세 번째 그래프에서는 선들이 교차하지는 않지만, 서로 반대 방향으로 진행하고 있다. 모든 경우에 B의 효과는 A의 수준에 따라서 동일하지 **않다**. 선들이 (유의한 정도로) 평행하지 않을 때는 언제나 상호작용이 있다고 말하게 된다.

많은 사람들은 만일 유의한 상호작용을 얻게 되면 주효과를 무시해야 한다고 주장한다. 나는 이에 반대하는 입장을 취해왔지만, 나 자신도 만일 유의한 상호작용이 있다면 일반적으로 주효과를 얻은 것에 흥분한다고 해서 얻을 것이 별로 없다는 사실을 인정하게 되었다. 상호작용이 있는 경우에 주효과를 들여다본다고 해서 틀린 것은 아니지만, 아마도 별로 생산적이지는 않을 것이다.

17.4 단순효과

앞에서 나는 단순효과를 다른 요인(독립변인)의 특정 수준에서 한 요인의 효과라고 정의하였다. 예를 들어, 젊은 참가자에게 있어서 회상 조건 간의 차이를 말한다. 단순효과의

표 17.4_ 표 17.3의 데이터에 대한 단순효과의 계산

(a) 칸 평균(n = 10)

	낱자 세기	운율	형용사	심상	의도	평균
나이 든 참가자	7.0	6.9	11.0	13.4	12.0	10.06
젊은 참가자	6.5	7.6	14.8	17.6	19.3	13.16
평균	6.75	7.25	12.90	15.50	15.65	11.61

(b) 계산

각 연령에서 회상 조건

$SS_{\text{나이 든 참가자에서 C}} = 10 \times [(7.0 - 10.06)^2 + (6.9 - 10.06)^2 + \ldots + (12 - 10.06)^2] = 351.52$

$SS_{\text{젊은 참가자에서에서 C}} = 10 \times [(6.5 - 13.16)^2 + (7.6 - 13.16)^2 + \ldots + (19.3 - 13.16)^2] = 1{,}353.72$

각 회상 조건에서 연령

$SS_{\text{낱자 세기에서 A}} = 10 \times [(7.0 - 6.75)^2 + (6.5 - 6.75)^2] = 1.25$

$SS_{\text{운율에서 A}} = 10 \times [(6.9 - 7.25)^2 + (7.6 - 7.25)^2] = 2.45$

$SS_{\text{형용사에서 A}} = 10 \times [(11.0 - 12.9)^2 + (14.8 - 12.9)^2] = 72.20$

$SS_{\text{심상에서 A}} = 10 \times [(13.4 - 15.5)^2 + (17.6 - 15.5)^2] = 88.20$

$SS_{\text{의도에서 A}} = 10 \times [(12.0 - 15.65)^2 + (19.3 - 15.65)^2] = 266.45$

(c) 요약표

전반적인 분석

변산원	*df*	SS	MS	*F*
A (연령)	1	240.25	240.250	29.94**
C (회상 조건)	4	1,514.94	378.735	47.19**
AC	4	190.30	47.575	5.93**
오차	90	722.30	8.026	
전체	99	2,667.79		

* $p < .05$, ** $p < .01$

단순효과

변산원	*df*	SS	MS	*F*
회상 조건				
나이 든 참가자에서 C	4	351.52	87.88	10.95**
젊은 참가자에서 C	4	1,353.72	338.43	42.17**
연령				
낱자 세기에서 A	1	1.25	1.25	<1
운율에서 A	1	2.45	2.45	<1
형용사에서 A	1	72.20	72.20	9.00**
심상에서 A	1	88.20	88.20	10.99**
의도에서 A	1	266.45	266.45	33.20**
오차	90	722.30	8.026	

* $p < .05$, ** $p < .01$

분석은 유의한 상호작용을 포함하는 데이터를 분석하는 중요한 기법이다. 진정한 의미에서 이러한 분석이 상호작용을 '쪼개낼 수 있게' 만들어준다. 이제 만일 상호작용이 있다면 주효과를 무시하고 곧바로 단순효과를 들여다보라고 충고할 단계에 접어들었다.

단순효과를 어떻게 계산하고 해석하는 것인지를 예시하기 위하여 아이젱크(1974) 데이터를 사용할 것이다. 표 17.4에는 표 17.3의 칸 평균과 요약표를 다시 실었고, 또 모든 단순효과를 얻는 데 수반하는 계산을 포함시켰다. 나는 모든 단순효과 검증을 실시하는 것을 권장하지 않는다. 모든 가능한 효과를 검증하는 것은 1종 오류의 확률을 엄청나게 증가시킨다. 여러분의 목적에 특별히 관련된 것들만을 검증하기 바란다. 여기서 모든 검증을 실시한 것은 단지 절차를 예시하기 위한 것이다.

표 17.4(c)에서 첫 번째 요약표는 연령, 회상 조건, 상호작용의 유의한 효과를 보여주고 있다. 앞에서는 이 결과를 원래의 분석과 관련하여 논의했다. 그때 언급했던 것처럼 상호작용의 존재는 두 연령에서 회상 조건 효과가 다르다는 사실 그리고 다섯 수준의 회상 조건에서 연령 효과가 다르다는 사실을 의미한다. 따라서 전반적 회상 조건 효과를 젊은 참가자뿐만 아니라 나이 든 참가자에게도 실제로 적용할 수 있는 것인지 그리고 모든 회상 조건에서 연령 차이가 실제로 존재하는 것인지를 묻는 것이 중요하게 된다. 이러한 단순효과 분석을 표 17.4의 (b)와 (c)의 두 번째 요약표에서 볼 수 있다. 여기서는 분석의 완벽성을 위해서 모든 가능한 단순효과를 제시하였다. 실제로는 여러분이 관심을 두는 효과만을 살펴보아야만 한다.

단순효과의 계산

표 17.4(b)에서 $SS_{\text{나이 든 참가자에서 C}}$(나이 든 참가자의 SS_C)를 다른 제곱합과 동일한 방식으로 계산하고 있다는 사실을 볼 수 있다. SS_C를 단지 나이 든 참가자의 데이터만을 사용하여 계산하는 것이다. 만일 이러한 데이터만을 고려한다면, 다섯 수준의 회상 조건 평균은 7.0, 6.9, 11.0, 13.4, 12.0이 된다. 따라서 제곱합은 다음과 같게 된다.

$$\begin{aligned} SS_{\text{나이 든 참가자에서 C}} &= n\Sigma(\overline{X}_{\text{나이 든 참가자에서 }Cj} - \overline{X}_{\text{나이 든 참가자}})^2 \\ &= 10 \times [(7.0 - 10.06)^2 + (6.9 - 10.06)^2 + \cdots + (12.0 - 10.06)^2] \\ &= 351.52 \end{aligned}$$

다른 단순효과들도 그 효과를 계산하는 시점에서 관심사가 아닌 모든 데이터를 무시함으로써, 동일한 방식으로 계산하면 된다.

단순효과에서 분자의 자유도는 그에 상응하는 주효과에서와 동일한 방식으로 계산한다. 지금 비교하고 있는 평균의 수가 동일하기 때문에 이것은 의미를 갖는 것이다. 모든 참가자를 사용하든 아니면 일부분만을 사용하든, 여전히 다섯 수준의 회상 조건을 비교하고 있는 것이며 5 − 1 = 4의 자유도를 갖게 된다.

단순효과를 계산할 때 제기하는 중요한 물음 하나는 *F* 값을 계산하기 위한 오차항을 선택하는 문제이다. 위의 예에서는 전체 변량분석에서 얻은 오차항을 사용하여, 각 $MS_{집단}$을 그 값(8.026)으로 나누었다. 이렇게 하는 데는 충분한 이유가 있다. 설계에서 변량 동질성이 존재한다면, 10개 칸 변량의 평균이 2개나 5개 변량의 평균보다 우수한 오차 추정치가 된다. 이에 덧붙여서 전체 분석은 오차가 90의 자유도를 갖기 때문에, 적은 수의 자유도를 갖는 개별 오차항을 사용할 때보다 더 높은 검증력을 제공해준다. 이것이 *F* 값을 계산할 때 일반적으로 권장하는 방식이다.

*R*과 SPSS에서의 분석

그런데 SPSS나 *R*을 사용할 때 문제가 발생한다. SPSS를 사용하여 단순효과를 계산하는 가장 쉬운 방법은 `Data/Split file`을 사용하여 파일을 연령 집단이나 회상 조건 집단으로 분할한 다음에 독립변인을 연령이나 회상 조건으로 규정한 분석을 실시하는 것이다. 이 방법은 분석에 적절한 오차항을 사용한 모든 적절한 분석을 제공해준다. 다시 말해서 각 *F* 값을 위한 오차항이 바로 그 데이터 집합에서 나온 것이 된다. *R*에서는 약간 더 많은 작업을 해야 하지만, 본질적으로는 동일한 작업을 하는 것이다. 데이터를 분할하면 오차의 자유도를 상실하기 때문에 검증력을 상실하며, 개별적인 변량 추정치를 통합하지 못하게 된다. 그렇지만 `Split file` 접근방식은 SPSS에서 작동하며, 이 접근방식을 위한 *R* 코드가 아래에 나와 있다.

```
Eysenck.data <-
read.table("http://www.uvm.edu/~dhowell/fundamentals9/DataFiles/
  Tab17-3.dat", header = TRUE)
names(Eysenck.data)
attach(Eysenck.data)

levels(Condition) <- c("Counting", "Rhyming", "Adjective","Imagery",
  "Intentional")
interaction.plot(x.factor = Age, trace.factor = Condition, response =
  Recall, fun = mean, type = "b", xlab = "Age", ylab = "Recall", col =
  "blue", pch = 1:5)

model <- lm(Recall ~ Age* Condition)    # Main and Interaction Effects
anova(model)

data1 <- subset(Eysenck.data, Age == 1)
data2 <- subset(Eysenck.data, Age == 2)

modelAge1 <- lm(Recall ~ factor(Condition), data = data1)  # Simple
```

```
  effect Age = 1
modelAge2 <- lm(Recall ~ factor(Condition), data = data2)
  # Simple effect Age = 2
anova(modelAge1)
anova(modelAge2)
```

원한다면 통합 오차항을 사용할 수도 있지만, 그렇게 하게 되면 분석을 개별적으로 실시한 후에 되돌아가서는 전체 분석의 통합 오차항으로 나누어줌으로써 F 값을 재계산하는 꼴이 된다. 이 책에서 그러한 방식을 사용하지 않는 까닭은 단순효과의 논의를 더욱 복잡하게 만들기 때문이다. 그렇지만 컴퓨터 소프트웨어를 사용하고자 하며 여전히 통합 오차항을 사용하고 있다면, 이 책의 웹사이트에 적어놓은 웹페이지를 참고하기 바란다.

 https://www.uvm.edu/~dhowell/fundamentals9/Chapters/Chapter17/SimpleEffects.html

해석

표 17.4의 단순효과 요약표에서 F로 표시된 열에서 보면, 비록 나이 든 참가자의 제곱합이 젊은 참가자의 것에 비해서 1/4에 불과하지만, 회상 조건에 따른 차이가 두 연령 모두에서 일어난다는 사실이 명백하다. 그렇기는 하지만 연령 효과라는 측면에서 볼 때, 낱자 세기와 운율이라는 낮은 수준의 과제에서는 차이가 없으며, 높은 수준의 과제에서만 차이가 나타나고 있다. 다시 말해서 연령 집단 간 차이는 높은 수준 처리를 수반하는 과제에서만 나타난다. 이것이 기본적으로 아이젱크가 보여주려고 계획했던 결과이다.

17.5 연합 측정치와 효과크기 측정치

효과 강도는 일원분석에서와 마찬가지로 두 가지 상이한 방식으로 들여다볼 수 있다. $\hat{\eta}^2$이나 $\hat{\omega}^2$과 같은 r-가족 측정치를 계산하거나 아니면 효과크기에 대한 매우 유용한 측정치인 코언의 $\hat{d}$을 계산할 수 있다. 일반적으로 전체 F를 살펴볼 때에는 r-가족 측정치를 사용한다. 그러나 평균들 간의 차이를 들여다볼 때에는 일반적으로 효과크기 추정치($\hat{d}$)를 계산하는 것이 더 바람직하다.

r-가족 측정치

일원설계에서와 마찬가지로, 각 독립변인과 연합된 효과 강도를 계산하는 것이 가능하기도 하며 동시에 바람직한 것이기 십상이다. 가장 쉽게 계산할 수 있는 측정치가 여기서도

$\hat{\eta}^2$(에타제곱)이다. 물론 이 측정치는 계속해서 전집의 모든 관찰치들을 얻게 된다면 구할 수 있는 값에 대한 편파적인 추정치이기는 하다. 요인설계에서 각 효과(주효과와 상호작용)에 대한 $\hat{\eta}^2$은 그 효과에 대한 제곱합을 $SS_{전체}$로 나누어줌으로써 계산한다. 우리의 예에 적용하면 다음과 같다.

$$\hat{\eta}^2_A = \frac{SS_A}{SS_{전체}} = \frac{240.25}{2667.79} = 0.09$$

$$\hat{\eta}^2_C = \frac{SS_C}{SS_{전체}} = \frac{1514.94}{2667.79} = 0.57$$

$$\hat{\eta}^2_{AC} = \frac{SS_{AC}}{SS_{전체}} = \frac{190.30}{2667.79} = 0.07$$

따라서 이 실험에서 연령에 의한 차이가 전체 변산의 9%를 설명하며, 회상 조건에 따른 차이가 57%를 설명하며, 연령×회상 조건 상호작용에 의한 차이가 7%를 설명하고 있다. 나머지 27%의 변산은 오차 변량에 해당한다.

일원분석에서와 마찬가지로 $\hat{\eta}^2$은 변인들의 공헌도를 대략적으로 추정하는 데 손쉽게 사용할 수 있다. 그렇지만 상당히 덜 편파적인 추정치는 $\hat{\omega}^2$(오메가제곱)이 제공한다. 계산이 좀 귀찮기는 하지만 논리는 간명하다.

$$\hat{\omega}^2_A = \frac{SS_A - (a-1)MS_{오차}}{SS_{전체} + MS_{오차}} = \frac{240.25 - (1)8.026}{2667.79 + 8.026} = 0.087$$

$$\hat{\omega}^2_C = \frac{SS_C - (c-1)MS_{오차}}{SS_{전체} + MS_{오차}} = \frac{1514.94 - (4)8.026}{2667.79 + 8.026} = 0.554$$

$$\hat{\omega}^2_{AC} = \frac{SS_{AC} - (a-1)(c-1)MS_{오차}}{SS_{전체} + MS_{오차}} = \frac{190.30 - (4)8.026}{2667.79 + 8.026} = 0.059$$

이 값들이 $\hat{\eta}^2$ 값들보다 약간 작다는 사실에 주목하기 바란다. 물론 해석은 근본적으로 동일하다.

$\hat{d}$을 계산해야 할 때, 그 절차는 본질적으로 일원변량분석에서와 동일하다. 두 집단 또는 집단들의 부분집합의 비교를 위한 효과크기에 많은 관심을 가지고 있기 때문에, 단지 집단 간의 차이를 취하여 집단 내 표준편차의 추정치로 그 차이 점수를 나누게 된다. 두 주효과(연령과 회상 조건)에 대해서나 아니면 어떤 것이든 단순효과에 대해서 이렇게 할 수 있다. 연령(age)을 예로 들어보자.

$$\hat{d} = \frac{\overline{X}_{젊은\ 참가자} - \overline{X}_{나이\ 든\ 참가자}}{s} = \frac{13.16 - 10.06}{\sqrt{8.026}} = \frac{3.10}{2.833} = 1.09$$

나이 든 참가자와 젊은 참가자 사이에서 회상량의 차이는 1 표준편차보다 조금 더 크며, 이것은 상당한 차이가 되겠다.

회상 조건(condition)을 보려면, 한 쌍(또는 여러 쌍)의 평균을 선택할 필요가 있다. 이 예에서 우리는 나이 든 참가자를 선택할 것인데, 이 참가자는 인지적 정보처리로부터 별 도움을 얻지 못할 것이라고 예상했다(이 참가자를 선택한 이유는 젊은 참가자에 있어서는 효과가 더 클 것이라고 예측했기 때문이다). 낱자 세기 조건이 최소한의 인지처리를 나타낼 것이 확실하며, 아마도 심상 조건이 최대한의 인지처리를 반영할 것이다. 나이 든 참가자에게서 다음과 같은 $\hat{d}$ 값을 얻었다.

$$\hat{d} = \frac{\overline{X}_{\text{심상}} - \overline{X}_{\text{낱자 세기}}}{s} = \frac{13.40 - 7.00}{\sqrt{8.026}} = \frac{6.40}{2.833} = 2.26$$

여기서 두 집단은 2 표준편차보다도 더 큰 차이를 보이고 있다. 이것도 상당한 효과를 나타낸다. 확실히 처리 수준은 사람들이 회상할 수 있는 정보의 양에서 중요한 역할을 담당한다. 요인설계에서 변인의 효과크기를 추정하는 방법은 일원설계에서 사용하는 방법을 단순히 확장시킨 것이다. 여기서도 제곱한 상관계수에 유추할 수 있는 측정치들($\hat{\eta}^2$과 $\hat{\omega}^2$) 그리고 효과크기 측정치인 $\hat{d}$을 얻었다.

여기저기서 나는 '평균들 또는 평균들의 집합'을 지칭해왔는데, 평균들의 집합에서 효과 측정치를 얻고자 하는 사례를 살펴보는 것이 좋을 듯싶다. 내가 여기서 사용하는 평균들의 집합은 그렇게 묶어야 할 명백한 이유가 없다는 점에서 이 사례는 다소 부자연스러운 것이기는 하지만, 독자들께서 다소 양해해줄 것이라고 믿는다.

아이젱크의 두 조건(낱자 세기와 운율)은 심적 노력이라는 측면에서 많은 것을 요구하지 않는 반면에, 다른 두 조건(형용사와 심상)은 참가자에게 단어에 대해서 신중하게 생각할 것을 요구한다. 이 두 집합을 비교하고자 했으며, 젊은 참가자를 대상으로 그 비교를 수행하고자 한다고 가정해보자. 낱자 세기와 운율 조건의 평균은 각각 6.5와 7.6이며, 두 조건을 결합한 평균은 $(6.5+7.6)/2 = 7.05$다. 형용사와 심상 조건에서는 그 평균이 $(14.8+17.6)/2=16.2$다. 따라서 $\hat{d}$은 다음과 같다.

$$\hat{d} = \frac{\overline{X}_{\text{낱자+운율}} - \overline{X}_{\text{형용사+심상}}}{s} = \frac{7.05 - 16.2}{\sqrt{8.026}} = -3.23$$

따라서 두 평균 집합 간의 차이는 대략 3.23 표준편차에 해당한다고 결론 내릴 수 있는데, 이만한 차이는 상당한 것이다.

까다로운 문제

이 책 전반에 걸쳐서 나는 꽤나 어려워서 건너뛰어도 무방한 절의 제목 다음에 별표를 붙이는 방식을 회피해왔다. 그런데 이 절이 바로 그런 절이며, 이 절을 여기에 포함시키는 이유는 무엇이 문제인지를 독자들이 감을 잡을 수 있게 하려는 것이다. 모든 독자들이 이 마를 두드리며 '맞아. 그래!'라고 탄성을 지를 것이라고 기대하지 않는다. 이 문제에 관한 보다 철저한 논의를 보려면 하월(Howell, 2012)이나 클라인(Kline, 2004) 또는 그리솜과 김(Grissom & Kim, 2012)을 참조하기 바란다.

t 검증과 일원변량분석의 사례와 마찬가지로, 효과크기를 다음과 같이 정의한다.

$$\hat{d} = \frac{\overline{X}_1 - \overline{X}_2}{\hat{s}}$$

여기서 '고깔(∧)' 표시는 표본 데이터에 근거한 추정치를 사용하고 있다는 사실을 나타낸다. 분자를 추정하는 데는 실질적인 어려움이 없다. 단지 두 평균(또는 일련의 평균) 간의 차이이기 때문이다. 반면에 적절한 표준편차의 추정은 사용한 변인들에 달려있다. 어떤 변인들은 전집에서도 사례마다 다르며(예: 하루에 마시는 카페인의 양, 성별, 지능 등), 적어도 잠재적으로는 글래스 등(Glass, McGaw, & Smith, 1981)이 명명한 '이론적 관심 변인'들이다. 연령, 외향성, 신진대사율, 수면시간 등이 또 다른 예들이다. 반면에 자극의 제시 횟수, 두뇌 자극 영역, 검사 자극의 크기, 회상 단서의 존재나 부재 등과 같은 많은 실험변인들은 전집에서 사례 간에 변산이 없으며, 이론적 관심사가 아니다(물론 특정 실험에서는 이러한 변인들이 중요할 수도 있다). 나는 이러한 구분이 안정적인 것이 아니라는 사실을 잘 알고 있다. 그런데 만일 처치를 가한 변인이 이론적 관심변인이 아니라면 그 변인에 처치를 가하는 이유는 무엇인가?

문제를 약간 다른 각도에서 바라다보면 조금 더 잘 이해할 수 있겠다. 세 가지 유형의 심리치료 간의 차이를 밝혀보려는 실험을 수행했다고 가정해보자. 만일 일원설계로 실험을 수행했다면, 오차항에는 온갖 유형의 변산이 포함될 것이다. 그중의 하나는 상이한 유형의 치료에 반응하는 방식에 있어서 남성과 여성 간의 변산일 수 있다. 이제 동일한 실험을 수행하되, 성별을 독립변인으로 포함시켰다고 가정해보자. 실제로 성별을 통제하고 있으며 분석에서 성별 차이를 제거하였기 때문에, $MS_{오차}$ 항에는 그 차이가 포함되지 않는다. 따라서 $MS_{오차}$가 일원설계 때보다 작아지게 된다. 검증력에 있어서는 좋은 일이지만, 효과크기를 계산하는 데 $MS_{오차}$의 제곱근을 사용한다면 좋은 일이 아니다. 만일 그렇게 한다면, 일원설계와 요인설계 실험에서 심리치료에 따른 상이한 효과크기를 얻게 될 것이다. 이것은 적절해 보이지 않는다. 치료 효과는 두 사례에서 매우 유사해야만 한다. (남녀는 존재하는 것이 아닌가! 따라서 측정에 포함되어야만 한다.) 그렇기 때문에 내가 하려는 것은 효과크기를 계산하게 될 때는 그 성별 변산성 그리고 성별과 치료 간의 상호작용을 오차항에 다시 집어넣으려는 것이다.

이제 약간 다른(그리고 약간은 기괴한) 연구를 수행하였다고 가정해보자. 이 연구에서도 위의 세 가지 치료법의 효과를 다루고 있지만, 두 번째 독립변인으로 환자가 치료를 받는 중에 찬물 욕조에 들어가는지 여부를 포함시켰다. 환자들이 일반적으로는 찬물 욕조에 들어가지 않지만, 결과에 변산을 추가시킬 가능성은 확실히 크다. 일원설계에는 그러한 변산이 들어있지 않다. 욕조를 들고 와서 그 안에 들어가 있는 환자를 상상할 수 없기 때문이다. 그리고 그 변산은 여러 가지 측면에서 지극히 인위적인 것이기 때문에 오차항에 포함시키고 싶지 않은 것이다. 요점은 일원설계를 사용하든지 아니면 요인설계를 사용하든지 간에 치료 유형의 효과크기를 동일하게 만들고 싶다는 것이다. 이 목표를 달성하기 위해서 첫 번째 연구에서는 성별 효과 그리고 성별과 치료의 상호작용에 의한 효과를 오차항에 포함시키고, 두 번째 예에서는 찬물 욕조의 효과 그리고 치료와의 상호작용 효과를 유보시켜야 한다.

앞에서 언급했던 것처럼, 이 논제는 확정적인 것이 아니며 언제 오차항을 조정하고 조정하면 안 되는 것인지에 대한 논쟁의 여지가 많다. 사람들마다 나름대로는 합리적으로 상이한 접근을 채택한다. 통계학에서는 흥미진진한 논제지만, 학생들이 이 모든 흥밋거리를 기꺼이 받아들일 것이라고 기대하지는 않는다.

여기서 정확하게 오차항을 다루는 방법을 제시하지는 않을 것이다. 학생 독자들이 가까운 미래에 이 문제를 다룰 가능성이 별로 없다고 생각하기 때문이다. 그렇지만 해결책에 대한 힌트를 제공해줄 수는 있으며, 하월(Howell, 2012) 그리고 더 좋게는 클라인(Kline, 2004)이나 그리솜과 김(Grissom & Kim, 2012, Chapter 7)에서 상세한 논의를 찾아볼 수 있겠다. 성별 효과 그리고 치료법과의 상호작용 효과를 오차항에 다시 포함시키고 싶다면, 해야 할 일은 $SS_{오차}$, $SS_{성별}$, $SS_{상호작용}$을 새로운 $SS_{오차}$ 항으로 묶고, 이들의 자유도를 모두 합한 다음에, 새로운 $SS_{오차}$를 합친 자유도로 나누어주는 것이다. 이렇게 조정된 변산의 제곱근을 $\hat{d}$ 계산의 분모로 사용하게 된다. 찬물 욕조의 예에서는 그 변산을 오차항에 다시 포함시키고 싶지 않기 때문에, 전체 분석에서 얻은 $MS_{오차}$를 그대로 분모로 사용하게 된다.

17.6 결과 기술하기

다양한 목표를 위해서 여러 가지 계산을 수행했지만, 결과를 글로 작성할 때는 모든 계산 결과를 기술하지 않는다. 다음 예는 제시할 필요가 있다고 생각하는 기본 정보들이다.

상이한 수준의 정보처리가 언어자료 파지(把持)에 미치는 효과를 알아보기 위해서, 참가자들에게 단어의 낱자 수를 단순히 세어보는 것에서부터 각 단어의 시각 심상을 형성하는 것에 이르는 네 가지 방식으로 언어 자료를 처리하도록 지시하였다. 다섯 번째 조건의 참가자에게는 나중의 회상을 위해 언어 항목을 암기하라고 말하는 것 이외에 다른 특별한 지시를 주지 않았다. 실험의 두 번째 차원은 회상에서 젊은이와 나이 든 참가자를 비교하는 것이었다. 따라서 실험설계는 2×5 요인설계였다.

종속변인은 세 차례 제시 후에 회상한 항목 수였다. 젊은 참가자가 나이 든 참가자보다 더 많은 항목을 회상하는 유의한 연령 효과가 있었다[$F(1, 90) = 29.94$, $p < .05$, $\hat{\omega}^2 = .087$]. 또한 회상 조건 효과도 유의하였으며[$F(4, 90) = 47.19$, $p < .05$, $\hat{\omega}^2 = .554$], 평균들을 보면 깊은 수준의 처리 조건에서 회상이 우수하다는 사실을 알 수 있다. 마지막으로 연령과 조건 간의 상호작용도 유의하였으며[$F(4, 90) = 5.93$, $p < .05$, $\hat{\omega}^2 = .059$), 젊은 참가자에게 있어서 회상 조건 효과가 더 컸다($p < .05$ 대신 정확한 F 확률을 제시했음을 주목하라).

젊은 참가자와 나이 든 참가자 간에 회상 차이를 볼 때, $\hat{d}$이 1.09로써 1 표준편차 이상의 차이를 나타내고 있다(그렇지만 이 차이는 높은 수준 처리를 수반한 조건에서 상당히 컸으며, 낮은 수준 처리 조건에서는 그 차이가 무시할 만한 것이다). 나이 든 참가자의 경우 낮은 수준 처리조건과 높은 수준 처리 조건 간의 차이에서는 $\hat{d} = 2.26$이었다. 젊은 참가자를 대상으로 계산하면 그 효과크기는 더욱 커지게 된다.

이 연구는 나이 든 사람이 젊은 사람만큼 정보를 회상하지 못한다는 일반적인 관찰 결과가 처리 수준과 관련되어 있다는 사실을 명확하게 보여주었다. 처리를 별로 요구하지 않는 과제에서는 연령 효과가 없는 반면에, 높은 수준 처리를 수반하는 과제에서는 상당한 연령 효과가 있다.

17.7 동일하지 않은 표본크기

일원변량분석을 실시할 때는 동일하지 않은 표본크기가 별 심각한 문제를 야기하지 않았다. 적절하게 공식만 수정하면 되었다. 요인설계에서는 결코 그렇지가 못하다. 동일하지 않은 칸 크기의 요인설계를 하게 될 때는 언제나 계산이 엄청나게 어려워지며, 해석도 매우 불명확해지고 만다. 최선의 해결책은 일차적으로 동일하지 않은 표본크기를 갖지 않도록 만드는 것이다. 불행하게도 이 세상은 항상 협조적이지 않으며, 동일하지 않은 n이 자주 발생하게 된다. 일반적으로 표준화된 통계 소프트웨어는 가장 의미 있을 가능성이 있는 결과를 지정값(default)으로 제공해준다. 그렇기는 하지만, 표준적인 해결책이 최선의 것이 아닌 상황들이 존재한다. 여기서는 동일하지 않은 표본크기에 대한 계산 단계를 다루지 않는다. 여러분이 수작업으로 그러한 분석을 실시할 가능성이 거의 없기 때문이다. 여기서는 여러분이 SPSS나 SAS와 같은 소프트웨어를 사용할 것이라고 가정하며, 일반적으로 소프트웨어가 지정해주는 분석방법이 바로 여러분이 원하는 것이기 십상이다. (*R*을 사용할 때는 특별히 신경을 써야 한다. 'car' 라이브러리를 사용하고, 각주에서 보는 것처럼 대비 옵션을 설정하며, 유형 3 분석을 요구하는 Anova 함수를 사용해야 한다.)[1] 동일하지 않은 표본크기 문제에 대한 집중적인 논의가 하월(Howell, 2012)에 포함되어 있다.

17.8 남성성 과잉보상 논제: 이것은 남자의 일이다

요인설계의 한 가지 사례를 더 살펴볼 것인데, 이것도 동일한 표본크기를 사용한 것이다. 윌러 등(Willer, Rogalin, Conlon, & Wojnowicz, 2013)은 행동 선택을 설명하기 위하여 '남성성 과잉보상'이라고 알려진 현상을 밝히려는 일련의 멋들어진 실험을 수행하였다. "남성성 과잉보상이란 자신의 남성성을 염려하는 남성들이 남성적 위상을 확보하기 위하여 극단적으로 남성적인 행동을 나타내는 것이다"(Willer et al., 2013). 기본 생각은 다음과 같다. 만일 여러분이 남성인데 내가 어떻게 해서든 여러분으로 하여금 덜 남성적이라고 느끼게 만들 수 있다면, 여러분은 보다 고정관념적인 남성적 행동으로 반응할 가능성이 높아지게 된다는 것이다. 예를 들어, 권총을 산다든가 격투기를 관람하러 간다든가, 게이 남성을 비하한다든가, 사륜구동 지프차를 주문하거나, 폭력 영화를 시청할 가능성이 높아질 수 있다. 여러분은 이 논제가 이 책 앞부분에서 다루었던 애덤스 등(Adams et al., 1996)의 동성애 혐오에 관한 연구와 대응한다는 사실을 알아차릴 수도 있겠다.

윌러 등은 남녀 참가자에게 '성 정체감 척도'에 응답할 것을 요청한 뒤에 참가자(무선 선택)에게 척도에서 남성 영역이나 여성 영역에 해당하는 점수를 받았다고 알려주었다. 이것은 남성/여성 참가자 변인과 남성성/여성성 피드백 변인을 사용한 2×2 요인설계였다(피드백은 참가자가 조사척도에 반응한 내용과는 무관한 것이었다. 연구자들이 그렇게 처치를 가한 것이다). 피드백을 받은 후에 참가자는 다른 두 가지 사회 조사에 응답했다. 하나는 동성 결혼을 금지하는 개정 법안에 대한 지지와 부시 대통령과 이라크 전쟁에 대한 지지에 관한 것이었다. 다른 하나는 네 가지 상이한 유형의 자동차(SUV, 미니밴, 쿠페, 세단)를 기술하고, 참가자에게 각 자동차의 품질을 평가하고 각각을 구입하는 데 지불할 용의가 있는 액수를 적도록 요청하는 것이었다. 참가자들이 전쟁이든 동성 결혼이든 자동차든 어느 것을 평가하든지 결과는 기본적으로 동일했다 . 그렇지만 여기서는 동성애 데이터를 살펴보고자 한다. 윌러 등의 가설은 다음과 같았다. 남성이 성 정체감 척도에서 여성성 영역에 가까운 점수를 받았다는 말을 들었을 때 위협을 느끼며, 보다 남성적인 유형

---

1 명령 코드는 다음과 같다.

```
library(car)
options(contrasts = c('contr.sum', 'contr.poly'))
model<- lm(Recall ~ Age * Condition)
Anova(model, type = 3)
```

표 17.5a_ 남성성 과잉보상 연구의 데이터

조건	동성애에 대한 반대												
남성 위협	2.62	5.26	3.86	4.98	2.81	3.95	4.49	5.35	6.66	6.04	3.46	4.42	4.19
	4.33	4.18	6.84	6.11	5.67	1.66	3.33	1.92	4.13	3.74	3.25	3.40	
남성 확증	3.97	0.19	3.27	1.56	1.30	6.75	5.93	1.84	0.72	4.26	0.83	3.59	2.86
	4.44	3.24	2.12	4.17	0.77	3.03	2.84	2.93	1.52	0.37	2.28	0.57	
여성 위협	4.21	3.54	3.47	0.06	2.95	0.28	4.02	2.27	0.54	4.10	1.06	1.79	5.06
	3.02	2.05	4.26	3.26	3.40	3.65	0.12	1.46	3.98	2.05	3.79	5.30	
여성 확증	2.44	5.39	1.10	2.95	4.64	5.83	2.24	2.17	1.55	4.05	0.52	1.47	2.99
	5.12	2.63	2.94	1.78	5.67	1.49	0.22	3.57	0.54	3.83	3.03	4.34	

표 17.5b_ 행, 열, 칸의 평균

	위협	확증	행 평균
남성	4.266 (1.364)	2.614 (1.718)	**3.440**
여성	2.788 (1.538)	2.900 (1.648)	**2.844**
열 평균	**3.527**	**2.757**	**3.142**

의 행동에 몰입함으로써 보상하게 되는데, 이 실험의 경우에는 동성애를 향한 적개심 척도에서의 점수를 높일 것이다. 윌러 등은 여성의 경우에는 두 조건에서 유사한 차이가 나타날 것이라고 기대하지 않았다.

표 17.5의 데이터는 윌러 등이 얻은 평균과 표준편차와 거의 같도록 만든 것이지만, 표본크기를 모두 25가 되도록 만드는 과정에서 발생한 변화를 보상하기 위하여 약간의 수정을 가한 것이다(나는 또한 윌러 등의 데이터가 모든 조건에서 정적으로 편포되지 않았나 의심해본다). 표지 '확증'과 '위협'은 피드백이 참가자의 실제 성과 일치하는지 아니면 상반되는지와 관련된 것이다.

표 17.5b의 평균들에서 윌러 이론에 대한 최소한의 증거를 볼 수 있다. 남성에게 척도에서 여성성 점수를 받았다고 알려주면, 남성성 점수를 받았다고 알려준 남성보다 동성애에 반대하는 점수가 높았다.

계산은 표 17.6에 나와 있다.

요약표에서 보면 성별에 대한 F 값과 위협에 대한 F 값이 모두 유의한 것을 볼 수 있다. 그렇지만 윌러는 이러한 결과에 관심을 가졌던 것이 아니다. 그는 무엇보다도 각 성별에서 위협 조건 간의 차이에 관심이 있었다. 상호작용도 유의했는데, 이 시점에서 가장 흥미

표 17.6_ 남성성 과잉보상 연구의 변량분석 요약표[2]

$$SS_{전체} = \Sigma(X - \bar{X}_{gm})^2 = \Sigma X^2 - \frac{(\Sigma X)^2}{N} = 1267.712 - \frac{(314.19)^2}{100} = 280.558$$

$$SS_G = nc\Sigma(\bar{X}_G - \bar{X}_{gm})^2 = (25)(2)[3.440 - 3.142)^2 + (2.844 - 3.142)^2] = 8.886$$

$$SS_T = ng\Sigma(\bar{X}_t - \bar{X}_{gm})^2 = (25)(2)[3.527 - 3.142)^2 + (2.757 - 3.142)^2] = 14.815$$

$$SS_{칸} = n\Sigma(\bar{X}_{cg} - \bar{X}_{gm})^2 = 25\left[\begin{matrix}(4.266 - 3.142)^2 + (2.614 - 3.142)^2 \\ + (2.788 - 3.142)^2 + (2.900 - 3.142)^2\end{matrix}\right] = 43.158$$

$$SS_{TG} = SS_{칸} - SS_G - SS_C = 43.158 - 8.886 - 14.815 = 19.457$$

$$SS_{오차} = SS_{전체} - SS_{칸} = 262.281 - 44.661 = 217.620$$

전체 분석

변산원	*df*	SS	MS	*F*	*p*
G (성별)	1	8.886	8.866	3.594	.061
C (조건)	1	14.815	14.815	5.991	.016
G*C	1	19.457	19.457	7.868	.006
오차	96	237.400	2.473		
전체	99	280.558			

를 끄는 결과이다. 그렇지만 진정한 관심은 단순효과에 있다. 평균을 살펴보면, 여성의 경우에는 위협 조건에 따른 차이가 약간만 나타나는 반면, 남성의 경우에는 상당한 차이가 존재한다. 이 결과는 남성의 성 정체성이 위협받을 때, 고정관념적인 남성 행동에 몰입한다는 사실을 나타내는 것으로 보인다.

이 연구의 목적은 일차적으로 남성들이 남성성의 위협을 받을 때 어떻게 행동하는지를 알아보려는 것이었기 때문에, 각 성별에서 위협 조건의 단순효과를 살펴보는 것이 가장 적절하다. (실제로 주효과는 이론과 아무런 관계가 없기 때문에 나는 주효과를 무시한 채 바로 단순효과로부터 시작할 수 있다고 생각한다. 윌러가 수행한 작업이 바로 이것이다.) 단순효과 요약표가 다음 절에 나올 것이기 때문에, 여기서는 계산을 반복하지 않는다. 그렇지만 남성에게 있어 두 조건의 비교에 대한 F 값이 자유도 1과 48에서 5.899라는 사실을 지적할 필요가 있다. 이 값은 $p = .019$에서 유의하다. 여성에게 있어서는 F 값이 0.569로 유의하지 않다.[3] 따라서 남성이 성 정체성 척도에서 여성성 영역에 위치한다는 말을 듣

2 이 표와 SPSS가 내놓는 결과는 반올림 오차로 인해 약간 다르다.

3 SPSS에서 각 성별에 대해 개별적 분석을 실시하고자 한다면, `Data/Split file`로부터 시작한 다음에 성별에 근거하여 후속 분석을 분할하도록 명령해야 한다.

게 되면(그리고 아마도 위협을 느끼게 되면), 동성애를 향한 적대적 태도를 나타낼 가능성이 더 커진다. 여성에게 있어서는 그렇지 않다. 여성에서의 단순효과 검증은 영가설을 부정하지 못했으며 오히려 반대방향으로 나타났다. (윌러는 폭력적 군사 행동에 대한 지지, 부시 대통령에 대한 지지, SUV를 원하는 정도에서 매우 유사한 결과를 발견하였다.) 다시 말해서, 이러한 결과는 강건한 것으로 보인다.

만일 *R*을 사용하여 분석하고자 한다면, 그 명령 코드는 이 장을 위한 웹페이지의 `SimpleEffectsWiller.R`이라는 이름에서 찾아볼 수 있다. 누구나 분석을 실시할 때 동일한 무선 표본을 추출할 수 있도록 `'set.seed'` 명령을 사용하였다.

단순효과를 들여다보는 또 다른 방법

SPSS를 사용한 다음 절에서는 각 성에 대한 두 가지 일원변량분석으로 검증한 단순효과를 보게 된다. 단순효과를 들여다볼 수 있는 다른 두 가지 방법이 있다. 첫째, F 검증을 반복하지만, 이번에는 전체 변량분석에서 얻은 전체 오차항을 사용한다. 단순효과에 접근하는 다른 방법은 두 독립표본에 대해서 두 조건 간 t 검증을 실시하는 것이다. t 검증을 실시하면, 남성의 경우 $t=3.766$이고 여성의 경우는 $t=-0.249$이다. 이 결과에 근거하여 남성의 경우 영가설을 부정하게 된다. t 값을 제곱하게 되면 14.184와 0.062를 얻게 되는데, 이 값은 처음에 변량분석에서 얻었던 F 값과 동일하다. 이것이 참인 이유는 두 조건에 대한 F 검증이 동일한 평균을 가지고 실시한 t 검증과 정확하게 등가적인 것이기 때문이다.

17.9 SPSS를 사용한 요인변량분석

앞서 제시한 데이터에 대한 SPSS 분석을 프린트아웃한 것이 그림 17.3에 나와 있다. 데이터에서 첫 번째 변인은 1 또는 2로 코딩하며, 참가자가 남성(1) 또는 여성(2)인지를 나타낸다. 두 번째 변인은 참가자가 위협 집단(1) 또는 확증 집단(2)에 속했는지를 나타낸다. 세 번째 열은 종속변인을 포함하고 있다. 전체 변량분석 다음에 단순효과 검증이 뒤따른다. SPSS에서는 `Data`라는 표지가 붙은 풀다운 메뉴로 가서 성별에 근거하여 파일을 분리하도록 요구하면 된다. 그런 다음에 분석을 실시하면 남성에 대한 분석과 여성에 대한 분석을 개별적으로 얻게 된다.

그림 17.3_ 윌러 데이터의 SPSS 분석

단순변량분석

성별: 남성

참가자 간 효과 검증[a]

종속변인: 점수

변산원	제3유형 제곱합	*df*	평균제곱합	*F*	Sig.	부분적 에타제곱
수정 모형	34.114[b]	1	34.114	14.184	.000	.228
절편	591.680	1	591.680	246.010	.000	.837
위협	34.114	1	34.114	14.184	.000	.228
오차	115.445	48	2.405			
전체	741.239	50				
수정 모형 전체	149.559	49				

[a]성별 = 1

[b]R^2 = .228(교정 R^2 = .212)

성별: 여성

참가자 간 효과 검증[a]

종속변인: 점수

변산원	제3유형 제곱합	*df*	평균제곱합	*F*	Sig.	부분적 에타제곱
수정 모형	.158[b]	1	.158	.062	.804	.001
절편	404.360	1	404.360	159.151	.000	.768
위협	.158	1	.158	.062	.804	.001
오차	121.955	48	2.541			
전체	526.473	50				
수정 모형 전체	122.113	49				

[a]성별 = 2

[b]R^2 = .001(교정 R^2 = −.020)

17.10 통계 보기

이 책의 웹사이트에서 주효과와 상호작용 효과들을 들여다보고 조작해볼 수 있는 재미있는 프로그램을 보게 될 것이다. 다음 그림이 한 예이다.

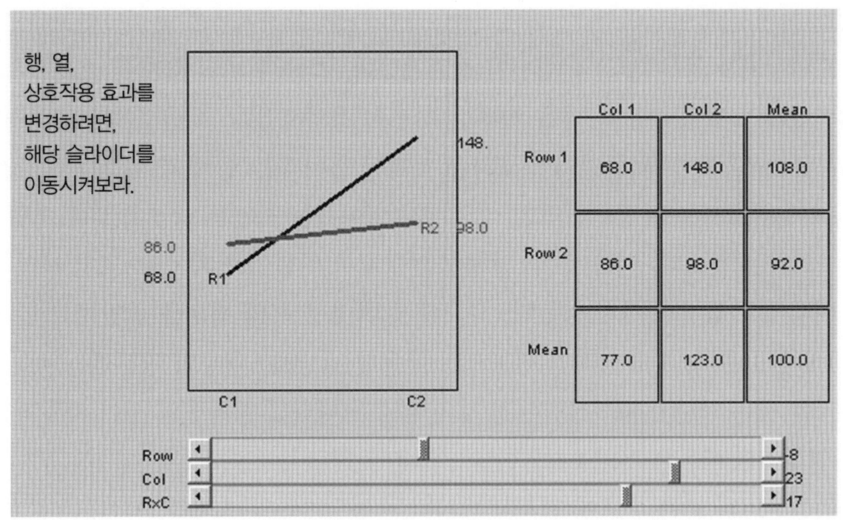

이 프로그램이 하는 일을 이해하는 최선의 방법은 직접 해보는 것이다. 화면 아래쪽에서 'Row(행)' 이름이 붙어있는 슬라이더를 볼 수 있다. 이것을 좌우로 이동시키면, 그래프에 나타나는 행 효과를 변경시키게 된다. 기본적으로 두 선분이 상하로 분리되도록 이동시킬 수 있다. 그런 다음에 'Col(열)' 이름이 붙어있는 슬라이더를 사용하면, 열 효과를 조작할 수 있는데, 선분의 오른쪽 끝을 올리거나 내림으로써 회전시키는 결과를 초래한다. 마지막으로 맨 아래쪽 슬라이더를 조작함으로써, 상호작용을 증가시키거나 감소시킬 수 있는데, 두 선분이 서로 평행적이지 않은 정도를 변화시키는 효과가 있다.

- 표 17.3에서 연령과 조건별 회상 데이터를 사용하라. 세 개의 중간 조건은 무시하고, 낱자 세기와 의도 조건에만 초점을 맞추어라. 세 슬라이더를 모두 사용함으로써, 적절한 주효과와 상호작용 효과를 만들어낼 수 있을 것이다. 데이터가 보여주는 것과 똑같은 것을 반복할 수는 없겠지만, 꽤나 근접할 수는 있겠다.
- 이제 행 효과나 열 효과를 증가시키거나 감소시켜보라. 이 효과들이 독립적이라고 말한 것의 의미를 볼 수 있을 것이다. 다시 말해서 열(그리고 상호작용) 효과는 단지 행 효과의 크기를 증가시킨다고 해서 변하지 않는다.
- 이제 열 효과나 상호작용 효과는 전혀 없지만, 상당한 행 효과를 나타내는 그래프를 만들어보라.

17.11 요약

이 장에서는 변량분석의 논의를 확장하여 두 개의 독립변인을 수반하는 설계를 포함시켰다. 요인분석에서도 여전히 각기 다른 칸에 각기 다른 참가자들이 들어간다고 가정한다. 우리는 요인설계를 둘 이상의 독립변인이 존재하며, 각 독립변인의 모든 수준은 다른 모든 독립변인들의 모든 수준과 짝을 이루는 것으로 정의하였다. 요인설계의 몇 가지 장점을 살펴보았는데, 특히 두 변인의 상호작용 효과를 들여다볼 수 있게 해준다는 장점을 보았다. 상호작용 효과는 독립변인의 한 수준에서 일어나는 사건과 다른 수준에서 일어나는 사건이 다르다는 것이다. 예를 들어, 남성성 연구에서 위협 조건과 확증 조건 간의 차이가 남성과 여성에게 있어서 전혀 달랐다. 척도에서 여성성 쪽의 점수를 받았다고 알려준(위협 조건) 남성들은 보다 남성적인 행동으로 반응한 반면에, 여성의 경우에는 비록 그 효과가 유의한 것은 아니었지만 상반된 방향의 결과가 나타났다(자신의 성이 확증되었을 때 약간 더 남성적인 행동으로 반응하였다).

다른 독립변인의 모든 수준에 걸쳐서 나타나는 독립변인의 효과를 나타내는 주효과, 그리고 다른 독립변인의 한 수준에서 나타나는 독립변인의 효과를 나타내는 단순효과도 다루었다. 단순효과는 상호작용과 마찬가지로 데이터 분석에서 가장 관심을 끄는 부분이 되는 경우가 많다.

요인설계를 위한 변량분석 계산을 살펴보았으며, 이 계산은 여러 가지 면에서 앞 장에서 다루었던 일원설계의 확장이라는 사실을 확인하였다. 주효과의 경우에는 계산할 때 다른 독립변인의 존재를 그저 무시하면 된다. 상호작용의 경우에는 계산이 다르지만, 본질적으로 $SS_{칸}$을 계산할 때 모든 칸들을 마치 일원설계인 것처럼 취급한 다음에 $SS_{칸}$에서 두 주효과를 빼면 상호작용 항을 얻게 된다. 그런 다음에 제곱합들을 그에 상응하는 자유도로 나누어 평균제곱합을 구하고, 각 평균제곱합을 오차 평균제곱합으로 나누어 F 값을 계산하게 된다. 표본크기가 동일하지 않을 때는 소프트웨어에 동일한 명령을 입력하는 경우에도 약간 다르게 계산하게 된다는 사실을 언급했다. 여기서는 더 이상 이 주제를 다루지 않았지만, 여러분이 사용하게 될 대부분의 소프트웨어는 대부분의 심리학자들이 적절한 분석이라고 간주하는 분석을 수행한다. (*R*의 anova 함수의 경우에는 그렇지 않다. 'car' 라이브러리와 Anova 함수가 필요하다.)

마지막으로 효과크기 측정치를 계산하는 방법을 보았다. r–가족 측정치(η^2과 ω^2)는 16장에서 보았던 것의 단순 확장이다. $\hat{d}$의 계산은 일원설계에서의 계산과 유사하지만, 분모(오차 측정치)의 선택이 항상 명확하지는 않다.

주요 용어

요인factor 504
이원요인설계two-way factorial design 504
요인설계factorial design 504
상호작용interaction 505
2×5 요인설계2×5 factorial 506
칸cell 506
전체 평균grand mean 507
주효과main effect 509
단순효과simple effect 509
$SS_{칸}$ 510

17.12 빠른 개관

A 요인설계란 무엇인가?

답 모든 요인의 모든 수준이 다른 모든 요인의 모든 수준과 짝을 이루는 실험설계

B 2×3 요인설계란 무엇인가?

답 하나는 두 수준을 그리고 다른 하나는 세 수준을 가지고 있는 두 독립변인 설계

C 단순효과란 무엇인가?

답 한 독립변인의 한 수준에서 다른 독립변인의 효과

D 요인설계에서 칸이 의미하는 것은 무엇인가?

답 한 변인의 한 수준, 그리고 다른 변인의 한 수준에 할당한 참가자의 데이터 집합

E 요인설계에서 오차 제곱합은 어떻게 계산하는가?

답 전체 제곱합에서 주효과 제곱합과 상호작용 제곱합을 빼고 남은 제곱합이다. 실험설계에서 어느 효과에도 속하지 않은 변산이다.

F 상호작용이 유의할 때, 주효과에 대해서 어떤 말을 해야만 하는가?

답 일반적으로 그 경우에는 주효과를 무시하게 되지만, 그렇게 말해야만 하는 규칙이 있는 것은 아니다. 이 경우에는 일반적으로 단순효과가 더 적절하다.

G 변량분석에서 언제 d–가족 효과크기 측정치를 사용하겠는가?

답 일반적으로 두 집단 또는 집단 집합을 비교할 때 사용한다. 동시에 셋 이상의 집단에 적용할 때는 그 의미가 모호해진다.

H 요인설계에 대해서 r–가족 효과크기 측정치가 알려주는 것은 무엇인가?

답 그 연구에서 다루고 있는 효과의 차이가 설명할 수 있는 변산의 백분율을 나타낸다.

I 요인변량분석에서 가장 중요한 자질은 무엇인가?

답 변인들 간의 상호작용을 살펴볼 수 있는 능력

17.13 연습문제

17.1 토마스와 왕(Thomas & Wang, 1996)은 외국어 어휘 학습에서 기억의 효과를 알아보고자 하였다. 여러분들도 외국어 단어를 기억하는 한 가지 좋은 전략이 기억술에서 사용하는 핵심단어를 생각하는 것이라는 이야기를 들어보았을 것이다. 예를 들어, 타갈로그어(필리핀의 공식 언어)에서 안경이라는 단어는 *salamin*이다. 이 단어는 영어의 'salmon'과 비슷하게 발음한다. 따라서 가능한 한 가지 전략은 연어가 안경을 끼고 있는 모습의 심상을 형성하는 것이다. 오래전부터 이러한 유형의 부호화 전략을 권장해왔으며, 이 전략을 시도하는 사람들은 일반적으로 외국어 어휘에 대하여 우수한 즉각적 회상을 보고한다. 이 전략은 이중부호 이

론과 잘 맞아떨어지는데, 이 이론에서는 단어를 어휘적으로뿐만 아니라 시각적으로도 저장하는 것으로 간주한다.

그렇지만 이 현상을 살펴본 연구들은 일반적으로 동일한 참가자에게 항목들을 여러 차례 회상하도록 요구한다. 각각의 회상 단계는 부가적인 연습 단계를 의미하기 때문에, 연습과 시간의 효과가 혼입되어 있다. 이 문제를 제거하기 위하여 토마스와 왕은 두 회상 간격에서 서로 다른 참가자들을 참여시켰다. 이들의 결과와 거의 유사한 평균과 변량을 갖는 데이터를 아래에 제시하였다.

토마스와 왕은 참가자를 세 전략 집단으로 나눈 연구를 실시하였으며, 두 가지 시간 간격(5분 또는 이틀) 중 하나에서 이들을 검증하였다. 전략은 다음과 같다.

핵심단어 생성 전략	참가자가 24개 타갈로그 단어를 기억하는 데 도움을 주는 핵심단어를 스스로 생성하였다.
핵심단어 제공 전략	실험자가 24개 타갈로그 단어를 기억하는 데 도움을 주는 핵심단어를 제공하였다.
기계적 학습 전략	참가자에게 타갈로그 단어의 의미를 기억하라는 지시만을 주었다.

종속변인은 5분 또는 이틀 후에 회상한 영어 단어의 수였다.

생성/5분	18	9	22	21	11	10	16	13	4	15	21	17	17
제공/5분	24	19	19	23	21	23	19	22	20	21	18	18	20
기계/5분	7	21	14	18	12	24	15	11	16	11	18	24	9
생성/이틀	7	8	7	2	6	4	4	4	5	2	2	1	0
제공/이틀	2	1	2	4	0	2	2	4	0	3	0	2	4
기계/이틀	15	23	9	18	13	7	7	3	5	12	26	15	13

(a) 여러분은 이 설계를 어떻게 특징짓겠는가?

(b) 합리적인 연구가설은 무엇이겠는가?

(c) 칸 평균과 표준편차를 계산하라.

17.2 연습문제 17.1 데이터가 의도하는 바를 보여주기 위해서 평균들의 그래프를 그려보라.

17.3 연습문제 17.1 데이터에 대해 *R* 또는 SPSS를 사용하여 변량분석을 실시하고 적절한 결론을 내리라.

17.4 연습문제 17.3 분석에서 상호작용의 존재는 단순효과를 조사해보는 것이 도움이 되겠다는 사실을 시사한다. 각 시간 간격에서 전략에 따른 차이에 대한 단순효과를 계산하고, 그 결과를 해석하라. (나는 데이터 파일을 분할하여 각 시간 수준에서 개별적인 분석을 실시할 것을 제안한다.)

17.5 본페로니 검증을 사용하여 연습문제 17.4의 결과를 정교화시켜 보라.

17.6 연습문제 17.1~17.4의 결과는 확실히 극단적이며, 통계치들도 비정상적으로 보인다. 여러분이 이 데이터에서 애를 먹고 있는 것은 무엇인가?

17.7 앞의 여섯 연습문제와 관련해서, 다음번 스페인어 시험을 위한 공부 방법에 대해 여러분이 배운 것은 무엇인가?

17.8 어머니-유아 상호작용에 대한 연구에서 훈련받은 관찰자들이 어머니와 유아 간의 상호작용 질을 평가하였다. 어머니들은 그 유아가 맏이인지 여부에 따라서(초산 대 다산) 그리고 유아가 저체중 출산(Low Birth Weight: LBW)인지 아니면 정상아(Full-Term: FT)인지에 따라서 분류하였다. 데이터는 12점 척도 점수를 나타내며, 이 척도에서 높은 점수는 보다 우수한 어머니-유아 상호작용을 나타낸다.

초산/LBW	6	5	5	4	9	6	2	6	5	5
초산/FT	8	7	7	6	7	2	5	8	7	7
다산/LBW	7	8	8	9	8	2	1	9	9	8
다산/FT	9	8	9	9	3	10	9	8	7	10

적절한 변량분석을 실시하고 해석하라.

17.9 연습문제 17.8을 다시 보라. 표본크기가 전집에서의 상대적 빈도라는 특성을 제대로 반영하지 못하는 것이 명확해 보인다. 여러분은 이 표본들에서 초산 어머니의 평균이 초산 어머니 전집의 평균에 대한 좋은 추정치라고 생각하는가? 그 이유는 무엇인가?

17.10 단순효과 절차를 사용하여 다산 어머니에서 저체중 출산 조건과 정상아 조건을 비교하라. (전체 실험에서 얻은 $MS_{오차}$를 사용하는 대신에 오차항을 재계산하라.)

17.11 연습문제 17.10에서는 전통적인 단순효과 절차를 사용하였다.

(a) 다산 어머니의 경우 $MS_{오차}$를 통합 오차항으로 사용하여 LBW 집단과 정상아 집단의 평균 간에 t 검증을 실시한다면 어떤 일이 일어나겠는가?

(b) 비교하는 두 집단만의 통합 변량을 사용한다면 어떤 차이가 있겠는가?

17.12 16장에서는 스필리크 등(Spilich et al., 1992)의 연구에서 흡연 행동에 근거하여 세 집단을 비교했던 세 가지 각기 다른 사례들이 있었다. 과제를 한 변인으로 하고, 흡연 집단을 다른 변인으로 사용함으로써 이 연구를 3×3 요인설계로 만들 수 있다. 종속변인은 실험 참가자가 그 과제에서 저지른 실수의 수이다. 그 데이터를 아래에 다시 제시하였다.

패턴 재인			회상 과제			운전 시뮬레이션		
비흡연	지연 흡연	적극 흡연	비흡연	지연 흡연	적극 흡연	비흡연	지연 흡연	적극 흡연
9	12	8	27	48	34	15	7	3
8	7	8	34	29	65	2	0	2
12	14	9	19	34	55	2	6	0
10	4	1	20	6	33	14	0	0

7	8	9	56	18	42	5	12	6
10	11	7	35	63	54	0	17	2
9	16	16	23	9	21	16	1	0
11	17	19	37	54	44	14	11	6
8	5	1	4	28	61	9	4	4
10	6	1	30	71	38	17	4	1
8	9	22	4	60	75	15	3	0
10	6	12	42	54	61	9	5	0
8	6	18	34	51	51	3	16	6
11	7	8	19	25	32	15	5	2
10	16	10	49	49	47	13	11	3

이 설계를 위한 칸 평균들의 그래프를 그려보라.

17.13 연습문제 17.12의 데이터에 대한 변량분석을 실시하고 적절한 결론을 내리라.

17.14 문제를 풀기 위해서 연필을 들기도 전에 아마도 여러분은 연습문제 17.13의 데이터에 대해서 적어도 하나의 결론을 내릴 수 있을 것이다. 그 결론은 무엇이며, 어째서 그 결론은 관심대상이 아닌 것인가?

17.15 연습문제 17.13의 결과를 설명하기 위하여 필요한 단순효과를 계산하라. 그 결과는 흡연 효과에 대해 무엇을 알려주는가?

17.16 연습문제 17.15에서 보호 t 검증을 사용하여 운전 시뮬레이션 과제에서 비흡연 집단을 다른 두 집단과 비교하라.

17.17 연습문제 16.2로 되돌아 가보면, 이 문제가 실제로는 2×2 요인설계임을 알 수 있다. 요인 변량분석을 실시하고 그 결과를 해석하라. (여기 데이터를 다시 제시하였다.)

젊은 참가자/낮은 수준	8	6	4	6	7	6	5	7	9	7
젊은 참가자/높은 수준	21	19	17	15	22	16	22	22	18	21
나이 든 참가자/낮은 수준	9	8	6	8	10	4	6	5	7	7
나이 든 참가자/높은 수준	10	19	14	5	10	11	14	15	11	11

17.18 연습문제 16.3에서 집단 1과 집단 3의 결합 대 집단 2와 집단 4의 결합을 비교하는 검증을 실시했다. 그 검증을 연습문제 17.16의 검증과 어떻게 비교하겠는가? 두 검증 간에 어떤 차이가 있는가?

17.19 누르콤 등(Nurcombe et al., 1984)은 저체중 신생아(LBW) 어머니를 위한 개입 프로그램을 수행하였다. (저체중 신생아가 보이는 신호를 알아채기는 어렵기 십상이며, 프로그램은 그 신호를 알아채는 훈련을 제공하는 것이었다.) 한 집단의 어머니들은 저체중 신생아의 미묘한 신호에 반응을 보이는 훈련을 받은 반면, 다른 집단은 그러한 훈련을 받지 않았다. 정상체중 신생아 어머니로 구성된 세 번째 집단은 통제집단이었다. 이에 덧붙여 어머니들을 교

육 수준에 따라 구분하였다. 이 연구의 부분적인 결과는 다음과 같다.

	집단			
교육 수준	집단 1 LBW 실험집단	집단 2 LBW 통제집단	집단 3 정상아 집단	연령 평균
고등 교육 이하	14	25	18	
	20	19	14	
	22	21	18	
	13	20	20	
	13	20	12	
	18	14	14	
	13	25	17	
	14	18	17	
평균	15.875	20.250	16.250	17.485
고등 교육 이상	11	18	16	
	11	16	20	
	16	13	12	
	12	21	14	
	12	17	18	
	13	10	20	
	17	16	12	
	13	21	13	
평균	13.125	16.500	15.625	15.083
집단 평균	14.500	18.375	15.938	16.271

(a) 이 결과에 적절한 변량분석을 실시하라.

(b) 개입 프로그램의 효과에 대해서 어떤 결론을 내리겠는가?

17.20 연습문제 17.19에 나와 있는 어머니 적응 데이터에서 η^2과 ω^2을 계산하라.

17.21 연습문제 17.17의 데이터에서 집단의 주효과를 위한 $\hat{d}$을 계산하라.

17.22 연습문제 17.19에서 교육 수준에 따른 차이에 대하여 $\hat{d}$을 계산하라. 정상 체중 조건을 무시하고 두 저체중 집단을 비교하기 위한 $\hat{d}$을 계산하라.

17.23 2×2 요인설계에서 주효과는 없지만 상호작용 효과가 있는 데이터 집합을 구성해보라.

17.24 일차 관심사가 상호작용 효과에 있는 합리적인 실험 하나를 기술하라.

17.25 연습문제 17.1의 데이터에서 η^2과 ω^2을 계산하라.

17.26 연습문제 17.1의 데이터의 두 주효과에 대한 $\hat{d}$을 계산하라. (실험설계에 대해서 여러분이 이해한 것에 근거하여 비교하는 것이 합리적인 것으로 보이는 두 집단을 선택하라.)

17.27 연습문제 17.13의 데이터에서 η^2과 ω^2을 계산하라.

17.28 연습문제 17.13의 데이터에서 비교를 위해 적절한 집단을 선택하여 두 주효과에 대한 $\hat{d}$을 계산하라.

17.29 η^2과 ω^2의 공식을 비교하고, 언제 두 통계치가 상당히 일치하는지 그리고 언제 현저하게 차이를 보이게 되는지를 말해보라.

17.30 본문 17.1절에서 분석한 아이젱크(1974) 연구에서, 연령에 따른 변화에 대한 아이젱크 가설의 실제 검증은 상호작용에서 볼 수 있다. 그 이유는 무엇인가?

17.31 표 17.4의 결과를 논의하는 과정에서, 모든 가능한 단순효과를 기계적으로 계산하지 말고 여러분이 관심을 갖는 것만을 들여다보아야 한다고 언급하였다. 이렇게 말한 이유를 16장에서 논의한 가족 단위 오류율에 비추어서 설명해보라.

17.32 어번 대학교의 베키 리들(Becky Liddle)은 1997년에 교실에서 성적 지향을 노출하는 것에 관한 연구를 발표했다. 그녀는 동일한 강의를 네 차례 맡았으며, 마지막 강의가 있는 주에 두 학급에서는 자신이 레즈비언이라고 밝히고, 다른 두 학습에서는 밝히지 않았다. 그녀는 이러한 사실 표명이 학생들의 강의 평가에 영향을 미치는지에 관심이 있었다. 두 조건에서의 평균과 변량을 학생 성별에 따라 나누어 정리한 결과가 아래에 제시되어 있다. 각 칸에는 15명의 학생이 있었다. 이원 변량분석을 실시하고 적절한 결론을 내려보라. (평균은 리들이 얻은 것과 동일하지만, 그녀가 했던 것처럼 중간 평가에서의 차이를 통제할 수 없었기 때문에, 성별 효과는 그녀가 얻었던 효과와 다르다. 다른 효과들은 유사한 결론으로 이끌어간다.)

성적 동일시:

	사실 표명	불표명	평균
여성	37.15	36.56	36.86
남성	33.00	33.00	33.00
평균	35.08	34.78	34.93

평균 칸 내 변량 = 20.74

18장 반복측정 변량분석

앞선 장에서 기억할 필요가 있는 개념

$SS_{전체}$, $SS_{집단}$, $SS_{오차}$	모든 점수의 제곱합, 집단 평균의 제곱합, 집단 내 제곱합
$MS_{집단}$, $MS_{오차}$	집단 평균의 평균제곱합, 집단 내 평균제곱합
상호작용 interaction	한 변인의 효과가 다른 변인의 의존적이거나 조건적인 상황
자유도 degrees of freedom(df)	하나 이상의 모수치를 추정한 후에 남는 독립적인 정보의 개수
효과크기 effect size($\hat{d}$)	처치 효과를 나타내기 위한 측정치
에타제곱(η^2), **오메가제곱**(ω^2)	상관에 기반을 둔 효과크기 측정치
다중비교 multiple comparisons	특정한 집단 평균들 간의 차이에 대한 검증

이 장에서는 동일한 사람으로부터 둘 이상의 점수를 얻게 되는 사례를 다룬다. 반복측정이 독립적이지 않다는 사실을 고려하는 것이 중요한 이유를 살펴볼 것이며, 분석하는 방법을 보게 될 것이다. 또한 처치평균들 간의 다중비교를 살펴볼 것이며 이러한 설계의 장단점을 다룰 것이다.

앞의 두 장에서는 각 집단이나 칸에 서로 다른 참가자가 들어가는 실험설계에 초점을 맞추었다. 이러한 설계를 **참가자 간 설계**(between-subjects design)[1]라고 부른다. 왜냐하면 서로 다른 참가자 집단 간의 비교를 수반하기 때문이다. 그렇지만 많은 실험설계는 동일한 참가자가 둘 이상의 처치조건에서 반응하는 것을 포함한다. 예를 들어, 어떤 행동의 기저선 측정을 하고(예: 처치 프로그램이 시작되기 전에 실시하는 측정), 처치 프로그램이 끝났을 때 또다시 측정을 하고, 추후 6개월의 기간이 지난 후에 세 번째 측정을 할 수 있다. 참가자를 반복적으로 측정하는 이와 같은 설계를 **반복측정설계**(repeated-measures design)라고 부르며, 바로 이 장의 주제이다. 여기서 비교는 동일한 참가자 내의 점수로 이루어지며, 때때로 **참가자 내 설계**(within-subjects designs)라고 불린다. 여러분은 내가 방금 반복측정 변량분석이라고 기술한 것이 앞에서 상관표본 t 검증이라고 부른 것과 아주 유사하다는 사실을 알아차렸을 것이다. 물론 변량분석에서는 단지 두 측정으로만 제한하지 않는다. 실제로 반복측정 변량분석은 상관표본 t 검증의 일반화라고 할 수 있다. 동일한 맥락에서 내가 상관표본 t 검증에 대해서 언급했던 모든 사실이 여기서도 적용된다. 동일한 참가자에 대한 다중 측정뿐만 아니라, 만일 둘 이상의 표본들이 어떠한 방식으로든 관련되어 있으면 이 설계를 적용한다. 지금까지 이 설계의 가장 보편적인 사용은 동일 집단 참가자를 동일 종속변인에서 반복 측정하는 경우이며, 이 장에서 다룰 모형도 바로 이것이다.

각 참가자가 모든 독립변인의 모든 수준에서 반응을 하는지 아니면 몇몇 독립변인은 서로 다른 참가자 집단을 사용하는 반면, 다른 독립변인들은 동일한 참가자 집단을 사용하는지에 따라서 아주 다양한 반복측정설계가 존재한다. 이 장에서는 가장 단순한 경우, 즉 하나의 독립변인이 있고 각 참가자가 그 변인의 모든 수준에서 반응하는 경우만을 다루기로 한다. 보다 복잡한 설계의 분석을 위해서는 하월(Howell, 2012) 또는 와이너 등(Winer, Brown, & Michels, 1991)을 참고하기 바란다.

18.1 예: 지진에 대한 반응으로서의 우울

놀런 혹시마와 모로(Nolen-Hoeksema & Morrow, 1991)는 1989년 미국 캘리포니아에 대지진이 발생하기 3주 전에 대학생들을 대상으로 우울을 측정할 기회가 있었다. 이 지진은 학

1 미국심리학회(APA)의 표준 형식은 인간 참가자(subject)를 '실험 참가자(참가자, participant)'나 이와 유사한 용어로 표현할 것을 요구한다. 그렇지만 통계 분석에서는 '참가자'라는 단어를 여전히 사용하고 있으며, 실험설계를 지칭하는 표준적인 방식이기에 이 장 전반에 걸쳐서 그대로 사용하고 있다. (이 책을 번역하면서 번역서인 이 책에서는 '참가자'라는 표현을 지양하고 '참가자'라는 용어를 사용하였다.)

표 18.1_ 지진 전후의 우울 점수[놀런 훽시마와 모로(1991)에 근거한 데이터]

(a) 데이터

참가자	0주	3주	6주	9주	12주	참가자 평균
1	6	10	8	4	5	6.6
2	2	4	8	5	6	5.0
3	2	4	8	5	5	4.8
4	4	5	8	10	7	6.8
5	4	7	9	7	11	7.6
6	5	7	9	7	7	7.0
7	2	9	11	8	7	7.4
8	6	9	11	8	8	8.4
9	13	10	11	8	8	10.0
10	7	3	11	8	11	8.0
11	7	12	8	8	10	9.0
12	7	10	11	9	11	9.6
13	9	10	13	10	10	10.4
14	9	11	12	6	12	10.0
15	11	11	12	19	6	11.8
16	11	12	12	12	19	13.2
17	12	12	12	13	15	12.8
18	12	12	13	13	15	13.0
19	7	12	13	13	14	11.8
20	13	10	13	14	15	13.0
21	13	14	11	15	15	13.6
22	13	14	14	17	16	14.8
23	13	14	15	11	16	13.8
24	14	14	15	20	14	15.4
25	15	17	16	21	18	17.4
주 평균	**8.68**	**10.12**	**11.36**	**10.84**	**11.24**	**10.448**

전체 평균=10.448 ΣX=1306.00 ΣX^2=15596.00 N=125 w=주의 수=5 n=참가자 수=25

(b) 계산

$$SS_{전체} = \Sigma(X - \overline{X}_{gm})^2 = \Sigma X^2 - \frac{(\Sigma X)^2}{N} = 15{,}596.00 - \frac{1306^2}{125} = 1{,}950.912$$

$$SS_{참가자} = w\Sigma(\overline{X}_{참가자} - \overline{X}_{gm})^2 = 5[(6.80 - 10.448)^2 + \cdots + (17.40 - 10.448)^2] = 1{,}375.712$$

$$SS_{주} = n\Sigma(\overline{X}_{주} - \overline{X}_{gm})^2 = 25[(8.68 - 10.448)^2 + \cdots + (11.24 - 10.448)^2] = 121.152$$

$$SS_{오차} = SS_{전체} - SS_{참가자} - SS_{주} = 1{,}950.912 - 1{,}375.712 - 121.152 = 454.048$$

(계속)

표 18.1_ 지진 전후의 우울 점수[놀런 휙시마와 모로(1991)에 근거한 데이터](계속)

(c) 요약표

변산원	*df*	SS	MS	*F*	*p*
참가자	24	1375.712			
주	4	121.152	30.288	6.40	.0001
오차	96	454.048	4.730		
전체	124	1950.912			

생들에게 상당한 영향을 미칠 것으로 예상할 수 있는 대단한 것이었다. 지진이 일어난 후에 연구자들은 적응을 추적하기 위하여 동일한 학생들로부터 반복 데이터를 수집하였다. 다음에 제시하는 데이터는 이들의 결과를 모델로 삼아 만든 것이다. 측정은 지진이 일어나기 2주 전에 시작하여 매 3주마다 수행한 것으로 만들었다. 그 데이터가 표 18.1에 나와 있다.

우선 표 18.1(a)를 보자. 데이터에는 상당한 변산이 있지만, 그 변산 대부분은 우울 증상의 개인차에서 유래하는 것이며 지진 효과와는 실제로 아무 관계가 없는 것이다. 여러분이 나보다 일반적으로 더 우울하다는 사실은 지진이 그 지진을 경험한 사람의 우울을 증가시키는 효과가 있는지의 여부에 대해서 아무것도 알려주는 것이 없다. 단지 우울의 심각성에서 개인차가 있을 뿐이다. 이러한 개인차는 한 시점에서의 관찰값과 다른 시점에서의 관찰값 간의 상관을 초래할 뿐이며, 반복설계를 강력하게 만들어주는 것이 바로 전반적인 지진효과에서 이 상관을 제거하는 것이다. 참가자 간 설계에서는 할 수 없지만 반복측정설계에서는 할 수 있는 것은 $SS_{전체}$에서 사람들의 일반적인 우울 수준에서 나타나는 변산을 제거하는 것이다. 이렇게 하는 것은 오차항에서 개인차를 제거함으로써, 그렇게 하지 않을 때보다 작은 $MS_{오차}$를 만들어내는 효과를 갖는다. 우울에서의 개인차를 측정하는 $SS_{참가자}$라고 부르는 항을 계산함으로써 이 작업을 수행하게 된다. 그런 다음에 $SS_{오차}$를 계산할 때 $SS_{전체}$로부터 $SS_{주}$와 함께 $SS_{참가자}$를 빼게 된다(모든 점수가 상이한 참가자를 나타내는 참가자 간 설계에서 $SS_{참가자}$를 계산한다면, $SS_{전체}$와 동일한 것이 된다).

표 18.1(b)에서 $SS_{전체}$는 일반적인 방식으로 계산하는 것을 볼 수 있다. 마찬가지로 $SS_{참가자}$와 $SS_{주}$도 주효과를 계산하는 방식과 동일하게 계산한다(전체 평균과 집단 평균 간의 편차를 제곱하여 합한 다음에 각 평균당 관찰 수로 곱한다). 마지막으로 오차항은 $SS_{전체}$에서 $SS_{참가자}$와 $SS_{주}$를 빼서 얻게 된다.

표 18.1(c)의 요약표를 보면, 기간의 *F* 값은 계산했지만 참가자의 *F* 값은 계산하지 않은 것을 알 수 있다. 그 이유는 $MS_{오차}$가 참가자의 *F* 값을 계산하는 데 적합한 분모가 아니기 때문이다. 따라서 참가자 변인을 검증할 수는 없다. 그렇기는 하지만, 이것이 그렇게 큰

그림 18.1_ 12주에 걸친 평균 우울 점수

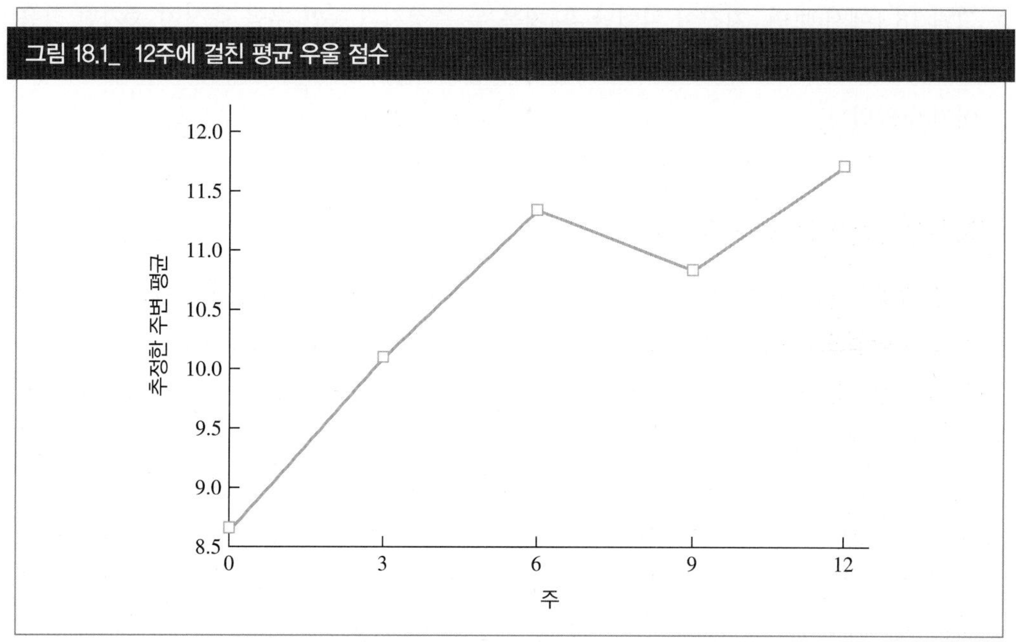

손실은 아니다. 참가자들이 상호간에 얼마나 다른지에는 관심을 두는 경우가 거의 없기 때문이다. $SS_{참가자}$를 계산하는 것은 단지 오차항으로부터 그러한 차이를 제거함으로써 기간의 효과를 검증하기 위한 적절한 오차항을 계산할 수 있게 해주기 때문이다.

여러분은 참가자×기간($S \times W$) 상호작용이 요약표에 나와 있지 않은 것도 알아차렸을지 모르겠다. 칸당 단지 하나의 점수만이 있을 때 상호작용 항은 오차항이 된다. 실제로 어떤 사람들은 오차 대신에 $S \times W$라고 표기하는 것을 선호한다. 이것을 오차로 간주하든지 아니면 $S \times W$ 상호작용으로 간주하든지 간에, 이 항은 여전히 기간에 대한 F 값에 적절한 분모가 된다.

기간에 대한 F 값은 자유도 4와 96에 근거한 6.40이다. 자유도 4와 96에서 F의 임계치는 $F_{.05}(4, 96) = 2.49$다. 따라서 H_0: $\mu_1 = \mu_2 = \cdots\cdots = \mu_5$를 기각하고 지진은 우울 점수 증가와 통계적으로 유의하게 관련되었다고 결론 내릴 수 있다. 그림 18.1에 제시한 것처럼 12주에 걸친 평균들의 분포를 들여다보면 무슨 일이 일어났는지를 보다 쉽게 볼 수 있다.

> 표 18.1의 계산이 앞선 두 장에서의 계산과 크게 다르지 않다는 사실에 주목하기 바란다. 단지 평균의 특정 집합(예: 집단 평균이나 참가자 평균)과 전체 평균 간의 편차를 취하여 제곱하고 합할 뿐이다. 그런 다음에 적절한 상수로 곱하게 되는데, 그 상수는 각 평균들이 근거하는 관찰 수에 해당한다. 자유도는 해당하는 평균의 편차 개수에서 1을 뺀 값이 된다.

그림 18.1에서 보면, 지진이 일어난 후 처음 두 측정시기 동안 우울 증상이 증가한 다음 안정되기 시작하였다는 사실을 알 수 있다. 그렇지만 12주가 지난 후에도 원래 수준으로 떨어지지 않았다.

반복측정설계에 SPSS 사용하기

학생을 비롯한 독자들이 반복측정설계를 수작업으로 계산할 가능성은 상대적으로 단순한 설계를 수작업으로 계산하는 것보다 매우 낮다고 생각한다. 따라서 SPSS를 사용하여 그 계산을 수행하는 방식으로 곧바로 넘어가고자 한다. 그런 다음에 *R*로 넘어갈 것인데, *R*의 사용은 잠시 후면 명백해질 이유로 인해서 조금 더 복잡하다.

반복측정 분석이 몇몇 통계 소프트웨어에서는 문제가 될 수 있다. SPSS는 이 분석을 비교적 쉽게 해낼 수 있지만, 그 프린트아웃은 여러분이 기대하는 것과 사뭇 다를 수 있다. 그림 18.2와 18.3에 그러한 프린트아웃의 요약을 제시한다. 또한 데이터를 어떻게 데이터 파일에 집어넣는 것이며(참가자당 한 줄씩) 다양한 대화 상자에서 어떤 선택을 해야 하는 것인지를 보여줄 것이다. 지면을 절약하기 위하여 처음 열 명의 참가자의 데이터만을 제시한다. (그림 18.2의 부분 데이터가 아니라 표 18.1의 모든 데이터를 입력해야 한다는 사실에 유념하라.)

각 줄은 단일 참가자의 데이터를 나타낸다는 사실에 주의하라. 그런 다음에 SPSS *Analyze/General Linear Model/Repeated Measures*(분석/일반 선형 모형/반복측정) 명령어를

그림 18.2_ 지진 데이터에 대한 SPSS 분석. 처음 10명의 데이터만 제시한 것이다.

	week0	week3	week6	week9	week12
1	6.0	10.0	8.0	4.0	5.0
2	2.0	4.0	8.0	5.0	6.0
3	2.0	4.0	8.0	5.0	5.0
4	4.0	5.0	8.0	10.0	7.0
5	4.0	7.0	9.0	7.0	11.0
6	5.0	7.0	9.0	7.0	7.0
7	2.0	9.0	11.0	8.0	7.0
8	6.0	9.0	11.0	8.0	8.0
9	13.0	10.0	11.0	8.0	8.0
10	7.0	3.0	11.0	8.0	11.0

출처: SPSS, IBM Company

그림 18.3_ SPSS를 사용하여 반복측정 변량분석을 규정하는 방법을 보여주는 대화상자

(a) 반복측정 변인의 이름과 수준의 수를 규정한다.

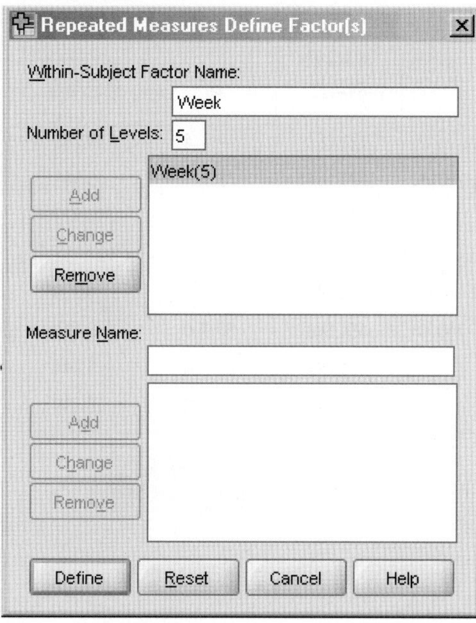

출처: SPSS, IBM Company

(b) 설계를 규정한다.

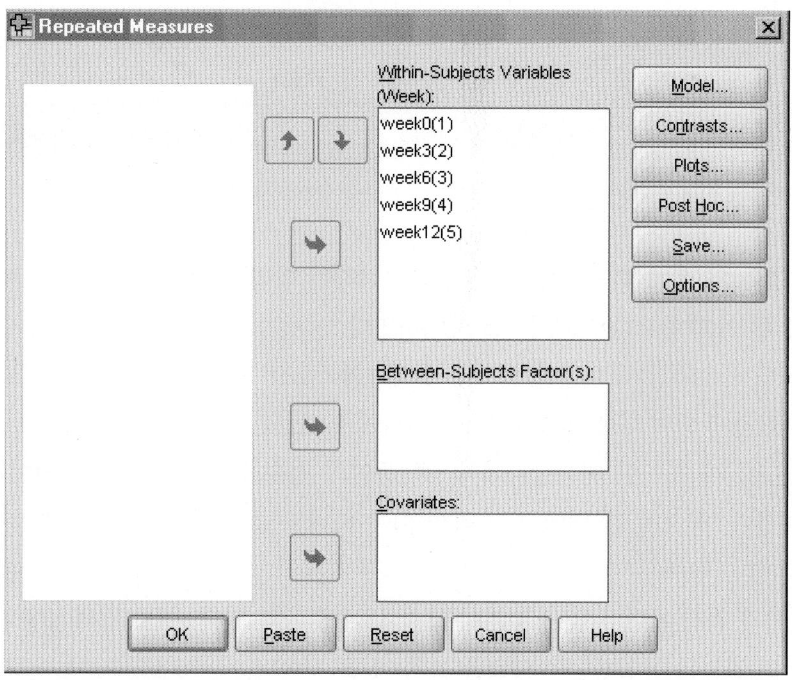

출처: SPSS, IBM Company

그림 18.4_ SPSS 결과의 일부분

참가자 내 효과 검증

측정: MEASURE_1

변산원		제3유형 제곱합	*df*	평균제곱	*F*	Sig.
WEEKS	구형성 가정	121.152	4	30.288	6.404	.000
	그린하우스-가이서	121.152	3.371	35.941	6.404	.000
	후인-펠트	121.152	3.988	30.379	6.404	.000
	하한값	121.152	1.000	121.152	6.404	.018
오차(WEEKS)	구형성 가정	454.048	96	4.730		
	그린하우스-가이서	454.048	80.900	5.612		
	후인-펠트	454.048	95.714	4.744		
	하한값	454.048	24.000	18.919		

가정의 위배에 의한 교정

주간 차이를 검증하기 위한 오차항

시간 경과에 대한 *F* 값

참가자 간 효과 검증

측정: MEASURE_1

변환된 변인: 평균

변산원	제3유형 제곱합	*df*	평균제곱	*F*	Sig.
절편	13645.088	1	13645.088	238.046	.000
오차	1375.712	24	57.321		

$SS_{참가자}$

'H_0: 전체 평균=0'가 참일 때 *F* 값

사용하여 분석의 설계를 규정한다. 분석을 설정하는 방법이 일반적이지 않기 때문에, 그림 18.3에 두 가지 중요한 대화상자를 제시하였다.

이 시점에서 *Add*(첨가) 버튼을 클릭하여 정보를 윈도우로 이동시킨 다음에 *Define*(정의) 버튼을 클릭하게 되면 다음 대화상자가 나타나게 된다.

그림 18.3(b)에 제시한 대화상자에서 5주 동안의 점수들이 참가자 내 변인이라는 사실을 규정하였다. 참가자 간 변인(또는 공변인)이 하나도 없기 때문에, 이 대화상자들이 비어있는 것이다.

변량분석과 가장 관련이 높은 부분이 그림 18.4에 나와 있다. 이 그림의 결과가 표 18.1에서 얻었던 결과와 동일하다는 사실을 볼 수 있을 것이다.

그림 18.4에 나와 있는 많은 수치들을 표 18.1에서 볼 수 있지만, 새로운 것들도 많이

있다. 이것들은 약간의 설명이 필요하다.

SPSS가 반복측정 변량분석을 실시할 때는, 요약표를 반복측정을 다루는 부분(참가자 내 효과)과 동일한 참가자에게서 반복되지 않은 측정치를 다루는 부분(참가자 간 효과)으로 분할하게 된다. 참가자 내 효과를 다루는 출력에서는 기간에 대한 검증을 보게 되는데, 이것이 바로 우리가 관심 가지는 효과이다. 이 F 값(6.404)은 우리가 앞에서 얻었던 F 값과 동일하다. 그렇지만 바로 그 표에서 그린하우스와 가이서(Greenhouse & Geisser)의 값, 후인과 펠트(Huynh & Feldt)의 값, 그리고 하한값(Lower Bound)도 볼 수 있다. 이 값들은 기간의 쌍들 간의 상관이 동일하다는 가정을 위배했을 때 적용할 수 있는 교정치들이다. 이것에 대한 보다 상세한 논의를 보려면 하월(Howell, 2012)을 참조하라.

출력의 참가자 간 부분에서는 일반적으로 참가자 간의 차이와 관련된 검증을 보게 된다. 여기서는 참가자 간 변인이 없기 때문에(만일 데이터를 남녀로 분할했다면, 서로 다른 참가자에 근거한 것이 될 것이다) 유일한 검증은 전체 평균이 0.0이라는 영가설을 검증하는 것이다. 그러한 검증이 관심을 끄는 경우는 거의 없으며, 일반적으로 무시한다.

18.2 다중비교

계속해서 분석을 하여 평균들 간의 비교를 수행하고자 한다면, 16장에서 논의했던 보호 t 절차를 사용할 수 있다. (아니면, 선택한 유의도 수준을 검증의 숫자로 나누어줌으로써 본페로니 절차를 사용할 수 있다. 두 검증에 필요한 계산은 똑같다.) 보호 t 절차에서는 이 분석에서 사용했던 $MS_{오차}$가 적절한 오차항이 된다. 지금의 데이터는 너무도 명백해서 다중비교를 통해서 얻게 될 것이 거의 없다. 그렇기는 하지만 지진 전의 평균 우울 점수를 지진 후의 모든 우울 점수의 평균과 비교함으로써 그 절차를 예시하고자 한다. 전체 F 값이 유의했기 때문에, 이 비교를 위하여 보호 t 검증을 사용할 수 있다.

지진 전의 평균 우울 점수는 표 18.1에서 보는 것과 같이 8.68이다. 지진 후 평균은 다음과 같이 계산할 수 있다.

$$\overline{X}_{지진\ 후} = \frac{10.12 + 11.36 + 10.84 + 11.24}{4} = 10.89$$

지진 전과 후의 우울을 비교하기 위해서 다음과 같이 t 값을 구한다.

$$t = \frac{\overline{X}_i - \overline{X}_j}{\sqrt{MS_{오차}\left(\frac{1}{n_i} + \frac{1}{n_j}\right)}} = \frac{\overline{X}_{지진\ 전} - \overline{X}_{지진\ 후}}{\sqrt{MS_{오차}\left(\frac{1}{n_{지진\ 전}} + \frac{1}{n_{지진\ 후}}\right)}}$$

$$= \frac{8.68 - 10.89}{\sqrt{4.74\left(\frac{1}{25} + \frac{1}{100}\right)}} = \frac{-2.21}{\sqrt{0.237}} = -4.54$$

이 t 값은 $df_{오차}$의 자유도를 갖는다. 통합 변량 대신에 $MS_{오차}$를 사용했기 때문이다. t 값 -4.54는 $\alpha = .05$에서 확실히 유의하다. 따라서 전반적으로 지진 후에 우울 점수가 유의하게 높다고 결론 내릴 수 있다. 평균들이 두 개의 독립표본에서 나온 것처럼 오차항을 조절했기 때문에 보호 t 검증을 실시할 수 있다는 사실에 주목하라.[2]

여러분은 데이터가 독립적이지 않다는 사실을 알고 있을 때 어떻게 표준 독립집단 t 검증처럼 보이는 검증을 적용할 수 있는 것인지 의아해할지도 모른다. 여러분은 13장에서 우리가 차이를 만들어 그 차이의 표준편차를 취함으로써 비독립적 관찰을 다루었다는 사실을 기억할 것이다. 여러분은 14장 각주 1(400쪽) 차이 점수를 가지고 계산하는 이유가 변인 X_1과 X_2 간의 상관을 알지 못하는 한 독립적이지 않은 표본들의 차이변량을 X_1과 X_2로부터 직접 계산해낼 수 없기 때문이라는 사실을 추론할 수 있을 것이다. 다시 말해서 정확한 오차항을 얻기 위해서 그렇게 하는 것이다. 그렇기는 하지만 반복측정 변량분석에서는, 비록 차이의 표준오차를 계산하기 위해서 차이 점수를 사용하지는 않지만, $MS_{오차}$가 실제로는 그 차이의 표준오차에 대한 추정치가 된다. 여러분은 스스로 동일한 데이터 집합에서 독립적이지 않은 두 표본(예: 이 연구에서 기간 0주와 3주 데이터)에 대한 반복측정 변량분석과 t 검증을 실시해보고, 계산한 항들 간의 유사성을 확인해봄으로써 이 사실을 쉽게 증명해볼 수 있다(분자의 자유도가 1일 때는, $F = t^2$이 된다).

데이터에서 무슨 일이 일어나고 있는지를 알기 위해서 특정한 비교를 요구하는 것은 아니지만, 나는 다음과 같은 이유로 방금 검증했던 비교를 선택하였다. 이 비교를 선택한 첫 번째 이유는 '지진 후의 우울 점수가 지진 전에 수집한 점수보다 높은가?'라는 비교가 검증할 만한 질문이기 때문이다. 두 번째 이유는 하나의 평균을 다른 평균들의 조합과 어떻게 비교할 수 있는 것인지를 예시해주기 때문이다. 해야 할 일은 지진 후 평균들의 평균을 내서 지진 전의 평균과 비교하는 것이다. 각 평균에 포함되는 점수의 수(25와 100)를 그대로 유지하고 있다는 사실에 주목하기 바란다.

2 혹자는 3주가 4주와 유의하게 다른지와 같은 모든 차이를 검증해보고 싶어 할 수 있다. 대부분의 경우에 이것은 좋지 않은 생각이다. 무엇보다도 그 차이가 통계적으로 유의한지 여부에 관심이 없을 수 있다. 그러한 비교를 하더라도 여러분의 지식에 아무것도 보태주는 것이 없게 된다. 이와 동시에 검증 수를 늘리는 것은 오류율을 증가시킨다. 정말로 답을 원하는 것이 아니라면 검증을 실시하지 말라.

18.3 효과크기

우울 예는 효과크기 측정치 사용에 관한 의미심장한 예를 제공해준다. 첫째, 우리는 상당히 많은 사람들에게 영향을 미치는 문제를 다루고 있다. 지진 후에 우울 점수가 증가한다는 사실을 아는 것뿐만 아니라 그 차이가 얼마나 큰 것인지에 대한 측정치를 갖는 것도 중요한 일이다. 우울 점수가 사람들에게 직접적인 의미를 갖는 것이 아니기 때문에, 우울 증상이 2.2점 증가했다고 말하는 것은 별로 정보적이지 못하다. 이 예는 차이를 표준편차 단위로 측정하고 보고할 수 있는 이상적인 예다.

지진 전에 평균 우울 점수는 8.68이었다. 지진 후에 우울 점수는 10.89로 증가했다. 이러한 증가는 지진 전 점수에서 표준편차의 크기(4.14)를 가지고 측정하거나 $MS_{오차}$의 제곱근인 통합 표준편차(2.18)를 가지고 측정할 수 있다. 이해를 위하여 두 가지 방법을 모두 사용한다.

여기서도 효과크기 측정치로 $\hat{d}$을 사용하며, 지진 전 표준편차(4.14)를 사용하여 $\hat{d}$을 계산할 것이다. $\hat{d}$ 값이 양의 점수를 갖도록 만들기 위하여 지진 후 점수에서 지진 전 점수를 빼는 방식을 취한다.

$$\hat{d} = \frac{\overline{X}_{지진\ 후} - \overline{X}_{지진\ 전}}{s} = \frac{10.89 - 8.68}{4.14} = \frac{2.21}{4.14} = 0.53$$

이 결과는 지진 후 점수가 지진 전 점수보다 표준편차의 절반가량 높다는 사실을 알려주는데, 이것은 상당한 차이이다.

만일 $MS_{오차}$의 제곱근, 즉 $\sqrt{4.74} = 2.18$을 사용한다면, 다음과 같은 효과크기 측정치를 얻게 된다.

$$\hat{d} = \frac{\overline{X}_{지진\ 후} - \overline{X}_{지진\ 전}}{s} = \frac{10.89 - 8.68}{2.18} = \frac{2.21}{2.18} = 1.01$$

이 결과는 지진 전 표준편차를 사용하여 얻은 결과보다 거의 두 배나 된다. 이러한 차이가 나타나는 이유는 $\sqrt{MS_{오차}}$를 사용할 때 점수들 간의 상관을 제거함으로써 우울에서의 개인차를 제거해버리기 때문이다. 우울 증상에 있어서 개인차는 정상적인 부분이기 때문에, 효과크기 측정치를 계산할 때는 그 차이를 그대로 놔두는 것이 합당해 보인다(13장에서 이 논제에 대해서 언급할 때 논의했던 것을 참조하라). 이 말은 위의 경우에 0.53의 수치를 취하라는 것을 의미한다. 이 구분은 쉬운 것이 아니며 정확한 접근 방법을 선택하는 것이 항상 용이한 것도 아니다. 보편적인 제안은 가능하다면 통제조건(예: 검사 전 점수)의 표준편차를 분모로 사용하라는 것이다. 여기서는 지진 전 점수가 논리적으로 통제조건이 된다.

18.4 반복측정설계에 수반된 가정

앞에서 언급한 것과 같이, 반복측정설계는 모든 변량분석이 요구하는 것과 동일한 정상성과 변량 동질성의 가정을 수반한다. 이에 덧붙여서 (대부분 현실적인 목적을 위하여) 반복변인에서 수준 쌍들 간의 상관이 일정하다는 가정을 요구한다.[3] 우리 사례의 경우에 이것은 예를 들어, (전집에서) 첫째 주와 셋째 주 사이의 상관이 셋째 주와 넷째 주 사이의 상관 등과 동일하다고 가정한다는 사실을 의미한다. 예를 들어, 만일 첫째 주에서의 우울과 셋째 주에서의 우울 간의 상관계수가 0.50이라면, 다른 어떤 주 간의 상관계수도 대략 0.50이 된다는 것이다. 이 가정은 비교적 까다로운 것이며, 충족하는 경우 못지않게 위배하는 경우가 많다. 이 가정을 심각할 정도로 위배하지 않는 한, 검증이 심각하게 영향을 받지는 않는다. 만일 심각하게 위배한다면, 사태를 진정시키기 위해서 다음과 같은 두 가지 조치를 취할 수 있다. 첫 번째로 할 수 있는 조치는 독립변인 수준을 그 가정을 만족시킬 가능성이 있는 수준으로 국한하는 것이다. 예를 들어, **모든 사람이** 아무것도 모르는 상태에서 시작하여 모든 것을 알게 되는 것으로 끝나는 학습실험을 실시하고 있다면, 초기 시행과 최종 시행 사이의 상관은 거의 없을 것인 반면, 인접한 시행 쌍 사이의 상관은 아마도 매우 높을 것이다. 이 경우에는 가장 초기의 시행과 최종 시행을 분석에 포함시키지 않는다(아무튼 제외시킨 시행들이 알려주는 것은 많지 않을 것이다).

여러분이 할 수 있는 두 번째 조치는 자유도를 적절하게 조정하는 절차를 사용하는 것인데, 앞서 그림 18.4에서 보았다. 우리의 사례에서 F는 $(w-1)$과 $(w-1)\times(n-1)$의 자유도를 가지고 있다. 만일 동일한 F 값을 얻었는데 1과 $(n-1)$ 자유도에 따라서 평가한다면, 그 위배가 아무리 심각한 것인지와 무관하게 보수적인 검증을 하는 것이라는 사실이 진작부터 알려져 왔다. 우리의 예에서는 얻은 F 값을 $F(1, 8) = 5.32$에 비추어 평가한다는 것을 의미한다. 이렇게 보수적인 검증을 사용해도 여전히 영가설을 기각하게 된다. 그린하우스와 가이서(Greenhouse & Geisser, 1959)는 자유도에 대한 덜 보수적인 교정 방법을 유도해내기도 했다. 그리고 뒤이어서 후인과 펠트(Huynh & Feldt, 1976)도 동일한 주장을 했다. 이들의 검증은 일반적으로 적절한 것이다. 이러한 교정에 대한 철저한 논의를 보려면 하월(Howell, 2012)을 참조하라.

반복측정에 대한 *R*의 사용

*R*에서 반복측정 변량분석을 실시하는 것은 다소 복잡하다. SPSS는 여러분이 볼 수 없는 막후에서 무엇인가 작업을 하였다. 데이터를 소위 '롱 포맷(long format)'으로 변환시켰다.

---

3 이 가정은 실제로 상관에 관한 것이 아니라, 공변량 패턴에 관한 것이지만, 상관의 측면에서 이해하는 것이 훨씬 쉬우며, 그렇게 생각하는 것이 크게 틀린 것도 아니다.

표 18.1을 보면, 데이터가 페이지 전반에 펼쳐져 있으며, 하나의 열이 하나의 변인에 해당한다. 이것을 '와이드 포맷(wide format)'이라고 부른다. SPSS와 *R*이 하는 일은 페이지를 내려가면서 데이터를 처리하는 것이다. 예를 들어, 셋째 주 데이터를 취해서 첫째 주 데이터 아래에 적은 다음에, 여섯째 주 데이터를 다시 그 아래에 적는 방식으로 진행한다. 이제 참가자 열과 종속변인 열이 남았는데, '주'라고 이름 붙인 또 하나의 열이 필요하다. 이 열은 25개의 1에 25개의 2가 뒤따르는 식이 된다.

수작업을 한다면 이것은 꽤나 간단한 일처럼 들린다. 그렇지만 *R*을 사용하여 이 작업을 한다면 상당히 혼란스럽게 된다. 앞서 언급한 것과 같이, SPSS는 이 작업을 자동적으로 수행하지만, 만일 여러분이 데이터를 롱 포맷으로 입력하지 않는다면, *R*에서는 골칫거리가 될 수 있다. 롱 포맷 데이터 파일을 수작업으로 만든다고 가정해보자. *R*로 하여금 이 장을 위한 웹페이지에 와이드 포맷 데이터를 조정하도록 만드는 방법을 보여줄 것이지만, 지금은 문제를 한 번에 하나씩 다루도록 하자.

데이터 파일은 세 개의 열, 즉 참가자 표지가 붙은 열, 주 표지가 붙은 열, 우울 표지가 붙은 열을 가지고 있다. 명령 코드와 결과는 다음과 같다.

지진 데이터를 위한 *R* 코드

```
   # Data were entered in the long format
dataLong <- read.table("earthquakeLong.dat", header = TRUE)
head(dataLong)
attach(dataLong)
Subject <- factor(Subject)
Week <- factor(Week)
cat("\nWeek Means","\n")
tapply(Depress, Week, mean)     #Print out the Week means
cat("\nSubject Means","\n")
tapply(Depress, Subject, mean)  #Print out the Subject means

  # Actual formula and calculation
earthquake.aov <- aov(Depress ~ Week + Error(Subject/Week))
  # This is really saying that the error term is MS(subjects within
weeks)
print(summary(earthquake.aov))
_________________________________________________________

Error: Subject
            Df    Sum Sq    Mean Sq    F value    Pr(>F)
Residuals   24     1376      57.32

Error: Subject:Week
            Df    Sum Sq    Mean Sq    F value    Pr(>F)
Week         4     121.2     30.29      6.404    0.00013 ***
```

```
Residuals    96    454.0     4.73
---
Signif. codes: 0 '***' 0.001 '**' 0.01 '*' 0.05 '.' 0.1 ' ' 1
```

18.5 반복측정설계의 장점과 단점

반복측정설계의 일차적 장점은 이미 논의하였다. 참가자들 간에 상당한 개인차가 있을 경우에, 그 개인차는 데이터에서 커다란 변산을 초래한다. 참가자를 단지 한 번만 측정할 경우에는 개인차를 무선 오차와 분리해낼 수 없으며, 모든 것이 오차항에 포함되고 만다(지진 전 점수의 표준편차를 사용하여 $\hat{d}$을 계산할 때 바로 이러한 일이 발생했다). 그렇지만 참가자를 반복측정하게 되면, 개인차를 평가하여 오차로부터 분리해낼 수 있다. 이 절차는 보다 검증력 있는 실험설계를 만들어주기 때문에, H_0를 보다 쉽게 기각할 수 있게 해준다.

반복측정설계의 단점은 우리가 상관표본 t 검증(이것은 반복측정설계의 특수한 예일 뿐이다)에서 논의했던 단점과 유사하다. 참가자들을 반복적으로 사용하게 되면, 한 시행에서 다른 시행으로의 이월효과가 나타날 위험이 항상 존재한다. 예를 들어, 시행 1에서 투여한 약물의 효과가 시행 2를 시작할 때까지 남아있을 수 있다. 마찬가지로 참가자가 초기 시행에서 무엇인가를 학습한 것이 나중 시행에서 도움을 줄 수도 있다. 몇몇 상황에서는 처치를 가하는 순서의 **역균형화**(counterbalancing)를 통해서 이 문제를 줄일 수 있다. 따라서 절반의 참가자는 처치 A를 받은 후에 처치 B를 받으며, 나머지 절반은 처치 B를 받은 후에 처치 A를 받을 수 있다. 이러한 역균형화가 이월효과를 제거시킬 수는 없지만, 두 처치에 동일하게 영향을 미치도록 만들 수는 있다. 물론 우리의 사례에서 기간(주)을 역균형화할 수는 없다. 첫째 주의 측정에 앞서 셋째 주를 측정할 수 없기 때문이다. 비록 반복측정설계와 연합된 단점들이 있기는 하지만, 많은 상황에서 장점이 단점을 압도하고 있으며, 실험 연구에서는 이러한 설계가 보편적이며 매우 유용하다.

18.6 결과 기술하기

만일 내가 이 연구의 결과를 기술하고자 한다면 연구를 수행한 이유에 관하여 짤막하게 소개할 것이며, 기간 경과에 따른 평균들의 변화 추이를 그림으로 그릴 것이다. (여기서는 단지 표준 APA 형식에 따라서 그림을 포함시켜야 한다는 사실만을 지적하였다.) 전체 변량분석에서 얻은 F 값과 p 값, 후속 검증의 결과들 그리고 그 후속 검증의 효과크기를 모두 제시한다. 나의 기술 내용은 다음과 같다.

놀런 훽시마와 모로(1991)는 또 다른 연구의 일환으로 대규모 대학생 집단으로부터 우울 증상에 관한 데이터를 수집하였다. 캘리포니아 대지진이 데이터 수집 직후에 발생했기 때문에, 이들은 동일 참가자들을 추적하여 12주에 걸쳐 매 3주마다 우울 점수를 수집하였다. 각 수집 시기의 평균이 아래 그림 1에 나와 있으며, 우울 점수가 지진 발행 후 여러 주에 걸쳐 증가한 후에 일정 수준을 유지하기 시작하였다는 사실을 보여준다.

이 데이터에 대한 반복측정 변량분석은 유의한 결과를 나타냈다[$F(4, 96) = 6.404$, $p < .05$]. 지진 전 측정치와 지진 후 측정치들의 평균 간 비교도 통계적으로 유의했으며[$t(96) = -4.54$], 이 결과는 우울 점수가 지진 후 여러 주에 걸쳐 유의하게 증가했다는 사실을 나타내는 것이다. 지진 전 표준편차를 표준화의 근거로 사용한 효과크기 측정치 $\hat{d}$은 0.53이었으며, 우울 점수가 표준편차의 절반 이상 증가했다는 사실을 나타낸다. 그림 1에서 볼 수 있는 것과 같이, 12주가 경과한 후에는 우울 점수가 일정 수준을 유지하는 것으로 나타났지만, 여전히 기저 수준으로 환원되지는 않았다.

18.7 마지막 예

마지막 예로 반복측정설계와 전형적인 참가자 간 설계 간의 차이점과 유사점을 예시하기 위해서 16장의 예를 재사용하기로 한다. 16장에서는 처리 수준별 회상에 대한 아이젱크(1974)의 데이터를 사용했으며, 나이 든 참가자에게 있어서 회상 조건의 효과를 검증했다. 설명의 연속성을 위하여 표 18.2에 동일한 데이터를 제시하였다. 그렇기는 하지만 각기 한 조건에서만 반응한 50명의 참가자로부터 데이터를 얻은 것이 아니라 다섯 수준의 회상 조건 모두에서 반응한 10명의 참가자로부터 데이터를 얻었을 때 기대할 수 있는 것처럼 보이도록 점수를 재배열하였다.[4] 나는 단지 한 열의 점수들을 위/아래로 이동시켜서 한 조건에서 열등한 성과를 낸 참가자가 다른 조건에서도 열등한 성과를 내며, 우수한 회상을 보인 참가자의 경우도 마찬가지가 되도록 하였다. 각 조건에 들어있는 점수는 여전히 동일하였다. (만일 이러한 새로운 데이터를 16장으로 되돌려 보내서, 마치 각기 다른 조건에 각기 다른 참가자가 들어간 것처럼 분석한다고 하더라도, 그때 얻었던 결과와 동일한 결과를 얻게 될 것이다.) 데이터의 오른쪽 끝에 참가자 평균 열이 첨가되었다.

우선, $SS_{전체}$를 계산한다.

$$SS_{전체} = \Sigma(X - \overline{X}_{gm})^2 = \Sigma X^2 - \frac{(\Sigma X)^2}{N} = 4^2 + 5^2 + \ldots + 19^2 - \frac{503^2}{50}$$

$$= 5847 - 5060.18 = 786.82$$

4 실제 데이터를 이렇게 용감무쌍하게 재배열할 수 있는 것은 결코 아니다. 단지 두 실험조건 간의 차이점과 유사점을 보여주기 위해서 이렇게 한 것뿐이다.

표 18.2_ 아이젱크 예에 적용한 반복측정분석

참가자	조건					참가자 평균
	낱자 세기	운율	형용사	심상	의도	
1	4	3	6	9	5	5.40
2	5	6	8	12	10	8.20
3	6	6	10	11	15	9.60
4	6	8	11	11	11	9.40
5	7	6	14	11	11	9.80
6	7	7	11	10	11	9.20
7	8	7	13	19	14	12.20
8	8	6	13	16	14	11.40
9	9	9	13	12	10	10.60
10	10	11	11	23	19	14.80
평균	7.00	6.90	11.00	13.40	12.00	10.06

이제 두 가지 주효과를 계산해야 하는데, 하나는 회상 조건 전체에 근거한 것이며 다른 하나는 참가자 전체에 근거한 것이다.

$$SS_{\text{회상 조건}} = n\Sigma(\overline{X}_C - \overline{X}_{gm})^2 = 10[(7.00 - 10.06)^2 + \ldots + (12.00 - 10.06)^2]$$
$$= 351.52$$

$$SS_{\text{참가자}} = c\Sigma(\overline{X}_S - \overline{X}_{gm})^2 = 5[(5.40 - 10.06)^2 + \ldots + (14.80 - 10.06)^2]$$
$$= 278.82$$

이제 오차항은 빼기 방법으로 구할 수 있다.

$$SS_{\text{오차}} = SS_{\text{전체}} - SS_{\text{회상 조건}} - SS_{\text{참가자}}$$
$$= 786.82 - 351.52 - 278.82 = 156.48$$

이 오차항은 앞에서 기술한 것과 같이 회상 조건×참가자 상호작용과 동일하다.

이제 다음과 같이 요약표를 구성한다.

변산원	*df*	SS	MS	*F*	*p*
참가자	9	278.82			
회상 조건	4	351.52	87.88	20.22	.000
오차	36	156.48	4.35		
전체	49	786.82			

회상 조건 효과를 위한 F 값을 검증하기 위해서 http://www.statpages.org/pdfs.html에 접속하여 $p = .000$을 확인한 후, 영가설을 기각하고 언어 자료의 회상은 그 자료를 학습하는 조건에 따라서 달라진다고 결론 내린다.

16장 16.3절로 되돌아 가보면, 동일한 데이터를 참가자 간 설계로 분석했을 때 20.22가 아닌 9.08의 F 값을 얻었다는 사실을 볼 수 있다. 그 차이는 이 분석에서 데이터를 마치 반복 측정한 것처럼 취급하여 오차항에서 참가자에 따른 차이를 빼냈기 때문에 나타난 것이다. 두 가지 사실에 주목하기 바란다. 16장의 분석에서 $SS_{\text{회상 조건}}$은 351.52였는데, 이것은 여기서의 분석과 동일하다. 앞선 분석에서 $SS_{\text{오차}}$는 435.30이었다. 이 오차항으로부터 $SS_{\text{참가자}}$(278.82)를 빼면 156.48이 남게 되는데, 이것이 지금 분석에서의 $SS_{\text{오차}}$다. 따라서 보다 검증력 있는 검증을 만들기 위해서 개인차에 따른 제곱합을 오차항에서 빼버렸다는 사실을 알 수 있다.

내가 일관성 있게 우수하거나 열등한 참가자를 만들어내기 위해서 데이터를 아래위로 약간 이동시켰다는 사실을 명심하는 것이 중요하다. 그렇기는 하지만 모든 조건에 동일한 참가자들이 참여하게 할 때 예상할 수 있는 결과일 뿐이다. 여기서의 F 값과 16장에서의 F 값을 비교함으로써, 현실적이며 적절한 반복측정설계를 사용하여 (참가자 내 항에 대한) 실험의 검증력이 전반적으로 높아졌으며, 유의한 차이를 발견할 확률이 높아졌다는 사실을 알 수 있다.

18.8 요약

이 장에서는 개별 참가자가 하나 또는 둘 이상 독립변인의 모든 수준에서 반응하는 데이터를 어떻게 다루는 것인지를 보았다. 상이한 조건에 상이한 참가자를 할당하게 되면 참가자 간 설계가 되는 반면에, 동일한 참가자가 모든 조건에 참여하게 되면 반복측정 또는 참가자 내 설계가 된다.

반복측정설계에서의 계산이 앞에서 논의했던 참가자 간 설계에서의 계산과 매우 유사하다는 사실을 보았다. 제곱합은 항상 동일한 방식으로 계산한다. 즉, 전체 평균에서의 편차제곱을 모두 합한 후에 적절한 상수를 곱하게 된다. 차이점은 참가자 간 설계에서 오차항으로 사용했던 것에서 참가자에 대한 제곱합을 빼게 된다는 것이며, 이것이 보다 강력한 검증을 제공해준다는 것이다.

다중비교 검증도 본질적으로 앞선 장들에서 했던 것과 동일한 방식으로 수행한다는 사실을 보았다. 그렇지만 반복측정이 순서가 있는 차원인 시간과 같은 것일 경우에는 특정 비교가 필요하지 않을 때가 많다. 만일 성과가 시간 경과에 따라 증가하고 있다면, 시간_3 대 시간_4에 대한 검증이 유의하다는 것이 아무 의미가 없을 수 있다. 이것은 우리가 염두에 두어야 할 전반적인 추세일 뿐이다. 그렇기는 하지만 우리는 한 시점(예: 지진 전 시점)에서의 점수를 다른 여러 시점(예: 지진 후 여러 시점)에서의 점수와 비교할 수 있다는 사실을 보았다. 즉, 지진 후 여러 시점에서 점수들의 평균을 구한 다음에 그 평균을 지진 전 평균과 비교하는 것이다. 이 경우에 적합한 표본크기를 염두에 두어야 한다.

효과크기 측정치로 코언의 $\hat{d}$을 사용할 수 있지만, 어느 표준편차가 분모로 적합한 것인지를 생각할 필요가 있다. 일반적으로는 처치 전 표준편차가 $MS_{오차}$의 제곱근보다 더 적합하다.

주요 용어

참가자 간 설계between-subjects design 538

반복측정설계repeated-measures design 538

참가자 내 설계within-subjects design 538

역균형화counter-balancing 550

18.9 빠른 개관

A 어떤 설계를 '참가자 간' 설계라고 부르는 까닭은 무엇인가?

답 그 설계는 상이한 집단이나 칸에 상이한 참가자를 포함하고 있기 때문에, 집단 간의 비교는 상이한 집단이나 칸에 들어있는 참가자 간의 비교가 된다.

B 반복측정설계가 참가자 간 설계보다 검증력이 크게 되는 한 가지 중요한 이유는 종속변인에서 개인차를 제거할 수 있기 때문이다. (○, ×)

답 ○

C 우리가 살펴보았던 설계에 명시적 상호작용 항이 없는 까닭은 무엇인가?

답 상호작용 항과 오차항이 동일한 것이기 때문이다.

D 반복측정 데이터에 대해서는 어떤 유형의 다중비교를 사용해야 하는가?

답 중요한 물음에만 국한하여 가능한 적은 수의 비교만을 검증할 것을 권장한다. 피셔의 보호 t 또는 본페로니 보정 절차가 이 목적을 위해서 적합하다.

E 반복측정설계에서 자주 사용하는 효과크기 측정치는 무엇인가?

답 일반적으로 $\hat{d}$을 사용하여 두 측정치 또는 측정치 집합을 비교한다. $\hat{d}$을 계산할 때 사용하는 오차항을 선택할 때는 신중을 기할 필요가 있다.

F 반복측정설계를 사용할 때 참가자 간 설계에서는 필요하지 않은 어떤 기저 가정을 하게 되는가?

답 어느 것이든 두 집합의 측정치 간 상관은 대체로 동일하다는 가정

G 참가자 내 설계의 단점은 무엇인가? 그것은 항상 단점이 되는 것인가?

답 참가자 내 설계는 시행에 걸친 이월효과에 취약하다. 그렇지만 학습과 같은 현상을 연구할 때는 그러한 이월효과를 찾고자 하게 된다.

H 동일한 데이터 집합에 있어서 참가자 간 분석에서의 오차항과 반복측정 분석에서의 오차항 간의 차이는 무엇인가?

답 반복측정설계에서는 참가자 간 설계의 오차항에서 $SS_{참가자}$를 뺀 값을 오차항으로 사용한다.

18.10 연습문제

18.1 편두통은 많은 사람들이 겪는 고통이며, 이것을 치료하는 한 가지 방법이 이완요법이다. 블랑샤르 등(Blanchard, Theobald, Williamson, Silver, & Brown, 1978)은 편두통 치료에서 이완요법 효과에 관한 연구를 수행하였다. 다음 데이터는 이들이 얻은 결과와 일치하는 것이다. (이들의 연구는 여기서 다루는 것보다 훨씬 복잡한 것이었다.) 여러분의 일거리를 덜어주기 위해서 ΣX^2을 제시하였다.

	기저선		훈련			
참가자	첫째 주	둘째 주	셋째 주	넷째 주	다섯째 주	참가자 평균
1	21	33	8	6	6	12.6
2	20	19	10	4	9	12.4
3	7	5	5	4	5	5.2
4	25	30	13	12	4	16.8
5	30	33	10	8	6	17.4
6	19	27	8	7	4	13.0
7	26	16	5	2	5	10.8
8	13	4	8	1	5	6.2
9	26	24	14	8	17	17.8
주 평균	20.78	20.00	9.00	5.78	6.78	12.47

*전체 평균 = 12.47 $\Sigma X = 561$ $\Sigma X^2 = 10,483$

열의 평균을 계산하고 적절한 그래프를 그려보라.

18.2 연습문제 18.1 데이터에 반복측정 변량분석을 실시하고 결과를 설명하라.

18.3 만일 여러분이 연습문제 18.1에 제시한 연구를 설계하고 있었다면, 여러분 결과의 의미를 명확하게 규정하기 위해서 어떤 부가적인 데이터를 수집하려고 했겠는가?

18.4 연습문제 18.1에서 둘째 주와 셋째 주의 데이터를 사용하여, 상관표본 t 검증을 실시하여 이완요법을 실시한 후에 편두통이 감소한다는 가설을 검증하라.

18.5 연습문제 18.4에서 사용했던 동일한 데이터에 반복측정 변량분석을 실시하고, 적절한 결론을 내려보라.

18.6 연습문제 18.5에서 두 분석의 결과를 비교하라.

18.7 연습문제 18.4의 결과를 정교화시키기 위하여 효과크기 추정치 $\hat{d}$을 계산해보라.

18.8 결과 해석에 도움을 받기 위해서 연습문제 18.1 데이터에 보호 t 검증을 실시하라. 그렇지만 이번에는 두 기저선 측정치의 평균을 세 훈련기간의 평균과 비교하라. (힌트: 내가 지적한 것과 같이, 여러분은 마치 독립표본들인 것처럼 t 검증을 실시할 수 있다. 참가자 간 차이를 제거함으로써 $MS_{오차}$를 적절하게 교정했기 때문이다.)

18.9 연습문제 18.8에서 수행한 비교에서 $\hat{d}$을 계산하라.

18.10 세인트로렌스 등(St. Lawrence, Brasfield, Shirley, Jefferson, Alleyne, & O'Brannon, 1995)은 미국 흑인 청소년들이 HIV에 감염될 위험을 감소시키려는 목적을 가지고 있는 8주에 걸친 행동숙련 훈련(Behavioral Skills Training: BST) 프로그램의 효과를 연구하였다. 이 연구는 사전 검사에서부터 12개월 동안 남녀를 추적 조사하였으며, 콘돔을 사용한 안전한 성관계 빈도를 기록하였다. (이 연구에는 통제조건도 있었지만, 연습문제를 위해서는 BST 조건에서의 남성만을 보려고 한다.) 실제 종속변인은 안전한 성관계 빈도의 자연로그값에 1,000을 곱한 값이다(소수점을 없애기 위해서 로그값에 1,000을 곱했다). 남성들의 데이터는 다음과 같다.

사전 검사	사후 검사	6개월 추적 조사	12개월 추적 조사
07	22	13	14
25	10	17	24
50	36	49	23
16	38	34	24
33	25	24	25
10	07	23	26
13	33	27	24
22	20	21	11
04	00	12	00
17	16	20	10

(a) 평균을 구하고 그래프를 그려보라.

(b) 변량분석을 실시하고 적절한 결론을 내려보라.

18.11 연습문제 18.10의 데이터를 R이나 SPSS를 사용하여 재분석하라. (만일 R을 사용하고 있다면, 앞에서 언급한 웹페이지를 보거나 Ex18-10Long.dat에서 데이터를 읽어들일 수 있다.)

18.12 연습문제 18.10에서 논의한 연구에서 저자들은 조건이 동일하지만, BST 개입이 없었던 통제집단도 포함시켰다. 그 데이터(남성)는 다음과 같다.

사전 검사	사후 검사	6개월 추적 조사	12개월 추적 조사
00	00	00	00
69	56	14	36
05	00	00	05
04	24	00	00
35	08	00	00
07	00	09	37
51	53	08	26
25	00	00	15
59	45	11	16
40	02	33	16

(a) 이 데이터의 평균을 구하고, 연습문제 18.9에서 사용했던 동일한 그래프에 이들을 겹쳐서 그려보라.

(b) 이 데이터에 변량분석을 실시하라.

18.13 연습문제 18.10과 18.12에 대한 답을 비교할 때 어떤 결론을 내리겠는가? (여러분이 적절한 소프트웨어가 존재하는지 여부는 알아낼 수 있을지 모르겠지만, 적절한 변량분석을 실시하는 방법은 모를 것이다. 그렇지만 분석 자체는 여기서의 논제가 아니다.)

18.14 연습문제 18.10과 18.12의 데이터를 결합한 데이터를 'Ex18.14'라고 명명한 데이터 파일에 제시하였다. '집단'이라고 명명한 또 다른 변인을 첨가하였으며, 1과 2로 코딩하였다. 이것은 참가자 간 변인이다. 이 장의 웹사이트에 접속하여 'Between1Within1.r'을 업로드하라. 분석을 실시하고 결과를 해석하라.

18.15 표 18.1의 데이터를 가지고 본페로니 검증을 사용하여 다음 시점에서의 성과를 비교하라.

(a) 첫째 주와 여섯 번째 주

(b) 첫째 주와 열두 번째 주

(c) 셋째 주와 열두 번째 주

(힌트: 연습문제 18.8의 힌트를 참조하라. 만일 여러분이 위와 같은 모든 비교를 수행할 충분한 이유를 가지고 있지 않다면, 실제 연구에서는 모든 비교를 하지 않도록 충고하겠다.)

18.16 연습문제 18.1에서 수행한 분석 결과를 기술하는 짧은 문단을 작성해보라.

18.17 SPSS를 사용하여 연습문제 18.14에서 *R*이 제공한 결과를 도출해보라.

19장 카이제곱

앞선 장에서 기억할 필요가 있는 개념

범주변인 categorical variable 여러 범주 각각에 해당하는 관찰 수를 나타내는 변인

상호작용 interaction 한 변인의 효과가 다른 변인에 의존적이거나 조건적인 상황

자유도 degrees of freedom(*df*) 하나 이상의 모수치를 추정한 후에 남는 독립적인 정보의 개수

효과크기 effect size($\hat{d}$) 처치 효과를 나타내기 위한 측정치

독립적 관찰 independent observations 한 측정의 결과가 다음 측정에 아무런 영향을 미치지 않는 관찰

이제 앞선 장들의 주제였던 측정 데이터에서 범주 데이터로 넘어가려고 한다. 범주 데이터의 분석은 지금까지 했던 분석과는 전혀 다르다는 사실을 보게 될 것이다. 하나의 차원에 분산되어 있는 데이터로부터 시작한 후에, 데이터가 두 차원에 걸쳐 분산되어 있는 보다 흥미진진한 상황으로 넘어갈 것이다. 후자의 경우에서는 두 독립변인의 독립성이 결여되어 있는지를 검증하는 데 관심을 갖는다. 그런 다음에 비율 데이터 그리고 그 데이터를 어떻게 유관표로 만드는 것인지 그리고 어떻게 분석하는 것인지를 살펴보게 될 것이다. 범주 데이터에서는 효과크기 측정치를 상이한 방식으로 계산하며, 우리는 위험도(risk), 승산(odd), 그리고 이것들의 비(ratio)를 설명하는 데 많은 지면을 할애할 것이다.

생텍쥐페리의 소설 『어린 왕자』(1943)에서 화자는 왕자가 B-612라고 알려진 소혹성에서 왔다고 믿는다고 언급하면서, 왕자가 소혹성의 정확한 수와 같이 사소한 세부사항에 주의를 기울이는 것을 다음과 같은 진술을 가지고 설명한다.

> 어른들은 숫자를 좋아한다. 이들에게 새로운 친구를 사귀었다고 말하면, 어른들은 본질적인 문제에 대해서는 결코 묻지 않는다. 어른들은 '그 친구 목소리가 어떠니? 어떤 게임을 가장 좋아하니? 나비를 수집하니?'와 같은 말을 하는 법이 없다. 대신에 '나이가 몇이지? 형제가 몇 명이니? 체중이 얼마나 나가니? 그 친구 아버지의 수입이 얼마니?' 등을 묻는다. 단지 이러한 숫자로부터 어른들은 친구에 대해서 무엇인가를 알았다고 생각한다.[1]

어떤 측면에서 이 책의 앞선 장들은 생텍쥐페리의 어른들이 그토록 좋아하는 숫자의 유형을 다루는 데 초점을 맞추었다. 이 장은 대체로 숫자가 아닌 데이터의 분석에 할애할 것이다.

1장에서 나는 측정 데이터(때때로 정량적 데이터라고 부르기도 한다)와 범주 데이터(때때로 빈도 데이터라고 부르기도 한다)를 구분하였다. 측정 데이터를 다룰 때 각 관찰은 어떤 연속 차원에 따른 점수를 나타내며, 가장 보편적인 통계치가 평균과 표준편차이다. 한편 범주 데이터를 다룰 때는 데이터가 둘 이상의 범주 각각에 들어가는 관찰빈도로 구성된다(예: '네 친구는 짜증나는 목소리를 가지고 있는가, 아니면 고음의 목소리를 가지고 있는가?' 또는 '그 친구는 나비, 동전, 아니면 야구카드 중에서 어느 것을 수집하는가?').

한 예로 100명의 참가자들에게 애매하게 기술한 신문 사설이 산아제한 정보의 무제한적 배포에 찬성하는 것인지 아니면 반대하는 것인지를 분류하도록 요구할 수 있다(중립적이거나 모르겠다는 답은 허용하지 않는다). 그 결과는 다음과 같을 수 있다.

신문 사설의 평가

찬성	반대	전체
58	42	100

1 Antoine de Saint-Exupery, *The Little Prince*, trans. Katherine Woods (New York: Harcourt Brace Jovanovich, Inc., 1943), pp. 15–16.

여기서 데이터는 두 범주 각각에 속하는 관찰 수이다. 이러한 데이터를 얻었을 때 우리는 유의하게 많은 사람들이 사설을 반대보다는 지지하는 것으로 간주하고 있는 것인지, 아니면 사설이 실제로는 중립적이며 빈도는 50:50의 분할에서 우연히 벗어난 정도를 반영하고 있는 것인지에 관심을 가질 수 있다. (참가자들은 '찬성'과 '반대' 중에서 강제로 하나를 선택하도록 되어있다는 사실을 회상하기 바란다.)

또 다르게 설계한 연구는 신문 사설에 대하여 동일한 데이터를 수집하지만 이 데이터를 주제에 대한 개인들의 견해와 관련시키려고 할 수도 있다. 따라서 응답자들을 산아제한 정보의 배포에 대한 각자의 견해라는 측면에서도 분류할 수 있다. 그 연구는 다음과 같은 데이터를 가질 수 있다.

	신문 사설의 평가		
응답자 견해	찬성	반대	전체
찬성	46	24	70
반대	12	18	30
전체	58	42	100

여기서 우리는 사설에 대한 사람들의 판단이 자신의 입장에 의존적이라는 사실을 알 수 있다. 산아제한 정보의 무제한적 배포에 찬성하는 사람들의 대다수(46/70)가 사설을 찬성하는 것으로 간주하며, 반대하는 사람들의 대다수(18/30)가 사설을 자신들의 견해와 일치하는 것으로 간주한다. 다시 말해서 응답자의 개인적 견해와 사설에 대한 판단은 서로 독립적이지 않다(17장의 표현을 빌리면, 이들은 상호작용한다.)

이 두 사례는 데이터를 정리하는 방식 그리고 실험의 물음이라는 측면에서 다소 다르게 보이기는 하지만, 동일한 통계기법, 즉 **카이제곱 검증**(chi-square test)을 둘 모두에 적용할 수 있다. 그렇기는 하지만 우리가 던지고 있는 연구 물음과 검증을 적용하는 방법이 두 상황에서 다르기 때문에, 이들을 별도로 다루기로 한다.

19.1 하나의 분류변인: 카이제곱 적합도 검증

단지 두 범주만을 가지고 있는 단순하지만 흥미진진한 사례로부터 시작한 후에 셋 이상의 범주를 가지고 있는 사례를 다룰 것이다. 첫 번째 사례는 『미국의학회지(Journal of the American Medical Association)』에 발표한 치료적 코칭에 관한 논문에서 발췌한 것이다(Rosa, Rosa, Sarner, & Barrett, 1996). 이 논문을 흥미진진한 것으로 만들어주는 한 가지 이유는 두 번째 저자인 에밀리 로사(Emily Rosa)가 그 당시에 11세에 불과했으며 주 실험

표 19.1_ 치료적 접촉에 관한 실험 결과

	정답	오답	전체
관찰	123	157	280
기대	140	140	280

자였다는 점이다.[2] 초록을 인용해보면, "치료적 접촉(Therapeutic Touch: TT)은 신비주의에 뿌리를 두고 과학적 토대가 있는 것처럼 주장하면서 널리 사용하고 있는 간호법이다. TT 전문가들은 자신의 손을 사용하여 환자 피부 위에서 지각할 수 있는 '인간의 에너지장'에 처치를 가함으로써 많은 질병을 치료한다고 주장한다." 에밀리는 치료적 접촉 전문가 21명을 모집하여 눈을 가린 후에 그들의 두 손 중 하나 위에 (약간의 거리를 둔 채) 자신의 손을 올려놓았다. 만일 치료적 접촉이 진정한 현상이라면, TT의 원리가 시사하는 것은 참가자들이 자신의 어느 손 위에 에밀리의 손이 있는지를 확인해낼 수 있어야만 한다. 280회의 시행 중에서 참가자들은 123회 정답을 내놓았는데, 이것은 44%의 정확도를 나타내는 것이었다. 확률적으로 참가자들은 50%, 즉 140회 시행에서 우연히 정답을 내놓을 것으로 기대할 수 있는 것이다.

분석해보면 확률이 예측하는 것보다도 참가자들의 수행이 더 열등하다는 것을 알 수 있지만, 내가 이 사례를 선택한 부분적인 이유는 이것이 검증의 통계적 유의성이라는 흥미진진한 물음을 제기하기 때문이었다. 잠시 후에 이 논제로 되돌아올 것이다. 우리가 답하고자 하는 첫 번째 물음은 데이터가 확률적 기대에서 벗어난 정도가 우연보다 더 유의하게 큰 것인지의 여부다. 데이터가 표 19.1에 나와 있다.

참가자들이 우연 수준에서 반응을 하고 있었다고 하더라도, 한 반응 범주가 다른 범주보다 빈도가 더 클 가능성이 있다. 우리가 원하는 것은 확률적으로 기대할 수 있는 것에서 벗어난 정도가 매우 커서 반응은 무선적인 것이 아니었다고 결론 내릴 수 있는지의 여부에 답할 수 있는 **적합도 검증**(goodness-of-fit test)이다.

카이제곱 통계치(χ^2)의 가장 보편적이고 중요한 공식은 관찰빈도와 기대빈도 간의 비교를 수반한다. **관찰빈도**(observed frequency)는 그 이름이 나타내는 것처럼, 데이터에서 실

2 이 논문의 흥미진진한 사실은 에밀리 로사가 MIT에 있는 「희한한 연구 연보(The Annals of Improbable Research)」가 후원하는 '이그노벨(Ig Noble)상' 시상식에 초청연사로 참석했다는 점이다. 심리학 용어를 사용하여 표현한다면, 이 모임은 흥미진진한 연구를 찾아 인정해주는 '엉뚱하기 그지없는' 과학자들의 모임이다. 이그노벨상은 '반복 재생할 수 없거나 그렇게 해서도 안 되는 성과'에 명예를 부여한다. 에밀리를 초청했다는 사실은 명예로운 것이었으며, 치료적 접촉의 진정한 신봉자들은 에밀리에게 전혀 호의적이지 않았다. 이 모임의 홈페이지는 http://www.improb.com/이며, 여러분이 이 장을 공부하다가 휴식이 필요할 때 한 번씩 접속해보기를 권장한다.

제로 관찰한 빈도다. 표 19.1에서 첫 번째 행의 숫자들이다. **기대빈도**(expected frequency)는 **만일 영가설이 참이라면** 기대할 수 있는 빈도다. 표 19.1에서 기대빈도는 두 번째 행에 나와 있다. 우리는 참가자의 반응이 상호간에 독립적이라는 매우 중요하면서도 합리적이라고 생각하는 가정을 할 것이다. ('독립성'이라는 용어를 사용할 때 내가 의미하는 것은 **참가자**가 시행 *k*에서 **보고한 것이** 시행 $k-1$에서 보고한 것에 의존적이지 않다는 것이다. 물론 두 가지 상이한 선택 **범주**들의 가능성이 등가적이라는 것을 의미하는 것은 아니며, 그 등가성 여부는 바로 우리가 검증하려는 것이다.)

280회 시행에 걸쳐 두 가지 가능성이 있기 때문에, 만일 참가자가 답을 무선 선택한다면 140개의 정답과 140개의 오답이 있을 것이라고 기대하게 된다. 관찰한 선택 수는 영문자 'O'로 표기하고 기대하는 선택 수는 'E'로 표기한다. 카이제곱의 공식은 다음과 같다.

$$\chi^2 = \Sigma \frac{(O - E)^2}{E}$$

여기서 더하기는 두 반응범주 모두에 대해서 이루어진다.

이 공식은 직관적으로 타당하다. 분자부터 시작해보자. 만일 영가설이 참이라면 관찰빈도와 기대빈도(O와 *E*)는 꽤나 유사할 것이며, 제곱을 하더라도 분자는 작을 것이다. 이에 덧붙여서 O와 *E* 간의 차이가 얼마나 클 것인지는 얼마나 큰 숫자를 기대하는지에도 어느 정도 의존적이다. 140개의 정답을 기대한다면, 5의 차이는 작은 차이가 된다. 그렇지만 10개의 정답을 기대한다면, 5의 차이는 상당한 것이 된다. 차이를 제곱한 값의 크기를 기대한 관찰의 수에 비추어 평가하기 위하여, 전자를 후자로 나누게 된다($[O-E]^2/E$). 마지막으로 이러한 상대적 차이를 종합하기 위하여 모든 가능성을 합한다. 잠시 후에 보게 될 이 검증은 칼 피어슨이 처음으로 제안했으며, 흔히 피어슨 카이제곱 검증이라고 부른다. 피어슨 적률상관을 만들었던 바로 그 피어슨이다. 피어슨은 검증을 제안하는 과정에서 자유도를 잘못 사용했는데, 피어슨이 잘못을 저질렀다는 사실을 피셔가 증명했을 때 지저분한 일이 벌어졌다. 피어슨은 수정하지 않으려고 했으며, 아그레스티(Agresti, 2002)를 인용하면, 피어슨은 "나는 그러한 견해(피셔의 견해)가 오류이며 (피셔가) 그 견해를 널리 공표함으로써 통계학에 아무런 도움도 주지 못했다고 생각한다. …… 나의 비판자들은 그를 풍차를 향해 돌진하는 돈키호테에 비유하면서 나에게 용서를 구할 것이라고 확신한다. 그는 스스로를 파멸하거나 아니면 확률오차 이론 자체를 부정하는 것임에 틀림없다. ……"고 기술하였다. 물론 피셔는 피어슨에게 용서를 구하지 않았다. 실제로 피어슨은 자신의 입장을 입증하기 위하여 자기 아들의 데이터를 사용함으로써 상황을 더욱 악화시켰다.

표 19.1에 나와 있는 관찰빈도와 기대빈도를 사용한 카이제곱 통계치는 다음과 같다.

$$\chi^2 = \Sigma \frac{(O - E)^2}{E} = \frac{(123 - 140)^2}{140} + \frac{(157 - 140)^2}{140}$$

$$= \frac{(-17)^2}{140} + \frac{17^2}{140} = 2(2.064) = 4.129$$

카이제곱 분포

이 책 전반에 걸쳐서 t나 F와 같은 통계치를 계산할 때마다, 관련된 부록이나 http://www.statpages.org/pdfs.html과 같은 웹사이트의 온라인 컴퓨터 프로그램에 나와 있는 값에 비추어 그 결과를 평가하였다. 표에 나와 있는 값은 영가설이 참일 때 통계치가 얼마나 커야 할 것인지를 알려준다. 그리고 만일 표의 값보다 더 큰 통계치를 얻게 되면, 영가설을 부정하게 된다. 카이제곱 검증에서도 마찬가지이다. 정답과 오답을 선택할 확률이 동등하다는 영가설을 검증하기 위해서는 부록 표 D.1에 나와 있는 카이제곱 표집분포에 비추어 얻은 χ^2을 평가해야만 한다. (그 표의 일부분을 표 19.2에 제시하였다.)

http://www.statpages.org/pdfs.html의 계산기를 사용하면 다음과 같은 결과를 보게 된다.

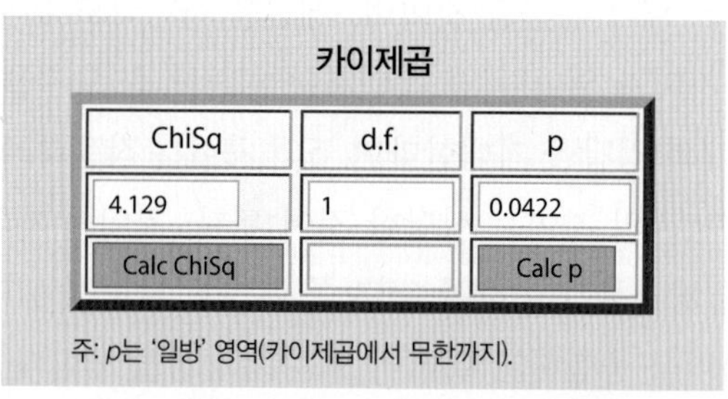

표 19.2_ χ^2 분포의 상한 퍼센트 포인트를 나타내는 표 D.1의 일부분

df	.995	.990	.975	.950	.900	.750	.500	.250	.100	.050	.025	.010	.005
1	0.00	0.00	0.00	0.00	0.02	0.10	0.45	1.32	2.71	3.84	5.02	6.63	7.88
2	0.01	0.02	0.05	0.10	0.21	0.58	1.39	2.77	4.61	5.99	7.38	9.21	10.60
3	0.07	0.11	0.22	0.35	0.58	1.21	2.37	4.11	6.25	7.82	9.35	11.35	12.84
4	0.21	0.30	0.48	0.71	1.06	1.92	3.36	5.39	7.78	9.49	11.14	13.28	14.86
5	0.41	0.55	0.83	1.15	1.61	2.67	4.35	6.63	9.24	11.07	12.83	15.09	16.75
6	0.68	0.87	1.24	1.64	2.20	3.45	5.35	7.84	10.64	12.59	14.45	16.81	18.55
7	0.99	1.24	1.69	2.17	2.83	4.25	6.35	9.04	12.02	14.07	16.01	18.48	20.28
8	1.34	1.65	2.18	2.73	3.49	5.07	7.34	10.22	13.36	15.51	17.54	20.09	21.96
9	1.73	2.09	2.70	3.33	4.17	5.90	8.34	11.39	14.68	16.92	19.02	21.66	23.59
.	.	.	.	.	.	.	.	.	.	.	.	.	.
.	.	.	.	.	.	.	.	.	.	.	.	.	.
.	.	.	.	.	.	.	.	.	.	.	.	.	.

그림 19.1_ 자유도 1, 2, 4, 8의 카이제곱 분포. $\alpha = .05$에서 임계치를 보여주고 있다.

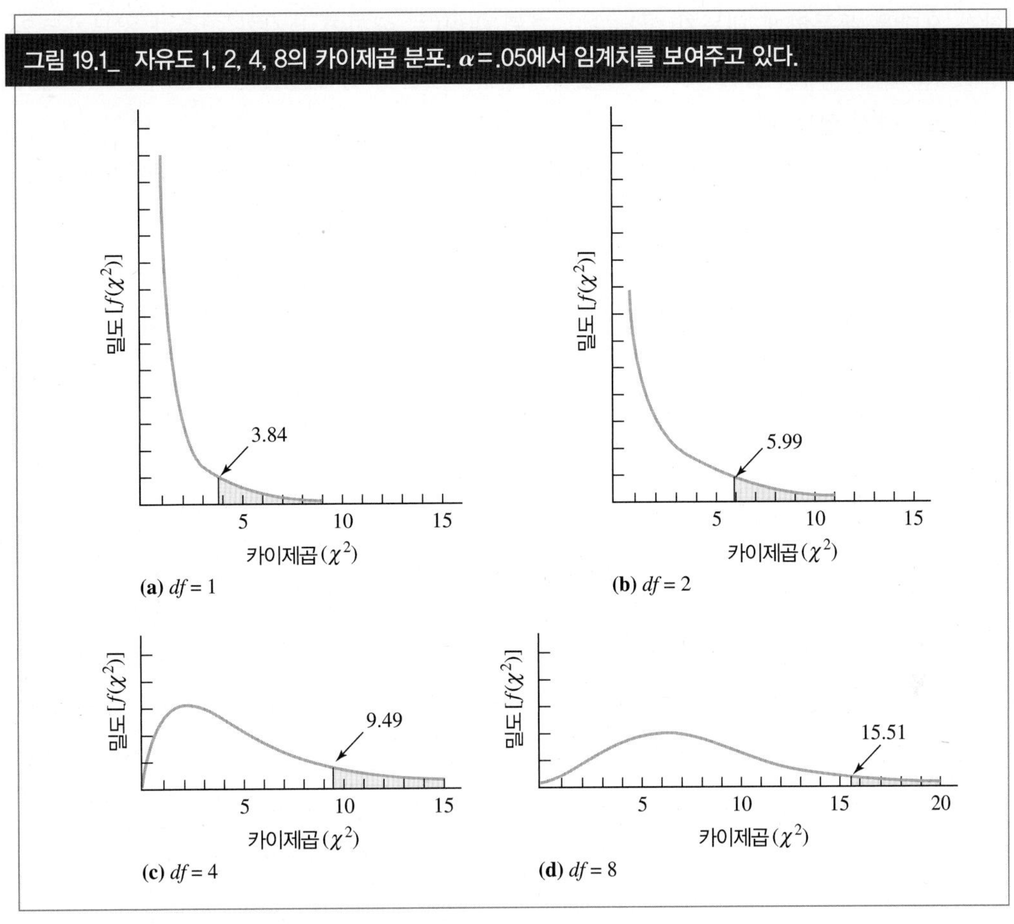

다음과 같은 간단한 명령의 *R*도 사용할 수 있다.

```
>1-pchisq(4.129, 1)
[1] 0.04215425
```

우리가 보았던 다른 분포와 마찬가지로, 카이제곱 분포도 자유도에 의존적이다. 자유도는 표 19.2의 맨 왼쪽 열에 나와 있다. 적합도 검증에서 자유도는 $k-1$로 정의되는데, 여기서 k는 범주 수이다(위의 사례에서는 2). 네 개의 서로 다른 자유도에 대한 카이제곱 분포의 사례가 그림 19.1에 $\alpha = .05$에서의 임계치와 함께 빗금 친 부분으로 나와 있다. 자유도가 증가함에 따라서 특정 수준의 α에서(예: $\alpha = .05$) 임계치가 커지는 것을 볼 수 있다. 우리의 사례는 $k-1 = 2-1 = 1$의 자유도를 갖는다. 표 19.2로부터 $\alpha = .05$에서 $\chi^2_{.05}(1) = 3.84$임을 알 수 있다. 따라서 H_0가 참일 때, 단지 5%의 경우에만 $\chi^2 \geq 3.84$의 값을 얻게 된다. 우리가 얻은 값이 4.129이기 때문에 H_0를 기각하고 치료적 접촉 판단은 정답과 오답을 동등하게 내놓지 않는다고 결론 내린다. 에밀리 로사가 검증한 전문가들은 무선적으로 추측하지 않은 것으로 보인다. 실제로 이들의 성과는 우연 수준보다도 통계적으로 유의하게 열등하다.

앞에서 제안했던 것과 같이, 이 결과는 영가설 검증을 어떻게 해석할 것인지에 대하여 문제를 제기할 수 있다. 가설검증에 관한 전통적 견해를 택하든지 아니면 영가설은 결코 참이 아니며 결과 해석에 영향을 미쳐서는 안 된다고 주장하는 존스와 터키(Jones & Tukey, 2000)의 견해를 택하든지 간에, 우리는 그 차이가 우연 수준보다 크다고 결론 내릴 수 있다. 만일 반응 패턴이 치료적 접촉의 효과에 호의적인 것으로 나타났더라면, 치료적 접촉을 지지한다는 결론을 내렸을 것이다. 그러나 결과는 반대방향으로 유의한 것으로 나타났으며, 참가자들이 기대한 것보다도 더 많은 오답을 내놓았다고 해서 치료적 접촉의 효과를 지지한다고 주장하기 어렵다. 나는 개인적으로 치료적 접촉의 효과를 부정할 수 있다고 결론 내리고자 한다. 아무튼 여기에는 비일관적인 것이 있다. 만일 157개의 정답을 얻었다면, 나는 '보세요. 차이가 유의하지 않습니까!'라고 말할 것이다. 그러나 157개의 오답이 있다면, '에이, 운이 없었고 차이가 실제로는 유의하지 않군요'라고 말할 것이다. 내가 비일관적이게 행동하고 있기 때문에 죄책감을 느끼게 된다. 한편 참가자들이 유의하게 더 많이 틀릴 것을 예측하는 신뢰할 만한 이론이 없기 때문에 치료적 접촉의 효과를 지지할 만한 대안적 설명이 존재하지 않는다. 치료적 접촉이 정말로 작동하는 것이라면 참가자들은 단지 마땅히 보여주어야 할 만큼 제대로 수행하지 못한 것이다. (때때로 삶이란 것이 이렇다!)

여기서 나는 변량분석에서와 마찬가지로 비방향적 영가설에 대한 일방검증을 사용하고 있다는 사실을 언급해야만 하겠다. 이 말은 큰 값의 χ^2에 대해서만 영가설을 기각하지, 작은 값에 대해서는 영가설을 기각하지 않는다는 것을 의미한다. 그러한 의미에서 이 검증은 일방검증이다. 그렇기는 하지만, 두 범주의 경우에는 어느 범주가 보다 많은 빈도를 나타내는지에 관계없이 χ^2의 큰 값을 얻게 된다. 그러한 의미에서 이 검증은 양방적이다. 다중 범주의 경우에는 영가설의 기각을 초래하는 다양한 패턴의 차이가 있으며, 이 검증은 다방향적 또는 비방향적이라고 생각할 수 있다.

다중범주 사례로의 확장

많은 심리학자들은 사람들이 의사결정을 내리는 방식에 특히 관심을 가지고 있으며, 흔히 참가자들에게 단순한 게임을 제시한다. 유명한 사례의 하나가 '죄수의 딜레마(prisoner's dilemma)'[3]라고 부르는 게임으로, 따로따로 심문을 받고 있는 두 죄수(플레이어)로 구성된

3 죄수의 딜레마에 관한 보다 철저한 설명을 보려면 http://en.wikipedia.org/wiki/Prisoner's_dilemma를 참조하라.

다. 이 상황에서 최적의 전략은 각 플레이어가 묵비권을 행사하는 것이지만, 사람들은 최적 행동에서 벗어나기 십상이다. 심리학자들은 인간 행동을 최적 행동과 비교하기 위하여 이러한 게임을 사용한다.

우리는 다른 유형의 게임을 살펴볼 것인데, 이것은 전 세계의 아동들이 즐기는 '가위바위보(rock/paper/scissor)' 게임으로, 흔히 'RPS'라는 약자로 표현한다. 고립된 아동기를 보낸 독자를 위하여 게임의 작동 방식을 기술한다. 이 게임에서는 두 플레이어가 각각 수신호를 내놓는다. 주먹 쥔 손은 바위를, 편 손은 보(자기)를, 두 손가락은 가위를 나타낸다. 바위는 가위를 깨뜨리고, 가위는 보자기를 자르며, 보자기는 바위를 덮어버린다. 따라서 여러분이 가위를 내고 내가 바위를 낸다면, 내 바위가 여러분의 가위를 깨뜨릴 것이기에 내가 이긴다. 그러나 여러분이 가위를 냈는데 내가 보를 냈다면, 가위가 보자기를 자를 것이기에 여러분이 이긴다. 아이들은 이 놀이를 정말로 오랫동안 계속할 수 있다. (어떤 어른은 이 놀이를 매우 심각하게 받아들인다. 여러분은 http://www.danieldrezner.com/archives/002022.html에서 흥미진진한 논문들을 살펴봄으로써 이 놀이에 수반된 특성들을 알아볼 수 있다. 이 주제는 여러분이 생각하는 것처럼 단순한 것이 아니다. 심지어는 자체적인 웹사이트를 가지고 있는 세계 가위바위보 협회도 있다.)

가위바위보에서 최적 전략은 철저하게 예측 불가능하도록 각 수신호를 등확률적으로 내놓는 것이라는 사실이 명확한 것처럼 보인다. 이에 덧붙여서 각 수신호는 상호 독립적이어서 내가 다음에 어떤 수신호를 내놓을지를 상대방이 예측할 수 없어야만 한다. 그렇지만 다른 전략들도 존재하며, 각 전략은 자체적인 지지자들을 확보하고 있다. RPS 챔피언 대회에 출전하는 어른을 제외하면, 대부분의 플레이어는 놀이터의 아이들이다. 아이들에게 학교에서 RPS 챔피언이 누구인지를 묻고 그 아이로 하여금 75회 가위바위보를 하도록 하면서 각 수신호의 횟수를 기록한다고 가정해보자. 이러한 가상적 연구의 결과가 표 19.3에 나와 있다.

그 RPS 챔피언이 각 수신호를 동일한 횟수로 내놓아야만 한다고 하더라도, 데이터는 주먹을 내놓는 횟수가 기대한 것보다 많음을 시사한다. 그렇기는 하지만 이것은 단지 우연에 의한 무선적 편차일 수 있다. 수신호를 의도적으로 무선화하고 있음에도 불구하고, 어떤 하나의 수신호가 다른 것보다 더 많을 가능성이 있다(사람들이 무선 순서를 생성하는 데 어려움을 겪는다는 사실은 잘 알려져 있다). 우리가 원하는 것은 확률에 근거하여 기대

표 19.3_ 가위바위보 게임에서 각 수신호의 횟수

수신호	주먹	보	가위
관찰	30	21	24
기대	(25)	(25)	(25)

한 것과의 편차가 충분히 커서 이 아이가 내놓는 수신호는 무선적이지 않으며 실제로 우연 수준보다 더 많이 주먹을 내놓고 있다고 결론 내릴 수 있는 것인지 여부를 판단할 수 있는 적합도 검증이다.

표 19.3에 나와 있는 관찰빈도와 기대빈도를 사용한 χ^2 통계치는 다음과 같다. 이것은 두 범주만 있을 때 했던 것의 단순한 연장이라는 사실에 주목하기 바란다.

$$\chi^2 = \Sigma \frac{(O - E)^2}{E}$$

$$= \frac{(30 - 25)^2}{25} + \frac{(21 - 25)^2}{25} + \frac{(24 - 25)^2}{25} = \frac{5^2 + 4^2 + 1^2}{25}$$

$$= 1.68$$

이 예에서는 세 개의 범주가 있기 때문에 자유도는 2다. 자유도 2에서 χ^2의 임계치는 5.99이기 때문에, 이 아이가 각 수신호를 등확률적으로 내놓고 있다는 사실을 의심할 만한 근거는 없다($p = .4317$).

19.2 두 개의 분류변인: 유관표 분석

앞의 두 사례에서는 데이터를 단지 하나의 차원(분류변인)에 따라 범주화하는 경우를 살펴보았다. 그렇지만 데이터를 두 개(또는 그 이상)의 독립변인에 따라서 범주화하는 경우가 많이 있으며, 이 변인들이 서로 독립적인지가 관심거리가 된다. 다시 말해서 한 변인의 분포가 두 번째 변인에 **유관적**인지 **조건적**인지의 여부에 관심을 갖는 경우가 많다. 이 상황에서는 다른 변인의 각 수준에서 한 변인의 분포를 보여주는 **유관표**(contingency table)를 구성하게 된다. 우리는 산아제한 정보에 관한 신문사설 논지의 방향에 대한 사람들의 선택이 개인 신념에 의존적(유관적)인지에 관심을 가졌던 사례에서 이러한 유형의 물음 예를 보았다. 또 다른 예는 식욕부진 치료에 항우울제를 사용하는 것에 관한 월시 등(Walsh et al., 2006)의 연구가 제공하고 있다.

성공적으로 거식증 치료를 받았던 젊은 여성들이 치료 후에 재발하는 경향이 있는 한 가지 이유가 우울이라는 가설을 오랫동안 유지해왔다. (정상 체중으로 되돌아온 후에도 30~50%의 환자들이 1년 이내에 병원을 되찾았다.) 가장 보편적인 접근 중의 하나가 최근에 회복한 환자들에게 프로작(Prozac)과 같은 항우울제를 처방하는 것이다. 그 배경에는 이 약물이 우울을 감소시켜 재발을 방지해준다는 생각이 깔려있다.

월시 등은 적절한 체중으로 회복했던 93명의 환자를 표집하였다. 그런 다음에 49명에게는 1년 동안 항우울제인 프로작을 처방한 반면, 44명에게는 위약을 투여하였다. 이 연구는

표 19.4_ 프로작과 식욕부진 간의 관계

처치	결과: 성공	결과: 재발	전체
약물	13 (14.226)	36 (34.774)	49
위약	14 (12.774)	30 (31.226)	44
전체	27	66	93

이중은폐 연구(double-blind study)로, 환자와 실험자 모두 처방한 것이 약물인지 아니면 위약인지 알지 못하였다. 종속변인은 각 집단에서 1년 이상 정상 체중을 성공적으로 유지한 환자 수였다. 데이터를 유관표의 형태로 표 19.4에 제시하였다. (기대빈도를 괄호 속에 제시하였다.)

이 표는 고무적이지 못하다. 약물 집단이 위약 집단보다 우수하기는커녕 실제로 수행이 저조하다(26.5% 대 31.5%). 그렇지만 저조한 수행이 통계적으로 유의한 것인지 아니면 단지 우연한 결과인지를 알아보고자 한다. (프로작이 실제로 체중을 유지하는 젊은 여성의 능력을 감소시킬 수 있는데, 이게 사실이라면 젊은 여성 거식증 환자들에게 프로작을 처방하는 것은 해로울 수 있는 것이다.)

유관표에서의 기대빈도

유관표에서 각 칸의 기대빈도는 그 칸이 위치한 행과 열의 합을 곱한 후에 전체 표본크기(N)로 나누어 얻는다. 이렇게 행이나 열의 합을 **주변합**(marginal total)이라고 한다. 표의 주변에 위치하기 때문이다. E_{ij}는 행 i와 열 j에 해당하는 칸의 기대빈도이며, R_i와 C_j는 그에 상응하는 행과 열의 합이며, N은 총 관찰수이다. 다음과 같은 공식이 성립한다.[4]

$$E_{ij} = \frac{R_i C_j}{N}$$

우리의 사례에 적용하면 다음과 같다.

$$E_{11} = \frac{49 \times 27}{93} = 14.226$$

4 기댓값에 대한 공식은 확률을 다룬 7장에서 제시했던 두 독립사건의 연접출현의 확률에 대한 공식으로부터 직접적으로 유도할 수 있다. 이러한 이유로 인해서, 얻은 기댓값은 H_0가 참이며 변인들이 독립적일 때 기대할 수 있는 값이다. 기댓값과 관찰값 간의 적합도에서 나타나는 커다란 차이는 독립성에서 크게 벗어났다는 사실을 반영할 수 있으며, 이것이야말로 우리가 검증하고자 하는 것이다.

$$E_{12} = \frac{49 \times 66}{93} = 34.774$$

$$E_{21} = \frac{44 \times 27}{93} = 12.774$$

$$E_{22} = \frac{44 \times 66}{93} = 31.226$$

카이제곱 계산

각 칸의 관찰빈도와 기대빈도를 갖게 되면, χ^2의 계산은 간단하다. 단지 지금까지 사용해 왔던 동일한 공식을 사용하기만 하면 된다. 물론 표에 있는 모든 칸에 걸쳐서 이루어진 계산 결과를 합해야 한다.

$$\chi^2 = \Sigma \frac{(O - E)^2}{E}$$

$$= \frac{(13 - 14.226)^2}{14.226} + \frac{(36 - 34.774)^2}{34.774} + \frac{(14 - 12.774)^2}{12.774} + \frac{(30 - 31.226)^2}{31.226}$$

$$= .315$$

자유도

χ^2 값을 표 D.1의 값과 비교하기 전에, 우선 자유도를 알아야만 한다. 유관표 분석에서 자유도는 다음과 같이 구한다.

$$df = (R - 1)(C - 1)$$

여기서 R = 행의 수이며, C = 열의 수이다.

우리의 사례에서 $R = 2$이고 $C = 2$이다. 따라서 $(2 - 1)(2 - 1) = 1$의 자유도를 갖는다. 칸이 네 개나 되는데 자유도가 단지 1이라는 사실이 이상하게 보일 수도 있지만, 일단 행의 합과 열의 합을 알고 있을 때, 단지 한 칸의 빈도만을 알면 나머지 칸들은 자동적으로 결정된다는 사실을 알 수 있다.[5]

χ^2의 평가

자유도가 1일 때 χ^2의 임계치는 부록 표 D.1에서 볼 수 있는 것과 같이 3.84이다. 우리가

5 피어슨이 잘못을 저지른 곳이 바로 여기다. 그는 자유도가 $(R-1)(C-1)$이 아니라 $RC-1$이어야 한다고 생각하였다.

얻은 값 .315가 임계치에 미달하기 때문에, 변인들이 서로 독립적이라는 영가설을 기각하지 못한다($p = .5746$). 이 경우에 우리는 젊은 여성의 거식증 재발 여부가 프로작이나 위약 중에서 어느 것을 처방받았는지에 달려있다는 사실을 시사하는 증거가 없다고 결론 내리게 된다. 두 변인이 상호 독립적이라는 사실을 입증했다고 말하는 것이 아니라 단지 두 변인이 관련되었다는 사실을 보여주지 못했다고 말하는 것이라는 점에 주목하기 바란다. 그렇지만 결과가 실제로는 위약을 선호하며 영가설에서의 확률이 매우 크다는 사실을 감안할 때[카이제곱의 확률이 0.315보다 크다는 사실은 `print(1-pchisq(0.315, 1))`라는 *R*의 명령 코드를 사용하여 찾아볼 수 있다. 그 확률은 0.575이다], 마치 프로작은 바람직한 효과를 초래하지 않는다는 사실을 보여준 것처럼 주장한다고 해도 부당한 것이 아니겠다. 영가설을 증명한 것은 아니지만, 만일 내가 환자의 주치의라면, 프로작을 처방함으로써 문제를 해결할 수 있다고 생각하기를 주저하게 될 것이다.

SPSS 사용하기

카이제곱을 계산하기 위해서 SPSS를 사용하는 것이 처음에는 다소 까다로울 수 있다. 데이터를 입력하는 두 가지 방법이 있다. 지겨운 방법은 두 열을 만드는 것인데, 우선 13쌍의 1과 1을 각 열에 입력한 다음, 14쌍의 1과 2, 30쌍의 2와 1, 36쌍의 2와 2를 입력한다. 첫 번째 열에는 '행', 두 번째 열에는 '열'이라는 표지를 붙일 수 있다. 그런 다음에 *Analyze/Descriptive Statistics/Crosstabs*(분석/기술통계/크로스탭)으로 들어가서 '행'과 '열'을 변인으로 규정한다. 통계 버튼을 클릭하여 카이제곱 검증을 하고자 한다는 사실을 반드시 프로그램에 알려주어야 한다. 그렇게 하지 않으면 프로그램이 검증을 수행하지 않는다. 그런데 이것은 데이터를 입력하는 어려운 방법이다. 93회나 반복되는 두 열을 입력해야만 한다. 만일 여러분의 데이터가 그러한 구조를 가지고 있다면 별 문제가 없겠지만, 만일 유관표에 입력하기를 원한다면, 보다 쉽게 할 수 있다. 다음 표에서 보는 것과 같이 데이터를 입력하면 된다.

	행	열	빈도
1	1.00	1.00	13.00
2	1.00	2.00	36.00
3	2.00	1.00	14.00
4	2.00	2.00	30.00

이제 한 가지 작업을 더 해야 한다. *Data/Weight Cases*(데이터/사례 가중치)로 들어가서 빈도로 사례에 가중치를 부여하도록 알려주어야 한다. 이제 지겨운 방식으로 데이터를 입

력할 때 설명했던 것과 동일한 방식으로 카이제곱 검증을 실시할 수 있다.

R 사용하기

*R*에서는 매사가 조금 더 용이하다. 다음 명령 코드가 원하는 결과를 제공해준다.

```
# Chi-square tests and probabilities
data <- matrix(c(13, 36, 14, 30), byrow = TRUE, ncol = 2)
result <- (chisq.test(data, correct = FALSE))    #Don't use Yates'
correction - see below
print(result)
print(1-pchisq(0.3146, df = 1))    #Not necessary as the result will
contain the probability.
```

이 장의 웹페이지에서 93쌍의 1과 2 데이터를 입력하는 방법을 볼 수 있다. 물론 여러분이 그렇게 하기를 원하지는 않을 것이라고 생각하지만 말이다.

19.3 표준 카이제곱의 가능한 개선 방법

데이터가 소수의 관찰치만을 포함할 때는 카이제곱 검증 결과가 상당히 비연속적일 수 있다. 예를 들어, 앞서 보았던 거식증 치료 데이터의 첫 번째 줄 하나를 선택하여 13과 36이라는 값을 12와 37로 바꾸게 되면 카이제곱 값이 .315에서 .618로 증가하는데, 이것은 상당한 변화다. 만일 카이제곱의 연속적 분포를 가정하는 표에 비추어 이 카이제곱 값을 평가하고자 시도하게 되면, 그 적합도는 형편없는 것이 되어버린다.

몇몇 교과서들은 2×2 유관표에서 소위 연속성을 위한 보정, 즉 예이츠 보정(Yates's correction)을 적용해야 한다고 주장한다. 이 보정이란 단지 제곱하기 전에 각 분자의 값을 0.5단위만큼 줄이는 것이다. 이러한 보정이 한때는 매우 보편적인 것이었지만, 유관표 분석에 대해서 보다 많은 것을 알게 됨에 따라서 그 명성을 상실해왔다. 다음 절에서 논의할 피셔의 정확 검증이 가용해짐에 따라서 이러한 보정은 군더더기가 되고 말았다. 보다 집중적인 논의를 위해서는 하월(Howell, 2012)을 참조하면 되는데, 그도 일반적으로는 그러한 보정의 사용을 권장하지 않고 있다.

피셔의 정확 검증

피셔는 1934년 왕립 통계학회 총회에서 소위 피셔의 정확 검증(Fisher's exact test)을 소개하였다. 상세한 내용은 접어두고, 피셔의 제안은 고정된 수의 주변합으로부터 (유관표의 오른쪽 주변합과 아래쪽 주변합을 변화시키지 않으면서) 구성할 수 있는 모든 가능한 2×2 유관표를 만들라는 것이었다. 예를 들어, 다음 세 유관표는 모두 동일한 주변합을 가지고 있지만, 칸의 빈도들은 다르다.

	결과			결과			결과		
	성공	재발	전체	성공	재발	전체	성공	재발	전체
약물	13	36	49	12	37	49	11	36	49
위약	14	30	44	15	29	44	16	30	44
전체	27	66	93	27	66	93	27	66	93

피셔는, 예를 들어 모든 가능한 유관표에 대해서 카이제곱과 같은 통계치를 계산할 수 있었다. (그의 통계치는 카이제곱이 아니었지만, 그 사실이 중요한 것은 아니다.) 그렇게 하면 실제 데이터 유관표보다 그 결과(카이제곱 값)가 더 극단적인 표의 비율을 계산할 수 있다. 만일 이 비율이 유의도 수준인 α보다 작으면 두 변인이 독립적이라는 영가설을 기각하고 유관표를 구성하는 두 변인 간에 통계적으로 유의한 관계가 있다고 결론 내린다. 여기서는 모든 가능한 계산을 수작업하는 대신에 여러분들이 통계 소프트웨어를 사용한다고 가정한다. 따라서 필요한 계산 단계를 일일이 나열하지 않겠다. 위의 예에서 SPSS는 자동적으로 .650이라는 피셔 정확 검증의 양방 확률을 내놓는데, 이 수치도 영가설을 부정하지 못하게 만든다. *R*을 사용할 때의 명령 코드는 `fisher.test(data)`이다.

무선화 검증

피셔의 이러한 제안은 가설검증에 대해서 처음 접하는 접근이다. 이 책 전반에 걸쳐서 우리는 수학적 계산에 근거한 통계표를 찾아서 영가설이 참일 때의 이론적 확률을 구하는 검증을 다루어왔다. 피셔의 검증은 그러한 통계표에 의존하지 않는다. 주변합들이 주어졌을 때 가능한 모든 결과를 나열한 후에 그 결과들 중에서 우리가 얻은 결과보다 더 극단적인 것의 백분율을 구한다. 어떤 이론적 분포도 수반하지 않는다. 여러분은 다음 장에서 이러한 유형의 접근을 보게 될 것이다.

피셔의 정확 검증 대 피어슨의 카이제곱

이제 2×2 유관표에 대해서 적어도 두 가지 통계검증을 갖게 되었다. 어느 것을 사용해야만 하는 것인가? 아마도 가장 보편적인 해결책은 피어슨의 카이제곱을 사용하는 것이겠다. 우리가 늘 사용해오던 것이기 때문이다. 이 책의 전판에서 나는 피셔의 정확 검증을 사용하지 말도록 권했다. 일차적으로 고정된 주변합에 의존하기 때문이다. 그렇지만 최근에는 순열과 무선화 검증에 관한 관심이 급격하게 증가해왔으며, 피셔의 정확 검증이 바로 이러한 검증의 한 예다. 나는 이러한 검증의 논리와 단순성에 깊은 감명을 받았으며 피셔의 정확 검증 쪽으로 기울어지게 되었다. 항상 그렇지는 않겠지만, 많은 경우에 여러분이 내릴 결론은 두 접근 방법에서 동일할 것이다. 2×2보다 큰 유관표에 대해서는 피셔의 접근법을 수정하지 않은 채 적용할 수는 없으며, 그 경우에는 거의 항상 피어슨의 카이제곱을 사용하게 된다[그렇지만 하월과 고든(Howell & Gordon, 1976)을 참조하라].

19.4 대규모 유관표를 위한 카이제곱

앞의 사례는 두 변인(약물과 그 결과)을 수반하고 있는데, 각 변인은 두 수준을 갖는다. 이러한 설계를 2×2 유관분석이라고 부르며, 보편적인 $R \times C$ 설계의 특수한 경우다(여기서 R과 C는 각각 행과 열의 수를 나타낸다). 대규모 유관표 분석의 사례로 여기서는 프뢸리히와 스티븐슨(Froelich & Stephenson, 2013)이 제공한 몇몇 데이터를 분석한다. 저자들은 2,000명 이상을 대상으로 온라인 조사를 통해 데이터를 수집했는데, 성별과 눈 색깔 간의 관계를 알아보려는 것이었다. 여성의 눈 색깔이 남성의 눈 색깔과 다를 이유가 전혀 없다고 생각할 수 있지만, 그 생각은 틀린 것일 수도 있다. 데이터가 표 19.5에 나와 있다.

*R*을 사용하여 이 데이터의 그래프를 그려볼 수 있다. 그 명령 코드는 이 장의 *R* 페이지에서 찾아볼 수 있다. 그 결과가 그림 19.2에 나와 있다.

그림 19.2를 그저 들여다보는 것만으로는 성별 효과가 있는지를 알기 어렵다. 이 데이터에 대한 수작업 계산도 입력하는 데이터가 더 많다는 사실을 제외하고는 2×2 유관표의 경우와 동일하다. 계산을 위하여 *R*을 사용한다면, 다음과 같이 매우 간단한 명령 코드가 된다.

표 19.5_ 성별별 눈 색깔

	눈 색깔				
성	파란색	갈색	초록색	연갈색	전체
여성	370	352	198	187	1,107
남성	359	290	110	160	919
전체	729	642	308	347	2,026

그림 19.2_ 성별별 눈 색깔

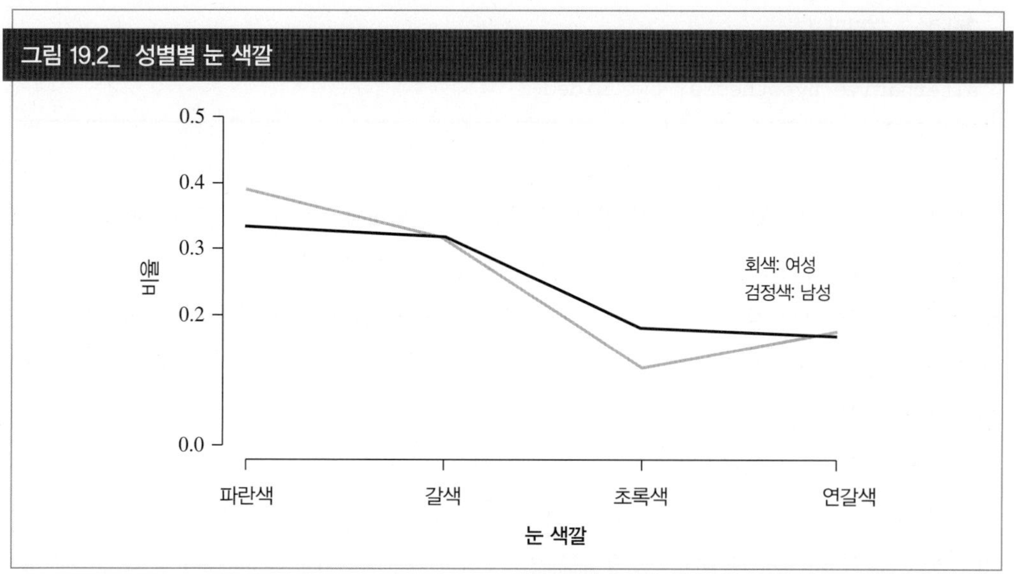

R 코드

```
# Amy G. Froelich
# W. Robert Stephenson
# Iowa State University
# Journal of Statistics Education
# Volume 21,
# Number2(2013),\www.amstat.org/publications/jse/v21n2/froelich_ds.pdf

counts <- matrix(c(370, 352, 198, 187, 359, 290, 110, 160), byrow =
  TRUE, nrow = 2)
print(counts)
print(chisq.test(counts, correct = FALSE))
print(fisher.test(count))
```

```
            Pearson's Chi-squared test

[1] "Cell totals"
      [,1] [,2] [,3] [,4]
[1,]   370  352  198  187
[2,]   359  290  110  160

            Pearson's Chi-squared test

data:  counts
X-squared = 16.0906, df = 3, p-value = 0.001087


            Fisher's Exact Test for Count Data
```

```
data:  counts
p-value = 0.00101
alternative hypothesis: two.sided
```

여기서는 두 개의 행과 네 개의 열을 가지고 있는 행렬로 데이터를 입력하였다는 사실을 알 수 있다. 프로그램이 예이츠 보정을 적용하지 않도록 'correct = FALSE' 명령을 포함시켰다. 만일 피셔 검증을 사용하고자 한다면, 마지막 명령이 그 검증을 수행하게 된다. 매우 큰 표본크기를 감안할 때, 피셔 검증이 카이제곱 검증 결과와 상당히 차이나는 결과를 내놓을 가능성은 거의 없다.

이 분석 결과는 성별에 따른 효과가 유의하다는 사실을 시사한다. 여성이 파란색 눈을 가질 가능성은 다소 낮고 초록색 눈을 가질 가능성은 다소 높다. 다른 두 색깔은 남성과 여성에게 있어서 거의 동일하다. 여기서 이 사례를 선택한 까닭은 데이터가 남성과 여성 간에 전혀 차이가 없는 것처럼 보이는데도 카이제곱 통계치는 명백하게 유의하기 때문이다. 이것은 일차적으로 상당히 큰 표본크기를 사용했다는 사실에서 유래한다. 매우 큰 표본크기를 가지고 수행한 통계검증을 해석할 때는 신중을 기할 필요가 있다. 사례수가 많으면 비교적 사소하고 중요하지 않은 차이조차도 통계적으로 유의할 수 있기 때문이다. 효과크기 측정치를 요구하는 까닭이 바로 이것이다. 불행한 사실은 매우 좋은 검증이 없다는 점이다. 아그레스티(Agresti, 2002)는 승산 비와 위험도 비가 2×2 유관표에는 유용하지만 더 큰 유관표에는 이에 대응하는 유사한 통계치를 구하는 좋은 방법이 존재하지 않는다는 사실을 지적해왔다. 승산 비와 위험도 비 통계치는 뒤에서 곧 보게 될 것이다. 다중 승산 비를 가지고 작업할 수도 있지만, 그 내용은 이 책의 내용을 넘어서는 것이며, 실제로도 전혀 도움이 되지 않는다.

19.5 작은 기대빈도의 문제

카이제곱 검증은 모형 적합도 또는 변인들 간의 독립성을 알아보기 위한 중요하고도 타당한 검증이다. 그렇기는 하지만 기대빈도가 지나치게 작을 때는 그렇게 좋은 검증이 되지 못한다. 카이제곱 검증은 부분적으로 만일 동일한 수의 참가자를 대상으로 무한히 실험을 반복한다면, 한 칸의 관찰빈도가 기대빈도를 중심으로 정상분포를 이룬다는 가정에 근거한다. 그런데 만일 기대빈도가 작다면(예: 1.0), 관찰빈도들이 그 기대빈도를 중심으로 정상적으로 분포할 수 있는 방법이 없다. (빈도는 정수여야 하며 0보다 작을 수는 없다.) 기대빈도가 지나치게 작을 경우에 카이제곱은 타당한 통계검증이 되지 못한다. 그렇기는 하지만 문제는 '지나치게 작다'를 어떻게 정의할 것인가 하는 점이다. 통계학 교과서의 수만큼이나 많은 정의들이 존재하며, 이 문제는 통계학 전문잡지에서 여전히 논란거리이다. 나는 9개 이하의 칸을 가지고 있는 소규모의 유관표의 경우에는 모든 기대빈도가 적어도 5는 되어야 한다는 명백한 보수적 입장을 가지고 있다. 대규모 유관표의 경우에는 이러한 제한이 다소 완화될 수 있다. 혹자는 훨씬 작은 기대빈도에서조차도 카이제곱 검증은 보수적이며 1종 오류를 적게 범한다고 주장한다. 그렇기는 하지만 이들조차도 총 표본크기가 매우 작을 때, 다시 말해서 기대빈도가 작아질 때는 카이제곱 검증이 잘못된 영가설을 탐지하는 검증력이 형편없이 낮아진다는 사실을 인정할 수밖에 없다.

피셔의 정확 검증은 기저분포에 관한 가정에 의존하지 않는다. 이것은 작은 기대빈도가 전통적인 카이제곱 검증에 문제가 되는 것과는 달리 피셔 검증에서는 아무런 문제도 되지 않는다는 것을 의미한다. 기대빈도가 작을 때에는 피셔 검증을 사용하는 것이 더 유용하다. 그렇기는 하지만 그 경우에도 기대빈도가 작으면 잘못된 영가설을 기각하는 검증력이 별로 없게 된다. (다니엘 소퍼는 http://www.danielsoper.com/statcalc3/에서 2×3 유관표와 3×3 유관표에 대한 피셔의 정확 검증을 위한 온라인 계산기를 제공하고 있다.) 앞에서 본 것과 같이, *R*은 어떤 크기의 유관표든 피셔의 정확 검증을 수행할 수 있다.

19.6 비율에 대한 검증으로서 카이제곱의 사용

카이제곱 검증은 비율 또는 두 독립적 비율 간의 차이에 대한 검증으로 사용할 수 있다. 이것은 지금까지 우리가 사용해온 검증과 동일한 것이다. 단지 비율을 생각하는 방법을 바꾸었을 뿐이다(비율을 빈도로 바꾼다).

비율에 대해 제기하는 가장 흔한 질문은 하나의 비율이 다른 비율보다 유의하게 높거나 낮은지에 관한 것이다. 이것의 좋은 예는 라타네와 댑스(Latané & Dabbs, 1975)가 수행한 도움 행동 연구에서 찾을 수 있다. 이 연구에서는 실험 협조자에게 엘리베이터에 탑승하고는, 엘리베이터가 작동하자마자 한 움큼의 연필이나 동전을 바닥에 떨어뜨리도록 지시하였다. 종속변인은 방관자들이 연필 집는 것을 도와주는지 여부였다. 이 연구는 미국의 세 도시(콜럼버스, 시애틀, 애틀랜타)에서 수행했지만, 우리는 남녀 차이가 가장 적었던 콜럼버스에서 얻은 데이터에 초점을 맞추겠다. 또한 실험 협조자의 성별 효과도 무시하기로 한다. 기본적으로 라타네와 댑스는 23%의 여성 방관자와 28%의 남성 방관자가 떨어뜨린 물건을 집는 것을 도와주었다는 사실을 발견하였다. (엘리베이터에 서있던 방관자의 3/4이 아무 일도 일어나지 않았다는 듯이 천장만 쳐다보고 있었다는 사실이 흥미롭다. 라타네의 연구는 인간은 선하다는 나의 믿음을 약화시켰다.) 관심을 끄는 것은 23%와 28% 간의 차이가 통계적으로 유의한 것인가 하는 물음이다. 이 물음에 답하기 위해서는 전체 표본크기를 알아야만 한다. 이 경우에는 1,303명의 여성 방관자와 1,320명의 남성 방관자가 있었다. (이런 유형의 실험에서 쉽게 얻을 수 있는 대규모 표본크기에 주목하라.) 표본크기를 알기 때문에 비율을 빈도로 쉽게 변환시킬 수 있다.

비율 데이터

	방관자 성별	
	여성	남성
도와줌	23%	28%
도와주지 않음	77%	72%
수	1,303	1,320

빈도 데이터

	방관자 성별		
	여성	남성	전체
도와줌	300 (332.83)	370 (337.17)	670
도와주지 않음	1,003 (970.17)	950 (982.83)	1,953
전체	1,303	1,320	2,623

표 좌상 칸의 300은 1,303의 23%를 취함으로써 얻는다. 나머지 값들도 동일한 방식으로 얻는다. 괄호 속의 값은 기대빈도들이다. χ^2은 다음과 같이 계산한다.

$$\chi^2 = \Sigma \frac{(O - E)^2}{E}$$

$$= \frac{(300 - 332.83)^2}{332.83} + \frac{(370 - 337.17)^2}{337.17} + \frac{(1{,}003 - 970.17)^2}{970.17}$$

$$+ \frac{(950 - 982.83)^2}{982.83} = 8.64$$

$\alpha = .05$에서 자유도 1의 임계치는 3.84이기 때문에, H_0를 기각하고 비율은 유의하게 다르다고 결론 내린다. 이 연구의 조건에서는 남성들이 여성들보다 도움을 더 많이 준다고 결론 내릴 수 있다. (이 연구는 거의 30년 전에 수행했다. 오늘날에도 이와 유사한 결과를 얻을 것이라고 생각하는가?)

비율을 사용할 때 유념해야 할 주의사항이 있다. 여러분은 비율을 빈도로 전환시킨 후에 빈도에 대해서 카이제곱 검증을 실시했다는 사실을 알아차렸을 것이다. 이것이 χ^2을 사용하는 유일하게 올바른 방법이다. 때때로 나는 사람들이 칸의 값으로 비율 자체를 사용하여 유관표를 만들고는 마치 아무 잘못도 없다는 듯이 χ^2을 계산하는 것을 본다. 이 사람들은 정당한 χ^2 값을 얻지 못할 것이며, 그들의 검증은 잘못된 것이다. 백분율은 비록 소수점 이하를 버려서 마치 정수인 것처럼 가장한다고 하더라도 카이제곱 검증을 위한 합법적 데이터가 되지 못한다. 반드시 빈도를 사용해야만 한다.

19.7 효과크기 측정치

관계가 '통계적으로 유의하다'는 사실은 그 관계가 실질적으로 유의한 것인지에 관해서는 별로 알려주는 것이 없다. 두 독립변인이 통계적으로 독립적이지 않다는 사실은 독립성 결여가 중요하다거나 주의를 기울일 가치가 있다는 것을 의미하지 않는다. 실제로 표본크기를 충분히 크게 만들 수만 있다면, 어느 것이든 거의 모든 두 변인은 통계적으로 유의한 독립성 결여를 보여줄 수 있다. 눈 색깔에 관한 데이터에서 이 사실을 이미 보았다.

그렇기 때문에 우리에게 필요한 것은 단순한 유의도 검증을 넘어서서 우리가 찾고 있는 효과크기를 반영하는 하나 이상의 통계치를 제시하는 것이다. 이 책 다른 곳에서 보았던 것처럼, 효과크기를 나타내도록 설계한 두 가지 상이한 유형의 측정치가 있다. d–가족 측정치라고 부르는 한 가지 유형은 집단 간 또는 독립변인 수준 간 **차이**에 대한 하나 이상의 측정치에 근거하고 있다. r–가족 측정치라고 부르는 다른 유형의 측정치는 두 독립변인 간의 상관계수를 나타낸다. 여기서는 r–가족 측정치를 다루지 않을 것인데, 그 이유는 직관적으로 매력적인 측정치를 제공해주는 경우가 드물기 때문이다. (요약하면 약물을 투여받았는지 아니면 위약을 투여받았는지에 따라서 개인에게 1 또는 2의 값을 부여하고, 재발 여부에 따라서 1 또는 2의 값을 부여한 후에 두 변인 간의 상관을 구할 수 있다.)

한 가지 예

남성에게 있어서 매일 아스피린을 소량 복용하는 것의 효과에 관한 중요한 연구가 1988년에 보고되었다. 22,000명 이상의 내과 의사들에게 아스피린이나 위약을 투여하고, 나중에 심장마비를 일으킨 사례를 기록하였다. 그 데이터가 표 19.6에 나와 있다. 이 설계는 처치(아스피린 투여 대 비투여)를 가한 다음에 미래의 결과를 결정하기 때문에 **전향적 연구**(prospective study)라는 사실에 주목하라. [**후향적 연구**(retrospective study)는 심장마비를 경험하였거나 경험하지 않았던 사람들을 선정한 후에 시간을 거슬러가면서 과거에 아스피린을 복용하는 습관을 가지고 있었는지를 알아보는 것이다. 유사한 설계처럼 들릴 수도 있지만, 전혀 다른 설계이다.[6]]

---

6 전향적 연구는 심리학자들이 전형적으로 사용하는 실험 연구, 즉 독립변인에 처치를 가하고 종속변인에서 차이를 보는 연구가 대표적이며, 후향적 연구는, 집단 식중독이 일어났을 때 무엇이 식중독을 일으켰는지 알아보기 위한 소위 역학조사가 대표적인 사례가 되겠다.—옮긴이 주.

표 19.6_ 심장마비 발생에 대한 아스피린의 효과

	결과		
	심장마비 발생	심장마비 미발생	
아스피린	**104**	**10,933**	11,037
위약	**189**	**10,845**	11,034
	293	21,778	22,071

이 데이터에서는 자유도가 1이고 $\chi^2 = 25.014$로서, $\alpha = .05$에서 통계적으로 유의하다 ($p = .0000$). 이 값은 매일 아스피린을 복용하는지 여부와 나중에 심장마비를 일으키는지 여부 간에 관계가 있다는 것을 나타낸다.[7]

d-가족 측정치: 위험도와 승산

범주 데이터, 특히 2×2 유관표의 측면에서 두 가지 중요한 개념이 위험도(risk)와 승산(odds)의 개념이다. 이 개념들은 밀접하게 관련되어 있으며 혼동하기 십상이지만, 기본적으로는 매우 단순한 개념들이다. 7장에서 이 측정치들을 살펴보았지만, 오래전의 일이기에 다시 개관할 가치가 있다.

아스피린 데이터에서 복용 집단의 .94%(104/11,037)와 통제집단의 1.71%(189/11,034)가 연구 도중에 심장마비를 겪었다(만일 여러분이 건강을 염려하는 중년 남성이 아니라면, 이 숫자가 꽤나 작은 것처럼 보일 것이다. 그렇지만 이 숫자는 중요한 것이다). 이러한 두 통계치를 일반적으로 **위험도**(risk) 추정치라고 부른다. 아스피린을 복용하거나 그렇지 않은 사람이 심장마비로 고통받을 위험도를 기술하고 있기 때문이다. 위험도 측정치는 효과크기를 들여다보는 유용한 방법을 제공한다.

위험도 차이(risk difference)는 두 전집 간의 단순한 차이다. 우리의 예에서 차이는 .77%이다(1.71% − .94%). 따라서 두 조건 간에 대략 3/4퍼센트포인트의 차이가 존재한다. 다르게 표현하면, 아스피린을 복용하는 남성과 그렇지 않은 남성 간에 위험도 차이는 대략 .77%다. 이 차이가 별로 크게 보이지 않을 수도 있지만, 정말로 심각한 사건인 심장마비에 대해서 언급하고 있다는 사실을 명심하기 바란다.

위험도 차이가 가지고 있는 한 가지 문제점은 그 크기가 위험의 전반적 수준에 달려있

---

7 매일 아스피린을 복용하는 것이 낮은 심장마비 발생율과 관련된다고 하더라도, 보다 최근의 연구들은 심각한 부정적인 부작용이 있다는 사실을 보여줬다는 사실에 주목할 필요가 있다. 오늘날 연구 문헌들은 오메가-3가 부작용이 적으면서 그에 상응하는 효과를 가질 수 있다는 사실을 시사하고 있다.

다는 것이다. 심장마비는 위험도가 상당히 낮은 사건이기 때문에, 두 조건 간에 커다란 차이를 기대할 수 없다. [반면에, 퓨(Pugh, 1983)는 **피해자**에게 잘못이 있는 것으로 묘사하는지의 여부에 따라서 강간에 대한 평결을 연구하였다. 어느 경우이든 유죄 판결 확률이 상당히 높기 때문에, 두 조건 간에 상당한 차이를 나타낼 소지가 크다. 그는 피해자에게 잘못이 없는 것으로 묘사할 때 평결에서 30퍼센트포인트의 차이가 나타나는 결과를 얻었다. 이 사실은 퓨의 연구가 아스피린 연구보다 훨씬 더 큰 효과크기를 발견했다는 것을 의미하는가? 경우에 따라 다를 것이다. 아무튼 위험도 차이라는 측면에서는 그렇다고 할 수 있겠다.]

위험도를 비교하는 또 다른 방법은 **상대적 위험도**(relative risk)라고도 부르는 **위험도 비**(risk ratio: RR)를 구성하는 것인데, 이것은 그저 두 위험도의 비율을 말한다. 심장마비 데이터에서 위험도 비는 다음과 같다.

$$RR = \text{위험도}_{\text{미복용}} \ / \ \text{위험도}_{\text{복용}} = 1.71\%/0.94\% = 1.819$$

따라서 아스피린을 복용하지 않을 때 심장마비를 일으킬 위험도는 복용할 때보다 1.8배 높다. 나에게는 이것이 상당한 차이로 다가온다.

위험도의 한 가지 문제점은 오해하기 쉽다는 점이다. 이것은 승산의 문제점이기도 하며, 뒤에서 곧 다룰 것이다. 한 가지 좋은 사례가 데이비드 짐머맨(David Zimmerman)의 논의이며, 이 논의는 http://www.columbia.edu/cu/21stC/issue-1.3/metaheart.html에서 찾아볼 수 있다. 짐머맨은 미국심장학회(American Heart Association)의 짤막한 기술 보고서를 언급하였다. 칼슘채널 차단제는 심장마비 위험을 감소시키는 것으로 알려져 있지만, 그 보고서에 따르면 어떤 조건에서는 특정 유형의 채널 차단 약물이 위험도를 .01에서 .016으로 증가시킨다. AP 통신은 심장마비 위험도를 낮추기 위하여 특정 약물을 복용하는 600만 명의 환자들의 위험도가 실제로는 60%나 증가했다고 즉각 보도했다. 이것은 무시무시한 사건이다. 그렇지만 무엇보다도 그 특정 약물을 복용하는 환자가 600만 명이나 있는 것은 아니다. 둘째, 이 보도는 절대적 위험도와 상대적 위험도를 혼동하고 있다. 만일 여러분이 그 환자 중의 한 사람이라면, 상대적 위험도는 60% 증가하겠지만, 절대적 위험도는 단지 0.6% 증가하는 것이다. 위험도와 승산 측정치로부터 부적절한 결론을 도출하지 않도록 매우 신중을 기해야만 하겠다.

세 번째 효과크기 측정치를 고려해보아야만 하겠는데, 이것이 **승산 비**(Odds Ratio: OR)이다. 얼핏 보기에 승산과 승산 비는 위험도와 위험도 비처럼 보이며, 통계를 잘 아는 사람들조차도 혼동하기 십상이다(통계를 잘 알고 있음에도 불구하고, 나는 전판에서 승산을 언급하면서 위험도로 기술했던 것을 심히 분하게 생각한다). 아스피린 집단에서 심장마비를 일으킨 사람 수를 **이 집단의 전체 사람 수**로 나눈 것으로 심장마비의 **위험도**를 정의했던 것을 회상해보라(예: 104/11,037 = .0094 = .94%). 아스피린 집단 구성원에게 있어서 심장마비를 일으킬 **승산**(odds)은 심장마비를 일으킨 사람 수를 **심장마비가 일어나지 않은 사람의 수**로 나눈 것이다(예: 104/10,933 = .0095). 그 차이(비록 미미한 것이기는 하지만)는 무엇을 분모로 사용하는지에 달려있다. 위험도는 전체 표본크기를 사용하기 때문에 그 조건에서 심장마비를 경험한 사람의 비율이다. 승산은 심장마비를 경험하지 않은 사람의 수를 분모로 사용하기 때문에 심장마비를 일으킨 사람의 수 대 그렇지 않은 사람의 수의 비가 된다. 이 사례에서는 두 분모가 매우 유사하기 때문에 결과를 거의 구분할 수 없다. 그렇지만 항상 이런 것은 아니다. 퓨의 사례에서, 피해자의 잘못이 없는 조건에서는 강간으로 평결받을 위험도가 153/177 = .864인 반면(사례의 86%가 유죄 평결을 받는다), 동일한 조건에서 유죄 평결을 받을 **승산**은 153/24 = 6.375가 된다(유죄 평결을 받는 사람의 수가 무죄 평결을 받는 사람의 수보다 6.4배나 많다).

두 위험도를 나눔으로써 위험도 비를 구성할 수 있는 것과 마찬가지로, 두 승산을 나눔으로써 **승산 비**를 구성할 수 있다. 아스피린 사례에서 아스피린을 복용하지 않았을 때 심장마비의 승산은 189/10,845 = 0.017이었다. 아스피린을 복용했을 때 심장마비의 승산은 104/10,933 = 0.010이었다. 승산 비는 단지 두 승산의 비이며 다음과 같이 계산한다.

$$OR = \frac{\text{승산} \mid \text{미복용}}{\text{승산} \mid \text{복용}} = \frac{.0174}{.0095} = 1.83$$

따라서 아스피린을 복용하지 않을 때 심장마비의 승산은 아스피린을 복용할 때의 승산보다 1.83배 높다.[8]

승산과 위험도를 모두 사용하는 이유

승산 비와 위험도 비를 모두 사용함으로써 문제를 복잡하게 만드는 이유는 무엇인가? 그저 하나를 버리고 다른 것을 사용하면 안 되는 이유는 무엇인가? 이것은 좋은 질문이며, 몇 가지 좋은 답이 있다. 위험도는 대부분이 이해할 수 있는 것이라고 생각한다. 아스피린을 복용하지 않는 조건에서 심장마비를 일으킬 위험도가 .0171이라고 말할 때, 이 조건의 참가자 중에서 1.71%가 심장마비를 일으켰다고 말하는 것이 되며, 이것은 지극히 명백하다. 이 조건에서 심

8 승산 비를 계산할 때, 어느 승산이 분자에 들어가고 어느 승산이 분모에 들어가는지에 관한 규칙은 없다. 편의성에 따르면 된다. 합리적인 한에 있어서 나는 큰 값을 분자에 넣어서 비의 값이 1.0보다 크게 만드는 것을 선호한다. 단지 그런 방식으로 승산 비를 언급하는 것이 쉽기 때문이다. 위의 예에서 분자와 분모를 교환하게 되면, OR=.546이 되며, 아스피린 조건에서 심장마비를 경험할 승산이 그렇지 않은 조건에 비해서 대략 절반이 된다고 결론 내린다. 이것은 단지 처음 OR의 역수일 뿐이다.

장마비의 승산이 .0174라고 말할 때는 심장마비를 일으켰던 사람의 수가 일으키지 않았던 사람 수의 1.7%라고 말하는 것이다. 많은 사람들은 바로 그 이유 때문에 승산 비를 선호한다. 실제로 새킷 등(Sackett, Deeks, & Altman, 1996)은 『승산 비를 타도하자!(Down with odds ratios!)』라는 제목의 논문에서, 바로 그러한 이유로 위험도 비를 적극 찬성하는 주장을 하였다. 이들은 승산 비가 정확할지는 모르겠지만 오도할 수 있다고 보았던 것이다. 그 조건에서 심장마비의 승산이 0.0174라고 말하는 것은 심장마비를 일으킬 가능성이 심장마비를 일으키지 않을 가능성의 1.74%에 불과하다고 말하는 것이 된다. 이것이 경마에서 돈을 거는 상투적 방법이겠지만, 나에게는 만족스럽지가 않다.[9] 그렇다면 승산 비를 내세우는 이유는 무엇인가?

중요한 사항은 진정한 위험도 비를 계산할 수 없는 상황에서도 승산 비를 계산할 수 있다는 점이다. 후향적 연구에서 심장마비를 겪은 집단과 그렇지 않은 또 다른 집단을 찾은 다음에 그들이 아스피린을 복용했는지를 돌이켜 들여다볼 때는, 위험도를 계산할 수 없다. 위험도는 미래지향적인 것이다. 반면에 1,000명에게 아스피린을 처방하고 다른 1,000명에게는 아스피린을 보류시킨다면, 10년에 걸쳐서 이들을 관찰하고는 심장마비 위험도(그리고 위험도 비)를 계산할 수 있다. 그렇지만 심장마비를 겪었던(그리고 겪지 않았던) 1,000명을 선정하여 과거를 들여다볼 때는 위험도를 계산할 수 없다. 심장마비 환자들을 전집에서 정상적으로 발생하는 비율보다 훨씬 많이 표집하였기 때문이다(표본의 50%가 심장마비를 겪은 경험이 있지만, 전집의 50%가 심장마비로 고통을 받는 것은 아니다). 그렇지만 승산 비는 항상 계산할 수 있다. 그리고 심장마비와 같이 확률이 낮은 사건에 관하여 논의할 때는 일반적으로 승산 비가 위험도 비에 관한 꽤나 좋은 추정치가 된다. 승산 비는 전향적 설계나 후향적 설계 그리고 횡단적 표집설계 모두에서 똑같은 타당성을 갖는다는 사실이 중요하다.

19.8 마지막 예

마지막 예로 겔러 등(Geller, Witmer, & Orebaugh, 1976)의 연구를 다루겠다. 이 연구자들은 무단 쓰레기 방치 행동을 연구하였으며, 다른 무엇보다도 오늘의 특별 상품을 광고하는 슈퍼마켓 광고지에 무단으로 쓰레기를 버리지 말라고 적어놓은 메시지가 효과적인지에 관심이 있었다(이 실험은 7장에서 확률 개념을 예시하기 위해서 사용했다). 비교적 복잡한 연구를 대폭 단순화하면, 겔러의 두 조건은 슈퍼마켓에서 광고지를 나누어주는 것을 수반하고 있었다. 한 조건(통제조건)에서는 광고지에 오늘의 특별 상품 목록만을 담고 있었다. 다른 조건(메시지 조건)에서는 광고지에 "쓰레기를 무단으로 버리지 마십시오. 적절하게

---

9 이 사실을 나보다 더 명확하게 보여주는 웹사이트는 http://itre.cis.upenn.edu/~myl/languagelog/archives/004767.html이다. 이 웹사이트는 어떻게 승산 비를 그토록 쉽게 오해할 수 있는지를 명확하게 보여주고 있다.

표 19.7_ 겔러 등(1976)이 수행한 연구의 데이터

	쓰레기통	무단방치	가져감	전체
통제집단	41	385	477	903
	(61.66)	(343.98)	(497.36)	
문구집단	80	290	499	869
	(59.34)	(331.02)	(478.64)	
전체	121	675	976	1,772

처리해주시기 바랍니다"라는 표현도 포함하고 있었다. 하루 일과가 끝날 무렵에 겔러 등은 슈퍼마켓에서 광고지를 찾아보았다. 이들은 (1) 쓰레기통에서 찾은 수, (2) 쇼핑 카트, 바닥, 광고지가 있어야 할 곳이 아닌 장소에 남아있는 수(명백한 무단 방치다), (3) 찾을 수 없는 것으로 보아서 사람들이 가져간 것으로 보이는 수를 기록했다. 두 조건에서 관찰한 데이터가 그림 19.7에 나와 있으며, 이 데이터는 겔러 등이 보고한 커다란 표에서 취한 것이다. 메시지가 광고지를 사용한 후에 처리하는 방식에 커다란 효과를 초래할 것이라고 기대하겠는가? (나는 이러한 광고지를 읽지 않지만, 내 아내는 다음 단계로 넘어가기에 앞서 염가 판매하는 품목을 찾는다.)

이 유관표는 여섯 개의 상호배타적인 칸에 들어가는 1,772개의 독립적인 관찰을 가지고 있기 때문에, 카이제곱 검증을 사용함으로써 적절하게 분석할 수 있다. 하루 일과가 끝난 후에 광고지의 위치가 메시지와는 독립적이라는 영가설을 검증할 것이며, $\alpha = .05$로 설정할 것이다.

기대빈도는 앞에서 사용했던 것과 동일한 절차를 사용하여 계산한다. 즉, 유관표에서 기대빈도는 $E = (RT \times CT)/GT$로 계산한다. 여기서 RT, CT, GT는 각각 행의 합, 열의 합, 전체 합을 의미한다. 따라서 만일 H_0가 참이라면, 통제집단(메시지가 없는 광고지)의 경우 쓰레기통에서 찾은 광고지의 기대치는 $E_{11} = (903)(121)/1{,}772 = 61.66$이 된다. 마찬가지로 무단으로 쓰레기를 버리지 말자는 메시지를 받고 광고지를 가져간 사람들의 수는 $E_{23} = (869)(976)/1{,}772 = 478.64$라고 기대할 수 있다.

카이제곱 계산은 우리가 지금까지 사용했던 것과 동일한 공식에 근거한다.

$$\chi^2 = \Sigma \frac{(O - E)^2}{E}$$

$$= \frac{(41 - 61.66)^2}{61.66} + \frac{(385 - 343.98)^2}{343.98} + \cdots + \frac{(499 - 478.64)^2}{478.64}$$

$$= 25.79$$

$(R-1)(C-1)=(2-1)(3-1)=2$이기 때문에 이 분석에서 자유도는 2이다. $\chi^2_{.05}(2)$의 임계치가 5.99이기 때문에 H_0를 기각하고 광고지가 남아있는 장소는 메시지의 존재 여부에 의존적이라고 결론 내리게 된다. 다시 말해서 메시지와 장소가 독립적이지 않다. 데이터를 볼 때, 참가자들에게 쓰레기를 버리지 말도록 요청하면 보다 많은 광고지를 쓰레기통에 넣거나 들고 가며, 소수만이 쇼핑 카트나 바닥 또는 선반에 남겨놓는다는 사실이 명백하다.

만일 여러분이 이 결과를 기술한다면, 아마도 다음과 같이 적을 것이다.

> 사람들이 광고지에 적어놓은 '쓰레기 버리지 말기' 메시지에 반응하는지를 연구하기 위하여, 슈퍼마켓에 온 1,772명의 구매자에게 오늘의 특별상품을 광고하는 광고지를 나누어주었다. 대략 절반의 광고지는 무단으로 버리지 말고 광고지를 적절한 장소에 버리도록 요청하는 메시지를 담고 있는 반면, 나머지 절반은 그러한 메시지를 담고 있지 않았다. 그날 하루 일과가 끝난 후에 쓰레기통에서 찾아낸 광고지의 수, 무단 방치한 수, 슈퍼마켓 밖으로 가져간 수를 계산했다. 그런 다음에 광고지에 메시지가 들어있는지에 따라서 결과를 분할했으며, 그 결과에 카이제곱 검증을 적용하였다. 이 데이터에서 $\chi^2(2)=25.79$, $p<.05$였다. 이 결과를 살펴보면, 무단 쓰레기 방치를 경고하는 메시지를 담고 있는 광고지의 경우 적은 퍼센트만이 무단방치로 나타났으며, 많은 양을 쓰레기통에서 찾았거나 가게 밖으로 가져간 것으로 나타났다.

19.9 결과 기술하기의 두 번째 예

결과를 기술하는 방법에 관한 두 번째 예로 퓨(Pugh, 1983)의 강간 유죄 평결 연구를 채택하였다. 이것이 좋은 예인 이유는 물음이 시의적절하고 통계치가 명확하기 때문이다. 만일 여러분이 이 결과를 기술한다면, 아마도 다음과 같이 적을 것이다.

> 강간 재판에서 피해자에게 탓을 돌리려는 변호사의 시도가 배심원의 평결에 영향을 미치는지를 알아보기 위해서, 변호사가 배심원 참가자들에게 피해자도 강간에 부분적으로 책임이 있다고 진술하거나 책임이 없다고 진술하는 상황을 제시하였다. 그런 다음에 배심원 참가자들에게 피고가 유죄인지를 판단하도록 요청하였다. 피해자는 잘못이 없는 것으로 묘사했을 때 피고를 유죄로 평결한 경우는 86%이었다. 피해자의 잘못이 큰 것으로 묘사했을 때는 단지 58%만 유죄로 평결하였다. 잘못과 유죄 간의 관계에 대한 카이제곱 검증 결과는 $\chi^2(1)=35.93$이었으며, $p<.05$에서 통계적으로 유의했다. 승산 비가 4.61이라는 사실은 피해자가 강간의 책임이 없다고 묘사한 조건에서 피고를 유죄로 평결할 승산이 4.5배가 넘었음을 의미하는 것이다. 이 승산 비는 두 조건 간에 의미심장한 차이가 있다는 사실을 나타내고 있다.

19.10 통계 보기

웹사이트에서 'Mosaic Two-Way'라는 이름이 붙은 프로그램은 2×2 유관표에서 카이제곱의 의미를 예시하고 있다. 다음 화면은 원래 매클렐런드가 얻었던 데이터에서 취한 것이다. 물론 변인 이름들은 바뀌었다. 이 화면에서 어두운 색의 네모 칸은 그 칸의 관찰수가 영가설이 참일 때의 기대빈도보다 크다는 것을 의미한다. 반면에 밝은 색의 네모 칸은 관찰수가 기대빈도보다 작다는 것을 의미한다.

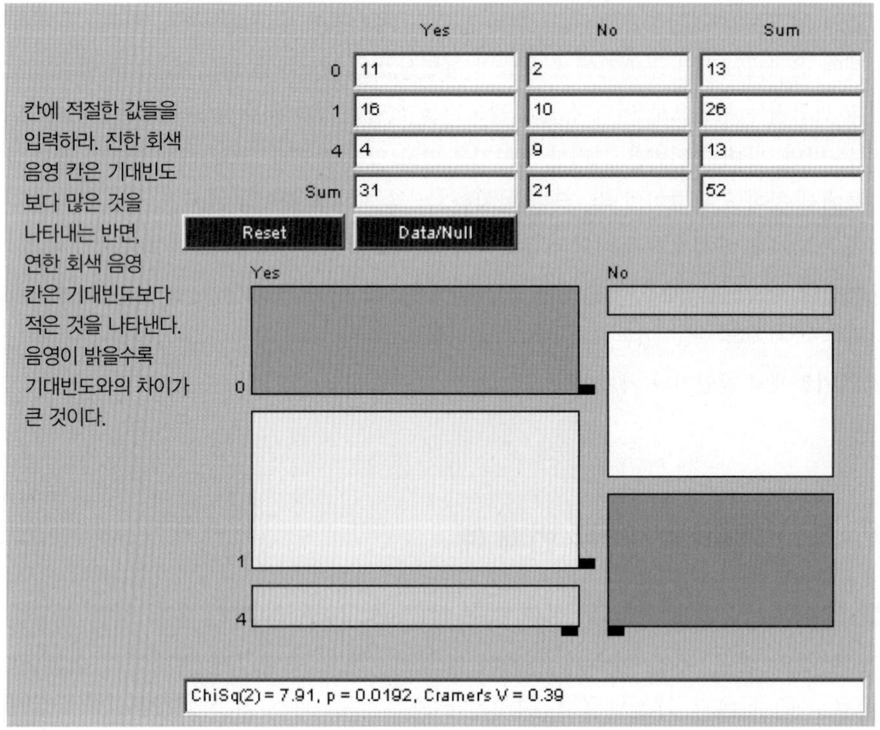

여러분은 우울과 거식증에 관한 월시 연구(2006)의 데이터를 입력할 수 있다. 어느 칸이 과대추정하고 과소추정하고 있는가?

19.6절의 라타네와 댑스의 데이터를 입력할 수도 있다. 이제 어느 칸이 과대추정하고 있는가?

마지막으로 라타네와 댑스의 예를 다시 사용하여, 어느 한 칸에 10개의 관찰을 첨가할 수 있다고 가정해보자. 카이제곱 값을 최대로 증가시키기 위해서는 이 관찰들을 어느 칸에 첨가시켜야 하겠는가?

19.11 요약

이 장에서는 빈도 데이터 분석을 위한 카이제곱 검증의 사용에 대해 논의하였다. 우선 단 하나의 분류변인만이 있는 상황에서 적합도 검증을 다루었다. 이 상황에서는 관찰들이 분류의 여러 수준에 걸쳐서 동등하게 분포되었는지를 알아보기 위해서 카이제곱 검증을 사용하게 된다. 이론이 상이한 유형의 분포를 지정하는 경우에도 이 검증을 사용할 수 있다.

그런 다음에 유관표에 적용하는 카이제곱 검증을 살펴보았다. 유관표는 각 관찰을 동시에 두 변인에 근거하여 유목화하는 이차원 표다. 카이제곱을 사용하여 두 변인이 독립적이라는 영가설을 검증한다. 만일 두 변인이 독립적이라면, 각 칸의 기대빈도는 행의 주변합과 열의 주변합을 곱해서 전체합으로 나누어줌으로써 계산할 수 있다. 일차원 사례와 마찬가지로 각 칸의 관찰빈도와 기대빈도 간의 차이를 제곱하고 기대빈도로 나눈 후에 모든 칸에 걸쳐 그 결과를 합함으로써 검증을 실시한다.

유관표의 자유도는 행의 수에서 1을 뺀 값과 열의 수에서 1을 뺀 값의 곱이다.

전통적인 카이제곱 통계치를 계산하는 대안으로 피셔의 정확 검증을 논의하였다. 이 검증은 하나 이상의 기대빈도가 작을 때 더 우수한 검증이기 십상이지만, 컴퓨터 소프트웨어를 사용해야만 가능한 검증이다.

두 비율 간의 차이에 대한 검증을 다루었으며 비율을 빈도로 바꾼 다음에 그 빈도에 카이제곱 검증을 실시해야 한다는 점을 제안하였다. 비율을 직접 카이제곱 공식에 집어넣을 수는 없다.

효과크기 측정치라는 측면에서 승산, 위험도 그리고 그 비를 살펴보았다. 위험도는 각 칸의 관찰수를 전체 관찰수로 나눈 것으로 정의한다. 이러한 의미에서 위험도는 실제로 백분율이다. 반면에 승산은 각 칸의 관찰수를 그 칸에 속하지 않은 관찰수로 나눈 것이다. 승산과 위험도는 모두 비로 바꿀 수 있다. 위험도 비는 단지 두 위험도의 비이며, 승산 비는 두 승산의 비다. 위험도 비는 사람들이 두 결과의 상대적 위험도로 간주하는 것에 근사한 반면에, 승산 비는 이해하기가 쉽지 않다. 승산 비의 한 가지 장점은 사건의 확률이 매우 낮을 때는 위험도 비에 매우 근사한 값이 된다는 점이다. 후향적 연구에서는 위험도 비를 직접 계산할 수 없기 때문이다.

주요 용어

카이제곱 검증chi-square test 561
적합도 검증goodness-of-fit test 562
관찰빈도observed frequency 562
기대빈도expected frequency 563
유관표contingency table 568
이중은폐 연구double-blind study 569
주변합marginal total 569
피셔의 정확 검증Fisher's exact test 572
전향적 연구prospective study 579
후향적 연구retrospective study 579
위험도 차이risk difference 580
위험도 비risk ratio(상대적 위험도relative risk) 581
승산 비odds ratio 581
승산odds 582

19.12 빠른 개관

A 이것을 '적합도' 검증이라고 부르는 까닭은 무엇이라고 생각하는가?

답 수집한 데이터와 우연히 기대하는 결과가 얼마나 잘 맞아떨어지는지를 검증하고 있다.

B 유관표란 무엇인가?

답 한 독립변인의 여러 수준에 걸쳐서 다른 독립변인의 한 수준에서 결과의 발생빈도를 나타내는 표이다.

C 이중은폐 연구란 무엇인가?

답 참가자 그리고 데이터를 수집하는 사람(실험자) 모두 참가자를 어느 조건에 할당한 것인지를 모르는 상태에서 수행하는 연구이다.

D '주변합'이란 무엇인가?

답 행의 합과 열의 합 그리고 전체 합

E 전통적인 카이제곱 검증보다 피셔의 정확 검증이 가지고 있는 한 가지 장점을 제시하라.

답 피셔 검증은 어떤 이론 분포에 의존하지 않는다. (물론 나는 이것이 쉬운 물음이 아니라는 사실을 인정하겠다.)

F 비율에 대한 검증을 수행하는 데 어떻게 카이제곱 검증을 사용하는 것인가?

답 비율을 빈도로 변환한 후, 그 빈도를 가지고 검증을 실시한다.

G 전향적 연구란 무엇인가?

답 어떤 처치를 가하고 나중에 어떤 측정치를 종속변인으로 취하는 연구이다. 이 연구는 후향적 연구와 대비된다. 후향적 연구에서는, 예를 들어 암환자와 정상인 집단을 구한 후에 그들이 한때 흡연을 했는지를 돌이켜 확인하게 된다.

H '위험도 비'의 또 다른 이름은 무엇인가?

답 상대적 위험도

I 장기간 흡연자와 비흡연자 간에 암의 위험도 비가 24.2라고 말하는 것의 의미는 무엇인가?

답 장기간 흡연자가 암에 걸릴 가능성이 비흡연자보다 24.2배 높다는 사실을 의미한다.[9]

19.13 연습문제

19.1 심리학과 학과장은 어떤 교수들이 다른 교수들보다 더 인기가 있는지 알고 싶었다. 앤더

---

9 이 논제에 관하여 더 많은 데이터를 보려면, http://www.WSiat.on.ca/english/mlo/smoking.htm을 참조하라. 24.2라는 수치는 결코 과장이 아니다.

슨 교수, 클란스키(Klansky) 교수, 캄(Kamm) 교수가 각각 담당하는 세 심리학개론 강좌(오전 10시, 11시, 그리고 정오에 시작한다)가 있었다. 각 강좌에 등록한 학생의 수는 다음과 같다.

앤더슨 교수	클란스키 교수	캄 교수
25	32	10

적절한 카이제곱 검증을 실시하고 결과를 해석하라.

19.2 타당한 실험을 설계한다는 견지에서 볼 때, 연습문제 19.1과 이 장에서 사용한 유사한 사례 사이에는 중요한 차이가 있다. 연습문제 19.1의 데이터는 학과장이 답을 얻고자 하는 물음에 답을 해주지 못한다. 무엇이 문제인가? 그리고 어떻게 이 실험을 개선할 수 있겠는가?

19.3 나는 만일 참가자들에게 한 문장으로 표현한 사람의 특성(예: '나는 너무 빨리 먹는다')을 '전혀 나답지 않다'로부터 '바로 나답다'에 이르는 다섯 가지 파일로 분류하도록 요구한다면, 각 파일로 분류하는 항목의 백분율이 대략 10%, 20%, 40%, 20%, 10%가 될 것이라는 이론을 가지고 있다. 내 아이 한 명에게 50개 항목을 분류하도록 하여, 다음과 같은 데이터를 얻었다.

8 10 20 8 4

이 데이터는 나의 가설을 지지하고 있는가?

19.4 연습문제 19.3의 답을 어느 전집에 일반화할 수 있겠는가?

19.5 오래되었지만 매우 중요하고도 영향력 있는 클라크와 클라크(Clark & Clark, 1939)의 연구에서, 흑인 아동들에게 흑인 인형과 백인 인형을 보여주고 가지고 놀 인형 하나를 선택하도록 요구하였다. 252명의 아동 중에서 169명이 백인 인형을 선택하고 83명이 흑인 인형을 선택하였다. 이 아동들의 행동에 대해서 어떤 결론을 내릴 수 있는가?

19.6 흐라바와 그랜트(Hraba & Grant, 1970)는 연습문제 19.5에서 언급한 클라크와 클라크 연구를 반복하였다. 연구가 정확하게 똑같지는 않았지만, 매우 유사하였으며 결과는 흥미롭게 나타났다. 이들은 89명의 흑인 아동 중에서 28명이 백인 인형을 선택하였으며 61명이 흑인 인형을 선택하였다는 결과를 얻었다. 이들의 데이터에 적절한 카이제곱 검증을 실시하고 결과를 해석하라.

19.7 연습문제 19.5와 19.6의 데이터를 이원 유관표로 결합하고, 적절한 검증을 실시하라. 이원 분류가 제기하는 물음은 연습문제 19.5와 19.6이 제기한 물음과 어떻게 다른가?

19.8 우리는 흡연이 사람들에게 온갖 종류의 나쁜 효과를 초래한다는 사실을 알고 있다. 무엇보다도 흡연이 출산에 영향을 미친다는 증거가 있다. 와인버그와 글라덴(Weinberg & Gladen, 1986)은 흡연이 여성의 임신 용이성에 미치는 효과를 조사하였다. 연구자들은 임신 계획을 가졌던 586명의 여성에게 피임을 중단한 후에 임신할 때까지 몇 차례의 생리주기가 지났는지를 물었다. 또한 이들을 흡연자와 비흡연자로 분류하였다. 그 데이터는 다음과 같다.

	1회 주기	2회 주기	3회 이상 주기	전체
흡연자	29	16	55	100
비흡연자	198	107	181	486
전체	227	123	236	586

흡연은 여성의 임신 용이성에 영향을 미치는가? (내가 산아제한 도구로 흡연을 권장하는 것은 아니다.)

19.9 만일 여러분이 연습문제 19.8에서 이 여성들의 배우자 흡연 행동에 관한 데이터도 가지고 있다면, 데이터 분석을 어떻게 수정하겠는가?

19.10 카이제곱이 표본크기에 따라서 어떻게 변하는지를 시범 보이기 위해서 연습문제 19.8의 데이터를 사용하라.

(a) 각 칸의 값을 두 배로 늘리고 카이제곱을 재계산하라.

(b) 이 결과는 가설검증에서 표본크기의 역할에 대해서 무엇을 말할 수 있게 해주는가?

19.11 하월과 휴시(Howell & Huessy, 1985)는 평정척도를 사용하여 초등학교 2학년생들을 주의결핍장애(Attention Deficit Disorder: ADD)를 보이는지에 따라 분류했다. 그런 다음에 동일한 아동들이 4학년과 5학년이 되었을 때 다시 분류하였다. 중학교 3학년이 끝났을 때, 연구자들은 학업 성적을 조사하고 어느 아동들이 국어 보충수업을 받았는지를 확인해보았다. 다음 데이터에서는 한 번이라도 ADD로 분류하였던 아동들을 한 집단으로 묶었다.

분류	국어 보충수업 받음	보충수업 받지 않음	전체
정상	22	187	209
ADD	19	74	93
전체	41	261	302

초등학교에서의 ADD 분류가 고등학교에서 국어 보충수업 받는 것을 예측하고 있는가? 여러분의 계산을 위하여 본문에서 사용하였던 *R* 명령코드를 수정하라.

19.12 연습문제 19.11에서 아동들을 ADD 행동을 전혀 보이지 않는 아동과 2, 4, 5학년에서 적어도 한 번은 ADD 행동을 보여주었던 아동들로 분류하였다. 만일 이 범주들을 하나로 묶지 않는다면, 다음과 같은 데이터를 얻게 된다.

ADD 행동을 보인 기간	국어 보충수업 받음	보충수업 받지 않음
전혀 없다	22	187
2학년	2	17
4학년	1	11
2, 4학년	3	16
5학년	2	9
2, 5학년	4	7
4, 5 학년	3	8
2, 4, 5학년	4	6

(a) 여기서도 *R*을 사용하여 카이제곱 검증을 실시하라.

(b) 작은 기대빈도를 무시한다면, 무슨 결론을 내리겠는가?

(c) 이렇게 작은 기대빈도에 대해서 여러분은 얼마나 편안하게 느끼고 있는가? 여러분은 이 문제를 어떻게 다루겠는가?

19.13 연습문제 19.12의 데이터에서 첫 번째 열에 대해 일원 카이제곱 검증을 실시할 수 있다. 만일 그러한 검증을 한다면 어떤 가설을 검증하는 것인가? 그 가설은 연습문제 19.12에서 검증하였던 가설과 어떻게 다른가?

19.14 그로스(Gross, 1985)는 나이 어린 여성들의 섭식 장애에 관한 연구에서 각 참가자들에게 체중을 늘리고 싶은지, 줄이고 싶은지, 아니면 현재의 체중을 유지하고 싶은지를 물었다. (주: 그로스의 표본에서 체중 기준표에서 '과체중'이라는 표지에 해당하는 기준을 15% 이상 초과하는 소녀는 단지 12%에 불과하였다.) 그로스는 데이터를 인종(백인 대 흑인)으로 분할하여 다음과 같은 결과를 얻었다. (다른 인종은 표본크기가 아주 작아서 생략하였다.)

	감소	유지	증가	전체
백인	352	152	31	535
흑인	47	28	24	99
전체	399	180	55	634

(a) 이 데이터에서 여러분은 어떤 결론을 내릴 수 있는가?

(b) 인종을 무시할 때, 자기 체중에 대한 소녀들의 태도에 대해서 어떤 결론을 내릴 수 있는가?

19.15 오래전부터 스트레스는 신체 건강에 영향을 미치는 것으로 알려져 왔다. 비진테이너 등(Visintainer, Volpicelli, & Seligman, 1982)은 피할 수 없는 쇼크를 60회 시행 동안 받은 쥐들이 피할 수 있는 쇼크를 60회 시행 동안 받거나 쇼크가 전혀 없는 60회 시행을 거친 쥐들에 비해서 수술을 통해 신체에 삽입된 종양에 거부 반응을 보일 가능성이 적을 것이라는 가설을 검증하였다. 이들이 얻은 데이터는 다음과 같다.

	피할 수 없는 쇼크	피할 수 있는 쇼크	쇼크 없음	전체
제거함	8	19	18	45
제거 못함	22	11	15	48
전체	30	30	33	93

이 장에 소개한 *R* 명령 코드를 사용하여, 이 데이터로부터 어떤 결론을 내려보라.

19.16 본문 19.6절에서 언급한 라타네와 댑스(1975)의 연구에서 단지 100명의 남성과 100명의 여성만이 실험에 참가했다고 가정하고, χ^2을 계산하라.

19.17 연습문제 19.16의 답은 실험의 검증력에 대한 표본크기의 효과에 대해서 무엇을 알려주는가?

19.18 댑스와 모리스(Dabbs & Morris, 1990)는 남성에게 있어서 높은 남성호르몬(테스토스테론) 수준과 반사회적 행동 간의 관계를 연구하기 위해서 군대 기록의 문서 데이터를 조사하였다. 정상적인 남성호르몬 집단의 4,016명 중에서 10.0%가 비행을 저지른 기록을 가지고 있었다. 그리고 높은 남성호르몬 집단의 446명 중에서는 22.6%가 비행을 저지른 기록을 가지고 있었다.

(a) 높거나 정상인 남성호르몬 수준 그리고 비행 여부에 따라서 남성을 분류하는 빈도의 유관표를 만들어보라.

(b) 이 표에 대한 χ^2을 계산하라.

(c) 이 관계를 예증하는 방식으로 데이터를 그려보라.

(d) 적절한 결론을 내려보라.

19.19 연습문제 19.18의 연구에서 정상 남성호르몬 집단의 11.5%, 그리고 높은 남성호르몬 집단의 17.9%가 아동기에 비행을 저지른 기록을 가지고 있었다.

(a) 두 변인 간에 유의한 관계가 있는가?

(b) 이 관계를 해석하라.

(c) 이 결과는 연습문제 19.18에서 이미 알게 된 것을 어떻게 확장시킬 수 있는가?

19.20 연습문제 19.18 데이터에 대해서 성인 비행의 승산 비를 계산하라.

19.21 연습문제 19.19 데이터에 대해서 아동기 비행의 승산 비를 계산하라.

19.22 기본적인 통계 물음에 대해서 학생과 교수를 어떻게 비교할 수 있는지를 보도록 하자. 주커만 등(Zuckerman, Hodgins, Zuckerman, & Rosenthal, 1993)은 550명을 대상으로 통계 문제에 대해서 몇 가지 질문을 하였다. 한 질문에서는 심사위원이 연구자는 작은 표본크기를 사용했기 때문에 1종 오류를 범할 확률이 높다고 경고하였다. 연구자는 이 지적에 동의하지 않았다. 실험 참가자들에게는 '연구자가 옳은가?'라는 질문이 주어졌다. 학생, 조교수, 부교수, 정교수 중에서 연구자의 편에 선 응답자의 비율과 각 범주에 해당하는 응답자의 수는 다음과 같다.

	학생	조교수	부교수	정교수
비율	.59	.34	.43	.51
표본크기	17	175	134	182

(주: 이 데이터는 반응한 17명의 학생 중에서 59%가 연구자의 편에 섰다는 것을 의미한다. 여러분이 실제로 관찰빈도를 계산할 때는 사람들의 수를 사사오입하라.)

(a) 여러분은 누가 옳다고 생각하는가?

(b) 이 데이터는 집단 간 차이에 대해서 무엇을 알려주는가?

(주: 연구자가 옳았다. 카이제곱 검증은 표본크기에 관계없이 1종 오류의 확률을 α로 고정시키도록 특별히 설계한 것이다. 그렇지만 연구자의 검증력은 거의 없다.)

19.23 앞의 질문에서 언급한 주커만 등(1993)의 논문은 교수들은 그러한 질문에 부정적으로 반응하는 경향성이 있기 때문에 학생들보다 더 부정확하다고 가정했다('속임수가 있을 것임에 틀림없어'). 여러분은 이러한 가설을 어떻게 검증하겠는가?

19.24 클라크와 클라크(1939) 그리고 흐라바와 그랜트(1970)의 데이터를 결합한 연습문제 19.7의 2×2 유관표에서 승산 비를 계산하라.

19.25 연습문제 19.14에서 체중의 유지와 증가 범주를 합하여 데이터를 재조합하라. 그런 다음에 승산 비를 계산하고 고등학교 여학생의 체중 지각에서의 인종차에 대해서 언급해보라.

19.26 승산 비와 위험도 비를 사용하여 연습문제 19.18에서 댑스와 모리스의 남성호르몬(테스토스테론) 연구 결과를 나타내보라. 여러분은 어느 통계치를 선호하겠는가?

19.27 피터슨(Peterson, 2001)은 1993~1997년 사이에 노스캐롤라이나주에서 언도한 사형선고를 다룬 우나와 보거(Unah & Boger, 2001) 연구에 들어있는 데이터를 보고하였다. 아래 표의 데이터는 희생자가 백인일 때 백인 피고와 유색인 피고(대부분이 흑인과 히스패닉이다)에게 내린 판결 결과를 보여준다. 기대빈도는 괄호에 들어있다.

	사형선고		
피고의 인종	**예**	**아니요**	**전체**
유색인	33 (22.72)	251 (261.28)	284
백인	33 (43.28)	508 (497.72)	541
전체	66	759	825

판결의 공정성에 대해서 어떤 결론을 내릴 수 있는가?

19.28 하우트 등(Hout, Duncan, & Sobel, 1987)은 결혼한 부부의 상대적인 성 만족도에 관한 데이터를 보고하였다. 이들은 91쌍 부부의 남편과 부인 각각에게 '성은 나와 나의 배우자에게 즐거움이다'에 동의하는 정도를 '결코 아니다 또는 가끔'으로부터 '거의 항상'에 이르는 4점 척도에서 평가하도록 요구하였다. 그 데이터는 다음과 같다.

	부인의 평가				
남편의 평가	**결코 아니다**	**가끔**	**매우 자주**	**거의 항상**	**전체**
결코 아니다	7	7	2	3	19
가끔	2	8	3	7	20
매우 자주	1	5	4	9	19
거의 항상	2	8	9	14	33
전체	12	28	18	33	91

(a) 이 데이터를 가지고 어떤 가설을 검증하고 싶은가?

(b) 피어슨의 카이제곱을 사용하여 여러분의 가설을 검증해보라. 어떤 결론을 내리겠는가?

(c) 마지막으로 '결코 아니다'와 '가끔'을 묶고 '매우 자주'와 '거의 항상'을 묶으면 어떻게 되겠는가? 결과가 더 명료해졌는가? 어떤 조건에서 이렇게 하는 것이 의미를 갖는가?

20장 비모수적 통계검증과 분포무관 통계검증

앞선 장에서 기억할 필요가 있는 개념

$SS_{전체}$, $SS_{집단}$, $SS_{오차}$	모든 점수의 제곱합, 집단 평균의 제곱합, 집단 내 제곱합
$MS_{집단}$, $MS_{오차}$	집단 평균의 평균제곱합, 집단 내 평균제곱합
F 통계치 *F* statistic	$MS_{오차}$에 대한 $MS_{집단}$의 비
자유도 degrees of freedom(df)	하나 이상의 모수치를 추정한 후에 남는 독립적인 정보의 개수
효과크기 effect size($\hat{d}$)	처치의 효과를 나타내기 위한 측정치
에타제곱(η^2), 오메가제곱(ω^2)	상관관계에 기반을 둔 효과크기 측정치
다중비교 multiple comparisons	특정한 집단 평균들 간의 차이에 대한 검증

이 장은 가설검증에 접근하는 방식에서뿐만 아니라 이 책의 선행 판들과도 여러 면에서 차이가 있다. 앞선 장에서 논의했던 대부분의 통계 절차는 데이터를 표집한 전집에서 점수들의 분포를 반영하는 하나 이상의 모수치에 대한 추정, 그리고 그 분포의 형태에 관한 가정을 수반했다. 예를 들어, *t* 검증은 표본 변량(s^2)을 전집 변량(σ^2)의 추정치로 사용하며 또한 표본을 표집한 전집이 정상분포를 이룬다는(아니면 적어도 평균의 표집분포가 정상이라는) 가정도 필요로 한다. *t* 검증과 같이 특정한 모수나 분포에 대한 가정을 수반하는 검증들을 **모수적 검증**(parametric test)이라고 부른다. 모수적 검증의 한 가지 중요한 자질은 구한 통계치의 신뢰구간을 쉽게 설정할 수 있게 해준다는 점이다.

오랜 세월에 걸쳐 가설검증에 대한 대안적 접근을 **비모수적 검증**(nonparametric test)이라고 불러왔으며, 기본적으로 데이터를 순위로 변환한 다음에 그 순위에 대한 분석을 실시하는 것에 의존해왔다. 내가 통계 방법을 처음으로 가르치기 시작했을 때는 한 학기 전체를 비모수적 검증에 할애했지만, 세월이 지나면서 비모수적 검증을 다루는 시간을 줄이고 모수적 검증에 많은 시간을 할애했다. 그런데 오늘날에는 통계 분야가 상이한 유형의 변화를 주도하면서 전통적인 검증으로부터 소위 **무선화 검증**(randomization test) 또는 **순열 검증**(permutation test)으로 이동하고 있다. 이 검증들이 여전히 비모수적 검증인 까닭은 모수 추정치를 수반하지 않으면서 정상분포를 이루지 않는 데이터를 처리할 수 있기 때문이다. 그렇지만 새 방법은 전통적인 비모수적 검증보다는 상당히 비형식적이다. 이 분야가 변하고 있는 속도를 감안할 때, 나는 향후 10년 이내에 무선화 검증이 전통적인 비모수적 검증 대부분을 대치할 뿐만 아니라 *t* 검증이나 *F* 검증과 같은 표준 모수적 검증도 대치할 것이라고 예상하고 있다. 그리고 나는 이러한 변화가 바람직한 것이라고 생각하고 있다. SPSS와 같은 소프트웨어를 살펴보면, 점점 더 많은 분석이 부트스트랩이나 정확 검증 또는 몬테카를로 등과 같은 선택지를 제안하고 있다. 이 모든 방법은 어떤 형태로든 데이터의 무선화를 수반하고 있다.

내가 이 장에서 '무선화' 검증이라는 용어를 사용할 때는 최근의 새로운 접근을 지칭한다. 전통적인 비모수적 검증들도 (순위 형식의) 데이터 무선화에 의존하고 있지만, 나는 원자료를 무선화하는 검증에만 무선화라는 용어를 사용한다.

그런데 강조점이 전통적인 비모수적 검증에서부터 보다 새로운 무선화 검증으로 이동함에 따라서, 이 장의 내용도 변할 필요가 생겼다. 여러분은 전통적 검증을 알게 될 것이기에, 그 검증도 다룰 필요가 여전히 있다. 그렇지만 무선화 검증에 관한 생각을 여러분에게 제공할 필요가 있다. 더군다나 선행 판에서 비모수적 검증에 할애했던 동일한 양의 지면에 둘 모두를 설명할 필요도 존재한다. 따라서 이 장의 내용을 변경할 수밖에 없다.

내가 선택한 방법은 하나의 비모수 검증에 초점을 맞춰 이론적 근거와 계산을 포함한 비모수적 절차에 대해 논의한 다음에, 다른 검증법들은 필요한 계산 부분은 건너뛰고 간략하게 다루는 것이다. 그렇게 한 데는 두 가지 이유가 있다. 일단 한 검증에 관한 모든 것을 이해하게 되면, 그 이해를 다른 검증에 어떻게 적용할 것인지를 꽤나 잘 이해할 수 있다. 이에 덧붙여서 여러분이 수작업으로 계산할 가능성이 거의 없기 때문에, 'SPSS나 *R*을 사용하여 이 검증을 실시하라'고 말하면 충분할 것이라고 생각한다.

무선화 검증을 다룰 때, 나는 상당히 동일한 접근방식을 취할 것이다. 이 경우에도 한 무선화 검증의 논리를 이해하게 되면, 여러분은 그 지식을 다른 검증에 적용할 수 있게 될 것이다. 그리고 어느 누구도 무선화 검증을 수작업으로 수행할 것을 고려할 가능성이 없기 때문에, 인터넷 어디에서 그 검증을 찾아볼 수 있는지 아니면 스스로 어떻게 검증할 수 있는지를 보여주는 것으로 계산에 대한 설명을 대신한다. 검증에 대한 보다 완벽한 설명을 원하는 독자를 위하여 그러한 설명을 제공하도록 만들어놓은 웹페이지 주소를 제공할 것이다.

20.1 전통적인 비모수적 검증

거의 모든 전통적인 비모수적 검증은 원자료에 순위를 매긴 다음에(대부분의 경우에 집단 차이를 고려하지 않는다), 그 순위에 근거하여 분석을 실시한다. 이 검증들을 흔히 **순위-무선화 검증**(rank-randomization test)이라고 부른다. 실제로 코노버와 아이먼(Conover & Iman, 1981)은 데이터를 순위로 변환한 다음에 그 순위에 표준 t 검증을 실시하면 일반적인 윌콕슨-만-휘트니 분석과 거의 동일한 결과를 얻게 된다는 사실을 보여주었다. 여기서는 이들의 접근방식을 취하지는 않는다. 그러나 이들의 접근방식은 모수적 절차와 비모수적 절차 간의 중요한 관계 한 가지를 보여주고 있다.

이 검증에 순위를 사용했던 이유는 무엇인가?

이 장에서 어떤 검증을 실시하든 순위를 사용하는 이유가 무엇인지를 묻는 것은 합당한 것이겠다. 원자료를 순위로 대치하도록 이 검증들을 설계한 데에는 세 가지 합당한 이유가 있다. 무엇보다도 순위는 극단적인 값의 효과를 제거하거나 감소시킬 수 있다. 20개 항목의 가장 높은 순위는 19와 20이 될 것이다. 그렇지만 원자료에서 가장 큰 값은 77과 78이 되거나 아니면 77과 130이 될 수도 있다. 원자료에서는 상당한 차이지만, 순위에서는 그렇지 않다.

순위의 두 번째 장점은 순위의 총합은 $N \times (N+1)/2$가 되는 것과 같이, 그 특성을 확실하게 알고 있다는 점이다. 이것은 계산을 상당히 단순화시켜준다. 이러한 특성은 컴퓨터가 등장하기 전까지 특히 중요한 것이었다.

세 번째 장점은, 예를 들어 한 집단에서는 8개의 관찰이 있고 다른 집단에서는 13개의 관찰이 있을 때, 일단 검증 통계치의 임계치를 산출하였다면, 그 임계치를 다시 계산할 필요가 없다는 점이다. 다음번에도 한 집단에 8개의 점수가 있고 다른 집단에 13개의 점수가 있는 경우에는 순위로 전환한 데이터가 동일한 임계치를 갖게 된다. 원점수의 경우에는 한 집단에 8개의 점수가 있고 다른 집단에 13개의 점수가 있을 경우, 일일이 절단점을 설정해야만 한다.

윌콕슨-만-휘트니 순위합 검증

흔히 윌콕슨-만-휘트니 순위합 검증(Wilcoxon-Mann-Whitney Rank Sum test)이라고 부르는 검증으로부터 시작한다. 이 검증은 프랭크 윌콕슨 그리고 만과 휘트니가 개발한 것이지만, 뒤에서 다룰 윌콕슨의 다른 검증(대응쌍 음양 순위 검증)과 구분하기 위하여 이것을 순위합 검증이라고 부르기로 한다. 이 검증은 두 집단 t 검증과 마찬가지로 두 독립집단 간의 차이를 검증하기 위한 것이다. 순위합 검증과 t 검증 간의 한 가지 차이점은 전자가 실제 관찰값을 순위로 대치한다는 것이다. 만일 집단 간에 차이가 없다면, 높은 순위와 낮은 순위가 두 집단에 골고루 나타나게 된다. 이것이 바로 우리가 검증하는 것이다. 만일 모든 높은 순위가 한 집단에 나타나고 낮은 순위가 다른 집단에 나타난다면, 무엇인가 집단 차이가 있음을 상당히 확신하게 된다.

W_S라고 부를 순위합 검증 통계치는 데이터를 순위로 변환하고는 각 집단에서 순위를 합한 것이 된다. 여기서는 W_S를 작은 집단의 순위합으로 설정한다. 만일 집단의 크기가 동일하다면 두 순위합 중에서 작은 것으로 설정한다. 그런 다음에 W_S를 윌콕슨 등이 개발한 표에 대조해본다. 만일 표본크기가 크다면, 표준점수(z) 표에 대조한다. 큰 표본의 경우에는 근사치도 꽤나 정확하다.

이 검증에 많은 시간을 할애하고 있는 까닭은 다른 비모수적 검증도 순위를 다루는 방식에서 유사하기 때문이다. 만일 이 검증을 이해한다면, 다른 검증을 이해하는 것도 전혀 어렵지 않다.

W_S의 임계치 표를 논의하는 것이 특히 유용하다. (12, 17, 14) 그리고 (13, 19, 20)과 같이 두 개의 작은 표본에 관해서 생각해보면, 집단에 관계없이 점수들의 순위를 매길 수 있

표 20.1_ 각각 세 개의 관찰치를 가지고 있는 두 집단 중 하나의 가능한 순위와 그 합

	[1]	[2]	[3]	[4]	[5]	[6]	[7]	[8]	[9]	[10]	[11]	[12]
[1]	1	1	1	1	1	1	1	1	1	1	2	2
[2]	2	2	2	2	3	3	3	4	4	5	3	3
[3]	3	4	5	6	4	5	6	5	6	6	4	5
합계	6	7	8	9	8	9	10	10	11	12	9	10

	[13]	[14]	[15]	[16]	[17]	[18]	[19]	[20]
[1]	2	2	2	2	3	3	3	4
[2]	3	4	4	5	4	4	5	5
[3]	6	5	6	6	5	6	6	6
합계	11	11	12	13	12	13	14	15

다. 그 순위는 (1, 4, 3)과 (2, 5, 6)이며, 각 순위합은 8과 13이고, W_S는 8과 13 중에서 작은 값인 8이 된다. 이 수치를 잠시 접어놓아라. 이렇게 작은 표본의 경우에는 모든 가능한 순위 조합을 만들어낼 수 있다. 각 집단에 3개의 관찰이 들어있는 여섯 관찰치의 경우에, 집단 1의 가능한 조합이 표 20.1에 나와 있다. (집단 2에 관해서는 걱정할 필요가 없다. 그 순위는 그저 남아있는 것들이기 때문이다.)

이 조합 중에서 순위합이 W_S인 8 이하인 조합은 4개이다. 따라서 만일 데이터가 무선분포라면, 즉 독립변인이 효과가 없는 경우라면, 무선표본의 20%(4/20)가 우리가 얻은 값인 8 이하의 W_S를 갖게 된다. 따라서 영가설을 기각하지 못한다. 표 20.1을 보면 차이가 유의하다고 표명할 수 있는 유일한 방법은 순위합이 6인 경우일 뿐임을 알 수 있는데, 처치가 실제로 효과가 없을 때 이 값을 얻을 확률이 .05(1/20)이다.

그런데 보다 많은 측정치를 가지고 있다면 어떻겠는가? 동일한 방식으로 검증을 실시할 수 있겠는가? 어떤 의미에서 그 답은 '그렇다'이다. 한 집단에 가능한 모든 무선 순위의 목록을 작성하고, 그것 중에서 실험 데이터의 순위합과 같거나 작은 순위합을 갖는 조합이 몇 개나 되는지 알아보면 된다. 윌콕슨이 W_S 표를 작성한 방식이 바로 이것이다. 그런데 우리가 대처할 수 있는 순위 조합의 개수보다 훨씬 많은 조합이 있기 십상이며, 그렇기 때문에 표를 참조하는 것이다. 아동이 이야기를 체제화하는 방식에 관한 연구에서 한 사례를 취해볼 수 있다.

매카너기(McConaughy, 1980)는 어린 아동이 단순 기술 모형('그러고 나서……')에 따라 이야기를 체제화하는 반면에, 나이 든 아동은 인과적 진술과 사회 추론을 동원한다고 주장했다. 연령이 다른 두 집단의 아동에게 방금 읽은 이야기를 요약하도록 요구했다고 가정해보자. 그런 다음에 요약에서 추론으로 분류할 수 있는 진술의 수를 계산하였다. 데이터는 다음과 같다. 순위는 괄호에 나와 있다.

	어린 아동	나이 든 아동
	12 (6)	6 (3)
	4 (2)	24 (12)
	8 (4)	14 (7)
	10 (5)	26 (13)
	2 (1)	18 (9)
	22 (11)	16 (8)
	20 (10)	28 (14)
합계	39	66

따라서 작은 순위합이 39이다. 이 사례에서 문제는 우리가 고려해야만 하는 순위 조합이 3,432개나 된다는 점이다[14!/(7!×7!)]. 여러분이라면 이 모든 조합을 적고 각각의 순

위합을 계산하고자 하겠는가? 나는 그렇게 하고 싶지 않다. 다행스럽게도 윌콕슨은 이 과제를 달성하는 방법을 찾아내서 우리가 사용할 수 있는 표를 작성해놓았다. 부록에서 그 표를 찾아볼 수 있다. 표에서 각 집단에 7개의 점수가 있을 때 W_S 값 39는 $\alpha = .05$ 수준의 일방검증에서 유의하다는 사실을 알 수 있다. 따라서 영가설을 기각하게 된다. 이 문제에 대처하는 용이한 방법은 SPSS와 같은 것을 사용하는 것이다. SPSS를 사용한 결과를 제시하는데, 일방검증의 확률이 .049임을 볼 수 있으며, 이 값은 우리가 얻을 수 있는 .05에 매우 가까운 값이다.

윌콕슨-만-휘트니 검증

순위

	VAR00001	*N*	순위 평균	순위합
VAR00002	1.00	30	26.77	803.00
	2.00	30	34.23	1027.00
	전체	60		

검증 통계치[a]

	VAR00002
만-휘트니 U	338.000
윌콕슨 W	803.000
Z	−1.662
점근 유의도 수준(양방)	.097
정확 유의도 수준(양방)	.098
정확 유의도 수준(일방)	.049
확률	.001

[a] 집단화 변인: VAR0001

무선화

각각 30명의 아동을 포함한 두 집단(총 60명)의 데이터를 가지고 있다고 가정해보자. 이제 한 가지 문제가 생겼다. 비록 여러분이 조합을 구성하는 데 개의치 않는다고 하더라도, 대략 $1.182646e + 17 = 118{,}264{,}600{,}000{,}000{,}000$개의 조합을 만들어보려고 시도할 것이라고는 생각하지 않는다. 이 숫자는 60개 중에서 한 번에 30개씩 뽑는 조합의 수, 즉 ${}_{60}C_{30}$을 의미한다. 그렇기에 이제 순위 검증에서 무선화 검증으로 넘어갈 수밖에 없다. 잠시 순위 검증을 생각해보면, 이 모든 조합을 구성하여 순위합을 구하고 p를 계산하는 것이 불가능하다는 사실이 명백해진다. 따라서 p를 계산하기 위하여 정상분포 근사법을 사용하거나 아니면 지금 목표하고 있는 것처럼 무선화 검증을 사용하게 된다. 우리가 할 일은 예를 들어, 10,000개의 순위합 조합을 무선 표집하고, 그 표본의 몇 %가 데이터의 값을 넘어서는지 알아보는 것이다. 그 결과는 우리의 목표를 달성하기에 충분할 정도로 근사한 값이 된다.

그러한 절차를 위한 명령 코드가 아래에 나와 있다. 여러분은 10,000개 표본 중에서 그 확률은 .047로 보고한 것을 보게 될 것인데, 이것은 SPSS가 내놓은 .049와 매우 유사한 값이다.

```
### Wilcoxon Example

#These data have been created so that the one-tail p approx = .05
# SPSS gives it as .049
nreps = 10000
groups <- rep(c(1,2), each = 30 )

dv <- c(21, 28, 27, 22, 22, 18, 19, 15, 25, 37,28, 27, 17, 18, 21, 28,
27, 25, 27, 19, 21, 28, 27, 25, 22, 23, 18, 19, 15, 25, 25, 35, 34, 22,
21, 36, 23, 18, 15, 25, 35, 34, 22, 21, 36, 37, 28, 27, 17, 18, 35, 34,
22, 21, 36, 37, 28, 27, 17, 18)

result <- wilcox.test(dv ~ groups, alternative = "less")
print("The Wilcoxon test produces \n")
print(result)
dvr <- rank(dv)    #Rank the raw scores from low to high

W <- sum(dv[groups == 2])   # This is the sum of the ranks in Group 2
cat(" Wilcoxon's W = ", W)

sums <- numeric(nreps)  #Place to store sums
for (i in 1:nreps) {
  temp <- sample(dvr, 30)
  sums[i] <- sum(temp)
}
prob <- 1 - (length(temp[sums >= W])/nreps)
cat("The probability of a value of W equal to the one that we obtained
is = \n",prob)
```

```
The probability of a value of W equal to the one that we obtained is =
0.0473
```

나는 이 검증이 무선화 검증을 훌륭하게 설명하고 있기 때문에 이 검증을 면밀하게 살펴볼 것이라고 말했다. 어떤 무선화 검증이든 여기서 수행한 것과 동일한 작업을 할 것이지만, 순위 대신에 원자료를 사용할 것이다. 순위를 가지고 있을 때는 부록에 있는 것과 같은 표를 작성하기가 상대적으로 용이하다. 만일 관찰한 수가 15개라면, 순위는 항상 1~15가 되며, 작업하기가 상대적으로 용이하다. 그렇지만 15개의 원자료를 가지고 있을 때는 그 점수가 말 그대로 어떤 수의 집합도 될 수 있다. 한 집합의 점수에 대한 조합을 계산하는 것은 다른 집합의 조합에 대해서 아무것도 알려주는 것이 없다. 피셔와 피트먼(Fisher & Pitman)이 장벽에 부딪힌 지점이 바로 이곳이다. 이들은 자신들이 원하는 것이 무엇인지는 알고 있었지만(데이터의 모든 조합), 매우 단순한 사례를 제외하고는 그것을 계산할 방법을 가지고 있지 못했다. 그렇지만 오늘날에는 스마트폰이 그러한 계산을 해줄 수 있다. 잠시 후에 이 문제로 되돌아올 것이지만, 우선 다른 전통적인 비모수적 검증에 관해서 언급할 필요가 있겠다.

윌콕슨 대응쌍 음양 순위 검증

윌콕슨–만–휘트니 순위합 검증은 두 독립집단을 다룬 반면, **윌콕슨 대응쌍 음양 순위 검증**(Wilcoxon's matched-pairs signed-rank test)은 대응표본을 다룬다. 설명의 연속성을 위해 앞의 사례에서 보았던 데이터를 약간 다른 방식으로 수집했다고 가정하자. 즉, 아동이 어렸을 때 한 번 데이터를 수집하고 동일한 아동이 나이가 들었을 때 다시 수집했다고 가정하자. 이제 앞의 사례와 동일한 평균과 중앙값을 가지고 있는 대응 데이터를 가지고 있다. 두 조건 간의 상관($r = .63$)을 구하기 위하여, 연령 조건 내의 데이터를 간단하게 재배열하였다. 이 상관은 예상할 수 있는 것이다. 아동이 어렸을 때 높은 점수를 받았다면, 나이가 들어서도 비교적 높은 점수를 받을 가능성이 높다. 어렸을 때 낮은 점수를 받은 아동의 경우에도 마찬가지이다. 데이터는 다음과 같다.

어린 아동	나이 든 아동	차이	순위
12	18	–6	–3
4	16	–12	–6
8	24	–16	–7
10	6	4	2
2	13	–11	–5
22	25	–3	–1
20	28	–8	–4
T+ = 2	T– = 26		

이 검증을 위하여 각 아동의 두 점수 간 차이를 계산한다. 그런 다음에 차이의 음양 부호에 관계없이 모든 차이 점수의 순위를 매기고, 그 순위에다가 음양 부호를 붙인다. 마지

막으로 T+와 T− 값을 얻기 위하여 양의 순위와 음의 순위를 별도로 합한다. 검증 통계치는 T+와 T− 중에서 절댓값이 작은 것이 된다. 그 계산이 표에 나와 있다.

이제 T+ =2이기에 이 값을 검증 통계치로 취한다. 부록에서 7개 사례에 대한 대응쌍 음양 순위 검증표를 보면, T+ =3의 확률이 .0391이고 T+ =4의 확률이 .0547임을 알 수 있다. 우리 데이터에서 얻은 T+ =2는 이것보다 작기 때문에 이 결과의 확률은 $p<.05$ 수준에서 유의하다. 상이한 연령의 아동이 수행하는 추론의 수는 차이가 없다는 영가설을 기각할 수 있다. 나이 든 아동이 이야기를 요약할 때 더 많은 추론을 하는 것이 확실하다.

이 데이터에 대해서 SPSS와 *R*을 사용한 결과는 다음과 같다. SPSS를 사용할 때는 '*Nonparametric/Legacy/2 Related Samples*'를 선택할 것을 권장한다. 이 방법이 보다 완벽한 결과를 제공해준다.

NPar Tests

기술통계치

	N	평균	표준편차	최소	최대
어린 아동	7	11.1429	7.55929	2.00	22.00
나이 든 아동	7	18.5714	7.69972	6.00	28.00

윌콕슨 음양 순위 검증

순위

		N	순위 평균	순위합
나이 든 아동−어린 아동	음의 순위	1[a]	2.00	2.00
	양의 순위	6[b]	4.33	26.00
	동점	0[c]		
	전체	7		

[a] 나이 든 아동 < 어린 아동
[b] 나이 든 아동 > 어린 아동
[c] 나이 든 아동=어린 아동

검증 통계치[a]

	나이 든 아동−어린 아동
Z	−2.028[b]
점근 유의도 수준(양방)	.043
정확 유의도 수준(양방)	.047
정확 유의도 수준(일방)	.023
확률	.008

[a] 윌콕슨 음양 순위 검증
[b] 음의 순위에 기초

```
### R Code for Wilcoxon Matched-Pairs Signed-Ranks

Young <- c(12, 4, 8, 10, 2, 22, 20)
Older <- c(18, 16, 24, 6, 13, 25, 28)
wilcox.test(x = Young, y = Older, alternative = "two.sided", mu = 0,
paired = TRUE,  exact = TRUE, conf.int = TRUE, correct = FALSE)

       Wilcoxon signed rank test

data:  Young and Older
V = 2, p-value = 0.04688
alternative hypothesis: true location shift is not equal to 0
95 percent confidence interval:
 -13.5  -1.0
sample estimates:
(pseudo)median
         -7.75

cor(Young, Older)
[1] 0.6283273
```

여기서도 마찬가지로 어린 아동과 나이 든 아동이 수행하는 추론의 수에서 유의한 차이가 있다.

프랭크 윌콕슨(Frank Wilcoxon, 1892~1965)

프랭크 윌콕슨은 실제로 통계학자가 아니었으며 50대가 될 때까지 통계학 연구를 하나도 발표하지 않았다는 단순한 사실만으로도 통계학계에서 흥미를 끄는 인물이다. 원래 무기화학을 전공했으며 대부분의 생애를 살충제와 곰팡이 방지제를 다루는 화학 연구를 수행하는 데 할애하였다.

윌콕슨은 통계학의 초기에 중요한 인물인 유덴(W. J. Youden)과 통계학 연구모임을 함께했으며, 피셔의 영향력이 매우 큰 저서(Fisher, 1935)로 공부하였다. 그렇지만 나중에 데이터를 분석해야 하는 일에 접하게 되자, 윌콕슨은 관찰들을 무선화하는 피셔의 방법에 만족하지 못하게 되었다. 윌콕슨은 원자료를 순위로 대치하는 아이디어를 떠올렸으며, 이 방법은 다양한 검증 통계치들의 분포를 꽤나 용이하게 해결할 수 있게 해주었다. 순위의 사용은 그로 하여금 순위에 근거한 추론에 매진하도록 촉진시켰으며 순위에 적용하는 수많은 통계검증으로 이끌어 갔다.

윌콕슨은 공식적으로 1957년에 은퇴하였지만, 그 이후에 플로리다 주립대학교로 옮겨가서 1965년에 생을 마감할 때까지 순차적 순위법(sequential ranking method)을 연구하였다. 그의 이름은 아직도 순위기반 통계학과 동의어로 쓰이고 있다. 윌콕슨의 흥미진진한 전기는 http://stochastikon.no-ip.org:8080/encyclopedia/en/wilcoxonFrank.pdf에서 찾아볼 수 있다.

크루스칼-월리스 일원변량분석

크루스칼-월리스 검증(Kruskal-Wallis test)은 단지 윌콕슨-만-휘트니 검증을 셋 이상의 독립집단으로 확장한 것이다. 여러분이 윌콕슨-만-휘트니 검증을 확장하여 어떻게 이 검증을 수행하는 것인지를 머리에 그려볼 수 있다고 확신하기 때문에, 자세하게 다루지는 않겠다. 집단 차이를 고려하지 않은 채 데이터에 순위를 매긴 다음에 크루스칼과 월리스가 제공하는 표를 참조할 수 있는 통계치(H)를 계산하기만 하면 된다. H는 $k-1$ 자유도를 갖는 카이제곱 통계치로 평가할 수 있는데, 여기서 k는 집단의 수이다. H를 계산하는 공식은 http://en.wikipedia.org/wiki/Kruskal%E2%80%93Wallis_one-way_analysis_of_variance에서 찾아볼 수 있으며, SPSS와 *R*에서 'kruskal.test'로 아주 쉽게 수행할 수 있다. *R*의 명령 코드는 다음과 같으며, 데이터는 각각 7, 8, 4개의 관찰치가 있는 세 집단이다.

```
# Kruskal-Wallis
group <- factor(c(1,1,1,1,1,1,1,2,2,2,2,2,2,2,2,3,3,3,3))
score <- c(55,0,1,0,50,60,44,73,85,51,63,85,85,66,69,61,54,80,47)
kruskal.test(x = score, g = group)
```

```
Kruskal-Wallis rank sum test
data:  score and group
Kruskal-Wallis chi-squared = 10.4, df = 2, p-value = 0.005496
```

프리드먼 *k* 상관표본 순위 검증

이 장에서 논의할 마지막 전통적 검증은 일원 반복측정 변량분석에 유추할 수 있는 분포무관 검증으로, **프리드먼 *k* 상관표본 순위 검증**(Friedman's rank test for k correlated samples)이다. 이 검증은 유명한 경제학자인 밀튼 프리드먼(Milton Friedman)이 개발한 것인데, 유명한 경제학자가 되기 전의 일이다. 이 검증은 원점수 대신에 순위에 적용하는 표준적인 반복측정 변량분석과 밀접한 관련이 있다. 물론 완벽하게 동일하지는 않다. 각 처치에서의 점수들이 동일한 전집에서 나온 것이라는 영가설에 대한 검증이며, 집중경향치에서 전집 간의 차이에 특히 예민하다.

여러분은 만일 일련의 시행에 걸쳐서 체계적인 변화가 없다면, 어떤 참가자는 시행 1에서 최고 점수를 받고, 어떤 참가자는 시행 2에서 그리고 어떤 참가자는 시행 3에서 최고

점수를 받을 것이라고 예상할 수 있다. 낮은 점수에 대해서도 동일한 논리를 적용할 수 있다. 만일 실제로도 그러하며 각 참가자에 대해서 각 시행에서의 순위를 매긴다고 했을 때, 영가설이 타당하다면 그 순위는 시행에 걸쳐서 대체로 무선적이게 된다. 이것이 프리드먼 검증의 토대이다. 각 참가자별로 시행에 걸친 점수의 순위를 매긴 후에 각 시행에서의 순위를 합한다. 만일 시행에 따른 효과가 없다면, 그 합은 모든 시행에서 대체로 동일한 것이라고 기대할 수 있다.

우리의 사례는 포에치와 겐스바커(Foertsch & Gernsbacher, 1997)가 수행한 연구에 근거한 것인데, 이들은 'he'나 'she'를 중성대명사인 'they'로 대치하는 문제를 연구하였다. 'he'라는 단어를 중성대명사로 인정하는 정도가 감소함에 따라서, 많은 작가들이 문법적으로는 틀린 they를 사용하고 있다. 참가자들에게 "A truck driver should never drive when sleepy, even if (*he/she/they*) may be struggling to make a delivery on time, because many accidents are caused by drivers who fall asleep at the wheel." 등과 같은 문장들을 읽도록 요구하였다. 몇몇 시행에서는 괄호 속의 단어가 고정관념상 예상할 수 있는 성의 대명사로 제시되었고, 몇몇 시행에서는 고정관념상 예상하기 어려운 성의 대명사로 그리고 또 다른 몇몇 시행에서는 'they'로 제시되었다. 여기서 종속변인은 예상치 못한 대명사를 가지고 있는 문장과 'they'를 가지고 있는 문장의 읽기 시간에서의 차이이다. 이 연구에는 세 가지 유형의 문장이 있었다. 즉, 기대하는 대명사가 남성인 문장, 여성인 문장, 그리고 남성과 여성이 동등하게 나올 수 있는 문장이었다. 이 연구에서 사용할 수 있는 종속변인은 여러 가지가 있지만, 나는 'he'를 예상할 때 'she'를 보게 되는 효과, 'she'를 예상할 때 'he'를 보게 되는 효과, 그리고 기대가 중성적일 때 'they'를 보게 되는 효과를 선택하였다. (원 연구

표 20.2_ 대명사별 읽기 시간 데이터

참가자	1	2	3	4	5	6	7	8	9	10	11
'he'를 기대 / 'she'를 봄	50	54	56	55	48	50	72	68	55	57	68
'she'를 기대 / 'he'를 봄	53	53	55	58	52	53	75	70	67	58	67
중성 / 'they'를 봄	52	50	52	51	46	49	68	60	60	59	60

표 20.3_ 대명사별 읽기 시간 순위 데이터

참가자	1	2	3	4	5	6	7	8	9	10	11	합계
'he'를 기대 / 'she'를 봄	1	3	3	2	2	2	2	2	2	1	3	23
'she'를 기대 / 'he'를 봄	3	2	2	3	3	3	3	3	3	2	2	29
중성 / 'they'를 봄	2	1	1	1	1	1	1	1	1	3	1	14

는 이것보다 훨씬 많은 효과들을 검증하였다.) 종속변인은 문자당 읽기 시간(단위 1/1000초)이다. 표 20.2의 데이터는 대체로 저자들이 보고한 것과 같은 평균을 갖도록 구성하였다.

여기서 각 참가자에게 모든 유형의 문장이 제시되었기 때문에 반복측정을 한 것이다. 몇몇 참가자는 다른 참가자들보다 모든 문장을 느리게 읽으며, 이 사실은 원점수에 반영되어 있다. 이 데이터는 결코 정상분포를 이루지 않고 있으며, 내가 분포무관 검증을 적용하는 이유가 바로 이것이다. 참가자 내에서 순위를 매기게 되면, 그 순위는 표 20.3에 나와 있는 것과 같다.

세 번째 범주(중성/'they'를 봄)가 확실하게 가장 낮은 순위를 나타낸 반면, 두 번째 범주('she'를 기대/'he'를 봄)가 가장 높은 순위를 나타내고 있음에 주목하라. 프리드먼은 각 행의 합에 대하여 아래와 같은 통계치를 계산하고, $k-1$ 자유도를 갖는 카이제곱 분포에 비추어 평가하였다. 여기서 k는 각 참가자당 시행의 수이다.

$$\chi_F^2 = \frac{12}{Nk(k+1)}\sum R_j^2 - 3N(k+1)$$

여기서 $R_j = j$번째 조건에서 순위의 합, $N =$ 참가자 수, $k =$ 조건의 수이다.

이 예에서 자유도 2의 $\chi^2 = 10.36$이며($p = .004$), 이 값은 명백하게 유의하다.

20.2 무선화 검증

지금까지는 전통적인 비모수적 검증을 논의해왔다. 여러분도 이것들을 알아야 할 필요가 있다고 생각했기 때문이다. 논문에서 이 검증들을 보게 될 것이며, 논문의 저자는 여러분이 그 검증의 의미를 꽤나 잘 이해하고 있다고 기대할 것이다. 그렇지만 지금부터는 흔히 무선화 검증이라고 부르는 검증 유목으로 넘어가고자 한다. 무선화라는 이름과 앞서 내가 언급한 것이 함축하듯이, 이 검사는 독립변인(처치)이 효과가 없을 때 발생할 것이라고 기대하는 데이터의 무선 표본을 생성하는 것으로부터 출발한다. 많은(예: 10,000개) 표본을 생성한 후에, 처치효과가 없다는 가정에 근거한 표본 집합에서 실제로 얻은 검증 통계치가 얼마나 자주 발생할 것인지를 묻게 된다.

계속 진행하기에 앞서, 앞 문단에서 '처치효과가 없다'는 표현을 한 것에 주목하기 바란다. '영가설'이라는 표현을 사용하지 않은 까닭은 실제로 일반적인 의미의 영가설을 가지고 있지 않기 때문이다. 영가설은 전집 모수치(예: $\mu_1 = \mu_2 = \mu_3$)를 언급하지만, 무선화 검증은 전집 모수치를 추정하지 않는다. 이것이 무선화 검증이 가지고 있는 장점 중의 하나이다. 어떤 면에서는 이것이 약점이기도 하다. 처치$_1$에서의 점수가 처치$_2$에서도 쉽게 나타날 수도 있었다고 말하는 것은 두 처치가 등가적이라고 말하는 것이 된다. 표준 t 검증을 실시할 때는 변량과 분포에 대한 가정을 상정하기 때문에 집단이 차이를 보이는 유일한 방법은 평균에서의 차이가 된다. 그렇지만 무선화 검증은 그러한 가정을 하지 않기 때문에 집단은 변량에서 상당한 차이를 보일 가능성이 있다. 그런데 만일 검증 통계치가 평균 간 차이거나 이와 유사한 통계치라면, 이 사실을 놓칠 수가 있다. 따라서 우리가 사용하는 검증 통계치가 합당한 것이라는 사실을 확인하는 데 더욱 조심할 필요가 있는 것이다.

무선화 검증이 작동하는 방식을 이해하는 가장 용이한 방법은 일원변량분석과 동일한 기능을 수행하는 검증의 사례를 살펴보는 것이다. 여기서는 표 16.7의 데이터를 사례로 사용한다. 이 데이터는 세 처치집단에서의 어머니 적응에 관한 연구에서 나온 것이다. 집단 1은 개입 프로그램에 참가한 저체중 유아의 어머니들이었다. 집단 2는 프로그램에 참가하지 않은 저체중 유아의 어머니들이었으며, 집단 3은 프로그램에 참가하지 않은 정상체중 유아의 어머니들이었다. 16장에서 이 데이터를 분석했을 때, 표준변량분석이 $F=5.53$, $p<.005$의 결과를 내놓았다는 사실을 보았다.

이 상황에서 무선화 검증이 작동하는 방식을 보여주기 위하여 이 사례를 사용하지만, 여러분들은 상이한 상황(예: 두 독립집단 또는 심지어 두 상관집단이 존재하는 상황)에서 이 검증이 어떻게 작동하는지를 쉽게 상상할 수 있다. 검증 통계치는 다르겠지만, 논리는 여전히 동일하다. 즉, 원래 데이터에서 검증 통계치를 계산하고 그 통계치를 무선화시킨 데이터에 근거한 통계치와 비교하는 것이다. 이 검증을 논의하면서 *R* 명령 코드를 제시하지는 않을 것이다. 도움을 주는 것 못지않게 혼란을 초래할 수 있기 때문이다. 일반적인 용어를 사용하여 설명할 것이지만, 분석을 위한 명령 코드는 다음과 같은 이 장의 웹사이트에서 찾아볼 수 있다.

https://www.uvm.edu/~dhowell/fundamentals9/Supplements/Chapter20R.html.

이 실험에 참가한 어머니 중의 한 명은 24의 적응 점수를 받았다. 만일 상이한 처치조건이 어머니 행동에 아무런 효과도 없었다면, 그 점수는 세 조건 모두에서 나타날 가능성이 똑같을 것이다. 다른 모든 점수에도 동일한 논리를 적용할 수 있다. 우선적으로 해야 할 일은 실험 데이터에 대한 검증 통계치를 계산하는 것이다. 그 검증 통계치는 집단 간 차이를 반영하는 어떤 통계치여야만 한다. 원한다면 표준 F 통계치를 계산할 수 있지만, 여기서는 단지 $SS_{집단}$만을 계산하고자 한다. 데이터를 무선화하는 한에 있어서, F와 $SS_{집단}$은 완벽한 상관을 나타낼 것이며, $SS_{집단}$을 계산하기가 조금 더 용이하다. 그런 다음에 그 통계치를 잠시 접어둘 것인데, 'SS.bet.obt'라고 명명하기로 한다.

이제 무선화 과정을 시작한다. *R* 명령 코드 `sample(matadapt.data, size = 93, replace = FALSE)`를 사용한다. 이 명령은 *R*로 하여금 93개의 관찰값을 무선 배

열하도록 만든다. 처음 29개 관찰값을 첫 번째 집단에, 다음 27개를 두 번째 집단에, 그리고 마지막 37개를 세 번째 집단에 할당한다. 그런 다음에 이 세 집단에 대한 $SS_{집단}$을 계산한다. 무선 할당하여 만든 세 집단 간에는 어떤 체계적 차이도 존재하지 않는다. 그 통계치를 별도로 저장해놓고는 전체 과정을 다시 999차례에 걸쳐서 반복한다. 반복 루프를 사용하여 이 과정을 1,000차례 수행하게 되면, 무선화 통계치의 어떤 값이 그 분포의 상위 5%에 해당하는지를 알아볼 수 있다. 만일 SS.bet.obt가 그 값보다 크다면, $\alpha = .05$ 수준에서 영가설을 기각할 수 있다. 보다 바람직하게는 무선화 통계치의 몇 %가 SS.bet.obt를 넘어서는지를 물을 수 있으며, 그 값은 거의 완벽한 확률을 제공해주게 된다. 위의 사례에서 무선화 표본과 비교했을 때, SS.bet.obt의 확률은 .00493이다.

대안적 실험설계

방금 위에서 세 집단 일원변량분석 사례를 논의했다. 독립집단 t 검증과 등가적인 사례를 가지고 있다면 똑같은 작업을 수행할 수 있다. 왜냐하면 독립집단 t 검증은 두 집단 변량분석과 등가이기 때문이다. 그렇지만 만일 독립 측정치가 아니라 반복 측정치를 가지고 있다면, 각 참가자 내에서 점수의 순서를 무선화함으로써 무선화 표본을 도출하게 된다. 두 상관 표본을 위한 t 검증에도 똑같은 논리를 적용할 수 있다. 마지막으로 만일 두 변인 간의 상관을 다루고 있다면, 한 변인의 점수를 일정하게 유지하면서 다른 변인의 점수를 무선화할 수 있다. 이렇게 하는 것은 점수들을 무선적으로 짝짓는 것에 해당한다.

윗 문단이 예시하는 중요 사항은 모든 절차가 모든 경우에서 거의 동일하다는 점이다. 단지 데이터를 무선화하는 방식만을 변경하는 것이며, 그 방법은 처치 효과나 상관이 없을 때 기대하는 것에 근거하고 있다.

20.3 효과크기 측정치

분포무관 통계검증에서는 효과크기 측정치를 구하기가 쉽지 않다. [코노버(Conover, 1980)는 전통적인 비모수적 검증을 위한 신뢰구간의 사용을 논의하고 있지만, 여기서는 이 문제를 다루지 않겠다.] 한 가지 중요한 이유는 많은 효과크기 측정치들이 표준편차 크기에 기초하는데, 자료가 아주 심하게 비정상적으로 분포하면 표준편차가 의미를 상실하기 때문이다. 만일 데이터가 정상분포를 이루고 있으며, 한 집단의 평균이 다른 집단의 평균보다 1 표준편차만큼 크다는 사실을 알고 있다면, 두 번째 집단 참가자들의 대략 2/3의 점수가 첫 번째 집단 평균보다 클 것이라고 추정할 수 있다. 그러나 만일 데이터가 심하게 편포되어 있다면, 효과크기에 대한 이러한 유형의 해석을 할 수 없다. 마찬가지로 심하게 편포된 데이터를 가지고는 평균들 간의 차이를 표준편차에 근거하여 표준화할 수 없을 뿐만 아니라, 집단 1의 중앙값이 집단 2의 중앙값보다 15점 크다고 말하는 것이 무엇을 의미하는지를 제대로 이해할 수 없게 된다.

사용할 수 있는 한 가지 효과크기 측정치는 표본에서 한 집단의 사례들 중에서 다른 집단의 중앙값을 상회하는 수를 직접 세거나 아니면 더 좋은 방법은 그 수의 백분율을 계산해보는 것이다. 예를 들어, 임신 첫 3개월 동안 간호를 받았던 어머니의 경우 출산 체중 중앙값이 3,245그램이었던 반면, 출산 전 3개월까지 간호를 받지 않았던 어머니의 경우 출산 체중 중앙값이 2,765.5그램이었다고 가정해보자. 이 차이는 통계적으로 유의할 것이다. 거의 모든 전자의 어머니는 후자 어머니 아이들의 중앙값보다 체중이 더 나가는 아이를 출산했을 수 있다(반대로 표현하자면, 후자의 어머니들 중에서 단 한 명의 어머니만이 전자의 중앙값을 상회하는 아이를 출산했을 수 있다). 이러한 방식으로 효과크기를 보고하는 것이 $\hat{d}$과 같은 통계치를 사용하여 효과크기를 보고하는 것만큼 만족스러운 것은 아니지만, 단지 차이가 유의했다고 보고하는 것보다는 확실히 더 정보적이다.

20.4 부트스트래핑

여러분은 '부트스트래핑(bootstrapping)'이라고 부르는 개념에 관한 참고문헌들을 보았을 것이기에 이 개념에 관해서는 아주 간략하게만 언급하고자 한다. 부트스트래핑은 무선화 절차의 또 다른 사례지만, 그 목적이 일반적으로 앞에서 논의했던 것과는 차이가 있다. 이것은 일차적으로 평균이나 표준편차와 같은 전집 특성의 추정치를 얻기 위하여 사용한다. 가장 명백한 차이점은 부트스트래핑에서는 복원 표집을 하는 반면에, 무선화 검증에서는 비복원 표집을 한다는 것이다.

정상분포에서 크게 벗어난 데이터 집합을 가지고 있다고 가정해보자. 그 데이터를 추출한 전집의 평균을 추정하고자 한다. 부트스트래핑의 경우에는 수집한 데이터를 전집의 정확한(작은) 복사판으로 취급한다. 그런 다음에 그 데이터로부터 표본을 추출하는데, 여기서는 복원 표집의 방법을 사용한다. 이것이 의미하는 것은 특정 점수를 여러 차례 선택할 수도 있고 결코 선택하지 않을 수도 있다는 것이다. 그 무선 표본으로부터 평균과 같은 검증 통계치를 계산한다. 그런 다음에 그 과정을 계속해서 반복하는데, 매번 표본 평균을 계산한다. 이 작업을 마쳤을 때, 표본 평균들의 평균이 전집 평균의 추정치가 된다. 이에 덧붙여서 어떤 평균값이 표본 평균분포의 상위 2.5%와 하위 2.5%에 해당하는지를 결정할 수 있으며, 그 두 값이 신뢰구간을 제공하게 된다.

실제에서는 평균들의 평균을 약간 조정하는 과정이 있지만 여기서는 이 과정을 상당히 단순화시켰다. 어쨌든 그 과정은 본질적으로 위에서 제시한 것과 같다. 편향을 보정하면 위의 과정이 제공하는 답과 작은 차이가 나지만, 그러한 보정을 상세하게 기술하지 않더라도 여러분은 부트스트래핑을 이해할 수 있다. 에프론과 티브시라니(Efron & Tibshirani, 1993)가 부트스트래핑에 관하여 아주 중요한 연구를 수행하였으며, 이들의 저서는 충분히 이해할 만한 것이다. 만일 여러분이 더 많은 것을 알고자 한다면 이 책을 추천하고자 한다. 웹 서치가 많은 유용한 정보를 제공해줄 것이다.

20.5 어머니 적응 연구의 결과 기술하기

16장에서 어머니 적응 연구의 결과를 기술하는 사례를 제시했는데, 대부분의 요약이 여기서도 적합하다. 중요한 변화는 변량분석을 세 독립집단에 대한 무선화 검증을 사용하여 데이터를 분석했다고 언급하는 것으로 대치하는 것이다. *F*와 같은 검증 통계치를 기술하거나 심지어는 검증 통계치로 $SS_{집단}$을 사용했다는 사실을 언급할 필요가 없지만, 사용한 검증이 평균에 특별히 민감하다는 사실을 언급해야만 한다. 그런 다음에 무선화 분포와 비교할 때 그 검증이 $p<.005$ 수준에서 유의하였다는 사실을 지적해야 한다. 효과크기에 대한 합리적인 추정치를 가지고 있다면, 그것도 반드시 언급해야 한다.

20.6 요약

이 장에서는 데이터를 표집한 전집에 관하여 훨씬 덜 제한적인 가정을 요구하는 두 가지 유형의 절차들을 간략하게 요약하였다. 우선 학생들이 알아야 할 필요가 있기 때문에 전통적인 비모수적 검증을 다루었다. 각 검증은 원자료를 순위로 변환하고 그 순위를 가지고 분석하는 내용을 수반한다. 그런 다음에 무선화 검증으로 넘어갔다. 무선화 검증은 연구에서 점점 더 많은 역할을 담당하고 있으며, 소수의 가정을 하면서도 검증력이 매우 높기 때문이다. 이 모든 검증에 공통적인 것은 영가설이 참일 때 순위가 어떻게 분포되는가를 묻는 것이다. 그렇게 하기 위하여 집단들에 걸쳐서 순위의 모든 가능한 무선화를 들여다보게 된다(흔히 이 검증을 각각 '무선화 검증' 또는 '순위 무선화' 검증이라고 부르는 이유가 바로 이것이다). 얻은 순위 패턴이 지나치게 극단적이면 영가설을 부정한다. 이 검증을 비모수적 또는 분포무관 검증이라고 부르는 이유는 분포 모양에 대하여 최소한의 가정만을 하며 전집 평균(μ)이나 변량(σ^2)과 같은 알 수 없는 모수치에 의존하지 않기 때문이다.

마지막으로 부트스트래핑 기법을 살펴보았다. 이 기법은 무엇보다도 전집 모수치를 추정하기 위하여 사용한다. 얻은 데이터가 전집의 모양을 완벽하게 반영한다고 가정하며,

그 전집에서 다중 표본을 생성할 때 복원 표집방법을 사용한다는 점에서 다른 무선화 절차와 차이를 보인다.

주요 용어

모수적 검증parametric test 596
비모수적 검증nonparametric test(분포무관 검증 distribution-free test) 596
무선화 검증randomization test 596
순열 검증permutation test 596
순위-무선화 검증rank-randomization test 597
윌콕슨-만-휘트니 검증Wilcoxon-Mann-Whitney test 598
윌콕슨 대응쌍 음양 순위 검증Wilcoxon's matched-pairs signed-rank test 602
크루스칼-월리스 일원변량분석Kruskal-Wallis one-way ANOVA 605
프리드먼 k 상관표본 순위 검증Friedman's rank test for k correlated samples 605

20.7 빠른 개관

A 분포무관 검증 가정의 특징은?

답 전집에서 데이터 분포에 관하여 덜 엄격한 가정을 한다.

B 이 장의 전반부에서 논의한 검증들을 흔히 '순위 무선화' 검증이라고 지칭하는 까닭은 무엇인가?

답 데이터를 순위로 변환한 다음에 모든 가능한 방법으로 무선화했을 때(순열을 계산했을 때) 통계치의 분포가 어떠한지를 가지고 검증한다.

C 윌콕슨-만-휘트니 검증이 다루는 영가설은 표준 독립집단 검증이 다루는 영가설과 어떻게 다른가?

답 윌콕슨-만-휘트니 검증은 평균이 동일한 전집이 아니라 완벽하게 동일한 전집에서 집단을 표집하였다는 영가설을 검증한다.

D 무선화 검증이 전통적인 비모수적 검증을 대치하고 있는 까닭은 무엇인가?

답 기저 가설에 대한 보다 직접적인 검증이며, 기저 전집에 관한 가정을 하지 않는다.

E 윌콕슨 검증과 대체로 등가적인 무선화 검증은 검증 통계치로 무엇을 사용하는가?

답 t 통계치 또는 차이의 평균

F 무선화 검증이 예전보다 더 보편적인 까닭은 무엇인가?

답 처리속도가 매우 빠른 소프트웨어가 가용하기 때문이다.

G 크루스칼-월리스 일원변량분석은 어떤 검증의 단순 확장인가?

답 만-휘트니 검증

H 부트스트래핑의 일차 목적은 무엇인가?

답 전집 모수치의 추정

20.8 연습문제

이 연습문제에서는 문제를 풀기 위하여 SPSS나 *R*을 사용할 것을 자주 요구하고 있다. 만일 'Legacy' 분석을 고수한다면 SPSS를 사용하는 데 어려움이 없어야만 한다. 이 장의 웹페이지인 http://www.uvm.edu/~dhowell/fundamentals9/Supplements/Chapter20R.html에 제공한 명령 코드를 수정해서 *R*을 사용할 수 있어야만 한다.

20.1 카프 등(Kapp, Frysinger, Gallagher, & Hazelton, 1979)은 편도체 손상이 일반적으로 공포와 연합된 특정 반응(예: 심장박동률 저하)을 감소시킨다는 사실을 보여주었다. 만일 손상으로 인해서 공포와 연합된 반응이 낮아지는 것이 아니라 실제로 공포가 낮아지는 것이라면, 편도체가 손상된 동물에게 회피반응을 훈련시키기가 어려울 것이다. 자극의 혐오성이 감소할 것이기 때문이다. 두 집단의 토끼가 있다. 한 집단은 편도체가 손상되었으며, 다른 집단은 처치를 받지 않은 통제집단이다. 다음의 데이터는 각 동물에게 있어서 회피반응을 학습하는 데 걸린 시행의 수를 나타낸다.

손상집단	통제집단
15	9
14	4
8	10
7	6
22	6
36	4
19	5
14	9
18	9
17	
15	

(a) SPSS 또는 *R*에서 윌콕슨-만-휘트니 검증을 사용하여(양방검증) 데이터를 분석하라.

(b) 독립표본을 위한 무선화 검증을 사용하여 이 데이터를 재분석하라. 무선화 검증은 두 집단만의 데이터를 용이하게 다룰 수 있으며 이 장의 웹사이트에서 찾아볼 수 있다.

(c) 어떤 결론을 내리겠는가?

20.2 적절한 일방검증을 사용하여 연습문제 20.1의 분석을 반복하라

20.3 누르콤과 피츠헨리-쿠어(Nurcombe & Fitzhenry-Coor, 1979)는 진단기법의 훈련이 임상가

로 하여금 사례에 대해 어떤 결론에 도달하는 데 있어서 보다 많은 가설을 생성하여 검증하도록 이끌어간다고 주장하였다. 이제 막 근무를 시작한 신경정신과 레지던트 10명을 선택하여 실험 참가자로 사용한다고 가정하자. 이들에게 녹화한 인터뷰를 시청하면서 일정한 시간이 경과할 때마다 사례에 대한 자신의 생각을 기록하도록 요청하였다. 그런 다음에 각 레지던트가 자신의 기록에 포함시킨 가설의 수를 계산하였다. 레지던트 생활이 끝날 무렵에 동일한 10명의 레지던트들을 대상으로 유사한 인터뷰 내용을 가지고 실험을 반복하였다. 그 데이터는 다음과 같다.

	참가자									
	1	**2**	**3**	**4**	**5**	**6**	**7**	**8**	**9**	**10**
전	8	4	2	2	4	8	3	1	3	9
후	7	9	3	6	3	10	6	7	8	7

(a) 윌콕슨 대응쌍 음양 순위 검증을 이용하여 데이터를 분석하라.

(b) 어떤 결론을 내리겠는가?

20.4 연습문제 20.3에 대해서 다음 물음에 답하라.

(a) 적절한 무선화 검증을 사용하여 분석을 반복하라.

(b) 두 답이 얼마나 일치하는가? 두 답이 정확하게 일치하지 않는 이유는 무엇인가?

20.5 맏이가 동생들보다 더 독립적인 경향이 있다는 주장이 있다. 독립성에 대한 25점 척도를 개발하고, 이 척도를 사용하여 각각 20명의 맏이와 둘째 아이를 평정하였다고 가정하자. 형제가 모두 어른이 되었을 때 평정함으로써 명백한 연령효과를 제거하였다. 독립성에 대한 데이터는 다음과 같다(높은 점수가 더 독립적이라는 사실을 의미한다).

형제 번호	맏이	둘째 아이
1	12	10
2	18	12
3	13	15
4	17	13
5	8	9
6	15	12
7	16	13
8	5	8
9	8	10
10	12	8
11	13	8
12	5	9
13	14	8
14	20	10

15	19	14
16	17	11
17	2	7
18	5	7
19	15	13
20	18	12

(a) SPSS나 *R*에서 윌콕슨 대응쌍 음양 순위 검증을 이용하여 데이터를 분석하라.

(b) 어떤 결론을 내리겠는가?

20.6 무선화 검증을 사용하여 연습문제 20.5의 분석을 반복하라.

20.7 연습문제 20.5의 결과는 우리가 만족할 만큼 그렇게 명쾌하지 않다. 맏이 점수별 차이 점수를 그래프로 그려보라. 그 그래프가 시사하는 것은 무엇인가?

20.8 윌콕슨–만–휘트니 검증이 다루는 영가설과 이에 상응하는 t 검증이 다루는 영가설 간의 차이는 무엇인가?

20.9 윌콕슨 대응쌍 음양 순위 검증이 다루는 영가설과 이에 상응하는 t 검증이 다루는 영가설 간의 차이는 무엇인가?

20.10 분포무관 검증을 선호하는 주장의 하나는 이 검증이 서열 척도 데이터에 더 적합하다는 것이다. (이 논제는 이 책의 다른 맥락에서 이미 논의하였다.) 이 주장이 좋은 주장이 아닌 이유를 대어보라.

20.11 t 검증을 사용하여 영가설을 기각하는 것이 적절한 분포무관 검증을 사용하여 영가설을 기각하는 것보다 구체적인 진술이 되는 이유는 무엇인가?

20.12 영어 과목을 강의하는 세 명의 경쟁적인 교수들이 모두 자신의 강의를 수강하는 학생들이 제일 우수하다고 주장한다. 이 주장을 검증하기 위해서 각 강의에서 무선적으로 8명씩의 학생들을 뽑아서 동일한 시험을 치르게 하였다. 어느 학생이 어느 강의를 수강하는 학생인지 모르는 제3의 교수가 채점을 하였다. 그 결과는 다음과 같다.

리 교수	케슬러 교수	브라이트 교수
82	55	65
71	88	54
56	85	66
58	83	68
63	71	72
64	70	78
62	68	65
53	72	73

(a) SPSS를 사용하여 이 데이터에 크루스칼-윌리스 검증을 실시하라.

(b) 적절한 무선화 검증을 실시하고 적절한 결론을 내리라.

20.13 비행 청소년들을 위한 집단 가정을 운영하는 심리학자는 집단 가정이 비행을 감소시키는 데 성공적이라는 사실을 보여주어야만 한다. 보통 가정에 살면서 경찰이 비행문제가 있다고 지목했던 10명의 청소년, 입양 가정에 살고 있는 10명의 유사한 청소년, 집단 가정에 살고 있는 10명의 청소년을 표집하였다. 종속변인으로 무단결석(지난 학기 무단결석 횟수)을 사용하였는데, 이것은 학생생활기록부에서 쉽게 얻을 수 있는 것이다.

SPSS를 사용하여 이 데이터에 크루스칼-윌리스 검증을 실시하라.

일반 가정	입양 가정	집단 가정
15	16	10
18	14	13
19	20	14
14	22	11
5	19	7
8	5	3
12	17	4
13	18	18
7	12	2

20.14 집단 가정의 효과를 평가하는 대안적 방법으로 비행 청소년으로 선고받았던 12명의 청소년을 택했다고 가정하자. 다음과 같은 세 기간 동안 무단결석 날짜를 세어보았다. (1) 집단 가정에 오기 직전의 한 달, (2) 집단 가정에서 살았던 한 달, (3) 집단 가정을 떠난 직후의 한 달. 데이터는 다음과 같다.

일련 번호	직전 한 달	생활한 달	직후 한 달
1	10	5	8
2	12	8	7
3	12	13	10
4	19	10	12
5	5	10	8
6	13	8	7
7	20	16	12
8	8	4	5
9	12	14	9
10	10	3	5
11	8	3	3
12	18	16	2

SPSS나 *R*을 사용하여 이 데이터에 프리드먼 검증을 실시하라.

20.15 연습문제 20.14에서 기술한 연구가 연습문제 20.13에서 기술한 연구에 비해서 가지는 장점은 무엇인가?

20.16 연습문제 20.3의 데이터에 대해 10명의 레지던트 중 3명은 나중에 적은 가설을 사용하였으며, 7명은 더 많은 가설을 사용하였다고 말할 수 있다. 이 주장은 χ^2을 가지고 검증할 수 있다. 카이제곱 검증 결과는 프리드먼 검증이나 그 데이터에 적용한 적절한 무선화 검증의 결과와 어떤 차이를 보이겠는가?

20.17 연습문제 20.1의 데이터에 대해서 적절한 효과크기 측정치를 계산하라. 아마도 여러 가지 상이한 측정치들이 머리에 떠오를 것이기에, 편도체의 공포반응이라는 측면에서 뇌손상의 역할을 독자들에게 이해시킬 수 있는 것을 선택해야만 할 것이다.

20.18 100년 전에 블로일러(Bleuler, 1911)는 조현병을 기억에서 연합 간의 연계가 결여되는 특징을 갖는다고 기술하였다. 수다스 등(Suddath, Christison, Torrey, Casanova, & Weinberger, 1990)은 이 가설에 관한 흥미로운 연구를 수행하였다. 해마가 기억 저장과 인출에서 중요한 역할을 담당한다고 제안해왔으며, 해마 구조(특히 크기)에서의 차이가 조현병에서 어떤 역할을 담당할 수 있는지를 묻는 것은 합리적이라고 할 수 있다. 연구자들은 15명의 조현병 환자와 이들의 일란성 쌍둥이의 두뇌에서 MRI 영상을 구하여 두뇌 좌반구 해마의 크기를 측정하였다. 피질 구조와 피질하 구조의 크기에 영향을 미칠 수 있는 변인들을 가능한 한 많이 제어하기 위하여 일란성 쌍둥이 쌍을 사용하였다. 이렇게 하는 것은 설명해야 할 변량의 크기를 감소시킨다. 램지와 셰이퍼(Ramsey & Schafer, 1997)에서 취한 결과가 아래에 나와 있다.

쌍	정상	조현병	차이 점수
1	1.94	1.27	0.67
2	1.45	1.63	–.18
3	1.56	1.47	0.09
4	1.58	1.39	0.19
5	2.06	1.93	0.13
6	1.66	1.26	0.40
7	1.75	1.71	0.04
8	1.77	1.67	0.10
9	1.78	1.28	0.50
10	1.92	1.85	0.07
11	1.25	1.02	0.23
12	1.93	1.34	0.59
13	2.04	2.02	0.02
14	1.62	1.59	0.03
15	2.08	1.97	0.11
평균	1.76	1.56	0.199
중앙값	1.77	1.59	0.110

이 15쌍의 쌍둥이들의 차이를 도표로 나태내보면, 정상분포를 크게 벗어나고 있다는 사실을 보게 된다. 좌반구 해마의 크기는 두 조건에서 동일하다는 가설에 대한 무선화 검증을 실시하라.

20.19 연습문제 20.18에 나와 있는 연구를 간략하게 요약해보라.

20.20 통계적 가설검증의 역사는 실제로 녹차 시음 실험으로부터 시작하였기에(Fisher, 1935), 이 장을 그러한 예로 마무리 짓는 것이 적합해 보인다. (피셔는 비록 대규모 문제에 적용할 수 있는 장비를 가지고 있지는 못했지만, 무선화 절차를 주창한 최초 인물 중의 한 사람이었기 때문에라도 적절한 마무리가 되겠다.) 조그만 찻집의 주인은 사람들이 하나의 티백을 가지고 처음에 우려낸 차 그리고 동일한 티백을 가지고 두 번째와 세 번째 우려낸 차 사이의 맛 차이를 알지 못할 것이라고 생각한다(이것이 바로 그 찻집이 여전히 영세성을 면치 못하는 이유이겠다). 주인은 여덟 가지 서로 다른 브랜드의 티백을 선택하여 각각을 세 번씩 우려낸 다음, 손님들에게 그 맛을 20점 척도에서 평정하게 하였다(물론 어느 잔이 어느 것인지를 모르는 채 말이다). 데이터가 아래에 제시되어 있는데, 큰 평정치가 맛있는 차를 나타낸다.

	우려낸 횟수		
차의 브랜드	**첫 번째**	**두 번째**	**세 번째**
1	8	3	2
2	15	14	4
3	16	17	12
4	7	5	4
5	9	3	6
6	8	9	4
7	10	3	4
8	12	10	2

무선화 검증을 사용하여 적절한 결론을 내려보라.

21장 메타분석

앞선 장에서 기억할 필요가 있는 개념

효과크기 effect size($\hat{d}$)	일반적으로 평균 차이에 대한 효과크기 측정치
r^2	상관 데이터에서의 효과크기 측정치
위험도 비–상대적 위험도 risk ratio–relative risk	두 위험도 측정치의 비–효과크기 측정치
승산 비 odds ratio	승산 정보를 사용한다는 것을 제외하고는 위험도 비와 유사하다.

앞선 20개의 장에서는 집단 평균을 비교하고, 상관과 회귀 모형을 살펴보며, 유관표를 분석하는 등, 개별 연구에 초점을 맞추었다. 대부분의 경우에 행동과학 연구자들이 수행하는 것이 이런 것들이다. 그렇지만 동일한 연구 물음에 대한 유사한 연구들이 쌓이게 되면, 어떻게 이 연구들을 하나로 묶어 어떤 보편적인 결론을 도출할 것인지를 따져보아야 한다. 한 연구자는 쇼크를 가한 쥐의 회피 행동을 연구하고는 쇼크 강도가 증가함에 따라서 회피도 증가한다는 사실을 발견할 수 있다. 또 다른 연구자는 유사한 연구를 수행하고는, 예를 들어 $p=0.17$의 유의하지 않은 효과를 얻을 수 있다. 이런 결과들을 놓고 어떻게 해야 할 것인가? 쇼크 수준이 정말로 회피 행동에 영향을 미치는가? 오직 제한적인 조건에서만 회피 행동에 영향을 미치거나 미치지 않는 것인가? 아니면 두 번째 연구가 첫 번째 연구와 일관성을 유지하는 것인가? 이러한 물음들이 이 장에서 살펴볼 유형의 질문이다. 물론 셋 이상의 연구를 동시에 고려하게 된다.

21.1 메타분석[1]

보렌스타인 등(Borenstein, Hedges, Higgins, & Rothstein, 2009)이 집필한 메타분석에 관한 탁월한 책은 벤저민 스포크(Benjamin Spock) 박사가 다른 소아과 의사들과 함께, 부모에게 아이를 엎어 재우라고 오랜 세월 동안 충고했던 사실을 지적하는 것으로 시작한다(만일 여러분이 스포크 박사를 모른다면, 여러분 어머니는 알고 계실 것이다. 그는 결코 『스타트렉』에 등장하지 않는다). 아마도 그는 다른 어떤 인물보다도 20세기 후반부에 아동 양육에 관하여 더 많은 영향을 미쳤을 것이다. 그의 저서 『유아와 육아(Baby and Child Care)』(1946)는 여러 차례 개정판을 내놓았으며, 오랜 세월 동안 베스트셀러 중의 하나였다. 그리고 그 기간 동안 10만 명 이상의 유아들이 유아 돌연사 증후군(Sudden Infant Death Syndrome: SIDS)으로 사망하였으며, 많은 유아들이 엎드려 자다가 그렇게 되었다. 그 기간 동안 엎어 재우는 방법의 위험성에 대한 증거가 누적되었지만, 돌이킬 수 없는 사태가 벌어질 때까지 어느 누구도 결코 모든 연구들을 함께 묶어보려고 하지 않았다. 결국 그런 작업을 수행하고 부모들에게 아이를 바로 뉘어 재우도록 권장함에 따라서 SIDS 사망은 극적으로 줄어들었다. (나는 스포크 박사를 비방하려는 것이 아니다. 그는 육아에 관하여 엄청난 공헌을 했으며, 동료들과 동일한 충고를 했다.)

보렌스타인 등은 위의 사례를 한 분야에 존재하는 모든 문헌을 검색하고 종합하여 현명한 결론으로 이끌어가는 단순하지만 극적인 사례로 사용하였다. **메타분석**(meta-analysis)은

1 이 장의 집필을 위해서 수많은 유용한 제안을 해준 일리노이 공과대학교의 앨런 미드(Alan Mead)에게 감사드린다.

바로 이러한 작업을 위한 것이다. 메타분석은 소위 증거기반 의학의 핵심 자질이며, 코크런 연합(Cochrane Collaboration)은 의학의 거의 모든 분야에서 수많은 메타분석 결과를 발표해왔으며, 대부분의 연구는 행동과학자와 직접적으로 관련된 것들이다. 이 장에서도 코크런 연합이 발표한 데이터를 사용한다.

전통적인 영가설 검증을 사용하는 것에 반기를 들었던 많은 도전이 단일 실험의 결과는 신뢰하기 어렵다는 사실에 초점을 맞추어왔다는 사실에 근거하여, 메타분석은 최근에 그 중요성이 더욱 부각되고 있다. 그 도전이 지나치게 부풀려진 것이기 십상이라고 생각하지만, 나는 최근에 발표한 단 하나의 연구보다는 다중 연구의 결과에 근거하여 처치효과를 이해해야 한다는 생각을 지지한다.

증거를 통합하려는 초기 시도는 소위 이야기 연구(narrative study)에 근거한 것이었다. 이야기 연구에서는 연구자가 한 주제에 관한 많은 문헌을 읽고는 자신이 읽은 연구들에 관하여 주관적 판단을 한 다음에 결론을 내놓는다. 그러한 결론은 지극히 주관적이며, 연구자가 선택한 방식에 따라서 연구들에 상이한 가중치를 부여한다. 이에 덧붙여서, 이 접근은 주로 발표한 문헌에만 국한되는데, 발표한 문헌은 그 특성상 통계적으로 유의한 결과에만 초점을 맞추게 된다. 이 접근은 로젠탈(1979)이 **'파일함 문제(file drawer problem)'** 라는 문제를 간과했다. 즉, 부정적인 결과는 발표되지 못한 채 누군가의 파일함에서 잠자고 있는 문제를 간과했다. 로젠탈은 유의하지 않은 연구들은 출판 가능성이 매우 낮기 때문에 발표된 문헌을 편향시킨다는 사실을 인정했다. 그는 이 문제에 대한 간단한 해결책을 제안했는데, 이 해결책에는 파일함에 처박혀 있을 유의하지 않은 결과의 수를 계산해서 전반적인 p 수준을 유의하지 않은 수준으로 높이게 되는 것이 포함되어 있다. 만일 단지 소수의 유의하지 않은 연구가 우리의 결론을 변경하도록 만들게 된다면, 그 결과에 대한 신뢰도는 떨어질 수밖에 없다.

언급할 필요가 있는 두 번째 문제점은 불완전한 연구의 문제이다. 어떤 연구도 완벽할 수는 없겠지만, 어떤 연구는 다른 연구들보다 더 불완전하다. 예를 들어, 참가자를 집단에 무선 할당하지 못하게 되면, 결과에 영향을 미칠 수 있는 가외변인들로 인해서 결과를 편향시킬 수 있다. 이 문제에 대처하는 정말로 좋은 방법은 없다. 연구의 측면들을 가능한 한 많이 기록해놓고, 나중에 그 변인들이 결론에 영향을 미치지는 않았는지를 확인하는 분석을 실시해야 한다는 제안을 해왔다. 이러한 접근에는 난점들이 존재한다. 오직 한 가지 측면에서만 불완전한 연구는 거의 없기 때문이다. 그렇기는 하지만 적어도 시도는 해보아야만 한다.

가장 간단하게 표현해서, 메타분석은 단일 주제에 대한 많은 연구의 결과를 평균하는 것이다. 단순하게 효과크기의 평균을 구하는 게 아니라 결과의 정확성에 따라서 연구에 가중치를 부여하는 매우 정교한 평균이지만, 아무튼 평균은 평균이다. 명심해야 할 중요 사항은, $\hat{d}$이든 위험도 비이든 아니면 상관이든지 간에, 일단 효과크기 측정치를 가지고 있다면, 효과크기를 결합하고 검증하는 공식은 항상 동일하다는 점이다. 따라서 공식에서 $\hat{d}$을 보게 되면, 피셔의 r 변환이나 log(*RR*) 또는 어떤 다른 효과크기 측정치를 $\hat{d}$으로 대체하고는, 간단하게 그 수치들을 사용하여 계산하면 된다.

우선 메타분석은 상당히 많은 양의 계산을 필요로 한다는 사실을 언급해야겠다. 필요한 계산 대부분을 제시하지는 않을 것이다. 여러분이 지금 그 공식들을 알아야 할 필요가 있다고 생각하지 않기 때문이다. 나의 목표는 메타분석이 무엇인지 그리고 어떻게 사용하는 것인지를 설명하려는 것이다. 여러분은 분석에 사용하는 계산의 유형에 대해 어느 정도의 생각을 가질 필요는 있지만, 그러한 계산을 수행하는 데 유능해질 필요는 없다. 장차 메타분석을 수행하고자 한다면, 분석과정을 보다 철저하게 이해하기 위해서 여러 출처를 찾아보아야 한다. 어느 정도 광범위하게 다룬 내용은 하월(Howell, 2012)의 17장에서 찾아볼 수 있으며, 앞서 언급한 보렌스타인 등(Borenstein et al., 2009)의 책 그리고 쿠퍼 등(Cooper, Hedge, & Valentine, 2009)의 책도 탁월한 참고문헌이다.

21.2 효과크기 측정치의 간략한 개관

여러분과 나 그리고 다른 몇몇 연구자들이 전반적으로 유사한 연구를 수행한다고 가정해 보자. 아주 똑같은 반복연구일 필요는 없지만, 동일한 일반적 질문을 다루고 있을 필요는 있다. 많은 연구 분야에서 대부분의 연구가, 평균에 대한 t 검증이나 유관표에 대한 카이제곱과 같은 동일한 보편적 유목의 검증을 사용하지만, 항상 그런 것은 아니다. 여러분의 연구에서는 승산 비를 계산하고, 내 연구에서는 두 집단 평균 간의 t 검증을 실시하고, 다른 연구는 어떤 방식으로든 상관계수를 계산할 수 있다. 이상적인 상황에서는 모든 연구가 통계적으로 유의한 결과를 얻게 되고, 다양한 측면에서 살펴볼 때 결과들이 일관성을 유지하며 연구하고 있는 현상을 지지하고 있다고 말할 수도 있다. 그렇지만 우리는 이상향에 살고 있지 않으며, 일관성이 없고 통계적으로 유의하지 않기 십상인 결과에 직면할 수밖에 없다. 그렇다면 어떻게 t 통계치와 χ^2 그리고 상관계수를 함께 더한 후에 3으로 나누겠는가? 그런 방법은 없다. 연구들을 동일한 척도 위에 놓을 수 있는 공통 측정법이 필요하다. 이 책 전반에 걸쳐서 보았던 효과크기 측정치가 이 과제를 수행하는 데 가장 적합한 것으로 판명되었다. 한 가지 핵심적 이유는 하나의 효과크기를 다른 것으로 변환하는 방법을 알고 있기 때문이다.

효과크기 측정치에 초점을 맞출 것이기에, 잠시 주제에서 벗어나 이 측정치들을 간략하게 개관한 필요가 있다. 이 측정치들을 별도의 장에서 다루어왔기에, 함께 묶어보는 것도 의미 있는 일이다. 다음 절이 그렇게 철저한 것은 아니지만, 대부분의 중요한 측정치들을 다루고 있다. 이 절에서 수많은 공식들을 제시하겠지만, 단지 개관하고 장차 사용하기 위한 것이며, 온라인 효과크기 계산기를 가지고 대신할 수 있는 것이다. 따라서 그 공식들이 무엇에 관한 것인지를 되새기는 수준에서 읽어보기 바라지만, 암기할 필요가 있다고 생각하지는 말기 바란다.

평균에 대한 측정치

평균에 대한 여러 가지 측정치를 다룰 것이다. 그 측정치들은 모두 코언의 d 형식이지만, g로 알려져 있는 헤지스의 보정도 모든 측정치에 적용할 수 있다.

두 독립집단: 처치집단과 통제집단

■ 변량의 통합

$$d = \frac{\overline{X}_1 - \overline{X}_2}{s_{\text{통합}}} \qquad s_d = \sqrt{\frac{n_1 + n_2}{n_1 n_2} + \frac{d^2}{2(n_1 + n_2)}}$$

■ 통제집단 표준편차에 대한 표준화[2]

$$d = \frac{\overline{X}_1 - \overline{X}_2}{s_C} \qquad s_d = \sqrt{\frac{n_1 + n_2}{n_1 n_2} + \frac{d}{2n_1}}$$

상관측정

■ 평균 표준편차에 대한 표준화

$$d = \frac{\overline{X}_{\text{후}} - \overline{X}_{\text{전}}}{s_{\text{통합}}} = \frac{\overline{X}_{\text{후}} - X_{\text{전}}}{s_{\text{차이}}/\sqrt{2(1 - r)}} \qquad s_d = \sqrt{\left(\frac{1}{n} + \frac{d^2}{2n}\right) \times 2(1 - r)}$$

여기서 r은 처치 전 점수와 처치 후 점수 간의 상관계수이다.

■ $s_{\text{차이}}$에 대한 표준화: 권장하지 않는다.

$$d = \frac{\overline{X}_{\text{후}} - \overline{X}_{\text{전}}}{s_{\text{차이}}}$$

다중 독립집단

일반적으로 두 집단 또는 집단의 두 집합에 대한 처치효과를 계산하는 것이 의미를 갖기 때문에 다중집단의 효과에 대한 공식은 다루지 않는다.

---

2 잠시 후에 언급할 웹페이지에서 여러분은 표준편차를 요구하는 두 위치 모두에서 통제집단의 표준편차 값을 입력함으로써 결과가 그 표준편차에 근거하도록 만들 수 있다.

헤지스의 g

지금까지는 표준화된 평균 차이로 d를 사용하였으며, 이 장에서는 계속해서 그렇게 할 것이다. 이것은 본질적으로 코언의 d이지만, 통합 표준편차 대신에 통제집단의 표준편차로 나눈다는 생각은 글래스(Glass)가 처음으로 제안한 것이다. d를 사용할 때의 문제점은 이 값이 약간 편향되었으며 표본크기가 작을 때는 δ 값을 과대추정하는 경향이 있다는 점이다.

헤지스(Hedges, 1981)는 다음과 같이 보정계수 J를 계산한 다음에 d와 s_d 모두에 J를 곱하는 보정을 제안하였다.

$$J = 1 - \frac{3}{4df - 1}$$

$$g = d \times J$$

$$s_g = s_d \times J$$

이제 d를 가지고 작업하는 것과 동일한 방식으로 g를 가지고 계속해서 작업할 수 있다. 나는 이 사례에서 d를 계속해서 사용할 것이지만, 요점을 이해하는 것은 중요하다. 일단 효과크기를 알고 있으면, 그것이 d이든 g이든 아니면 *Log*(위험도 비)와 같은 다른 효과크기이든 문제가 되지 않는다. 그 계산과정은 동일하다.

유관표에 근거한 효과크기

다음과 같은 요약표가 있다고 가정해보자.

조건	회복	사망	사례수
치료	A	B	A + B
통제	C	D	C + D

상대적 위험도=위험도 비

$$RR = \frac{A}{A + B} \bigg/ \frac{C}{C + D} = \frac{A(C + D)}{B(A + B)}$$

그렇지만 일반적으로는 로그함수에서의 위험도 비를 다룬다.

$$Log(\text{위험도 비}) = \ln(RR)$$

$$s_{Log(\text{위험도 비})} = \sqrt{Var_{Log(\text{위험도 비})}}$$

$$Var_{Log(\text{위험도 비})} = \frac{1}{A} - \frac{1}{A + B} + \frac{1}{C} - \frac{1}{C + D}$$

$$CI_{\ln(RR)} = Log(\text{위험도 비}) \pm 1.96 \times s_{Log(\text{위험도 비})}$$

이 통계치들을 사용하여 효과크기와 신뢰구간을 계산하지만, 다음의 방법을 사용하여 평균과 신뢰구간을 다시 원래의 척도로 변환하게 된다.

$$\text{평균} = e^{\ln(\text{RR})}$$
$$\text{하한} = e^{\text{하한}Log(\text{위험도 비})}$$
$$\text{상한} = e^{\text{상한}Log(\text{위험도 비})}$$

여기서 e는 자연대수의 밑수로 2.71828이다.

승산 비

$$OR = \frac{A/B}{C/D} = \frac{A \times D}{B \times C}$$

여기서도 일반적으로는 다음과 같이 승산 비의 로그값을 가지고 작업한다.

$$Log(\text{승산 비}) = \ln(\text{OR})$$
$$s_{Log(\text{승산 비})} = \sqrt{Var_{Log(\text{승산 비})}}$$
$$Var_{Log(\text{승산 비})} = \frac{1}{A} - \frac{1}{B} + \frac{1}{C} - \frac{1}{D}$$
$$CI_{\ln(OR)} = Log(\text{승산 비}) \pm 1.96 \times s_{Log(\text{승산 비})}$$

위험도 비에서와 마찬가지로, 모든 계산은 로그값을 가지고 수행하지만, 최종 결과를 다시 다음의 방식으로 승산 비로 변환하게 된다.

$$\text{평균} = e^{\ln(\text{OR})}$$
$$\text{하한} = e^{\text{하한}Log(\text{승산 비})}$$
$$\text{상한} = e^{\text{상한}Log(\text{승산 비})}$$

여러분은 위험도 비(*RR*)와 승산 비(*OR*) 모두에 대해서 로그 척도를 사용하는 이유가 궁금할는지 모르겠다. 일차적인 이유는 각 분포가 하한은 0으로 제한되지만 상한은 그러한 제한이 없기 때문에 정적으로 편포되기 때문이다. 각 비의 로그값을 취함으로써 정상분포에 보다 가까운 통계치를 갖게 되는 것이다.

상관의 효과크기

흔히 상관계수를 효과크기 측정치로 사용하지만, 앞에서 보았던 것처럼, 전집 모수치가 0이 아닌 한에 있어서 그 분포는 편향되어 있다. 그렇기 때문에 피셔의 변환을 사용하게 되는데 나는 이것을 '*r*'"라고 불러왔다.

표 21.1_ 효과크기 측정치들 간의 변환

Log(승산 비)를 ***d***로 변환

$$d = Log(\text{승산 비}) \times \frac{\sqrt{3}}{\pi} \qquad var(d) = var[Log(\text{승산 비})] \times \frac{3}{\pi^2}$$

*r*을 *d*로 변환

$$d = \frac{2 \times r}{\sqrt{1 - r^2}} \qquad var(d) = \frac{4 \times var(r)}{(1 - r^2)^3}$$

$$r' = 0.5 \times \ln\left(\frac{1 + r}{1 - r}\right) \qquad s_{r'}^2 = \frac{1}{n - 3} \qquad s_{r'} = \sqrt{\frac{1}{n - 3}}$$

여기서도 메타분석에서의 계산은 변형시킨 값에 근거하지만, 그렇게 계산한 후에는 결과를 원래의 값으로 다시 변형하게 된다.

$$r = \frac{e^{2r'} - 1}{e^{2r'} + 1}$$

효과크기 측정치 간의 변환

한 효과크기 측정치에서 다른 측정치로 변환하는 것은 비교적 용이하다. 표 21.1을 보면, 이러한 변환 방법을 알 수 있다. 표에 포함되어 있지 않지만 여러분이 필요한 변환이 있을 때는 인터넷이 적절한 방법을 곧바로 제공해준다.

온라인 계산기

지필을 꺼내들지 않고도 온라인에서 손쉽게 찾아볼 수 있는 효과크기 계산기를 사용하여 효과크기를 계산하고 상이한 효과크기 측정치 간을 자유롭게 이동할 수 있다. 조지 메이슨 대학교의 데이비드 윌슨(David Wilson)이 만들었으며 효과크기 측정치를 계산하고 변환하기 위한 탁월한 온라인 계산기는 http://www.campbellcollaboration.org/resources/effect_size_input.php에서 볼 수 있다. 이것이 내가 찾아본 가장 완벽한 온라인 계산기이며, 어떤 것이든 계산할 수 있다.

폴 엘리스(Paul Ellis)가 만든 더 단순하지만 덜 완벽한 계산기를 http://www.polyu.edu.hk/mm/effectsizefaqs/calculator/calculator.html에서 찾아볼 수 있다. 나는 여러분이 이 웹사이트를 방문해볼 것을 강력하게 권한다. 웹페이지 하단 근처에 작은 글씨로 적어놓은 주석을 읽어보고 최소한 하나의 링크에 접속해보라. 그곳에서 얼마나 많은 유용한 정보와

표 21.2_ 피고 인종별 선고. 희생자는 백인이다.

	사형선고		
피고의 인종	예	아니요	전체
백인이 아닌 경우	33 (22.72)	251 (261.28)	284
백인인 경우	33 (43.28)	508 (497.72)	541
전체	66	759	825

온라인 출처를 찾아볼 수 있는지를 알고는 놀라게 될 것이다.

이러한 계산기를 사용하는 방식에 관한 사례로, 희생자의 인종에 따라 피고에게 내리는 형량에 관한 메타분석을 수행하고 있다고 가정해보자. 여러분이 포함시키기를 원할 것이 확실한 유나와 보거(Unah & Borger, 2001)의 연구를 접하게 될 것이다(표 21.2).

이 데이터에서 $\chi^2 = 7.71$이고 $N = 825$이다. 윌슨의 웹페이지에 접속하여 d가 효과크기 측정치라고 가정하고는 '표준화 평균 차이(Standardized Mean Difference: d)'를 선택한다. 그런 다음에 '카이제곱'을 선택하고 '$\chi^2 = 7.71$, $N = 825$'를 입력한 후에 '계산(Calculate)'을 클릭한다. 여러분은 $d = 0.1943$이고, d의 신뢰구간은 0.0571과 0.3341이라는 사실을 보게 될 것이다. 이것은 별로 어려운 작업이 아니다. 상대적 위험도(RR)를 가지고 작업하고 있다면, 처음 메뉴에서 그 선택지를 선택하고 칸 빈도를 입력한 다음에 '계산'을 클릭한다. 이것도 앞의 것 못지않게 쉽다.

21.3 하나의 예: 아동과 청소년 우울

내 생각에 실제 계산에 많은 시간을 사용하는 것보다는 여러 가지 예들을 살펴봄으로써 메타분석에 관하여 더 많은 것을 배우게 된다. 내가 방금 언급하였던 계산기가 할 수 있는 작업 이상의 실제 계산을 해주는 소프트웨어가 있지만, 내 컴퓨터에는 장착할 수가 없다(소프트웨어가 너무 낡았다). 가용한 소프트웨어의 사용 방법을 배우는 것은 여러분이 실제로 메타분석을 수행하고 있다면 필요한 것이지만, 단지 메타분석이 무엇인지를 이해하고자 하는 것이라면 꼭 필요한 것은 아니다.

아동과 청소년의 우울은 오랫동안 사회적 관심사였으며, 우울증 발생률을 낮추려는 예방 프로그램을 제도화하려는 많은 노력을 경주해왔다. 몇몇 프로그램은 표적 전집의 모든 구성원에게 실시하는 '보편적' 프로그램이다. 예를 들어, 교육청은 해당 지역의 모든 학생에게 영향을 미치게 되는 학교 조례나 교과 과정 변화를 도입하고자 할 수 있다. 몇몇 프로그램은 '선택적'이다. 즉, 우울증 위험에 처할 가능성이 있는 학생들로 구성된 소집단을 표적 대상으로 삼는다. 그리고 '지시적' 개입으로 분류하는 세 번째 유목의 프로그램은 이미 임상적 증상을 나타내고 있는 아동을 표적 대상으로 삼는다. 호로비츠와 가버(Horowitz & Garber, 2006)는 그러한 개입 프로그램에 대한 메타분석을 실시하고, 개입 프로그램이 전체적으로 효과적인지, 아니면 그 효과가 프로그램 유목에 따라서 차이를 보이는지 알아보고자 하였다. 우선 '우울증'과 '개입'을 탐색 용어로 사용하여 'PsychINFO' 데이터베이스를 탐색하였다. 이 탐색에는 출판 편파를 최소화하기 위하여 박사학위 논문들을 포함시켰다. 그런 다음에 부가적인 연구들이 있는지 찾아보기 위해 지난 30년간 15개 저널에서 출판한 논문들을 직접 탐색하였다. 이러한 집중적인 저널 탐색의 핵심은 편파를 최소화하기 위해 가능한 한 많은 연구들을 파악하려는 것이었다. 연구자들은 사용할 수 있는 30개의 연구를 찾아냈다. 각 연구는 처치조건과 통제조건을 포함하고 있었다.

나는 데이터 수집 단계에 초점을 맞추지 않을 것이지만, 메타분석 기법에 관한 크고도 중요한 문헌들이 있으며, 메타분석 연구를 수행하고자 계획하는 사람이라면 그 문헌을 개관할 필요가 있다. 쿠퍼(Cooper, 2009)는 메타분석의 통계적 내용보다는 진행과정을 철저하게 다루고 있으며, 메타분석을 계획하고 있는 사람이라면 누구나 시작하기에 앞서 그 책이나 유사한 문헌을 참조해야 한다. 유용한 다른 참고문헌으로는 보렌스타인 등(Borenstein et al., 2009)과 쿠퍼 등(Cooper, Hedges, & Valentine, 2009)이 있다.

가용한 모든 연구들을 수집한 호로비츠와 가버는 그 연구들을 저자, 표적(보편적, 선택적, 지시적), 표본크기, 평균 연령, 여성 비율, 길이, 개입 후 효과크기와 후속처치 기간, 개입의 요약 등에 따라서 범주화하였다. 이러한 범주화는 대부분의 메타분석에서 관례적인 것이다. 여기서는 이 책의 목적에 따라서 효과크기에 초점을 맞춘다. 7장에서 두 집단을 사용한 연구에서 효과크기 측정치를 논의하였으며, 표준화시킨 측정치(표준편차)를 정의하는 대안적 방법들을 살펴보았다. 호로비츠와 가버는 처치 후 처치집단과 통제집단 간의 평균 우울 점수 차이를 통제집단의 표준편차로 나누어준 효과크기를 계산하는 방법을 선택하였다.

$$d = \frac{\overline{X}_{\text{통제}} - \overline{X}_{\text{처치}}}{s_{\text{통제}}}$$

앞서 언급하였던 것처럼, 이것을 실제로 제안하였던 글래스에게는 미안하게도 흔히 '코언의 d'라고 부른다. 분석 결과가 표 21.3에 나와 있다. 각 연구는 처치집단과 통제집단을 포함하고 있다. (한 연구는 효과크기 측정치를 계산할 수 없어서 표에서 제외하였다.) 연구들은 각 집단의 표본크기를 제시하지 않았기 때문에 나는 마치 사례들을 두 집단에 동일하게 할당한 것처럼 취급하였다. (이 표에서 NA로 표시한 데이터는 결측치이며, 여러분은 사용하는 소프트웨어에 따라서 상이한 용어를 사용할 필요가 있을 수 있다.) 첫 번째 효과크기 측정치(d_1)는 개입 종료 시점에서 계산한 것이다. 두 번째 측정치(d_2)는 개입을 종료하고 가능한 한 6개월이 지난 후에 계산한 것이다. 마지막 열은 마지막 후속조치 시점에서의 효과크기이며, 이것은 6개월 후의 점수일 수도 있다. 8개 연구에는 6개월 후속조치 시점에서의 효과크기(d_3)가 빠져있다.

표 21.3_ 호로비츠와 가버(2006)의 결과

저자	표적*	N	d_1	d_2	d_3
Clarke1	U	662	0.06	–.06	–.06
Clarke2	U	380	0.09	0.14	0.14
Kellam	U	575	–.01	NA	NA
HainsEllman	U	21	0.36	–.04	–.04
Cecchini	U	100	0.11	–.15	–.15
Petersen	U	335	–.12	NA	NA
Pattison	U	66	–.01	0.40	0.40
Lowry-Web	U	594	0.17	NA	NA
Shochet	U	260	0.39	0.25	0.25
Spence	U	1,500	0.29	0.03	0.03
Merry	U	364	0.02	–.13	0.05
Gwynn-	S	60	1.37	NA	NA
Roosa	S	81	0.41	NA	NA
Sandler	S	72	0.24	NA	NA
Wolchik	S	94	–.06	NA	NA
Beardslee	S	52	0.20	0.42	0.42
Seligman	S	235	0.32	0.12	0.25
Quayle	S	47	–.62	0.62	0.62
Cardemil1	S	49	0.99	1.24	1.24
Cardemil2	S	106	0.16	0.31	0.31
Jaycox	I	143	0.18	0.32	0.20
Clarke3	I	150	0.31	0.07	0.01
Reivich	I	152	0.12	0.40	0.22
Lamb	I	41	0.70	NA	NA
Forsyth	I	59	1.51	1.95	1.95
Clarke4	I	94	0.41	0.47	0.04
Yu-Selig	I	220	0.23	0.30	0.30
Freres1	I	268	–.06	0.16	0.03
Freres2	I	74	0.07	0.56	0.56

* U: 보편적 표적, S: 선택적 표적, I: 지시적 표본

내가 6개월 후속조치 시점에서의 수행에 관심을 갖는 까닭은 어떤 프로그램이 장기적인 효과를 가지고 있는지를 알고 싶기 때문이다. 따라서 그 종속변인(d_2)에 대한 데이터를 가지고 있는 21개 연구의 결과를 분석한다.

표 21.3에서 보면, 6개월 시점에서 대부분의 효과크기가 정적이지만 어떤 것은 매우 작다는 사실을 알 수 있다. 표가 유의도 검증을 보여주고 있지는 않지만, 효과크기에 대한 신뢰구간을 계산할 때 그 결과를 보게 된다. 많은 효과크기가 정적이라는 사실은 개입이 전반적으로 긍정적인 효과를 갖는다는 생각으로 이끌어가게 된다. 물론 몇몇 유형의 개입이 다른 유형의 개입보다 더 효과적인지를 보려면 후속 분석이 끝날 때까지 기다려야 하겠다.

숲 도표

이 결과를 살펴보는 매우 간단한 방법은 소위 **숲 도표**(forest plot)를 보는 것이다. 각 연구를 효과크기 그리고 그 효과크기의 신뢰구간을 나타내는 개별 선으로 나타내었다. 그림 21.1에서 이 도표를 볼 수 있다. 수직 점선은 효과크기 0을 나타내기 때문에, 그 오른쪽에 나타나는 효과크기를 볼 것을 기대한다. 맨 오른쪽의 값들은 각 연구의 효과크기, 그 효과

그림 21.1_ 호로비츠와 가버 데이터에 대한 숲 도표

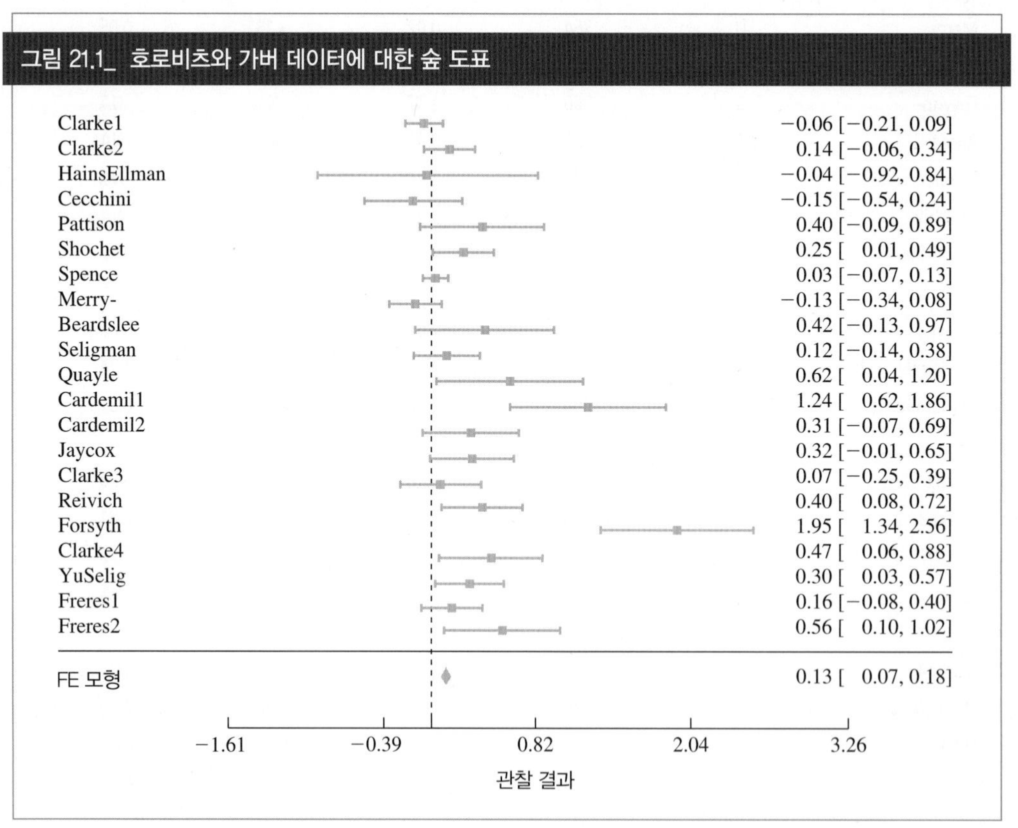

크기의 신뢰구간이다. 도표는 *R*의 메타포 라이브러리(metafor library)를 사용하여 작성한 것이지만, 메타분석을 위한 소프트웨어는 어느 것이든 유사한 도표를 제공해준다.

네모는 각 연구에서 얻은 점추정치를 나타낸다. 여러분은 각 네모가 그 추정치와 연합된 신뢰구간을 가지고 있다는 사실을 알아차렸을 것이다. 구간 크기가 작을수록 추정치의 신뢰도가 높다는 사실은 명백하다. 일반적으로 구간 폭은 표본크기와도 연합되어 있기 때문에 큰 표본이 보다 높은 정확도로 이끌어간다. 여러분은 네모 크기가 다르다는 사실도 알아차렸을 것이다. 네모 크기의 변산성도 추정치 정확도와 직접적으로 관련되어 있다.

여러분은 이 도표에 실망했을지도 모르겠다. 많은 연구에서 신뢰구간 안에 0.0이 들어가 있는데, 이 사실은 절반 이상의 연구에서 평균 차이에 대한 유의도 검증이 유의하지 않다는 것을 의미한다. 이것은 실망스러운 것이다. 그렇지만 작은 네모를 나타낸 대부분의 *d* 값이 정적이라는 사실에 주목하기 바란다. 적어도 이 사실은 희망적인 것이다. 만일 21개 연구 중에서 17개 이상의 연구가 영가설의 확률인 0을 기준으로 동일한 방향에 위치할 확률을 계산해보면, 그 확률이 .004이며, 이것은 더욱 고무적이다. 이렇게 조잡한 형태의 유의도 검증조차도 개입 프로그램은 작동하는 것으로 보인다는 사실을 알려준다. 그렇지만 우리는 단순한 확률 이상의 많은 정보를 원하는 것이다.

전반적 효과의 계산

앞에서 전반적 효과는 개별 *d* 값의 가중 평균이 될 것이라는 사실을 지적했다. 만일 한 연구가 매우 작은 *d*의 표준오차(s_d)를 가지고 있다면, 그 *d*는 오차가 거의 없이 측정한 것이기에 그 값을 상당히 확신할 수 있다고 생각하는 것이 합리적이다. 반면에 만일 그 표준오차가 상당히 크다면, 그 추정치를 별로 신뢰할 수 없다. 이러한 생각에 근거하여, 각 *d*에 표준오차의 역수($W_i = 1/s^2_{d_i}$)에 해당하는 가중치를 부여함으로써 전반적 효과크기를 계산한다. 특정 연구를 확신할수록, 평균을 계산할 때 더 큰 가중치를 부여하게 된다.

21개 연구 모두를 살펴보는 것으로 시작하는데, *d*를 다음과 같이 정의하였다.

$$d = \frac{\overline{X}_{통제} - \overline{X}_{처치}}{s_{통제}}$$

그리고 *d*의 변량과 표준오차를 다음과 같이 정의하였다.

$$s^2_d = \frac{n_1 + n_2}{n_1 n_2} + \frac{d^2}{2(n_1)}$$

$$s_d = \sqrt{s^2_d}$$

앞서 언급한 것과 같이, 그림 21.1은 각 연구의 *d* 값과 그 *d* 값의 신뢰한계를 보여주고 있다. 신뢰한계는 $CI_{.95} = d \pm 1.96s_d$와 같이 계산한다.

각 연구에 대해서 d와 그 표준오차를 계산하였기에, 이제 각 효과크기에 변량의 역수로 가중치를 부여하게 되는데, 변량의 역수는 측정 정확도가 큰 효과에 더 큰 가중치를 부여한다.

$$W_i = \frac{1}{s_d^2}$$

그런 다음에 21개 연구 모두에 걸쳐서 평균 효과크기($\bar{d}_i$)와 그 표준오차($s_{\bar{d}}$)를 계산하게 된다.

W_i를 사용하여 각 연구에 가중치를 부여하기 때문에, d의 평균은 $\Sigma W_i d_i / \Sigma W_i$가 되며, 그 표준오차는 $\sqrt{1/\Sigma W_i}$ 가 된다. 이 메타분석에서 d의 평균값($\bar{d}$)은 0.128이며, 표준오차($s_{\bar{d}}$)는 0.028이다. 따라서 대응하는 모수치(δ)의 신뢰한계, 즉 전집에서 진정한 효과크기는 다음과 같다.

$$CI = \bar{d} \pm 1.96(s_{\bar{d}})$$
$$CI_{하한} = 0.128 - 1.96(0.028) = 0.073$$
$$CI_{상한} = 0.128 + 1.96(0.028) = 0.183$$
$$0.073 \le \delta \le 0.183$$

개별 연구들 아래쪽에 작은 다이아몬드 모양을 보게 되는데, 이것은 21개 연구 모두에서 구한 평균 효과크기를 나타낸다. 좌측의 'FE Model'은 고정효과 모형에서의 효과크기를 나타낸다. 고정효과 모형에서는 '진정한' 효과가 존재하며 관찰한 효과에서의 모든 차이는 표집오차에 의한 것이라고 가정한다. 우측에서는 전반적 효과가 $d = 0.13$이며 신뢰한계는 0.07과 0.18이라는 사실을 볼 수 있다. 신뢰구간이 0을 포함하지 않으며, 따라서 전반적 효과는 유의하다는 사실에 주목하라. 대단한 효과는 아니지만, 아무튼 실재하는 것이다.

효과크기의 이질성

이제 모든 연구에 걸친 d의 평균과 신뢰한계를 얻었으므로, 효과크기 추정치들이 이질적인지를 알아보기 위해 데이터를 보다 면밀하게 살펴볼 필요가 있다. 이질적이라는 말은 모든 연구가 동일한 진정한 효과를 추정하고 있는 것이 아니라는 것을 시사하는 것이다. 데이터는 두 가지 상이한 이유로 이질적일 수 있다. 세 표적 전집이 개입 프로그램에 상이하게 반응함으로써 연구들 간의 차이가 실제로는 표적 전집 간의 차이에 의한 것일 수 있다. 만일 그렇다면, 이 사실에 주목해야만 한다. 동일한 표적 전집 내에서도 연구들 간에 추정한 모수치에서 차이가 있을 수 있다. 아니면 둘 모두가 뒤섞여 있을 수도 있다. 이 책의 범위를 벗어나는 것이기에 여기서는 다루지 않겠지만, 결과를 약화시키는 변인들을 검증하는 기법들이 존재한다.

상당한 양의 계산을 뛰어넘고, 여기서는 개별 연구의 가중치를 앞에서와 마찬가지로 W_i로 정의하고 Q라고 부르는 수치를 계산하는데, 이 수치는 d의 전체 평균에 대한 개별 d 값의 평균편차 측정치이다. 만일 모든 연구가 동일한 효과크기를 추정하고 있다면, d_i는 대체로 동일해야만 한다. Q는 다음과 같이 정의한다.

$$Q = \sum_{i=1}^{k} W_i(d_i - \bar{d})^2$$

위의 메타분석에서는 $Q = 82.52$이다. Q의 장점은 효과크기가 없다는 영가설이 맞다면 Q는 자유도가 $k-1$인 χ^2 분포를 이루고 있다는 점이다. 여기서 k는 연구의 수이다. 21개 연구에서 임계치는 $\chi^2_{.05}(20) = 31.41$이다. $82.52 > 31.41$이기 때문에, 영가설을 기각하고 연구들은 모두 동일한 진정한 효과를 추정하고 있는 것이 아니라고 결론 내릴 수 있다.

이제부터 각 표적 전집에 대한 평균 d를 계산하고 각 표적 전집에서의 처치효과에 대한 결론을 내릴 수 있다. 여러분이 계산에 함몰되는 것을 원치 않기에 여기서 이 계산 작업을 하지는 않는다. 그렇지만 여러분은 Q를 변량분석에서의 전체 F와 대체로 상응하는 것으로 생각할 수 있겠다. Q는 단지 모든 평균들이 동일한 것은 아니라는 사실만을 알려주며, 개별 표적 전집 간의 차이에 대한 후속 분석은 평균 간 다중비교 분석에 상응하는 것이다. 개입 프로그램이 모든 유형의 아동에게 효과적인지 아니면 문제를 가지고 있는 아동에게만 효과적인지를 밝히는 것은 중요한 작업이 되겠다.

21.4 두 번째 예: 니코틴 껌과 금연

심리학자는 오랫동안 사람들이 금연하는 것을 도와주는 데 관심을 기울여왔으며, 지난 20년 동안 우리는 금연을 위한 니코틴 껌과 패치의 광범위한 사용을 목격해왔다. 이러한 보조도구의 효과에 관한 대규모 메타분석을 스테드 등(Stead, Perera, Bullen, Mant, & Lancaster, 2008)이 앞서 언급하였던 코크런 데이터베이스에 발표하였다. 이들은 132개의 상이한 연구를 살펴보았는데, 53개 연구가 니코틴 껌 조건을 통제조건과 비교하였다. 여기서는 지면을 절약하기 위해 대략 절반의 연구만을 사용할 것이지만, 그 결과는 원래의 것과 본질적으로 동일하다. 니코틴 껌과 통제집단을 비교한 26개 연구의 데이터가 표 21.4에 나와 있다. (성공 T와 전체 T는 처치조건에서 금연에 성공한 사례수 그리고 전체 사례수를 나타내며, 성공 C와 전체 C는 통제조건의 성공 사례수와 전체 사례수를 나타낸다.)

데이터의 숲 도표가 그림 21.2에 나와 있다. [표 21.4의 오른쪽에 그리고 숲 도표에 나와 있는 효과크기는 위험도 비(RR) 자체가 아니라 위험도 비의 로그함수 값[Log(RR)]이라

표 21.4_ 금연 보조도구로서 니코틴 껌의 효과에 관한 데이터

연구	연도	성공 T	T	성공 C	전체 C	*RR*	*Log(RR)*
Ahluwalia	2006	53	378	42	377	1.23	0.20
Areechon	1988	56	99	37	101	1.35	0.33
Blondal	1989	30	92	22	90	1.25	0.22
BrThorSociety	1983	39	410	111	1,208	1.03	0.03
Campbell	1987	13	424	9	412	1.39	0.33
Campbell	1991	21	107	21	105	0.98	−.02
Clavel	1985	24	205	6	222	3.98	1.38
Clavel-Chapelon	1992	47	481	42	515	1.18	0.17
Cooper	2005	17	146	15	147	1.13	0.12
Fagerstrom	1982	30	50	23	50	1.19	0.17
Fagerstrom	1984	28	96	5	49	2.44	0.89
Fee1982	1982	23	180	15	172	1.41	0.35
Fortmann	1995	110	552	84	522	1.20	0.18
Garcia	1989	21	68	5	38	2.03	0.71
Garvey	2000	75	405	17	203	2.02	0.70
Gilbert	1989	11	112	9	111	1.19	0.18
Gross95	1995	37	131	6	46	1.91	0.65
Hall85	1985	18	41	10	36	1.40	0.34
Hall87	1987	30	71	14	68	1.74	0.55
Hall96	1996	24	98	28	103	0.92	−.08
Harackiewicz	1988	12	99	7	52	0.91	−.09
Herrera	1995	30	76	13	78	1.98	0.68
Hjalmarson	1984	31	106	16	100	1.64	0.50
Huber88	1988	13	54	11	60	1.25	0.23
Hughes	1989	23	210	6	105	1.83	0.60
Hughes	1990	15	59	5	19	0.97	−.03

는 사실에 유념하라.] 거의 모든 연구가 *RR*의 경우에 1.0보다 크고 *Log*(*RR*)의 경우에 0보다 큰 효과크기를 가지고 있다. 이 결과는 니코틴 껌이 금연하고 다시 재발하는 것을 막아주는 데 효과적이라는 사실을 강력하게 시사하고 있다.

표준화 평균 차이가 아니라 위험도 비를 가지고 작업하고 있지만, 계산에서는 약간의 차이만이 있을 뿐이다. 우선 위험도 비를 *Log*(위험도 비)로 변환한다. 그런 다음에 로그값을 가지고 작업한 후에, 마지막에 가서 원래의 값으로 재변환한다.

위험도 비는 다음과 같이 정의한다.

그림 21.2_ 니코틴 껌 연구의 숲 도표

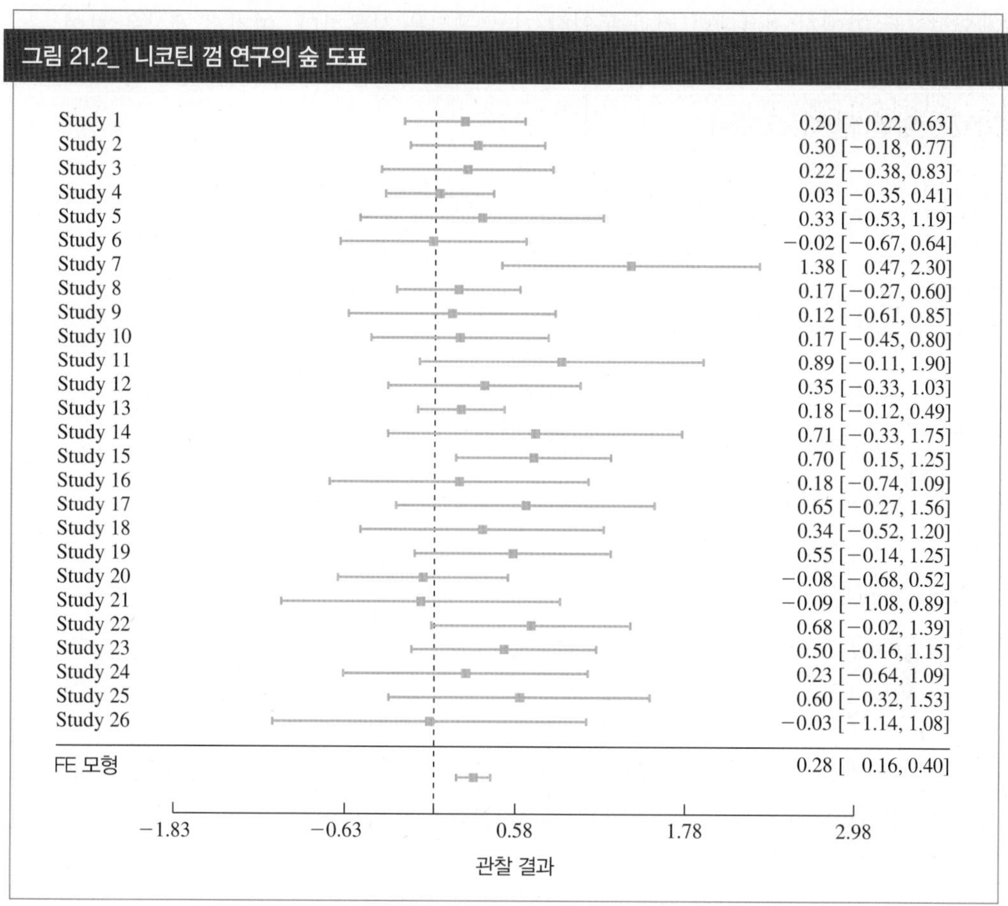

$$\text{위험도 비} = \frac{\text{성공 } T/\text{전체 } T}{\text{성공 C}/\text{전체 C}}$$

$$Log(\text{위험도 비}) = \ln(\text{위험도 비})$$

변량과 표준오차는 다음의 수식을 이용하여 근삿값을 구한다.

$$\text{변량}_{Log(\text{위험도 비})} = \frac{1}{\text{성공 } T} - \frac{1}{\text{전체 } T} + \frac{1}{\text{성공 } C} - \frac{1}{\text{전체 } C}$$

$$s_{Log(\text{위험도 비})} = \sqrt{\text{변량}_{Log(\text{위험도 비})}}$$

마지막으로 가중치는 $W_i = 1/s^2_{Log(\text{위험도 비})}$와 같다.

위험도 비의 변량과 표준오차는 결코 필요하지 않을 것이기 때문에, 이것들을 계산하느라 골머리를 썩지는 않겠다.

그렇지만 평균 위험도 비와 그 신뢰한계에 대한 요약 통계치를 계산할 필요는 여전히 남는다. 그 계산은 로그값을 가지고 수행한다. d를 Log(위험도 비)로 대치한다는 사실을 제외하고는 앞에서 사용했던 것과 동일한 기본 공식을 사용한다. 여기서 계산을 보여주는 까닭은 단지 *d*를 가지고 작업했던 것과 유사하다는 사실을 보여주려는 것이다. 여러분이 이것을 익힐 필요는 없겠다.

$$평균_{Log(RR)} = \frac{\sum(W_i Log(RR)_i)}{\sum W_i} = \frac{73.766}{267.416} = 0.276$$

$$변량_{Log(RR)} = \frac{1}{\sum W_i} = \frac{1}{267.416} = .0037$$

$$표준오차_{Log(RR)} = \sqrt{변량_{Log(RR)}} = \sqrt{.0037} = .06$$

$$CI = 평균_{Log(RR)} \pm 1.96(표준오차_{Log(RR)}) = .276 \pm 1.96(.06) = .276 \pm 0.118$$

$$CI_{하한} = 0.158$$

$$CI_{상한} = 0.394$$

$$\exp(평균) = \exp(.276) = 1.32$$

$$\exp(CI_{하한}) = \exp(0.158) = 1.17$$

$$\exp(CI_{상한}) = \exp(0.394) = 1.48$$

마지막 단계의 작업은 로그값을 원래의 위험도 비 값으로 변환하는 것이다. 따라서 위험도 비의 신뢰구간을 다음과 같이 나타낼 수 있다.

$$1.17 \leq 위험도\ 비 \leq 1.48$$

위험도 비가 1보다 유의하게 크다는 사실은 니코틴 껌을 사용한 집단에서 성공적인 결과의 가능성이 더 높으며, 신뢰구간의 하한은 이 집단의 성공 가능성이 20% 정도 높다는 사실을 반영한다.

메타분석에 관해 다룰 수 있는 내용이 많이 남아있지만, 지금까지의 내용이면 여러분이 연구문헌을 편안한 마음으로 살펴보는 데 충분하겠다. 이제 여러분은 어떻게 측정했든지 간에, 평균 효과크기와 그 표준오차를 계산하는 방법을 알고 있으며, 그 효과크기의 신뢰한계를 설정할 수 있게 되었다. 숲 도표를 해석할 수 있으며, 상이한 검증 통계치에 근거하고 있더라도 상이한 연구들을 서로 비교할 수 있는 방법을 알게 되었다. 메타분석을 수행하기 위해 모든 데이터를 수집하는 것이야말로 정말로 어려운 작업이다. 나머지 작업은 잘 수행할 수 있다. 상당히 많은 공식이 있지만, 체계적으로 살펴보면 그렇게 복잡한 것도 아니며, 어느 누구도 여러분이 모든 공식을 기억할 것을 기대하지도 않는다(저자인 나 자신도 그 공식들을 기억해내지 못한다). 앞에서 인용한 출처들은 모두 훌륭한 것이며 여러분에게 필요한 정보를 제공해준다. 또한 계산을 수행할 뿐만 아니라 여러분이 각 연구의 데이터를 정리하고 효과크기가 성별이나 연령과 같은 다른 변인에 의존하고 있는지를 살펴볼 수 있게 해주는 소프트웨어들이 존재한다. 최선의 통계 패키지 중의 하나는 보렌스타인 등(Borenstein, Hedges, Higgins, & Rothstein, 2009)이 개발한 'Comprehensive Meta-Analysis(CMA)'이다. 무료로 사용할 수 있는 공개 소프트웨어는 아니지만, 여러분이 소속하고 있는 대학이 그 사용권을 가지고 있기를 기대해볼 수 있겠다. 코크런 연합도 'RevMan'이라는 소프트웨어를 개발했는데, 공개 소프트웨어이며 여러분이 원하는 것 이상의 작업을 해준다. 섀디쉬(Shadish)는 http://faculty.unmerced.edu/WShadish/Meta-AnalysisSoftware.htm에 가용한 메타분석 소프트웨어 목록을 소개하고 있는데, 많은 프로그램과의 링크를 포함하고 있다. 마지막으로 *R*은 최소한 세 가지 메타분석 패키지를 가지고 있는데, 나는 'metafor'를 가장 선호한다.

주요 용어

메타분석meta-analysis 620
파일함 문제file drawer problem 621
숲 도표forest plot 630

21.5 빠른 개관

A 증거기반 의학이란 무엇인가?

답 다중 연구에 대한 메타분석 결과에 근거한 치료와 조언이다.

B '파일함 문제'란 무엇인가?

답 많은 유의하지 않는 연구들이 발표되지 못한 채 방치됨으로써 효과에 관한 최종 결정에 기여하지 못한다는 사실을 지칭한다.

C 메타분석에서 평균 또는 평균 차이 대신에 효과크기를 사용하는 까닭은 무엇인가?

답 효과크기를 사용함으로써 어떤 통계치든지 동일한 척도에 배열할 수 있도록 변환할 수 있다.

D 숲 도표란 무엇인가?

답 모든 효과크기를 단일 도표에 나타내어 그 신뢰구간을 보여주며, 전반적 효과크기를 그 신뢰구간과 함께 보여주는 그래프이다.

E 연구들을 결합할 때, 가중치는 무엇에 근거하여 결정하는가?

답 효과크기의 표준오차

F 메타분석에서 개입 프로그램의 전반적 효과가 있다는 사실을 찾아낸 후에는 무엇을 해야 하는가?

답 상이한 표적 전집들이 서로 다른 도움을 받는 것인지를 결정하기 위한 후속 분석을 수행할 수 있다. 또한 대규모 아동 집단을 위한 프로그램조차도 효과적인지를 알고자 할 수 있다.

G 상대적 위험도나 위험도 비를 가지고 작업할 때는 일반적으로 효과크기를 어떤 값으로 변환하는가?

답 로그함수 값

21.6 연습문제

[21.1~21.3] 마주켈리 등(Mazzucchelli, Kane, & Rees, 2010)은 주관적 웰빙을 증진시키는 방법으로 행동 활성화 연구들을 살펴보았다(이들은 행동 활성화를 "긍정적 감정과 행동 그리고 인지를 배양하기 위한 의도적인 행동적, 인지적, 또는 자발적 행위"로 정의하였다). 이들은 처치집단과 통제집단을 비교한 11개 연구의 데이터를 보고하고 있다. 그 데이터를 최소한의 우울 증상을 보이는 집단과 상승된 증상을 보이는 집단으로 분할하였다. 그 결과는 다음과 같다.

저자	하위집단	처치집단 사례수(추정)	통제집단 사례수(추정)	헤지스의 *g*	표준 오차
Barlow86a	Elevated	12	12	–.134	0.523
Besyner79	Elevated	14	16	0.675	0.423
Lovett88	Elevated	33	27	0.204	0.305
Stark	Elevated	10	9	0.043	0.439
Van den Hout	Elevated	15	14	0.644	0.371
Weinberg	Elevated	10	9	0.976	0.467
Wilson	Elevated	9	11	1.466	0.524
Barlow86b	Minimal	12	13	0.133	0.352
Fordyce77	Minimal	50	60	0.609	0.195
Fordyce83	Minimal	40	13	1.410	0.483
Reich81	Minimal	49	49	0.378	0.179

21.1 이 데이터의 숲 도표를 작성하라.

21.2 평균 효과크기와 표준오차를 계산하라.

21.3 계산한 평균 효과크기의 신뢰한계를 계산하라.

[21.4~21.9] 블로크 등(Bloch et al, 2009)은 주의력결핍과잉행동장애(Attention Deficit/Hyperactivity Disorder: ADHD) 치료에 관한 메타분석을 실시하였다. 투렛 증후군(Tourette's syndrome) 내력을 가지고 있는 ADHD 아동에게 흥분제를 투약하는 것이 안면 경련 증상을 악화시킬 수 있다는 보고가 있었다. 저자들은 (여러 연구들에서) 안면 경련과 ADHD 증상의 심각도를 평정하는 척도를 사용하여 메틸페니데이트(methylphenidate) 유도체 집단과 위약 통제집단을 비교한 네 연구를 찾아냈다. 안면 경련의 존재와 빈도에 대한 네 연구의 결과는 다음과 같다. (*d*의 표준오차는 발표한 결과로부터 추정한 것이다.)

연구	사례수	*d*	*CI*	s_d
Gadow92	11	0.11	–0.55 – 0.77	0.336
Castellanos	20	0.29	–0.18 – 0.76	0.240
TSSG	103	0.64	0.27 – 1.00	0.184
Gadow07	71	0.06	–0.17 – 0.29	0.117

21.4 이 데이터에 대해서 평균 효과크기 추정치와 신뢰한계를 계산하라.

21.5 이 데이터에 대한 숲 도표를 작성하라.

21.6 블로크 등의 연구에서 메틸페니데이트 사용이 안면 경련을 증가시킬 위험성에 대해서 여러분은 어떤 결론을 내리겠는가?

21.7 위에서 언급한 네 연구 중에서 세 연구는 종속변인으로 ADHD 증상의 심각성 평정에서의 차이도 살펴보았다. 그 결과는 다음과 같다.

연구	사례수	*d*	*CI*	s_d
Gadow92	11	1.11	0.44 – 1.77	0.341
TSSG	103	0.56	0.19 – 0.92	0.189
Gadow07	71	0.76	0.53 – 0.99	0.117

(a) 이 연구들의 평균 효과크기를 계산하라.
(b) 평균 효과크기의 신뢰한계를 계산하라.

21.8 이 결과의 숲 도표를 작성하라.

21.9 이 사례에서 효과크기의 이질성을 살펴보는 것이 별 의미가 없는 까닭은 무엇인가?

21.10 바우어와 되프머(Bauer & Döpfmer, 1999)는 전통적인 항우울제에 대한 보완제로서 리튬의 효능성을 살펴보았다. 이들은 다른 항우울제에 반응을 보이지 않은 환자를 대상으로 리튬의 효과를 검증하는 9개의 위약 통제집단 연구를 찾아냈다. 발표한 논문에서 추정한 데이터는 다음과 같다.

연구	사례수	*d*	s_d	*CI*
Stein	34	–0.30	0.82	–1.10 – 0.50
Zusky	16	0.19	0.86	–0.65 – 1.03
Katona	61	0.50	0.51	0.02 – 1.02
Schopf	27	1.36	1.39	0.05 – 2.77
Baumann	24	0.97	0.99	0.09 – 1.85
Browne	17	0.51	0.87	–0.34 – 1.36
Kantor	7	0.51	1.55	–1.01 – 2.03
Heninger	15	1.33	1.38	–0.02 – 2.68
Joffe	33	0.76	0.70	–0.02 – 1.36

위 결과에 대한 숲 도표를 작성하라.

21.11 평균 효과크기와 그 신뢰한계를 계산하라.

21.12 카푸르 등(Kapoor et al., 2011)은 혈액암의 일종인 골수종 치료에 관한 데이터를 수집하였다. [여러분은 이 데이터가 심리학과 무관하다고 생각할 수 있겠지만, 저자인 내가 골수종을 앓고 있으며 탈리도마이드(Thalidomide)를 복용하고 있기 때문에, 나는 이 결과에 특히 관심이 높다.] 라지쿠마(Rajkumar)는 2007년 이래로 골수종에 대한 전형적인 화학요법과 탈리도마이드도 복용하는 화학요법을 비교한 네 연구를 찾아냈다. (탈리도마이드는 1950년대에 임산부에게 진통제로 처방하던 약물인데, 전 세계적으로 10,000~20,000명의 선천성 결함을 초래한 후에야 비로소 무시무시한 선천성 결함을 초래한다는 사실을 밝혀내고는 즉각 금지 약물이 되었다. 최근에는 몇몇 유형의 암을 치료하는 데 뛰어난 효과가 있다는 사실이 밝혀졌는데, 물론 신중을 기하여 사용하고 있기는 하다.) 다음 표는 네 연구의 결과를 보여주고 있다. 각 칸의 수는 사례수를 나타낸다.

연구	탈리도마이드 성공	탈리도마이드 전체	통제집단 성공	통제집단 전체
Palumbo	21	129	5	126
Facon	16	125	4	198
Hulin	8	113	1	116
Hovon	3	165	1	108

각 연구에 대해서 위험도 비와 Log(위험도 비)를 계산하라.

21.13 네 연구에 걸쳐서 가중치를 부여한 평균 위험도 비를 계산하라.

21.14 평균 위험도 비의 신뢰한계를 계산하고 적절한 결론을 내려보라.

21.15 탈리도마이드가 엄청난 명성을 되찾기 시작했다고 결론 내릴 수 있는가?

21.16 이 결과에서 효과의 이질성을 살펴보는 것이 무의미한 까닭은 무엇인가?

21.17 비손과 앤드류(Bisson & Andrew, 2007)는 외상 후 스트레스 장애(posttraumatic stress disorder: PTSD) 치료법으로서 인지행동치료(CBT)의 메타분석을 실시하였다. 이들은 인지행동치료 조건과 대기자 목록/일반 치료 조건 모두에서 PTSD 증상에 대한 임상가의 평정이 들어있는 14개의 연구를 찾아냈다. 그 결과는 다음과 같다.

연구	인지행동치료 집단			통제집단		
	사례수	평균	표준편차	사례수	평균	표준편차
Kubany1	45	15.80	14.40	40	71.90	23.80
Foa1	45	12.60	8.37	15	26.93	8.47
Kubany2	18	10.10	19.30	14	76.10	25.20
Resick	81	23.00	19.92	40	69.73	19.19
Cloitre	22	31.00	25.20	24	62.00	22.70
Foa2	10	15.40	11.09	10	19.50	7.18
Keane	11	28.80	10.05	13	31.90	31.90
Ehlers	14	21.58	28.56	14	74.55	19.12
Vaughan	13	23.00	10.20	17	28.50	8.90
Brom	27	56.20	24.10	23	66.40	24.30
Blanchard	27	23.70	26.20	24	54.00	25.90
Fecteau	10	37.50	30.40	10	74.60	24.70
Gersons	22	3.00	10.00	20	9.00	13.00
Rothbaum	20	21.25	22.50	20	64.55	19.87

이 데이터에 메타분석을 실시하고 적절한 결론을 내려보라.

부록 A 기호와 의미

그리스 문자 기호

α	유의도 수준, 1종 오류를 범할 확률(알파 alpha)
β	2종 오류를 범할 확률(베타 beta); 표준화 회귀 상수
δ	표본크기와 결합된 처치효과(델타 delta)
η^2	에타(eta)제곱
μ	전집 평균(뮤 mu)
$\mu_{\overline{X}}$	평균 표집분포의 평균
ρ	전집의 상관계수(로 rho)
σ	전집의 표준편차(시그마 sigma)
σ^2	전집의 변량
Σ	합의 부호(대문자 시그마)
ϕ	파이(phi) 계수
χ^2	카이제곱
χ^2_F	프리드먼(Friedman) 카이 제곱
ω^2	오메가(omeag)제곱

영어 문자 기호

a	절편; 변량분석에서 변인 A의 수준 수
b	기울기(회귀상수)
CI	신뢰구간
cov_{xy}	X와 Y의 공변량
$\hat{d}$	효과크기 추정치
df	자유도
E	기대빈도; 기댓값
F	F 통계치
H	크루스칼-월리스 통계치
H_0; H_1	영가설과 대립가설
MS	평균제곱
$\text{MS}_{\text{오차}}$	오차평균제곱

n, n_i, N_i	표본의 사례수
N(0, 1)	$\mu = 0, \sigma^2 = 1$인 정상분포
O	관찰빈도
p	확률 기호
Q	$(d_i - \bar{d})$의 가중제곱합
r, r_{XY}	피어슨 상관계수
r_{pb}	점 이연상관계수
r_S	서열 데이터에 관한 스피어먼 상관계수
R	중다상관계수
s^2, s_X^2	표본의 변량
s_p^2	(표본들의 변량을) 합한 변량
s, s_X	표본의 표준편차
s_D	차이 점수의 표준편차
$s_{\bar{D}}$	차이 점수 평균의 표준오차
$s_{\bar{X}}, s_{\bar{X}_1 - \bar{X}_2}$	평균의 표준오차; 평균 차이의 표준오차
$s_{Y-\hat{Y}}$	(회귀)추정의 표준오차
SS_A	변인 A의 제곱합
SS_{AB}	상호작용의 제곱합
$SS_{오차}$	오차 제곱합
SS_Y	변인 Y의 제곱합
$SS_{\hat{Y}}$	Y 예측치의 제곱합
$SS_{Y-\hat{Y}}$	오차 제곱합, 즉 $SS_{오차}$
t	스튜던트 t 통계치
$t_{.025}$	t의 임계치
T	윌콕슨 대응쌍 음양순위 검증
T_j	집단 j의 합계
W_i	메타분석에서 가중요인
W_S, W_S'	만-휘트니 통계치
X or X_{ij}	개별 관찰치
$\bar{X}$ or $\bar{X}_{GM}$	전체 평균
$\bar{X}, \bar{X}_i, \bar{X}_{A_i}$	표본 평균
$\bar{X}_h$	조화 평균
$\hat{Y}, \hat{Y}_i$	Y의 예측치
z	표준점수

부록 B / 통계 기본공식

기술통계치

변량(s^2)　$s^2 = \frac{\Sigma(X - \overline{X})^2}{N - 1} = \frac{\Sigma X^2 - (\Sigma X)^2/N}{N - 1}$

표준편차　$s = \sqrt{s^2}$

중앙값 위치　$\frac{(N + 1)}{2}$

경첩(사분점) 위치　$\frac{\text{중앙값 위치} + 1}{2}$

z 점수 일반 공식　$\frac{\text{점수} - \text{평균}}{\text{표준편차}}$ 또는 $\frac{\text{통계치} - \text{모수치}}{\text{통계치의 표준오차}}$

특정 관찰치의 z 점수　$z = \frac{X - \overline{X}}{s}$

표본 평균 검증

평균의 표준오차($s_{\overline{X}}$)　$\frac{s_X}{\sqrt{N}}$

전집의 표준편차를 알 때 표본 평균의 z 점수　$z = \frac{\overline{X} - \mu}{\sigma_{\overline{X}}}$

단일 표본의 t 점수　$t = \frac{\overline{X} - \mu}{s_{\overline{X}}} = \frac{\overline{X} - \mu}{s/\sqrt{N}}$

전집평균의 신뢰구간　$\text{CI} = \overline{X} \pm t_{.05}(s_{\overline{X}})$

상관된 두 표본의 t　$t = \frac{\overline{D}}{s_{\overline{D}}} = \frac{\overline{D}}{s_D/\sqrt{N}}$

독립된 두 표본의 t(변량 비통합)　$t = \frac{\overline{X}_1 - \overline{X}_2}{s_{\overline{X}_1 - \overline{X}_2}} = \frac{\overline{X}_1 - \overline{X}_2}{\sqrt{\frac{s_1^2}{N_1} + \frac{s_2^2}{N_2}}}$

통합 변량(s_p^2)　$s_p^2 = \frac{(N_1 - 1)s_1^2 + (N_2 - 1)s_2^2}{N_1 + N_2 - 2}$

독립된 두 표본의 *t*(변량 통합) $t = \frac{\overline{X}_1 - \overline{X}_2}{s_{\overline{X}_1 - \overline{X}_2}} = \frac{\overline{X}_1 - \overline{X}_2}{\sqrt{\frac{s_p^2}{N_1} + \frac{s_p^2}{N_2}}} = \frac{\overline{X}_1 - \overline{X}_2}{\sqrt{s_p^2\left(\frac{1}{N_1} + \frac{1}{N_2}\right)}}$

평균 차이의 신뢰구간 $\text{CI} = (\overline{X}_1 - \overline{X}_2) \pm t_{.05}\, s_{(\overline{X}_1 - \overline{X}_2)}$

검증력

효과크기(단일 표본) $d = (\mu_1 - \mu_0)/\sigma$

효과크기(두 표본) $d = (\mu_1 - \mu_2)/\sigma$

델타(단일 표본 *t*) $\delta = d\sqrt{N}$

델타(두 표본 *t*) $\delta = d\sqrt{\frac{N}{2}}$

상관과 회귀

제곱합 $SS_X = \Sigma(X - \overline{X})^2 = \Sigma X^2 - \frac{(\Sigma X)^2}{N}$

곱의 합 $\Sigma(X - \overline{X})(Y - \overline{Y}) = \Sigma XY - \frac{(\Sigma X \Sigma Y)}{N}$

공변량 $\text{cov}_{XY} = \frac{\Sigma(X - \overline{X})(Y - \overline{Y})}{N - 1} = \frac{\Sigma XY - \frac{\Sigma X \Sigma Y}{N}}{N - 1}$

피어슨 상관계수 $r = \frac{\text{cov}_{XY}}{s_X s_Y}$

기울기 $b = \frac{\text{cov}_{XY}}{s_X^2}$

절편 $a = \frac{\Sigma Y - b\Sigma X}{N} = \overline{Y} - b\overline{X}$

추정치의 표준오차 $s_{Y - \hat{Y}} = \sqrt{\frac{\Sigma(Y - \hat{Y})^2}{N - 2}} = \sqrt{\frac{SS_{\text{오차}}}{N - 2}}$

$= s_Y\sqrt{(1 - r^2)\frac{N - 1}{N - 2}}$

SS_Y $\Sigma Y^2 - \frac{(\Sigma Y)^2}{N}$

$SS_{\hat{Y}}$ $\Sigma \hat{Y}^2 - \frac{(\Sigma \hat{Y})^2}{N}$

$SS_{Y-\hat{Y}}$	$SS_Y - SS_{\hat{Y}} = SS_{오차}$
$SS_{오차}$	$SS_Y(1 - r^2)$
$SS_{전체}$	$\Sigma(X - \overline{X})^2 = \Sigma X^2 - \frac{(\Sigma X)^2}{N}$
$SS_{집단}$ (일원)	$n\Sigma(\overline{X}_j - \overline{X}_{GM})^2$
$SS_{오차}$ (일원)	$SS_{전체} - SS_{집단}$
$SS_{열}$ (이원)	$nc\Sigma(\overline{X}_{r_i} - \overline{X}_{GM})^2$
$SS_{행}$ (이원)	$nr\Sigma(\overline{X}_{c_j} - \overline{X}_{GM})^2$
$SS_{칸}$ (이원)	$n\Sigma(\overline{X}_{ij} - \overline{X}_{GM})^2$
$SS_{R\times C}$ (이원)	$SS_{칸} - SS_{열} - SS_{행}$
$SS_{오차}$ (이원)	$SS_{전체} - SS_{열} - SS_{행} - SS_{R\times C}$ 또는 $SS_{전체} - SS_{칸}$
보호 t(F가 유의할 때만)	$t = \frac{\overline{X}_i - \overline{X}_j}{\sqrt{\frac{MS_{오차}}{n_i} + \frac{MS_{오차}}{n_j}}}$
에타제곱	$\eta^2 = \frac{SS_{집단}}{SS_{전체}}$
오메가제곱(일원변량분석)	$\omega^2 = \frac{SS_{집단} - (k - 1)MS_{오차}}{SS_{전체} + MS_{오차}}$

카이제곱

카이제곱	$\chi^2 = \Sigma\frac{(O - E)^2}{E}$

분포무관 통계

만-휘트니 검증의 평균과 표준편차(큰 표본)	평균 $= \frac{n_1(n_1 + n_2 + 1)}{2}$; $s = \sqrt{\frac{n_1 n_2(n_1 + n_2 + 1)}{12}}$
윌콕슨 검증의 평균과 표준편차(큰 표본)	평균 $= \frac{n(n + 1)}{4}$; $s = \sqrt{\frac{n(n + 1)(2n + 1)}{24}}$
크루스칼-윌리스 H 검증	$H = \frac{12}{N(N + 1)}\Sigma\frac{R_j^2}{n_j} - 3(N + 1)$
프리드먼 카이제곱 검증	$\chi^2_F = \frac{12}{Nk(k + 1)}\Sigma R_j^2 - 3N(k + 1)$

메타분석

d 값 평균할 때 가중 요인	$W_i = 1/s_{d_i}^2$
효과 변산성의 Q 통계치	$Q = \sum W_i(d_i - \bar{d})^2$

부록 C / 자료 세트

하월과 휴시(Howell & Huessy, 1985)는 아동기 때 주의결핍장애(attention deficit disorder: ADD) 증상을 보여준 아동과 보여주지 않은 아동 386명을 대상으로 수행한 연구를 보고하였다. 주의결핍 장애는 과잉행동증 또는 최소 뇌기능 장애라고도 불렸다. 1965년에 버몬트 주의 몇몇 학교의 모든 2학년 선생님들에게 주의결핍장애와 밀접한 관련을 갖는 증상을 보이는 학생 개개인별로 설문지에 답을 해주기를 요청하였다. 이 아동들이 4학년과 5학년이 되었을 때 선생님들은 다시 이 설문지에 응답해주었다. 이 과목 수업을 위해 여기서는 세 번에 걸친 자료의 평균을 ADDSC라는 변인으로 포함시켰다. 이 변인에서 점수가 높을수록 아동이 이런 증상을 많이 보여준 것이다. 이 학생들이 9학년과 12학년을 마쳤을 때 성적을 학생기록부에서 찾아내어 수록하였다. 이 자료들은 아동기 행동에서 이후 행동을 예측할 수 있는지에 대한 질문, 그리고 학업과 관련된 변인들과의 관계 등에 대한 질문을 다룰 기회를 제공해준다. 각 변인들은 다음과 같다.

ADDSC	초등학교에서 세 번 측정한 ADD 관련 행동의 평균
GENDER	1 = 남성, 2 = 여성
REPEAT	1 = 적어도 한 번 유급, 0 = 유급한 적 없음
IQ	집단 지능검사에서의 지능지수
ENGL	9학년 때 영어 수준. 1 = 대학준비반, 2 = 보통, 3 = 읽기 보충반
ENGG	9학년 때 영어 성적, 4 = A, 3 = B 등
GPA	9학년 평점
SOCPROB	9학년 때 사회적 문제를 일으켰는가? 1 = 있음, 0 = 없음
DROPOUT	1 = 고등학교 졸업 이전에 중퇴, 0 = 중퇴하지 않음

자료는 http://www.uvm.edu/~dhowell/fundamentals9/DataFiles/Add.dat에 있다.

ADDSC	GENDER	REPEAT	IQ	ENGL	ENGG	GPA	SOCPROB	DROPOUT
45	1	0	111	2	3	2.60	0	0
50	1	0	102	2	3	2.75	0	0
49	1	0	108	2	4	4.00	0	0
55	1	0	109	2	2	2.25	0	0
39	1	0	118	2	3	3.00	0	0
68	1	1	79	2	2	1.67	0	1
69	1	1	88	2	2	2.25	1	1
56	1	0	102	2	4	3.40	0	0
58	1	0	105	3	1	1.33	0	0
48	1	0	92	2	4	3.50	0	0
34	1	0	131	2	4	3.75	0	0
50	2	0	104	1	3	2.67	0	0
85	1	0	83	2	3	2.75	1	0
49	1	0	84	2	2	2.00	0	0
51	1	0	85	2	3	2.75	0	0
53	1	0	110	2	2	2.50	0	0
36	2	0	121	1	4	3.55	0	0
62	2	0	120	2	3	2.75	0	0
46	2	0	100	2	4	3.50	0	0
50	2	0	94	2	2	2.75	1	1
47	2	0	89	1	2	3.00	0	0
50	2	0	93	2	4	3.25	0	0
44	2	0	128	2	4	3.30	0	0
50	2	0	84	2	3	2.75	0	0
29	2	0	127	1	4	3.75	0	0
49	2	0	106	2	3	2.75	0	0
26	1	0	137	2	3	3.00	0	0
85	1	1	82	3	2	1.75	1	1
53	1	0	106	2	3	2.75	1	0
53	1	0	109	2	2	1.33	0	0
72	1	0	91	2	2	0.67	0	0
35	1	0	111	2	2	2.25	0	0
42	1	0	105	2	2	1.75	0	0
37	1	0	118	2	4	3.25	0	0
46	1	0	103	3	2	1.75	0	0
48	1	0	101	1	3	3.00	0	0
46	1	0	101	3	3	3.00	0	0
49	1	1	95	2	3	3.00	0	0

(계속)

ADDSC	GENDER	REPEAT	IQ	ENGL	ENGG	GPA	SOCPROB	DROPOUT
65	1	1	108	2	3	3.25	0	0
52	1	0	95	3	3	2.25	1	0
75	1	1	98	2	1	1.00	0	1
58	1	0	82	2	3	2.50	0	1
43	2	0	100	1	3	3.00	0	0
60	2	0	100	2	3	2.40	0	0
43	1	0	107	1	2	2.00	0	0
51	1	0	95	2	2	2.75	0	0
70	1	1	97	2	3	2.67	1	1
69	1	1	93	2	2	2.00	0	0
65	1	1	81	1	2	2.00	0	0
63	2	0	89	2	2	1.67	0	0
44	2	0	111	2	4	3.00	0	0
61	2	1	95	2	1	1.50	0	1
40	2	0	106	2	4	3.75	0	0
62	2	0	83	3	1	0.67	0	0
59	1	0	81	2	2	1.50	0	0
47	2	0	115	1	4	4.00	0	0
50	2	0	112	2	3	3.00	0	0
50	2	0	92	2	3	2.33	0	0
65	2	0	85	2	2	1.75	0	0
54	2	0	95	3	2	3.00	0	0
44	2	0	115	2	4	3.75	0	0
66	2	0	91	2	4	2.67	1	1
34	2	0	107	1	4	3.50	0	0
74	2	0	102	2	0	0.67	0	0
57	2	1	86	3	3	2.25	0	0
60	2	0	96	1	3	3.00	1	0
36	2	0	114	2	3	3.50	0	0
50	1	0	105	2	2	1.75	0	0
60	1	0	82	2	1	1.00	0	0
45	1	0	120	2	3	3.00	0	0
55	1	0	88	2	1	1.00	0	1
44	1	0	90	1	3	2.50	0	0
57	2	0	85	2	3	2.50	0	0
33	2	0	106	1	4	3.75	0	0
30	2	0	109	1	4	3.50	0	0
64	1	0	75	3	2	1.00	1	0
49	1	1	91	2	3	2.25	0	0
76	1	0	96	2	2	1.00	0	0

(계속)

ADDSC	GENDER	REPEAT	IQ	ENGL	ENGG	GPA	SOCPROB	DROPOUT
40	1	0	108	2	3	2.50	0	0
48	1	0	86	2	3	2.75	0	0
65	1	0	98	2	2	0.75	0	0
50	1	0	99	2	2	1.30	0	0
70	1	0	95	2	1	1.25	0	0
78	1	0	88	3	3	1.50	0	0
44	1	0	111	2	2	3.00	0	0
48	1	0	103	2	1	2.00	0	0
52	1	0	107	2	2	2.00	0	0
40	1	0	118	2	2	2.50	0	0

부록 D 통계표

표 D.1_ 카이제곱(χ^2) 분포에서 상위 부분의 백분율

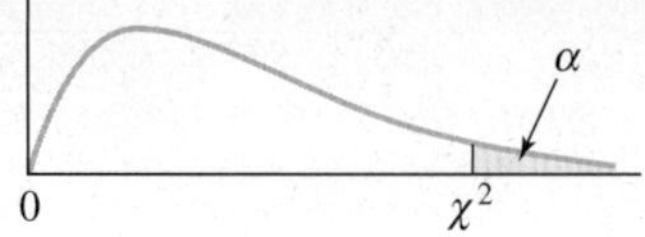

df	.995	.990	.975	.950	.900	.750	.500	.250	.100	.050	.025	.010	.005
1	.00	.00	.00	.00	.02	.10	.45	1.32	2.71	3.84	5.02	6.63	7.88
2	.01	.02	.05	.10	.21	.58	1.39	2.77	4.61	5.99	7.38	9.21	10.60
3	.07	.11	.22	.35	.58	1.21	2.37	4.11	6.25	7.82	9.35	11.35	12.84
4	.21	.30	.48	.71	1.06	1.92	3.36	5.39	7.78	9.49	11.14	13.28	14.86
5	.41	.55	.83	1.15	1.61	2.67	4.35	6.63	9.24	11.07	12.83	15.09	16.75
6	.68	.87	1.24	1.64	2.20	3.45	5.35	7.84	10.64	12.59	14.45	16.81	18.55
7	.99	1.24	1.69	2.17	2.83	4.25	6.35	9.04	12.02	14.07	16.01	18.48	20.28
8	1.34	1.65	2.18	2.73	3.49	5.07	7.34	10.22	13.36	15.51	17.54	20.09	21.96
9	1.73	2.09	2.70	3.33	4.17	5.90	8.34	11.39	14.68	16.92	19.02	21.66	23.59
10	2.15	2.56	3.25	3.94	4.87	6.74	9.34	12.55	15.99	18.31	20.48	23.21	25.19
11	2.60	3.05	3.82	4.57	5.58	7.58	10.34	13.70	17.28	19.68	21.92	24.72	26.75
12	3.07	3.57	4.40	5.23	6.30	8.44	11.34	14.85	18.55	21.03	23.34	26.21	28.30
13	3.56	4.11	5.01	5.89	7.04	9.30	12.34	15.98	19.81	22.36	24.74	27.69	29.82
14	4.07	4.66	5.63	6.57	7.79	10.17	13.34	17.12	21.06	23.69	26.12	29.14	31.31
15	4.60	5.23	6.26	7.26	8.55	11.04	14.34	18.25	22.31	25.00	27.49	30.58	32.80
16	5.14	5.81	6.91	7.96	9.31	11.91	15.34	19.37	23.54	26.30	28.85	32.00	34.27
17	5.70	6.41	7.56	8.67	10.09	12.79	16.34	20.49	24.77	27.59	30.19	33.41	35.72
18	6.26	7.01	8.23	9.39	10.86	13.68	17.34	21.60	25.99	28.87	31.53	34.81	37.15
19	6.84	7.63	8.91	10.12	11.65	14.56	18.34	22.72	27.20	30.14	32.85	36.19	38.58
20	7.43	8.26	9.59	10.85	12.44	15.45	19.34	23.83	28.41	31.41	34.17	37.56	40.00
21	8.03	8.90	10.28	11.59	13.24	16.34	20.34	24.93	29.62	32.67	35.48	38.93	41.40
22	8.64	9.54	10.98	12.34	14.04	17.24	21.34	26.04	30.81	33.93	36.78	40.29	42.80
23	9.26	10.19	11.69	13.09	14.85	18.14	22.34	27.14	32.01	35.17	38.08	41.64	44.18
24	9.88	10.86	12.40	13.85	15.66	19.04	23.34	28.24	33.20	36.42	39.37	42.98	45.56
25	10.52	11.52	13.12	14.61	16.47	19.94	24.34	29.34	34.38	37.65	40.65	44.32	46.93
26	11.16	12.20	13.84	15.38	17.29	20.84	25.34	30.43	35.56	38.89	41.92	45.64	48.29
27	11.80	12.88	14.57	16.15	18.11	21.75	26.34	31.53	36.74	40.11	43.20	46.96	49.64
28	12.46	13.56	15.31	16.93	18.94	22.66	27.34	32.62	37.92	41.34	44.46	48.28	50.99
29	13.12	14.26	16.05	17.71	19.77	23.57	28.34	33.71	39.09	42.56	45.72	49.59	52.34
30	13.78	14.95	16.79	18.49	20.60	24.48	29.34	34.80	40.26	43.77	46.98	50.89	53.67
40	20.67	22.14	24.42	26.51	29.06	33.67	39.34	45.61	51.80	55.75	59.34	63.71	66.80
50	27.96	29.68	32.35	34.76	37.69	42.95	49.34	56.33	63.16	67.50	71.42	76.17	79.52
60	35.50	37.46	40.47	43.19	46.46	52.30	59.34	66.98	74.39	79.08	83.30	88.40	91.98
70	43.25	45.42	48.75	51.74	55.33	61.70	69.34	77.57	85.52	90.53	95.03	100.44	104.24
80	51.14	53.52	57.15	60.39	64.28	71.15	79.34	88.13	96.57	101.88	106.63	112.34	116.35
90	59.17	61.74	65.64	69.13	73.29	80.63	89.33	98.65	107.56	113.14	118.14	124.13	128.32
100	67.30	70.05	74.22	77.93	82.36	90.14	99.33	109.14	118.49	124.34	129.56	135.82	140.19

출처: 이 표의 숫자 값들은 저자가 계산한 것이다.

표 D.2_ 상관계수의 임계치

	양방검증			
df	*p* = .10	*p* = .05	*p* = .025	*p* = .01
3	.805	.878	.924	.959
4	.729	.811	.868	.917
5	.669	.755	.817	.875
6	.622	.707	.771	.834
7	.582	.666	.732	.798
8	.549	.632	.697	.765
9	.521	.602	.667	.735
10	.498	.576	.640	.708
11	.476	.553	.616	.684
12	.458	.533	.594	.661
13	.441	.514	.575	.641
14	.426	.497	.557	.623
15	.412	.482	.541	.605
16	.400	.468	.526	.590
17	.389	.455	.512	.575
18	.379	.444	.499	.562
19	.369	.433	.487	.549
20	.360	.423	.476	.537
21	.351	.413	.466	.526
22	.344	.404	.456	.515
23	.337	.396	.447	.505
24	.330	.388	.439	.496
25	.323	.381	.431	.487
26	.317	.374	.423	.478
27	.311	.367	.415	.471
28	.306	.361	.409	.463
29	.301	.355	.402	.456
30	.296	.349	.396	.449
40	.257	.304	.345	.393
50	.231	.273	.311	.354
60	.211	.250	.285	.325
120	.150	.178	.203	.232
200	.116	.138	.158	.181
500	.073	.088	.100	.115
1000	.052	.062	.071	.081

출처: 이 표의 숫자 값들은 저자가 계산한 것이다.

표 D.3_ F 분포의 임계치: α = .05

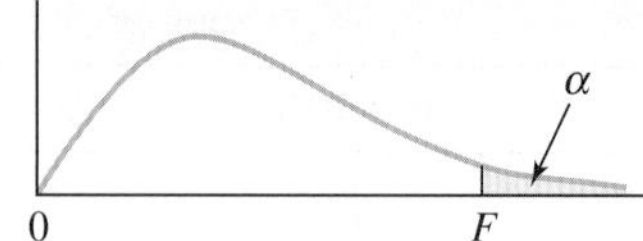

	분자의 자유도															
분모의 자유도	**1**	**2**	**3**	**4**	**5**	**6**	**7**	**8**	**9**	**10**	**15**	**20**	**25**	**30**	**40**	**50**
1	161.4	199.5	215.8	224.8	230.0	233.8	236.5	238.6	240.1	242.1	245.2	248.4	248.9	250.5	250.8	252.6
2	18.51	19.00	19.16	19.25	19.30	19.33	19.35	19.37	19.38	19.40	19.43	19.44	19.46	19.47	19.48	19.48
3	10.13	9.55	9.28	9.12	9.01	8.94	8.89	8.85	8.81	8.79	8.70	8.66	8.63	8.62	8.59	8.58
4	7.71	6.94	6.59	6.39	6.26	6.16	6.09	6.04	6.00	5.96	5.86	5.80	5.77	5.75	5.72	5.70
5	6.61	5.79	5.41	5.19	5.05	4.95	4.88	4.82	4.77	4.74	4.62	4.56	4.52	4.50	4.46	4.44
6	5.99	5.14	4.76	4.53	4.39	4.28	4.21	4.15	4.10	4.06	3.94	3.87	3.83	3.81	3.77	3.75
7	5.59	4.74	4.35	4.12	3.97	3.87	3.79	3.73	3.68	3.64	3.51	3.44	3.40	3.38	3.34	3.32
8	5.32	4.46	4.07	3.84	3.69	3.58	3.50	3.44	3.39	3.35	3.22	3.15	3.11	3.08	3.04	3.02
9	5.12	4.26	3.86	3.63	3.48	3.37	3.29	3.23	3.18	3.14	3.01	2.94	2.89	2.86	2.83	2.80
10	4.96	4.10	3.71	3.48	3.33	3.22	3.14	3.07	3.02	2.98	2.85	2.77	2.73	2.70	2.66	2.64
11	4.84	3.98	3.59	3.36	3.20	3.09	3.01	2.95	2.90	2.85	2.72	2.65	2.60	2.57	2.53	2.51
12	4.75	3.89	3.49	3.26	3.11	3.00	2.91	2.85	2.80	2.75	2.62	2.54	2.50	2.47	2.43	2.40
13	4.67	3.81	3.41	3.18	3.03	2.92	2.83	2.77	2.71	2.67	2.53	2.46	2.41	2.38	2.34	2.31
14	4.60	3.74	3.34	3.11	2.96	2.85	2.76	2.70	2.65	2.60	2.46	2.39	2.34	2.31	2.27	2.24
15	4.54	3.68	3.29	3.06	2.90	2.79	2.71	2.64	2.59	2.54	2.40	2.33	2.28	2.25	2.20	2.18
16	4.49	3.63	3.24	3.01	2.85	2.74	2.66	2.59	2.54	2.49	2.35	2.28	2.23	2.19	2.15	2.12
17	4.45	3.59	3.20	2.96	2.81	2.70	2.61	2.55	2.49	2.45	2.31	2.23	2.18	2.15	2.10	2.08
18	4.41	3.55	3.16	2.93	2.77	2.66	2.58	2.51	2.46	2.41	2.27	2.19	2.14	2.11	2.06	2.04
19	4.38	3.52	3.13	2.90	2.74	2.63	2.54	2.48	2.42	2.38	2.23	2.16	2.11	2.07	2.03	2.00
20	4.35	3.49	3.10	2.87	2.71	2.60	2.51	2.45	2.39	2.35	2.20	2.12	2.07	2.04	1.99	1.97
22	4.30	3.44	3.05	2.82	2.66	2.55	2.46	2.40	2.34	2.30	2.15	2.07	2.02	1.98	1.94	1.91
24	4.26	3.40	3.01	2.78	2.62	2.51	2.42	2.36	2.30	2.25	2.11	2.03	1.97	1.94	1.89	1.86
26	4.23	3.37	2.98	2.74	2.59	2.47	2.39	2.32	2.27	2.22	2.07	1.99	1.94	1.90	1.85	1.82
28	4.20	3.34	2.95	2.71	2.56	2.45	2.36	2.29	2.24	2.19	2.04	1.96	1.91	1.87	1.82	1.79
30	4.17	3.32	2.92	2.69	2.53	2.42	2.33	2.27	2.21	2.16	2.01	1.93	1.88	1.84	1.79	1.76
40	4.08	3.23	2.84	2.61	2.45	2.34	2.25	2.18	2.12	2.08	1.92	1.84	1.78	1.74	1.69	1.66
50	4.03	3.18	2.79	2.56	2.40	2.29	2.20	2.13	2.07	2.03	1.87	1.78	1.73	1.69	1.63	1.60
60	4.00	3.15	2.76	2.53	2.37	2.25	2.17	2.10	2.04	1.99	1.84	1.75	1.69	1.65	1.59	1.56
120	3.92	3.07	2.68	2.45	2.29	2.18	2.09	2.02	1.96	1.91	1.75	1.66	1.60	1.55	1.50	1.46
200	3.89	3.04	2.65	2.42	2.26	2.14	2.06	1.98	1.93	1.88	1.72	1.62	1.56	1.52	1.46	1.41
500	3.86	3.01	2.62	2.39	2.23	2.12	2.03	1.96	1.90	1.85	1.69	1.59	1.53	1.48	1.42	1.38
1000	3.85	3.01	2.61	2.38	2.22	2.11	2.02	1.95	1.89	1.84	1.68	1.58	1.52	1.47	1.41	1.36

출처: 이 표의 숫자 값들은 저자가 계산한 것이다.

표 D.4_ *F* 분포의 임계치: $\alpha = .01$

분모의 자유도	분자의 자유도															
	1	**2**	**3**	**4**	**5**	**6**	**7**	**8**	**9**	**10**	**15**	**20**	**25**	**30**	**40**	**50**
1	4052	5000	5403	5624	5764	5859	5928	5981	6022	6056	6151	6209	6240	6260	6287	6303
2	98.50	99.00	99.17	99.25	99.30	99.33	99.36	99.37	99.39	99.40	99.43	99.45	99.47	99.48	99.48	99.59
3	34.12	30.82	29.46	28.71	28.24	27.91	27.67	27.49	27.34	27.23	26.87	26.69	26.58	26.51	26.41	26.36
4	21.20	18.00	16.69	15.98	15.52	15.21	14.98	14.80	14.66	14.55	14.20	14.02	13.91	13.84	13.75	13.69
5	16.26	13.27	12.06	11.39	10.97	10.67	10.46	10.29	10.16	10.05	9.72	9.55	9.45	9.38	9.29	9.24
6	13.75	10.92	9.78	9.15	8.75	8.47	8.26	8.10	7.98	7.87	7.56	7.40	7.30	7.23	7.14	7.09
7	12.25	9.55	8.45	7.85	7.46	7.19	6.99	6.84	6.72	6.62	6.31	6.16	6.06	5.99	5.91	5.86
8	11.26	8.65	7.59	7.01	6.63	6.37	6.18	6.03	5.91	5.81	5.52	5.36	5.26	5.20	5.12	5.07
9	10.56	8.02	6.99	6.42	6.06	5.80	5.61	5.47	5.35	5.26	4.96	4.81	4.71	4.65	4.57	4.52
10	10.04	7.56	6.55	5.99	5.64	5.39	5.20	5.06	4.94	4.85	4.56	4.41	4.31	4.25	4.17	4.12
11	9.65	7.21	6.22	5.67	5.32	5.07	4.89	4.74	4.63	4.54	4.25	4.10	4.01	3.94	3.86	3.81
12	9.33	6.93	5.95	5.41	5.06	4.82	4.64	4.50	4.39	4.30	4.01	3.86	3.76	3.70	3.62	3.57
13	9.07	6.70	5.74	5.21	4.86	4.62	4.44	4.30	4.19	4.10	3.82	3.66	3.57	3.51	3.43	3.38
14	8.86	6.51	5.56	5.04	4.69	4.46	4.28	4.14	4.03	3.94	3.66	3.51	3.41	3.35	3.27	3.22
15	8.68	6.36	5.42	4.89	4.56	4.32	4.14	4.00	3.89	3.80	3.52	3.37	3.28	3.21	3.13	3.08
16	8.53	6.23	5.29	4.77	4.44	4.20	4.03	3.89	3.78	3.69	3.41	3.26	3.16	3.10	3.02	2.97
17	8.40	6.11	5.18	4.67	4.34	4.10	3.93	3.79	3.68	3.59	3.31	3.16	3.07	3.00	2.92	2.87
18	8.29	6.01	5.09	4.58	4.25	4.01	3.84	3.71	3.60	3.51	3.23	3.08	2.98	2.92	2.84	2.78
19	8.18	5.93	5.01	4.50	4.17	3.94	3.77	3.63	3.52	3.43	3.15	3.00	2.91	2.84	2.76	2.71
20	8.10	5.85	4.94	4.43	4.10	3.87	3.70	3.56	3.46	3.37	3.09	2.94	2.84	2.78	2.69	2.64
22	7.95	5.72	4.82	4.31	3.99	3.76	3.59	3.45	3.35	3.26	2.98	2.83	2.73	2.67	2.58	2.53
24	7.82	5.61	4.72	4.22	3.90	3.67	3.50	3.36	3.26	3.17	2.89	2.74	2.64	2.58	2.49	2.44
26	7.72	5.53	4.64	4.14	3.82	3.59	3.42	3.29	3.18	3.09	2.81	2.66	2.57	2.50	2.42	2.36
28	7.64	5.45	4.57	4.07	3.75	3.53	3.36	3.23	3.12	3.03	2.75	2.60	2.51	2.44	2.35	2.30
30	7.56	5.39	4.51	4.02	3.70	3.47	3.30	3.17	3.07	2.98	2.70	2.55	2.45	2.39	2.30	2.25
40	7.31	5.18	4.31	3.83	3.51	3.29	3.12	2.99	2.89	2.80	2.52	2.37	2.27	2.20	2.11	2.06
50	7.17	5.06	4.20	3.72	3.41	3.19	3.02	2.89	2.78	2.70	2.42	2.27	2.17	2.10	2.01	1.95
60	7.08	4.98	4.13	3.65	3.34	3.12	2.95	2.82	2.72	2.63	2.35	2.20	2.10	2.03	1.94	1.88
120	6.85	4.79	3.95	3.48	3.17	2.96	2.79	2.66	2.56	2.47	2.19	2.03	1.93	1.86	1.76	1.70
200	6.76	4.71	3.88	3.41	3.11	2.89	2.73	2.60	2.50	2.41	2.13	1.97	1.87	1.79	1.69	1.63
500	6.69	4.65	3.82	3.36	3.05	2.84	2.68	2.55	2.44	2.36	2.07	1.92	1.81	1.74	1.63	1.57
1000	6.67	4.63	3.80	3.34	3.04	2.82	2.66	2.53	2.43	2.34	2.06	1.90	1.79	1.72	1.61	1.54

출처: 이 표의 숫자 값들은 저자가 계산한 것이다.

표 D.5_ δ와 유의도 수준(α)에 따른 검증력

δ	양방검증에서의 알파 .10	.05	.02	.01
1.00	.26	.17	.09	.06
1.10	.29	.20	.11	.07
1.20	.33	.22	.13	.08
1.30	.37	.26	.15	.10
1.40	.40	.29	.18	.12
1.50	.44	.32	.20	.14
1.60	.48	.36	.23	.17
1.70	.52	.40	.27	.19
1.80	.56	.44	.30	.22
1.90	.60	.48	.34	.25
2.00	.64	.52	.37	.28
2.10	.68	.56	.41	.32
2.20	.71	.60	.45	.35
2.30	.74	.63	.49	.39
2.40	.78	.67	.53	.43
2.50	.80	.71	.57	.47
2.60	.83	.74	.61	.51
2.70	.85	.77	.65	.55
2.80	.88	.80	.68	.59
2.90	.90	.83	.72	.63
3.00	.91	.85	.75	.66
3.10	.93	.87	.78	.70
3.20	.94	.89	.81	.73
3.30	.95	.91	.84	.77
3.40	.96	.93	.86	.80
3.50	.97	.94	.88	.82
3.60	.98	.95	.90	.85
3.70	.98	.96	.92	.87
3.80	.98	.97	.93	.89
3.90	.99	.97	.94	.91
4.00	.99	.98	.95	.92
4.10	.99	.98	.96	.94
4.20	…	.99	.97	.95
4.30	…	.99	.98	.96
4.40	…	.99	.98	.97
4.50	…	.99	.99	.97
4.60	…	…	.99	.98
4.70	…	…	.99	.98
4.80	…	…	.99	.99
4.90	…	…	…	.99
5.00	…	…	…	.99

출처: 이 표의 숫자 값들은 저자가 계산한 것이다.

표 D.6_ *t* 분포에서의 백분위점

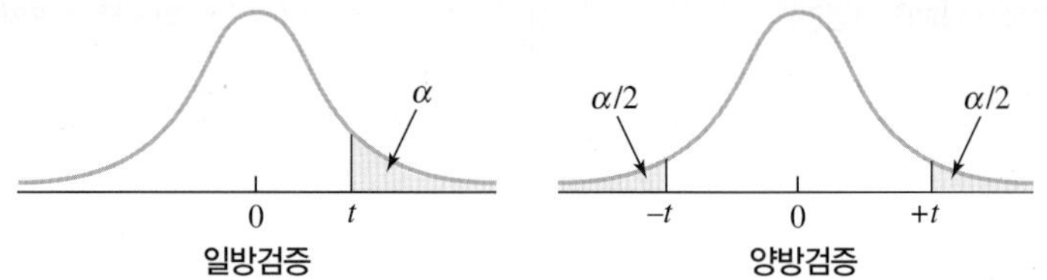

	일방검증에서의 유의도								
	.25	**.20**	**.15**	**.10**	**.05**	**.025**	**.01**	**.005**	**.0005**
	양방검증에서의 유의도								
df	**.50**	**.40**	**.30**	**.20**	**.10**	**.05**	**.02**	**.01**	**.001**
1	1.000	1.376	1.963	3.078	6.314	12.706	31.821	63.657	63.662
2	.816	1.061	1.386	1.886	2.920	4.303	6.965	9.925	31.599
3	.765	.978	1.250	1.638	2.353	3.182	4.541	5.841	12.924
4	.741	.941	1.190	1.533	2.132	2.776	3.747	4.604	8.610
5	.727	.920	1.156	1.476	2.015	2.571	3.365	4.032	6.869
6	.718	.906	1.134	1.440	1.943	2.447	3.143	3.707	5.959
7	.711	.896	1.119	1.415	1.895	2.365	2.998	3.499	5.408
8	.706	.889	1.108	1.397	1.860	2.306	2.896	3.355	5.041
9	.703	.883	1.100	1.383	1.833	2.262	2.821	3.250	4.781
10	.700	.879	1.093	1.372	1.812	2.228	2.764	3.169	4.587
11	.697	.876	1.088	1.363	1.796	2.201	2.718	3.106	4.437
12	.695	.873	1.083	1.356	1.782	2.179	2.681	3.055	4.318
13	.694	.870	1.079	1.350	1.771	2.160	2.650	3.012	4.221
14	.692	.868	1.076	1.345	1.761	2.145	2.624	2.977	4.140
15	.691	.866	1.074	1.341	1.753	2.131	2.602	2.947	4.073
16	.690	.865	1.071	1.337	1.746	2.120	2.583	2.921	4.015
17	.689	.863	1.069	1.333	1.740	2.110	2.567	2.898	3.965
18	.688	.862	1.067	1.330	1.734	2.101	2.552	2.878	3.922
19	.688	.861	1.066	1.328	1.729	2.093	2.539	2.861	3.883
20	.687	.860	1.064	1.325	1.725	2.086	2.528	2.845	3.850
21	.686	.859	1.063	1.323	1.721	2.080	2.518	2.831	3.819
22	.686	.858	1.061	1.321	1.717	2.074	2.508	2.819	3.792
23	.685	.858	1.060	1.319	1.714	2.069	2.500	2.807	3.768
24	.685	.857	1.059	1.318	1.711	2.064	2.492	2.797	3.745
25	.684	.856	1.058	1.316	1.708	2.060	2.485	2.787	3.725
26	.684	.856	1.058	1.315	1.706	2.056	2.479	2.779	3.707
27	.684	.855	1.057	1.314	1.703	2.052	2.473	2.771	3.690
28	.683	.855	1.056	1.313	1.701	2.048	2.467	2.763	3.674
29	.683	.854	1.055	1.311	1.699	2.045	2.462	2.756	3.659
30	.683	.854	1.055	1.310	1.697	2.042	2.457	2.750	3.646
40	.681	.851	1.050	1.303	1.684	2.021	2.423	2.704	3.551
50	.679	.849	1.047	1.299	1.676	2.009	2.403	2.678	3.496
100	.677	.845	1.042	1.290	1.660	1.984	2.364	2.626	3.390
∞	.674	.842	1.036	1.282	1.645	1.960	2.326	2.576	3.291

출처: 이 표의 숫자 값들은 저자가 계산한 것이다.

표 D.7_ 윌콕슨 대응쌍 음양 순위 검증에서 T의 하한 임계치와 그 확률

	명목상 알파(일방검증)									명목상 알파(일방검증)							
	.05		.025		.01		.005			.05		.025		.01		.005	
n	T	α	T	α	T	α	T	α	n	T	α	T	α	T	α	T	α
5	0	.0313							**28**	130	.0496	116	.0239	101	.0096	91	.0048
	1	.0625								131	.0521	117	.0252	102	.0102	92	.0051
6	2	.0469	0	.0156					**29**	140	.0482	126	.0240	110	.0095	100	.0049
	3	.0781	1	.0313						141	.0504	127	.0253	111	.0101	101	.0053
7	3	.0391	2	.0234	0	.0078			**30**	151	.0481	137	.0249	120	.0098	109	.0050
	4	.0547	3	.0391	1	.0156				152	.0502	138	.0261	121	.0104	110	.0053
8	5	.0391	3	.0195	1	.0078	0	.0039	**31**	163	.0491	147	.0239	130	.0099	118	.0049
	6	.0547	4	.0273	2	.0117	1	.0078		164	.0512	148	.0251	131	.0105	119	.0052
9	8	.0488	5	.0195	3	.0098	1	.0039	**32**	175	.0492	159	.0249	140	.0097	128	.0050
	9	.0645	6	.0273	4	.0137	2	.0059		176	.0512	160	.0260	141	.0103	129	.0053
10	10	.0420	8	.0244	5	.0098	3	.0049	**33**	187	.0485	170	.0242	151	.0099	138	.0049
	11	.0527	9	.0322	6	.0137	4	.0068		188	.0503	171	.0253	152	.0104	139	.0052
11	13	.0415	10	.0210	7	.0093	5	.0049	**34**	200	.0488	182	.0242	162	.0098	148	.0048
	14	.0508	11	.0269	8	.0122	6	.0068		201	.0506	183	.0252	163	.0103	149	.0051
12	17	.0461	13	.0212	9	.0081	7	.0046	**35**	213	.0484	195	.0247	173	.0096	159	.0048
	18	.0549	14	.0261	10	.0105	8	.0061		214	.0501	196	.0257	174	.0100	160	.0051
13	21	.0471	17	.0239	12	.0085	9	.0040	**36**	227	.0489	208	.0248	185	.0096	171	.0050
	22	.0549	18	.0287	13	.0107	10	.0052		228	.0505	209	.0258	186	.0100	172	.0052
14	25	.0453	21	.0247	15	.0083	12	.0043	**37**	241	.0487	221	.0245	198	.0099	182	.0048
	26	.0520	22	.0290	16	.0101	13	.0054		242	.0503	222	.0254	199	.0103	183	.0050
15	30	.0473	25	.0240	19	.0090	15	.0042	**38**	256	.0493	235	.0247	211	.0099	194	.0048
	31	.0535	26	.0277	20	.0108	16	.0051		257	.0509	236	.0256	212	.0104	195	.0050
16	35	.0467	29	.0222	23	.0091	19	.0046	**39**	271	.0492	249	.0246	224	.0099	207	.0049
	36	.0523	30	.0253	24	.0107	20	.0055		272	.0507	250	.0254	225	.0103	208	.0051
17	41	.0492	34	.0224	27	.0087	23	.0047	**40**	286	.0486	264	.0249	238	.0100	220	.0049
	42	.0544	35	.0253	28	.0101	24	.0055		287	.0500	265	.0257	239	.0104	221	.0051
18	47	.0494	40	.0241	32	.0091	27	.0045	**41**	302	.0488	279	.0248	252	.0100	233	.0048
	48	.0542	41	.0269	33	.0104	28	.0052		303	.0501	280	.0256	253	.0103	234	.0050
19	53	.0478	46	.0247	37	.0090	32	.0047	**42**	319	.0496	294	.0245	266	.0098	247	.0049
	54	.0521	47	.0273	38	.0102	33	.0054		320	.0509	295	.0252	267	.0102	248	.0051
20	60	.0487	52	.0242	43	.0096	37	.0047	**43**	336	.0498	310	.0245	281	.0098	261	.0048
	61	.0527	53	.0266	44	.0107	38	.0053		337	.0511	311	.0252	282	.0102	262	.0050
21	67	.0479	58	.0230	49	.0097	42	.0045	**44**	353	.0495	327	.0250	296	.0097	276	.0049
	68	.0516	59	.0251	50	.0108	43	.0051		354	.0507	328	.0257	297	.0101	277	.0051
22	75	.0492	65	.0231	55	.0095	48	.0046	**45**	371	.0498	343	.0244	312	.0098	291	.0049
	76	.0527	66	.0250	56	.0104	49	.0052		372	.0510	344	.0251	313	.0101	292	.0051
23	83	.0490	73	.0242	62	.0098	54	.0046	**46**	389	.0497	361	.0249	328	.0098	307	.0050
	84	.0523	74	.0261	63	.0107	55	.0051		390	.0508	362	.0256	329	.0101	308	.0052
24	91	.0475	81	.0245	69	.0097	61	.0048	**47**	407	.0490	378	.0245	345	.0099	322	.0048
	92	.0505	82	.0263	70	.0106	62	.0053		408	.0501	379	.0251	346	.0102	323	.0050
25	100	.0479	89	.0241	76	.0094	68	.0048	**48**	426	.0490	396	.0244	362	.0099	339	.0050
	101	.0507	90	.0258	77	.0101	69	.0053		427	.0500	397	.0251	363	.0102	340	.0051
26	110	.0497	98	.0247	84	.0095	75	.0047	**49**	446	.0495	415	.0247	379	.0098	355	.0049
	111	.0524	99	.0263	85	.0102	76	.0051		447	.0505	416	.0253	380	.0100	356	.0050
27	119	.0477	107	.0246	92	.0093	83	.0048	**50**	466	.0495	434	.0247	397	.0098	373	.0050
	120	.0502	108	.0260	93	.0100	84	.0052		467	.0506	435	.0253	398	.0101	374	.0051

출처: 이 표의 숫자 값들은 저자가 계산한 것이다.

표 D.8_ 독립된 두 집단의 만-휘트니 검증에서 W_s의 하한 임계치($N_1 \le N_2$)

$n_1 = 1$

n_2	.001	.005	.010	.025	.05	.10	$2\bar{W}$
2							4
3							5
4							6
5							7
6							8
7							9
8						⋮	10
9						1	11
10						1	12
11						1	13
12						1	14
13						1	15
14						1	16
15						1	17
16						1	18
17						1	19
18					⋮	1	20
19					1	2	21
20					1	2	22
21					1	2	23
22					1	2	24
23					1	2	25
24					1	2	26
25	⋮	⋮	⋮	⋮	1	2	27

$n_1 = 2$

.001	.005	.010	.025	.05	.10	$2\bar{W}$	n_2
					⋮	10	**2**
					3	12	**3**
				⋮	3	14	**4**
				3	4	16	**5**
				3	4	18	**6**
			⋮	3	4	20	**7**
			3	4	5	22	**8**
			3	4	5	24	**9**
			3	4	6	26	**10**
			3	4	6	28	**11**
		⋮	4	5	7	30	**12**
		3	4	5	7	32	**13**
		3	4	6	8	34	**14**
		3	4	6	8	36	**15**
		3	4	6	8	38	**16**
		3	5	6	9	40	**17**
	⋮	3	5	7	9	42	**18**
	3	4	5	7	10	44	**19**
	3	4	5	7	10	46	**20**
	3	4	6	8	11	48	**21**
	3	4	6	8	11	50	**22**
	3	4	6	8	12	52	**23**
	3	4	6	9	12	54	**24**
⋮	3	4	6	9	12	56	**25**

$n_1 = 3$

n_2	.001	.005	.010	.025	.05	.10	$2\bar{W}$
3					6	7	21
4				⋮	6	7	24
5				6	7	8	27
6			⋮	7	8	9	30
7			6	7	8	10	33
8		⋮	6	8	9	11	36
9		6	7	8	10	11	39
10		6	7	9	10	12	42
11		6	7	9	11	13	45
12		7	8	10	11	14	48
13		7	8	10	12	15	51
14		7	8	11	13	16	54
15		8	9	11	13	16	57
16	⋮	8	9	12	14	17	60
17	6	8	10	12	15	18	63
18	6	8	10	13	15	19	66
19	6	9	10	13	16	20	69
20	6	9	11	14	17	21	72
21	7	9	11	14	17	21	75
22	7	10	12	15	18	22	78
23	7	10	12	15	19	23	81
24	7	10	12	16	19	24	84
25	7	11	13	16	20	25	87

$n_1 = 4$

.001	.005	.010	.025	.05	.10	$2\bar{W}$	n_2
		⋮	10	11	13	36	**4**
	⋮	10	11	12	14	40	**5**
	10	11	12	13	15	44	**6**
	10	11	13	14	16	48	**7**
	11	12	14	15	17	52	**8**
⋮	11	13	14	16	19	56	**9**
10	12	13	15	17	20	60	**10**
10	12	14	16	18	21	64	**11**
10	13	15	17	19	22	68	**12**
11	13	15	18	20	23	72	**13**
11	14	16	19	21	25	76	**14**
11	15	17	20	22	26	80	**15**
12	15	17	21	24	27	84	**16**
12	16	18	21	25	28	88	**17**
13	16	19	22	26	30	92	**18**
13	17	19	23	27	31	96	**19**
13	18	20	24	28	32	100	**20**
14	18	21	25	29	33	104	**21**
14	19	21	26	30	35	108	**22**
14	19	22	27	31	36	112	**23**
15	20	23	27	32	38	116	**24**
15	20	23	28	33	38	120	**25**

출처: Table 1 in L. R. Verdooren, Extended tables of critical values for Wilcoxon's test statistic, *Biometrika*, 1963, 50, 177–186.

(계속)

표 D.8_ 독립된 두 집단의 만–휘트니 검증에서 W_s의 하한 임계치($N_1 \le N_2$) (계속)

	$n_1 = 5$							$n_1 = 6$							
n_2	.001	.005	.010	.025	.05	.10	$2\bar{W}$	.001	.005	.010	.025	.05	.10	$2\bar{W}$	n_2
5		15	16	17	19	20	55								
6		16	17	18	20	22	60	…	23	24	26	28	30	78	**6**
7	…	16	18	20	21	23	65	21	24	25	27	29	32	84	**7**
8	15	17	19	21	23	25	70	22	25	27	29	31	34	90	**8**
9	16	18	20	22	24	27	75	23	26	28	31	33	36	96	**9**
10	16	19	21	23	26	28	80	24	27	29	32	35	38	102	**10**
11	17	20	22	24	27	30	85	25	28	30	34	37	40	108	**11**
12	17	21	23	26	28	32	90	25	30	32	35	38	42	114	**12**
13	18	22	24	27	30	33	95	26	31	33	37	40	44	120	**13**
14	18	22	25	28	31	35	100	27	32	34	38	42	46	126	**14**
15	19	23	26	29	33	37	105	28	33	36	40	44	48	132	**15**
16	20	24	27	30	34	38	110	29	34	37	42	46	50	138	**16**
17	20	25	28	32	35	40	115	30	36	39	43	47	52	144	**17**
18	21	26	29	33	37	42	120	31	37	40	45	49	55	150	**18**
19	22	27	30	34	38	43	125	32	38	41	46	51	57	156	**19**
20	22	28	31	35	40	45	130	33	39	43	48	53	59	162	**20**
21	23	29	32	37	41	47	135	33	40	44	50	55	61	168	**21**
22	23	29	33	38	43	48	140	34	42	45	51	57	63	174	**22**
23	24	30	34	39	44	50	145	35	43	47	53	58	65	180	**23**
24	25	31	35	40	45	51	150	36	44	48	54	60	67	186	**24**
25	25	32	36	42	47	53	155	37	45	50	56	62	69	192	**25**

	$n_1 = 7$							$n_1 = 8$							
n_2	.001	.005	.010	.025	.05	.10	$2\bar{W}$	.001	.005	.010	.025	.05	.10	$2\bar{W}$	n_2
7	29	32	34	36	39	41	105								
8	30	34	35	38	41	44	112	40	43	45	49	51	55	136	**8**
9	31	35	37	40	43	46	119	41	45	47	51	54	58	144	**9**
10	33	37	39	42	45	49	126	42	47	49	53	56	60	152	**10**
11	34	38	40	44	47	51	133	44	49	51	55	59	63	160	**11**
12	35	40	42	46	49	54	140	45	51	53	58	62	66	168	**12**
13	36	41	44	48	52	56	147	47	53	56	60	64	69	176	**13**
14	37	43	45	50	54	59	154	48	54	58	62	67	72	184	**14**
15	38	44	47	52	56	61	161	50	56	60	65	69	75	192	**15**
16	39	46	49	54	58	64	168	51	58	62	67	72	78	200	**16**
17	41	47	51	56	61	66	175	53	60	64	70	75	81	208	**17**
18	42	49	52	58	63	69	182	54	62	66	72	77	84	216	**18**
19	43	50	54	60	65	71	189	56	64	68	74	80	87	224	**19**
20	44	52	56	62	67	74	196	57	66	70	77	83	90	232	**20**
21	46	53	58	64	69	76	203	59	68	72	79	85	92	240	**21**
22	47	55	59	66	72	79	210	60	70	74	81	88	95	248	**22**
23	48	57	61	68	74	81	217	62	71	76	84	90	98	256	**23**
24	49	58	63	70	76	84	224	64	73	78	86	93	101	264	**24**
25	50	60	64	72	78	86	231	65	75	81	89	96	104	272	**25**

(계속)

표 D.8_ 독립된 두 집단의 만–휘트니 검증에서 W_s의 하한 임계치($N_1 \le N_2$) (계속)

	$n_1 = 9$							$n_1 = 10$							
n_2	.001	.005	.010	.025	.05	.10	$2\bar{W}$	.001	.005	.010	.025	.05	.10	$2\bar{W}$	n_2
9	52	56	59	62	66	70	171								
10	53	58	61	65	69	73	180	65	71	74	78	82	87	210	**10**
11	55	61	63	68	72	76	189	67	73	77	81	86	91	220	**11**
12	57	63	66	71	75	80	198	69	76	79	84	89	94	230	**12**
13	59	65	68	73	78	83	207	72	79	82	88	92	98	240	**13**
14	60	67	71	76	81	86	216	74	81	85	91	96	102	250	**14**
15	62	69	73	79	84	90	225	76	84	88	94	99	106	260	**15**
16	64	72	76	82	87	93	234	78	86	91	97	103	109	270	**16**
17	66	74	78	84	90	97	243	80	89	93	100	106	113	280	**17**
18	68	76	81	87	93	100	252	82	92	96	103	110	117	290	**18**
19	70	78	83	90	96	103	261	84	94	99	107	113	121	300	**19**
20	71	81	85	93	99	107	270	87	97	102	110	117	125	310	**20**
21	73	83	88	95	102	110	279	89	99	105	113	120	128	320	**21**
22	75	85	90	98	105	113	288	91	102	108	116	123	132	330	**22**
23	77	88	93	101	108	117	297	93	105	110	119	127	136	340	**23**
24	79	90	95	104	111	120	306	95	107	113	122	130	140	350	**24**
25	81	92	98	107	114	123	315	98	110	116	126	134	144	360	**25**

	$n_1 = 11$							$n_1 = 12$							
n_2	.001	.005	.010	.025	.05	.10	$2\bar{W}$	.001	.005	.010	.025	.05	.10	$2\bar{W}$	n_2
11	81	87	91	96	100	106	253								
12	83	90	94	99	104	110	264	98	105	109	115	120	127	300	**12**
13	86	93	97	103	108	114	275	101	109	113	119	125	131	312	**13**
14	88	96	100	106	112	118	286	103	112	116	123	129	136	324	**14**
15	90	99	103	110	116	123	297	106	115	120	127	133	141	336	**15**
16	93	102	107	113	120	127	308	109	119	124	131	138	145	348	**16**
17	95	105	110	117	123	131	319	112	122	127	135	142	150	360	**17**
18	98	108	113	121	127	135	330	115	125	131	139	146	155	372	**18**
19	100	111	116	124	131	139	341	118	129	134	143	150	159	384	**19**
20	103	114	119	128	135	144	352	120	132	138	147	155	164	396	**20**
21	106	117	123	131	139	148	363	123	136	142	151	159	169	408	**21**
22	108	120	126	135	143	152	374	126	139	145	155	163	173	420	**22**
23	111	123	129	139	147	156	385	129	142	149	159	168	178	432	**23**
24	113	126	132	142	151	161	396	132	146	153	163	172	183	444	**24**
25	116	129	136	146	155	165	407	135	149	156	167	176	187	456	**25**

	$n_1 = 13$							$n_1 = 14$							
n_2	.001	.005	.010	.025	.05	.10	$2\bar{W}$	.001	.005	.010	.025	.05	.10	$2\bar{W}$	n_2
13	117	125	130	136	142	149	351								
14	120	129	134	141	147	154	364	137	147	152	160	166	174	406	**14**
15	123	133	138	145	152	159	377	141	151	156	164	171	179	420	**15**
16	126	136	142	150	156	165	390	144	155	161	169	176	185	434	**16**
17	129	140	146	154	161	170	403	148	159	165	174	182	190	448	**17**
18	133	144	150	158	166	175	416	151	163	170	179	187	196	462	**18**
19	136	148	154	163	171	180	429	155	168	174	183	192	202	476	**19**
20	139	151	158	167	175	185	442	159	172	178	188	197	207	490	**20**
21	142	155	162	171	180	190	455	162	176	183	193	202	213	504	**21**
22	145	159	166	176	185	195	468	166	180	187	198	207	218	518	**22**
23	149	163	170	180	189	200	481	169	184	192	203	212	224	532	**23**
24	152	166	174	185	194	205	494	173	188	196	207	218	229	546	**24**
25	155	170	178	189	199	211	507	177	192	200	212	223	235	560	**25**

(계속)

표 D.8_ 독립된 두 집단의 만-휘트니 검증에서 W_s의 하한 임계치($N_1 \le N_2$) (계속)

n_1 = 15

n_2	.001	.005	.010	.025	.05	.10	$2\bar{W}$
15	160	171	176	184	192	200	465
16	163	175	181	190	197	206	480
17	167	180	186	195	203	212	495
18	171	184	190	200	208	218	510
19	175	189	195	205	214	224	525
20	179	193	200	210	220	230	540
21	183	198	205	216	225	236	555
22	187	202	210	221	231	242	570
23	191	207	214	226	236	248	585
24	195	211	219	231	242	254	600
25	199	216	224	237	248	260	615

n_1 = 16

.001	.005	.010	.025	.05	.10	$2\bar{W}$	n_2
184	196	202	211	219	229	528	**16**
188	201	207	217	225	235	544	**17**
192	206	212	222	231	242	560	**18**
196	210	218	228	237	248	576	**19**
201	215	223	234	243	255	592	**20**
205	220	228	239	249	261	608	**21**
209	225	233	245	255	267	624	**22**
214	230	238	251	261	274	640	**23**
218	235	244	256	267	280	656	**24**
222	240	249	262	273	287	672	**25**

n_1 = 17

n_2	.001	.005	.010	.025	.05	.10	$2\bar{W}$
17	210	223	230	240	249	259	595
18	214	228	235	246	255	266	612
19	219	234	241	252	262	273	629
20	223	239	246	258	268	280	646
21	228	244	252	264	274	287	663
22	233	249	258	270	281	294	680
23	238	255	263	276	287	300	697
24	242	260	269	282	294	307	714
25	247	265	275	288	300	314	731

n_1 = 18

.001	.005	.010	.025	.05	.10	$2\bar{W}$	n_2
237	252	259	270	280	291	666	**18**
242	258	265	277	287	299	684	**19**
247	263	271	283	294	306	702	**20**
252	269	277	290	301	313	720	**21**
257	275	283	296	307	321	738	**22**
262	280	289	303	314	328	756	**23**
267	286	295	309	321	335	774	**24**
273	292	301	316	328	343	792	**25**

n_1 = 19

n_2	.001	.005	.010	.025	.05	.10	$2\bar{W}$
19	267	283	291	303	313	325	741
20	272	289	297	309	320	333	760
21	277	295	303	316	328	341	779
22	283	301	310	323	335	349	798
23	288	307	316	330	342	357	817
24	294	313	323	337	350	364	836
25	299	319	329	344	357	372	855

n_1 = 20

.001	.005	.010	.025	.05	.10	$2\bar{W}$	n_2
298	315	324	337	348	361	820	**20**
304	322	331	344	356	370	840	**21**
309	328	337	351	364	378	860	**22**
315	335	344	359	371	386	880	**23**
321	341	351	366	379	394	900	**24**
327	348	358	373	387	403	920	**25**

n_1 = 21

n_2	.001	.005	.010	.025	.05	.10	$2\bar{W}$
21	331	349	359	373	385	399	903
22	337	356	366	381	393	408	924
23	343	363	373	388	401	417	945
24	349	370	381	396	410	425	966
25	356	377	388	404	418	434	987

n_1 = 22

.001	.005	.010	.025	.05	.10	$2\bar{W}$	n_2
365	386	396	411	424	439	990	**22**
372	393	403	419	432	448	1012	**23**
379	400	411	427	441	457	1034	**24**
385	408	419	435	450	467	1056	**25**

n_1 = 23

n_2	.001	.005	.010	.025	.05	.10	$2\bar{W}$
23	402	424	434	451	465	481	1081
24	409	431	443	459	474	491	1104
25	416	439	451	468	483	500	1127

n_1 = 24

.001	.005	.010	.025	.05	.10	$2\bar{W}$	n_2
440	464	475	492	507	525	1176	**24**
448	472	484	501	517	535	1200	**25**

n_1 = 25

n_2	.001	.005	.010	.025	.05	.10	$2\bar{W}$
25	480	505	517	536	552	570	1275

표 D.9_ 난수표

68204	38787	73304	44886	92836	43877	61049	49249	66105
61010	78345	75444	91680	33003	24128	97817	77562	62045
04604	93468	78459	27541	19672	14220	25102	42021	19252
36021	25507	64060	72923	58848	10374	63102	41534	92884
28129	43470	94097	16753	56425	75299	93688	75569	52067
09406	06584	46324	13981	06449	42604	13372	69040	95955
86423	81835	64226	20398	65772	91052	73496	14451	95967
13249	58525	81893	32894	68627	75644	45848	61511	90232
75454	17352	56548	39618	86705	50783	48388	82047	14660
06260	46176	99237	69874	84180	32005	66130	18055	99748
38507	92795	80672	00102	22980	69115	95653	05231	94996
03917	26795	59832	19014	96206	45413	76624	71219	65855
17927	32368	08177	31236	45401	26731	92256	99530	43998
26811	88937	37187	39762	29942	40091	65731	95955	23368
18480	28160	81908	30456	22462	15677	55642	67383	86884
37589	91842	76351	90585	45588	42858	37806	67969	50621
79903	34187	26952	75820	96335	90281	04269	85202	94965
46155	30200	75000	28570	47516	06744	72193	01258	85047
60916	73212	15853	28398	04721	69363	47071	65568	88519
34419	82840	88235	61966	86517	23966	45764	42177	17269
08692	26667	12941	14813	30815	26633	68184	80721	80505
92851	44185	90848	18341	77915	00177	64014	35490	02937
97909	07280	72167	10002	27374	92880	60055	94168	30742
28437	22027	07739	30905	33151	73567	82960	50104	67005
48165	28174	17909	11230	00929	54604	32435	54120	85199
99891	30913	06315	30201	72073	39589	62868	66339	15850
98022	13010	67970	99203	12536	88149	44387	20250	50798
91292	54688	47029	38970	77880	77295	11887	17628	93802
89081	34643	12988	12971	87742	57720	24438	64088	49496
32527	74239	20056	46668	94561	70111	92537	83562	11306
01870	21584	48574	09871	74453	24812	45770	95667	52377
84011	87542	96564	64256	64653	90025	61613	94168	83254
01568	29682	67489	62984	51901	30716	24513	46678	67991
40360	19206	40321	16004	64481	16130	03904	15811	19369
09392	39926	79590	23991	82492	13032	67337	54322	06058
77323	20500	52466	33008	84211	26357	79006	41178	35169
47590	01007	65376	18189	84040	39476	25383	45398	64917
29321	65783	71403	32894	32627	39067	47985	51485	27415
09530	05358	58722	31912	73356	65884	12883	36242	29646
65612	06843	72233	73352	66600	23237	71759	76881	19652
40355	85067	40788	40148	46099	48056	27858	58365	30202
24963	49571	82377	08687	73448	95484	15155	41780	71951
87273	44050	71961	48464	84084	65225	62846	11634	04853
31643	44756	12493	09024	74204	69949	67842	36141	08477
58326	55342	31419	80776	64028	59957	52969	71997	71477
02327	00460	39178	09511	92688	88585	99257	98752	39623
19377	49122	60591	79773	66289	89650	49298	13499	53623
95046	30203	47493	74395	45213	66739	45097	91670	62152
65013	71958	48360	70885	60313	44241	18740	05705	07488
86032	89018	97117	35656	20401	86438	87250	04717	67726
11799	15777	11548	45918	45706	88554	75315	70233	72575
17843	64809	00390	11980	66129	07197	36712	55062	61191
42770	65397	45010	06463	86242	06361	14293	36343	97628
02410	96933	57864	93197	88227	57139	66382	95768	60660
70939	20457	62468	68698	74875	61111	59083	09152	93625
85616	15100	26242	28677	74655	05679	56676	67224	75318
85515	33174	05496	78789	81297	73985	82120	94070	20529

출처: 이 표의 숫자 값들은 저자가 계산한 것이다.

(계속)

표 D.9_ 난수표 (계속)

73466	06254	88113	98367	22018	99372	70171	52705	61202
72255	50729	05681	37216	09363	02385	93098	09502	92589
08121	48330	86725	52922	90349	81934	14849	68005	06791
94005	85164	22994	58921	85943	67506	79730	85382	61568
09108	52299	25991	00940	22493	60987	93573	79469	97147
85687	31723	67907	55306	71748	85048	17690	04784	98470
26190	02164	95889	89712	89795	73001	82210	39357	23867
34208	07539	60907	60693	01965	43492	46688	28891	23410
13032	78798	21733	35703	71707	11931	93513	78339	74754
16801	05582	47975	25046	59220	08275	67901	94954	36662
88735	91500	41654	97225	61188	24527	35220	99794	56097
82127	17594	94217	55324	06134	25207	26758	08687	06929
29284	42271	45833	19481	56972	99042	45304	39832	40188
56300	60964	13751	72385	91180	42371	55924	95783	33096
33132	33229	39955	16779	99286	23392	24255	90856	60004
65296	94444	32091	90681	95823	73091	92912	85979	30232
11069	52931	26381	71830	50467	47783	25223	81796	97745
06720	69637	99670	58392	57943	75965	14740	74814	75598
62719	14295	16605	13146	36992	50560	50121	90278	98283
95556	36672	87202	92730	81961	38894	61358	44519	71529
12490	12304	28804	42772	27104	35518	67361	84159	52442
29865	28847	70904	96638	54226	44701	67589	27352	81078
74486	63507	92193	65022	09583	43615	59910	05301	69347
01878	56351	68618	84432	30948	65180	75446	95963	75619
65405	25720	09364	51333	03752	65756	51967	92469	47296
31711	35173	45290	49326	50368	63829	05640	26675	27367
41028	50367	01904	68068	02324	58723	96333	77032	47878
76916	55336	48767	76915	79711	05182	70489	10244	45078
16404	93068	91519	85895	34872	24701	60932	91141	33252
06776	51133	76482	14812	19777	19614	51100	52943	04068
76818	05839	26058	80972	43337	24203	72345	37967	88138
16916	64028	38968	02783	63049	12261	89587	88988	88834
33696	41621	16648	11837	08094	38217	32919	16625	91567
00143	56431	90537	95332	29879	29363	48055	86410	10594
15932	59628	00086	74633	81208	05470	56385	23601	70545
86111	14530	39958	36155	60613	73849	74842	31030	30448
46218	36313	62063	59326	93522	48983	50335	30178	42755
84153	32199	77166	63912	07984	55369	56520	14633	00252
81439	35471	29742	57110	13710	21351	29816	32783	69004
92339	82043	80136	97269	28858	03036	01304	51363	40412
78421	33809	92792	96106	95191	43514	08320	25690	76117
44265	86707	80637	44879	81457	06781	11411	88804	62551
89430	51314	76126	62672	31815	12947	76533	19761	93373
36462	19901	02919	29311	31275	83593	34933	95758	63944
55996	59605	51680	27755	06077	12797	67082	12536	64069
69338	43838	06320	63988	16549	27931	27270	94711	47834
40276	17751	72508	23027	70257	42812	87319	09160	02913
67834	93014	07816	93085	14552	10115	87740	44125	51227

표 D.10_ 정상분포(z)

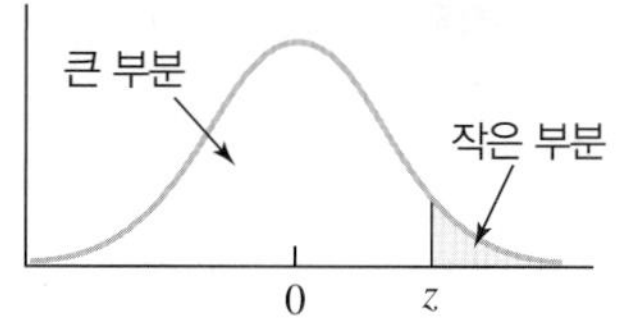

z	평균에서 z까지	큰 부분	작은 부분	z	평균에서 z까지	큰 부분	작은 부분
.00	.0000	.5000	.5000	.40	.1554	.6554	.3446
.01	.0040	.5040	.4960	.41	.1591	.6591	.3409
.02	.0080	.5080	.4920	.42	.1628	.6628	.3372
.03	.0120	.5120	.4880	.43	.1664	.6664	.3336
.04	.0160	.5160	.4840	.44	.1700	.6700	.3300
.05	.0199	.5199	.4801	.45	.1736	.6736	.3264
.06	.0239	.5239	.4761	.46	.1772	.6772	.3228
.07	.0279	.5279	.4721	.47	.1808	.6808	.3192
.08	.0319	.5319	.4681	.48	.1844	.6844	.3156
.09	.0359	.5359	.4641	.49	.1879	.6879	.3121
.10	.0398	.5398	.4602	.50	.1915	.6915	.3085
.11	.0438	.5438	.4562	.51	.1950	.6950	.3050
.12	.0478	.5478	.4522	.52	.1985	.6985	.3015
.13	.0517	.5517	.4483	.53	.2019	.7019	.2981
.14	.0557	.5557	.4443	.54	.2054	.7054	.2946
.15	.0596	.5596	.4404	.55	.2088	.7088	.2912
.16	.0636	.5636	.4364	.56	.2123	.7123	.2877
.17	.0675	.5675	.4325	.57	.2157	.7157	.2843
.18	.0714	.5714	.4286	.58	.2190	.7190	.2810
.19	.0753	.5753	.4247	.59	.2224	.7224	.2776
.20	.0793	.5793	.4207	.60	.2257	.7257	.2743
.21	.0832	.5832	.4168	.61	.2291	.7291	.2709
.22	.0871	.5871	.4129	.62	.2324	.7324	.2676
.23	.0910	.5910	.4090	.63	.2357	.7357	.2643
.24	.0948	.5948	.4052	.64	.2389	.7389	.2611
.25	.0987	.5987	.4013	.65	.2422	.7422	.2578
.26	.1026	.6026	.3974	.66	.2454	.7454	.2546
.27	.1064	.6064	.3936	.67	.2486	.7486	.2514
.28	.1103	.6103	.3897	.68	.2517	.7517	.2483
.29	.1141	.6141	.3859	.69	.2549	.7549	.2451
.30	.1179	.6179	.3821	.70	.2580	.7580	.2420
.31	.1217	.6217	.3783	.71	.2611	.7611	.2389
.32	.1255	.6255	.3745	.72	.2642	.7642	.2358
.33	.1293	.6293	.3707	.73	.2673	.7673	.2327
.34	.1331	.6331	.3669	.74	.2704	.7704	.2296
.35	.1368	.6368	.3632	.75	.2734	.7734	.2266
.36	.1406	.6406	.3594	.76	.2764	.7764	.2236
.37	.1443	.6443	.3557	.77	.2794	.7794	.2206
.38	.1480	.6480	.3520	.78	.2823	.7823	.2177
.39	.1517	.6517	.3483	.79	.2852	.7852	.2148

출처: 이 표의 숫자 값들은 저자가 계산한 것이다.

(계속)

표 D.10_ 정상분포(z) (계속)

z	평균에서 z까지	큰 부분	작은 부분
.80	.2881	.7881	.2119
.81	.2910	.7910	.2090
.82	.2939	.7939	.2061
.83	.2967	.7967	.2033
.84	.2995	.7995	.2005
.85	.3023	.8023	.1977
.86	.3051	.8051	.1949
.87	.3078	.8078	.1922
.88	.3106	.8106	.1894
.89	.3133	.8133	.1867
.90	.3159	.8159	.1841
.91	.3186	.8186	.1814
.92	.3212	.8212	.1788
.93	.3238	.8238	.1762
.94	.3264	.8264	.1736
.95	.3289	.8289	.1711
.96	.3315	.8315	.1685
.97	.3340	.8340	.1660
.98	.3365	.8365	.1635
.99	.3389	.8389	.1611
1.00	.3413	.8413	.1587
1.01	.3438	.8438	.1562
1.02	.3461	.8461	.1539
1.03	.3485	.8485	.1515
1.04	.3508	.8508	.1492
1.05	.3531	.8531	.1469
1.06	.3554	.8554	.1446
1.07	.3577	.8577	.1423
1.08	.3599	.8599	.1401
1.09	.3621	.8621	.1379
1.10	.3643	.8643	.1357
1.11	.3665	.8665	.1335
1.12	.3686	.8686	.1314
1.13	.3708	.8708	.1292
1.14	.3729	.8729	.1271
1.15	.3749	.8749	.1251
1.16	.3770	.8770	.1230
1.17	.3790	.8790	.1210
1.18	.3810	.8810	.1190
1.19	.3830	.8830	.1170
1.20	.3849	.8849	.1151
1.21	.3869	.8869	.1131
1.22	.3888	.8888	.1112
1.23	.3907	.8907	.1093
1.24	.3925	.8925	.1075
1.25	.3944	.8944	.1056
1.26	.3962	.8962	.1038
1.27	.3980	.8980	.1020
1.28	.3997	.8997	.1003
1.29	.4015	.9015	.0985
1.30	.4032	.9032	.0968
1.31	.4049	.9049	.0951
1.32	.4066	.9066	.0934
1.33	.4082	.9082	.0918
1.34	.4099	.9099	.0901
1.35	.4115	.9115	.0885
1.36	.4131	.9131	.0869
1.37	.4147	.9147	.0853
1.38	.4162	.9162	.0838
1.39	.4177	.9177	.0823
1.40	.4192	.9192	.0808
1.41	.4207	.9207	.0793
1.42	.4222	.9222	.0778
1.43	.4236	.9236	.0764
1.44	.4251	.9251	.0749
1.45	.4265	.9265	.0735
1.46	.4279	.9279	.0721
1.47	.4292	.9292	.0708
1.48	.4306	.9306	.0694
1.49	.4319	.9319	.0681
1.50	.4332	.9332	.0668
1.51	.4345	.9345	.0655
1.52	.4357	.9357	.0643
1.53	.4370	.9370	.0630
1.54	.4382	.9382	.0618
1.55	.4394	.9394	.0606
1.56	.4406	.9406	.0594
1.57	.4418	.9418	.0582
1.58	.4429	.9429	.0571
1.59	.4441	.9441	.0559
1.60	.4452	.9452	.0548
1.61	.4463	.9463	.0537
1.62	.4474	.9474	.0526
1.63	.4484	.9484	.0516
1.64	.4495	.9495	.0505
1.65	.4505	.9505	.0495
1.66	.4515	.9515	.0485
1.67	.4525	.9525	.0475
1.68	.4535	.9535	.0465
1.69	.4545	.9545	.0455
1.70	.4554	.9554	.0446
1.71	.4564	.9564	.0436
1.72	.4573	.9573	.0427
1.73	.4582	.9582	.0418
1.74	.4591	.9591	.0409
1.75	.4599	.9599	.0401
1.76	.4608	.9608	.0392
1.77	.4616	.9616	.0384

(계속)

표 D.10_ 정상분포(z) (계속)

z	평균에서 z까지	큰 부분	작은 부분	z	평균에서 z까지	큰 부분	작은 부분
1.78	.4625	.9625	.0375	2.28	.4887	.9887	.0113
1.79	.4633	.9633	.0367	2.29	.4890	.9890	.0110
1.80	.4641	.9641	.0359	2.30	.4893	.9893	.0107
1.81	.4649	.9649	.0351	2.31	.4896	.9896	.0104
1.82	.4656	.9656	.0344	2.32	.4898	.9898	.0102
1.83	.4664	.9664	.0336	2.33	.4901	.9901	.0099
1.84	.4671	.9671	.0329	2.34	.4904	.9904	.0096
1.85	.4678	.9678	.0322	2.35	.4906	.9906	.0094
1.86	.4686	.9686	.0314	2.36	.4909	.9909	.0091
1.87	.4693	.9693	.0307	2.37	.4911	.9911	.0089
1.88	.4699	.9699	.0301	2.38	.4913	.9913	.0087
1.89	.4706	.9706	.0294	2.39	.4916	.9916	.0084
1.90	.4713	.9713	.0287	2.40	.4918	.9918	.0082
1.91	.4719	.9719	.0281	2.41	.4920	.9920	.0080
1.92	.4726	.9726	.0274	2.42	.4922	.9922	.0078
1.93	.4732	.9732	.0268	2.43	.4925	.9925	.0075
1.94	.4738	.9738	.0262	2.44	.4927	.9927	.0073
1.95	.4744	.9744	.0256	2.45	.4929	.9929	.0071
1.96	.4750	.9750	.0250	2.46	.4931	.9931	.0069
1.97	.4756	.9756	.0244	2.47	.4932	.9932	.0068
1.98	.4761	.9761	.0239	2.48	.4934	.9934	.0066
1.99	.4767	.9767	.0233	2.49	.4936	.9936	.0064
2.00	.4772	.9772	.0228	2.50	.4938	.9938	.0062
2.01	.4778	.9778	.0222	2.51	.4940	.9940	.0060
2.02	.4783	.9783	.0217	2.52	.4941	.9941	.0059
2.03	.4788	.9788	.0212	2.53	.4943	.9943	.0057
2.04	.4793	.9793	.0207	2.54	.4945	.9945	.0055
2.05	.4798	.9798	.0202	2.55	.4946	.9946	.0054
2.06	.4803	.9803	.0197	2.56	.4948	.9948	.0052
2.07	.4808	.9808	.0192	2.57	.4949	.9949	.0051
2.08	.4812	.9812	.0188	2.58	.4951	.9951	.0049
2.09	.4817	.9817	.0183	2.59	.4952	.9952	.0048
2.10	.4821	.9821	.0179	2.60	.4953	.9953	.0047
2.11	.4826	.9826	.0174	2.61	.4955	.9955	.0045
2.12	.4830	.9830	.0170	2.62	.4956	.9956	.0044
2.13	.4834	.9834	.0166	2.63	.4957	.9957	.0043
2.14	.4838	.9838	.0162	2.64	.4959	.9959	.0041
2.15	.4842	.9842	.0158	2.65	.4960	.9960	.0040
2.16	.4846	.9846	.0154	2.66	.4961	.9961	.0039
2.17	.4850	.9850	.0150	2.67	.4962	.9962	.0038
2.18	.4854	.9854	.0146	2.68	.4963	.9963	.0037
2.19	.4857	.9857	.0143	2.69	.4964	.9964	.0036
2.20	.4861	.9861	.0139	2.70	.4965	.9965	.0035
2.21	.4864	.9864	.0136	2.71	.4966	.9966	.0034
2.22	.4868	.9868	.0132	2.72	.4967	.9967	.0033
2.23	.4871	.9871	.0129	2.73	.4968	.9968	.0032
2.24	.4875	.9875	.0125	2.74	.4969	.9969	.0031
2.25	.4878	.9878	.0122	2.75	.4970	.9970	.0030
2.26	.4881	.9881	.0119	2.76	.4971	.9971	.0029
2.27	.4884	.9884	.0116	2.77	.4972	.9972	.0028

(계속)

표 D.10_ 정상분포(z) (계속)

z	평균에서 z까지	큰 부분	작은 부분	z	평균에서 z까지	큰 부분	작은 부분
2.78	.4973	.9973	.0027	2.94	.4984	.9984	.0016
2.79	.4974	.9974	.0026	2.95	.4984	.9984	.0016
2.80	.4974	.9974	.0026	2.96	.4985	.9985	.0015
2.81	.4975	.9975	.0025	2.97	.4985	.9985	.0015
2.82	.4976	.9976	.0024	2.98	.4986	.9986	.0014
2.83	.4977	.9977	.0023	2.99	.4986	.9986	.0014
2.84	.4977	.9977	.0023	3.00	.4987	.9987	.0013
2.85	.4978	.9978	.0022	⋮	⋮	⋮	⋮
2.86	.4979	.9979	.0021	3.25	.4994	.9994	.0006
2.87	.4979	.9979	.0021	⋮	⋮	⋮	⋮
2.88	.4980	.9980	.0020	3.50	.4998	.9998	.0002
2.89	.4981	.9981	.0019	⋮	⋮	⋮	⋮
2.90	.4981	.9981	.0019	3.75	.4999	.9999	.0001
2.91	.4982	.9982	.0018	⋮	⋮	⋮	⋮
2.92	.4982	.9982	.0018	4.00	.5000	1.0000	.0000
2.93	.4983	.9983	.0017				

용어 해설

가

가로축(abscissa) 그림에서 가로축

가설검증(hypothesis testing) 모수치의 값에 대해 결정하는 과정

가족 단위 오류율(familywise error rate) 다중비교에서 같은 족에 속한 비교들 중 적어도 하나가 1종 오류를 범할 확률

가중 평균(weighted average) 각각의 값에 다른 가중치를 주고 얻은 합을 가중치의 합으로 나눠 얻은 평균

간격 척도(interval scale) 대상들 간의 간격이 같으면 같은 정도의 차이라고 보는 척도. 이 척도에서는 차이가 중요하다.

검증력(power) 영가설이 거짓일 때 영가설을 기각하는 옳은 결정을 내리는 확률

검증 통계치(test statistics) 통계검증의 결과

결정(decision making) 표본 자료를 근거로 논리적으로 결정하는 절차

결정 나무 그림(decision tree) 통계 절차의 선택에 관련된 결정들을 그림으로 그린 것

공변량(covariance: s_{xy}, cov_{xy}) 두 변인이 같이 변하는 정도를 알려주는 통계치

관찰빈도(observed frequency) 실제 관찰된 칸별 빈도. 기대빈도와 대비된다.

구간 추정값(interval estimate) 모수치가 들어 있을 것으로 추정되는 값의 범위

기각 수준(rejection level) 사실은 영가설이 참이지만 기꺼이 영가설을 기각하는 확률

기각 영역(rejection region) 영가설을 기각하게 하는 결과사상들의 집합

기대빈도(expected frequencies) 영가설이 참일 때 각 칸에 있을 것으로 기대되는 빈도

기댓값(expected value) 반복해서 표본을 선정하면 장기적으로 얻어질 것으로 기대되는 통계치 값

기울기(slope) X의 1 단위의 차이에서 나타나는 Y의 크기 차이

기준변인(criterion variable) 회귀를 통해 예측되어지는 변인

다

다중비교기법(multiple comparison technique) 변량분석을 한 다음 둘 이상의 집단 평균 간의 차이를 비교하는 방법

다중공선성(multicollinearity) 예측변인들 간에 높은 상관이 있는 상황

단계적 절차(stepwise procedure) 회귀식에서 변인들을 하나씩 추가하거나 제거하는 방식으로 회귀식을 도출해내는 일련의 규칙

단봉(unimodal) 봉우리가 하나인 분포

단순효과(simple effect) 다른 독립변인의 한 수준에서 나타나는 특정 독립변인의 효과. 단순 주효과라고도 불림.

단조관계(monotonic relationship) 직선은 아니더라도 계속해서 증가하거나 감소하는 선으로 그려지는 관계

대립가설(alternative hypothesis: H_1) 영가설이 기각되었을 때 수용되는 가설. 보통은 연구가설과 같음

대응표본(matched sample) 참가자들을 짝을 지어 짝별로 실험집단들에 배정하는 설계

대체 변량(Winsorized variance) 대체 평균을 계산한 표본의 변량

대체 평균(Winsorized mean) 극단적인 값들을 자른 다음 그 값들을 남은 자료들 중 가장 극단적인 값으로 대체한 자료의 평균

대체 표준편차(Winsorized standard deviation) 대체평균을 계산한 표본의 표준편차

대칭적(symmetric) 중앙으로부터 양쪽의 모양이 같

은 것

델타(delta: δ) 검증력을 계산하는 데 필요한 수치로, 감마와 표본크기를 결합한 수치

독립변인(independent variables) 실험자에 의해 통제되는 변인

독립적인 사상(independent events) 한 사상의 발생이 다른 사상의 발생 확률에 영향을 주지 않으면 두 사상은 독립적이라는 것

뒷자릿수, 최소유효숫자(trailing digits, less significant digits) 앞자릿수 다음의 숫자

마

막대그래프(bar graph) X 값별 발생빈도를 막대의 높이로 그린 그림

메타분석(meta analysis) 특정 주제에 관한 연구들을 수집해서 결과를 종합해 전반적인 결론을 만들어내는 절차

명명 척도(nominal scale) 대상들을 구분하는 용도로만 사용되는 숫자

모수치(parameter) 전집 자료를 요약하는 숫자 값

모수적 검증(parametric test) 전집의 모수치에 관한 가정이나 추정치에 대해 검증하는 통계

무선배정/무선할당(random assignment) 무선적인 방법에 의해 참가자를 집단에 배정하는 것

무선표본(random sample) 전집의 각 성원이 표본에 선정될 확률이 같은 표본

무선화 검증(randomization test, permutation test) 무수한 무선적인 자료조합의 결과를 토대로 집단 간의 차이가 없다는 영가설을 기각하는 가설검증

무조건확률(unconditional probability) 다른 사상의 발생 여부를 무시하고 계산하는 특정 사상의 확률

밀도(density) 분포에서 특정 X 값에 해당하는 곡선의 높이. X 주위의 간격의 확률과 밀접한 관련이 있다.

바

반복측정(repeated measure) 같은 참가자로부터 여러 번 측정한 자료

반복측정설계(repeated measures design) 각 참가자가 적어도 하나의 독립변인의 모든 수준에 참여하는 설계

방향적 검증(directional test) 분포의 한쪽 극단에서만 극단적인 결과를 기각하는 검증

백분위 점수(percentile) 관찰치의 특정 비율이 그보다 낮은 값을 갖는 점수

범위(range) 최솟값에서 최댓값까지의 거리, 즉 최댓값 — 최솟값.

범위 제한(range restriction) X나 Y 변인의 범위가 인위적으로 제한되는 경우

범주 자료(categorical data) 각 범주별 빈도를 표상하는 자료

베타(beta: β) 2종 오류를 범할 확률

변량분석(analysis of variance: ANOVA) 여러 집단의 평균들의 차이를 검증하는 통계 절차

변량의 동질성(homogeneity of variance) 둘 혹은 그 이상의 전집이 변량이 같은 것

변량의 이질성(heterogeneity of variance) 변량이 다른 전집들에서 표본들이 선정된 경우

변량 합 법칙(variance sum law) 둘 이상의 변인의 합의 변량을 계산하는 일련의 규칙

변산성(variability) 개별 점수들이 서로 흩어져있는 정도

변인(variables) 다양한 값을 가질 수 있는 대상이나 사건의 속성

변인 간 상관 행렬표(intercorrelation matrix) 변인들 간의 쌍 간 상관을 보여주는 표나 행렬

보호 t(protected t) 변량분석에서 집단 간 차이가 유의하게 나왔을 때에만 평균들 간의 차이를 검증하는 통계 방법. 피셔의 최소유의차이 검증이라고도 불림

본페로니 보정(Bonferroni correction) 가족 단위 오류율을 비교의 수로 나누어 각 비교의 유의도 수준으로 정하는 다중 평균 비교 절차

부적 관계성(negative relationship) 한 변인이 증가가 다른 변인의 감소와 연합되는 관계

부적 편포(negatively skewed) 왼쪽으로 꼬리가 긴 분포

분산(dispersion) 개별 점수들이 평균에서부터 흩어져있는 정도

분석적 견해(analytic view) 가능한 결과사상들의 분석을 토대로 확률을 정의하는 견해

불연속변인(discrete variable) 몇 가지 가능한 점수들 중 하나를 가질 수 있는 변인

비모수적 검증(nonparametric test) 모수치 추정이나 분포에 대한 가정을 필요로 하지 않는 통계검증

비방향적 검증(nondirectional test) 분포의 양쪽 극단에서 영가설을 기각하는 검증

비선형적 관계(curvilinear relationship) 직선이 아닌 다른 함수에 의해 가장 잘 대표되는 상황

비율 척도(ratio scale) 절대 영점이 있는 척도. 이 척도에서는 비율이 중요한 의미를 가진다.

비중심성 모수치(noncentrality parameter) 대립가설하의 표집분포의 평균이 영가설하의 표집분포의 평균에서 벗어나는 정도를 알려주는 측정치

빈도 견해(frequency view) 각기 다른 결과의 상대빈도를 토대로 확률을 정의하는 견해

빈도분포(frequency distribution) 종속변인 값별 빈도를 표나 그림으로 그린 것

빈도 자료(frequency data) 각 범주별 빈도를 표상하는 자료

사

사분점 위치(quartile location) 크기 순서로 배열된 목록에서 사분점의 위치

사분점 간 범위(interquartile range) 전체 분포에서 중앙 50%의 범위

사상(event) 한 시행의 결과

산포도(scatterplot, scatter diagram, scattergram) 각 자료들이 2차원 공간에 그려진 그림

상관(correlation: r) 변인들 간의 관계

상관계수(correlation coefficient) 변인들 간의 관계를 알려주는 지표

상관계수 제곱(squared correlation coefficient) 상관계수의 제곱

상관표본(related sample) 한 사람의 참가자가 한 조건 이상에 참여하는 설계

상대적 위험도(relative risk) 다른 조건의 위험도와 비교한 특정 조건의 위험도

상수(constant) 주어진 상황에서 변하지 않는 값

상자 그림(boxplot) 표본의 분산을 그림으로 그리는 방법

상자–수염 그림(box-and-whisker plot) 표본의 분산을 그림으로 그리는 방법

상호배타적(mutually exclusive) 한 사건의 발생이 다른 사건의 발생을 원천적으로 배제시키는 경우 두 사건은 상호배타적이다.

상호작용(interaction) 요인설계에서 한 독립변인의 효과가 다른 독립변인의 수준에 따라 다르게 나타나는 것

서열 데이터에 대한 스피어먼의 상관계수(Spearman's correlation coefficient for ranked data: r_s) 순위자료에서의 상관계수

서열 척도(ordinal scale) 대상들을 순서 매기는 의미까지 갖는 숫자

선그래프(line graph) 각기 다른 X 값에 해당하는 Y 값들을 선으로 이은 그래프

선형 변환(linear transformation) 상수를 더하거나 빼거나 곱하거나 상수로 나누는 변형

선형적 관계(linear relationship) 가장 적합한 회귀선이 직선인 관계

세로축(ordinate) 그래프의 세로축. 주로 종속변인이 세로축에 놓인다.

수염(whisker) 상자 그림에서 상자의 위와 아래에서 H 범위의 1.5배 이내에서 가장 극단적인 값까지 연장한 선분

순서효과(order effect) 처치가 시행되는 순서가 수행에 영향을 미치는 것

숲 도표(forest plot) 각 연구별 효과크기와 신뢰구간을 하나의 그림에 넣은 그림. 전체 효과크기 외 신뢰구간도 보여준다.

스튜던트 t 분포(Student's t distribution) t 통계치의 표집분포

승산(odds) 특정 결과사상의 발생 빈도를 대안적인 결과사상의 발생빈도로 나눈 값. 예를 들어 성공 빈도를 실패 빈도로 나눈 값

승산 비(odds ratio) 두 승산의 비율. 예를 들어 한 조건에서의 성공 승산을 다른 조건에서의 성공 승산으로 나눈 값

시그마(sigma: Σ) 합의 부호

신뢰구간(confidence interval) 추정하려는 모수치가 특정 확률로 포함될 간격. 양쪽 끝에 한계가 있다.

신뢰한계(confidence limits) 신뢰구간의 극한값

실상한계(real upper limit) 한 급간의 최댓값과 그

위 급간의 최솟값의 중간점

실하한계(real lower limit) 한 급간의 최솟값과 그 아래 급간의 최댓값의 중간점

실험가설(experimental hypothesis) 연구가설의 다른 이름

아

알파(alpha) 1종 오류를 범할 확률

앞자릿수, 최대유효숫자(leading digits, most significant digits) 어떤 숫자에서 가장 왼쪽에 있는 수

양방검증(two-tailed test) 분포의 양 극단에서 영가설을 기각하는 검증

양봉(bimodal) 봉우리가 두 개인 분포

양상(modality) 빈도분포에서 의미 있는 봉우리의 수

양적 자료(quantitative data) 측정자료의 다른 이름

에타제곱(eta squared: η^2) 효과 강도 지표 중 하나. 상관비율이라고도 불린다.

역균형화(counterbalancing) 연습효과를 상쇄하기 위해 처치조건들의 순서를 배정하는 것

연구가설(research hypothesis: H_1) 연구자가 알아보려는 가설

연속변인(continuous variable) 아무 값이나 가질 수 있는 변인

연접확률(joint probability) 둘 혹은 그 이상의 사건이 같이 일어날 확률

영가설(null hypothesis: H_0) 통계 절차에 의해 검증되는 가설. 조건 간에 차이가 없다거나 변인 간에 관계가 없다고 보는 가설이 영가설로 많이 사용된다.

예측변인(predictor variable) 예측을 하는 근거로 사용되는 변인

예외값(outlier) 분포의 다른 자료들과 동떨어진 극단적인 값

예측 오차(errors of prediction) 원점수와 예측된 점수의 차이

오메가제곱(omega squared: ω^2) 효과 강도 지표 중 덜 편향적인 지표

오차 막대(error bar) 그래프에서 평균이나 다른 통계치 위에 그린 막대로, 보통 그 통계체의 평균으로부터 위쪽과 아래쪽으로 1 표준오차를 나타낸다.

오차 변량(error variance) 추정치의 표준오차의 제곱

오차 제곱합(SS_{error}) 집단 내 편차제곱들의 합. 잔여제곱들의 합

오차 자유도(df_{error}) 오차 제곱합과 연합된 자유도로, 각 조건에 n명이 있고 조건이 k개이면 오차 자유도는 $k(n-1)$이다.

요인(factors) 변량분석에서 독립변인의 다른 이름

요인설계(factorial design) 한 변인의 모든 수준이 다른 변인의 모든 수준과 짝지어지는 설계방안

위험도(risk) 한 사건의 발생수를 전체 사건 발생수로 나눈 값

위험도 차이(risk difference) 두 조건의 위험도의 차이

위험도 비(risk ratio) 두 위험도의 비율

윌콕슨 대응쌍 음양 순위 검증(Wilcoxon's matched-pairs signed rank test) 두 개의 상관 표본에서 중앙경향치를 비교하는 비모수 통계

윌콕슨-만-휘트니 순위합 검증(Wilcoxon-Mann-Whitney rank-sum test) 두 독립집단을 비교하는 비모수적 통계

유관표(contingency table) 하나의 관찰치가 두 변인의 함수로 분류되는 2차원의 표

유의도 수준(significance level) 사실은 영가설이 참인데 기꺼이 영가설을 기각하려는 확률

의사결정(decision making) 표본 자료를 근거로 논리적으로 결정하는 절차

이원요인설계(two-way factorial design) 독립변인이 두 개인 요인설계. 한 변인의 모든 수준이 다른 변인의 모든 수준과 짝지어진다.

이월효과(carry-over effect) 직전 시행이나 조건의 효과가 다음 시행이나 조건에 미치는 영향

이중은폐 연구(double-blind study) 참가자가 어느 처치 조건인지 실험자와 참가자 모두 모르는 연구

이질적 하위 표본(heterogeneous subsamples) 다른 변인에 의해 질적으로 다른 두 개의 하위집단으로 나뉠 수 있는 자료

일방검증(one-tailed test) 분포의 한쪽 극단에서만 영가설을 기각하는 검증

일원변량분석(one-way ANOVA) 집단이 독립변인 하나에 의해서만 나누어지는 변량분석

임계치(critical value) 특정값 이상이 되면 영가설을 기각하게 되는 검증 통계치의 값

잎(leaves) 줄기-잎 그림에서 앞자릿수가 아니라 그 뒤에 따르는 숫자들을 수평선에 그린 것

자

자른 통계치(trimmed statistics) 자른 표본에서 얻어진 통계치

자른 평균(trimmed mean) 양쪽에서 일정 백분율만큼 극단적인 자료를 제거한 표본의 평균

자른 표본(trimmed samples) 양쪽에서 일정 백분율만큼 극단적인 자료를 제거한 표본

자유도(degree of freedom: *df*) 모수치를 추정하고 난 다음에 남아있는 독립적인 정보의 수

잔여 변량(residual variance, error variance) 추정치의 표준오차의 제곱

잔여(residual) 실제 관찰치와 예측치 간의 차이

적합도 검증(goodness-of-fit test) 실제 빈도를 예측된 빈도와 비교하는 검증

전집(population) 관심을 갖는 사건들의 전체 집합

전집 상관계수(population correlation coefficient rho: ρ) 전집에서의 상관계수

전집 변량(population variance: σ^2) 전집의 변량. 대부분 직접 계산되기보다는 추정된다.

전집적(exhaustive) 모든 가능한 결과 사상을 다 포함하는 집합

전체 제곱합(SS_{total}) 어느 집단에 속했는지와 상관없이 모든 편차 점수들의 제곱의 합

전체 자유도(dftotal) 전체 제곱합($SS_{전체}$)과 연합된 자유도. 전체 사례수 − 1, 즉 $N-1$이다.

전체 평균(grand mean) 모든 관찰치의 평균

전향적 연구(prospective study) 현재의 조건(예: 약물)에 기초해 참가자를 선발해서 앞으로의 행동이나 결과를 비교하는 연구

절편(intercept) X가 0일 때 Y 값

점 이연상관(point biserial correlation: r_{pb}) 두 변인 중 한 변인이 2가 변인일 때의 상관계수

점 추정값(point estimate) 특정값으로 모수치를 추정하는 것

정상분포(normal distribution) 종 모양의 형태를 띠는 분포

정적 편포(positively skewed) 오른쪽으로 꼬리가 긴 분포

제곱합(sum of squares) 특정값(일반적으로 평균 혹은 예측값)으로부터의 편차의 제곱의 합

조건확률(conditional probability) 한 사상이 일어났을 때 특정사상이 일어날 확률

종속변인(dependent variable) 측정되는 변인. 자료 혹은 점수

주관적 확률(subjective probability) 특정 결과의 가능성에 대한 주관적 신념으로 정의되는 확률

주변합(marginal total) 다른 변인들의 수준을 합해서 계산하는 특정변인의 수준별 합

주효과(main effect) 다른 변인들의 수준들을 무시하고 평균을 내었을 때 특정 변인의 효과

줄기(stem) 줄기-잎 그림에서 앞자릿수를 포함하는 수직선의 축

줄기-잎 그림(stem-and-leaf display) 원자료를 히스토그램처럼 배열해서 보여주는 그림

중다상관계수(multiple correlation coefficient: *R*) 기준변인과 예측변인들의 집합과의 상관

중심극한정리(central limit theorem) 평균의 표집분포의 성질을 나타내는 정리

중앙 *t* 분포(central *t* distribution) 영가설이 참일 때 통계치 t의 표집분포

중앙값 위치(medial location) 순서로 배열했을 때 중앙값의 위치

중앙점(midpoint) 급간의 가운데 값. 상한계와 하한계의 평균

증가 점수(gain score) 개인별 검사 전 측정치와 검사 후 측정치의 차이

집단 제곱합(SS_{group}) 전체 평균과 집단 평균의 편차의 제곱의 합에 관찰치의 수를 곱한 것

집단 자유도(df_{group}) 집단 간 제곱합과 연합된 자유도. 조건이 k개이면 집단 간 자유도는 $k-1$이다.

집단 간 평균제곱합($MS_{between}$) 집단 평균들 간의 변산성

집단 내 평균제곱합(MS_{within}) 같은 처치 집단에 속한 참가자들 간의 변산성

집중경향 측정치(measurement of central tendency) 분포의 중앙을 가리키는 숫자 값

차

차이 점수(difference score) 참가자별로 두 경우에서 얻어진 점수 차이들의 조합. '이득 점수'라고도 불린다.

참가자 간 설계(between-subjects design) 처치집단에 각기 다른 참가자들이 참여하는 설계

참가자 내 설계(within-subjects design) 한 참가자가 여러 처치 조건에 참여하는 설계

처치 평균제곱합($MS_{treatment}$) 처치조건 간의 차이의 평균 제곱

최대유효숫자, 앞자릿수(leading digits, most significant digits) 어떤 숫자에서 가장 왼쪽에 있는 수

최빈치(값)(mode: Mo) 가장 빈번하게 나타나는 점수

최소유효숫자, 뒷자릿수(trailing digits, less significant digits) 앞자릿수 다음의 숫자

최소제곱 회귀(least squares regression) 예측값과 실제 값 사이의 편차의 제곱이 가장 적은 회귀식

추정치의 표준오차(standard error of estimates) 회귀선으로부터의 편차의 제곱의 평균

충원표본(sample with replacement) n번째 시행에서 뽑힌 사례를 다시 넣고(n + 1)번째를 뽑는 방식으로 선정한 표본

측정(measurement) 규칙에 따라 대상들에 숫자 값을 배정하는 것

측정 자료(measurement data) 대상이나 사건을 측정해서 얻은 자료

측정 척도(scales of measurement) 대상들에 부여된 숫자들 간의 관계의 특징

카

카이제곱 검증(chi-square test) 범주자료를 분석할 때 자주 사용되는 통계검증 방법

칸(cell) 열과 행의 조합으로 만들어지는 조건, 동일한 처치조건에서 얻어진 관찰들의 조합

칸 제곱합(SS_{cell}) 칸 평균들 간의 차이를 측정하는 제곱들의 합

타

탐색적 자료분석(exploratory data analysis: EDA) 자료들을 시각적으로 의미 있게 제시하는 방법. 터키(Tukey)가 개발하였다.

통계치(statistics) 표본 자료를 요약하는 숫자 값

통제집단(control group) 표준 처치를 받거나 아무 처치도 받지 않는 집단. 다른 집단을 통제 집단과 비교한다.

통합 변량(pooled variance) 표본 변량들의 가중 평균치

터키 검증(Tukey's test) 한 집단의 비교에서 가족 단위 오류율을 일정하게 유지한 가운데 시행하는 평균 간 다중비교 방법

파

파이(phi: ϕ) 두 변인이 다 2가 변인일 때의 상관계수

파일함 문제(file drawer problem) 유의하지 않은 결과는 발표되지 않아서 문헌에서 보는 연구들은 유의한 결과들로 편향될 수 있다는 것

편포도(skewness) 분포가 비대칭적인 정도의 지표

편향(bias) 통계치의 값이 추정하려는 모수치와 일치하지 않는 것

평균(mean) 점수의 합을 사례수로 나눈 값

평균 간 차이의 표준오차(standard error of difference between means) 평균 간 차이의 표집분포에서의 표준편차

평균 간 차이의 표집분포(sampling distribution of difference between means) 같은 전집에서 반복해서 얻은 두 개 이상의 집단 평균들의 차이들의 분포

평균으로의 회귀(regression to the mean) 시간이 지나면 관찰치들이 평균으로 이동한다는 근거 없는 믿음

평균의 표집분포(sampling distribution of means) 하나의 전집에서 반복해서 얻은 표본 평균들의 분포

평균의 표준오차(standard error of difference between means) 평균의 표집분포에서의 표준편차

표본(sample) 실제 관찰치의 집합. 전집의 부분 집합

표본 변량(sample variance: s^2) 평균에서의 편차의 제곱을 합한 것을 n − 1로 나눈 것

표본 통계치(sample statistics) 표본에서 계산된 통계치. 표본을 요약하는 용도로 사용된다.

표준오차(standard error) 표집분포의 표준편차

표준점수(standard score) 사전에 평균과 표준편차가 정해져 있는 점수

표준정상분포(standard normal distribution) 평균이 0이고 표준편차가 1인 정상분포. $N(0, 1)$로 표기한다.

표준편차(standard deviation: *s* or *σ*) 변량의 제곱근

표준화(standardization) 점수에서 평균을 뺀 다음 표준편차로 나누는 절차

표준화된 회귀계수(standardized regression coefficients: beta) 표준화된 자료에서 얻어진 회귀계수

표집분포(sampling distribution) 특정 전집에서 반복해서 얻은 표본들의 통계치의 분포

표집오차(sampling error) 우연에 의해 비롯되는 표본들 간의 변산성

프리드먼 *k* 상관표본 순위 검증(Friedman's rank test for *k* correlated samples) 일원 반복 변량분석에 상응하는 비모수적 통계법

피셔의 정확 검증(Fisher's exact test) 고정된 주변합을 가정하는 유관표 검증 방법. 카이제곱 검증의 대체물로 제안되었다.

피셔의 최소유의차이 검증(Fisher's Least Significant Difference test: LSD) 다중 평균 비교 절차의 하나로 전체 변량분석에서 *F*가 유의해야 하며, 평균들 간에 일반적인 *t* 검증을 하는 방법. 보호 *t*라고도 한다.

피어슨 적률상관계수(Pearson product-moment correlation coefficient: *r*) 가장 널리 사용되는 상관계수

하

혼입(confounded) 두 변인이 동시에 변하면서 각 변인의 효과를 분리해낼 수 없을 때 두 변인은 혼입되었다고 한다.

확률값, *p* 값(*p* value) 영가설이 참일 때 특정 결과가 우연히 얻어질 확률. 1종 오류를 범할 정확한 확률

확률의 가산법칙(additive law of probability) 둘 혹은 그 이상의 상호배타적인 사건의 발생확률을 알려주는 규칙

확률의 곱셈법칙(multiplicative law of probability) 독립적인 사건들 간의 연접확률을 계산하는 규칙

회귀(regression) 하나 혹은 그 이상의 변인들로부터 특정변인의 값을 예측하는 것

회귀계수(regression coefficient) 절편과 기울기에 붙이는 일반적 명칭. 종종 기울기만을 가리킨다.

회귀선(regression line) 산포도에서 자료들과 적합도가 가장 높은 직선

회귀식(regression equation) 예측변인 *X*로부터 기준변인 *Y*의 값을 예측하는 식, 회귀선의 공식

효과 강도(magnitude of effect) 관찰치들 간의 변량의 어느 정도가 처치에 의한 것인지를 알려주는 지표

효과크기(effect size: *d*) 두 전집 평균의 차이를 표준편차로 나눈 차이

효과적 표본크기(effective sample size) 연구의 검증력과 연합된 표본크기

후향적 연구(retrospective study) 특정 조건에 기초해 참가자를 선발해서 과거 행동을 비교하는 연구

히스토그램(histogram) 급간별 빈도를 사각형으로 그린 그림

기타

1종 오류(Type I error) 영가설이 참인데 영가설을 기각하는 오류

2가 변인(dichotomous variable) 단지 두 가지 값 중 하나만을 가질 수 있는 변인

2종 오류(Type II error) 영가설이 거짓인데 영가설을 기각하지 못하는 오류

***d*-가족 측정치(d-family measures)** 평균 간 차이에 의존하는 효과크기 측정 방법

***F* 통계치, *F* 값(F statistics)** 집단 간 평균제곱합을 오차 평균제곱합으로 나눈 값

***p* 값(*p* value)** 영가설이 참일 때 특정 결과가 우연히 얻어질 확률. 1종 오류를 범할 정확한 확률

***r*-가족 측정치(r-family measures)** 독립변인과 종속변인의 상관과 유사한 효과크기 측정 방법

***T* 점수(*T* scores)** 평균이 50이고 표준편차가 10인

점수들의 집합

$\hat{Y}$ Y의 예측된 값('y-hat'이라고 함)

z 점수(z score) 평균보다 크거나 작은 정도를 표준편차의 배수로 표현한 숫자 값

참고문헌

Achenbach, T. M. (1991). *Integrative Guide for the 1991 CBCL/418, YSR, and TRFProfiles*. Burlington, VT: University of Vermont Department of Psychiatry.

Achenbach, T. M., Howell, C. T., Aoki, M. F., & Rauh, V. A. (1993). Nine year outcome of the Vermont Intervention Program for low birth weight infants. *Pediatrics, 91*, 45–55.

Adams, H. E., Wright, L. W., Jr., & Lohr, B. A. (1996). Is homophobia associated with homosexual arousal? *Journal of Abnormal Psychology, 195*, 440–445.

Agresti, A. (2002). *Categorical Data Analysis* (2nd ed.). New York: Wiley.

American Psychological Association. (2010). The Publication Manual of the American Psychological Association (6th ed.). Washington, DC: ISBN 978-1-4338-0562-2

Aronson, J., Lustina, M. J., Good, C., Keough, K., Steele, C. M., & Brown, J. (1998). When white men can't do math: Necessary and sufficient factors in stereotype threat. *Journal of Experimental Social Psychology, 35*, 29–46.

Associated Press. (Dec. 13, 2001) Study: American kids getting fatter at alarming rate.

Bauer, M., & Dopfmer, S. (1999) Lithium augmentation in treatment-resistant depression: meta-analysis of placebo-controlled studies. *Journal of Clinical Psychopharmacology*, 19, 427–434.

Bisson J, & Andrew, M. (2007) Psychological treatment of post-traumatic stress disorder (PTSD). *Cochrane Database of Systematic Reviews*, Issue 3.

Blanchard, E. B., Theobald, D. E., Williamson, D. A., Silver, B. V., & Brown, D. A. (1978). Temperature biofeedback in the treatment of migraine headaches. *Archives of General Psychiatry, 35*, 581–588.

Bleuler, E. (1950). *Dementia Praecox or the Group of Schizophrenias* (H. Zinkin, Trans.). New York: International Universities Press. (Original work published 1911)

Bloch, M. H., Panza, K. E., Landeros-Weisenberger, A., & Leckman, J. F. (2009). Meta-analysis: treatment of attention-deficit/hyperactivity disorder in children with comorbid tic disorders. *Journal American Academy of Child and Adolescent Psychiatry*, 48, 884.

Boos, D. D., & Stefanski, L. A. (2011). p-value precision and reproducibility. *The American Statistician*, 65, 213–218.

Borenstein, M., Hedges, L. V., Higgins, J. P. T., & Rothstein, H. R. (2009). *Introduction to meta-analysis*. Chichester: John Wiley & Sons, Ltd.

Bradley, J. V. (1963, March). *Studies in Research Methodology: IV. A Sampling Study of the Central Limit Theorem and the Robustness of OneSample Parametric Tests*. AMRL Technical Documentary Report 63–29, 650th Aerospace Medical Research Laboratories, Wright Patterson Air Force Base, OH.

Brescoll, V. L. & Uhlman, E. L. (2008). Can an angry woman get ahead: Status conferral, gender, and expression of emotion in the workplace. *Psychological Science, 19*, 268–275.

Brooks, L., & Perot, A. R. (1991). Reporting sexual harassment. *Psychology of Women Quarterly, 15*, 31–47.

Chernick, M. R., & LaBudde, R. A. (2011). An Introduction to Bootstrap Methods with Applications to *R*. Hoboken, NJ: Wiley.

Chicago Tribune. (July 21, 1995). Girl finds salary

gap could begin at home.

Christianson, M. K., & Leathem, J. M. (2004). Development and standardization of the computerized finger tapping test: Comparison with other finger tapping instruments. *New Zealand Journal of Psychology, 33*, 44–49.

Clark, K. B. & Clark, M. K. (1947). Racial identification and preference in Negro children. In E. E. Maccoby, T. M. Newcomb, & E. L. Hartley (Eds), *Readings in Social Psychology* (pp. 602–611). New York: Holt, Rinehart, and Winston.

Cochrane, A. L., St. Leger, A. S., & Moore, F. (1978). Health service "input" and mortality "output" in developed countries. *Journal of Epidemiology and Community Health, 32*, 200–205.

Cohen, J. (1968). Multiple regression as a general data-analytic system. *Psychological Bulletin, 70*, 426–443.

Cohen, J. (1969). *Statistical Power Analysis for the Behavioral Sciences*. Hillsdale, NJ: Lawrence Erlbaum Associates.

Cohen, J. (1988). *Statistical Power Analysis for the Behavioral Sciences* (2nd ed.). Hillsdale, NJ: Lawrence Erlbaum Associates.

Cohen, J. (1990). Things I have learned (so far). *American Psychologist, 45*, 1304–1312

Cohen, J. (1992). A power primer. *Psychological Bulletin, 112*, 155–159.

Cohen, P. (2005). Jacob Cohen. In B. E. Everitt & D. C. Howell (Eds), *Encyclopedia of Statistics in Behavioral Science* (pp. 318–319). London: Wiley.

Cohen, S., Kaplan, J. R., Cunnick, J. E., Manuck, S. B., & Rabin, B. S. (1992). Chronic social stress, affiliation, and cellular immune response in nonhuman primates. *Psychological Science, 3*, 301–304.

Compas, B. E., Worsham, N. S., Grant, K., Mireault, G., Howell, D. C., & Malcarne, V. L. (1994). When mom or dad has cancer: I. Symptoms of depression and anxiety in cancer patients, spouses, and children. *Health Psychology, 13*, 507–515.

Conover, W. J. (1980). *Practical Nonparametric Statistics* (2nd ed.). New York: John Wiley & Sons.

Conover, W. J., & Iman, R. L. (1981). Rank transformations as a bridge between parametric and nonparametric statistics. *American Statistician 35 (3): 124–129*. doi:10.2307/2683975. JSTOR 2683975.

Conti, L., & Musty, R. E. (1984). The effects of delta9tetrahydrocannabinol injections to the nucleus accumbens on the locomotor activity of rats. In S. Aquell et al. (Eds), *The Cannabinoids: Chemical, Pharmacologic, and Therapeutic Aspects*. New York: Academic Press.

Cooper, H. M. (2009). *Research Synthesis and Meta-Analysis: A Step by Step Approach*. Thousand Oaks, CA: Sage

Cooper, H. M., Hedges, L. V., & Valentine, J. eds. 2009. *The Handbook of Research Synthesis and Meta-Analysis, 2nd Edition*. New York: The Russell Sage Foundation..

Crawford, J. R., Garthwaite, P. H., & Howell, D. C. (2009). On comparing a single case with a control sample: An alternative perspective. *Neuropsychologia, 47*, 2690–2695.

Crawford, J. R., & Howell, D. C. (1998). Comparing an individual's test score against norms derived from small samples. *The Clinical Neuropsychologist, 12*, 482–486.

Cumming, G., & Finch, S. (2001). A primer on the understanding, use and calculation of confidence intervals based on central and noncentral distributions. *Educational and Psychological Measurement, 61*, 530–572.

Dabbs, J. M., Jr., & Morris, R. (1990). Testosterone, social class, and antisocial behavior in a sample of 4462 men. *PsychologicalScience, 1*, 209–211.

Damisch, L., Stoberock, B., &Mussweiler, T. (2010). Keep your fingers crossed!: How superstition improves performance. *Psychological Science, 21*, 1014–1020.

Darley, J. M., & Latané, B. (1968). Bystander intervention in emergencies: Diffusion of responsibility. *Journal of Personality and Social Psychology, 8*, 377–383.

Diener, E., & Diener, C. (1996). Most people are happy. *Psychological Science*, 7, 181–185.

Dieter, R. C. (1998). The death penalty in black and white: Who lives, who dies, who decides. Retrieved June 6, 2006, from http://www.deathpenaltyinfo.org/article.php?scid=45&did=539.

Dracup, C. (2005). Confidence Intervals. In B. Everrit & D. C Howell *Encyclopedia of Statistics in Behavioral Sciences*. Chichester: John Wiley and Sons, Ltd.

Duguid, M. M., & Goncalo, J. A. (2012). Living large: The powerful overestimate their own height. *Psychological Science, 23*, 36–40.

Efron, B., & Tibshirani, R. J. (1993). *An Introduction to the Bootstrap*. New York: Chapman and Hall.

Ellis, P.D. (2009), "Effect size calculators," website *http://www.polyu.edu.hk/mm/effectsizefaqs/calculator/calculator.html* accessed on July 12, 2012.

Epping Jordan, J. E., Compas, B. E., & Howell, D. C. (1994). Predictors of cancer progression in young adult men and women: Avoidance, intrusive thoughts, and psychological symptoms. *Health Psychology, 13*, 539–547.

Everitt, B. (1994). Cited in Hand et al. (1994), p. 229.

Eysenck, M. W. (1974). Age differences in incidental learning. *Developmental Psychology, 10*, 936–941.

Faul, F., Erdfeldr, F., & Buchner, A. (2007). Statistical power analysis using GPower 3.1. *Behavior Research Methods, Instruments, & Computers, 41*, 1149–1160.

Fell, J. C. (1995). What's new in alcohol, drugs, and traffic safety in the U.S. (Paper presented at the 13th International Conference on Alcohol, Drugs, and Traffic Safety, Adelaide, Australia.)

Field, A. (2009). *Discovering Statistics Using SPSS*. Los Angeles, Sage.

Fisher, R. A. (1935). *The Design of Experiments*. Edinburgh: Oliver & Boyd.

Foa, E. B., Rothbaum, B. O., Riggs, D. S., & Murdock, T. B. (1991). Treatment of posttraumatic stress disorder in rape victims: A comparison between cognitive behavioral procedures and counseling. *Journal of Consulting and Clinical Psychology, 59*, 715–723.

Foertsch, J., & Gernsbacher, M. A. (1997). In search of gender neutrality: Is singular *they* a cognitively efficient substitute for generic *he*? *Psychological Science, 8*, 106–111.

Fombonne, E. (1989). Season of birth and childhood psychosis. *British Journal of Psychiatry, 155*, 655–661.

Froelich, A. G., & Stephenson, W. R. (2013). Does eye color depend on gender:? It might depend on who or how you ask. *Journal of Statistics Education [online], 21(2)*, www.amstat.org/publications/jse/v21n2/froelich_ds.pdf.

Gardner, M. J., & Altman, D. G. (2002) Confidence intervals rather than p values. In D. G. Altman, D. Machin, T. N. Bryant, & M. J. Gardner. *Statistics with Confidence, 2nd ed.* BMJ Books.

Garland, C. F., Garland, F. C., Gorham, E. D, Lipkin, M., Newmark, H., Mohr, S. B., & Holick, M. F. (2006). The role of vitamin D in cancer prevention. *American Journal of Public Health, 96*, 252–261.

Geller, E. S., Witmer, J. F., & Orebaugh, A. L. (1976). Instructions as a determinant of paper disposal behaviors. *Environment and Behavior, 8*, 417–439.

Gentile, D. (2009). Pathological video-game use among youth ages 8 to 18. *Psychological Sciences, 20*, 594–602.

Geyer, C. J. (1991). Constrained maximum likelihood exemplified by isotonic convex logistic regression. *Journal of the American Statistical Association, 86*, 717–724.

Giancola, P. R., & Corman, M. D. (2007). Alcohol and aggression: A test of the attention-allocation model. *Psychological Science, 18*, 649–655.

Glass, G. V., McGaw, B., & Smith, M. L. (1981). *Meta-Analysis in Social Research*, Newbury Park, CA: Sage.

Good, P. I. (2001). *Resampling Methods: A Practical Guide to Data Analysis*. Boston: Birkhäuser.

Grambsch, P. (2008). Regression to the mean, murder rates, and shall-issue laws. *The American*

Statistician, 62, 289–295.

Greenhouse, S. W., & Geisser, S. (1959). On methods in the analysis of profile data. *Psychometrika, 24*, 95–112.

Grissom, R. J., & Kim, J. J. (2012). *Effect sizes for Research: Univariate and Multivariate Applications*. New York: Routledge.

Gross, J. S. (1985). Weight modification and eating disorders in adolescent boys and girls. (Unpublished doctoral dissertation, University of Vermont, Burlington.)

Guber, D. L. (1999). Getting what you pay for: The debate over equity in public school expenditures. *Journal of Statistics Education, 7* (2).

Hand, D. J., Daly, F., Lunn, A. D., McConway, K. J., & Oserowski, E. (1994). *A Handbook of Small Data Sets*. London: Chapman & Hall.

Harris, R. J. (2005). Classical statistical inference: Practice versus presentation. In B. E. Everitt & D. C. Howell (Eds.), *Encyclopedia of Statistics in Behavioral Science* (pp. 268–278). London: Wiley.

Hart, V., Nováková, P., Malkemper, E. P., Sabine, C., Begall, S., Hanzal, V., Ježek, M., Kušta, T., Němcová, N., Jana Adámková J., Benediktová, K., Cervený, J., Burda H. (2013), D**ogs are sensitive to small variations of the Earth's magnetic field**. *Frontiers in Zoology, 10 (1)*, 80.

Hedges, L. V. (1981). Distribution theory for Glass's estimator of effect size and related estimators. *Journal of Educational Statistics*, 6, 107–208.

Hoaglin, D. C., Mosteller, F., & Tukey, J. W. (1983). *Understanding Robust and Exploratory Data Analysis*. New York: John Wiley & Sons.

Hoenig, J. M., & Heisey, D. M. (2001). The abuse of power: The pervasive fallacy of power calculations for data analysis. *American Statistician, 55*, 19–24.

Horowitz J., & Garber J. (2006). The prevention of depressive symptoms in children and adolescents: A meta-analytic review. *Journal of Consulting and Clinical Psychology, 74, 401–415*.

Hout, M., Duncan, O. D., & Sobel, M. E. (1987). Association and heterogeneity: Structural models of similarities and differences. In C. C. Clogg, Ed., *Sociological Methodology, 17*, 145ff.

Howell, D.C. (2005). Florence Nightingale. In B. S. Everitt, & D. C. Howell, (Eds.), *Encyclopedia of Statistics in Behavioral Science* (pp. 1408–1409). Chichester, England: Wiley.

Howell, D. C. (2012). *Statistical Methods for Psychology* (8th ed.). Belmont, CA: WadsworthPress, A Cengage Imprint.

Howell, D. C., & Gordon, L. R. (1976). Computing the exact probability of an R X C contingency table with fixed marginal totals. *Behavior Research Methods and Instrumentation*, 8, 317.

Howell, D. C., & Huessy, H. R. (1985). A fifteen year followup of a behavioral history of Attention Deficit Syndrome (ADD). *Pediatrics, 76*, 185–190.

Hraba, J., & Grant, G. (1970). Black is beautiful: A reexamination of racial preference and identification. *Journal of Personality and Social Psychology, 16*, 398–402.

Huynh, H., & Feldt, L. S. (1976). Estimation of the Box correction for degrees of freedom for sample data in the randomized block and split plot designs. *Journal of Educational Statistics, 1*, 69–82.

Jones, L. V., & Tukey, J. W. (2000). A sensible formulation of the significance test. *Psychological Methods*, 5, 411–414.

Kapoor, P., Rajkumar, S. V., Dispenzieri, A., Gertz, M. A., Lacy, M. Q., Dingli, D., Mikhael, J. R., Roy, V., Kyle, R. A., Greipp, P. R., Kumar, S., Mandrekar, S. (2011). Melphalan and prednisone versus melphalan, prednisone and thalidomide for elderly and/or transplant ineligible patients with multiple myeloma: A meta-analysis. *Leukemia 25* (4), 689–696.

Kapp, B., Frysinger, R., Gallagher, M., & Hazelton, J. (1979). Amygdala central nucleus lesions: Effects on heart rate conditioning in the rabbit. *Physiology and Behavior, 23*, 1109–1117.

Katz, S., Lautenschlager, G. J., Blackburn, A. B., & Harris, F. H. (1990). Answering reading comprehension items without passages on the SAT. *Psychological Science, 1*, 122–127.

Kaufman, L., & Rock, I. (1962). The moon Illusion.

I. *Science, 136*, 953–961.

Kline, R. B. (2004). *Beyond Significance Testing*. Washington, D.C.: American Psychological Association.

Krantz, J. H. Cognitive Laboratory Experiments. Available at http://psych.hanover.edu/JavaTest/CLE/Cognition/Cognition.html

Landwehr, J. M.,& Watkins, A. E. (1987). *Exploring Data: Teacher's Edition*. Palo Alto, CA: Dale Seymour Publications.

Langlois, J. H., & Roggman, L. A. (1990). Attractive faces are only average. *Psychological Science, 1*, 115–121.

Latané, B., & Dabbs, J. M., Jr. (1975). Sex, group size, and helping in three cities. *Sociometry, 38*, 180–194.

Leerkes, E., & Crockenberg, S. (1999). The development of maternal self-efficacy and its impact on maternal behavior. Poster presentation at the Biennial Meetings of the Society for Research in Child Development, Albuquerque, NM, April.

Lenth, R. V. (2001). Some practical guidelines for effective sample size determination. *American Statistician*, 55,187–193.

Lenth, R. V. (2011). Java Applets for Power and Sample Size [Computer software]. Retrieved *June19, 2012*, from http://www.stat.uiowa.edu/~rlenth/Power.

Levine, R. (1990). The pace of life and coronary heart disease. *American Scientist, 78*, 450–459.

Levine, R. V., & Norenzayan, A. (1999). The pace of life in 31 countries. *Journal of Cross-cultural Psychology, 30*, 178–205.

Liberman, M. (2007). Thou shalt not report odds rations. Retrieved March 9, 2015 from http://itre.cis.upenn.edu/languagelog/archives/004767.html

Liddle, B. J. (1997). Coming out in class: Disclosure of sexual orientation and teaching evaluations. *Teaching of Psychology, 24*, 32–35.

Lord, F. M. (1953). On the statistical treatment of football numbers. *American Psychologist, 8*, 750–751.

Magan, E., Dweck, C. S., & Gross, J. J. (2008). The hidden-zero effect. *Psychological Science, 19*, 648–649.

Malcarne, V., Compas, B. E., Epping, J., & Howell, D. C. (1995). Cognitive factors in adjustment to cancer: Attributions of selfblame and perceptions of control. *Journal of Behavioral Medicine, 18*, 401–417.

Mann-Jones, J. M., Ettinger, R. H., Baisden, J., & Baisden, K. (2003). Dextromethorphan modulation of context-dependent morphine tolerance. Retrieved December7, 2009, from www.eou.edu/psych/re/morphinetolerance.doc

Markon, J. (2008). Two justices clash over race and death penalty. Retrieved from at http://www.washingtonpost.com/wp-dyn/content/article/2008/10/20/AR2008102003133.html March 9, 2015.

Martin, J. A., Hamilton, B. E. , Osterman, M. J. K., Curtin, S.C. & Mathews, T. J. (2012). Births: Final data for 2012. National Vital Statistics Reports, 62, 9. U. S. Department of Health and Human Services.

Mazzucchelli, T., Kane, R.T., & **Rees, C. S.** (2010). Behavioral activation interventions for well-being: A meta-analysis. *Journal of Positive Psychology, 5, 105–121*.

McClelland, G. H. (1997). Optimal design in psychological research. *Psychological methods, 2*, 3–19.

McConaughy, S. H. (1980). Cognitive structures for reading comprehension: Judging the relative importance of ideas in short stories. (Unpublished doctoral dissertation, University of Vermont, Burlington.)

Meier, B. P., Robinson, M. D., Gaither, G. A., & Heinert, N. J. (2006). A secret attraction or a defensive loathing? Homophobia, defense, and implicit cognition. *Journal of Research in Personality, 40*, 377–394.

Mireault, G. C. (1990). Parent death in childhood, perceived vulnerability, and adult depression and anxiety. (Unpublished master's thesis, University of Vermont, Burlington.)

Moran, P. A. P. (1974). Are there two maternal age

groups in Down's syndrome? *British Journal of Psychiatry, 124*, 453–455.

Nolen-Hoeksema, S., & Morrow, J. (1991). A prospective study of depression and posttraumatic stress symptoms after a natural disaster: The 1989 Loma Prieta earthquake. *Journal of Personality and Social Psychology, 61*, 115–121.

Nurcombe, B., & Fitzhenry-Coor, I. (1979). Decision making in the mental health interview: I. An introduction to an education and research program. (Paper delivered at the Conference on Problem Solving in Medicine, Smuggler's Notch, VT.)

Nurcombe, B., Howell, D. C., Rauh, V A., Teti, D. M., Ruoff, P., & Brennan, J. (1984). An intervention program for mothers of low birth weight infants: Preliminary results. *Journal of the American Academy of Child Psychiatry, 23*, 319–325.

OECD Health Statistics. (2013). downloaded 3/10/2015 from http://www.oecd.org/health/health-systems/health-at-a-glance.htm

Peterson, W. P. (2001). Topics for discussion from current newspapers and journals. *Journal of Statistics Education*, 9.

Pliner, P., & Chaiken, S. (1990). Eating, social motives, and selfpresentation in women and men. *Journal of Experimental Social Psychology, 26*, 240–254.

Pugh, M. D. (1983). Contributory fault and rape conviction: Loglinear models for blaming the victim. *Social Psychology Quarterly*, 46, 233–242.

Radelet, M. L., & Pierce, G. L. (1991). Choosing those who will die: Race and the death penalty in Florida. *Florida Law Review*, 43, 1–34.

Ramsey, F. L., & Schafer, D. W. (1997). *The Statistical Sleuth*. Belmont, CA: Duxbury Press.

Read, C. (1997). *Neyman*. New York: Springer.

Reynolds, C. R., & Richmond, B. O. (1978). What I think and feel: A revised measure of children's manifest anxiety. *Journal of Abnormal Child Psychology*, 6, 271–280.

Robinson, D. H., & Wainer, H. (2001) On the past and future of null hypotheses significance testing. Unpublished research report of Educational Testing Service (RR-01-24). Available at https://www.ets.org/Media/Research/pdf/RR-01-24-Wainer.pdf accessed on May 29, 2012.

Rogers, R. W., & PrenticeDunn, S. (1981). Deindividuation and anger mediated aggression: Unmasking regressive racism. *Journal of Personality and Social Psychology, 41*, 63–73.

Rosa, L., Rosa, E., Sarner, L., & Barrett, S. (1998). A close look at Therapeutic Touch. *Journal of the American Medical Association, 279*, 1005–1010.

Rosenthal, R. (1979). The file drawer problem and tolerance for null results. *Psychological Bulletin*, 86, 638–641.

Rosenthal, R. (1994). Parametric measures of effect size. In H. Cooper & L. Hedges (Eds.), *The Handbook of Research Synthesis*. New York: Russell Sage Foundation.

Rosenthal, R., Rosnow, R. L., & Rubin, D. B. (2000). *Contrasts and Effect Sizes in Behavioral Research: A Correlational Approach*. New York: Cambridge University Press.

Ryan, T., Joiner, B., & Ryan, B. (1985). *Minitab Student Handbook*. Boston: Duxbury Press.

Sackett, D. L., Deeks, J. J., & Altman, D. G. (1996). Down with odds ratios! *Evidence-Based Medicine, 1*, 164–166.

SaintExupery, A. de (1943). *The Little Prince*. (K. Woods, Trans.). New York: Harcourt Brace Jovanovich. (Original work published in 1943.)

Seligman, M. E. P, NolenHoeksema, S., Thornton, N., & Thornton, C. M. (1990). Explanatory style as a mechanism of disappointing athletic performance. *Psychological Science, 1*, 143–146.

Sethi, S., & Seligman, M. E. P. (1993). Optimism and fundamentalism. *Psychological Science, 4*, 256–259.

Sgro, J. A., & Weinstock, S. (1963). Effects of delay on subsequent running under immediate reinforcement. *Journal of Experimental Psychology*, 66, 260–263.

Siegel, S. (1975). Evidence from rats that morphine tolerance is a learned response. *Journal of Comparative and Physiological Psychology*, 80, 498–506.

Simon, J. L., & Bruce, P. (1991). Resampling: A tool for everyday statistical work. *Chance: New Directions for Statistics and Computing*, 4, 22–58.

Smithson, M. (2000). *Statistics with Confidence*. London: Sage.

Sofer, C., Dotch, R., Wigboldus, D. H. J., & Todorov, A. (2015). What is typical is good: The influence of face typicality on perceived trustworthiness. *Psychological Science*, 26, 39–47.

Spatz, C. (1997). *Basic Statistics: Tales of Distributions*. Pacific Grove, CA. Brooks/Cole.

Spilich, G. J., June, L., & Renner, J. (1992). Cigarette smoking and cognitive performance. *British Journal of Addiction*, 87, 1313–1326.

Spock, B. (1946). *Baby and Child Care*, New York: Duell, Sloan, and Pearce.

St. Lawrence, J. S., Brasfield, T. L., Shirley, A., Jefferson, K. W., Alleyne, E., & O'Brannon, R. E., III (1995). Cognitive behavioral intervention to reduce African American adolescents' risk for HIV infection. *Journal of Consulting & Clinical Psychology*, 63, 221–237.

St. Leger, A. S., Cochrane, A. L., & Moore, F. (1978). The anomaly that wouldn't go away. *Lancet, ii*, 1153.

St. Leger A. S., Cochrane A. L., & Moore F. (1979). Factors associated with cardiac mortality in developed countries with particular reference to the consumption of wine. *Lancet, i*, 1017–1020.

Stead, L. F., Perera, R. Bullen, C., Mant, D., & Lancaster, T. (2008). Nicotine replacement therapy for smoking cessation. *Cochrane Database of Systematic Reviews*, 2009, Issue 1, Art. *No. CD00146*. DOI: 10.1002/14651858. CDO146. Pub 3.

Stevens, S. S. (1951). Mathematics, measurement, and psychophysics. In S. S. Stevens (Ed.), *Handbook of Experimental Psychology*. New York: John Wiley & Sons.

Stigler, S. M. (1999). *Statistics on the Table: A History of Statistical Concepts and Methods*. Cambridge, MA: Harvard University Press.

Strough, J., Mehta, C. M., McFall, J. P., & Schuller, K. L. (2008). Are older adults less subject to the sunk-cost fallacy than younger adults? *Psychological Science*, 19, 650–652.

Suddath, R. L., Christison, G. W., Torrey, E. F., Casanova, M. F., Weinberger, D. R. (1990). Anatomical abnormalities in the brains of monozygotic twins discordant for schizophrenia. *New England Journal of Medicine*, 322, 789–794.

Thomas, M. H., & Wang, A. Y. (1996). Learning by the keyword mnemonic: Looking for long-term benefits. *Journal of Experimental Psychology: Applied*, 2, 330–342.

Thompson, B. (2000). A suggested revision of the forthcoming 5th edition of the APA *Publication Manual*. Retrieved from http://people.cehd.tama.edu/~bthompson/apaeffec.htm accessed on July 1, 2011.

Trzesniewski, K. H., Donnellan, M. B., & Robins, R. W. (2008). Do today's young people really think they are so extraordinary? *Psychological Science*, 19, 181–188.

Trzesniewski, K. H., Donnellan, M. B. (2009). Reevaluating the evidence for increasingly positive self-views among high school students: More evidence for consistency across generations (1976 – 2006). *Psychological Science*, 20, 920–922.

Tufte, E. R. (1983). *The Visual Display of Quantitative Information*. Cheshire, CT: Graphics Press.

Tukey, J. W. (1977). *Exploratory Data Analysis*. Reading, MA: AddisonWesley.

Twenge, J. M. (2006). *Generation Me: Why Today's Young Americans are More Confident , Assertive, Entitled—and More Miserable Than Ever Before*. New York: Free Press.

Unah, I., & Boger, J. (2001). Race and the death penalty in North Carolina: An empirical analysis: 1993–1997. Retrieved October 23, 2009 from http://www.deathpenaltyinfo.org/article.php?did=246&scid=

U.S. Department of Commerce. (1977). *Social Indicators, 1976*. Washington, D.C.: U.S. Government Printing Office.

U. S. Department of Justice, Bureau of Justice Statistics, *Prisoners in 1982*. Bulletin NCJ-87933. Washington, D.C.: U.S. Government Printing

Office, 1983.

Utts, J. M. (2005). *Seeing Through Statistics* (3rd ed.). Belmont, CA: Brooks Cole.

Verdooren, L. R. (1963). Extended tables of critical values for Wilcoxon's test statistic. Biometrika, 50, 177–186.

Visintainer, M. A., Volpicelli, J. R., & Seligman, M. E. P. (1982). Tumor rejection in rats after inescapable or escapable shock. *Science, 216*, 437–439.

Vul, E., & Pashler, H. (2008). Measuring the crowd within: Probabilistic representations within individuals. *Psychological Science, 19*, 645–647.

Wagner, B. M., Compas, B. E., & Howell, D. C. (1988). Daily and major life events: A test of an integrative model of psychosocial stress. *American Journal of Community Psychology, 61*, 189–205.

Wainer, H. (1984). How to display data badly. *The American Statistician*, 38, 137–147.

Wainer, H. (1997). Some multivariate displays for NAEP results. *Psychological Methods, 2*, 34–63.

Walsh, T. B., Kaplan, A. S., Attia, E., Olmsted, M., Parides, M., Carter, J. C., Pike, K. M., Devlin, M. J., Woodside, B., Roberto, C. A., & Rockert, W. (2006). Fluoxetine after weight restoration in anorexia nervosa. *Journal of the American Medical Association, 295*, 2605–2612.

Weinberg, C. R., & Gladen, B. C. (1986). The beta-geometric distribution applied to comparative fecundability studies. *Biometrics, 42*, 547–560.

Weinstein, N., Ryan, W. S., Dehaan, C. R.,Przybylski, A. K., Legate, N., Ryan R. M., (2012). Parental autonomy support and discrepancies between implicit and explicit sexual identities: Dynamics of self-acceptance and defense. *Journal of Personality and Social Psychology. 102*, 815–832.

Weiss, S. (2014) The fault of our stats. *Observer, 27*, 29–30.

Welkowitz, J., Cohen, B. M., & Ewen, R., (2006). *Introductory Statistics for the Behavioral Sciences* (6th ed.). New York: John Wiley & Sons.

Werner, M., Stabenau, J. B., & Pollin, W. (1970). TAT method for the differentiation of families of schizophrenics, delinquents, and normals. *Journal of Abnormal Psychology, 75*, 139–145.

Wilcox, R. R. (2003). *Applying Contemporary Statistical Techniques*. New York: Academic Press.

Willer, R., Rogalin, C., Conlon, B., & Wojnowicz, M. T. (2013). Overdoing gender: A test of the Masculine overcompensation thesis. *American Journal of Sociology*, 118, 980–1022.

Williamson, J. A. (2008). Correlates of Coping Styles in Children of Depressed Parents: Observations of Positive and Negative Emotions in Parent-Child Interactions. Honors thesis, Vanderbilt University.

Winer, B. J., Brown, D. R., & Michels, K. M. (1991). *Statistical Principles in Experimental Design*. New York: McGraw-Hill.

Wong, A. (2008). Incident solar radiation and coronary heart disease mortality rates in Europe. *European Journal of Epidemiology, 23*, 609–614.

Young F. W. *(2001)*. An explanation of the persistent doctor-mortality association. *Journal of Epidemiology and Community Health, 55*, 80–84.

Zuckerman, M., Hodgins, H. S., Zuckerman, A., & Rosenthal, R. (1993). Contemporary issues in the analysis of data. *Psychological Science, 4*, 49–53.

Zumbo, B. D., & Zimmerman, D. W. (2000). Scales of measurement and the relation between parametric and nonparametric statistical tests. In B. Thompson (Ed.), *Advances in Social Science Methodology, Vol*. 6. Greenwich, CT: JAI Press.

연습문제 해답

[그래프는 지면도 많이 차지하고 준비하는 데 시간이 많이 걸려 싣지 않았다. 그리고 답이 긴 문제는 답을 싣지 않았다. 이 문제들의 답은 다음 사이트의 '학생 매뉴얼(Student's Manual)'에도 수록되어 있다.

 www.uvm.edu/~dhowell/fundamentals9/

책의 앞에 있는 장들은 여기 있는 답과 '학생 매뉴얼'에 있는 답이 거의 같지만, 책의 뒷부분에 있는 장들은 복잡한 계산이 필요한 문제들이 있다 보니 조금 다르다.]

1장

1.1 카페인에 대한 내성의 발달의 좋은 예이다. 평소 커피를 마시지 않는 사람은 커피를 한 잔 마시면 그 효과에 놀란다. 그러나 늘 커피를 마시는 사람은 특별한 효과를 경험하지 못한다. 카페인의 상황이나 환경의 효과를 검증하려면 카페인의 경계 기능을 측정하는 종속변인을 정해야 하는데, 경계 과제가 하나의 예가 될 수 있다. 상황이나 환경의 효과를 알아보려면 디카페인 커피를 마시는 사람에게 한 달 동안 매일 아침 먼저 보통 커피를 두 잔 마시고 그 이후에는 디카페인 커피를 마시게 한다. 경계과제는 커피를 마신 직후에 실시하는데, 내성이 생겼다면 오류가 증가할 것이므로 날이 갈수록 오류가 증가하는지를 조사하면 된다. 상황이나 환경의 효과는 한 달 동안 커피 마시기를 한 후에 실시한다. 즉 한 달 동안 커피를 마셨던 같은 곳에서 커피를 마시게 한 경우와 다른 장소에서 커피를 마시게 한 경우에 경계과제의 수행에서 차이가 나는지 비교해보면 된다.

1.3 상황이나 환경은 사람들이 술, 어색한 유머, 공격 행동을 관찰할 때의 반응 등에 영향을 미칠 수 있다.

1.5 우리가 관찰한 중독자들이 표본이 될 수 있다.

1.7 도시에 사는 모든 사람이 전화번호부에 올라있지 않다. 특히 여성과 아이들이 올라가지 않았을 가능성이 높다. 그리고 핸드폰 사용이 증가하면서 전화번호부는 구시대의 유물처럼 되어서 무선표집을 하는 도구로서는 무용지물에 가까워졌다.

1.9 교재에서 다룬 내성 연구에서, 앞발 핥기 시간의 평균 자체는 큰 관심사가 아니다. 화씨 105°의 철판 위에서 생쥐가 앞발을 핥지 않고 3.2초 동안 서 있다는 것에 흥미를 느낄 사람은 없다. 모르핀에 내성이 생긴 쥐가 다른 상황에서 보다 특정한 상황에서 앞발 핥기 시간이 더 길다는 것이 중요하다.

1.11 무슨 일이 일어난 것일까 하면서 부모님이 계속 주위를 빙빙 도는 것을 기대할 수 있을 것이다.

1.13 경계과제에서의 수행, 타자 속도, 혈중 알코올 농도 등이 측정 자료의 예이다.

1.15 스트레스와 병에 대한 저항력, 운전 속도와 사고율 등이 변인들 간의 관계 예이다.

1.17 한 집단은 같은 조건에서 훈련과 검사를 하고, 또 다른 집단은 훈련과 검사를 각기 다른 조건에서 하고, 세 번째 집단은 훈련 장소에서 위약을 주고 검사 장소에서 모르핀을 준다.

1.19 인터넷 검색을 해보라.

2장

2.1

명명 척도: 한 학급의 학생들 이름.
서열 척도: 중간고사에서 학생들이 답안지 낸 순서.
간격 척도: 중간고사에서 학생들 점수.
비율 척도: 학생들이 시험을 보는 데 걸린 시간.

2.3 만약 쥐가 몇 번의 시행을 성공적으로 마친 후 주로에서 잠이 들었다면, 이 행동은 쥐가 무엇을 학습했는지에 대해 알려주는 것보다는 동기 상태에 대해 알려준다고 볼 수 있다.

2.5 적어도 다음과 같은 것들을 가정해야 한다.

1. 쥐는 사람의 행동에 대해 적절한 모델이다.
2. 쥐에서의 모르핀 내성 효과는 사람에서 헤로인의 효과와 비슷하다.
3. 뜨거운 표면 위에 있는 시간은 사람이 헤로인에 대해 반응하는 것과 유사하다.
4. 쥐에게 상황이나 환경의 변화는 사람에게 상황이나 환경의 변화와 유사하다.
5. 약물 과용은 통증에 대한 내성과 유사하다.

2.7 실험 참가자의 성별과 같이 있는 사람의 성별

2.9 여성 참가자들은 같이 있는 사람이 여성일 때보다 남성일 때 적게 먹을 것으로 예상한다. 반면에 남성 참가자들이 먹는 양은 같이 있는 사람의 성별에 상관없을 것으로 예상한다.

2.11 불연속변인의 수준이 다양하고, 불연속변인이 적어도 서열 척도 이상이라면, 불연속변인을 연속변인처럼 처리할 수도 있다.

2.13 예를 들어 50개의 숫자를 세 번 뽑았는데, 그중 짝수가 29, 26, 19개였다고 해보자. 세 번째 경우 38%만이 짝수였는데, 이는 내가 기대했던 것보다 아주 작은 비율이다. 특히 내가 이런 일을 별로 경험해보지 않았다면, 기대와 다르다고 느끼는 정도가 더 클 수 있다.

2.15

(a) $X_3 = 2.03$, $X_5 = 1.05$, $X_8 = 1.86$

(b) $\Sigma X = 14.82$

(c) $\sum_{i=1}^{10} X_i = 14.82$

2.17

(a) $(\Sigma X)^2 = (14.82)^2 = 219.63$;
$\Sigma X^2 = 1.65^2 + \cdots\cdots + 1.73^2 = 23.22$

(b) $\Sigma X/N = 14.82/10 = 1.482$

(c) 평균

2.19

(a) $XY = 2.854 \quad 1.06 \quad 4.121 \quad 1.750 \quad 0.998 \quad 1.153 \quad 2.355 \quad 3.218 \quad 2.543 \quad 2.699$

(b) $\Sigma XY = 22.7469$

(c) $\Sigma X \Sigma Y = (14.82)\ (14.63) = 216.82$

(d) $22.7469 \neq 216.82$

(e) 0.1187

2.21 $\Sigma(X + C) = \Sigma X + NC$임을 나타내라.

$X \quad 5 \quad 7 \quad 3 \quad 6 \quad 3 \quad \Sigma X = 24$

$X + 4 \quad 9 \quad 11 \quad 7 \quad 10 \quad 7 \quad \Sigma(X + 4) = 44 = (24 + 5 \times 4)$

2.23 교재에서 실내온도를 안락함의 서열 척도라고 서술했다(적어도 어떤 점까지는). 안락함에 관련해서는 서열 척도지만, 실내온도는 연속 척도로 측정한다.

2.25 베스 페레스:

(a) 베스 페레스 연구에서 종속변인은 일주일 용돈이고, 독립변인은 성별이다.

(b) 무선표본이 아니라 그녀의 학급이라는 선별된 표본이다.

(c) 학생의 나이가 전체 평균에 영향을 미칠 수 있다. 응답자들이 같은 학급 학생들이기 때문에 사회적으로 바람직한 답, 즉 자기 나이에 걸맞은 액수를 말했을 수 있다.

(d) 적어도 자기 학교 내에서 학생들에게 번호를 준 다음, 난수표에서 나온 숫자를 받은 학생들을 조사하면 된다. 그러나 성별에 무선적으로 배정하는 것은 불가능하다.

(e) 성별은 자연적인 것이기 때문에 무선배정을 하지 않았다고 해서 문제될 것은 없다.

(f) 아이들이 다른 아이들과 차이가 나지 않으려고 용돈 액수를 부풀리거나 줄여서 말했을 수 있다. 특히 남학생들이 부풀려 답했을 가능성이 있다.

(g) 자기 학급의 남학생들은 평균 3.18달러를 받고, 여학생들은 평균 2.63달러를 받는다는 결과는 기술통계이다. 그러나 이 결과를 전집에 적용하는 추론, 즉 남자아이들이 여자아이들보다 용돈을 많이 받는다고 결론을 내린다면 이는 추론통계이다.

2.27 나오는 노래들의 번호를 적은 다음 그래프로 그려본다. 이렇게 해도 정말 무선적인지 정확하게 판단할 수는 없다. 그러나 어떤 패턴이 보인다면 무선적이지 않다는 것은 알 수 있다.

3장

3.1 (b) 분포에 대해 말하기에는 자료의 수가 너무 적다.

3.3 3*, 3., 4*, 4., 5*, 5를 줄기로 사용하겠다.

3.5 예문을 읽은 학생들과 비교하면 다음과 같다.

(a) 예문을 읽은 대부분의 학생들은 예문을 읽지 않은 학생들 중 가장 성적이 좋은 학생보다 점수가 높다. 말하고 있는 내용에 대해 아는 것은 확실히 좋은 일이다.

(b) `stem.leaf.backback(x=NoPassage, y=Passage)`

(c) 두 집단이 유의하게 차이가 나는 것은 당연하다. 차이가 안 난다면 그것이 문제이다.

(d) 이것은 정답이 없는 인터넷 질문이다.

3.7 히스토그램:

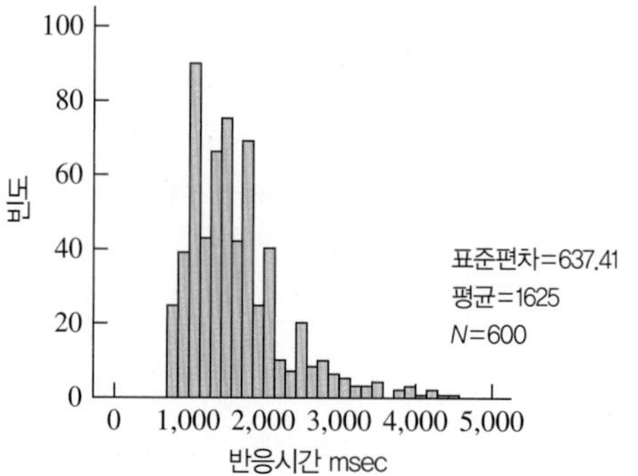

3.9 GPA의 히스토그램:

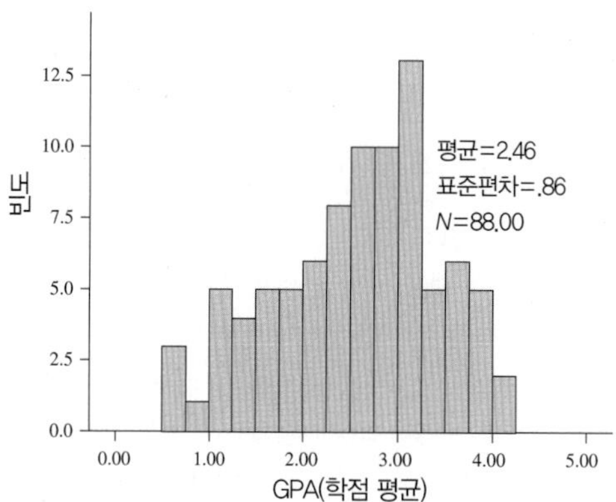

3.11

(1) 멕시코는 젊은 사람이 아주 많고 노인은 별로 없는 데 반해, 스페인은 상대적으로 고르게 분포한다.

(2) 멕시코보다 스페인에서 모든 연령대에서 남녀 간의 차이가 더 크다.

(3) 멕시코에서 높은 영아 사망률을 볼 수 있다.

3.13 수업에 잘 안 들어오는 학생들의 점수 분포가 수업에 잘 들어오는 학생들의 분포보다 퍼져있다. 이것은 아주 잘 하는 몇몇 학생은 수업에 들어오지 않아도 좋은 점수를 받을 수 있지만, 수업에 들어오지 않는 학생의 대부분은 수업 참석 여부와 상관없이 성적이 나쁜 학생일 가능성이 많기 때문이다. 두 집단의 평균 학점의 차이는 당연하다.

3.15 회전각이 증가하면 반응시간 분포가 오른쪽으로 이동한다. 즉, 시간이 길어진다.

3.17 이 자료에서 각 자료들은 독립적이지 않다. 처음에는 훈련의 결과로 수행이 향상되지만 점차 피로가 쌓인다. 따라서 시간상으로 가까운 자료들이 시간상으로 떨어진 자료들보다 유사하다.

3.19 참가자들이 백인 학생에게 가한 전기 충격의 강도는 참가자가 실험자에게 모욕을 받았는지와 상관이 없다. 그러나 참가자가 실험자에게 모욕을 받은 경우 흑인 학생은 더 큰 충격을 참가자들에게서 받았다.

3.21 위키피디아(Wikipedia)에서 HIV/AIDS 자료를 볼 수 있다.

http://en.wikipedia.org/wiki/List_of_countries_by_HIV/AIDS_adult_prevalence_rate

3.23 연습문제 3.21에서 수치를 재현하는 *R* 코드:

```
### Households headed by women
percent <- c(.085, .088, .102, .108,
.117, .117, .116, .117, .118)
year <- c(1960, 1970, 1975, 1980,
1985, 1987, 1988, 1989, 1990)
famsize <- c(3.33, 3.14, 2.94, 2.76,
2.69, 2.66, 2.64, 2.62, 2.63)
par(mfrow = c(2,1))
plot(percent ~ year, type = "1", ylim
= c(.08, .12), ylab = "Percentage",
col = "red", lwd = 3)
plot(famsize ~ year, type = "1", ylim
= c(2.6, 3.4), ylab = "Family Size",
col = "blue", lwd = 3)
```

3.25 나이가 많은 어머니에게서 출생한 아동들이 다운증후군에 많이 걸린다. 어머니의 나이가 40세

이전일 때에는 크게 증가하지는 않지만, 점차 아이를 늦게 갖는 추세를 보이기 때문에 이는 잠재적인 문제의 소지를 갖고 있다.

3.27

(a) 같은 척도로 만들려면 자료를 월별 출생률로 바꾸어야 한다.

(b) 세 자료를 함께 그릴 수 있다.

(c)

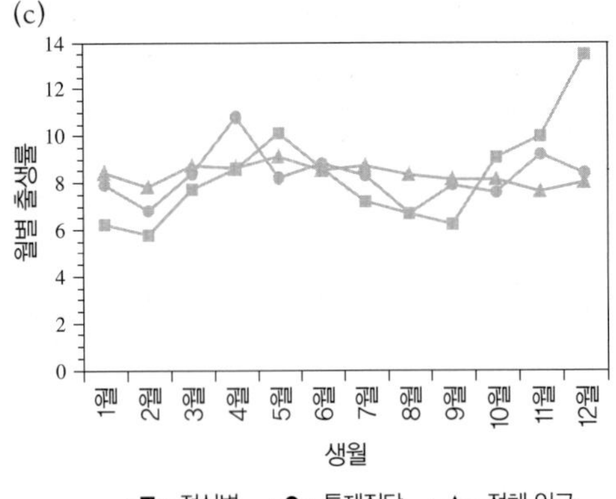

(d) 정신병 집단의 변산성이 다른 두 집단보다 크지만, 정신병 집단의 표본이 다른 집단보다 작기 때문에 변산성이 다른 두 집단보다 클 수 있다. 그러나 정신병 집단이 마지막 세 달에는 다른 집단보다 높고, 처음 세 달에는 낮은 것으로도 볼 수 있다. 그러나 출생월별로 차이가 있는지에 답하려면 통계 검증(19장 참고)이 필요하다.

(e) 통제집단은 치료를 받기 위해 입원한 두 집단을 비교할 수 있게 해준다. 입원이 이유가 되는지 판단할 수 있게 해준다. 통제집단은 정신병 집단보다 전체 인구에 더 비슷한 양상을 보이는데, 통제집단은 표본크기가 상당히 크다.

(f) (d)의 답 정도를 말할 수 있다.

3.29 흡연 행동 유형별 출생 체중:

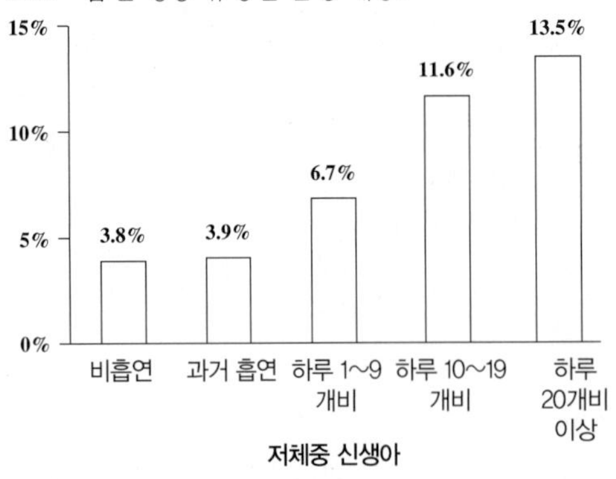

3.31 백인 여성이 흑인 여성보다 기대수명이 길다. 최근에는 그 변화가 둔화되기는 했지만, 1920년 이후 차이가 크게 감소하고 있다.

3.33 징집 추첨 데이터 플롯:

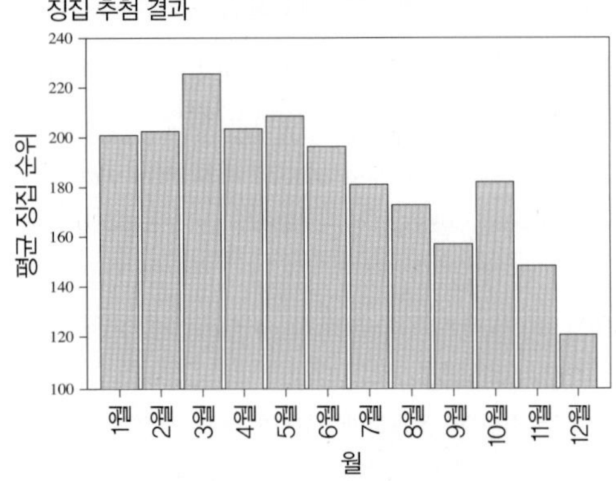

월별 징집 순위가 다른 것 같다. 어쩌면 번호들이 충분히 섞이지 않았을 수 있다.

3.35

```
### Creating back tobackstem-and-leaf
displays  Not covered in text.
library(aplpack)
grades <- read.table("http://www.uvm.
deu/~dhowell/methods9/DataFiles/Fog2-
9.dat", header=TRUE)
attach(grades)
males <- Grade[Sex == 1]
females <- Grade[Sex == 2]
stem.leaf.backback(males, females,
m=2)
# m controls bin size
```

4장

4.1 최빈치 = 72, 중앙값 = 72, 평균 = 70.18.

4.3 예문을 읽지 않은 경우에도 우연히 정답을 맞힐 확률의 두 배로 정답을 맞혔다. 이는 글 이해 정도를 검사하는 검사가 글 이해 이상의 무엇인가를 측정하기도 한다는 것을 시사한다. 대부분의 학생이 우연보다 잘 추측할 수 있으므로 이 결과는 별로 놀랍지 않다.

4.5 평균이 중앙값보다 크다.

4.7 기준 도달 소요 시행 수

$\Sigma X = 320$; 평균 $= \frac{\Sigma X}{N} = \frac{320}{15} = 21.33$; 중앙값 $= 21$

4.9 원자료에 5를 곱한다면

원자료	8	3	5	5	6	2
	평균 = 4.833					
수정한 자료	40	15	25	25	30	10
	평균 = 24.17 = 5 × 4.833					

4.11 ADDSC와 GPA의 집중경향치:

ADDSC

최빈치 = 50

중앙값 = 50

평균 = 4629/88 = 52.6

GPA

최빈치 = 3.00

중앙값 = 2.635

평균 = 216.15/88 = 2.46

4.13 두 조건의 평균은 거의 같다(거울상 = 1.6251, 같은 상 = 1.6269).

4.15 명명 척도에 사용 가능한 유일한 측정치는 최빈치이다. 왜냐하면 최빈치만이 척도상의 수치들 간의 관계를 고려하지 않기 때문이다.

4.17 수업 참석:

잘 들어오는 학생: 평균 = 276.417, 중앙값 = 276

자주 빠진 학생: 평균 = 248.333, 중앙값 = 256

두 집단은 중앙값에서 20, 평균에서 약 25점이나 차이가 난다. 확실히 수업을 잘 들어오는 학생이 성적이 좋다.

4.19 인터넷 검색을 해보라.

4.21 인터넷 검색을 해보라.

4.23 자른 평균 문제:

(a) 평균 = 46.57, 자른 평균 = 46.67

(b) 평균 = 28.40, 자른 평균 = 25.19

(c) 히스토그램을 그려보면 알 수 있는데, (a)보다 (b)에 더 극단적인 값이 있다. 그래서 자른 평균과 원래 평균의 차이가 (a)보다 (b)에서 더 크다.

4.25 남성 낙관주의자의 평균은 1.016인 데 반해, 남성 비관주의자의 평균은 0.945이다. 여성과는 달리 남성들은 두 집단이 차이가 나는 것 같다.

5장

5.1 예문을 읽지 않은 사람들의 변산성:

범위 = 57 − 34 = 23

표준편차 = 6.83

변량 = 46.62

5.3 예문을 읽지 않은 집단의 변산성이 읽은 집단의 변산성보다 작다. 이 차이가 신뢰할 수 있다면, 이는 읽은 집단에게는 주어진 문제가 추측이나 시험 보는 책략 이상을 물었다는 것을 시사하며, 참가자들의 지식의 변산성에서 비롯된 변산성이 추가되었을 수 있음을 시사한다. 참고로, 집단이 작은 경우 한 집단의 표준편차가 다른 집단의 표준편차의 두세 배가 되는 경우도 종종 있다.

5.5 연습문제 5.2에서 2 표준편차 이내에 드는 자료의 비율은 다음과 같다.

$s = 10.61$

평균 ± 2(10.61) = 70.18 ± 21.22 = 48.96 − 91.40

16개의 자료(94%)가 평균에서 2 표준편차 이내에 있다.

5.7 상수 배를 하거나 상수로 나누면 표준편차는 상수 배만큼 변한다.

원자료	2	3	4	4	5	5	9	평균 = 4.57	$s_1 = 2.23$
2배	4	6	8	8	10	10	8	평균 = 9.14	$s_2 = 4.45$
1/2	1	1.5	2	2	2.5	2.5	4.5	평균 = 2.29	$s_3 = 1.11$

5.9 상수를 더하거나 빼면 평균은 상수만큼 변하지만, 표준편차는 변하지 않는다. 따라서 연습문제 5.8의 각 원점수에서 3.27을 빼면 평균 = 0, 표준편차 = 1.0이 된다.

변한 점수는

−0.889, 0.539, −1.842, 0.539, −0.413, 1.016, 1.016이 된다.

5.11 연습문제 5.1의 상자 그림:

중앙값 위치 = $(N + 1)/2 = 29/2 = 14.5$,

중앙값 = 46

경첩 위치 = (중앙값 위치 + 1)/2 = 15/2 = 7.5

경첩 = 43과 52

H−범위 = 52 − 43 = 9

내부 한계 = 경첩 ± 1.5 × H 범위 = 경첩 ± 1.5 × 9

= 경첩 ± 13.5 = 29.5와 65.5

인접값 = 34와 57

5.13 ADDSC의 상자 그림:

중앙값 위치 $= (N+1)/2 = 89/2 = 44.5$

중앙값 = 50

경첩 위치 = (중앙값 위치 + 1)/2 = 45/2 = 22.5

경첩 = 44.5와 60.5

H−범위 = 60.5 − 44.5 = 16

내부 한계 = 경첩 ± 1.5 × H 범위 = 경첩 ± 1.5 × 16 = 경첩 ± 24 = 20.5와 85.5

인접값 = 26과 78

5.15 새 변산은 처음 변산의 $(1 - 1/N)$배이다.

5.17

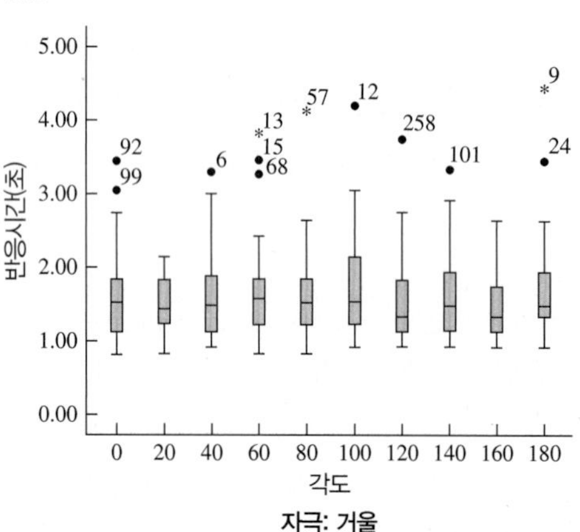

자극: 거울

5.19 수직선은 최솟값, 하위 10%, 하위 25%(하경첩), 하위에서 50%(중앙값), 하위에서 75%(상경첩), 하위에서 90%, 최댓값에 그려져 있다. 다이아몬드는 평균과 뒤에서 다룰 95% 신뢰구간에 해당되는 영역을 보여준다. 평균은 다이아몬드에서 가장 높게 솟은 부분이다.

5.21 두 처치집단이 통제집단보다 치료효과가 있을 것으로 예상하지만, 두 처치집단 중 어느 처치집단이 더 효과가 있을지는 예상할 근거가 없다. 이 세 집단의 자료는 다음과 같다.

	인지행동치료	통제집단	가족치료
평균	3.01	−0.45	7.26
중앙값	1.40	−0.35	9.00
표준편차	7.31	7.99	7.16

처치 전과 처치 후를 비교해보면, 통제집단은 변화가 없지만, 두 처치집단은 체중이 늘었다. 이는 평균을 보거나 중앙값을 보거나 다 그렇다. 두 처치집단의 표준편차는 처치 전에 비해 처치 후에 커졌는 데 반해, 통제집단은 약간 줄어든 것을 알 수 있는데, 이는 어떤 참가자는 다른 참가자보다 효과를 더 보았다는 것을 시사한다.

5.23 인지행동치료 데이터:

기술통계치

	N	최소	최대	평균	표준편차	변량
원자료	29	−9.1	20.9	3.01	7.31	53.414
자른 자료	19	−1.4	11.7	1.80	3.04	9.254
대체 자료	29	−1.4	11.7	2.96	4.89	23.898
valid N	19					

대체 변량은 자른 변량보다는 크지만, 원자료에서 극단치들이 덜 극단치로 대체되었기 때문에 원자료의 변량보다는 훨씬 작다. 인지행동치료 집단의 점수는 정적으로 편포되어 아주 큰 값이 여러 개 있고, 아주 작은 값이 한두 개 있다. 자르거나 대체할 경우 이들 값의 영향이 크게 줄어들고, 그 결과 변량에서 많은 차이가 생긴다.

6장

6.1

(a) 원점수 분포에서는 가로축이 1, 2, 3, 4, 5, 6, 7의 값을 갖는다.

(b) 문제에서는 가로축이 −3, −2, −1, 0, 1, 2, 3의 값을 갖는다.

(c) 문제에서는 −1.90, −1.27, −0.63, 0, 0.63, 1.27, 1.90의 값을 갖는다.

6.3

(a) .6826

(b) .5000

(c) .8413

6.5

(a) 84.6

(b) 80.0625

(c) 25.65

(d) 추측하지 않았다고 결론 내린다.

6.7

(b) 15.87%

(c) 30.85%

6.9 T 점수 62.8이 상위 10%를 가르는 분기점이 된다. 따라서 진단적인 가치가 있다.

6.11 (b) $z \geq 2.57$일 확률은 .0051이다. 이 확률은 아주 작기 때문에 우리는 학생이 정직하게 자료를 모으지 않고 자기가 조작하였다고 결론 내릴 수 있다.

6.13 (b) 하위 10%를 가르는 분기점을 찾는 가장 손쉬운 방법은 표본 자료에서 하위 10%에 해당하는 점수를 얻는 방법이다.

6.15

```
y <- dnorm(seq(0, 5, .1),
mean = mean(RTsec), sd = sd(RTsec))
x <- seq(0, 5, .1)
hist(RTsec, breaks=15, xlim = c(0, 5),
ylim = c(0, .8), freq = FALSE)
par(new = TRUE)
plt(y~x, xlim = c(0, 5), ylim =
c(0, .8), xlab = "", ylab = "",
type = "1")
```

6.17 98 백분위점은 $z = 2.05$, 따라서 임계점은 70.5이다.

6.19 통계학자들이 흥분할 만하다. 왜냐하면 과체중은 동료들의 95%보다 더 체중이 나가는 것으로 (95 백분위 이상으로) 정의되었는데, 이 논문은 마치 22%의 학생들이 상위 5%에 들어간다는 것처럼 들리기 때문이다. 나아가 1986년에는 단지 8%만이 상위 15%에 들어간다고 서술했다. 이것은 마치 모든 학생들이 평균보다 성적이 좋다는 말처럼 우스꽝스런 말이 된다. 아마도 현재 학생들의 22%가 몇 년 전의 95 백분위 이상의 체중을 보인다는 말이라고 생각되는데, 이것은 전혀 다른 이야기이다. 설령 그렇다 해도 이런 결과가 나올 것 같지는 않다.

6.21 평균은 같지만 표준편차가 다른 두 분포를 합치면, 평균 부분에는 많이 몰리지만 정상분포보다 변산성이 달라지게 된다. 평균이 다르다면 양봉분포를 얻을 가능성이 있다.

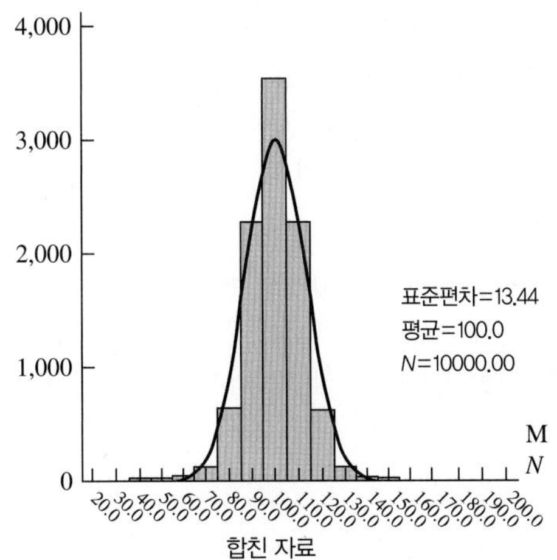

6.23 많이 있다. http://davidmlane.com/hyperstat/z_table.html를 예로 들 수 있다.

7장

7.1 통계에 대한 세 가지 관점:

(1) 분석적 견해: 만약 두 선수의 기량이 똑같아서 승부가 무선적이라면, A 선수가 이길 확률은 50%이다.

(2) 상대적 빈도 견해: 지금까지 두 선수가 맞붙어서 A 선수가 17회 중 13회를 이겼다면, A가 이길 확률은 13/17 = .76이다.

(3) 주관적 확률: A 선수의 코치 생각에 B 선수와 시합에서 이길 확률이 90%라고 생각한다.

7.3

(a) .001

(b) .000001

(c) .000001

(d) .000002

7.5 연습문제 7.3의 (a)는 조건확률 문제이다.

7.7 일기예보에서 비가 온다고 했을 때 불꽃놀이를 보러 가는 확률이 조건확률의 예이다.

7.9 p(엄마가 볼 확률) = 2/13 = .154,
p(아기가 볼 확률) = 3/13 = .231,
p(둘이 같이 볼 확률) = .154 × .231 = .036.

7.11 광고지에 문구를 넣는 것이 쓰레기를 제대로 버릴 확률을 높여준다.

7.13 연속변인인데 불연속변인처럼 취급되는 예는 학생의 학업능력이다. 종종 점수에 의해 반을 배정하는 경우 점수는 연속변인인데도 특정 범주들로 분류된다.

7.15 합격 확률은 .02이다.

7.17 $z = -.21$보다 클 확률은 .5832이다.

7.19 p(중퇴 | ADDSC ≥ 60) = 7/25 = .28

7.21 중퇴할 단순확률과 조건확률:

p(중퇴) = 10/88 = .11

p(중퇴 | ADDSC ≥ 60) = 7/25 = .28

초등학교 때 ADDSC가 60 이상일 때 고등학교에서 중퇴할 가능성이 훨씬 높다.

7.23 임대 주택 배정에 아무런 차별이 없다면, 성별과 배정받은 집과는 독립적인 사상이 된다. 수입이 특정 범위에 있는 사람들이 그와 같은 집을 배정받은 확률과 같은 인종인 사람의 비율을 조사한 다음, 이 둘을 곱하면 이 사람이 그 집을 배정받을 확률을 계산할 수 있다. 이 확률을 실제 그 사람과 같은 정도의 수입을 가진 같은 인종 사람들에게 집이 배정된 비율과 비교하면 된다.

7.25 피해자가 백인일 경우 검사가 사형을 구형할 가능성이 피해자가 흑인일 경우보다 높다.

7.27 흑인이 배심원 풀에 공정하게 포함된다면 $2,124 \times .0043 = 9.13$명이 포함되어야 한다. 이는 4명과 현저한 차이가 있다. 따라서 배심원풀이 공정하게 구성되었다고 보기 어렵다는 결론을 내릴 수 있다. 그러니까 '배심원 풀이 공정하게 구성되었다면, 흑인이 4명일 확률은 .05이다'라는 말은 조건확률이고, 이 확률이 .05이므로 공정하게 구성되었다는 가설을 기각한다.

8장

8.1

(a) 실제 아이스하키 게임 결과이다.

(b) 아이스하키는 점수가 적게 나니까, 영가설에 따르면 점수는 0점에서 6점 사이에 있을 것으로 예상된다. 그런데 26대 13이라는 점수는 이 범위에서 너무나 벗어나기 때문에 이 점수는 아이스하키 게임의 결과라고는 볼 수 없다고 결론 내린 것이다. 즉, 영가설을 기각한 셈이다.

8.3 사실은 적게 받은 것이 아닌데, 적게 받았다고 생각하는 것이 1종 오류이다.

8.5 기각 영역이란 영가설을 기각하게 하는 결과들의 집합이다. 임계치는 영가설을 기각하게 하는 거스름돈의 최소치이다. 즉, 이보다 거스름돈이 적으면 영가설을 기각하게 하는 한도액으로 기각 영역의 경계선이다.

8.7 그림으로 그려서 내 결과와 비교한다.

8.9

(a) 영가설: 두 개 추측치의 평균의 정확도는 한 개 추측치의 정확도와 같다.

대립가설: 두 개 추측치의 평균은 한 개 추측치보다 정확하다.

(b) 1종 오류: 평균치와 한개 값의 정확도가 같은데, 영가설을 기각하는 것.

2종 오류: 평균이 한 개 측정치보다 정확한데 영가설을 기각하지 않는 것.

(c) 두 개의 평균이 하나보다 덜 정확한 경우를 기대하기 어려우므로 일방검증을 하는 방안도 무방하다.

8.11 표집분포도 분포의 한 예이다. 다만 표집분포에서는 표본에 포함된 원자료를 그리는 것이 아니라 반복해서 선정한 표본에서 얻어진 평균과 같은 통계치들을 그린 분포이다.

8.13 마겐 등:

(a) 영가설은 '두 집단의 평균이 같다'이다. 즉, 대안을 어떻게 기술하는지는 선택에 영향을 미치지 않는다라는 말이다.

(b) 두 집단의 평균을 비교한다.

(c) 차이가 유의하다면 대안을 어떻게 기술하는지가 선택에 영향을 미친다고 결론을 내린다.

8.15 정상분포에서 일방검증에서 $\alpha = .01$일 때의 z 값은 2.33이다. $\mu = 59$, $\sigma = 7$인 분포에서 이에 해당하는 원점수의 값은 42.69가 된다. 이 값을 H_1이 가정하는 분포에 위치시키면 $z = (X - \mu)/\sigma = (42.69 - 50)/7 = -1.04$가 된다. 즉, H_1이 가정하는 분포의 85.08%가 이 값과 같거나 이 값보다 큰 값을 보인다. 따라서 2종 오류를 범할 확률 $\beta = .851$이 된다.

8.17 강의 평가와 학점 사이에 관계가 있는지 알아보려면 두 변인 간의 관계 정도를 반영하는 통계치가 있어야 한다. (9장에서 이 통계치가 상관계수 r이라는 것을 배우게 된다). 그 다음 두 변인 간에 관계가 없는 상황에서의 그 통계치의 표집분포를 구한다. 마지막으로 대표성 있는 학생과 학급에서 자료를 구해 통계치를 얻은 다음 표집분포와 비교하면 두 변인이 관계가 있는지 알 수 있다.

8.19

(a) 남학생들과 여학생들의 용돈이 같다가 영가설이다.

(b) 남학생이든 여학생이든 더 많이 받을 수 있으므

로 양방검증을 한다.

(c) 전집에서 같은 액수를 받는다고 할 때 기대할 수 있는 차이보다 차이가 크다면 영가설을 기각한다.

(d) 표본의 크기를 늘리고, 자기보고 외에 다른 방법으로 용돈 액수를 알아본다.

8.21 배심원 제도는 가설검증의 표준적인 논리와 아주 유사하다. 그러나 법정에서는 무죄인 사람에게 유죄 평결을 내리는 실수에 훨씬 더 주의를 기울인다. 재판에서의 영가설은 피고는 무죄라는 것이다. 그리고 무죄를 유죄로 판단하는 1종 오류에 민감하기 때문에 실험에서보다 유의도 수준을 훨씬 엄격하게 적용한다. 배심원들은 가능한 한 1종 오류를 범할 확률을 0으로 하고 싶어 한다. 1종 오류를 범할 확률을 낮게 하다 보면 2종 오류를 범할 확률은 높아지는데(유죄인 사람을 무죄로 풀어주는 오류) 이 오류가 덜 치명적이라고 생각하기 때문이다.

9장

9.1 두 개의 예윗값이 상관계수를 왜곡시키는 영향을 미친 것으로 보인다. 그러나 이 값들을 제외하고 데이터를 다시 그려보면 관계성이 여전히 나타나고 상관은 단지 −.54로 떨어질 뿐이다.

9.3 자유도 24에서 $\alpha = .05$, 양방검증은 $r > \pm .388$을 요한다.

9.5 유아 사망률은 소득과 피임 이용 가능성 양자와 밀접하게 관련되어 있다고 결론 내릴 수 있다. 빈곤한 산모에게서 출생한 유아는 돌 이전에 사망할 가능성이 더 크며, 피임 이용 가능성은 무엇보다 위험에 빠지는 유아의 수를 유의미하게 감소시킨다.

9.7 소득과 피임 양자가 사망률과 관련되어 있기 때문에 이들을 함께 이용하면 예측력을 크게 증가시킬 것으로 예상할 수 있다. 그러나 이들이 서로 관련되어 있고 따라서 동일한 변량의 상당 부분을 공유하고 있다는 점에 주목하라.

9.9 심리학자들은 유아 사망률에 전문적인 관심을 갖고 있는데, 그 이유는 유아 사망률에 기여하는 상당수 변인들이 행동변인이고 우리는 행동을 이해하고 때로는 통제하는 데 관심을 갖고 있기 때문이다. 심리학자들은 세계 건강을 위해 피임약과 세정 체계로는 거의 할 수 없는 중요한 역할을 수행한다.

9.11 이 장에서 구한 *R*용 코드:

```
DownData <-
read.table("http://www.uvm.
edu/~dhowell/fundamentals8/DataFiles/
Ex9-10.dat", header=TRUE)
attach(DownData)
pctDown <- Down/Births
plot(Age,Births)
plot(Age, pctDown)
ranks <- rank(pctDown)
plot(Age, ranks)
cor(Age, ranks)
```

9.13 만약 종속변인을 서열로 변환했다면(또는 로그값으로 변환했다면) 그 관계는 더 직선적이 될 것인데, 그 이유는 상대적으로 높은 사고율의 영향을 감소시켰기 때문이다. 그 관계성은 지수 형태에서 거의 직선 형태가 되었는데, 위 도표에서 알 수 있는 것에 비해 설명력 측면에서 무엇이 더 나아졌는지 알 수 없다.

9.15 카츠 등 연구의 검사 점수와 대학 응시를 위한 SAT 점수 간 관계는 적절한 질문인데, 왜냐하면 SAT 질문을 사용했지만 SAT 수행과 무관한 답을 제공한 데이터 세트에 만족할 수 없을 것이기 때문이다. 우리는 검사들이 최소한 대충이라도 동일한 것을 측정하는지 알고자 한다. 또한 SAT 그리고 질문을 보지 않고 하는 수행 간 상관을 앎으로써 SAT가 측정하고 있는 것 가운데 일부에 대해 더 잘 이해할 수 있다.

9.17 연습문제 9.14의 데이터에 대한 상관:

SAT: 평균 = 598.57 $\Sigma X = 16760$ 표준편차 = 61.57

검사: 평균 = 46.21 $\Sigma Y = 1294$ 표준편차 = 6.73

$$COV_{YX} = \frac{\Sigma XY - \frac{\Sigma X \Sigma Y}{N}}{N-1}$$

$$= \frac{780500 - \frac{16760 \times 1294}{28}}{27} = 220.3175$$

$$r = \frac{cov_{YX_1}}{s_Y s_{X_1}} = \frac{220.3175}{61.57 \times 6.73} = .53$$

자유도 26에서 유의미하기 위해서는 .374의 상관이 필요하다. 우리가 구한 값이 이 값보다 크기 때문에 우리는 검사 점수와 SAT 간 관계가 0과는 신뢰할 수 있게 다르다고(유의미하다고) 결론 내릴 수 있다.

9.19 두 상관이 유의미하게 다르지 않다고 말할 때, 이는 두 상관이 충분히 가까워서 정확하게 동일한 전집 상관계수를 갖는 전집들로부터 나온 표본들의 통계치일 수 있다는 의미이다.

9.21 이 질문에 대한 답은 학생들의 예상에 달려 있다.

9.23 두 변인들 간 관계가 약간 곡선적이라는 것을 알고 있을지라도 변인들 간 상관을 알아보는 것이 때로는 적절하다. 곡선화된 함수가 지나치게 곡선화되어 있지 않다면, 이 함수에 부합시키는 데 직선이 적합한 경우가 흔하다.

9.25 한 국가가 의료서비스에 소비하는 돈의 양은 기대수명과 관계가 없을 수 있는데, 그 이유는 한 국가의 기대수명을 변화시키기 위해서는 많은 사람들의 건강을 바꿔야 하기 때문이다. 한 개인에게 많은 돈을 들이는 것이 설령 그 개인의 수명을 수십 년 연장시킨다고 할지라도 평균 기대수명을 뚜렷하게 변화시키지는 않을 것이다. 예방 접종처럼 기대수명에 중요한 변화를 일으키는 것에는 흔히 실제로 거의 돈이 들지 않는다.

9.27 남성과 여성의 체중과 신장 데이터에서, 성(gender) 내에서는 부적 관계가 나타나지만 전체적으로는 정적 관계가 나타나도록 극단적으로 과장된 자료는 다음과 같다.

신장	68	72	66	69	70
체중	185	175	190	180	180
성별	남	남	남	남	남
신장	66	60	64	65	63
체중	135	155	145	140	150
성별	여	여	여	여	여

9.29 여기에는 효과가 혼입되어 있다. 적포도주 소비가 심장병 발병률을 낮춘다는 주장에는 일사량이 가장 큰 지역에서 적포도주 소비가 가장 많다는 문제가 있는데, 큰 일사량이 낮은 심장병 발병률의 원인일 가능성이 있기 때문이다. 적포도주와 심장병 사이의 관계를 알아보려면 일사량의 효과를 통제해야 할 것이다.

9.31 정답이 없는 인터넷 질문이다.

10장

10.1 $\hat{Y} = 0.0689X + 3.53$

10.3 출생 체중이 2500그램 미만인 신생아 비율은 8.35로 예측된다.

10.5 세네갈에 대해 그 효과를 언급하는 것이 가장 편할 것인데, 왜냐하면 그 나라가 이미 거의 평균 소득 수준에 있으므로 X의 극단적인 값에 대한 추정을 하지 않기 때문이다.

10.7 $\hat{Y} = 109.13$

10.9 모든 X 또는 Y 점수에서 10점을 빼는 것은 상관을 조금도 변화시키지 않을 것이다. X와 Y의 관계는 동일하고 단지 절편만이 바뀔 것이다.

10.11 연습문제 10.10을 보여주는 그림:

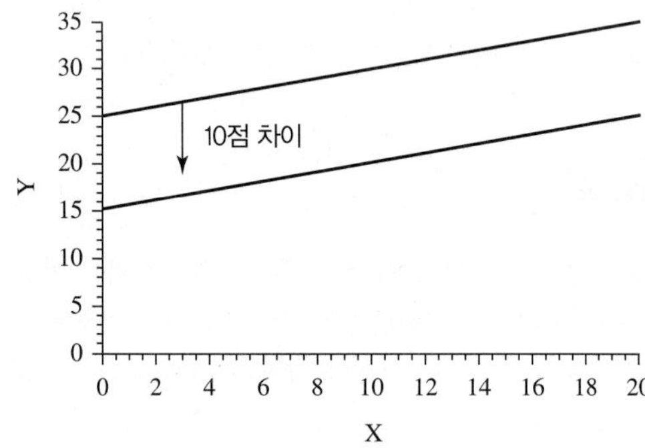

10.13 Y 값 각각에 상수를 더하는 것:

(a) Y에 2.5를 더함으로써 회귀선을 2.5단위만큼 올렸다.

(b) 상관은 영향받지 않을 것이다.

10.15 $\hat{Y} = -0.0426X + 4.699$

10.19 남자 대학생의 경우 체중은 신장의 함수:

(b) $\hat{Y} = 4.356$, 신장 $= 149.93$. 절편이 -149.93인데, 이 데이터에서는 해석 가능한 의미가 전혀 없다. 기울기 4.356은 신장에서 1단위 증가가 체중에서 4.356 증가와 관련됨을 의미한다.

(c) 상관계수 .60은 여자 대학생의 경우 체중 변산성의 36%가 신장 변산성과 관련 있음을 의미한다.

(d) $F = 31.54$, $t = 5.616$에서 알 수 있듯이 상관과 기울기 양자가 0과 유의미하게 다르다.

10.21 $\hat{Y} = 4.356 \times 68 - 149.93 = 146.28$

(a) 잔여는 $Y - \hat{Y} = 156 - 146.28 = 9.72$.

(b) 데이터를 제공한 학생들이 편향된 반응을 보였다면, 데이터가 편향된 정도까지 계수들이 편향되고 예측은 나에게 정확하게 적용되지 않을 것이다.

10.23 12.28파운드.

10.25 $\hat{Y} = -0.014 \times 시행 + 67.805$

기울기는 -0.014에 불과하며 유의하지 않다. 이 데이터 세트의 경우 반응시간이 시간 경과에 따라 선형적으로 변하는 경향이 없다고 결론을 내릴 수 있다. 산도포에서 비선형적 패턴의 여지도 보이지 않는다.

10.27 TV의 악영향:

(b) 남자아이 $\hat{Y} = -4.821X + 283.61$

여자아이 $\hat{Y} = -3.460X + 268.39$

우리가 갖고 있는 적은 수의 데이터 값에서 두 기울기는 대략 동일한데, 남자아이의 경우 시간 증가에 따라 약간 더 크게 감소한다. 절편의 차이는, 회귀선이 여자아이의 경우 남자아이보다 약 9점 아래에 있다는 사실을 반영한다.

(c) TV는 여자아이의 더 낮은 점수를 설명하는 데 사용될 수 없는데, 왜냐하면 TV 시청을 통제해도 여자아이의 점수가 남자아이의 점수보다 낮기 때문이다.

10.29 연필 떨어뜨리기:

(a) 연필을 수직으로 움직여감에 따라 절편도 변한다.

(b) 연필을 회전시킴에 따라 기울기가 변한다.

(c) 회귀선으로부터의 편차를 가능한 한 작게 하기 위해서 단순히 연필을 회전시키고 올리거나 내림으로써 매우 좋은 선에 부합시킬 수 있다(실제로 편차제곱을 최소화시키고 싶지만, 그 차이를 알아차릴 만큼 사람들의 눈이 좋을 것이라고는 생각하지 않는다).

11장

11.1 삶의 질 예측하기:

(a) 다른 모든 변인들을 일정하게 유지했을 때, 기온에서 +1도 차이는 지각된 '삶의 질'에서 $-.01$ 차이와 관련된다. 소득 중앙치에서 1,000달러 차이는 역시 다른 모든 변인들을 일정하게 유지시켰을 때 지각된 '삶의 질'에서 $+0.5$ 차이와 관련된다. 유사한 해석이 b_3과 b_4에도 적용된다. 모든 예측변인들에서 0의 값이 논리적으로 일어날 수 없기 때문에 절편은 아무런 의미 있는 해석을 갖지 않는다.

(b) $\hat{Y} = 5.37 - 0.01(55) + 0.05(12) + 0.003(500) - 0.01(200) = 4.92$

(c) $\hat{Y} = 5.37 - 0.01(55) + 0.05(12) + 0.003(100) - 0.01(200) = 3.72$

11.3 종교적 영향력과 종교적 희망은 예측에 유의미한 영향을 미치지만 종교적 관여도는 그렇지 않다.

11.5 종교적 관여도는 다른 예측변인들과의 중복 때문에 중요한 예측변인이 아니라고 생각한다. 하지만 '허용오차'는 이 이론의 상당한 허점을 보여준다.

11.7 $R = .173$

$$R^{*2} = 1 - \frac{(1 - R^2)(N - 1)}{(N - p - 1)}$$

$$= 1 - \frac{(1 - .173)(14)}{(15 - 4 - 1)} = -.158$$

제곱 값은 음수일 수 없기 때문에 우리는 그것을 불확실한 것으로 간주할 것이다. 우리가 H_0: $R^* = 0$을 기각할 수 없다는 사실에 비추어볼 때 이것이 오히려 합리적이다.

11.9 예측변인들 그리고 2,500그램 미만의 출생률 사이의 중다상관은 .855이다. 17세 미만의 산모가 더 많을 때, 산모의 교육연수가 12년 미만일 때, 그리고 미혼모일 때 저체중으로 태어나는 사례가 증가한다. 모든 예측변인들이 어린 산모와 관련되어 있다(변인에 대해 의미 있는 분석을 하기에는 관찰값의 수가 매우 적다).

11.11 우울과 세 예측변인들 사이의 중다상관은 $R = 0.49[F(3, 131) = 14.11,\ p = .0000]$로 유의미했다. 그러므로 우울의 변산성의 대략 25% 정도가 이 세 예측변인들의 변산성으로 설명될 수 있다. 이 결과는 한쪽 부모가 죽은 학생들의 우울이 미래 상실에 대한 지각된 취약성의 높은 수준과는 정적으로, 사회적 지지 수준과는 부적으로 관련되어 있음을 보여준다. 부모를 잃었을 때의 학생 나이는 그리 중요하지 않은 것으로 보인다.

11.13 행동 빈도가 보고의 요인이 아니라는 사실은 흥미로운 발견이다. 처음 든 생각은 그것이 공격성과 높게 상관되어 있고 공격성이 그 책임을 지고 있다는 것이다. 그러나 두 변인 간 단순상관을 보면 두 변인은 $r=.20$보다 더 낮은 수준에서 관련되어 있다.

11.15 나의 데이터에서 중다상관은 .739였는데 이것은 매우 높은 것이다. 다행히 회귀에서 F 검증은 유의미하지 않았다. 예측변인들보다 겨우 2배 정도의 참가자들을 대상으로 했음에 주목하라.

11.17 가중치 예측하기:

상관계수[a]

유형		비표준화된 상관계수 B	비표준화된 상관계수 표준 오차	표준화된 상관계수 β	t	Sig.
1	(상수)	−204.741	29.160		−7.021	.000
	신장	5.092	.424	.785	12.016	.0005
2	(상수)	−88.199	43.777		−2.015	.047
	신장	3.691	.572	.569	6.450	.000
	성별	−14.700	4.290	−.302	−3.426	.001

[a] 종속변인 : 체중

11.19 가중 평균은 3.68인데, 이는 성을 통제했을 때 신장의 회귀계수와 매우 가깝다.

11.21 성은 이 관계에 포함되어야 할 중요한 변인인데, 왜냐하면 여성이 남성보다 더 작은 경향이 있어서 아마(덜 효율적이지는 않을지라도) 더 작은 뇌를 가질 수 있기 때문이다. 데이터가 이렇게 오염되는 것을 아마 원하지 않을 것이다. 그러나 성은 앞서의 답에서 표본크기(검증력)가 작기는 했지만 유의미하지 않았음을 기억하라.

11.23 잡음변인은 통상 다른 변인들 간 관계를 혼동시키는 변인이다. 그것이 반드시 사소한 변인인 것은 아니며, 따라서 그렇게 이름 붙인 것이 좋은 것은 아니다.

12장

12.3 평균 = 4.1, 표준편차 = 2.82. 이것은 표본이 추출된 전집의 모수치들과 꽤 가까운 수치들이다. 평균들의 분포의 평균은 4.28인데, 이것은 전집 평균에 다소 더 가깝고 표준편차는 1.22이다.

(a) 중심극한정리에 따르면 평균이 4.5, 표준편차가 $2.67/\sqrt{15}=1.16$인 평균의 표집분포가 예상된다.

(b) 이 값들은 우리가 예상한 값들과 유사하다.

12.5 크기가 15인 표본 50개를 추출한다면, 표집분포의 평균은 여전히 전집의 평균에 가깝지만 분포의 표준오차는 $2.67/\sqrt{15}=0.689$가 될 것이다.

12.7 첫째, 이 학생들은 기대 이상으로 좋은 점수를 받았다. 둘째, 이 학생들은 확실히 고등학생 집단의 무선표본이 아니다. 마지막으로, '끔찍한 주'가 의미하는 것에 대한 정의가 없으며, SAT가 그러한 개념을 측정하는지에 대해 알 수 없다.

12.9 앞서 두 질문의 결과와는 달리, 이 구간은 아마 국가 전체의 학생-교사 비율에 대한 신뢰구간의 좋은 추정치일 것이다. 이는 SAT 점수의 표집 편향에 의해 편향되지 않는다.

12.11 $t=2.22$, $p<.05$. 영가설을 기각하고, 이 실험에서 여자아이들의 체중이 우연 수준 이상으로 증가했다고 결론을 내린다.

12.13 이 데이터는 두서가 없는데, 어떤 사람은 20.9파운드만큼 체중이 증가했지만, 다른 사람은 −9.1파운드만큼 체중이 감소했다. 우리가 구한 효과가 어떤 참가자에게는 적용되지만, 다른 참가자에게는 그렇지 않은 것 같다.

12.15 효과크기의 가장 좋은 측정치는 단순히 증가한 체중 결과를 보고하는 것인데, 3.01이다. 보다 관련된 측정치를 원하는 사람들을 위해 다음과 같이 계산할 수 있다.

$$\hat{d}=\frac{\overline{X}}{s}=\frac{3.01}{7.3}=0.41.$$

이 측정치의 문제는 증가 점수의 표준편차를 사용한다는 것인데, 이는 그다지 만족스런 측정 단위가 아니다.

12.17 전집 변량을 몰랐기 때문에 z 대신 t를 사용할 필요가 있었다.

12.19 $t=-3.50$, $35df$, $\alpha=.05$에서 t의 임계치는 ± 2.03이다. H_0를 기각할 수 있으며, 스트레스 받는

아이들이 일반 전집의 아이들보다 유의미하게 더 낮은 수준의 불안을 보인다고 결론 내릴 수 있다.

12.21 연습문제 12.18의 결과는 연습문제 12.17의 t 검증과 일치한다. t 검증이 밝힌 바에 따르면 이 아이들은 정상 전집보다 더 낮은 수준의 불안을 보였고, 신뢰구간은 일반 전집 평균 14.55를 포함하지 않았다.

13장

13.1 $t = -0.48$. 영가설을 기각하지 않는다. 반응들이 결혼한 부부들로부터 나왔기 때문에 이는 대응표본 t이다. 부부 중 한 사람의 성적 만족과 다른 한 사람의 만족 간에 어떤 관계가 있을 것이라고 기대하는데, 이는 아마 너무 과한 기대였던 듯하다.

13.3 이 분석은 결국 부부들 간의 화합성 정도를 다룬다. 상관은 유의미하지만 그리 크지 않다.

13.5 t 검증에서 가장 중요한 것은 평균(또는 평균들 간 차이)이 정상적으로 분포한다는 가정이다. 개개 값들이 정수 1에서 4까지만 걸쳐 있다 할지라도 91명의 참가자들의 평균은 1과 4 사이에서 어떤 수의 값들이든 취할 수 있다. 실용적 목적에서 그것은 연속변인이고 상당한 변산성을 보여줄 수 있다.

13.7 짝진 t 검증을 사용했는데, 이는 데이터가 동일한 참가자들에서 나왔다는 의미에서 짝지어져 있기 때문이다. 어떤 참가자들은 다른 참가자들보다 항상 더 많은 베타 엔도르핀을 보였는데, 우리는 이러한 참가자 간 변산성을 제거하고자 했다.

13.9 연습문제 13.6에서 제시된 실제 수들을 본다면, 우리는 보통 베타 엔도르핀을 측정하기 위해 사용된 것은 무엇이든 가장 근접한 절반 단위까지만 정확했을 것으로 예상하게 될 것이다. 하지만 그렇다면 5.8과 4.7이라는 값은 어디서 나온 것인가?

13.11 첫 측정이 참가자에게 귀띔을 해주거나 다음에 나올 것에 대해 참가자가 민감해지도록 하는 상황에서는 반복측정의 사용을 원하지 않을 수 있다.

13.13 몇 명의 참가자가 필요한가? 우선 연습문제 13.6에서는 참가자가 19명으로써 18df였다. 이는 $\alpha = .01$ 수준에서 일방검증의 경우, 유의미하기 위해서는 최소한 2.552의 t 값이 필요함을 뜻한다. 따라서 우리는 데이터에 대해 N 외에 알고 있는 모든 것들을 대입해서 N을 구할 수 있다. $N = 4.481^2 = 21$명의 참가자이다.

13.15 두 변인들 사이의 상관이 증가할수록 차이의 표준오차는 감소하고 t는 증가할 것이다.

13.17 스튜던트 $t = -0.319$. 이 값이 연습문제 13.12의 t 값과 동일하다는 점에 주목하라. 그 이유는 첫 번째, 두 번째, 그리고 평균 짐작 간에 완벽한 선형적 관계가 존재하기 때문이다(여러분이 첫 번째 짐작과 평균을 알고 있다면, 두 번째 짐작이 틀림없이 무엇이었는지 계산할 수 있다).

13.19 '치료 전' 점수를 '치료 후' 점수에서 뺐다면 평균 차이와 t의 기호만 변할 뿐 다른 영향은 없을 것이다.

13.21 이 문제는 학생들이 연구를 설계할 것을 요구하기 때문에 답을 제시할 수 없다.

14장

14.1 $t = -0.40$. 남성과 여성이 성적 만족 측면에서 동등하다는 가설을 의심할 만한 이유가 없다고 결론 내릴 수 있다.

14.3 연습문제 13.1과 14.1의 t 값 간 차이는 작은데, 이는 두 변인 간 관계성이 매우 작았기 때문이다.

14.5 무선배정은 두 집단에 배정된 참가자들 간에 체계적 차이가 없다는 것을 확실하게(가능한 한) 해주는 역할을 한다. 무선배정이 되지 않았다면, 가족치료 조건에 등록한 사람들이 통제집단의 사람들보다 더 동기화되었거나 더 심각한 문제를 가졌을 가능성이 있다.

14.7 동성애 혐오증 연구를 위해 동성애 혐오 집단에 무선배정을 할 수 없는데, 왜냐하면 집단 배정이 참가자들 자체의 속성이기 때문이다.

14.9 연습문제 14.8에서 정상 집단보다 조현병 집단의 변산성이 훨씬 작았을 가능성이 있는데, 왜냐하면 긍정적인 부모-자식 관계를 나타내는 TAT의 수가 0.0에서 바닥효과를 가졌을 수 있기 때문이다. 이런 일이 발생하지는 않았지만 어쨌든 확인해보는

것이 중요하다.

14.11 실험자 편향효과:

$$t = 0.587 \left[t_{.05}(15) = \pm 2.131 \right]$$

영가설을 기각하지 않는다. 데이터가 실험자 편향효과를 보인다고 결론 내릴 수 없다.

14.13 연습문제 14.11의 효과크기는 다음과 같다.

$$d = \frac{\overline{X}_1 - \overline{X}_2}{s_p} = \frac{1.153}{\sqrt{16.359}} = \frac{1.153}{4.045} = 0.285$$

14.15 ADDSC 점수가 높은 사람들과 낮은 사람들의 GPA 비교하기:

$t = 3.77$. H_0를 기각하고, 초등학교에서 ADDSC 점수가 높은 사람이 낮은 사람보다 9학년일 때 더 낮은 학점 평균을 받는다고 결론 내린다.

14.17 연습문제 14.15의 답은 ADDSC 점수가 수년 후의 학점 평균에 대해 유의미한 예측력을 갖고 있음을 알려준다. 더욱이 연습문제 14.16의 답은 이러한 차이가 상당히 크다는 것을 알려준다.

15장

15.1 랜스의 프로그램을 사용하여 구한 검증력:

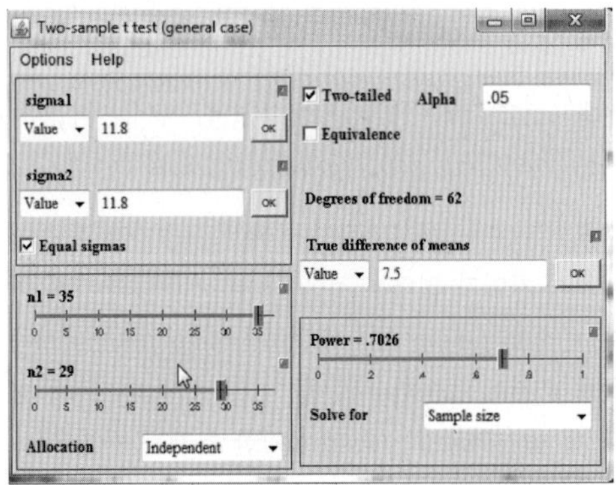

15.3 사회적으로 바람직한 반응에 대한 검증력:

전집 평균 = 4.39, 전집 표준편차 = 2.61이라고 가정해보자.

(a) 효과크기 = 0.20

(b) $d = 1.20$

(c) 검증력 = .22

15.5 표본크기(반올림하기 전):

156.25, 196.00, 264.06

15.7 연습문제 15.6의 그림:

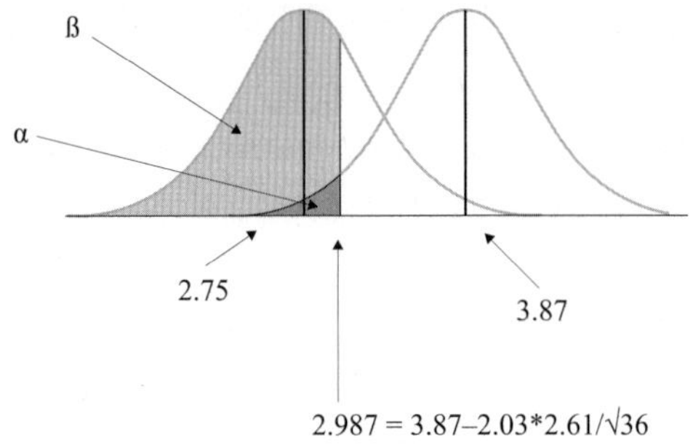

15.9 토끼의 회피 행동에 대한 단일표본 t 검증:

(a) 검증력 = .50의 경우, $N = 15.21 = 16$

(b) 검증력 = .80의 경우, $N = 31.36 = 32$

15.11 $\delta = 1.46$에서 검증력 = .31

15.13 연습문제 15.12의 수정:

(a) 검증력 = .22

(b) $t = -1.19$. 영가설을 기각하지 않는다.

(c) t는 통계치로부터, δ는 모수치로부터 계산된 것이지만, t는 숫자상 δ와 동일하다. 다시 말해 표본 평균과 표준편차가 상응하는 모수치들과 동일하다면 δ는 t와 동일하다.

15.15 표본크기가 더 작은 결과가 더 인상적인데, 그 이유는 더 작은 표본크기에서 유의미한 결과를 발견한 것이 일반적으로 더 큰 효과를 갖기 때문이다.

15.17 동일한 표준편차를 가정할 때, 25명의 고등학교 중퇴자 집단의 δ 추정치가 더 높을 것이고 따라서 검증력도 더 높을 것이다.

15.19 검증력 = .60, $\alpha = .05$, 양방검증($\delta = 2.20$)에 필요한 전체 표본크기:

효과크기	γ	단일표본 t	두 표본 t (집단당)	두 표본 t (전체)
작음	0.20	121	242	484
중간	0.50	20	39	78
큼	0.80	8	16	32

15.21 H_1 하의 평균은 H_0 하의 임계치에 위치해야 한다. 이 질문은 일방검증을 함축하고 있으므로, 평균은 $\mu_0(100)$에 대해 1.645 표준오차이다. $\mu = 104.935$일 때 검증력 = β이다.

15.23 검증력 = .75

15.25 연습문제 15.3을 풀기 위해 R을 사용하겠지만 나머지 해결책은 다음과 같이 수정된 코드를 사용할 수 있다.

```
### The following is the important
information from the help file for
pwr.t.test.
#pwr.t.test(n = NULL, d = NULL,
sig.level = 0.05, power = NULL,
  type = c("two.sample", "one.sample",
"paired"), alternative =
  c("two.sided", "less","greater"))
#Arguments
#n    Number of observations
      (per sample)
#d    Effect size
#sig.level    Significance level (Type
I error probability)
#power    Power of test (1 minus Type
II error probability)
#type       Type of t test : one- two-
or paired-samples
#alternative  a character string
specifying the alternative hypothesis,
must be one of "two.sided" (default),
"greater" or "less"

# First I will calculate the effect
size for Ex15.3
mu1 = 4.39
mu0 <- 3.87
sp <- 2.61
d <- (mu1 - mu0)/sp
pwr.t.test(n = 36, d = d,
sig.level = .05, type = "one.sample")

One-sample t test power calculation
             n = 36
             d = 0.1992337
     sig.level = 0.05
         power = 0.2135633
   alternative = two.sided
```

16장

16.1 아이젱크(1974) 데이터의 분석:

(a) 변량분석

변산원	*df*	SS	MS	*F*
처치	1	266.45	266.45	25.23*
오차	18	190.10	10.56	
전체	19	456.55		

* $p < .05$

(b) $t = 5.02$. 영가설을 기각한다.

16.3 연습문제 16.2의 확장:

(a) 낮은 수준 처리 집단을 결합하고 높은 수준 처리 집단을 결합한다.

변산원	*df*	SS	MS	*F*
처치	1	792.10	792.10	59.45*
오차	38	506.30	13.324	
전체	39	1298.40		

* $p < .05$

낮은 수준 처리와 높은 수준 처리 조건에서 회상을 비교하였으며, 높은 수준 처리가 유의하게 우수한 회상을 초래한다고 결론 내릴 수 있다.

(b) 두 집단이 모두 젊은 참가자와 나이 든 참가자를 포함하고 있으며 그 효과는 한 연령 집단에서만 나타나고 다른 연령 집단에서는 나타나지 않을 가능성이 있기 때문에 그 답은 해석하기가 조금 어렵다.

16.5 연습문제 16.1의 데이터에 대한 η^2과 ω^2:

$$\eta^2 = .58 \qquad \omega^2 = .55$$

16.7 포아 등(1991)의 연구:

변산원	*df*	SS	MS	*F*
처치	3	507.84	169.28	3.04*
오차	41	2279.07	55.59	
전체	44	2786.91		

* $p < .05$

(c) 보다 많이 개입하는 치료가 개입을 덜 하는 치료보다 더 적은 수의 징후를 초래하는 것으로 보인다. 물론 어느 집단이 다른 어느 집단과 차이가 있는지를 정확하게 말하기 위해서는 다중비교 검증을 실시할 필요가 있다.

16.9 연습문제 16.7에 대한 R 코드:

이 코드는 무선 데이터를 생성하기 때문에 평균과 표준편차는 똑같지 않을 것이다. 그렇지만 set.seed(3086)는 유의한 결과를 초래해야 한다.

```
# Generate data
set.seed(3086)
ST <- round(rnorm(14, 11.07, 3.95),
digits = 2)
PE <- round(rnorm(10, 15.40, 11.12),
digits = 2)
```

```
SC <- round(rnorm(11, 18.09, 7.13),
digits = 2)
WL <- round(rnorm(10, 19.5, 7.11),
digits = 2)
dv <- c(ST, PE, SC, WL)
group <- factor(a <- rep(c(1,2,3,4),
c(14, 10, 11, 10)))
model <- lm(dv ~ group)
anova(model)
```

16.11 연습문제 16.7의 표본크기가 두 배 커진다면, $SS_{처치}$와 $MS_{처치}$가 두 배로 커진다. 그렇지만 $MS_{오차}$에는 아무런 효과가 없다. $MS_{오차}$는 집단 변량의 평균일 뿐이기 때문이다. 그 결과로 F 값이 두 배로 커지게 된다.

16.13 연습문제 16.2의 분석에 대한 R 코드:

```
#Ex16.13
data <- read.table("https://www.uvm.
edu/~dhowell/fundamentals9/DataFiles/
  Tab16-1.dat", header = TRUE)
attach(data)
group <- factor(group) # IMPORTANT!
Specify that group is a factor
model1 <- lm(dv ~ group) # Calculate
the linear model of dv predicted from
group anova(model1)
16.13  Effect size for tests in
Exercise 16.10.
```

16.15 연습문제 16.12에서 검증의 효과크기. 이 연구에서 유의한 비교에 대한 효과크기를 계산하는 것만이 의미를 갖기 때문에, SIT 대 SC를 다룬다.

$$\hat{d} = \frac{\overline{X}_{SC} - \overline{X}_{SIT}}{\sqrt{MS_{오차}}} = \frac{18.09 - 11.07}{\sqrt{55.579}} = \frac{7.02}{7.455} = 0.94$$

통제집단인 SC 집단과 비교할 때 SIT 집단이 증상에서 거의 1 표준편차만큼 낮다.

16.17 ADDSC 데이터에 대한 ANOVA:

변산원	*df*	SS	MS	*F*
처치	2	22.50	11.25	22.74*
오차	85	42.00	.49	
전체	87	64.56		

* p < .05

16.19 달리와 라타네(1968) 연구:

변산원	*df*	SS	MS	*F*
처치	2	.854	.427	8.06*
오차	49	2.597	.053	
전체	51	3.451		

* p < .05

영가설을 부정하고 참가자들은 주변에 다른 방관자들이 있으면 신속하게 도움 행동을 나타낼 가능성이 적어진다고 결론 내릴 수 있다.

16.21 연습문제 16.2 데이터에 대한 본페로니 검증:

젊은 참가자/낮은 처리 대 나이 든 참가자/낮은 처리 $t = -.434$

젊은 참가자/높은 처리 대 나이 든 참가자/높은 처리 $t = 6.34$

인지 처리를 거의 요구하지 않는 과제에서는 젊은 참가자와 나이 든 참가자 간에 유의한 차이가 없지만, 상당한 인지 처리를 요하는 과제에서는 유의한 차이가 있다. 두 진술 중에서 적어도 하나가 1종 오류를 범할 확률은 .05다.

16.23 WL과 SIT의 비교:

$\hat{d} = 1.18$. 두 집단은 1 표준편차 이상 차이가 있다.

16.25 스필리크 등(1992)의 연구:

변산원	*df*	SS	MS	*F*
처치	2	2643.38	1321.69	4.74*
오차	42	11700.40	278.58	
전체	44	14343.78		

* p < .05

여기서는 보다 많은 인지적 개입을 수반하는 과제를 사용하였으며, 흡연 조건에 따른 차이를 보이고 있다.

16.27 운전 시뮬레이션에 대한 스필리크 등(1992)의 데이터:

변산원	*df*	SS	MS	*F*
처치	2	437.64	218.82	9.26*
오차	42	992.67	23.64	
전체	44	1430.31		

* p < .05

여기서도 적극적 흡연자가 비흡연자보다 수행이 열등하며, 그 차이는 유의하다.

16.29 랭글로이스와 로그먼(1990)의 분석:

(a) 연구가설은 보다 많은 사진을 평균한 얼굴을 적은 수의 사진을 평균한 얼굴보다 더 매력적이라고 판단할 것이라는 가설이다.

(b) $F = 3.134$

(c) 집단 평균들이 유의하게 다르다. 기술통계치를 보면 합성사진을 만드는 얼굴의 수가 증가할수록 평균이 일관성 있게 증가하는 것을 알 수 있다.

16.31 *R*을 사용한 연습문제 16.27의 분석

```
data16.27 <- read.table("http://
www.uvm.edu/~dhowell/fundamentals9/
DataFiles/Ex16-25.dat", header = TRUE)
attach(data16.27)
Smkgrp <- factor(Smkgrp)
model2 <- lm(Errors ~ Smkgrp)
anova(model2)
```

```
Analysis of Variance Table
Response: Errors
       Df Sum Sq Mean Sq F value Pr(>F)
Smkgrp  2  437.64 218.822 9.2584
0.0004665 ***
Residuals 42 992.67    23.635
```

```
16.32 Probability value for Ex16.31
prob <- 1-pf(9.258, df1 = 2, df2 = 42)
prob
[1] 0.000466617
```

17장

17.1 토머스와 왕(1996)의 연구:

(a) 이 설계는 전략의 세 수준과 지연의 두 수준을 가지고 있는 3×2 요인설계로 특징지을 수 있다.

(b) 나는 참가자들이 스스로 핵심단어를 생성하였을 때 회상이 우수하며 기계적 학습 조건에 놓였을 때 회상이 나쁠 것이라고 예상한다. 또한 짧은 파지기간에서 회상이 우수할 것이라고 예상한다.

(c)

전략	지연	평균	표준편차	사례수
생성	5분	14.92	5.33	13
생성	이틀	4.00	2.52	13
제공	5분	20.54	1.98	13
제공	이틀	2.00	1.47	13
기계적	5분	15.38	5.45	13
기계적	이틀	12.77	6.80	13

17.3 변량분석:

변산원	*df*	SS	MS	*F*
전략(S)	2	281.26	140.63	7.22*
지연(D)	1	2229.35	2229.35	114.53*
S × D	2	824.54	412.27	21.18*
오차	72	1401.54	19.47	
전체	77	4736.68		

* $p < .05$

전략과 지연 모두에 따른 유의한 차이가 있으며, 보다 중요하게는 유의한 상호작용이 있다.

17.5 연습문제 17.4의 데이터에 대한 본페로니 검증:

5분 지연 데이터:

생성 대 제공	생성 대 기계	제공 대 기계
$t = -3.15$	$t = -0.26$	$t = -2.89$

이틀 지연 데이터:

생성 대 제공	생성 대 기계	제공 대 기계
$t = 1.19$	$t = -5.24$	$t = -6.43$

여섯 가지 비교에서 자유도는 36이며 t의 임계치는 2.80이다.

5분 지연에서는 실험자가 핵심단어를 제공하는 조건이 참가자가 스스로 생성하는 조건과 기계적 학습 조건보다 유의하게 우수하였으며, 후자의 두 조건 간에는 차이가 없다.

이틀 지연에서는 기계적 학습 조건이 다른 두 조건보다 우수하였으며, 후자의 두 조건 간에는 차이가 없다.

두 지연 조건에서 상이한 차이 패턴을 확연하게 볼 수 있다. 가장 놀라운 결과는 이틀 지연에서 기계적 학습이 가장 우수했던 결과다.

17.7 앞 연습문제들의 결과가 나에게 시사하는 것은, 만일 내가 스페인어 시험을 위해서 공부하고 있다면, 아무리 고통스럽더라도 그리고 일반 상식에 반하는 것이라 하더라도 기계적 학습에 매달리겠다는 것이다.

17.9 이 실험에서는 초산 어머니의 수가 다산 어머니의 수와 동일했는데, 이것은 전집을 제대로 반영한 것이 확실히 아니다. 마찬가지로 LBW 신생아의 수가 정상아의 수와 동일했는데, 이것도 현실을 제대로 반영한 것이 아니다. 초산 어머니의 평균은 동일한 수의 LBW 신생아와 정상아에 근거하고 있는데, 이것도 모든 초산 전집을 대표하지 못한다. 집단 간의 비교가 여전히 정당한 것이기는 하지만, 모든 초산 어머니 조합의 평균이 어떤 의미 있는 전집을 반영하는 것으로 받아들이는 것은 아무 의미가 없다.

17.11 연습문제 17.10에서 단순효과 대 t 검증:

(a) 평균들 간에 t 검증을 실시했다면, 그 결과는 단지 얻었던 $F = 1.328$의 제곱근이 될 것이다.

(b) 만일 추정 오차항으로 $MS_{오차}$를 사용한다면, 단순효과를 계산할 때 얻었던 $MS_{오차}$ 대신에 전체 $MS_{오차}$를 사용할 때 얻게 될 F 값의 제곱근인 t 값을 얻게 될 것이다.

17.13 연습문제 17.12에 대한 변량분석:

변산원	*df*	SS	MS	*F*
과제	2	28,661.53	14,330.76	132.90*
흡연 집단	2	354.55	177.27	1.64
상호작용	4	2,728.65	682.16	6.33*
오차	126	12,587.20	107.84	
전체	134	45,331.93		

* $p < .05$

과제의 주효과와 상호작용이 유의하다. 상이한 과제들의 난이도가 동일해야 할 이유가 없기 때문에 과제의 주효과는 관심거리가 아니다. 흡연의 주효과에도 관심이 없는 이유는 이 효과가 과제의 두 수준에서의 큰 효과와 세 번째 수준에서의 효과 없음에 의해서 나타난 것이기 때문이다. 중요한 것은 상호작용이다.

17.15 스필리크 등(1992)의 사례를 나타내기 위한 단순효과.

이미 16장, 연습문제 16.18, 16.19, 16.21에서 이러한 단순효과를 보았다.

17.17 연습문제 16.2의 추후분석:

변산원	*df*	SS	MS	*F*
연령	1	115.60	115.60	17.44*
처리깊이	1	792.10	792.10	119.51*
상호작용	1	152.10	152.10	22.95*
오차	36	238.60	6.63	
전체	39	1,298.4		

* $p < .05$

연령의 효과가 유의하다. 젊은 참가자가 나이 든 참가자보다 우수하다. 처리 수준의 효과도 유의하다. 높은 수준에서 처리한 항목의 회상이 우수하다. 가장 중요한 결과는 유의한 상호작용이다. 낮은 수준으로 처리한 과제에서는 젊은 참가자와 나이 든 참가자 간에 유의한 차이가 없지만, 높은 수준을 요하는 과제에서는 상당한 차이가 있다는 것이다. 젊은 참가자가 높은 수준 처리에서 더 많은 이득을 얻는 것으로 보인다(아니면 높은 수준 처리를 더 많이 하는 것일 수 있다).

17.19

변산원	*df*	SS	MS	*F*
E(교육)	1	67.69	67.69	6.39*
G(집단)	2	122.79	61.40	5.80*
EG	2	20.38	10.19	<1
오차	42	444.62	10.59	
전체	47	655.48		

* $p < .05$

(b) 프로그램은 의도한 대로 작동하였으며, 집단과 교육 수준 간에는 상호작용이 없었다.

17.21 처리 수준 연구에 대한 $\hat{d}$:

$$\hat{d} = 3.46(MS_{오차}\text{를 사용함})$$

이것은 매우 큰 효과크기지만, 데이터는 두 처리 수준 간에 상당한 차이를 보여주고 있다.

17.23 주효과는 없지만 상호작용은 있는 경우:

칸	평균
8	12
12	8

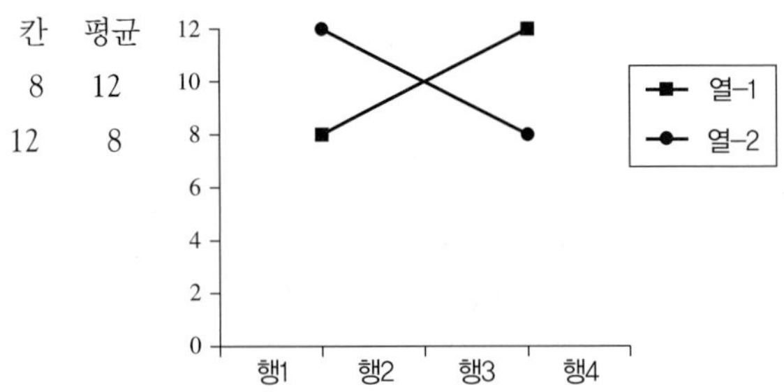

17.25 η^2과 ω^2

전략	$\eta^2 = .06$	$\omega^2 = .05$
지연	$\eta^2 = .47$	$\omega^2 = .46$
전략×지연	$\eta^2 = .17$	$\omega^2 = .16$

17.27 연습문제 17.13에서 효과크기의 계산

과제	$\eta^2 = .63$	$\omega^2 = .63$
흡연	$\eta^2 = .04$	$\omega^2 = .04$
과제×흡연	$\eta^2 = .03$	$\omega^2 = .02$

17.29 두 가지 효과강도 측정치(η^2과 ω^2)는 오차항이 문제의 효과에 비해 작을 때는 일치하며, 효과에 비해 오차의 크기가 상당할 때는 일치하지 않는다. 다른 모든 것들이 동일하다면, 처치효과의 자유도가 비교적 클 때 상당히 일치하게 된다.

17.31 단순효과의 수는 사전에 특별히 관심을 가지고 있는 것으로만 국한시켜야 한다. 검증의 수가 증가할수록 가족 단위 오류율이 증가하기 때문이다.

18장

18.1 편두통 연구: (SPSS에서 발췌한 결과)

기술통계치

	N	최솟값	최댓값	평균	표준편차
1주	9	7.0	30.0	20.778	7.1725
2주	9	4.0	33.0	20.000	10.2225
3주	9	5.0	14.0	9.000	3.1225
4주	9	1.0	12.0	5.778	3.4197
5주	9	4.0	17.0	6.778	4.1164
Valid N (listwise)	9				

18.3 나는 진통제 사용과 편두통에 대처하는 다른 방법들의 사용에 관하여 학생들로부터 데이터를 수집하고자 한다. 또한 시간 경과에 따른 스트레스에 관한 데이터도 수집함으로써 스트레스의 효과를 제거하고자 한다.

18.5 연습문제 18.4의 데이터에 대한 분석:

변산원	*df*	SS	MS	*F*
참가자	8	612.00		
기간	1	554.50	554.50	14.42*
오차	8	302.00	37.75	
전체	17	1159.70		

* $p < .05$

시간 경과에 따라 두통의 감소가 유의하게 증가하고 있다. $F = t^2 = 3.798^2 = 14.424$.

18.7 연습문제 18.4에서 효과크기:
여기서는 표준편차의 추정치로 $MS_{오차}$의 제곱근을 사용한다. 왜냐하면 이것이 참가자 효과에 의해 발생하는 차이를 수정한 표준편차이기 때문이다.

$$\hat{d} = \frac{\overline{X}_0 - \overline{X}_3}{\sqrt{MS_{오차}}} = 3.44$$

기저선에 비해서 훈련에 따라 통증은 대략 3.5 표준편차만큼 감소하였다.

18.9 두 기저선 측정치의 변량을 평균한 것의 제곱근을 사용하여 평균 간 차이를 표준화한다. 이렇게 하면 분모가 8.83이 된다.

$$\hat{d} = \frac{\overline{X}_{기저선} - \overline{X}_{훈련}}{s} = 1.49$$

평균적으로 두통의 강도는 거의 1.5 표준편차만큼 감소하였다.

18.11 연습문제 18.10의 *R* 분석

```
data.BST <- read.table("http://www.
uvm.edu/~dhowell/fundamentals9/
DataFiles/Ex18-10.dat", header = TRUE)
attach(data.BST)
dv <- c(Pretest, Posttest, FU6, FU12)
time <- rep(1:4, each=10)
subject <- rep(1:10, 4)
time <- factor(time)
subject <- factor(subject)
cat("\nTrial Means \n")
tapply(dv, time, mean)
cat("\nSubject Means \n")
tapply(dv, subject, mean)
BSTmodel <- aov(dv ~ time +
Error(subject/time))
print(summary(BSTmodel))
```

결과

```
Error: subject
          Df Sum Sq Mean Sq F value
Pr(>F)
Residuals  9  3318   368.7


Error: subject:time
       Df Sum Sq Mean Sq F value
Pr(>F)
time    3  186.3   62.09   1.042   0.39
Residuals 27 1609.0   59.59
```

18.13 개입이 없었다면, 콘돔 사용은 실제로 줄어들었을 것으로 보인다. 이것은 개입이 그러한 감소를 예방한 것이라는 사실을 시사하며, 이 경우에는 통계적으로 유의하지 않은 결과가 실제로는 긍정적 결과가 된다.

18.15 표 18.1의 데이터에 대한 본페로니 검증: 반복측정 변량분석을 통해서 오차항을 수정했기 때문에, 표준 t 검증을 사용할 수 있다. 반복측정 변량분석은 참가자 간 변산을 이미 제거한 것이다.

짝진 표본 검증

		짝진 차이							
					차이의 95% 신뢰구간				
		평균	표준편차	표준오차 평균	하한	상한	*t*	*df*	Sig (양방)
쌍 1	첫째 주와 여섯 번째 주	−2.680	2.6727	.5345	−3.783	−1.577	−5.014	24	.000
쌍 2	첫째 주와 열두 번째 주	−3.040	2.9928	.5986	−4.275	−1.805	−5.079	24	.000
쌍 3	셋째 주와 열두 번째 주	−1.600	2.8868	.5774	−2.792	−.408	−2.771	24	.011

본페로니 α 수준은 $.05/3 = .01667$

각 p 값이 .0167보다 작기 때문에 모든 영가설을 기각한다.

18.17 표 18.2 데이터의 SPSS 분석

참가자 내 효과 검증

측정: MEASURE_1

변산원		제3유형 제곱합	*df*	평균제곱합	*F*	Sig.
시간	구형성 가정	962.450	3	320.817	2.411	.077
	그린하우스–가이서	962.450	2.424	397.003	2.411	.091
	후인–펠트	962.450	2.985	322.482	2.411	.077
	하한값	962.450	1.000	962.450	2.411	.138
시간 × 집단	구형성 가정	1736.300	3	578.767	4.350	.008
	그린하우스–가이서	1736.300	2.424	716.210	4.350	.014
	후인–펠트	1736.300	2.985	581.772	4.350	.008
	하한값	1736.300	1.000	1736.300	4.350	.052
오차(시간)	구형성 가정	7184.250	54	133.042		
	그린하우스–가이서	7184.250	43.637	164.636		
	후인–펠트	7184.250	53.721	133.732		
	하한값	7184.250	18.000	399.125		

참가자 간 효과 검증

측정: MEASURE_1

변환된 변인: 평균

변산원	제3유형 제곱합	*df*	평균제곱합	*F*	Sig.
절편	29414.450	1	29414.450	46.795	.000
집단	168.200	1	168.200	.268	.611
오차	11314.350	18	628.575		

19장

19.1 $\chi^2 = 11.33$. 영가설을 기각하고 학생들이 무선적으로 수강하는 것이 아니라고 결론 내린다.

19.3 $\chi^2 = 2.4$. 내 딸아이의 분류 행동이 내 이론과 일치한다는 영가설을 기각하지 않는다.

19.5 $\chi^2 = 29.35$. 영가설을 기각하고 아동이 인형을 무선적으로 선택한 것은 아니며, 흑인 인형보다는 백인 인형을 선택하기 십상이라고 결론 내릴 수 있다.

19.7 $\chi^2 = 34.184$. 영가설을 기각하고 흑인 인형과 백인 인형 간에 선택의 분포가 두 연구에서 다르다고 결론 내린다. 선택은 연구와 독립적이지 않으며, 연구를 수행한 시대와 쉽게 관련시킬 수 있다. 우리는 더 이상 특정한 색깔의 인형을 다른 색깔보다 선호하는지를 묻지는 않지만, 선호의 패턴이 연구들에 걸쳐서 일정한 것인지의 여부를 묻고 있다. 변량분석의 항으로 치면, 상호작용을 다루고 있는 것이다.

19.9 이 연구를 수정할 수 있는 여러 가지 방법이 있다. 흡연자와 비흡연자를 배우자의 흡연 행동에 근거하여 정의함으로써 현재의 분석을 그저 다시 실시할 수 있다. 아니면 흡연자 변인을 '전혀 피우지 않는다', '어머니', '아버지', 또는 '부모 모두'로 재정의할 수도 있다.

19.11 $\chi^2 = 5.38$. 영가설을 기각하고 고등학교에서 성취 수준은 초등학교에서의 성취에 따라 변한다고 결론 내린다.

*R*을 사용한 분석

```
data.Add <- matrix(c(22, 187, 19, 74),
byrow = TRUE, ncol = 2)
result <- (chisq.test(data.Add,
correct = FALSE))
print(result)
print(1-pchisq(result$statistic,
df=1))
- - - - - - - - - - - - - - - - - - - -
        Pearson's Chi-squared test


data:  data.HH
X-squared = 5.3804, df = 1,
p-value = 0.02036
```

19.13 연습문제 19.12의 첫 번째 열의 데이터에 대한 일원 카이제곱 검증은 학생들이 여덟 범주에 걸쳐 공평하게 분포되어 있는지를 묻는 것이 된다. 연습문제 19.12에서 실제로 검증한 것은 그 분포가, 비록 모양새는 어떻게 나타나든지 간에, 나중에 국어 보충수업을 받지 않는 학생들과 보충수업을 받는 학생들에게 있어서 동일한 것인지의 여부이다.

19.15 $\chi^2 = 8.85$. 종양을 제거하는 능력은 쇼크 조건의 영향을 받는다.

19.17 표본크기와 검증력 간의 중요한 관계를 볼 수 있는 또 다른 예이다.

19.19 댑스와 모리스(1990) 연구:

(a) 이 결과는 두 변인 간에 유의한 관계가 있다는 사실을 보여준다.

(b) 어른의 남성호르몬 수준은 그 사람이 아동이었을 때의 행동과 관련된다.

(c) 이 결과는 두 변인(비행과 남성호르몬)을 개인사적으로 함께 묶을 수 있다는 사실을 보여준

다. 나는 현재 높은 남성호르몬 수준을 보이는 사람이 아동이었을 때도 높은 수준을 보였을 것이라고 가정할 수 있는데, 이것은 그저 가정일 뿐이다.

19.21 연습문제 19.19에 대한 승산 비

OR = (80/366)(462/3554) = 0.217/0.130 = 2.67

남성호르몬 수준이 높은 아동기 비행 개인사의 승산이 남성호르몬 수준만 높은 경우보다 대략 2.67배 높다.

19.23 '옳은 답'과 '틀린 답'을 똑같이 나누고는 일련의 유사한 물음들을 던질 수 있다. 그렇게 하면 응답을 긍정적 범주와 부정적 범주로 분류하고는 교수들이 학생들에 비해서 부정적 반응을 더 많이 내놓을 가능성이 큰 것인지를 물을 수 있다.

19.25 원하는 체중 획득에서 인종차

백인 여성의 경우 체중을 줄이고자 원하는 승산은 352/183 = 1.9235이며, 이 결과의 의미는 백인 여성들이 현재의 체중을 유지하거나 늘리고자 원할 가능성보다 줄이고자 원할 가능성이 거의 두 배에 달한다는 것이다. 흑인 여성의 경우 대응하는 승산은 47/52 = .9038이며, 승산 비는 1.9235/.9038 = 2.1281이다. 이것이 의미하는 바는 체중을 줄이고 싶어 하는 승산이 흑인 여성보다 백인 여성에게 있어 두 배나 높다는 것이다.

19.27 우나와 보거(2001) 연구

$\chi^2 = 7.71$. 카이제곱 통계치는 명백하게 유의하다. 유색인 피고는 백인 피고보다 유의하게 높은 비율로 사형선고를 받는다.

20장

20.1 편도체 손상과 공포 반응(카프 등, 1979):

(a) 만-휘트니 검증을 사용한 분석:

전통적인 방식으로 실시한 검증

$W_S = 53$; $W_S' = 2\overline{W} - W_S = 189 - 53 = 136$

$W_{.025}(9, 11) = 68 > 53$, $W_S < W_S'$이기 때문에 부록 D에서 W_S를 사용한다. 양방검증을 위하여 확률 수준을 두 배로 늘린다.

(b) H_0를 기각하고, 이론이 예측한 바대로 손상 집단 참가자가 과제를 학습하는 데 시간이 더 오래 걸린다고 결론 내린다.

20.3 누르콤 등(1979)의 연구:

(a) $T = 8.5$; $T_{.025} = 8$. H_0를 기각하지 않는다.

(b) 시간이 경과함에 따라서 가설의 생성과 검증이 신뢰할 수 있게 증가한다는 가설을 지지하는 증거가 있다고 결론 내릴 수 없다(이 경우는 동점을 처리하는 대안적 방법이 상이한 결론으로 이끌어갈 수 있는 경우이다).

20.5 맏이의 독립성:

가설검증 요약

영가설	검증	유의도	결정
맏이와 둘째 간 차이의 중앙값은 0이다.	윌콕슨 대응쌍 음양 순위 검증	.027	영가설을 기각한다.

점근 유의도 수준이 표시된다. 유의도 수준은 .050이다.

(b) 영가설을 기각하고 맏이가 둘째 아이보다 더 독립적이라고 결론 내릴 수 있다.

20.7 산포도는 쌍들 간의 차이가 맏이의 점수에 크게 의존하고 있다는 사실을 보여준다.

20.9 윌콕슨 대응쌍 음양 순위 검증은 짝지은 점수들이 동일한 전집 또는 동일한 평균(그리고 중앙값)을 갖는 대칭적 전집에서 나온 것이라는 영가설을 검증한다. 이에 상응하는 t 검증은 짝지은 점수들이 동일한 평균을 가진 전집에서 나온 것이라는 영가설을 검증하며, 정상성을 가정한다.

20.11 t 검증에 의한 영가설의 기각은 상응하는 분포무관 검증을 사용한 기각보다 더 상세한 진술이 된다. 왜냐하면 정상성과 변량 동질성을 가정함으로써 t 검증은 구체적으로 전집 평균을 다루기 때문이다. 물론 전집 평균도 이러한 가정에 의존하고 있다.

20.13 $H = 6.757$. 영가설을 기각하고 청소년들이 살고 있는 곳이 무단 결석률에 영향을 미친다고 결론 내릴 수 있다.

20.15 개인차(개인에 따른 무단결석의 전반적 수준의 차이)의 영향을 제거한다.

20.17 편도체 손상이 얼마나 효과적으로 공포 반응을 차단할 수 있는지를 나타내는 한 가지 방법은 통제집단 동물이 회피 과제를 학습하는 데 필요한 시행수의 중앙값보다 더 오랜 시행이 필요한 손상 집단 동물의 백분율을 보고하는 것이다. 통제집단의 경우 회피를 학습하는 데 필요한 시행수의 중앙값은

6이었다. 모든(100%) 손상 집단 동물은 이것보다 더 많은 시행이 필요하였다. 효과를 나타내는 또 다른 방법은 손상 집단의 11마리 중에서 단지 2마리만이 손상 집단의 가장 열등한 동물보다 적은 수의 시행에서 과제를 학습했다는 사실을 언급하는 것이다.

20.19 조현병은 기억을 다루는 피질 영역에서 신경 연계의 결손과 관련이 있다는 블로일러(1911)의 가설을 검증하기 위하여, 수다스 등(1990)은 15명의 조현병 환자와 그들의 일란성 쌍둥이 형제의 좌반구 해마의 크기를 비교하였다. 이 경우에, 정상인 쌍둥이 형제는 조현병 형제와 정상 형제의 해마가 더 큰 방향으로 평균에서 .199단위만큼 차이를 보였다. 이 차이에 대한 무선화 검증은 쌍둥이가 해마 크기에서 차이가 없다는 가설에 대해서 .0031의 확률값을 나타냈다. 이 연구는 해마 크기가 조현병과 관련이 있다는 가설을 강력하게 지지하고 있다.

20.20 $\chi^2_F = 9.00$. 영가설을 기각하고 사람들은 사용하였던 티백으로 만든 차를 좋아하지 않는다고 결론 내릴 수 있다.

21장

21.1 마주켈리 등(2010)의 연구

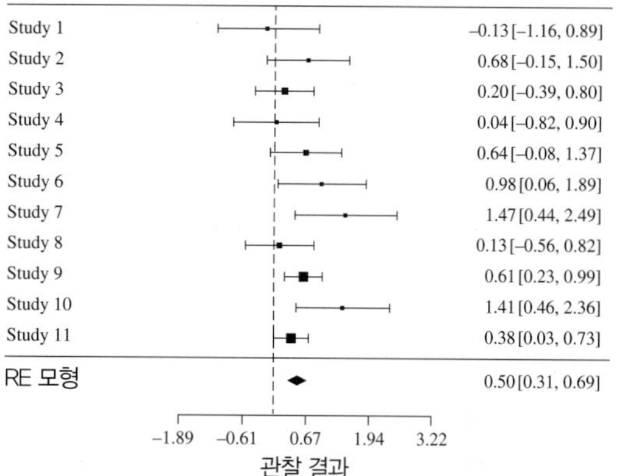

21.2-21.3

저자	참가자 집단	n1	n2	g	sg^2	weight	Wg	W*g^2	W^2	W(gi-gbar)^2
Barlow86a	E	12.00	12.00	−0.134	0.2740	3.6496	−0.489	0.066	13.320	1.461
Besyner79	E	14.00	16.00	0.675	0.1790	5.5866	3.771	2.545	31.210	0.174
Lovett88	E	33.00	27.00	0.204	0.0930	10.7527	2.194	0.447	115.620	0.934
Stark	E	10.00	9.00	0.043	0.1930	5.1813	0.223	0.010	26.846	1.076
VanDenHaut	E	15.00	14.00	0.644	0.1380	7.2464	4.667	3.005	52.510	0.153
Weinberg	E	10.00	9.00	0.976	0.2180	4.5872	4.477	4.370	21.042	1.045
Wilson	E	9.00	11.00	1.466	0.2750	3.6364	5.331	7.815	13.223	3.403
합계		103.00	98.00			40.6402	20.173	18.258	273.772	
Barlow86a	M	12.00	13.00	0.133	0.1240	8.0645	1.073	0.143	65.036	1.078
Fordyce77	M	50.00	60.00	0.609	0.0380	26.3158	16.026	9.760	692.521	0.320
Fordyce83	M	40.00	13.00	1.41	0.2330	4.2918	6.052	8.533	18.420	3.564
Reich81	M	49.00	49.00	0.378	0.0320	31.2500	11.813	4.465	976.563	0.455
합계		151.00	135.00			69.9222	34.963	22.900	1752.540	
총합		254.00	233.00			110.5623	55.136		2026.311	13.663

Mean g =	0.499	Q =	13.663	자유도 10에서 카이제곱
se(Mean g) =	0.095			$p = .189$
CI-lower =	0.312	C =	92.235	
CI-upper	0.685			
		Tau =	0.199	

21.4 다음 결과는 *R*의 metafor library를 사용한 것이다.

```
Fixed-Effects Model (k = 4)
 Test for Heterogeneity:
Q(df = 3) = 7.2655, p-val = 0.0639
Model Results:
estimate   se     zval    pval    ci.lb   ci.ub
0.2274  0.0881  2.5813  0.0098  0.0547  0.4001  **
Signif. codes:  0 '***' 0.001 '**' 0.01 '*' 0.05 '.'
0.1 ' ' 1
```

21.5

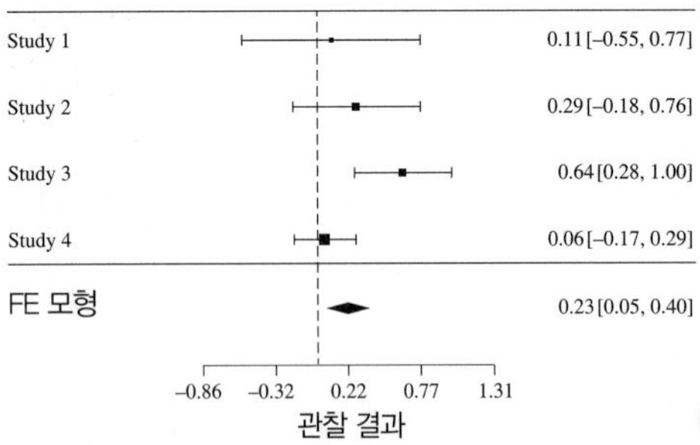

21.6 신뢰구간은 0을 포함하지 않는다. 영가설을 안전하게 기각하고 메틸페니데이트는 이 아동들의 안면 경련 심각성을 증가시킨다고 결론 내릴 수 있다.

21.7-21.9

```
Fixed-Effects Model (k = 3)
Test for Heterogeneity:
Q(df = 2) = 2.1121, p-val = 0.3478
Model Results:
estimate    se    zval     pval     ci.lb    ci.ub
0.7364  0.0955  7.7109  <.0001  0.5492  0.9236 ***
Signif. codes: 0 '***' 0.001 '**' 0.01 '*' 0.05 '.'
0.1 ' ' 1
```

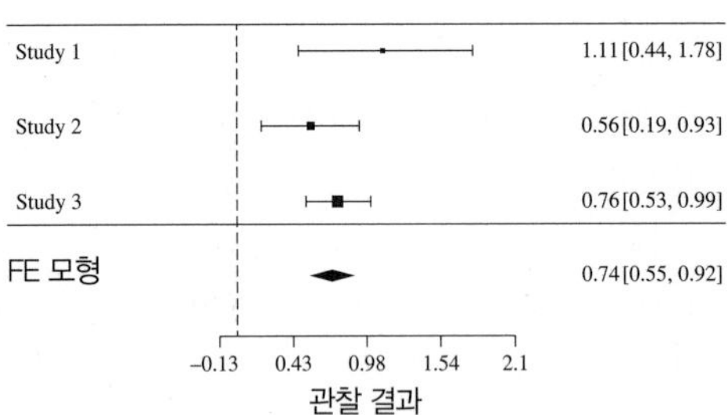

여기서는 연구의 수가 너무 적기 때문에 이질성을 심각하게 받아들일 수 없다.

21.10-21.11

```
Fixed-Effects Model (k = 9)
Test for Heterogeneity:
Q(df = 8) = 2.1826, p-val = 0.9749
Model Results:
estimate   se    zval     pval     ci.lb     ci.ub
0.5239  0.2826  1.8542  0.0637  -0.0299  1.0777  .
Signif. codes: 0 '***' 0.001 '**' 0.01 '*' 0.05 '.'
0.1 ' ' 1
```

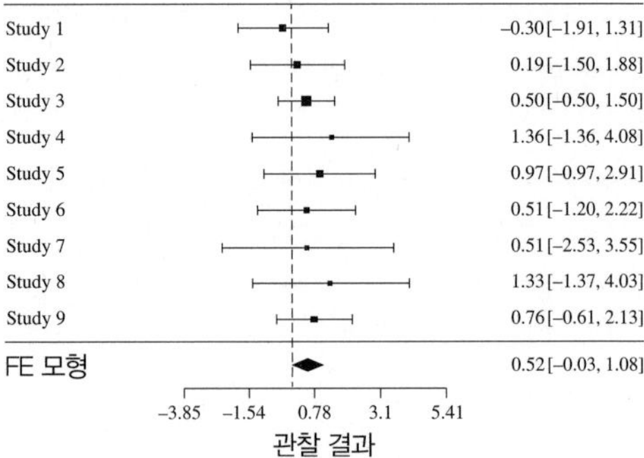

21.12-21.16 카푸르 등(2011)

위험도 비와 Log(위험도 비)

```
Risk Ratio
4.102326 6.336000 8.212389 1.963636
Log Risk Ratio
1.411554 1.846248 2.105644 0.674798
```

평균 위험도 비와 신뢰한계

Log Risk Ratio					
Estimate	se	zval	pval	ci.lb	ci.ub
1.5747	0.3277	4.8055	<.0001	0.9324	2.2170

Risk Ratio	**CI_{lower}**	**CI_{upper}**
4.8293	2.5406	9.1798

신뢰구간의 하한에서조차 탈리도마이드의 첨가는 통제집단보다 성공 가능성을 2.5배 높여준다.

21.17 비손과 마틴(Bisson & Martin, 2009)의 연구에 대한 무선효과 모형

```
Random-Effects Model (k = 14; tau^2 estimator:
REML)
tau^2 (estimate of total amount of heterogeneity):
438.6370 (SE = 189.2833)
tau (sqrt of the estimate of total heterogeneity):
20.9437
I^2 (% of total variability due to heterogeneity):
94.80%
H^2 (total variability / within-study variance):
```

```
19.24
Test for Heterogeneity:
Q(df  =  13)  =  236.1772, p-val , .0001
Model Results:
estimate  se     zval      pval   ci.lb     ci.ub
-28.6212 5.8774 -4.8697 <.0001 -40.1407 -17.1017
***
```

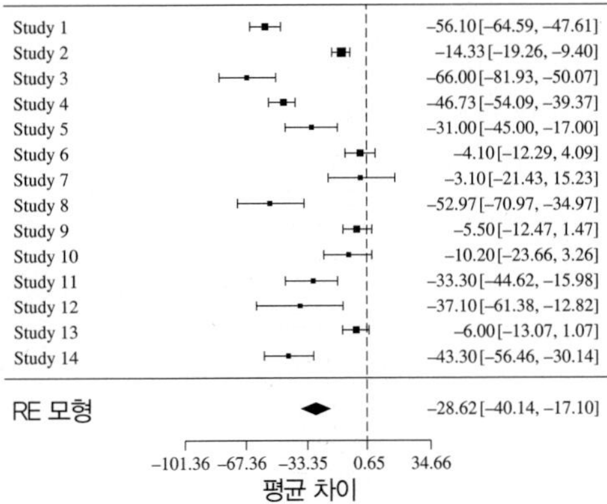

이질성을 설명할 수 있는 구체적인 변인은 가지고 있지 않지만, 이질성 검증에서 영가설을 기각할 수 있다는 사실에 주목하라. 또한 인지행동치료가 통제 치료보다 더 효과적이라고도 결론 내릴 수 있다.

찾아보기

아

자

차

카

타

파

하

기타

영문

A

L

M

N

O

P

Q

R

결정 나무 그림

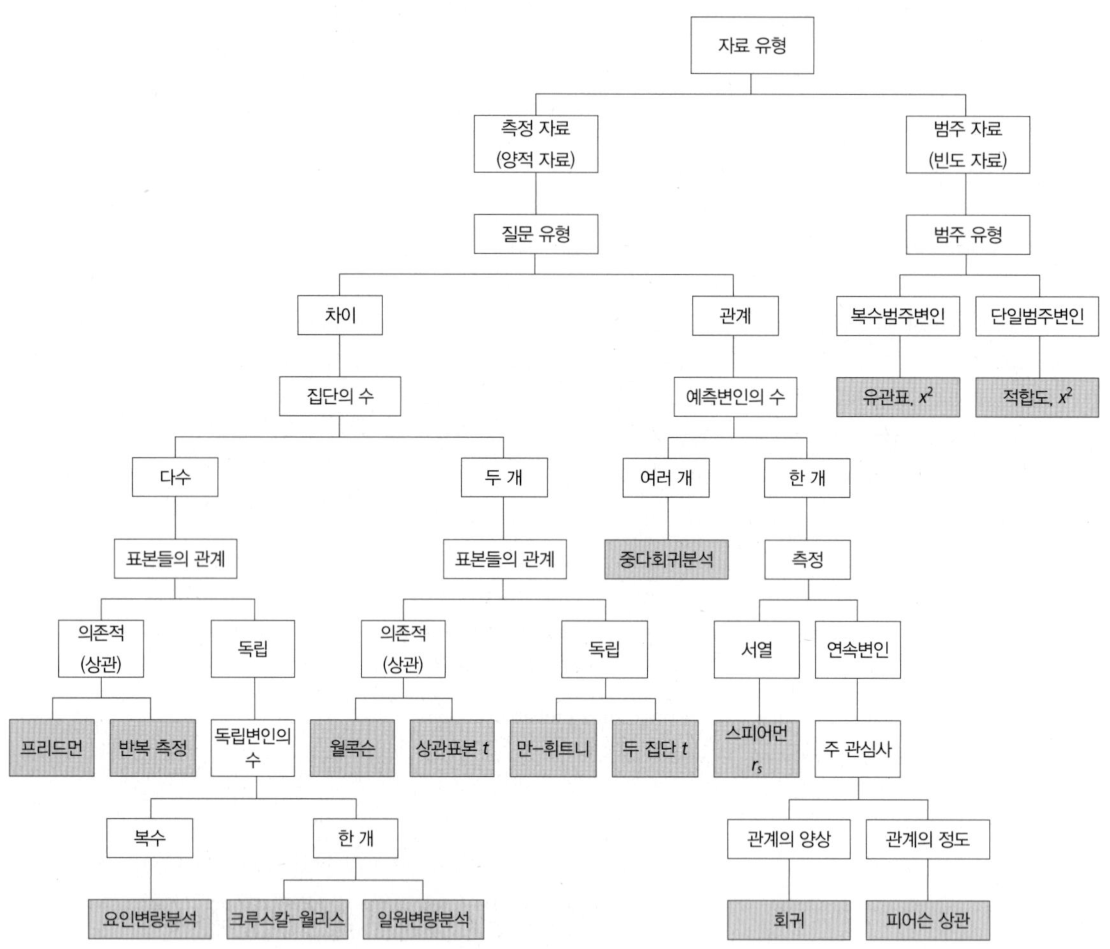

자료 유형
측정 자료
(양적 자료)
범주 자료
(빈도 자료)
질문 유형
범주 유형
차이
관계
복수범주변인
단일범주변인
집단의 수
예측변인의 수
유관표, x^2
적합도, x^2
다수
두 개
여러 개
한 개
표본들의 관계
표본들의 관계
중다회귀분석
측정
의존적
(상관)
독립
의존적
(상관)
독립
서열
연속변인
프리드먼
반복 측정
독립변인의
수
윌콕슨
상관표본 t
만-휘트니
두 집단 t
스피어먼
r_s
주 관심사
복수
한 개
관계의 양상
관계의 정도
요인변량분석
크루스칼-윌리스
일원변량분석
회귀
피어슨 상관